Lexikon der Geowissenschaften
5

Lexikon der Geowissenschaften
in sechs Bänden

Fünfter Band
Silc bis Z

Spektrum Akademischer Verlag Heidelberg · Berlin

Die Deutsche Bibliothek-CIP-Einheitsaufnahme
Lexikon der Geowissenschaften / [Red.: Landscape, Gesellschaft für Geo-Kommunikation mbH,
Köln]. – Heidelberg; Berlin: Spektrum, Akad. Verl.
ISBN 3-8274-0420-7

Bd. 5. Silc bis Z. – 2002
ISBN 3-8274-0424-X

© 2002 Spektrum Akademischer Verlag GmbH Heidelberg Berlin

Alle Rechte, auch die der Übersetzung in fremde Sprachen, vorbehalten. Kein Teil dieses Werkes darf ohne schriftliche Einwilligung des Verlages in irgendeiner Form (Fotokopie, Mikrofilm oder ein anderes Verfahren), auch nicht für Zwecke der Unterrichtsgestaltung, reproduziert oder unter Verwendung elektronischer Systeme verarbeitet, vervielfältigt oder verbreitet werden.
Es konnten nicht sämtliche Rechteinhaber von Abbildungen ermittelt werden. Sollte dem Verlag gegenüber der Nachweis der Rechteinhaberschaft geführt werden, wird das branchenübliche Honorar nachträglich gezahlt.
Die Wiedergabe von Warenbezeichnungen, Handelsnamen, Gebrauchsnamen usw. in diesem Buch berechtigt auch ohne Kennzeichnung nicht zu der Annahme, daß diese von jedermann frei benutzt werden dürfen.

Redaktion: LANDSCAPE Gesellschaft für Geo-Kommunikation mbH, Köln
Produktion: Ute Amsel
Innengestaltung: Gorbach Büro für Gestaltung und Realisierung, Gauting Buchendorf
Außengestaltung: WSP Design, Heidelberg
Graphik: Matthias Niemeyer (Leitung), Ulrike Lohoff-Erlenbach, Stephan Meyer, Ralf Taubenreuther, Hans-Martin Julius, Frank Löhmer, Hardy Möller, Katrin Lange
Satz: Greiner & Reichel, Köln
Druck und Verarbeitung: Franz Spiegel Buch GmbH, Ulm

Mitarbeiter des fünften Bandes

Redaktion
Dipl.-Geogr. Christiane Martin (Gesamtleitung)
Dipl.-Geol. Manfred Eiblmaier (Bandkoordination)
Dipl.-Geogr. Lothar Kreutzwald

Fachberatung
Prof. Dr. Wladyslaw Altermann (Geochemie)
Prof. Dr. Wolfgang Andres (Geomorphologie)
Prof. Dr. Hans-Rudolf Bork (Bodenkunde)
Prof. Dr. Manfred F. Buchroithner (Fernerkundung)
Prof. Dr. Peter Giese (Geophysik)
Prof. Dr. Günter Groß (Meteorologie)
Prof. Dr. Hans-Georg Herbig (Paläontologie/Hist. Geol.)
Dr. Rolf Hollerbach (Petrologie)
Prof. Dr. Heinz Hötzl (Angewandte Geologie)
Prof. Dr. Kurt Hümmer (Kristallographie)
Prof. Dr. Karl-Heinz Ilk (Geodäsie)
Prof. Dr. Dr. h. c. Volker Jacobshagen (Allgemeine Geologie)
Prof. Dr. Wolf Günther Koch (Kartographie)
Prof. Dr. Hans-Jürgen Liebscher (Hydrologie)
Prof. Dr. Jens Meincke (Ozeanographie)
PD Dr. Daniel Schaub (Landschaftsökologie)
Prof. Dr. Christian-Dietrich Schönwiese (Klimatologie)
Prof. Dr. Günter Strübel (Mineralogie)

Autorinnen und Autoren
Dipl.-Geol. Dirk Adelmann, Berlin [DA]
Dipl.-Geogr. Klaus D. Albert, Frankfurt a. M. [KDA]
Prof. Dr. Werner Alpers, Hamburg [WAlp]
Prof. Dr. Alexander Altenbach, München [AA]
Prof. Dr. Wladyslaw Altermann, München [WAl]
Prof. Dr. Wolfgang Andres, Frankfurt a. M. [WA]
Dr. Jürgen Augustin, Müncheberg [JA]
Dipl.-Met. Konrad Balzer, Potsdam [KB]
Dr. Stefan Becker, Wiesbaden [SB]
Dr. Raimo Becker-Haumann, Köln [RBH]
Dr. Axel Behrendt, Paulinenaue [AB]
Dipl.-Ing. Undine Behrendt, Müncheberg [UB]
Prof. Dr. Raimond Below, Köln [RB]
Dipl.-Met. Wolfgang Benesch, Offenbach [WBe]
Dr. Helge Bergmann, Koblenz [HB]
Dr. Michaela Bernecker, Erlangen [MBe]
Dr. Markus Bertling, Münster [MB]
Prof. Dr. Christian Betzler, Hamburg [ChB]
Nicole Bischof, Köln [NB]
Prof. Dr. Dr. h. c. Hans-Peter Blume, Kiel [HPB]
Dr. Günter Bock, Potsdam [GüBo]
Dr.-Ing. Gerd Boedecker, München [GBo]
Prof. Dr. Wolfgang Boenigk, Köln [WBo]
Dr. Andreas Bohleber, Stutensee [ABo]
Prof. Dr. Jürgen Bollmann, Trier [JB]
Prof. Dr. Hans-Rudolf Bork, Potsdam [HRB]
Dr. Wolfgang Bosch, München [WoBo]
Dr. Heinrich Brasse, Berlin [HBr]
Dipl.-Geogr. Till Bräuninger, Trier [TB]
Dr. Wolfgang Breh, Karlsruhe [WB]
Prof. Dr. Christoph Breitkreuz, Freiberg [CB]
Prof. Dr. Manfred F. Buchroithner, Dresden [MFB]
Dr.-Ing. Dr. sc. techn. Ernst Buschmann, Potsdam [EB]
Dr. Gerd Buziek, Hannover [GB]
Dr. Andreas Clausing, Halle/S. [AC]

Prof. Dr. Elmar Csaplovics, Dresden [EC]
Prof. Dr. Dr. Kurt Czurda, Karlsruhe [KC]
Dr. Claus Dalchow, Müncheberg [CD]
Prof. Dr. Wolfgang Denk, Karlsruhe [WD]
Dr. Detlef Deumlich, Müncheberg [DDe]
Prof. Dr. Reinhard Dietrich, Dresden [RD]
Prof. Dr. Richard Dikau, Bonn [RDi]
Dipl.-Geoök. Markus Dotterweich, Potsdam [MD]
Dr. Doris Dransch, Berlin [DD]
Prof. Dr. Hermann Drewes, München [HD]
Prof. Dr. Michel Durand-Delga, Avon (Frankreich) [MDD]
Dr. Dieter Egger, München [DEg]
Dipl.-Geol. Manfred Eiblmaier, Köln [MEi]
Dr. Klaus Eichhorn, Karlsruhe [KE]
Dr. Hajo Eicken, Fairbanks (USA) [HE]
Dr. Matthias Eiswirth, Karlsruhe [ME]
Dr. Ruth H. Ellerbrock, Müncheberg [RE]
Dr. Heinz-Hermann Essen, Hamburg [HHE]
Prof. Dr. Dieter Etling, Hannover [DE]
Dipl.-Geogr. Holger Faby, Trier [HFa]
Dr. Eberhard Fahrbach, Bremerhaven [EF]
Dipl.-Geol. Tina Fauser, Karlsruhe [TF]
Prof. Dr.-Ing. Edwin Fecker, Ettlingen [EFe]
Dipl.-Geol. Kerstin Fiedler, Berlin [KF]
Dr. Ulrich Finke, Hannover [UF]
Prof. Dr. Herbert Fischer, Karlsruhe [HF]
Prof. Dr. Heiner Flick, Marktoberdorf [HFl]
Prof. Dr. Monika Frielinghaus, Müncheberg [MFr]
Dr. Roger Funk, Müncheberg [RF]
Dr. Thomas Gayk, Köln [TG]
Prof. Dr. Manfred Geb, Berlin [MGe]
Dipl.-Ing. Karl Geldmacher, Potsdam [KGe]
Dr. Horst Herbert Gerke, Müncheberg [HG]
Prof. Dr. Peter Giese, Berlin [PG]
Prof. Dr. Cornelia Gläßer, Halle/S. [CG]
Dr. Michael Grigo, Köln [MG]
Dr. Kirsten Grimm, Mainz [KGr]
Prof. Dr. Günter Groß, Hannover [GG]
Dr. Konrad Großer, Leipzig [KG]
Prof. Dr. Hans-Jürgen Gursky, Clausthal-Zellerfeld [HJG]
Prof. Dr. Volker Haak, Potsdam [VH]
Dipl.-Geol. Elisabeth Haaß, Köln [EHa]
Prof. Dr. Thomas Hauf, Hannover [TH]
Prof. Dr.-Ing. Bernhard Heck, Karlsruhe [BH]
Dr. Angelika Hehn-Wohnlich, Ottobrunn [AHW]
Dr. Frank Heidmann, Stuttgart [FH]
Dr. Dietrich Heimann, Weßling [DH]
Dr. Katharina Helming, Müncheberg [KHe]
Prof. Dr. Hans-Georg Herbig, Köln [HGH]
Dr. Wilfried Hierold, Müncheberg [WHi]
Prof. Dr. Ingelore Hinz-Schallreuter, Greifswald [IHS]
Dr. Wolfgang Hirdes, Burgdorf-Ehlershausen [WH]
Prof. Dr. Karl Hofius, Boppard [KHo]
Dr. Axel Höhn, Müncheberg [AH]
Dr. Rolf Hollerbach, Köln [RH]
PD Dr. Stefan Hölzl, München [SH]
Prof. Dr. Heinz Hötzl, Karlsruhe [HH]
Dipl.-Geogr. Peter Houben, Frankfurt a. M. [PH]
Prof. Dr. Kurt Hümmer, Karlsruhe [KH]
Prof. Dr. Eckart Hurtig, Potsdam [EH]
Prof. Dr. Karl-Heinz Ilk, Bonn [KHI]

Mitarbeiter des fünften Bandes

Prof. Dr. Dr. h. c. Volker Jacobshagen, Berlin [VJ]
Dr. Werner Jaritz, Burgwedel [WJ]
Dr. Monika Joschko, Müncheberg [MJo]
Prof. Dr. Heinrich Kallenbach, Berlin [HK]
Dr. Daniela C. Kalthoff, Bonn [DK]
Dipl.-Geol. Wolf Kassebeer, Karlsruhe [WK]
Dr. Kurt-Christian Kersebaum, Müncheberg [KCK]
Dipl.-Geol. Alexander Kienzle, Karlsruhe [AK]
Dr. Thomas Kirnbauer, Darmstadt [TKi]
Prof. Dr. Wilfrid E. Klee, Karlsruhe [WEK]
Prof. Dr.-Ing. Karl-Hans Klein, Wuppertal [KHK]
Dr. Reiner Kleinschrodt, Köln [RK]
Prof. Dr. Reiner Klemd, Würzburg [RKl]
Dr. Jonas Kley, Karlsruhe [JK]
Prof. Dr. Wolf Günther Koch, Dresden [WGK]
Dr. Rolf Kohring, Berlin [RKo]
Dr. Martina Kölbl-Ebert, München [MKE]
Prof. Dr. Wighart von Koenigswald, Bonn [WvK]
Dr. Sylvia Koszinski, Müncheberg [SK]
Dipl.-Geol. Bernd Krauthausen, Berg/Pfalz [BK]
Dr. Klaus Kremling, Kiel [KK]
Dipl.-Geogr. Lothar Kreutzwald, Köln [LK]
PD Dr. Thomas Kunzmann, München [TK]
Dr. Alexander Langosch, Köln [AL]
Prof. Dr. Marcel Lemoine, Marli-le-Roi (Frankreich) [ML]
Dr. Peter Lentzsch, Müncheberg [PL]
Prof. Dr. Hans-Jürgen Liebscher, Koblenz [HJL]
Dipl.-Geol. Tanja Liesch, Karlsruhe [TL]
Prof. Dr. Werner Loske, Drolshagen [WL]
Dr. Cornelia Lüdecke, München [CL]
Dipl.-Geogr. Christiane Martin, Köln [CM]
Prof. Dr. Siegfried Meier, Dresden [SM]
Dipl.-Geogr. Stefan Meier-Zielinski, Basel (Schweiz) [SMZ]
Prof. Dr. Jens Meincke, Hamburg [JM]
Dr. Gotthard Meinel, Dresden [GMe]
Prof. Dr. Bernd Meissner, Berlin [BM]
Prof. Dr. Rolf Meißner, Kiel [RM]
Dr. Dorothee Mertmann, Berlin [DM]
Prof. Dr. Karl Millahn, Leoben (Österreich) [KM]
Dipl.-Geol. Elke Minwegen, Köln [EM]
Dr. Klaus-Martin Moldenhauer, Frankfurt a. M. [KMM]
Dipl.-Geogr. Andreas Müller, Trier [AMü]
Dr. Arnt Müller, Hannover [ArMü]
Dipl.-Geol. Joachim Müller, Berlin [JMü]
Dr.-Ing. Jürgen Müller, München [JüMü]
Dr. Lothar Müller, Müncheberg [LM]
Dr. Marina Müller, Müncheberg [MM]
Dr. Thomas Müller, Müncheberg [TM]
Dr. Peter Müller-Haude, Frankfurt a. M. [PMH]
Dr. German Müller-Vogt, Karlsruhe [GMV]
Dr. Babette Münzenberger, Müncheberg [BMü]
Dr. Andreas Murr, München [AM]
Prof. Dr. Jörg F. W. Negendank, Potsdam [JNe]
Dr. Maik Netzband, Leipzig [MN]
Prof. Dr. Joachim Neumann, Karlsruhe [JN]
Dipl.-Met. Helmut Neumeister, Potsdam [HN]
Dr. Fritz Neuweiler, Göttingen [FN]
Dr. Sabine Nolte, Frankfurt a. M. [SN]
Dr. Sheila Nöth, Köln [ShN]
Dr. Axel Nothnagel, Bonn [AN]
Prof. Dr. Klemens Oekentorp, Münster [KOe]
Dr. Renke Ohlenbusch, Karlsruhe [RO]
Dr. Renate Pechnig, Aachen [RP]
Prof. Dr. Hans-Peter Piorr, Eberswalde [HPP]
Dr. Susanne Pohler, Köln [SP]

Dr. Thomas Pohlmann, Hamburg [TP]
Hélène Pretsch, Bonn [HP]
Prof. Dr. Walter Prochaska, Leoben (Österreich) [WP]
Prof. Dr. Heinrich Quenzel, München [HQ]
Prof. Dr. Karl Regensburger, Dresden [KR]
Prof. Dr. Bettina Reichenbacher, München [BR]
Prof. Dr. Claus-Dieter Reuther, Hamburg [CDR]
Prof. Dr. Klaus-Joachim Reutter, Berlin [KJR]
Dr. Holger Riedel, Wetter [HRi]
Dr. Johannes B. Ries, Frankfurt a. M. [JBR]
Dr. Karl Ernst Roehl, Karlsruhe [KER]
Dr. Helmut Rogasik, Müncheberg [HR]
Dipl.-Geol. Silke Rogge, Karlsruhe [SRo]
Dr. Joachim Rohn, Karlsruhe [JR]
Dipl.-Geogr. Simon Rolli, Basel (Schweiz) [SR]
Dipl.-Geol. Eva Ruckert, Au (Österreich) [ERu]
Dr. Thomas R. Rüde, München [TR]
Dipl.-Biol. Daniel Rüetschi, Basel (Schweiz) [DR]
Dipl.-Ing. Christine Rülke, Dresden [CR]
PD Dr. Daniel Schaub, Aarau (Schweiz) [DS]
Dr. Mirko Scheinert, Dresden [MSc]
PD Dr. Ekkehard Scheuber, Berlin [ES]
PD Dr. habil. Frank Rüdiger Schilling, Berlin [FRS]
Dr. Uwe Schindler, Müncheberg [US]
Prof. Dr. Manfred Schliestedt, Hannover [MS]
Dr.-Ing. Wolfgang Schlüter, Wetzell [WoSch]
Dipl.-Geogr. Markus Schmid, Basel (Schweiz) [MSch]
Prof. Dr. Ulrich Schmidt, Frankfurt a. M. [USch]
Dipl.-Geoök. Gabriele Schmidtchen, Potsdam [GS]
Dr. Michael Schmidt-Thomé, Hannover [MST]
Dr. Christine Schnatmeyer, Trier [CSch]
Prof. Dr. Christian-Dietrich Schönwiese, Frankfurt a. M. [CDS]
Prof. Dr.-Ing. Harald Schuh, Wien (Österreich) [HS]
Prof. Dr. Günter Seeber, Hannover [GSe]
Dr. Wolfgang Seyfarth, Müncheberg [WS]
Prof. Dr. Heinrich C. Soffel, München [HCS]
Prof. Dr. Michael H. Soffel, Dresden [MHS]
Dr. sc. Werner Stams, Radebeul [WSt]
Prof. Dr. Klaus-Günter Steinert, Dresden [KGS]
Prof. Dr. Heinz-Günter Stosch, Karlsruhe [HGS]
Prof. Dr. Günter Strübel, Reiskirchen-Ettinghausen [GST]
Prof. Dr. Eugen F. Stumpfl, Leoben (Österreich) [EFS]
Dr. Peter Tainz, Trier [PT]
Dr. Marion Tauschke, Müncheberg [MT]
Prof. Dr. Oskar Thalhammer, Leoben (Österreich) [OT]
Dr. Harald Tragelehn, Köln [HT]
Prof. Dr. Rudolf Trümpy, Zürich (Schweiz) [RT]
Dr. Andreas Ulrich, München [AU]
Dipl.-Geol. Nicole Umlauf, Darmstadt [NU]
Dr. Anne-Dore Uthe, Berlin [ADU]
Dr. Silke Voigt, Köln [SV]
Dr. Thomas Voigt, Jena [TV]
Holger Voss, Bonn [HV]
Prof. Dr. Eckhard Wallbrecher, Graz (Österreich) [EWa]
Dipl.-Geogr. Wilfried Weber, Trier [WWb]
Dr. Wigor Webers, Potsdam [WWe]
Dr. Edgar Weckert, Karlsruhe [EW]
Dr. Annette Wefer-Roehl, Karlsruhe [AWR]
Prof. Dr. Werner Wehry, Berlin [WW]
Dr. Ole Wendroth, Müncheberg [OW]
Dr. Eberhardt Wildenhahn, Vallendar [EWi]
Prof. Dr. Ingeborg Wilfert, Dresden [IW]
Dr. Hagen Will, Halle/S. [HW]
Dr. Stephan Wirth, Müncheberg [SW]
Dipl.-Geogr. Kai Witthüser, Bonn [KW]

Prof. Dr. Jürgen Wohlenberg, Aachen [JWo]
Dipl.-Ing. Detlef Wolff, Leverkusen [DW]
Prof. Dr. Helmut Wopfner, Köln [HWo]
Dr. Michael Wunderlich, Brey [MW]

Prof. Dr. Wilfried Zahel, Hamburg [WZ]
Prof. Dr. Helmuth W. Zimmermann, Erlangen [HWZ]
Dipl.-Geol. Roman Zorn, Karlsruhe [RZo]
Prof. Dr. Gernold Zulauf, Erlangen [GZ]

Hinweise für den Benutzer

Reihenfolge der Stichwortbeiträge
Die Einträge im Lexikon sind streng alphabetisch geordnet, d. h. in Einträgen, die aus mehreren Begriffen bestehen, werden Leerzeichen, Bindestriche und Klammern ignoriert. Kleinbuchstaben liegen in der Folge vor Großbuchstaben. Umlaute (ö, ä, ü) und Akzente (é, è, etc.) werden wie die entsprechenden Grundvokale behandelt, ß wie ss. Griechische Buchstaben werden nach ihrem ausgeschriebenen Namen sortiert (α = alpha). Zahlen sind bei der Sortierung nicht berücksichtigt (^{14}C-Methode = C-Methode, 3D-Analyse = D-Analyse), und auch mathematische Zeichen werden ignoriert (C/N-Verhältnis = C-N-Verhältnis). Chemische Formeln erscheinen entsprechend ihrer Buchstabenfolge ($CaCO_3$ = CaCO). Bei den Namen von Forschern, die Adelsprädikate (von, de, van u. a.) enthalten, sind diese nachgestellt und ohne Wirkung auf die Alphabetisierung.

Typen und Aufbau der Beiträge
Alle Artikel des Lexikons beginnen mit dem Stichwort in fetter Schrift. Nach dem Stichwort, getrennt durch ein Komma, folgen mögliche Synonyme (kursiv gesetzt), die Herleitung des Wortes aus einem anderen Sprachraum (in eckigen Klammern) oder die Übersetzung aus einer anderen Sprache (in runden Klammern). Danach wird – wieder durch ein Komma getrennt – eine kurze Definition des Stichwortes gegeben und anschließend folgt, falls notwendig, eine ausführliche Beschreibung. Bei reinen Verweisstichworten schließt an Stelle einer Definition direkt der Verweis an.
Geht die Länge eines Artikels über ca. 20 Zeilen hinaus, so können am Ende des Artikels in eckigen Klammern das Autorenkürzel (siehe Verzeichnis der Autorinnen und Autoren) sowie weiterführende Literaturangaben stehen.
Bei unterschiedlicher Bedeutung eines Begriffes in zwei oder mehr Fachbereichen erfolgt die Beschreibung entsprechend der Bedeutungen separat durch die Nennung der Fachbereiche (kursiv gesetzt) und deren Durchnummerierung mit fett gesetzten Zahlen (z. B.: **1)** *Geologie*: … **2)** *Hydrologie*: …). Die Fachbereiche sind alphabetisch sortiert; das Stichwort selbst wird nur ein Mal genannt. Bei unterschiedlichen Bedeutungen innerhalb eines Fachbereiches erfolgt die Trennung der Erläuterungen durch eine Nummerierung mit nicht-fett-gesetzten Zahlen.
Das Lexikon enthält neben den üblichen Lexikonartikeln längere, inhaltlich und gestalterisch hervorgehobene Essays. Diese gehen über eine Definition und Beschreibung des Stichwortes hinaus und berücksichtigen spannende, aktuelle Einzelthemen, integrieren interdisziplinäre Sachverhalte oder stellen aktuelle Forschungszweige vor. Im Layout werden sie von den übrigen Artikeln abgegrenzt durch Balken vor und nach dem Beitrag, die vollständige Namensnennung des Autoren, deutlich abgesetzte Überschrift und ggf. einer weiteren Untergliederung durch Zwischenüberschriften.

Verweise
Kennzeichen eines Verweises ist der schräge Pfeil vor dem Stichwort, auf das verwiesen wird. Im Falle des Direktverweises erfolgt eine Definition des Stichwortes erst bei dem angegebenen Zielstichwort, wobei das gesuchte Wort in dem Beitrag, auf den verwiesen wird, zur schnelleren Auffindung kursiv gedruckt ist. Verweise, die innerhalb eines Text oder an dessen Ende erscheinen, sind als weiterführende Verweise (im Sinne von »siehe-auch-unter«) zu verstehen.

Schreibweisen
Kursiv geschrieben werden Synonyme, Art- und Gattungsnamen, griechische Buchstaben sowie Formeln und alle darin vorkommenden Variablen, Konstanten und mathematischen Zeichen, die Vornamen von Personen sowie die Fachbereichszuordnung bei Stichworten mit Doppelbedeutung. Wird ein Akronym als Stichwort verwendet, so wird das ausgeschriebene Wort wie ein *Synonym* kursiv geschrieben und die Buchstaben unterstrichen, die das Akronym bilden (z. B. **ESA**, *European Space Agency*).
Für chemische Elemente wird durchgehend die von der International Union of Pure and Applied Chemistry (IUPAC) empfohlene Schreibweise verwendet (also Iod anstatt früher Jod, Bismut anstatt früher Wismut, usw.).
Für Namen und Begriffe gilt die in neueren deutschen Lehrbüchern am häufigsten vorgefundene fachwissenschaftliche Schreibweise unter weitgehender Berücksichtigung der vorliegenden wissenschaftlichen Nomenklaturen – mit der Tendenz, sich der internationalen Schreibweise anzupassen: z. B. Calcium statt Kalzium, Carbonat statt Karbonat.
Englische Begriffe werden klein geschrieben, sofern es sich nicht um Eigennamen oder Institutionen handelt; ebenso werden adjektivische Stichworte klein geschrieben, soweit es keine feststehenden Ausdrücke sind.

Abkürzungen/Sonderzeichen/Einheiten
Die im Lexikon verwendeten Abkürzungen und Sonderzeichen erklären sich weitgehend von selbst oder werden im jeweiligen Textzusammenhang erläutert. Zudem befindet sich auf der nächsten Seite ein Abkürzungsverzeichnis.
Bei den verwendeten Einheiten handelt es sich fast durchgehend um SI-Einheiten. In Fällen, bei denen aus inhaltlichen Gründen andere Einheiten vorgezogen werden mußten, erschließt sich deren Bedeutung aus dem Text.

Abbildungen
Abbildungen und Tabellen stehen in der Regel auf derselben Seite wie das dazugehörige Stichwort. Aus dem Stichworttext heraus wird auf die jeweilige Abbildung hingewiesen. Farbige Bilder befinden sich im Farbtafelteil und werden dort entsprechend des Stichwortes alphabetisch aufgeführt.

Abkürzungen

↗ = siehe (bei Verweisen)
* = geboren
† = gestorben
a = Jahr
Abb. = Abbildung
afrikan. = afrikanisch
amerikan. = amerikanisch
arab. = arabisch
bzw. = beziehungsweise
ca. = circa
d. h. = das heißt
E = Ost
engl. = englisch
etc. = et cetera
evtl. = eventuell
franz. = französisch
Frh. = Freiherr
ggf. = gegebenenfalls
griech. = griechisch
grönländ. = grönländisch
h = Stunde
Hrsg. = Herausgeber
i. a. = im allgemeinen
i. d. R. = in der Regel
i. e. S. = im engeren Sinne
Inst. = Institut
isländ. = isländisch
ital. = italienisch
i. w. S. = im weiteren Sinne
jap. = japanisch
Jh. = Jahrhundert
Jt. = Jahrtausend
kuban. = kubanisch

lat. = lateinisch
min. = Minute
Mio. = Millionen
Mrd. = Milliarden
N = Nord
n. Br. = nördlicher Breite
n. Chr. = nach Christi Geburt
österr. = österreichisch
pl. = plural
port. = portugiesisch
Prof. = Professor
russ. = russisch
S = Süd
s = Sekunde
s. Br. = südlicher Breite
schwed. = schwedisch
schweizer. = schweizerisch
sing. = singular
slow. = slowenisch
sog. = sogenannt
span. = spanisch
Tab. = Tabelle
u. a. = und andere, unter anderem
Univ. = Universität
usw. = und so weiter
u. U. = unter Umständen
v. a. = vor allem
v. Chr. = vor Christi Geburt
vgl. = vergleiche
v. h. = vor heute
W = West
z. B. = zum Beispiel
z. T. = zum Teil

Silcrete, *siliceous concrete*, 1) von Lamplugh (1902) vorgeschlagener Begriff zur Beschreibung eines ↗Konglomerates aus oberflächlichem Sand und Kies, welches durch Silicat fest zementiert wurde. 2) silicatische ↗Duricrust; terrestrische Bodenbildung, die außerhalb des Einflusses des Grundwassers in ariden Klimaten entsteht. Bei fehlender Vegetationsdecke und hoher Verdunstungsrate wird gelöstes Silicat aus tieferen Bodenbereichen nach oben geführt und bildet nach Verdunstung des Wassers silicatische Bodenkrusten.

Silesium, regional verwendete, traditionelle stratigraphische Bezeichnung für das mitteleuropäische Oberkarbon, benannt nach dem lateinischen Ausdruck für Schlesien. Das Silesium umfaßt die regionalen Stufen ↗Namur, ↗Westfal und ↗Stefan. ↗Karbon, ↗geologische Zeitskala.

Silexit ↗Quarzolit.

Silicatbauxit, auf silicatischem Ausgangsgestein entwickelter ↗Bauxit (↗Bauxitlagerstätten).

Silicate, *Silikate*, a) Silicatminerale mit geordneten kristallinen Strukturen. Die Silicate haben ein gemeinsames Strukturprinzip, nach dem eine relativ einfache Gliederung durchgeführt werden kann. Eine weitere charakteristische Eigenschaft besteht darin, daß der Sauerstoff des Silicat-Komplexes gleichzeitig zwei verschiedenen $[SiO_4]$-Tetraedern angehören kann. Das dreiwertige Al^{3+} kann wegen seines nur wenig größeren Ionenradius als derjenige des Si^{4+} eine Doppelrolle einnehmen (Abb.). b) Im Gegensatz zu den geordneten kristallinen Strukturen stehen die silicatischen Gläser sowie Kalium- und Natrium-Wasserglas. Es handelt sich hier um Metasilicate mit polymeren Strukturen.

Gemeinsame Eigenschaften der Silicate sind ihre relativ hohe Härte, nichtmetallisches Aussehen, fehlende Eigenfarben und eine weiße oder farblose Strichfarbe sowie deutliche Wechselbeziehungen zwischen den Kristallstrukturen und den physikalisch-chemischen Eigenschaften (↗Molekularsiebe, ↗Spaltbarkeit). Die Silicate stellen die artenreichste Mineralgruppe überhaupt dar und bilden die wichtigsten und häufigsten Gemengteile der Gesteine der Erdkruste, aber auch aller anderen festen Himmelskörper. Die Erdkruste besteht annähernd zu 90 % aus Quarz und Silicatmineralen, sie bilden mit Abstand auch den größten Anteil an technischen Rohstoffen. Besonders großtechnische, anorganische Industrieprodukte, Baumaterialien, Bindemittel wie Zement, Feuerfesterzeugnisse, Nutzsteine usw. entstehen aus Silicaten. Silicatische Rohstoffe sind u. a. auch die Asbeste und die Tonminerale, die Feldspäte für Glas und Porzellan sowie für die Fein- und Grobkeramik. Aus Silicaten bestehen die Schmelzgesteinserzeugnisse, Hochofenschlacken, Füllstoffe der chemischen Industrie usw. Die Bildungsbedingungen der meisten Silicatminerale sind experimentell insbesondere durch hydrothermalsynthetische Untersuchungen erforscht worden. Sie entstehen bis auf wenige Ausnahmen, die für die Technische Mineralogie allerdings von großem Interesse sind, fast ausschließlich aus wäßrigen Lösungen oder in Anwesenheit von H_2O bei hohen Drucken und Temperaturen. ↗Silicat-Kristallchemie, ↗Aluminiumsilicate, ↗Alumosilicate. [GST]

Silicatfazies, Faziestyp (↗Fazies) a) der gebänderten Eisenformationen (↗Banded Iron Formation) und b) der ↗Ironstones; charakterisiert im Fall a) durch die Silicate Chamosit, Greenalit und Minnesotait und im Fall b) lediglich durch Chamosit. ↗Oxidfazies, ↗Carbonatfazies, ↗Sulfidfazies.

Silicatgel, *Weichgel*, Gel auf Wasserglasbasis (= Silicatbasis), das durch Einpressen in den Untergrund zur Baugrundverfestigung verwendet wird (↗Weichgelinjektion). Die Gele werden im Zweikomponenten-Verfahren hergestellt. Zur Wasserglaslösung werden Härter dazugegeben, deren Festigkeit und Erhärtungszeiten eingestellt werden können. Allgemein sind Silicatgele gegenüber aggressiven Wässern unempfindlich und können aufgrund ihrer schnellen Abbindung auch im bewegten Grundwasser eingesetzt werden. Bei den Härtern ist aber auf ihre Umweltverträglichkeit zu achten. Kommt es in Kontakt mit Grundwasser, können kurzfristig deutlich erhöhte pH- und Natriumwerte gemessen werden. Weichgele werden für Injektionen, die ausschließlich zur Abdichtung dienen, eingesetzt. Der Ausgangsstoff für Silicatgele ist Wasserglas (Natriumsilicat), das in Wasser gelöst mit unterschiedlicher Dichte und Alkalität sowie unterschiedlichen Kieselsäuregehalten lieferbar ist. Wassergläser werden durch Verschmelzen von calcinierter Soda (ca. 20 %) mit Siliciumsanden (ca. 80 %) bei hohen Temperaturen hergestellt. Zur Gelbildung wird das Wasserglas mit einem anorganischen oder organischen Härter gemischt. Gebräuchliche Härter sind z. B. Natriumaluminat, Natriumbicarbonat und verschiedene Ester. Die Art und Menge des Härters bestimmen den Grad der Alkalineutralisation. Mit steigender Neutralisation steigt die Festigkeit des Gels.

Die Hauptbestandteile von Silicatgelen sind neben Wasserglas Wasser und Reaktive. Das Wasserglas ist zumeist eine wäßrige Lösung von Natriumsilicaten $(Na_2O)(SiO_2)_x$. Im Wasserglas liegen keine echten chemischen Verbindungen vor, sondern ein Dreiphasen-System mit Kombinationen von Alkalioxiden (Na_2O), Kieselsäure

$K^{1+} = 1,33$ $Ca^{2+} = 0,99$ $Mg^{2+} = 0,66$ $Al^{3+} = 0,51$ $Si^{4+} = 0,42$ $O^{2-} = 1,32$ Å
(Ba^{2+}) (Na^{1+}, Y^{3+}) (Fe^{2+}, Fe^{3+}, Mn) (Be^{2+}, P^{5+}) (OH^{1-}, F^{1-}, H_2O)

Silicate: relative Größe der häufigsten Ionen in den Silicaten.

(SiO_2) und Wasser. Die Dichte von flüssigem Natron-Wasserglas (Molverhältnis SiO_2/Na_2O = 3,3) beträgt bei 20°C 1,36 ± 0,02 g/cm³, die Viskosität 20–150 mPa · s. Wasserglaslösungen bestehen aus gelösten Na^{2+}-, SiO_4^-- und OH^-- Ionen und einer großen kolloidalen Fraktion von Polysilicat-Anionen. Sie reagieren alkalisch (pH-Wert 10–13). Das zur Herstellung von Weichgelsohlen häufig eingesetzte Reaktiv Natriumaluminat $(Na_2O)_m \cdot Al_2O_3$ ist eine amorphe, gut wasserlösliche Verbindung. Die Dichte einer handelsüblichen Natriumaluminatlösung mit 69 % Wasser beträgt bei 20°C 1,49 ± 0,01 g/cm³, die Viskosität 600–700 mPa · s. Der Hauptbestandteil einer flüssigen Weichgelinjektionslösung ist Wasser. In der Regel wird Trinkwasser aus dem zur Verfügung stehenden Leitungssystem entnommen und als Anmachwasser eingesetzt.

Kolloide Silicatlösungen besitzen unter bestimmten Voraussetzungen die Fähigkeit zu gelieren. Hierbei entstehen elastische, aus Hydrosolen aufgebaute, sehr wasserhaltige Körper. Dabei findet eine gleichförmige Aggregation der SiO_2-Partikel über den gesamten Körper statt, d. h. das gesamte System erstarrt im Gegensatz zur Bildung von Niederschlägen (Koagulaten, Fluckulate etc.) zu einer einzigen kohärenten Einheit. Die Gelierungszeit (Kippzeit) ist dabei vom pH-Wert, der Temperatur, dem Mischungsverhältnis und anderen Faktoren abhängig. Bei der Silicatgelbildung mit Natriumaluminat als Reaktiv liegt Natriumaluminat selbst als negatives Kolloidpartikel in Lösung vor und die Gelierung führt zu stöchiometrisch uneinheitlichen Mischgelen. Die Verknüpfung der Polysilicat-Kolloide wird bei den vorliegenden Silicatlösungen mit Natriumaluminat als Reaktiv durch das Aluminaton $Al(OH)_4^-$ ausgelöst. Dabei werden die Aluminiumionen des Aluminats aufgrund des zu Silicium ähnlichen Ionenradius in das Gelgerüst selbst eingebaut. Es erfolgt jedoch kein OH^--Entzug oder eine teilweise Neutralisation der Lösung, da das Reaktiv selbst basische Eigenschaften besitzt. Bei einer Mischrezeptur von 1,6 Vol.-% Natriumaluminatlauge, 16,0 Vol.-% filtriertem Wasserglas und 82,4 Vol.-% Wasser findet nachfolgende Reaktion statt:

$$Na_2O(SiO_2)_{3,3}+0,16(Na_2O)_{1,72}Al_2O_3+1,11(H_2O)$$
$$\rightarrow 0,04\ Na_8(AlO_2)_8(SiO_2)_{82,5}+2,23\ Na^+OH^-.$$

Nach dieser Formel entstehen pro mol eingesetztem Wasserglas 0,04 mol Mischgel mit albitähnlichem Aufbau und 2,23 mol Natronlauge. Die Kippzeit beträgt i. d. R. ca. 20–60 Minuten. Es entstehen stark porenwasserhaltige Hydrogele, jedoch ohne definierte Reaktionsprodukte. Die Gele sind fein disperse kolloide Systeme, in denen Kieselsäurepartikel zu einem räumlichen Netzwerk verbunden sind. Dieses Kieselsäurenetzwerk besitzt die Gestalt eines Porenkörpers mit makromolekularen Kugelnetzen, in denen die einzelnen Bauelemente durch Hauptvalenzen miteinander verbunden sind. Die Haftpunkte der einzelnen Kolloidoberflächen sind kovalente chemische Bindungen. An diese Oberflächen können aber ebenso andere Wasserinhaltsstoffe gebunden werden, was zu einer langfristigen Konzentrationsverminderung dieser Stoffe im Grundwasserbereich des Injektionskörpers führt. Durch das Bestreben der Kolloide nach vollständiger elektrostatischer Absättigung verläuft auch nach abgeschlossener Injektion und Gelierung einer Weichgelsohle der Aggregationsprozeß der Silicatkolloide weiter. Dazu nähern sich die Sphärokolloide gegenseitig weiter an und streben letztendlich einer kubisch dichtesten ↗Kugelpackung zu. Hierbei verringern sich die mittleren Porenradien, und der Gelkörper beginnt unter teilweiser Verdrängung des Kapillarwassers zu schrumpfen. Dabei wird Synäresewasser freigesetzt, das fast ausschließlich aus verdrängtem Adsorptions-, Hydrat- und Kapillarwasser besteht. Mit fortdauernder Alterung bzw. Synärese einer Weichgelsohle nimmt die Porosität im Gel ab und gleichzeitig im injizierten Sediment zu. Grund hierfür ist die pH-Wert abhängige langsame Bildung getrockneter, loser Gelfragmente in den Porenräumen. Bei in der Praxis üblichen Injektionsmischungen bilden sich überwiegend Mischgele mit feldspatähnlichem Aufbau. Neben SiO_2-Gelpartikeln können Eisen-, Chrom-, Kupfer-, Zinkhydroxide u. v. a. in äußerst geringen Konzentrationen (einige ppm) ausfallen; allerdings werden die Hydroxide größerer Metallionen weniger stark oder gar nicht in die Oberflächen der SiO_2-Kolloide eingebaut. Theoretisch können nach der Reaktionsgleichung Natronlauge NaOH (Na^+ und OH^--Ionen in Lösung), Kieselsäuren $H_{2n+2}Si_nO_{3n+1}$, Al^{3+}-Ionen und geringe Anteile an Aluminationen $Al(OH)_4^-$ und beim Einsatz von Zuschlägen zusätzlich geringe Anteile an Kohlenhydraten $C_x(H_2O)_{y/x \geq y}$ als Reaktionsprodukte entstehen. [ME,AWR]

Silicatglaseinschluß, *Schmelzeinschluß*, glasig erstarrte Schmelze in einem ↗Flüssigkeitseinschluß.

Silicatkarren, Lösungsformen an der Oberfläche von Silicatgesteinen, die vor allem in tropischen Klimaten auftreten. Da ↗Karren als typische ↗Karstformen an leicht lösliche Gesteine gebunden sind, wird bei Karrenformen an Massengesteinen die Gesteinsbezeichnung vorangestellt (↗Silicatkarst).

Silicatkarst, zusammenfassende Bezeichnung für Lösungsformen, z. B. ↗Karren, an der Oberfläche von Silicatgesteinen. ↗Karst, ↗Pseudokarst.

Silicat-Kristallchemie, die Silicate bilden zusammen mit den SiO_2-Mineralen mehr als 90 % der Erdkruste. Sie sind damit die häufigsten und wichtigsten Minerale der Erde und aller übrigen Himmelskörper, was vor allem damit zusammenhängt, daß Sauerstoff zu 46,6 % und Silicium zu 27,7 %, also insgesamt mit fast 2/3 am Aufbau der festen Erdkruste und auch der meisten festen Himmelskörper beteiligt sind. Bezogen auf das Volumen beträgt ihr Anteil damit fast 95 %, während alle übrigen Elemente um oder weit unter 1 % liegen (↗Clarke-Werte). Man kann daher die feste Erdkruste, die fast ausschließlich aus ge-

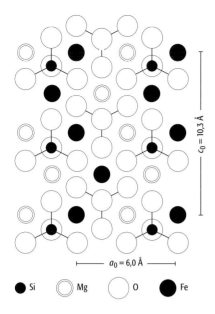

Die große Variationsbreite der Silicate und ihrer Strukturen ist auf die mannigfaltige Art und Weise der Verknüpfung von SiO_4- bzw. $(Si,Al)O_4$-Tetraedern zurückzuführen. Eine große Vereinfachung in der Beschreibung der Strukturkombinationen ist jedoch die Tatsache, daß diese Verknüpfungen nur über die Tetraederecken stattfinden, wobei dann je ein O als Tetraederspitze beiden Anionenkomplexen gemeinsam angehört. Eine Anlagerung der Tetraeder über gemeinsame Kanten oder Flächen ist dagegen bei den Silicaten nicht möglich. Die Silicatstrukturen können aus getrennten SiO_4-Tetraederinseln bestehen, die Tetraeder können sich zu endlichen Gruppen von 2, 3, 4 und 6 zusammenschließen, sie können unendliche Ketten, zweidimensionale Doppelketten, Bänder und dreidimensionale Gerüststrukturen bilden. Die hinsichtlich ihrer SiO_4-Struktur einfachsten Silicate bestehen aus inselartigen SiO_4-Tetraedern, die allerdings auch tetraederfremde Anionen wie O, OH und F enthalten können. Typische Vertreter der Insel-, Ortho- oder ↗Nesosilicate sind die Minerale der Olivinmischkristallreihe $((Mg,Fe)_2[SiO_4])$, ferner Phenakit $(Be_2[SiO_4])$, Zirkon $(Zr[SiO_4])$, Granat, Andalusit und Topas. Außerdem gehören einige technisch wichtige Silicate hierher wie das Schlackenmineral Monticellit $(CaMg[SiO_4])$ und das Portlandzementmineral »Alit« $(Ca_3$

Silicat-Kristallchemie 1: schematische Darstellung der Olivinstruktur.

steinsbildenden silicatischen Mineralen besteht, auch als eine dichte Packung aus Sauerstoffionen betrachten, in der, spärlich verteilt, die übrigen Elemente sitzen. Das dritthäufigste Element ist Aluminium, das in den Silicaten das Si diadoch ersetzt. Da der Radienquotient $R_{Al}:R_O$ von 0,43 praktisch an der Grenze von 0,414 liegt, die die Koordinationszahl KZ = 4 von KZ – 6 trennt, kann Al in den Silicaten sowohl in oktaedrischer als auch in tetraedrischer Koordination auftreten. Die Ladungsdifferenz zwischen Si^{4+} und Al^{3+} wird durch Substitution von Ca^{2+} für Na^+, Fe^{3+} für Fe^{2+}, Al^{3+} für Mg^{2+} usw. wieder ausgeglichen. Betrachtet man nur die Kristallstruktur, dann verhalten sich die $(Si,Al)O_4$-Tetraeder wie SiO_4-Tetraeder. Eine Klassifizierung der Silicate nach chemischen Gesichtspunkten wird durch diese Doppelrolle des Aluminiums außerordentlich erschwert. Von entscheidender Bedeutung für die Gliederung der Silicate waren daher die kristallographisch-kristallstrukturellen Ergebnisse röntgenographischer Feinstrukturuntersuchungen. Silicate, in denen Al in Sechserkoordination, also oktaedrisch von O, OH oder F umgeben ist, bezeichnet man als ↗Aluminiumsilicate. Mineralbeispiele sind ↗Epidot $(Ca_2FeAl_2(OH)[Si_3O_{12}])$, Beryll $(Al_2Be_3[Si_6O_{18}])$ und Spodumen $(LiAl[Si_2O_6])$. Silicate, in denen Al dagegen in Viererkoordination tetraedrisch von O umgeben ist, in denen also Al das Si substituiert und durch Substitution weiterer Ionen ein entsprechender Ladungsausgleich stattfindet, bezeichnet man als ↗Alumosilicate, z. B. ↗Leucit $(K[AlSi_2O_6])$ oder ↗Anorthit $(Ca[Al_2Si_2O_8])$. Schließlich unterscheidet man von diesen beiden noch eine dritte Gruppe, bei der Al sowohl tetraedrisch in 4er als auch oktaedrisch in 6er Koordination auftreten kann, und die man als Aluminium-Alumo-Silicate bezeichnet. Ein typisches Beispiel ist das Glimmermineral ↗Muscovit $(KAl^{2[6]}[(OH)\ 2\ Al^{[4]}Si_3O_{10}])$.

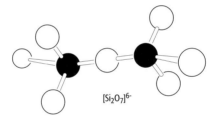

$[Si_2O_7]^{6-}$

Silicat-Kristallchemie 2: Gruppensilicat-Komplex.

$[O/SiO_4])$. Wie eine schematische Darstellung der Kristallstruktur des ↗Olivins (Abb. 1) zeigt, sind die Mg- bzw. Fe-Ionen fast oktaedrisch von 6 O umgeben, wodurch die pseudohexagonale Symmetrie des an sich rhombischen Olivins verständlich wird. Bedingt durch diese dichte Sauerstoffpackung ist das hohe spezifische Gewicht, die große Härte und die hohe Lichtbrechung dieser Silicate.
Treten zwei $[SiO_4]^{4-}$-Tetraeder zusammen, dann entstehen $[Si_2O_7]^{6-}$-Doppeltetraeder (Abb. 2). Solche Silicatstrukturen mit endlichen Gruppenkomplexen heißen Gruppen- oder ↗Sorosilicate.

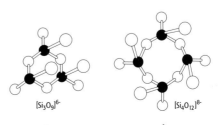
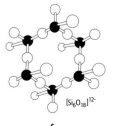

$[Si_3O_9]^{6-}$ $[Si_4O_{12}]^{8-}$ $[Si_6O_{18}]^{12-}$

a   b   c

Silicat-Kristallchemie 3: a)–c) Ringsilicat-Komplexe.

Silicat-Kristallchemie 4: Kettensilicat.

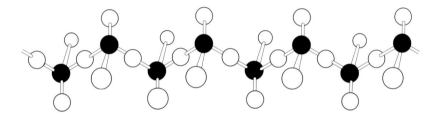

Typische Mineralvertreter sind Thortveitit ($Sc_2Si_2O_7$), Hemimorphit ($Zn_4(OH)_2/Si_2O_7 \cdot H_2O$) sowie die Minerale der Mischkristallreihe Melilith mit den Endgliedern Åkermanit ($Ca_2Mg[Si_2O_7]$) und Gehlenit ($Ca_2Al[(Si,Al)_2O_7]$), die als Hauptminerale von Hochofenschlacken und als Zementphasen von technischer Bedeutung sind. Durch die ringförmige Verkoppelung der $[SiO_4]$-Tetraeder entstehen Dreier-, Vierer- und Sechserringe mit den Komplexen $[Si_3O_9]^{6-}$, $[Si_4O_{12}]^{8-}$ und $[Si_6O_{18}]^{12-}$ (Abb. 3). Diese Gruppe von Strukturen bezeichnet man als Ringsilicate oder auch als ↗Cyclosilicate. Bedingt durch die Dreier- und Sechserringstrukturen – Viererringe sind unter den Mineralen sehr selten –, zeigen die Kristalle dieser Silicate häufig trigonale oder hexagonale Symmetrieelemente. Ein typischer Vertreter mit Dreiringstruktur ist das Mineral Benitoit ($BaTiSi_3O_9$). Axinit, ein Ca-Al-Borosilicat, bildet Viererringe und kristallisiert pseudokubisch. Beryll ($Al_2Be_3[Si_6O_{18}]$) baut sich aus Sechserringen auf, die längs der c-Achse übereinander angeordnet sind. Dadurch entstehen weite kanalartige Hohlräume, die gitterfremden Ionen mit großen Radien wie Kalium, Rubidium, Cäsium, Chlor, OH und Fluor den notwendigen Platz bieten. Daneben finden sich häufig auch seltene Elemente mit ungewöhnlichem Ionenradius in solchen Silicatstrukturen. Auch das Kupfersilicat Dioptas ($Cu_6[Si_6O_{18}] \cdot 6\,H_2O$) hat solche röhrenförmigen Hohlräume, in denen das in der Formel angegebene Wasser sitzt.

Anstelle von Ringstrukturen können die SiO_4-Tetraeder sich auch zu eindimensionalen unendlichen Ketten verknüpfen. Diese kettenförmigen Strukturmerkmale drücken sich dann auch in der morphologischen Entwicklung und in den Eigenschaften der betreffenden Kristalle aus. Kettensilicate, die auch als ↗Inosilicate bezeichnet werden (von griech. inos = Faser), zeigen einen prismatisch stengelig, nadeligen Habitus und, wie z. B. Asbestminerale, gute Spaltbarkeit und faserige Absonderung parallel zu den Kettenachsen. Die meisten Inosilicate, besonders die gesteinsbildenden Gruppen der ↗Pyroxene und die ↗Amphibol-Gruppe, bauen sich aus eindimensional unendlichen Ketten oder Bändern auf, deren Periodizität zwei Tetraederlängen umfaßt. Bei den Pyroxenen ($CaMg[Si_2O_6]$) liegen Kettenstrukturen vom Formeltyp $[Si_2O_6]^{4-}$ vor (Abb. 4). Von besonderer Bedeutung für die Mineralogie ist hier die Pyroxen-Mischkristallreihe Enstatit-Bronzit-Hypersthen, von technischem Interesse für keramische Prozesse sind der monokline Klinoenstatit ($Mg_2[Si_2O_6]$) und Spodumen ($LiAl[Si_2O_6]$). Bei den Amphibolen, z. B. $Ca_2Mg_5(OH)_2[Si_4O_{11}]_2$, sind diese Ketten durch gemeinsame Brückensauerstoffe miteinander verknüpft, so daß sich Zweierdoppelketten oder Bandstrukturen vom Formeltyp $[Si_4O_{11}]^{6-}$ bilden (Abb. 5). Die Gitterkonstante bei Einfachketten- und Doppelkettensilicaten beträgt 5,2 Å, da die Periode in der Kettenrichtung jeweils zwei SiO_4-Tetraeder umfaßt. Der pseudohexagonale ↗Wollastonit (Cyclowollastonit, $CaSiO_3$) und das technisch wichtige Zement- und Kalksandsteinmineral Xonotlit ($Ca_6(OH)_2[Si_6O_{17}]$) bilden Dreierketten, hier beträgt die Gitterkonstante 7,3 Å. Als natürliche Minerale recht selten, um so wichtiger als technische Mineralphasen in der Zement- und Baustoffmineralogie, sind eine Reihe von Calciumhydrosilicaten wie Foshagit und Hillebrandit ($Ca_4[(OH)_2/Si_3O_9]$), Nekoit und Okenit ($CaH_2[Si_2O_8](H_2O)$) sowie Riversideit ($Ca_5H_2[Si_3O_9] \cdot 2\,H_2O$) und der ↗Tobermorit ($Ca_5H_2[Si_3O_9] \cdot 4\,H_2O$), der nach der Dicke einer Elementarschicht auch als 11,3 Å-Tobermorit bezeichnet wird. Schließlich sind unter den Mineralen auch noch Silicate mit Fünferketten und einer Gitterkonstante von 12,2 Å bekannt, z. B. ↗Rhodonit ($(Mn,Ca)_5[Si_5O_{15}]$), und solche mit Siebenerketten, bei denen die Gitterkonstante in Kettenrichtung 17,1 Å beträgt, wie das auch in Schlacken auftretende Mineral Pyroxmangit ($(Mn,Fe,Ca,Mg)_7[Si_7O_{21}]$).

Durch die zweidimensionale Weiterverknüpfung in einer Ebene entstehen flächenhafte Netze aus Elementartetraedern, die das Grundgerüst der Schichtsilicate bilden. Anstatt über zwei Ecken an zwei Tetraedern wie bei den Inosilicaten sind die SiO_4-Tetraeder bei den ↗Phyllosilicaten (von griech. phyllos = Blatt) über drei Ecken an drei Nachbartetraeder gebunden. In diesen Schichtsilicatstrukturen bilden drei Sauerstoffionen eines Tetraeders jeweils eine Sauerstoffbrücke zu den

Silicat-Kristallchemie 5: Bandsilicate.

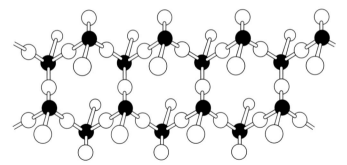

benachbarten Tetraedern, während das vierte Sauerstoffion keine Brücke bildet, so daß die Tetraeder als eine in sich geschlossene Blattstruktur miteinander verknüpfter Sechserringe vorliegt (Abb. 6). Auch hier kommt der schichtstrukturelle Aufbau in den Eigenschaften der betreffenden Silicate zum Ausdruck, denn sie zeichnen sich durch eine ausgezeichnete Spaltbarkeit nach den Netzebenen der Tetraederschichten aus. Solche pseudohexagonalen, zweidimensionalen Tetraederschichten liegen bei den ↗ Glimmern, bei den Chloritmineralen (↗ Chlorit-Gruppe) und bei der Kaolinit-Serpentinitgruppe (↗ Serpentin) vor. Seltener sind pseudotetragonale Verknüpfungen, wie sie z. B. beim Apophyllit ($Ca_4K[F/Si_4O_{10}]_2 \cdot 8\,H_2O$) vorliegen. Die SiO_4-Tetraeder der pseudohexagonalen Schichten vom Formeltyp $[Si_2O_5]_2^-$ weisen mit ihren freien Sauerstoffecken stets nach derselben Seite. An diese freien Sauerstoffe können sich Kationen wie Mg^{2+} oder Al^{3+} binden, die dann wieder von 6 O- oder OH-Gruppen umgeben sind. Eine solche Zweischichtstruktur zeigen viele Tonminerale, wie z. B. ↗ Kaolinit ($Al_2[(OH)_4Si_2O_5]$, Abb. 7) sowie die Minerale Chrysotil und Antigorit ($Mg_3[(OH)_4Si_2O_5]$). Während der Kaolinit, wie sich elektronenmikroskopisch nachweisen läßt, Kristalle im Habitus pseudohexagonaler tafeliger Plättchen bildet, handelt es sich bei den Antigoritformen um wellblechartige, beim Chrysotil um röllchenförmige Kristallaggregate, was man darauf zurückführt, daß die $Mg(OH)_2^-$ und die SiO_2-Schichten nicht exakt aufeinander passen. Jeweils zwei Si_2O_5-Netze können auch über die Kationen, z. B. über Mg^{2+} oder Al^{3+}, miteinander verknüpft werden, so daß sich die freien Sauerstoffecken der beiden Si_2O_5-Netze spiegelbildlich zueinander verhalten. Einen derartigen Aufbau der Phyllosilicate, der z. B. beim ↗ Pyrophyllit ($Al_2[(OH)_2Si_4O_{10}]$) vorliegt, bezeichnet man als Dreischichtstruktur (↗ Dreischichtminerale). Bei der Gruppe der Glimmer wird innerhalb einer Pyrophyllitschicht 1/4 der Si^{4+}-Ionen durch Al^{3+}-Ionen in der Viererkoordination ersetzt und das dadurch hervorgerufene Ladungsdefizit im Gitter durch Alkaliionen ausgeglichen. Diese Alkali-Ionen (Abb. 8) zeigt die Struktur der Glimmer, am Beispiel von Muscovit liegen sie dabei in Zwölferkoordination zwischen den Schichtpaketen. Die Glimmer bestehen daher aus $(Si,Al)_2O_5$-Schichten, die den benachbarten Schichten jeweils die Tetraederspitzen zukehren. In der Ebene der Tetraederspitzen sind alle freien Plätze von OH-Ionen besetzt. Die Verknüpfung der Schichten auf der Seite der Tetraederspitzen erfolgt über Al, bei manchen Glimmern auch über Mg, wobei Al oktaedrisch von vier O- und zwei OH-Ionen koordiniert ist. Zwischen den Schichten liegen die großen Alkaliionen, bei Muscovit Kalium, bei anderen Glimmern Natrium oder Calcium, alle jeweils in Zwölferkoordination. Die Alkaliionen können auch durch OH^- ersetzt werden; in der Natur entstehen so die Hydroglimmer, aus denen schließlich unter entsprechenden genetischen Bedingungen Montmorillonitminerale (↗ Mont-

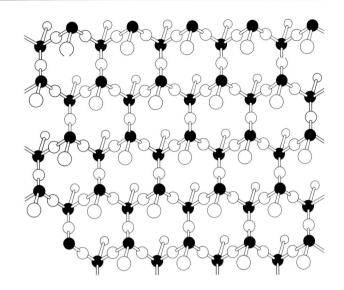

morillonit) entstehen. Alle Phyllosilicate zeigen die typischen Schichtgittereigenschaften, d. h. eine vollkommene Spaltbarkeit, einen pseudotetragonalen bzw. pseudohexagonalen Habitus und einen fast immer optisch negativen Charak-

Silicat-Kristallchemie 6: Schichtsilicate.
Silicat-Kristallchemie 7: Prinzip der Zwei- und Dreischicht-Strukturen.

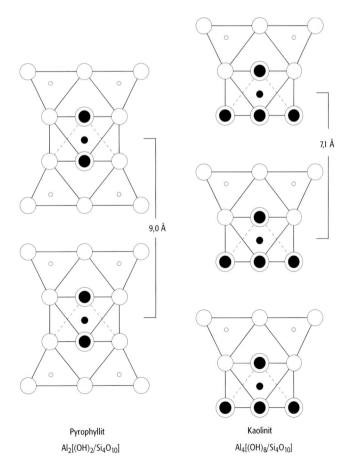

Pyrophyllit
$Al_2[(OH)_2/Si_4O_{10}]$

Kaolinit
$Al_4[(OH)_8/Si_4O_{10}]$

Silicat-Kristallchemie 8: Muscovit-Struktur.

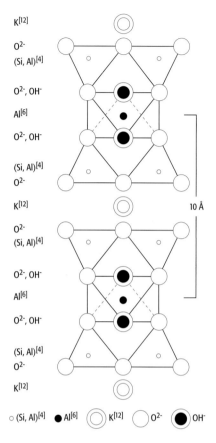

Silicat-Kristallchemie 9: Gerüstsilicat-Struktur der Zeolithe.

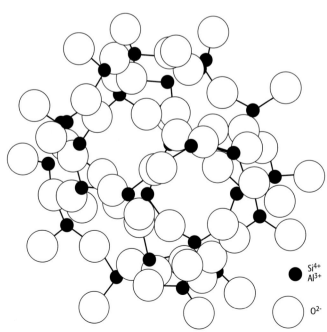

ter der Doppelbrechung. Neben den Tonmineralen und den Glimmern bilden auch die Minerale Apophyllit, Pyrophyllit und ↗Talk silicatische Schichtgitter. Auch die Serpentinminerale und ↗Chrysotil zeigen in ihrem Gitterbau eine kaolinartige Schichtsilicatstruktur. Dabei sind die Schichtpakete beim ↗Antigorit (Blätterserpentin), wie bereits angedeutet, in wellblechartiger Form deformiert, während sie beim Chrysotil (Faserserpentin) zu Röhrchen gerollt vorliegen. Elektronenmikroskopische Untersuchungen zeigen, daß auch spiralige Einrollungen möglich sind und daß die Füllung der Röhrchen aus amorphem Material bestehen kann. Die technischen Eigenschaften von Serpentinasbest (↗Asbest) wie Faserlänge und Spinnfähigkeit sind auf diese strukturellen Eigenarten zurückzuführen. Durch allseitige Verknüpfung der SiO_4-Tetraeder ergibt sich schließlich ein dreidimensionaler Gerüstbau, wie er auch bei den SiO_2-Modifikationen vorliegt. Während dort jedoch die Tetraedergerüste valenzmäßig vollständig abgesättigt sind, wird bei den Silicaten ein Teil der Si^{4+}-Ionen durch Al^{3+}-Ionen ersetzt und die negativen Restladungen durch Kationen wie K^+, Na^+ und Ca^{2+} ausgeglichen. Mit ganz wenigen Ausnahmen bilden die Gerüst- oder ↗Tektosilicate, wie sie auch genannt werden, Alkali- und Erdalkalialumosilicate. Die Strukturgerüste der Tektosilicate sind sehr locker und weitmaschig gebaut, wodurch kanalartige Hohlräume auftreten (Abb. 9). Damit ist die Möglichkeit von Einlagerungsstrukturen gegeben, d. h. es können ohne wesentliche Veränderung der Struktur zusätzliche Ionen oder Moleküle in das Gitter eingebaut werden, was besonders charakteristisch bei den ↗Zeolithen der Fall ist, die H_2O in die Gitterhohlräume einlagern. Eine weitere Folge des lockeren Gitterbaues der Tektosilicate ist ihr geringes spezifisches Gewicht, die für Silicate relativ geringe Härte nach Mohs (↗Mohssche Härteskale) von 4–6 und eine niedrige Lichtbrechung. [GST]

Silicatmeteorit, *Steinmeteorit*, aus überwiegend ↗Silicaten aufgebauter ↗Meteorit. Steinmeteorite kommen häufiger vor als Stein-Eisen- oder Eisenmeteorite. Zu den wichtigsten Gruppen der Silicatmeteorite gehören die Chondrite und Achondrite. Die erste Gruppe enthält millimetergroße radialstrahlige Silicatkugeln (Chondren; von griech. chondros = Korn) in einer mikrokristallinen oder glasigen Matrix; untergeordnet kommen Nickeleisenlegierungen und Kohlenwasserstoffe vor. Die Chondren bestehen aus Olivin, Enstatit, Pyroxenen, Plagioklasen, Silicatglas und Nickeleisen und treten in irdischen Gesteinen nicht auf. Aufgrund des Verhältnisses von freiem, metallischem Fe zum gesamten Fe-Gehalt lassen sich Chondrite unterteilen (z. B. Enstatit-Chondrite, Olivin-Bronzit-Chondrite, kohlige Chondrite). Im Gegensatz zu den Achondriten, die wesentlich seltener und frei von Chondren sind, haben sie meist ophitische, porphyrische oder körnige Gefüge. Daneben enthalten Achondrite mehr Nickeleisenlegierungen als Chondrite.

Silicatverwitterung ↗Verwitterung.

siliciklastische Sedimente ↗terrigene Sedimente.

Silicium, Si, Element aus der IV. Hauptgruppe des ↗Periodensystems (Kohlenstoff-Silicium-Gruppe), Ordnungszahl 14, Atommasse: 28,0855, Wertigkeit: IV, selten II; Härte nach Mohs: 7; Dichte: 2,32–2,34 g/cm³. Das graue, metallisch glänzende, kubisch kristallisierende Halbmetall hat Diamantstruktur und weist Halbleitereigenschaften auf. Silicium tendiert aufgrund seiner Stellung im Periodensystem und seiner Elektronenkonfiguration dazu, vier Kovalenzen auszubilden. Die Bindungen zu Sauerstoff, Chlor und insbesondere Fluor sind sehr stabil. Bei sehr hohen Temperaturen verbrennt Silicium an der Luft zu SiO_2, mit zahlreichen Metallen reagiert es in der Hitze zu Siliciden. Silicium löst sich unter Bildung von Wasserstoff in Alkalilaugen, ist jedoch unlöslich in Säuren (Ausnahme Flußsäure). Silicium ist mit einem Massenanteil von 27,7 % nach dem Sauerstoff das häufigste Element der ⁄Erdkruste. In der Natur liegt Silicium entweder als ⁄Siliciumdioxid (⁄Quarz) oder in einer außerordentlichen Vielfalt als ⁄Silicate vor. Neben der Verwendung in der Halbleitertechnik ist Silicium ein wichtiger Legierungsbestandteil und dient in der Metallurgie als Desoxidationsmittel.

Siliciumdioxid, SiO_2, kommt in der Natur in verschiedenen Modifikationen vor. Dabei existiert eine enantiotrope Umwandlunsreihe (wechselseitiger Übergang von verschiedenen Modifikationen). Tiefquarz (trigonal-trapezoedrisch) geht bei 575°C in Hochquarz (hexagonal-trapezoedrisch) über, dieser bei 870°C in Tridymit (rhombisch-dipyramidal; Hochtridymit = hexagonal). Daraus bildet sich bei 1470°C Cristobalit (tetragonal-trapezoedrisch) und schließlich Hochcristobalit (kubisch). Coesit ist monoklin, pseudohexagonal und unter hohem Druck entstanden. Tiefquarz besitzt verschiedene Varietäten: Bergkristall, Rauchquarz (bräunlich), Morion (tiefbraun), Citrin (gelb), Amethyst (violett), Rosenquarz (lichtrosa). Die Farben kommen durch Gitterfehlstellen oder durch Einschlüsse anderer Minerale zustande. Mikrokristalliner Quarz (gelförmig) wird Chalcedon bezeichnet; Varietäten sind Achat (schichtiger Aufbau aus verschiedenen Chalcedonlagen), Carneol (rot), Chrysopras (grün), Onyx (schwarz), Heliotrop (grün mit roten Flecken). Glasartig amorpher Quarz (Schmelze) bildet sich durch Blitzeinschlag in Quarzsand (⁄Fulgurit) und gelegentlich durch Meteoriteneinschlag. Opal ist amorpher Quarz ($SiO_2 + H_2O$). Varietäten sind Hyalit (hell), Feueropal (gelb bis rot), Edelopal (irrisierendes Farbenspiel) und Prasopal (grün). Milchige Formen, die durch Wasserverlust entstehen, heißen Milchopal und Hydrophan. Feuerstein, Flint und Hornstein sind Opale, die bereits weitgehend in Chalcedon übergegangen sind. ⁄Quarz. [AM]

Silicoflagellales, einzellige, 20–50 µm, selten bis 100 µm große, mixotrophe, marin und planktonisch lebende ⁄Algen mit vielen gelben oder grünbraunen Chloroplasten zur ⁄Photosynthese und Pseudopodien, mit denen Nahrungspartikel gefangen werden. Ein einziges Flagellum dient der Fortbewegung. Das Cytoplasma wird von einem fossilisationsfähigen, internen Opalskelett aus hohlen Streben gestützt. Es besteht aus einem Basalring, der rund, elliptisch, rhombisch, pentagonal oder hexagonal ist und Stacheln in den Eckpunkten tragen kann. Meist spannen sich ein oder mehrere Balken als Gewölbe über den Basalring. Fossile Silicoflagellaten-Skelette sind seit der Unterkreide, vor allem aus an ⁄Bacillariophyceae reichen Ablagerungen bekannt und selten gesteinsbildend zum Silicoflagellit angehäuft. Im Tertiär erreichten die Silicoflagellales ihre maximale Diversität, die auf nur noch eine rezente Gattung mit drei Arten zurückging. Die systematische Stellung der Ordnung Silicoflagellales ist unsicher. Sie werden sowohl zu den ⁄Chrysophyceae (⁄Heterokontophyta) gestellt, nehmen bei diesen Algen aber eine umstrittene Sonderstellung ein, als auch zu den Protozoa, weil sie mit ihren Pseudopodien Nahrung aufnehmen können. [RB]

Silifizierung, Verkieselung, 1) ⁄Alteration von Gesteinen, bei der eine Zufuhr von Quarz und der Ersatz von primären Mineralen des Ausgangsgesteins erfolgt. SiO_2 kommt dabei meistens als extrem feiner, mikrokristalliner Quarz (⁄Siliciumdioxid) vor. Es kann entweder aus ⁄fluider Phase bzw. ⁄hydrothermalen Lösungen zugesetzt werden oder bei der Alteration primärer Minerale entstehen. Silifizierung ist bei ⁄hydrothermaler Alteration weit verbreitet und für die Prospektion ein wertvoller Indikator für mögliche Mineralisationen. 2) In der Paläontologie bedeutet Silifizierung einen Ersatz von organischer Materie durch SiO_2, meist während der ⁄Diagenese. Silifizierung zeichnet sich oft durch hervorragende Fossilerhaltung bis in den µm-Bereich aus.

Silk, komplexe ⁄Längsdüne mit wellenförmiger Kammlinie, die aus in Längsrichtung aneinander gereihten Sifelementen (⁄Sif) besteht. Ein Silk kann mehrere Kilometer lang und über 100 m breit werden. Die Dynamik der Silk entspricht der Sif, sie sind jedoch keine initialen Bildungen. Silk können aus ⁄Barchanen entstehen, wenn diese in eine Region mit wechselnden Windrichtungen einwandern (Abb.). In der Literatur werden Silk häufig nicht von den kleineren Sif oder den großen ⁄Draa unterschieden.

Sill ⁄Lagergang.

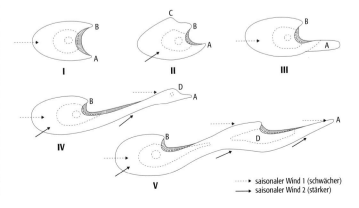

Silk: Modell der Entstehung von Silk aus Barchanen.

Sillimanit, *Bamlit, Fibrolit, Faserkiesel, Glanzspat*, nach Prof. B. Silliman aus New Haven benanntes Mineral mit der chemischen Formel $Al_2[O/SiO_4]$ und rhombisch-dipyramidaler Kristallform; Farbe: farblos bis weiß, seltener gelb, braun oder grün; Spaltbarkeit: vollkommen; in Säuren unlöslich; Härte nach Mohs: 7,5; Dichte: 3,23–3,27 g/cm^3; manchmal faserig (= Fibrolit); Rohstoff für feuerfestkeramische Werkstoffe; Vorkommen: in hochmetamorphen Gesteinen, z. B. in Sillimanit-Cordierit-Gneisen (Bayerischer Wald), in Hornfelsen und in Granuliten.

Sillimanitzone ↗Barrow-Zonen.

Silt, *Schluff*, 1) Angabe zum Korndurchmesser einer Gesteinskomponente, die bei 0,002–0,063 mm oder zwischen 4 und 9 Phi variiert (↗Korngröße). Man unterteilt in *Feinsilt* (0,002–0,0063 mm), *Mittelsilt* (0,0063–0,02 mm) und *Grobsilt* (0,02–0,063 mm). 2) loses Aggregat von Mineral- oder Gesteinspartikeln entsprechender Größe. Es variiert meist beträchtlich in seiner Zusammensetzung, kann allerdings einen hohen Anteil an Tonmineralen enthalten.

Siltstein, diagenetisch verfestigte ↗Silte.

Silur, *Silurium*, drittältestes System des ↗Phanerozoikums, nach dem ↗Ordovizium und vor dem ↗Devon. Es begann vor ungefähr 438 Millionen Jahren und endete vor etwa 408 Millionen Jahren. Am gebräuchlichsten ist die Unterteilung des Silurs in zwei Abteilungen: unteres Silur (438–421 Millionen Jahre) und oberes Silur (421–408 Millionen Jahre), die jedoch bislang nicht formal gegliedert sind. Mit ca. 30 Mio Jahren Dauer ist es die kürzeste Periode des Altpaläozoikums. Die Untergrenze des Silurs ist die Basis der *Parakidograptus acuminatus*-Biozone im Dob's Linn Profil in den Southern Uplands von Schottland. Die Obergrenze zu dem darüberliegenden Devon wurde 1985 bei Klonk (35 km südwestlich von Prag) festgelegt. Die Basis der *Monograptus uniformis*-Biozone definiert die Basis des Devons. Ein Horizont oder ↗GSSP (Ordovician-Silurian Boundary Global Stratotype Section and Point), der durch einen goldenen Nagel markiert wird, legt die genaue Position beider Grenzen fest. Das Silur wurde 1835 von R. I. ↗Murchison eingeführt, der eine Abfolge von Sedimentgesteinen in Nordwales nach den Silurern benannte, einem keltischen Stamm, der in römischer Zeit im Typusgebiet lebte. Basierend auf den frühen stratigraphischen Arbeiten in Großbritannien wird das Silur in vier Stufen unterteilt, beginnend mit ↗Llandovery, gefolgt von ↗Wenlock, ↗Ludlow, und ↗Pridoli.

Die Verteilung der Kontinente, Epikontinentalmeere und tiefen Ozeanbecken (Abb.) war im Silur anders als heute. Der größte der silurischen Kontinente war ↗Gondwana, das sich prinzipiell aus dem heutigen Südamerika und Afrika zusammensetzte sowie aus Anteilen des mittleren Ostens, Indiens, Australiens, Europas und der Antarktis. Nordafrika und Südamerika lagen am Südpol und blieben der Kernteil Gondwanas; Australien, ↗Baltica, ↗Laurentia (Ur-Nordamerika) und Südchina lagen in der Nähe des Äquators, ein Teil Sibiriens (Paläo-Asien oder Angara; ↗Angara-Schild), ↗Kasachstania und Nordchina lagen auf der nördlichen Halbkugel. Im späten Silur vollzog sich die endgültige Schließung des ↗Iapetus (zwischen Laurentia und Baltica) in Skandinavien, was zur Bildung der skandinavischen ↗Kaledoniden führte. Im frühen Devon schloß sich das Restbecken des Iapetus in Nordamerika, wodurch die Faltengürtel der Appalachen entstanden. Ein großer Ozean (Panthalassa) lag in der arktischen Region.

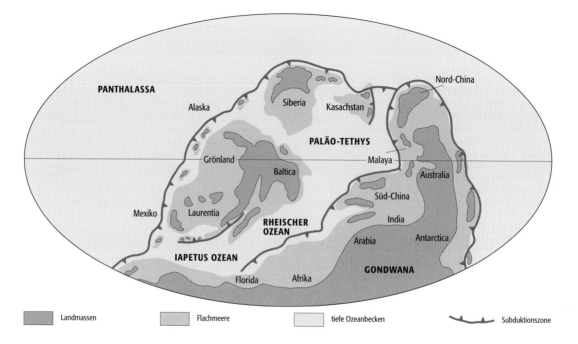

Silur: mögliche paläogeographische Rekonstruktion mit der Lage der Kontinente, Epikontinental-Meere und Tiefsee-Bereiche im mittleren Silur (Wenlock).

Das Silur ist gekennzeichnet durch einen relativ hohen Meeresspiegel, und die meisten Kontinente waren von ausgedehnten Epikontinentalmeeren bedeckt, wodurch es zur Ausbildung von Carbonatablagerungen auf den Kontinentalplattformen kam, die in niedrigen Breiten lagen. ↗Riffe wurden im Silur hauptsächlich von ↗Stromatoporen und rugosen ↗Korallen gebaut. Die tabulaten Korallen waren lokal als Riffbildner wichtig, z. B. in den Tabulaten-Riffen des Wenlock in Großbritannien, in denen massige und ästige Heliolitina, *Favosites* und *Halysites* als Gerüstbildner auftraten und laminare Alveolitidae und *Thecia* als verbindende Elemente agierten. In den gemäßigteren Regionen kamen gemischte carbonatisch/siliciklastische Sedimente zur Ablagerung, während rein siliciklastische Sedimente in höheren Breiten gebildet wurden (z. B. Südamerika und Afrika). Charakteristische Lithologien im Silur sind weiterhin schwarze Graptolithenschiefer (z. B. *Cyrtograptus*-Schiefer von Schonen), Alaun- und Kieselschiefer (z. B. in Thüringen), Brachiopoden-Kalke und Schiefer (z. B. mit *Stricklandia* im Oslo-Gebiet), Orthoceren- und Ostracoden-Kalke (z. B. im Rheinischen Schiefergebirge) und *Eurypterus*-Dolomit (z. B. auf der Russischen Plattform). Kurz vor Beginn des Silurs (in der Hirnant-Unterstufe des ↗Ashgill) setzte eines der größten Massensterben der Erdgeschichte ein, bei dem mindestens 22 Familien ausstarben. Besonders betroffen waren die ↗Graptolithen, ↗Trilobiten und ↗Brachiopoden, gegen Ende des Hirnant auch die ↗Conodonten, ↗Acritarchen und ↗Korallen. Viele dieser Gruppen erlangten die Vielfältigkeit, die sie im Ordovizium hatten, im Silur nicht wieder. Gegen Ende des Silurs kam es wiederum zu einer Meeresspiegelabsenkung, die große Teile der kontinentalen Schelfmeere betraf und Bildung von Rotsedimenten zur Folge hatte.

Die biostratigraphische Gliederung des Silurs stützt sich hauptsächlich auf Graptolithen, Conodonten, Brachiopoden und Trilobiten. In diesem Zeitabschnitt sind auch die Acritarchen und Chitinozoen besonders nützlich. Die Graptolithen erlauben eine Unterteilung des Systems in bis zu 32 ↗Biozonen, die für überregionale Korrelationen geeignet sind, da es sich um planktische Lebewesen handelte, die weit verbreitet waren. Graptolithen werden hauptsächlich in schwarzen Schiefern gefunden, während mit Conodonten die carbonatischen Abfolgen gegliedert werden können. Mit ihrer Hilfe kann das Silur in zwölf Biozonen untergliedert werden (lokal auch mehr oder weniger). Die Provinzialität und auch die Faziesabhängigkeit der Conodontenfaunen ist im Silur viel geringer ausgebildet als im Ordovizium.

Die Lebewelt des Silurs war geprägt durch die erneute adaptive ↗Radiation, die dem spät-ordovizischen Massensterben folgte, und durch die beginnende Kolonisierung des Festlandes. Vermutliche Reste von kalkigem ↗Nannoplankton wurden in den hervorragend erhaltenen mikritischen Kalken von Gotland gefunden. ↗Foraminiferen sind noch immer selten und ausschließlich Sandschaler. ↗Schwämme der Klasse Demospongea besiedelten ab dem Silur vielfältige Lebensräume im flach- und tiefmarinen Bereichen, sowohl auf klastischem wie auch auf carbonatischem Substrat. Formen mit sphaeroklonen (dreidimensional strahlenförmigen) Schwammnadeln (z. B. *Astylospongia*) beherrschten die Schwammfaunen besonders im mittleren Silur von Nordeuropa und dem östlichen Nordamerika. Größere Bedeutung erlangten auch die Kalkschwämme (Klasse Calcarea) mit sternförmigen (octactinen) Schwammnadeln (z. B. *Astraeospongium*). Die Stromatoporen waren wichtige Riffbildner im Silur. Auf Gotland bildeten sie ↗Bioherme, die 10–20 m mächtig wurden und mehrere 100 m Durchmesser erreichten. Unter den ↗Cnidaria liefern weiterhin die ↗Anthozoa mit den Ordnungen ↗Tabulata und ↗Rugosa häufig erhaltene Fossilien. Vertreter der tabulaten Korallen mit den Gattungen *Favosites*, *Heliolites*, *Halysites*, *Parastriatopora* und *Thecia* sind charakteristisch im Silur. Die rugosen Korallen des Silur waren vielfältiger als ihre ordovizischen Vorläufer und dominieren von Formen mit Dissepimenten und unvollständig ausgebildeten Tabulae (pleonophorische Korallen) und Streptelasmatiden. Charakteristische Genera sind z. B. *Arachnophyllum*, *Ptychophyllum*, *Cyathophyllum*, und *Cystiphyllum* sowie die vierseitige Deckelkoralle *Goniophyllum*. Die Trilobiten zeigen ab dem Silur nur noch geringe Variationen ihrer grundlegenden Morphologie, obwohl Details sich weiterhin verändern. Charakteristisch sind die Dalmanitiden, die auch schon im Ordovizium vorkamen, und die auf das Silur und Devon beschränkten Phacopiden. Die Trilobiten stellen nur etwa 5 % der silurischen Invertebratenfaunen und ungefähr 25 % davon sind Kosmopoliten.

Die silurischen ↗Ostracoden waren kleiner als die ordovizischen »Giganten« und selten größer als 2 mm. Gattungen wie *Beyrichia* und *Leperditia* dominierten die Faunen. Die Eurypteriden (Seeskorpione) und die Xiphosuren (Schwertschwänze) sind charakteristische Faunenelemente unter den ↗Arthropoden des Silurs. Die in den USA vorkommenden Eurypteriden der Gattung *Pterygotus* erreichten eine Länge von bis zu 3 m und waren die größten Arthropoden aller Zeiten. Die Skorpione gelten als Pioniere der Luftatmung und waren vermutlich die ersten landlebenden Tiere. Die ↗Cephalopoden erlebten eine Verminderung der Diversität, obwohl viele silurische Gesteine durch Massenvorkommen ihrer orthoconen Gehäuse (Orthoceren-Kalke) charakterisiert sind. Im Silur starben die Endoceratoiden, die im frühen Ordovizium eine Blütezeit erlebt hatten, bereits wieder aus, während die Actinoceratoiden zwar einen Niedergang erlebten, aber erst im Karbon endgültig verschwanden. Auch für die Nautiloideen war das Silur eine Zeit verringerter Diversität.

Unter den fossilen ↗Bryozoen bilden Vertreter der Klasse Stenolaemata die überwältigende Mehrheit. Im Silur entwickelten sie kleinere und delikatere Skelette als im Ordovizium, und treposome, cryptostome sowie fenestrate Bryozoen sind häufig. Die Brachiopoden sind im Silur wichtige Faunenelemente, und neben den Articulata gewannen die Orthida (z. B. *Orthis, Dalmanella*) und die Strophomenida (z. B. *Leptaena, Stropheodonta*) an Bedeutung. Weitere wichtige Gattungen des Silurs sind *Gypidula, Pentamerus, Conchidium* und *Stricklandia* (Pentameracea) sowie *Chonetes* (Productacea). Eine Faunendifferenzierung ist bei den Brachiopoden des Silurs nur geringfügig entwickelt, und eine Amerikanisch-eurasiatische Provinz kann von einer Malvino-kaffrischen Provinz unterschieden werden. Verschiedene Subprovinzen können ab dem Wenlock unterschieden werden. Bei den ↗Echinodermata entwickelte sich im Silur eine neue Gruppe von regulären Seeigeln (Echiniden), die Palechiniden, die starre Skelette mit sehr dicken Platten hatten. Die ↗Crinoiden bauten ebenfalls Skelette mit schweren Platten in Kelchen und Armen, möglicherweise als Anpassung an das Leben im Riff.

Zu Beginn des Silurs entstehen bei den Graptolithen die einzeiligen axonophoren *Monograptus*-Rhabdosome, und eingebogene oder eingerollte Rhabdosome mit oder ohne Nebenäste charakterisieren die silurischen Faunen. Nach der Blütezeit der Conodonten im Ordovizium folgte im Silur eine Periode mit niedriger Diversität, in der Apparate mit einfachen coniformen Elementen häufig sind (z. B. *Panderodus* und *Walliserodus*). Nützlich für biostratigraphische Zwecke sind jedoch Conodonten mit ramiformen (leistenförmige Elemente mit kurzen Zähnen) und primitiven pectiniformen Elementen (Plattformelemente). Charakteristisch sind z. B. die Genera *Kockelella, Ozarkodina, Polygnathoides, Pterospathodus* und *Spathognathodus*. Die ältesten Vertebraten, die Agnathen, wurden im Silur häufig. Die ältesten gnathostomaten ↗Fische und vermutlich auch die Placodermen erschienen zu dieser Zeit.

Der Eroberung des Festlandes durch die Tierwelt ging vermutlich die Entwicklung der ersten Landpflanzen voraus. Vertreter der Abteilung Psilophyta mit der Gattung *Cooksonia* sind unter den ersten Gefäßpflanzen, die in festländischen Ablagerungen gefunden wurden (Hinweise auf Gefäßpflanzen wurden bereits Ordovizium entdeckt, jedoch konnte noch keine klare Zugehörigkeit ermittelt werden).

Wichtige Fossilarchive des Silurs findet man auf Gotland (Schweden) und Anticosti (Quebec, Kanada), im Staate New York (USA), in der Oslo-Region und in den Karnischen Alpen (Österreich). [SP]

Literatur: [1] BRUNTON, F. R., COPPER, P. & DIXON, O. A. (1997): Silurian reef-building episodes. – Proceedings 8 th International Coral Reef Symposium, Panama 2: 1643–1650. [2] CHLUPAM, I. & KUKAL, Z. (1977): The boundary stratotype at Klonk. The Silurian-Devonian Boundary. – IUGS Series A, 5, 96–109. [3] JOHNSON, M. E. (1996): Stable cratonic sequences and a standard for Silurian eustasy. – Geological Society of America, Special Paper 306: 203–211. [4] LANDING, E. & JOHNSTON, M. E. (Hrsg.) (1998): Silurian cycles: Linking dynamic stratigraphy with atmospheric and oceanic changes. – New York State Museum Bulletin 491. [5] ZIEGLER, A. M. (1965): Silurian marine communities and their environmental significance. – Nature 207: 270–272.

silurische Vereisung ↗Historische Paläoklimatologie.

Silvaea, ökologischer ↗Lebensraum der sommergrünen ↗Laubwälder. Die ↗Vegetation ist durch die Abfolge der deutlich ausgeprägten Jahreszeiten gekennzeichnet, wobei die Vegetationsdauer durch die winterliche Kältezeit auf die Sommermonate beschränkt bleibt. Die Lebensräume finden sich in den gemäßigten Klimazonen Mitteleuropas, Ostasiens und Nordamerikas.

Sima ↗Kontinentalverschiebungstheorie.

simple shear ↗Scherung.

Simplex-Kommunikation, in den Kommunikationswissenschaften und im Rahmen der ↗kartographischen Kommunikation der einseitige, im Gegensatz zur ↗dialogorientierten Kommunikation also nicht rückkoppelnde Informationsaustausch zwischen z. B. Kartennutzern und ↗kartographischen Medien oder ↗Geoinformationssystemen (GIS). Einseitig kommunizierende Medien oder Informationssysteme sind – vergleichbar mit Massenkommunikationsmedien – beispielsweise vorstrukturierte Medienbestände, die vom Nutzer nicht manipuliert werden können und keine Funktionen bzw. Mechanismen zur Kommunikation bereitstellen. Hierzu zählen z. B. elektronische Karten in Form von »View-Only-Karten« (↗View-Only-Atlas) und die meisten Karten in raumbezogenen Auskunftssystemen.

SIMS, <u>S</u>ekundär<u>i</u>onen-<u>M</u>assenspektrometer, ↗Massenspektrometrie.

Simulation, **1)** *Kartographie*: entspricht der Nachbildung eines Prozesses durch ein ↗Modell und kann in Informationssystemen als Funktionsbereich der erweiterten ↗Datenanalyse zugeordnet werden. In den Geowissenschaften werden Simulationen vor allem zur Abschätzung möglicher Auswirkungen eines Prozesses eingesetzt. In der Kartographie wurden Verfahren entwickelt, mit denen Simulationen visualisiert und gesteuert werden können: Eine prozeßbegleitende Präsentation wird als Prozeßverfolgung (process tracking) bezeichnet, erfolgt die Darstellung nachdem der Prozeß abgelaufen ist, wird von Postprocessing gesprochen, eine Prozeßsteuerung (process steering) liegt dann vor, wenn bei der Prozeßverfolgung eine Steuerung und Beeinflussung von Prozeßparametern durch interaktive Eingriffe möglich ist. Hiebei ist ein Einsatz dynamischer Karten und ↗interaktiver Karten nötig. Ein typisches Beispiel für eine Prozeßsteuerung ist die Simulation von Bewegungen innerhalb eines dreidimensionalen Raumes, wobei die Richtung der Bewegung durch den Nutzer verändert werden kann. **2)** *Klimatologie*: Nachbildung eines komplexen Vorganges mit Hilfe numerischer oder physikalischer Modelle.

simultane astronomische Ortsbestimmung, gleichzeitige Bestimmung mehrerer Größen des ↗astronomischen Dreiecks (Breite, Länge und/oder Azimut) aus Sternbeobachtungen. Am bekanntesten ist die *Höhenstandlinienmethode*, die zur simultanen Bestimmung von astronomischer Länge und Breite eines Ortes auf der Erdoberfläche dient. Die Zenitdistanz z_i mehrerer Sterne S_i in unterschiedlichen Azimuten wird gemessen bei gleichzeitiger Registrierung der Zeit UTC. Bei bekannten Sternkoordinaten α_i, δ_i wird durch die gemessene Zenitdistanz ein Raumvektor bestimmt, der vom Stern ausgehend die Erdoberfläche im Beobachtungsort B erreicht. B liegt auf einem Kleinkreis der Erdkugel, dessen Mittelpunkt derjenige Erdort ist, in dem der Stern S_i im Beobachtungsmoment im Zenit steht. Zur eindeutigen Bestimmung der Position des Punktes B (Φ, Λ) benötigt man drei solcher ↗Kleinkreise oder Positionskreise, die in B einen gemeinsamen Schnittpunkt haben. Praktisch löst man die Aufgabe differentiell, wenn man Näherungskoordinaten von B (Φ_0, Λ_0) hat. In einem ebenen, nach Norden orientierten Koordinatensystem x, y, das der quadratischen Plattkarte (↗Zylinderentwürfe) in einem vorzugebenden Maßstab entspricht, wird der »gegißte« Ort B_0 als Mittelpunkt eingetragen. Bei bekannten Näherungkoordinaten genügt die Beobachtung von zwei Sternen S_i. Die graphische Lösung der Ortsbestimmungsaufgabe erfolgt wie in der Abbildung dargestellt. Unter den Azimuten A_i werden die Richtungen nach den Sternen S_i aufgetragen. Da B_0 nur genähert mit dem gesuchten Punkt B zusammenfällt, werden die Positionskreise sich nicht in B_0, sondern in B' schneiden. Dieser Punkt wird gefunden, indem man die Positionskreise durch die als *Standlinien* 1 und 2 bezeichneten Tangenten ersetzt. Die Standlinien stehen senkrecht auf den Richtungen $B_0 S_i$. Ihr Abstand Δz_i von B_0 ist gleich der Differenz zwischen z_i, der gemessen wird, und $z_{0,i}$, der aus den Sternkoordinaten und den Näherungswerten der Standortkoordinaten berechneten Zenitdistanz. Die aus der simultanen astronomischen Ortsbestimmung abgeleiteten Koordinaten des Beobachtungsortes B sind:

$$\Phi = \Phi_0 + \Delta\Phi$$
$$\Lambda = \Lambda_0 + \Delta\Lambda.$$

$\Delta\Phi$ und $\Delta\Lambda \cos\Phi_0$ werden aus der Graphik abgegriffen, wie in der Abbildung gezeigt. Hat man mehr als zwei Sterne S_i beobachtet, entsteht eine fehlerzeigende Figur, deren Inkreismittelpunkt B' entspricht. Im Fall mehrerer beobachteter Sterne empfiehlt sich eine vermittelnde Ausgleichung zur Bestimmung von $\Delta\Phi$ und $\Delta\Lambda$.
Eine wichtige Variante dieses Verfahrens benutzt $n>3$ Sterne in einer konstanten Höhe, also in zirkumzenitaler Position. Für diese *Methode gleicher Höhen* wurden spezielle Instrumente mit konstruktiv festgelegten Beobachtungshöhen gebaut, z. B. Prismastrolabien, transportable Zenitkameras u. a. Die Azimute der n Sterne sollen gleichmäßig über den Horizont verteilt sein. Nach den Differentialformeln (1) und (3) der ↗astronomischen Ortsbestimmung tragen zirkummeridiane Sterne am meisten zur Genauigkeit der Breite Φ und Sterne nahe dem I. Vertikal (Ost- und Weststerne) am meisten zur Genauigkeit der Länge Λ (bzw. der Zeit) bei. [KGS]

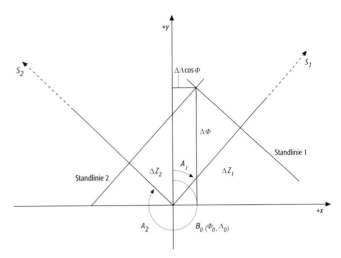

simultane astronomische Ortsbestimmung: differentielle Lösung der simultanen astronomischen Ortsbestimmung nach der Höhenstandlinienmethode.

Sinemur, *Sinemurium*, *Lotharingium*, international verwendete stratigraphische Bezeichnung für eine Stufe des Unterjuras, die zweite Stufe (201,9–195,3 Mio. Jahre) des ↗Lias; benannt nach dem Ort Semur in Südfrankreich. Die Basis stellt der Beginn des Conybeari-Subchrons im Bucklandi-Chron dar, bezeichnet nach dem Ammoniten *Arietites bucklandi*. ↗Jura, ↗geologische Zeitskala.

Singapurstraße, Meeresstraße im ↗Australasiatischen Mittelmeer an der Südspitze der Halbinsel Malacca.

Single-Aliquot-Technik ↗Lumineszenz-Datierung.

Single-Grain-Technik ↗Lumineszenz-Datierung.

Single Image-Stereogramm, *SIS*, Begriff für eine unter der Bezeichnung »Magic Eye« bekannt gewordene Technik, die Ende der Achziger und Anfang der Neunzigerjahre des 20. Jahrhunderts entwickelt wurde. In einer Darstellung werden streifenförmig alternierend (interleaved oder interlaced) zwei Stereoeinzelbilder so dargestellt, daß sie mit Parallel- oder Schielbetrachtungstechnik dreidimensional wahrgenommen werden können. Diese Ende der Siebzigerjahre von C.W. Tyler entwickelte Darstellungsweise wird allerdings nach Reihenversuchen in den Neunzigerjahren heutzutage nicht zu den Methoden der ↗3D-Visualisierung gerechnet, da sich herausgestellt hat, daß SIS für die Darstellung geowissenschaftlicher Sachverhalte nicht ausreichend geeignet sein dürften. Neben dem einfarbigen, meist schwarz-weißen Zufallspunkt-Stereogramm (Random Dot Stereogramme, RDS) entwickelte sich bald auch das – häufig durch ansprechende Muster charakterisierte – Farbfeld-Stereogramm. [MFB]

Singulargefüge ↗ *Einzelkorngefüge.*
Singularität, **1)** *Mathematik*: Unstetigkeitsstelle einer Funktion. **2)** *Meteorologie*: ↗ *Witterungsregelfall.*
Singularitätenkalender ↗ Witterungsregelfall.
Sinia, die proterozoisch entstandene, in mehreren kleinen Schilden zutage tretende Lithosphärenplatte, welche heute größere Teile des nördlichen Chinas und den nordwestlichsten Teil der koreanischen Halbinsel bildet. Sinia blieb durch das gesamte Paläozoikum ein eigenständiger Kontinent und ist deshalb durch mehr oder weniger deutlich entwickelte endemische Floren und Faunen gekennzeichnet, besonders z. B. im Kambrium (Trilobiten) bzw. im Oberkarbon/Perm (Cathaysia-Flora). Erst in der Untertrias kollidierte Sinia mit dem schon an den Komplex Laurussia-Gondwana angedockten ↗ *Sibiria*. Damit war die maximale Ausdehnung des Superkontinents Pangäa (↗ Kontinentalverschiebungstheorie) erreicht.

sinistral: sinistraler Bewegungssinn.

sinistral, linksseitig, linkshändig, Bewegungssinn an Horizontalverwerfungen. Blickt man von einem Block einer derartigen ↗ Verwerfung auf den jenseits der Verschiebung liegenden Block, so erscheint der gegenüberliegende Block nach links verschoben (Abb.). ↗ Seitenverschiebungen.
Sink ↗ *Senke.*
Sinkstoff ↗ *Schwebstoff.*
Sinterbarriere ↗ *Sinterstufe.*
Sinterhöhle, 1) Tropfsteinhöhle; Höhle mit Sinter (Kalkausscheidungen) als Höhleninhalt; 2) Primärhöhle in Kalk- oder Kieselsintern (↗ Höhle).
Sinterkalk ↗ *Kalksinter.*
Sinterkaskade ↗ *Sinterstufe.*
Sinterkruste, Verkrustungen auf Hängen und Gesteinswänden, die von mineralischen Ausfällungen aus überfließendem Wasser gebildet werden. In Karstgebieten (↗ Karst) sind Kalksinterkrusten häufig an Höhlenwänden ausgebildet.
sintern, Kornwachstum, Verfahren, bei dem durch Tempern unter erhöhten Temperaturen ein Wachstum von einzelnen Körnern in gepreßten Pulvern oder Legierungen erreicht wird. ↗ Rekristallisation.
Sinterstufe, *Sinterbarriere, Sinterkaskade, Sinterterrasse*, oft in mehreren Stufen angeordnete Sinterbildungen an Quellen oder entlang von Fließgewässern in Kalksteingebieten, die ein Aufstauen des Wassers bewirken (Abb.). Durch Verdunstung des Wassers beim Überfließen der Stufen bzw. Barrieren oder durch das Entweichen von CO_2 kommt es zur weiteren Ausfällung und Anlagerung von Kalk im Stufenbereich. Die Stufen wachsen entgegen den erosiven Prozessen des fließenden Wassers. Bekanntes Beispiel sind die Plitwitzer Seen in Kroatien, die durch Sinterstufen voneinander getrennt sind. An den Stufen, die bis zu 20 m Höhe erreichen, ergießen sich Wasserfälle in die tieferliegenden Seen.
Sinterterrasse ↗ *Sinterstufe.*
Sinterung **1)** *Glaziologie*: ↗ *Eisbrücke.* **2)** *Mineralogie*: ↗ *Keramik.*
Sippe, in der ↗ Biologie eine Gruppe von Individuen (Pflanzen, Tiere, Menschen) gleicher Abstammung (↗ Taxonomie).
SIR ↗ *Shuttle Imaging Radar.*
SIR-Daten, Abkürzung für *Shuttle Imaging Radar-Daten*, bisher wurden 3 Missionen, *SIR-A*, *SIR-B* und *SIR-C*, durchgeführt. *SIR-A* wurde im November 1981 mit einem ↗ L-Band-SAR (↗ SAR) von 25 cm Wellenlänge und rund 40 m Bodenauflösung geflogen. Im Oktober 1984 folgte die *SIR-B*-Mission mit gleicher Wellenlänge und einer räumlichen Auflösung von ca. 30 m. Die ↗ multifrequente *SIR-C*-Mission heißt eigentlich *SIR-C/X-SAR* und stellt ein deutsch-italo-amerikanisches Gemeinschaftsunternehmen dar, welches aus der *SIR-C*-Komponente der ↗ NASA besteht, die im ↗ L- und C-Band arbeitet, und der deutsch-italienischen Komponente, welche im ↗ X-Band aufnimmt. Die einzelnen Komponenten wurden zu einem sog. *Shuttle Radar Lab* (*SRL*) zusammengefaßt und bisher zwei Mal im April 1994 und im Oktober 1994 geflogen.
SIRGAS, vereinbartes erdfestes Bezugssystem für Südamerika (Sistema de Referencia para América del Sur), das 1997 von den südamerikanischen Ländern als offizielles ↗ Bezugssystem eingeführt wurde. Es ist definitionsgemäß mit dem ↗ IERS erdfesten Bezugssystem (↗ ITRF) identisch. Die Realisierung erfolgte durch die präzise Vermessung von etwa 60 Punkten an der Erdoberfläche des Kontinents mit dem ↗ Global Positioning System und deren koordinatenmäßige Festlegung im IERS erdfesten Bezugsrahmen von 1994 zur Meßepoche (1995.4).

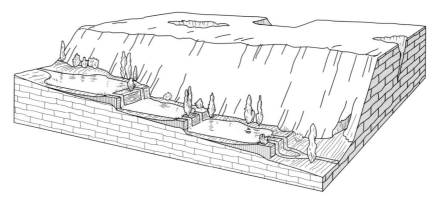

Sinterstufe: schematische Darstellung einer Sinterstufe

SI-Sekunde, 9.192.631.770 Periodenlängen der Strahlung, die beim Übergang zwischen den beiden Hyperfeinstrukturniveaus des Grundzustandes der Atome Cs-133 auftritt.

Sitostan, *Stigmastan, 24-Ethylcholestan, $C_{29}H_{52}$*, als ↗Biomarker eingesetztes, aus dem Sitosterol stammendes ↗Steran.

Skagerrak, Teil der ↗Nordsee (↗Atlantischer Ozean Abb.) zwischen Dänemark, Norwegen und Schweden.

Skagerrak-Zyklone, Tiefdruckwirbel (↗Tiefdruckgebiet), der sich leeseits des südnorwegischen Gebirges entwickelt oder sich dort vom ↗Islandtief abspaltet.

Skalar, 1) *Geophysik*: Größe, die durch eine einzige Zahl beschrieben ist, z. B. die Temperatur oder die Dichte. Daraus leitet sich auch der Begriff des Skalarfeldes ab. Die Verteilung der Temperatur im Untergrund ist z. B. ein Skalarfeld. **2)** *Kristallographie*: ↗Tensor.

Skaleneinteilung ↗Scale.

Skalentemperatur, ↗Temperatur mit einem willkürlich festgelegten Nullpunkt (z. B. Gefrierpunkt des Wassers bei der Celsius-Skala). Die Skalentemperatur ist im Gegensatz zur ↗absoluten Temperatur keine physikalische Größe (10°C ist nicht doppelt so warm wie 5°C).

Skalenwert, bezeichnet bei Meßgeräten den Wert, der angibt, wie groß der entsprechende Meßwert für eine Skaleneinheit ist, z. B. bei Spannungsmeßgeräten 10 mV/Skaleneinheit.

Skalierungsniveau, *Skalenniveau, Skalentyp, Skalenart*, auf der Grundlage der ↗Statistik bezeichnet das Skalierungsniveau in der Geostatistik sowie in der ↗Kartographie im Rahmen der kartographischen ↗Zeichen-Objekt-Referenzierung das Niveau (im Sinne des Typs statistischer Wertskalen), auf dem sachbezogene ↗Geodaten mit dem Ziel der mathematisch-statistischen und geoinformatorisch-kartographischen Weiterverarbeitung durch definierte Skalenwerte repräsentiert werden. Als Skalentypen werden die Nominalskala, die Ordinalskala, die Intervallskala und die Ratio- bzw. Verhältnisskala unterschieden. Das Skalierungsniveau legt in der Statistik fest, wie und in welchem Umfang mit ↗Daten unterschiedlicher Wertetyps mathematisch operiert und statistisch verfahren werden darf, ohne daß logische Informationsverluste oder logisch falsche Informationen entstehen. So lassen sich beispielsweise Begriffskategorien der Flächennutzung auf dem Niveau der Nominalskala ohne definierten Anfangs- und Endpunkt der Skala und mit definierter Gleichabständigkeit der Abstände zwischen den Skalenwerten nicht mathematisch weiterverarbeiten und auch nicht in einen geordneten Zusammenhang bringen. Daten auf dem Niveau der Ordinalskala mit definiertem Anfangs- und ohne definierten Endpunkt sowie definierter Gleichabständigkeit der Skalen bzw. Meßwerte, wie beispielsweise Waldschadensklassen, lassen bereits die Analyse von Ranginformationen zu. Die nach oben und unten offene Intervallskala bildet dagegen eine monoton wachsende oder monoton abnehmende Folge mit mathematisch definierbaren Abständen der Skalenwerte, aufgrund derer sich beispielsweise Temperaturdifferenzen und -mittelwerte abbilden lassen. Im Unterschied zur Intervallskala besitzt die Ratio- bzw. Verhältnisskala einen Anfangspunkt, der gleichzeitig der Skalennullpunkt und auch identisch mit dem Nullpunkt ist, auf den sich die Daten beziehen (absoluter Nullpunkt). Die Ratioskala ist eine nach oben offene, monoton wachsende Folge mit mathematisch definierbaren Abständen, durch die sich beispielsweise Verhältnisse von Mengen, Gewichten und Längen abbilden lassen. Für die Kartographie ist der Begriff des Skalenniveaus von fundamentaler Bedeutung. Das Skalenniveau bildet auf der Grundlage des ↗kartographischen Zeichenmodells bei der kartographischen Zeichen-Objekt-Beziehung die datenlogische Basis für die Abbildung von Geodaten durch ↗kartographische Zeichen. Dabei werden die jeweiligen Beziehungseigenschaften und -merkmale von Skalenwerten eines Skalenniveaus bzw. -typs durch entsprechende logisch-graphische Eigenschaften und Merkmale von Zeichen abgebildet. So lassen sich beispielsweise mit Hilfe von unterschiedlichen Farben nominalskalierte, durch unterschiedliche Helligkeiten von Farben oder Schraffuren ordinalskalierte und mit Hilfe der unterschiedlichen Größe von Zeichen (Diagramme) intervall- und ratioskalierte Geodaten entweder in allein unterscheidbarer oder aber hierarchischer oder quantitativer Hinsicht repräsentieren. Ratio- bzw. Verhältnisskalen haben in der sozialwissenschaftlichen Statistik im Unterschied zur Geostatistik und der Kartographie nur einen geringen Stellenwert. Da sie jedoch eine genauere Weiterverabeitung von Daten ermöglichen, sind sämtliche mathematischen Operationen bzw. statistischen Verfahren für Intervallskalen auch für Verhältnisskalen gültig. Beide Skalen werden deshalb auch häufig unter dem Begriff der Kardinalskala zusammengefaßt. [PT]

Skapolith, [von latein. *scapus* = Schaft, Stengel], *Elainspat*, Mischkristall der Endglieder Marialith (Ma) = $Na_8[(Cl_2,SO_4,CO_3)|(AlSi_3O_8)_6]$ und Mejonit (Me) = $Ca_8[(Cl_2,SO_4,CO_3)_2|(AlSi_2O_8)_6]$; tetragonal-dipyramidale Kristallform; Farbe: farblos, weiß, grau, tiefblau, auch rot; Glasglanz, auf Spaltflächen Perlmutterglanz; durchscheinend bis trüb; Strich: weiß; Härte nach Mohs: 5–6 (spröd); Dichte: 2,54–2,77 g/cm³; Spaltbarkeit: vollkommen nach (*110*), weniger vollkommen nach (*100*); Bruch: muschelig bis uneben, Aggregate: körnig, strahlig, faserig, dicht, auch spätig; Kristalle säulig, stengelig bis nadelig; vor dem Lötrohr unter Aufblähung leicht schmelzbar; bei Ca-Reichtum in Säuren gelatinisierend, bei Ca-Armut zersetzbar; zersetzter Skapolith wird als ↗Porzellanit bezeichnet; Begleiter: Granat, Epidot, Augit, Vesuvian; Genese: überwiegend pneumatolytisch (typisch für Kontaktlagerstätten); Fundorte: Tosatal (Oberitalien), Arendal (Norwegen), Tunaberg (Schweden), in Edelsteinqualität von Isoky (Madagaskar). [GST]

Skiodromen: Skiodromen der optisch positiven und negativen Kristalle in Abhängigkeit der Krümmung der Isogyre vom Achsenwinkel in Schnitten senkrecht zu einer optischen Achse (Diagonalstellung).

Skapolithisierung, ein metasomatischer Prozeß (↗Metasomatose), bei dem es durch Reaktion von chlorid- und sulfatführenden Lösungen mit Plagioklasgesteinen oder seltener auch Carbonatgesteinen zur Bildung von Skapolithmineralen kommt, häufig im Kontaktbereich von Plutoniten und Subvulkaniten. In regionalmetamorphen Gesteinen kann sich ↗Skapolith auch ohne externe Stoffzufuhr in entsprechend zusammengesetzten (d. h. sulfat- und chloridführenden) Sedimenten bilden.

Skarn, alter schwedischer Bergmannsausdruck für ein Gestein aus einem Gemenge von silicatischen ↗Gangarten wie Amphibol (Tremolith), Wollastonit, Vesuvian, Epidot und am wichtigsten Pyroxen (Diopsid) und Granat; i.a. verknüpft mit oxidischen Eisenerzmineralen (Eisenglanz, Magnetit; ↗Eisenminerale) und verschiedenen ↗Sulfiden. Skarne sind entstanden durch hochtemperierte metasomatische ↗Verdrängung (Pyrometasomatose) von vorzugsweise ↗Carbonaten durch Zufuhr von Si, Al, Fe und Mg, meist in Zusammenhang mit magmatischen ↗Intrusionen.

Skarnlagerstätten, *pyrometasomatische Lagerstätten*, Anreicherungen von meistens Erzen, vorzugsweise am Kontakt von ↗Plutonen, mit für ↗Skarn typischer mineralogischer Zusammensetzung des ↗Nebengesteins. Die zonargebauten Lagerstätten mit unregelmäßigem Umriß werden nach der Haupterzphase benannt. Neben den sieben überregional wichtigen Haupttypen Eisen-, Gold-, Wolfram-, Kupfer-, Zink-, Molybdän- und Zinnskarnlagerstätten gibt es noch lokal bedeutende Lagerstätten, wie z. B. Blei-, Uran-, Seltene-Erden-, Fluorit oder Graphitskarnlagerstätten. ↗metasomatische ↗Lagerstätten.

skeletal grains ↗*Biogene*.

Skelett, 1) *Allgemein*: das im gegebenen Abbildungs- oder Betrachtungsmaßstab zu beobachtende dreidimensionale Gerüst eines Körpers. **2)** *Bodenkunde*: Körner oder andere Gefügeelemente, deren Zwischenräume meist mit zunächst nicht weiter differenzierter Bodenmasse (Matrix) ausgefüllt sind.

Skelettboden ↗Lockersyrosem.

Skeletthumusboden, Bodentyp nach der ↗deutschen Bodenklassifikation, der zur Klasse der ↗O/C Böden gehört und bei dem das Grobskelett humusdurchsetzt ist und diese Schicht >30 cm mächtig ist.

Skelettwachstum, kann bei einem polyedrisch wachsenden Kristall vorkommen, wenn die ↗Übersättigung in Wachstumsrichtung zunimmt, ein radialsymmetrisches Diffusionsfeld und eine verstärkte Wärmeabfuhr in bestimmten Richtungen vorliegen. Dann tritt ein verstärkter Materialstrom zu vorspringenden Bereichen, also den Ecken und Kanten auf. Wenn dieser innerhalb der Flächen nicht mehr ausgeglichen werden kann, erfolgt das Wachstum in Hohlformen, das beim Skelettwachstum nur noch in Richtung der Ecken Material anlagert.

Skew T, log p-Diagramm, ein häufig verwendetes ↗thermodynamisches Diagramm zur Auswertung ↗aerologischer Aufstiege, im Prinzip ein ↗Emagramm (Temperatur T als Abzisse, Logarithmus des Luftdrucks $\log p$ als Ordinate, Flächentreue bei Energiebetrachtungen), bei dem die Isothermen um 45 Grad im Uhrzeigersinn gedreht sind, um eine deutlichere Trennung der Isothermen von den ↗Adiabaten zu erreichen. Mit dieser Anordnung der Linienscharen treten bei den zu bearbeitenden Zustandskurven die Isothermien und ↗Inversionen deutlich hervor.

Skineffekt, 1) *Angewandte Geologie*: ↗Brunneneintrittsverlust. **2)** *Geophysik*: Verringerung der ↗Eindringtiefe von elektromagnetischen Wellen bei hohen Frequenzen und guter Leitfähigkeit des Gesteines. Die Schwächung wird hervorgerufen durch die Überlagerung von primärem und phasenverschobenem sekundärem Feld. ↗Induktions-Log, ↗elektromagnetische Verfahren.

Skintiefe ↗Eindringtiefe.

Skiodromen, *Hauptisogyren*, *Schattenläufer*, bei der polarisationsmikroskopischen Untersuchung von Gesteins-Dünnschliffen ergeben sich bei den von den ↗Hauptschnitten abweichenden Schnittlagen schwer deutbare ↗Interferenzbilder. Zur Unterscheidung der optisch zweiachsigen von den optisch einachsigen Mineralen in beliebigen Schnitten verfolgt man daher die Bewegung der Hauptisogyren (= Skidormen) bei Drehung des Mikroskoptisches. Die Skiodromen der optisch zweiachsigen Minerale pendeln mehr oder weniger diagonal durch das Gesichtsfeld (Abb.), die der einachsigen verschieben sich in der Regel parallel zur Analysator- und Polarisatorrichtung. Sie sind vor allem wichtig für die Be-

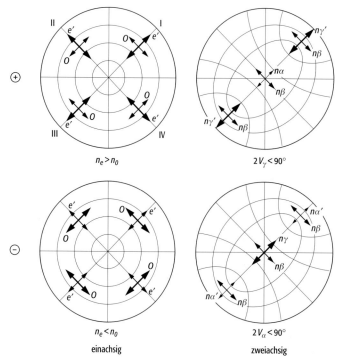

stimmung des optischen Charakters und des Achsenwinkels. ↗Konoskopie.
Skleraea, ökologischer ↗Lebensraum der Trockenwälder und der buschartigen Hartlaubvegetation (↗Hartlaubwald). Die ↗Vegetation ist durch die, für den Lebensraum typische sommerliche Trockenzeit geprägt. Der Skleraea findet sich in den gemäßigten-subtropischen Klimazonen der Erde.

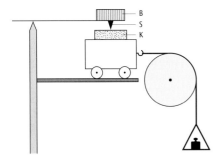

Sklerometer, Vorrichtung für genaue Messungen der Ritzhärte (↗Härte), insbesondere ihre Abhängigkeit von der Richtung auf Mineraloberflächen (Abb.). Mit einem Sklerometer lassen sich Härteunterschiede erfassen, die in Form von Härtekurven die relativen Härtegrade darstellen.
Sklerophyten, immergrüne Holzgewächse der Subtropen und Tropen, die durch den Bau ihrer Blätter (z. B. lederartig, Wachsüberzug, dicke Cuticula, mehrschichtige Epidermis, versenkte Spaltöffnungen) imstande sind, mit wenig Feuchtigkeit auszukommen und auch längere Trockenzeiten zu überstehen (z. B. Eukalyptus, Ölbaum (*Olea europaea*)). ↗Hartlaubwälder.
SKS, seismische Welle, die als *S*-Welle durch den Mantel und als *P*-Welle durch den Erdkern gelaufen ist. ↗Raumwellen.
Skulpturfläche, *Schnittfläche*, gebräuchlicher Begriff, der alle flächenhaften Formen umfaßt, die durch Abtragung entstanden sind, d. h. in denen der Schichtbau des Untergrundes gekappt wird (↗Abtragungsfläche, ↗Rumpffläche). Im Gegensatz dazu können Flächen als Schichtflächen (↗Schicht) auch bedingt durch vorgegebene Strukturen des Untergrundes entstehen (↗Strukturformen) oder ganz allgemein durch Aufschüttungsprozesse gebildet werden (↗Akkumulation).
Skulpturform, durch ↗Erosion und ↗Denudation entstandene Form, deren Charakter nicht oder nicht überwiegend durch die strukturellen Eigenschaften des Untergrundes wie Lagerung, ↗Verwerfungen und Gesteinseigenschaften (↗Abtragungsform) bestimmt wird. Im Gegensatz dazu wird der Begriff ↗Strukturformen verwendet.
Skulptursteinkern, *Prägekern*, Aufprägung der Skulptur des Fossilabdrucks (der Fossilaußenseite) auf den Steinkern (dem Ausguß des Fossils). ↗Fossildiagenese.
Skylab, zu deutsch »Himmelslaboratorium«, Fernerkundungsmissionen Mitte der 70er Jahre des 20. Jahrhunderts. Bei sechs Missionen von Skylab und zwar am 25.5.1973, 22.6.1973, 28.7.1973, 25.9.1973, 16.11.1973 und 8.2.1974 wurden mit zwei Kameras Experimente durchgeführt. Die Flughöhe von Skylab betrug rund 435 km. In der Tabelle sind die wesentlichen Daten der Aufnahmesysteme zusammengestellt. Die S 190 A-Kamera hat eine in der konventionellen Photogrammetrie gebräuchliche Brennweite. Verschiedene Untersuchungen erzielten eine planimetrische Genauigkeit von 40–60 m und eine Höhengenauigkeit von 150–180 m. Letztere erlaubt die Kartierung von Schichtlinien mit einer Äquidistanz von 250 m. Die Auflösung am Boden beträgt 60 m für panchromatische Schwarzweißbilder. Untersuchungen des U. S. Geological Survey haben ergeben, daß bestenfalls Karten im Maßstab von 1 : 160.000 aus diesen Bildern abgeleitet werden können. Interpretationen aus dem Bildinhalt können nach diesen Studien nur für einen Kartenmaßstab von etwa 1 : 250.000 durchgeführt werden. Aber auch dann können wichtige Details (wie z. B. Eisenbahnlinien) nicht immer ausgewertet werden.

Sklerometer: schematische Darstellung des Sklerometers (B = Gewicht, S = Ritzwerkzeug, K = Kristall).

Typ:	S 190 A Multispektralkamera	S 190 B Earth Terrain Camera
Brennweite:	152 mm	457 mm
Bildformat:	57 x 57 mm	114 x 114 mm
Bildmaßstab:	1 : 2.900.000	1 : 950.000
Geländedeckung:	160 x 160 km	109 x 109 km
Filme:	panchromatisch Farbfilm	panchromatisch Farbfilm
	Infrarot SW-Film	IR-Falschfarbfilm
	IR – Falschfarbfilm	
Missionen:	Beide Kameras wurden bei allen Missionen eingesetzt.	

Skylab (Tab.): technische Daten.

Die S 190 B-Kamera (Tab.) hat eine größere Auflösung und ein größeres Format. Für Schwarzweißbilder wurde eine Auflösung von 15 m, für Farbbilder und Infrarot-Farbbilder von etwa 30 m erreicht. Aber auch hier können wichtige Details manchmal nicht erkannt werden. Planimetrische Auswertungen können laut einer Untersuchung des U. S. Geological Survey bis zu einem Maßstab von 1 : 50.000 durchgeführt werden. Bei der thematischen Verwertbarkeit stößt man jedoch auf die gleichen Schwierigkeiten wie bei der S 190 A-Kamera.   [MFB]
Skyth, *Skythium*, international verwendete stratigraphische Bezeichnung für die unterste Stufe der ↗Trias, benannt nach einem antiken Volksstamm in Südrußland. ↗geologische Zeitskala.
Slant Range, *Schrägdistanz*, Abstände der Punkte im Bild der Schrägdistanzdarstellung einer Radaraufnahme, im Gegensatz zu Ground Range (Grunddistanz) und True Range (Wahre Di-

stanz), bei der Bilderzeugung von Satellitenradarbildern.

SLAR, *Side-Looking Airborne Radar*, Seitensicht-Radar; heute veraltete Technologie, Ursprung der Radar-Fernerkundung. Eine stabilisierte »echte« (engl. = real) Antenne mit großer Dimension in der Flugrichtung und kleiner Dimension quer dazu produziert einen gerichteten fächerförmigen Radarstrahl (»Radarkeule«), der das Gelände seitlich des Flugzeuges bestreicht. Durch die Vorwärtsbewegung des Flugzeuges können ähnlich wie bei den optischen Abtastern (↗Scanner) kontinuierliche Streifen aufgezeichnet werden. In der Querrichtung ergibt sich durch das zeitlich gestaffelte Eintreffen der vom Boden reflektierten Strahlung eine von der Flugrichtung meist unterschiedliche Geländeauflösung. Eine bildmäßige Aufzeichnung der Signale erfolgt entweder direkt auf photographischen Film via Kathodenstrahlröhre oder auf Magnetband. Die Bildgeometrie stellt eine ↗orthographische Projektion in Flugrichtung und eine durch die Zeitverzögerungseffekte hervorgerufene Distanz-Projektion (engl. Range Projection) quer dazu dar. Bei Systemen mit realer Apertur (engl. Real Aperture; im Gegensatz zu SAR, ↗Synthetic Apereture Radar) ist die Geländeauflösung in Flugrichtung durch die physische Länge der Antenne gegeben. Typische Werte liegen bei 15–20 m.

slicken sides, *Streßcutane*, in ↗Vertisolen mit quellfähigen Tonmineralen führt das Zuquellen von ↗Trockenrissen beim Befeuchten zur Einregelung von ↗Toncutanen an den sich schließenden Rissen. Die feuchten, eingeregelten Tonhäutchen glänzen im Sonnenlicht.

Slingram-Verfahren ↗elektromagnetische Verfahren.

Slowness, *Langsamkeit*, Kehrwert der ↗seismischen Geschwindigkeit. Generell ist die Slowness ein Vektor, der in Ausbreitungsrichtung des ↗Wellenstrahls weist. In isotropen Medien steht der Slowness-Vektor senkrecht zur ↗Wellenfront. Die in der Abbildung skizzierte ebene Welle (↗Wellengleichung) breitet sich mit der Geschwindigkeit V in Richtung des Slowness-Vektors $\vec{l}$ aus. Die z-Achse ist, wie in der Seismologie üblich, positiv nach unten. Die x-Richtung ist die horizontale Achse, die in Richtung der horizontalen Komponente von $\vec{l}$ weist. Die Ausbreitungsrichtung der ebenen Welle wird durch den Winkel i angegeben, der vom Lot (z-Achse) gegen den Wellenstrahl gemessen wird. Damit ergibt sich ein Wert von $V/\sin(i)$ für die ↗Scheingeschwindigkeit, mit der sich die ebene Welle in x-Richtung ausbreitet. Der Kehrwert ist die horizontale Slowness $l_x = \sin(i)/V$, die identisch mit dem ↗Strahlparameter für ebene Schichtung und konstant entlang des Wellenstrahls ist. Dies ist das ↗Snelliussche Brechungsgesetz in der generalisierten Form. Die horizontale Slowness ergibt sich aus der Steigung von Laufzeitkurven (Laufzeit aufgetragen als Funktion der Entfernung) und kann mit seismischen Arrays direkt gemessen werden. Die vertikale Slowness ergibt sich zu $l_z = \cos(i)/V$ mit der dazugehörigen Scheingeschwindigkeit $V/\cos(i)$. Die vektorielle Addition von l_x und l_z ergibt den Slowness-Vektor $\vec{l}$, sie ist aber nicht anwendbar auf die Komponenten der Geschwindigkeiten. Generell gilt, daß die Geschwindigkeit, mit der sich eine Welle in eine beliebige Richtung ausbreitet, höher ist als die Geschwindigkeit in Ausbreitungsrichtung. Zwischen dem in der ↗Wellengleichung eingeführten ↗Wellenzahl-Vektor $\vec{k}$ und $\vec{l}$ besteht folgende Beziehung:

$$\vec{k} = \omega \vec{l}$$

mit der Kreisfrequenz ω. [GüBo]

SLR, *Satellite Laser Ranging*, ↗Laserentfernungsmessung.

Slug-Injection-Test ↗Slug-Test.

Slug-Test, *Slug-Injection-Test, Slug-Withdrawl-Test*, hydrogeologische Geländemethode zur Bestimmung der ↗Transmissivität T und des ↗Speicherkoeffizienten S eines Grundwasserleiters in einem Brunnen bzw. einer Grundwassermeßstelle. Bei einem Slug-Test wird eine kleine Menge Wasser (ein »Schluck« = engl. slug) aus dem Brunnen entnommen und die Einstellung des Ausgangswasserspiegels beobachtet, oder eine kleine Wassermenge eingespeist und das Absinken zum Ausgangswasserspiegel beobachtet. Die zweite Art wird auch als *Bail-Test* bezeichnet. Alternativ dazu kann die schlagartige Änderung des Wasserspiegels auch durch Einbringen bzw. Entnahme eines Verdrängungskörpers erfolgen. Der Wasserspiegel sollte sich in beiden Fällen um einen Betrag von 10–50 cm ändern, um eine sinnvolle Auswertung zu ermöglichen. Das Absinken bzw. der Wiederanstieg im Brunnen wird je nach Transmissivität von Hand oder mit einem Aufzeichnungsgerät (z. B. Drucksonde) gemessen. Ab einer Transmissivität von ca. $3 \cdot 10^{-3}$ m²/s ist eine Messung von Hand praktisch nicht mehr möglich. Der Slug-Test hat gegenüber ↗Pumpversuchen den großen Vorteil, daß er mit geringem zeitlichen, personellen und materiellen Aufwand durchgeführt werden kann, daß keine nennenswerte Absenkung in der Umgebung des Brunnens auftritt, die z. B. Brunnen in der Nähe stören oder das Eindringen von Schadstoffen begünstigen könnten, und daß kein evtl. kontaminiertes Wasser entsorgt werden muß. Dafür sind die Ergebnisse nur für das direkte Brunnenumfeld gültig, können durch die Bauweise des Brunnens verfälscht werden und erfassen Inhomogenitäten schlechter als bei einem Pumpversuch. Führt die schlagartige Auslenkung des Grund-

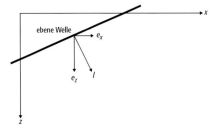

Slowness: Ausbreitung einer ebenen Welle. Die Wellenfront ist eine Ebene senkrecht zur x-z-Papierebene.

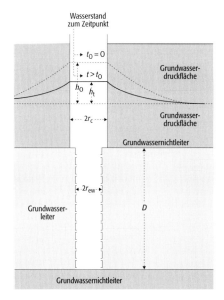

ist. Für die Datenkurve wird dann h_t/h_0 (h_t gemessen, h_0 berechnet) gegen lg$t$ im gleichen Maßstab auf Transparentpapier aufgetragen. Dann wird die Datenkurve mit der am besten passenden Typkurve durch achsenparalleles Verschieben zur Deckung gebracht. Nun wird ein ↗match point bestimmt und für diesen die Werte β und t bestimmt, sowie das α der gewählten Kurve abgelesen. S und T werden dann mit den bekannten Brunnenradien durch Umstellen der obigen Gleichungen berechnet:

$$S = \frac{r_c^2}{r_{ew}^2} \cdot \alpha,$$

$$T = \frac{r_c^2}{t} \cdot \beta.$$

[WB]

Literatur: [1] COOPER, H. H., BREDEHOEFT, J. D. & PAPADOPULOS, I. S. (1967): Response of a finite-diameter well to an instantaneous charge of water. – Water Resources Res., Vol. 3: 263–269. [2] DAWSON, K. J. & ISTOK, J. D. (1991): Aquifer Testing. Design and Analysis of Pumping and Slug Tests. – Chelsea. [3] KRUSEMAN, G. P., DE RIDDER, N. A. (1990): Analysis and evaluation of pumping test data. – Int. Inst. F. Land Reclamation and Improvement Wageningen, Publication 47. Wageningen.

Slug-Withdrawl-Test ↗*Slug-Test*.

slump ↗*subaquatische Rutschungen*.

SMA ↗*Schweizerische Meteorologische Anstalt*.

Small Flat Jack, ein hydraulisches Druckkissen mit Abmessungen von ca. 125 × 400 × 5 mm zur Durchführung von Spannungsmessungen nach der ↗*Kompensationsmethode*.

SMA-MeteoSchweiz ↗*Schweizerische Meteorologische Anstalt*.

Smaragd, Farbvarietät von Beryll (↗*Berylliumminerale*), die aufgrund eines Gehaltes von 0,1–0,3 % Cr_2O_3 smaragdgrün gefärbt ist. Smaragde kommen in metamorphen Gesteinen wie Biotitschiefern vom Habachtal bei Salzburg (Österreich), Muzo und Chivor in Kolumbien, Minas Gerais (Brasilien), Ural, Indien, Nigeria und Australien vor. Smaragde von Edelsteinqualität (↗*Edelsteine*) gehören zu den kostbarsten mineralischen Schmucksteinen. Im Altertum wurden Smaragde bei Assuan in Ägypten gewonnen. Der größte Smaragd mit ca. 540 g (2680 Karat) liegt im Kunsthistorischen Museum in Wien. Daneben gibt es zahlreiche Synthesen (↗*Mineralsynthese*) nach patentierten Verfahren von Chatham, Lechleitner, Gilson, Linde u. a.

Smectite, *Smektite*, Dreischicht-Tonminerale (↗*Dreischichtminerale*, ↗*Tonminerale*). Wichtige Smectite sind die ↗*Phyllosilicate* ↗*Montmorillonit*, Saponit, Nontronit, Hectorit, Baddeleyit u. a. Smectite sind quellfähig, d. h. sie können in den Zwischenschichten anorganische und organische Kationen und Moleküle sowie Flüssigkeiten und gasförmige Substanzen einlagern. Dabei expandieren die Schichtpakete von ca. 14 Å auf 17 Å. Smectite entstehen durch hydrothermale

Slug-Test: Verhalten eines Grundwasserleiters bei der Durchführung eines Slug-Testes (r_c = Radius des unverfilterten Teils des Brunnens, in dem Absenkung/Anstieg gemessen wird, r_{ew} = Radius des verfilterten Brunnenabschnitts, h_0 = schlagartige Änderung des Grundwasserspiegels, h_t = verbleibende Änderung des Wasserspiegels).

wasserspiegels im Brunnen zu einer Schwingung des Grundwassersystems, so muß der Versuch als ↗*Einschwingverfahren* ausgewertet werden. Dies ist in der Regel bei Transmissivitäten $T > 10^{-3}$ m²/s der Fall.

Die Auswertung eines Slug-Tests erfolgt wie bei der Pumpversuchsauswertung getrennt nach Grundwasserleitertypen und Strömungsbedingungen. Im Folgenden wird ein Auswerteverfahren für gespannte Grundwasserleiter und instationäre Strömungsbedingungen nach Cooper et al. (1967) vorgestellt. Die Entnahme oder Eingabe eines kleinen Volumens V an Wasser in einen Brunnen mit dem Radius r_c bedingt eine schlagartige Änderung des Grundwasserspiegels h_0 (Abb.):

$$h_0 = \frac{V}{\pi \cdot r_c^2}.$$

Danach sinkt bzw. steigt der Grundwasserspiegel wieder auf seinen ursprüngliche Höhe. Die dabei verbleibende Änderung des Wasserspiegels h_t beträgt:

$$h_t = h_0 \cdot F(\alpha, \beta).$$

$F(\alpha, \beta)$ ist eine mathematisch komplizierte Funktion, ähnlich den Brunnenfunktionen für die Auswertung der instationären Pumpversuche, die von den Parametern α und β abhängig ist:

$$\alpha = \frac{r_{ew}^2 \cdot S}{r_c^2}, \quad \beta = \frac{T \cdot t}{r_c^2}$$

mit r_c = Radius des unverfilterten Teils des Brunnens, in dem Absenkung/Anstieg gemessen wird, r_{ew} = Radius des verfilterten Brunnenabschnitts. Ist $r_c = r_{ew}$, so ist $\alpha = S$. Zur Auswertung benutzt man eine Typkurvenschar, in der $F(\alpha, \beta)$ gegen lgβ für verschiedene Werte von lgα aufgetragen

Umwandlung oder Verwitterung von anderen Silicaten, insbesondere von Glimmern, z. T. auch als Neubildung, oder aus Silicatgläsern überwiegend basischer Gesteine (Basaltglas). ↗Bentonit.

smektische Phase ↗flüssige Kristalle.

SMI, *Swiss Meteorological Institute*, ↗*Schweizerische Meteorologische Anstalt*.

Smirgel, *Schmirgel*, nach dem Fundort Smyrna = Izmir in Anatolien benanntes kleinkörniges Gemenge aus ↗Korund mit ↗Magnetit, ↗Hämatit und ↗Quarz. Vielerorts sind es größere Gesteinsmassen, die teils als magmatische Bildungen, häufig auch kontaktmetasomatisch aus ehemaligen ↗Bauxiten und ↗Lateriten entstanden sind. Fundorte: Naxos (Ägäis), Marmoskoje (Ural), Chester (Massachussetts, USA) u. a.

Smith, *William*, britischer Geologe, * 23.3.1769 Churchill (Oxfordshire), † 28.8.1839 Northampton; erkannte als einer der ersten (neben N. ↗Steno) die Bedeutung der Fossilien für die relative Altersbestimmung und Gliederung der geologischen Formationen (Prinzip der ↗Leitfossilien) und begründete damit um 1817 die (Bio-)Stratigraphie; erforschte den geologischen Aufbau Englands und erstellte stratigraphische Tabellen.

Sm-Nd-Methode, *Samarium-Neodym-Methode*, Methode der ↗Altersbestimmung nach dem Prinzip der ↗Anreicherungsuhr. Verwendet wird der α-Zerfall des ^{147}Sm zu ^{143}Nd mit einer ↗Halbwertszeit von $1,06 \cdot 10^{11}$ Jahren. Die Methode ist zur Bestimmung von ↗Gesamtgesteinsaltern nur bedingt geeignet, da die Sm/Nd-Variation zusammengehöriger Gesteine gering und die Mobilität des Neodyms selbst in Gesteinsschmelzen sehr beschränkt ist. Zur Datierung werden deshalb bevorzugt ↗Mineralalter nach der ↗Isochronenmethode an Mineralen wie Granat bestimmt, welche die leichten gegenüber den schweren SEE (Seltenerdelementen) anreichern. Die Bedeutung der Sm-Nd-Methode liegt vorwiegend in der ↗Isotopengeochemie, wo ↗Neodymisotope in Form von Nd-Modellaltern oder ε-Nd-Werten als natürliche Tracer für petrogenetische Fragestellungen verwendet werden.

Smog, Kunstwort, das aus den Begriffen smoke (Rauch) und fog (Nebel) gebildet wird. Als Smog wird allgemein eine starke Belastung der Luft mit Schadstoffen bei ungünstigen meteorologischen Bedingungen, verbunden mit Dunst- oder Nebelbildung, verstanden. Ursprünglich wurde der Begriff für den *London-Smog* verwendet, der bereits vor 1900 im Ballungsraum London aufgetreten ist. Aufgrund der Verbrennung stark schwefelhaltiger Kohle und dem Vorhandensein von Nebel konnte sich Schwefelsäure bilden, die die Stadtatmosphäre von London stark belastete. Bei den schlimmsten Smog-Episoden starben innerhalb weniger Tage einige Hundert Menschen an dieser Luftverschmutzung. Während der London-Smog vorwiegend in den Herbst- und Wintermonaten auftritt und daher auch als *Winter-Smog* bezeichnet wird, kann der *Los Angeles-Smog* in den Sommermonaten bei Hochdruckwetterlagen beobachtet werden. Der *Sommer-Smog* oder auch *photochemischer Smog* bildet sich im Sommer bei ↗austauscharmen Wetterlagen. Die hohen Belastungen durch ↗Photooxidantien entstehen durch photochemische Reaktionen aus Industrie- und Autoabgasen. Primär entstehen dabei unter der Wirkung energiereicher UV-Strahlung der Sonne vor allem ↗Ozon und Peroxyacetylnitrat (↗PAN). Beide Smog-Typen sind mit einer hohen Luftbelastung verbunden und zeigen gesundheitsschädigende Wirkungen bei Menschen, Tieren und Pflanzen. [GG]

Smogalarm, bei Überschreitung vorgegebener Grenzwerte kann besonders in den Sommermonaten Smogalarm ausgelöst werden. Um die dabei auftretenden hohen Ozon-Werte abzubauen, können lokale und regionale Fahrverbote für Fahrzeuge mit hohem Schadstoffausstoß verfügt werden.

Smonitza, gehört zu den ↗Vertisols der ↗WRB und kommt auf dem Balkan vor. Er ist vergleichbar mit den Reguren und Black Cotton Soils Indiens oder den Terres Noires Afrikas. Die junge holozäne Bodenbildungen aus tonreichen Sedimenten schafft tonreiche Böden (>30 %) mit intensiver ↗Peloturbation durch starke Quellung und Schrumpfung. Während der Trockenzeit besitzt der Boden ein ausgeprägtes Rißgefüge. Im Unterboden domonieren grobe Prismen, die als ↗slicken sides glänzende Scherflächen eingeregelter Tonminerale zeigen. Smonitza ist relativ nährstoffreich, ausgesprochen wechselfeucht und ein schwer bearbeitbarer »Minutenboden«.

smoothening ↗*Glättung*.

SMOW, *Standard Mean Ocean Water*, chemischer Standard für Wasserstoff; per Konvention definierte mittlere Eigenschaft modernen Seewassers, dessen Isotopenverhälnisse als Nullwerte und Abweichung hiervon als ‰-Werte angegeben werden.

SN-Anker, *Füllmörtelanker*, *FM-Anker*, zu den Betonankern zählender ↗Anker, benannt nach den Initialien des erstmaligen Einsatzortes Store-Norfors. Der Ankerstab wird in ein mit Zementmörtel gefülltes Bohrloch eingeschoben bzw. mittels Druckluft- oder Hydraulikhammer eingeschlagen (Abb.). Die Kraftübertragung zwischen Ankerschaft und Bohrlochwand erfolgt über den Mörtel.

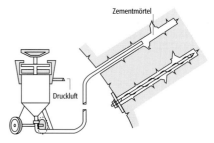

SN-Anker: Setzen eines Füllmörtelankers.

Snellius, eigentlich Willebrord Snel (Snell) van Royen, niederländischer Philosoph und Naturforscher, * 1591 Leiden, † 30.10.1626 Leiden. Snellius war ab 1613 Professor für Mathematik in Leiden. Mit zwei besonderen Verdiensten ging er in die Geschichte der Naturwissenschaften ein: Zum einen hat er aus der Trigonometrie heraus die Triangulation mit der Winkelbestimmung über einer vorher vermessenen Basis eingeführt, die zur Grundlage für die exakte Kartographie wurde, wobei er auch als erster die Länge des Gradbogens bestimmte. Dazu berechnete er 1621 die Zahl π auf 36 Stellen genau.

Zum anderen entdeckte er das konstante Verhältnis, das bei der Brechung von Lichtstrahlen zwischen der Kosekanten des Einfallswinkels und dem Brechungswinkel besteht und formulierte daraus das ↗Snelliussche Brechungsgesetz (was in seinen Grundzügen bereits 1601 von T. Harriot entdeckt wurde). Unabhängig von W. Schickard löste er das geodätische Problem des Rückwärtseinschneidens (Snelliussche Vierecksaufgabe). [EHa]

Snelliusches Brechungsgesetz, dieses *Brechungsgesetz* beschreibt in Analogie zur Optik die Reflektions- und Brechungswinkel beim Einfall elastischer Wellen auf eine Fläche, die zwei Medien mit unterschiedlichen seismischen Geschwindigkeiten trennt. Mit einfachen strahlengeometrischen Überlegungen und dem ↗Fermatschen Prinzip läßt es sich wie folgt ableiten (Abb.): Man betrachte eine ebene Welle, die von

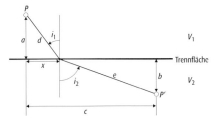

Punkt P im Medium mit der Geschwindigkeit V_1 zum Punkt P' im Medium mit der Geschwindigkeit V_2 läuft (es ist $V_1 < V_2$ angenommen). Der Weg von P nach P' ist durch den ↗Wellenstrahl der Länge d im oberen und der Länge e im unteren Medium gegeben. Aufgabe ist es, Beziehungen für die Winkel i_1 und i_2 abzuleiten. Für die Laufzeit T zwischen P und P' gilt:

$$T = d/V_1 + e/V_2 = \sqrt{a^2+x^2}/V_1 + \sqrt{b^2+(c-x)^2}/V_2.$$

Nach dem Fermatschen Prinzip erreicht die Laufzeit T ein Minimum, d.h. $dT/dx = 0$. Damit ergibt sich:

$$x/\{V_1\sqrt{a^2+x^2}\} - (c-x)/\{V_2\sqrt{b^2+(c-x)^2}\} = 0.$$

Wegen:

$$\sin(i_2) = (c-x)/\sqrt{b^2+(c-x)^2}$$

und

$$\sin(i_1) = x/\sqrt{a^2+x^2}$$

ergibt sich damit die aus der Optik bekannte Form des Snelliusschen Gesetzes:

$$\sin(i_1)/V_1 = \sin(i_2)/V_2.$$

Es gilt für reflektierte und gebrochene (refraktierte) Wellen und läßt sich auch auf Konversionen von *P*- nach *S*-Wellen und *S*- nach *P*-Wellen anwenden, die an der Trennfläche auftreten können. Die generalisierte Form des Snelliusschen Gesetzes ist $p = \sin(i)/V$, wobei p als *seismischer Parameter*, ↗Strahlparameter oder horizontale ↗Slowness bezeichnet wird. Die Größe p ist konstant entlang des gesamten Wellenstrahls. Daraus folgt, daß sich bei stetiger Änderung der Geschwindigkeit auch der Winkel i stetig ändert. Verläuft die Welle durch ein Gebiet mit zunehmender Geschwindigkeit, wird der Wellenstrahl fortgesetzt zur Horizontalen hin abgelenkt, bis er mit $i = 90°$ die ↗Scheiteltiefe erreicht (↗Tauchwelle). Breitet sich die Welle hingegen durch ein Gebiet abnehmender Geschwindigkeit aus, wird der Wellenstrahl zur Vertikalen hin gebrochen. ↗Kopfwellen entstehen an einer ↗seismischen Diskontinuität erster Ordnung, wenn der Brechungswinkel i_2 einen Wert von 90° erreicht. Dies ist nur möglich, wenn $V_1 < V_2$. Der dazugehörige Einfallswinkel i_1 im oberen Medium wird als *kritischer Winkel* bezeichnet. Übersteigt der Einfallswinkel den Wert des kritischen Winkels, kann es zur ↗Totalreflexion der einfallenden seismischen Welle kommen, vorausgesetzt, es wird keine Energie in das untere Medium durch Wechselwellen übertragen. [GüBo]

SNMR-Verfahren, *Oberflächen (surface) Nukleare Magnetische Resonanz*, ein ↗elektromagnetisches Verfahren, bei dem mit Hilfe einer Spule von etwa 100 m Durchmesser (wie sie auch in der ↗Transienten-Elektromagnetik benutzt wird) ein kurzzeitiges magnetisches Wechselfeld erzeugt wird, dessen Frequenz der Larmorfrequenz im lokalen Erdmagnetfeld (1–3 kHz) entspricht. Die Spinmomente der Protonen (Wasserstoffkerne) des im Untergrund vorhandenen Wassers werden damit in die Richtung des Erregerfeldes polarisiert. Nach Abschalten des Feldes präzedieren die Protonen frei um die Richtung des Erdmagnetfeldes. Das dabei ausgestrahlte Magnetfeld wird in der Spule gemessen. Die Amplitude des abklingenden Signals ist zum Zeitpunkt der Abschaltung proportional zum Wassergehalt im erfaßten Untergrundbereich. Weiterhin erhält man aus der Relaxationszeit die Permeabilität und aus der Phasenverschiebung gegenüber dem Erregerfeld die elektrische Leitfähigkeit. Das SNMR-Verfahren eignet sich besonders zur direkten Bestimmung des Wassergehalts und wird für hydrogeologische und umweltrelevante Fragestellungen eingesetzt. [HBr]

SNN76, *Staatliches Nivellementnetz 1976*, ↗Amtliches Haupthöhennetz der ehemaligen Deutschen Demokratischen Republik, das erst durch die Wiedervereinigung Deutschlands durch das ↗DHHN92 abgelöst wurde.

Snowball-Earth-Modell ↗Proterozoikum.

Sobel-Operator, ↗Gradientenoperator, bei dem die Differenzbildung jeweils zur übernächsten Zeile berechnet wird und kleinere Störungen be-

Snelliussches Brechungsgesetz: Wellenstrahlen zwischen den Punkten P und P', die in Medien mit unterschiedlichen seismischen Geschwindigkeiten liegen.

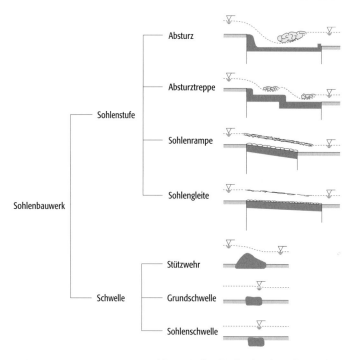

Sohlenbauwerk: Systematik der Sohlenbauwerke.

nachbarter Zeilen (Spalten) nicht in das Ergebnis eingehen. Die Rauschminderung wird hier durch Mittelung quer zur Richtung des Gradienten bewirkt.

Sockelbildner, morphologisch weiches Gestein des Unterhanges einer ↗Schichtstufe.

Sockelhang, flacherer Unterhangbereich einer ↗Schichtstufe. Sein Auftreten ist gebunden an das Ausstreichen des im Vergleich zum ↗Stufenbildner weniger resistenten ↗Sockelbildners.

Sockelstörung ↗Kraton.

Sodalithit, ein feldspatarmer ↗Foidolith, der überwiegend aus Sodalith und ↗Klinopyroxen besteht.

SODAR, *Sonic Detection and Ranging*, Fernerkundungsverfahren, das die Rückstreuung von Schallwellen (↗Schallausbreitung) an turbulenten Dichteschwankungen (↗Turbulenz) ausnutzt. Die Laufzeit der von Boden ausgesandten und wieder zurückgestreuten Schallimpulse wird gemessen. Unter Verwendung der ↗Schallgeschwindigkeit wird die Höhe der Turbulenzen ermittelt. Auf diese Weise läßt sich die Mächtigkeit der turbulent durchmischten ↗atmosphärischen Grenzschicht vom Boden aus feststellen. *Doppler-SODAR*-Geräte senden die Schallimpulse in drei unterschiedliche Raumrichtungen. Neben der Laufzeit wird die Frequenzverschiebung des rückgestreuten Signals (Doppler-Effekt) ermittelt, woraus sich die Windgeschwindigkeit und Windrichtung ableiten läßt. Die maximale Reichweite ergibt sich aus der Schalleistung des Senders und der Verteilung der Turbulenz. Sie umfaßt in der Regel eine Schicht von 100 bis max. 1000 m. [DH]

SOFAR-Kanal, *sound fixing and ranging* (engl.), Schallkanal im Ozean (↗Wasserschall).

Soffionen, (italienisch), postvulkanische ↗Exhalationen borhaltiger Wasserdämpfe, z. B. Maremmen (Toskana). Bor, ↗Borminerale.

Sofortsetzungen, *Anfangssetzungen, Schubsetzungen* infolge Gestaltsänderung bei Volumenkonstanz. Sie treten besonders bei bindigen Böden mit höherem Wassergehalt auf. Unter der Belastung weicht der Baugrund seitlich aus. Das Volumen des Bodens bleibt unverändert, d. h. der ↗Porenanteil wird nicht verringert. ↗Setzung.

Sohlabpflasterung, *Sohlpanzerung,* Anreicherung von Grobkornanteilen in der obersten Schicht der ↗Gewässersohle.

Sohldruck, Druck, der durch Vertikalspannungen hervorgerufen wird und als Gegenwirkung vom Baugrund auf die Sohle eines Gebäudes wirkt.

Sohlenbauwerk, beim ↗Gewässerausbau quer zur Fließrichtung und über die gesamte Breite eines Gewässers angeordnetes Bauwerk, mit dem die Gewässersohle zur Vermeidung von Erosionserscheinungen befestigt wird (Sohlensicherung). Sohlenbauwerke gliedern sich in ↗Sohlstufen und ↗Schwellen (Abb.). Ein Einbau von Sohlenstufen (↗Abstürze, ↗Sohlenrampen, ↗Sohlengleiten) erfolgt immer dann, wenn das Sohlengefälle und damit die Fließgeschwindigkeit und die ↗Schleppspannung reduziert werden sollen. Durch Schwellen (↗Stützwehre, ↗Grundschwellen, ↗Sohlschwelle) wird hingegen eine punktweise Sicherung der Sohle erreicht, ohne daß sich dadurch die Fließverhältnisse nennenswert verändern.

Sohlengefälle, Höhenunterschied zweier Punkte der Fließgewässersohle im Verhältnis zur zwischen den Punkten liegenden Fließgewässerlänge.

Sohlengeschwindigkeit, Fließgeschwindigkeit in einem ↗Fließgewässer unmittelbar über der ↗Gewässersohle.

Sohlengleite, im ↗Gewässerausbau verwendetes ↗Sohlenbauwerk, das aus einer flachen Rampe (Gefälle 1:30) besteht und meist eine rauhe Oberfläche aufweist; häufig im naturnahen Wasserbau verwendet.

Sohlenrampe, im ↗Gewässerausbau verwendetes ↗Sohlenbauwerk; flach geneigte Sohlenstufe mit einem Gefälle von 1:4 bis 1:10 zur Verminderung von Fließgeschwindigkeit und Erosion. Bei den steileren Ausführungen mit glatter Oberfläche findet am unteren Ende meist ein ↗Wechselsprung statt. Insbesondere die rauhe Rampe, bei der die Energieumwandlung auf der Rampe selbst stattfindet, wird häufig im naturnahen Wasserbau verwendet (↗Sohlengleite).

Sohlenschwelle, im ↗Gewässerausbau verwendetes ↗Sohlenbauwerk; in die Gewässersohle bündig eingebaute ↗Schwelle, die einer punktförmigen Sicherung der Sohle gegen Erosionen dient, ohne eine hydraulische Veränderung zu bewirken.

Sohlensicherung, im ↗Gewässerausbau Gesamtheit der Maßnahmen zum Schutz der Gewässersohle gegen Erosion. Das kann entweder durch eine Befestigung der Sohle geschehen oder durch Maßnahmen, mit denen Fließgeschwindigkeit und ↗Schleppspannung und damit auch der Geschiebetransport vermindert werden (↗Sohlenbauwerk).

Sohlenstruktur, ein Hauptparameter der Strukturgütebewertung, welcher Art und Verteilung der Bodensubstrate beschreibt. Dabei wird nach Substrattyp, -diversität und besonderen Strukturen unterschieden sowie ein anthropogener Sohlverbau berücksichtigt. ↗Sohlenbauwerk.

Sohlenstufe, im ↗Gewässerausbau verwendetes ↗Sohlenbauwerk zur Sicherung der Gewässersohle gegen Erosion, mit dem gleichzeitig eine Höhendifferenz überwunden wird. Der dabei meistens auftretende ↗Fließwechsel muß durch eine geeignete konstruktive Ausbildung berücksichtigt werden (↗Absturz, ↗Sohlenrampe, ↗Sohlengleite).

Sohlental ↗Talformen.

Sohlfläche, die untere Begrenzung eines geologischen Körpers, z. B. einer ↗Decke. Die Sohlfläche einer Decke liegt zum Zeitpunkt ihrer Bildung meistens annähernd horizontal und folgt oft einem Horizont geringer Scherfestigkeit.

Sohlgewölbe, Gewölbe an der Sohle eines Tunnels oder Stollen. Nach der ↗Neuen Österreichischen Tunnelbauweise wird ein Tunnel nicht als Gewölbe, sondern als Röhre betrachtet. Um diese Röhre zu schließen, ist ein Sohlgewölbe vorgesehen. Es hat die Funktion, gegen Widerlagerdeformationen aufgrund des Gebirgsdrucks zu wirken. Das Fehlen eines Sohlgewölbes kann eine ↗Sohlhebung zur Folge haben und damit verbunden eine Auflockerung unterhalb der Widerstandsfüße, deren Zusammengehen ein Einsinken der Widerlager, Herabsetzen des Kalottengewölbes sowie First- und Schrägrisse im Gewölbe hervorrufen.

Sohlgleitung, *Gleitvorgang*, ↗Gletscherbewegung.

Sohlhebung, Hebung im Bereich der Sohle eines Hohlraumes, meist durch Quell- oder Schwellerscheinungen hervorgerufen. Während die ↗Quellhebung durch die innerkristalline Quellung von Tonmineralen hervorgerufen wird, beruhen Sohlhebungen durch Schwellvorgänge meist auf der Umwandlung von Anhydrit oder auch Pyrit zu Gips. Insbesondere im Tunnelbau können Sohlhebungen große bautechnische Schwierigkeiten bewirken. Das Ausmaß der Sohlhebungen kann in ungünstigem Gebirge mehrere Zehner Zentimeter ausmachen und zum Bruch der Tunnelschale im Sohlbereich führen. Die wichtigste und wirksamste Maßnahme gegen Sohlhebungen ist das Fernhalten von Wasser von den anfälligen Gesteinen durch entsprechende Dränierungs- und Abdichtungsmaßnahmen. Zu einer Sohlhebung kann es auch in dem beim ↗Hohlraumbau eingesetzten Gefrierverfahren (↗Gefrierverfestigung) kommen. [AWR]

söhlig, *waagerecht*, bergmännischer Ausdruck für die waagerechte Lage von Flächen und tektonischen Lineamenten. ↗seiger.

Sohlinjektion, ↗Injektion im Bereich einer Tunnelsohle zum Zweck der Stabilisierung brüchiger Gebirgszonen, Eindämmung von Deformationen (z. B. bei ↗Quellhebungen) oder zur Abdichtung gegen Bergwasser.

Sohlmarken, Sedimentstrukturen, die infolge strömungsbedingter Erosion sowie durch grundberührende Objekte auf der Oberfläche eines meist pelitischen Sediments entstehen. In der Regel sind nur deren Ausfüllungen an der Basis des überlagernden, meist sandigen Sedimentes erhalten. Zu den Sohlmarken gehören ↗Kolkmarken und ↗Gegenstandsmarken. Sohlmarken sind charakteristisch für Ablagerungsräume, wo episodisch ruhige Sedimentationsbedingungen durch plötzlich auftretende hochenergetische, mit einer grobkörnigen Sedimentfracht beladene Strömungen unterbrochen werden. Bei diesem Vorgang folgen erosive Wirkung und Ablagerung unmittelbar aufeinander. Solche Bedingungen treten vorwiegend in ↗Suspensionsströmen auf. Andere Ereignisse sind u. a. ↗Sturmfluten in Flachmeeren und ↗Schichtfluten in semiariden Gebieten.

Sohlspannungsverteilung, Verteilung der Spannung, die auf die Sohle eines Bauwerks wirkt. Sie hängt von der Art und Ausbildung der Gründung (starr oder biegsam) ab. Die Größe der Sohlspannung und ihrer Verteilung wird über die entsprechenden Steifemoduli oder Bettungsmoduli nach DIN 4018 berechnet.

Sohlwasserdruck, Wasserdruck, der aus dem Untergrund auf die Sohle eines Bauwerkes bzw. Hohlraumes wirkt. Unterhalb des Grund- oder Bergwasserspiegels erzeugt der Sohlwasserdruck eine Auftriebskraft, die die Standsicherheit von Bauwerken, z. B. eines Dammes, maßgeblich beeinflussen kann. Durch Abdichtung oder Anbringen einer Drainage kann der Einfluß des Wassers verringert werden.

Sohncke, *Leonhard*, deutscher Physiker, * 22.2.1842 Halle (Saale), † 2.11.1897 München; 1869 Dozent an der Universität zu Königsberg; 1871 Professor der Physik am Polytechnikum in Karlsruhe, dort auch Vorstand der meteorologischen Centralstation, 1882 Professor der Physik an der Universität in Jena, 1888 Professor der Physik am Polytechnikum in München; bedeutende Beiträge zur Symmetrie der Raumgruppen bereits am Beginn der vollständigen Ableitung: auf der Basis regulärer Punktsysteme leitete er 66 Raumgruppen, die nur Drehungen (Symmetrieoperationen erster Art) enthalten, ab, zwei davon erwiesen sich später als identisch; Werke (Auswahl): »Entwicklung einer Theorie der Kristallstruktur« (1879), »Erweiterung der Theorie der Kristallstruktur« (1888), »Die Entdeckung des Eintheilungsprincips der Krystalle durch J. F. C. Hessel« (1890).

Soil conservation, ↗Bodenschutz, kommt aus den USA, Gründer der »Soil conservation Bewegung« und erster Leiter des Soil Conservation Service (gegründet 1903) war H. H. Bennett (1881–1960). Infolge der katastrophalen Erosionsereignisse (Dust Bowl) wurde 1935 das erste Bodenschutzgesetz (Soil Conservation Act) erlassen. Heute fester Bestandteil im Natural Resources Conservation Service (NRCS) des United States Department of Agriculture mit Hauptab-

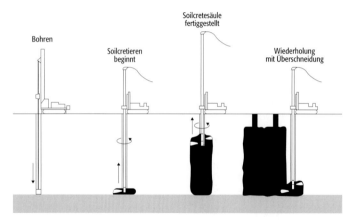

alb	= mit gebleichtem Eluvialhorizont (lat. albus = weiß)
and	= Boden vulk. Asche (jap. ando = dunkler Boden)
aqu	= mit Hydromorphie (lat. aqua = Wasser)
arg	= mit Lessivierung (lat. argilla = Ton)
bor	= unter borealem Klima
ferr	= Fe-reich (lat. ferrum = Eisen)
fibr	= kaum humifiz. org. Substanz (lat. fibra = Faser)
fluv	= Auen (lat. fluvius = Fluß)
hem	= mittel humifiz. org. Substanz (griech. hemi = halb)
hum	= humusreich
lept	= dünner Horizont (griech. leptos = dünn)
ochr	= mit hellem Ah (griech. ochros = fahl)
orth	= normale Bild. (griech. orthos = echt)
plag	= mit Plaggenhorizont
psamm	= sandreich (griech. psammos = Sand)
rend	= rendzinaähnlich
sapo	= stark humifiz. org. Substanz (griech. sapros = faul)
torr	= grundsätzl. trocken (griech. torridus = trocken)
trop	= ständig warm (von tropisch)
ud	= mit humidem Klima (lat. udus = humid)
umbr	= mit dunklem Ah (lat. umbra = Schatten)
ust	= mit trock. sommerheißem Klima (lat. ustus = verbrannt)
xer	= mit aridem Klima (griech. xerox = trocken)

Soilcrete-Verfahren: Prinzip des Hochdruck-Düsenstrahlverfahrens.

Soil Taxonomy (Tab.): Buchstabenkombinationen und ihre Bedeutungen der Unterordnungen.

Soil Temperature Regimes (Tab.): Temperaturregime von Böden; ΔT_{SW} = Differenz der mittleren Temperatur von Sommer- und Wintermonaten, T_{50} = Jahresmitteltemperatur in 50 cm Bodentiefe.

teilungen für Management- und Strategieplanung, für Bodenwissenschaft und Ressourcenbewertung, für Nationale Schutzprogramme sowie fünf Regionalabteilungen mit Unterabteilungen in allen Staaten. Auflage und Abrechnung vieler Förderprogramme zum Bodenschutz, ähnliche Strukturen in Kanada (AAF Canada).
Soilcrete-Verfahren, ↗Injektion mit Hilfe eines rotierenden Hochdruck-Düsenstrahls, durch den der Boden aufgefräst und mit der Injektionssuspension vermischt wird. Es entsteht ein säulen- oder wandförmiger Zement-Bodenkörper, der beispielsweise bei Bauwerksgründungen, Fundamentverfestigungen, Abdichtungen oder ↗Vorausinjektionen im Tunnelbau eingesetzt wird (Abb.).
Soil-Fracturing-Verfahren ↗*Bodenfrac-Verfahren*.
Soil moisture regimes, Einteilung des Feuchtestatus eines Bodens nach der ↗Soil Taxonomy. Demnach gibt es verschiedene Klassen (Classes of soil moisture regimes): a) ↗aquic soil moisture regime, b) ↗aridic soil moisture regime, c) ↗udic soil moisture regime und e) ↗xeric soil moisture regime.
Soil Taxonomy, diagnostisch-morphologische *Bodenklassifikation der USA* mit genetischen Elementen. Im Jahr 1975 erstmals vom Soil Survey Staff publizierte und seitdem fortgeschriebene Weiterentwicklung der ↗Approximation, 7 th. Die Böden werden in 12 Ordnungen, die *orders*, klassifiziert: ↗Alfisols (alf), ↗Andisols (and), ↗Aridisols (id), ↗Entisols (ent), ↗Gelisols, ↗Histosols (hist), ↗Inceptisols (ept) ↗Mollisols (oll), ↗Oxisols (ox), ↗Spodosols (od), ↗Ultisols (ult) und ↗Vertisols (ert). Die in Klammern stehenden Buchstaben ergeben durch Hinzufügung von Silben, die die Spezifik diagnostischer Horizonte oder Eigenschaften charakterisieren (Tab.), Unterordnungen (*suborders*; z. B. Aqualfs – Zusammensetzung aus der Vorsilbe aqu und der Buchstabenkombination alf von Alfisols). Die weitere Unterteilung erfolgt über die Schritte Hauptgruppen (Great soil groups). Daraus resultiert eine Kennzeichnung durch über 50 Buchstabenkomplexe) und Untergruppen zur Familie. Die weiteren Einteilungen erfolgen zum Beispiel nach der Zuordnung zu ↗Soil temperature regimes oder ↗Soil moisture regimes oder über die Kennzeichnung diagnostischer Oberbodenhorizonte (↗Epidaphon). Die Soil Taxonomy erfährt eine beständige Fortschreibung. [HRB]
Soil temperatures regimes, Einteilungsschema der ↗Soil taxonomy nach Temperaturregimen (Tab.).

Bezeichnung	$\Delta T_{S/W}$ [°C]	T_{50} [°C]
pergelic	>5 <5	<0
frigid	>5	0–8
cryic	<5	0–8
mesic	>5	8–15
isomesic	<5	8–15
thermic	>5	15–22
isothermic	<5	15–22
hyperthermic	>5	>22
isohyperthermic	<5	>22

Soil units, Einheit der ↗FAO-Bodenklassifikation.
Sol, *kolloidale Lösung*, disperses System aus ↗kolloidalen Teilchen von etwa 1–100 nm Größe in einem Dispersionsmittel, meist Wasser.
solare Aktivität, *Sonnenaktivität*, Komplex der Phänomene auf der Sonne, die zu Variationen der ↗Sonnenstrahlung führen, z. B. Sonnenfackeln, Protuberanzen, ↗Sonnenflecken. Daneben werden als Ursache solarer Sonnenpulsationen (Variationen des Sonnendurchmessers) diskutiert. Die solare Aktivität ist auch für die ↗Klimageschichte von Bedeutung.
Solarenergie, technisch nutzbarer Anteil der Strahlungsenergie der Sonne. Die Nutzung der Solarenergie hängt vom Wirkungsgrad der verwendeten Sonnenkollektoren und von dem me-

teorologisch bedingten Energieangebot ab. Beschränkende meteorologische Faktoren sind die Bewölkung und der Trübungsgrad der Atmosphäre sowie geographische Breite und Sonnenhöhe.

solare Radiostrahlung, Wellenstrahlung im Meter-Bereich, die in der Sonnenkorona entsteht (↗solar-terrestrische Beziehungen).

solarer Wind, kontinuierlicher Strom geladener Teichen, der radial von der Sonne abfließt. Der solare Wind besteht zu 96 % aus Protonen, zu 4 % aus Heliumionen und den entsprechenden Elektronen, mit Windgeschwindigkeiten zwischen 300 und 800 km/s. Er wird durch das Zusammenwirken von Schwerkraft, Magnetfeldgeometrie und Gasdynamik auf der Sonne ausgelöst. Eine Intensivierung ist in der Nähe koronaler Löcher und bei ↗CME zu beobachten.

solare Variationen, können im allgemeinsten Sinne Schwankungen der solaren Wellen- und Korpuskularstrahlung sein. Diese Änderungen machen sich in verschiedener Weise auf der Erde bemerkbar. Die geophysikalischen Aspekte werden unter den Begriffen ↗solar-terestrische Beziehungen, ↗solare Aktivität und ↗solarer Wind behandelt. Im eigentlichen Sinne werden unter solaren Variationen die ↗Sq-Variationen verstanden.

solare Wellenstrahlung, ist die gesamte von der Sonne ausgehende Wellenstrahlung, vom infraroten bis zum ultravioletten Bereich. ↗Sonnenstrahlung.

solar flare effect, *sfe*, der Ausbruch eines »solar flares« ist mit der Emission hoher Strahlungsintensität verbunden, die zusätzliche Ionisation der D- und E-Schicht erzeugt und damit zu einer Verstärkung der dynamoerzeugten elektrischen Ströme in der Ionosphäre führt.

Solarigraph, Registriergerät zur Messung und Aufzeichnung der ↗Globalstrahlung.

Solarkonstante, beschreibt die Menge der Sonnenenergie, die am Außenrand der Atmosphäre ankommt. Sie ist definiert als der solare Strahlungsfluß, der auf eine senkrecht zur Sonnenstrahlung stehende Einheitsfläche im mittleren Abstand zwischen Sonne und Erde trifft, und beträgt etwa 1368 W/m². Die Solarkonstante ist in Wirklichkeit keine Konstante; während eines solaren Zyklus von etwa elf Jahren sind Änderungen in der Größenordnung von 0,1 % nachgewiesen worden.

Solarstrahlung ↗Sonnenstrahlung.

solar-terrestrische Beziehungen, Beziehungen zwischen Prozessen auf der Sonne und den Aktivitäten des Erdmagnetfeldes. Das vermittelnde Glied ist im wesentlichen der ↗solare Wind. Durch ihn erhält die Magnetosphäre ihre Form und Ausdehnung, sowohl im gestörten wie im ungestörten Fall. In Folge von Aktivitäten auf der Sonnenoberfläche (Koronalöcher, Flares und Koronale Massenauswürfe, CME) kann die Magnetosphäre in wenigen Minuten auf etwa die Hälfte – von 10 auf 5 Erdradien – auf der der Sonne zugewandten Seite zusammengedrückt und heftige erdmagnetische Stürme erzeugt werden (intensive Ringströme und Schweifströme), die mit polaren Stürmen und Polarlichtern verbunden sind. Diese Aktivitäten des Erdmagnetfeldes und damit indirekt die der Sonne werden von den geomagnetischen Observatorien durch im wesentlichen drei ↗Kennziffern kontinuierlich charakterisiert (*Kp, AE, Dst*). Ein sehr wichtiges Problem der Zukunft wird die Vorhersage der Störungen der ↗Magnetosphäre sein (↗Weltraumwetter). [VH, WWe]

Soldner, *Johann Georg* von, deutscher (bayerischer) Geodät und Astronom, * 16.7.1776 auf dem Georgenhof bei Feuchtwangen, † 18.5.1833 München. Etwa ab 1800 Schüler des Astronomen Bode in Berlin wird er durch Veröffentlichungen schnell in der Fachwelt namhaft, lehnt aber Berufungen ins Ausland (z. B. als Direktor der Universitätssternwarte Moskau) ab. Seit 1808 ist er in München zu trigonometrischen Arbeiten. 1810 erscheint die Denkschrift »Berechnungsmethode eines trigonometrischen Hauptnetzes«. Daraufhin wird er 1813 Mitglied der physikalischen Klasse der Bayerischen Akademie der Wissenschaften und 1815 Hofastronom und Vorstand der zu erbauenden Sternwarte in Bogenhausen. Soldner nahm an der Längengradmessung Paris-München-Wien teil. Geodätisch sind folgende Errungenschaften von bleibender Bedeutung: ein rechtwinklig-sphärisches Koordinatensystem (Soldnersches Koordinatensystem) zur Abbildung des ↗Ellipsoids als Modell der Erdform auf eine Kugel (↗Soldnersche Bildkugel), das verbreitet bei Landesvermessungen benutzt wurde, sowie seine besonderen Verdienste um das bayerische Hauptdreiecksnetz. 1825 Zivilverdiensorden der bayerischen Krone, verbunden mit dem persönlichen Adel; 1829 Ritterkreuz der französischen Ehrenlegion. Gedenktafel an Kirche im Münchner Stadtteil Bogenhausen; 1963 Denkmal (Soldner-Koordinaten) in München, Öttingenstr. (Landesvermessungsamt). [EB]

Soldner-Koordinaten ↗geodätische Parallelkoordinaten.

Soldnersche Bildkugel, regionale Approximation des ↗Referenzellipsoides um einen Bezugspunkt durch eine Kugel. Die Soldnersche Bildkugel hat mit dem Referenzellipsoid im Bezugspunkt einen gemeinsamen Parallelkreis (Breitenkreis). Der Radius der Soldnerschen Bildkugel ist der Querkrümmungsradius des Berührungsparallelkreises (↗Rotationsellipsoid).

Sole, hochkonzentrierte Salzlösung; zum Teil werden Solen als Lösungen mit mehr als 100 g/kg Lösungsinhalt definiert. Sie können natürlich durch Auslaugung von Salzgesteinen auftreten oder künstlich durch bergbauliche Gewinnungstechnik entstehen.

Solfatare, (italienisch), ↗Fumarole mit Temperaturen von 100–250°C, die H_2S enthält, benannt nach der Solfatara auf den Phlegräischen Feldern bei Neapel. H_2S wird an Luft zu elementarem Schwefel und schwefliger Säure umgewandelt. An der Austrittstelle setzen sich Schwefel und Eisensulfide ab, und die schweflige Säure alteriert die umliegenden Gesteine.

solid inclusion ↗Flüssigkeitseinschluß.
Solidus, Punkt oder Linie im Druck-Zusammensetzung-Diagramm, unterhalb der das System völlig fest ist. Oberhalb des Solidus befinden sich Schmelze und feste Phase im Gleichgewicht.
Soliduskurve, Linie, die im ↗Zustandsdiagramm von ↗binären Systemen oder ↗Mehrstoffsystemen die Zweiphasenbereiche auf der Seite der festen Phase begrenzt. ↗Verteilungskoeffizient.
Solidustemperatur, Temperatur, bei der eine Substanz – bei Temperaturerhöhung – zu schmelzen beginnt (Abb.). Bei Mehrstoffsystemen müssen Solidus- und ↗Liquidustemperaturen nicht identisch sein.

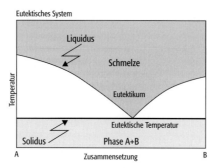

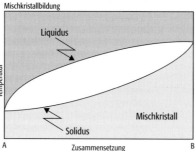

Solidustemperatur: Zweistoffsysteme (zwei Phasen A+B).

solifluidal, durch ↗Solifluktion entstanden.
Solifluktion, Form der ↗Denudation; langsame hangabwärts gerichtete Bewegung von wassergesättigtem, ungefrorenem Bodenmaterial, ↗Sediment oder ↗Solifluktionsschutt. Normalerweise ist dabei eine kontinuierliche Geschwindigkeitszunahme zur Geländeoberfläche hin zu verzeichnen. In der Definition wird ein gefrorener Untergrund nicht vorausgesetzt, der Begriff wird jedoch zumeist im Zusammenhang mit ↗Massenbewegungen in ↗Permafrostgebieten verwendet. Zur Abgrenzung dieser ↗periglazialen Solifluktion von anderen Solifluktionsprozessen wurde für erstere der Begriff ↗Gelifluktion bzw. Gelisolifluktion eingeführt. Man unterscheidet gebundene (unter Vegetationsbedeckung) und ungebundene (freie) Solifluktion. Ein weiterer wichtiger Prozeß ist die ↗Abspülsolifluktion. Außerdem unterscheidet man die tiefgründige ↗Makrosolifluktion von der flachgründigen ↗Mikrosolifluktion. Letztere beruht auf der kurzfristigen Bildung von ↗Kammeis, daher spricht man auch von ↗Tageszeitensolifluktion. Früher wurde der Begriff Mikrosolifluktion als Synonym für ↗Kryoturbation verwendet. ↗Bodenfließen, ↗Erdfließen. [SN]
Solifluktionslöß ↗Löß.
Solifluktionsschutt, unter ↗periglazialen Bedingungen entstandener Frostschutt, der durch ↗Solifluktion bewegt wird. Solifluktionsschutt ist in Mitteleuropa flächenhaft verbreitet (↗Schuttdecke) und durch Abtragung und ↗Bodenbildung überprägt. Die pleistozänen periglazialen Solifluktionsschuttdecken der deutschen Mittelgebirge werden in drei Lagen gegliedert: einen ↗Basisschutt, einen ↗Mittelschutt und einen ↗Deckschutt mit jeweils charakteristischen Eigenschaften. Den Solifluktionsschuttdecken kommt eine besondere Bedeutung als wichtiges Ausgangssubstrat der holozänen Bodenbildung zu.
Solifluktionsterrasse, durch ↗Solifluktion gebildete, geringmächtige ↗Akkumulationsform aus ↗Solifluktionsschutt an Hängen. Solifluktionsterrassen können im hangaufwärts gelegenen Teil aus mineralischem Material bestehen und im hangabwärts gelegenenen Teil eingearbeitetes organisches Material enthalten.
soligelid, Bezeichnung für Erscheinungen, Prozesse oder Formen, die im Bereich von gefrorenen Böden auftreten, z. B. in ↗Permafrostgebieten.
Soll, (Pl. Sölle), *Toteisloch*, rundliche Hohlform von wenigen Metern bis maximal einigen hundert Metern Durchmesser, die meist wassergefüllt, später auch vermoort oder verlandet, Hinweise auf die ehemalige ↗Vergletscherung einer Landschaft gibt. Sölle entstehen, wenn Blöcke von ↗Toteis vor dem schnellen Abtauen geschützt bleiben, indem sie unter ↗fluvioglazialen Sedimenten in einer ↗Eiszerfallslandschaft verschüttet werden, als Einlagerungen in ↗Grundmoränen liegen oder in ↗Stauchendmoränen geschoben werden. Die abflußlosen Kessel entstehen, wenn mit dem Austauen des Eises die Sedimentüberdeckung in den Bereich des ehemaligen Eisvolumens nachsackt. Sölle kommen in aller Regel vergesellschaftet vor. In der Agrarlandschaft stellen Sölle wertvolle Kleinbiotope dar, die in der Vergangenheit jedoch in großer Anzahl durch ↗Meliorationen und ↗Flurbereinigungen zerstört wurden.
Sollausbruch, Ausbruch, welcher notwendig ist, um das vorgesehene Ausbruchprofil zu erhalten.
Soller-Blende, System von parallelen, in engen Abständen angeordneten Blechen zur Erzeugung z. B. eines Röntgenstrahls kleiner Divergenz (Kollimation).
Solling-Projekt, deutsches Pilot-Projekt zur ↗Ökosystemforschung im Rahmen des IBP (Internationales Biologisches Programm), maßgeblich initiiert durch den Geobotaniker ↗Ellenberg. Der Solling liegt als lößbedecktes Sandsteinplateau im Bergland nordwestlich von Göttingen in der kollinen ↗Höhenstufe. Das Kernprogramm wurde von 1966–1973 durchgeführt, mit der Fortsetzung wichtiger Meßreihen bis 1986. Die untersuchten ↗Standorttypen umfaßten naturnahen Buchenwald, Fichtenforst sowie lokaltypische Mähwiesen und Ackerflächen. Bekannt wurden insbesondere die im Solling-Pro-

jekt gewonnen Erkenntnisse über ↗Waldschäden, die in der Folge einen großen politischen Handlungszwang auf die Verantwortlichen im Immissionsschutz ausübten, der 1983 in der Verabschiedung der »Verordnung über Großfeuerungsanlagen« resultierte. Obwohl es abschließend nicht gelang, die Vielzahl der Einzelergebnisse zu einer Gesamtsynthese zusammenzufassen, konnten wichtige Erkenntnisse zur komplexen Ökosystemmodellierung gewonnen werden. [DS]
Literatur: ELLENBERG, H., MAYER, R. & SCHAUERMANN, J. (Hrsg.): Ökosystemforschung. Ergebnisse des Sollingprojektes 1966–1986. – Stuttgart.

Solnhofener Plattenkalk, gut geschichtete Kalke (Plattenkalke) der Region um Eichstätt auf der Fränkischen Alb. Die Gesteine aus dem unteren ↗Tithon (ca. 150 Mio. Jahre) wurden und werden zum Dachdecken, zur Wandvertäfelung und als weltweit beste Druckplatten für die Lithographie genutzt (sog. »Lithographische Schiefer«). Sie bilden höchstens einige Zentimeter dicke Bänkchen, die durch tonige Lagen voneinander getrennt sind. Ihre äußerst feine (mikritische) Korngröße geht auf die Skelette kalkiger Planktonorganismen (Coccolithophorida) sowie mikrobiell gefällten Kalk zurück. Diese Einheiten entstanden in einer Lagune, die gegen das Meer von Korallen-Schwamm-Riffen abgeschirmt wurde, so daß dort die meiste Zeit das Bodenwasser stagnierte. Periodische Blüten der Planktonalgen führten zu kurzen Schüben der Kalkablagerung in dem ansonsten tonig-mergeligen und sauerstoffarmen Becken. Zusammen mit Matten von Blaubakterien am Grund der Lagune waren dies die Ursachen für die einzigartige Erhaltung feinster Details (Häute, Federn, Muskeln etc.) bei den hier eingebetteten Organismen.

Das Gebiet, das unter dem Namen des Ortes mit den zuerst betriebenen Steinbrüchen paläontologischen Weltruhm erlangt hat, weist ein besonderes Spektrum an Fossilien auf. Im Gegensatz zu anderen Ablagerungen des ↗Juras dominieren hier stiellose Seelilien, Fische und Krebse. Die Bedeutung von »Solnhofen« geht jedoch auf die Funde von Landtieren zurück, die in die Lagune gespült wurden: Insekten (180 Arten), Flugsaurier (6 Gattungen), Brückenechsen (4 Gattungen), Krokodile, kleine Dinosaurier und Schildkröten sind bekannt. Herausragend sind jedoch mehrere Exemplare des lange Zeit ältesten Vogels (»Urvogel«) *Archaeopteryx*. Ähnliche Bedingungen herrschten fast gleichzeitig im Bereich der Schwäbischen Alb: Nusplingen im Bäratal liefert weniger, aber vergleichbar gut erhaltene Fossilien (verschiedenste Pflanzen, Haie etc.). [MB]

Solod, *Steppenbleicherde*, aus ↗Solonetzen (↗WRB) in semiariden Räumen entstandene Böden, durch Humus- und Tonabfuhr mit gebleichtem Oberboden sowie natriumhaltigem Unterboden mit Humus- und Tonanreicherung und Säulengefüge.

Solomonensee, Teil des ↗Pazifischen Ozeans zwischen Neuguinea, Neubritannien und den Solomoninseln.

Solonchaks, [von russ. sol = Salz], *Weißalkaliböden* (veraltet), Böden der ↗FAO-Bodenklassifikation mit einem ↗salic horizon als ↗diagnostischem Horizont der ↗WRB, der sich innerhalb der obersten 50 cm des Bodens befindet. Es treten noch viele weitere diagnostische Horizonte auf. Sie sind in heißen, ariden und semiariden Gebieten mit salzhaltigem Grundwasser in geringer Tiefe verbreitet, gelegentlich auch in Küstennähe (Sahara, Ostafrika, Namibia, Zentralasien, Australien und Südamerika) und entstehen, wenn die ↗Evaporation die Niederschlagsmenge übersteigt. Schätzungen zu ihrer Verbreitung schwanken zwischen 260 und 340 Mio. Hektar. Solonckals sind vielfach vergesellschaftet mit ↗Gleysols und ↗Solonetz. Man unterscheidet Tagwasser-Solonckals, Grundwasser-Solonckals und Kulto-Solonckals.

Solonetze, Böden der ↗FAO-Bodenklassifikation mit einem ↗natric horizon als ↗diagnostic horizon der ↗WRB. Sie werden auch Natrium- oder Schwarzalkaliböden genannt und entstehen meist durch Entsalzung aus ↗Solonchaks infolge einer Grundwasserabsenkung oder bei Feuchterwerden des Klimas (Zunahme der Niederschläge). Die hohe Na-Sättigung führt zu hohen pH-Werten mit nachfolgender Ton- und Humusverlagerung nach unten und Schluffwanderung durch Quellung und Schrumpfung nach oben, wodurch das typische Säulengefüge entsteht. Es gibt ungefähr 135 Mio. Hektar dieser Böden weltweit, vor allem in Niederungslandschaften arider und semiarider Gebiete. Solonetze sind vergesellschaftet mit ↗Solonchaks und ↗Gleysols.

Solowjows Doppelprojektion ↗azimutaler Kartennetzentwurf.

Sols bruns lessivées, Bodeneinheit der französischen Bodenklassifikation, schwach lessivierte ↗Parabraunerden.

Sols ferraliques lessivées, Bodeneinheit der französischen Bodenklassifikation, lessivierte eisen- und aluminiumoxidreiche Böden der Tropen.

Sols ferralitiques, Bodeneinheit der französischen Bodenklassifikation, ↗Ferralsols der ↗WRB und ↗Oxisols der ↗Soil taxonomy.

Sols lessivées, Bodeneinheit der französischen Bodenklassifikation, ↗Parabraunerden und ↗Fahlerden.

Solstitien, *Sonnenwende*, Punkte der Erdumlaufbahn, die auf der Solstitiallinie liegen. Auf der Nordhalbkugel ist der *Sommerpunkt* (21. Juni) der längste Tag des Jahres und der astronomische Sommerbeginn. Der kürzeste Tag des Jahres, der *Winterpunkt*, tritt am 22. Dezember ein. Es ist der Tag im Jahresablauf, an dem astronomisch der Winter beginnt. ↗Erde.

Solum, Bezeichnung für alle Bodenhorizonte oberhalb des ↗Muttergesteins zusammen in einem zweidimensionalen Vertikalschnitt durch das Bodenprofil.

Solutionssenke ↗Auslaugungsgebiet.

Solvusthermometer ↗Geothermobarometrie.

Somalistrom, ↗Meeresströmung vor der Ostküste Afrikas mit starker jahreszeitlicher Schwankung als Folge des ↗Monsuns. Sie gehört als kräftiger westlicher ↗Randstrom mit Geschwindigkeiten bis zu 3,5 m/s und einem Volumentransport von bis zu $80 \cdot 10^6$ m³/s zu den stärksten Strömungen des Ozeans.

Sombric horizon, ↗diagnostischer Horizont in der ↗Soil taxonomy des USDA, nicht in der Klassifikation der ↗WRB vorhanden. Es ist ein ↗Bt-Horizont mit eingeschlämmtem Humus, beschränkt auf Hochlagen der (Sub-)Tropen.

Sommer ↗Jahreszeit.

Sommerdeich, *Überlaufdeich,* ↗Deich mit geringer Höhe, der zeitweise überströmt wird und an der Küste bei Sturmfluten wie ein Riff wirkt.

Sommerpunkt ↗Solstitien.

Sommer-Smog ↗Smog.

Sommertag, Tag, an dem die Lufttemperatur ein Maximum von mindestens 25°C erreicht.

Sommerzeit, in vielen Ländern (u. a. in allen EU-Staaten) eingeführte Rückstellung der ↗Zonenzeit um eine Stunde während des Sommerhalbjahres. Die Sommerzeit dient der besseren Ausnutzung des Tageslichts in den Abendstunden.

Sonar, *sound navigation and ranging* (engl.), Unterwasser-Schallmeßsystem, analog zum ↗Radar. ↗Wasserschall.

Sondenextensometer ↗Extensomter.

Sonderabfall ↗*Sondermüll.*

Sonderabfalldeponie, *SAD,* Abfallentsorgungsanlage zur dauerhaften, kontrollierten Ablagerung von besonders überwachungsbedürftigen Abfällen (↗Sondermüll), die zum größten Teil aus produktionsspezifischen Reststoffen von Industrie und Gewerbe stammen und in der Regel als toxisch bezeichnet werden können. Der Umgang mit diesen Abfällen wird durch die ↗TA Abfall (Zweite allgemeine Verwaltungsvorschrift zum Abfallgesetz) geregelt. Nach der Begriffsbestimmung der TA Abfall handelt es sich bei Sonderabfalldeponien (im Gegensatz zu den ↗Untertagedeponien) um oberirdische Deponien. Die Zuordnung von Abfällen zu einer SAD erfolgt aufgrund der in der TA Abfall (Anhang D) festgelegten ↗Zuordnungskriterien. Die Deponie muß im Ablagerungsbereich mit einer Kombinationsdichtung (oder einer gleichwertigen Dichtung) ausgestattet und das anfallende Sickerwasser einer Sickerwasserbehandlungsanlage zugeführt werden. In Karstgebieten und Gebieten mit stark klüftigem, besonders wasserwegsamem Untergrund, innerhalb von Trinkwasser- oder Heilquellenschutzgebieten, in Wasservorranggebieten und innerhalb eines Überschwemmungsgebietes dürfen keine Sonderabfalldeponien errichtet werden. Am Deponiestandort und im weiteren Grundwasserabstrombereich müssen die geologischen, hydrogeologischen und geotechnischen Verhältnisse sowie die Lage zu einem vorhandenen oder ausgewiesenen Siedlungsgebiet überprüft werden. Als Deponieauflager ist nach dem ↗Multibarrierenkonzept eine ↗geologische Barriere erforderlich, die eine Mindestmächtigkeit von 3 m und ein hohes Adsorptionsvermögen aufweist. Können diese Voraussetzungen nicht vollständig erfüllt werden, muß sie durch zusätzliche technische Maßnahmen sichergestellt werden. Nach Abklingen der Untergrundsetzungen muß die Deponieplanung mindestens 1 m über der höchsten zu erwartenden Grundwasseroberfläche (bzw. Grundwasserdruckfläche) liegen. Höhere Druckspiegel sind zulässig, wenn nachgewiesen ist, daß das am Grundwasserkreislauf aktiv teilnehmende Grundwasser nicht nachteilig beeinträchtigt wird. [CSch]

Sonderkultur, landwirtschaftliche Spezialkulturen (↗Landwirtschaft) außerhalb der üblichen ↗Fruchtfolgen und agrarstatistischen Einteilungen (Getreide, ↗Hackfrüchte, Futterpflanzen). In Deutschland zählen zu den Sonderkulturen Obstanlagen, Tabak, Reben, Hopfen sowie Heil- und Gewürzkräuter. Sonderkulturen benötigen eine spezielle naturräumliche und agrarökonomische Ausstattung, d. h. sie stellen besondere Ansprüche an ihren ↗Standort. Sie bedürfen eines großen Aufwands an Pflege in meist mehrjähriger Arbeit mit hohem materiellen Aufwand. In der Regel sind es spezialisierte landwirtschaftliche Betriebe (oft Kleinbetriebe), welche Sonderkulturen anbauen.

Sondermüll, *Sonderabfall,* Abfallstoffe, die aufgrund ihrer Beschaffenheit (z. B. Giftigkeit) einer besonderen Behandlung bedürfen und nach Möglichkeit entgiftet werden oder in ↗Sonderabfalldeponien gelagert werden müssen.

Sonderprobe ↗Probe.

Sonderstandort, ↗Standort, der aufgrund seiner naturräumlichen Ausstattung nur für eine spezielle Nutzung oder das Vorkommen ganz spezieller Organismen in Frage kommt. Es gelten für diesen Standort besondere Nutzungs- und Ausstattungsmerkmale. So können z. B. die Tabakanbaugebiete im Markgräfler Hügelland (SW-Deutschland) wegen ihrer naturräumlichen Ausstattung als Sonderstandorte bezeichnet werden.

Sondierbohrung, Verfahren zur Untersuchung von geringmächtigen Lockergesteinen. Eine Schlitzsonde (Stahlstange mit Längsnut) wird mit einem Holz- bzw. Kunststoffhammer oder einem maschinell arbeitenden Rammgerät in den Boden getrieben. Das Material des durchfahrenen Bodens schiebt sich dabei in die Nut. Ist eine Gestängelänge (meist 1 m) eingeschlagen, zieht man die Sonde heraus. Das in der Nut befindliche Material wird vor Ort ausgewertet und falls erwünscht für Laboruntersuchungen entnommen. Eine weitere Beurteilungsgrundlage bildet der Eindringwiderstand (↗Sondierung).

Sondierdiagramm, Verfahren zur Darstellung der Ergebnisse von ↗Sondierungen.

Sondierstollen ↗*Erkundungsstollen.*

Sondierung, 1) *Angewandte Geologie:* Feldversuch zur Bestimmung der Festigkeits- und Verformungseigenschaften von Böden, bei denen die Entnahme ungestörter Proben problematisch ist. Die Sondierergebnisse geben einen durch Kennzahl belegten Aufschluß über die Lagerungsdichte und ermöglichen Festigkeitsangaben über den Baugrund, ausgedrückt durch das ↗Steifemodul und den ↗Reibungswinkel. Die Darstellung der

Sondierergebnisse erfolgt i. d. R. als Balkendiagramm über die jeweilige Tiefe (Sondierdiagramm). Man unterscheidet zwischen *dynamischer Sondierung* und *statischer Sondierung* Zum ersten Typ gehört die *Rammsondierung*, bei der der dynamische Widerstand (Schläge je 10 cm Tiefe) gegen das Eindringen einer Sonde mit verdickter, kegelförmiger Spitze gemessen wird. Rammsonden werden üblicherweise fortlaufend eingerammt. Die Untersuchungstiefen betragen je nach Untergrundaufbau bis zu 25 m. Hierbei muß bedacht werden, daß sowohl Porenwasserdruck (vor allem in bindigen Böden) als auch erhöhte Elastizität (z. B. Torf) die Schlagzahlen eines Bodens beeinflussen können. Zum zweiten Typ gehört die ↗Drucksondierung, bei der eine genormte Meßspitze kontinuierlich in den Untergrund gedrückt wird. Es werden der Widerstand an der Spitze und die Mantelreibung gemessen. Wegen ihres Modellcharakters werden die Ergebnisse von Drucksondierungen vielfach für die Berechnung der Tragfähigkeit von Pfahlgründungen verwendet. **2)** *Geophysik*: ermittelt physikalische Parameter oder geophysikalische Feldwerte als Funktion der Tiefe. Geophysikalische Messungen in einem Bohrloch, aber auch elektrische Widerstandssondierungen und Reflexionsmessungen müssen als Sondierungen betrachtet werden. Bei derartigen Messungen wird vielfach der Abstand zwischen Quelle (Sender) und Aufnehmer (Empfänger) oder die Frequenz eines Signals verändert, um Informationen (↗Signale) aus verschiedenen Tiefenbereichen des Untergrundes zu gewinnen. Man spricht von Abstandssondierungen oder geometrischen Sondierungen sowie von Frequenzsondierungen oder parametrischen Sondierungen. [WK,PG]

Sondierungskartierung, Kombination einer Tiefensondierung mit einer Kartierung in den Methoden der ↗Gleichstromgeoelektrik und der ↗induzierten Polarisation.

Sondierungskurve, Ergebnis einer geoelektrischen oder elektromagnetischen Tiefensondierung, wobei üblicherweise ein ↗scheinbarer spezifischer Widerstand als Funktion der Auslagenweite, der Periode oder der Abklingzeit doppeltlogarithmisch dargestellt wird. Die Interpretation von Sondierungskurven erfolgte früher anhand von sog. Masterkurven, heute ausschließlich mit Hilfe von Computern, oft schon im Gelände.

Sonic-Log, teufenabhängige Aufzeichnung der Laufzeit der Kompressionswelle (Δt [µs/m]) in einer Bohrung (↗akustische Bohrlochmessungen). Die Laufzeit der Kompressionswelle in einem Gestein ist abhängig von der chemisch-mineralogischen Zusammensetzung und den texturellen und strukturellen Eigenschaften, insbesondere vom Anteil des Porenraumes. Jedes Gestein besitzt eine bestimmte Schallgeschwindigkeit, die in der Regel mit der Dichte der Gesteine ansteigt. Kompakte, nahezu porenfreie Gesteine wie Quarzite und Kalksteine weisen im Sonic-Log folglich geringere Laufzeiten auf als weniger dichte Tonsteine. Mit steigender Porosität oder in aufgelockerten Kluft- und Störungszonen steigt die Laufzeit der seismischen Welle an. Bei bekannter Matrixdichte kann aus dem Sonic-Log die Porosität wie folgt bestimmt werden:

$$\varphi = (\Delta t - \Delta t_m)/(\Delta t_f - \Delta t_m);$$

φ = Porosität, Δt = gemessene Laufzeit (Log-Wert), Δt_m = Laufzeit in der Gesteinsmatrix, Δt_f = Laufzeit im Fluid. Die Hauptanwendungsfelder des Sonic-Logs sind: lithologische Gliederung des Bohrprofils (in der Regel immer in Kombination mit anderen Bohrlochmessungen), Identifizierung von Kluft- und Störungszonen sowie die Bestimmung der ↗Porosität der Gesteine. [JWo]

Sonne, bildet den Zentralkörper des Sonnensystems (Fixstern), d. h. alle Planeten (Merkur, Venus, ↗Erde, Mars, Jupiter, Saturn, Uranus, Neptun und Pluto) umrunden sie auf einer elliptischen Kreisbahn. Die Entfernung zur Erde beträgt 149,6 Mio. km, wobei sie durch die Anziehungskraft der Sonne auf ihrer Umlaufbahn bleibt. Sie bewegt sich mit einer Geschwindigkeit von 19,4 km/s um die eigene Achse. Die Sonne besteht aus komprimiertem Gas mit einer Masse von $1,99 \cdot 10^{30}$ kg und einem Durchmesser von 1,39 Mio. km. Die Angaben über die genaue Zusammensetzung der Sonne schwanken erheblich. Demnach besteht die Sonne zu etwa 82 bis 95 % aus Wasserstoff (H) und zu 1 bis 18 % aus Helium (He). Sauerstoff, Kohlenstoff und Stickstoff bilden etwa 1,0 bis 0,1 % der Sonne. Alle übrigen Elemente machen nur etwa 0,02 % der Sonne aus. Insgesamt wurden 84 Elemente in der Sonne nachgewiesen (↗kosmische Elementhäufigkeit). Bei einer Oberflächentemperatur von 5785 K kommt es zu einer Strahlungsleistung (↗Sonnenstrahlung) von 6,35 kW/cm². Diese Strahlungsleistung ist die Energiequelle aller Prozesse auf der Erde.

Sonnenaktivität ↗solare Aktivität.

Sonnenbrand, *Sonnenbrenner*, *Sonnenbrandbasalt*, Mangelerscheinung bei der technischen Verwendung von Basalt. Anzeichen sind kleine, helle, oft sternförmige Flecken und bisweilen davon ausgehende Haarrisse (herrührend von Anhäufungen feldspatreicher Gemengteile, die durch Verwitterung in Tonminerale übergehen, namentlich bei sogenannten Tagsteinen der obersten Schicht) sowie bröckeliges Gefüge und grusiges Zerfallen bei Verlust der Bergfeuchte an der Sonne. Die Probe auf Sonnenbrand-Verdacht erfolgt durch Kochen in verdünnter Salzsäure und Ausmessen der hellen Flecken. In vielen Fällen besteht ein ursächlicher Zusammenhang mit dem Auftreten von Analcim im Gestein. Durch Phasenumwandlung und Wasseraufnahme kommt es zur Volumenexpansion, Rißbildung und Zerfall.

Sonneneruptionen, *Sonnenfackeln*, Ausbrüche heißer Gase an der Sonnenoberfläche, meist in der Nähe von ↗Sonnenflecken. In extremen Fällen, wenn solche Ausbrüche Höhen von 100.000 km und mehr erreichen, spricht man auch von

Protuberanzen. Sonneneruptionen sind neben den Sonnenflecken das auffälligste Merkmal der ↗solaren Aktivität.

Sonnenfackel ↗*Sonneneruptionen*.

Sonnenfinsternis, zeitlich begrenztes, vollständiges oder teilweises Verschwinden der Sonnenscheibe. Die Sonne beleuchtet alle Planeten und Monde, von denen dann ein Schatten in den Raum geworfen wird. Wenn ein anderer Himmelskörper diesen Schatten kreuzt, verfinstert sich aus seinem Blickwinkel die Sonne. Für die Erde tritt dieser Fall ein, wenn sie mit Sonne und Mond exakt auf einer Linie liegt. Da der Umfang des Mondes und der der Sonne von der Erde aus gleich scheint, kommt es zu einer totalen Sonnenfinsternis. Der Rand des Mondes ist durch seine Morphologie aber nicht glatt, so daß durch die Gebirge und Täler immer noch Sonnenstrahlen durchdringen können. Diese Erscheinungen der letzten Sonnenlichter nennt man Perlenschnur. Wenn die Sonne komplett abgedeckt ist, ist der Strahlenkranz der Sonne, die ↗Korona, zu sehen. Dieser Strahlenkranz wird von Protuberanzen, von der Sonne ausgehende glühende Gasmassen, begleitet. Während der totalen Finsternis sinkt die Temperatur auf der Erde um ca. 6°C und es kommt durch die Temperaturunterschiede zu erhöhten Windgeschwindigkeiten. Der Mondschatten bewegt sich mit einer durchschnittlichen Geschwindigkeit von 600 m/s über die Erdoberfläche. Das bedeutet bei einem festen Beobachtungsplatz eine maximale Beobachtungsdauer von ca. 7,5 Minuten. Da der Schatten des Mondes aber nicht nur aus einem zentralen Kernschatten (max. 300 km breit) besteht, sondern auch noch ein ringförmiger Halbschatten existiert, kommt es in diesem Halbschattenbereich (Randbereich) zu einer partiellen Sonnenfinsternis. Der Mondschatten wandert von Westen nach Osten über die Erde. Ein Sonderfall tritt ein, wenn sich der Mond in seinem erdfernsten Brennpunkt befindet (ca. 405.500 km). In diesem Fall reicht der Schatten des Mondes nicht mehr aus, um die Sonne vollständig abzudecken, und es kommt zu einer ringförmigen Finsternis. Die eine totale Sonnenfinsternis bedingende Stellung der drei Gestirne tritt für einen bestimmten Ort auf der Erdoberfläche etwa alle 200 Jahre ein.

Sonnenflecken, relativ kalte und somit dunkel erscheinende Areale auf der sichtbaren Sonnenoberfläche, der Photosphäre (Fleckenkern = Umbra, ca. 4500 K, Peripherie = Penumbra, ca. 5500 K, dagegen ungestörte Photosphäre, ca. 6000 K); Größenbereich 2000–40.000 km, meist in Gruppen auftretend. Sie sind mit magnetischen Anomalien verbunden und stets von ↗Sonneneruptionen begleitet, die physikalisch durch aus- und eintretende magnetische Flußröhren erzeugt werden. Sie sind die Oberflächenerscheinungen von inneren Massenbewegungen, die den solaren Dynamo konstituieren. Ihr Entstehungsmechanismus ist noch nicht völlig geklärt. Die Sonnenflecken wurden 1610 von J. Fabricius (1587–1615) mit Hilfe eines der ersten Fernrohre entdeckt und sind seit dieser Zeit dokumentiert. Erst zweieinhalb Jahrhunderte später hat man ihre 11- bzw. 22jährige Periodizität entdeckt (Sonnenzyklus). Sie bilden zusammen mit den Sonneneruptionen Protuberanzen, das auffälligste Merkmal der ↗solaren Aktivität. Quantitativ werden sie durch die von E. Wolf (1848) eingeführten ↗Sonnenflecken-Relativzahlen gekennzeichnet.

Sonnenflecken-Relativzahlen, quantitative Erfassung von ↗Sonnenflecken. Die Sonnenflecken-Relativzahlen wurden von E. Wolf 1848 eingeführt und werden durch folgende Gleichung beschrieben:

$$SRZ = k(10\,g + f).$$

Dabei ist g die Anzahl der Fleckengruppen, f die Anzahl der Einzelflecken und k ein Normierungsfaktor. Verschiedene Autoren haben aus den vorliegenden Beobachtungen Werte für Sonnenflecken-Relativzahlen rekonstruiert, zum Beispiel anhand von Polarlichtbeobachtungen als Folgeerscheinung der Sonnenaktivität sogar bis vor das Jahr 1610 zurück (Abb.). Anhand dieser Daten lassen sich verschiedene Zyklen nachweisen, wie z. B. der ca. 11jährige Schwabe-Zyklus oder der 22jährige Hale-Zyklus. Neben weiteren Zyklen tritt längerfristig noch der 80–90jährige Gleissberg-Zyklus auf. Während es Hypothesen über einen Zusammenhang der Sonnenflecken mit Klimaänderungen schon lange gibt, erlauben erst die in jüngerer Zeit verfügbaren Satellitenmessungen einen genauen Vergleich zwischen Sonnenflecken und der extraterrestrischen Sonneneinstrahlung. Diese Korrelation muß physikalisch so gedeutet werden, daß die Strahlungswirkung der Sonnenflecken durch die ↗Sonneneruption bzw. Protuberanz überkompensiert wird, die Ausstrahlung der »unruhigen« Sonne (während Phasen ↗solarer Aktivität) somit etwas größer ist als zu Zeiten der »ruhigen« Sonne. Jedoch liegen diese Variationen nur im Promillebereich der ↗Solarkonstanten. [CDS]

Sonnengezeit ↗*Gezeiten*.

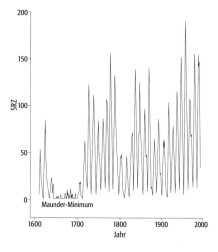

Sonnenflecken-Relativzahlen: Sonnenflecken-Relativzahlen 1610–1994.

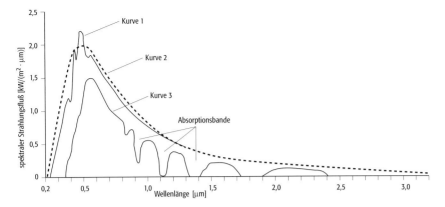

Sonnenstrahlung: Darstellung der extraterrestrischen Sonnenstrahlung (Kurve 1); Kurve 2 stellt den spektralen Strahlungsfluß von der Sonne im Vergleich zur Emission eines Schwarzen Körpers mit einer Temperatur von 5900 K dar; nach Durchgang durch die Erdatmosphäre ist die Sonnenstrahlung an der Erdoberfläche durch Streu- und Absorptionsprozesse deutlich geschwächt (Kurve 3); die Absorptionsbanden, insbesondere durch Wasserdampf und Kohlendioxid verursacht, sind deutlich zu erkennen.

Sonnenhöhe, *Sonnenelevation*, senkrechter Abstand der Sonne vom Horizont in Winkelgrad. Steht die Sonne unter dem Horizont, spricht man von *Sonnentiefe* (Sonnendepression).

Sonnenkalender, am Lauf der Sonne orientierte Zeitzählung. Hier spielt insbesondere die Länge des ↗tropischen Jahres eine große Rolle, an die das Kalenderjahr bestmöglich angeglichen wird.

Sonnenkompaß, Meßgerät zur Bestimmung der wahren geographischen Nordrichtung bei der Entnahme von Gesteinsproben für eine paläomagnetische Untersuchung. Das Instrument besteht aus einer einfachen Vorrichtung zur Einmessung des Sonnenstandes. Aus der genauen Lage des Probenortes und der Ortszeit kann man dann mit Hilfe von Tabellen oder rechnerisch die genaue geographische Nordrichtung ermitteln.

Sonnenlicht, Strahlung bei denjenigen Wellenlängen des Spektrums der ↗Sonnenstrahlung, die mit dem Auge wahrgenommen werden.

Sonnenrotation, Rotation der Sonne um sich selbst. Ihre Periode beträgt etwa 27 Tage.

Sonnenscheinautograph, Gerät zur Aufzeichnung der Sonnenscheindauer. Über eine Kugellinse wird das Sonnenlicht auf einen mit einer Zeitskala versehenen Meßstreifen fokussiert, wobei bei Sonnenschein eine Brennspur entsteht. Am Ende des Tages werden die einzelnen Brennspurabschnitte zusammenaddiert und die Gesamtsonnenscheindauer des Tages bestimmt.

Sonnenscheindauer, Zeitspanne der mit Hilfe eines ↗Sonnenscheinautographen gewonnenen Registrierung der direkten Sonneneinstrahlung eines Ortes. Die maximal mögliche Sonnenscheindauer entspricht der astronomischen Sonnenscheindauer bei vollständiger Rundumsicht; die maximal mögliche Sonnenscheindauer kann aber bei Horizonteinschränkung, z. B. durch Bäume, Gebäude oder Berge, vermindert sein. Die relative Sonnenscheindauer ergibt sich aus dem Verhältnis von tatsächlicher zu maximal möglicher Sonnenscheindauer.

Sonnenstrahlung, *Solarstrahlung*, die von der Sonne emittierte elektromagnetische Strahlung. Sie entspricht etwa der Strahlung eines 5800 K heißen ↗Schwarzen Körpers (↗Plancksches Strahlungsgesetz). Die außerhalb der Erdatmosphäre ankommende Sonnenstrahlung wird als extraterrestrische Strahlung bezeichnet, ihr mittlerer Strahlungsfluß als ↗Solarkonstante. Der energetisch bedeutsame Spektralbereich der Sonnenstrahlung reicht von 0,3 µm bis etwa 3,5 µm mit einem Maximum der Strahlungsenergie bei ca. 0,48 µm. Die Sonnenstrahlung kann in drei Spektralbereiche eingeteilt werden: ultravioletter Bereich 0,1–0,4 µm, sichtbarer Bereich 0,4–0,75 µm, nahes und mittleres Infrarot 0,75–30 µm. Beim Durchgang durch die ↗Atmosphäre wird die Sonnenstrahlung gestreut und absorbiert, wobei diese selektive Schwächung im Infraroten stark von der Wellenlänge abhängt. Die Sonnenstrahlung wird unterhalb 0,29 µm in der Atmosphäre vollständig durch Stickstoff, Sauerstoff und stratosphärisches Ozon absorbiert. Die mittlere Atmosphäre (Schichten oberhalb der Tropopause) ist aus diesem Grund ein Schutzschild für die Biosphäre. In Gebieten mit relativ dünner Ozonschicht (↗Ozonloch) gelangt deutlich mehr für das Leben gefährliche ↗Ultraviolette Strahlung zum Boden. Im sichtbaren Spektralbereich erfolgt eine Schwächung der Sonnenstrahlung insbesondere durch Streuprozesse und durch schwache ↗Absorptionsbanden (↗Ozon). Ein größerer Anteil der Sonnenstrahlung in diesem Spektralbereich erreicht deshalb in wolkenlosen Gebieten die Erdoberfläche. Im infraroten Spektralbereich treten deutlich die Absorptionsbanden der verschiedenen atmosphärischen Gase zutage (insbesondere H_2O, CO_2 und O_3). Im Bereich dieser Absorptionsbanden wird die Sonnenstrahlung teilweise vollständig in der Atmosphäre absorbiert (↗Strahlungsabsorption) (Abb.). Durch die Schwächung der Sonnenstrahlung beim Durchgang durch die Atmosphäre verschiebt sich das Maximum der ↗Bestrahlungsstärke zu einer Wellenlänge knapp oberhalb 0,5 µm. Die Globalstrahlung setzt sich aus der kurzwelligen ↗Himmelsstrahlung und der ↗direkten Sonnenstrahlung zusammen. [HF]

sonnensynchrone Satellitenbahn, unter der Bedingung, daß die Ebene der Satellitenbahn in bezug zur Gerade Erde-Sonne unverändert bleibt, erfolgt der Überflug des Satelliten stets zur gleichen Ortszeit, d.h. sonnensynchron. Die Umlaufbahn des Satelliten muß sich während eines Jahres einmal um die Erde drehen. Die Erdbeob-

Mineral/chemische Zusammensetzung	Kristallsystem Symbol (Sch.) Symbol (int.)	Härte nach Mohs	Dichte [g/cm³]	Spaltbarkeit
Ilvait $CaFe_2^{II}Fe^{III}[OH/O/Si_2O_7]$	rhombisch D_{2h}^{16} Pcmn	5,5–6	4,1	{010} deutlich
Hemimorphit $Zn_4[(OH)_2/Si_2O_7] \cdot H_2O$	rhombisch C_{2v}^{20} Imm2	5	3,3–3,5	{110} vollkommen {011} etwas weniger
Epidot $Ca_2(Fe^{III}Al)Al_2[O/OH/SiO_4/Si_2O_7]$	monoklin C_{2h}^5 P2$_1$/m	6	3,38–3,49	{001} vollkommen {100} weniger vollkommen
Zoisit $Ca_2Al_3[O/OH/SiO_4/Si_2O_7]$	rhombisch D_{2h}^{16} Pnma	6	3,15–3,27	{001} vollkommen {100} wenig vollkommen

Sorosilicate (Tab.): Beispiele für Sorosilicate (Sch. = Schoenflies, int. = international).

achtungssatelliten ↗Landsat-4 und 5 überqueren den Äquator um jeweils 9:45 Uhr Ortszeit.

Sonnentag, Zeitspanne zwischen zwei aufeinanderfolgenden Durchgängen der Sonne durch den Ortsmeridian (Süden). Man unterscheidet den mittleren vom wahren Sonnentag, je nachdem, ob die mittlere Sonne (fiktiv) oder die wahre Sonne betrachtet wird. Der Sonnentag ist um etwa 4 Minuten länger als der ↗Sterntag, da sich die Erde während eines Tages um etwa 1 Grad entlang ihrer Umlaufbahn um die Sonne weiterbewegt hat und sie daher noch ein kleines Stückchen (eben das eine Grad) weiter rotieren muß, damit die Sonne wieder in der gleichen Himmelsrichtung zu sehen ist.

Sonnentiefe ↗Sonnenhöhe.

Sonnenuhr, Uhr, die den aktuellen Sonnenstand, also die wahre bzw. ↗scheinbare Ortszeit anzeigt, z. B. mit Hilfe eines Stabes, der einen Schatten auf eine Skala wirft.

Sonnenwende ↗Solstitien.

Sonnenwind, von der Sonne ausgehender interplanetarer Partikelstrom, der sich insbesondere aus Protonen und Elektronen sowie Alphateilchen und geringen Mengen schwererer Teilchen zusammensetzt. In Abhängigkeit von der Sonnenaktivität verändert sich die Stärke des Partikelstroms beträchtlich. Die Partikel haben beim Auftreffen auf die Erdatmosphäre eine mittlere Geschwindigkeit von 400 km/s. Bei der Wechselwirkung der Partikel mit den Bestandteilen der oberen Atmosphäre kommt es zu unterschiedlichen Phänomenen (z. B. Polarlichter).

Sonnenzeit, direkt aus dem aktuellen Sonnenstand abgeleitete Zeit, beispielsweise mit einer ↗Sonnenuhr.

Sonnenzeitsekunde, 86.400ster Teil eines ↗Sonnentages. Wegen der ungleichmäßigen Bewegung der Erde um die Sonne und der Erde um ihre eigene Achse ist die wahre Sonnenzeitsekunde eine ungleichmäßige Zeiteinheit.

Sonnenzyklus, die etwa 11jährige Wiederholungsneigung der Sonnenaktivität, der Stärke des solaren Windes und der Häufigkeit solarer Prozesse. ↗Sonnenflecken

sonnig, bezeichnet einen Himmelseindruck, der bei flachen tiefen Wolken (Cumulus humilis, ↗Wolkenklassifikation) einen ↗Bedeckungsgrad bis zu 6/8 des Himmels ausmachen kann, meist jedoch die Begriffe ↗heiter und ↗wolkenlos gemeinsam überdeckt.

SOP, *Special Observing Period,* spezielle Beobachtungsperiode eines Experiments (↗ALPEX, ↗FGGE).

Sorbenten, Bestandteile des Bodens, die andere Stoffe adsorptiv binden können. ↗Austauscher, ↗Adsorption, ↗Sorption.

Soret-Effekt ↗Differentiation.

Sorosilicate, *Gruppensilicate,* ↗Silicate mit endlichen Gruppen (Tab.), im wesentlichen Doppeltetraeder, wobei zwei SiO$_4$-Tetraeder über eine Tetraederecke durch einen gemeinsamen Sauerstoff miteinander verknüpft sind. ↗Silicat-Kristallchemie.

Sorption, [von lat. *sorbere* = schlucken], Überbegriff für die selektive Aufnahme von Stoffen durch andere Stoffe. Man unterscheidet zwischen der ↗Adsorption (Anlagerung an der Oberfläche eines festen Körpers; ↗Adsorbens) und der ↗Absorption (Aufnahme im Inneren eines festen Körpers; ↗Absorbens). Beide Formen der Sorption kommen im Untergrund oft gleichzeitig vor, so daß sich ihre Effekte überlagern. In diesen Fällen wird der Überbegriff »Sorption« bzw. »Sorbent« für den sorbierenden Stoff verwendet. Im Sorptionsgleichgewicht sind die Geschwindigkeiten von Adsorption und Desorption (Stofffreisetzung) gleich. Die Anlagerung von Anionen an ein Adsorbens wird als *Anionensorption,* die von Kationen als *Kationensorption* bezeichnet. Wenn die Ladung sorbierter Ionen nicht vollständig kompensiert wird, führt dies zur weiteren Sorption von Ionen entgegengesetzter Ladung aus dem umgebenden Medium, es bilden sich ternäre Sorptionskomplexe. Sorption findet im Untergrund vor allem an Tonmineralen, Zeolithen, Eisen- und Manganhydroxiden bzw. -oxidhydraten sowie Aluminiumhydroxid statt. Von den organischen Substanzen sorbieren vor allem ↗Huminstoffe, mikrobielle Schleime, Pflanzen und Mikroorganismen, wobei hier die sorbierende Wirkung nicht exakt von den übrigen biologischen Einflüssen zu trennen ist. In der Umwelttechnik spielt die Sorption eine bedeutende Rolle bei der ↗Schadstoffrückhaltung im Untergrund.

Sorptionskomplex, umfaßt alle sorptionsfähigen Stoffe des Bodens: ↗Huminstoffe, ↗Tonminerale, ↗Sesquioxide.

Sorte, *Varietät,* in der ↗Agrarökologie eine taxonomische Kategorie unterhalb der ↗Art, bezogen auf Zuchtformen von ↗Nutzpflanzen. Sorten stellen somit mehr oder weniger einheitliche ↗Populationen dar. Von einer anderen müssen sie sich durch mindestens ein morphologisches oder physiologisches Merkmal deutlich unterscheiden.

sortieren, die Trennung von Feststoffgemengen in verschiedene Minerale oder Mineralgruppen.

Neben dem händischen Sortieren (bergmännisch »klauben«) beruhen wichtige Verfahren des Sortierens auf der Ausnutzung unterschiedlicher magnetischer Eigenschaften (Magnetscheider), von Dichteunterschieden der Mineralgruppen (Trennung durch Schwerelösungen) und der elektrostatischen Oberflächeneigenschaften (Flotationsverfahren).

Sortierung, Maß für die Gesamtbreite der Kornverteilung. Die Sortierung ist um so schlechter, je breiter die ↗Korngrößen gestreut sind. ↗Sortierungsgrad.

Sortierungsgrad, Güte der Trennung von Sedimentmaterial nach Zusammensetzung, Korngröße usw. während des Transportprozesses in den jeweiligen Schichten und Lagen (Abb.). Korngröße und Sortierungsgrad geben wichtige Hinweise zur Genese des Sedimentgesteins. Zusammen mit der ↗Kornform kann man die Korngröße als grobes Maß für die zurückgelegte Strecke heranziehen. Bei fluviatilen Sedimenten z. B. ist die Korngröße abhängig von der Fließgeschwindigkeit, der Sortierungsgrad von der Kontinuität der Strömung (bei äolischen Sedimenten von Windgeschwindigkeit und -stetigkeit, bei Ablagerungen von Gletscherseen von der Wasserführung des Gletscherbaches etc.).

Sortierverfahren, in DV-Systemen dienen Sortierverfahren der Strukturierung von Daten, um einen schnelleren Zugriff auf dieselben zu ermöglichen (↗Suchverfahren). Hierfür werden spezielle ↗Datenstrukturen und Algorithmen genutzt. Zur Sortierung von ↗Geometriedaten müssen geeignete Sortierverfahren zur Verfügung stehen, um die Mehrdimensionalität der Daten zu berücksichtigen. Insbesondere Baumstrukturen eignen sich zur Sortierung mehrdimensionaler Daten (KD-Bäume) und es existieren eine Vielzahl von Algorithmen zur Verwaltung solcher Datenstrukturen. Auf Adreßräumen basierende Ansätze erweitern die Baumstrukturen durch eine Trennung von Daten und Adressen. Typische Vertreter sind EXCELL (extensible Cell) oder GRIDFILE.

Southern Oscillation, SO, in Indexform (SOI) standardisierte Luftdruckdifferenz zwischen den Stationen Darwin (Australien) und Tahiti; negativ korreliert mit ↗El Niño, insgesamt Teil des El Niño-Southern-Oscillation-Mechanismus (ENSO) (Abb.).

Sövit, ein mittel- bis grobkörniger ↗Carbonatit, der überwiegend aus ↗Calcit besteht.

Sozialbrache, aus ökonomischen oder sozialen Gründen längere Zeit nicht genutzte landwirtschaftliche Flächen. Sozialbrachen sind gehäuft dort zu finden, wo die landwirtschaftliche Nutzung schwierig ist (kleinparzellierte ↗Flurstruktur der Realteilungsgebiete, ungünstige Klima- und Bodenverhältnisse, steiles Relief) und außerlandwirtschaftliche Verdienstmöglichkeiten erschlossen werden können (z. B. in Industrie- oder Dienstleistungsbetrieben). Die entstandenen Brachflächen werden in peripheren Gebieten und auf schlechten Böden aufgeforstet oder sich selbst überlassen, in Agglomerationsgebieten werden sie bei entsprechender Lage auch als Spekulationsbrachen gewinnbringend gehandelt.

SP, *spontaneous potential*, ↗Eigenpotential.

Space Oblique Mercator Projection, speziell für die von polnah fliegenden, ↗sonnensynchronen Fernerkundungssatelliten, in erster Linie ↗Landsat, aufgenommenen Bilder adaptierter Kartennetzentwurf. Er wurde federführend von John Snyder, U. S. Geological Survey, in den 1970er Jahren entwickelt. Die Doppelbewegung der Erdrotation und der Satellitenüberfliegung erzeugen eine gekrümmte Bodenspur auf der Erd- bzw. Ellipsoidoberfläche. Alle älteren Projektionsarten weisen somit schlechte Voraussetzungen auf, um hier angewendet zu werden. Ein weiteres Problem ist, daß die Bahnkurven von zyklischen Umlaufbahnen nicht identisch sind.

Bei der Space Oblique Mercator Projection wurde, ähnlich wie bei der ↗Gauß-Krüger-Abbildung der Hauptmeridian (↗Gauß-Krüger-Koordinaten), die Bahnkurve des Satelliten als Zentrallinie gewählt. Die Transformationsformeln in geographische Koordinaten sind sehr kompliziert. Dadurch, daß die Bahnkurve ein wichtiger Teil dieser Projektion ist, gehen natürlich die Bahnkurvenparameter in die Formeln ein. Zur Lösung sind numerische Integration und Fourier-Reihen notwendig. Für die meisten Satelliten, egal ob kreisförmige oder elliptische Umlaufbahn, existieren die entsprechenden Transformationsformeln.

Folgende Eigenschaften zeichnen die Space Oblique Mercator Projection aus:

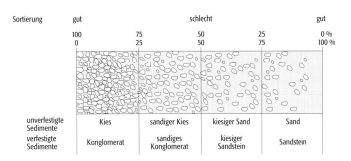

Sortierungsgrad: Sortierungsgrad bei klastischen Sedimenten mit den entsprechenden Fest- und Lockergesteinen.

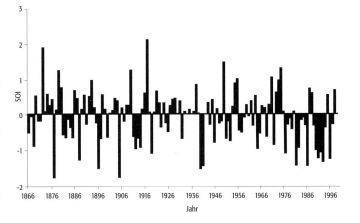

Southern Oscillation: jährliche Ausprägung des Southern Oscillation Indexes seit 1866. Auffallend ist die Häufung negativer Indexwerte seit etwa 1975.

a) modifizierte ↗transversale Abbildung und zylindrische Projektion (↗Zylinderentwürfe), die durch die ↗Satellitenbahn definiert wird. Sie ist grundsätzlich nicht konform, die Fehler ca. 1 Grad links und rechts der Bahnkurve sind jedoch vernachlässigbar.

b) Die Bahn des Satelliten wird auf der Karte als maßstabstreue Kurve abgebildet, alle Meridiankreise und Parallelkreise sind Kurven, speziell entwickelt für Karten, die aus Satellitenbildern abgeleitet werden.

Space Shuttle Earth Observation Program, SSEOP, im Rahmen von amerikanischen Raumfährenmissionen werden Fotos von ausgewählten, auf der ganzen Erde verteilten Bereichen belichtet. So wurden von April 1981 bis Ende 1985 allein 25.000 Farbaufnahmen von Erdumlaufbahnen zur Erde zurückgebracht. Das SSEOP war zur Unterstützung der Erdbeobachtung eingerichtet worden, die durch die Aufnahme mit nahezu senkrecht oder schräg orientierten handgehaltenen Kameras durch erfahrene Astronauten realisiert wurde. Als Aufnahmegeräte fanden eine NASA-modifizierte Hasselblad 500 EL/M und eine Linhof Aero Technika 45 Anwendung (Tab.). Für besondere geowissenschaftliche Interessensgebiete wie Geologie, Ozeanographie, Meteorologie usw. wurden spezielle Bereiche, die auf Grund von Phänomenen wie Waldbränden, Überschwemmungen und anderen Naturkatastrophen von besonderem Interesse waren, aufgenommen. Die häufig stereoskopisch vorliegenden Bilder des SSEOP werden am D. Jonson Space Center in Huston, Texas, aufbewahrt und sind in vielbändigen Katalogen dokumentiert. Häufig stellen sie historische Bilddokumentationen von hohem Wert dar. Neben Filmrolle und Bildnummer ist für jede Aufnahme ein »Geoname«, der den Bildhauptpunkt lokalisieren läßt, angegeben und der den Zugriff zur Shuttle Earth-Viewing Imagery Facility (SEVIF) ermöglicht. Ferner sind angegeben Längen- und Breitenangaben mit zusätzlicher Bildcharakteristik, Wolkenbedeckung in Prozent, Orientierung und Neigung der Aufnahmen, individuelle Brennweiten und Qualitätsangaben, Angabe über Stereobedeckung sowie Nummer der Erdumkreisung. [MFB]

Space Telescope, *Hubble Space Telescope* (*HST*), ein 1990 auf einem Satelliten um die Erde errichtetes Observatorium. Kernstück ist ein Spiegel mit 2,4 m Durchmesser. Fünf weitere Instrumente liefern Bilder und spektroskopische Daten im Sichtbaren und im Ultravioletten. Anfängliche Probleme mit dem Hauptspiegel (sphärische Aberration) wurden 1993 durch das Anbringen von Korrekturspiegeln weitestgehend behoben. Es ist eines der derzeit leistungsfähigsten optischen Teleskope.

Spaltbarkeit, die Eigenschaft bestimmter Kristalle, unter Einwirkung einer mechanischen Belastung (Druck, Zug, Schlag) entlang bestimmter Spaltflächen zu spalten. Die dabei entstehenden Oberflächen sind oft über große Bereiche atomar glatt. Spaltebenen sind in der Regel schwach besetzt und treten nicht selten auch als morphologische Wachstumsflächen auf. Die Spaltbarkeit ist ein wichtiges Erkennungsmerkmal der Minerale, das vor allem auch bei der mikroskopischen Untersuchung von Gesteins- und Mineraldünnschliffen sowie von feinkörnigen Aggregaten zur Bestimmung herangezogen werden kann. Hinsichtlich ihrer Ursache unterscheidet man Schlagspaltung, Druckspaltung und Zugspaltung. Wie die ↗Härte, so hängt auch die Spaltbarkeit der Minerale eng mit ihrer Gitterstruktur zusammen. Die Qualität der Spaltbarkeit ist eine charakteristische Eigenschaft und ein wesentliches Erkennungsmerkmal der Minerale. Sie ist sehr vollkommen, z. B. bei den Schichtsilicaten wie den Glimmern, vollkommen beim Kalkspat, gut bei den Feldspäten, unvollkommen beim Apatit und schlecht bei Quarz. An ein und demselben Mineral können mehrere Spaltbarkeiten unterschiedlicher Qualität auftreten, und entsprechend der Symmetrie und der Gitterstruktur wechselt die Anzahl der Spaltrichtungen (Abb.). Während beim Quarz und bei Gläsern praktisch keine Spaltbarkeit vorhanden ist, zeigen die Schichtsilicate (↗Phyllosilicate) mit ihrer zweidimensionalen Vernetzung der SiO_4-Tetraeder eine einzige ausgezeichnete Spaltrichtung, und zwar nach dem Basispinakoid {001}. Bei den monoklinen ↗Feldspäten ist die Spaltbarkeit besonders gut nach zwei Richtungen ausgeprägt, und zwar nach dem seitlichen Pinakoid {010} und nach dem Basispinakoid {001}. Fast alle ↗Inosilicate mit eindimensional verknüpften Tetraederketten zeigen eine gute prismatische Spaltbarkeit parallel zur Kettenrichtung, so daß die Spaltsysteme in Verbindung mit den kristallographischen Umrissen gute Diagnosemerkmale darstellen. Bei den äußerlich recht ähnlichen Silicaten der Pyroxene und ↗Amphibolgruppe schließen die Spaltrisse einen Winkel von 88° (Pyroxene) und 124° (Am-

Space Shuttle Earth Observation Programm (Tab.): technische Daten.

Kameraparameter	
Typ:	NASA modifizierte Hasselblad 500 EL/11 (2 Ausrüstungen)
Objektive:	Zeiss Distagon 4.0, Zeiss PlanarC 3.5, Zeiss SonnarC 5.6
Brennweiten:	50 mm, 100 mm, 250 mm
Format	6 cm x 6 cm
Film- und Bilddaten	
Filmtypen:	e.k. Ektachrome 64 Professionalfilm 6017
Auflösung:	–
Bildformat:	5,5 cm x 5,5 cm
Bildmaßstab:	Vertikalaufnahmen (H = 250 km) 50 mm 1 : 5.000.000 100 mm 1 : 2.500.000 250 mm 1 : 1.000.000
Flächenäquivalente in der Natur:	50 mm 275 km x 275 km = 75.500 km² 100 mm 137 km x 137 km = 18.500 km² 250 mm 55 km x 55 km = 3000 km²

Anzahl der Spaltrichtungen	0	1	2	2	3	3	3	4	6
Spaltbarkeit nach	–	{0001}	{001} {010}	{110}	{100}	{001}	{10$\bar{1}$1}	{111}	{110}
typische Spaltform									
kristallographische Form	–	Pinakoid	Pinakoide	Pinakoide	Würfel	Pinakoid	Rhomboeder	Oktaeder	Rhombendodekaeder
Mineralbeispiel	Quarz	Muscovit	Orthoklas	Hornblende	Steinsalz	Baryt	Calcit	Fluorit	Zinkblende

Spaltbarkeit: Spaltbarkeit, Spaltformen, Spaltrichtungen und Mineralbeispiele.

phibole) ein und bilden damit ein besonders auch im Dünnschliff gut erkennbares Unterscheidungsmerkmal. Drei Spaltrichtungen liegen beim Steinsalz (↗Halit) vor, das ausgezeichnet nach den Würfelflächen {100} spaltet, ebenfalls drei bei den rhombischen Sulfaten wie ↗Baryt und Coelestin, und auch die trigonalen ↗Carbonate spalten nach drei bevorzugten Richtungen, wobei als Spaltkörper hier stets das Rhomboeder {10$\bar{1}$1} auftritt. Vier Spaltrichtungen liegen beim ↗Fluorit vor, wo die Spaltkörper Oktaeder bilden, und sechs Spaltrichtungen gibt es bei der Zinkblende (↗Sphalerit), die nach {110} spaltet. Quarz besitzt wie erwähnt eine kaum wahrnehmbare Spaltbarkeit und zeigt bei mechanischer Beanspruchung einen unregelmäßigen ↗Bruch. Dieser wird hier, wie auch bei den Gläsern, als muschelig, bei den gediegenen Metallen wie ↗Gold, ↗Silber oder ↗Kupfer als hakig, bei Mineralaggregaten als körnig, schalig oder stachelig, als faserig bei ↗Gips und als erdig bei Kreide bezeichnet. Er kann ferner uneben, eben oder glatt sein. Im Gegensatz zur Spaltbarkeit, die stets nach gleichen kristallographischen Richtungen, also nach möglichen Flächen vor sich geht, weisen die Bruchflächen stets eine unregelmäßige Lage und Gestalt auf. Sie bilden aber als typische Eigenschaft vieler Minerale und Mineralaggregate ein gutes Unterscheidungsmerkmal bei der Mineraldiagnose.

Die Endsilbe »spat« deutet bei den Mineralnamen auf die besonders gute Spaltbarkeit hin. Beispiele dafür sind Kalkspat, Flußspat, Schwerspat, Feldspat usw. Steinsalz, Bleiglanz, Gips und die Glimmer sind weitere Beispiele für Minerale mit sehr guter Spaltbarkeit. Wie die Glimmer zeigen auch viele andere Mineralgruppen einen engen Zusammenhang zwischen Spaltbarkeit und Kristallstruktur. Entsprechend dem *0001*-parallelen Schichtgitter aus *C*-Atomen, die untereinander größere Abstände aufweisen als innerhalb der Ebenen, zeigt der Graphit eine vollkommene Spaltbarkeit nach der Basis. Bei den Pyroxenen und Amphibolen verläuft die Spaltbarkeit parallel zu den SiO_4-Tetraederketten, die parallel den *c*-Achsen angeordnet sind. Die Spaltbarkeit beim Fluorit nach dem Oktaeder verläuft in der Struktur stets parallel zu solchen Netzebenen, die nur mit einer Ionenart besetzt sind. Bemerkenswert sind die Unterschiede in dem Spaltverhalten der geometrisch völlig analogen Gitter von ↗Diamant und Zinkblende (↗Bindung). Manche Minerale zeigen eine der Spaltbarkeit ähnliche Erscheinung, die jedoch häufig auf einen Zonarbau zurückgeführt werden kann und die als Absonderung bezeichnet wird.

Als *Teilbarkeit* bezeichnet man eine ebenfalls der Spaltbarkeit ähnliche Erscheinung, die jedoch nach kristallographisch nicht möglichen Flächen vor sich geht. [GST,EW]

Spalte, klaffende Fuge im Gestein. Sie entsteht a) tektonisch durch Extension, bei Erweiterung einer Kluft, als Zug- oder ↗Fiederspalte in Scherzonen oder als Dehnungsspalte in Sattelumbiegungen (Biegespalte); b) ↗atektonisch durch Kontraktion bei Abkühlung oder Austrocknung von Gesteinen, als Abrißspalte bei Hangrutschen sowie als dehnungsbedingte Aufbruchspalte über einem magmatischen Körper. Verfüllte Spalten werden als ↗Gänge bezeichnet. Die Füllungen bestehen aus Nebengesteinsbruchstücken aus von oben eingedrungenem Verwitterungsschutt, oder sie werden durch chemische Ausfällungen aus dem Nebengestein bzw. durch Mineralisationen in den pegmatitisch-pneumatolithischen bis hydrothermalen Stadien der magmatischen Abfolge verursacht. Anordnung und Bezeichnung der verschiedenen Spalten entsprechen denen der ↗Klüfte.

Spalteneruption, vulkanische Eruption, bei der Magma aus einer Spalte (einer unter Dehnung stehenden Störung oder Kluft) über mehrere Zehner bis Tausend Meter gleichzeitig austritt. Es entsteht ein ↗Spaltenvulkan. Mit Spalteneruptionen von basaltischem Magma ist häufig die Ausbildung ausgedehnter ↗Lavadecken verbunden.

Spaltenfüllung, kann submarin (↗neptunische Spalten) oder ↗subaerisch auftreten. Subaerische Spaltenfüllungen entstehen durch distensive Prozesse (z. B. gravitativen Talzuschub), häufiger jedoch durch ↗Verkarstung. Wegen ihrer gegenüber der allgemeinen Denudation der Landoberfläche geschützten Position sind Spaltenfüllungen vielfach die einzigen erdgeschichtlichen Zeugnisse auf alten Festlandsoberflächen. Besonders im jüngeren ↗Mesozoikum (Kreide) und im ↗Känozoikum liefern sie erstrangige ↗Fossillagerstätten für terrestrische Wirbeltiere (vor allem ↗Reptilien und ↗Säugetiere). Werden solche durch Verkarstung entstandene Spalten durch jüngere (marine) Ablagerungen versiegelt, spricht man von *Paläokarst*.

Spaltenhöhle ↗Klufthöhle.
Spalteninjektion ↗Hohlrauminjektion.
Spaltenquelle, *Kluftquelle*, Grundwasseraustritt aus einer Spalte oder Kluft. ↗Verwerfungsquelle.
Spaltenvulkan, resultierende Vulkanform einer ↗Spalteneruption.
Spaltflächen, Netzebenen (*hkl*) oder (*hkil*), nach denen die ↗Spaltbarkeit erfolgt, z. B. nach (*111*) beim Fluorit oder (*1011*) bei Calcit. Die Spaltbarkeit ist längs solcher Netzebenen am leichtesten möglich, die eine besonders dichte Besetzung haben und zwischen denen die geringsten Bindungen bestehen. Solche Netzebenen sind meist auch gleichzeitig wichtige Kristallflächen, weshalb die Spaltformen (Spaltstücke) die Symmetrie und Feinstruktur des Minerals wiedergeben.
Spaltkeil, zum Bereich des technischen ↗Lawinenverbaus zählende, bergseitig keilförmig ausgebildete Stein- oder Betonbauten vor Einzelobjekten (z. B. Häuser), die bewirken, daß sich darüber hinweggehende ↗Lawinen vor dem Schutzobjekt aufspalten und seitlich daran vorbeigeleitet werden.
Spaltrisse, visuell erkennbare Andeutung der Spaltbarkeit bzw. der Spaltrichtungen, die vor allem bei polarisationsmikroskopischen Untersuchungen an Gesteinsdünnschliffen wichtige diagnostische Hinweise hinsichtlich der kristallographischen Daten liefern. ↗Spaltbarkeit.
Spaltspurdatierung, *Fission-Track-Methode*, *Partikelspurmethode*, Methode der ↗physikalischen Altersbestimmung, welche die Häufigkeit anätzbarer Spuren in Mineralen und Gläsern zur Datierung ausnutzt. Solche Spuren entstehen z. B. durch den spontanen Zerfall des ^{238}U, dessen ↗Halbwertszeit bei diesem Prozeß ca. 10^{15} Jahre beträgt. Dabei werden u. a. schwere Kernfragmente freigesetzt, die im Kristall durch die starke Ionisierung Spuren hinterlassen. Trotz der langen Halbwertszeit ist durch Nachweis eines jeden Zerfallsereignisses eine Datierung möglich. Durch Ätzen werden die Spuren erweitert und deren Anzahl pro Fläche der angeschliffenen Probe mikroskopisch bestimmt. Nach Ermittlung des Gehaltes an ^{238}U kann das Alter berechnet werden. Eine thermisch bedingte partielle Ausheilung der Spuren kann durch deren Größenvermessung und Vergleich mit künstlich induzierten Spuren korrigiert werden. Die Spaltspurendatierung wird für Minerale und Gläser mit Altern zwischen wenigen Hundert bis mehrere Mio. Jahre angewandt, wobei geringere Urangehalte die Bestimmung höherer Probenalter erlauben. Die Strahlenschäden erhält man nur bei relativ niedrigen Temperaturen, und sie datierten damit den Zeitpunkt des Erreichens einer relativ niedrigen Temperatur, wie z. B. bei der Gebirgshebung (*Hebungsalter*). Bei höheren Temperaturen heilen Spaltspuren wieder aus.
Spaltspuren, *fission tracks*, lineare Zerfallsspuren, hervorgerufen durch den α-Zerfall radioaktiver Atome auf Kristallflächen, die sich durch Anätzen sichtbar machen lassen. ↗Radioaktivität.
Spaltzugfestigkeit ↗Spaltzugversuch.

Spaltzugversuch, indirekte Ermittlung der einaxialen Zugfestigkeit an zylindrischen oder scheibenförmigen Proben, dann als ↗Brazilian-Test bezeichnet. In der Probe werden durch zwei diametral gegenüberliegende Linienlasten Zugspannungen erzeugt. Die *Spaltzugfestigkeit* δ_z ergibt sich als:

$$\delta_z = \frac{2 \cdot F}{\pi \cdot d \cdot l}$$

mit F = Bruchkraft [N], d = Probendurchmesser [mm] und l = Probenlänge [mm]. Sie liegt etwa zwischen 1/10 und 1/30 der einaxialen Druckfestigkeit und wird sehr stark durch Anisotropien, wie z. B. Schichtung, Klüftung oder Schieferung, beeinflußt.

Spannung, Kraft pro Flächeneinheit. Spannungen wirken in einem Festkörper, der einer Kraft ausgesetzt ist. Die in einem Körper wirkende Spannung kann einen materialspezifischen maximalen Grenzwert nicht überschreiten, der als ↗Festigkeit bezeichnet wird. Die Festigkeit geologischer Körper ist abhängig von der vorherrschenden Temperatur, vom Umlagerungsdruck bzw. von der aufgezwungen Verformungsrate. Bei Überschreiten seiner Festigkeit erfolgt im Gestein ein Spannungsabfall, der mit mechanischem Versagen und irreversibler, bleibenden ↗Verformung verbunden ist. Beim Kraftansatz an einer Fläche eines Körpers wirken zwei Spannungskomponenten: die ↗Normalspannung (σ_n) normal zur Fläche und die ↗Scherspannung (τ) parallel zur Fläche. Normalspannungen können als positive *Druckspannungen* (*Kompression*) oder negative *Zugspannungen* (*Tension*) auftreten. Als Maßeinheit der Spannung dient das Pascal (Pa) = 1 N/m². Für jeden Punkt innerhalb eines Körpers kann man sich eine unendliche Zahl von Flächenlagen vorstellen. Bei einem Kraftansatz von außen wirken entlang jeder dieser Flächen Normal- und Scherspannungen. Die Gesamtheit dieser Spannungen an einem Punkt bezeichnet man als den Spannungszustand an diesem Punkt. Der Spannungszustand für ein infinitesimal kleines Körperelement läßt sich mathematisch als dreidimensionaler Spannungstensor mit drei Normal- und sechs Scherspannungskomponenten darstellen. Es gibt allerdings eine einzige räumliche Orientierung des infinitesimal kleinen Kubus, bei welcher die Scherspannungen gleich Null sind. In diesem Fall wird der Spannungstensor allein durch die drei Normalspannungen definiert, die als *Hauptnormalspannungen* $\sigma_1 > \sigma_2 > \sigma_3$ bezeichnet werden. Graphisch wird der Spannungstensor als *Spannungsellipsoid* (Abb. 1) illustriert, also durch Größe und Orientierung der Ellipsoidachsen σ_1, σ_2 und σ_3. Normal- und Scherspannung werden häufig mit der Konstruktion des ↗Mohrschen Spannungskreises als Funktion von σ_1, σ_2 und σ_3 dargestellt (Abb. 2). Aus dieser Konstruktion ergibt sich bei zweidimensionaler Betrachtung in der σ_1-σ_3-Ebene:

$$\sigma_n = (\sigma_1+\sigma_2)/2 + (\sigma_1-\sigma_3)/2 \cos 2\alpha \text{ und}$$
$$\tau = (\sigma_1-\sigma_3)/2 \sin 2\alpha,$$

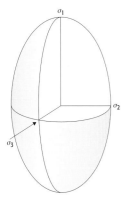

Spannung 1: Spannungsellipsoid der Hauptnormalspannungen $\sigma_1 > \sigma_2 > \sigma_3$.

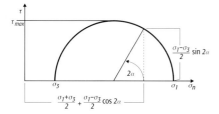

Spannung 2: Mohrscher Spannungskreis zur Bestimmung der Scher- (τ) und Normalspannung (σ_n) aus den Hauptnormalspannungen σ_1 und σ_3 sowie des Winkels α zwischen der Flächennormalen und σ_1.

wobei α den Winkel zwischen σ_1 und der Normalen der betrachteten Fläche bezeichnet. Von besonderer Bedeutung dafür, ob irreversible Verformungen erzeugt werden, ist die Spannungsdifferenz (Differentialspannung) σ_1-σ_3. Von ihr, vom Umlagerungsdruck und vom Porenfluiddruck hängt es ab, ob ein Material permanent oder elastisch-reversibel verformt wird. [ES]

Spannungsdoppelbrechung, durch mechanische Spannungen induzierte ↗optische Anisotropie, die zu den Erscheinungen der ↗Doppelbrechung führt in einem sonst optisch isotropen (↗optische Isotropie) Medium. ↗elastooptischer Effekt.

Spannungsellipsoid ↗Spannung.

Spannungstensor, beschreibt den Spannungszustand durch einen symmetrischen ↗Tensor zweiter Stufe:

$$\sigma = \begin{pmatrix} \sigma_{xx} & \sigma_{xy} & \sigma_{xz} \\ \sigma_{yx} & \sigma_{yy} & \sigma_{yz} \\ \sigma_{zx} & \sigma_{zy} & \sigma_{zz} \end{pmatrix}.$$

σ_{ik} ist die jeweilige Spannungskomponente im Flächenelement mit mit σ_{ii} als Normalspannung und σ_{ik} ($i \neq k$) als Tangentialspannung oder Schubspannung. Verschwinden die Elemente σ_{ik}, so bilden die verbleiben die Elemente σ_{xx}, σ_{yy} und σ_{zz} die Hauptspannungen σ_1, σ_2, und σ_3. ↗elastische Deformation, ↗Spannung.

Spannungstrajektorien, Trajektorien, die das Spannungsverhältnis (im Gebirge) anzeigen. Im Bereich erhöhter Spannung laufen die Trajektorien enger zusammen.

Spannungsüberlagerung, wird durch zusätzliche Spannungen von benachbarten Fundamenten hervorgerufen und muß bei der Setzungsberechnung für das Fundament berücksichtigt werden.

Spannungsumlagerung ↗sekundärer Spannungszustand.

Spannungsverteilung, die von einem Gebäude in den Baugrund abgetragene Last hat ihren höchsten Wert an dem Übergang von Fundament und Untergrund, darunter nimmt die Spannung ab. Die Spannungsverteilung, angezeigt durch Isohypsen, nimmt eine sog. Druckzwiebelform an.

Sparit, von Folk 1959 geprägter Begriff für eine umkristallisierte spätige Grundmasse (Matrix) in Carbonaten, die durch Kristallgrößen meist über 10 μm und durch helle, durchscheinende Kristalle gekennzeichnet ist. Nach Art der Entstehung werden unterschieden: a) Orthosparit (= Eosparit), als Zement in inter- oder intragranularen Poren entstanden, mit geraden, der Kristallstruktur entsprechenden Kristallgrenzen, und b) Pseudosparit (= Neosparit), durch neomorphe Prozesse (Transformation, Umkristallisation) gebildet. Die Kristallgrenzen sind oft unregelmäßig oder gekrümmt. Mikrosparit steht mit seinen Korngrößen von 4–10 μm zwischen Sparit und ↗Mikrit. Er ist gekennzeichnet durch einheitliche und gleichförmige Kristallgrößen.

Sparker, ↗seismische Quelle, die auf einer elektrischen Bogenentladung zwischen zwei Elektroden im Salzwasser beruht.

Sparnac, *Sparnacium*, regional verwendete stratigraphische Bezeichnung, ursprünglich für das höchste ↗Paläozän, heute tiefes ↗Eozän, benannt nach der lat. Bezeichnung der Stadt Epernay in Frankreich

spatiale Auflösung ↗geometrische Auflösung.

Spatmagnesit ↗Kristallmagnesit.

spätorogenes Stadium ↗Orogenese.

Speckle, Salz- und Pfeffer-Effekt, Radarbilder haben in der Regel eine körnige Textur. Diese entsteht ebenso wie entsprechende Effekte bei photographischen Aufnahmen mit monochromatischem Laserlicht. Bei frequenzgleicher Strahlung benachbarter Quellen, wie sie die rückstrahlenden Objekte liefern, kommt es zu Interferenzen mit Verstärkung und Auslöschung zwischen den einzelnen Wellenzügen und damit zu einer Abhängigkeit des Signals von der Position des Sensors. Dieser Effekt kann durch räumliche oder zeitliche Mitteilung (Averaging) unterdrückt werden.

Speckstein, *Seifenstein, Steatit, Topfstein*, dichte, speckig weiß gefärbte, z. T. auch geaderte oder gefleckte Varietät von ↗Talk, z. B. von Göpfersgrün im Fichtelgebirge; häufig Umwandlungsprodukt von ↗Serpentin in kristallinen Schiefern; Härte nach Mohs: 1; Dichte: 2,7 g/cm³; Fundorte: Fichtelgebirge, China, Indien und Brasilien; Verwendung: schon in der Antike für Kunst- und Gebrauchsgegenstände, heute mineralische Füllstoffe, zur Herstellung von elektrischen Isolatoren u. a.

Spectral-Gamma-Ray-Log, *SGR*, kontinuierliche bohrlochgeophysikalische Aufzeichnung der natürlichen Radioaktivität sowie der Anteile der radioaktiven Elemente Kalium, Thorium und Uran (↗Gamma-Ray-Log, ↗Bohrlochgeophysik, ↗kernphysikalische Meßverfahren).

Speerkies ↗Markasit.

Speicher, Begriff der ↗Ökologie für alle Arten von ↗Kompartimenten in ↗Ökosystemen, in denen Stoffe und Energie vorübergehend zurückgehalten werden können. Die Funktion der Speicher zwischen den ↗Reglern und den ↗Prozessen wird im Modell des ↗Standortregelkreises dargestellt. Speicher, in denen Materie längerfristig oder gar endgültig zurückgehalten wird, werden als ↗Senke bezeichnet.

Speichergestein, ein Gesteinskörper, der aufgrund seiner Beschaffenheit, z. B. großer ↗Hohlraumanteil oder miteinander verbundene Hohlräume, dazu geeignet ist, ↗Grundwasser oder ↗Erdöl bzw. ↗Erdgas zu speichern. ↗Erdölspeichergestein.

Speicherkaskade, Modellansatz mit dem ein ↗hydrologischer Prozeß durch hintereinander

Speicherkaskade: Prinzip einer n-gliedrigen Speicherkaskade mit den entsprechenden Ausflußganglinien $q(t)$.

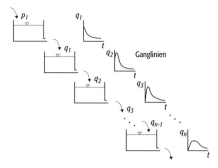

geschaltete fiktive ↗Linearspeicher beschrieben wird. Bei solch einer Speicherkaskade ist der ↗Ausfluß eines Speichers zugleich Zufluß zum nächstliegenden (Abb.). Mit Hilfe einer Speicherkaskade können die Speichereffekte bei der ↗Abflußbildung oder bei der fließenden Welle im Fließgerinne besser als mit dem Einzellinearspeicher beschrieben werden. Die Impulsantwortfunktion $h_n(t)$ für eine n-gliedrige Speicherkaskade lautet, wenn jeder einzelne Speicher die gleiche Speicherkonstante k besitzt:

$$h_n(t) = \frac{1}{k(n-1)!} \left(\frac{t}{k}\right)^{n-1} \cdot e^{-t/k}.$$

Dabei kann n auch nichtganzzahlige Werte annehmen. Vielfach finden bei ↗hydrologischen Modellen auch parallel angeordnete Speicherkaskaden Anwendung. So besteht eine Doppelspeicherkaskade aus zwei parallel angeordneten Speicherkaskaden. [HJL]

Speicherkoeffizient, Integral des ↗spezifischen Speicherkoeffizienten über die Grundwassermächtigkeit. Der Speicherkoeffizient S bezeichnet das Wasservolumen, das von einer Aquifersäule mit der Einheitsoberfläche unter einer piezometrischen Höhendifferenz von 1 m abgegeben oder aufgenommen wird. Bei gespannten Aquiferen liegen die Speicherkoeffizienten größenordnungsmäßig bei $S = 5 \cdot 10^{-5}$ bis $5 \cdot 10^{-3}$. Bei Aquiferen mit freien Wasserspiegeln entspricht der Speicherkoeffizient näherungsweise der effektiven Porosität n_e.

speichernutzbarer Hohlraumanteil, ist der Quotient aus dem Volumen der bei einer Grundwasserspiegelveränderung entleerbaren oder auffüllbaren Hohlräume einerseits und dem Gesamtvolumen des Gesteinskörpers andererseits.

Speichervolumen, *Rückhaltevolumen*, Teil des Wasservolumens einer Hochwasserwelle, der vorübergehend in Speicherbauwerken wie Talsperren, Rückhaltebecken, Polder oder durch andere Maßnahmen wie Staumanöver zurückgehalten werden kann.

Speiseelektrode, Stromelektrode als Zuführungspunkt des elektrischen Stroms in den Erdboden (↗geoelektrische Verfahren), meist realisiert durch Metallspieße oder (bei hohem Übergangswiderstand) durch Metallbleche oder Elektrodenbündel.

Speisestrom, über die Stromelektroden in den Erdboden eingebrachter elektrischer Wechsel- oder alternierender Gleichstrom (↗Gleichstromgeoelektrik, ↗induzierte Polarisation).

Spektralanalyse, *spektrochemische Analyse*, wichtige Methode zur Untersuchung von Festkörpern und deren Oberflächen in der Mineralogie, Geochemie, Werkstoffprüfung und vielen anderen geowissenschaftlich relevanten Bereichen. Besondere Bedeutung hat die energiedispersive Röntgenspektralanalyse (EDAX), die Röntgenspektralanalyse mit Protonen (PIXE) und die Elektronenstrahl-Mikroanalyse (ESMA), die Ionenstrahl-Mikroanalyse oder Sekundärionen-Massenspektrometrie (ISMA oder SIMS), LEED-, ISS-, LEIS-, RBS-, HEIS- und ICR-Verfahren u. a. ↗Mineralanalytik, ↗Mineralogie.

Spektralband, *Band*, gibt die Lage im elektromagnetischen Spektrum und die Bandbreite der Aufnahmekanäle der Multispektralsensoren an. Je schmaler die Bandbreite und je höher die Anzahl der Bänder ist, desto besser ist die spektrale Auflösung eines Sensors. Ein Farbfilm kann als Aufnahmesystem mit 3 Bändern (rot, blau, grün) bezeichnet werden, die größte Anzahl Spektralbänder haben Hyperspektralscanner-Daten (↗hyperspektraler Scanner), bei denen die Spektralbänder nur wenige nm betragen. Die Lage der Spektralbänder im Spektrum ist abhängig von den technischen Parametern des Sensors, der ↗atmosphärischen Streuung und ↗Absorption sowie von den vorgesehenen Hauptanwendungsgebieten für diese Fernerkundungsdaten. Multispektralscanner mit nur wenigen Spektralbändern werden häufig für großräumige Untersuchungen verwendet (z. B. NOAA AVHRR). Je kleinräumiger differenziert ein Gebiet, ist, desto ähnlicher sind häufig die spektralen Signaturen und desto vorteilhafter sind schmalbandige Sensoren. Die für eine Auswertung optimalen spektralen Bänder lassen sich praktisch nicht immer realisieren. Der hohe Anteil Streustrahlung im blauen Licht behindert z. B. die Nutzung von Fernerkundungsdaten für Gewässerklassifizierung. Viele Multispektralscanner haben Spektralbänder im VIS und im NIR und orientieren auf eine Anwendung für Landnutzung und Vegetation. Vielfältige geologische oder bodenkundliche Fragestellungen erfordern jedoch die Einbeziehung des SWIR.

Spektralbereich ↗Strahlungsabsorption.

spektrale Auflösung, *Bandbreite, Kanalbreite*, sie wird definiert als die Wellenlängenbreite, die ein ↗Spektralband bei 50 % der maximalen Durchlässigkeit des Spektralbandes umfaßt. Je größer die Anzahl der Bänder und je geringer die Bandbreite, desto größer ist die spektrale Auflösung des Sensors. Ziel ist die Erfassung der spektralen Signaturunterschiede der verschiedenen Oberflächenarten. Die spektrale Auflösung ist in Kombination mit der geometrischen und der temporalen Auflösung ein wesentliches Kennzeichen von Fernerkundungssensoren und entscheidend für die Nutzbarkeit der Daten der verschiedenen Sensoren für die unterschiedlichen Anwendungen. Je geringer die spektrale Auflösung, desto reduzierter ist die Objektklassendifferenzierung, da spektrale Remissionsunterschiede für ein Band als ein summarischer Wert aufgezeichnet werden.

spektrale induzierte Polarisation, *SIP*, Variante der Methode der ↗Induzierten Polarisation, wobei die Frequenzabhängigkeit des Betrags des komplexen scheinbaren spezifischen Widerstands und der Phase über einen größeren Frequenzbereich (etwa 0,1 Hz – 1 kHz) bestimmt wird.

spektraler Absorptionsquerschnitt, Wirkungsquerschnitt für die wellenlängenabhängige Absorption von Strahlung beim Durchgang durch Materie (↗Strahlungsabsorption). Der Absorptionsquerschnitt wird in der Physik häufig anstatt des ↗Absorptionskoeffizienten verwendet. Die Dimension des Absorptionsquerschnitts ist die einer Fläche (Einheit: m^2). Die einem Teilchen zugewiesene Fläche besagt, daß die auf diese Fläche einfallende Strahlung absorbiert wird.

spektraler Extinktionskoeffizient, kennzeichnet die wellenlängenspezifische Abschwächung eines Lichtstroms beim Durchgang durch ein Medium. Bezüglich der Fernerkundung handelt es sich bei diesem Medium in der Regel um die Atmosphäre. Er beschreibt in Verbindung mit der Weglänge, die ↗optische Dicke der Atmosphäre und ist somit für die ↗atmosphärische Korrektur von Bedeutung. Der spektrale Extinktionskoeffizient μ der Wellenlänge λ setzt sich aus dem spektralen Streukoeffizienten σ und dem spektralen Absorptionskoeffizienten τ zusammen. Diese kennzeichnen die Veränderung des Lichtstromes infolge ↗Streuung und ↗Absorption pro Weglänge:

$$\mu(\lambda) = \tau(\lambda) + \sigma(\lambda).$$

spektrale Signatur ↗*Spektralsignatur*.

spektrale Strahldichte, Strahlungsenergie aus einer bestimmten Richtung bezogen auf die Zeit-, Wellenlängen-, Flächen- und Raumwinkeleinheit, wobei die durchstrahlte Fläche senkrecht zur Strahlrichtung angenommen ist. Bei Integration über ein Wellenlängenintervall erhält man die Strahldichte (Einheit: W/(m^2 sr)).

Spektralfluorimetrie ↗*Fluorimeter*.

Spektralmodell, numerisches Vorhersagemodell, bei dem die Lösung des Gleichungssystems mit Hilfe der Methode der spektralen Analyse gewonnen wird. Die meteorologischen Felder werden dabei mit Hilfe trigonometrischer Funktionen dargestellt und nicht wie bei ↗Gitterpunktsystemen nur an diskreten Punkten. Damit ist die räumliche und zeitliche Verteilung mit höherer Genauigkeit bestimmbar und Ableitungen nach Ort und Zeit genau darstellbar. Aus praktischen Gründen muß die Darstellung allerdings bei höheren Wellenzahlen abgebrochen werden.

Spektralsignatur, *spektrale Signatur*, für eine Oberfläche typisches Verhältnis der Meßwerte in mehreren Spektralbereichen, mit denen Unterschiede in der Reflexionscharakteristik verschiedener Oberflächen erfaßt werden können (Abb.). Je höher die ↗spektrale Auflösung, um so besser

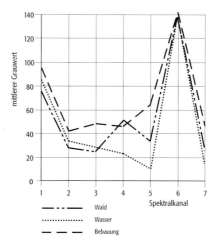

Spektralsignatur: Spektralsignatur von Wald, Wasser und Vegetation im Landsat-TM.

sind die Materialien unterscheidbar. Teilweise kann auch durch sie auf den speziellen Zustand der Bodenbedeckungsart geschlossen werden (z.B. Vegetationsschäden). Da die Materialien, u.a. bedingt durch die ↗geometrische Auflösung, nie in reiner Form vorkommen, überlagern sich die Signaturen zu ↗Mischsignaturen. Weiterhin wird die Spektralsignatur durch die Aufnahmebedingungen (Feuchtigkeit, atmosphärische Verhältnisse, Beleuchtung, Relief) beeinflußt, so daß die Spektralsignatur durch ↗Trainingsgebiete anhand der jeweiligen Aufnahme im Rahmen multispektraler ↗Landnutzungsklassifikationen bestimmt werden muß.

Spektrometrie, Verfahren zur Messung von Energiespektren in der Kern- und der Teilchenphysik; nicht zu verwechseln mit der Spektroskopie der Optik.

Spektrozonalfilm, zweischichtiger ↗Color-Infrarot-Film.

Spektrum, bezeichnet die Darstellung der Verteilung der Häufigkeit oder der Intensität einer bestimmten Größe oder Variablen. Bei Lichtspektren handelt es sich z.B. um die Intensität von Lichtstrahlen in Abhängigkeit der Frequenz bzw. der Frequenzintervalle. In der Geophysik (Zeitreihenanalyse) wird als Spektrum die Darstellung der Amplituden und der Phasen der Komponenten (harmonische Analyse, ↗Fouriertransformation) in Abhängigkeit von der Frequenz bezeichnet.

Speläologie, *Höhlenkunde*, Wissenschaftszweig, der sich mit der Erforschung von ↗Höhlen, ihrer Entstehung (Speläogenese), ihren Erscheinungsformen (Speläographie) sowie ihren Eigenschaften als Lebensraum für Pflanzen, Tiere und Menschen befaßt. Die Speläologie ist eng verknüpft mit der Karstforschung (↗Karst), da viele Höhlen in Karstgebieten auftreten.

Speläothem, [von griech. speleo = Höhle], sekundäre Mineralablagerung, besonders von Calciumcarbonat, in Höhlen/Grotten, als Ausscheidung aus calciumhydrocarbonathaltigen Wässern unter Abgabe von Kohlendioxid in die Luft (Tropfstein), z.B. Stalaktiten, Stalagmiten etc.

Spermatophyta, *Spermatophyten, Samenpflanzen, Phanerogamen* (veraltet), Abteilung des Regnum ↗Plantae mit den nacktsamigen ↗Coniferophytina und ↗Cycadophytina sowie den bedecktsamigen ↗Angiospermophytina. Sie kommen vom Oberdevon bis rezent vor. Die Spermatophyta haben einen heterophasischen und heteromorphen Generationswechsel mit einer sehr stark rückgebildeten Gametophyten-Generation (↗Gametophyt). Der ↗Sporophyt bildet den augenfälligen, in ↗Wurzel und ↗Sproßachse mit ↗Blättern gegliederten Vegetationskörper. Die ↗Stele entwikkelte sich von einer urtümlichen Aktinostele, wie sie für die Wurzeln charakteristisch bleibt, hin zur komplexen Eustele, und aus Tracheiden und Siebzellen wurden Tracheen und Siebröhren-Zellen. Mit Ausnahme der monokotyledonalen ↗Liliopsida bildet das Cambium bei sekundärem Dickenwachstum Holz und Bast. Die dichotomen oder fiedrigen mikro- und makrophyllen ↗Trophophylle mit begrenztem Spitzenwachstum entstanden aus räumlich dichotom verzweigten ↗Telomen. Die männlichen Mikro-Sporophylle (↗Sporophyll) mit den Pollensäcken (Mikro-Sporangien) und die weiblichen Sporophylle mit dem Megasporangium (↗Sporangium) bilden an Kurzsprossen mit begrenztem Wachstum ↗Blüten, die zunächst einzeln standen, im Verlauf der Evolution aber zu Blütenständen vereint wurden. In den Pollensäcken entsteht der auf die wenigen Zellen des ↗Pollen reduzierte männliche Gametophyt. Entsprechend der Entwicklung der Pollenschlauch-Keimstellen in der Pollenwand werden anatreme, zonotreme und schließlich pantotreme Pollen unterschieden, die durch Wind oder Tiere transportiert werden. Auch der weibliche Gametophyt ist stark reduziert und entwickelt sich in der Samenanlage (Ovula), dem von einer Hülle umgebenen Megasporangium der Spermatophyta. Sie besteht aus Stielzone (Funiculus), festem Gewebekern (Nucellus), Basalregion (Chalaza) sowie einer oder zwei Hüllen (Integumente), die vom Grunde der Samenanlage ausgehen und am gegenüberliegenden Pol einen Zugang (Empfängnisstelle, Mikrophyle) für den Pollenschlauch freilassen. Im Nucellus bildet sich aus dem Archespor eine Embryosackmutterzelle, aus der vier haploide, einkernige Embryosackzellen (Megasporen) entstehen, von denen nur eine reift. Diese Megaspore verbleibt bei den Spermatophyta in der Samenanlage und wird dort in situ mit Hilfe des Pollenschlauch von der männlichen Keimzelle befruchtet. Nachdem sich der ↗Embryo in der Samenanlage entwickelt hat, löst sich das Sporangium samt Samenanlage vom Sporophyten als ↗Samen. Die Spermatophyta evoluierten im Devon aus den ursprünglichsten ↗Pteridophyta, den ↗Psilophytopsida, über die ↗Progymnospermen in zwei voneinander unabhängigen Linien zu den gymnospermen ↗Coniferophytina sowie über die gymnospermen ↗Cycadophytina zu den angiospermen ↗Magnoliopsida, und nicht etwa aus schon im Paläozoikum hoch entwickelten heterosporen Pteridophyten, die eine stark reduzierte Gametophyten-Generation, Blüten und samenähnlichen Organe besaßen. Die im Devon bis Unterperm gegenüber den dominierenden Pteridophyta nur untergeordnet in der Vegetation vertretenen Spermatophyta verdrängten mit Beginn des ↗Mesophytikums die Farnpflanzen, vor allem weil sie sich im Perm bei den damals rasch ansteigenden Temperaturen besser an trockener werdende Standortbedingungen anpassen konnten. Die Spermatophyta tolerierten nicht nur diese veränderten Bedingungen an ihrem Standort, sondern konnten sich sogar auf weitere, trockene Lebensräume ausbreiten, weil im Gegensatz zu den Pteridophyta: a) ein verzweigtes Wurzelsystem Wasser zusammen mit Nährstoffen effizienter auch aus tieferen Bodenbereichen aufnehmen kann und b) über ein hochentwickeltes Leitbündelsystem verteilt wird. c) Die Einbettung der Gameten in schützende Strukturen wie Pollen und Samenanlage verhindert u. a. auch Austrocknung. d) Der »trockene« Bestäubungsvorgang durch Pollen macht den Befruchtungsvorgang wasserunabhängig. e) Der Samen ermöglicht neue, erfolgreiche Strategien der Verbreitung, denn zum einen ist im Samen der Pflanzen-Embryo auch auf langen Transportwegen gegen mechanische Beschädigung und Austrocknung geschützt, zum anderen kann im Samen die Keimung des Embryos verzögert werden, bis günstige Wachstumsbedingungen herrschen. Und zum dritten gibt das Nährgewebe im Samen dem jungen Keimling bessere, da zunächst substratunabhängige Startmöglichkeiten. Aufgrund dieser funktionsmorphologisch optimierten Anpassung an die Erfordernisse eines Lebens an Land beherrschen die Spermatophyta seit dem Operm die Landvegetation, rezent sogar mit ca. 97 % aller Tracheophytenarten (↗Tracheophyten). [RB]

Sperrschicht, Bereich zwischen der atmosphärischen Grenzschicht und der freien Atmosphäre, in welchem aufgrund einer Temperaturinversion (↗Inversion) eine sehr stabile Schichtung herrscht, die einen vertikalen Austausch von Luftmasseneigenschaften verhindert.

Spessartit, ein ↗Lamprophyr, der überwiegend aus ↗Plagioklas und ↗Hornblende besteht.

Spezialfalte ↗Falte.

Spezialisten, in der ↗Ökologie die Bezeichnung für Organismen, die im Gegensatz zu ↗Generalisten auf eine enge ↗ökologische Amplitude, eine besondere Ausprägung von Umweltfaktoren, eine spezifische Nahrungspflanze oder eine bestimmte Beute angepaßt sind. Spezialisten haben eine eng begrenzte ökologische ↗Nische. Daher ist ihre Verbreitung stark an die ↗Geoökofaktoren oder das Vorhandensein der Nahrungs- oder Beuteart gekoppelt. Aus diesem Grunde sind Spezialisten durch anthropogene Veränderungen ihres ↗Lebensraumes besonders bedroht.

spezielle Form ↗Form.

spezielle Punktlage, eine Klasse von Punktkonfigurationen (Punkt-Orbits), deren Punkte eine nichttriviale Lagesymmetrie besitzen. So gehören z. B. in der Diamantstruktur die Kohlenstoffatome zu einer (speziellen) Punktlage $\bar{4}3m$ (T_d). Im

Gegensatz zu einer speziellen Punktlage besteht eine allgemeine Punktlage aus Punktkonfigurationen, deren Punkte lediglich die triviale Eigensymmetrie 1 (C_1) aufweisen. Im Epsomit ($MgSO_4 \cdot 7\,H_2O$) gehören alle Atome zu einer allgemeinen Punktlage. Die Raumgruppe des Epsomits, $P2_12_12_1$, kennt keine speziellen Punktlagen.

Spezies ↗Art.

spezifische Adsorption, ausschließliche bzw. exklusive Anlagerung eines ganz bestimmten Stoffes (oder einer Stoffklasse), entweder aufgrund seiner Form oder seiner chemisch-physikalischen Eigenschaften, an einer Oberfläche. Sie wird bedingt durch Unterschiede in der ↗Affinität von Oberflächen gegenüber verschiedenen Stoffen. Infolgedessen unterscheidet sich die Zusammensetzung der adsorbierten Schicht von der in der Ausgangslösung. Dieses Verhalten wird in der Chemie und der Biochemie zur Reinigung und Trennung von Stoffen und Stoffgemischen eingesetzt. Im Boden bedingt die spezifische Adsorption zum Beispiel die unterschiedliche Mobilität verschiedener Stoffe. Sie ist auch Grundlage vieler biologischer Abläufe (beispielsweise Selektion beim Stofftransport in Zellen).

spezifische Ergiebigkeit, *spezifische Leistung, Leistungs-Absenkungs-Quotient*, C, der bei einem ↗Pumpversuch zu ermittelnde Quotient aus der Förderrate Q und des sich hierbei im Entnahmebrunnen einstellenden Absenkungsbetrages s des Betriebswasserspiegels:

$$C = \frac{Q}{s}.$$

Zwischen der spezifischen Ergiebigkeit und der Transmissivität T eines Grundwasserleiters besteht der folgende Zusammenhang:

$$C = \frac{Q}{s} = \frac{4 \cdot \pi \cdot T}{2,3 \cdot \lg \frac{2,25 \cdot T \cdot t}{r_w^2 \cdot S}}.$$

Dabei ist t = Zeit seit Pumpbeginn, r_w = wirksamer Brunnenradius, S = Speicherkoeffizient. Wird der Pumpversuch als Leistungspumpversuch mit mehreren Pump-(Leistung-)stufen durchgeführt, so kann aus der spezifischen Ergiebigkeit für jede Pumpstufe die ↗Leistungscharakteristik des Brunnens abgeleitet werden.

spezifische Feuchte, *spezifische Luftfeuchtigkeit*, Maß für den Wasserdampfgehalt der Luft. Sie ist definiert als die Wasserdampfmenge (in g), die in 1 kg feuchter Luft enthalten ist. Über den Dampfdruck e und den Luftdruck p läßt sich die spezifische Feuchte s bestimmen: $s = 0,622\,e/p$. Die spezifische Feuchte entspricht zahlenmäßig dem ↗Mischungsverhältnis.

spezifische innere Oberfläche, die entweder auf das Porenvolumen, das Volumen des Festmaterials, die Trockenmasse oder das Totalvolumen eines Gesteins bezogene innere Oberfläche, die das Festmaterial vom Porenraum trennt.

spezifische Leistung ↗*spezifische Ergiebigkeit*.

spezifische Oberfläche, Summe aller Grenzflächen zwischen fester und gasförmiger bzw. fester und flüssiger Phase. Sie bestimmt das Ausmaß der Reaktivität zwischen den jeweiligen Phasen. Mit abnehmender Teilchengröße nimmt deren Oberfläche und damit ihr Reaktionsvermögen (z. B. ihre Beteiligung an Austauschvorgängen) zu. Damit ist die spezifische Oberfläche für viele im Boden stattfindenden Reaktionen eine wichtige Größe.

spezifische Permeabilität ↗*Permeabilitätskoeffizient*.

spezifischer Speicherkoeffizient, S_s, das Wasservolumen, das pro Einheitsvolumen bei einer Spiegeländerung um 1 m abgegeben oder aufgenommen werden kann. Diese Definition gilt für gespannte und ungespannte ↗Aquifere gleichermaßen. In einem gespannten Aquifer beruht die volumetrische Wasserabgabe oder -aufnahme allein auf der Kompressibilität des Gesamtsystems, die außerordentlich klein ist, so daß der spezifische Speicherkoeffizient in der Größenordnung von $S_s = 10^{-7}$ 1/m liegt.

spezifischer Widerstand, *resistivity*, Kehrwert der ↗elektrischen Leitfähigkeit, üblicherweise bezeichnet mit ϱ und gemessen in Ωm. Für einen zylindrischen leitfähigen Körper mit der Querschnittsfläche A, der Länge l und dem Ohmschen Widerstand R ist: $\varrho = RA/l$.

spezifische Setzung, aus der Drucksetzungslinie des KD-Versuchs kann man für jede Spannung im Boden die prozentuale Zusammendrückung ($\Delta h/h_0$) · 100 ablesen. Sie wird spezifische Setzung (Einheitssetzung) s' genannt. Bei Belastung (z. B. durch ein Bauwerk) erhöht sich die Spannung im Boden von $\sigma_{\ddot{u}}$ auf $\sigma_2 = \sigma_{\ddot{u}} + \sigma_b$ (mit $\sigma_{\ddot{u}}$ = Überlagerungsspannung infolge Eigenlast des Boden und σ_b = Spannung infolge Bauwerkslast). Durch diese zusätzliche Spannung im Boden um σ_b auf σ_2 errechnet sich:

$$s_1' = s_2' - s_{\ddot{u}}'$$

mit s_2' = spezifische Setzung für die Gesamtspannung σ_2 im Boden, $s_{\ddot{u}}'$ = spezifische Setzung für die Spannung $\sigma_{\ddot{u}}$ im Boden. Die so ermittelten spezifischen Setzungen s_1' infolge der Belastung durch das Bauwerk werden häufig zur Setzungsermittlung verwendet.

spezifisches Gewicht ↗*Dichte*.

spezifisches Volumen, das Volumen pro Masseneinheit ↗Meerwasser in m³/kg; Kehrwert des spezifischen Gewichts (↗*Dichte*).

spezifische Wärme, diejenige Wärmemenge, die notwendig ist, um 1 kg ↗Meerwasser um 1 K zu erwärmen. Die spezifische Wärme des Meerwassers hängt von der ↗Temperatur und dem ↗Salzgehalt ab.

spezifische Wärmekapazität, Stoffeigenschaft, die angibt, wieviel Wärmemenge für eine Temperaturerhöhung notwendig ist (↗Wärmekapazität). Es wird entweder die Wärmekapazität auf 1 mol (molare Wärmekapazität), auf das Volumen oder die Masse (spezifische Wärmekapazität im eigentlichen Sinn) angegeben. Die Wärmekapazität nimmt mit steigender Temperatur zu (Debye, 1912). Dabei wird die Energie im Festkörper als kinetische und potentielle Energie gespeichert. Bei hohen Temperaturen sind alle Schwingungszustände angeregt und es ergibt sich eine molare Wärmekapazität C_V von $3k = 25 J/(mol\ K)$ (Dulong-Petitsche Regel). Der Druckeinfluß auf die Anregung von Schwingungen wird im allgemeinen vernachlässigt. Durch eine Druckerhöhung verringert sich jedoch in der Regel das Molvolumen. Wird die Wärmekapazität bei konstantem Volumen bestimmt, ergibt sich dadurch eine Zunahme der Wärmekapazität entsprechend der Dichtezunahme der Probe. [FRS]

Sphalerit, [von griech. sphalerós = trügerisch], *Blende, Pseudo-Galenit, Schwefelzink, Zinkblende*, Mineral mit der chemischen Formel ZnS und kubisch-hex'tetraedrischer Kristallform; Farbe: graubraun, zinnfarben, schwarz, seltener gelb, rot, grünlich oder farblos; Halbmetall-, Diamant- bis teilweise Metallglanz; undurchsichtig; Strich: weiß, gelb, hellbraun oder braun; Härte nach Mohs: 3,5–4 (ziemlich spröd); Dichte: 3,9–4,2 g/cm³; Spaltbarkeit: sehr vollkommen nach (110); Aggregate: grob- bis feinspätig, grob- bis feinkörnig, auch dicht, derbe Massen, eingesprengt, feinfaserig, krustig, schalig, nierig; vor dem Lötrohr wird er rissig, schmilzt aber kaum; in konz. Salpetersäure unter S-Abscheidung löslich; Begleiter: Bleiglanz (Galenit), Chalkopyrit, Pyrrhotin, Magnetit, Löllingit, Arsenopyrit, Fluorit, Baryt; Vorkommen: in der hydrothermalen Phase liegt seine Hauptverbreitung, außerdem untergeordnet in pneumatolytischen und kontaktmetasomatischen Gesteinen, ferner in Sedimenten von Tonschiefern und organogenen Kalksteinen; Fundorte: Köhlergrund bei Roztoky (Rongstock) in Böhmen, ansonsten weltweit. [GST]

Sphäroid, im Unterschied zu einem geometrisch definierten ↗Ellipsoid physikalisch definierte Approximation der Normalfigur der Erde. Man erhält ein Sphäroid durch Abbruch der ↗Kugelfunktionsentwicklung des Gravitationspotentials der Erde mit einem gewissen Grad. Die Isoskalarflächen solcher abgebrochener Kugelfunktionsentwicklungen sind ↗Äquipotentialflächen des Gravitationspotentials. Die Sphäroide werden deshalb auch als *Niveausphäroide* bezeichnet. Für den Grad 2 erhält man das Sphäroid von Bruns, für den Grad 4 das Sphäroid von Helmert. Das Sphäroid von Bruns ist eine Fläche 14., das Sphäroid von Helmert eine Fläche 22. Ordnung. Als geodätische Bezugsflächen sind sie deshalb weniger geeignet als die ↗Referenzellipsoide bzw. die ↗Niveauellipsoide.

sphäroidale Verwitterung, eine Form überwiegend chemischer ↗Verwitterung, bei der konzentrische Schalen verwitterten Gesteins sukzessiv von einem Gesteinsblock separiert werden. Diese Verwitterung wird durch den Einfluß wäßriger Lösungen, ausgehend z. B. von Klüften, hervorgerufen. Es ergibt sich eine mehr und mehr zugerundete, wollsackähnliche Form des Gesteinsblocks. Die Form ähnelt Blöcken, die durch ↗Exfoliation entstanden sind.

Sphärolithe, [von griech. sphaira = Kugel, Ball], kugelförmige, radialstrahlige, aus Kristallfasern aufgebaute Minerale u. a. Feststoffe wie Gußeisen mit sphärolithischem Graphit oder sphärolithische Bildungen in Obsidianen und Pechsteinen. ↗Mineralaggregate.

Sphärop, *Sphäropotentialfläche*, ↗Niveauellipsoid.

Sphärosiderit, kugelige, wulstige, auch oolithische Formen von ↗Siderit. ↗Eisenminerale.

Sphenoid, Paar von Flächen an Kristallen, die durch eine zweizählige Drehung aufeinander abgebildet werden. Geometrisch unterscheidet sich ein Sphenoid nicht von einem ↗Doma; für die zugrundeliegende Kristallstruktur ist der Unterschied der Symmetrieverknüpfung allerdings wesentlich.

Spheric, *atmospheric*, elektromagnetische Impulsstrahlung, die von Blitzentladungen erzeugt wird und sich im Hohlleiter »Erdoberfläche-Ionosphäre« ausbreitet, was zu stehenden Wellen diskreter Frequenzen führen kann (↗Schumann-Resonanzen). Spherics treten in einem breiten Frequenzbereich auf. Niederfrequente Spherics im Langwellenbereich, die vorwiegend durch die Hauptentladung eines Blitzes generiert werden, breiten sich über große Entfernungen aus und ermöglichen somit die Ortung weit entfernter Gewitter. Wesentlich häufiger jedoch von geringerer Amplitude und Reichweite sind hochfrequente Spherics, die von vielfältigen kleinerskaligen Prozessen im Verlaufe der Blitzentladung erzeugt werden. Spherics sind auch die Ursachen der ↗Whistler.

Spiculit, diagenetisch verfestigtes Gestein, das überwiegend aus Schwammnadeln (Spiculae) besteht.

Spiegel, spiegelnder Belag auf einer Verwerfungsfläche. ↗Harnisch.

Spiegelebene, das ↗Symmetrieelement einer ↗Spiegelung. Das ist die Ebene, an der gespiegelt wird, also die Ebene, die bei der Spiegelung punktweise festbleibt.

Spiegelpunkt, Umkehrpunkt von elektrisch geladenen Teilchen, die sich entlang der Erdmagnetfeldlinien spiralenförmig bewegen. An diesem Ort steckt die gesamte kinetische Energie des geladenen Teilchens in der Gyrationsbewegung. Die Höhe des Umkehrpunktes liegt normalerweise über 200 km hoch. ↗Gyration.

Spiegelstereoskop, binokulares, optisches Instrument zur Stereobetrachtung (dreidimensionales Modell) eines Luftbildpaares (zentralperspektivische Aufnahme mit 60% Überdeckungsgrad), basierend auf der horizontalparallelen Achsendifferenz der beiden Teilbilder. Mit jedem Auge werden getrennte Teilbilder betrachtet, deren Eigenschaften dem natürlichen räumlichen Sehen (Projektion des Raumbildes als virtuelles Bild auf der Netzhaut) entsprechen. Zwischen das Bildpaar und die Augen des Betrachters werden Sammellinsen eingefügt, die die Strahlenbündel parallel ausrichten. Im Gegensatz zu einfachen Linsenstereoskopen (Taschenstereoskope) werden beim Spiegelstereoskop die Strahlen umgelenkt und damit die Betrachtungsbasis auf das mehrfache des Augenabstandes verbreitert. Mit Spiegelstereoskopen lassen sich Vergrößerungen bis zum 6–8fachen erreichen. Es ist die Betrachtung von großformatigen Luftbildern (Papierabzüge oder Diapositive) möglich. Mittels der Verwendung einer Meßschraube können Höhenmessungen im Luftbild vorgenommen werden. Der stereoskopische Raumeindruck ist für viele Interpretationsaufgaben eine unverzichtbare Voraussetzung für die Bildinterpretation. [CG]

Spiegelung, 1) *Klimatologie*: Reflexion an Eiskristallen oder Wassertropfen. Der physikalische Prozeß der Spiegelung trägt zur Entstehung von ↗Regenbogen und ↗Halos bei. 2) *Kristallographie*: eine isometrische (abstandstreue) Abbildung, bei der im zweidimensionalen Raum eine Gerade bzw. im dreidimensionalen Raum eine Ebene punktweise fest bleiben.

Spiegelungs-Halos, diejenigen der Halo-Erscheinungen, die durch ↗Spiegelung des Lichtes der Sonne an ↗Eiskristallen in der Atmosphäre einen nichtfarbigen ↗Halo bilden.

Spiegelungsmatrix, Transformationsmatrix zur Änderung des Orientierungssinnes zweier rechtwinkliger Dreibeine. Für die drei Möglichkeiten einer Spiegelung gilt:

$$P_1 := \begin{pmatrix} -1 & 0 & 0 \\ 0 & 1 & 0 \\ 0 & 0 & 1 \end{pmatrix}; \quad P_2 := \begin{pmatrix} 1 & 0 & 0 \\ 0 & -1 & 0 \\ 0 & 0 & 1 \end{pmatrix};$$

$$P_3 := \begin{pmatrix} 1 & 0 & 0 \\ 0 & 1 & 0 \\ 0 & 0 & -1 \end{pmatrix}.$$

Spießglanze, *Sulfosalze*, komplexe Bleisulfide (↗Sulfide) mit Silber (Blei-Silber-Spießglanz, Beispiel: Ramdohrit, $6PbS \cdot 2 Ag_2S \cdot 5 Sb_2S_3$, rhombisch, von Potosi in Bolivien), mit Arsen (Blei-Arsen-Spießglanz, Beispiel: Längenbachit, $7PbS \cdot 2 As_2S$, monoklin, von der Grube Lengenbach im Binnetal in der Schweiz) und mit Bismut (Blei-Bismut-Spießglanz, Beispiel: Galenobismutit, $PbS \cdot Bi_2S_3$, rhombisch, von der Grube Rammelsberg im Harz). ↗Antimon, ↗Antimonminerale.

Spike, isotopischer ↗Tracer. ↗Isotopenverdünnungsanalyse.

Spilit, ein basaltisches (↗Basalt) Erguß- oder Ganggestein, in dem die ↗Plagioklase zu Albit umgewandelt und die ↗Pyroxene durch Chlorit, Epidot und Calcit ersetzt worden sind. Weitere charakteristische Minerale sind Prehnit, Hämatit und Aktinolith. Chemisch bedeuten diese mineralogischen Veränderungen eine Anreicherung von Na_2O bei gleichzeitiger Abfuhr von CaO.

Spilitisierung, Form der ↗Metasomatose. Spilit ist ein basaltartiges Gestein, bei dem Plagioklas (An 50–60) und Augit durch Albit und Chlorit verdrängt werden. Daher sind im Spilit Na-Gehalte gegenüber einem Tholeiitbasalt, mit dem er häufig zusammen auftritt, deutlich erhöht. Ca- und Mg-Gehalte dagegen sind erniedrigt. Daher wird angenommen, daß im Zuge der Spilitisierung eine Na-Metasomatose erfolgt; Na kann dem Salzgehalt des Meerswassers entstammen, welches bei submarinen Extrusionen auf basaltische Lava oder bereits rekristallisierten Basalt einwirkt. Spätere hydrothermale Umsetzungen oder niedriggradige Metamorphose innerhalb der ozeanischen Kruste sind ebenfalls mögliche Erklärungen für Spilitisierung. Wegen der Häufigkeit der Spilitvorkommen und der häufig guten Erhaltung der primären Fließstrukturen (fluidal-trachytisches oder intersertales Gefüge, oft mit eingesprengten Phenokristallen) hat man früher angenommen, daß Spilite direkt von »spilitischen Magmen« entstammen. ↗Ozeanbodenmetamorphose. [AM]

Spilosit ↗Adinol.

spin canting, Verkantung der normalerweise durch Austauschwechselwirkung exakt antiparallel ausgerichteten magnetischen Elementardipole einer antiferromagnetischen Substanz. Dies führt zum Beispiel bei dem Mineral ↗Hämatit zu einem schwachen ↗Ferrimagnetismus.

Spinell-Lherzolith ↗Mantelperidotit.

Spinell-Peridotit ↗Peridotit.

Spinifexgefüge, *Spinifextextur*, *Spinifexstruktur*, ein vulkanisches, für ↗Komatiite kennzeichnendes Gefüge aus skelettartigen, dünnplattigen bis blattförmigen oder nadeligen Kristallen von Olivin oder Pyroxen (Olivin-Spinifex bzw. Pyroxen-Spinifex) in einer ursprünglich glasigen Matrix (Abb.). Die primären Minerale und die Glasmatrix sind weitestgehend in feinstkörnige Sekundärminerale umgewandelt. Die Größe der Kristalle liegt normalerweise im cm- bis dm-, in seltenen Fällen sogar im m-Bereich. Als entscheidend für die Entstehung wird ein extrem schnelles Kristallwachstum infolge einer Unterkühlung der an Kristallkeimen sehr armen ultrabasischen Schmelze angesehen. Die oft praktizierte Anwendung des Begriffs auf ähnliche Gefüge, die durch ↗Blastese von Olivin oder Pyroxen in metamorphen ultramafischen Gesteinen entstanden sind, ist problematisch und sollte vermieden werden. [RH]

Spinning Enhanced Visible and Infra-Red Imager ↗SEVIRI.

Spinquantenzahl ↗Quantenzahl.

Spin-Stabilisierung, sehr effiziente Stabilisierung der Lage von ↗Satelliten im Weltraum durch Rotation um ihre Längsachse unter Nutzung der Drehimpulserhaltung, bevorzugt bei ↗geostationären Satelliten.

Spiralling, charakteristische Form der Nährstoffverlagerung in Fliegewässerökosystemen (↗Ökosystem). Gelöste ↗Nährelemente werden in Organismen (Algen, Mikroben) inkorporiert und flußabwärts durch Mineralisierung wieder freigesetzt. Unter gemäßigten Klimaverhältnissen beträgt die durchschnittliche Fließstrecke zwischen Festlegung in ↗Biomasse und Wieder-Freisetzung für ein Phosphat-Molekül zwischen 50 und 100 Metern Vorfluter-Lauflänge. Die längerfristige Dynamik dieses internen Stofftransformationsprozesses im Gerinnebereich überla-

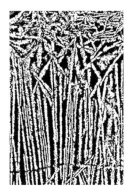

Spinifexgefüge: Spinifexgefüge im oberen Bereich eines geringmächtigen komatiitischen Lavastroms. Große dünnplattige, umgewandelte Olivinkristalle (hell, durch Schnittlageneffekt leistenförmig erscheinend) zeigen in der unteren Bildhälfte parallele Anordnung (blade spinifex oder plate spinifex) infolge langsamer Abkühlung im zentralen Bereich des Stroms; nach oben hin (nahe der rasch abgekühlten Oberfläche) Übergang zu ungeregelter Anordnung (random spinifex) bei gleichzeitig abnehmender Kristallgröße. Die ehemalige Glasmatrix erscheint dunkel. Skizze nach einem anpolierten Handstück von der Typlokalität Komati River, (Barberton Range, Südafrika), Bildbreite 3 cm. Die parallelplattigen Olivinkristalle setzen sich außerhalb des Bildbereichs noch ca. 5 cm weiter nach unten fort.

gert die Dynamik von ↗Nachbarschaftswirkungen (Stoffeintrag aus benachbarten Ökosystemen, beispielsweise durch Abschwemmung von Düngerstoffen auf Landwirtschaftsflächen) und erschwert die Suche nach deren Ursache.

Spiralwachstum, wird häufig auf Flächen mit großen Bindungsenergien innerhalb der Fläche gefunden. Atomar glatte Flächen eines Kristalls bieten für die Anlagerung von Bausteinen wenig Möglichkeiten. Ein kontinuierliches Wachstum kann von einer Schraubenversetzung ausgehen. Sie liefert auf der wachsenden Fläche eine Spirale von Stufen, die sich beim Wachsen immer wieder neu generieren. Solche Wachstumsspiralen sind typisch für Kristalle mit Flächen mit einem ↗Jackson-Faktor größer 2–4. Das Wachstum kann dann bei kleineren ↗Übersättigungen stattfinden, als sie für die Bildung eines ↗Flächenkeimes nötig wäre.

Spitzdelta, keilförmiger Mündungsbereich eines einzelnen aktiven Deltaarmes, dessen Sedimente bis zum Erreichen eines Gleichgewichtszustands zwischen Sedimentzufuhr und -abfuhr zunächst in Form eines Flußdammes meerwärts und anschließend durch auflaufende Wellen und Meeresströmungen seitwärts verlagert werden, so daß eine Dreiecksform entsteht (z. B. Tiberdelta). ↗Delta Abb. 2.

Spitzendruckpfahl, ↗Pfähle, die ihre Last im wesentlichen durch den Spitzendruck auf den Baugrund übertragen.

Spitzenentladung ↗Elmsfeuer.

Spitzenwiderstand, Meßwert [MN/m^2], der durch das Einbringen einer ↗Drucksonde in den Untergrund ermittelt wird.

Spitzkarren ↗Karren.

Splash ↗Planschwirkung.

Splash erosion ↗Regentropfenerosion.

Splitt, bautechnische Bezeichnung für gebrochene ↗Mineralstoffe im Korngrößenbereich von ca. 5–32 mm.

SP-LOG, *Self-Potential-Log, Eigenpotential-Log, EP-LOG*, kontinuierliche Aufzeichnung des elektrischen ↗Eigenpotentials in einer Bohrung. Ursache des elektrischen Eigenpotentials in Bohrungen sind schwache elektrische Wechselwirkungen, die durch Salinitätskontraste, Druckdifferenzen und Fließbewegungen zwischen Bohrspülung und Formationswasser hervorgerufen werden. Hierbei liegen die elektrochemischen Effekte um eine Größenordnung höher als die elektrokinetischen Vorgänge. Deutliche Potentialdifferenzen treten in einer Bohrung insofern nur auf, wenn permeable und impermeable Schichten aneinandergrenzen und Konzentrationsunterschiede im Ionengehalt zwischen Bohrspülung und Grundwasser vorliegen. Eigenpotentialmessungen werden für folgende Zielsetzungen herangezogen: Identifizierung und Abgrenzung permeabler Schichten, Abschätzung des Tongehaltes der Formation, Detektion veränderter Salinitäten des Formationswasser und quantitative Ermittlung des elektrischen Widerstandes bzw. der elektrischen Leitfähigkeit des Formationswassers. [JWo]

spodic-horizon, [von griech. spodos = Holzasche], ↗diagnostischer Horizont der ↗WRB, dunkel gefärbter Unterbodenhorizont mit illuvialen amorphen Bestandteilen aus organischer Substanz und Aluminium mit oder ohne Eisen. Er hat eine hohe pH-Abhängigkeit (↗pH-Wert) der Ladung, eine große Oberfläche und hohe Wasserhaltefähigkeit. Spodic-horizon kommt in ↗Podsol vor.

Spodosols, Ordnung (order) der ↗Soil taxonomy, entspricht den ↗Podsolen.

spontane Keimbildung ↗homogene Keimbildung.

spontane Kernspaltung, kann bei Elementen mit hoher Ordnungszahl auftreten. Ohne äußeren Beschuß spaltet sich der schwere Kern, zum Beispiel Transurane, in zwei mittelschwere Kerne.

spontane Magnetisierung, auch ohne Magnetfeld vorhandene ↗Magnetisierung, die durch Ausrichtung der mit den Elektronenspins in unabgeschlossenen Elektronenschalen verbundenen magnetischen Dipolmomemte benachbarter Atome. Die Ausrichtung erfolgt durch Austauschwechselwirkung (das ist ein quantenmechanischer Effekt) mit positiver Austauschenergie. Dabei dürfen die Atome nicht zu weit voneinander entfernt sein, sonst wird die Wechselwirkung zu schwach, um der thermischen Bewegungsenergie entgegenzuwirken. ↗Ferromagnetismus.

spontane Polarisation, Auftreten eines elektrischen Dipolmoments ohne äußeres elektrisches Feld.

sporadische E-Schicht ↗E-Schicht.

sporadischer Permafrost ↗Permafrostgebiete.

Sporae dispersae, die Funktion von ↗Pollen und ↗Sporen setzt ihre Trennung von der Mutterpflanze voraus, was zu disperser Ablagerung dieser Fortpflanzungszellen im Sediment führt. Weil Funde von fossilen Pollen und Sporen im Verband mit ihrem Produzenten (Sporae in situ) selten sind, können stratigraphisch ältere Sporen im Gegensatz zum rezenten und subrezenten Material nicht dem Mutterpflanzen-Taxon zugeordnet werden. Fossile Sporae dispersae werden daher nomenklatorisch in der Regel als Form- oder Organgattungen behandelt. ↗Pollenanalyse, ↗Palynologie.

Sporangium, mehrzelliges, ↗Sporen bzw. ↗Pollen bildendes und aufbewahrendes Geschlechtsorgan der ↗Embryophyten, das im Gegensatz zur hüllenlosen Sporocyste der ↗Algen und ↗Fungi durch sterile Zellen der Sporangienwand geschützt ist. Bei den ↗Pteridophyta wird das innere sporogene, d. h. sporenerzeugende Gewebe mit dem Archespor bzw. den Sporenmutterzellen von mehreren Schichten des mehrzelligen Tapetum umgeben, das der Ernährung der Sporen und ihrer (Perispor-) Wandbildung dient und an das nach außen die Sporangienwand anschließt. In den Pollensäcken (Mikrosporangien) der ↗Angiospermophytina folgt auf das Pollenmutterzellen (↗Pollen) bildende Archespor eine mehrschichtige Wand aus Tapetum, das der Ernährung der Pollen und der Pollenkitt-Produktion dient, Zwischenschicht, Faserschicht und Epidermis. ↗Gametangium.

Spore, Sammelbezeichnung für Fortpflanzungszellen der ↗Algen, ↗Fungi und ↗Plantae. Sporen sind durch Mitose gebildete Mitosporen, die der rein vegetativen Vermehrung dienen, oder Meiosporen als Produkt einer Reduktionsteilung bei geschlechtlicher Fortpflanzung. Die fossilen Sporen sind überwiegend von ↗Pteridophyta gebildete Meiosporen, die im Lebenszyklus mit geschlechtlich/ungeschlechtlichem Generationswechsel als Keimzellen der ungeschlechtlichen Fortpflanzung dienen. Im ↗Sporangium des diploiden ↗Sporophyten entstehen aus dem Archespor Sporenmutterzellen und daraus bei der Reduktionsteilung vier tetraedrisch angeordnete Sporen. Vor dem Zerfall dieser Sporen-Tetrade werden die Vierlinge so aneinandergepreßt, daß jede Spore an den drei Andruckstellen im Innern der Tetrade, d. h. proximal, abplattet und dort eine dreistrahlige (trilete) Struktur (Y-Marke, Tetradenmarke) auf der Oberfläche entsteht. Bei der Keimung öffnet sich dort die Sporenwand als dreistrahlige Laesur (trilaesurate Keimstelle). Erdgeschichtlich jüngere Sporen-Vierlinge können auch um eine Achse angeordnet sein und haben deshalb eine achsenparallele, längsgestreckte Laesur. Solche Sporen sind monolet/monolaesurat. Im Unterschied zu den distalen, äquatorialen und pantotremen Keimstellen der ↗Pollen liegt die Laesur der Sporen immer proximal (catatrem). Die Sporenwand (Sporoderm) besteht aus einer inneren dünnen Zellulose-Lage (Endospor) und der fossilisationsfähigen äußeren Wand (Exospor) aus resistentem ↗Sporopollenin (↗Palynologie, ↗Pollenanalyse). Dem Exospor kann das Perispor als zusätzliche, jedoch leicht abzulösende Schicht aufgelagert sein. Die ursprünglicheren Landpflanzen (↗Bryophyta und die meisten ↗Pteridophyta) produzieren nur einen Sporentyp (isospor), aus dem der ↗Gametophyt als Prothallium keimt und an dem Antheridien und Archegonien (↗Gametangium) entstehen. Höchstentwickelte Pteridophyta sind heterospor. Sie bilden in Mikrosporangien Mikrosporen, die zu einem kleinen männlichen Prothallium keimen, und in Makrosporangien Makrosporen, die ein relativ großes weibliches Prothallium liefern. Heterosporie tritt seit dem Devon auf. Da die biologische Differenzierung des Geschlechts jedoch nicht ausnahmslos im Größenunterschied der Sporen zum Ausdruck kommt, ist die morphologische Geschlechts-Determinierung von isoliert im Sediment vorkommenden fossilen Sporen (↗Sporae dispersae) nicht möglich. Dann werden lediglich nach der Größe Sporen unter 200 µm Mikrosporen und über 200 µm Megasporen genannt. Sporen sind sehr leichte Zellen und spezialisiert auf Verbreitung und Überleben. Sie können sehr lange ohne Metabolismus-Aktivität überdauern und verbrauchen deshalb dann auch kein Wasser. Zusätzlich verhindert der Wandungsaufbau Wasserverlust. [RB]

Sporentriftversuch, Tracerexperiment zur Markierung von Wasser, wobei als ↗Tracer Sporen, z. B. gefärbte Bärlappsporen (↗Lycopodiopsida), verwendet werden.

Sporomorpha, allgemeiner Sammelbegriff für ↗Pollen und ↗Sporen (↗Palynologie).

Sporophyll, Sporenblatt, ↗Sporangien tragendes Blatt mit begrenztem Wachstum, welches im Gegensatz zum assimilierenden Trophophyll nicht der Ernährung, sondern der Fortpflanzung dient. Bei den ↗Pteridophyta stehen Sporophylle einzeln oder aber am Sproßende in Sporophyllständen. Bei verschiedenen höher entwickelten Pteridophyta sind sie schraubig angeordnet, schuppenförmig verbreitert und überlagern einander dachziegelartig, wodurch Sporophyllzapfen entstehen, aus denen sich dann schließlich samenähnliche Gebilde (Samenzapfen) entwickeln. Bei den ↗Spermatophyta bilden Sporophyllstände aus Mikro- und/oder Megasporophyllen die ↗Blüte.

Sporophyt, der im Generationswechsel der ↗Plantae aus der Zygote (↗Gameten) auswachsende, diploide Vegetationskörper. Bei den ↗Tracheophyten ist dies die typische, beblätterte Pflanze. Die Evolution von den ↗Chlorophyta zu den ↗Angiospermophytina als höchst entwickelte Landpflanzen ist auf eine Verlängerung der diploiden Sporophyten-Generation ausgerichtet, wodurch die genetischen Vorteile des doppelten Chromosomensatzes gegenüber dem haploiden Satz zunehmend genutzt werden können.

Sporopollenin, Baustoff der Exine und des Exospor von Pollen- bzw. Sporenwänden. Es ist ein Sammelbegriff für ↗Terpene, die durch Polymerisation aus Carotinoiden und Carotinoidestern entstehen. Sporopollenin ist chemisch äußerst widerstandsfähig und hat dadurch ein sehr gutes Fossilisationspotential.

SPOT, *Système Pour l'Observation de la Terre*, seit 1986 operationelle französische Raumfahrtmissionen zur Erdbeobachtung (SPOT-1: 1986–1990, SPOT-2: 1990-, SPOT-3: 1993–1996, SPOT-4: 1998-) in fastpolaren ($i = 98,7°$, $h = 832$ km) sonnensynchronen Orbits. Die ersten 3 Satelliten wurden mit jeweils zwei HRV-Sensoren (Haute Rèsolution Visible) ausgestattet. Diese Sensoren können wahlweise im multispektralen XS-Modus oder im Pan-Modus Daten aufzeichnen (Tab.). Die Aufnahmerichtung der Sensoren kann durch einen quer zur Bahnrichtung neigbaren Spiegel mit maximaler Auslenkung von 27° verändert werden. Dies ermöglicht eine höhere Wiederholrate und Aufnahmen je nach Bewölkung. Durch unterschiedliche Neigungswinkel

	Multispektral (XS)	Panchromatisch (P)
Bodenauflösung	20 m	10 m
FOV	60 km	60 km
Spektralkanäle	1: 0,50–0,59 µm 2: 0,61–0,68 µm 3: 0,79–0,89 µm	0,51–0,73 µm
Flughöhe	822 km	822 km
Wiederholrate	26 Tage	26 Tage

SPOT (Tab.): Daten von SPOT.

der Datenaufnahme wird es außerdem ermöglicht, das gleiche Gebiet bei Befliegung an aufeinanderfolgenden Tagen aus zwei unterschiedlichen Richtungen aufzunehmen und damit Stereobilder zu gewinnen. Auf SPOT-4 ist ein modifizierter HRV-Sensor im Einsatz. Der neue HRVIR (Haute Résolution Visible et InfraRouge) hat im XS-Modus einen vierten Spektralkanal im Bereich des kurzwelligen Infrarots bei 1,58–1,75 µm zur Verfügung. Im Pan-Modus wird der Spektralkanal 2 mit einer Bodenauflösung von 10 m betrieben. Durch Wegfall des eigenständigen panchromatischen Spektralkanals konnte erreicht werden, daß alle Daten an Bord registriert werden. Ein weiterer Sensor an Bord von SPOT-4 ist das VEGETATION-Instrument. Es hat ein FOV von 2200 km und eine geometrische Auflösung am Boden von ca. 1 km. Es nutzt die Spektralkanäle 2,3,4 des HRVIR und einen Kanal »0« im Bereich 0,43–0,47 µm für ozeanographische Anwendungen und für atmosphärische Korrekturen. [EC]

Spreitlagen, ingenieurbiologische Bauweise (↗Lebendbau), bei dem bewurzelungsfähiges Reisig, vorzugsweise von Strauchweiden, dicht nebeneinander auf die Gewässerböschung gelegt, in Erde eingebettet und mit Draht gesichert wird. Die Befestigung erfolgt in Längsrinnen oder durch zylindrisch gebundene, bis zu 20 m lange Reisigbündel von 10–15 cm Durchmesser (Wippen).

Spreizanker, *Expansionsanker*, *Reibungsanker*, eine Ankerart. Der ↗Anker wird durch ein mechanisches System im Gebirge fixiert. Dieses besteht aus einer Anordnung von Keilen, die beim Einbauen im Bohrloch axial und radial derart gegeneinander verschoben werden, daß sie sich gegen die Bohrlochwand verkeilen. Die Ankerkräfte werden dabei im Gegensatz zum ↗Haftanker vorwiegend durch Reibung ins Gebirge übertragen.

Spreizungsrücken ↗*Mittelozeanischer Rücken*.

Sprengel, *Carl Philipp*, deutscher Agrikulturchemiker und Bodenkundler, * 29.3.1787 Schillerslage bei Hannover, † 19.4.1859 Regenwalde (Ostpommern). Sprengel hielt seit 1826 Vorlesungen in Agrikulturchemie, 1835–1839 Professor in Braunschweig, dann in Regenwalde, Ostpommern. Er wies 1826 nach, daß Pflanzen Mineralstoffe benötigen, widerlegte damit die bis dahin vertretene Humustheorie. Bemerkenswerte Bücher sind die »Chemie für Landwirte, Forstmänner und Kammeralisten« (1831), »Bodenkunde« (1837), »Lehre von den Urbarmachungen und Grundverbesserungen« (1837) sowie »Erfahrungen im Gebiete der Pflanzencultur« (1847).

Sprengvortrieb, Tunnelvortrieb mittels Sprengung. Dabei lösen sich folgende Arbeitsphasen ab: Bohren der mit Sprengstoff zu beladenden Löcher, Laden und Sprengen, Absaugen von Staub und Verbrennungsgasen bzw. Zufuhr von Frischluft (Bewettern), Abklopfen (Abläuten) und erste Sicherungsarbeiten, Aufnahme und Abtransport des abgesprengten Haufwerks (Schuttern), Einbringen des Verbaus. Die Schüsse (Einzelsprengungen) erfolgen in den Bohrlöchern einzeln bzw. gruppenweise nacheinander innerhalb von Sekundenbruchteilen (Millisekundensprengen). Wichtig für eine erfolgreiche Sprengung ist eine günstige Anordnung und Zündfolge der einzelnen Bohrlöcher (Bohrbild). Jeder einzelne Schuß muß so angeordnet sein, daß er für den Folgeschuß die Gesteinsverspannung verringert und einen Auswurf von Material (Einbruch) bewirkt. Man unterscheidet zwei Gruppen von Einbruchsarten. Beim Paralleleinbruch wirken die zuerst gezündeten Schüsse auf den Hohlraum von nicht geladenen Bohrlöchern (Ausdehnungslöcher). Später gezündete, schräg nach innen angesetzte Schußgruppen werfen das gesprengte Material heraus. Beim Schrägeinbruch sind die Bohrlöcher unter einem Winkel zur Vortriebsrichtung, zur vorhandenen freien Fläche oder zur Lösefläche im Gestein angeordnet. So werden beim hierzu zählenden Kegeleinbruch (Deutscher Einbruch) die Bohrlöcher auf der freien Fläche kreisförmig angeordnet. Das bei der Sprengung gelöste Material wird in den Stollen geworfen. Die Erweiterung des Einbruches erfolgt durch Folgeschüsse (Helferschüsse, Kranzschüsse, Eck- und Randschüsse). Die Anzahl der Bohrlöcher, ihre Anordnung und die Abschlagtiefe hängen stark von geologischen Faktoren wie Gebirgsfestigkeit, den vorliegenden Kluftlagen, Kluftöffnung und Klufthäufigkeit (Zerklüftungsgrad) ab. Die Mechanisierung des Bohrens ermöglicht allerdings selten eine echte Anpassung des Bohrschemas an das Gebirge. Die Abschlagtiefen (Vortriebsstrecke pro Sprengung) liegen in standfestem Gebirge in der Regel bei 2–3 m. Mit steigenden Abschlagtiefen nimmt der Sprengstoffverbrauch und die Gebirgszerrüttung rasch zu. [ABo]

Springquelle, *Geyser*, *Geysir*, ↗aufsteigende Quelle, die ständig oder periodisch überhitzten Wasserdampf auswirft, auch benannt nach dem Geyser in Nordwest-Island. Springquellen sind eine typische Erscheinung in Gebieten mit aktivem Vulkanismus. Für die Eruption sind in Thermalwässern enthaltene ↗Quellgase wie CO_2 oder N_2 verantwortlich, welche durch die oberflächennahe hydrostatische Druckentlastung freigesetzt werden und wasserdampfgesättigte Gasblasen bilden. Die in der Regel nicht periodischen, springbrunnenartigen Eruptionen erreichen Förderhöhen von bis 460 m (Waimangu Geysir, Neuseeland). ↗*Geysir*.

Springschwänze ↗*Collembola*.

Springtide, ↗Tide bei astronomisch bedingtem höchsten Tidehochwasserstand innerhalb eines Mondzyklus (Abb. 1). Die entsprechende Eintrittszeit wird als Springzeit bezeichnet. An der deutschen Nordseeküste tritt die Springtide fast drei Tage nach Neu- oder Vollmond ein. Die zur Springzeit eintretenden Tidewerte (Abb. 2) wer-

Springtide 1: Stellung von Sonne und Mond bei Springtiden.

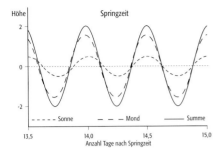

den als Springtidehochwasser SpThw, Springtideniedrigwasser SpTnw und Springtidehub SpThb bezeichnet (/Tidekurve).

Sprite, *red sprite*, rötlich leuchtende Entladung, die von der Wolkenoberfläche großer hochreichender Gewittersysteme in die untere /Ionosphäre verläuft. Sprites haben eine horizontale Ausdehnung von 5–30 km, die Dauer der Leuchtphase beträgt etwa 100 ms. Sie werden meist im Zusammenhang mit besonders intensiven Blitzentladungen beobachtet.

Spritzbeton, spezielles Betongemisch mit /Erstarrungsmittelbeschleuniger für Torkret- oder Betonspritzverfahren, dessen Vorteil in der weitgehenden Einsparung der Verschalung liegt. Die Bindezeit von solchen Betonen muß so kurz sein, daß sie beim Aufspritzen auf senkrechte oder über Kopf liegende Flächen unmittelbar nach dem Aufprallen erstarren. Verwendung findet Spritzbeton z. B. bei der Sicherung von Felsböschungen, der Füllung von Zwischenräumen von Bohrpfahlwänden, der Sicherung der Ausbruchsflächen beim Vortrieb im Tunnelbau unter möglicher Zuhilfenahme von Stahlbögen, Bewährungsmatten und Anker. Im nachbrüchigen Gebirge betragen die üblichen Spritzbetonstärken 50–30 cm. Sie werden ein- oder zweilagig in einem bzw. zwei Arbeitsgängen aufgebracht.

Sprödbruch, Bruch eines Festkörpers unter Einwirkung einer Spannung ohne oder mit nur geringer, vorausgehender /plastischer Deformation. Voraussetzung dafür ist, daß ein Mikroriß, der z. B. von einer Versetzungsakkumulation, einer Korngrenze oder der Oberfläche herrühren kann, überkritisch wird. Dies bedeutet, daß die Energie, die durch das Öffnen des Risses frei wird, größer ist als diejenige, die für die dabei entstehenden neuen Oberflächen (/Oberflächenenergie) aufgewendet werden muß. Das Auftreten des spröden Bruchverhaltens hängt empfindlich von der Beweglichkeit der Versetzungen und damit von der Temperatur und der Verformungsgeschwindigkeit ab.

Spröddeformation /*Bruchdeformation*.

spröde Minerale, *fragile Minerale*, Minerale, bei denen beim Ritzen und Schaben Splitter fortspringen, die leicht ausbrechen und Sprünge bekommen und die sich leicht zerstoßen und pulvern lassen. Beispiele sind Sphalerit, Tetraederit, Schwefel und Thenazität.

Sprödglimmer, Bezeichnung für eine Reihe von selteneren /Glimmern (mit Ca,Al:Si = 2:2), deren Spaltblättchen spröde und zerbrechlich sind. Vertreter sind Margarit (Kalkglimmer) aus Chlorit-Schiefern und von Smirgel-Lagerstätten, Ephesit (Natriummargarit), Klintonit u. a.

Sprödigkeit, die /Rheologie unterscheidet zwischen sprödem und duktile Verhalten (/duktiles Bruchverhalten). Ein Material reagiert spröde, wenn bei einer Belastung keine plastischen Deformationen (/Plastizität, /Deformation) stattfinden, bevor es zum Bruch kommt. Unter sprödem Material versteht man all das Material, das bereits bei geringer Belastung bruchhaft reagiert. Man spricht hier von sog. Sprödbruchverhalten.

Sprödverformung, *bruchhafte Verformung*, permanente Verformung, die auftritt, wenn in einem Gestein die Bruchfestigkeit (/Festigkeit) überschritten wird. Die entstehenden Strukturen sind Klüfte und Verwerfungen. /Deformation.

Sproßachse, Grundorgan der /Tracheophyten, das die /Wurzel mit den Sproßanhangsorganen (/Blatt, /Sporophyll, /Trophophyll, /Blüte) verbindet. Der Primärsproß wächst durch Zellteilung des apikal an der Spitze gelegenen Bildungsgewebes (Apikal-Meristem) in die Länge und besteht bei hochentwickelten Landpflanzen aus folgenden Dauergewebearten: a) Abschlußgewebe (/Epidermis), b) Leitgewebe (/Leitbündel), c) Grundgewebe (Parenchym) aus zentral in der Sproßachse gelegenem Mark, der Primär-Rinde als Gewebezylinder zwischen Epidermis und Leitbündel und den Markstrahlen, die Mark und Primär-Rinde verbinden, d) Festigungsgewebe aus toten Zellen mit allseitig sehr verdickten Zellwänden (Sklerenchym) und lebenden, nur partiell verdickten Zellwänden (Kollenchym). Der Primärsproß inklusive seiner Seitentriebe, aber auch die Wurzel kann durch sekundäres Dickenwachstum seinen Querdurchmesser bis 10.000fach vergrößern und dabei verholzen (Stamm, Ast). Dazu werden von einem flächig und parallel zur Sproßoberfläche orientiertem Bildungsgewebe (Cambium) das sekundäre Festigungsgewebe und die zeitlich nur begrenzt funktionstüchtigen Leitbündel ständig neu gebildet. Holz ist das vom Cambium nach innen erzeugte Festigungs- und Wasserleitgewebe, Bast das nach außen erzeugte Gewebe für den Assimilat-Transport. Die wegen des Dickenwachstums notwendige Neubildung von Abschlußgewebe mit vergrößerter Oberfläche erfolgt durch das Kork-Cambium (Phellogen). Es produziert Korkgewebe, aus dem die Borke hervorgeht. Mit der Entwicklung des Primärsprosses aus miteinander verwachsenen /Telomen (/Telomtheorie, Stelärtheorie) lösten die ersten Landpflanzen Anpassungsprobleme bei der Besiedlung der terrestrischen Umwelt. Dort zwingt die im Gegensatz zum Lebensraum Wasser räumlich getrennte Verteilung der Nahrungsquellen zur Bildung von separaten Organen, um in Arbeitsteilung einerseits Wasser und Nährsalze des Bodens durch Wurzelgewebe aufzunehmen sowie andererseits O_2 und CO_2 der Atmosphäre durch das von der Sproßachse in den Luftraum ausgetriebene Blattgewebe einzuatmen. Von der Dimension der

Springtide 2: durch Stellung von Sonne und Mond bedingter Springtidenhub.

Sproßachse wird aber auch die Gesamtgröße der Photosynthesefläche sowie deren Exposition zum Licht und damit die photoautotrophe Ernährung des Individuums bestimmt. Die zwangsläufig räumliche Trennung von Wurzeln und Blättern erfordert dann aber auch diese beiden Organe verbindende ↗Leitbündel in der Sproßachse zum Transport von Reagenzien zum Assimilationsorgan und zum Abtransport der Assimilate zu den Zellen des Organismus. [RB]

Sproßpflanzen ↗ *Kormophyten*.

Sprudelquelle, ↗aufsteigende Quelle mit sprudelndem Wasseraustritt infolge der Druckabnahme beim Zutagetreten von gespanntem Grundwasser mit starkem Überdruck.

Sprudelstein, *Erbsenstein*, eine in Quellteichen mit kontinuierlicher Wasserbewegung um einen schwebenden Keim herum gebildete und anschließend zu Boden sinkende, kugelschalige Mineralabscheidung (Pisoid). Sprudelsteine können sich in carbonatreichen Wässern, z. B. in Karstquellen, aber auch in heißen, kieselsäurereichen Quellen als spezielle Geyserit-Komponente bilden.

Sprühnebelbewässerung, ↗Beregnung mit feinsten Tropfen zur Beeinflussung des Bestandsklimas.

Sprühregen ↗ *Niesel*.

Sprunganalyse, *Bruchpunktanalyse*, statistisches Verfahren zur Ermittlung plötzlicher Veränderungen in einer Zeitreihe. Vielfach wird die Doppelsummenanalyse (↗Doppelsummenkurve) angewandt (Homogenitätsprüfung, ↗Konsistenzprüfung).

Sprunghöhe, *seigere Sprunghöhe, Verwurf, Vertikalversatz*, Vertikalkomponente einer ↗Verwerfung.

Sprungschanze, Bauwerk zur Energieumwandlung an ↗Talsperren, wobei ein weitreichender, luftdurchmischter Wasserstrahl erzeugt wird.

Sprungschicht, Tiefenbereich in Gewässern, in dem starke vertikale Veränderungen der Eigenschaften wie ↗Temperatur (↗Thermokline), ↗Salzgehalt (↗Halokline) und ↗Dichte (↗Pyknokline) erfolgen. Normalerweise trennt die Sprungschicht warmes Wasser der oberflächennahen, homogenen Deckschicht von kälterem Wasser darunter. Die Tiefe der Deckschicht und damit der obere Rand der Sprungschicht wird durch ein Gleichgewicht zwischen turbulenter kinetischer Energie zur Vermischung und potentieller Energie zum Schichtungsaufbau bestimmt. Man unterscheidet saisonale Sprungschichten zwischen 10 und 100 m Tiefe und die permanente Sprungschicht mit einer Tiefe bis zu 800 m in den Subtropen, die Kalt- und Warmwassersphäre voneinander trennt. ↗Metalimnion, ↗Chemokline.

Spülbohrung, Überbegriff für ↗Bohrverfahren, bei denen zum Transport des abgelösten Bohrgutes an die Geländeoberfläche ein Spülmedium eingesetzt wird. Die Bohrspülung kann aus Luft oder Wasser und z. T. Spülungszusätzen bestehen. Damit der Transport des Bohrgutes in der Bohrspülung möglich wird, muß der Reibungswiderstand an der Oberfläche der Bohrgutpartikel gleich oder größer als deren Gewicht sein. Flüssige Bohrspülungen haben neben dem Bohrguttransport auch die Aufgabe, durch ihren hydraulischen Druck das Bohrloch zu stützen. Allerdings muß in den meisten Fällen der oberste Bohrlochbereich zur Stabilisierung verrohrt werden (↗Nachfall). Vorteil gegenüber den Trockenbohrverfahren ist der in der Regel höhere ↗Bohrfortschritt. Dieser wird durch das Einsparen von Verrohrungen und den kontinuierlichen Abtransport des Bohrgutes bewirkt. Der Kreislauf der Bohrspülung kann mittels Druck- oder Saugförderung in Gang gehalten werden. Bei den direkten Spülbohrverfahren (auch Rechtsspülung, Druckspülbohren) wird das Bohrgut im ↗Ringraum zwischen Gestänge und Bohrlochwand nach oben gefördert. Zu diesen Verfahren gehören das ↗Rotary-Bohrverfahren und das mit überwiegend Luftspülung arbeitende Imlochhammer-Verfahren (↗Imlochhammer). Bei den indirekten Spülbohrverfahren (auch Linksspülung) erfolgt der Bohrguttransport durch das hohle Bohrgestänge. Zu diesen Verfahren zählen das ↗Saugbohrverfahren, das ↗Lufthebeverfahren, das Strahlsaug-Bohrverfahren und das Counterflush-Bohrverfahren. [ABo]

Spülbrunnen, *Spülfilterbrunnen*, Brunnen mit einem durch Spülpumpen in den Untergrund eingespülten Filterrohr (nur in Lockergesteinen).

Spüldenudation, flächenhaft wirksame ↗Denudation der Geländeoberfläche durch ↗fluviale Erosion außerhalb fester Gerinnebetten, die bei ↗Oberflächenabfluß eintritt. Spüldenudation kann durch ↗Schichtfluten bewirkt werden. Die Abtragungsleistung mittels eng benachbarter Rillen und Rinnen auf einer Hangfläche wird jedoch höher eingeschätzt. Der Materialaustrag durch Tiefenerosion (↗fluviale Erosion) der Rinnen und die laterale Materialzufuhr in die nur temporär ausgebildeten Rinnen (↗Abspülung) summieren sich zur insgesamt in der Fläche sehr wirksamen Erniedrigung der Hangoberfläche. Spüldenudation wird z. T. synonym zu ↗Flächenspülung verwendet.

Spulenanordnung, die relative Aufstellung von Zweispulensystemen in den ↗elektromagnetischen Verfahren

Spülmuldental ↗ *Flachmuldental*.

Spülprobe, zur Untersuchung oder Erschließung der Gesteinsschichten, Lagerstätten nutzbarer Stoffe oder Grundwasser angesetzte Flach- oder Tiefbohrungen lassen entweder durch Herausschneiden einer zylinderförmigen Gesteinssäule (Bohrkern) oder durch Herausspülen der bei der Bohrung zerstoßenen Gesteinsmassen (Spülprobe) die Aufstellung eines Bohrprofils zu, das die Aufeinanderfolge, die Mächtigkeit und Ausbildung des durchsunkenen Gesteinskörpers angibt. Die Abförderung des drehend oder schlagend gelösten Bohrgutes erfolgt mittels Wasser, ggf. mit ↗Spülungszusätzen oder Luft (↗Spülung). Heute werden in der Praxis (z. B. Erdölgeologie) zur Erstellung von Bohrlochprofilen in erheblichem Maße geophysikalische Bohrlochmessungen durchgeführt. Insbesondere eignen sich solche Verfahren auch zur (litho-) stratigraphischen Parallelisierung von Sedimentschichten benachbarter Bohrungen. ↗Spülbohrungen sind bei der Baugrunderkundung nur für Sonderzwecke wie z. B. für die Einrichtung von Grundwasser- und anderer Meßstellen oder als Brunnenbohrungen üblich. [ME]

Spülsaum, Bereich zwischen Wasser und Land, in dem durch den Einfluß von Wind, Wellen und Strömung Treibsel angeschwemmt wird.

Spülung, gasförmiges (Luft, ggf. mit Zusätzen) oder flüssiges (Süß- und Salzwasser, Öl, zumeist mit Zusätzen) Medium. Es wird eingesetzt, um bei Bohrungen das an der Bohrlochsohle beim Bohrvorgang anfallende Bohrgut (Bohrklein) kontinuierlich aus der Bohrung auszutragen. Dabei wird der Spülstrom im geschlossenen Kreislauf geführt: Spülgrube/Spülungsbehälter – Abpressen/Absinken zur Bohrlochsohle – Aufnahme des Bohrguts – Aufstieg nach Übertage – Sieb- oder Absetzbecken – Spülgrube. Daneben übernimmt die Spülung die Stabilisierung und Kolmatierung der Bohrlochwand durch Aufbau des ↗Filterkuchens sowie Kühlung und Schmierung des Bohrwerkzeugs, und beim ↗Hammerbohren die Luftspülung den Antrieb des ↗Imlochhammers. In Abhängigkeit vom spezifischen Gewicht des Bohrguts und dessen Korngröße und -form muß die Spülung folgende Anforderungen zur Sicherstellung eines vollständigen Austrags erfüllen: Viskosität und Dichte. Die entsprechenden Eigenschaften ändern sich während des Bohrvorgangs und werden daher ständig überwacht und durch Zugabe von ↗Spülungszusätzen eingestellt. Die ebenfalls den unabdingbaren Austrag des Bohrguts sicherstellende Aufstiegsgeschwindigkeit der Spülung ist in der Planung einer Bohrung unter Berücksichtigung der Bohrloch- und Bohrgestängedurchmesser und der verfügbaren Pumpenleistung festzulegen. Je nach Bohrverfahren und Einsatz von Spülungszusätzen sollen die Aufstiegsgeschwindigkeiten >0,5 bis 5 m/s bei Flüssigkeitsspülung und >20 m/s bei Luftspülung betragen. Die Tiefentreue der Bohrproben ist direkt abhängig von der Aufstiegsgeschwindigkeit. Je nach Kreislaufführung der Spülung wird bei den Spülbohrverfahren (↗Spülbohrung) zwischen normaler Spülung (direkte Spülung, Druckspülung, *Rechtsspülung*) und inverser Spülung (indirekte Spülung, *Linksspülung*) unterschieden. Bei der direkten Spülung wird das Spülmedium im Inneren des Bohrgestänges zur Bohrlochsohle gepumpt, tritt dort am Bohrwerkzeug aus und steigt im Ringraum zwischen Bohrgestänge und Bohrloch (oder Verrohrung) zutage (↗Rotary-Bohrverfahren, Kernbohren, Hammer-Drillbohren). Die erforderliche Aufstiegsgeschwindigkeit wird durch Einsatz entsprechend dimensionierter Pumpen bzw. Kompressoren beim Hammer-Drill erreicht. Allerdings kann die hohe Aufstiegsgeschwindigkeit an der freien Bohrlochwand unter Umständen zu Auskolkungen führen. Bei den indirekten Spülungen ist die Zirkulation umgedreht: Die Spülung sinkt im ↗Ringraum ab, tritt am Bohrwerkzeug ein und steigt im relativ engen Durchmesser des Bohrgestänges mit hoher Strömungsgeschwindigkeit auf. Dadurch wird der Strömungseinfluß auf die Bohrlochwand gering gehalten; allerdings ist die indirekte Spülung auf das ↗Saugbohrverfahren, Counterflushbohren und das ↗Lufthebeverfahren beschränkt. ↗Bohrverfahren. [BK]

Spülungszusätze, Hilfsmittel in der Bohrspülung (↗Spülbohrung), um deren Eigenschaften hinsichtlich des Austrags des Bohrkleins von der Bohrlochsohle, der Stabilisierung der Bohrlochwand, der Beherrschung der Formationsdrücke, der Schonung der Lagerstätte und der Kühlung und Schmierung der Bohrwerkzeuge zu verbessern. Zum Einsatz kommen vor allem folgende Materialien:
a) ↗Bentonit ist ein bei Wasserzugabe stark quellender Ton. Verantwortlich für diese Eigenschaft ist das Tonmineral ↗Montmorillonit. Bei Natrium-Bentonit (TIXOTON) löst sich die Kristallstruktur bei Wasserzugabe völlig auf. Eine Natrium-Bentonitsuspension verhält sich in Bewegung breiartig und verfestigt sich im Ruhezustand zu einer Art Gel. Dieser Vorgang ist bei erneuter Bewegung reversibel. Bentonit erhöht die Viskosität der Bohrspülung und verbessert so deren Transportfähigkeit für Bohrklein, hält beschwerende Spülungszusätze wie Schwerspat- oder Kreidepulver in der Schwebe, sorgt beim Eindringen der Bohrspülung in die Bohrlochwand für einen ↗Filterkuchen. Die Bohrlochwand wird abgedichtet, so daß weiterer Spülungsverlust und unter Umständen eine Verunreinigung des Gebirges unterbleibt. Zusätzlich werden Lockergesteinsschichten stabilisiert. b) Beschwerungsstoffe erhöhen die spezifische Dichte der Bohrspülung. Zum Einsatz kommen gemahlene Kreide oder Schwerspat. Die Dichteerhöhung hindert artesisch gespanntes Formationswasser am Eindringen in das Bohrloch und ermöglicht das Bohren bei erhöhten Gebirgsdrücken. c) CMC-Polymere (Carboxymethylcellulose) wirken je nach Polymerisierungsgrad viskositätserhöhend, ohne jedoch zu vergelen, sie verringern die Eindringtiefe der Bohrspülung in das Gebirge und bilden dünne, elastische Filterkuchen an der Bohrlochwand, schützen die Bentonitstrukturen in der Bohrspülung vor der Einwirkung von Elektrolyten, binden das freie Wasser in der Bohrspülung und stabilisieren so quellfähige Formationstone. d) Polyacrylamide wirken ähnlich wie CMC-Polymere. Sie besitzen gegenüber diesen jedoch eine stärkere stabilisierende Wirkung auf quellfähige Tone. Daneben sind sie als vollsynthetische Produkte weniger anfällig gegen bakterielle Zersetzung. e) Polysaccharide sind natürliche Polymere (z. B. Stärkemehl). Sie neigen in Süßwasserspülungen allerdings zu rascher biologischer Zersetzung. Die führt zu hohen bakteriellen Belastungen und verschlechtert sowohl die Viskosität als auch die Wasserbindefähigkeit der Spülung. f) Schäumungsmittel bestehen aus anionischen Tensiden, ähnlich Geschirr-

spülmitteln. Sie werden bei Bohrungen mit Luftspülung eingesetzt. Sie schäumen zufließendes Wasser aus und verbessern den Austrag des Bohrkleins. [ABo]

Literatur: DVGW (1996): Lehr- und Handbuch Wasserversorgung, Bd. 1: Wassergewinnung und Wasserwirtschaft. – München, Wien.

Spülverfahren, Bodengewinnungsart, die nur bei saug- und spülbaren Böden durchführbar ist. Es wird zum Ausheben und Fördern von ungeeigneten Torf- und Kleiböden eingesetzt und auch für das Einbringen von relativ gleichkörnigen Sanden als Ersatzmaterial verwendet. Die Gewinnung findet durch den Einsatz von Saugbagger oder Grundsaugern statt, dann wird das Boden/Wasser-Gemisch mittels einer Pumpe durch ein Rohrsystem wegtransportiert. Auch das Aufspülen von Lockergestein zu Dämmen ist möglich. /Spülung.

Spülverlustmessung, Erfassung von Menge pro Zeiteinheit und Tiefenbereich des Verlustes an /Spülung während des Bohrvorgangs. In durchlässigem und/oder klüftigem Gebirge wird häufig Spülung aufgrund ihrer höheren Dichte und des höheren hydrostatischen Drucks der im Bohrloch befindlichen Spülungssäule an den Untergrund abgegeben. Bei Bohrungen zur Erschließung von Wasser oder Erdöl geben Spülverlustmessungen Hinweise auf Durchlässigkeiten des durchbohrten Gebirges. Spülverlustmessungen stellen auch einen Kostenfaktor dar, insbesondere wenn der Spülung Zusätze (/Spülungszusätze) beigegeben werden müssen. Durch Spülungszusätze können Spülungsverluste abgemindert oder gestoppt werden. Daher erlauben die entsprechenden Messungen, z.B. durch Beobachtung des Spülungsspiegels in der Spülgrube, rechtzeitige Abhilfe. Beim sog. schwachen Teilverlust geht nur ein geringer Teil der Spülung verloren; die Verlustbereiche werden durch die Spülung selbst abgedichtet. Beim sog. Teilverlust kann das Abfließen der Spülung durch Änderung der Spülungskennwerte (Dichte, Viskosität) beseitigt werden. Im ungünstigsten Fall kann ein totaler Spülungsverlust eintreten, d. h. die an das umgebende Gebirge abgegebene Spülungsmenge übersteigt die umlaufende Menge bzw. die Pumpenleistung; dadurch kommt der Bohrgutaustrag zum Erliegen und der Bohrvorgang kann nicht mehr fortgesetzt werden. [BK]

Spülwasser, Wasser, das zum Säubern und als Transportmedium für Feststoffe dient, z. B. für die Filterrückspülung.

Spundwand, Wand aus Stahlspundbohlen, die in den Untergrund gerammt, gerüttelt oder gepreßt werden und über ein Schloß nahezu dicht verbunden sind. Die Bohlen werden mit verschiedenen Stahlgüten, Querschnittsformen und Schloßausbildungen angeboten (Abb. 1 u. 2), so daß jeweils vor Baubeginn die geeignete Bohle gewählt werden muß.

Spundwandverbau, Sicherungsmaßnahme auf Baustellen. Spundwandverbaue werden bei losen Böden oder Böden im Grundwasser, die nicht frei stehen können und deshalb vor Ausschachten gestützt und gegen Ausfließen geschützt werden müssen, eingesetzt. Die Spundwände werden in den Untergrund durch Einpressen, Rütteln oder Rammen gebracht. /Spundwand.

Spur, **1)** *Historische Geologie*: Lebensspur, eine von lebenden Organismen aktiv verursachte Sedimentstruktur. /Marken, /Ichnologie, /Spurenfossilien, /Bioerosion, /Bioturbation. **2)** *Kristallographie*: Matrixpur, die Summe der Hauptdiagonalelemente einer quadratischen Matrix wird als ihre Spur bezeichnet. Bezeichnet die Matrix eine lineare Abbildung des Raumes auf sich, so ist die Spur eine Invariante der Abbildung unter Basiswechsel.

Spurenbestandteil, *Spurenstoff*, Einzelkomponente in einem Gemisch oder einer Analysenprobe, dessen Konzentration zwar nicht definiert ist, aber i. a. in der Größenordnung 10^{-6} oder darunter liegt (z. B. in mg/kg).

Spurenelemente, **1)** *Landschaftsökologie*: Spurennährstoffe, /Mikroelemente. **2)** *Mineralogie*: chemische Elemente, die in der Größenordnung unter 50 mg/kg auftreten (die Grenzen sind fließend), die aber z. B. als Mineralstoffe wesentliche (essentielle) Aufgaben haben. In den Mineralen sind die Spurenelemente meist diadoch (/Diadochie) eingebaut. Methoden zum Nachweis von Spurenelementen sind die Neutronen-Aktivierungsanalyse (NAA), die Atomabsorptionsspektralanalyse (AAS) und die induktiv gekoppelte Plasmaspektroskopie (ICP). **3)** *Ozeanographie*: chemische Elemente natürlicher Herkunft, die im /Meerwasser in sehr geringen Konzentrationen auftreten; im ozeanischen Bereich meist zwischen etwa 10–12 und 10–9 Mol pro Liter. Sie umfassen mehr als 60 % der Elemente des Periodensystems. Ihre Konzentrationen werden im Ozean weitgehend von biogeochemischen Pro-

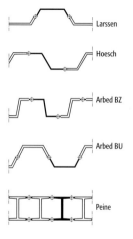

Spundwand 1: Spundwandprofile.

Larssen

Hoesch

Arbed BZ

Arbed BU

Peine

Larssen 20, 21, 22, 23, 24, 24/12, 25, 601, 602, 603, 603K, 604, 605, 605K, 606, 606K, 607, 607K, 31, 32, III

Larssen 43, 430

Hoesch 12, 116, 134, 155, 175, 215

Hoesch 95, 122

Union Flachprofil

Hoesch Tafelprofil

Hoesch Leichtprofil

Spundwand 2: Schloßformen.

zessen kontrolliert und unterliegen daher starken räumlichen und zeitlichen Veränderungen in der Wassersäule. Ein Großteil von ihnen, z. B. Eisen, Kobalt, Mangan oder Zink, bildet wichtige Nährstoffe für das Wachstum von Algen. In der marinen Nahrungskette kann es bei einigen Elementen auch zu erheblichen Anreicherungen kommen, die in stark verunreinigten Küstenwässern zu gesundheitlichen Problemen beim Fischkonsum führen können.

Spurenfossilien, Spurenfossilien können als »versteinertes Verhalten« charakterisiert werden. Im Unterschied zu den Körperfossilien wird ein Organismus als Spurenfossil nicht mit seinen Hartteilen (dem Skelett), als kohliger Film oder als Abdruck überliefert, sondern über seine Aktivität. Es handelt sich um echte ↗Fossilien, wenn man deren allgemeine Definition als physikalische Nachweise früherer Lebensformen zugrundelegt. Spurenfossilien stehen im Schnittfeld von Biologie und ↗Sedimentologie und werden von der ↗Ichnologie behandelt. Neben ihrer Fossilnatur sind sie gleichermaßen auch ↗Sedimentstrukturen, dürfen aber nicht mit den rein physikalischen ↗Marken verwechselt werden: Selbst wenn ein Hartteil (z. B. Gehäuse, Zweig) eines toten Organismus diffuse Sedimentstrukturen wie Roll- oder Stoßmarken verursacht, sind dies keine Zeugnisse seines Verhaltens zu Lebzeiten, also auch keine Spurenfossilien.

Spurenfossilien umfassen vor allem Belege der Fortbewegung und Ruhe von Tieren sowie Belege des Nahrungserwerbs und der Bodendurchwurzelung. Über die Abgrenzung zu Körperfossilien bzw. den Erzeugern der Spurenfossilien herrscht in Einzelfällen manchmal Unsicherheit. Keine Spurenfossilien, obwohl oft dafür gehalten, sind alle Strukturen, die von Organismen mittels Drüsen abgeschieden werden, also z. B. Eier, Perlen, Gallensteine oder die Schleimmatten der Blaubakterien, die als ↗Stromatolithen fossil werden. Auch die teilweise zu den Aedificichnia (s. u.) gerechneten Spinnennetze gehören nicht hierher, sondern zu den Körperfossilien, ebensowenig wie zusammengeklebte Röhren von Würmern, Insekten oder Einzellern. Bei schlechter Erhaltung eines Spurenfossils kann seine Unterscheidung von ↗Pseudofossilien schwierig sein; in vielen Fällen hilft jedoch die Kenntnis von Anatomie und Verhalten möglicher Erzeugergruppen ebenso wie das genaue Studium der Einbettungsumstände.

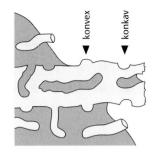

Von allen produzierten Spuren wird nur ein sehr geringer Prozentsatz im Gestein überliefert. Dafür muß die betreffende Spur die Zone aktiver ↗Bioturbation verlassen. Dies kann z. B. geschehen, wenn plötzliche Schüttungen eines Sedimentes (oft anderer Korngröße) eintreten, oder wenn ein Organismus so tief gräbt bzw. bohrt, daß seine Spur nicht mehr von nachfolgenden überprägt wird. Aus diesen Gründen sind zwei Überlieferungssituationen überproportional repräsentiert: Freßbaue und Kultivierungsspuren (s. u.) tiefgrabender Erzeuger wegen ihrer Position im ↗Stockwerkbau und ihrer von der Gesteinsumgebung abweichenden Verfüllung sowie Weidespuren und Kriechspuren an der Basis von Trübeströmen (↗Turbidit). Für Fälle wie den letztgenannten, in denen eine Wechsellagerung von Gesteinen unterschiedlicher Korngröße gegeben ist, wurden zwei nebeneinander gebräuchliche, lagebezogene Begriffssysteme entwickelt, die sich jeweils auf die grobkörnigere ↗Bank beziehen (Abb. 1). Diese Klassifikation deckt aber nur einen Teil der Bioturbationsphänomene ab. Wichtiger als die beschreibende Bezeichnung ist zunächst, sich vor Augen zu führen, ob das jeweilige Fossil dem Aussehen des Baues zu Lebzeiten des Erzeugers entspricht; hier können bei kumulativen Spurenfossilien erhebliche Unterschiede bestehen (Abb. 2). Auch gilt es zu beachten, daß sich bei veränderter Stabilität des Sediments Spuren sehr unterschiedlicher Bildungsart und -zeit im gleichen Horizont befinden können. So sind z. B. Bohrspuren neben Grabgängen durch zwischenzeitliche ↗Zementation des Substrates möglich, ihre Lage relativ zu ihrer Be-

Spurenfossilien 1: Vergleich der lagebezogenen Einteilung von Spurenfossilien in einer Wechsellagerung.

Spurenfossilien 2: Unterschiede zwischen den Bauen zu Lebzeiten der Erzeuger und den im Gestein erkennbaren Spurenfossilien.

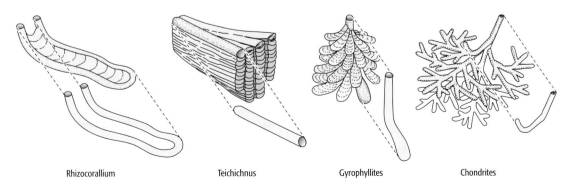

Rhizocorallium   Teichichnus   Gyrophyllites   Chondrites

Spurenfossilien 3: Einteilung der Spurenfossilien nach dem Verhalten ihrer Erzeuger: 1) Fluchtspur einer Muschel, 2) Ruhespur (*Asteriacites*) eines Seesterns, 3) Ruhespur (*Rusophycus*) eines Gliedertiers, 4) Kriechspur (*Cruziana*) eines Gliedertiers, 5) Fährte eines zweibeinigen Wirbeltiers, 6) Weidespur *Planolites*, 7) Weidespur *Helminthoida*, 8) Kultivierungsspur *Cosmorhaphe*, 9) Kultivierungsspur *Paleodictyon*, 10) Fraßspur (*Phagophytichnus*) eines Insektes, 11) Wohn/Freßbau (*Thalassinoides*) eines Krebses, 12) Freßbau *Phycosiphon*, 13) Termitenhügel als Bautenspur, 14) Wohnröhre (*Skolithos*) eines Wurmes, 15) Wohnbau (*Ophiomorpha*) eines Krebses, 16) Wohnröhre (*Arenicolites*) eines Wurmes, 17) Ausgleichsspur (*Diplocraterion*) eines Wurmes, 18) Ausgleichsspur einer Muschel.

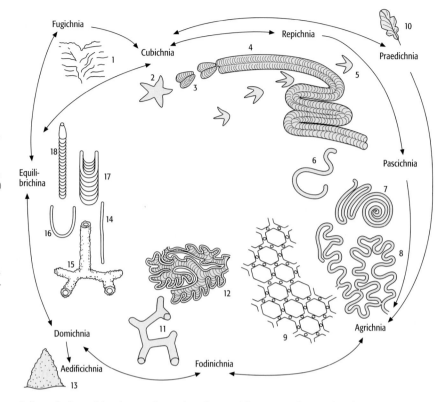

siedlungsfläche weicht aber stark voneinander ab.

Das Nichterkennen des Erhaltungstyps von Spurenfossilien kann gravierende Folgen haben: Beispielsweise wurde auf der Basis von Unterfährten (s. u.) gefolgert, daß manche ↗Dinosaurier treibend im Wasser lebten – tatsächlich waren nur die ↗Trittsiegel der Hände bei einer Unterfährte nicht mehr erhalten. In einer ähnlichen Situation wurden unsinnig hohe Bewegungsgeschwindigkeiten von mehr als 50 km/h gefolgert; beides schwer auszurottende Irrtümer über die Biologie der Dinosaurier.

Eine allgemein übliche Einteilung in Großgruppen existiert derzeit nicht, da einzelne Spuren verschiedenen Kategorien angehören können. Hier seien folgende vier Gruppen unterschieden: Spuren in Weichgrund (Bioturbation), Spuren in Hartsubstrat (↗Bioerosion) sowie die vom Substrat unabhängigen Kotspuren (↗Koprolithen bzw. Faecichnia) und Wurzelspuren (↗Rhizolithen). Nur auf die erste Gruppe wird an dieser Stelle näher eingegangen (Abb. 3).

a) *Aedificichnia*, Bautenspuren (von lat. aedificium = Gebäude und griech. ichnos = Spur): Strukturen oberhalb des Substrates (also Bauten im Unterschied zu Bauen), die von den Erzeugern aus verkitteten Fremdpartikeln (Sediment, Holz) errichtet werden. Enganliegende Röhren um Einzeltiere gehören nicht hierher, sondern nur sehr viel größere Gebilde wie Termitenhügel oder die Kokonhüllen mancher Erdwespen. Auch die manchmal als *Calichnia* (Brutspuren) bezeichneten Strukturen für die Larvenaufzucht (z. B. Bienenwaben) sind wegen großer Schwierigkeiten der Abgrenzung hierher zu rechnen, zumal sie extrem selten überliefert sind.

b) *Agrichnia*, Kultivierungsspuren, »Graphoglyptiden« (von lat. ager = Acker und griech. ichnos = Spur): ↗Grabgänge von Tieren mit einer Mischernährung, die in ihren dauerhaft offenen Bauen einerseits Pilze oder Mikroorganismen züchten, um diese regelmäßig abzuweiden, andererseits die Baue als Fallen für kleinere grabende Organismen benutzen; die Erzeuger waren also gleichzeitig Farmer und Trapper. Agrichnia zeigen immer einen geometrischen Aufbau in Form von Netzen, Spiralen, Mäandern etc. (Beispiele: *Paleodictyon*, *Belorhaphe*, *Cosmorhaphe* und die meisten Arten von *Chondrites*).

c) *Cubichnia*, Ruhespuren (von lat. cubare = liegen und griech. ichnos = Spur): Spurenfossilien, die durch vagile Tiere während ihrer Ruhephasen verursacht wurden. Sie sind in die Substratoberfläche eingemuldet und geben den Körperumriß des Erzeugers etwas verwaschen wieder (Beispiele: *Asteriacites*, *Lockeia*, *Rusophycus*).

d) *Domichnia*, Wohnbaue (von lat. domus = Haus und griech. ichnos = Spur): Spurenfossilien, die hemisessilen, filtrierenden oder angelnden Tieren als Dauerwohnung gedient haben. Es handelt sich meist um senkrechte Röhren (gestreckt oder U-förmig), die in gut durchlüftetem Milieu angelegt wurden (Beispiele: *Diplocraterion*, *Ophiomorpha*, *Skolithos*); auch fast alle Bohrgänge gehören hierher.

e) *Equilibrichnia*, Ausgleichsspuren (von lat. equilibrium = Gleichgewicht und griech. ichnos = Spur): Spurenfossilien von grabenden Tieren in enger Verwandtschaft zu den Fugichnia, doch durch regelmäßige Anpassung an höhere und niedrigere Substratoberflächen entstanden. Im Querschnitt der vertikalen Struktur ist die Sedimentschichtung deutlich erkennbar; ↗Ichnotaxa sind dafür bisher nicht vergeben worden.

f) *Fodinichnia*, Freßbaue (von lat. fodina = Bergwerk und griech. ichnos = Spur): Spurenfossilien, die von tiefgrabenden, sedimentfressenden Tieren verursacht wurden. Für die beste Nutzung des organischen Materials aus dem sauerstoffarmen Sediment sind die Baue geometrisch planvoll (radial, U-förmig etc.) angelegt (Beispiele: *Rhizocorallium*, *Thalassinoides* und viele Arten von *Zoophycos*).

g) *Fugichnia*, Fluchtspuren (von lat. fugare = fliehen und griech. ichnos = Spur): Spurenfossilien, die von grabenden Tieren nach plötzlicher Verschüttung verursacht wurden. Vor allem Muscheln, Seesterne und diverse »Würmer« befreien sich durch schnelle Verlagerung ihrer Position nach oben, was im Sediment ein vertikales Band schlieriger Struktur hinterläßt. Übergänge zu Equilibrichnia, Cubichnia und Domichnia sind häufig; Vertreter dieser Spurengruppe wurden bisher nicht benannt.

h) *Pascichnia*, Weidespuren (von lat. pascere = weiden und griech. ichnos = Spur): Spurenfossilien, die an der Oberfläche durch pflügende, sedimentfressende oder algenabweidende Tiere verursacht wurden. Bei nur mäßiger Sauerstoffversorgung wurde sich bodennah ansammelnder Detritus nicht sofort zersetzt, so daß die Erzeuger der Pascichnia darauf ihre spezialisierte Ernährung aufbauen konnten. Es handelt sich um unverzweigte Bandstrukturen, die sich oftmals mäandrierend zu engstehenden, ornamentalen Mustern zusammenschließen (Beispiele: *Helminthopsis*, *Nereites*, *Phycosiphon*).

i) *Praedichnia*, Raubspuren, Fraßspuren (von lat. praedare = rauben und griech. ichnos = Spur): Spurenfossilien, die durch Räuber an ihrer Beute verursacht wurden. Hierzu zählen die typischen Bohrlöcher (↗Bioerosion) von zwei Schneckenfamilien und von Kraken, die Bißspuren von Raubtieren an Knochen und die von Krabben zerknackten Weichtiergehäuse. Der ältere Name *Mordichnia* hat sich nicht durchsetzen können. Auch die Spuren des Insektenfraßes an Pflanzen gehören hierher: Schmetterlinge, Käfer, Heuschrecken u. a. hinterlassen an Blättern gezackte Ränder, Löcher und die sog. Minen (Beispiele: *Phagophytichnus*, *Oichnus*).

j) *Repichnia*, Kriechspuren bzw. Fährten (von lat. repere = kriechen und griech. ichnos = Spur): Spurenfossilien, die durch die Bewegung auf dem Substrat verursacht wurden. Anzeichen von Freßakten sind nicht erkennbar. In aller Regel handelt es sich um (doppel)bandförmige, lineare oder weit geschwungene Strukturen; auch die von schwimmenden Tieren bei Bodenberührung hinterlassenen, geschlängelten Spuren (*Natichnia*) werden hierzu gezählt (Beispiele: *Cruziana*, *Diplichnites*, *Undichnus*). Eine Abtrennung der reinen Trittsiegel-Fährten als *Cursichnia* hat sich nicht durchsetzen können.

Wichtig bei der Benennung (Ichnotaxonomie) ist: Spurenfossilien stehen in keiner eindeutigen Beziehung zu ihren Erzeugern: Unterschiedliche Organismen können unter gleichen Bedingungen die gleiche Spur erzeugen und mehrere Erzeuger können bei der Bildung einer gemeinsamen Spur zusammenwirken. Auch kann ein und derselbe Organismus verschiedene Spuren verursachen, wenn sich sein Verhalten aufgrund der Art des Substrates ändert. Dadurch kann die gleiche Spur in unterschiedlichen Substraten anders aussehen, ohne daß hierfür ein spezieller Name erforderlich wäre. Auch bei gleichbleibenden Substrateigenschaften kann sich das Verhalten eines Erzeugers ändern, was zu ineinander übergehenden Spuren führt, die dann getrennt benannt werden müssen. Ein spezielles Problem stellen die Unterfährten von Wirbeltieren dar: Häufig drückt sich eine Extremität soweit in den Untergrund ein, daß ihr Umriß auf mehreren Schichtflächen erkennbar bleibt, allerdings ist so undeutlicher und detailärmer, je weiter die Fläche von der tatsächlich betretenen Oberfläche entfernt ist (Abb. 4). Diese Unterfährten dürfen nicht benannt werden, da sie eine andere Fährtenform nur vortäuschen. Aus den obigen Gründen muß man vermeiden, eine Spur mit ihrem Erzeuger gleichzusetzen, selbst wenn dieser genau bekannt sein sollte. Spurenfossilien tragen vielmehr eigene Namen, die dem Internationalen Codex für Zoologische Nomenklatur (ICZN) unterliegen, also wie wissenschaftliche Namen von Tieren behandelt werden. Die Namen von Spurenfossilien, die Ichnotaxa, sind daher zweiteilig wie überall in der Biologie, d. h. sie bestehen aus großgeschriebenen Gattungsnamen (Ichnogenus) und kleingeschriebenen Artnamen (Ichnospecies). Die Benennung eines konkreten Spurenfossils erfolgt im Rahmen der ↗Ichnotaxonomie, derjenigen Teildisziplin der ↗Ichnologie, die die Bestimmungskriterien festlegt. Als Kriterien, die sog. ↗Ichnotaxobasen, können unterschiedliche Merkmale fungieren, die je nach Typ des Spurenfossils eingesetzt werden. Dazu zählen die generelle Form, die interne Struktur, ggf. der Bau der Wandung, die Skulpturierung der Außenseite, die Orientierung zum Substrat, der Typ des Substrates und in seltenen Fällen die Größe. Für Fährten sind wichtig die Symmetrie, der Abstand und das Wiederholungsmuster der einzelnen Trittsiegel sowie Breite und Durchgängigkeit der Fährte. Biologie der Erzeuger, Einbettungseffekte, Unterschiede in der räumlichen oder zeitlichen Verbreitung u. a. dürfen in keinem Fall verwendet werden.

Im Bereich der Meeressedimente erkennt man, daß mit dem Aufkommen der ↗Trilobiten im unteren ↗Kambrium die Bioturbationsintensität ebenso sprunghaft ansteigt wie die maximale Tiefe von Grabgängen: Die sich von schwebenden Kleintieren ernährenden Suspensionsfresser

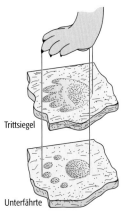

Spurenfossilien 4: Unterfährten und ihre Beziehung zu Fährten.

Spurengase

Spurengas	mittleres Mischungsverhältnis (1995)	Art der wichtigsten Quellen	Art der wichtigsten Senken	mittlere Verweilzeit
Argon, Ar	0,934 %	–	–	∞
Neon, Ne	18,0 ppm	–	–	∞
Helium, He	5,2 ppm	–	–	∞
Krypton, Kr	1,1 ppm	–	–	∞
Xenon, Xe	86,0 ppb	–	–	∞
Kohlendioxid, CO_2	0,036 %	B, A	B, A	4 J
Methan, CH_4	1,75 ppm	B (A)	C	8 J
Wasserstoff, H_2	0,55 ppm	B, A	B, C	2 J
Lachgas, N_2O	0,30 ppm	B	C	120 J
Kohlenmonoxid, CO	50,0–300,0 ppb	C, B, A	C, B	2 M
Methylchlorid, CH_3Cl	0,60 ppb	B	C	2 J
F-12, CF_2Cl_2	0,45 ppb	A	C	80 J
F-11, $CFCl_3$	0,30 ppb	A	C	45 J
Tetrachlorkohlenstoff, CCl_4	0,11 ppb	A	C	32 J
Methylchloroform, CH_3CCl_3	0,15 ppb	A	C	7 J
F-113, $C_2F_3Cl_3$	0,10 ppb	A	C	95 J
Methylbromid, CH_3Br	12,0 ppt	B, A	C, B	1,5 J
Halon-1211, $CBrClF_2$	3,2 ppt	A	C	20 J
Halon-1301, $CBrF_3$	2,3 ppt	A	C	70 J
Carbonylsulfid, OCS	0,50 ppb	B, A	C, B	7 J
Schwefelwasserstoff, H_2S	0,7–7,0 ppb	B, A	C	3 T
Schwefeldioxid, SO_2	0,2–1,0 ppb	C, A	D	4 T
Dimethylsulfid, CH_3SCH_3	5,0–70,0 ppt	B	C	2 T
Schwefelhexafluorid, SF_6	3,5 ppt	A	–	∞
Formaldehyd, CH_2O	30,0–100,0 ppb	C, A	C, D	0,5 T
Alkane, C_2H_6, C_3H_8	10,0–20,0 ppb	B, A	C	10,0 T
Isoprene, C_5H_8	0,6–2,5 ppb	B	C	0,2 T
Terpene, $C_{10}H_{16}$	0,03–2,0 ppb	B	C	0,4 T
Ozon, O_3	20,0–70,0 ppb	C	C	2,0 M
Ammoniak, NH_3	1,0–10,0 ppb	B, A	D, C	5,0 T
Stickoxide, NO_x	0,1–2,0 ppb	A, B	C	2,0 T
Peroxyacetylnitrat, PAN, $CH_3COO_2NO_2$	10,0–100,0 ppt	C	C, D	1,0 T
Hydroxyl-Radikal, OH	< 1 ppt	C	C	10,0 S

A = anthropogen   B = biologisch   C = chemisch   D = Deposition
J = Jahre   M = Monate   T = Tage   S = Sekunden

Spurengase (Tab.): wichtige troposphärische Spurengase.

gruben sich zu dieser Zeit in 0–6 cm Tiefe, im darauffolgenden ↗Ordovizium aber zwischen 6 und 12 cm. Das Einsetzen der typisch paläozoischen Fauna im mittleren Ordovizium hatte eine nochmals verstärkte Durchwühlung der Sedimente zur Folge, und bis zum ↗Karbon waren die grabenden Suspensionsfresser schon in Tiefen von 12–100 cm zu finden. Hier drücken sich biologische Wechselwirkungen wie Konkurrenzvermeidung und Räuberdruck aus. Auch läßt sich der von diversen Gruppen der Körperfossilien bekannte Trend nachvollziehen, daß neue Baupläne in Küstennähe entstehen und sich nach einiger Zeit ins tiefere Wasser ausbreiten oder verlagern (bzw. abgedrängt werden). Keinen Niederschlag in der Überlieferung der Spurenfossilien finden dagegen die großen Krisen der Geschichte des Lebens im ↗Devon und am Ende von ↗Perm und ↗Kreide. Ab der mittleren Kreide ist vielmehr eine stark zunehmende Häufigkeit und Vielfalt der Tiefsee-Weidespuren festzustellen, die offenbar auf das Aufkommen der Bedecktsamer zurückgeht. Deren enormer Umsatz an Biomasse (Laubfall!) hatte Auswirkungen bis ins Meer, wo Detritusfresser wesentlich bessere Nahrungsgrundlagen fanden als zuvor.   [MB]

Literatur: [1] BOTTJER, D.J. & DROSER, M.L. (1992): Paleoenvironmental patterns of biogenic sedimentary structures; in: MAPLES, C.G. & WEST, R.R. (Hrsg.): Trace fossils. – Paleontol. Soc. Short Courses in Paleontol. 5: 130–144. Knoxville. [2] BROMLEY, R.G. (1999): Spurenfossilien. – Berlin/Heidelberg. [3] EKDALE, A.A., BROMLEY, R.G. & PEMBER-TON, S.G. (1984): Ichnology – the use of trace fossils in sedimentology and stratigraphy. – Soc. Econ. Paleontol. Mineral. Short Course 15. Tulsa. [4] SIMPSON, S. (1975): Classification of trace fossils; in FREY, R.W. (Hrsg.): The study of trace fossils: 39–54. Berlin/Heidelberg/New York.

Spurengase, allgemein alle gasförmigen Beimengungen, die neben dem molekularen Sauerstoff (O_2) und molekularen Stickstoff (N_2) in der atmosphärischen Luft vorhanden sind. Die Spurengase werden zusammen mit dem atmosphärischen ↗Aerosol als atmosphärische ↗Spurenstoffe bezeichnet. Wasserdampf (H_2O), der in der Troposphäre in sehr variablen Konzentrationen (↗Luftfeuchte) vorkommt, wird nicht den troposphärischen Spurengasen zugeordnet. Wasserdampf ist aber in der wesentlich trockeneren ↗Stratosphäre als wichtiges Spurengas zu berücksichtigen. Der atmosphärische Gehalt eines Spurengases wird deshalb allgemein als ↗Mischungsverhältnis angegeben und auf trockene Luft bezogen. Die mittleren Mischungsverhältnisse der verschiedenen atmosphärischen Spurengase unterscheiden sich um mehrere Größenordnungen (Tab.). Ihr Wert hängt von der Wirksamkeit aller physikalisch/chemischen Prozesse ab, durch die die einzelnen Spurengase gebildet (Quellen) bzw. zerstört (Senken) werden, wie z.B. photochemische Reaktionen, ↗Deposition, natürliche und anthropogene ↗Emissionen. Die globale Verteilung eines Spurengases ist durch die räumliche Verteilung und zeitliche Variabilität seiner spezifischen Quellen und Senken sowie durch die dynamischen Transportprozesse der atmosphärischen ↗Zirkulation bestimmt. Die Erforschung des atmosphärischen Kreislaufs der Spurengase ist Ziel der ↗Luftchemie. Dazu wird im einfachsten Ansatz die Atmosphäre insgesamt oder ihre einzelnen Bereiche als ein Reaktor betrachtet und die zeitliche Änderung der vorhandenen Spurengasmenge M unter dem Einfluß aller internen und externen Quellen Q und Senken S berechnet:

$$dM/dt = Q-S.$$

Die Stärke der Senken (einschließlich des Transports durch die Grenzflächen des Reaktors) hängt von der Menge selbst ab, und deshalb gilt:

$$S = \Sigma S_n = \Sigma k_n \cdot M,$$

wobei k_n die Geschwindigkeitskonstanten der n einzelnen Senken sind. Mit $\tau_n = 1/k_n$ bezeichnet man die sog. charakteristischen Zeiten, d. h. den Zeitraum, in dem M durch die Wirkung einer Senke S_n auf das $1/e$-fache des Anfangswertes abgenommen hat (bei chemischen Reaktionen also die chemische Lebenszeit). Im Gleichgewicht entspricht der Gehalt eines Spurengases dann dem mittleren Mischungsverhältnis im Reaktor und ist zeitlich konstant, $dM/dt = 0$, und es gilt:

$$M = Q / \sum k_n = Q\tau.$$

$\tau = 1/\Sigma k_n = 1/\Sigma 1/\tau_n$ ist die mittlere Verweilzeit des Spurengases im Reaktor. Sie kann nach der Gleichung:

$$\tau = M/Q = M/S$$

berechnet werden, wenn M (aus Messungen) bekannt ist und Abschätzungen von Q bzw. S vorhanden sind. Die Verweilzeit ist ein geeigneter Parameter zur Abschätzung des Spurengashaushaltes in Teilbereichen der Atmosphäre (Nord- oder Südhemisphäre, Troposphäre bzw. Stratosphäre), in denen unterschiedliche Quellen und Senken zu berücksichtigen sind. Eine detaillierte Untersuchung der Spurengasverteilung in der Atmosphäre erfordert einerseits umfangreiche experimentelle Beobachtungen, andererseits den Einsatz von aufwendigen numerischen ↗Reaktionsmodellen, denn die Quellen und Senken eines Spurengases können vielfältige Auswirkungen auf die Verteilung anderer Spurengase und deren zeitlicher Änderung durch natürliche und anthropogene Prozesse haben.

Spurengasfamilie ↗Ozonabbau.

Spurengefüge, *Ichnotextur* (von griech. ichnos = Spur und lat. tectum = Gewebe), die Prägung des Erscheinungsbildes eines Sediments bzw. Sedimentgesteins durch die Gesamtheit aller ↗Spuren. ↗Bioturbation, ↗Ichnologie.

Spurennährelemente ↗Mikronährelemente.

Spurenstoffe, Stoffgruppe von anorganischen und organischen Substanzen natürlicher und anthropogener Herkunft, die in geringen Konzentrationen vorliegen und im Wasser oder Sediment oftmals als ↗Tracer für Transportprozesse oder zur Identifizierung von ↗Wassermassen benutzt werden. Zu ihnen gehören neben den halogenierten Kohlenwasserstoffen aus anthropogenen Quellen (Abb.) v. a. die Isotope aus den Zerfallsreihen langlebiger natürlicher Radionuklide wie des Thoriums, Radiums, Radons oder Bleis, die durch kosmische Strahlung in der Atmosphäre gebildeten Radioisotope wie Tritium (^{3}H), Beryllium-10 (^{10}Be) oder Kohlenstoff-14 (^{14}C) sowie durch radioaktive Abfälle und Atombombenversuche eingebrachte *radioaktive Spurenstoffe* wie Isotope des Strontiums, Cäsiums, Plutoniums oder Americiums.

Sputterverfahren, *Zerstäubungsverfahren*, Verfahren, bei dem die Kristallbausteine durch eine Kathodenzerstäubung im Vakuum erzeugt und aufgrund ihrer kinetischen Energie durch das Vakuum auf einem ↗Substrat niedergeschlagen werden. Bei geeigneten Temperaturen können sich die Teilchen als einkristalline Schichten anordnen.

Sq-Horizont, ↗Bodenhorizont entsprechend der ↗Bodenkundlichen Kartieranleitung, ↗S-Horizont der Knickmarsch, wasserstauend und solonetzartig (↗Solonetz). Bei stark ausgeprägten Merkmalen wird von Knick-Horizont, bei schwach ausgeprägten allerdings von knickigem Horizont gesprochen.

Squalen, $C_{30}H_{50}$, acyclisches, mehrfach ungesättigtes Triterpen. Squalen ist als Bestandteil von Pflanzen und Tiergeweben nachgewiesen worden und Ausgangsverbindung zahlreicher, durch Cyclisierung gebildeter pentacyclischer ↗Triterpane und ↗Sterole (Abb.).

squall line ↗Böenwalze

SQUID, <u>S</u>uperconducting <u>Q</u>uantum <u>I</u>nterference <u>D</u>evice, Instrument, das unter Ausnutzung der

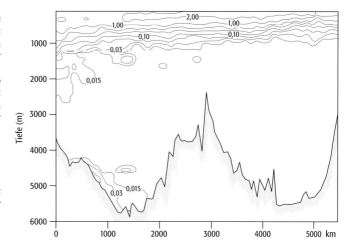

Spurenstoffe: Die Verteilung des Spurenstoffes CCl_3F (in Picomol/kg) im Südatlantik auf 19°S zwischen Südamerika und Westafrika im Februar/März 1991.

Squalen: Squalen (1a und 1b) als Ausgangsverbindung von pentacyclischen Triterpanen (2) und Sterolen (3). Bei Verbindung 1a und 1b handelt es sich jeweils um Squalen, jedoch in zwei verschiedenen Faltungen.

Sq-Variation: über das Jahr 1958 gemitteltes äquivalentes Stromsystem der Sq-Variationen: a) Morgenseite, b) Mittagsseite und c) Abendseite. Die Pfeile geben die Fließrichtung an, zwischen je zwei Stromlinien fließen $30 \cdot 10^3$ Ampere.

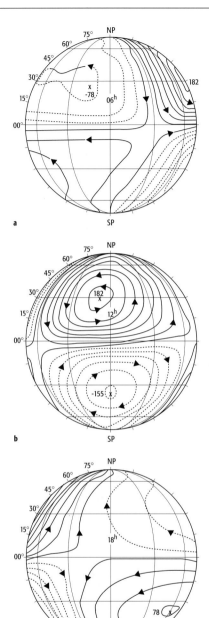

Supraleitfähigkeit sehr kleine Verschiebungen feststellen kann.
Squidmagnetometer, *kryogenes Magnetometer*, nutzt die Supraleitfähigkeit bestimmter Metalle bei Temperaturen nahe dem absoluten Nullpunkt und die dadurch erzeugte vollständige Herausdrängung der magnetischen Felder. Der physikalische Effekt beruht auf der Sichtbarmachung quantenphysikalischer Eigenschaften auf makroskopischer Skala. Es kann auch als Feldmagnetometer mit der Auflösung von 10^{-5} nT eingesetzt werden.

Sq-Variationen, Sq = Solar quiet ist das täglich wiederkehrende großflächige Stromsystem in der ↗E-Schicht der Ionosphäre mit einem dem Uhrzeiger entgegengesetzt fließenden Stromwirbel auf der Nordhalbkugel und dem im Uhrzeigersinn fließenden Stromwirbel auf der Südhalbkugel auf der sonnenzugewandten Seite der irdischen Ionosphäre (Abb.). Es wird vor allem durch die *Dynamotheorie der Ionosphäre* (E-Schicht) erklärt, bei der Gezeitenströmungen der elektrisch geladenen Ionen relativ zum Erdmagnetfeld elektrische Ströme erzeugen. Das Sq-Stromsystem charakterisiert den erdmagnetisch ruhigen Zustand der Magnetosphäre und Sonne. Typische Stromstärken sind 100 bis 200 kA und Spannungen zwischen Ost und West am Äquator von 5–10 kV.
Srd-Horizont, ↗Bodenhorizont entsprechend der ↗Bodenkundlichen Kartieranleitung, ↗Sd-Horizont mit Reduktionsmerkmalen und ständigem Luftmangel.
^{87}Sr/^{86}Sr ↗Strontiumisotope.
Srw-Horizont, ↗Bodenhorizont entsprechend der ↗Bodenkundlichen Kartieranleitung, ↗Sw-Horizont mit lang anhaltender Vernässung (ca. 200 bis 300 Tage im Jahr), Reduktionsmerkmale typisch für ↗Stagnogley, Rostflecken nur an Wurzelbahnen.
^{34}S/^{32}S, Verhältnis der ↗Schwefelisotope ^{34}S und ^{32}S. Anteilsverhältnisse der stabilen Schwefelisotope werden mit 0‰ auf die Zusammensetzung eines Eisenmeteoriten (↗Canyon Diabolo Troilit, CDT-Standard) bezogen. Die ↗Isotopenfraktionierung des Schwefels beruht auf unterschiedlichsten chemischen Austauschraten bei der Umformung zwischen Sulfaten und Sulfiden. Die stärksten Fraktionierungen gehen auf die bakterielle Reduktion von Sulfaten zurück. Die biogene Abreicherung von ^{34}S vom Sulfat zum Sulfid beträgt dabei nach Laborversuchen 4–46‰, durch zyklische Reoxidation des Substrates kann diese Abreicherung noch weiter steigen. Der Ausgangswert verschiebt sich zusätzlich nach der Menge von vorhandenem Sulfat im jeweiligen System. Dadurch schwankt der Anteil des ^{34}S vom maximal reduzierten Bereich ohne Sulfatanteile bis zum minimal reduzierten, reinen Sulfatsystem von +42‰ bis -58‰ δ^{34}S. [AA]
ssc, *sudden storm commencement*, plötzlicher Anstieg der magnetischen Feldstärke, der gleichzeitig auf der ganzen Erde zu beobachten ist und durch das Auftreffen der solaren Partikelwolke auf die Magnetospause erzeugt wird (↗Weltraumwetter).
SSEOP ↗*Space Shuttle Earth Observation Program*.
SSP ↗Bohrlochseismik.
SST, *Satellite-to-Satellite Tracking*, Beobachtung der Relativbewegung zweier (frei fallender) Satelliten. Die Entfernungsänderungen zwischen den beiden Satelliten sind ein Maß für die Inhomogenitäten des Gravitationsfeldes der Erde, welches somit hochgenau bestimmt werden kann. Man unterscheidet zwei Konfigurationen: bei *Hoch-Niedrig-SST* befindet sich einer der beiden Satel-

liten in einer hohen Umlaufbahn um die Erde (im Fall der GPS-Satelliten etwa 20.000 km über der Erdoberfäche), der andere in einer niedrigen (z. B. 400 km). Bei *Niedrig-Niedrig-SST* befinden sich beide Satelliten in einer niedrigen Umlaufbahn um die Erde (Flughöhe etwa 400 km über der Erdoberfäche).

SSU, *Stratospheric Sounding Unit*, Instrument zur Bestimmung von Zustandsparametern der Stratosphäre als Bestandteil von ↗TOVS.

Staatliche Geologische Dienste, erkunden im Auftrag Ihrer Regierungen den geologischen Untergrund. Viele Dienste entstanden schon im 19. Jahrhundert (z. B. Großbritannien 1835, Preußen 1873). Aufgaben sind, neben der ↗geologische Kartierung, Untersuchungen von Rohstoffen und ↗Grundwasser sowie Untersuchungen zur Ingenieurgeologie und zum ↗Baugrund, gelegentlich auch die ↗Bodenkartierung. In Deutschland fallen diese Aufgaben überwiegend in die Zuständigkeit der Länder (Staatliche geologische Dienste der Länder). Im Vordergrund der Arbeiten steht heute der Schutz der natürlichen Ressourcen und der Umwelt. ↗Geologische Karten, ↗hydrogeologische Karten, ↗Bodenkarten, Karten mineralischer Rohstoffe und ↗Baugrundkarten bilden dafür die Basis. Die Daten und sonstigen Informationen werden in digitalen Datenbanken und ↗Informationssystemen bereitgehalten, z. B. im ↗Niedersächsischen Bodeninformationssystem (NIBIS). Geowissenschaftliche Karten können für die Nutzer jeweils auf dem neuesten Stand und nach speziellen Fragestellungen zusammengestellt werden (print on demand). In Deutschland nimmt die Bundesanstalt für Geowissenschaften und Rohstoffe (BGR) die in der Zuständigkeit des Bundes liegenden geowissenschaftlichen Aufgaben wahr. Sie berät die Bundesregierung, die Europäische Union und die deutsche Wirtschaft in Fragen der angewandten Geowissenschaften und zu Rohstoffen im Inland und Ausland. Weitere Aufgabengebiete der BGR sind die ↗Technische Zusammenarbeit mit Entwicklungsländern und die internationale wissenschaftlich-technische Zusammenarbeit. Besonders zu erwähnen sind die Mitwirkung bei Maßnahmen der ↗Endlagerung radioaktiver Abfälle, Untersuchungen zum Umwelt- und Ressourcenschutz sowie die Bereitstellung geowissenschaftlicher Datenbanken, z. B. gem. §19 Bundes-Bodenschutzgesetz. Internationale Beziehungen ergeben sich im Bereich der Meeres- und ↗Polarforschung sowie aus dem Betrieb des Nationalen Seismologischen Datenzentrums. Zur Koordination der Arbeiten haben sich die geologischen Dienste der EU-Mitgliedsländer unter dem Dach von EuroGeoSurveys zusammengeschlossen. [ArMü]

stabile Isotope, ↗Isotope, welche selbst nicht radioaktiv sind; Bezeichnung für eine Gruppe von Isotopen, deren relative Häufigkeiten auf der Erde aufgrund von Isotopieeffekten (↗Isotopenfraktionierung) variieren. Da Isotopieeffekte vorwiegend von den relativen Massenunterschieden zwischen den Isotopen eines Elements bestimmt werden, treten diese besonders deutlich bei Elementen mit einer Masse von ca. < 40 in Erscheinung. In der Geochemie sind in dieser Hinsicht besonders die Isotope der Elemente H, C, N, O und S von Bedeutung.

stabiles Nuklid, ↗Nuklid, welches selbst nicht mehr zerfällt bzw. dessen Halbwertszeit so hoch ist, daß ein Zerfall nicht nachgewiesen werden kann. Nur ca. 260 der 1700 bekannten Nuklidarten gelten als stabil.

Stabilität, **1)** *Klimatologie*: Bezeichnung für das Verhalten eines Systems, welches nach dem Aufprägen von Störungen in seine ursprüngliche Gleichgewichtslage zurückkehrt. Bei der Frage nach der statischen Stabilität wird untersucht, ob in einem ruhenden Medium (Flüssigkeit oder Gas) ein aus seiner Ruhelage in der Vertikalen ausgelenktes Fluidpaket wieder zum Ausgangsniveau zurückkehrt. Diesen Zustand nennt man dann stabil. Bei der dynamischen Stabilität wird das Verhalten einer Strömung hinsichtlich aufgeprägter Störungen bewertet. Das Gegenteil von Stabilität ist die Instabilität. In diesem Fall kehrt das System nach dem Aufprägen einer Störung nicht mehr in den Ausgangszustand zurück. ↗barokline Instabilität, ↗Kelvin-Helmholtz-Instabilität. **2)** *Landschaftsökologie*: bezeichnet die Fähigkeit eines ↗Ökosystems, seine Ordnung gegenüber Störungen zu bewahren, wobei die äußeren Einwirkungen eine bestimmte Schwelle nicht überschreiten dürfen. Durch Kompensation der Störung mittels ↗Rückkopplung vermag das aus dem Gleichgewichtszustand gebrachte System wieder in diesen zurückzukehren. Es können zwei Haupttypen von Stabilität unterschieden werden: Persistente Stabilität (↗Persistenz) bezeichnet ein über längere Zeiträume mehr oder weniger unverändertes ↗ökologisches Gleichgewicht, das durch äußere Störungen nicht dauerhaft aus seinem inneren Zusammenhalt gebracht werden kann. Weil dies vor allem für Ökosysteme zutrifft, in denen Organismen mit ↗k-Strategie überwiegen, wird auch von k-Stabilität gesprochen. Gemäß der Theorie über die ↗Sukzession von Ökosystemen handelt es sich somit um »reife« Entwicklungsstadien. Die Stabilität ist in diesen Fällen vorwiegend biotisch geregelt, d. h. systemeigene Kontrollmechanismen bestimmen das ökologische Gleichgewicht, welches auch ein von den Organismen getragenes Gleichgewicht des Stoffhaushaltes und des Energieumsatzes mit einschließt. Durch starke Störungen anthropogener Natur können persistente Ökosysteme zerstört werden (z. B. ↗Brandrodung des tropischen ↗Regenwaldes). Eine Regeneration solcher Systeme erfolgt nur über eine lange Sukzessionsreihe, die stets mit den nachfolgend erläuterten elastisch-stabilen Ökosystemen beginnt. Elastische Stabilität (*Resilienz*) bezeichnet ein über längere Zeiträume mehr oder weniger ungleichmäßiges Existieren von Systemzuständen, was auf äußere Einwirkungen von jeweils unterschiedlicher zeitlicher Dauer zurückzuführen ist. Klingen diese Störungen wieder ab, kann das System wieder in seinen »Normalzustand« zurückkehren, sofern es während der Zeit der Störung nicht zu irreversiblen Veränderungen der Systemstruktur gekommen ist. In diesem Fall würde es zu einer geänderten Zusammensetzung der Biozönose, z. B. zu einem neuen Sukzessionsstadium, kommen. In derartigen Systemen überwiegen Organismen mit ↗R-Strategie, die sich durch exponentielles Wachstum den veränderten Bedingungen sehr viel schneller anpassen können. Somit kann sich das gesamte System entweder schneller regenerieren oder in ein neues ökologisches Gleichgewicht gelangen (r-Stabilität). Aus der Sicht einer angepaßten Nutzung der ↗Landschaftsökosysteme ist die elastische Stabilität insgesamt wichtiger und auch typischer. Derartige Systeme sind gegen äußere natürliche oder anthropogene Eingriffe und Störungen unempfindlicher als persistente Ökosysteme. 3) *Mineraloge*: Bestreben eines Systems, nach einer Störung des Gleichgewichtes wieder in den ursprünglichen Zustand zurückzukehren. Einen Zustand, der beliebig lange unverändert bestehen bleibt, bezeichnet man als stabil, im Gegensatz zu labilen und metastabilen Zuständen, bei denen eine kontinuierliche Umwandlung in Zustände mit geringerem freiem Energieinhalt stattfindet. Beispiele sind Substanzen oder Substanzgemische, in denen bei konstanter Temperatur und konstantem Druck meßbare Reaktionen stattfinden. Bei pseudostabilen Zuständen, die äußerlich im Gleichgewicht zu sein scheinen, finden jedoch sehr langsame, kaum merkliche Umwandlungen in Zustände mit geringerem Gehalt an freier Energie statt, z. B. ↗lyophobe Kolloide, die langsam koagulieren. ↗Phasenbeziehungen. [DE,DS,GST]

Stabilität der Schichtung, Stärke des Bestrebens der Wasserteilchen eines Wasserkörpers, in ihrer ursprünglichen Lage zu beharren. Die Stabilität der Schichtung E hängt vom vertikalen Dichtegradienten $d\varrho/dz$ ab und ist definiert als:

$$E = \frac{1}{\varrho} \cdot \frac{d\varrho}{dz}.$$

In Bereichen der thermischen Sprungschicht ist die Stabilität der Schichtung maximal. Bei negativer Stabilität kommt es zu abwärts gerichteten Strömungen und damit verbunden zu Ausgleichsströmungen. Man spricht in diesem Fall von Konvektion.

Stabilitätsdiagramm ↗*Phasendiagramm*.

Stabilitätsfeld, Stabilitätsbereich eines Minerals oder einer Mineralparagenese unter gegebenen Bedingungen. ↗Phasenbeziehungen, ↗Phasendiagramm.

Stabilitätsklassen, Einteilung des Zustandes der ↗Atmosphäre entsprechend dem vertikalen Temperaturgradienten. Besondere Bedeutung haben die Stabilitätsklassen bei der Beschreibung der Ausbreitung von Luftbeimengungen (↗Ausbreitungsklasse).

Stabilitätskriterien, Kriterien, die angeben, ob ein System sich gegenüber aufgeprägten Störungen stabil verhält. Für die statische Stabilität in der Atmosphäre gilt z. B. das Kriterium, daß diese stabil ist, wenn die ↗potentielle Temperatur mit der Höhe zunimmt (stabile ↗Schichtung). Im Falle einer labilen Schichtung (Abnahme der potentiellen Temperatur mit der Höhe) verhält sich die Atmosphäre instabil. Dies führt z. B. zur vertikalen Umlagerung von Luftmassen durch ↗Konvektion. Bei der Frage nach der Stabilität einer beliebigen Strömung gegenüber Anfangsstörungen lassen sich ebenfalls Stabilitätskriterien aufstellen, jedoch sind diese von der jeweiligen Strömungssituation abhängig.

Stabilitätsphase ↗*Aktivitätsphase*.

Stabilitätsschwingung, Schwingung eines Wasserteilchens um seine Ruhelage, wenn es in einer stabil geschichteten Wassersäule ausgelenkt wird. Die Frequenz dieser Schwingung wird als ↗Brunt-Väisälä-Frequenz bezeichnet.

STABIS, *Statistisches Informationssystem zur Bodennutzung*, enthält eine Systematik zur Bodennutzung, die 70 Nutzungsarten umfaßt. Als Datenquellen dienen Luftbilder und topographische Karten.

Stablot, Lotstab, ↗Lot.

Stach, *Erich*, deutscher Geologe, † 4.2.1896 Berlin, * 2.9.1987 Krefeld; seit 1923 an der Preußischen Geologischen Landesanstalt, später am Geologischen Landesamt Nordrhein-Westfalen, Lehrtätigkeiten an den Universitäten Berlin und Bonn; vor allem wichtige Beiträge zur Kohlenpetrographie, insbesondere zur Mikroskopie der Kohlen mit Betonung methodischer Fragen; Werke (Auswahl): »Kohlenpetrographisches Praktikum« (1928), »Lehrbuch der Kohlenpetrologie« (1935), übersetzt und erweitert als »Stach's textbook of coal petrology«, »Großdeutschlands Steinkohlenlager« (1940), »Lehrbuch der Kohlenmikroskopie« (1949).

Stadial ↗*Eiszeit*.

Stadium ↗*Eiszeit*.

Stadt, *Verdichtungsraum*, geschlossene menschliche Siedlung, die gekennzeichnet ist durch eine hohe bauliche Dichte mit überwiegend mehrgeschossigen Häusern und einer räumlichen Konzentration von Wohn- und Arbeitsstätten. Sie weist zudem infolge der ↗Grunddaseinsfunktionen eine innere Differenzierung in Stadtviertel (z. B. Industrie-, Wohn-, Geschäftsviertel) auf und besitzt eine hohe innere und äußere Verkehrserschließung. Als zentraler Ort überwiegen Arbeitsplätze im tertiären und sekundären Sektor, und die vorhandenen Dienstleistungs-, Handels-, Verwaltungs- und kulturellen Einrichtungen übersteigen den Eigenbedarf. Die amtliche deutsche Statistik unterscheidet Stadt nach ihrer Einwohnerzahl: Landstadt (2000–5000 Einwohner), Kleinstadt (5000–20.000), Mittelstadt (20.000–100.000) und Großstadt (>100.000).

Stadtatlas, ↗Atlas, der eine größere Stadt mit ihrer Umgebung oder den Ballungsraum mehrerer Städte in topographischen ↗Maßstäben und handlichem Format darstellt. Stadtatlanten sind a) ein in Teilkarten zerlegter ↗Stadtplan (Stadtplanbuch) für die Orientierung und touristische Information mit Registerteil, b) komplexe ↗thematische Atlanten zu verschiedenen Sachverhalten und Erscheinungen (Kartengegenstand), die die Stadt als Kultur- und Planungsregion darstellen. Neben dem eigentlichen Kartenteil sind oft auch ↗kartenverwandte Darstellungen und ↗Luftbilder enthalten.

Stadtböden, *Urbanböden, städtische Böden, urban soils*, Böden auf urban, gewerblich, industriell oder montan überformten Flächen der Siedlungsräume. Nicht nur einzelne Eigenschaften, sondern oft der gesamte Profilaufbau, die Substratfolge und die Funktionalität der Bodendecke sind stark anthropogen verändert. Unterschieden werden nach Grad der nutzungsbedingten Veränderung: a) veränderte Böden natürlicher Entwicklung, b) Böden aus Aufträgen, c) ↗versiegelte Böden. Stadtböden veränderter natürlicher Entwicklung sind oft dichter, trockener, weniger sauer und nährstoff- sowie schadstoffreicher. Sie treten auf städtischen Freiflächen (Parks, Friedhöfe, Gärten) ohne massive Veränderung der Substratfolge/Horizontierung auf. Sie können aus Aufträgen natürlicher oder künstlicher Substrate z. T. mehrerer Meter Mächtigkeit bestehen. In Innenstadtbereichen und Industriearealen dominieren künstliche Substrate wie Bauschutt, Müll, Schlacken, Aschen sowie versiegelte Böden. Diese sind oft vermengt mit Substraten natürlicher Genese, die lokal umgelagert (ortseigenes Planiermaterial wie Lehm, Sand) oder als Fremdmaterial (Kies, Schotter) verbaut wurden. Substratkartierung und -bewertung ist ein wesentlicher Teil der Stadtbodenkartierung. Viele Stadtböden sind im bodensystematischen Sinne junge Böden, z. B. ↗Pararendzina aus Bauschutt. Oft wird eine Horizontierung durch Auftrag künstlich erzeugt, so daß auf Freiflächen Gehölze u. a. gepflanzt werden können. Entsprechend der Vielfalt, Geschichte und Wirkung stadttypischer Nutzungsformen existiert ein intensives, mitunter kleinräumiges Mosaik sehr unterschiedlicher Stadtböden, das sich räumlich über historische und aktuelle Nutzungskartierung in Konzeptkarten erschließen läßt. Nutzungsarten und -zeiträume haben wesentlichen Einfluß auf Vergesellschaftungen von Böden bzw. Substraten und deren Eigenschaften und auf das Risikopotential (z. B. bezüglich ↗Altlasten). [WHi]

Stadtentwässerung, Gesamtheit der Kanäle und der für die Ableitung des ↗Abwassers erforderlichen Bauwerke innerhalb eines Einzugsgebietes. ↗Kanalisation.

Stadtflucht, Abwanderungsbewegung der städtischen Bevölkerung hinaus aus der ↗Stadt ins stadtnahe Umland. Gründe dieser Wohnsitzverlagerung sind vor allem in der Unwirtlichkeit des städtischen Lebens zu suchen (z. B. Immissionen durch Verkehr und Industrie, hohe Boden- und Mietpreise, zuwenig ↗Stadtgrün). Auswirkungen der Stadtflucht sind Zunahme des Verkehrs durch Pendlerströme, monofunktionale Innenstädte mit primärer Verwaltungs- und Geschäftsfunktion sowie die Zunahme der Wohnbautätigkeit im stadtnahen Umland. Mit stadtplanerischen und stadtökologischen Maßnahmen wird versucht, die Lebensbedingungen im Verdichtungsraum Stadt zu verbessern (↗Stadtsanierung) und der Stadtflucht entgegenzuwirken (↗Stadtsanierung, ↗Stadtökologie).

Stadtgrün, ↗Grünelemente und ↗Grünflächen in der ↗Stadt. Das Stadtgrün hat neben gestalterischen, gliedernden und repräsentativen Funktionen (↗Grünanlage, ↗Grüngürtel) auch eine wichtige ökologische Bedeutung (↗Stadtökologie). Es bietet ↗Lebensraum für die städtische Tier- und Pflanzenwelt (z. B. ↗Ruderalstellen) und hat ausgleichende Wirkung auf das städtische ↗Mikroklima und ↗Mesoklima sowie auf den Wasserhaushalt.

Stadtkarten, im engeren Sinne die städtischen Kartenwerke, im weiteren Sinne auch die thematischen Karten über die Stadt, sowohl auf gesetzlicher Grundlage als auch in freier Gestaltung, z. B. ↗Stadtpläne. Die städtischen Kartenwerke lassen sich nach dem Maßstab unterteilen in Stadt-Grundkarten (1:500 bis 1:1000), topographische Stadtkarten (1:2000 bis 1:15.000, Kernmaßstab 1:5000) und Stadtübersichtskarten (1:10.000 bis 1:100.000). Den genannten Maßstabsbereichen entsprechen Zweckbestimmung und Darstellungsweise der Stadtkarten. Die Gruppe der größten Maßstäbe vereinigt in der Darstellung ↗Kataster und Topographie. Sie liefert insbesondere die Gundlagen für das Grundstücks-, Leitungs- und Planungskataster. Topographische Stadtkarten dienen im Rahmen der Stadtplanung als Grundlage für die städtebauliche Bestandsaufnahme und Strukturuntersuchung sowie für Flächenbilanzen. Die aus topographischen Stadtkarten abgeleiteten Stadtübersichtkarten vermitteln vor allem räumliche Strukturen und Zusammenhänge über das gesamte Stadtgebiet, weshalb sie in erster Linie als Informations-, Demonstrations- und Arbeitsmittel, aber auch als Basis für thematische Darstellungen Verwendung finden. ↗Flächennutzungspläne und ↗Bebauungspläne sind die wichtigsten thematischen Stadtkartenwerke, die auf gesetzlicher Grundlage geschaffen und fortgeführt werden. Darüber hinaus liegen, zumindest für Großstädte, thematische Karten und Kartenwerke vor, die u. a. die natürlichen Bedingungen (z. B. den Baugrund, die Vegetation), die Bevölkerung (z. B. die soziale Struktur), die technische, die Verkehrs- und die soziale Infrastruktur betreffen. Sie sind den Stadtkarten zuzurechnen, auch wenn sie unter Umständen nicht das gesamte Stadtgebiet erfassen. Eine Sonderstellung unter den thematischen Stadtkarten nehmen die Stadtpläne ein. Vor allem die Stadtgrundkarten boten sich wegen ihrer vorwiegend als Polygone erfaßbaren Inhalte sehr früh für die digitale Bearbeitung an. Stadtkarten, auch jene der kleineren Maßstäbe, liegen heute in der Regel als digitale topographische Kartenwerke bzw. bei thematischer Ausrichtung als entsprechende ↗Geoinformationssysteme vor oder sind im Aufbau begriffen. [KG]

Stadtkartenwerke, *kommunale Kartenwerke*, ↗Kartenwerk für Stadtgebiete mit einem einheitlichen Zeichenschlüssel und festgelegter Maßstabsfolge. Sie gliedern sich in Stadtgrundkarten in den Maßstäben 1:500, 1:1000 und 1:2000 oder 1:2500 als grundrißtreue Abbildung des Stadtgebietes und in meist abgeleitete Stadtkarten in den Maßstäben 1:5000 (DGK5), 1:10.000 und 1:20.000 als kartographisch generalisierte Abbildung des Stadtgebietes. Stadtgrundkarten enthalten Angaben zu Flurstücken und Gebäuden, einschließlich Grundriß und Funktion, Hausnummern, Straßennamen, zu Verkehrsanlagen und sonstigen städtischen Nutzungsformen sowie Verwaltungsgrenzen, gegebenenfalls Baublockabgrenzungen, und Gewässerflächen. Sie dienen als Grundlage für vielfältige Anwendungen, z. B. für Bestandspläne, Netzinformationssysteme bzw. städtische Leitungskataster und ↗Bebauungspläne. Abgeleitete Stadtkarten, auch als Stadtübersichtskarten bezeichnet, enthalten Angaben zu Siedlungsflächen, inkl. Darstellung der öffentlichen Gebäude, zu Flächennutzungsarten inkl. der Grün- und Freiflächen, zu Verkehrswegen mit Straßenverkehr, Schienen- sowie Flug- und Schiffsverkehr, zu Verwaltungsabgrenzungen und deren Bezeichnungen. Sie werden als Grundlage für ↗kommunale Informationssysteme und generell für die Fachplanung innerhalb einer Kommune, wie Stadtplanung, -entwicklung, Grünflächenplanung, Öffentlicher Personennahverkehr etc. sowie für thematische Stadtkarten, wie Stadtpläne, und für die Durchführung von Stadtkartierungen angewendet. Stadtgrundkarten werden auf Basis großmaßstäbiger Luftbilder meist photogrammetrisch oder auf Basis der automatisierten Liegenschaftskarte (↗ALK) mit vollständigen Liegenschaftsnachweis bearbeitet. Stadtgrundkarten und Stadtkarten werden in der Regel durch kommunale Vermessungs- und Liegenschaftsämter bzw. Stadtvermessungsämter erstellt. Stadtkarten in den Maßstäben 1:10.000 bis 1:20.000 können auch von privaten Institutionen erstellt werden. Ergänzend zu den analogen Darstellungen stehen die Karten zum Teil bereits auch digital, in Form von Vektordaten oder Rasterdaten, als Grundlage für Entscheidungsprozesse in Politik, Verwaltung und Wirtschaft zur Verfügung. [ADU]

Stadtklima, Lokalklima in Städten und urbanen Ballungsräumen. Aufgrund der Ausweitung und der wachsenden Bevölkerungszahl von Städten werden Wald- und Ackerflächen in Wohngebiete umgewandelt. Gleichzeitig wird mehr Energie verbraucht und mehr Schadstoffe in die Atmosphäre abgegeben. Durch Veränderungen im Wasserhaushalt, in den Bodeneigenschaften, im Strahlungshaushalt, in der Zusammensetzung der Luft und durch anthropogene Wärmeabgabe werden die meteorologischen Verhältnisse in der Stadt und in der näheren Umgebung deutlich verändert. Je größer eine Stadt ist, um so ausgeprägter sind die Effekte. Typische Veränderungen sind eine höhere Temperatur von 1–3 °C, eine Verringerung der mittleren Windgeschwindigkeit, eine Abnahme der Strahlung, eine Reduzierung der Niederschläge im Stadtgebiet bei gleichzeitiger Zunahme im Lee der Stadt und eine deutlich höhere Schadstoffbelastung. [GG]

Stadtökologie, Wissenschaft, die sich mit dem vom Menschen geschaffenen, organisierten und geregelten Ökosystem ↗Stadt (↗Stadtökosystem) befaßt. Untersucht werden die stofflichen, energetischen und informatorischen Wechselwirkungen zwischen den biotischen (Mensch, Tier und Pflanze), abiotischen und anthropogenen Bestandteilen des verdichteten städtischen

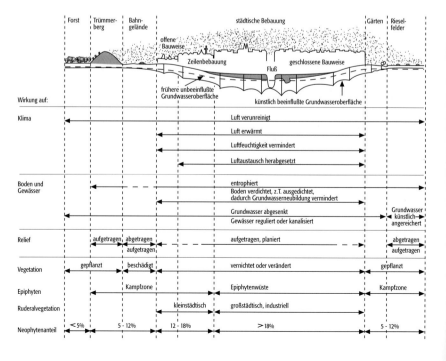

Stadtökologie: Veränderung der abiotischen und biotischen Faktoren in einer Großstadt.

↗Lebensraums. Dabei werden sowohl die naturbürtigen wie auch die anthropogenen Faktoren in ihren politischen, sozialen und wirtschaftlichen Kontext gestellt. Die besonderen ökologischen Verhältnisse in der ↗Stadt (z. B. die veränderten klimatologischen Parameter) werden durch die konzentrierte Siedlungsform mit hoher Bebauungsdichte, die flächige Versiegelung des Bodens, die eingeschränkten Wasserhaushaltsprozesse und das fast vollständig verdrängte ↗Bios hervorgerufen. Die gegenüber natürlichen ↗Ökosystemen bedeutsamen Veränderungen der naturbürtigen abiotischen und biotischen Komponenten sind in der Abbildung (Abb.) dargestellt. Bei der immer dichteren Bauweise und der fortschreitenden Versiegelung können Ausgleichsmaßnahmen wie *Dachbegrünung* (dazu gehört auch die Begrünung von Fassaden) den Verlust an natürlichem Lebensraum teilweise kompensieren. Eine Dachbegrünung reduziert auch Temperaturextreme und erhöht den Rückhalt des Regenwassers. Neben den Prozessen innerhalb des Stadtökosystems sind auch die Wechselwirkungen mit den angrenzenden Naturräumen zu beachten: Nur durch die von ↗landschaftsökologischen Nachbarschaftsbeziehungen hervorgerufenen ökologischen Austauschswirkungen ist der ↗Lastraum Stadt überhaupt ein Lebensraum. An der landschaftsökologischen Erforschung der Stadt sind Geo- und Biowissenschaften wie auch Wirtschafts- und Sozialwissenschaften beteiligt. Deren Ergebnisse finden in der ↗Stadtplanung zur Lösung der vielfältigen typisch städtischen Probleme (z. B. Stadtklima, ↗Stadtflucht) aber noch zu wenig Berücksichtigung. [SR]

Stadtökosystem, *Ökosystem Stadt*, Funktionseinheit eines vom Menschen geschaffenen, urban-industriell geprägten ↗Ökosystems, in dessen Wirkungsgefüge die naturbürtigen biotischen und abiotischen Faktoren und Komponenten von anthropogenen dominiert werden. Ein solches künstliche System kann nur durch einen intensiven Stoff- und Energieaustausch (z. B. Abwärme- und Abfallentsorgung, Frischwasser- und Frischluftzufuhr, Versorgung mit Energie und landwirtschaftlichen Produkten) aufrecht erhalten werden. Im Unterschied zu natürlichen Systemen sind geschlossene Stoff- und Energiekreisläufe fast nicht vorhanden, ebenso fehlt eine natürliche Regelung der Prozesse des ↗Naturhaushaltes. An Stelle der natürlichen Regelung treten verschiedene anthropogen geprägte wirtschaftliche, politische und soziale Regulationsmechanismen. Stadtökosysteme besitzen aufgrund der dichten Überbauung, großflächigen Versiegelung, der Verdrängung des ↗Bios und der Emissionen als Folge der Nutzungen ein eignes typisches Stadtklima (Tab.), was wiederum die Ausbildung einer typischen Stadtflora beeinflußt (beispielsweise ↗Ruderalflächen). Untersucht wird das Stadtökosystem von der ↗Stadtökologie. ↗Stadt, ↗Stadtklima. [SR]

Stadtplan, von kartographischen Verlagen, auch von städtischen Ämtern herausgegebene Karte eines Stadtgebietes für Zwecke der allgemeinen Orientierung. Stadtpläne schließen u. U. das nahe Umland der Stadt ein (*Umgebungskarte*). Je nach Größe der Stadt kann der Maßstab zwischen 1 : 50.000 und 1 : 10.000 liegen, in Ausnahmefällen auch größer als 1 : 10.000 sein. Zuweilen wird ein gleitender Maßstab verwendet, so daß sich die Innenstadtbereiche mit dichtem Straßennetz und dichter Bebauung größer als die Außenbezirke darstellen lassen (↗Kartenanamorphote). Das ↗Format von Stadtplänen kann A0 (1,5 m × 1 m) erreichen. Sie sind meist beidseitig bedruckt und werden in der Regel auf Taschenformat gefaltet vertrieben. Stadtpläne enthalten alle der schnellen Orientierung dienenden Elemente topographischer Karten, häufig aber in stärkerer ↗Generalisierung. Auf eine Reliefdarstellung wird meist verzichtet. Die bebauten Flächen werden zu Blöcken zusammengefaßt, die Straßen verbreitert wiedergegeben. Unverzichtbare Bestandteile sind das vollständige Straßennetz, die Namen der Straßen und Plätze mit Angaben zur Hausnumerierung, ein Orientierungsgitter und das zugehörige Straßenverzeichnis auf der Rückseite oder als angeheftete Broschüre. Öffentliche Gebäude, historische Stätten, Hotels und Gaststätten, Sport- und andere Freizeiteinrichtungen sowie Linien und Haltestellen des öffentlichen Verkehrs werden besonders hervorgehoben. Oft ergänzen Nebenkarten den Stadtplan, die das Netz der öffentlichen Verkehrsmittel (meist schematisch), eine großräumige Übersicht der Anfahrts- und Durchfahrtsstraßen und/oder – in größerem Maßstab – die Innenstadt darstellen. Stadtplänen sind häufig gesonderte Verzeichnisse der Sehenswürdigkeiten, von Hotels und Gaststätten, von Einrichtungen der Kultur, Bildung,

Stadtökosystem (Tab.): Veränderung der klimatologischen Parameter in der Stadt im Vergleich zum Freiland.

Parameter	Merkmal	Differenz
Luftverschmutzung	Kondensationskerne	10 x mehr
	gasförmige Verunreinigung	5–25 x mehr
Strahlung	Sonnenscheindauer	5–15 % weniger
	direkte Sonneneinstrahlung	20–25 % weniger
	UV-Einstrahlung im Winter	30 % weniger
	UV-Einstrahlung im Sommer	5 % weniger
	Strahlungsbilanz mittags	11 % mehr
	Strahlungsbilanz abends	47 % mehr
Temperatur	jährliches Mittel	0,5–1,5 °C höher
	an Strahlungstagen	2–9 °C höher
	Minima im Winter	1–2 °C höher
relative Feuchte	Winter	2 % weniger
	Sommer	8–10 % weniger
	an Strahlungstagen	30 % weniger
Wind	mittlere Windgeschwindigkeit	10–30 % weniger
	Windstille	5–20 % mehr
Wolken	Bedeckung	5–10 % mehr
Nebel	Sommer	100 % mehr
	Winter	30 % mehr
Niederschlag	Jahresmittel	5–20 % mehr
	Tage mit unter 5 mm Regen	10 % mehr
	Schneefall	5 % weniger

Stadtplanung, ↗Raumplanung auf der Ebene der ↗Ortsplanung und teilweise auch der ↗Regionalplanung, welche die räumliche Entwicklung der ↗Stadt koordiniert und lenkt. Instrumente der Stadtplanung sind in Deutschland der rechtlich unverbindliche ↗Flächennutzungsplan (vorbereitend) und der verbindliche Bebauungsplan innerhalb der ↗Bauleitplanung (realisierend). Ziel der Stadtplanung ist es, die Stadt als funktionierende Einheit zu erhalten und neuen Bedürfnissen anzupassen. Neben der Berücksichtigung ökonomischer und gesellschaftlicher Gesichtspunkte gehört zu einer integrativen Planung des ↗Lebensraumes Stadt (↗Stadtökosystem) aber auch der Einbezug ökologischer Aspekte. Diese werden von der ↗Stadtökologie untersucht und in der ↗ökologischen Planung berücksichtigt.

Verwaltung und der medizinischen Versorgung beigegeben. Auch kurze Texte zur Stadtgeschichte und zu touristischen Zielen mit entsprechenden Abbildungen können zur Ausstattung gehören. [KG]

Stadtsanierung, Maßnahmen gegen städtebauliche Mißstände (↗Stadtflucht, ↗Stadtökologie).

Staffel ↗Eiszeit.

Staffelbruch, *Schollentreppe, Verwerfungstreppe*, an synthetischen (Abb. 1) oder antithetischen ↗Abschiebungen (Abb. 2) treppenartig versetzte Schollen.

Staffelmessung, eine Methode der ↗mechanischen Distanzmessung, um im geneigten Gelände oder über Hindernisse hinweg, z. B. mit einem Meßband, eine horizontale ↗Strecke zwischen zwei Punkten zu bestimmen.

Staffelstellung ↗*en échelon*.

Stagnation, energetischer Stabilitätszustand horizontal übereinander geschichteter, meist in der Temperatur unterschiedlicher Wassermassen eines Sees. Durch Wind- und Luftdruckeinwirkungen können die horizontalen Schichten schräg gestellt werden und pendeln, bleiben aber als solche erhalten. Die Stagnation wird von einer ↗Zirkulation abgelöst.

stagnic properties, diagnostische Eigenschaft der ↗WRB für Bodenmaterial, das zeitweilig total mit Oberflächenwasser gesättigt ist und das durch die dann vorherrschenden Reduktionsbedingungen typische Farbmuster aufweist.

Stagnogley, *Missenboden, Molkenboden*, gehört zur Abteilung der ↗terrestrischen Böden und zur Klasse der ↗Stauwasserböden, bei denen anhaltende Vernässung zu einer starken Bleichung des Oberbodens geführt hat. Die 10 bis 30 cm starke Auflage besteht aus Grobhumus oder Pechhumus (↗Feinhumus), der ↗Sd-Horizont ist stark marmoriert und wesentlich tonreicher als der Oberboden. Stagnogley entsteht vorwiegend unter kühl-feuchten Klimabedingungen aus sandreichem Material über dichtem sandig-lehmigem bis schluffig-tonigem Untergrund. Es findet z. T. intensiver lateraler Fe-, Mn- und teilweise auch Al-Transport im Oberboden statt, dagegen kaum vertikaler Transport im Unterschied zu den ↗Podsolen. Stagnogleye treten in hochgelegenen Verebnungen mitteleuropäischer Mittelgebirge

Staffelbruch 1: synthetische Staffelbrüche.

Staffelbruch 2: antithetische Staffelbrüche.

auf und sind dort mit weniger vernäßten ↗Braunerden vergesellschaftet. Diese Böden entsprechen den ↗Stagnosols oder den ↗Planosols der ↗WRB. [MFr]

Stagnosols, ↗Stauwasserböden; gehören nach der ↗FAO-Klassifikation zu den Stagnic Gleysols; Böden mit Stagnic Eigenschaften [von lat. stagnare = unter Wasser setzen]. Nach der ↗WRB werden Stagnosols auch zu den ↗Planosols gerechnet.

Stahlerz, veraltete bergmännische Bezeichnung für: a) teilweise silberhaltigen Arsenopyrit, teils derben, graufarbigen Cinnabarit, b) ↗Siderit, c) Dyskrasit, d) Gemisch von Arsenopyrit, Cinnabarit, Löllingit, Cobaltin und Meta-Cinnabarit.

Stahlrohranker ↗*Swellex-Anker*.

Stalagmit, [von griech. = abgetropft] vom Boden emporwachsende Tropfsteinsäule (↗Tropfstein) in Karsthöhlen (↗Karst).

Stalagnat, durch das Zusammenwachsen von ↗Stalaktit und ↗Stalagmit entstandene Tropfsteinsäule (↗Tropfstein).

Stalaktit, [von griech. = tropfend] in Karsthöhlen (↗Karst) zapfenartig von der Decke herabhängende Tropfsteinbildung (↗Tropfstein).

Stamm, taxonomische Einheit für eine Gruppe von Tieren oder Pflanzen (↗Taxonomie).

Stammabfluß, *Stammablauf*, Niederschlag, der an Baumstämmen und Pflanzenstengeln abfließend zum Boden gelangt (↗Interzeption, ↗Bestandsniederschlag).

Stammabflußmessung, Messung des Stammabflusses durch Auffangen des an Baumstämmen abfließenden Wassers. Dabei wird eine Manschette um den Baumstamm gelegt, die so abgedichtet wird, daß alles abfließende Wasser aufgenommen wird. Dieses wird in einem Gefäß gesammelt und gemessen (↗Bestandsniederschlag).

Stammbecken, durch ↗glaziale Erosion entstandenes, in das Relief eingetieftes ↗Zungenbecken eines Eiskörpers (Gletscherlobus der ↗Vorlandvergletscherung oder des ↗Eisschildes). Das zentrale Stammbecken ist aufgrund der größeren Eismächtigkeit gegenüber seinen seitlich abzweigenden ↗Zweigbecken tiefer ausgeschürft und bildet daher nach dem Abschmelzen des Eises eine lokale ↗Erosionsbasis, in die Bäche und Flüsse der Umgebung aus den ↗Grundmoränen und ↗Endmoränen zentripetal entwässern und i. d. R. einen ↗Zungenbeckensee entstehen lassen. Ein typisches Stammbecken ist der Ammersee südwestlich von München.

Stammesgeschichte ↗*Phylogenie*.

Stamm-Magma, ein Magma, das am Beginn einer Differentiationsreihe (↗Differentiation) steht. So gilt z. B. ein Basaltmagma als Stamm-Magma von Andesiten, Daciten und Rhyolithen. Ein Stamm-Magma kann – muß aber nicht – ein ↗Primärmagma sein.

Standardabweichung, statistisches Variations-(Streuungs-)maß eines Datensatzes, errechnet nach:

$$s = \sqrt{(1/(n-1))\Sigma x_i'^2}$$

mit n = Anzahl der Daten (Stichprobenumfang) und x_i' = Abweichungen der Daten vom (i. a. arithmetischen) Mittelwert. Sie steht in enger Verbindung mit der Gaußschen Normalverteilung (↗Gauß-Kurve) und wird in Zusammenhang mit der ↗Fehlerrechnung auch Standardfehler (root mean square error) genannt.

Standardatmosphäre, *internationale Standardatmosphäre, US-Standardatmosphäre,* international vereinbarter mittlerer Verlauf von Luftdruck und Lufttemperatur mit der Höhe. Dieser beginnt im Meeresniveau (NN) bei einem Druck von 1013,25 hPa und einer Temperatur von 15°C. Die Temperatur nimmt bis zur Tropopause in 11 km Höhe um 6,5 K/km ab und erreicht dort den Wert von -56,5°C (Luftruck 226,32 hPa). Darüber bleibt die Temperatur bis in 20 km Höhe und einem Luftdruck von 54,75 hPa konstant. Von dort nimmt die Temperatur bis in eine Höhe von 32 km (Druck 8,68 hPa) um 1 K/km zu und erreicht dort den Wert von -44,5°C. Danach erfolgt ein weiterer Temperaturanstieg um 2,8 K/km bis auf -2,5°C in 47 km Höhe (Stratopause), wo die Temperatur bis 51 km Höhe konstant bleibt, um schließlich wieder bis auf -76,5°C in 80 km Höhe (Mesopause) abzunehmen. Wie aus der Beschreibung ersichtlich, besteht die Standardatmospäre aus übereinander liegenden Schichten ↗polytroper Atmosphäre. ↗Normalatmosphäre. [DE]

Standard-Diabas, *W-1,* ↗Diabas von Centerville (Virginia), der als internationaler geochemischer Standard verwendet wird (↗chemische Gesteinsstandards).

Standardepoche, Zeitpunkt zur Definition eines besonderen Ereignisses oder der Gültigkeit eines Zahlen- oder Formelwerks.

Standard-Granit, *G-1,* ↗Granit von Rhode Island, der als internationaler geochemischer Standard verwendet wird (↗chemische Gesteinsstandards).

Standardkurvenverfahren ↗*Typkurvenverfahren.*

Standard Mean Ocean Water ↗*SMOW.*

Standardmeerwasser, ↗Meerwasser mit bekanntem ↗Salzgehalt (Genauigkeit von 0,001), das zur Eichung von ↗Salinometern benötigt wird. Der Salzgehalt des in speziellen Glasampullen aufbewahrten (käuflichen) Standards ist definiert durch das Verhältnis der spezifischen elektrischen Leitfähigkeit (bei 15°C und 1013,25 hPa) zu einem international festgelegten Referenzstandard (Kaliumchlorid-Lösung von 32,4356 g/kg).

Standardmineral ↗*CIPW-Norm.*

Standard Penetration Test, Rammsondierung (↗Sondierung) im Bohrloch mit dem Standard-Sondiergerät der American Society for Testing Materials (ASTM). Der Standard Penetration Test dient zur Ermittlung von ↗Lagerungsdichte und ↗Konsistenz in bestimmten Bohrlochabschnitten vor allem dann, wenn die Durchführung von schweren Rammsondierungen (↗schwere Rammsonde) aufgrund größerer Untersuchungstiefe unwirtschaftlich wird.

Standard Positioning Service, *SPS,* für die zivile Nutzergemeinschaft des ↗Global Positioning System garantierter Nutzungsumfang. Nach dem ↗Federal Radionavigation Plan ist für den zivilen Gebrauch eine Genauigkeit der Positionsbestimmung mit einem einzelnen GPS-Empfänger von 100 m garantiert. Dieses Genauigkeitsmaß bedeutet, daß in 95 % der Zeit eine horizontale Positionsgenauigkeit von 100 m erwartet werden kann. Die möglichen Fehler in der Positionsbestimmung können kurzzeitig jedoch ein Vielfaches dieses Betrages erreichen. Die Genauigkeitseinschränkung wird durch die Maßnahmen ↗Selective Availability (SA) und ↗Anti-Spoofing (AS) erreicht. Für höhere Genauigkeitsanforderungen muß GPS deshalb grundsätzlich im Relativmodus verwendet werden (↗Differential-GPS). SA wurde am 1. Mai 2000 auf Dauer abgeschaltet. Seither ist die im Rahmen des SPS erreichbare Genauigkeit der Positionsbestimmung mit Zweifrequenzempfänger deutlich besser als 15 m. [GSe]

Standardpotential, *Normalpotential,* Potentialdifferenz zwischen einem Metall und einer Standard-Wasserstoffelektrode, welcher das Potential 0 zugeordnet wird.

Standardsubstanzen ↗*chemische Gesteinsstandards.*

Standardzeit, gesetzlich definierte Zeitzählung; heutzutage meist die dem Längengrad entsprechende Zeitzone, die sich von ↗UTC um eine ganze Zahl von Stunden unterscheidet.

Ständerpilze ↗*Basidiomyceten.*

Standing Crop, [engl. = »stehende Ernte«], Begriff aus der ↗Agrarökologie für den landwirtschaftlich effektiv nutzbaren Anteil der ↗Biomasse, die eigentliche Ernte. In erweitertem Sinne kann darunter das Lebendgewicht des gesamten ↗Ökosystems oder einzelner seiner Komponenten zu einem bestimmten Zeitpunkt verstanden werden, differenziert beispielsweise nach ↗Populationen, Funktionsgruppen (z. B. ↗Primärproduzenten) oder ↗Lebensformen (z. B. Holzgewächse).

Standlinie ↗*simultane astronomische Ortsbestimmung.*

Standort, in der ↗Landschaftsökologie die allgemeine Bezeichnung für einen abgegrenzten, kleinen, in seiner Ausstattung und ökologischen Funktion einheitlichen Ausschnitt der ↗Biogeosphäre, der sich deutlich von anderen abgrenzen läßt. Im wissenschaftlichen Sprachgebrauch werden spezifische Präzisierungen des Standortbegriffes vorgenommen: a) engere Lebensumwelt eines Organismus, als Synonym zu ↗Habitat; b) Fundort eines geo- oder biowissenschaftlichen Einzelobjektes; c) in der ↗Raumplanung bezeichnet Standort eine vom Menschen für spezielle Nutzung ausgewählte begrenzte Stelle im Raum, z. B. das Areal eines Industriebetriebes; d) in der ↗Forstökologie umfaßt Standort alle ↗Ökofaktoren und ihre Wechselbeziehungen, die für das Wachstum des Waldes von Bedeutung sind (Boden, Klima, Lage im Relief) und e) in der ↗Landwirtschaft wird die Gesamtheit der von Boden, Klima und Relief dauerhaft bedingten Voraussetzungen für das Pflanzenwachstum und die Bewirtschaftung als Standort bezeichnet. [SMZ]

Standortanspruch, Anforderungen von Tier- und Pflanzenarten (↗Art) hinsichtlich ihrer Lebensbedingungen an die ↗Standortfaktoren. Bestimmte Organismen besitzen einen derart hohen Standortanspruch, daß sie nur eine kleine ↗ökologische Amplitude aufweisen, in der sie überleben können (↗stenöke Arten), andere stellen keine besonderen Ansprüche an den ↗Standort (↗euryöke Arten). Auch der wirtschaftende Mensch hat Standortansprüche für seine Tätigkeiten.

Standortbewertung, ursprünglich vor allem Eignungsbewertung von Flächen für landwirtschaftliche oder forstliche Nutzung (Eignung als Pflanzenstandort). Wichtiger Teil ist dabei die ↗Bodenbewertung; durch Einbeziehung weiterer Geofaktoren (u. a. Reliefverhältnisse, Geländeklima) wird die Standortbewertung komplexer. Sie findet Anwendung in verschiedenen Skalen. Der Begriff kann ohne weiteres auf andere Nutzungsziele oder natürliche Standortfaktoren angewendet werden (Eignung als Infiltrations-, Deponie-, Bebauungsstandort etc.). Ziel forstlicher Standortbewertung ist u. a. standortgemäße Baumartenwahl. Ein hevorzuhebenes Beispiel landwirtschaftlicher Standortbewertung ist die Vergabe einer Acker(wert)zahl im Rahmen der deutschen Bodenschätzung, die die Ertragsfähigkeit der ↗Böden incl. Zu- oder Abschläge für weitere Standortfaktoren schätzt. Zur Bewertung spezifischer Risiken und Potentiale existieren Modelle, die Standort- und Maßnahmespezifik berücksichtigen (z. B. Erosionsrisiko). [WHi]

Standortbilanz, Begriff aus der ↗Landschaftsökologie für die Bilanzierung relevanter Stoff- und Energieumsätze im ↗Landschaftsökosystem mittels des ↗Prozeß-Korrelations-Systemmodells. Häufig verwendetes Darstellungsinstrument für eine Standortbilanz ist der gefüllte ↗Standortregelkreis.

Standortblatt, die bei Aufnahmen der ↗Landschaftsökologie durch den ↗Standortkatalog vorgegebene Datenzusammenstellung zum ↗Standorttyp. Dargestellt werden, je nach den im Rahmen der ↗Komplexen Standortanalyse durchgeführten Messungen sowohl statische Merkmale, als auch Prozeßkennwerte. Das Standortblatt zeigt dabei das methodische Vorgehen im Feld auf, denn es ist nach dem ↗Schichtenprinzip des Geoökosystemmodells aufgebaut. Die Angaben im Standortblatt beziehen sich auf eine konkrete, für eine Raumeinheit als repräsentativ erkannte Lokalität, sie stellen also nicht einen durch Datenaggregation von Einzelstandorten gemittelten synthetischen Standorttyp dar. Die hauptsächliche Absicht der normierten Standortaufnahmen mittels Standortblatt besteht in der vergleichenden Standortanalyse (↗Standortvergleich).

Standortcharakteristik, Teil der Gefährdungsabschätzung bei einer Altlastenverdachtsfläche (neben ↗Stoffcharakteristik, Nutzungscharakteristik, Wirkungspfad, Gefährdungspfad). Die Standortcharakteristik berücksichtigt die Gegebenheiten am Standort einer Altlastenverdachtsfläche. Dies sind im wesentlichen Bodenart, Bodenbeschaffenheit, Bewuchs, ↗Grundwasserflurabstand, die hydrogeologischen Bedingungen sowie die lokalen klimatischen Kenngrößen. Anhand der Standortcharakteristik werden die Gefährdungsmöglichkeiten für die Schutzgüter Wasser, Boden, Luft, Menschen, Tiere und Pflanzen ermittelt.

Standortdiagrammkarte, Kreispositionsdiagrammkarte, Rechteckpositionsdiagrammkarte, abgeleitet aus der ↗kartographischen Zeichen-Objekt-Referenzierung ein ↗Kartentyp zur Repräsentation von ratio- oder intervallskalierten ↗Geodaten mit Standortbezug zu nulldimensional als Mittelpunkte definierten Standorten, wie beispielsweise Meßstandorten in den Geowissenschaften. Die Repräsentation der Daten in der Standortdiagrammkarte erfolgt auf der Grundlage des ↗kartographischen Zeichenmodells durch punktförmige Zeichen, die mit Hilfe der ↗graphischen Variablen Größe variiert werden (↗Diagrammsignaturen). In Standortdiagrammkarten werden in den Geowissenschaften beispielsweise auf spezifische Einheiten bezogene Mengen von Daten der Schwermetallbelastung abgebildet.

Standorterkundung, in der ↗Landschaftsökologie die Klassifikation, Ausscheidung und Darstellung von Standorteinheiten mittels unterschiedlicher Kartierungs- und Erfassungsverfahren. Ziel ist die Bestimmung der ↗Potentiale eines ↗Standortes und dessen produktionsökologischen Merkmale (z. B. die Ertragserwartungen).

Standortfaktoren, im Ökosystem Gesamtheit aller äußeren Lebensbedingungen für Tiere und Pflanzen an einem ↗Standort.

standortgerechte Nutzung, Form der landwirtschaftlichen oder forstwirtschaftlichen Nutzung, welche bei der Auswahl der Bearbeitungsmethoden und der genutzten Pflanzen- oder Tierarten auf die standortspezifischen Eigenschaften und Erfordernisse des ↗Geoökosystems (↗Standorttyp) Rücksicht nimmt. Mit der standortgerechten Nutzung wird versucht, wirtschaftliche Nutzungsinteressen mit ökologischen Schutzbemühungen optimal zu kombinieren und die Nutzungsinteressen an den ↗Naturhaushalt, an das ↗Naturraumpotential sowie an das ↗Leistungsvermögen des Landschaftshaushaltes anzupassen. Die standortgerechte Nutzung ist in diesem Sinne eine nachhaltige Nutzungsform (↗Nachhaltigkeit).

Standortkarte, eine kartographische Darstellung auf der ausschließlich oder überwiegend im Kartenmaßstab punktförmige Objekte mittels Positionssignaturen lokalisiert wiedergegeben werden. Die meist nach Sachgruppen klassifizierten Objekte weisen, auf die graphischen Schwerpunkte bezogen dargestellt, in einer Standortkarte die gegenseitigen Abstände und Lagebeziehungen aus. Die Standortkarte wird deshalb auch als Ortslagekarte bezeichnet.

Standortkartierung, Standortserkundung, ↗Bodenkartierung, dabei handelt es sich um eine umfassende Kartierung der Gesamtheit der abiotischen (z.B auch Geologie) und biotischen Umweltfaktoren, die auf die Vegetation (botanischer Definitionsansatz) in einem definierten Raum wirken. Beispiele sind forstliche Standortkartierung wie ↗Waldbodenkartierung und Mittelmaßstäbige landwirtschaftliche Standortkartierung (↗MMK). Moderne ↗Bodenkartierung erfaßt immer wesentliche Standortmerkmale, so auch Relief: Neigung, Wölbung, Exposition und Vegetation: Zeigerpflanzen, Nutzungsart, Eingriffe (vgl. hierzu u. a. das Aufnahmeformular in der ↗Bodenkundlichen Kartieranleitung).

Standortkatalog, *Standortkartei*, in der ↗Landschaftsökologie die normierte Vorgabe der zu erhebenden Daten für die Darstellung der ↗Standorttypen im Rahmen des ↗Geoökologischen Arbeitsgangs. Die Struktur des Standortkatalogs wird bestimmt durch die spezifische Fragestellung und den dadurch bedingten Detaillierungsgrad der Messungen. Der Standortkatalog enthält die einzelnen ↗Standortblätter und ermöglicht dadurch eine vergleichende Standortanalyse (↗Standortvergleich). Als zentrale Datensammlung besitzt er auch zahlreiche praktische Anwendungsmöglichkeiten.

Standortklima, lokalklimatische Besonderheiten eines Standortes mit einer räumlichen Ausdehnung von 100 m bis zu wenigen Kilometern (z. B. Dorf, Weinberg, Wald).

Standortkonstanz, Regel der ↗Synökologie, welche die Bindung von Tieren und ↗Pflanzen an ihren ↗Biotop formuliert. Dies geschieht in Abhängigkeit der ökologischen Verhältnisse der einzelnen ↗Landschaftstypen. Bestimmte ähnliche Lebensbedingungen treten in unterschiedlichen Großklimaten auf und ermöglichen damit eine große räumliche Verbreitung gewisser ↗Arten. Die Konstanz der Lebensraumbedingungen wird überwiegend in ↗chorischer bis ↗regionischer Dimension betrachtet.

Standortlehre, *Standortforschung*, Wissenschaftsgebiet, das einzelne ↗Standorte aufgrund ihrer geoökologischen Eignung zur landwirtschaftlichen oder forstwirtschaftlichen Produktion mit den Methoden der ↗Standorterkundung untersucht. Je besser die ökonomischen Nutzungsansprüche den natürlichen Standortverhältnissen entsprechen, desto geringer kann der finanzielle (z. B. Dünger- und Pflanzenschutzmitteleinsatz) und der arbeitstechnische Aufwand (z. B. Pflegemaßnahmen) der Produktion sein. Ziel der Standortlehre ist das Erreichen einer möglichst ↗standortgerechten Nutzung. Bei der Standortlehre der Wirtschaftswissenschaften werden zur Bestimmung eines optimalen Standortes neben den natürlichen vor allem sozioökonomische Standortbedingungen berücksichtigt.

Standortplanung, umfaßt in bezug auf Deponien die Bereiche Standortsuche, Standortanalyse, Beurteilung des Standortes und Festlegung des Standortes. Es wird nach dem Ausschlußprinzip vorgegangen. Wasserschutzgebiete, Naturschutzgebiete, Gebiete mit offensichtlich nicht ausreichender ↗geologischer Barriere (z. B. Karstgebiete) usw. werden ausgegrenzt. Sie stellen die sogenannten Negativflächen dar. Danach erfolgt die Erkundung der übrigen Flächen nach geologischen und hydrogeologischen Kriterien und es verbleiben die sogenannten Positivflächen. Diese Bereiche entsprechen den Mindestanforderungen. Im Standortvergleich wird dann der Standort nach genaueren Umweltverträglichkeitsprüfungen vor Ort und im Labor festgelegt. Die Anforderungen an die geologische Barriere sind in der ↗TA Abfall beschrieben. Die für die Standortbeurteilung maßgeblichen Gesichtspunkte sind die geologische Barriere (homogen und möglichst undurchlässig), die Untergrundverhältnisse (mögliche geologische Besonderheiten müssen erkundet werden, z. B. Erdbebengebiet oder erdrutschgefährdetes Gebiet) und die Grundwassersituation (Einzugsgebiete, Abflüsse etc.).

Die Beurteilung für die Anlage von Deponien (*Standorttypen*) kann auch in Abhängigkeit des Kontaminationspotentials erfolgen: gut geeignet (= sehr geringes Kontaminationspotential), geeignet (= geringes Kontaminationspotential), bedingt geeignet (moderates Kontaminationspotential, nicht geeignet (= hohes Kontaminationspotential). Es werden demnach hohe Anforderungen an die geologische Barriere gestellt, so daß diese langfristig für das Rückhalten der Schadstoffe zuständig ist. [SRo]

Standortregelkreis, Begriff aus der ↗Landschaftsökologie für eine auf die ↗topische Dimension adaptierte graphische Darstellung des ↗Prozeß-Korrelations-Systemmodells in Form eines ↗Regelkreises (Abb.). Der Standortregelkreis ist somit ein Arbeitsinstrument, mit dem, basierend auf den Untersuchungshypothesen, die Feldmessungen und die entsprechenden Datenauswertungen in der landschaftsökologischen Forschung strukturiert werden können. Der Regelkreis bezieht sich auf den landschaftsökologischen ↗Standort. Er beschreibt daher im Sinne der ↗Standortbilanz die Zusammenhänge und Wechselwirkungen der einzelnen am Standort wirksamen Regler, Speicher und Prozesse der verschiedenen als Schichten verstandenen ↗Partialkomplexe. Diese Schichten sind beispielsweise die bodennahe Luftschicht, die Pflanzendecke, die Erdoberfläche mit dazugehörigen geomorphographischen Merkmalen, die Humusdecke, die Mineralbodenhorizonte und das Gestein sowie das im Boden und Gestein gespeicherte Wasser. In einem gefüllten Standortregelkreis werden die an einer Meßfläche (↗Tessera) gewonnenen langjährigen konkreten ökologischen Daten den einzelnen Speichern, Prozessen und Reglern zugeordnet. Der Standortregelkreis ist somit eine Möglichkeit landschaftsökologischer Ergebnisdarstellung, also eine quantitative Version des standörtlichen ↗Landschaftsökosystemmodells [SMZ]

Standorttyp, **1)** *Angewandte Geologie*: ↗Standortplanung. **2)** *Landschaftsökologie*: Standorte mit gleichen oder ähnlichen geoökologischen und bioökologischen Merkmalen. Standorttypen können in Abhängigkeit der Nutzungs- oder Betrachtungsaspekte, aber auch nach einzelnen

Standortvergleich

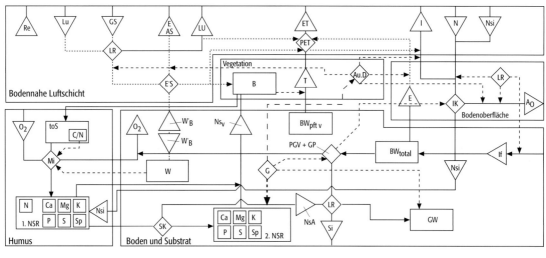

Speicher		Regler ---->		Prozeß			
BW$_{total}$	totaler Bodenwassergehalt	LR	Lage im Relief	N	Niederschlag	NsA	Nährstoffauswaschung
BW$_{pft\,v}$	pflanzenverfügbares Bodenwasser	G	Gründigkeit	I	Interzeptionsverlust	Ns$_V$	Nährstoffaufnahme durch Vegetation
GW	Grundwasserkörper am Standort	A u. D	Art u. Dichte der Vegetation	E	Evaporation	A$_O$	Oberflächenabfluß
B	Biomasse	PET	potentielle Evapotranspiration	T	Transpiration	Si	Sickerwasser
toS	tote Organische Substanz	E'S	standortverfüg. Strahlungsenergie	ET	Evapotranspiration	If	Interflow
W	Bodenwärme	PGV	Porengrößenverteilung und	GS	Globalstrahlung	O$_2$	Bodenluftumsatz
1. NSR	Humusnährstoffreservoir	+ GP	Gesamtporenraum	Re	reflektierter Strahlungsanteil	W$_B$	Wärmestrom in den Boden
2. NSR	Bodennährstoffreservoir	Mi	Mineralisierungsrate	E AS	Energieverlust durch Ausstrahlung	W$_B$	Wärmeabgabe in die Atmosphäre
Sp	Spurenelemente	IK	Infiltrationskapazität	LU	totaler Luftmassenaustausch	---->	Umsatz von Energie
		SK	Sorptionskapazität	Nsi	Nährstoffinput	—>	Umsatz von Stoffen
		C/N	C/N - Verhältnis				

Standortregelkreis: Standortregelkreis mit Strukturkomponenten (Speicher, Regler, Prozesse) und den Kompartimenten des abgebildeten Ökosystems (bodennahe Luftschicht, Vegetation, Humus etc.).

Standrohrspiegelhöhe: schematische Darstellung.

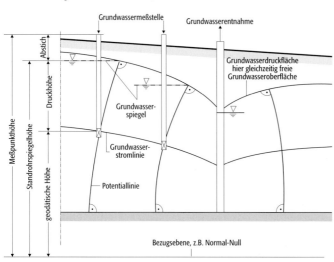

Merkmalen typisiert werden (z. B. forstwirtschaftliche Standorttypen nach pflanzengesellschaftlichen Merkmalen oder nach der Ertragsfähigkeit der Standorte).

Standortvergleich, in der ↗Landschaftsökologie und der ↗Raumplanung eine Methode zur Analyse der Unterschiede zwischen ausgewählten ↗Standorten. Das Ziel besteht darin, relative Maße für ihre jeweilige potentielle Nutzungseignung zu ermitteln. Für den Standortvergleich werden häufig ↗Standortbilanzen miteinander verglichen, da sich in ihnen das Zusammenwirken der Landschaftsökofaktoren (↗Ökofaktoren) sehr gut widerspiegelt.

Standpunkt, *Instrumentenstandpunkt*, ↗Vermessungspunkt, über dem ein geodätisches Instrument (↗Theodolit, ↗Nivellierinstrument) aufgestellt wird. Er ist in der Regel vermarkt und entweder bereits koordiniert (↗Altpunkt) oder zur koordinatenmäßigen Bestimmung vorgesehen (↗Neupunkt). Sofern er nur vor vorübergehender Bedeutung ist (z. B. beim Verfahren der ↗freien Standpunktwahl), bezeichnet man ihn als freien Standpunkt.

Standrohrspiegelgefälle, *Grundwasserspiegelgefälle*, der Gradient (Gefälle oder Anstieg einer Größe auf einer bestimmten Strecke) der ↗Standrohrspiegelhöhen zwischen zwei Meßpunkten, z. B. zwei ↗Grundwassermeßstellen.

Standrohrspiegelhöhe, *hydraulische Druckhöhe*, *hydraulische Höhe*, *piezometrische Höhe*, die Summe aus ↗Druckhöhe und geodätischer Höhe. Die Standrohrspiegelhöhe läßt sich sehr anschaulich über das Gesetz von Bernoulli darstellen: Die ↗Energiehöhe H eines hydrodynamischen Systems setzt sich zusammen aus der Geschwindigkeitshöhe h_{Geschw} plus der Druckhöhe h_{Druck} plus der geodätischen oder Positionshöhe $h_{Position}$. In einem natürlichen Grundwasserleiter bewegt sich das Grundwasser mit einer so geringen ↗Abstandsgeschwindigkeit, daß die Geschwindigkeitshöhe vernachlässigt werden kann und somit die Energiehöhe der Standrohrspiegelhöhe entspricht (Abb.).

Stangenextensometer ↗Extensomter.

Stanol ↗Sterol.

Stapelfehler, gehören zu den ↗Fehlordnungen eines Kristalls. Die Kristallstruktur kann aufgebaut werden, indem Gitterebenen in einer bestimmten Ordnung aufeinander gestapelt werden. Wird diese Stapelfolge nicht eingehalten, resultiert daraus ein ↗planarer Defekt, der Stapelfehler. Bei der dichtesten ↗Kugelpackung sitzen die nachfolgenden Atome einer Ebene in den Zwischenräumen der unteren Ebene. Das ergibt drei mögliche Ebenenarten. Die Anordnung in der kubisch dichtesten Kugelpackung ist: ABCABCABC … Liegt z. B. ABCACABC … vor, dann fehlt eine Schicht zwischen der 4. und 5. Ebene. Dies ist der Stapelfehler. Da dieser Zustand in der Regel nicht dem thermodynamischen Gleichgewicht entspricht, ist er nur durch zusätzlichen Energieaufwand erzeugbar, der sog. *Stapelfehlerenergie*, die proportional zur Fläche des Stapelfehlers ist.

Stapelfehlerenergie ↗Stapelfehler.

Stapelfolge ↗Kugelpackung.

Stapelgeschwindigkeit, wird bei der ↗Geschwindigkeitsanalyse bestimmt und stimmt mit V_{NMO} überein, wenn die Auslagenlänge klein wird.

Stapelmoräne ↗Satzmoräne.

Stapelung, 1) Kombination mehrerer Meßdaten oder Meßreihen. 2) spezieller Schritt in der ↗seismischen Datenbearbeitung reflexionsseismischer Daten, die nach der ↗Common-Midpoint-Methode (CMP) gemessen wurden. Ziel der *CMP-Stapelung* eines CMP-Ensembles ist die Spur bei ↗Offset null (zero offset, d. h. Schuß und Geophon an derselben Position), die nur Primärreflexionen enthält. Um alle Reflexionssignale konstruktiv summieren zu können, müssen sie durch die ↗dynamische Korrektur zeitgleich aufgereiht werden. Die zugehörige Stapelgeschwindigkeit wird in der ↗Geschwindigkeitsanalyse ermittelt. Durch die Summation von N Spuren wird die Signalqualität der Reflexionen theoretisch um den Faktor $\sqrt{N}$ verbessert, nicht optimal aufgereihte Signale (z. B. ↗multiple Reflexionen) werden geschwächt.

stark bewölkt, Bedeckungsgrad von 6/8 oder 7/8 des Himmels mit überwiegend tiefen, verbunden auch mit mittelhohen und hohen Wolken (↗Bewölkung). Dieser Begriff wird in der Öffentlichkeit meist falsch verstanden und oft mit dem meteorologischen Begriff ↗trübe gleichgesetzt.

starkes Äquivalenzprinzip ↗Äquivalenzprinzip.

Starkniederschlag, *Starkregen*, Niederschlag hoher ↗Niederschlagsintensität und einer Mindestmenge von 5 mm Niederschlagshöhe in 5 Minuten Niederschlagsdauer bzw. (7,1 mm/10 min), (10 mm/20 min), (17,1 mm/60 min). Starkregen erfolgen meist aus konvektiven Wolken, wie z. B. Cumulus- und Cumulonimbuswolken (↗Wolkenklassifikation) und rufen schnell ansteigende und abfließende Hochwasser hervor.

Starkwindtag, Tag, an dem der höchste Wert des beobachteten 10-Minuten-Mittels der Windgeschwindigkeit mindestens die Stärke 6 der Beaufort-Skala erreicht. ↗Windstärke, ↗Windmessung.

Startmodell, ist ein Begriff der ↗Modellierung. Es bezeichnet das Modell, von dem aus die Anpassung an die Meßwerte erfolgt.

static shift, Parallelversatz von Kurven des scheinbaren spezifischen Widerstands in den geoelektrischen Verfahren, der durch Aufladungseffekte und damit durch Verzerrung des elektrischen Feldes an oberflächennahen Einlagerungen entsteht. Der Einfluß des static shift kann mit Einschränkung durch ergänzende kleinräumige und flächenhafte Vermessung mit alternativen – z. B. rein induktiven Verfahren, die keine Messung des elektrischen Feldes beinhalten – bzw. durch stärkere Berücksichtigung der Phase bei der Modellierung z. B. in der ↗Magnetotellurik verringert werden.

stationäre Strömungsverhältnisse, betrachtet man für stationäre Strömungsverhältnisse in einem Grundwasserleiter die Wassermenge pro Zeiteinheit Q_E, die in ein durchströmtes Volumenelement mit den Kantenlängen *dx*, *dy* und *dz* des Grundwasserleiters in der *x*-, *y*- und *z*-Richtung eintritt, so muß diese gleich der Wassermenge pro Zeiteinheit Q_A sein, die das Volumenelement wieder verläßt. Aus der Beziehung $Q_E = Q_A$ für stationäre Strömungsverhältnisse läßt sich die Differenzialgleichung der stationären Grundwasserbewegung ableiten:

$$\frac{\partial^2 h}{\partial x^2} + \frac{\partial^2 h}{\partial y^2} + \frac{\partial^2 h}{\partial z^2} = 0,$$

wobei *x,y,z* = Koordinaten in *x*-, *y*- und *z*-Richtung, *h* = Standrohrspiegelhöhe und *S* = Speicherkoeffizient. Die angeführte Gleichung macht deutlich, daß die Zeit keinen Einfluß auf die Grundwasserbewegung bei stationären Strömungsverhältnissen besitzt (Abb.). [WB]

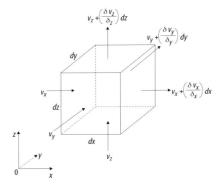

stationäre Strömungsverhältnisse: durchströmtes Volumenelement eines Grundwasserleiters mit Eintritts- und Austrittsgeschwindigkeiten.

Stationarität, *statistische Stationarität*, Eigenschaft von ↗Zeitreihen, wonach die statistischen Momente, insbesondere ↗Mittelwert und ↗Varianz, weitergehend auch die Funktion der ↗Autokorrelation, streng oder zumindest näherungsweise zeitlich invariant sind.

Stationsbarometer, Gerät zur ↗Luftdruckmessung an einer Wetterstation. Meist handelt es sich um ein Quecksilberbarometer, das fest an einer Wand montiert ist und dessen Höhe über dem Meeresspiegel genau vermessen wurde. Am Sta-

Stationsmodell

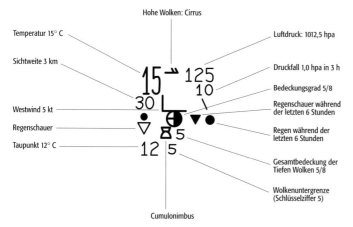

Stationsmodell: Beispiel einer Stationseintragung nach den bei synoptischer Wettermeldung vorgegebenen Daten.

tionsbarometer wird der Stationsdruck (Luftdruck in der Höhe der Wetterstation) abgelesen. Vor dem Absetzen einer Wettermeldung wird der Stationsdruck in der Regel auf Meeresniveau reduziert um eine Vergleichbarkeit mit den Druckwerten anderer Wetterstationen zu gewährleisten.

Stationsmodell, *Stationsschema*, die Eintragungsform von ↗synoptischen Wettermeldungen in ↗Wetterkarten (Abb.). Der Mittelpunkt des Stationskreises kennzeichnet in der Karte die geographische Lage der Station. Der Kreis wird dem Bedeckungsgrad entsprechend (in Achteln) ausgefüllt. Die anderen Wetterelemente werden um den Stationskreis angeordnet. Jedes Element hat seinen vorgeschriebenen Platz und ist daher eindeutig identifizierbar.

Stationsnetz ↗*Wettermeßnetz*.

statische Grundgleichung, die aus dem Gleichgewicht von Schwerkraft und vertikaler Druckkraft resultierende Beziehung für den vertikalen Druckgradienten:

$$\frac{\partial p}{\partial z} = -g\varrho.$$

Dieser Zusammenhang erklärt die beobachtete Abnahme des Luftdruckes mit der Höhe (bzw. Zunahme des Wasserdrucks mit der Tiefe). In der Meteorologie wird die statische Grundgleichung meist in der Form:

$$\frac{\partial p}{\partial z} = -g\frac{p}{RT}$$

gebraucht, die sich aus der obigen Beziehung unter Verwendung der Gasgleichung ergibt. Die Integration der statischen Grundgleichung führt zur ↗barometrischen Höhenformel.

statische Korrektur, konstante Zeitverschiebung, mit der eine seismische Spur verschoben wird, um unterschiedliche Topographie, Mächtigkeit oder Geschwindigkeit der ↗Verwitterungszone oder unterschiedliche Bezugsniveaus zu kompensieren. Ziel der statischen Korrektur ist ein Datensatz, der auf dem ebenen Bezugsniveau nach Abräumung von Verwitterungsschicht und Topographie registriert würde. Spezielle seismische Messungen wie ↗Nahseismik werden zur sorgfältigen Ermittlung der statistischen Korrektur ausgeführt.

statische Sondierung ↗*Sondierung*.

Statistik, *statistische Analysemethoden*, bestehend aus beschreibender, schätzender und entscheidender Statistik. Zur beschreibenden Statistik gehören aufgrund vorliegender Daten einer ↗Stichprobe die Berechnungen von Kenngrößen wie ↗Mittelwert (Mittelungsmaße), ↗Varianz (Variationsmaße), empirischer ↗Häufigkeitsverteilung; bei ↗Zeitreihen auch die Funktion der ↗Autokorrelation, des Varianzspektrums, numerische Filterungen, beim Stichproben-Vergleich ↗Korrelation und ↗Regression und vieles mehr. In der schätzenden Statistik werden vor allem die Wahrscheinlichkeiten des Auftretens künftiger Daten auf der Grundlage von theoretischen Verteilungsmodellen (↗Wahrscheinlichkeitsdichtefunktion) oder auch Regressionen abgeschätzt. Auch die sogenannten Mutungsbereiche der statistischen Kenngrößen gehören dazu, d. h. es wird abgeschätzt, in welchen Werteintervallen die entsprechenden Kenngrößen der Population und somit des jeweiligen Prozesses vermutet werden. Die entscheidende Statistik versucht, mit Hilfe von statistischen Testverfahren auf einem bestimmten Wahrscheinlichkeitsniveau Entscheidungen über bestimmte Hypothesen gegenüber Alternativhypothesen zu fällen (z. B. über den nicht signifikanten bzw. alternativ signifikanten Unterschied zweier Mittelwerte aus zwei Stichproben). Im einzelnen liegen sehr viele Methoden der praktischen Statistik vor, die häufig auf bestimmte fachbezogene Problemkreise beschränkt sind. Seitens der theoretischen Statistik kommen ständig neue Methoden hinzu.

In den Geowissenschaften spielen statistische Verfahren eine große Rolle, da sehr viele Beobachtungsdaten den Charakter von Stichproben haben. [CDS, PG]

statistische Erhebungen in Karten, zum Zwecke der Kartennutzung. Domäne ist seit jeher die Geographie, ferner verwandte Gebiete wie Regional- und Landesplanung, flächennutzende Disziplinen wie Land- und Forstwirtschaft usw. Mit dem Aufbau digitaler Datenbestände werden auch statistische Daten zunehmend aus ↗Geoinformationssystemen gewonnen. Obwohl jedes natürliche oder künstliche, in Karten dargestellte oder in digitalen Modellen abgelegte Objekt für sich ein determiniertes ist, treten sie doch z. T. als Massenerscheinung auf bzw. können als Stichproben aus Grundgesamtheiten aufgefaßt sowie nach geometrischen, topologischen und inhaltlichen Gesichtspunkten eingeteilt werden. Insofern sind sie auch der statistischen Erhebung, Klassifizierung und Bewertung, speziell nach wohl definierten mathematisch-statistischen Methoden zugänglich. Dazu zählen Häufigkeits-, Korrelations- und Regressionsanalysen ebenso wie Parameterschätzungen auf der Grundlage des linearen Modells der Statistik. In allen statistischen Erhebungen, (Schätz-) Beurteilungs- und

Schlußverfahren ist zu beachten, daß die (Grund-) Gesamtheiten von Objekten inhaltliche, topologische sowie ↗stochastisch-geometrische Strukturen bilden, die den anschaulich-analytischen Wert eines Kartenbildes ausmachen, und daß zwar mathematisch-statistische Schlüsse formal richtig, aber trotzdem wertlos sein können. Es muß sichergestellt sein, daß jede mathematisch-statistische Aussage auch eine geostatistisch gesicherte ist, d.h. dem gesammelten geowissenschaftlichen Vorwissen über den untersuchten Sachverhalt nicht widerspricht. [SM]

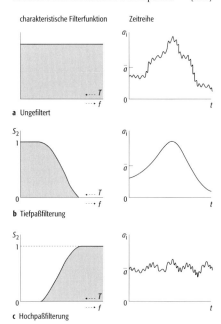

statistische Filterung, statistische Methodik bei ↗Zeitreihen (Abb.). Durch eine Zahlenoperation werden entweder tieffrequente (langeriodische), hochfrequente (kurzperiodische) oder Variationen eines bestimmten Frequenzbereiches dadurch hervorgehoben, daß die Variationen der anderen Frequenzbereiche möglichst weitgehend unterdrückt werden (numerische *Tiefpaßfilterung*, Hochpaß- oder Bandpaßfilterung). Die Filterwirkung läßt sich am besten anhand eines ↗Varianzspektrums kennzeichnen. Eine solche meist als charakteristische Filterfunktion bezeichnete Veränderung wird spektral charakterisiert. Am häufigsten wird die Tiefpaßfilterung (auch *Zeitreihenglättung*) angewandt.
Statistische Frequenzanalyse, ist eine erweiterte Form der harmonischen und der Fourier-Analyse. Sie benutzt statistische Verfahren um versteckte Periodizitäten zu erkennen.
statistische Karte ↗Kartogramm.
statistische Klimamodelle, mathematisch-statistische Erfassung von Zusammenhängen zwischen Ursachen (z.B. Treibhausgasen oder Sonnenaktivität) und Wirkungen (z.B. ↗Lufttemperatur) aufgrund von Beobachtungsdaten, i.a. anhand von entsprechenden Zeitreihen, mit Hilfe von multiplen ↗Regressionen oder neuronalen Netzen, ohne daß dabei der physikochemische (deterministische) Hintergrund explizit eingeht. Dennoch orientieren sich diese Klimamodelle i.a. an diesem Hintergrund. Ein Sonderfall sind autoregressive Ansätze, die auf der Autokorrelationsfunktion der ↗Zeitreihe der jeweils betrachteten Wirkungsgröße beruhen und ggf. mit multiplen Ursache-Wirkung-Regressionen kombiniert werden können.
statistische Oberfläche ↗Werterelief.
statistisches Moment ↗Moment.
statistische Spektralanalyse, Analyse von zunächst einer ↗Zeitreihe mit dem Ziel, die Verteilung der ↗Varianz auf die Frequenzen bzw. ↗Perioden abzuschätzen. Die grundlegende Analysetechnik ist neben dem Periodogramm die Fourieranalyse (↗Fouriertransformation) der Autokorrelationsfunktion (ASA). Eine alternative Methode ist die aus der Informationstheorie stammende Maximum-Entropie-Spektralanalyse (MESA). Relative signifikante Maxima des Varianzspektrums (power spectrum) weisen auf zyklische Varianz der betreffenden Zeitreihe hin. Führt bei Einbezug einer weiteren Zeitreihe zur Kreuzspektrumanalyse einschließlich der Berechnung der ↗Kohärenz zweier Zeitreihen.
statistische Streuung, identisch mit ↗Standardabweichung, aber auch allgemeiner im Sinn eines beliebigen statistischen Variationsmaßes gemeint.
statistische Zeitreihe ↗Zeitreihe.
Stauanlage, Absperrbauwerk zur Anhebung des Wasserspiegels eines natürlichen Gewässers verbunden mit dem Rückhalt und der Speicherung von Wasser. Als ↗Wehre werden Stauanlagen bezeichnet, die im wesentlichen nur den Flußlauf, nicht aber das gesamte Tal absperren. Je nach dem Zweck wird die Wehranlage ergänzt durch ↗Schleusen für die Schiffahrt, ↗Wasserkraftanlagen oder Ableitungsbauwerke z.B. für die ↗Bewässerung. ↗Talsperren sperren hingegen über den eigentlichen Flußlauf hinaus den gesamten Talquerschnitt ab. Sie haben die Aufgabe, Wasser z.B. für die Wasserversorgung oder die Erzeugung von elektrischer Energie (Wasserkraftanlage) zu speichern. Zu den Stauanlagen gehören nach DIN 4048, Teil 1 je nach ihrem Zweck auch ↗Hochwasserrückhaltebecken, ↗Geschiebesperren und Pumpspeicherbecken (↗Pumpspeicherwerk), deren Ausführungsform je nach den örtlichen Gegebenheiten zwischen Wehr und Talsperre liegen kann.
Unabhängig von Zweck und Ausführungsform werden an Stauanlagen folgende Forderungen gestellt: a) ausreichende Standfestigkeit, um den Wasserdruck aufnehmen zu können, b) ausreichende Dichtigkeit, um Wasserverluste zu vermeiden, c) schadlose Abführung extremer Hochwasserabflüsse auch bei bereits gefülltem Speicher (↗ Hochwasserentlastung), d) Aufnahme der erforderlichen Betriebseinrichtungen, z.B. zur kontrollierten und sicheren Wasserabgabe.
Die Entwurfsgrößen, zu deren Ermittlung meist umfangreiche und langjährige Untersuchungen

statistische Filterung: schematische Darstellung einer charakteristischen Filterfunktion und Zeitreihen-Wirkung einer numerischen Tiefpaßfilterung (Zeitreihenglättung). Räumlich gesehen kommen eigentlich nur Methoden in Frage, die einer Tiefpaßfilterung entsprechen, d.h. es werden Daten für bestimmte Flächen im einfachsten Fall schlicht gemittelt.

erforderlich sind, werden bestimmt durch: a) die hydrologischen Verhältnisse (z. B. Niederschlag, größte und kleinste Abflüsse bestimmter Häufigkeit und Dauer, Temperatur und Eisbildung, ggf. auch Verdunstung und Windverhältnisse); vom Feststofftransport (↗Schwebstoff, ↗Geschiebe) hängt u. U. die Lebensdauer der Anlage entscheidend ab; b) geologische Verhältnisse (Dichtigkeit und Standfestigkeit von Untergrund und Talflanken), Eignung und Verfügbarkeit von Baumaterialien; c) weiter wird die Gestaltung der Anlage beeinflußt durch landesplanerische und infrastrukturelle Vorgaben sowie rechtliche Aspekte (bestehende Wasser- und Eigentumsrechte).

Der Einfluß einer Stauanlage auf die Umwelt ist in nahezu allen Fällen sehr erheblich, da der ursprünglich freie Gewässerlauf hierdurch unterbrochen wird. So wird eine Stauanlage ohne geeignete ↗Fischaufstiege zum unüberwindlichen Hindernis für Wanderfische. Weiter wird dadurch die Fließgeschwindigkeit stark vermindert, die bei Talsperren mit größeren Speicherbecken praktisch auf Null zurückgehen kann, Fließgewässerbiozönosen werden durch Stillwasserbiozönosen verdrängt. Unterhalb der Stauanlage wird der Abfluß gleichmäßiger, was bis zu einem völligen Verlust der Durchflußdynamik gehen kann. Größere Wasserflächen, die oberhalb der Wehranlage oder Talsperre entstehen, können mindestens das Kleinklima beeinflussen. Teil des Planungs- und Genehmigungsverfahrens ist daher regelmäßig auch die Durchführung einer Umweltverträglichkeitsprüfung und die Erarbeitung eines ↗Landschaftspflegerischen Begleitplanes. [EWi]

Staub, 1) *Geomorphologie*: ↗äolische ↗Suspensionsfracht, v.a. die Partikel von 10–63 μm (↗Löß). 2) *Klimatologie*: in der Atmosphäre vorhandene feste Partikel mit einem Durchmesser bis zu etwa 100 μm. Diese haben sowohl natürliche Quellen (z. B. Winderosion, Vulkanausbrüche, Staubstürme) als auch anthropogene Ursachen (z. B. Bergbau, Verbrennungsprozesse). Staubpartikel größer als 10 μm (Grobstaub) haben aufgrund ihrer Sinkgeschwindigkeit nur eine kurze Verweildauer in der Atmosphäre. Der Staubgehalt der Luft kann zur Sichttrübung führen und ist für verschiedene optische Phänomene (z. B. Abendrot) verantwortlich.

Staubewässerung, Bewässerungsverfahren (↗Bewässerung), bei dem das Wasser entweder großflächig oder in Gräben und Furchen gestaut wird. Beim Grabenanstau wird der natürliche Durchfluß in Gräben mit Staueinrichtungen zurückgehalten. Bei dem vorzugsweise in ariden Gebieten für Reihenkulturen angewendeten Furcheneinstau werden Furchen von 20–30 cm Breite angelegt. Die Tellerbewässerung (auch: Lochbewässerung) wird in der Weise durchgeführt, daß das Wasser bei Baumpflanzungen (Obst, Palmen, Oliven, Kaffee) in tellerartige Vertiefungen eingeleitet wird und damit direkt im Wurzelbereich versickert. Die mit über 50 % weltweit am weitesten verbreitete Bewässerungsart ist der Beckeneinstau (auch: Flächeneinstau), der vorwiegend im Reisanbau und bei anderen bewässerungswürdigen Getreidearten angewendet wird. Im flachen Gelände werden dabei rechteckige Becken angelegt, an Hängen hingegen schmale Konturbecken, die den Höhenlinien angepaßt sind. Die Abgrenzung erfolgt mit Dämmen von 20–40 cm Höhe. [EWi]

Staubewölkung, Wolken im Luv von Bergen, die durch den Windstau und die damit verbundene erzwungene Anhebung der Luftmasse bis zum Kondensationsniveau entstehen (↗Luvlage). Diese Situation der Wolkenbildung ist häufig mit anhaltenden Niederschlägen verbunden.

Staubhaut, wenige Millimeter mächtige, verkittete und fast salzfreie Staubschicht (↗Staub), die vorwiegend in extrem ↗ariden Gebieten die Oberfläche von Ablagerungen vor ↗Deflation schützt. Die Verkittung des Substrats erfolgt durch aktiviertes ↗Kristallwasser oder durch ↗Verschlämmung bei seltenen Niederschlagsereignissen.

Staublawine ↗Lawine.

Staubteufel ↗Tromben.

Staubtuff, veraltet für feinen ↗Tuff.

Stauchendmoräne, Endmoräne, die beim Vorrücken des Eises (↗Gletscher oder ↗Eisschild) durch Zusammenschieben des vor dem Eisrand liegenden Materials entsteht. Stauchendmoränen können ausgeschürfte Bestandteile des bis dahin nicht glazial überformten Untergrundes enthalten, häufiger jedoch sind sie aus mehreren älteren, vorher abgelagerten ↗Moränen aufgebaut. In diesem Fall bilden Stauchendmoränen besonders markante Geländeformen. Werden ↗fluvioglaziale und ↗glazilimnische Sedimente erfaßt, so ist die Stauchung an der faltenartigen Schichtverbiegung gut zu erkennen.

Stauchfaltung ↗Falte.

Stauchmoräne, durch aufliegendes oder vorrückendes Eis (↗Gletscher oder ↗Eisschild) gepreßtes Moränenmaterial, häufig als ↗Stauchendmoräne anzutreffen.

Stauchwall, 1) im unteren Drittel der ↗Lawinenbahn von ↗Festschneelawinen auftretende, wallförmige Verdichtung der bis dahin in sich noch unverformten, abgegangenen Schneedecke. 2) gelegentlich auch verwendete Bezeichnung für eine ↗Stauchendmoräne.

Staudamm, ↗Talsperre, deren ↗Stützkörper entweder als Erddamm aus bindigem oder rolligem Material oder als Felsdamm aus gebrochenem Fels oder natürlich anstehendem Steinmaterial lagenweise geschüttet wird. Wesentlich ist, daß der Stützkörper so gestaltet wird, daß Ausspülungen, die die Standsicherheit gefährden könnten, nicht möglich sind. Der Damm wird daher so ausgebildet, daß die ↗Sickerlinie nicht an der luftseitigen Böschung des Dammes austritt, und eingedrungenes Wasser in einer Drainage am luftseitigen Dammfuß gesammelt und abgeleitet wird. Wo örtlich feinkörniges Material mit geringer Durchlässigkeit (Lehm, Ton) ansteht, sind Staudämme mit natürlicher ↗Dichtung die wirtschaftlichste Lösung. Sie werden dann entweder als homogener Damm geschüttet oder, wenn

nicht genügend geeignetes Material vorhanden ist, auch mit einem innen liegenden Dichtungskern gebaut. Dieser wird entweder in der Mitte des Dammes senkrecht oder aber als schrägliegende Innendichtung angeordnet. Der Übergang zwischen dem Dichtungskern und dem grobkörnigen Stützkörper bilden Filterschichten (↗Filter), die das Ausspülen von Feinstteilen aus der Dichtung verhindern sollen. Gleichzeitig wird über diese Filter Sickerwasser abgeleitet.
Wo natürliches Dichtungsmaterial nicht vorhanden ist, werden Staudämme mit künstlichen Dichtungen versehen. Diese werden entweder als Kerndichtung eingebaut oder nach Fertigstellung als Außendichtung auf der wasserseitigen Dammböschung aufgebracht. Als Material wird in erster Linie Asphaltbeton verwandt, bei Innendichtungen auch Stahlbeton. Kunststoffolien finden vor allem bei geringen Dammhöhen Verwendung. Dichtungen aus Stahlbeton bestehen aus einer dünnen Betonwand innerhalb des Dammes, bei der Anwendung von Asphaltbeton sind Stärken von 20–100 cm üblich. Außendichtungen werden nach Fertigstellung des Dammes sandwichartig in mehreren Lagen aufgebracht, wobei über eine dazwischen liegende Drainschicht (Kontrollschicht) etwaig eingedrungenes Sickerwasser gesammelt und abgeleitet wird.
Unabhängig von der Bauart des Dammes ist der saubere Anschluß der Dichtung an den wasserundurchlässigen Untergrund von besonderer Bedeutung (↗Untergrundabdichtung). Der Übergang von der Dammdichtung zur Untergrunddichtung wird durch eine ↗Herdmauer aus Stahlbeton gebildet, die bei größeren Sperren einen Kontrollgang enthält. [EWi]

Staudammeinteilung, ↗Staudämme werden aufgrund ihres Aufbaus in homogene oder gegliederte ↗Dämme eingeteilt. Unterhalb einer Stauhöhe von etwa 30 m können homogene Dämme aus feinkörnigem Material mit einer geringen Durchlässigkeit ($k < 10^{-6}$ m/s) errichtet werden, welche i. d. R. eine flache ↗Böschung erfordern. Bei größerer Stauhöhe erfolgt der Bau eines in ↗Stützkörper, Dichtungskörper und ↗Drainagen gegliederten Staudammes. Die Dichtung erfolgt über eine ↗Oberflächendichtung oder eine ↗Innendichtung. Die Dränagen werden unmittelbar an dem Dichtungskörper angebracht, damit die anfallenden Sickerwässer gleich hinter der Dichtung abgeleitet werden können. Die Entwässerung durch Drainagen dient dazu, durch Strömung hervorgerufene Erosion, Böschungsausbrüche sowie Ausbildung von Gleitkörpern zu vermeiden.

Staudenwald, niedrig wachsender, gebüschartig dichter Wald aus Sträuchern und überwiegend Weichhölzern wie Birke, Erle, Hasel und Weide. Der Staudenwald wird von ↗Niederwäldern unterschieden, welche in jüngeren Entwicklungsstadien ein ähnliches Erscheinungsbild zeigen können.

Staudruck, Summe aus statischem und dynamischen Druck (↗Bernoullische Energiegleichung).

Staugley, in der Bodensystematik der DDR verwendete Bezeichnung für einen ↗Bodentyp mit Nässemerkmalen, die durch ↗Stauwasser, insbesondere durch stauendes Niederschlagswasser, hervorgerufen wurden (↗Pseudogley, ↗Staunässe).

Stauhaltung, Strecke zwischen zwei benachbarten ↗Staustufen eines stauregelten Flußabschnittes (↗Stauregelung) bzw. der durch den Rückstau beeinflußte Flußabschnitt zwischen ↗Wehr und ↗Stauwurzel.

Staukuppe, veraltet für ↗Lavadom.

Staulinie ↗Ausströmungsbreite.

Staumauer, gehört zu den Absperrbauwerken zur Stauhaltung von Wasser (↗Talsperre) und wird in Massivbauweise aus Beton oder Stahlbeton ausgeführt. Staumauern kommen überall dort in Betracht, wo kein geeignetes Dammschüttungsmaterial zur Verfügung steht und Morphologie und Geologie einen Mauerbau zulassen. Staumauern werden i. d. R. an einer Engstelle eines Talquerschnitts errichtet. Aufgrund ihrer hohen Anforderung an den Untergrund sind sie verhältnismäßig selten in Mittelgebirgen anzutreffen. Die Staumauer sollte auf gesundem Fels gegründet werden, welcher beim Freilegen schonend mit Druckwasser bzw. Druckluft zu reinigen ist. Mauer und geologischer Untergrund bilden ein System, deren Wechselwirkungen sowie deren wechselseitige Verformung beachtet werden müssen. Es werden dabei folgende Arten unterschieden: a) Gewichtsstaumauer, deren Standfestigkeit aus dem hohen Eigengewicht herrührt. Der Querschnitt ist in den meisten Fällen dreieckig, wobei die Wasserseite fast senkrecht ausgebildet ist, während die luftseitige Böschung eine Neigung zu 1:0,65 bis 1:0,8 aufweist. Konstruktionsbedingt erfordert die Gewichtsstaumauer den größten Aufwand an Beton. b) Bogenstaumauer, bei der die aus dem Wasserdruck resultierenden Kräfte infolge der Gewölbewirkung der Talsperre auf die Talflanken und je nach Ausführungsart zum geringen Teil auch auf den Untergrund übertragen werden. Wegen ihrer besonderen Konstruktion erfordern Bogenstaumauern den geringsten Aufwand an Beton. Sie sind allerdings nur in verhältnismäßig engen Tälern ausführbar. Da die Talflanken den Staudruck aufnehmen müssen, kommt den geologischen Verhältnissen und dem Anschluß an den Fels eine besondere Bedeutung zu. Um die erforderliche Dichtigkeit des Untergrundes zu erreichen, sind häufig Injektionen erforderlich. Kuppelstaumauern sind doppelt gekrümmte Bogenstaumauern mit unterschiedlichen Radien und Öffnungswinkeln in allen Horizontalschnitten. Die Bogengewichtsstaumauer stellt eine Kombination von Gewichts- und Bogenstaumauer dar. c) Aufgelöste Staumauer (Pfeilerstaumauer), die aus einer geneigten Stauwand besteht und Pfeilern, die den auf der Stauwand lastenden Wasserdruck auf den Untergrund übertragen. Die Stauwand kann aus einzelnen ebenen Platten, Gewölben oder Kuppeln gebildet werden. Dem Vorteil einer erheblichen Massenersparnis und einer guten Zugäng-

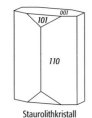

Staurolithkristall

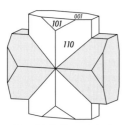

Staurolith, Zwilling nach (032)

Staurolith: Staurolithkristall und Zwilling nach (032).

lichkeit aller Anlagenteile steht als Nachteil ein wegen der umfangreichen Schalungsarbeiten erhöhter Bauaufwand gegenüber.
Die Wahl des geeigneten Talsperrentyps hängt in erster Linie von den örtlichen Verhältnissen ab. Dazu gehören neben der Talform an der vorgesehenen Sperrstelle vor allem auch die Festigkeit des Untergrundes. [EWi,NU]

Staunässe, durch ↗Stauwasser, verursachte ↗Bodennässe. Sie tritt im Norddeutschen Tiefland verbreitet über dichtem Geschiebemergel oder über Tonanreicherungshorizonten auf. Staunässe kann auch anthropogene Ursachen haben, z. B. Bodenverdichtungen.

Staunässeboden ↗ *Stauwasserböden*.

Staupodsol, ↗Bodentyp innerhalb der Klasse der ↗Podsole. Charakteristisch ist ein verfestigter und verdichteter, stark wasserstauender Illuvialhorizont, der zumeist aus ↗Ortstein besteht. Normtyp ist der Ortsteinstaupodsol.

Staupolje ↗ *Polje*.

Stauquelle, Grundwasseraustritt, wenn der Grundwasserleiter an einer gefällewärts einsetzenden undurchlässigen Schicht oder Trennfläche endet.

Stauregelung, *Kanalisierung* (veraltet), Ausbau eines Gewässers hauptsächlich zur Verbesserung der Wasserstandsverhältnisse. Dabei wird der ursprünglich frei fließende Fluß durch den Bau von ↗Staustufen in eine Folge einzelner ↗Stauhaltungen umgewandelt. Für Schiffahrtszwecke wird diese Form des Gewässerausbaues gewählt, wenn die angestrebten Fahrwassertiefen nicht durch eine ↗Niedrigwasserregelung allein zu erreichen sind. Daneben ist die Einrichtung von Stauen auch die Voraussetzung für die Nutzung der Wasserkraft (Mehrzweckstauregelung, ↗Wasserkraftanlage). Wasserwirtschaftlichen Belangen dienen sogenannte Kulturwehre zur Anhebung des Grundwasserstandes und damit häufig auch zur Korrektur der Auswirkungen früherer Flußregelungen. Der Einfluß der Stauregelung reicht von der eigentlichen Stauanlage (↗Wehr) bis zur ↗Stauwurzel, deren Lage vom Oberwasserzufluß abhängig ist. Zur Überwindung der durch die Stauregelung entstehenden ↗Fallstufen werden für die Schiffahrt ↗Schleusen eingebaut. Die Umwandlung eines ursprünglich frei fließenden in ein stauregeltes Gewässer stellt einen erheblichen Eingriff in das Gewässerökosystem dar. Die meist erhebliche Verminderung von Fließgeschwindigkeit und Schleppkraft führt zu einer Änderung des Substrates und zu einer Veränderung der Biozönosen, rheophile Arten verschwinden und werden durch limnophile Arten ersetzt. Die Genehmigung zur Einrichtung von Stauen setzt daher die Durchführung einer Umweltverträglichkeitsprüfung voraus. [EWi]

Staurohr, *Pitot-Rohr*, ein zweischaliges Rohr, dessen innerer Zylinder eine Öffnung in Windrichtung und dessen äußerer Zylinder eine seitliche Öffnung aufweist. Am inneren Rohr wird der Staudruck (Summe aus statischem und dynamischem Druck), am äußeren Rohr der statische Druck abgenommen. Die Differenz aus Staudruck und statischem Druck bildet den dynamischen Druck, der nach der ↗Bernoullische Energiegleichung vom Quadrat der Windgeschwindigkeit abhängt.

Staurohrmessung, Erfassung der Fließgeschwindigkeit mittels der Staudruckhöhe in einem Staurohr. Über Fließgeschwindigkeit und Abflußquerschnitt kann die Abflußmenge bestimmt werden.

Staurolith, [von griech. staurós = Kreuz und lithos = Stein], *Nordmarkit*, *schwarzer Granatit*, Mineral (Abb.) mit der chemischen Formel $2FeO \cdot AlOOH \cdot 4\,Al_2[O|SiO_4]$ und monoklin-prismatischer Kristallform; Farbe: rötlich- bis schwärzlich-braun, auch schwarz; Glasglanz, auf Bruch Fettglanz; Strich: grauweiß bis farblos; Härte nach Mohs: 7–7,5; Dichte: 3,74–3,83 g/cm³; Spaltbarkeit: kaum deutlich nach (010); Bruch: uneben, muschelig; Aggregate: kurz- und langsäulige Kristalle, oft kreuzförmige Zwillinge; vor dem Lötrohr unschmelzbar; in Schwefelsäure nur teilweise Zersetzung; Begleiter: Disthen, Almandin, Muscovit, Quarz; Vorkommen: als Mineral der Dislokationsmetamorphose in Chloritoid-Sericit-Schiefern und Glimmerschiefern sowie feldspatarmen Paragneisen bzw. in Paragonitschiefern und als Schwermineral in Sanden; Fundorte: Spessart, Waldenburg und Döbeln (Sachsen), Lago Ritom (Tessin, Schweiz), St. Radegund (Steiermark, Österreich), Quimper (Auvergne, Frankreich), Sobotín (Zöptau) in Mähren, Compostella (Spanien), Baikalsee und Kolahalbinsel (Rußland), Trail-Ridge (Florida, USA) und Gorob-Mine (Namibia). [GST]

Staurolithzone ↗ *Barrow-Zonen*.

Stausee, aufgestauter See hinter Absperrbauten; dient Bewässerungszwecken oder der Energiegewinnung.

Staustufe, Gesamtheit aller Anlagen an der ↗Fallstufe eines staugeregelten Flußabschnittes. Die Fallstufe wird meistens durch ein ↗Wehr gebildet. Je nach Charakter der Anlage wird diese ergänzt durch ↗Schleusen für die Schiffahrt, Kraftwerk (↗Wasserkraftanlage), ↗Fischaufstieg sowie weitere Nebenanlagen.

Stauvermögen, gegensinnige Bezeichnung der Durchlässigkeit eines Bodens für Wasser, z. B. hat ein Boden mit geringem Stauvermögen eine hohe Durchlässigkeit und umgekehrt.

Stauwasser, oberflächennahes, zeitweilig auftretendes, frei bewegliches Bodenwasser, dessen Abfluß ins Grundwasser durch eine Stauwassersohle gehemmt ist. Die Folge ist eine für den Anbau von Kulturpflanzen schädliche Staunässe. Stauwasser ist als Stauwasserspiegel in Aufschlüssen, Bohrlöchern oder flachen Brunnen nachweisbar. Eine Ableitung des Wassers erfolgt durch eine ↗Entwässerung des Bodens. Nach Bodenkundlicher Kartieranleitung tritt Stauwasser oberhalb 1,3 m unter Flur auf, frei bewegliches Bodenwasser unterhalb 1,3 m Tiefe gilt als ↗Grundwasser.

Stauwasserböden, *Staunässeböden*, *Stagnosole*, Klasse von Böden innerhalb der Abteilung terrestrische Böden. Stauwasserböden weisen Nässemerkmale (redoximorphe Merkmale) durch

↗Stauwasser, auf. Zu den Stauwasserböden zählen ↗Pseudogleye und ↗Stagnogleye. Typisch für Stauwasserböden ist der Wechsel zwischen Naßphasen im Frühjahr und Trockenphasen im Sommer.

Stauwassersohle, 1) untere Grenze einer ↗Stauwasser führenden Schicht im Boden. Die Stauwassersohle entspricht auch der oberen Grenze einer wasserstauenden Schicht (Stauer). **2)** Bezeichnung für den ↗Sd-Horizont.

Stauwurzel, oberstromiges Ende eines Staubereiches, dessen Lage vom Oberwasserzufluß abhängig ist; oberhalb der Stauwurzel findet ein ungestörter freier Durchfluß statt.

Stauziel, nach DIN 4048 die nach der Zweckbestimmung einer ↗Stauanlage beim Regelbetrieb zulässige Wasserspiegelhöhe. Das höchste Stauziel ist die Wasserspiegelhöhe, die auch durch das ↗Bemessungshochwasser nicht überschritten werden darf.

Steatit, *Giltstein*, *Nieren-Speckstein*, *Piotit*, *Speckstein*, gelblich-graue, rötliche, braune bis gelbe, dichte Varietät von Talk; Strich: weiß; Härte nach Mohs: l; Dichte: 2,8 g/cm³; Aggregate: derbe Massen oder grobkristallin; Vorkommen: als Umwandlungsprodukt von Serpentin in kristallinen Schiefern; Fundorte: Göpfersgrün im Fichtelgebirge u. a. ↗Speckstein.

Stechmarken, ↗Stoßmarken, die durch das »Einstechen« eines Gegenstandes in die Sedimentoberfläche entstehen. Kennzeichnend ist, daß der Einstich auf der stromabwärtigen Seite am tiefsten ist.

Stechpegel, verstellbarer, mit einer Spitze versehener Meßstab, der zur exakten Messung des Wasserstandes eingesetzt wird. Bei der Messung wird der Meßstab soweit nach unten verstellt, bis die Spitze die Wasseroberfläche berührt. Die Spitze kann auch hakenförmig ausgebildet sein (Hakenpegel). Sie zeigt dann nach oben und wird nach dem Eintauchen so lange hochbewegt, bis sie eine kleine Wölbung auf der Wasseroberfläche verursacht. Stechpegel sind ergänzende Einrichtungen für ↗Pegel bei extrem geringfügigen Wasserstandsschwankungen. Sie gehören zur Standardausrüstung von ↗Meßwehren und Meßgerinnen.

Stefan, *Stefanium*, *Stephanien*, regional verwendete stratigraphische Bezeichnung für die oberste Stufe des mitteleuropäischen ↗Karbons, benannt nach dem röm. Namen »Stefanus« der heutigen Stadt St. Etienne in Frankreich. ↗geologische Zeitskala.

Stefan-Boltzmann-Gesetz, (nach Jozef Stefan, 1835–1893 u. Ludwig Eduard Boltzmann, 1844–1906), dient zur Bestimmung der Gesamtenergiedichte über alle Spektralbereiche, die der Fläche unter der Planckschen Strahlungskurve entspricht (↗Plancksches Strahlungsgesetz). Es verdeutlicht die starke Abhängigkeit dieser Gesamtenergiedichte von der Temperatur des schwarzen Körpers:

$$u(T) = \sigma T^4$$

mit $u(T)$ = Gesamtenergiedichte der Ausstrahlung eines Körpers mit der Temperatur T, $\sigma = 5{,}670 \cdot 10^{-8}$ W/m²K⁴ (Stefan-Boltzmann-Konstante), T = Temperatur in K. Dieser Zusammenhang kann jedoch nicht zur Bestimmung der Temperatur mit Hilfe von Fernerkundungsmethoden genutzt werden, denn die Sensoren sind meist nur in ausgewählten Spektralbereichen sensitiv. Natürlich vorkommende Oberflächen strahlen infolge der Absorption nicht die vollständige Energiemenge eines schwarzen Körpers mit der gleichen Temperatur ab. Daher ist für die Anwendung auf natürliche Objekte eine Modifikation des Stefan-Boltzmann-Gesetzes erforderlich. Es wird um den ↗Emissionskoeffizienten ε dieser Oberflächen ($u(T) = \sigma \cdot T^4 \cdot \varepsilon$) erweitert. [HW]

stehende Falte ↗Falte.

stehende Welle ↗Wellen.

Steifemodul, die Kenngröße zur Beschreibung des Drucksetzungsverhaltens eines Bodens bei verhinderter Seitenausdehnung im Kompressions- oder Oedometerversuch bzw. bei behinderter Seitenausdehnung im ↗Plattendruckversuch.

Steilhang, 16–60° geneigter Hang. Der Bereich von 36–60° gilt als übersteil. Hänge von über 60° Hangneigung werden als Wand bezeichnet.

Steilheit der Welle ↗Seegang.

Steilküste, *Kliffküste*, an steil aufragendes Land grenzende Küste mit einem charakteristischen Formenschatz (↗litorale Serie Abb. 2). Dabei handelt es sich meist, aber nicht zwangsläufig, um eine ↗Tiefwasserküste; Strandbildungen sind eher selten. Durch ↗Brandung entstehen als charakteristische Formbestandteile der Steilküste Brandungsplattform (↗Abrasionsplattform), ↗Kliff und ↗Brandungshohlkehle (↗Brandungsformen).

Steilwinkelreflexion, Meßschema zur Registrierung von reflektierten Strahlen im unterkritischen Bereich mit kleinen Reflexionswinkeln (steile Reflexionen). Im Gegensatz hierzu stehen die ↗Weitwinkelreflexionen.

Steindamm, lagenweise geschütteter ↗Staudamm aus gebrochenem Fels oder natürlichen Steinen.

Steineisenmeteorit ↗Meteorit.

Steine-und-Erden-Lagerstätten, Lagerstätten von Fest- und Lockergesteinen, die als »Massenrohstoffe« überwiegend (zu ca. 90 %) als Baustoffe in der Bauindustrie eingesetzt werden (deshalb auch als Baurohstoffe bezeichnet). Die wesentlichen Verwendungszwecke sind der Hoch- und Tiefbau einschließlich des Verkehrswegebaus (Straßen- und Wegebau, Gleis- bzw. Bahnbau, Wasserbau) und die Baustoffindustrie, zu der die Produktion von Beton, Zement und Mörtel, Branntkalk und Gips, Füll- und Dämmstoffen, Filtern, Kunststeinen und Terrazzo, aber auch die Naturwerksteinindustrie gehören. Die restlichen 10 % der Fördermenge werden von verschiedenen Industriebranchen (Keramik-, Feuerfest-, Eisen- und Stahl-, Glas-, Chemie-, Schleifmittel-, Erdöl-, Optische Industrie usw.), der Land- und Forstwirtschaft sowie dem Umweltschutz abgenommen. Bedeutende Verwendungszwecke sind

Steine-und-Erden-Lagerstätten

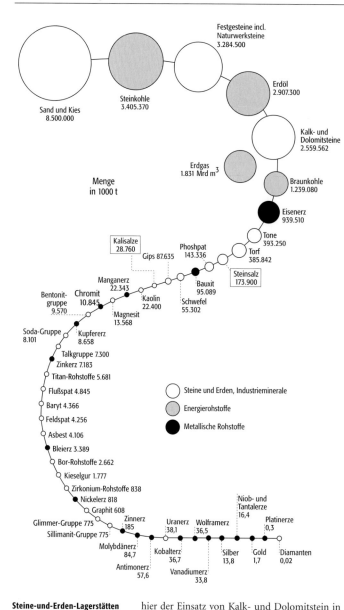

Steine-und-Erden-Lagerstätten
1: Produktion mineralischer Rohstoffe in der westlichen Welt nach Menge.

Verwendung als Zuschlag in der Betonindustrie, während die Produktion der Fest- bzw. Hartgesteine (in der Steine-und-Erden-Industrie auch als »Natursteine« bezeichnet) vorwiegend für den Verkehrswegebau eingesetzt wird. In den letzten Jahren finden Edelsplitte aus Festgesteinen zudem zunehmend Verwendung im Betonbau. Zu den in Deutschland als Baurohstoffe genutzten Festgesteinen gehören ↗Plutonite (z. B. ↗Granite, ↗Granodiorite), ↗Vulkanite (z. B. ↗Rhyolithe, ↗Basalte, Metabasalte bzw. ↗Diabase und »Lavaschlacken«), ↗Metamorphite (z. B. ↗Quarzite, ↗Gneise, ↗Amphibolite, ↗Serpentinite) und ↗Sedimentgesteine (z. B. ↗Kalksteine), die unterschiedlichen stratigraphischen Systemen entstammen (meist ↗Paläozoikum, bei Carbonatgesteinen auch ↗Mesozoikum). Derzeit werden Festgesteine in Deutschland in ca. 1500 ↗Tagebauen gewonnen; etwa die Hälfte dieser Gewinnungsstellen unterliegt einer staatlichen Güteüberwachung für den klassifizierten Hoch- und Tiefbau.

Zur Gruppe der Bindemittel zählen hauptsächlich Carbonatgesteine (Kalksteine, Kalkmergelsteine, Dolomitsteine), die Gruppe der Tonrohstoffe sowie Gips- und Anhydritsteine. Carbonatgesteine dienen hauptsächlich der Herstellung von Zement und Branntkalk. Kalk- und Kalksteinprodukte werden vielfältig in industriellen Verfahrenstechniken (z. B. Eisen- und Stahlindustrie, Baustoffindustrie, chemische Industrie, Glasindustrie), aber auch im Umweltschutz (z. B. Rauchgasentschwefelung) eingesetzt. Tonrohstoffe sind die wichtigsten Rohstoffe der keramischen Industrie. Nach ihrem Verwendungszweck werden sie unterteilt in feinkeramische ↗Tone, Feuerfesttone und grobkeramische Rohstoffe, zu denen z. B. Klinker- und Ziegeltone, entfestigte Tonschiefer und mesozoische Tonsteine (»Schiefertone«) und ↗Lößlehme gehören. Die z. T. untertage gewonnenen Gips- und Anhydritsteine werden zu ca. 75 % in der Baustoffindustrie als sog. Baugipse (Gipsbaustoffe wie Gipskartonplatten, Gipsputze wie Putz- und Stuckgips, Spachtelmassen sowie Estrich), zu 25 % als Abbinderegler in der Zementindustrie und in kleinen Mengen als Spezialgipse (Modellgipse, keramische Gipse, medizinische Gipse etc.) eingesetzt. Die Förderung von Gips- und Anhydritstein in Deutschland entstammt überwiegend dem ↗Zechstein in Niedersachsen, Thüringen und Hessen, weiterhin dem ↗Muschelkalk und dem ↗Keuper in Süddeutschland. Zur Substitution von Naturgips wird Gips aus Rauchgas-Entschwefelungs-Anlagen (REA-Gips) benutzt, der derzeit in Deutschland ca. ein Drittel des Gipsverbrauches deckt.

Naturwerksteine (früher auch als Bruch-, Bau- und Werksteine bezeichnet) werden als Blöcke oder Platten gewonnen (engl. »dimension stone«) und anschließend in der Regel weiter bearbeitet (z. B. durch Sägen, Fräsen, Schleifen; engl. »cut stone«). In der Schweiz ist die irreführende Bezeichnung »Naturstein« gebräuchlich. Naturwerksteine werden in der Innen- und Außenar-

hier der Einsatz von Kalk- und Dolomitstein in der Eisen- und Stahlindustrie, der chemischen Industrie und der Feuerfestindustrie sowie von Tonrohstoffen in der Keramikindustrie (Produktion von Grobkeramik wie Ziegel), der Feuerfestindustrie sowie in der Produktion von Gebrauchs- und Industriekeramik, Feinkeramik und Porzellan. Je nach Einsatzbereich können die Steine-und-Erden-Rohstoffe eingeteilt werden in a) Massenrohstoffe (Zuschläge), b) Bindemittel, c) Naturwerksteine und d) ↗Industrieminerale: Die im Hoch- und Tiefbau eingesetzten Massenrohstoffe werden in der Regel zu verschiedenen Lieferkörnungen (z. B. Schotter, Splitt, Brechsand, Edelsplitt, Edelbrechsand, Mineralstoffgemische) aufbereitet. Lockergesteine (Kiese und Sande, in der Steine-und-Erden-Industrie auch als »Kiessand« bezeichnet) finden überwiegend chitektur vor allem als Fassadenplatten, aber auch als Dachplatten (Dachschiefer), Gehwegplatten, Pflaster- und Bordsteine, im Gartenbau zudem für Brunnen und Blumentröge eingesetzt. Mit dem Kunstbegriff »Monumentalsteine« werden Verarbeitungen zu Monumenten, Denkmälern, Grabsteinen, Skulpturen etc. bezeichnet. Nur untergeordnete wirtschaftliche Bedeutung besitzt die Verarbeitung zu kunsthandwerklichen Produkten und zu Dekorationssteinen für Möbel u. s. w.; nur noch historisches Interesse verdient die Produktion von Mühlsteinen. Typisch für die Naturwerksteinindustrie sind zahlreiche, im petrographischen Sinn nicht korrekte Handelsnamen und Bezeichnungen (z. B. »Lahnmarmor«, »Edelgranit«, »Rauchkristall«). In Deutschland wurden und werden Gesteine unterschiedlicher Genese (Plutonite, Vulkanite, Metamorphite, Sedimente) und unterschiedlichen Alters als Naturwerksteine gewonnen. Beispiele sind Gangquarze aus dem Odenwald, ↗Travertin aus dem Stuttgarter Raum, Jura-Kalkstein und Plattenkalke aus der Fränkischen Alb (z. B. Solnhofen; ↗Solnhofener Plattenkalk), Granit aus dem Schwarzwald, Fichtelgebirge und Bayerischem Wald, Sandsteine aus dem Raum Coburg, Miltenberg, Obernkirchen und dem Solling, Kalkstein aus dem Raum Würzburg und Vulkanite aus der Osteifel und dem Vogelsberg. Die personalintensiv zu gewinnenden einheimischen Naturwerksteine werden zunehmend durch kostengünstigere Importe verdrängt.

Zu den Industriemineralen zählen u. a.: Quarz, Baryt, Coelestin, Strontianit, Flußspat, Calcit, Diatomit (»Kieselerde«, Kieselgur), Feldspäte, feldspatreiche Gesteine, Arkosen, Magnesit und andere Feuerfestrohstoffe, Sillimanit, Korund, Smirgel, Zirkon, Andalusit, Chromit, Bentonit, Speckstein, Talk, Bauxit, Ocker- und Farberden, Borminerale, Glimmer, Berylliumminerale, Lithiumminerale, Schwefel, Graphit, Asbest, Schwerminerale, Phosphate und andere mineralische Düngemittel (z. B. Apatit, Guano, Natronsalpeter) und die große Gruppe von Schmuck- und Edelsteinen, aber auch Industriediamanten. Produkte der Steine-und-Erden-Lagerstätten stellen (weltweit und in Deutschland) mengenmäßig die bedeutendsten Rohstoffe dar (»Massenrohstoffe«); wertmäßig rangieren sie direkt hinter den Energierohstoffen (Abb. 1 u. 2). Die große wirtschaftliche Bedeutung der überwiegend mittelständisch strukturierten Steine-und-Erden-Industrie in Deutschland verdeutlichen folgende Kennziffern (1997): Produktion: ca. 740 Mio. t, Anzahl Betriebe: ca. 6500, Anzahl der Beschäftigten: ca. 168.000, Umsatz: ca. 49 Mrd. DM. Wegen der hohen Transportempfindlichkeit der meisten Steine-und-Erden-Rohstoffe (Transportkosten übersteigen bei ca. 30–50 km den Wert des Produktes) werden meist große Lagerstätten in der Nähe von Abnehmern und Ballungsgebieten abgebaut. Der Abbau erfolgt überwiegend oberflächennah im Tagebau (Steinbrüche, Kies- und Sandgruben) und nur in Ausnahmefällen (z. B. Naturwerksteine, Dachschiefer, Gipsstein, Industrieminerale) im Tiefbau. Bei der Gewinnung von Kies und Sand wird – je nach der Aufdeckung von Grundwasser – zwischen Trocken- und Naßabbau unterschieden, was unterschiedliche Fördertechniken bedingt. Fast alle Steine-und-Erden-Rohstoffe werden erst nach aufwendiger ↗Aufbereitung und Veredlung ihrem Verwendungszweck zugeführt.

Steine-und-Erden-Lagerstätten geraten als nicht erneuerbare Rohstoffe zunehmend in das Blickfeld der umweltbewußten Öffentlichkeit. Sie sind mengenmäßig begrenzt, nicht vermehrbar und zudem standortgebunden. Die mittel- bis langfristige Sicherung dieser Rohstoffe vor anderen »konkurrierenden« Flächennutzungen (z. B. Bebauung) ist in Deutschland deshalb im Rahmen der Raumordnung und Landesplanung gesetzlich verankert (Rohstoffsicherung; ↗Rohstoffsi-

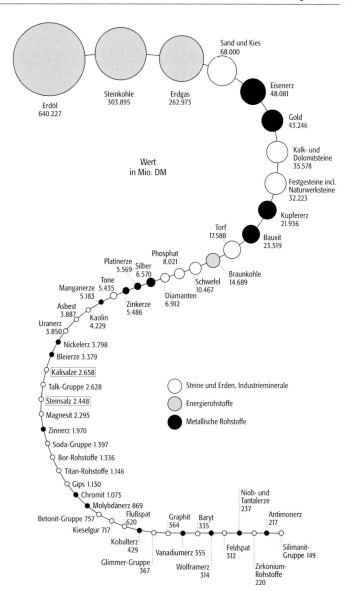

Steine-und-Erden-Lagerstätten 2: Produktion mineralischer Rohstoffe in der westlichen Welt nach Wert.

cherungskarten) und meist Aufgabe der staatlichen geologischen Dienste. Ökologische Relevanz besitzt auch die langfristige Folgenutzung der (temporären) Gewinnungsstellen. Gängig sind inzwischen Rekultivierung und Renaturierung; aus einer hohen Anzahl von ehemaligen Gewinnungsstellen sind Naturschutzgebiete hervorgegangen. Recycling und Substitution von Steine-und-Erden-Produkten haben in den letzten Jahren große Bedeutung erlangt, doch können selbst hohe Recyclingraten (heute ca. 75 %) den Verbrauch an diesen Produkten nur zu kleinen Teilen ersetzen. [TKi]

Steininsel ↗Steinpolygon.

Steinkern, Sedimentausguß des Inneren einer Schale, seltener Mineralausfüllung, z. B. aus Pyrit. ↗Fossildiagenese.

Steinkohle, bei zunehmender Erdwärme aus ↗Torf über ↗Braunkohle entstandenes brennbares Gestein (↗fossiler Brennstoff), überwiegend aus der Reihe der ↗Humuskohlen, das (zur Abgrenzung von der Braunkohle) einen schwarzen ↗Strich erzeugt bzw. mit Kalilauge einen farblosen Auszug ergibt (keine Huminreaktion mehr) und eine ↗Vitrinitreflexion von >0,6 % R_r aufweist (↗Inkohlung). Steinkohle wird nach zunehmendem Inkohlungsgrad (steigende Vitrinitreflexion, abnehmender Gehalt an flüchtigen Bestandteilen, abnehmender Sauerstoff- und Wasserstoffgehalt, zunehmender Kohlenstoffgehalt, damit steigender Brennwert bis zum Eßkohlestadium) unterteilt in ↗Flammkohle, ↗Gasflammkohle, ↗Gaskohle, ↗Fettkohle, ↗Eßkohle und ↗Magerkohle, ↗Anthrazit und ↗Meta-Anthrazit. ↗Kohle.

Steinlinie, in mehreren parallelen Reihen quer über einen Gletscher gelegte Reihen von Steinen als einfache Methode zur Erfassung der ↗Gletscherbewegung.

Steinmergel, sehr hartes, in der Regel schichtungsloses, dichtes, dolomitisch-kieseliges Gestein mit erhöhtem Tonanteil; speziell für einzelne, in Tonsteinfolgen des ↗Keupers eingeschaltete Bänke gebraucht (↗Steinmergelkeuper). ↗Germanische Trias.

Steinmergelkeuper, oberer Teil des mittleren ↗Keupers im zentralen Bereich des Germanischen Beckens in Nord- und Mitteldeutschland, nach der verbreiteten Einschaltung von Steinmergel-Bänken (↗Germanische Trias).

Steinmeteorit ↗Meteorit.

Steinnetz, Form eines ↗Frostmusterbodens, der durch eine netzförmige Anordnung von ↗Steinringen oder ↗Steinpolygonen gekennzeichnet ist (Abb.).

Steinpflaster, relative Anreicherung grober Sedimentkomponenten an der Erdoberfläche. Steinpflaster sind in periglazialen und in ↗ariden Gebieten verbreitet. In ↗Periglazialgebieten reichern sich die Steine auch durch ↗Auffrieren an der Oberfläche an. Die Feinsedimente werden durch Wind ausgeblasen. Einzelne Steine können dabei zu ↗Windkantern geschliffen werden. ↗Pflasterboden.

Steinpolygon, Form eines ↗Frostmusterbodens, bei dem Grobmaterial polygonförmig um einen Feinerdekern angeordnet ist. Voraussetzung zur Bildung von Steinpolygonen und ↗Steinringen ist das Vorhandensein einer genügenden Anzahl von Steinen im Substrat und häufige ↗Frost-Tau-Zyklen. Durch ↗Auffrieren werden die Steine an die Oberfläche gebracht. Da sich das Feinerdematerial beim Gefrieren stärker ausdehnt, werden die Steine durch ↗gravitative Massenbewegungen nach außen verlagert. Der Durchmesser von Steinpolygonen kann bis zu 20 m betragen. Sie treten zumeist in Form von ↗Steinnetzen auf. Ist der Steingehalt des Substrats sehr hoch, wird ein größerer Flächenanteil durch Steine eingenommen und es entstehen ↗Steinringe. Ist der Steingehalt gering, werden nur vereinzelte Steininseln gebildet.

Steinring, Form eines ↗Frostmusterbodens mit ringförmiger Anordnung von Steinen um einen Kern aus Feinerdematerial. Die Genese von Steinringen ist gleich der von ↗Steinpolygonen.

Steinsalz ↗Halit.

Steinsalzlagerstätten, ↗Salzlagerstätten mit Steinsalz (↗Halit, NaCl) als Hauptkomponente, entstanden im Rahmen des Eindampfungszyklus der ↗chemischen Sedimente aus dem Meerwasser und anzutreffen in den Schichtenfolgen des gesamten ↗Phanerozoikums mit besonders weiter Verbreitung im ↗Perm und ↗Tertiär. In Deutschland werden Steinsalzlagerstätten in Schichten des ↗Zechsteins (Nord- und Mitteldeutschland), der Permotrias im alpinen Raum (↗Haselgebirge, Berchtesgadener Land, Fortsetzung ins Salzkammergut, Österreich) und aus dem ↗Muschelkalk (Süddeutschland) abgebaut.

Steinsatz, Maßnahme zur ↗Sohlensicherung im Gewässer durch unbearbeitete, mauerwerkartig in die Gewässersohle eingebundene Steine (↗Wildbachverbauung).

Steinschlag, sturzförmige Bewegung von einzelnen kleineren Festgesteinspartien bis zur Blockgröße. Durch Auftreffen auf die Hangoberfläche kann die Bewegung in den schiefen Wurf und Rollen übergehen. Steinschlag ist bezüglich seiner Dimension die kleinste ↗Massenbewegung in der Reihe Steinschlag – Felssturz – Bergsturz.

Steinschüttung, ↗Schüttmaterial aus Stein. Steinschüttungen werden oft bei Bauwerken (z. B. Leuchtturm) in offenen Gewässern vorgenommen. Die Steingröße wird so bestimmt, daß die Schüttung den angreifenden Wassermassen ausreichend Widerstand entgegenstellen kann.

Steinstreifen ↗Streifenboden.

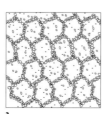
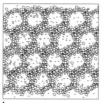

Steinnetz: Steinnetze aus a) Steinpolygonen, b) Steinringen.

Steinzeit

Michael Grigo, Köln

Die Steinzeit ist ein Sammelbegriff für vorgeschichtliche Kulturstufen, vielfach belegt durch Steinwerkzeuge. Andere Werkstoffe wie Holz und Knochen wurden sicherlich schon sehr früh verwendet, sind aber wegen ihrer eingeschränkten Überlieferungsfähigkeit nur selten nachzuweisen. Gebräuchlich ist die grobe Untergliederung in Alt-, Mittel- und Jungsteinzeit (*Paläolithikum*, *Mesolithikum* und *Neolithikum*), wobei die Dauer und zeitliche Abgrenzung dieser Stufen regional schwanken, wie auch die Grenze zu den jüngeren Metallzeiten.

Paläolithikum (Altsteinzeit)

Die ältesten bekannten Steinwerkzeuge sind datiert auf 2,6–2,5 Mio. Jahre v. h. und werden den in Afrika weitverbreiteten, sog. Vormenschen (wichtigste Gattung *Australopithecus*, 4,2–1,1 Mio. Jahre v. h.) zugeschrieben (Abb. 1, Abb. 3). *Australopithecus*-Arten unterscheiden sich von ihren weit ins Tertiär hinabreichenden, menschenaffenähnlichen Vorfahren durch reduzierte Eckzähne, einen aufrechten Gang, ein größeres Gehirnvolumen sowie durch den Gebrauch einfachster, einseitig zugeschlagener Steinwerkzeuge. Die zeitliche Untergrenze des Paläolithikums als ältester Epoche der Menschheitsgeschichte fällt zusammen mit dem ersten Nachweis der Gattung *Homo*: Die ältesten bekannten Menschenfossilien sind ebenfalls auf Afrika beschränkt (*Homo habilis*, 2,5–1,5 Mio. Jahre v. h.). Diese »fähigen Menschen« fertigten zweiseitig

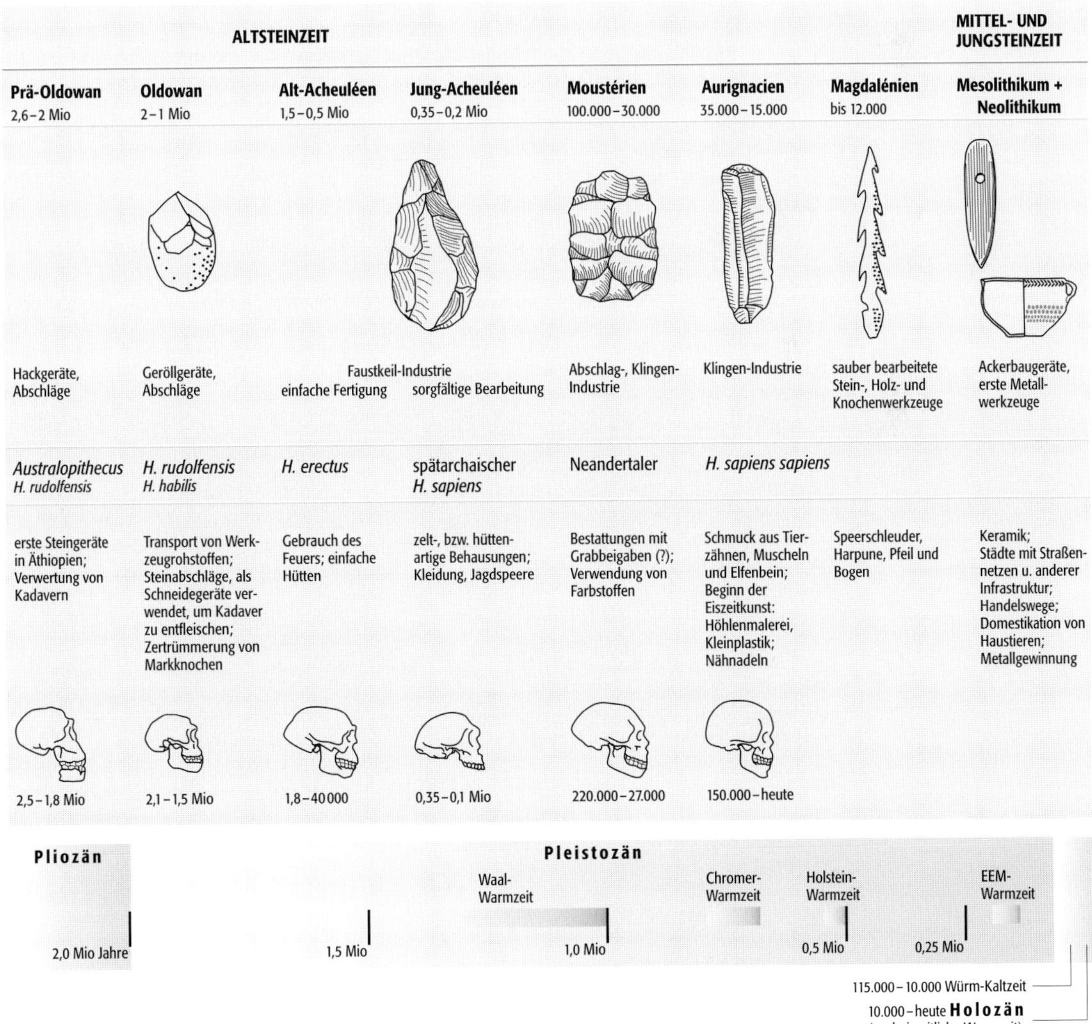

Steinzeit 1: Die steinzeitlichen Kulturstufen, Menschenformen, und die klimatische Entwicklung seit dem Pliozän.

	ALTSTEINZEIT							MITTEL- UND JUNGSTEINZEIT
Prä-Oldowan 2,6–2 Mio	**Oldowan** 2–1 Mio	**Alt-Acheuléen** 1,5–0,5 Mio	**Jung-Acheuléen** 0,35–0,2 Mio	**Moustérien** 100.000–30.000	**Aurignacien** 35.000–15.000	**Magdalénien** bis 12.000	**Mesolithikum + Neolithikum**	
Hackgeräte, Abschläge	Geröllgeräte, Abschläge	Faustkeil-Industrie einfache Fertigung	Faustkeil-Industrie sorgfältige Bearbeitung	Abschlag-, Klingen-Industrie	Klingen-Industrie	sauber bearbeitete Stein-, Holz- und Knochenwerkzeuge	Ackerbaugeräte, erste Metallwerkzeuge	
Australopithecus H. rudolfensis	*H. rudolfensis* H. habilis	*H. erectus*	spätarchaischer *H. sapiens*	Neandertaler	*H. sapiens sapiens*			
erste Steingeräte in Äthiopien; Verwertung von Kadavern	Transport von Werkzeugrohstoffen; Steinabschläge, als Schneidegeräte verwendet, um Kadaver zu entfleischen; Zertrümmerung von Markknochen	Gebrauch des Feuers; einfache Hütten	zelt-, bzw. hüttenartige Behausungen; Kleidung, Jagdspeere	Bestattungen mit Grabbeigaben (?); Verwendung von Farbstoffen	Schmuck aus Tierzähnen, Muscheln und Elfenbein; Beginn der Eiszeitkunst: Höhlenmalerei, Kleinplastik; Nähnadeln	Speerschleuder, Harpune, Pfeil und Bogen	Keramik; Städte mit Straßennetzen u. anderer Infrastruktur; Handelswege; Domestikation von Haustieren; Metallgewinnung	
2,5–1,8 Mio	2,1–1,5 Mio	1,8–40 000	0,35–0,1 Mio	220.000–27.000	150.000–heute			

Pliozän		**Pleistozän**						
			Waal-Warmzeit		Chromer-Warmzeit	Holstein-Warmzeit	EEM-Warmzeit	
2,0 Mio Jahre		1,5 Mio		1,0 Mio		0,5 Mio	0,25 Mio	

115.000–10.000 Würm-Kaltzeit

10.000–heute **Holozän** (nacheiszeitliche Warmzeit)

Steinzeit

Steinzeit 2: Levalloistechnik (Mittel-Paläolithikum): Spezielle Kernpräparation (1–3) mit dem Ziel, die gewünschte Form des Abschlags (5a–5c) vom zu bearbeitenden Gestein (4a–4c) so weit wie möglich vorauszubestimmen (4a/5a = Vorderansicht, 4b/5b = Seitenansicht, 4c/5c = Rückansicht).

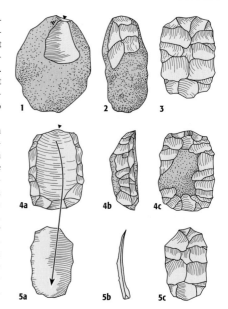

zugeschlagene Steinwerkzeuge an. Ihre Schädelanatomie weist bereits einige moderne Merkmale auf, und im weiteren Verlauf der Altsteinzeit entwickelten sich daraus die verschiedenen Menschenformen bis hin zum *Homo sapiens sapiens*. Das Ende des Paläolithikums fällt zusammen mit dem Ende der letzten Kaltzeit vor ca. 10.000 Jahren. Es umfaßt demnach zeitlich mehr als 99 % der Menschheitsgeschichte.

Wegen der spärlichen paläoanthropologischen Funde muß die Untergliederung des Paläolithikums weiterhin im wesentlichen aufgrund von Artefakten (meist Steinwerkzeuge) erfolgen. Die damit korrelierten Kulturstufen sind komplexerer Natur und beinhalten Befunde bezüglich Siedlungs- und Gesellschaftsformen, künstlerischer Gestaltung (im Jungpaläolithikum) usw. Die somit mögliche relative Untergliederung der Altsteinzeit läßt sich durch geologisch-paläontologische Untersuchungen chronostratigraphisch mit dem sedimentologischen Geschehen während der quartären Kalt- und Warmzeiten vergleichen. ↗Radiometrische Altersbestimmungen gewinnen dabei zunehmend an Bedeutung.

Das Altpaläolithikum ist an der Basis gekennzeichnet durch grob behauene Steingeräte (häufig aus Quarz- oder Quarzitgeröllen). Vor etwa 500.000 Jahren jedoch hatte sich mit dem Acheuléen (Abb. 1) eine fest umrissene Kulturstufe in Mitteleuropa herausgebildet – mit typischen, unregelmäßig kantenbehauenen Faustkeilen. Etwas jünger (ca. 400.000 Jahre) sind die Funde von Bilzingsleben bei Halle. An diesem altpaläolithischen Wohnplatz wurden neben zahlreichen, recht primitiven Steingeräten aus Feuerstein etwa ebenso viele Geräte aus Hirschgeweih und Elefantenknochen gefunden. Außerdem sind von dort kreisförmige bis ovale Behausungsgrundrisse aus großen Steinen und Knochen bekannt. Der Gebrauch von Feuer ist wahrscheinlich. Einige Schädelknochen weisen klar auf *Homo erectus* hin, der ersten Menschenart, die außerhalb Afrikas nachgewiesen worden ist. Der älteste Nachweis dieser Art für Europa ist 700.000 Jahre alt. Die Artefakte des jüngeren Altpaläolithikums sind insgesamt besser gearbeitet, mit feineren Retuschen. Zu dieser Zeit hatten sich bereits frühe, »archaische« Formen von *Homo sapiens* ausgebreitet.

Im Mittelpaläolithikum erfand *Homo sapiens neanderthalensis* mit der Levalloistechnik (Abb. 2) eine verfeinerte Form der Werkzeugherstellung, gefolgt von der wenig später aufkommenden Klingenindustrie. Ob die Neandertaler als Stammform des modernen Menschen in Frage kommen, wird seit Jahrzehnten diskutiert. Genetische Untersuchungen der Knochensubstanz scheinen das Gegenteil zu belegen. Jedenfalls existierten die Neandertaler neben modernen Menschen mindestens 60.000 Jahre lang. Sie verfügten über ein Hirnvolumen, welches dem der heutigen Menschen entspricht oder sogar geringfügig größer war. Jüngste Skelettreste mit typischen Neandertalermerkmalen sind knapp 30.000 Jahre alt. Nur geringfügig älter (ca. 40.000 Jahre) sind die jüngsten bekannten Fossilien von *Homo erectus*. Wahrscheinlich existierten zu der Zeit, als die ersten Vertreter der heutigen Menschen auftraten, mindestens drei weitere Menschenformen.

Die typischen Artefakte des Jungpaläolithikums wurden von *Homo sapiens sapiens* angefertigt und zeichnen sich durch ein hohes Maß an Formstabilität aus. Sie sind leichter und präziser gearbeitet, außerdem treten hier erstmals Formen auf wie Klingen- und Rundkratzer, welche sich bis weit ins Neolithikum gehalten haben.

Die paläolithischen Menschen waren gut organisierte Jäger und Sammler, denen es durchaus gelang, sich gegen kaltzeitliche Wetterunbilden zu behaupten. Hauptnahrungsquelle waren im eiszeitlichen Mitteleuropa die großen Wildpferde-, Rentier- und Mammutherden der weiten Gras-

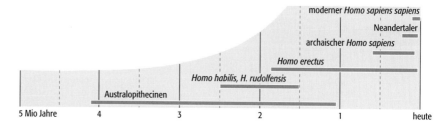

Steinzeit 3: Stratigraphische Reichweite verschiedener Homoniden, speziell Homoarten.

steppen. Pflanzliche Nahrung nahm zu dieser Zeit eine untergeordnete Rolle ein. Die wichtigsten Jagdwaffen waren hölzerne Lanzen, wie sie seit dem Altpaläolithikum nachzuweisen sind. Später trugen Speerschleuder und Harpune dazu bei, die Jagd effektiver zu machen. Die Nutzung des Feuers war möglicherweise der entscheidende Schritt, um in kältere Regionen vordringen zu können und um Schutz vor Raubtieren zu finden. Die ältesten Zeugnisse der Kunst stammen aus dem unteren Jungpaläolithikum (Höhlenmalereien hoher Qualität, Menschen- und Tierstatuetten aus Elfenbein, Steinritzungen). Bestattungen durch Neandertaler sind seit der mittleren Altsteinzeit bekannt. Sie werden, weil den Toten Nahrungsmittel, Geräte und Schmuck mit auf den Weg gegeben wurden, als Hinweis auf frühe Religionen interpretiert.

Mesolithikum (Mittelsteinzeit)
Das Mesolithikum ist die Übergangszeit vom Paläo- zum Neolithikum und beginnt im Präboreal (↗Holozän), ca. 8000 v. Chr. In weiten Teilen der damals vom Menschen besiedelten Bereiche änderten sich infolge der nacheiszeitlichen Klimaverbesserungen die ökologischen Verhältnisse stark. In Mitteleuropa kam es zur Wiederbewaldung. Neben tierischer Nahrung (mit eingeschränkter Verfügbarkeit), die jetzt vorwiegend aus Standwild (Hirsch, Reh, Wildschwein), zunehmend aber auch aus kleineren Tieren (Hasen, Vögeln und Fischen) bestand, wurde das Sammeln von Pflanzen wichtig. Spätestens jetzt wurden Wölfe domestiziert, vielleicht zunächst als Beschützer oder Jagdhelfer. Die charakteristischen Steingeräte des Mesolithikums sind die Mikrolithen, geometrisch geformte, kleine Feuersteinstücke, welche zumeist als Einsätze in Pfeilen, Speeren und Harpunen dienten. Gejagt wurde hauptsächlich mit Pfeil und Bogen. Gegen Ende des Mesolithikums tauchten im südlichen Mitteleuropa vereinzelt die ersten geschliffenen Felsgesteinsbeile auf, welche vermutlich zur Holzbearbeitung dienten. Siedlungsbefunden zufolge lebten wohl meist kleinere Menschengruppen zusammen. Da das Nahrungsangebot nach dem Ausbleiben der eiszeitlichen Großwildherden verringert war, mußten die Wohn- und Fangplätze häufig gewechselt werden. Einfacher war das Leben für die damaligen Küstenbewohner, die aufgrund dauernder Verfügbarkeit an Nahrung aus dem Meer seßhaft werden konnten, wovon riesige Muschelhaufen an nordeuropäischen Küsten zeugen. Im mediterranen Raum ist der Übergang zum Anbau von Kulturpflanzen belegt, welcher zusammen mit der schrittweisen Nutzbarmachung von Haustieren bald auch in Mitteleuropa für durchgreifende Veränderungen der Wirtschaftsformen führen sollte.

Neolithikum (Jungsteinzeit)
Die Menschen des Paläo- und Mesolithikums hatten sich an die während der Eis- und frühen Nacheiszeit ständig ändernden Lebensgrundlagen stets optimal angepaßt. Vor etwa 12.000 Jahren griffen sie erstmals aktiv in den Naturhaushalt ein, und zwar im Gebiet des sog. »Fruchtbaren Halbmondes«, einer klimatisch begünstigten Region des Vorderen Orients (Iran, Irak, Türkei, Syrien, Libanon, Palästina), in der auch heute noch die Wildformen der wichtigsten vorgeschichtlichen Getreidearten (Emmer, Einkorn und Gerste) vorkommen, außerdem die Wildformen von Rind, Schaf und Ziege. Mit der gezielten Nutzbarmachung wurden aus den Wildformen bald Zuchtformen. Die Folge war eine produzierende Wirtschaftsform, die es erstmals ermöglichte, daß auch größere Menschengruppen an einem Ort seßhaft wurden. Damit war der Grundstein zur sog. »Neolithischen Revolution« gelegt. Die Erfindung der Landwirtschaft wurde langsam in verschiedene Richtungen weitergetragen (»Neolithisierung«). Sie erreichte das südliche Mitteleuropa vor etwa 8000 Jahren. Die erste bedeutende Bauernkultur in Mitteleuropa wird nach der typischen Ornamentierung ihrer Keramik als bandkeramische bzw. linienbandkeramische Kultur (5500–4900 v. Chr.) beschrieben. Sie ist aufgrund einer sehr hohen Funddichte außerordentlich gut erforscht. Die Bandkeramiker besiedelten zunächst überall die fruchtbaren ↗Lößböden von Südrußland bis nach Westfrankreich. Die Keramik entwickelte sich – gerade eben erst erfunden – rasch weiter und läßt sich für Datierungszwecke verwenden. Neben charakteristischen Scherben gehören zum bandkeramischen Inventar der meisten Fundplätze geschliffene Beil- und Dechselklingen (»Schuhleistenkeile«), Schleif- und Mahlwannen, asymmetrisch dreieckige Pfeilspitzen sowie Rötelsteine aus ↗Hämatit (zur Gewinnung von Pigmenten) und schließlich Feuersteinklingen mit einseitigem »Sichelglanz«, zurückzuführen auf die Verwendung als Einsatzmesser in Erntesicheln. Grundrisse von großen, länglichen Rechteckhäusern lassen sich in vielen Fällen bei Grabungen anhand von Pfostenlöchern bzw. entsprechenden Bodenverfärbungen rekonstruieren. Vermutlich dienten sie nicht nur als Wohn-, sondern auch als Speicher- und Stallgebäude. In der Umgebung der Häuser wurden zahlreiche Gruben angelegt zur Aufnahme von organischen und sonstigen Abfällen. Bauholz fiel in großen Mengen an, wenn ein neues Ackerbaugebiet gerodet wurde. Optimale Siedlungsareale für die Bandkeramiker waren Gebiete mit fruchtbaren Lößböden in der unmittelbaren Nähe von Gewässern. Die Fähigkeit zum Bau großer Brunnenanlagen (z. B. Kückhoven bei Erkelenz, 5090 v. Chr.) ermöglichte es ihnen jedoch auch, in gewässerfreien Gebieten ihre Felder und Siedlungen anzulegen. Durch die landwirtschaftliche Sicherung der Nahrungsressourcen wuchs die Bevölkerung rasch an. Dadurch stieg der Bedarf an Acker- und Weideland, und es wurden nach und nach auch Gebiete außerhalb der besten Böden besiedelt. Weideland wurde vor allem für Rinder benötigt, welche als Fleischlieferanten und Zugtiere vor dem Pflug große Bedeutung hatten. Die Wolle von Hausschafen wurde mit Hilfe von Spinnwirteln zu ein-

fachen Textilien verarbeitet. Sicherlich sind verschiedene Waren auf Wochenmärkten weithin gehandelt worden, jedenfalls stammen die für die Steingeräteherstellung notwendigen Materialien teilweise aus weit entfernten Gebieten (wie auch schon im ausgehenden Paläolithikum), und dasselbe gilt für Rohstoffe zur Schmuckherstellung, wie z. B. Bernstein. Bandkeramische Bestattungen mit Grabbeigaben wie Nahrungsmittel, Schmuck und Werkzeuge des täglichen Gebrauchs weisen darauf hin, daß an ein Weiterleben nach dem Tod geglaubt wurde. In jüngeren bandkeramischen Siedlungen wurden manchmal große, grabenähnliche Strukturen mit mehr oder weniger rundlichem Umriß, sog. »Erdwerke« angelegt, deren Zweck noch umstritten ist. Derartige Großbauten gab es auch im nächst jüngeren Abschnitt der Jungsteinzeit, der Michelsberger Kultur (4200–3500 v. Chr.). Deren Siedlungen sind in vielen Regionen, z. B. im westlichen Rheinland, außerordentlich häufig. Die Keramik war schlicht und meist unverziert; bei den Werkzeugen sind die zahlreichen, geschliffenen Feuersteinbeile hervorzuheben. Die darauf folgenden Becherkulturen (benannt nach den bevorzugten Grabbeigaben) wurden berühmt durch ihre zahlreichen Großsteingräber. Zu den Grabbeigaben aus dieser Zeit gehören auch Kupferbeile und -dolche. Die Metallverarbeitung war auf dem Balkan bereits seit dem 5. Jahrtausend v. Chr. bekannt, und kupferne Schmuckstücke sind in Gräbern des mitteleuropäischen Raumes schon ebenso lange nachgewiesen. Am Ende des Neolithikums gewann die Metallverarbeitung an Bedeutung, und der Wandel zur Bronzezeit vollzog sich am Ende des 3. Jahrtausends v. Chr. Erst jetzt nahm die Bedeutung des Pferdes als Haustier zu, möglicherweise wegen der Notwendigkeit, Rohstoffe bzw. vorgefertigte Metallwaren über weite Strecken zu transportieren. Die zeitliche Obergrenze der Steinzeit ist also fließend und regional unterschiedlich alt. So bestanden im niederrheinischen Raum noch im 16. Jh. v. Chr. neolithische Verhältnisse (Becherkulturen), während im Süden und Osten Deutschlands schon lange bronzezeitliche Kulturen etabliert waren. Kupfer- und Bronzegeräte waren kostbar und konnten zunächst im Alltagsbereich kaum mit den billigen Steingeräten konkurrieren, worauf auch der Ausrüstungsstand der 1991 gefundenen Ötztaler Mumie (ca. 3200 v. Chr.) hinweist.

Literatur:
[1] ARORA, S. K. (1976): Die mittlere Steinzeit im westlichen Deutschland und in den Nachbargebieten. – Rheinische Ausgrabungen 17: 1–65. – Köln.
[2] CONRAD, N. J. & ORSCHIEDT, J. (1998): Archetyp des Menschen. – Archäologie in Deutschland 1998 (2), 18–20. – Stuttgart.
[3] FIEDLER, L. (1979): Formen und Techniken neolithischer Steingeräte aus dem Rheinland. – Beiträge zur Urgeschichte des Rheinlandes (3), 53–190. – Köln.
[4] HAHN, J. (1993): Erkennen und Bestimmen von Stein- und Knochenartefakten. Einführung in die Artefaktmorphologie. – Tübingen.
[5] MANIA, D. (1990): Auf den Spuren des Urmenschen – Die Funde aus der Steinrinne von Bilzigsleben. – Berlin.
[6] MECHSNER, F. (1998): Wer sprach das erste Wort? – Geo-Wissen, 76–83. – Hamburg.
[7] SCHRENK, F.(1997): Die Frühzeit des Menschen. Der Weg zum Homo sapiens. – München.
[8] SPINDLER, K. (1993): Der Mann im Eis. Die Ötztaler Mumie verrät die Geheimnisse der Steinzeit. – München.

S-Tektonit ↗Tektonit.

Stele, Bezeichnung für die funktionsmorphologische Einheit aller ↗Leitbündel und ihrer Anordnung in der ↗Sproßachse und in der ↗Wurzel. Die Stelärtheorie erklärt die Entwicklung verschiedener Stelentypen und wie die Leitbündel aus einer primär zentralen Anordnung bei den ursprünglichsten ↗Pteridophyta in die Peripherie der Sproßachse verlagert wurden, wodurch sich die Biegefestigkeit des Sprosses erhöhte. a) Die Protostele als ursprünglichster Typ besteht aus einem einzigen, zentralen, aus Tracheiden aufgebauten Strang, der konzentrisch von Phloem und Rinde umgeben ist. b) Die Aktinostele besteht aus einem Bündel weniger Einzelstränge, die durch Längsteilung der Protostele entstanden ist. Sie sind so angeordnet, daß das Xylem im Querschnitt sternförmig ist und zwischen den Strahlen das Phloem birgt. c) Fortgesetzte Längsteilung von Leitbündeln führt über die Plektostele zur Polystele, bei der Leitbündel über den gesamten Sproßquerschnitt verteilt sind, und zur Siphonostele, einem röhrenförmigen Leitbündelstrang mit zentralem Mark. d) Die verschiedenen Varianten eines in der Grundform konzentrischen Leitsystems mit eingeschlossenem Mark, das von einer Endodermis umhüllt wird, stellt als Eustele die vollkommenste Ausbildung unter den Stelentypen dar. [RB]

Stempel-Zylinder-Presse, *piston cylinder apparatus*, ein Gerät (Abb.), das in der ↗experimentellen Petrologie vielfach verwendet wird, um die physikalischen Bedingungen der tieferen Erdkruste und des oberen Erdmantels zu simulieren. Es erreicht maximale Drücke von 7 GPa bei Temperaturen von bis zu 1700°C. Die Stempel-Zylinder-Presse besteht aus einer Stahlkonstruktion, bei der der hydraulisch gesteuerte, untere Druckkolben auf die obere Druckplatte drückt und somit den Druck über zwei Stempel auf die innere Druckzelle mit der darin enthaltenen Probe überträgt. Die hohen Temperaturen werden durch den sich in der Druckzelle befindenden Graphitrohrofen erzeugt und durch ein Thermoelement kontrolliert. Da der Druck nicht direkt gemessen werden kann, ist es besonders

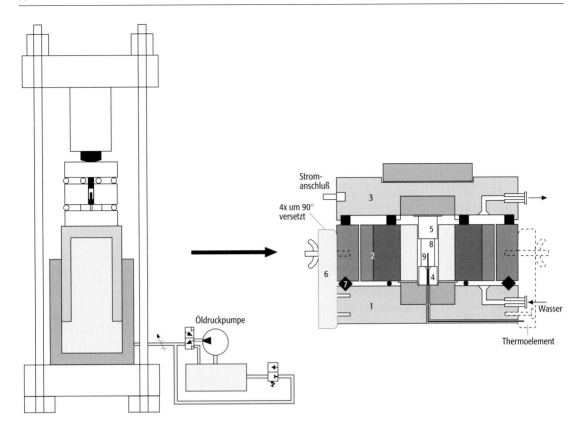

wichtig, daß das Innere der Druckzelle aus plastisch reagierendem Material (in der Regel Steinsalz oder Bornitrid) besteht, das den von den Stempeln erzeugten Druck möglichst gut auf die Probe überträgt. [MS]

Stengelgneis, ↗Gneise ohne planare ↗Anisotropie. Stengelgneise werden durch die lineare Anordnung der Minerale parallel zu einer Streckungslineation dominiert.

Steno, *Nicolaus*, eigentlich Niels Stensen, Theologe, Mediziner, Naturforscher, * 1. oder 11.1.1638 Kopenhagen, † 25.12.1686 Schwerin. Nach seinen Studien der Sprachen, Anatomie und Mathematik in Kopenhagen, Amsterdam und Leiden wurde Steno 1666 Leibarzt des Großherzogs Ferdinands II. in der Toskana und Anatom am Hospital Santa Maria Nuova in Florenz. Seine durch zahlreiche Reisen gewonnenen geologischen Erkenntnisse publizierte er unter dem Titel »De solido intra solidum naturaliter contento dissertationis prodromus« (1669, dt. 1923). Darin beschrieb er das grundlegendste aller geologischen Gesetze, das »Lagerungsgesetz« (Liegendes ist älter als Hangendes) und das »Gesetz der Winkelkonstanz«, womit die Grundlage für die ↗Stratigraphie gegeben war. Darüber hinaus erkannte Steno als erster, daß Fossilien Überreste von Organismen sind. 1672 wurde er Professor am Theatrum Anatomicum in Kopenhagen, 1675 wandte sich Steno von den Naturwissenschaften ab und empfing die Priesterweihe. Seine letzten Lebensjahre verbrachte er als Priester in Schwerin. [EHa]

stenobath, auf eine bestimmte Tiefenzone fixiert.

stenohalin, auf eine bestimmte, schmale Salinitätsspanne fixiert.

stenök, Bezeichnung für Organismen, die – im Gegensatz zu ↗euryöken – keine großen Schwankungsbreiten der Umweltfaktoren ertragen, sondern an ganz bestimmte Quantitäten gebunden sind. Sie kommen dementsprechend nur in denjenigen ↗Biotopen vor, welche diese Bedingungen erfüllen. Je nach betrachtetem Faktor kann die Bezeichnung konkretisiert werden, beispielsweise stenohygr (eng begrenzt bezüglich der Feuchtigkeit), stenophag (bezüglich des Nahrungsangebots) oder stenotherm (bezüglich der Temperatur).

Stenol ↗*Sterol*.

Stenosches Gesetz, *Winkelkonstanzgesetz, Gesetz der Winkelkonstanz, 1. Mineralogisches Grundgesetz*, 1669 vom Dänen Nicolaus ↗Steno alias Niels Stensen beim Vermessen der Flächenwinkel von Quarzkristallen entdecktes Gesetz; er erkannte damals, daß die Winkelmaße zwischen gleichwertigen Flächen stets dieselbe Größe haben. Später fand man heraus, daß diese Tatsache für alle Kristalle Gültigkeit hat. Zwar ändern sich die Größe der Flächen und deren Zentraldistanz (Mittelpunktabstände), jedoch nie die Winkel, gleiche Temperatur, gleicher Druck, gleiche Stoffart und gleiche chemische Zusammenset-

Stempel-Zylinder-Presse: schematischer Aufbau (1 = untere Druckplatte, 2 = Hochdruckmatrize, 3 = obere Druckplatte, 4 = unterer Druckstempel, 5 = oberer Druckstempel, 6 = Führungen aus Hartgewebe, 7 = Moosgummidichtungen, 8 = Graphitrohrofen, 9 = Probe).

Ursprungssubstanz Sterol	Produkt Steran	chemische Bezeichnung	Steran-Summenformel C_nH_{2n-6}
Cholesterol	Cholestan	Cholestan	$C_{27}H_{48}$
Ergosterol	Ergostan	24-Methylcholestan	$C_{28}H_{50}$
Sitosterol	Sitostan/Stigmastan	24-Ethylcholestan	$C_{29}H_{52}$
Sterol	Steran	24-Propylcholestan	$C_{30}H_{54}$

Steran (Tab.): Übersicht der Sterole und aus ihnen gebildeten Sterane.

zung vorausgesetzt. Dieses Gesetz läßt sich heute wie folgt formulieren: Alle zur gleichen Kristallart zählenden Einzelkristalle schließen zwischen analogen Flächen und Kanten stets gleiche Winkel ein.

stenotherm, auf eine bestimmte, schmale Temperaturspanne fixiert.

stenotop, auf ein bestimmtes Biotop fixiert.

Steppe, *Xeropoium*, weltweit verbreitete, baumarme bis baumfreie, von meist trockenresistenten Gräsern (v. a. *Festuca*, *Stipa* und *Antropogon*), Stauden (↗Geophyten) und einjährigen Blütenpflanzen bestimmte Vegetationsform. Die Pflanzendecke unterliegt einem jahreszeitenbedingten Wechsel des ↗Aspekts. Steppen gehören zu den gemäßigten außertropischen Klimazonen mit geringen Jahresniederschlägen (400–600 mm) und sommerlicher Trockenzeit sowie kalten, schneereichen Wintern. Bei einer durch Trockenheit und Kälte begrenzten ↗Vegetationszeit von weniger als 120 Tagen wird der Wald durch waldfreie Pflanzenformationen abgelöst. Charakteristischer Bodentyp ist die ↗Schwarzerde. Als Prototyp der Steppen gelten die frostreichen baumfreien Grasfluren des südlichen Rußlands. Vom lokalen Namen »stepj« wurde auch der Begriff abgeleitet. Ansonsten wird die Bezeichnung überwiegend auf Südosteuropa bis Südsibirien sowie auf entsprechende Vegetationsformen in Nord- und Südafrika oder in Australien angewandt. Die nordamerikanischen Steppen sind die ↗Prärien, die südamerikanischen die ↗Pampas. Der Begriff Steppe wird heute von den offenen Grasfluren der tropischen ↗Savannen unterschieden. Weltweit wird in Steppengebieten Getreideanbau und Großviehzucht betrieben. Die teilweise sehr intensive Nutzung führte vielerorts zu massiven Umweltproblemen (z. B. erhöhte ↗Bodenerosion, Verarmung der ursprünglich reichen Großtier-Fauna). Umgangssprachlich wird der Begriff Steppe auch für andere Vegetationsformen und nutzungsbedingte ↗Landschaftstypen mit offenem, baumfreien Charakter verwendet (Kälte-Steppe, Gebirgs-Steppe). Intensiv ackerbaulich genutzte, ausgeräumte Landschaften in Mitteleuropa werden als ↗Kultur-Steppe bezeichnet (↗Ausräumung der Kulturlandschaft). ↗Steppenklima. [SMZ]

Steppenböden, ↗Chernozems und ↗Phaeozems der ↗FAO-Klassifikation und ↗WRB-Klassifikation.

Steppenklima, Klimazone im Bereich der ↗Subtropen mit nur geringem Niederschlag während des Sommers, wo sich als typische natürliche Vegetationsformation die Steppe ausbildet. ↗Klimaklassifikation.

Steran, tetracyclischer, gesättigter ↗Biomarker aus sechs ↗Isopreneinheiten. Bildungsprodukt des während der ↗Diagenese über eine Sterenzwischenstufe ablaufenden Sterolabbaus (↗Sterol) (Tab., Abb.). Tetracyclische C_{27}- bis C_{30}-Sterole sind die Ursprungssubstanzen der daraus gebildeten homologen Sterane. Biosynthetisch wird stereoselektiv nur das $8\beta(H)$, $9\alpha(H)$, $10\beta(CH_3)$, $13\beta(CH_3)$, $14\alpha(H)$, $17\alpha(H)$, 20R-Isomer der jeweiligen Sterole produziert. Diese Sterole sind Bestandteile der Zellmembranen, verstärken deren strukturelle Integrität und besitzen eine lange und planare Form. Das während der Diagenese gebildete Steran besitzt ebenfalls die $8\beta(H)$, $9\alpha(H)$, $10\beta(CH_3)$, $13\beta(CH_3)$, $14\alpha(H)$, $17\alpha(H)$, 20R-Konfiguration. Während der Diagenese treten bevorzugt an dem C-14-, C-17- und an dem C-20-Kohlenstoffatom Isomerisierungen auf, so daß die Konfiguration des biologisch gebildeten Sterols und des daraus entstandenen Sterans als $14\alpha(H)$, $17\alpha(H)$, 20R-Konfiguration oder kurz $\alpha\alpha(20\,R)$-Konfiguration bezeichnet wird. Bei Isomerisierung an diesen Positionen kommt es zu einem Verlust der flachen Form unter Bildung von thermodynamisch stabileren Konfigurationen. Isomerisierung an der C-20-Position ist aufgrund der geringen ↗sterischen Hinderung bevorzugt. Neben der biologischen $\alpha\alpha(20\,R)$-Konfiguration werden die drei geologischen Konfigurationen $\alpha\alpha(20\,S)$, $\beta\beta(20\,S)$ und $\beta\beta(20\,R)$ bis zu einem Gleichgewicht mit einer Verteilung von 1 : 1 : 3 : 3 der Konfigurationen erhalten (↗Biomarker Abb. 3). Bei fortschreitender Diagenese kommt es durch Aromatisierung zur Bildung der ↗monoaromatischen Sterane und der ↗triaromatischen Sterane.

Der relative Anteil an Sterolen und Steranen mit 27, 28 oder 29 Kohlenstoffatomen in einem Sediment bzw. im Erdöl läßt auf die Herkunft des organischen Materials schließen. Ein hoher Anteil von C_{29}-Steranen deutet auf einen terrestrischen Ursprung, ein hoher Anteil von C_{28}-Steranen auf einen lakustrinen Ursprung und ein hoher Anteil von C_{27}-Steranen auf einen marinen Ursprung der organischen Materie hin. [SB]

Steran: Strukturformel, Ringbezeichnung und Positionsnumerierung des C_{30}-Sterans.

Steren, Zwischenstufe in der während der ↗Diagenese ablaufenden Bildung von ↗Steranen aus ↗Sterolen.

Stereoauswertegerät, in der Photogrammetrie allgemeine Bezeichnung für Geräte zur stereoskopischen Ausmessung von ↗Stereobildpaaren. Kontruktiv und methodisch sind ↗Stereometergeräte und ↗Stereokomparatoren zur Messung von Differenzen von ↗Parallaxen bzw. von ↗Bildkoordinaten und Parallaxen sowie analoge, analytische und ↗digitale Auswertegeräte, Stereokartiergeräte, zur Messung von ↗Modellkoordinaten bzw. ↗Objektkoordinaten in einem orientierten ↗photogrammetrischen Modell zu unterscheiden.

Stereoauswertung, in der Photogrammetrie Bezeichnung für das Verfahren und das Ergebnis der dreidimensionalen Ausmessung von ↗Stereobildpaaren nach den Prinzipien und Methoden des ↗stereoskopischen Sehens und Messens.

Stereobildpaar, zwei in der Regel photographische oder digitale Bilder des gleichen Objektes, die mit genähert parallelen ↗Aufnahmeachsen von unterschiedlichen Aufnahmeorten gewonnen wurden. In der Photogrammetrie sind Stereobildpaare die Grundlage für eine dreidimensionale ↗photogrammetrische Bildauswertung mit Hilfe der Methoden des ↗stereoskopischen Sehens und ↗stereoskopischen Messens (↗Stereophotogrammetrie).

Stereogramm, wird ein Kristallpolyeder durch die Durchstoßpunkte seiner Flächennormalen an einer Projektionskugel beschrieben, so wird die stereographische Projektion dieser Punktmenge auf der Kugeloberfläche als Stereogramm der Flächenpole des Kristalls bezeichnet. Trägt man die Symbole der Symmetrieelemente in ein solches Stereogramm ein, so spricht man auch vom Stereogramm des Symmetriegerüsts der Punktgruppe.

stereographische Projektion, will man die Oberfläche der Kugel in die Ebene projizieren, so kann man folgendermaßen vorgehen: Man wählt als Zeichenebene eine Tangentialebene am Südpol der Kugel und projiziert einen Punkt P der Kugeloberfläche, indem man die Gerade vom Nordpol durch P bis zum Schnittpunkt P' mit der Zeichenebene verlängert. Dadurch wird die Kugeloberfläche winkeltreu und kreisverwandt mit Ausnahme des Nordpols in die Ebene abgebildet. Der Nordpol wird zum »unendlich fernen« Punkt.

Da in der oben beschriebenen stereographischen Projektion der Platzbedarf für eine Darstellung der gesamten Kugeloberfläche unendlich groß wird, hat sich in der Kristallographie eine Modifikation dieser Projektionstechnik durchgesetzt, die mit einer Doppelbelegung der Projektionsfläche arbeitet. Als Projektionsebene wird in diesem Fall die Äquatorialebene gewählt. Die Punkte der Ober-Halbkugel werden in der Projektion durch Kreuze markiert, die der Unter-Halbkugel durch Kreise. ↗azimutaler Kartennetzentwurf. [HWZ]

Stereoisomerie, Stereoisomere sind Isomere (↗Isomerie), die sich bei gleicher Konstitution nur in der Anordnung der Atome und Atomgruppen im Raum unterscheiden. Die Stereoisomerie wird folgendermaßen unterteilt:

1) *Konformationsisomerie*: Konformationsisomere (Konformere, Rotationsisomere, Rotamere) sind Stereoisomere, die sich bei gleicher räumlicher Anordnung von Atomen und Atomgruppen nur durch Rotation um C–C-Einfachbindungen voneinander unterscheiden. Sie können nur isoliert werden, wenn die Rotation um die betrachtete formale Einfachbindung verhindert ist (↗sterische Hinderung).

2) *Konfigurationsisomerie*: Konfigurationsisomere sind Stereoisomere, die sich in der räumlichen Anordnung von Atomen und Atomgruppen unterscheiden, ohne Berücksichtigung von Orientierungen, die nur durch Rotation um Einfachbindungen voneinander abweichen. Die meisten Konfigurationsisomere können im Unterschied zu den Konformationsisomeren isoliert werden. Fast alle durch Biosynthese hergestellten Naturstoffe, z. B. Kohlenhydrate, Steroide und Alkaloide, sind Konfigurationsisomere.

a) Enantiomerie: *Enantiomere* sind Konfigurationsisomere, die sich wie Bild und Spiegelbild verhalten. Diese Eigenschaft wird auch als *Chiralität* bezeichnet. Enantiomere zeigen unabhängig vom Aggregatzustand optische Aktivität, d. h., sie drehen die Ebene des linear-polarisierten Lichtes beim Durchgang durch sie, und zwar um den gleichen Betrag, aber im entgegengesetzten Sinn. Die rechtsdrehende Form wird durch ein dem Namen vorangestelltes (+), die linksdrehende durch ein (-) gekennzeichnet. Äquimolekulare Gemische zweier Enantiomere einer Verbindung werden als Racemate bezeichnet. Die überwiegende Mehrzahl aller optisch aktiven, also chiralen Verbindungen enthält ein asymmetrisches Kohlenstoffatom, d. h. ein Kohlenstoffatom mit vier unterschiedlichen Substituenten, als Chiralitätszentrum. In Strukturformeln werden asymmetrische Kohlenstoffatome oft mit einem Stern gekennzeichnet (Abb. 1). Besitzt ein Molekül mehr als eines dieser *asymmetrischen Zentren*, können Diastereomere auftreten.

b) Diastereomerie: *Diastereomere* sind alle Konfigurationsisomere, die nicht Enantiomere sind. Sie treten bei Verbindungen mit mehreren Chiralitätselementen auf. Diejenigen Verbindungen, die sich in der Konfiguration aller asymmetrischen Kohlenstoffatome unterscheiden, sind Enantiomere. Alle anderen, die mindestens in der Konfiguration eines asymmetrischen Kohlenstoffatoms gleich sind und sich mindestens in der Konfiguration an einem asymmetrischen Kohlenstoffatom unterscheiden, sind Diastereomere. *Epimere* sind Diastereomere bei Verbindungen mit mehreren Chiralitätszentren, die sich nur in der Konfiguration eines dieser asymmetrischen Kohlenstoffatome unterscheiden. Epimerisierung ist die Konfigurationsumkehr nur eines von mehreren asymmetrischen Kohlenstoffatomen. Diastereomere haben unterschiedliche chemische und physikalische Eigenschaften; sie lassen sich demzufolge durch Destillation, Kristallisa-

Stereoisomerie 1: Kennzeichnung des asymmetrischen Kohlenstoffatoms.

Stereoisomerie 2: jeweils zwei Darstellungen der S- und der R-Konfiguration. Die oberen beiden Darstellung zeigen die S-Konfiguration, da die Reihenfolge der Substituenten a b c entgegen dem Uhrzeigersinn läuft, die beiden unteren Darstellungen die R-Konfiguration.

Stereoisomerie 3: α/β-Konfigurationen am Beispiel des C_{27}-Sterans. In der α-Konfiguration befindet sich das Wasserstoffatom unterhalb der vom Steran aufgespannten Ringebene.

Stereoisomerie 4: alternative Darstellungsmöglichkeit der α/β(H)-Konfigurationen mittels ausgefüllten (β) und nicht ausgefüllten (α) Punkten am Beispiel des C_{27}-Sterans. Es sind nur die Konfigurationen der auch schon in der Abb. 3 behandelten Wasserstoffatome gekennzeichnet.

Stereoskop: Grundaufbau eines Linsenstereoskops (B = Teilbilder des Stereobildpaares; b_a = Betrachtungsbasis, Augenabstand; f = Brennweite der Linsen).

tion oder chromatographische Trennverfahren (↗analytische Methoden) voneinander trennen. Die Konfigurationsbezeichnung nach der Cahn-Ingold-Prelog-Konvention (*CIP-Konvention*) ist eindeutig und für alle chiralen Verbindungen anwendbar. Zunächst werden die Liganden eines Chiralitätszentrums nach fallenden Ordnungszahlen geordnet (Sequenz: a>b>c>d). Doppelbindungen werden zu zwei Einfachbindungen mit jeweils denselben Substituenten aufgelöst. Bei der Bestimmung der Konfiguration wird das chirale Kohlenstoffatom so betrachtet, daß die Bindung mit der niedrigsten Priorität (d), normalerweise ein Wasserstoffatom, vom Betrachter wegzeigt. Die übrigen drei Bindungen erscheinen nun in einer dreieckigen Anordnung. Wenn die Priorität der Gruppen in der Reihenfolge a b c im Uhrzeigersinn abnimmt, so liegt eine R-Konfiguration vor. Die S-Konfiguration liegt dementsprechend bei der Reihenfolge a b c entgegen dem Uhrzeigersinn vor (Abb. 2). Die R/S-Notation bezeichnet asymmetrische Zentren außerhalb eines Ringsystems, wohingegen mit der α/β-Notation asymmetrische Zentren innerhalb des Ringsystems bezeichnet werden. α bezeichnet funktionelle Gruppen (oft die Wasserstoffatome) unterhalb der durch das Ringsystem aufgespannten Ebene, β die Position oberhalb der Ebene (Abb. 3). Eine weitere Art der Darstellung der α- und β(H)-Konfiguration wird durch gefüllte oder ungefüllte Punkte ermöglicht (Abb. 4). [SB]

Stereokomparator, in der Photogrammetrie Gerät zum ↗stereoskopischen Messen von ↗Bildkoordinaten und ↗Parallaxen in analogen, photographischen ↗Stereobildpaaren. Ein Stereokomparator besteht aus zwei Bildwagen, die gegenüber einem binokularen Betrachtungssystem in zwei zueinander rechtwinkligen Richtungen meßbar verschoben werden können. Stereokomparatoren werden als Meßgerät für analytische ↗Bildtriangulationen und ↗Aerotriangulationen eingesetzt.

Stereometergerät, in der Photogrammetrie einfaches Gerät zur stereoskopischen ↗Zweibildauswertung von analogen ↗Luftbildern. Es besteht im Prinzip aus einem ↗Stereoskop und einem zwei reelle Meßmarken enthaltenden Stereometer zur ↗stereoskopischen Messung der Differenzen von horizontalen ↗Parallaxen für die Ermittlung von Höhenunterschieden einzelner diskreter Punkte. Da nicht oder nur näherungsweise orientierte ↗photogrammetrische Modelle ausgewertet werden, können nur Höhenunterschiede benachbarter Punkte mit befriedigender Genauigkeit bestimmt werden.

Stereonetz ↗*Gefügediagramm*.

Stereo-Orthophoto, in der Photogrammetrie ein Bildpaar als Kombination eines ↗Orthophotos mit einem differentiell durch schräge Parallelprojektion gewonnenen Bild (Stereopartner). Homologe Bildelemente weisen damit horizontale ↗Parallaxen entsprechend den Höhenunterschieden des Geländes auf. Bei stereoskopischer Betrachtung mit einem ↗Stereoskop wird ein lagerichtiges virtuelles räumliches Modell des aufgenommen Geländes im gewählten Entzerrungs- bzw. Kartenmaßstab wahrgenommen, das durch ↗stereoskopisches Messen mit einer ↗Raummarke in speziellen Geräten dreidimensional ausgewertet werden kann.

Stereophotogrammetrie, Gesamtheit der Theorien, Verfahren und Geräte zur photogrammetrischen Aufnahme und ↗photogrammetrischen Bildauswertung von ↗Bildpaaren auf Grundlage der Prinzipien des ↗stereoskopischen Sehens und ↗stereoskopischen Messens.

Stereoskop, optisches Hilfsmittel zur stereoskopischen Betrachtung von ↗Stereobildpaaren mit räumlicher ↗Bildtrennung (Abb.). Hinsichtlich

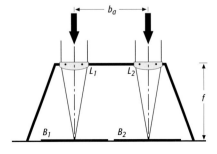

der Anwendung sind Linsen- und Spiegelstereoskope zu unterscheiden. Ein Linsenstereoskop mit zwei im Augenabstand angeordneten Linsen ermöglicht nur die Betrachtung von Bildern bis zu einem Format von etwa 5 cm × 5 cm. Mit einem Spiegelstereoskop können durch die Anordnung von zwei Spiegelpaaren im Strahlengang auch Bilder größeren Formates stereoskopisch betrachtet werden.

Stereoskopie, Gesamtheit der Verfahren und Geräte zur Gewinnung, Orientierung und Betrachtung graphischer, photographischer oder digitaler ↗Stereobildpaare.

stereoskopischer Effekt, in der ↗Stereoskopie und Photogrammetrie der bei stereoskopischer Betrachtung eines ↗Stereobildpaares entstehende Raumeindruck (↗Raumbild). Je nach Orientierung der Bilder sind zu unterscheiden (Abb.): a) Orthoskopischer Effekt: Wird von jedem Auge das ihm bei der Aufnahme zugeordnete Teilbild betrachtet, so entsteht ein dem Objekt entsprechender richtiger Raumeindruck. b) Pseudoskopischer Effekt: Werden die beiden Teilbilder bei der Betrachtung vertauscht, so daß dem linken Auge das rechte Bild und umgekehrt zugeordnet ist, so entsteht ein der Gliederung des Objektes inverser Raumeindruck, in dem vorn und hinten vertauscht sind. c) Stereo-Nulleffekt: Durch Kanten der beiden Teilbilder um jeweils 90° werden die Vertikal- in Horizontal-Parallaxen und umgekehrt überführt. Auf diese Weise können die für die Orientierung der Bilder in einem photogrammetrischen Auswertegerät entscheidenden Vertikalparallaxen stereoskopisch mit hoher Genauigkeit gemessen bzw. beseitigt werden. Hierzu besteht in ↗analogen Auswertegeräten oder ↗analytischen Auswertegeräten vielfach die Möglichkeit einer optischen Kantung der beiden Teilbilder. [KR]

stereoskopisches Messen, in der Photogrammetrie Messung geometrischer Größen zur Bestimmung von Form, Größe und Lage eines Objektes in dem durch ↗stereoskopisches Sehen wahrgenommenen Modell eines ↗Stereobildpaares. Grundlage des stereoskopischen Messens ist die gleichzeitig mit dem Modell wahrgenommene ↗Raumarke, die dreidimensional meßbar gegenüber dem Modell verschoben werden kann. Hinsichtlich der technischen Realisierung sind die reelle und die virtuelle Raummarke zu unterscheiden. Die bei einer optischen Projektion der Teilbilder verwendete reelle Raummarke M läßt sich in der Regel direkt in Richtung der ↗Modellkoordinaten-Achsen meßbar verschieben. Die Bewegung der virtuellen Raummarke (M) wird durch gemeinsame Verschiebung der beiden Teilmarken M' und M'' relativ zu den Teilbildern sowie durch eine meßbare Änderung des Abstandes zwischen den Teilmarken realisiert (Abb.). Durch die Abstandsänderung, die bei festangeordneten Teilmarken auch durch eine entsprechende Bewegung der Bilder gegeneinander erreicht werden kann, erfolgt eine Änderung der Horizontal-Parallaxe für die Teilmarken und damit eine Verschiebung der Raummarke in Richtung der Auf-

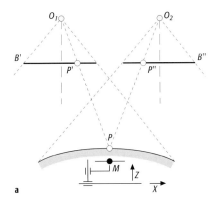

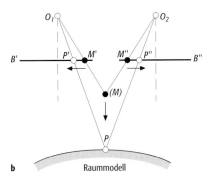

nahmeachsen. Die stereoskopische Messung ist mit dem Erreichen der räumlichen Koinzidenz der reellen oder virtuellen Raummarke mit dem Modellpunkt P abgeschlossen. [KR]

stereoskopisches Sehen, physiologischer Vorgang der räumlichen Wahrnehmung eines Objektes durch beidäugige Betrachtung von zwei perspektiven Bildern eines Objektes, die von unterschiedlichen Standpunkten mit genähert parallelen ↗Aufnahmeachsen aufgenommen wurden. Das zwangsfreie stereoskopische Sehen setzt die optimale Orientierung der Teilbilder des ↗Stereobildpaares voraus. Dazu gehört die getrennte und richtige Zuordnung der Teilbilder zu dem jeweiligen Auge des Betrachters durch optische, räumliche oder zeitliche ↗Bildtrennung sowie die Beseitigung der Vertikal-Parallaxen in homologen Bildpunkten unter Beachtung der Gesetzmäßigkeiten der ↗Epipolargeometrie (Beobachtung in Kernebenen). Eine unterschiedliche Zuordnung der Bilder zu den Augen führt zu einem differierenden ↗stereoskopischen Effekt.

Sterilisation ↗Entkeimung.

Sterin ↗Sterol.

sterische Hinderung, *sterische Substituenteneffekte*, Einflüsse der Raumgröße von Substituenten auf die Reaktivität eines bestimmten Reaktionszentrums. Sterische Hinderung ist das Abschirmen des Reaktionszentrums im Substrat durch benachbarte Substituenten, so daß Reaktionen oder Isomerisierungen schwerer oder gar nicht stattfinden.

Sterndüne, *Ghourd, Pyramidendüne*, sehr große ↗Düne mit steilem Gipfel, in dem mehrere sinus-

stereoskopisches Messen: Prinzip der stereoskopischen Höhenmessung mit einer reellen (a) und einer virtuellen (b) Raummarke (O_1, O_2 = Projektionszentren, B', B'' = Spuren der Teilbilder des Stereobildpaares, P = Modellpunkt, P', P'' = homologe Bildpunkte, M', M'' = Teilmarken, $M, (M)$ = reelle bzw. virtuelle Raummarke).

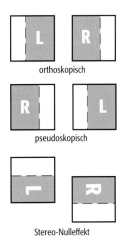

stereoskopischer Effekt: Orientierung der Teilbilder (L = linkes Bild, R = rechtes Bild).

förmige Kämme zusammenlaufen und die Höhen von 300–400 m erreichen kann. Die Entstehung der Sterndünen ist ungeklärt. Vermutet werden a) eine ähnliche Dynamik wie sie zur Erklärung von ↗Draa herangezogen wird, allerdings mit zwei saisonal alternierenden Helix-Systemen, oder b) eine Bildung unter multimodalem Windregime mit saisonalen Winden aus unterschiedlichen Richtungen. Sterndünen sind vermutlich polygenetische Formen mit vorzeitlicher Anlage. Untersuchungen zur aktuellen Dynamik an Sterndünen in Colorado (USA) erbrachten ein Höhenwachstum von 30 cm/a. Sterndünen sind häufig regelmäßig verteilt, oft in Form von Sterndünenreihen mit Abständen wie sie für Draa typisch sind. Sie kommen v. a. in den Randbereichen vieler ↗Ergs vor, so z. B. im Great Eastern Sand Sea (Algerien) auf einer Fläche von 12.000 km². Die weniger gegliederte Form ohne sternförmige Arme wird als ↗Domdüne bezeichnet. Sind die Sterndünen durch ↗Silk miteinander verbunden, wird von Netzdünen gesprochen. [KDA]

Sterneck-Methode ↗astronomische Breitenbestimmung.

Sternort, *Ort eines Sternes*, Position eines Sternes auf der Himmelskugel, üblicherweise angegeben in Äquatorkoordinaten α (Rektaszension) und δ (Deklination). Nach Korrektur der Einflüsse der astronomischen ↗Refraktion spricht man vom beobachteten Ort zu einem Zeitpunkt T. Die Reduktion aufgrund der täglichen ↗Aberration und der geozentrischen ↗Parallaxe liefert hieraus den scheinbaren Ort zur Zeit T. Den wahren Ort gewinnt man hieraus mit Hilfe der Korrekturen für die jährliche Aberration und die jährliche Parallaxe und daraus dann durch Korrektur aufgrund der ↗astronomischen Nutation den mittleren Ort zum Zeitpunkt T. Dieser bezieht sich in der Regel auf einen mittleren Äquinox (mittlerer Äquator und mittleres Äquinoktium (Frühlingspunkt)) der Zeit T. Reduktion aufgrund der ↗Präzession für die Zeit $(T-T_0)$ ergibt den mittleren Ort zur Zeit T, bezogen auf das mittlere Äquinox T_0. Berücksichtigt man schließlich noch die ↗Eigenbewegung des Sternes für die Zeit $(T-T_0)$, so gewinnt man den mittleren Ort zur Zeit T_0, bezogen auf das Äquinox T_0. [MHS]

Sternschnuppe, kurzzeitige Lichterscheinung am Nachthimmel, die Fixsternhelligkeiten nicht übertrifft, wenn ein außerirdischer Körper in die Atmosphäre eintritt und meist zwischen 70 km und 90 km Höhe verdampft, wobei der Körper selbst und auch die aufgeheizte Luft Licht emittieren. ↗Meteorit.

Sterntag, Zeitspanne zwischen zwei aufeinanderfolgenden Durchgängen eines Sterns (ohne Eigenbewegung) durch den Ortsmeridian (Süden). Man unterscheidet den mittleren vom wahren Sterntag, je nachdem, ob eine gleichmäßig oder eine ungleichmäßig rotierende Erde betrachtet wird. Der Sterntag ist um etwa 4 Minuten kürzer als der ↗Sonnentag.

Sternzeit, aus der Lage des ↗Frühlingspunktes und der Erdrotation abgeleitete Zeitzählung; meist auf den Ort ↗Greenwich bezogen.

Sternzeitsekunde, 86.400ster Teil eines ↗Sterntages. Wegen der ungleichmäßigen Drehung der Erde um ihre eigene Achse ist die wahre Sternzeitsekunde eine ungleichmäßige Zeiteinheit.

Sternzeituhr, Uhr, die die aktuelle Lage des ↗Frühlingspunktes anzeigt. Da dies nicht direkt möglich ist, wird eine Uhr so abgeglichen, daß während eines ↗Sterntages 86.400 Sekunden verstreichen.

Steroide, Derivate von tetracyclischen Verbindungen, welche drei verknüpfte Cyclohexanringe und einen Cyclopentanring als Grundgerüst enthalten (Abb.). Eine Vielzahl von Naturstoffen, wie die männlichen und weiblichen Sexualhormone, sind Steroide. Zu den für die ↗Organische Geochemie wichtigsten Steroiden zählen die als Bestandteile von Zellmembranen eukaryontischer Organismen weitverbreiteten ↗Sterole (Sterine). Diese bilden die Ausgangsverbindungen der während der ↗Diagenese und ↗Metagenese aus dem ↗Kerogen und den ↗Bitumen freigesetzten Sterane, welche als ↗Biomarker eingesetzt werden.

Sterol, *Sterin*, *Stenol*, ungesättigte, tetracyclische sekundäre Alkohole, welche drei verknüpfte Cyclohexanringe und einen Cyclopentanring als Grundgerüst enthalten. Die gesättigten Analoge der Sterole werden als *Stanole* bezeichnet. Sterole sind eine aus dem C_{30}-Sterol abgeleitete Gruppe von biosynthetisch gebildeten Verbindungen, welche als Bestandteil der Zellmembranen eukaryotischer Organismen weitverbreitet sind. Aufgrund ihrer langen und flachen Form unterstützen sie die Stabilität der Zellmembran. Die ebene Form des Sterols wird durch das Vorliegen aller Ringmoleküle in der Sesselkonfiguration mit trans-Stellung der Ringübergänge gewährleistet, der $8\beta(H)$, $9\alpha(H)$, $10\beta(CH_3)$, $13\beta(CH_3)$, $14\alpha(H)$, $17\alpha(H)$, 20R-Konfiguration. Aus diesem Grund wird biosynthetisch ausschließlich nur diese Konfiguration gebildet, obwohl eine Vielzahl von chiralen Zentren vorliegen und dadurch theoretisch über 250 Diastereomere (↗Stereoisomerie) möglich wären. Da während der ↗Diagenese bevorzugt an dem C-14-, C-17- und an dem C-20-Kohlenstoffatom Isomerisierungen auftreten, wird die biologisch gebildete Konfiguration des Sterols als $14\alpha(H)$, $17\alpha(H)$, 20R-Konfiguration oder kurz $\alpha\alpha$(20 R)-Konfiguration bezeichnet. Während der Diagenese wird aus den Sterolen das entsprechende ↗Steran gebildet. Ein weitverbreitetes Sterol ist das ↗Cholesterol. [SB]

Stetigkeitsbedingung, Bedingungen für Spannungs- und Verschiebungsvektoren an Grenzflächen zwischen zwei Medien mit unterschiedlichen elastischen Eigenschaften. Zwischen zwei festen Medien müssen an der Grenzfläche alle Spannungs- und Verschiebungskomponenten stetig sein. Zwischen einem festen und einem flüssigen Medium sind die Normalspannungen und Verschiebungen senkrecht zur Grenzfläche stetig, die Tangentialspannungen und die Komponenten der Verschiebungen parallel zur Grenzfläche jedoch nicht. An der freien Oberfläche verschwinden die Normal- und Tangentialspannungen.

Steroide: Strukturformel des Steroid-Grundgerüsts (R = Wasserstoff oder Alkylgruppen).

Steuerelemente, Bausteine ↗graphischer Benutzeroberflächen. Sie übernehmen die Steuerung der Interaktion zwischen Nutzer und System. Das Prinzip der ↗direkten Manipulation bildet hierbei die Grundlage für das Verhalten dieser Interaktionsobjekte. Neben Menüs bilden ↗interaktive Schaltflächen, Texteingabefelder und Listen wichtige Bausteine zur Repräsentation von Kommandos, Parametern und ↗Daten. ↗Interaktive Schiebregler und interaktive Kontrollpunkte erlauben das visuelle Einstellen von Werten, etwa bei der Auswahl von Farben oder der Festlegung eines perspektivischen Fluchtpunktes in dreidimensionalen Darstellungen. Karten können in Form von ↗interaktiven Karten selbst Steuerelemente sein und werden als Bausteine in raumbezogenen Informationssystemen (↗Geoinformationssysteme) und kartographischen Programmsystemen eingesetzt. Es haben sich bis heute bereits eine Vielzahl unterschiedlicher und spezialisierter Steuerelemente etabliert, die als ↗Funktionsbibliotheken bei der Programmierung genutzt werden können. [AMü]

Steuerung, Begriff der klassischen ↗Synoptik, welcher von der Ansicht ausgeht, daß die tatsächliche und die zu prognostizierende Bewegung der ↗Hochdruckgebiete und ↗Tiefdruckgebiete (*Zyklonenbewegung*) am Boden sowie der Gebiete der ↗Luftdruckänderung generell durch die ↗Höhenströmung bewirkt werden. Eine praktische Regel hierzu besagt, daß sich 24stündige Druckänderungsgebiete bevorzugt in Richtung der Strömung in 500 hPa (↗Druckfläche) verlagern, und zwar mit 50–60 % der dort herrschenden Geschwindigkeit. In anderen Fällen werden kleinräumige Wirbel der Höhenströmung (↗Kaltlufttropfen) durch das gleichförmige Bodenwindfeld gesteuert. Die Anwendung dieser Regeln der Steuerung (z. B. bei der Konstruktion von ↗Vorhersagekarten) findet ihre Grenzen bei rascher Änderung der ↗Großwetterlage und damit der zugehörigen ↗Höhenströmung. Heute geht man davon aus, daß die zu steuernden Druckgebilde als bodennahe Aspekte der ↗synoptischen Wettersysteme zu durchgängigen Strukturen der Troposphäre gehören. Diese bewegen sich im Rahmen der Geschwindigkeit divergenter Wellen als Ganzes in Richtung des Translationsanteils des troposphärischen Gesamtimpulses, der am ehesten durch die 500-hPa-Strömung repräsentiert wird. Auch die ↗synoptisch-skaligen Luftdruckänderungen am Boden sind durchweg Referenzstrukturen zu den wellenförmig angeordneten Divergenzzentren der Höhenströmung und verlagern bzw. entwickeln sich mit diesen. [MGe]

Steuerungszentrum, großskaliges, hochreichendes, quasi-stationäres kaltes ↗Tiefdruckgebiet oder warmes ↗Hochdruckgebiet, das von den kleinerskaligen ↗synoptischen Wettersystemen im ↗zyklonalen oder ↗antizyklonalen Sinne umkreist wird. Steuerungszentren sind langlebig (5 bis 25 Tage). Sie bestimmen die ↗Großwetterlage.

St. Georgs-Kanal, ↗Randmeer des ↗Atlantischen Ozeans zwischen Irland und Wales.

Stichprobe, statistisches Datenkollektiv, das nur einen Teil der den jeweiligen Prozeß repräsentierenden Information umfaßt, sei es, daß nur diese Stichprobe zugänglich ist oder daß es sich um eine aus praktischen Gründen begrenzte Meßreihe handelt. Der Gegensatz einer Stichprobe ist die ↗Population.

Stickoxide, NO_x, *Stickstoffoxid*, Oxide des Stickstoffs, chemische Formel NO, Gruppe der reaktiven ↗Spurengase Stickoxid (NO), *Distickstoffoxid* (NO_2) und NO_3, entsteht bei Verbrennungsprozessen aller Art aus Stickstoff und Sauerstoff der Luft. Hinzu kommt die Freisetzung von bislang in fossilen Energieträgern festgelegtem Stickstoff bei ihrer Verbrennung als NO_x. In Deutschland stammt seit der Einführung der Rauchgasentstickung für Großfeuerungsanlagen ab Mitte der 1980er Jahre der überwiegende Teil der NO_x-Emmission aus dem Straßenverkehr (ca. 60 %) (Tab.). In der Atmosphäre führt NO_x in der bodennahen Luftschicht zur Bildung von ↗Ozon. Mit dem Wasserdampf der Atmosphäre bilden sich salpetrige Säure (HNO_2) und Salpetersäure (HNO_3), die als nasse Deposition zum ↗Nährstoffeintrag sowie zur ↗Versauerung der Böden beitragen. Stickoxide sind wesentlich an den photochemischen Prozessen der ↗Ozonbildung und des ↗Ozonabbaus in der Atmosphäre beteiligt.

Sektor	1975	1980	1985	1990
Kraft- und Fernheizwerke	270	320	320	190
Straßenverkehr	350	440	480	500
übriger Verkehr	160	160	160	140
sonstige Emittenten[(1)]	200	190	160	130
insgesamt	980	1110	1120	960

[(1)] Industrie, Haushalte etc.

Stickoxide (Tab.): Entwicklung der NO_x-Emission (1975–1990) nach Sektoren für das Gebiet der heutigen Bundesrepublik in 1000 t N/a.

Stickstoff, gasförmiges chemisches Element, chemisches Symbol N. Molekularer Stickstoff (N_2) ist mit einem Anteil von 78,09 Vol.-% der Hauptbestandteil der atmosphärischen ↗Luft. Gasförmige Stickstoffverbindungen wie ↗Lachgas, ↗Stickoxide oder PAN machen als ↗Spurengase nur einen Anteil von etwa 0,33 ppm aus. In Form von festen Verbindungen (z. B. Nitraten) hat Stickstoff einen Anteil von 0,03 Gew.-% an der ↗Erdkruste.

Stickstoffbedarf, die zum optimalen Wachstum von Kulturpflanzen notwendige Menge an pflanzenverfügbarem mineralischen Stickstoff. Der Stickstoffbedarf richtet sich nach der Ertragshöhe, die von den jeweiligen Standortbedingungen (z. B. Klima, ↗Wasserverfügbarkeit) abhängt. Aus der Differenz zwischen dem Stickstoffbedarf und dem Stickstoffangebot aus dem Boden (Mineralstickstoffgehalt zu Vegetationsbeginn + ↗Stickstoff-Mineralisation – ↗Nitratauswaschung – ↗Denitrifikation) ergibt sich der tatsächliche Stickstoffdüngerbedarf. In der Praxis wird meist nur der Mineralstickstoffgehalt zu Vegetationsbeginn (↗N_{min}-Verfahren) berücksichtigt.

Stickstoffbinder, Organismen, die zur ↗biologischen Stickstoff-Fixierung in der Lage sind; Unterscheidung in nichtsymbiontische, frei im Boden lebende Stickstoffbinder (z. B. Blaualgen, ↗Azotobacter) und symbiontisch mit Leguminosen (z. B. ↗Rhizobium) lebende Bakterien. Die Pflanzen stellen über ihre Assimilate die für die Fixierung notwendige Energie bereit. Auch in Symbiose zwischen ↗Actinomyceten und Nichtleguminosen findet biologische ↗Stickstoff-Fixierung statt.

Stickstoff-Fixierung, N_2-*Fixierung*, meist im Sinne der ↗biologischen Stickstoff-Fixierung gebräuchlich, aber auch die industrielle Synthese von ↗Ammonium aus Luftstickstoff (N_2) mit hohem Energieaufwand mit einschließend. Gelegentlich wird der Begriff der N-Fixierung auch im Sinne der ↗Ammoniumfixierung verwendet. ↗nicht-symbiontische Stickstoff-Fixierung, ↗symbiontische Stickstoff-Fixierung.

Stickstoffisotope, sind die Isotope ^{14}N und ^{15}N. Über 99 % des Stickstoffes auf und über der Erdoberfläche ist als atmosphärischer Stickstoff N_2 vorhanden, etwa 99,64 % entfallen auf Isotop ^{14}N und 0,46 % auf das schwerere ^{15}N. ↗$\delta^{15}N$.

Stickstoffkreislauf, *N-Kreislauf*, Transformationen von Stickstoff in Form eines zyklischen Fließschemas. Der allgemeine N-Kreislauf läßt sich in Anlehnung an Jansson & Persson (1982) in 3 ineinander geschachtelte Teilkreisläufe unterteilen (Abb): Im »elementaren N-Kreislauf« (»E-Zyklus«) wird der große Pool des atmosphärischen molekularen Stickstoffs (N_2) über die ↗biologische Stickstoff-Fixierung mit dem N-Umsatz in der Biosphäre verbunden. Auch die Oxidation von elementarem Stickstoff durch Verbrennungsvorgänge oder elektrische Entladungen zu NO_x (↗Stickoxide) ist diesem Zyklus zuzuordnen, da dieses über Deposition in den Boden und damit in die Biosphäre gelangt. Geschlossen wird dieser Zyklus durch den Prozeß der ↗Denitrifikation, bei dem unter ↗anaeroben Bedingungen Nitrat (NO_3) mikrobiell zu elementarem Stickstoff (N_2) und ↗Lachgas (N_2O) reduziert wird. Der organisch gebundene Stickstoff wird durch mikrobiellen Abbau im Zuge der ↗Mineralisation zunächst durch ↗Ammonifikation zu mineralischem Ammonium (NH_4) umgesetzt. Unter ↗aeroben Bedingungen wird das gebildete Ammonium, soweit es nicht durch ↗NH_4^+-Fixierung in den Zwischenschichten von Tonmineralen gebunden wird, im Zuge der ↗Nitrifikation durch autotrophe Bakterien über ↗Nitrit (NO_2) zu Nitrat (NO_3) oxidiert. Die mineralischen Stickstoffverbindungen (NH_4 und NO_3) stehen den Pflanzen als ↗Nährstoffe zur Verfügung. Durch die assimilatorische Biomassebildung entstehen primäre organische N-Verbindungen, die entweder direkt über Streu oder Ernterückstände oder über den Umweg der tierischen oder menschlichen Verdauung wieder dem organischen Pool zugeführt werden (»A-Zyklus = autotropher N-Kreislauf). Der in der organischen Substanz enthaltene ↗Kohlenstoff und die gespeicherte Energie wird beim Abbau durch die Mikroorganismen z. T. zum Aufbau von Körpersubstanz genutzt, wodurch ein Teil des mineralisierten Stickstoffs durch ↗Immobilisierung wieder in organische Bindung überführt wird (»H-Zyklus« = heterotropher N-Kreislauf).

Der organisch gebundene Bodenstickstoff ist je nach Alter und Bindungsform in unterschiedlicher Weise an den Umsetzungsprozessen im Boden beteiligt. Daher wird konzeptionell entsprechend der Umsetzbarkeit der organischen Substanz häufig eine Unterteilung in einen »aktiven«, einen »stabilisierten« und einen »passiven« Pool vorgenommen, wobei der passive nahezu nicht umsetzbare Pool im Boden den weitaus größten Anteil ausmacht.

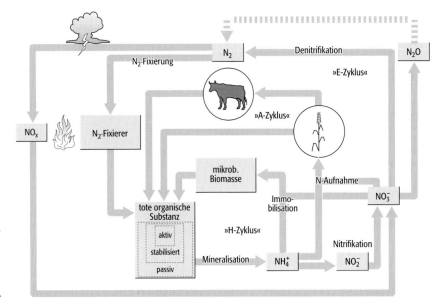

Stickstoffkreislauf: allgemeiner Stickstoffkreislauf mit Teilzyklen (»E-Zyklus« = elementarer N-Kreislauf, »A-Zyklus« = autotropher N-Kreislauf, »H-Zyklus« = heterotropher N-Kreislauf) ohne anthropogene Einflüsse und lokale Verlustgrößen.

Durch menschliche Aktivitäten kommt es zu Störungen des »natürlichen« Kreislaufs. Durch die Verbrennung fossiler Brennstoffe wird sowohl der darin organisch gebundene Stickstoff freigesetzt als auch durch die Oxidation von elementarem Luftstickstoff zu NO_x der Anteil an reaktiven Stickstoffverbindungen in der Geosphäre erhöht. Durch Deposition gelangen diese von der Biosphäre nutzbaren mineralischen Stickstoffverbindungen in den Boden. Zudem wurde durch die Landwirtschaft über eine Ausweitung der Leguminosenanbaufläche und die damit verbundene ↗symbiontische Stickstoff-Fixierung und die Nutzung von ↗Mineraldünger aus der technisch-industriellen Ammoniak-Synthese vermehrt Stickstoff in die Biosphäre eingeschleust. Diese anthropogen bedingte Überführung von Stickstoff in mineralische Verbindungen hat in den letzten Jahrzehnten die Größenordnung der »natürlichen« Stickstoff-Fixierung überschritten. In der Folge können Probleme durch den Eintrag von Stickstoff in benachbarte Ökosysteme entstehen.

Durch überhöhte Stickstoffdüngung auf landwirtschaftlich genutzte Flächen sowie atmosphärische Einträge in naturnahe Ökosysteme kann es im Boden zu einer Anhäufung von nicht durch die Vegetation aufgenommenem Nitrat kommen. Ein großer Teil dieses überschüssigen Stickstoffs unterliegt der ↗Nitratauswaschung mit dem Sickerwasser und führt zu einer Belastung von Grund- und Oberflächenwasser. Durch die krebsauslösende Wirkung von Nitrat im menschlichen Körper sowie der Gefahr von Sauerstoffmangel durch erhöhte Nitrataufnahme bei Säuglingen ist in der EU ein Trinkwassergrenzwert von 50 mg NO_3/l vorgeschrieben. In Deutschland wird der Bilanzsaldo aus Stickstoffeintrag und Stickstoffentzug mit Ernteprodukten auf der landwirtschaftlich genutzten Fläche derzeit mit einem Überschuß auf der Eintragsseite von 111 kg N/ha (1995) beziffert. In Oberflächengewässern spielt Stickstoff neben Phosphor die bedeutendste Rolle bei der Eutrophierung von Gewässern. Durch den hohen Grad der Stickstoffeliminierung bei der Abwasserreinigung beträgt in Deutschland der Anteil der Stickstoffeinträge in die Oberflächengewässer aus diffusen Quellen etwa 60%.

Gleichzeitig mit dem Eintrag mineralischer Stickstoffverbindungen erhöht sich auch die Freisetzung von ↗Lachgas (N_2O) aus dem Boden. Aus der langen Lebensdauer der N_2O-Moleküle resultiert ein globaler Anstieg der N_2O-Konzentration in der Atmosphäre von 280 ppb in vorindustrieller Zeit auf derzeit etwa 310 ppb. Problematisch ist dieser Anstieg durch die Mitwirkung des N_2O am Treibhauseffekt sowie durch seinen Beitrag beim Ozonabbau in der Stratosphäre.

Durch ↗Ammoniakverflüchtigung aus ammoniumhaltigen Düngemitteln und Exkrementen wird Stickstoff über die Atmosphäre in benachbarte naturnahe Ökosysteme eingetragen und führt zusammen mit dem Eintrag von oxidierten N-Verbindungen aus der NO_x-Emmission zu einer Versauerung des Bodens und zu einem Nährstoffungleichgewicht. Dies führt unter anderem zu einer Verschiebung des Artenspektrums in Richtung ↗nitrophiler Spezies. [KCK]

Literatur: JANSSON, S. L. & PERSSON, J. (1982): Mineralization and Immobilisation of soil nitrogen. In: STEVENSON, F. J. (Ed.): Nitrogen in agricultural soils. Agronomy Monograph 22.

Stickstoff-Mineralisation, *Stickstoff-Mineralisierung*, *N-Mineralisation*, Prozeß der Überführung von Stickstoff aus organischer Bindung in pflanzenverfügbare anorganische N-Verbindungen (NH_4^+, NO_3^-). Die Mineralisation erfolgt im Zuge der ↗Ammonifikation, die zur Bildung des mineralischen NH_4 führt. Sie kann sowohl unter ↗anaeroben wie ↗aeroben Bedingungen erfolgen. Die daran anschließende Bildung von Nitrat durch ↗Nitrifikation wird häufig noch zur Mineralisation gezählt. Die Mineralisation ist im ↗Stickstoffkreislauf der gegenläufige Prozeß zur ↗N-Immobilisierung. An der Mineralisierung ist eine Vielzahl physiologisch sehr unterschiedlicher Organismen beteiligt. Die jährliche Mineralisation beträgt in Mitteleuropa, abhängig von Temperatur und Bodenfeuchte, etwa 1–2% des organischen Stickstoffs im Boden.

Stickstoffoxid ↗Stickoxide.

Stickstoffsperre, *N-Sperre*, kurzfristige Festlegung von pflanzenverfügbarem mineralischen Stickstoff (↗N-Immobilisierung) nach Zufuhr organischer Substanz mit hohem C/N-Verhältnis (z. B. Stroheinarbeitung). Um das Kohlenstoffangebot zum Aufbau von Körpersubstanz nutzen zu können, wird entsprechend dem niedrigen C/N-Verhältnis (C/N < 10) der mikrobiellen Biomasse mineralischer Stickstoff aus dem Boden in die Biomasse eingebaut. Durch die Atmung wird Kohlenstoff in Form von CO_2 entzogen, so daß das C/N-Verhältnis im Zuge des mikrobiellen Abbaus wieder enger wird und nach einiger Zeit die ↗Stickstoff-Mineralisation wieder zu einer Freisetzung von mineralischem Stickstoff führt.

Stieler, *Adolf*, sächsischer Diplomat und Kartograph, * 26.2.1775 Gotha, † 13.3.1836 Gotha. Nach einem Jurastudium in Jena und Göttingen, bei dem er sich auch mit Geographie, Astronomie und Physik befaßte, wurde Stieler Legationsrat am herzoglichen Hof in Gotha. Nebenher schuf er zunächst für F. J. Bertuch in Weimar sieben Textkarten (1798/99), vier Karten zum »Hand-Atlas« (1800–04) und 25 Blätter der »Topographisch-militairischen Charte von Teutschland« (1:185.000, 204 Sektionen, Weimar 1806–1820; 2. Ausgabe 1831/32 mit ca. 400 Blättern). Ab 1816 war Stieler nur noch für ↗Justus Perthes in Gotha tätig. Nach seiner Konzeption entstand von 1817 bis 1823 der »Hand-Atlas über alle Theile der Erde …« in 50 Blättern, an dessen Bearbeitung sein Hausangestellter J. Ch. Bär (1789–1848) maßgeblich beteiligt war und der als ↗Stielers Handatlas Weltruf erlangte. 1821 brachte J. Perthes nach »Stieler's Hand-Atlas« den »Kleinen Schul-Atlas …« mit 20 verkleinerten Karten heraus, von dem bis 1840 100.000

Exemplare abgesetzt wurden. Als Ergänzung zum Atlas gedacht, war die von Stieler zusammen mit F. von Stülpnagel (1786–1865) entworfene »Karte von Deutschland in XXV Blättern«, die von 1829–36 in Lieferungen erschien und nach Stielers Tod bis 1876, mehrfach laufend gehalten, verlegt wurde. [WSt]

Stielers Handatlas, der bekannteste und bedeutendste deutsche ↗Handatlas des 19. Jh. Er wurde nach einer Konzeption von A. ↗Stieler von diesem und anderen Kartographen von 1817 bis 1823 erarbeitet, in ↗Kupferstich ausgeführt und als erstes größeres kartographisches Werk von ↗Justus Perthes in Gotha verlegt. Die erste Auflage mit 50 Blättern wurde durch Ergänzungslieferungen bis 1831 auf 75 Blätter erweitert und in späteren Ausgaben (2. 1845/47; 3. 1852/54; 4. unter Leitung von A. ↗Petermann 1862/64; 5. 1866/68; 6. 1871/75; 7. 1882) auf 90 Blätter erweitert. Dabei wurden die Karten ständig laufend gehalten und von Auflage zu Auflage durch Neubearbeitungen einzelner Gebiete vervollständigt. Damit wurde der »Stieler« zum aktuellsten großen Handatlas und erlangte Weltruf durch seine solide Ausführung und insbesondere durch seine unübertroffene ↗Reliefdarstellung in Gebirgsschraffen. Die ↗Maßstäbe aller Karten beruhen auf dem von seinem Begründer eingeführten Verkleinerungsverhältnis von 160 geographischen Meilen reduziert auf 1 Pariser Fuß = 1 : 3,7 Mio. Die häufig benutzten Maßstäbe 1 : 1,85 Mio., 1 : 925.000 und 1 : 740.000 (1 cm = 1 geographische Meile) entsprechen dem 2-, 4- und 5fachen des Grundmaßstabes. Bis 1900 wurden die Atlaskarten direkt von mechanisch über ↗Galvanoplastik vervielfältigten Kupferplatten auf der Handpresse gedruckt und die Abzüge von Hand koloriert (1891–1900 ca. 1 Mio. Blätter). Von der 8. Auflage an (seit 1901) wurde der auf 100 Blätter erweiterte Atlas nach Umdruck dreifarbig gedruckt; die 10. Auflage wurde von H. ↗Haack als Hundertjahrausgabe in vielfarbigem Steindruck 1921–25 herausgegeben. Die 1934 begonnene Internationale Ausgabe blieb, 1943 eingestellt, unvollendet. [WSt]

Stille, *Hans Wilhelm*, deutscher Geologe, * 8.10.1876 Hannover, † 26.12.1966 Hannover; ab 1908 Professor in Hannover, 1912 in Leipzig, 1913 in Göttingen, 1932–50 in Berlin; bedeutende Arbeiten zur geotektonischen Gliederung der Erdgeschichte (begründete die Lehre vom geotektonischen Zyklus) und über Gebirgsbildungen (Orogenesen); auch Forschungen über spezielle regionaltektonische Fragestellungen (z. B. der saxonischen Faltung); prägte zahlreiche Begriffe in der Geologie, z. B. alpinotyp, altkimmerische Phase, Megagäa, Mesoeuropa, Neoeuropa, Neogäa, Paläoeuropa, Undation, Ureuropa. Nach ihm ist die Hans-Stille-Medaille benannt, die seit 1948 alljährlich von der Deutschen Geologischen Gesellschaft für herausragende Leistungen in der geologischen Forschung verliehen wird. Werke (Auswahl): »Die Schrumpfung der Erde« (1922), »Grundfragen der vergleichenden Tektonik« (1924), »Einführung in den Bau Amerikas« (1940), »Das mitteleuropäische variskische Grundgebirge« (1951), »Der geotektonische Werdegang der Karpaten« (1953), »Die assyntische Tektonik im geologischen Erdbild« (1958). [VJ]

Stiller Ozean, ältere Bezeichnung für ↗Pazifischer Ozean.

Stillgewässer, Überbegriff für ein stehendes, häufig abflußloses Gewässer variabler Größe. ↗Seetypen.

Stillwell, *Frank Leslie*, australischer Geologe und Lagerstättenkundler, * 27.6.1888 Hawthorn (Melbourne), † 8.2.1963 Richmond (Victoria); 1927–53 im Council for Scientific and Industrial Research bzw. (umbenannt) Commonwealth Scientific and Industrial Research Organization, zuletzt in leitender Position; zahlreiche geologische und lagerstättenkundliche Arbeiten, führte die ↗Erzmikroskopie in Australien ein. Nach ihm wurde das Mineral Stillwellit mit der chemischen Formel $(La,Ce)_3[B_3O_6(Si_3O_9)]$ benannt.

Stinkschiefer, bitumenhaltiger Schiefer, der bei der Bearbeitung unangenehme Gerüche freisetzt. ↗Stinksteine.

Stinksteine, Gesteine mit bituminösen Beimengungen, wie z. B. Stinkkalk, Stinkgips, Stinkquarz, ↗Stinkschiefer u. a., die beim Reiben oder Anschlagen unangenehm riechen. Stinkspat oder Stinkfluß ist ein dunkelblau-violetter Flußspat (↗Fluorit) aus Wölsendorf in der Oberpfalz, der beim Anschlagen durch Freisetzen von Fluor ätzend riecht.

Stirnfalte, *frontale Knickung*, Falte an der Front einer ↗Schubmasse oder ↗Decke (Abb.).

Stirnfluß, den ↗Stirnhang einer ↗Schichtstufe entwässernder und zerschneidender obsequenter Fluß (↗konsequenter Fluß).

Stirnhang, *Fronthang*, bei ↗Schichtkämmen der Steilhang, der entgegen dem Schichtfallen exponiert ist, im Gegensatz zum meist flacheren ↗Rückhang; bei ↗Schichtstufen der ↗Stufenhang.

Stishovit, Mineral mit der chemischen Formel SiO_2, ditetragonal-dipyramidale Höchstdruck-Modifikation von SiO_2 mit Rutil-Struktur (↗Quarz); submikroskopische farblose Kristalle; Dichte: 4,5 g/cm³; SiO_2-Modifikation mit SiO_6 (-Oktaedern); Vorkommen: in Meteoritenkratern, z. B. Nördlinger Ries, Arizona und Vredford-Krater in Südafrika sowie in Gesteinen der Kreide-Tertiär-Grenze in Rathon (New Mexico, USA).

St.-Lorenz-Golf, Meeresbucht des ↗Atlantischen Ozeans zwischen Neufundland, Labrador, Neu-

Stirnfalte: Stirnfalten an der Front der Absaroka-Schubmasse (Wyoming-Überschiebungsgürtel, westliche USA).

braunschweig und Neuschottland, in den der St.-Lorenz-Strom mündet.

stochastische Hydrologie, Teilbereich der ↗Hydrologie, der sich mit hydrologischen Prozessen und Phänomenen befaßt, die durch Methoden der Wahrscheinlichkeitstheorie beschrieben und analysiert werden.

stochastische Modelle, Modelle (↗hydrologische Modelle), bei denen entweder die Eingabefunktion eine Zufallsfunktion ist oder ihre Parameter Zufallsvariablen sind. Man unterscheidet ↗probabilistische Modelle und ↗Zeitreihen-Modelle. Kausalität ist im Gegensatz zum ↗deterministischen Modell bei den stochastischen Modellen nebensächlich.

stochastischer Prozeß, *Zufallsprozeß*, 1) Prozeß, der aus aufeinanderfolgenden zufälligen Werten für ein Zeitintervall t oder einen Raum s eine Folge abhängiger Werte $x(t)$ erzeugt. 2) statistisches Modell (z. B. aufeinanderfolgende Bewegungen von Teilchen), in dem die Abfolgen in irgendeinem Zeitelement oder Zeitschritt von irgendeinem vorherigen Zeitschritt völlig unabhängig sind.

stochastisches System, System, bei dem die Reaktion auf eine Eingabe von einem Zufallsprozeß abhängig ist.

stochastisch-geometrische Strukturen in Karten, können nach geometrischen Primitiven (Punkt, Linie, Fläche) klassifiziert werden. Man beschreibt sie durch geeignete Kenngrößen. Dabei besteht die Besonderheit, daß geometrische Größen zugleich Realisierungen von Zufallsgrößen sind. Punktobjekte gleicher oder ähnlicher Art bilden gleichmäßig-regellos, ortsabhängig oder gehäuft angeordnete Punktmuster (cluster). Ein Beispiel ist die Verteilung von punktförmig dargestellten Siedlungen. Wichtige Kenngrößen sind die Punktdichte (Anzahl je Flächeneinheit) und der Abstand eines Objektes zum nächstgelegenen Nachbarn. Miteinander verknüpfte Linienobjekte gleicher oder ähnlicher Art können auf Graphen abgebildet, aber auch als Linienmuster aufgefaßt werden. Dabei bilden die Knoten ein Punktfeld, die Linien ein Faserfeld mit Kenngrößen wie Liniendichte (Linienlänge je Flächeneinheit) und Verteilung der Linienrichtungen. Beispiele sind Verkehrsnetze, Gewässernetze, Grabensysteme, geologische Bruchstrukturen usw. Ein Sonderfall ist die Schar der kreuzungsfreien Höhenlinien. Ist das Relief ein homogen-isotropes Zufallsfeld, so sind die Richtungen der Höhenlinien und der Gefällelinien jeweils gleichverteilt. Ist die Kartenebene in irreguläre Teilflächen zerlegt, bilden diese ein zufälliges Mosaik. Beispiele solcher ↗Mosaikkarten sind administrative oder Flächennutzungskarten. Die Grenzen (Kanten) der Teilflächen (Zellen) bilden ein Faserfeld, die Knoten, in denen die Kanten zusammenstoßen, ferner die Zellen- und Kantenschwerpunkte jeweils Punktfelder. Zwischen den Anzahlen der Knoten, Kanten, Zellen (jeweils je Flächeneinheit) und den geometrischen Größen wie Kantenlängen und Zelleninhalte existieren Mittelwertbeziehungen. Ein spezielles Mosaik ist das Voronoi-Mosaik: eine typische Zelle ist von 6 Kanten umgeben, und in jedem typischen Knoten stoßen drei Kanten zusammen (»Dreiländereck«). [SM]

Stöchiometrie, die der chemischen Formel entsprechende Zusammensetzung einer Verbindung. Diese sollte im Kristall gegeben sein. Abweichungen sind häufig und gehören zu den substanziellen Defekten der ↗Fehlordnung.

stöchiometrisch, [von griech. stoicheia = Buchstabe und metron = Maß], Bezeichnung für die Aufstellung von chemischen Bruttoformeln aufgrund von Analysenergebnissen und der mathematischen Berechnung chemischer Umsetzungen. Die chemischen Gesetze der konstanten und äquivalenten Proportionen bringen zum Ausdruck, daß sich Elemente stets im Verhältnis ihrer Äquivalentgewichte oder ganzzahliger Vielfacher derselben zu chemischen Verbindungen vereinigen. Die meisten Minerale sind jedoch als Realkristalle nicht stöchiometrisch zusammengesetzt. Deshalb sind stöchiometrisch aufgebaute Mineralformeln stets eine Vereinfachung der Realität und stellen daher nur die chemische Hauptzusammensetzung einer ↗Mineralart dar, nicht die des ↗Mineralindividuums. ↗Diadochie, ↗Spurenelemente.

Stock, unregelmäßig gestalteter Tiefengesteinskörper (↗Pluton) mit weniger als 100 km^2 Ausstrichfläche an der Erdoberfläche, der das ↗Nebengestein meist diskordant mit steilem Kontakt durchsetzt (↗Intrusion).

Stockausschlag, Bezeichnung für die Ausbildung von neuen Seitensprossen an den Stümpfen gefällter Bäume und Sträucher oder an Stecklingen. Diese Seitensprosse erwachsen aus Adventivknospen oder alten »schlafenden Augen« (ruhenden Knospen). Treten die Neubildungen an flachliegenden Wurzeln aus, spricht man von Wurzelausschlag oder Wurzelbrut. Durch das »auf den Stock setzen« (Schlagen der Pflanzen knapp über der Bodenoberfläche) kann bei bestimmten Baumarten der Bestand verjüngt werden (z. B. bei Eichen in der frühere Bewirtschaftung als ↗Mittelwald und Eukalyptus). Nicht alle Bäume und Sträucher sind jedoch zum Stockausschlag befähigt.

Stockwerk, in der Lagerstättenkunde Bezeichnung für eine Gesteinspartie, die eine Vielzahl von meist unregelmäßigen, nicht gerichteten, kurzen Rissen und Gängchen aufweist, die erzführend sind.

Stockwerkbau, die Anordnung von Organismen und ihren Lebensspuren entlang eines vertikal variierenden Umweltfaktors, wie z. B. Wasserbewegung, Nährstoffgehalt, Durchlüftung oder Festigkeit des Substrates. ↗Bioturbation, ↗Bioerosion, ↗Ichnologie, ↗Spurenfossilien.

Stockwerkerz, *Lagerstättenstockwerk*, ↗epigenetische, an Gänge gebundene ↗Mineralisation, die diskordant (↗Diskordanz) zum Wirtsgestein verläuft. ↗Massivsulfidlagerstätten, ↗Lagerstättenstockwerk.

Stockwerkstektonik, unterschiedliche tektonische Reaktionsform mechanisch verschiedenartiger, übereinanderliegender Gesteinskomplexe bzw. Erdkrustenniveaus bei gleichzeitiger tektonischer Beanspruchung. In einem solchen *tektonischen Stockwerk* reagieren bei einer bestimmten Beanspruchung alle Gesteinskomplexe tektonisch ähnlich.

Stoffausbreitung, Ausbreitung gelöster und nichtgelöster Stoffe (↗Schwebstoffe) in stehenden und fließenden Gewässern (↗Fließgewässer) durch ↗Diffusion (↗Dispersion).

Stoffbilanz, in der ↗Landschaftsökologie die mengenmäßige Gegenüberstellung des Eintrags und Austrags von Nährstoffen oder ↗Schadstoffen auf einen ↗Standort oder in ein ↗Ökosystem. Die Stoffbilanz stellt einen wichtigen ↗ökologischen Kennwert des ↗Stoffhaushaltes dar. Damit werden räumlich-zeitliche Vergleiche verschiedener ↗Landschaftsökosysteme ermöglicht, welche wiederum zu deren Bewertung verwendet werden können. Die Stoffbilanz wird i. d. R. für ↗Stoffkreisläufe in verschiedenen ↗geographischen Dimensionen durchgeführt.

Stoffcharakteristik, Teil der Gefährdungsabschätzung bei einer Altlastenverdachtsfläche (neben ↗Standortcharakteristik, Nutzungscharakteristik, Wirkungspfad, Gefährdungspfad). Die Stoffcharakteristik umfaßt die auf einer Altlastenverdachtsfläche anzutreffenden Substanzen, deren Konzentrationen und Mengen. Erfaßt werden auch die Stoffeigenschaften wie Toxizität, Mobilität, Pflanzenverfügbarkeit, physikalische und chemische Zustandsformen, Persistenz und Wechselwirkung mit anderen Stoffen. Die Stoffcharakteristik kann mit Hilfe von ↗Orientierungswerten bewertet werden. Dies kann sowohl hinsichtlich der Stoffgefährlichkeit als auch in Form eines Vergleichs der gemessenen mit tolerierbaren Werten erfolgen. Die Beschreibung und Bewertung des stofflichen Inventars erfolgt getrennt für die zu schützenden Güter Wasser, Boden, Luft, Menschen, Tiere und Pflanzen.

Stoffluß, Begriff aus der ↗Landschaftsökologie für die Aufnahme, Speicherung und Weitergabe verschiedener Substanzen (Wasser, mineralische Nährstoffe, organisches Material) durch Organismen in der ↗Nahrungskette. Im Gegensatz zum geschlossenen ↗Stoffkreislauf handelt es sich beim Stoffluß um einen einseitig gerichteten Stofftransport, wie er beispielsweise in einem Fließgewässer stattfindet. Synonym wird auch von *Fracht* gesprochen. Ein gerichteter Stofftransport bei gleichzeitigem Auf- und Abbau von Stoffen wird als ↗Spiralling bezeichnet. Auch in den Produktionsabläufen industrieller Fertigung spricht man von Stoffluß zwischen den einzelnen Fertigungsprozessen.

Stofffracht, über eine bestimmte Zeitspanne (z. B. für ein Jahr) summierter ↗Stofftransport.

Stofffrachtbilanz, zahlenmäßiger Vergleich der in ein System eintretenden, darin verbleibenden und aus diesem wieder austretenden ↗Stofffrachten.

Stoffhaushalt, Begriff aus der ↗Landschaftsökologie für den Austausch von organischen und anorganischen Substanzen in einem ↗Ökosystem. Der Stoffhaushalt ist geprägt von Stoffumsätzen in unterschiedlichen räumlichen Dimensionsstufen (vom ↗Standort bis zum globalen ↗Stoffkreislauf), welche sich als ↗Stoffbilanzen darstellen lassen. Eine Gesamtbetrachtung des Stoffhaushaltes erfordert einen großen Aufwand. Für die meisten Anwendungen werden daher nur disziplinär gewichtete Teilbilanzen oder Bilanzen einzelner Elemente (z. B. Kohlenstoff) berechnet. In der ↗Geoökologie dient die Charakterisierung der Stoffbilanzen als Kriterium zur Ausscheidung ökologisch unterschiedlicher Raumeinheiten (↗naturräumliche Ordnung). Zur Bestimmung des Stoffhaushaltes werden vorwiegend Stoffkreisläufe (Nährstoffkreisläufe, Schadstoffkreisläufe) herangezogen. Ein Beispiel ist die Ermittlung des ↗Nährstoffhaushaltes. In der ↗Bioökologie ist der Zusammenhang des Stoffhaushaltes der Organismen (↗Stoffwechsel) und ihrer Energiebilanz von großem Interesse. Er wird z. B. über die ↗Biomasse oder die Menge an Kohlenstoff quantitativ dargestellt. [SMZ]

stoffhaushaltliche Quelle, *Stoffquelle*, natürlicher oder anthropogener Herkunftsort von Nähr- oder ↗Schadstoffen. Eine stoffhaushaltliche Quelle kann punkthaft-konzentriert (z. B. eine Abwassereinleitung) oder flächenhaft-diffus (z. B. atmosphärische Deposition, Nährstoffpool des Bodens) sein. Landwirtschaft, Industrie und verarbeitendes Gewerbe dominieren zunehmend bei der Stofffreisetzung in die ↗Umwelt, was sich als Immissionen meist negativ auf ↗Landschaftsökosysteme auswirkt (↗Immissionsschäden). Den Stoffquellen stehen die stoffhaushaltlichen ↗Senken gegenüber.

stoffhaushaltliche Senke ↗Senke.

Stoffkreislauf, in der ↗Landschaftsökologie die Bezeichnung für die kreislaufförmige Stoffbewegungen in den ↗Landschaftsökosystemen, die den ↗Stoffhaushalt ausmachen und durch Auf- und Abbauprozesse gekennzeichnet sind. Quantitativ darstellen lassen sich solche ↗Stoffflüsse als ↗Stoffbilanzen. Angetrieben wird der Stoffkreislauf durch die ↗Sonnenstrahlung, die in Form eines Energiedurchflusses wirkt. Je nach Betrachtungsperspektive kann der Stoffkreislauf sich überwiegend im Boden (↗Nährstoffkreislauf) oder mehr in der Atmosphäre (z. B. Kohlendioxidkreislauf) abspielen. In den Stoffkreislauf sind dabei auch alle anderen Teilsysteme des Landschaftsökosystems mit einbezogen (↗Atmosphäre, ↗Lithosphäre, ↗Pedosphäre, ↗Hydrosphäre und ↗Biosphäre). Ursprünglich standen bei Untersuchungen des Stoffkreislaufes vor allem einzelne Pflanzennährelemente (↗Nährelemente) im Vordergrund. Heute wird durch das Einbringen von ↗Schadstoffen der Stoffkreislauf zunehmend von anthropogenen Eingriffen beeinflußt (↗Global Change). Der Mensch wird damit zunehmend zum hauptsächlichen Regler vieler Stoffkreisläufe. [SMZ]

Stofflaufzeit, *Transportzeit*, Zeitspanne, in der ein bestimmter ↗Wasserinhaltsstoff mit dem fließenden Wasser eine bestimmte Strecke zurücklegt.

stoffliche Homogenität, ist bei Mineralen dadurch gekennzeichnet, daß sie eine bestimmte chemische Zusammensetzung und eine definierte Kristallstruktur besitzen. Hierdurch haben sie meßbare typische chemische, physikalische und morphologische Eigenschaften, die zu ihrer Nutzung und Bestimmung dienen. Bedingt durch Mischkristallbildung (/Mischkristall), den Einbau von Spurenelementen, Strukturfehler und mechanische Defekte haben jedoch viele Eigenschaften eine gewisse Schwankungsbreite.

Stofftransport, 1) *Hydrologie*: a) Transport gelöster und nicht gelöster Stoffe (/Schwebstoffe) in Fließgewässern in Fließrichtung durch /Konvektion. b) Masse eines /Wasserinhaltsstoffes, die in der Zeiteinheit den einer Meßstelle zugeordneten Meßquerschnitt passiert. 2) *Kristallographie*: bringt die Bausteine zum Kristallwachstum aus der fluiden Phase an die /Wachstumsfront. Bei /Mehrstoffsystemen kommen dabei Strömungen in der Nährphase und /Diffusion in Betracht. Die Gleichmäßigkeit des Stofftransportes beeinflußt wesentlich die Qualität und Zusammensetzung des wachsenden Kristalls.

Stofftransportmodell, numerisches /Grundwassermodell, welches die Verfrachtung und Vermischung von im Wasser gelösten Stoffen beschreibt. Die Grundlage jedes Transportmodells ist das /Strömungsmodell. Das Ergebnis einer Transportsimulation ist der zeitliche und räumliche Verlauf von Stoffkonzentrationen im Grundwasser. Transportmodelle werden eingesetzt zur Interpretation von gemessenen Konzentrationsdaten, zur Bilanzierung des Verbleibs von Schadstoffen in der Umwelt, zur Vorhersage der Ausbreitung einer Wasserverunreinigung, zur Planung und Entwicklung von hydraulischen Abwehr- und Sanierungsverfahren, zur Planung von Erkundungs- und Überwachungsprogrammen sowie zur Risikoabschätzung bei der Altlastenbewertung und Standortauswahl.

Stoffverordnung, gesetzliche Bestimmungen für den Umgang und die Verarbeitung von umwelt- und gesundheitsgefährdenden Stoffen. Die Stoffverordnung zielt auf die allgemeine Sorgfaltspflicht, die sich auch auf entstehende Abfälle erstreckt. Die Stoffverordnung enthält in den einzelnen Ländern unterschiedliche Grenzwerte und Bestimmungen für die Verarbeitung und Entsorgung dieser Stoffe. Grundlage dafür sind wissenschaftliche Erkenntnisse über das Verhalten der Stoffe in den /Ökosystemen und in lebenden Organismen.

Stoffwechsel, *Metabolismus*, Begriff in der /Biologie für die Gesamtheit der biochemischen Vorgänge in einem Organismus, die dem Aufbau und der Erhaltung der Körpersubstanz sowie der Aufrechterhaltung der Lebensfunktionen dienen. Generell lassen sich der Baustoffwechsel (Aufbau-Stoffwechsel, Anabolismus, /Assimilation) und der Betriebsstoffwechsel (abbauender Stoffwechsel, Katabolismus, Dissimilation) voneinander unterscheiden, wobei sich die entsprechenden Stoffwechselwege überschneiden. Sämtliche Körpersubstanzen werden im Stoffwechsel aus den /Nährelementen aufgebaut. Je nach deren Herkunft lassen sich die Organismen typisieren in autotrophe, die sich ausschließlich von anorganischen Substanzen ernähren (/Autotrophie, /Produzenten), und in heterotrophe, die auf organische Nahrung angewiesen sind (/Konsumenten, /Destruenten). Bei den autotrophen Organismen kann im weiteren nach der verwendeten Energiequelle differenziert werden (/Photosynthese, /Chemosynthese) (Tab.). Organismen, die als Wasserstoffdonatoren anorganische Stoffe wie CO, H_2O, NH_3, H_2S, Fe^{2+} usw. im Energiestoffwechsel nutzen, werden als *lithotroph* bezeichnet. Neben dem Stoffwechsel der Organismen gibt es aus Sicht der /Landschaftsökologie auch einen übergeordneter Stoffwechsel der /Ökosysteme. Dieser kann im Sinne eines Haushaltes der Nährelemente (/Stoffhaushalt) über die /Stoffkreisläufe betrachtet werden. Auf den verschiedenen Stufen der Stoffkreisläufe entstehen Produkte, die auch als /Metabolite bezeichnet werden. Diese sind sowohl Bestandteil des Stoffkreislaufes der Organismen, als auch des übergeordneten Stoffkreislaufs im Ökosystem. [DS]

Stokes, Sir *George Gabriel*, britischer Physiker und Mathematiker, * 13.8.1819 Skreen (Irland), † 1.2.1903 Cambridge; ab 1849 Professor in Cambridge, Sekretär (1854–85) und Präsident (1885–90) der Royal Society. Stokes war ein vielseitiger Gelehrter, der bedeutende Arbeiten über Analysis (Stokesscher Integralsatz), insbesondere höhere Reihen (erarbeitete den Begriff der gleichmäßigen Konvergenz), Differential- und Integralgleichungen sowie über Probleme der mathematischen Physik, insbesondere bei elektrischen Feldern und in der Hydrodynamik (Navier-Stokes-Gleichung, Stokessches Reibungsgesetz, Stokessche Formel) verfaßte. Er fand 1840 eine Formel, mit der sich die Abweichung eines Lots an der Erdoberfläche infolge einer /Schwereanomalie bestimmen läßt, und führte auch Untersuchungen zur Optik, vor allem über die Theorie des Lichtäthers und der Lichtabsorption, über ultraviolette Spektren und Fluoreszenz (Entdeckung der Stokesschen Regel) durch. Weiterhin konstruierte Stokes einen Heliographen (Sonnenscheinautograph). Nach ihm ist auch die (nicht gesetzliche) Einheit der kinematischen Viskosität (Stokes) bezeichnet. Werke (Auswahl): »Mathematical and Physical Papers« (5 Bände, 1880–1905), »On Light« (1887).

Stokes-Problem, *Problem von Stokes*, die von G. G. /Stokes 1849 formulierte Aufgabe, die Gestalt des /Geoids und des Schwerepotentials im Außenraum des Geoids aus terrestrischen geodätischen Messungen zu bestimmen. Diese Aufgabe kann in Form eines dritten /Randwertproblems

Stokes, Sir *George Gabriel*

Stoffwechsel (Tab.): Einteilung der Lebewesen nach ihren Stoffwechselprinzipien (genutzte Energie-, Wasserstoff- bzw. Elektronen- und Kohlenstoffquelle). Es sind alle Kombinationen möglich.

genutzte Energiequelle	genutzte (H) bzw. e-Quelle	genutzte Kohlenstoffquelle
Licht (= photo-)	anorg. Stoffe (= litho-)	CO_2-Fixierung (= autotroph)
chem. Stoffe (= chemo-)	org. Stoffe (= organo-)	org. Stoffe (= heterotroph)

Stokes-Problem

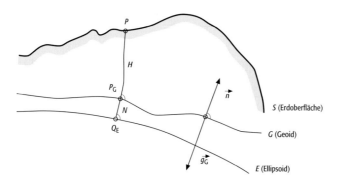

Stokes-Problem: schematische Darstellung (P_G = Geoidpunkt, Q_E = Ellipsoidpunkt, N = Geoidhöhe).

der Potentialtheorie formuliert werden (Abb.). Auf dem ↗Geoid G, das alle terrestrischen Massen einschließe, sei die ↗Schwere $g_G(B,L)$ als kontinuierliche Funktion der ↗geographischen Koordinaten B,L gegeben. Die geographische Breite B und Länge L beziehe sich auf ein dem Geoid mittels einer geodätischen Datumsfestlegung (↗geodätisches Datum) angeheftetes ↗Referenzellipsoid E, dessen kleine (polare) Halbachse in Richtung der Erdrotationsachse zeigt. Das Geoid rotiere mit der konstanten Winkelgeschwindigkeit ω um eine raum- und körperfeste Rotationsachse. Da die Schwere g_G mit dem Betrag des Schwerevektors $\vec{g}_G = \mathrm{grad}|W|_G$ identisch ist, $g_G = |\vec{g}_G|$, andererseits das Geoid die Äquipotentialfläche $W(\vec{x}_G) = W_0 =$ const. repräsentiert, entspricht g_G in jedem Geoidpunkt $P_G \in G$ (bis auf das Vorzeichen) der Ableitung des Schwerepotentials W in Richtung der äußeren Flächennormalen $\vec{n}$:

$$g_G = -\partial W/\partial n(P_G).$$

Die Form der Geoidfläche, d.h. der Abstand N zwischen dem Referenzellipsoid E und dem Geoid G, die ↗Geoidhöhe, ist jedoch nicht bekannt, so daß mit den bezüglich der Geoidhöhe N nichtlinearen Randbedingungen:

$$g_G = -\partial W/\partial n(P_G),$$
$$W_G = W_0 = W(P_G)$$

und der im Raum Ω_G außerhalb des Geoids gültigen Feldgleichung (erweiterte Laplacesche Differentialgleichung):

$$\Delta W(\vec{x}) = 2\omega^2, \vec{x} \in \Omega_G$$

ein freies Randwertproblem resultiert. Den beiden Randbedingungen stehen als Unbekannte die Geoidhöhe $N(B,L)$ und das Schwerepotential $W(\vec{x})$ im Außenraum des Geoids gegenüber. Um das ursprünglich nichtlineare Problem zu linearisieren, werden Näherungen für die Randfläche G und das Schwerepotential W eingeführt. Als Approximation für W benutzt man ein ↗Normalschwerepotential, im allgemeinen das Potential U eines ↗Niveauellipsoids, so daß W aus U und dem noch unbekannten Störpotential T zusammengesetzt ist:

$$W = U + T.$$

Da die Zentrifugalanteile in U und W identisch sind, ist das Störpotential im Außenraum des Geoids harmonisch, d.h.:

$$\Delta T(\vec{x}) = 0 \quad \forall \vec{x} \in \Omega_G,$$

und im Unendlichen regulär. Als Näherung für die räumliche Lage des Geoidpunktes P_G wird der Durchstoßpunkt Q_E auf der Ellipsoidoberfläche verwendet, welcher auf derselben Ellipsoidnormale wie P_G liegt, so daß das Referenzellipsoid als Näherung für die Geoidfläche dient. Nach Linearisierung bezüglich des Näherungspotentials U und der Näherungspunkte Q_E sowie weiterer Vereinfachungen ergeben sich aus den Randbedingungen das ↗Theorem von Bruns:

$$N = \frac{T_{P_G}}{\gamma_{Q_E}}$$

(mit der auf den Ellipsoidpunkt Q bezogenen Normalschwere γ_{Q_E}) sowie die ↗Fundamentalformel der Physikalischen Geodäsie:

$$\left(-\frac{\partial T}{\partial r} - \frac{2}{r} T \right)_{P_G} = g_G - \gamma_{Q_E} =: \Delta g$$

mit der Schwereanomalie Δg als Differenz zwischen der Schwere im Geoidpunkt P_G und der Normalschwere im zugeordneten Ellipsoidpunkt Q_E. Auch das linearisierte Problem ist nicht exakt lösbar. Unter Vernachlässigung der Elliptizität der Erde (Fehler von der Ordnung 0,3 %) entsteht als Lösungsformel die Stokessche Integralformel:

$$N = \frac{R}{4\pi\bar{\gamma}} \cdot \iint_\sigma \Delta g \cdot S(\psi) \cdot d\sigma;$$

R = mittlerer Erdradius (R = 6371 km), $\bar{\gamma}$ = mittlere Normalschwere, $S(\psi)$ = Stokessche Funktion, die vom Winkel ψ zwischen den geozentrischen Radiusvektoren des Aufpunkts und des variablen Integrationspunktes, dem die Schwereanomalie Δg zugeordnet ist, abhängt; σ = Parameterbereich der Einheitskugel mit dem Flächenelement $d\sigma$. Eine entsprechende Formel kann auch für das Störpotential T angegeben werden. Die Berechnung der Geoidhöhe N aus der Stokesschen Integralformel bezeichnet man auch als *gravimetrische Geoidbestimmung* (die Berechnung der Geoidhöhe aus Schweremessungen). Um die für das Stokes-Problem erforderlichen Voraussetzungen zu schaffen, sind alle Massen außerhalb des Geoids rechnerisch zu beseitigen. Neben den Gezeiten- und atmosphärischen Reduktionen sind an den zunächst auf die Erdoberfläche S bezogenen Schweremessungen g topographische und ggf. *isostatische Reduktionen* sowie die ↗Freiluftreduktion anzubringen. Mit der aus ↗Bouguerscher Plattenreduktion δg_B und Geländereduktion δg_G zusammengesetzten topographischen Reduktion δg_T werden gedanklich die topographischen Massen zwischen der Erdoberfläche und dem Geoid beseitigt. Da diese Maßnahme das gesamte Schwerefeld im Außenraum des Geoids stark beeinflußt und einen großen indirekten Effekt auf den Verlauf der Äquipotentialflächen und damit des Geoids ausübt (größer als 1000 m in der vertikalen Position), werden gedanklich die topographischen Massen entsprechend einem ↗Isostasiemodell in das Erdinnere verlagert; auf diese Weise bleibt die Gesamtmasse der Erde praktisch unverändert, so daß sich die Äquipotentialflächen – und damit das Geoid – nur geringfügig verschieben und der indirekte Effekt klein bleibt. Darüber hinaus ist die gemessene Schwere – nach erfolgter topographischer bzw. isostatischer Reduktion δg_I – von der Erdoberfläche mittels der Freiluftreduktion δg_F nach unten auf das Geoid fortzusetzen. Hierzu verwendet man i. a. den Normalschweregradienten, der oft durch den globalen Mittelwert:

$$\frac{\partial g}{\partial h} \approx \frac{\partial \gamma}{\partial h} \approx -0{,}3086 \cdot 10^{-5}\, s^{-2}$$

angenähert wird. Die Zusammenfassung aller Reduktionen ergibt die auf das Geoid reduzierte Schwere:

$$g_G = g + \delta g_B + \delta g_G + \delta g_I + \delta g_F$$

aus der die Schwereanomalie:

$$\Delta g = g_G - \gamma_{Q_E}$$

am Geoid berechnet wird. Aufgrund des großen Rechenaufwandes wird mitunter auf das Anbringen z. B. der Bouguerschen Plattenreduktion und der isostatischen Reduktion verzichtet, so daß verschiedene Arten von ↗Schwereanomalien entstehen. Da die Dichte der topographischen Massen und der isostatischen Ausgleichsmassen im allgemeinen nicht ausreichend genau bekannt ist, ist eine hochgenaue Geoidbestimmung wegen fehlerbehafteter Dichteannahmen nicht möglich. Aus diesem Grunde wird das Geoid in der modernen Geodäsie gewöhnlich durch das Quasigeoid ersetzt. [BH]

Literatur: HEISKANEN, W. A., MORITZ, H. (1967): Physical Geodesy. – San Francisco, London.

Stokessche Funktion, *Stokes-Funktion*, die in der ↗Stokesschen Integralformel auftretende Kernfunktion $S(\psi)$. Das Argument ψ ist der Zentriwinkel zwischen den geozentrischen Radiusvektoren $\vec{x}_P$ und $\vec{x}'_P$ des Aufpunkts P und des laufenden Integrationspunkts P', auf den sich die Schwereanomalie $\Delta g(\vec{x}'_P)$ bezieht:

$$\cos\psi = <\frac{\vec{x}_P}{r_P}, \frac{\vec{x}'_P}{r'_P}>, \quad r_P = |\vec{x}_P|, \quad r'_P = |\vec{x}'_P|.$$

Mit den geozentrischen Breiten φ, φ' und geographischen Längen λ, λ' ergibt sich ψ aus dem Kosinussatz der sphärischen Trigonometrie:

$$\cos\psi = \sin\varphi \cdot \sin\varphi' + \cos\varphi \cdot \cos\varphi' \cdot \cos(\lambda' - \lambda).$$

Die Stokessche Funktion $S(\psi)$ kann als Reihenentwicklung nach ↗Legendreschen Polynomen $P_n(\cos\psi)$ oder in geschlossener Form dargestellt werden:

$$S(\psi) = \sum_{n=2}^{\infty} \frac{2n+1}{n-1} \cdot P_n(\cos\psi) =$$

$$\frac{1}{\sin\frac{\psi}{2}} - 6\sin\frac{\psi}{2} + 1 - 5\cos\psi -$$

$$-3\cos\psi \cdot ln\left(\sin\frac{\psi}{2} + \sin^2\frac{\psi}{2}\right).$$

Sie weist für $\psi \to 0$ eine Singularität der Ordnung

$$0\left(\left(\sin\frac{\psi}{2}\right)^{-1}\right)$$

auf (Abb.). [BH]

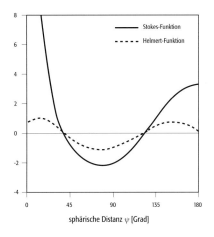

Stokessche Funktion: Stokes-Funktion und Helmert-Funktion.

Stokessche Integralformel, *Formel von Stokes*, Integralformel, mit der einerseits ↗Geoidhöhen N als Lösung des ↗Stokes-Problems, andererseits ↗Quasigeoidhöhen ζ als Lösung des ↗Molodensky-Problems berechnet werden:

$$N = \frac{R}{4\pi\bar{\gamma}} \iint_\sigma \Delta g \cdot S(\psi) \cdot d\sigma,$$

$$\zeta = \frac{R}{4\pi\bar{\gamma}} \iint_\sigma (\Delta g + G_I) \cdot S(\psi) \cdot d\sigma$$

(R = mittlerer Erdradius, $\bar{\gamma}$ = ↗mittlere Normalschwere, $S(\psi)$ = ↗Stokessche Funktion, σ = Parameterbereich der Einheitskugel mit dem Flächenelement $d\sigma$). Die in die Formel für N einzusetzende ↗Schwereanomalie Δg bezieht sich auf das ↗Geoid; in der Formel für ζ ist die Schwereanomalie an der Erdoberfläche (↗Freiluft-Anomalie) und das gravimetrische Zusatzglied G_I (↗Molodensky-Problem) einzusetzen. Die sphärischen Integralformeln werden numerisch mit Hilfe von schnellen Fouriertransformationen (FFT: Fast Fourier Transformation) ausgewertet, wobei vorausgesetzt wird, daß die Schwereanomalien (ggf. nach Interpolation) auf einem regelmäßigen Gitter vorliegen. [BH]

Stokesscher Satz, von Sir G. G. ↗Stokes benannter Satz, der besagt, daß das Linienintegral des Vektors $\vec{A}$ eines Vektorfeldes längs einer geschlossenen Kurve (Zirkulation des Feldes) gleich ist dem Oberflächenintegral von rot $\vec{A}$, das sich über eine beliebige von dieser Kurve umrandete Fläche F erstreckt. Hier wird also ein Zusammenhang zwischen einem Linienintegral und einem Oberflächenintegral hergestellt:

$$\oint_L \vec{A} \; dl = \iint_F rot \; \vec{A} \; df.$$

Dieser Satz spielt bei der Betrachtung von Strömungsprozessen eine große Rolle.

Stokessches Gesetz, von Sir G. G. ↗Stokes (1845) abgeleitete Gesetzmäßigkeit für den Widerstand W, den eine Flüssigkeit mit einer bestimmten Viskosität η auf eine stationär umströmte Kugel des Radius r bei der Anströmgeschwindigkeit v ausübt:

$$W = 6\pi r v \eta.$$

Es besagt somit, daß die Fallgeschwindigkeit konstant ist und nur von der Erdbeschleunigung sowie der Viskosität des Mediums und dem Kugeldurchmesser abhängt. Umformuliert und in anderer Schreibweise spielt das Gesetz bei der ↗Schweretrennung eine wichtige Rolle:

$$v = \frac{2(D_F - D_M) r 2 \cdot g}{9S} \; \left[\frac{cm}{s}\right],$$

wobei D_F die Dichte der Flüssigkeit, D_M die Dichte der betreffenden Mineralart, g die Erdbeschleunigung und S die Viskosität des Sedimentationsmediums Wasser oder Alkohol bedeuten. In der Meteorologie kann dieses Gesetz in erster Näherung auf die Sinkgeschwindigkeit von Wolkentropfen und Regentropfen angewandt werden, in der Bodenkunde wird es (dort auch Sedimentationsgleichung genannt) u. a. bei der Korngrößenanalyse (z. B. Pipettenmethode nach Köhn) gebraucht. Und der Zusammenhang zwischen Korngröße, Kornwichte und Sinkgeschwindigkeit spielt in der Angewandten Geologie u. a. bei der ↗Sedimentationsanalyse eine wichtige Rolle.

Stollen, langgestreckte, söhlige oder nur gering geneigte (< 25°) unterirdische Hohlräume mit kleinem Querschnitt. Sie dienen zum Einbringen von Rohr- und Kabelleitungen, außerdem als Verbindungswege und Hilfsbauwerke bei der Bauausführung oder auch zur permanenten Benutzung. Stollen weisen oft nur eine Öffnung zur Tagesoberfläche auf.

Stollenbewässerung, vorwiegend in Nordafrika und da in ariden bis semiariden Gebieten Vorder- und Mittelasiens angewendetes Verfahren zur Gewinnung von Wasser für die landwirtschaftliche Bewässerung. Dabei werden z. T. kilometerlange und weitverzweigte Stollensysteme soweit in Berghänge vorgetrieben, bis grundwasserführende Schichten angeschnitten werden. Die Bezeichnungen für dieses System variieren in den einzelnen Ländern, sie werden z. B. im Iran als ↗Qanate, in Syrien als Kenayat, im Jemen als Felladj bezeichnet, in Nordafrika als ↗Foggara oder Chattara. Sie bestehen aus z. T. mannshohen Sammelstollen, in denen das Wasser in freiem Gefälle zu den Bewässerungsflächen fließt – eine Hebung des Wassers entfällt damit –, und aus senkrechten Luftschächten. Die Stollenbewässerung ist z. B. im Iran auch heute noch die wichtigste Bewässerungsform.

Stoma, Spaltöffnung in der ↗Epidermis der ↗Embryophyten, die die Aufnahme von CO_2 und Sauerstoff sowie die Abgabe von Wasser durch das ansonsten undurchlässige Abschlußgewebe reguliert, indem um das Stoma angeordnete, spezialisierte Epidermiszellen (Schließzellen) die Spaltöffnung erweitern oder verengen.

Stomatawiderstand, rechnerischer Wert, der die Steuerung der Wasserabgabe der Pflanze an die Atmosphäre (↗Transpiration, ↗Verdunstungsprozeß) durch die Stomata der Pflanze beschreibt. Er wird für die Berechnung der Verdunstung nach Penman-Monteith (↗Penman-Monteith-Formel) benötigt.

Stoneleywelle, Grenzflächenwelle mit den größten Amplituden in der Nähe der ebenen Grenzfläche zwischen zwei elastischen Medien. Sie existieren an der Grenzfläche zwischen einem flüssigen und einem festen Medium. An einer Grenzfläche zwischen zwei festen Medien existieren sie nur, wenn die S-Wellengeschwindigkeiten in den beiden Medien nahezu gleich sind (↗akustische Bohrlochmessung).

Stopfdichte ↗Dichte.

stoping ↗Intrusionsmechanismen.

Störfall, Begriff aus dem Umweltrecht für einen festgelegten Ereignisablauf, bei dessen Eintreten ein sicherheitstechnisch einwandfreier Betrieb einer Anlage oder eines Betriebes nicht mehr gewährleistet werden kann und Gefahr für die Gesundheit von Menschen und starke Belastungen der ↗Umwelt zu erwarten sind. In Deutschland sind die möglichen Störfälle und die dadurch zu erwartenden Emissionen (Stoffe, Geräusche, Strahlung) in der Störfallverordnung geregelt.

Störkörper, Inhomogenität in einer homogenen Umgebung, insbesondere bezogen auf die petrophysikalischen Eigenschaften, die sich von der Umgebung unterscheiden. Im Prinzip beinhaltet bereits jede Schichtung eine Abweichung von der Homogenität. Im allgemeinen wird der Begriff Störkörper auf dreidimensionale Inhomogenitäten angewendet. Z. B. besitzt ein Salzstock meist eine geringere Dichte als die umgebenden Sedimente. Die Modellierung beispielsweise geomagnetischer Feldanomalien erfolgt häufig derart, daß aus dem physikalischen Zusammenhang mögliche Quellgebiete mit geometrischen Strukturen konstruiert werden. Aus deren physikalischen und geometrischen Parametern wird das mathematische Modell formuliert, das im Sinne der ↗indirekten Aufgabe dem Anomalienfeld bestmöglichst angepaßt wird.

Störkräfte, werden in die Bewegungsgleichung eines ↗Satelliten bei der ↗Störungsrechnung eingeführt. Wesentliche Störkräfte werden hervorgerufen durch a) das ↗Gravitationspotential der Erde, b) die Gravitation von Mond und Sonne, c) die Gravitationswirkung aufgrund Meeres- und Erdgezeiten, d) die Atmosphärenreibung, e) den Strahlungsdruck der Sonne sowie f) die Erdalbedostrahlung. Die Störkräfte werden unterschieden in gravitative (a bis c) und nichtgravitative (d bis f) Anteile.

Störpixel, *Ausfallpixel*, vom informationstragenden Bildsignal (Nutzsignal) abweichendes Störsignal; ist additiv oder multiplikativ dem Nutzsignal überlagert. Störpixel in FE-Aufnahmen sind bedingt durch CCD-Ausfälle oder Sensorsättigung durch starke ↗Reflexion. Während einzelne Störpixel sich einfach z. B. durch den Mittelwert der Nachbarpixel ersetzen lassen, sind Mehrzeilenausfälle häufig nicht ohne sichtbar bleibende Bildstörungen behebbar.

Störsignalunterdrückung, für alle Zweige der Geophysik wichtige Unterdrückung von unerwünschten Signalen zugunsten des Nutzsignals mit Hilfe der Methoden der Datenbearbeitung. In der Seismik sind hierzu eine Reihe spezieller Verfahren entwickelt worden (↗seismische Datenbearbeitung).

Störspannung, durch Störfelder technischen Ursprungs hervorgerufener, eine Messung von Untergrundparametern erschwerender Spannungsabfall in den ↗geoelektrischen Verfahren, der sich dem Nutzsignal überlagert.

Störung, 1) *Geologie*: *Dislokation*, tektonische oder atektonische Unterbrechung oder Veränderung des primären Gesteinsverbandes an Fugen, Brüchen, ↗Klüften oder ↗Verwerfungen oder aber auch weiträumige bruchlose Verbiegungen (↗Falten, ↗Flexuren, ↗Monoklinen). Häufig wird der Begriff nur auf ↗Verwerfungen angewandt. Im Untergrund verborgene Störungen können durch Bohrungen und durch geophysikalische Messungen aufgespürt werden. **2)** *Meteorologie*: kleine Abweichung vom Grundzustand eines Systems. In der Meteorologie werden damit auch Tiefdruckgebiete, Fronten oder Wellenstörungen bezeichnet. **3)** *Nachrichtentechnik*: *noise*, ein in der Registrierung unerwünschte Signal. ↗noise.

Störungsbrekzie, Gesteinszerrüttungszone im Bereich von ↗Störungen und ↗Störungszonen.

Störungsrechnung, Behandlung der Bahnstörungen bei der Bahnbestimmung von ↗Satelliten. Dominanter Anteil sind die Störungen durch die Abweichung des Gravitationsfeldes der Erde von der Kugelsymmetrie, wie sie in den ↗Lagrangeschen Störungsgleichungen zum Ausdruck kommen. Generell kann die Summe aller Störbeschleunigungen $\vec{b}_s$ in die Bewegungsgleichung eines Satelliten eingeführt und bei der Bahnbestimmung (z. B. durch analytische oder numerische Integration der Bewegungsgleichung) berücksichtigt werden.

Störungszone, entsteht durch starke Deformation der beidseitig zu einer ↗Störung liegenden Gesteinsschollen. Es handelt sich um mehrere Meter breite, zerrüttete oder zerscherte Gesteinsbereiche und/oder um weitere Parallelstörungen von lokaler bis regionaler Erstreckung.

Störwelle, *noise*, bezeichnet unerwünschte Wellen, die sich dem Nutzsignal überlagern. Durch verschiedene statistische Verfahren ist es möglich, in der Registrierung das Verhältnis Signalamplitude/Störamplitude zu verbessern. Störwellen treten sowohl in der Seismik, z. B. als ↗Bodenunruhe, hervorgerufen durch Wind oder Verkehr, als auch in der Magnetotellurik auf.

Stoßionisation, ↗Ionisation von Gasatomen oder Gasmolekülen durch Energiezufuhr bei der Stoßwechselwirkung mit anderen Partikeln.

Stoßmarken, Gruppe von ↗Gegenstandsmarken, die beim gelegentlichen Oberflächenkontakt von driftenden Gegenständen entstehen. Dazu gehören ↗Prallmarken, ↗Stechmarken, ↗Rollmarken und ↗Hüpfmarken. Stoßmarken sind ein typisches Merkmal von ↗Turbiditen. Sie treten bevorzugt bei nachlassender Strömungsenergie, also distal zum Ursprungsort der ↗Suspensionsströme auf.

Stoßwelleneffekt, *Schockwelleneffekt*, Bezeichnung für Verdichtungswellen mit senkrechter Stoßfront, an der der Druck plötzlich zu einem Höchstwert ansteigt und dahinter gegen Null abnimmt (Entlastungswelle). Der Stoßwelleneffekt findet z. B. Anwendung in der Medizin zur Zertrümmerung von Nierensteinen (↗Biomineralogie). Dabei werden die Stoßwellen außerhalb des Körpers durch eine Funkenentladung oder Piezo-Platten (↗Piezoelektrizität) oder auch innerhalb des Körpers erzeugt, indem kurze Laser-Impulse in Lichtleitfasern eingekoppelt werden. Bei Meteoriten-Einschlägen bewegen sich die Stoßwellen mit schnellem Energieverlust von der Einschlagstelle konzentrisch weg. Sie erzeugen dabei innerhalb eines kurzen Zeitraumes extrem hohe Drucke und Temperaturen bis zu 1000 Kilobar (100 GPa) und 5000°C. Die Veränderungen des Nebengesteins bezeichnet man als Impakt-, Schock- oder ↗Stoßwellenmetamorphose. Das Nebengestein wird dabei von zahlreichen radial und konzentrisch verlaufenden Rissen durchsetzt. Mineralkörner sind geborsten und zeigen parallel laufende Rißsysteme, Druckzwillingserscheinungen und geknickte Biotit-Pakete. Mit Zunahme der Einwirkung sind die Risse und Sprünge mit Glassubstanz ausgefüllt. Es kommt zu Phasenumwandlungen und zur Bildung der Hochdruckmodifikationen des SiO_2 (Coesit und ↗Stishovit). Auch die auf der Mondoberfläche auftretenden Brekzien und Gesteinsschuttmassen (Regolith) sind auf Stoßwellen durch Meteoriteneinschläge zurückzuführen (↗Minerale im extraterrestrischen Raum). Stoßwelleneffekt und Stoßwellen-Metamorphose des Nebengesteins treten auch bei unterirdischen Kernreaktionen auf. ↗Impakt. [GST]

Stoßwellenmetamorphose, *Schockwellenmetamorphose*, *Impaktmetamorphose*, durch Einschlag (↗Impakt) großer ↗Meteorite und anderer kosmischer Körper (Asteroide, Kometen) hervorge-

Strahlenfläche

	Stoßwellendruck in GPa							
	0	10	20	30	40	50	60	70
Quarz	planare Brüche							
			planare Elemente					
					Stishovit	Coesit		
						diaplekt. Glas		
								Schmelzglas
Feldspäte				planare Elemente				
						diaplekt. Glas		
							Schmelzglas	
Glimmer				Knickbänder			planare Elemente	
								Zerfall
Amphibole	mechanische Verzwilligung							
						planare Elemente		
							Zerfall	
Pyroxene	mechanische Verwilligung							
					planare Elemente			
						Schmelzglas		
Olivin	planare Brüche und Elemente							
							Rekristallisation	

Stoßwellenmetamorphose (Tab.): Veränderungen an häufigen Mineralen.

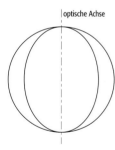

Strahlenfläche 1: Schnitt durch die Strahlenfläche eines optisch einachsig positiven Kristalls.

Strahlenfläche 2: Strahlenfläche eines optisch zweiachsigen Kristalls. s_0^1 und s_0^2 markieren die Biradialen.

rufene ↗Metamorphose (Tab.). Sie ist dadurch charakterisiert, daß für sehr kurze Zeit außergewöhnlich hohe Drücke (bis zu 50 GPa) und Temperaturen (bis zu 1500°C) auftreten; bei noch höheren Drücken und Temperaturen tritt eine Verdampfung der meisten gesteinsbildenden Minerale ein. Das Ausmaß der Erscheinungen hängt von der Masse und der Geschwindigkeit des einschlagenden Meteoriten ab. Zusätzlich kann es zu Brekzierungen mit chaotischer Vermengung verschieden stark veränderter Gesteinskomponenten kommen: Es bilden sich die für das Nördlinger Ries typischen ↗Suevite.

Strahlenfläche, dreidimensionale, zweischalige Fläche, die die Strahlgeschwindigkeit des Lichts in Strahlrichtung im Kristall angibt. Sie ist aus dem ↗Fresnelellipsoid ableitbar. Sie ist zweischalig, da sich im allgemeinen im Kristall durch ↗Doppelbrechung zwei senkrecht zueinander ↗linear polarisierte Lichtstrahlen ausbreiten. Die beiden Schalen berühren sich am Durchstoßpunkt der Biradialen (↗optische Biradiale); in diesen Richtungen gibt es nur eine Strahlgeschwindigkeit (Abb. 1 u. 2).

Strahlengeschwindigkeit, Fortpflanzungsgeschwindigkeit einer Lichtwelle in ↗Strahlrichtung.

Strahlentheorie, Methode zur Berechnung von seismischen Wellen (Laufzeiten, Amplituden) und ↗synthetischen Seismogrammen aus einem Geschwindigkeitsmodell; basiert auf einer Approximation der Wellengleichung, die für hohe Frequenzen gilt. Aus der Strahlentheorie werden Verfahren zur ↗Strahlverfolgung (ray tracing) abgeleitet, die in diversen seismischen und seismologischen Methoden zur Laufzeitberechnung eingesetzt werden.

Strahlentierchen ↗Radiolarien.

Strahlkies ↗Markasit.

Strahlparameter, Größe p, die entlang eines ↗Wellenstrahls konstant ist, wenn die seismische Geschwindigkeit V nur von der Tiefe abhängt. In einem kugelförmigen Erdmodell ist p folgendermaßen definiert:

$$p = R\sin(i)/V(R).$$

Der Winkel i wird zwischen der Richtung des Wellenstrahls und dem Radiusvektor R gemessen. Für ebene Schichtung ist p wie folgt definiert:

$$p = \sin(i)/V(z),$$

wobei die Geschwindigkeit als Funktion der Tiefe z eingeht. ↗Benndorfscher Satz, ↗Herglotz-Wiechert-Verfahren.

Strahlrichtung, Richtung des Poyntingvektors $\vec{S}$ einer Lichtwelle, Richtung des Energieflusses. Er ist definiert durch $\vec{S} = \vec{E} \times \vec{H}$ mit $\vec{E}$ = elektrische Feldstärke und $\vec{H}$ = magnetische Feldstärke einer elektromagnetischen Welle. Bei ↗Doppelbrechung in anisotropen optischen Medien stimmt die Strahlrichtung im allgemeinen nicht mit der Richtung der ↗Wellennormalen überein.

Strahlstrom, Bezeichnung für ein Band sehr hoher Windgeschwindigkeiten in der Atmosphäre. Entsprechend ihrer geographischen Lage unterscheidet man zwischen dem Subtropenstrahlstrom und dem ↗Polarfrontstrahlstrom. Der *Subtropenstrahlstrom* befindet sich über dem subtropischen Hochdruckgürtel in etwa 12 km Höhe. Der Polarfrontstrahlstrom liegt in den mittleren Breiten im Bereich der Polarfront unterhalb der Tropopause und umschließt als wellenförmiges, teilweise unterbrochenes Stark-

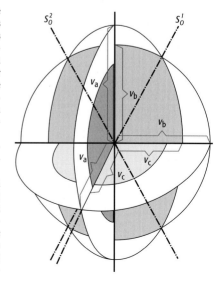

windband die Hemisphäre. Die meridionale Erstreckung der Strahlströme liegt bei einigen hundert Kilometern, in zonaler Richtung kann diese einige tausend Kilometer betragen. Die minimale Windgeschwindigkeit für die Definition eines Strahlstroms beträgt dabei etwa 60 Knoten (110 km/h), es können aber im Extremfall auch Werte von 300 kn (500 km/h) auftreten. Im Bereich der ↗atmosphärischen Grenzschicht findet man ebenfalls die Ausbildung eines Windmaximums, welches mit ↗Grenzschichtstrahlstrom bezeichnet wird. Hierbei sind die maximalen Windgeschwindigkeiten allerdings wesentlich geringer als in den Strahlströmen im Bereich der oberen Troposphäre. [DE]

Strahlung, der Energiefluß in Form elektromagnetischer Wellen oder der Fluß schneller Teilchen. Die verschiedenen Arten elektromagnetischer Strahlung unterscheiden sich durch die Energie E ihrer Photonen, d.h. durch ihre Wellenlänge λ:

$$E = h \cdot c/\lambda$$

wobei h das Plancksche Wirkungsquantum und c die Lichtgeschwindigkeit ist. Das ↗elektromagnetische Spektrum im System Erde/Atmosphäre reicht von der extrem *kurzwelligen Strahlung* (λ im Bereich von Zehntel nm) bis zu den langen Rundfunkwellen (λ größer als 100 m). In diesem Gesamtspektrum ist der Wellenlängenbereich von 0,3 bis 100 µm für die Meteorologie von fundamentaler Bedeutung, weil in diesem Spektralbereich praktisch die gesamte Energie der Strahlung im System Erde/Atmosphäre steckt. Die Atmosphäre wird kontinuierlich von einem Fluß schneller Teilchen getroffen, die von der Sonne und aus dem Kosmos stammen. Der sogenannte ↗Sonnenwind besteht in erster Linie aus Protonen und Elektronen mit mittleren Geschwindigkeiten von 400 km/s. Im Vergleich zur elektromagnetischen Strahlung ist der Energieinhalt der Teilchenstrahlung sehr klein, jedoch spielen diese Teilchen bei verschiedenen Prozessen in der oberen Atmosphäre eine wesentliche Rolle (z.B. ↗Polarlichter). [HF]

Strahlungsabsorption, 1) *Allgemein:* Schwächung ↗elektromagnetischer Strahlung oder Teilchenstrahlung (Partikelstrahlung der Sonne) beim Durchgang durch ein Medium (Gas, Flüssigkeit, Festkörper). **2)** *Klimatologie:* Absorption der kurz- und langwelligen ↗Strahlung in der Atmosphäre und an der Erdoberfläche. Die kurzwellige Sonnenstrahlung wird bei Wellenlängen kleiner als 0,3 µm in Luftschichten oberhalb der Tropopause durch Ozon, molekularen und atomaren Sauerstoff sowie molekularen und atomaren Stickstoff vollständig absorbiert und zu einem größeren Teil in Wärmeenergie umgewandelt. Im sichtbaren *Spektralbereich* zwischen 0,4 und 0,75 µm findet nur eine relativ geringe Strahlungsabsorption durch Ozon, Wasserdampf, Aerosol- und Wolkenpartikel statt, so daß die kurzwellige Sonnenstrahlung zu einem großen Teil bis zur Erdoberfläche durchdringen kann. Die Strahlungsabsorption der Erdoberfläche in diesem Spektralbereich liefert den maßgebenden Beitrag zu deren Erwärmung. Im infraroten Spektralbereich (0,75 bis 300 µm), insbesondere im Bereich der langwelligen Strahlung (3,5 µm bis 100 µm) absorbieren Wasserdampf, Kohlendioxid und Ozon stark und in geringerem Maße auch andere Spurengase. Die mit der Strahlungsabsorption im infraroten Spektralbereich verbundene Erwärmung des Systems Erde/Atmosphäre spielt für den Strahlungshaushalt und den ↗Treibhauseffekt eine große Rolle. [HF]

Strahlungsantrieb, Maß für die global gemittelten klimarelevanten Störungen des atmosphärischen Strahlungs- und Energiehaushaltes.

Strahlungsbilanz ↗Strahlungshaushalt.

Strahlungsdiagramm, graphische Darstellung zur Berechnung der langwelligen Strahlung der Atmosphäre zum Boden hin und zum Weltraum hin aufgrund der Kenntnisse über die ↗Absorptionsbanden von Kohlendioxid und Wasserdampf. Heute werden dazu Computerprogramme benutzt.

Strahlungseinheiten, Einheiten physikalischer Größen, die die elektromagnetische Strahlung (Licht, Wärmestrahlung, Radiowellen) beschreiben (Tab.).

Strahlungsgröße	SI-Einheit	veraltet
Flächendichte der Strahlungsenergie	J m^{-2}	Langly (ly) (1 ly = 4,19·10^4 J m^{-2})
Strahlungsenergiedichte	J m^{-3}	ly cm^{-1} (1 ly cm^{-1} = 4,19·10^2 J m^{-3})
Strahlungsintensität (Strahlungsflußdichte)	W m^{-2}	ly min^{-1} (1 ly min^{-1} = 700 W m^{-2})
Strahlungsstärke	W sr^{-1}	
Strahldichte	W m^{-2} sr^{-1}	

Strahlungseinheiten (Tab.): verschiedene Strahlungsgrößen und ihre Einheiten.

Strahlungseinwirkung, durch Bestrahlung mit energiereichen Partikeln erzeugte ↗Kristallbaufehler. Trifft energiereiche Strahlung, wie z.B. Röntgen-, γ- oder Teilchenstrahlung, bestehend aus Elektronen, Neutronen, Protonen oder Ionen auf einen Kristall, dann kommt es zu einer Reihe verschiedener Wechselwirkungen. Man unterscheidet diejenigen Prozesse, die primär mit der Elektronenhülle der Atome wechselwirken, von denjenigen, bei denen ein beträchtlicher Teil der Energie des einfallenden Teilchens in Form von kinetischer Energie auf das Atom durch einen Stoßprozeß übertragen wird. Des weiteren können vor allem Neutronen Kernreaktionen auslösen, als deren Folge neben ionisierender Strahlung sog. Rückstoßkerne mit sehr hoher kinetischer Energie entstehen können. Bei der Wechselwirkung mit der Elektronenhülle kann es zur Photoabsorption und damit zur Ionisation der Atome kommen. Bei Nichtleitern kann dadurch eine geringe Leitfähigkeit induziert werden. Bei der Rekombination dieser elektronischen Stör-

Strahlungsfehler

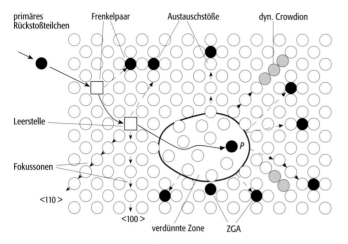

Strahlungseinwirkung: Überblick über die bei Strahlungseinwirkung von einem primären Rückstoßteilchen erzeugten Kristallbaufehler. Mit ZGA sind Zwischengitteratome bezeichnet.

stellen ist es möglich, daß eine für den Festkörper und die ihn aufbauenden Atome charakteristische Lumineszenzstrahlung auftritt.
Der überwiegende Teil der Energie der einfallenden Strahlung wird jedoch in Form von Stoßprozessen als kinetische Energie auf die Atome des Kristalls übertragen. Übersteigt die übertragene Energie einen Schwellwert, die sog. *Wigner-Energie*, dann wird das gestoßene Atom aus seiner Position bewegt. Bei ausreichendem Energieübertrag kann es selbst zum stoßenden Teilchen (»primäres Rückstoßatom«) werden. Ist dies nicht der Fall, entsteht ein ↗Frenkel-Defekt. Fällt die Stoßrichtung des primären Rückstoßatoms mit einer dichtest gepackten Gittergeraden zusammen, so findet ein fokussierter Energieübertrag von einem Atom auf das nächste entlang der Gittergeraden statt. Diese auf eine Gittergerade fokussierte Energieübertragung wird als ↗Fokusson bezeichnet und kann sich bis auf ca. 100 Gitterabstände erstrecken. Bei etwas höheren Stoßenergien (z. B. ca. 35 eV in Kupfer) wird Materie dadurch transportiert, daß am Ursprungsort des Stoßes eine ↗Leerstelle entsteht, während sich entlang der Geraden $n+1$ Atome n Positionen teilen. Eine derartige Konfiguration bezeichnet man als ↗Crowdion. Durch die große Anzahl von Frenkel-Defekten, die während des Abbremsens eines hochenergetischen Teilchens erzeugt werden, entsteht am Ende der Verlagerungskaskade eine verdünnte Zone mit sehr hoher Leerstellenkonzentration (Abb.). [EW]

Strahlungsfehler, Meßfehler bei der Temperaturmessung in der Atmosphäre infolge der Einflüsse durch das Strahlungsfeld. Durch die Absorption von solarer Strahlung bzw. die Emission terrestrischer Strahlung durch das Thermometer kann es zu Abweichungen bzgl. der wahren Temperatur kommen. Der Strahlungsfehler kann reduziert werden durch natürliche bzw. künstliche Ventilation, um den Wärmeaustausch zwischen dem Thermometerkörper und der umgebenden Luft zu erhöhen. Der Strahlungsfehler nimmt mit zunehmender Höhe wegen der abnehmenden Luftdichte zu; er liegt zwischen ein paar Zehntel K und 2 K.

Strahlungsfluß, *Strahlungsleistung*, Strahlungsenergie, die aus einem Raumwinkel (meist aus dem Halbraum) pro Zeiteinheit eine eben angenommene Flächeneinheit durchdringt; Einheit W/m².

Strahlungsgesetze, sind für die quantitative Bestimmung der ↗elektromagnetischen Strahlung und damit auch für die Fernerkundung von Bedeutung. Sie dienen zur Berechnung der Vorgänge in ↗Fernerkundungssystemen und ermöglichen die Erstellung mathematischer Modelle des Sonnenspektrums, die vor allem bei ↗passiven Fernerkundungsverfahren eine wichtige Rolle spielen.
Dazu gehören das ↗Kirchoffsche Strahlungsgesetz, das ↗Plancksche Strahlungsgesetz, das ↗Wiensche Verschiebungsgesetz und das ↗Stefan-Boltzmann-Gesetz.

Strahlungsgleichgewicht, Gleichgewichtszustand zwischen absorbierter und emittierter Strahlung bezogen auf eine Fläche (z. B. Erdoberfläche) oder eine Atmosphärenschicht (z. B. Stratosphäre). Im Mittel herrscht über einen längeren Zeitraum für das System Erde/Atmosphäre ein Strahlungsgleichgewicht zwischen der absorbierten Sonnenstrahlung und der emittierten terrestrischen Strahlung (↗elektromagnetisches Spektrum). Im Detail treten sowohl räumlich als zeitlich erhebliche Abweichungen vom Strahlungsgleichgewicht auf, die einen entscheidenden Einfluß auf die Wetter- und Klimaverhältnisse haben.

Strahlungshaushalt, beschreibt die abwärts und aufwärts gerichteten Strahlungsflüsse in der Atmosphäre und deren Änderungen durch Reflexion, Streuung, Absorption und Emission. Die Summe von absorbierter Strahlungsenergie und im Infraroten abgegebener Strahlungsenergie wird *Strahlungsbilanz* genannt. Sind beide Anteile gleich groß, ist die Strahlungsbilanz null und der Strahlungshaushalt ausgeglichen. Unter diesen Bedingungen befindet sich die Atmosphärenschicht im Strahlungsgleichgewicht. Die Stratosphäre befindet sich global und zeitlich gemittelt im Strahlungsgleichgewicht, während die Troposphäre ein deutliches Defizit im Strahlungshaushalt aufweist. Der über ein Jahr gemittelte extraterrestrische Strahlungsfluß der Sonne auf eine senkrecht zur Verbindungslinie Erde-Sonne stehende Fläche, die sogenannte ↗Solarkonstante, beträgt 1368 W/m². Auf die gesamte Erdoberfläche bezogen ergibt sich eine mittlere ↗Bestrahlungsstärke von einem Viertel des Wertes der Solarkonstanten, nämlich 342 W/m².
Zum besseren Verständnis der relativen Anteile der verschiedenen Strahlungsflüsse im System Erde/Atmosphäre wird die solare Bestrahlungsstärke mit 100 % gleichgesetzt (entspricht demnach 342 W/m²). Von der einfallenden Sonnenstrahlung werden 30 % durch Reflexions- und Streuprozesse direkt in den Weltraum zurückgeworfen; dieser Anteil, die sogenannte planetare ↗Albedo, setzt sich aus 5 % an der Erdoberfläche reflektierter, aus 8 % an Gasen bzw. Aerosolen gestreuter und aus 17 % an Wolken gestreuter

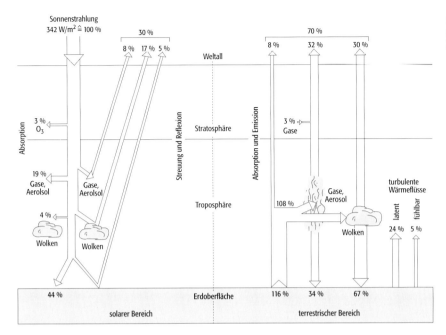

Strahlungshaushalt 1: schematische Darstellung der Strahlungsbilanz.

Strahlung zusammen (Abb. 1). Ein Teil der einfallenden Sonnenstrahlung wird in der Atmosphäre absorbiert, nämlich 3% in der Stratosphäre (hauptsächlich durch Ozon), 19% durch Gase und Aerosol in der Troposphäre sowie 4% durch Wolken. Der Rest der Sonnenstrahlung gelangt zur Erdoberfläche und wird dort absorbiert (44%), d.h. dem Erdboden und den Ozeanen wird relativ viel Sonnenenergie direkt zugeführt. Im terrestrischen Spektralbereich (↗elektromagnetisches Spektrum) strahlt die Erdoberfläche mehr als 100% der einfallenden Sonnenstrahlung im Infraroten ab, um die Energiebilanz ausgeglichen gestalten zu können. Von den 116% abgegebener Strahlungsenergie verbleibt ein großer Anteil, nämlich 108%, in der Atmosphäre durch Absorption an Gasen, Aerosolen und in Wolken. Lediglich 8% der am Erdboden emittierten Infrarotstrahlung gelangt in den ↗atmosphärischen Fenstern direkt in den Weltraum. Die Gase, Aerosole und Hydrometeore emittieren selbst Infrarotstrahlung entsprechend ihrer Temperatur. Ein relativ großer abwärts gerichteter Strahlungsfluß im Infraroten erreicht die Erdoberfläche und trägt zu deren Erwärmung bei (101%, ↗Treibhauseffekt). Die von den Gasen und Aerosolen in der Atmosphäre an den Weltraum abgegebene Strahlungsenergie beträgt 32%; davon stammen 3% aus der Stratosphäre. Die Wolken emittieren ebenfalls im infraroten Spektralbereich; der entsprechende Strahlungsfluß in den Weltraum ergibt sich zu 30%. Alle Angaben über die Strahlungsflüsse sind nach wie vor mit Unsicherheiten behaftet, da die Bestimmung globaler Mittelwerte mit einer Reihe von Schwierigkeiten verknüpft ist. Der Strahlungshaushalt des Systems Erde/Atmosphäre und der Strahlungshaushalt des Teilsystems Stratosphäre ist demnach ausgeglichen. Dies trifft nicht für die Teilsysteme Troposphäre und Erdoberfläche zu; der Erdboden weist einen Überschuß an Strahlungsenergie von 29% auf und die Troposphäre ein entsprechendes Defizit. Der Ausgleich des Energiehaushalts dieser Teilsysteme erfolgt über turbulente Wärmeflüsse. Der aufwärts gerichtete latente Wärmefluß, gesteuert durch die Verdunstung des Wassers an der Erdoberfläche, trägt mit 24% wesentlich dazu bei. Das übrigbleibende Defizit der Troposphäre wird durch Flüsse fühlbarer Wärme beseitigt. Zusätzlich zum lebenswichtigen natürlichen Treibhauseffekt führt die anthropogene Emission von Spurenstoffen mit ↗Absorptionsbanden im Infraroten, vor allem in den atmosphärischen Fenstern, zu einer Verstärkung des Treibhauseffekts. Dieser anthropogene Treibhauseffekt wird insbesondere durch die Produktion von Kohlendioxid, Methan und Distickstoffoxid sowie die Zunahme des troposphärischen Ozons verursacht.

Der Strahlungshaushalt in Abhängigkeit von der geographischen Breite, d.h. für zonale Mittel, ist meist nicht ausgeglichen. In den Tropen ist der Strahlungshaushalt positiv; es wird mehr solare Strahlung im System Erde/Atmosphäre absorbiert als im terrestrischen Bereich wieder abgestrahlt wird (Abb. 2). Bereits in mittleren Breiten größer 40° ist der Strahlungshaushalt negativ. Durch die unterschiedliche Verteilung von Land- und Meeresoberflächen in der Nord- und Südhemisphäre ist die Kurve des Strahlungshaushalts in bezug auf den Äquator unsymmetrisch. Der zonale Energiehaushalt wird durch großräumige Transporte mittels der globalen atmosphärischen Zirkulation und der Meeresströmungen ausgeglichen. Die Unterschiede zwischen den Hemisphären werden noch deutlicher bei einer Sepa-

Strahlungsinversion

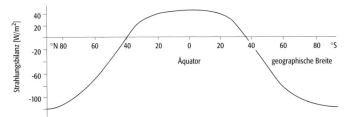

Strahlungshaushalt 2: mittlere jährliche Strahlungsbilanz des Systems Erde/Atmosphäre in Abhängigkeit von der geographischen Breite.

Strahlungsinversion: Schema der Entstehung einer Strahlungsinversion in der Atmosphäre.

Strahlungshaushalt 3: zonal gemittelte Strahlungsbilanz für die vier Jahreszeiten in Abhängigkeit von der geographischen Breite (Nordwinter entspricht den Monaten Dezember, Januar und Februar usw.); die Einteilung der Abszisse entspricht dem Sinus der geographischen Breite.

ration des Strahlungshaushalts entsprechend der vier Jahreszeiten (Abb. 3). Erwartungsgemäß zeigt sich eine starke Variation der Strahlungsbilanz mit der Zeit. Da die Ozeane mehr Sonnenstrahlung absorbieren als die Landoberflächen, erreicht die Strahlungsbilanz höhere positive Werte in mittleren Breiten der Südhemisphäre im Süd-Sommer als im vergleichbaren Nord-Sommer in mittleren Breiten der Nordhemisphäre. Der Anstieg der Kurve für den Süd-Winter zwischen 60° S und 90° S ist durch die geringe Abstrahlung im terrestrischen Spektralbereich über der sehr kalten Antarktis zu erklären. Die Energiebilanz in den Hemisphären kann im Winter und Sommer nicht durch Transport von Energie über den Äquator in der Atmosphäre und in den Ozeanen ausgeglichen werden. Im Sommer wird Energie im Meer und im Boden gespeichert und im Winter wieder abgegeben.

Nach der Inbetriebnahme meteorologischer Satelliten in den 1960er Jahren ergab sich die Möglichkeit, auch die örtliche aktuelle Verteilung des Strahlungshaushalts am Rande der Atmosphäre zu messen. Dies führte zu einigen Detailergebnissen. Im sommerlichen Nordpolargebiet sind die Bereiche negativer Strahlungsbilanz nur klein, weil die Abgabe von Strahlungsenergie nur wenig größer ist als deren Aufnahme. In Grönland dagegen vermindert die starke Reflexion der Schneedecke die Absorption solarer Strahlung, so daß die Strahlungsbilanz auf -120 W/m² absinkt. Die Maxima der Strahlungsbilanz liegen über den tropischen Meeren mit mehr als +120 W/m², weil dort geringe Bewölkung und niedrige Reflexion des Meeres zu einer starken Absorption solarer Strahlung führen. Auffallend ist auch die Strahlungssenke über der Sahara, wo die hohe Reflexion des hellen Sandes und die starke Emission des heißen Bodens für einen negativen Strahlungshaushalt sorgen. [HF]

Strahlungsinversion, Bereich in der Atmosphäre, in dem die Temperatur mit der Höhe zunimmt. Dieses geschieht durch die ↗Ausstrahlung der Erdoberfläche vorwiegend in einer ↗Strahlungsnacht (Abb.). Sie ist somit als Bodeninversion,

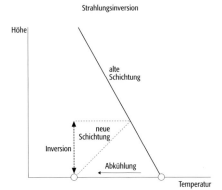

besonders ausgeprägt. Im Winter kann sie auch mehrtägig auftreten. Daneben kann eine Strahlungsinversion auch an der Obergrenze von Schichtbewölkung entstehen, was zu einer Höheninversion führt. ↗Inversion.

Strahlungsklima, Klimagegebenheiten, insbesondere ↗Klimazonen, deren Charakteristika sich aus der Bilanz aus Sonneneinstrahlung und terrestrischer ↗Ausstrahlung erklären lassen. Es wird durch die ↗Zirkulation von ↗Atmosphäre und Ozean modifiziert. ↗Klimaklassifikation.

Strahlungsleistung ↗*Strahlungsfluß*.

Strahlungsmessung, Methoden zur Messung von ↗Strahlungsflüssen und Strahldichten. Strahlungsmessungen dienen in der Meteorologie zur Untersuchung der solaren Einstrahlung und der terrestrischen Ausstrahlung bzw. der Strahlungsbilanz (↗Strahlungshaushalt) sowie zur Fernerkundung von Parametern der Atmosphäre und der Erdoberfläche. Strahlungsmeßwerte werden außerdem in den Bereichen Biologie, Medizin, Landwirtschaft, Bauindustrie, Verkehrswesen, Umweltforschung usw. benötigt. Strahlungsmeßgeräte beruhen zum einen auf der Erfassung der durch die absorbierte Strahlung verursachten Wärmewirkung. Die dadurch erzielte Temperaturerhöhung wird z. B. mit Thermoelementen oder Widerstandsthermometern gemessen. Strahlungsflußmeßgeräte erfassen die direkte Sonnenstrahlung (↗Pyrheliometer), die direkte Sonnenstrahlung einschließlich der Himmelsstrahlung (↗Pyranometer) sowie die Wärmestrahlung (Pyrgeometer). Für sehr genaue Messungen der spektralen Strahldichte werden zum anderen verschiedenartige Spektrometer mit hochempfindlichen Detektoren (z. B. photoleitende Halbleiter) eingesetzt. [HF]

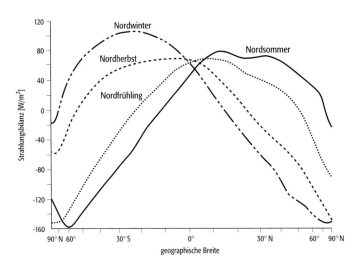

Strahlungsnacht, in der Meteorologie eine Nacht, in der aufgrund fehlender oder geringer Bewölkung die terrestrische ↗Ausstrahlung und somit auch die nächtliche Abkühlung sehr wirksam ist. Sie führt oft zu einer ↗Strahlungsinversion.

Strahlungsnebel ↗Nebelarten.

Strahlungsquelle, Strahlungsquellen können entsprechend dem Mechanismus der Energieumwandlung in Temperaturstrahler (thermisch angeregte Strahlung) und Lumineszenzstrahler eingeteilt werden. Die ersteren senden ein kontinuierliches Spektrum aus. Lumineszenzstrahler (z. B. Gasentladungslampen, Leuchtdioden, Laser) weisen dagegen in engen Spektralintervallen hohe Strahlungsemission bei niedriger Temperatur auf, weil die Umwandlung der zugeführten Energie in Strahlungsenergie nicht über die Zwischenstufe der Wärmeenergie erfolgt. Ein Standard für Strahlungsquellen ist der Schwarze Strahler (↗Schwarzer Körper), der Strahlung entsprechend dem ↗Planckschen Strahlungsgesetz emittiert.

Strahlungsschutz, reflektierende Abdeckung eines zur Messung der Lufttemperatur verwendeten Thermometers zur Vermeidung der Aufheizung des Meßfühlers vor allem durch direkte Sonnenstrahlung. Einen Strahlungsschutz für mehrere Instrumente bietet die Wetterhütte, ein mit Lüftungslamellen versehener, weißlackierter Holzkasten.

Strahlungstemperatur, *Strahlungsäquivalenttemperatur*, ergibt sich aus der Wärmestrahlung der Oberfläche und dem spezifischen Emissionsvermögen des Oberflächenmaterials. Ein Emissionsvermögen von $\varepsilon = 1$ ist nur theoretisch bei sogenannten schwarzen Strahlern gegeben, die keinerlei Strahlung reflektieren. Reelle Objekte absorbieren die einfallende Strahlung nicht vollständig und emittieren damit weniger Wärmestrahlung als ein Schwarzkörper gleicher Temperatur. Damit ist ε stets < 1 und die Strahlungstemperatur stets kleiner als die reale Oberflächentemperatur. Die Strahlungstemperatur kann sich von der wahren Temperatur eines Körpers um mehrere Grad unterscheiden. Soll die wahre Temperatur einer Oberfläche durch Fernerkundung bestimmt werden, so muß der Emissionsgrad der Oberfläche sehr genau bekannt sein. Darüber hinaus unterscheidet sich die gemessene Strahlungstemperatur aufgrund atmosphärischer Einflüsse. Durch diese ist auch der Einfluß des Emissionsgrades geringer, als theoretisch zu erwarten wäre. Einerseits schwächt die Atmosphäre mit einem Transmissionsgrad $\tau < 1$ das von der Geländeoberfläche empfangene Signal ab, andererseits kompensiert die nach oben reflektierende Gegenstrahlung teilweise die Auswirkung einer Emissionsgradänderung. Der Transmissionsgrad der Atmosphäre reduziert die gemessene Strahlungstemperatur sehr stark, die nach oben emittierte Thermalstrahlung der Atmosphäre erhöht die gemessene Strahlungstemperatur sehr stark. Die beiden zuletzt genannten Einflüsse kompensieren einander weitgehend, aber nicht völlig. Im Ergebnis kommt es im allgemeinen zu einer (meist nur geringfügigen) Erniedrigung der gemessenen Strahlungstemperatur.

Strahlungsübertragungsgleichung, beschreibt die Verteilung der Strahldichte in der Atmosphäre. In differentieller Form kann die Strahlungsübertragungsgleichung folgendermaßen angegeben werden:

$$\frac{1}{\sigma_{e,\lambda}} \cdot \frac{dL_\lambda(\theta,\varphi)}{dm} = -L_\lambda(\theta,\varphi) + J_\lambda(\theta,\varphi),$$

wobei λ = Wellenlänge, θ = Zenitwinkel, φ = Azimutwinkel, m = Masse der absorbierenden und streuenden Moleküle sowie Aerosolpartikel, $L_\lambda(\theta,\varphi)$ = ↗spektrale Strahldichte in Richtung (θ,φ), $\sigma_{e,\lambda}$ = ↗Extinktionskoeffizient für die Wellenlänge λ, $J_\lambda(\theta,\varphi)$ = sogenannte Quellfunktion in Richtung (θ,φ) ist. Im allgemeinen Fall ist die Strahlungsübertragungsgleichung eine komplexe Integro-Differential-Gleichung, denn die Quellfunktion beinhaltet dann die gestreute Strahlung (ein Integral über die gesuchte Strahldichte). Wenn die Streuung vernachlässigt werden kann (z. B. im mittleren Infrarot unter normalen atmosphärischen Bedingungen), vereinfacht sich die Strahlungsübertragungsgleichung beträchtlich; der Extinktionskoeffizient $\sigma_{e,\lambda}$ kann durch den Absorptionskoeffizient $\sigma_{a,\lambda}$ und die Quellfunktion kann durch die Plancksche Funktion ersetzt werden. Im sichtbaren Spektralbereich ergibt sich für die direkte Sonnenstrahlung das ↗Bouguer-Lambert-Beersche Gesetz, da die Quellfunktion unter gewissen Randbedingungen vernachlässigt werden kann. [HF]

Strahlverfolgung, *ray tracing*, Methode zur Berechnung von Laufzeiten in einem Geschwindigkeitsmodell: Ausgehend von einer Quelle in einer bestimmten Richtung wird der Strahl durch das Modell zu einem bestimmten Endpunkt verfolgt, unter Erfüllung des ↗Snelliusschen Brechungsgesetzes.

straight river, ein Haupttyp der ↗Flußgrundrißtypen. Er besitzt einen gestreckten bis leicht gewundenen Gerinnelauf (Sinuositäts-Index < 1,5; ↗mäandrierender Fluß) in Fest- oder Lockergestein. Der Begriff straight river wird im allgemeinen angewendet auf Gerinnelaufabschnitte im Oberlauf (↗Fließgewässerabschnitt) eines Flusses, wobei die Gerinne in engen Tälern mit relativ steilen Talflanken fließen. Aufgrund des starken Sohlengefälles zeigen sie i. d. R. keine Tendenz zur Sedimentation, sondern kennzeichnen sich durch rückschreitende Erosion (↗fluviale Erosion) in das ↗anstehende Gestein (bedrock valley).

strain, englischer Ausdruck für Deformation (↗Verformung).

Strainellipsoid ↗Verformungsellipsoid.

strain rate, bezeichnet die ↗Deformation pro Zeiteinheit.

Strand, aus Sand, Geröllen oder (selten) Blöcken bestehende Uferzone eines Sees oder Meeres. Der generalisierte marine Sandstrand einer gezeitenschwachen ↗Flachküste umfaßt vom Meer zum Land a) den von der Brandung überspülten

Strandauffüllung

↗nassen Strand (der Bereich einer Sandschorre, der wenigstens zeitweise über dem Wasserspiegel liegt und als Teilbereich der ↗Schorre noch nicht zum eigentlichen Strand gerechnet wird), b) den uferparallel verlaufenden ↗Strandwall (der Bereich, auf dem regelmäßig Schwall und Sog alternieren und durch das damit verbundene Wechselspiel von Sedimentakkumulation und -erosion einen zum Land hin ansteigenden und vom Material her nach oben gröber werdenden Hang oder Wall bilden) und c) den ↗trockenen Strand (nur noch gelegentlich überfluteter Bereich, landeinwärts bis zu der Grenze maximaler Wellenwirkung reichend und häufig zu Küstendünen überleitend). Gelegentlich wird für den permanent überfluteten Bereich der Sandschorre auch die Bezeichnung ↗Vorstrand gebraucht, der, zusammen mit dem nassen Strand, dem mit Strandwall und trockenem Strand zusammen als ↗Hochschorre bezeichneten Strandbereich gegenübergestellt werden kann. Auch ↗Steilküsten besitzen örtlich einen schmalen, oft aus Brandungsgeröllen bestehenden Strandsaum (↗Schotterstrand). Begrenzt ist der Strand auf der Wasserseite durch das mittlere Tideniedrigwasser (MTnw) (↗Tidekurve) oder das ↗Watt bzw. an tidefreien Küsten durch den mittleren Wasserstand (MW) und an der Landseite durch den Beginn des Pflanzenwuchses, die Böschung der Steilküste oder den Dünenfuß begrenzt. Er unterliegt einem ständigen Wellenangriff durch senkrecht oder schräg auflaufende Wellen. Durch die dabei entstehende ↗Brandungsströme kann es zu Strandab- oder -anspülungen kommen (Abb.). Ein wichtiger und charakteristischer Prozeß der Strandformung ist die ↗Strandversetzung. ↗litorale Serie Abb. 1.

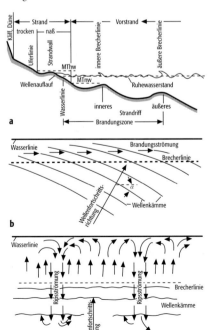

Strand: a) Strandprofil (Querschnitt), b) Strömungsverhältnisse bei schrägem Wellenangriff (Draufsicht), c) Strömungsverhältnisse bei senkrechtem Wellenangriff (Draufsicht).

Strandauffüllung, Maßnahme des aktiven ↗Küstenschutzes, bei dem der Punkt, an dem die Kräfte des Wassers angreifen, durch Landgewinnungsmaßnahmen seewärts verlagert und damit von der gefährdeten Küste ferngehalten wird. Dem Nachteil, daß damit die natürlichen Erosionsprozesse nicht unterbunden werden, stehen eine Reihe von Vorteilen gegenüber: Anders als bei festen Schutzwerken wie ↗Deckwerken, ↗Buhnen, ↗Strandmauern oder ↗Deichen bleibt die Anpassungsfähigkeit des Strandes erhalten. Die Seegangskräfte werden dadurch vermindert und eine Verstärkung der Wellenreflektion vermieden. Die Materialeinbringung kann naß durch eine hydraulische Förderung oder trocken erfolgen.

Stranddellen, Kleinformen im Bereich der ↗Strandlinie, die durch Materialumlagerungen im Bereich der bogenförmigen Bewegung von Schwall und Sog entstehen. Muldenförmige Auswaschungen im Bereich der Bogenbewegung der Wellen (Stranddellen) wechseln mit zum Meer spitz zulaufenden, flachen Spornen (Strandhörner) ab. ↗Strand.

Strandfels ↗*Beachrock.*

Strandflate, im Westen und Norden der skandinavischen Küste und örtlich an weiteren Küsten gegenwärtigen oder früheren periglazialen Klimas verbreitete, bis über 10 km breite, weitgehend untergetauchte Küstenplattform, deren Genese bis heute ungeklärt ist.

Strandgeröll, durch Brandung geformtes, sehr gut gerundetes Geröll am Strand (↗Brandungsformen).

Strandhaken, *Strandspitze,* freies Ende einer ↗Nehrung, das durch Brandungswellen landeinwärts umgebogen ist oder vor zurückspringender Küstenlinie geradlinig verläuft, woraus verschiedenste Hakenformen resultieren. Strandhaken variieren ihre Form bei sich ändernden Wellen- und Strömungsrichtungen (z. B. im jahreszeitlichen Wechsel oder vor Flußmündungen).

Strandhörner ↗Stranddellen.

Strandkonglomerat ↗*Beachrock.*

Strandlinie, von Schwall und Sog bespülter Grenzsaum am ↗Strand zwischen ↗nassem Strand und ↗trockenem Strand. An einer gezeitenschwachen Küste entspricht die Strandlinie in etwa der Mittelwasserlinie.

Strandmauer, *Ufermauer,* Maßnahme des ↗Küstenschutzes; Stützmauer oder wandartiges Bauwerk, das – anders als ein ↗Deckwerk – auch ohne Hinterfüllung standsicher ist.

Strandsandstein ↗*Beachrock.*

Strandsee, durch einen ↗Strand vollständig vom Meer abgeschnittene, bereits weitgehend ausgesüßte und in meist rascher Verlandung begriffene ↗Lagune.

Strandspitze ↗*Strandhaken.*

Strandterrasse, tektonisch oder durch glazialisostatische oder eustatische Meeresspiegelabsenkung aus dem Bereich litoraler Formung emporgehobene, ehemalige Küstenverebnung (↗Küstenterrasse), die am sichersten durch korrelate Litoralsedimente belegt und möglicherweise auch zeitlich fixiert werden kann.

Strandverdriftung ↗*Strandversetzung*.

Strandverschiebung, Verlagerung der ↗Strandlinie aufgrund von relativen Meeresspiegelschwankungen. Im Zuge einer positiven Strandverschiebung, d. h. einer landeinwärts verlegten Strandlinie (↗Transgression), kommt es zu Landverlust, im Zuge einer negativen Strandverschiebung, d. h. einer meerwärts verlegten Strandlinie (↗Regressionsküste), zu Landgewinn. Infolge der ↗eustatischen Meeresspiegelschwankungen kam es v. a. im ↗Quartär zu einer Vielzahl weltweiter Strandverschiebungen.

Strandversetzung, *Küstenversetzung, Strandverdriftung*, durch schräg auf den ↗nassen Strand auflaufende Wellen (Schwall) und den senkrecht zur Strandlinie abfließenden Rückstrom (Sog) erfolgender, küstenparalleler Sedimenttransport (*Longshore-Drift*) (Abb.). Durch Strandversetzung entstehen zahlreiche charakteristische Küstenformen (↗Sandhaken, ↗Nehrung, ↗Haff, ↗Lagune) und letztlich die ↗Ausgleichsküste (↗Küstenversatz).

Strandwall, häufig im Übergang vom ↗nassen Strand zum ↗trockenen Strand oberhalb der Mittelwasserlinie anzutreffende wallartige Form, die dadurch entsteht, daß das von dem Schwall einer am nassen Strand auflaufenden Welle angelieferte Sediment von dem folgenden, geringere Transportkraft besitzenden Sog nur zum Teil und auch nur dessen feinere Bestandteile wieder aufgegriffen und auf den nassen Strand zurücktransportiert wird. (↗Strand).

Strangmoor, strangförmige, mit Vegetation bedeckte kleine Wälle, die in Mooren der borealen und subarktischen Zone vorkommen, zumeist auf sehr flachen Hängen. Sie besitzen einen Eiskern und ihre Genese beruht vermutlich auf ↗Solifluktion und differenziertem ↗Frosthub und ↗Frostschub.

Straßenrandböden, Böden an Rändern von Straßen (Fahrbahnen), die anthropogen verändert sind, ähnlich den ↗Stadtböden. Sie bestehen häufig aus Aufschüttungen und zeigen eine initiale Bodenbildung. Diese Böden unterliegen den Einflüssen des Straßenverkehrs wie Streusalz (führt zur ↗Bodenversalzung) und Reifenabrieb (Verunreinigung u. a. mit Cadmium). Weitere Kontaminationen der Straßenrandböden finden statt durch Benzinaddative (Pb) und Katalysatoremissionen (Pt). So sind diese Böden extreme Pflanzenstandorte, bedingt durch einen hohen pH-Wert, ungünstige Bodenluft- und -wasserversorgung sowie hohe Verdichtung.

Straße von Gibraltar, Meerenge zwischen dem ↗Atlantischen Ozean und dem ↗Europäischen Mittelmeer. An der Oberfläche strömt Wasser in das Mittelmeer ein und in der Tiefe salzreicheres in den Atlantik aus.

Straße von Mosambik ↗*Mosambikstrom*.

stratabound, aus dem Englischen kommender Begriff für »an eine Schicht (stratum) gebunden (bound)«. Es handelt sich um eine Vererzung, die innerhalb einer bestimmten stratigraphischen Gesteinseinheit auftritt und damit an diese gebunden ist. Dies können sowohl mehrere, nicht orientiert angeordnete Erzlinsen als auch parallel angeordnete Erzhorizonte innerhalb einer stratigraphischen Einheit sein. Der Begriff wird vorwiegend deskriptiv verwendet, um das Auftreten der Vererzung innerhalb einer definierten Gesteinseinheit zu beschreiben, aber auch genetisch, um die genetische Bindung der Vererzung an die betreffende Gesteinseinheit zu unterstreichen.

stratiform, eine spezielle Art von ↗stratabound, beschreibt das Auftreten eines erzhaltigen Gesteines oder von Erzkörpern parallel zu einer sedimentären oder magmatischen Schichtung oder eines metamorphen Schieferungsgefüges. Der Begriff kann in verschiedenen Maßstäben angewendet werden, beginnend mit der parallelen Anordnung von einzelnen Erzmineralphasen innerhalb eines Erzkörpers bis zur schicht- bzw. schieferungsgebundenen Anordnung ganzer Erzhorizonte. Klassische Beispiele sind die stratiformen Chromitvorkommen innerhalb großer geschichteter, magmatischer Komplexe (↗Bushveld-Komplex, Stillwater Complex etc.) oder die massiven Blei-Zink-Vererzungen des Rammelsberges (Harz) und von Mt. Isa (Queensland, Australien).

stratiforme Erze, *konkordante Erze*, Erze, die parallel zur Schichtung des sedimentären Wirtsgesteins verlaufen.

Stratigraphie, Teilgebiet der Historischen Geologie, das die zeitliche und räumliche Ordnung der Gesteine unter Berücksichtigung aller physikalischen und chemischen Grundmerkmale (Fossilinhalt, Zusammensetzung etc.) zum Ziel hat. Resultat ist eine Zeitskala zur Datierung geologischer Prozesse und Ereignisse (↗geologische Zeitskala). Die Stratigraphie ist somit Basis und Maßstab für die Klärung und Parallelisierung erdgeschichtlicher und regionalgeologischer Prozesse. Grundlage jeder Stratigraphie ist das einfache, erstmals von N. ↗Steno im Jahre 1669

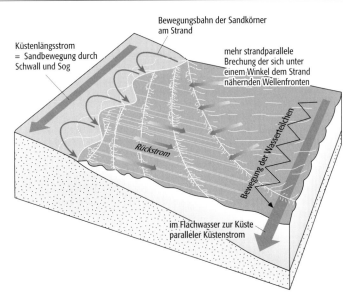

Strandversetzung: Strandversetzung ergibt sich aus den zickzackähnlichen Bewegungen von Sandkörnern, die von Wellen, die unter einem Winkel auf den Strand auflaufen, angespült werden. Im Flachwasser bilden sich dadurch außerdem Küstenströmungen.

Stratigraphie (Tab.): Gliederung der Geochronologie, Lithostratigraphie und Chronostratigraphie/Biostratigraphie. Nur die Zone ist eine biostratigraphische Einheit im eigentlichen Sinn. Für member wurde früher im deutschen Sprachgebrauch auch der Begriff »Folge« verwendet.

Chronostratigraphie/ Biostratigraphie	Lithostratigraphie	Geochronologie
Äonothem		Äon
Ärathem		Ära
System	(Supergruppe)	Periode
Serie	Gruppe	Epoche
Stufe	Formation	Alter
Zone	member	Chron
Subzone	Bank/Schicht	

formulierte Lagerungsgesetz (»stratigraphisches Grundgesetz«). Es besagt, daß unter Voraussetzung ungestörter Lagerung stets die jüngeren Schichten den älteren auflagern. Entsprechend der jeweils zur Anwendung kommenden Hilfsmittel und Methoden gliedert sich die Stratigraphie in mehrere Teilgebiete (↗Biostratigraphie, ↗Chronostratigraphie, ↗Lithostratigraphie). Unterschiedliche Gliederungsansätze und Zielsetzungen der verschiedenen Teildisziplinen spiegeln sich in verschiedenen, vielfach verwirrenden Terminologien für die definierten Schichtfolgen wider. Aus diesem Grunde führt die Tabelle alle gebräuchlichen Einheiten vergleichend auf. [HT]

Stratigraphisches Grundgesetz ↗Geologie.
Stratocumulus ↗Wolkenklassifikation.
Stratopause ↗Atmosphäre.
Stratosphäre ↗Atmosphäre.
Stratosphärenerwärmung, schneller und ausgeprägter Anstieg der Temperatur in der mittleren und oberen ↗Stratosphäre (Höhe > 20 km) im Winter. Stratosphärenerwärmungen wurden im Januar und Februar 1952 erstmals von R. ↗Scherhag in der Stratosphäre der Nordhemisphäre beobachtet und als ↗Berliner Phänomen beschrieben. Sie treten in der winterlichen Arktis häufiger auf und sind dort auch stärker ausgeprägt als in der Antarktis. Ursache dafür sind Unterschiede in der zeitlichen und räumlichen Variabilität der winterlichen stratosphärischen ↗Dynamik und ↗Zirkulation in beiden Hemisphären, die im wesentlichen durch die Ausbreitung planetarer Wellen aus der Troposphäre in die Stratosphäre bedingt sind. Die Wahrscheinlichkeit des Auftretens und die Intensität einer Stratosphärenerwärmung hängen deshalb mit hoher Wahrscheinlichkeit auch von den klimatologischen Prozessen ab, die planetare Wellen in der Troposphäre anregen oder verstärken können, z.B. die ↗Southern Oscillation und die ↗quasizweijährige-Oszillation. Da die Temperaturverteilung einen erheblichen Einfluß auf die Wirksamkeit der physikalisch/chemischen Prozesse in der ↗Ozonschicht hat, hängt auch das Ausmaß des ↗Ozonabbaus stark von der Intensität und vom Zeitpunkt des Auftretens einer Stratosphärenerwärmung ab (↗Ozonloch). Stratosphärenerwärmungen führen zu einer dynamischen Störung des winterlichen ↗Polarwirbels. Durch den Temperaturanstieg über den Polen ändert sich der mittlere Temperaturgradient im Polarbereich (65°-90°), und dies kann zu einer Umstellung der normalen, zyklonalen winterlichen Zirkulation im 10-hPa-Niveau (ca. 30 km Höhe) auf eine antizyklonale Strömung führen. Auf Empfehlung der WMO (World Meteorological Organization) werden vier typische Formen von Stratosphärenerwärmungen unterschieden: a) *minor warmings* führen zwar zu einer Umkehrung des Temperaturgradienten, aber nicht zur Umstellung der Zirkulation. Sie treten in beiden Hemisphären auf. b) *canadian warmings* treten als Folge einer Verstärkung und Verlagerung des troposphärischen ↗Aleutenhochs nach Norden ein. Es wird eine Umkehr des Temperaturgradienten und eine kurzzeitige Umstellung der Zirkulation beobachtet, die jedoch nicht zu einem Zusammenbruch des Polarwirbels führt. c) *major midwinter warmings* sind intensive Erwärmungen, durch die sich im Januar/Februar sowohl der Temperaturgradient sowie die Zirkulation im 10-hPa-Niveau vollständig umkehren. Letzteres ist auch dann der Fall, wenn der Polarwirbel einerseits zwar erhalten bleibt, sein Zentrum jedoch südlich des Polarkreises liegt oder anderseits geteilt ist. Dieser Typ einer Stratosphärenerwärmung wurde bisher nur in der Arktis beobachtet. d) *final warmings* führen zur endgültigen Umstellung der zyklonalen Winterzirkulation auf die antizyklonale Sommerzirkulation. Ihr Eintreten und ihre Intensität können von Jahr zu Jahr stark schwanken. Sie treten in beiden Hemisphären auf, über der Antarktis allerdings (bezogen auf die Jahreszeit) generell etwa zwei Monate später als in der Arktis. Dieses spätere Eintreten ist eine Bestätigung der größeren dynamischen Stabilität des Polarwirbels über dem Südpol und eine der meteorologischen Voraussetzungen für die Entwicklung des Ozonlochs. [USch]

stratosphärische Zirkulation, die Temperaturverteilung in der Stratosphäre entspricht nicht dem Strahlungsgleichgewicht. Sowohl über dem Sommerpol wie auch über dem Winterpol treten als Folge einer geordneten Meridionalzirkulation (↗Hadley-Zirkulation) erhebliche Abweichungen in der stratosphärischen Zirkulation auf. Über dem sonnenbeschienenen Sommerpol führt die Nettoerwärmung zu einer großräumigen Aufwärtsströmung der Luft (die adiabatische Abkühlung der aufsteigenden Luft führt zu extrem niedrigen Temperaturen im Bereich der Mesopause). Die Nettoabstrahlung über dem dunklen Winterpol bewirkt andererseits Absinkprozesse im Bereich der ↗Polarwirbel und dementsprechend eine adiabatische Erwärmung der Luft. Zwischen beiden Regimen stellt sich in der mittleren Atmosphäre eine meridionale Ausgleichsströmung ein, die mit der Jahreszeit wechselt. Aus Gründen der Erhaltung des Drehimpulses kann die meridionale Komponente der stratosphärischen Zirkulation jedoch nicht so stark ausgeprägt sein, daß durch sie allein der erforderliche Massenausgleich zwischen beiden Regimen erreicht wird. Der horizontale Austausch erfolgt vielmehr hauptsächlich durch die ↗Dissipation der planetaren Wellen (↗Rossbywellen), die sich von der Troposphäre in die Stratosphäre ausbreiten. Die Intensität beider dynamischer Prozesse schwankt mit der Jahreszeit erheblich. Insbesondere während des Winterhalbjahres kann der irreversible turbulente Massenaustausch durch planetare Wellen im Verlauf von ↗Stratosphärenerwärmungen sehr intensiv sein. Im Bereich der unteren Stratosphäre ist die stratosphärische Zirkulation nicht geschlossen. In den Tropen wird die troposphärische Luft vorwiegend und zu allen Jahreszeiten relativ gleichmäßig in die Stratosphäre transportiert. Der horizontale Austausch mit den Polargebieten ist in der unteren Stratosphäre durch die Starkwindgebiete des subtropischen bzw. polaren ↗Strahlstroms, die als Transportbarrieren wirken, jedoch stark eingeschränkt. Der Ausgleich erfolgt über mittleren und hohen Breiten im Bereich der sog. Tropopausenbrüche durch sporadische Austauschprozesse (↗cut-off). Wichtige Prozesse der stratosphärischen Zirkulation sind deshalb sehr stark an die troposphärische Zirkulation gekoppelt. Die Grundzüge der stratosphärischen Zirkulation wurden bereits in den 1930er Jahren von Brewer und G. M. B. Dobson zur Erklärung des geringen Wasserdampfgehaltes in der unteren Stratosphäre bzw. der meridionalen ↗Ozonverteilung entwickelt. Die geordnete meridionale Zirkulation in der Stratosphäre wird deshalb auch als *Brewer-Dobson-Zirkulation* bezeichnet. [USch]

Stratospheric Sounding Unit ↗*SSU*.

Stratovulkan, komplexe, mehrere hunderte bis tausende Meter hohe, terrestrische Vulkanform mit relativ steilen Hängen (bis ca. 33°). Sie ist aufgebaut aus Lava, pyroklastischen Ablagerungen und vulkanoklastischen Sedimenten. Im Inneren der z. T. mehrere Millionen Jahre aktiven Stratovulkane kann ein komplexes System von subvulkanischen Intrusionen (Stöcke, Gänge, Sills) ausgebildet sein. Stratovulkane entstehen in Gebieten, in denen über längere Zeit größere Mengen intermediären bis SiO_2-reichen Magmas gefördert wird.

Stratus ↗*Wolkenklassifikation*.

Streakkamera, spezielle Kamera, mit der zeitlich sehr kurz aufeinander folgende Lichtimpulse erfaßt werden können. Die Lichtimpulse werden auf einen sich sehr schnell bewegenden, elektronischen Bildträger abgebildet. Der zeitliche Abstand wird dadurch in einen räumlichen Abstand transformiert. Mit einer Streakkamera können die zeitlichen Abstände pikosekundengenau ermittelt werden. Streakkameras werden eingesetzt, um simultan ↗Laserentfernungsmessungen zu Satelliten auf zwei Wellenlängen auszuführen. Durch die Dispersion der Atmosphäre ist die Lichtausbreitung von der Wellenlänge abhängig. In der Wellenlänge unterschiedliche Laserpulse weisen bei gleicher Entfernung geringfügig unterschiedliche Laufzeiten auf, die mit Streakkameras gemessen wird. Sie wird genutzt, um den Einfluß der troposphärischen Refraktion zu bestimmen.

Strecke, **1)** *Kartographie*: durch Addition von Reduktionen werden ↗Distanzen in Strecken überführt. Eine Schrägstrecke (Raumstrecke) ist der Abstand zwischen zwei Punkten unterschiedlicher Höhenlage. Die Horizontalstrecke ist die projizierte Schrägstrecke auf den Messungshorizont, d. h. der Sehnenlänge des im Messungshorizont verlaufenden Bogens. Die Höhe des Messungshorizontes ist abhängig von der Höhe des ↗Standpunktes und ↗Zielpunktes und der verwendeten Gleichung für die Neigungreduktion. **2)** *Lagerstättenkunde*: bergmännischer Begriff für einen horizontalen oder leicht geneigten Stollen (in Tiefbergbaubetrieben), der in der Regel der ↗Mineralisation im ↗Streichen folgt.

Streckeisen-Diagramm ↗*QAPF-Doppeldreieck*.

Streckenmessung ↗*Distanzmessung*.

Streckgrenze ↗*plastische Deformation*.

Streichen, Schnittlinie einer geologischen Fläche (Schicht-, Kluft- Schieferungs- oder Verwerfungsfläche) mit einer gedachten Horizontalebene (= Streichlinie). Den Winkelbetrag zwischen der Streichlinie und der Nordrichtung, z. B. 30°, bezeichnet man als Streichwert mit der Schreibweise N 30°E.

Streichkurvenkarte, *Streichlinienkarte*, *Isobasenkarte*, *Schichtlagerungskarte*, Darstellung der Raumlage von Schichtgrenzflächen durch Höhenlinien über NN (Isobasen).

Streichlinie, seitliche Begrenzung des durchflußwirksamen Querschnittes eines Fließgewässers. Beim Ausbau mit ↗Buhnen wird die Streichlinie durch die gedachte Verbindungslinie der Buhnenköpfe gebildet.

Streichlinienkarte ↗*Streichkurvenkarte*.

Streichwehr, parallel oder schräg zur Fließrichtung eines Gewässers angeordnetes ↗*Wehr*.

Streifenanbau, *strip cropping*, Anbau erosionsfördernder und erosionsmindernder Fruchtarten im Wechsel zur Reduzierung der Strecken des Sedimenttransportes. Die Breite der Streifen erlaubt den Einsatz kompletter Maschinensysteme. Der Streifenanbau ist vorrangig in stark winderosionsgefährdeten Gebieten verbreitet. Das Verfahren ist mit der Einführung von ↗conservation tillage zurückgegangen.

Streifenart ↗*Lithotyp*.

Streifenbildung, *Wachstumsstreifen*, *striations*, Konzentrationsstreifen in Kristallen. Wächst ein Kristall unter Einbau von Verunreinigungen oder Dotierstoffen, dann ist der effektive Verteilungskoeffizient (↗Gleichgewichtsverteilungskoeffizient) eine Funktion der Wachstumsgeschwindigkeit. Wird diese Wachstumsgeschwindigkeit durch die Wachstumsbedingungen verändert, dann verändert sich auch die Konzentration des Fremdstoffes im Kristall. Bei periodischen Veränderungen ergeben sich Streifen unterschiedlicher Konzentration.

Streifenboden, ↗*Frostmusterboden* aus *Steinstreifen* und *Feinerdestreifen*, der in Hanglagen von ↗*Periglazialgebieten* durch starke ↗*Gelifluktion* aus ↗*Steinpolygonen* und ↗*Steinringen* entsteht (Abb.).

Streifenkartogramm, *Streifenmethode*, Struktur-

Streifenboden: Stein- und Feinerdestreifen.

form eines ↗Kartogramms, bei der ein Mosaik von Flächeneinheiten in diagonal angeordnete, gleichbreite Streifen zerlegt wird. Diese in der Regel zwischen 5 und ca. 10 mm breiten Streifen werden nach Flächenanteilen von etwa 3 bis 5 Objekten untergliedert, wobei sie sich innerhalb einer Mosaikeinheit mehrfach wiederholen müssen, wenn die Summe der Anteile der Streifenflächen den tatsächlichen Flächenanteilen in den ausgewiesenen Arealen hinreichend exakt entsprechen soll. Solche Streifengefüge sind eine Kombination von absoluter und relativer Darstellung auf Flächen bezogener statistischer Daten.

Streifenkohle, ↗Steinkohle mit makroskopisch erkennbarem lagigen Aufbau, hervorgerufen durch Wechsel in den ↗Lithotypen; Kennzeichen von ↗Humuskohlen.

Streifentriangulation, in der Photogrammetrie ein in der Regel numerisches Verfahren der ↗Mehrbildauswertung eines aus den ↗Luftbildern einer ↗Bildreihe bestehenden ↗Bildverbandes zur Bestimmung der Daten der ↗äußeren Orientierung und der ↗Objektkoordinaten von ↗Paßpunkten.

Streifung, eine Flächenbeschaffenheit der Minerale aufgrund unterschiedlicher Ursachen. Streifenbildung findet sich z. B. auf den Würfelflächen von ↗Pyrit parallel den abwechselnden Würfelkanten im Sinne der kubisch disdodekaedrischen Klasse (Kombinationsstreifung), bei den Carbonaten (↗Calcit), den Plagioklasen (Albitlamellen) und bei Salzmineralen. Streifenförmige und lamellenartige Strukturen sind häufig auch auf Verteilungsinhomogenitäten und Fluktuationen der Zustandsvariablen oder der Transportvorgänge beim Wachstum zurückzuführen. Vor allem auch bei der synthetischen Herstellung von Kristallen gibt es Streifenbildung. So treten bei der Züchtung von ↗Rubin nach der Verneuilmethode (↗Flammenschmelzverfahren) auch bei gleichmäßigen Züchtungsbedingungen stets streifenförmige Inhomogenitäten der Chromverteilung auf, die oft noch überlagert wird durch eine gröbere Streifung, die auf Unregelmäßigkeiten der Züchtungsparameter zurückzuführen ist. Sie sind ein gutes Unterscheidungsmerkmal zu den hydrothermal gebildeten natürlichen Rubinen. [GST]

Stremme, *Hermann*, deutscher Geowissenschaftler und Bodenkundler, * 17.5.1879 Krefeld, † 29.4.1961 Berlin. 1914–1945 Professor in Danzig, 1947–1959 Direktor des Instituts für Bodenkartierung in Berlin. Er hat aus Ansätzen Albert ↗Orths (1835–1915) Konzepte zur Kartierung des Verbreitungsmusters von Böden entwickelt, niedergelegt in seinen »Grundzügen der praktischen Bodenkunde« (1926), nach dem auch mehrere großmaßstäbige Musterkarten erstellt wurden. Unter ihm entstanden die ersten Bodenkarten Europas (1927 1:10 Mio., 1937 1:2,5 Mio.), für die eine erste internationale Bodensystematik entwickelt wurde.

Streptomyceten, *Strahlenpilze*, ↗Bakterien der Gattung *Streptomyces*. Diese zu den ↗Actinomyceten gehörenden grampositiven, aeroben Bakterien bilden ein Substrat- und Luftmycel. Im Unterschied zu den ↗Pilzen ist dieses ↗Mycel viel dünner (0,5–2 μm) und nicht aus Chitin oder Zellulose aufgebaut. Das vegetative Substratmyzel der Strahlenpilze ist stark verzweigt und wenig septiert, an den Lufthyphen bilden sich durch Abschnürung zahlreiche lange Sporenketten. Strahlenpilze ernähren sich vorwiegend saprophytisch und kommen sehr häufig im ↗Boden vor. Einige Arten sind pflanzen- oder tierpathogen, andere Arten haben große Bedeutung als Antibiotika-Bildner (Tetrazykline, Chloramphenicol) oder beim Abbau hochpolymerer Naturstoffe.

Streß, *stress* (engl.), Beanspruchung der Gesteine durch seitlichen Druck bei metamorphen Prozessen (↗Metamorphose). Die Gesteine werden dadurch z. T. gefaltet, so daß es zu einer schiefrigen Gefügeausbildung kommt (metamorphe Schiefer). ↗Gefüge.

Streu, das frisch abgestorbene, also aus dem letzten Jahr stammende pflanzliche Material, das auf dem Boden aufliegt und die oberste Lage über dem ↗Humus bildet. In biologisch aktiven Böden wird die Streu schnell zersetzt, bei biologisch weniger aktivem Humus (z. B. ↗Rohhumus) bilden sich mächtigere ↗O-Horizonte.

Streuabbau, Zerkleinerung und Mineralisierung von organischer Substanz durch ↗Destruenten. Dadurch werden Nährstoffe in einem ↗Ökosystem wieder verfügbar gemacht. Unmittelbar nach dem Absterben von pflanzlichem Material finden noch enzymatische Stoffwechselreaktionen von organismeneigenen Substanzen statt. Die in dieser ersten Phase freigesetzten mineralischen Nährstoffe werden mit dem Niederschlagswasser in den Boden ausgewaschen. In der zweiten Phase der Streuabbau findet eine mechanische Zerkleinerung durch Makro- und Mesofauna (Bodeninsekten, Regenwürmer) und die Einarbeitung in den Boden statt (↗Bioturbation). In der dritten Phase schließlich werden die übrigen Rückstände von Mikroorganismen (Bakterien und Pilzen) umgesetzt und auch schwer abbaubare Bestandteile wie Zellulose und Lignin mineralisiert. Je nach Zersetzungsgrad der Streu werden verschiedene ↗Humusformen (↗Humus) definiert. [MSch]

Streuauflage, ↗L-Horizont, die letztjährige, frisch abgestorbene organische Substanz, die auf kaum verändert auf dem Boden aufliegt. Dazu gehört pflanzliches wie auch tierisches Material. Die Streuauflage bildet die oberste Lage über dem ↗O-Horizont. Man kann verschiedene Streuarten nach ihrer Herkunft unterscheiden: Der Abfall von Bäumen und Sträuchern (Blätter, Nadeln, Zweige usw.), Rückstände von Kräutern und Gräsern sowie Ernterückstände von Kulturpflanzen (Stoppeln, Kartoffelkraut, Gründüngungspflanzen, usw.). Die Menge der anfallenden Streu ist sehr variabel und abhängig von der Produktivität und der Kulturart des Standortes. Ein natürlicher Wald hat einen höheren ↗Bestandsabfall als die Ernterückstände auf Acker oder

Grünland. Auch innerhalb der Standorte gibt es Unterschiede im Bestandsanfall: im Laubwald mehr als im Nadelwald und bei Futterpflanzen mehr als bei Getreide und mehr als bei Hackfrüchten (Tab.). Die Zusammensetzung der Streuauflage an einem Standort bestimmt die Abbaubarkeit (↗Mineralisierung, ↗Humifizierung) der verschiedenen Humusformen (↗Humus). Streuformen mit höherem Anteilen an schwer zersetzbaren Verbindungen, wie Lignin, Wachse, Harze, Gerbstoffe, lassen sich schwerer zersetzen. Blatt- und Laubstreu (höherer Anteil an Proteinen, Stärke usw.) sind leichter umsetzten als Nadelstreu. [GS]

Streufall, Blätter, Nadeln, Holzteile und Samen, die innerhalb eines Jahres von der Vegetation abgeworfen werden und den oberirdischen ↗Bestandsabfall, die ↗Streuauflage, bilden.

Streukoeffizient, *Streuungskoeffizient*, Maß für die Schwächung von elektromagnetischer Strahlung beim Durchgang durch ein Medium infolge ↗Streuung. Streukoeffizient plus ↗Absorptionskoeffizient ergibt den ↗Extinktionskoeffizienten, der in das ↗Extinktionsgesetz eingeht.

Streunutzung, regelmäßige Entnahme des frischen Laub- und Nadelabfalls in Wäldern für Einstreu in Ställen oder als Dünger auf den Feldern. Mit dem Aufkommen der Stallhaltung von Tieren wurde das Streurecht eingeführt, ein heute überkommendes Recht, das den Bauern die Entnahme von Streu aus dem Wald erlaubte, um es anstelle von Stroh in die Ställe einzustreuen. Auch Schilf aus Feuchtgebieten und Heu von Streuwiesen wurden für diesen Zweck verwendet. Die Streunutzung war besonders im Mittelalter verbreitet. Heute kommt die Streunutzung nur noch in Gebirgslagen vor, wo es den landwirtschaftlichen Betrieben an Einstreu aus der Gras- oder Getreidewirtschaft mangelt. Die Streuentnahme führt zu einer ↗Bodendegradation von ↗Waldböden durch die verminderte Neubildung von ↗Humus. Es kommt zu beschleunigter Bodenversauerung und zu Nährstoffmangel (↗Nährstoffentzug), insbesondere Stickstoff-Mangel. Zudem entsteht aus der Einstreu aus Waldstreu kein ausgewogener Mist für den Ackerboden. Auch die natürliche Walderneuerung wird durch die Streunutzung gemindert, es kommt zu Ertragsrückgängen an Holz.

Streunutzungs-Rohhumus, Folge der ↗Streunutzung ist die Aushagerung des Rohhumus. Daraus resultiert ein vermindertes Nährstoffangebot für die Pflanzen. Streunutzungs-Rohhumus wird auch als ↗Magerhumus oder F-Rohhumus oder ↗Hagerhumus bezeichnet.

Streuobstbau, Nutzungsform der ↗Landwirtschaft mit innerhalb der ↗Kulturlandschaft verteilten einzelnen Obstbäumen, Baumreihen oder Baumgruppen. Streuobstwiesen wurden in der Regel als ↗Grüngürtel um Ortschaften angelegt. Sie dienen der Selbstversorgung und schützen vor Wind und Trockenheit im Sommer. Im Streuobstbau kommen robuste und widerstandsfähige Hochstammobstbäume zum Einsatz, die keine Schädlingsbekämpfung benötigen. Die hohe ↗Artenvielfalt auf solchen Flächen sorgt für ein sich selbstregulierendes ↗Ökosystem, das ein klassisches Beispiel für biologische Schädlingsbekämpfung darstellt. Wegen der hohen ↗Artenvielfalt gelten Streuobstbau-Flächen vom Standpunkt des ↗Naturschutzes aus als wertvoll. Da der Streuobstbau heute häufig als wirtschaftlich unrentabel eingestuft wird, wird er zunehmend durch Obstbaumplantagen ersetzt, mit den Nachteilen des hohen Aufwandes an chemischer Schädlingsbekämpfung und dem damit verbundenem Verlust an ↗Lebensraum für viele bedrohte Tier- und Pflanzenarten. [SMZ]

Streupräparat, polarisationsmikroskopisches Präparat, bei dem zerkleinerte und in Alkohol gewaschene Mineralkörnchen von 20–100 μm Durchmesser auf einen Objektträger gestreut, in wenige Tropfen Immersionsflüssigkeit eingebettet und mit einem Deckglas abgedeckt werden. Bei Streupräparaten handelt es sich um ein Präparat aus Körnern (↗Körnerpräparat) oder Pulvern (*Pulverpräparat*). In der Polarisationsmikroskopie werden die Bezeichnungen Streupräparat oder Körnerpräparat bevorzugt. Dagegen spricht man bei röntgenografischen Untersuchungen von Pulverpräparaten. ↗Einbettungsmethoden, ↗Phasenkontrasttechnik.

Streuschicht, oberste Bodenschicht aus organischen Abfällen (Laub, Nadeln), aus frisch gefallenem oder nur leicht zersetztem organischen Material bestehend.

Streuung, Umlenkung und teilweise auch Aufsplittung ↗elektromagnetischer Strahlung an Materieteilchen ohne Veränderung der Energieform. Für die Fernerkundung oder Klimatologie sind die in der Atmosphäre ablaufenden Streuungsvorgänge von Bedeutung, da sie teilweise die Abschwächung der Strahlung beim Passieren der Atmosphäre bewirkt. Sie bildet daher auch einen Bestandteil des ↗spektralen Extinktionskoeffizienten. In der Atmosphäre erfolgt sowohl bei Teilen der Ein- als auch der Ausstrahlung eine Veränderung der ursprünglichen Strahlungsrichtung an den Luftbestandteilen (Gase, Aerosole usw.). Zu unterscheiden sind dabei die selektiven Streuungsvorgänge: a) ↗Rayleigh-Streuung (nach Lord Rayleigh, 1842–1919), die besonders Strahlung mit kurzen Wellenlängen (UV, blaues Licht) betrifft und an Molekülen mit einem Radius kleiner als die Wellenlänge der Strahlung erfolgt. Dabei handelt es sich u.a. um Sauerstoff, Stickstoff, Kohlendioxid. b) ↗Mie-Streuung (nach Gustav Mie, 1868–1957): Sie beeinflußt vor allem den sichtbaren Spektralbereich und wird von größeren Wassermolekülen und Aerosolpartikeln mit einem Radius, der der Größenordnung der jeweiligen Wellenlänge entspricht, verursacht.

organische Trockensubstanz	Wald [dt/ha]	Gründland [dt/ha]	Acker [dt/ha]
Wurzelmasse	30– >100	30–80	5–30
Streu	20–45	10–30	3–20

Streuauflage (Tab.): mittlere Werte des jährlichen Anfalls an organischer Trockensubstanz.

Nicht-selektive Streuungsvorgänge werden dagegen durch Luftbestandteile mit einem Durchmesser, der die jeweiligen Wellenlängen erheblich überschreitet (z. B. Dunst, Wolken, Nebel), hervorgerufen. Durch sie werden alle Wellenlängen gleichmäßig gestreut.

Bei seismischen Wellen wird Streuung durch die Wechselwirkung seismischer Wellen mit kleinräumigen, inhomogenen Zonen verursacht, in denen die elastischen Konstanten und die Dichte von den Werten in der Umgebung abweichen. Dadurch entsteht aus einem ursprünglich von der ↗seismischen Quelle abgestrahlten Einzelimpuls eine Folge von vielen Einzelimpulsen, die durch Reflektion, Brechung, Konversionen und Beugung an den inhomogenen Strukturen entstanden sind. Diese Streuphasen erscheinen in Seismogrammen als Codawellen, die den seismischen Hauptphasen, wie z. B. der P- oder ↗S-Welle, folgen. Codawellen haben häufig ein sehr komplexes Muster, so daß einzelne Phasen nicht ohne weiteres bestimmten Laufwegen zugeordnet werden können. Die seismische Energie in den Hauptphasen wird durch Streuung zu gunsten der Codawellen reduziert. Die scheinbare ↗Dämpfung seismischer Wellen durch Streuung wird als Streudämpfung bezeichnet. Sie wird, wie die Dämpfung durch anelastische Absorption, durch einen Q-Faktor (Q_{st}) charakterisiert. Ein wesentlicher Unterschied zur anelastischen Absorption besteht darin, daß Q_{st} kein Maß für den Energieverlust einer harmonischen Welle über die Periode der Schwingung darstellt, sondern vielmehr ein Maß für die Umverteilung seismischer Energie von den Hauptphasen auf Streuphasen ist. Die Werte von Q_{st} sind stark frequenzabhängig.

In der Ozeanographie versteht man unter Streuung oder Dispersion die Abschwächung des Lichts im ↗Meerwasser durch ↗Beugung an Partikeln und Brechung (↗Refraktion) und ↗Reflexion im Inneren und an den äußeren Grenzflächen von Partikeln. Neben Partikeln können auch Dichteinhomogenitäten Streuung bewirken. Auch andere ↗Wellen im Meer wie ↗Seegang und ↗Schallwellen unterliegen der Streuung.

Streuungsdiagramm, *Scattergramm*, stellt die Verteilung der ↗Grauwerte im ↗Merkmalsraum dar. ↗Scatterdiagramm.

Streuwiese, *Ried, Sumpfwiese*, traditionelle landwirtschaftliche Nutzung ursprünglicher ↗Bruchwälder, in denen nach der Beseitigung der Bäume durch den Menschen nur noch Gräser und Kräuter übrigbleiben, die der Gewinnung von Einstreu für den Viehstall und als Viehfutter dienen. Entsprechend wird mit dem Schnitt bis spät im Jahr gewartet, bis die Streuwiese »strohig« geworden ist. Die Streuwiesen stocken auf sehr feuchten ↗Standorten, welche jedoch durch großflächige Entwässerungen im Rahmen von ↗Flurbereinigungen in Mitteleuropa selten geworden sind. Aus Gründen des ↗Naturschutzes wird heute versucht, Streuwiesen zu erhalten oder neu

Strich (Tab.): Beispiele für Farbe und Strichfarbe der Minerale.

	nichtmetallisch		metallisch		
Farbe	idiochromatisch (Strich gleichfarbig)	allochromatisch (Strich farblos-weiß)	Farbe	Mineral	Strichfarbe
farblos	Calcit, Cerussit, Gips		–	–	–
weiß	Kryolith, Aragonit, Kaolinit, Leucit, Albit		weiß	Silber Antimon Arsenkies	silberweiß grau schwarz
gelb	Schwefel, Greenockit, Auripigment, Uranophan	mancher Fluorit, Topas, Helvin	grau	Graphit Molybdänglanz Bleiglanz Antimonglanz	grau grünlichgrau grauschwarz dunkelgrau
braun	Limonit	Brookit, Titanit, Zirkon	schwarz	Magnetkies Chromit	schwarz braun
rot	Zinnober, Realgar, Cuprit, Krokoit, Erythrin	Spinell, Rubin, mancher Turmalin	braun	Magnetkies	grauschwarz
rosa	Rhodochrosit, Rhodonit	mancher Fluorit, Morganit, Kunzit	rot	Kupfer Rotnickelkies Germanit	kupferrot bräunlichschwarz schwarz
blau	Azurit, Linarit, Lapislazuli	mancher Fluorit, Saphir, Cyanit, Aquamarin, Turmalin	gelb	Gold Kupferkies Pyrit	goldgelb grünlichschwarz schwarz
violett	–	Amethyst, mancher Fluorit			
grün	Malachit, Brochantit, Rockbridgeit, Torbernit, Dioptas	mancher Fluorit, Smaragd, Turmalin, Diopsid			
schwarz	Uraninit (Pecherz), Manganit	Augit, Hornblende, Schörl			

Strich, *Strichfarbe*, Pulverfarbe eines Minerals. Sie zählt zu den Methoden der Mineralbestimmung nach äußeren Kennzeichen und wird auf einer rauhen Porzellanplatte (Strichplatte) oder durch Pulvern in einer Reibschale gewonnen. Man bestimmt den Strich bei metallisch, halbmetallisch und auch nichtmetallisch glänzenden Mineralen (Tab.). Er ist häufig anders, als die Eigenfarbe vermuten läßt (idiochromatische Farbe), und Minerale von gleicher Eigenfarbe können verschiedene Strichfarben haben. Allochromatische Farben treten auf, wenn im ungestörten Gitter ein an sich nicht färbendes Ion durch ein färbendes partiell diadoch vertreten wird (↗Diadochie). In diesen Fällen ist die Eigenfarbe so schwach, daß der Strich auf unglasiertem Porzellan nicht oder kaum gefärbt erscheint. Allochromatische Farben sind nicht spezifisch, sondern variabel für die Mineralart. Zu beachten ist, daß Minerale, die härter als Porzellan sind, Porzellanpulver erzeugen. [GST]
Strichfarbe, **1)** *Kartographie:* ↗Flächenfarben. **2)** *Mineralogie:* ↗Strich.
Strichfigur, *Strichbild*, ↗Strichkreuz.
Strichkreuz, *Fadenkreuz*, Zieleinrichtung eines ↗Fernrohrs, die es ermöglicht, bestimmte Punkte in der Örtlichkeit anzuzielen. Durch den Einbau eines Strichkreuzes in die vordere Brennebene des Okulars wird aus einem Fernrohr ein Meßfernrohr. Die Verbindungsgerade von Objektiv- und Strichkreuzmitte kann vereinfacht als ↗Zielachse des Fernrohrs betrachtet werden. Die ursprüngliche Bezeichnung Fadenkreuz ist auf die frühere Verwendung von zwei in einer Fassung befestigten, sich rechtwinklig schneidenden Fasern oder Fäden (z. B. Spinnenfäden) als Visiereinrichtung zurückzuführen. In modernen Instrumenten werden Strichkreuze verwendet, die auf einer dünnen, planparallelen Glasplatte, der *Strichplatte*, eingeätzt oder -geritzt werden und geschwärzt sind. Meist ist das eigentliche Strichkreuz durch kurze horizontale ↗Distanzstriche ergänzt, die zur ↗optischen Distanzmessung dienen. Die Gesamtheit aller Linien auf der Strichplatte wird als *Strichfigur* bezeichnet. Die Fassung der Strichplatte dient zugleich als Gesichtsfeldblende im Fernrohr. Eine Einstell- oder auch Strichkreuzparallaxe liegt dann vor, wenn Bildebene und Strichkreuzebene nicht zusammenfallen. Zur Beseitigung dieser Parallaxe ist die Scharfeinstellung des Strichkreuzes am Okular und die Fokussierung des Zieles zu verbessern. [DW]
Strichplatte ↗Strichkreuz.
Strichvorlage, eine ↗Vorlage (Reproduktionsvorlage), die nur aus den beiden Tonwerten Schwarz und Weiß oder gedeckt und ungedeckt besteht. Typische Strichvorlagen aus dem Bereich der ↗Kartographie sind ↗Schriften, ↗Signaturen, Linien und gleichmäßig gedeckte Flächen. Sie können als Zeichnungen, Gravuren, Abziehfolien oder Montagen vorliegen. Strichvorlagen sind als Druckvorlagen für alle Druckverfahren geeignet (↗Kartendruck).

Stricklava, Oberflächenstruktur einer ↗Pahoehoe-Lava, die beim Ausfließen der Lava durch Zusammenschieben der erstarrenden Oberfläche entsteht (einer zusammengeschobenen Tischdecke vergleichbar).
Striemung, Rutschstreifen, durch das Aneinandervorbeigleiten zweier Gesteinskörper entstanden. ↗Harnisch.
Strohdüngung, Verbleib des Strohs (↗Bestandsabfall) nach der Getreideernte auf dem Feld ↗Ernterückstände). Die hierbei auftretende ↗N-Immobilisierung kann durch eine N-Ausgleichsdüngung von 1 kg N/100 kg Stroh vermieden werden.
Strom, **1)** *Hydrologie*: großes ↗Fließgewässer, dessen mittlerer jährlicher ↗Durchfluß größer als 2000 m^3/s ist. Über die Ströme wird der größte Teil des überschüssigen Wasservolumens der Landflächen der Erde den Weltmeeren zugeführt (↗Fluß, ↗Gewässernetz). Die 25 größten Ströme haben daran einen Anteil von 45 %. Von diesen Strömen führt allein der Amazonas 16,6 % aller ↗Abflüsse der Erde zum Südatlantik hin ab. Etwa die gleiche Größenordnung erreichen die acht nächstgrößten Ströme Kongo, Yangtsekiang, Orinoco, Brahmaputra, Parana, Yenessei, Mississippi und Lena. Auf die gleiche Durchflußsumme kommen die 40 nächstgrößten Flüsse. Diese Ströme sind hinsichtlich ihrer Länge, der Einzugsgebietsgröße und des Durchflusses sehr unterschiedlich. So hat z. B. der Nil als längster Strom der Erde das viertgrößte Einzugsgebiet und liegt nach dem Durchflußvolumen nur auf Platz 35 (Tab.). **2)** *Ozeanographie*: *Strömung*, dreidimensionale Bewegung von Flüssigkeitsteilchen, die durch ihre Geschwindigkeit und Richtung bestimmt ist. Nach der zeitlichen Dauer und der räumlichen Erstreckung unterscheidet man ↗Meeresströmungen, ↗Wellen oder ↗Turbulenz.
Stromatit, ein streng lagig aufgebauter ↗Migmatit mit Wechsellagerungen von Leukosomen und Mesosomen im Dezimeter- bis Zentimeterbereich.
Stromatolith, eine feinlaminierte organosedimentäre Struktur, die durch sedimentfangende und sedimentbindende Prozesse und Kalkfällung infolge mikrobieller Lebensaktivitäten entsteht. Beteiligt sind vor allem mikrobielle Matten bildende coccoidale und filamentöse Cyanobakterien-Assoziationen (photosynthetische ↗Prokaryoten); weitere mikrobielle Organismen können beteiligt sein. Die Feinschichtung der Stromatolithen entsteht in Tag-Nacht-Rhythmen, wobei sich tagsüber infolge photosynthetischer Aktivität aus vertikal wachsenden Cyanobakterien-Filamenten mikrobielle Matten bilden, die während der Nacht überwiegend von Sedimentpartikeln überzogen werden. Sie werden am folgenden Tag erneut von den Filamenten durchwachsen. Die für die Bildung verantwortlichen Mikroben sind fossil selbst nicht erhalten und nur indirekt durch ihre Lebenstätigkeit nachgewiesen. Stromatolithen zählen zu den ältesten nachgewiesenen Lebensformen und sind seit

Stromatolith

Strom	Länge		Einzugsgebiet			Abfluß				
	[km]	Rang	[10^3km²]	[%][1]	Rang	[10^3m³/s]	[km³/a]	[mm/a]	[%][2]	Rang
Amazonas	6500	2	7180	4,8	1	210,0	6620	920	16,6	1
Kongo	4700	6	3820	2,6	2	42,0	1330	350	3,3	2
Mississippi	6020	3	3220	2,2	3	18,0	570	180	1,4	8
Yangtsekiang	5800	4	1970	1,3	11	35,0	1100	560	2,7	3
Yenessei	3490	16	2600	1,7	7	19,0	600	230	1,5	7
Parana	4000	12	2650	1,8	6	19,5	615	230	1,6	6
Ob	3650	14	2950	2,0	5	12,5	395	130	1,0	14
Lena	4400	8	2425	1,6	8	16,4	520	210	1,3	9
Mackenzie	4250	9	1805	1,2	12	9,7	305	170	0,8	17
Amur	2820	35	2130	1,4	9	11,0	350	160	0,9	16
Wolga	3350	18	1380	0,9	13	8,0	250	180	0,6	19
Niger	4200	11	2090	1,4	10	6,1	190	90	0,5	24
Brahmaputra	2900	31	590	0,4	32	20,0	630	1070	1,6	5
Mekong	4500	7	795	0,5	25	16,0	505	640	1,2	10
Orinoco	2500	49	1085	0,7	16	29,0	915	840	2,3	4
Ganges	2500	50	1075	0,7	17	15,5	490	460	1,2	11
St. Lorenz	3100	22	1290	0,9	15	14,0	440	340	1,1	13
Yukon	3200	20	930	0,6	23	6,5	205	220	0,5	22
Indus	2900	32	960	0,6	22	3,8	120	130	0,3	26
Donau	2850	34	817	0,5	24	6,4	200	250	0,5	23
Irawadi	2150	59	430	0,3	36	14,0	440	1020	1,1	12
Columbia	1950	76	670	0,4	29	7,9	250	370	0,6	20
Kolyma	2130	61	645	0,4	30	3,8	120	190	0,3	28
Sikiang	2100	63	435	0,3	35	11,5	360	830	0,9	15
Magdalena	1550		240	0,2	45	8,0	250	1040	0,6	21
Sambesi	2700	38	1330	0,9	14	3,0	95	80	0,2	33
Hwangho	4850	5	745	0,5	28	3,9	120	160	0,3	25
Nil	6650	1	2960	2,0	4	2,8	90	30	0,2	35
Rhein	1300		190	0,1		2,2	70	420	0,2	

[1] % der Fläche des Festlandes (148,0 · 10^6 km²) [2] % des gesamten Abflusses zum Weltmeer (39,7 · 10^3 km³/a)

Strom (Tab.): Zuflüsse zum Weltmeer aus den größten Strömen, geordnet nach Summe aus Rängen der Stromlänge, der Einzugsgebietsgröße und des mittleren jährlichen Durch- bzw. Abflusses.

dem frühen ↗Archaikum, etwa seit 3,6 Mrd. Jahren, bekannt. Sie sind wesentlich für die photosynthetische Produktion von freiem Sauerstoff in der anoxischen Uratmosphäre verantwortlich und die häufigsten und auffälligsten biogenen Strukturen im gesamten ↗Präkambrium, wo sie kilometerweit ausgedehnte biostromale Strukturen im Subtidal, Intertidal und Supratidal bilden (Abb. 1 im Farbtafelteil).

Die Evolution der Mikrobenassoziationen brachte eine Vielzahl spezieller, biostratigraphisch auch zur interkontinentalen Parallelisierung nutzbarer und als Formgenera beschriebener Wuchsformen hervor (Abb. 2). Die Wuchsformen (säulig, domförmig, mattenförmig) sind auch von ökologischen Faktoren (Wasserenergie, Strömung, Durchlichtung, Grad der subaerischen Exposition) abhängig. Cyanobakterien-Onkoide können als spezielle, auf Weichböden entwickelte, sphärische Stromatolithen betrachtet werden. Mit dem Auftreten zahlreicher Invertebraten an der Basis des ↗Kambriums ging die Verbreitung von Stromatolithen stark zurück. Seit dem ↗Ordovizium sind sie vor allem aus

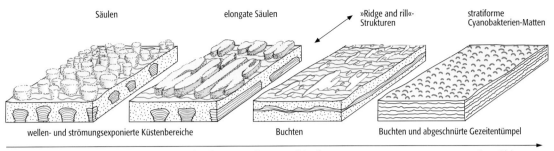

randmarinen, sehr flach subtidalen bis supratidalen, hyperhalinen Environments bekannt (rezent z. B. in der westaustralischen Shark Bay), wenngleich ihre Bedeutung in phanerozoischen Riffen bisher generell unterschätzt wird. Der Rückzug in solche Extrem-Habitate wird vor allem mit dem Fehlen von abweidenden Organismen (im wesentlichen Gastropoden) erklärt, die weder die hohe Salinität, noch langfristige subaerische Exposition unter heißen Klimabedingungen überstehen; fehlende Bioturbation erhöht zudem das Erhaltungspotential. Stromatolithen sind auch in der photischen Zone lakustriner Ablagerungsräume bekannt. Ihr Beziehungen zu den marinen Formen ist unbekannt. [HGH,EM]

Stromatoporen, ausgestorbene Fossilgruppe mit Kalkskeletten von variabler Form, die meist aufgrund ihrer Ähnlichkeit mit den Sclerospongea zu den ↗Schwämmen gestellt wird. Stromatoporen sind vom ↗Ordovizium bis zum ↗Devon wichtige Riffbildner, davor und danach jedoch unbedeutend. Die frühesten Stromatoporen werden im ↗Kambrium vermutet, mit Sicherheit treten sie im Ordovizium auf. Als Sphaeractinioidea bezeichnete Organismen sind in jurassischen und kretazischen Kalken häufig, sie werden von einigen Autoren als Stromatoporen betrachtet, von anderen aber separat behandelt.
Die Stromatoporen (auch: koralline Schwämme) bauten feinmaschige dreidimensionale Skelette (Coenostea) mit vertikalen und horizontalen Elementen (Pilae und Laminae; Abb.). Die Räume zwischen den Laminae, die durch die Pilae gegliedert werden, bezeichnet man als Gallerien. Einige Formen besitzen diskontinuierliche vertikale Röhren, die mit unregelmäßig verteilten runden Querschnitten, umgeben von sternförmig mäandrierenden Kanälen (Astrorhizen), an die Oberfläche austreten. Häufig sitzen sie auf kleinen Erhebungen, die als Mamelonen bezeichnet werden. Latilaminae sind Serien von Laminae, begrenzt durch verdickte oder kondensierte horizontale Lagen, die oft in regelmäßiger Folge auftreten. Sie kommen besonders häufig bei Arten mit ausgeprägten Laminae und unterentwickelten Pilae vor. Die Ursache für ihre Entwicklung ist nicht bekannt, aber i. a. werden Laminae und Latilaminae als Hinweise auf Wachstumsperioden gewertet. Als Caunoporen bezeichnet man senkrecht zur Oberfläche angeordnete Röhren mit Tabulae und rundem Querschnitt. Es handelt sich größtenteils um Syringoporiden: tabulate ↗Korallen, die als Kommensalen der Stromatoporen gedeutet werden. Die Wuchsformen der Stromatoporen sind variabel und reichen von laminar (dünnlagig) über tabular (dicklagig) zu domförmig oder massig. Auch ästige und zylindrische Formen sind häufig. Die Wuchsform ist oft ein Hinweis auf den Lebensraum, den die Tiere besiedelten. Dünnästige Formen, wie z. B. *Amphipora*, werden massenhaft in lagunären Environments gefunden, während dickästige Stachyoideen oft in Vor- und Hinterriffbereichen vorkommen. Massige und tabulare Wuchsformen charakterisieren die Riffbereiche, und laminare Formen sind oft in Hanglagen im Vorriffbereich oder in hochenergetischen marginalen Bereichen zu finden. [SP]

strombolianische Eruption ↗Vulkanismus.
Stromdichte, elektrische Stromstärke bezogen auf eine Volumen- oder Flächeneinheit, gemessen in A/m^3 bzw. A/m^2.
Stromellipse ↗Gezeiten.
strömen, **1)** *Glaziologie*: strömende Bewegung von Gletschern (↗Gletscherbewegung). **2)** *Hydrologie*: Strömung in einem ↗Gerinne (↗Gerinneströmung), bei der die Wassertiefe im Gegensatz zum ↗Schießen größer als die ↗Grenztiefe ist (↗Bernoullische Energiegleichung). Bei den meisten Fließvorgängen in der Natur ist Strömen anzutreffen. Ausnahmen bilden ↗Wildbäche und Sohlstufen. ↗Fließwechsel.
Stromfunktion, eine mathematische Funktion, die eine zweidimensionale, divergenzfreie Strö-

Stromatolith 2: ökologisch gesteuerte Wuchsformen von Stromatolithen nach den Rezentvorkommen der Shark Bay (Westaustralien).

Stromatoporen: Oberflächen- und Seitenansicht eines Anschnittes einer Stromatopore (*Actinostroma*) mit den charakteristischen Skelettelementen.

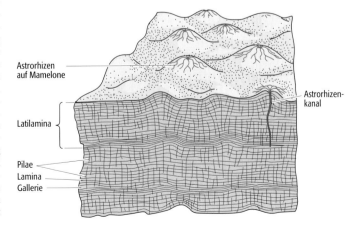

Stromgeschwindigkeit

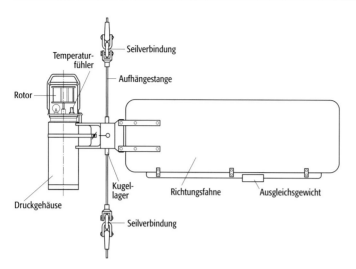

Strommesser 1: elektromechanischer Anderaa-Strömungsmesser.

Strommesser 2: akustischer Doppler-Profilstrommesser (ADCP) und eine konventionelle Strömungsmesserverankerung im Vergleich.

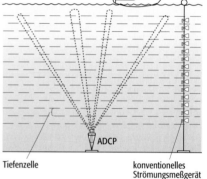

mung beschreibt. Die Richtung des Strömungsfeldes ist dabei immer parallel zu den Linien mit gleichen Werten der Stromfunktion (in diesem Fall identisch mit der ↗Stromlinie). Das Konzept der Stromfunktion wird vor allem in der ↗Kinematik atmosphärischer Strömungen verwandt.
Stromgeschwindigkeit, *Strömungsgeschwindigkeit*, Vektorbetrag der Geschwindigkeit in m/s, mit der sich Wasserteilchen in einer ↗Meeresströmung bewegen. Bei Meeresströmungen ist die Vertikalbewegung meist klein im Vergleich zur horizontalen, so daß sich Angaben der Stromgeschwindigkeit nur auf die horizontalen Komponenten beziehen.
Stromlinie, **1)** *Allgemein*: geometrisches Hilfsmittel zur Darstellung von ↗Strömungen bzw. eines Strömungsfeldes (insbesondere auch einer elektrischen Stromverteilung im Untergrund). Stromlinien folgen zu einem gegebenen Zeitpunkt dem Geschwindigkeitsvektor. Eine an die Stromlinie gelegte Tangente gibt somit die Strömungsrichtung in diesem Punkt an. Der Abstand zweier benachbarter Stromlinien läßt Rückschlüsse auf den Geschwindigkeitsbetrag zu. So ist die Strömungsgeschwindigkeit um so höher, je enger zwei Stromlinien zusammen liegen. In der Meteorologie können die ↗Isohypsen auf Höhenwetterkarten in erster Näherung als Stromlinien interpretiert werden. **2)** *Hydrogeologie*: ↗Grundwasserstromlinie.
Strommesser, *Strömungsmesser*, Gerät zur Messung der Geschwindigkeit und Richtung von Strömungen in Gewässern. Dabei kommen elektromechanische, induktive und akustische Prinzipien zur Anwendung. Bei elektromechanischen Geräten (Abb. 1) wird die Bewegung des Wassers auf einen ↗Rotor übertragen, dessen Umdrehungszahl pro Zeiteinheit gezählt und in eine Geschwindigkeit umgerechnet wird. Das Gerät ist mit einer Fahne ausgestattet, die es in Stromrichtung ausrichtet. Die Lage des Geräts wird mit einem Kompaß bestimmt. Alle Meßdaten werden digitalisiert und elektronisch gespeichert. Induktive Geräte messen die Spannung, die an einer Meßstrecke induziert wird, wenn sich das elektrisch leitende ↗Meerwasser im Erdmagnetfeld (↗Erde) bewegt.
Akustische Geräte können über eine Laufzeitmessung (↗Laufzeit) die Veränderung der Schallausbreitung durch die Wasserbewegung entlang einer Meßstrecke erfassen. Drei senkrecht zueinander stehende Meßstrecken erlauben die Bestimmung des dreidimensionalen Strömungsvektors. Die Dopplerverschiebung eines Schallsignals (↗Doppler-Effekt) kann mit einem akustischen Doppler-Strömungsmesser (Acoustic Doppler Current Profiler, ADCP; ↗ADCP-Meßverfahren) ebenfalls zur Geschwindigkeitsmessung genutzt werden (Abb. 2). Dabei wird ein Schallbündel von einem Schallgeber ausgesendet, das an Partikeln im bewegten Wasser gestreut wird. Der rückgestreute Signalanteil wird in einer Folge von Zeitfenstern empfangen. Der Zeitpunkt des Eintreffens gibt den Abstand des streuenden Wasservolumens vom Schallgeber an, die Dopplerverschiebung des Signals die Geschwindigkeit. Durch Abtasten mehrerer Zeitfenster kann so ein Strömungsprofil gemessen werden. Die Verwendung von mindestens drei Schallstrahlen erlaubt eine Vektormessung und ermöglicht die Bestimmung der Vertikalkomponente.
Strömungsmesser werden verankert, wobei die Eigenbewegung der Verankerung klein sein muß im Vergleich zur Wasserbewegung. Werden sie vom Schiff aus eingesetzt, so ist eine hohe Navigationsgenauigkeit die Voraussetzung, um die Eigenbewegung der Meßplattform ausreichend genau zu bestimmen, um die wahre Strömungsgeschwindigkeit ermitteln zu können. [EF]
Strommoment, das Produkt $M = I \cdot \lambda$ aus Stromstärke I und Länge λ eines elektrischen Dipols, gemessen in Am.
Stromrichtung, *Strömungsrichtung*, in der ↗Ozeanographie die Richtung, in die ein ↗Strom fließt, wobei die horizontale Ausrichtung meist relativ zur Nordrichtung angegeben wird. In der ↗Meteorologie wird die Richtung angegeben, aus der der Wind kommt.
Stromscherung, räumliche Veränderlichkeit des ↗Stroms, die durch ↗Gradienten quantifiziert

wird. Sie bestimmt die Intensität der ↗Reibung und die Stabilität von Strömungen.

Stromstrich, die Linie maximaler Fließgeschwindigkeit an der Fließgewässeroberfläche, die sich überwiegend über den Bereichen der größten Wassertiefe bewegt (↗Talweg). Bei geraden Flußabschnitten liegt sie ca. in der Mitte, in Flußkrümmungen in der Nähe des Außenufers (Abb.). ↗Prallhang, ↗Gleithang.

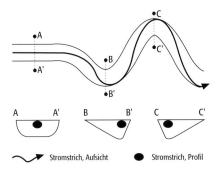

Stromstrich: Lage des Stromstrichs im Gerinnebett mit zugehörigen Gerinnebettquerschnitten.

Stromsystem, die räumliche Verteilung des elektrischen Stroms in der Erde oder ionisierten Bereichen im Erdaußenraum.

Strömung, allgemeine Bezeichnung für die Bewegungsvorgänge in einem Fluid (Flüssigkeit oder Gas), z. B. ↗Meeresströmungen oder Luftströmung.

Strömungsdruck, Δu, Druck, der aufgrund einer durch ein hydraulisches Gefälle ($\Delta h/\Delta l$) hervorgerufenen Strömung wirkt:

$$\Delta u = \gamma_w \cdot \Delta h/\Delta l,$$

wobei γ_w die Wichte des Wassers, Δh der Höhenunterschied und Δl der Fließweg ist.

Strömungsgeschwindigkeit ↗*Stromgeschwindigkeit*.

Strömungslinie, 1) *Angewandte Geologie*: ↗Grundwasserstromlinie. 2) *Kartographie*: lineare, gerichtete Wiedergabe einer Bewegungsbahn im Grundriß mittels ↗Pfeilen oder aufgereihten Pfeilreihen. So kann die Darstellung von regelmäßig in Tälern wehenden Winden, Meeresströmungen oder Lawinenbahnen oder die Ausbreitungsrichtung von Inlandeis mit jeweils spezieller, dem Grundriß des Sachverhaltes angepaßter Pfeildarstellung veranschaulicht werden.

Strömungsmodell, numerisches ↗Grundwassermodell, welches die Wasserbewegung in der ungesättigten oder gesättigten Bodenzone beschreibt. Ein Strömungsmodell stellt eine räumlich und zeitlich diskretisierte Wasserbilanz eines Modellgebietes dar. Das Ergebnis einer Strömungssimulation ist der zeitliche und räumliche Verlauf der Grundwasserspiegel- oder -druckhöhen. Strömungsmodelle werden eingesetzt bei Interpretation von beobachteten Grundwasserhöhen, Bestimmung von Grundwasserbilanzen, Vorhersagen von Grundwasserabsenkungen und -aufhöhungen, Ermittlungen von Schutzzonen und Einzugsgebieten für Trinkwasserfassungen sowie zur Vorbereitung von ↗Transportmodellen.

Strömungsnetz, orthogonales Netz der sich kreuzenden ↗Grundwasserstromlinien und Isopotentiallinien bzw. ↗Grundwassergleichen. Aus dem Strömungsnetz läßt sich visuell das Geschwindigkeitsfeld abschätzen. Die Stromlinien veranschaulichen die Geschwindigkeitsrichtung, und der Abstand der Grundwassergleichen Δs ist umgekehrt proportional dem Betrag der Geschwindigkeit v.

Strömungspotential, *Filtrationspotential*, elektrisches Potential, das bei Bewegung eines Elektrolyten in porösen Gesteinen entsteht. Es wird durch Ablösung der beweglichen Ladungsträger in der elektrischen Doppelschicht (↗Grenzflächenleitfähigkeit) verursacht und kann z. B. an feuchten Berghängen zu ↗Eigenpotential-Anomalien in der Größenordnung von einigen hundert mV führen. Das Strömungspotential wird durch die Helmholtzgleichung:

$$U_k = \frac{\xi \varepsilon \varrho}{4 \pi \eta} \Delta p$$

beschrieben, dabei ist Δp die Druckdifferenz, ξ das elektrokinetische Potential, ε die Dielektrizitätskonstante, ϱ der spezifische elektrische Widerstand und η die dynamische Viskosität.

Strömungsrichtung ↗*Stromrichtung*.

Strömungsrippel ↗Rippel.

Strömungsstreifen, *Strömungsriefen*, langgestreckte, sehr schmale, millimeterhohe und -breite Rücken oder Schrammen auf Schichtflächen ↗laminierter Sande. Sie entstehen gewöhnlich im schießenden, flachen Wasser, wobei die Strömungsstreifung parallel zur Strömung orientiert ist. Strömungsstreifung kommt an Stränden, in fluviatilen Ablagerungsräumen und in Mündungen flacher ↗Priele im Sandwatt vor.

Strontium, Element der II. Hauptgruppe des ↗Periodensystems mit dem chemischen Symbol Sr und der Ordnungszahl 38, gehört zur Gruppe der Erdalkalimetalle; Atommasse: 87,62; Wertigkeit: II; Härte nach Mohs: 1,8; Dichte: 2,6 g/cm^3. Strontium ist ein weiches Metall, das reaktiver ist als seine leichteren Homologen. Insgesamt ähnelt es sehr seinem Gruppennachbarn ↗Calcium. Seine Verbindungen sind überwiegend salzartiger Natur. Strontium ist mit 0,03 % am Aufbau der ↗Erdkruste beteiligt und liegt meist in Form der Minerale Coelestin und Strontianit vor. Dabei kommt Strontium in Form von vier natürlichen und zwölf künstlichen Isotopen vor. Das bekannteste ist das als Uranspaltprodukt bei Kernwaffenexplosionen freigesetzte ^{90}Sr, welches sich im Knochengerüst des Menschen anreichert und als starker β-Strahler schwere gesundheitliche Schäden verursachen kann.

Strontiumisotope, das Erdalkalimetall ↗Strontium besitzt vier natürlich vorkommende stabile Isotope: ^{88}Sr (ca. 82,58 %), ^{87}Sr (ca. 7,00 %), ^{86}Sr (ca. 9,86 %), ^{84}Sr (ca. 0,56 %). Die genauen Anteile der jeweiligen Isotope hängen von der Häufigkeit des ↗radiogenen ^{87}Sr ab, welches z. T. aus dem β^--

Zerfall des ^{87}Rb entstanden ist (Halbwertszeit = 4,88 · 10^{10} Jahre). Man geht davon aus, daß das Sr der Erde zur Zeit ihrer Entstehung ein einheitliches primordiales $^{87}Sr/^{86}Sr$–Verhältnis von ca. 0,699 besaß (*BABI, Basaltic Achondrite Best Initial*). Dieses Isotopenverhältnis wurde an basaltischen Achondriten, eines bestimmten Typs von Steinmeteoriten (↗Silicatmeteorite), welche sich aus silicatischen Schmelzen herleiten lassen, bestimmt und findet sich auch in bestimmten Mondgesteinen wieder. Die Sr-isotopische Entwicklung des Sr auf der Erde ist davon geprägt, daß Rb und Sr in der Erdkruste gegenüber dem Erdmantel angereichert werden, der relative Anstieg des Rb aber höher ist als der des Sr. Als Folge davon stiegen im Verlauf der Erdgeschichte die $^{87}Sr/^{86}Sr$-Werte in Krustengesteinen erheblich schneller an (Abb.) und liegen heute mit Werten

Strontiumisotope: schematisches Isotopenentwicklungsdiagramm des Strontiums in der kontinentalen Erdkruste und im Erdmantel. Das Material der Erdkruste hat sich nach diesem Modell vor ca. 2,7 Mrd. Jahren von der Entwicklung des Erdmantels abgespalten und entfernt sich in seinem $^{87}Sr/^{86}Sr$-Werten aufgrund des deutlich höheren Rb/Sr-Verhältnisses zunehmend von diesem (Ga = Mrd. Jahre).

von bis zu 0,72 und darüber deutlich über dem Wert der Gesamterde (0,7045–0,7052) bzw. des Erdmantels (ca. 0,704). Sr-Isotopenverhältnisse lassen sich deshalb gut als natürliche Tracer zur Beantwortung petrogenetischer Fragestellungen verwenden. Sr-Isotopensignaturen insbesondere alter Gesteine sind wegen der hohen Mobilität des Sr allerdings anfällig für sekundäre Veränderungen und werden deshalb meist in Kombination mit anderen Isotopensystemen eingesetzt. Sr-Isotopenverhältnisse werden vor allem in der ↗Isotopengeochemie und der ↗Geochronometrie verwendet (↗Rubidium-Strontium-Datierung, ↗Strontium-Meerwasserkurve). [SH]

Strontium-Meerwasserkurve, die Verweilzeit von Strontium im Meerwasser ist mit ca. 4 · 10^6 Jahren relativ lang im Vergleich zur Zeit von ca. 10^3 Jahren, in welcher sich das Element in den Ozeanen homogen verteilt. Als Folge davon ist das $^{87}Sr/^{86}Sr$-Verhältnis (↗Strontiumisotope) in den Ozeanen weltweit sehr einheitlich. Das Strontium in den Ozeanen stammt im wesentlichen aus der Verwitterung kontinentaler Gesteine und aus hydrothermalen Aktivitäten an den ↗Mittelozeanischen Rücken. Abhängig von Art und Ausmaß der bevorzugt abgetragenen Gesteine und der Aktivität der Mittelozeanischen Rücken unterlag das $^{87}Sr/^{86}Sr$-Verhältnis der Ozeane im Verlauf der Erdgeschichte starken Schwankungen. Bis vor ca. 2,5 Mrd. Jahren lag es nahe bei dem des Erdmantels und stieg dann stärker an. Im ↗Phanerozoikum (Abb.) kam es zu starken Schwankungen des $^{87}Sr/^{86}Sr$-Verhältnisses, seit der ↗Kreide stieg das Isotopenverhältnis dann bis heutigen Wert von 0,70923 an. Anwendungen der Sr-Meerwasserkurve sind z. B. die Datierung mariner Carbonate, deren Alter grob bekannt ist, die Abschätzung mariner Einflüsse in Sedimenten und Biolithen sowie Abschätzungen zu Klima und Verwitterung. [SH]

Strudeltopf ↗*Kolk*.

Struktur, [von lat. struktura = Bau, Bauart], **1)** *Geologie:* bezeichnet den Aufbau, d.h. die Lage und Anordnung der einzelnen Gesteinsschichten im Untergrund. Die einfachste Struktur ist der ↗homogene ↗Halbraum. Im allgemeinen ist aber der Untergrund sowohl in vertikaler Richtung als auch in lateraler Richtung ↗inhomogen aufgebaut. Die Fülle der verschiedenen Strukturmodelle werden in der ↗Tektonik beschrieben. **2)** *Kristallographie:* dreidimensionale Anordnung von Atomen, Ionen und Molekülen (↗Kristallstruktur). **3)** *Mineralogie:* Gefügeeigenschaft der Minerale und Mineralaggregate in Gesteinen, die in Formentwicklung, Größe und gegenseitiger Abgrenzung der Gemengteile begründet ist; im Gegensatz zur ↗Textur, welche die Merkmale umfaßt, die sich in der räumlichen Anordnung und Verteilung der Gemengteile und ihrer Raumerfüllung äußern. ↗Gefüge.

Strukturamplitude, Betrag des ↗Strukturfaktors. a) *normalisierte Strukturamplitude:* Verhältnis zwischen tatsächlicher Strukturamplitude und ihrem statistischen Erwartungswert:

$$\left|E\left(\vec{H}\right)\right| = \frac{\left|F\left(\vec{H}\right)\right|}{\left[\left\langle\left|F\left(\vec{H}\right)\right|^2\right\rangle\right]^{1/2}} = \frac{\left|F\left(\vec{H}\right)\right|}{\left[\sum_{j=1}^{N}\varepsilon f j^2\right]^{1/2}},$$

wobei $\left\langle|E(\vec{H})|^2\right\rangle = 1$; ε berücksichtigt ein statistisch höheres Gewicht von Reflexen spezieller Zonen und Richtungen des reziproken Gitters. b) *unitäre Strukturamplitude:* Verhältnis zwischen tatsächlicher und maximal möglicher Strukturamplitude:

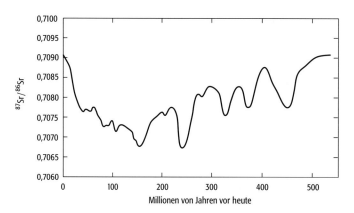

Strontium-Meerwasserkurve: Entwicklung der Strontium-Isotopenverhältnisse des Meerwassers im Phanerozoikum.

$$|U(\vec{H})| = \frac{|F(\vec{H})|}{\sum_{j=1}^{N} f_j}.$$

Strukturanalyse, 1) *Geologie*: Analyse tektonischer Strukturen. ↗Tektonik. 2) *Kristallographie*: Bestimmung einer Kristallstruktur mit Elektronen-, Neutronen- oder Röntgenbeugung (↗Röntgenstrukturanalyse). 3) *Landschaftsökologie*: Begriff für vergleichende Untersuchungen der Funktionen von ↗Ökosystemen. Ziel ist eine modellmäßige Beschreibung der Systemstruktur. Mittels Strukturanalyse sollen außerdem ↗Raummuster quantitativ beschrieben werden, die an der Erdoberfläche als Ausdruck systemarer Funktionen erkennbar sind. Mit der Strukturanalyse können die unterschiedlichen Strukturbereiche eines räumlich klar definierten Untersuchungsgebietes anhand spezifischer Merkmale differenziert werden (z. B. die Agrarstruktur). Von Bedeutung kann dabei auch ein zeitlicher Vergleich durch wiederholte Aufnahmen sein. Damit soll die Frage eines möglichen Strukturwandels geklärt werden, um daraus Tendenzen der zukünftigen Entwicklung abzulesen und gegebenenfalls planerische Gegenmaßnahmen einzuleiten.

Strukturbericht, erste Datensammlung von ↗Kristallstrukturen in Form eines Ergänzungsbands der Zeitschrift für Kristallographie, nach 1945 fortgeführt unter dem Namen »Structure Reports«.

Strukturboden ↗*Frostmusterboden*.

Strukturdefekte, alle Störungen, die eine Abweichung von der idealen Gitterstruktur eines Kristalls verursachen. Dazu gehören die ↗Kristalloberfläche, ↗Korngrenzen, ↗planare Defekte, lineare Defekte (↗Versetzungen) und ↗Punktdefekte. An Oberflächen lassen sich die linearen Defekte wie Versetzungen durch ↗Ätzen sichtbar machen. Die Defekte mit den geringsten Bildungsenergien, die Punktdefekte, lassen sich beim Züchtungsprozeß nicht vermeiden. Sie können nur durch niedrige Herstellungstemperaturen, wie sie z. B. beim MOCVD-Verfahren (↗MOCVD) verwendet werden, möglichst gering gehalten werden.

strukturelle Reife, ist durch die Sortierung und Rundung der Sandkörner bestimmt. Sie ist um so größer, je besser die ↗Sortierung und Rundung ist.

Strukturfaktor, $F(\vec{H})$, beschreibt die Überlagerung der an den N Atomen (mit Ortskoordinaten $\vec{r}_j$, Formfaktoren f_j und Temperaturfaktoren $T_j(\vec{H})$) der Elementarzelle gestreuten Wellen in Form einer Fourierreihe:

$$F(\vec{H}) = \sum_j f_j T_j \exp[2\pi i \vec{r}_j \vec{H}]$$
$$= \sum_j f_j T_j \exp[2\pi i (hx_j + ky_j + lz_j)].$$

Die ganzzahligen h,k,l sind die Komponenten des reziproken Gittervektors:

$$\vec{H} = h\vec{a}^* + k\vec{b}^* + l\vec{c}^*;$$

die reellen Zahlen x,y,z sind die Komponenten des Ortsvektors:

$$r = x\vec{a} + y\vec{b} + z\vec{c}.$$

Mathematisch gesehen ist der Strukturfaktor die Fouriertransformierte der Elektronendichte $\varrho(\vec{r})$ einer Elementarzelle. Er ist eine komplexe Zahl $\vec{F} = |\vec{F}|\exp[i\varphi] = A + iB$, die durch ihre Amplitude (Strukturamplitude) $|F(\vec{H})|$ und Phase $\varphi(\vec{H})$ eindeutig beschrieben ist:

$$|F(\vec{H})| = \sqrt{A^2(\vec{H}) + B^2(\vec{H})},$$
$$\tan(\varphi) = B(\vec{H})/A(\vec{H}),$$
$$A(\vec{H}) = \sum_j f_j \cos[2\pi \vec{r}_j \vec{H}],$$
$$B(\vec{H}) = \sum_j f_j \sin[2\pi \vec{r}_j \vec{H}].$$

Die Strukturamplitude $|F(\vec{H})|$ ist unabhängig von der Wahl des Ursprungs (↗Strukturinvariante); die Phasen $\varphi(\vec{H})$ hingegen hängen von der Ursprungswahl ab; unter einer Ursprungsverschiebung um $\Delta \vec{r}$ ändert sich die Phase um $\Delta \varphi = -2\pi i \vec{H} \Delta \vec{r}$. Für zentrosymmetrische Kristallstrukturen wird der Strukturfaktor:

$$F(\vec{H}) = \sum_j f_j \cos[2\pi \vec{r}_j \vec{H}]$$

reell, wenn der Ursprung in ein Inversionszentrum gelegt wird. [KE]

Strukturformel, chemische Formel für Minerale und für Mischkristalle mit Elementen unterschiedlicher Wertigkeit, z. B. für die Mischkristalle der ↗Granate:

$$R_3^{2+}R2^{3+}[SiO_4]_3 =$$
$$(Mg,Fe^{2+},Mn^{2+},Ca)_3(Al,Fe^{3+})_2[SiO_4]_3.$$

Strukturformen, Formen, auch solche die durch Abtragungsprozesse entstanden sind, deren typische Ausbildung an Eigenschaften der Struktur des Untergrundes (Lagerungsverhältnisse, Gesteinseigenschaften, tektonische Prozesse) gebunden ist. Im Gegensatz dazu stehen ↗Skulpturformen.

Strukturgeologie ↗Tektonik.

Strukturinvariante, Größe, die nicht von der Wahl des Ursprungs einer Kristallstruktur abhängt. Beispiele sind Reflexintensitäten, ↗Strukturamplituden und Triplettphasen $\varphi(-\vec{H}) + \varphi(\vec{K}) + \varphi(\vec{H}-\vec{K})$ (↗Direkte Methoden). Strukturinvarianten hängen entweder nur von interatomaten Abstandsvektoren ab oder sie beschreiben Eigenschaften, für die $\Sigma_i \vec{H}_i = 0$ gilt ($\vec{H}_i$ = reziproker Gittervektor).

Strukturisomerie ↗Isomerie.

Strukturkarte, Darstellung des geologischen Baus eines Gebietes. Strukturkarten sind u.a. ↗Streichkurvenkarten und ↗tektonische Karten.

Struktur-Log ↗Image-Log.

Strukturniveau ↗Gestaltungskonzeption.

Strukturraster ↗Flächenmuster.

Strukturtyp, 1) *Kristallographie*: geometrisch-chemische Klasse von ↗Kristallstrukturen. **2)** *Landschaftsökologie*: Begriff der ↗Bioökologie für eine Gruppe nicht verwandter ↗Arten, die bezüglich struktureller morphologischer oder physiologischer Merkmale übereinstimmen (ökologische Analoge). Diese strukturelle Anpassung steht im Zusammenhang mit einer Ähnlichkeit der Lebensweise (↗Lebensformen).

Strukturverfeinerung, Anpassung eines Strukturmodells an beobachtete ↗Strukturamplituden (Einkristalle) oder an gemessene Pulverdiagramme (Kristallpulver) mit Fouriermethoden (↗Fouriertransformation) oder Minimierungsalgorithmen, meist nach der Methode der kleinsten Quadrate (↗Ausgleichsrechnung).
a) Einkristalle: Minimiert wird für Einkristalle die Summe:

$$\sum_H w\left[\left|F_o\right|-k\left|F_c\right|\right]^2$$

oder:

$$\sum_H w'\left[\left|F_o\right|^2 - k^2\left|F_c\right|^2\right]^2$$

durch Anpassung der Parameter eines Strukturmodells. Verfeinerte Parameter sind Atomkoordinaten, harmonische (und anharmonische) Temperaturparameter, Skalenfaktor, ↗Extinktionskoeffizient, gegebenenfalls auch ein Indikator für die ↗absolute Struktur, ↗Besetzungsdichten einzelner Atome und gelegentlich auch ein Verzwillingungsparameter. Der Strukturfaktor F_c ist – abgesehen vom Skalenfaktor k – eine nichtlineare Funktion der verfeinerten Parameter. Erst eine Linearisierung durch die Taylorentwicklung:

$$F_c(\vec{p}) = F_c(\vec{p}_o) + \sum_{i=1}^{m} \frac{\partial F_c}{\partial p_i}\Delta p_i$$

um einen Satz von Anfangsparametern $\vec{p}_0$, die nach dem linearen Term abgebrochen wird, führt auf ein lineares Gleichungssystem der Form:

$$\mathbf{A}\cdot\Delta\vec{p} = \vec{b}$$

mit:

$$A_{ij} = w_H \frac{\partial F_{c,H}}{\partial p_i}\frac{\partial F_{c,H}}{\partial p_j},$$

$$b_h = w_H\left[\left|F_{o,H}\right|-k\left|F_{c,H}\right|\right]\frac{\partial F_{c,H}}{\partial p_i}$$

oder:

$$\sum_{H=1}^{n}\sum_{i=1}^{m}w_H\frac{\partial F_{c,H}}{\partial p_i}\frac{\partial F_{c,H}}{\partial p_j}\Delta p_j = \sum_{H=1}^{n}w_H\frac{\partial F_{c,H}}{\partial p_i}\Delta F_H,$$

wobei $\Delta F_H = |F_{o,H}|-k|F_{c,H}|$. Es gibt eine solche Gleichung pro Parameter; Index $j = 1, \ldots ,m$ läuft über alle verfeinerten Parameter, Index $H = 1, \ldots ,n$ über alle Reflexe. Die Lösung:

$$\Delta\vec{p} = \mathbf{A}^{-1}\cdot\vec{b}$$

dieses linearen Gleichungssystems gibt Parameteränderungen $\Delta\vec{p}$ und neue Startparameter:

$$\vec{p} = \vec{p}_0 + \Delta\vec{p}$$

für eine Iteration bis zur Konvergenz, die nur dann zu erwarten ist, wenn die Startparameter genügend nahe bei den Endparametern liegen. Ein Maß für die Güte der erreichten Anpassung sind der ↗R-Faktor und die sog. »Güte der Anpassung« (»Goodness of Fit«):

$$S^2 = \frac{\sum w\left[|F_o|-k|F_c|\right]^2}{n-m},$$

die für richtig gewählte Gewichte w und ein korrektes Strukturmodell bei $S = 1$ liegen sollte. Die Überbestimmung (Verhältnis von Zahl der Beobachtungen n zur Zahl der Parameter m) sollte wenigstens 5:1, besser 10:1 sein.
Die Varianz der verfeinerten Parameter ergibt sich aus den Diagonalelementen der Matrix $\mathbf{A}^{-1}$:

$$\sigma^2(p_i) = \mathbf{A}^{-1}_{ii}\cdot S^2$$

(S^2 skaliert relative auf absolute Gewichte). Verfeinerungen auf $|F|$ und auf $|F|^2$ sind im Prinzip gleichwertig, falls a) im Mittel $F_0 \approx F_c$ (ausreichend genaues Strukturmodell) und falls b) $\sigma(|F_0|) = \sigma(F_0^2)/(2|F_0|)$, was nur für $F_0 > \sigma$ der Fall ist. Der wesentliche Unterschied liegt bei den schwachen Reflexen und insbesondere bei negativ gemessenen Intensitäten.
b) Kristallpulver: Pulverdaten werden üblicherweise nach der Rietveld-Technik verfeinert, bei der dem gemessenen Pulverdiagramm ein Strukturmodell gemeinsam mit diversen Geräteparametern angepaßt wird, so daß:

$$\sum_i w_i\left[I(2\theta_i)_o - I(2\theta_i)_c\right]^2$$

minimal wird. Angepaßt wird Punkt für Punkt eines Pulverdiagramms $I(2\theta_i)_o, i = 1, \ldots ,n$. Zu jedem Punkt können mehrere Reflexe beitragen, über die in der Modellfunktion summiert wird:

$$I(2\theta_i)_c = k\sum_j M_j(LP)_j|F|^2 G(\Delta 2\theta_i)A\psi_i + I_b(2\theta_i).$$

k ist der Skalenfaktor, M_j der Flächenhäufigkeitfaktor (Anzahl symmetrisch äquivalenter Reflexe zu einem Tripel h,k,l), LP der Lorentz-Polarisationsfaktor; $G(\Delta 2\theta_i)$ beschreibt die Profilform, A ist der Absorptionsfaktor, ψ_j ist eine Korrektur für Textur und $I_b(2\theta_i)$ eine Funktion, die den Verlauf des Untergrunds beschreibt (meist ein Polynom in 2θ). Ein Maß für die Güte der erreichten Anpassung sind die R-Werte:

$$R_p = \sum_i \left| I(2\theta_i)_o - I(2\theta_i)_c \right| / \sum_i \left| I(2\theta_i)_o \right|,$$

$$R_{wp} = \left[\sum_i w_i \left[I(2\theta_i)_o - I(2\theta_i)_c \right]^2 / \sum_i w_i \left[I(2\theta_i)_o \right]^2 \right]^{1/2}$$

sowie die »Güte der Anpassung«, S^2, die ähnlich wie für Einkristalle definiert ist. [KE]

Strunium, regional verwendete stratigraphische Bezeichnung für den obersten Abschnitt des Oberdevons im Raum des Rheinischen Schiefergebirges.

Struve, *Friedrich Georg Wilhelm* von (ab 1862), russisch *Wassilij Jakowlewitsch Struve*, deutschrussischer Astronom mit hohem Interesse für Geodäsie, * 15.4.1793 Altona, † 25.11.1864 Pulkovo (bei St. Petersburg). Struve ging 1808 zum Studium nach Dorpat (heute Tartu/Estland), ab 1813 Observator an der dortigen Sternwarte, 1820 Professor für Astronomie und Direktor der Universitätssternwarte Dorpat, 1839–62 erster Direktor des neuen Observatoriums der Akademie der Wissenschaften Pulkovo bei St. Petersburg, seit 1862 im Ruhestand, geadelt. Besonders verdient um ausgedehnte ↗Gradmessungen in Rußland, insbesondere um die Breitengradmessung im Meridian von Dorpat und um deren Erweiterung nach Norden und Süden bis zu einer Ausdehnung von 25 Breitengraden (1822–52); 1857 Vorschlag einer Längengradmessung von Valentia (Irland) bis Orsk (Ural) über 69 Längengrade; Bestimmung der Längenunterschiede Pulkovo-Altona sowie Altona-Greenwich (1843–44). Struve veranlaßte die Messung des Höhenunterschieds zwischen dem Kaspischen und dem Schwarzen Meer über 800 km Entfernung über den Kaukasus hinweg. Seine Hauptgebiete der astronomischen Forschungen waren: Doppel- und Mehrfachsterne, Fixsternparallaxe, Fundamentalkataloge. Auch sein Sohn Otto Struve (Nachfolger als Direktor in Pulkovo), die Enkel Herrmann (Direktor der Sternwarte Berlin/Babelsberg) und Ludwig Struve sowie die Urenkel Georg und Otto Struve wurden bekannte Astronomen in Rußland, Deutschland und den USA. Bedeutendstes Werk zur Geodäsie: »Arc du Méridien« (3 Bände) 1860. [EB]

Stubbenhorizont, in Kohlenlagen auftretende Horizonte mit noch aufrecht stehenden Baumstümpfen (Stubben). Sie entstehen beim Anstieg des Wasserspiegels in Waldmooren, wobei die Bäume absterben und in Höhe des Wasserspiegels abfaulen.

Stückton, wird wie ↗Quellton zum Abdichten von Bohrlöchern oder in Bohrungen zum Abdichten von einzelnen Strecken eingesetzt.

Stufe, Zeiteinheit der ↗Chronostratigraphie, der einer ↗Formation innerhalb der ↗Lithostratigraphie entspricht. Mehrere Stufen werden zu einer ↗Serie zusammengefaßt. ↗Stratigraphie.

Stufenatlas ↗Schulatlas.

Stufenbildner, resistentes, stufenbildendes Gestein einer ↗Schichtstufe.

Stufenfirst ↗First.

Stufenfläche, Stufenlehne, ↗Schichtstufe.

Stufenhang, *Fronthang*, vom flacheren ↗Sockelhang und der steileren Stufenstirn gebildete Geländestufe (↗Schichtstufe).

Stufenkar ↗Kartreppe.

Stufenkrone, ↗Bohrkrone mit gestufter Kronenlippe und an der Außenseite der Kronenlippe sitzenden Spülkanälen. Diese Bauform hat den Vorteil, daß der Bohrkern nicht mit der Bohrspülung in Berührung kommt. Stufenkronen werden neben ↗Pilotbohrkronen in wasser- oder ausspülungsempfindlichem Gebirge eingesetzt, das auch beim Einsatz von ↗Doppelkernrohren schlechte Bohrkerne liefert.

Stufenlehne, Stufenfläche, ↗Schichtstufe.

Stufenversetzung ↗Versetzung.

stumme Karte, weitgehend ohne ↗Beschriftung hergestellte Karte für Lehr- und Ausbildungszwecke (Lernkarte, Fragekarte). Die Darstellung der Topographie kann stark reduziert sein und sich u. U. auf Umrisse (Umrißkarte), z. B. die Küstenlinien und Grenzen, auf wenige Ortssignaturen und Hauptflüsse beschränken. Die stumme Karte wird verwendet, um das Erinnern der Lage und der Namen topographischer Objekte und geographischer Einheiten zu üben und zu prüfen. Zum Zwecke ihrer eindeutigen Identifizierung werden dabei häufig an die Stelle der Kartennamen Nummern oder Buchstaben gesetzt. Auch in den für kartographische Entwurfsarbeiten eingesetzten Arbeitskarten (↗Basiskarte) wird gelegentlich auf Beschriftung verzichtet, so daß diese z. T. den stummen Karten zuzurechnen sind.

Stunde, 24ster Teil eines Tages, dient als Zeiteinheit zur Festlegung von Ereignissen innerhalb einer Tag- und Nachtspanne. Die Stunde des ↗bürgerlichen Datums wird ab Mitternacht gezählt, die Stunde des julianischen Datums ab Mittag. Bezogen auf die Erdrotation entspricht die Stunde einem Winkel von 15 Grad. ↗Stundenwinkel.

Stundenkreis, Großkreis durch den nördlichen Himmelspol. Er steht senkrecht auf dem ↗Himmelsäquator. Der Stundenkreis des Frühlingspunktes trägt den Namen Äquinoktialkolur.

Stundenwinkel, Winkel zwischen einem Himmelsobjekt und dem Ortsmeridian, ausgedrückt als Zeit (15 Grad = 1 Stunde). Er wird von Süden aus positiv in Richtung Westen gezählt bzw. negativ in Richtung Osten. Ein Stundenwinkel von –1 Stunde deutet an, daß ein Himmelsobjekt in einer Stunde kulminieren wird.

Sturm, sehr heftiger Wind (↗Windstärke 9 bis 11, d. h. Windgeschwindigkeit zwischen 20,8 und 32,6 m/s). Schwerer und orkanartiger Sturm kann erhebliche Schäden verursachen. Sturm steht in Verbindung mit der Bezeichnung eines typischen Wetterelements (z. B. Gewittersturm, Hagelsturm, Schneesturm) für entsprechend heftige und gefährliche Wetterereignisse. Eine den Sturm noch übertreffende Windstärke ist der ↗Orkan.

Sturmflut, stellt die Reaktion des Meeres auf großräumige Luftdruck- und Windfelder auf der Zeitskala von der Größenordnung eines Tages dar, wobei die Wirkung des Windes deutlich überwiegt. Wie die ↗Gezeiten sind Sturmfluten eine Erscheinung, die durch die Dynamik langer ↗Schwerewellen beherrscht wird. Die auftretenden Wasserstandsänderungen (auch negativ im Falle ablandiger Winde) können küstennah mehrere Meter betragen. Sie sind stark abhängig von der Küsten- und ↗Meeresbodentopographie und überlagern sich den Gezeiten als im Vergleich zu diesen unregelmäßige Schwankungen. Anders als die hochfrequenten ↗Windwellen mit Perioden von weniger als 25 s werden Sturmfluten von den Gezeiten durch dynamische Wechselwirkung z. T. wesentlich beeinflußt.

Sturmflutsperrwerk, *Sperrwerk*, Bauwerk, mit dem ein Tidegewässer (↗Tide) in der Nähe seiner Mündung bei höheren Wasserständen insbesondere zum Schutz gegen Sturmfluten abgesperrt werden kann. Durch die damit verbundene Verkürzung der Deichlinie werden bei den ↗Deichen Bau- und Unterhaltungsaufwand reduziert. Darüber hinaus können Sperrwerke auch insofern landeskulturellen Zwecken dienen, als damit das hinter dem Sperrwerk liegende Einzugsgebiet gegen Tiden geschützt und somit die Entwässerung verbessert bzw. erst ermöglicht wird. Wesentlich ist, daß oberhalb des Sperrwerkes ausreichend Speicherraum vorhanden ist, damit bei geschlossenen Toren der Oberwasserzufluß zurückgehalten werden kann. Andererseits muß durch Hochwasserschöpfwerke (↗Schöpfwerke) eine künstliche ↗Vorflut hergestellt werden. Wo bei schiffbaren Tidegewässern Schiffahrt auch bei geschlossenen Toren möglich sein muß, werden ↗Schleusen angeordnet. Als Verschlußorgane werden meist Stemmtore oder Hubtore, Segmentverschlüsse (↗Segmentwehr) oder Klapptore (↗Klappenwehr) verwendet. [EWi]

Sturmflutwarndienst ↗Gezeiten.

Sturmschorre, höchstgelegener Teil der ↗Schorre, der bei Sturm noch von Wellen erreicht wird.

Sturmtief, *Sturmwirbel*, *Sturmzyklone*, starker, konzentrierter Tiefdruckwirbel (↗Tiefdruckgebiet) der gemäßigten Breiten mit einem ausgeprägten Sturmfeld. Sturmwirbel entstehen an der ↗Polarfront beim Aufeinandertreffen von konzentrierter polarer ↗Vorticity der ↗Höhenströmung mit feuchtwarmen ↗Luftmassen aus den Tropen und Subtropen. Dabei werden im entstehenden Kern des Wirbels über konzentrierte Kondensationsvorgänge erhebliche Mengen von ↗latenter Wärme freigesetzt. Dies führt wiederum zu einer Intensivierung des Wirbels.

Sturzbrecher, ↗Brecher, der auf einen deutlich geneigten ↗Strand aufläuft, wobei sich der Wellenkamm nach vorne überschlägt.

Sturzdenudation, Sammelbegriff für flächenhaft wirksame Abtragung und Hangrückverlegung durch Sturzbewegungen (↗Bergsturz, ↗Felssturz, ↗Steinschlag, ↗Blockabsturz).

Sturzflut, in kleinen Gebieten als Folge starker konvektiver Niederschläge auftretendes, kurz andauerndes Hochwasser mit hohem Scheitelwasserstand. Sturzfluten werden vor allen in Gebieten mit mediterranem, semiaridem oder aridem Klima beobachtet.

Sturzhalde, am Fuß von steilen Hängen und Wänden durch ↗Bergstürze und ↗Felsstürze akkumulierter Sturzschutt. ↗Schutthalde.

Sturzkegel, halbkegelförmige Akkumulationsform aus unsortiertem groben Sturzschutt mit Hangneigungen von i. d. R. >20°.

Sturzsee ↗Seegang.

Stutzer, *Otto*, deutscher Geologe und Lagerstättenkundler, * 20.5.1881 Bonn, † 29.9.1936 Freiberg (Sachsen); Tätigkeiten in zahlreichen Ländern Europas, Afrikas und Amerikas, Mitarbeiter der Geologischen Dienste in Sachsen, Kanada und Kolumbien (zwei Jahre als Leiter), seit 1913 Professor an der Bergakademie Freiberg, umfangreiche lagerstättenkundliche Arbeiten, vor allem über Kohlen; Werke (Auswahl): »Die wichtigsten Lagerstätten der Nichterze« (1911/14), »Allgemeine Kohlengeologie II« 1923, der erste Teil mehrbändig (1931–33), »Geologisches Kartieren und Prospektieren« (1919).

Stützflüssigkeit, Eigenschaft der ↗Spülung, die aufgrund ihrer höheren Dichte und des hydrostatischen Drucks der Spülungssäule eine abstützende Wirkung auf die Bohrlochwand ausübt. Die Stützwirkung kann durch Zugabe dichteerhöhender ↗Spülungszusätze gesteigert werden.

Stützkörper, gehört neben der Dichtung zu einem gegliederten Dammaufbau. Der Stützkörper hat die Aufgabe, den Wasserdruck auf den Untergrund zu übertragen, ohne daß es zu unzulässigen Verformungen kommt. Das *Stützkörpermaterial* muß verwitterungsbeständig sein, eine hohe ↗Scherfestigkeit, geringe ↗Zusammendrückbarkeit und eine ausreichende Durchlässigkeit von $k_f = 10^{-5}$ m/s besitzen. Zur Verwendung kommen gemischtkörnige, nichtbindige Lockergesteine oder gebrochene Festgesteine. ↗Staudamm.

Stützkörpermaterial ↗Stützkörper.

Stützmauer, Mauer, die die Funktion hat, Geländekanten, Geländeeinschnitte und Böschungen zu sichern. Stützmauern müssen dem auf sie wirkenden ↗Erddruck und Wasserdruck standhalten können. Zur Sicherung der Stützmauer gegen Gleiten und Verkantungen müssen die angreifenden Kräfte an der Gründungssohle in den Untergrund abgeleitet werden, sie werden durch die Scherkraft in der Gründung kompensiert. Eine genügend hohe Scherkraft wird durch eine ausreichend große Gründungstiefe und -breite, eine Verringerung des Wasserdrucks durch entsprechende Entwässerungsmaßnahmen und eine Hinterfüllung der Stützmauer zur Verringerung des Erdruckes erreicht. Stützmauern werden in Schwergewichtsmauern aus Massenbeton, Winkelstützmauern aus Stahlbeton und Raumgitterstützmauern aus Stahlbetonelementen eingeteilt.

Stützpfeiler, Pfeiler, die zur Erhöhung der Standfestigkeit (von z. B. Felsböschungen) bei vertikaler oder subvertikaler Belastung eingesetzt werden.

Stützwehr, *Stützschwelle*, ↗Sohlenbauwerk zum Schutz der Sohle eines Fließgewässers gegen Erosion, das so hoch über die Gewässersohle ragt, daß ein ↗Fließwechsel stattfindet. Für die Konstruktion gelten im Prinzip die gleichen Überlegungen wie für feste ↗Wehre. Zur Energieumwandlung ist unterhalb der Schwelle ein ↗Tosbecken erforderlich.

Stüve-Diagramm, *Adiabatenpapier*, ein von G. Stüve entwickeltes, in Mitteleuropa häufig benutztes ↗thermodynamisches Diagramm zur Auswertung ↗aerologischer Aufstiege, mit der Temperatur T als Abzisse und einer Exponentialfunktion des Luftdrucks $p^{0,286}$ als Ordinate (Abb.). Damit werden die ↗Trockenadiabaten zu

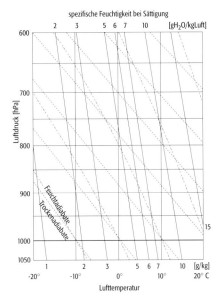

einer Schar von Geraden, die von rechts unten nach links oben verlaufen und sich im Nullpunkt von Temperatur und Luftdruck treffen. Die ↗Feuchtadiabaten verlaufen in gleicher Orientierung, aber steiler und nach links gekrümmt, sie nähern sich bei Temperaturen unter -40°C den Trockenadiabaten. Gleiche Flächen auf dem Diagramm bedeuten nicht exakt gleiche Energiebeträge.

Stygal, Lebensraum der unterirdischen Gewässer.

Stygobionten, Organismen, die an die Bedingungen des ↗Stygals angepaßt sind.

Stygon, Lebensgemeinschaft unterirdischer Gewässer.

Styliolinen ↗Cricoconariden.

Styliolinenkalk, pelagische Kalke, in denen eine in gesteinsbildender Häufigkeit auftretende Ansammlung von Styliolinen (↗Cricoconariden) vorkommt (Abb.). Styliolinenkalke sind im Unter- und Mitteldevon charakteristisch für die ↗Herzynische Fazies.

Stylolith, *Drucksutur*, durch Drucklösung im allgemeinen in Carbonaten, seltener in Sandsteinen oder Quarziten entstandene, speziell gestaltete Fläche, die durch Vertiefungen und saulenförmige Erhöhungen gekennzeichnet ist. Dadurch verzahnen sich zwei Gesteinsbereiche; die Säulen greifen in die entsprechenden Vertiefungen der gegenüberliegenden Seite ein. Die Säulen des Styloliths sind dabei parallel zur Richtung der größten Einengung orientiert. Die Kontaktfläche ist von unlöslichen Rückständen, z. B. Tonmineralien und Fe-Oxiden, belegt und erscheint daher oft dunkel. An den Flanken der Säulen sind diese stets ausgedünnt. Die an den Stylolithen gelöste Substanz, mindestens soviel, wie die Amplitude der Stylolithen beträgt, wird meist im angrenzenden Gestein wieder ausgeschieden.

S-Typ-Granit ↗Granit.

subaerisch, Bezeichnung für an der freien Luft bzw. an der Erdoberfläche ablaufende Prozesse (z. B. Verwitterung) oder dort entstandene Bildungen (z. B. geomorphologische Formen, äolische Ablagerungen).

subaerischer Vulkanismus, vulkanische Tätigkeit an der Erdoberfläche im Kontakt mit der Atmosphäre (↗Vulkanismus).

subalkalisch, Bezeichnung für Gesteine, die der ↗Subalkali-Serie angehören.

Subalkali-Serie, *subalkalische Reihe*, *Kalkalkali-Serie*, Bezeichnung für ↗Magmatite, die relativ niedrige Gehalte an Alkalien haben und keine Foide (↗Feldspatvertreter), Alkaliamphibole oder Alkalipyroxene enthalten. Damit unterscheiden sie sich von den Gesteinen der ↗Alkali-Serie. Innerhalb der subalkalischen Serie kann nach dem K_2O-Gehalt die tholeiitische, kalkalkalische, high-K kalkalkalische und shoshonitische Teilserie unterschieden werden (Abb.). Allein durch ↗fraktionierte Kristallisation geprägte, auf ein ↗Stamm-Magma zurückzuführende Magmatitreihen entwickeln sich in der Regel innerhalb einer Teilserie. Die subalkalischen Magmatite treten bevorzugt an ↗Plattenrändern auf. Je nach Verlauf der fraktionierten Kristallisation können subalkalische Magmatite einen ↗tholeiitischen

Stüvediagramm: vereinfachtes Stüve-Diagramm.

Styliolinenkalk: Beispiel für einen Styliolinenkalk (10fache Vergrößerung).

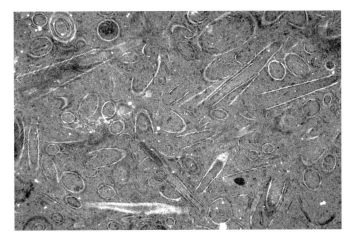

Subalkali-Serie: K_2O-SiO_2-Diagramm zur Unterteilung der subalkalischen Reihe in vier Teilserien: die tholeiitische (von manchen Autoren auch als »low-K tholeiitisch« bezeichnet), die kalkalkalische (auch »medium-K kalkalkalisch«), die high-K kalkalkalische und die shoshonitische Serie. Die grau unterlegten Felder drücken die Schwankungsbreite für die Abgrenzungen von unterschiedlichen Autoren und von verschiedenen untersuchten Vorkommen aus.

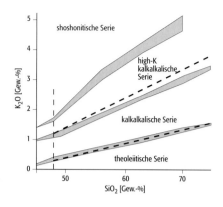

oder ↗kalkalkalischen Trend ausbilden (↗AFM-Diagramm). [AL]

subalpine Molasse ↗Faltenmolasse.

subalpine Stufe, mehrere hundert Meter breite ↗Höhenstufe im Hochgebirge zwischen dem geschlossenen Hochwald und dem baumfreien alpinen Rasen (Urwiesen, ↗Wiese). Die subalpine Stufe ist der Bereich, in dem sich der Wald nach oben hin allmählich auflöst, weil zunehmend ungünstigere Bedingungen das Leben der Bäume (↗Phanerophyten) immer mehr erschweren (Limitierung der ↗Vegetationszeit durch die Dauer der Schneebedeckung, durch Frostereignisse, Wind etc.). Die Vegetationszeit dauert nur noch 100–120 Tage mit 1–2 Monaten mit einem Temperaturmittel über 10°C. Die ↗Vegetation ist durch einzelstehende Bäume (Fichten, Arven, Lärchen), Krummholz (Legföhren) und ↗Zwergstrauchheiden geprägt.

subaquatisch, unter Wasser ablaufende Prozesse oder dort entstandene Bildungen; in der Regel ist der Begriff auf den nichtmarinen Bereich beschränkt und so von »submarin« abgetrennt.

subaquatische Rutschungen, *slumps*, Einheiten aus Sedimenten, die postsedimentär bei Rutschungen deformiert wurden. Sie bilden sich, wenn unverfestigte Sedimente in Hangposition durch in einigen Lagen der Sedimentsäule ansteigende ↗Porenfluiddrucke instabil werden. Das Sedimentpaket bewegt sich dann gravitativ den Hang abwärts, wobei es verfaltet und/oder zerschert wird. Die Mächtigkeit von gerutschten Sedimentfolgen variiert von etwa einem Meter bis zu mehreren hundert Metern. Im ↗Liegenden und ↗Hangenden sind subaquatische Rutschungen gewöhnlich durch ungestörte Sedimentfolgen abgegrenzt, was sie von tektonisch gestörten Lagen unterscheidet. Rutschungen kommen an Hängen oder im Übergang von Hängen zu Beckenebenen unter verschiedenen subaquatischen Ablagerungsbedingungen vor. An ↗Kontinentalhängen sind besonders großräumige Rutschungen ausgebildet. [KF]

subaquatischer Vulkanismus ↗Vulkanismus.

subartesischer Brunnen ↗artesischer Brunnen.

Subatlantikum ↗Holozän.

Subboreal ↗Holozän.

Subchron, ↗Feldumkehr mit einer Dauer von 0,1 bis etwa 1 Mio. Jahre.

subduction roll-back, *roll-back*, die Verlagerung des Scharniers, an dem die (ozeanische) ↗Unterplatte im Bereich der ↗Tiefseerinne zur ↗Subduktion ansetzt, und damit die Verlagerung der Tiefseerinne selbst, in Richtung auf zentralere Teile dieser Platte. Folgt die ↗Oberplatte dieser Bewegung nicht mit gleicher Geschwindigkeit, erleidet sie Dehnungstektonik. Subduction roll-back wird zur Interpretation verschiedener Phänomene der Oberplatte angeführt.

Subduktion, *subduction* (engl.), Hinabführung der ↗Lithosphäre der ↗Unterplatte unter die ↗Oberplatte an einem konvergenten ↗Plattenrand entlang einer in der ↗Tiefseerinne ansetzenden ↗Subduktionszone. Die subduzierte Lithosphäre wird damit wieder in den Mantel aufgenommen und damit als Platte vernichtet. Die Subduktion repräsentiert damit den absteigenden Ast einer Mantelkonvektionszelle. Von Subduktion betroffen ist fast ausschließlich ozeanische Lithosphäre, deren Dichte, vor allem wenn die Platte alt ist, ein Absinken in den Mantel gestattet. Im Falle der ↗Kontinentalkollision wird zwar auch kontinentale Unterplatte subduziert, doch geht das nur über eine relativ kurzen Zeitraum, da die dicke kontinentale Kruste infolge ihrer geringerer Dichte und besonderen ↗Rheologie abschert, sich in einem schnell wachsenden ↗Akkretionskeil sammelt und so der ständig ansteigende Reibungswiderstand die Subduktion schließlich zum Erliegen bringt. Auf der ozeanischen Lithosphäre liegende Sedimente des Ozeanbodens und der Tiefseerinnen können, soweit sie nicht in den Akkretionskeil gelangen, subduziert werden und im Falle von ↗Subduktionserosion sogar auch frontale Teile der Oberplatte. Das subduzierte Gesteinsmaterial erleidet bei relativ geringen Temperaturen unter steigendem Druck zunächst mechanische Entwässerung von Kluft- und Porenwässern, dann metamorphe Veränderungen zugunsten von Hochdruckparagenesen, die bis in >200 km Tiefe Wasser aus Mineralen freisetzen. Eine wesentliche Reaktion ist die ab 70 km Tiefe einsetzende Umwandlung von ↗Amphibolit in ↗Eklogit, da dadurch die Dichte der ozeanischen Kruste wieder die des Erdmantels erreicht. Dieses freiwerdende Wasser ist in der Unterplatte durch hydraulisches Zerbrechen für einen Teil der subduktionsgesteuerten Erdbeben verantwortlich, andererseits steigt es in der Oberplatte auf und führt dort, wo deren ↗Mantelkeil heiß genug ist (↗Asthenosphärenkeil), zur Bildung partieller Schmelzen, die in die Kruste der Oberplatte aufsteigen und den ↗magmatischen Bogen erzeugen. Das weitere Absinken führt in 300–400 km Tiefe zum Phasenübergang ↗Olivin zu Spinell und bei 650 km, an der Grenze vom oberen Mantel, zum Übergang Spinell zu Oxiden. Durch Reibung, Wärmeleitung aus dem umgebenden Mantel und die exothermen Übergänge in dichtere Mineralphasen erwärmt sich die abtauchende, ursprünglich kalte Lithosphäre und wird auch als negative Wärmeanomalie unauffällig. ↗Plattentektonik, ↗Plattenkinematik. [KJR]

Subduktionserosion, *ablative Subduktion*, tektonische Erosion der Basis der ↗Oberplatte im Forearc-Bereich (↗forearc) durch die abtauchende ↗Unterplatte. Zwischen ↗Tiefseerinne und Spitze des ↗Mantelkeils können die Rauhigkeiten der Oberfläche der Unterplatte dafür verantwortlich gemacht werden. Die Oberplatte verliert auf diese Weise Material, das entweder in den Mantel abgeführt oder an anderer Stelle wieder in die Oberplatte eingebracht wird. Die Subduktionserosion fällt besonders im Bereich der zur Tiefseerinne keilförmig ausspitzenden Kruste der Oberplatte auf, in der ↗Abschiebungen das Kollabieren und Absinken dieses Krustenabschnittes anzeigen. Diese Entwicklung steht im Gegensatz zu dem Material anlagernden ↗Akkretionskeil. Langandauernde Subduktionserosion führt zu einer Rückverlagerung der ↗vulkanischen Front in Richtung auf den ↗backarc.

Subduktionskomplex, der an einem konvergenten ↗Plattenrand tektonisch stark beanspruchte, keilförmig ausdünnende Außenrand der ↗Oberplatte. Er bildet den inneren Hang einer ↗Tiefseerinne über der abtauchenden ↗Unterplatte bis zu einem meist deutlichen Gefälleknick, der zu einem tektonisch ruhigeren Teil des ↗forearc überleitet. Der Subduktionskomplex kann einem durch Überschiebungen geprägten ↗Akkretionskeil entsprechen oder Kollapsstrukturen infolge ↗Subduktionserosion zeigen.

Subduktionsschiefe, Winkel zwischen der Normalen auf dem konvergenten ↗Plattenrand und dem Konvergenzvektor. Schon wegen der Bogenform von ↗Inselbögen ist die konvergente Plattengrenze überwiegend nicht rechtwinklig zum Konvergenzvektor orientiert. Schiefe Subduktion führt zu Seitenverschiebungen parallel zum ↗magmatischen Bogen.

Subduktionsumkehr, Umkehr der Polarität eines ↗Inselbogens. Die ursprünglich abtauchende ozeanische Platte wird nach Abriß und Absinken der subduzierten ↗Lithosphäre (slab break-off) unter dem Inselbogen zur ↗Oberplatte, während das im ursprünglichen ↗backarc gebildete Randmeer nun zur abtauchenden Platte wird. Durch Subduktions-Rollback driftet der ursprüngliche Inselbogen auf den Ozean hinaus, nach Subduktionsumkehr bewegt sich der neue Bogen durch Subductios-Rollback des früheren Randmeeres in entgegengesetzte Richtung und kann nach dessen vollständiger Subduktion mit dem Kontinent kollidieren. So sind im Westpazifik die meisten Inselbogensysteme auf die pazifische Platte (Unterplatte) gerichtet; Inselbögen wie Salomonen, Taiwan und Neukaledonien zeigen umgekehrte Polarität.

Subduktionswinkel, Einfallen der abtauchenden Lithosphärenplatte unter dem ↗magmatischen Bogen und tiefer (>100 km Tiefe). Ein steiler Subduktionswinkel von 60° und mehr zeichnet die ↗Inselbögen des Westpazifiks aus, im Südostpazifik (Anden) beträgt er ca. 30°. Ist der Subduktionswinkel noch flacher (z. B. ca. 10°, z. B. Anden nördlich Santiago), bildet sich kein magmatischer Bogen aus. Eine hohe Subduktionsgeschwindigkeit (>70 mm/a) ist wahrscheinlich mit flacherem Subduktionswinkel korreliert.

Subduktionszone, Bereich, in dem ↗Subduktion stattfindet oder sich aus seismischen Untersuchungen interpretieren läßt. Sie entspricht damit dem Kontakt von ↗Oberplatte und ↗Unterplatte zwischen dem konvergenten ↗Plattenrand in der ↗Tiefseerinne und etwa 700 km Tiefe. Die Subduktionszone wird vor allem durch die Position der Hypozentren von subduktionsgesteuerten Erdbeben nachgezeichnet, die sich bis in maximal 700 km Tiefe auf einer Wadati-Benioff-Fläche (↗Wadati-Benioff-Zone) anordnen.

Subduktionszonenmetamorphose, eine ↗Hochdruckmetamorphose, die an konvergenten Plattengrenzen abläuft, wenn eine ozeanische Lithosphärenplatte unter eine kontinentale abtaucht (↗Subduktion). Wegen des schnellen Subduktionsvorganges kommt es in der abtauchenden Platte zur vorübergehenden Ausbildung sehr niedriger ↗geothermischer Gradienten (von 5 bis 20°C/km), so daß sich ↗Mineralparagenesen der Blauschiefer- und der Eklogitfazies (↗metamorphe Fazies) bilden und, wenn eine schnelle Heraushebung folgt, erhalten können.

subfossil, ein noch zu historischer Zeit, im jüngeren ↗Holozän lebender Organismus, dessen Hartteile noch nicht durch Prozesse der ↗Fossildiagenese verändert wurde. Es gibt fließende Übergänge einerseits zu fossil (↗Fossil), andererseits zu ↗subrezent.

subglazial, ganz allgemein »unter dem Eis« (↗Gletscher oder Inlandeis (↗Eisschild)) ablaufend oder geschaffen; somit alle glazialgeomorphologischen (↗Glazialmorphologie) und hydrogeomorphologischen Prozesse, Sedimente und Formen, die sich unterhalb des Eiskörpers abspielen oder dort gebildet werden. Insbesondere wird dieser Begriff für die Prozesse und Formen verwandt, die durch unter Druck stehendem Wasser im Übergangsbereich von Eis zu Untergrund entstehen, wie Tunneltäler, ↗Gletschermühlen etc.

Subglazialrelief, Oberflächenformen, die durch ↗subglaziale Prozesse unter dem Eis (↗Gletscher oder Inlandeis (↗Eisschild)) gebildet werden oder allgemein unter dem Eis anzutreffen sind.

subhedral ↗hypidiomorph.

Subherzynes Becken, [von lat. sub = unter und Montes Hercyniae = Harz], von ↗Stille 1910 stammender Begriff für die 50 km breite und 100 km lange geologische Einheit zwischen dem Nordrand des Harzes und dem Flechtinger Höhenzug. Gegen den Harz wird es von der Harznordrandstörung, gegen den Flechtinger Höhenzug durch die 100 km lange Allertal-Störungszone abgesetzt. Sie ist der südöstliche Teil des Norddeutschen Beckens und somit im Gebirgsbau von ↗saxonischer Tektonik gekennzeichnet. Die Grenzen der Schollen im Untergrund wurden zunächst gedehnt, dann aber eingeengt, wodurch sich Salze aus dem ↗Zechstein aufwärts bewegten. Es kam an Überschiebungszonen zur Bildung von schmalen Sätteln (z. B. Harrli, Asse), an Aufwölbungen dagegen zu breiten Sätteln (z. B. Elm, Huy, Fallstein; Abb.).

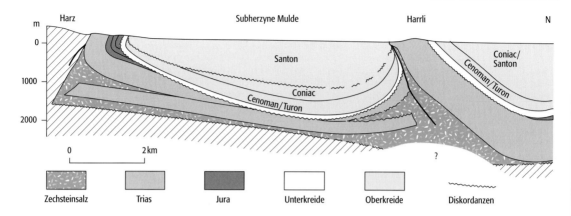

Subherzynes Becken: geologisches Querprofil durch die Mulde.

Die WNW-ESE streichenden, landschaftsgliedernden Sättel enthalten in ihren Kernen Zechstein sowie die Triaseinheiten ↗Buntsandstein, ↗Keuper und besonders ↗Muschelkalk (↗Trias). Weiterhin ist die markant emporragende Teufelsmauer bei Quedlinburg zu nennen, die aus Sandsteinen der ↗Kreide besteht. Die Schichten fallen insgesamt flach nach SW ein, sind aber am Harzrand steil aufgerichtet bis überkippt (↗Falte).

Aufgrund dieser Verhältnisse treten im Südwesten im Bereich der Subherzynen Mulde die über 1000 m mächtigen Kalke der Oberkreide zutage, unterbrochen vom Trias-Rücken des Harrli bei Vienenburg. Der anschließende Quedlinburger Sattel trennt Blankenburger und Halberstädter Mulde voneinander. Im Nordosten dominieren langgestreckte Sättel mit Zechstein im Kern, z. B. der Staßfurt-Oscherslebener und Offlebener Salzsattel. Im Unterschied zum weiter westlich gelegenen Raum besteht eine große Schichtlücke vom ↗Lias bis zur unteren Kreide. Eine andere läßt ↗Sedimente von der mittleren Kreide bis zum ↗Pleistozän meist fehlen. Örtlich haben sich dennoch Einheiten aus dem ↗Paläogen erhalten: Beispielsweise bildete sich im Nordosten des Offlebener Sattels die Helmstedter Mulde; in ihr sind in Sanden des ↗Eozäns bis zu 20 m mächtige Braunkohleflöze eingeschaltet, die wirtschaftliche Bedeutung haben. Überall sind Spuren eiszeitlicher Ablagerungen (überwiegend ↗Löß) vorhanden. [MB]

Subhorizont, Gliederung von Bodenhorizonten in Untereinheiten.

subhydrische Böden, *Unterwasserböden*, Klasse von Böden des Gewässergrundes. Zu ihr gehören auch die unter dem Einfluß der Gezeiten periodisch überfluteten ↗semisubhydrischen Böden wie die Wattböden. Diese Böden weisen unter einem Wasserkörper einen humosen Horizont auf, der aus humifiziertem Plankton besteht, >1 % Humus enthält und als ↗F-Horizont bezeichnet wird.

Subhydrische Böden gelten als Grenzbildungen der ↗Pedosphäre, da sie von der Atmosphäre getrennt sind und somit nicht Land-, sondern Gewässerökosystemen angehören. Grenzen sind aber wegen des wechselnden Wasserregimes unscharf. Die Geologie spricht von Sedimenten oder ↗Mudden; der Unterwasser-Rohboden wird als ↗Protopedon bezeichnet. Weiterhin gehören zu dieser Klasse der ↗Dy dystropher Gewässer, der ↗Sapropel äußerst sauerstoffarmer Gewässer (entspricht der Sedimentart Faulschlamm), der ↗Gyttja nährstoffreicher Gewässer, die ↗Lebermudde und der ↗Kalkmudde. [MFr]

Subkorn, Bezeichnung für Bereiche innerhalb eines Mineralkorns, die sich durch leichte Mißorientierung (5–10°) unterscheiden und von ebenen Grenzflächen (↗Subkorngrenzen) voneinander getrennt sind (Abb. im Farbtafelteil).

Subkorngrenze, planare Grenzflächen innerhalb von Mineralkörnern, in die beim Prozeß der ↗Erholung ↗Versetzungen einwandern. Diese sind in ebenen Netzwerken arrangiert. Sie trennen Bereiche mit geringerer Versetzungsdichte, die durch leichte Mißorientierung (5–10°) über die Grenzfläche hinweg charakterisiert sind. Subkorngrenzflächen liegen in der Regel etwa senkrecht zu den Burgers-Vektoren der dominierenden Versetzungen.

subkrustal, unter der ↗Erdkruste gelegen.

Sublimation, Vorgang, bei dem Wasser der festen Phase (Schnee oder Eis) direkt in die gasförmige Phase unter Umgehung der flüssigen Phase übergeht. Der Sublimationsbegriff wird in Physik und Chemie auch für den umgekehrten Vorgang, nämlich den des direkten Wasserdampfüberganges in die Eisphase, gebraucht (↗Resublimation). Die spezifische *Sublimationswärme* r_s ergibt sich aus der Summe der Schmelzwärme r_g und der Verdunstungswärme r_v. Sie beträgt 2790 J/g. Die Sublimation ist bedeutend für den Abbau von Schnee- und Eisdecken (Schnee- und Eisablation). Sie wird in der Glaziologie daher auch als Sammelbegriff für die Verdunstung von Schnee und Eis verwendet. Reine Eisverdunstung von Wassereis benötigt eine Oberflächentemperatur von 0°C abwärts und einen unter dem Sättigungsdampfdruck der Eisoberfläche liegenden Wasserdampfdruck der Luft. Die Sublimation ist wie das ↗Gefrieren ein heterogener Prozeß und erfordert ↗Eiskeime oder feste Oberflächen (↗Reif). Beim Wachsen von ↗Eiskristallen aus der Dampfphase sind Oberflächen- und Wärmeleitungsprozesse von Bedeutung und man spricht daher oft von Diffusionswachstum anstelle von Sublimation. Die Sublimation hängt vom Dampfdruck des Wassers ab. Bei gleicher Dampfdruckdifferenz ist die Geschwindigkeit der Eisverdampfung, die Sublimationsgeschwindigkeit, 0,88 mal kleiner als jene der Wasserverdunstung. Der Sublimationsdampfdruck im Gleichgewichtsfall ist klein. Er beträgt bei 0°C 3,0 hPa, bei –10°C 1,3 hPa, bei –20°C 0,51 hPa und bei –50°C 0,02 hPa.

Sublimationskurve ↗Aggregatzustand.
Sublimationswärme ↗Sublimation.
sublitoral, ständig überfluteter Küstenbereich. ↗eulitoral, ↗supralitoral.
submarine Lagerstätten, 1) durch Umlagerungs- oder Anreicherungsprozesse am Meeresboden entstandene Lagerstätten (↗sedimentär-exhalative Lagerstätten), 2) Lagerstätten im marinen Bereich (Off-Shore-Gewinnung von beispielsweise Erdöl und Erdgas oder Seifenlagerstätten).
submarine Quelle, unter dem Meeresspiegel austretendes Grundwasser, zumeist an fossile Karstgerinne gebunden, die oberhalb des Meeresspiegel entstanden und durch einen späteren Meeresspiegelanstieg oder durch tektonische Absenkung unter Meeresspiegelniveau gerieten, (z. B. an der Adriaküste oder den griechischen Küsten).
submarin-sedimentär-exhalative Lagestätten ↗sedimentär-exhalative Lagerstätten.
Submergenzbewegung, abwärts gerichtete Vertikalbewegung von ↗Gletschereis in einem ↗Nährgebiet aufgrund der dort überwiegend herrschenden ↗Akkumulation.
submers, unterhalb des Wasserspiegels wachsend (z. B. Pflanzen); Gegensatz: ↗emers.
submontane Stufe, ↗Höhenstufe im Übergang zwischen der kollinen und montanen Stufe. In Mitteleuropa ist ihr Hauptmerkmal der Buchenwald, der nach oben hin immer mehr von Tannen und Fichten durchsetzt wird und darüber in der hochmontanen Zone von einem Tannen-Fichten- oder Lärchen-Arvenwald abgelöst wird.
subnivale Stufe, ↗Höhenstufe im Hochgebirge, welche den Übergang bildet zwischen der alpinen Stufe mit alpinen Rasen (Urwiesen, ↗Wiese) und der nivalen Stufe (klimatische Schneegrenze). In der subnivalen Stufe tritt noch eine flecken- oder polsterartige Pioniervegetation (↗Pionierpflanzen) und ↗Schuttflurvegetation auf. Der Schnee schmilzt in vielen Lagen nur in warmen Sommern völlig ab. Frostwechselprozesse dominieren die Bodenstruktur.
Suborders, Einheit der ↗Soil Taxonomy.
suboxisch, *quasi-anaerob*, sauerstoffarme Bedingungen in der Wassersäule oder im Sediment mit einer Sauerstoffkonzentration von weniger als 0,2 ml/l. Bei dieser Sauerstoffkonzentration ist die Aktivität von einer Vielzahl von aeroben Mikroorganismen reduziert, so daß unter diesen Bedingungen sedimentierte organische Materie nicht vollständig abgebaut und somit im größeren Maße angereichert werden kann.
Subpixelgenauigkeit, bei der ↗geometrischen Entzerrung bzw. ↗Bilddatenfusion von Fernerkundungsbilddaten angestrebte Rektifizierungsgenauigkeit. ↗Residualvektor.

subpolare Gletscher ↗kalte Gletscher.
subpolare Tiefdruckrinne, Zone tiefen Luftdrucks auf dem subpolaren Atlantik (Island-Nordmeer) und Pazifik (Aleuten) als Folge bevorzugter Zugbahnen der Zyklonen (↗Zyklonenbahnen). Die subpolare Tiefdruckrinne stellt die polseitige Begrenzung der bodennahen Westwindzone dar, weiter nördlich herrschen östliche Winde vor.
Subpolyedergefüge, Form des ↗Makrofeingefüges von ↗Aggregatgefügen. Gefügeelemente haben meist stumpfe Kanten, bei gleichen Achslängen und unregelmäßigen rauhen Begrenzungsflächen. Die hohe Intraaggregatporosität weist auf die mögliche Entstehung aus dem ↗Polyedergefüge durch weitere Absonderungsvorgänge hin. Tonhäutchen sind meist nicht zu beobachten.
subrezent, in jüngster Vergangenheit abgelaufene geologische Prozesse, in jüngster Vergangenheit gelebte Organismen. Es gibt fließende Übergänge einerseits zu ↗rezent, andererseits zu ↗subfossil.
subrezente Böden ↗rezente Böden.
Subrosion, unterirdische Lösungsverwitterung leicht löslicher Gesteine, vor allem von Salzen (↗Salzspiegel); führt durch den Massenverlust häufig zu Vertiefungen an der Erdoberfläche (Subrosionssenke).
Subsatellitenbahn, *Subsatellitenkurve*, Darstellung von Breite und Länge des im erdfesten Bezugssystem gegebenen geozentrischen Ortsvektors der Satellitenbahn.
subsequenter Fluß ↗konsequenter Fluß.
subsequenter Magmatismus ↗Orogenese.
Subsidenz, 1) *Geologie*: lokale oder regionale Absenkung der Erdoberfläche. ↗Senkung. 2) *Meteorologie*: Absinken von Luftmassen.
Subsidenzinversion ↗Absinkinversion.
subsilvines Bodenfließen, *Gekriech*, hangabwärtige Bodenbewegung in tropischen Feuchtwäldern; setzt ein, wenn die tonige Verwitterungsdecke durch hohe Wassergehalte plastisch verformbar wird. ↗Kriechdenudation.
subskalige Prozesse, Vorgänge auf einer kleinen Skala, die aufgrund ihrer Größe in einem vorgegebenen Gitternetz eines Modells nicht dargestellt werden können (↗Parametrisierung).
Subsolution, Carbonatlösung am Meeresboden in größeren Wassertiefen oder im Bereich kühlerer Meeresströmungen.
Subsprache ↗Kartensprache.
Substanzvolumen, *Feststoffvolumen*, Volumenanteil, den die Festsubstanz des Bodens in einer definierten Volumenprobe einnimmt. Das Substanzvolumen berechnet sich als Quotient aus der ↗Bodendichte und der Festsubstanzdichte (Dichte der reinen Festsubstanz). Im Mehrphasensystem Boden bilden das Substanzvolumen, das ↗Luftvolumen und das Wasservolumen das ↗Gesamtvolumen. Die Größe des Substanzvolumens wird in Vol.-% oder in cm^3/cm^3 bzw. m^3/m^3 angegeben. ↗Feststoffvolumen.
Substrat, 1) *Biologie/Hydrologie*: a) chemische Verbindung, die an ein bestimmtes Enzym bevorzugt gebunden (Enzym-Substrat-Komplex) und zu einem Reaktionsprodukt umgesetzt wird.

b) In der allgemeinen Biologie werden Substanzen als Substrat bezeichnet, die von Organismen umgesetzt werden (Nährsubstrat). c) Materialien, die Organismen als Fläche zur Besiedlung dienen (Aufwuchssubstrat). **2)** *Kristallographie*: kristalline Unterlage, auf die einkristallin aufgewachsen wird (Kristallzüchtung). Heutige elektrische, optoelektrische oder magnetische Bauelemente neuester Technologie verwenden möglichst nur noch aktive Schichten der entsprechenden Materialien. Hierbei läßt sich kostengünstiger produzieren. Allerdings wird meist noch eine Unterlage aus wärmeleitendem und mechanisch festem Material benötigt. Dies sind Einkristalle, die sich in genügender Qualität günstig herstellen lassen und zu den kristallinen Schichten eine strukturelle Beziehung haben. Eine ↗Adsorptionsschicht wird durch ↗heterogene Keimbildung aufwachsen. Geschieht dies orientiert, spricht man von ↗Epitaxie; wächst dasselbe Material auf, nennt man das ↗Homoepitaxie, ist es Fremdmaterial, nennt man das ↗Heteroepitaxie. Alle Verfahren der Epitaxie, ↗LPE, ↗VPE, ↗MBE und ↗Sputterverfahren, benutzen Substrate. Die Suche geeigneter Substrate ist oft der grundlegende Schritt für die speziellen Bauelemente. Die Herstellung muß kostengünstig sein, in genügender kristalliner und chemischer Qualität gelingen und die Struktur muß geeignete Gitterparameter liefern. Differenzen in den Gitterabmessungen sind nur in der Größe von einigen wenigen Prozent erlaubt. Höhere Werte können eventuell verkraftet werden, wenn durch Zwischenschichten die inneren Spannungen abgebaut werden. Das verteuert und kompliziert aber den Herstellungsprozeß.

Substrattyp, analog zu den bodensystematischen Einheiten (↗Bodensystematik), die bestimmte Horizontabfolgen beinhalten, werden zur Kennzeichnung von Substratabfolgen Substrattypen gebildet. Gültig bis 120 cm unter Flur, wobei in der Vertikalabfolge maximal 2 Substrate angegeben werden. Beispiele für skelettreiche Substrattypen sind Moränengeröllsand oder Schuttlehm, für vorwiegend sandige Substrattypen Sand über Moränenlehm oder Grussand, für vorwiegend lehmige Substrattypen Lehm über tiefem Fluvisand oder Fluvilehm über Moränenton, für vorwiegend schluffige Substrattypen Löß über Moränenlehm oder Fluvischluff über Fluviton, für vorwiegend tonige Substrattypen Sand über Moränenton oder Fluviton über Fluvilehm und für wichtige Substrattypen der Moore Torf über tiefem Fluvilehm oder Anthrosand über Torf (zufällige Beispiele aus 11 bis 36 Kombinationen in jeder Gruppe). [MFr]

Subtidal, *Sublitoral*, *Infralitoral*, Tiefenzone der Ozeane von der Untergrenze der Gezeitenzone (↗Intertidal) bis zur Schelfkante in etwa 200 m Wassertiefe. ↗neritisch.

subtopische Dimension, in der ↗Landschaftsökologie der Maßstabsbereich unterhalb der ↗topischen Dimension, also unterhalb der kleinsten landschaftsökologisch noch relevanten Größenordnung (↗Theorie der geographischen Dimensionen). Diese Dimensionsstufe, die in der Subeinheit der landschaftsökologischen Grundeinheit (↗Top) betrachtet wird, spielt deshalb in der Regel für die landschaftsökologischen Fragestellungen keine Rolle. Sie wird nur zur Lösung von Einzelproblemen in der Forschung oder der Anwendung betrachtet (z. B. räumliche Verteilung von speziellen Lebensgemeinschaften im ↗Edaphon eines ↗Geoökotops).

subtraktive Farbmischung ↗Farbmischung.

Subtropen, vorwiegend im Rahmen der ↗Klimaklassifikation verwendeter Begriff, der die geographische Region zwischen den inneren ↗Tropen und den mittleren Breiten bezeichnet. ↗Subtropenklima.

Subtropenfront, großräumige ↗Front im Ozean, die warme, salzreiche ↗Wassermassen der ↗Subtropen von den kälteren, salzärmern subpolaren trennt. Auf der Südhalbkugel stellt sie die nördliche Grenze des Southern Ocean (↗Südpolarmeer) und den nördlichsten Stromarm des ↗Antarktischen Zirkumpolarstroms dar.

Subtropenhoch, beständiges ↗Hochdruckgebiet im ↗subtropischen Hochdruckgürtel, wie z. B. das ↗Azorenhoch.

Subtropenklima, Klimazone der ↗Subtropen, Trockenklima. Es ist gekennzeichnet von hohen Temperaturen und im Kern ganzjähriger Trockenheit. Äquatorwärts geht es in das Klima der Randtropen (eine sommerliche Regenzeit) und polwärts in den mediterranen Typ mit Winterregen über. ↗Klimaklassifikation.

Subtropenstrahlstrom ↗Strahlstrom.

Subtropikluft, *subtropische Luft*, eine Luftmasse mit ihrem Ursprung im Subtropengürtel (ca. 25–45°N). Kontinentale Subtropikluft (cS) entsteht im Sommerhalbjahr in Südwest- und Südosteuropa, im Winter in Nordafrika, maritime Subtropikluft (mS) ganzjährig im Azorenraum und im zentralen Mittelmeer (↗Luftmassenklassifikation).

subtropischer Hochdruckgürtel, erdumspannende Zone hohen Luftdrucks und absinkender Luftbewegung in den Subtropen zwischen 25° bis 35° nördlicher und südlicher Breite. Sie trennt in Bodennähe die überwiegend tropische Passat-Region von der Westwindzone der mittleren Breiten und ist in einzelne quasipermanente ↗Hochdruckgebiete (u. a. das ↗Azorenhoch) gegliedert. Im Sommer ist sie über den Kontinenten unterbrochen (↗Hitzetief). ↗allgemeine atmosphärische Zirkulation.

Subtyp, Einheit der ↗Bodensystematik. Die ↗Bodentypen lassen sich nach qualitativen Kriterien in Subtypen mit spezifischer Horizontfolge untergliedern. Es werden drei Arten von Subtypen unterschieden: der (Norm-)Subtyp wird durch eine charakteristische Horizontfolge gekennzeichnet, die mit der des Typs übereinstimmt, z. B. (Norm-) Parabraunerde oder ↗Parabraunerde. Abweichungssubtypen müssen prinzipiell die Horizonte des Typs aufweisen, besitzen jedoch zusätzlich abweichende Merkmale, die mit Hilfe der pedogenen ↗Zusatzsymbole gekennzeichnet werden, z. B. ↗Bänder-Parabraunerde.

Bei Übergangssubtypen treten stark ausgeprägte typfremde Merkmale auf, die oft durch zwei Hauptsymbole oder die Kombination zweier Typen gekennzeichnet werden, z. B. Gley-Parabraunerde.

subvulkanische Lagerstätten, Lagerstätten in subvulkanischem Bildungsbereich (z. B. bei den Stockwerkverzungen (↗Stockwerkerz) von Kupfer oder der Zinn-Silber-Provinz von Bolivien). ↗subvulkanisches Stockwerk.

subvulkanisches Stockwerk, Bereich innerhalb größerer Vulkangebäude und unterhalb von Vulkangebieten (Übergang zum plutonischen Stockwerk).

Subvulkanit, in geringer Erdtiefe erstarrter ↗Magmatit. Subvulkanite stehen zwischen ↗Vulkaniten und ↗Plutoniten.

Subzeichen ↗Superzeichen.

Succinit ↗Bernstein.

Suchverfahren, in DV-Systemen dienen Suchverfahren der Selektion von Daten aus einem Gesamtdatenbestand. Suchverfahren sind Algorithmen, die auf geeigneten ↗Datenstrukturen basieren, um die Suchdauer gering zu halten. Ein Suchverfahren beruht meist auf einer speziellen Form der Sortierung (↗Sortierverfahren). Zur Suche innerhalb von ↗Geometriedaten müssen spezielle Suchverfahren zur Verfügung stehen, um die Mehrdimensionalität der Daten zu berücksichtigen. Verbreitete Suchverfahren sind beispielsweise der Point-in-Polygon-Test, das Bestimmen der komplexen Hülle einer Punktmenge oder die Lösungsansätze zum Traveling-Sales-Man-Problem.

Südalpin, die südlichste tektonofazielle Zone der ↗Alpen, welche direkt auf afrikanischer Lithosphäre aufliegt (apulischer Mikrokontinent, apulische Scholle) und somit am Nordrand ↗Gondwanas angesiedelt war. Ab dem ↗Perm entwickelte sich hier ein ausgedehntes Schelfmeer, in dem sowohl das Ost- als auch das Südalpin ausgebildet wurde. Das Südalpin schloß ursprünglich direkt im Süden an das ↗Ostalpin an, es ist aber heute durch die tektonische Linie der periadriatischen Naht vom Rest der Alpen abgesetzt. Abgesehen von der Wanderung des Südalpins von seiner ursprünglichen äquatornahen Position nach Norden ist es weitgehend als ↗autochthon anzusehen. Der Untergrund besteht zumeist aus variszisch konsolidierter Lithosphäre, aber entlang der Nordostgrenze sind auch fossilführende paläozoische Schichten (Devon bis Karbon) aufgeschlossen. Die nachvariszische Gesteinsabfolge wird im frühen Perm durch ausgedehnte, subaerische, überwiegend rhyodacitische Vulkanite eingeleitet, die in der Bozner Porphyrplatte mit bis zu 2000 m ihre größte Mächtigkeit erreichen. Die vulkanische Aktivität ist Ausdruck von Krustendehnung zwischen Gondwana und Eurasien. Die marine Abfolge des Mesozoikums ist jener des Ostalpins vergleichbar, abgesehen davon, daß das Auftreten von basischen Laven und Tuffen in der mittleren Trias der Dolomiten zu einer Verzahnung zwischen Riffablagerungen und Vulkaniten führte. Die den Vulkaniten zugeordneten Tiefengesteine mit ihren Kontaktaureolen sind in den klassischen Lokalitäten Predazzo und Monzoni aufgeschlossen. Abgesehen von südvergenten Rückfaltungen im Westen des Südalpins war die Deformation mäßig, es kam zu keinen nennenswerten Überschiebungen. [HWo]

Südamerikanischer Kraton ↗Proterozoikum.

Südäquatorialstrom, ↗Meeresströmung im ↗Äquatorialen Stromsystem.

Sudbury, wichtiger Nickel-Bergbau-Distrikt der westlichen Welt in Ontario (Kanada). Die Vorkommen sind an eine schüsselförmige, geschichtete, magmatische ↗Intrusion gebunden, die vor ca. 2,1 Mrd. Jahren in Gneise der proterozoischen Keewatin Supergroup intrudiert wurde. Als Auslöser dieser magmatischen Prozesse wird heute ein Meteoriteneinschlag angenommen, da in den Nebengesteinen Minerale und Strukturen, die Produkte einer Druckwellenmetamorphose (↗Stoßwellenmetamorphose) sind, nachgewiesen wurden. Die etwa 60 × 30 km messende, elliptische Intrusion besteht aus drei Hauptkomponenten: ultramafische Gesteine im Liegenden, darüber Norit und Mikropegmatit im ↗Hangenden. Massive Nickel-Kupfer-Erzkörper, deren Entstehung magmatischen Prozessen zugeschrieben wird, treten im Bereich der Ultramafite und im Liegenden des Komplexes auf. Pyrrhotin (Magnetkies, Fe_9S_8), Kupferkies ($CuFeS_2$), Pentlandit $(Ni, Fe)_9S_8$ und Magnetit (Fe_3O_4) sind die wichtigsten Erzminerale. Durchschnittliche Metallgehalte liegen bei ca. 1 % Cu und 1,3 % Ni; dazu kommen als Nebengemengteile Platingruppenminerale (besonders von Pd und Pt) und Gold. Der durchschnittliche Gehalt an ↗Platingruppenelementen beträgt ca. 1 g/t; die Edelmetalle sowie Gehalte an Silber werden als Nebenprodukte gewonnen. Zur Zeit (1999) sind 13 große Bergwerke im Sudbury-Gebiet in Betrieb. Die Jahresproduktion betrug 1995 ca. 115.000 t Ni, 109.000 t Cu sowie einige Tonnen Gold und Platinmetalle. ↗Kanadischer Schild. [EFS]

Südchinesisches Meer, als Teil des ↗Australasiatischen Mittelmeers ein ↗Randmeer des ↗Pazifischen Ozeans östlich der Hinterindischen Halbinsel, das von Taiwan, den Philippinen, Borneo und dem südlichen Teil der Malakkahalbinsel begrenzt ist.

sudden storm commencement ↗ssc.

Südföhn ↗Föhn.

Südpolarmeer, eisbedecktes Meeresgebiet um die Antarktis, das nach Norden durch die ↗Polarfront begrenzt ist und sich aus den südlichen Teilen der drei Ozeane zusammensetzt. Häufig wird auch in Anlehnung an den englischen Begriff Southern Ocean vom Südlichen Ozean gesprochen, dessen Grenze die ↗Subtropenfront bildet.

Suess, *Eduard*, österreichischer Geologe und Paläontologe, * 20.8.1831 London, † 26.4.1914 Wien; Suess lebte seit 1846 in Wien und studierte am dortigen Polytechnikum und an der Universität Prag Naturwissenschaften. 1852 wurde er Assistent am Hofmineralienkabinett in Wien. Seit 1857 war er außerordentlicher Professor der Paläontologie, 1862 wurde er zum ordentlichen

Professor der Geologie an der Universität Wien berufen. 1867 wurde er Ordinarius. Im selben Jahr trat er der Kaiserlichen Akademie der Wissenschaften bei, als deren Präsident er von 1897 bis 1911 tätig war. Suess war ein herausragender Alpengeologe und Tektoniker, der als erster den ↗Deckenbau der Alpen erkannte und passive und aktive Kontinentalränder voneinander unterschied und klassifizierte. Er lieferte grundlegende Untersuchungen zur pelagisch ausgebildeten Trias in den Ost- und Südalpen, zum Jura in den Ost- und Westalpen und zum Tertiär des Wiener Beckens. Seine Hauptwerke sind u. a. »Das Antlitz der Erde« (1883–97, 3 Bände), ein geologischer Überblick der Erde als Ganzes, und »Die Entstehung der Alpen« (1875). [EHa]

Suevit, *Impaktit*, eine grau bis gelb gefärbte ↗Brekzie, die in Meteoriteneinschlagskratern (↗Impakt) auftritt und neben unverändertem Nebengestein auch stoßwellenmetamorphe Gesteinsfragmente (↗Stoßwellenmetamorphose) und glasige Einschlüsse, typischerweise aerodynamisch geformte »Bomben«, enthält. Der Suevit ähnelt vulkanischen Tuffbrekzien, kann aber aufgrund der stoßwellenmetamorphen Phänomene eindeutig unterschieden werden. Ursprünglich nur für Gesteine vom Meteoritenkrater des Nördlinger Rieses verwendet, wird der Begriff Suevit heute weltweit für ähnliche Impaktgesteine benutzt.

Suffosion, bei der Suffosion werden Teilchen der feineren Fraktionen eines ungleichförmigen nichtbindigen Erdstoffes, die die Skelettfüllung bilden, im vorhandenen Porenraum des Skeletts bzw. der Feststoffmatrix durch die Strömung umgelagert und transportiert. Das tragende Feststoffskelett wird dabei nicht verändert. Durch Suffosion erhöhen sich die Porosität und der Durchlässigkeitsbeiwert, während die Raumdichte des Erdstoffes abnimmt. Suffosionsgefährdet sind Erdstoffe mit einem relativ großen Ungleichförmigkeitsgrad und insbesondere solche mit einer Ausfallkörnung. Bezüglich der Lage der Suffosionserscheinung unterscheidet man innere, äußere und Kontaktsuffosion. Die innere Suffosion dauert nur kurze Zeit an. Die Transportwege der bewegten Teilchen sind begrenzt, wenn die innere Suffosion nicht durch äußere oder Kontaktsuffosion eingeleitet oder aufrechterhalten wird. Das Losreißen von Teilchen aus den Boden mit dem Sickerwasser wird in der Bodenkunde als innere Suffusion bezeichnet. In groben Poren werden diese Partikel mit dem Sickerwasser abwärts verlagert, in kleineren Poren hingegen mechanisch abgefiltert (= innere Kolmation). Äußere Suffosion findet an der Erdoberfläche (z. B. einer Sickerfläche) oder an der Grenzfläche von Erdstoffen und Gewässern (Gewässersohlen) statt. Sie verursacht oder beschleunigt die innere Suffosion. Bei der Kontaktsuffosion hingegen wandern die bewegten Teilchen des feinen Erdstoffes in die Poren eines gröberen Erdstoffes, wo der Vorgang im allgemeinen als innere Suffosion – seltener als Kolmation – seine Fortsetzung findet. Entsprechend der Strömungsrichtung und der Lage des feineren zum gröberen Erdstoffs unterscheidet man verschiedene Haupttypen der Kontaktsuffosion. Die Kontaktsuffosion einiger dieser Typen hat für die Bemessung von Wasserbaufiltern große Bedeutung, die übrigen Typen sind für die Praxis weniger relevant. [ME]

Suffosionsgefährdung, bei ungenügender geometrischer Suffosionssicherheit $\eta_{S,H}$ ist der Erdstoff suffosionsgefährdet. ↗Suffosion tritt aber erst dann ein, wenn darüber hinaus auch das hydraulische Suffosionskriterium nicht erfüllt wird. Der Nachweis der Sicherheit (*Suffosionssicherheit*) erfolgt nach a) dem geometrischen Suffosionskriterium und b) dem hydraulischen Suffosionskriterium.

Suffosionssicherheit ↗Suffosionsgefährdung.

Sukkulenten, [von lat. succulentus = saftreich], *Fettpflanzen*, Bezeichnung für Pflanzen, die einen xeromorphen Bau (↗Xerophyten) aufweisen und über Wasserspeichergewebe in den Blättern, im Sproß oder in den Wurzeln verfügen. Diese Speichergewebe können in feuchten Jahresabschnitten Wasser aufnehmen und über lange Dürreperioden hinweg speichern sowie teilweise auch vor Überhitzung schützen. Blattsukkulenz findet sich v. a. bei *Aloe*, Agaven und Dickblattgewächsen (*Crassulaceae*). Hierbei sind die Blätter stark verdickt und häufig walzenförmig. Formen der Stammsukkulenz sind bei Kakteen und Wolfsmilchgewächsen (*Euphorbiaceae*) anzutreffen. Dabei sind die Blätter auf Dornen reduziert oder ganz verschwunden und der Stamm ist meist ziehharmonikaähnlich gefaltet, um bei Wasseraufnahme aufquellen und bei Wasserabgabe schrumpfen zu können. Wurzelsukkulenten sind *Asparagus*-Arten sowie manche ↗Leguminosen. Auch ↗Halophyten oder Pflanzen des ↗Hochmoors können sukkulent sein. [DR]

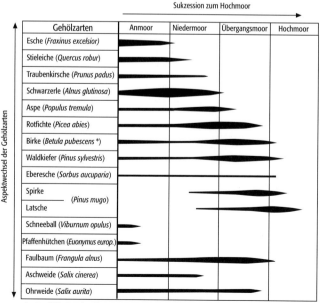

Sukzession: Stufen der Sukzession zum Hochmoor anhand dem Vorkommen von Gehölzarten auf der entsprechenden Fläche.

* + Moorbirke (*Betula pubescens*) und deren Bastarde mit Hängebirke (*Betula pendula*)

Sukzession, [von lat. sukzessio = Nachfolge], **1)** *Landschaftsökologie*: Begriff in der ↗Ökologie für die gesetzmäßige zeitliche Abfolge verschiedener Pflanzen- und Tiergesellschaften oder ganzer ↗Biozönosen am selben Ort nach Änderung wichtiger Standortfaktoren oder nach tiefgreifenden Störungen des ↗Lebensraums. Dazu zählen die Folgen von Vulkantätigkeit, Erdbewegungen, Kahlhieben, ↗Feuer usw. Beginnt die Sukzession auf weitgehend unbewachsenen Flächen, so durchläuft die ↗Vegetation eine Entwicklung, die von den zuerst auftretenden Pioniergesellschaften (↗Pionierpflanzen) über verschiedene Folgegesellschaften schließlich zur Schlußgesellschaft (↗Klimax) führt (primäre Sukzession). Durch erneute Eingriffe (Mahd, Beweidung, Holznutzung usw.) kann die Sukzessionsreihe aber unterbrochen werden (sekundäre Sukzession). In diesem Fall wird die natürliche, im Gleichgewicht mit den klimatischen und edaphischen Faktoren stehende Schlußgesellschaft durch anthropogene ↗Ersatzgesellschaften (Wiesen, Weiden, Forsten) vertreten; sie kann deshalb lediglich (z. B. durch Vergleiche) erschlossen werden (↗potentiell natürliche Vegetation). Die Sukzession läßt sich besonders überzeugend durch die in längeren Zeitabständen durchgeführte Beobachtung der Artenzusammensetzung auf einer Dauerfläche belegen, aber auch im Vergleich der Vegetation an verschieden alten, aber sonst vergleichbaren Standorten. Kausal werden die allogenen Sukzessionen, wie sie bei Auflandungen in Auegebieten auftreten, von der autogenen Sukzession unterschieden. Bei letzterer sorgt der Bestandesabfall für eine »Auflandung« und Bodenbildung. Mit dem Fortschreiten der Sukzession ändern sich Artenzusammensetzung, ↗Biomasse und der Altersaufbau der Populationen. Auch bei sehr verschiedenen untergrundabhängigen Initialphasen endet die Sukzession mit immer ähnlicher werdenden Klimaxgesellschaften (Abb.). **2)** *Mineralogie*: zeitliche Aufeinanderfolge von Mineralparagenesen an einem Standort, z.B. die vielfach in Erzgängen beobachtbare Übereinanderfolge von verschiedenartigen Mineralen. Von ihr zu unterscheiden ist die Altersfolge, die der Sukzession entsprechen kann.

Sulfatdeposition, Ablagerung von Schwefelsäure, die in atmosphärischen Niederschlägen enthalten ist, auf land- und forstwirtschaftlichen Flächen in Masse/(Fläche · Zeit). Sie trägt nach gegenwärtiger Kenntnis zur Immissionsbelastung des Waldökosystems bei (»Waldsterben«).

Sulfate, **1)** *Chemie*: Salze der Schwefelsäure, spielen als ↗Aerosol in der Atmosphäre eine Rolle (↗Mineralogie). **2)** *Mineralogie*: ↗Mineralklasse, zu der kristallchemisch auch die Chromate, Molybdate und Wolframate gezählt werden (Tab.). Gemeinsames Merkmal der Minerale dieser Klasse ist ihre Kristallstruktur, bei der stets ein sechswertiges Kation S^{6+}, Cr^{6+}, Mo^{6+} oder W^{6+} tetraedrisch von O umgeben ist. Gemeinsame physikalische Eigenschaften sind niedrige Werte für Dichte und Doppelbrechung, nichtmetallisches Aussehen und geringe Härte, besonders bei höheren

Mineral/chemische Zusammensetzung	Kristallsystem Symbol (Sch.) Symbol (int.)	Härte nach Mohs	Dichte [g/cm³]	Spaltbarkeit
Anhydrid $CaSO_4$	rhombisch D_{2h}^{17} Amma	3–3,5	2,96	{010} sehr vollkommen {100} sehr gut {001}
Baryt Schwerspat $BaSO_4$	rhombisch D_{2h}^{16} Pnma	2,5–3,5	4,5	{001} sehr vollkommen {210} sehr gut {010}
Coelestin $SrSO_4$	rhombisch D_{2h}^{16} Pnma	3–3,5	3,97	{001} sehr vollkommen {210} gut {010} wenig
Anglesit $PbSO_4$	rhombisch D_{2h}^{16} Pnma	3	6,3	{001} {210} gut
Epsomit Bittersalz $Mg[SO_4] \cdot 7H_2O$	rhombisch D_2^4 $P2_12_12_1$	2–2,5	1,68	{010} vollkommen
Gips $CaSO_4 \cdot 2H_2O$	monoklin C_{2h}^6 A2/n	1,5–2	2,3–2,4	{010} sehr vollkommen

Gehalten an OH oder H_2O. Die Anzahl der stabilen Sulfate unter den Mineralen ist relativ gering. Die häufigsten Mineralphasen dieser Klasse, ↗Baryt ($BaSO_4$) und ↗Gips ($CaSO_4 \cdot 2\,H_2O$), sind jedoch in der Erdkruste sehr weit verbreitet. Eine besondere Rolle spielen die Sulfatminerale bei Schadensfällen an Bauwerken durch Ausblühungs- und Treiberscheinungen. Neben Gips sind dies insbesondere die leicht löslichen Sulfate Thenardit (Ni_2SO_4), Mirabilit ($Na_2SO_4 \cdot 10\,H_2O$) und Hexahydrit ($MgSO_4 \cdot 6\,H_2O$) sowie das komplexe Sulfat Ettringit ($Ca_6Al_2[(OH)_4/SO_4]_3 \cdot 24\,H_2O$) und das SO_4-haltige Silicat Thaumasit ($Ca_3[CO_3/SO_4/Si(OH)_6]$).

Zur Bildung der Sulfate ist stets ein erhöhter Sauerstoffpartialdruck erforderlich, weshalb sie bevorzugt in der Nähe der Erdoberfläche gebildet werden. Am stabilsten sind die Sulfate mit zweiwertigen Kationen, neben Baryt besonders Coelestin ($SrSO_4$) und Anglesit ($PbSO_4$). Sulfate der Alkalimetalle und Sulfate dreiwertiger Metalle treten bevorzugt als wasserhaltige Verbindungen und häufig auch als Doppelsalze auf, sie sind meist nicht wasserlöslich. Sulfate bilden sich überwiegend als Minerale der sedimentären Abfolge, als Eiserne-Hut-Bildungen aus Sulfiden, teilweise auch vulkanogen.

Sulfathärte, Anteil der Gesamthärte (↗Härte), für den eine äquivalente Menge an gelösten Sulfationen zur Verfügung steht. Sie ist Teil der Nichtcarbonathärte (bleibende Härte).

Sulfathüttenzement, *Gipsschlackenzement*, sulfatbeständiger Zement, der aus tonreichem Hüt-

Sulfate (Tab.): Übersicht der wichtigsten Mineraldaten häufiger Sulfate (Sch. = Schoenflies, int. = international).

Sulfatpartikel

Mineral/chemische Zusammensetzung	Kristallsystem Symbol (Sch.) Symbol (int.)	Härte	Dichte [g/cm³]	Spaltbarkeit
Chalkosin Kupferglanz Cu_2S	rhombisch C_{2v}^{15} Ab2m	2,5–3	5,7–5,8	{110}
Akanthit Silberglanz Ag_2S	monoklin C_{2h}^{5} $P2_1/n$	2–2,5	7,3	{100}
Galenit Bleiglanz PbS	kubisch O_h^5 Fm3m	2,5	7,2–7,6	{100}
Cinnabarit Zinnober HgS	trigonal D_3^4 $P3_121$	2–2,5	8,1	{10$\overline{1}$0}
Sphalerit Zinkblende α-ZnS	kubisch T_d^2 F$\overline{4}$3m	3,5–4	3,9–4,2	{110}
Wurtzit β-ZnS	hexagonal C_{6v}^4 $P6_3mc$	3,5–4	4,0	{10$\overline{1}$0}
Bornit Buntkupferkies Cu_5FeS_4	tetragonal D_{2d}^4 P$\overline{4}2_1$c	3	4,9–5,3	–
Chalkopyrit Kupferkies $CuFeS_2$	tetragonal D_{2d}^{12} I$\overline{4}$2d	3,5–4	4,1–4,3	–
Covellin Kupferindig CuS	hexagonal D_{6h}^4 $P6_3/mmc$	1,5–2	4,7	{0001}
Nickelin Rotnickelkies NiAs	hexagonal D_{6h}^4 $P6_3/mmc$	5,5	7,7	–
Pyrrhotin Magnetkies FeS	hexagonal D_{6h}^4 $P6_3/mmc$	4	4,6	{0001}
Pentlandit $(Fe, Ni)_9S_8$	kubisch O_h^3 Fm3m	3,5–4	4,6–5	{111}
Antimonit Antimonglanz Sb_2S_3	rhombisch D_{2h}^{16} Pbnm	2	4,6	{010}
Pyrit FeS_2	kubisch T_h^6 Pa3	6–6,5	5,0–5,2	{100}
Markasit FeS_2	rhombisch D_{2h}^{12} Pmnn	6–6,5	4,8	–
Arsenophyrit Arsenkies FeAsS	monoklin C_{2h}^5 $P2_1/c$	5,5–6	6	{101}
Molybdänit Molybdänglanz MoS_2	hexagonal D_{6h}^4 $P6_3/mmc$	1,5	4,7	{0001}

tensand, bis 5 % ↗Portlandzement und Gips oder Anhydrit besteht.

Sulfatpartikel, flüssige oder feste Aerosolpartikel, die ↗Sulfate enthalten.

Sulfatwasser, Wasser, in dem der Sulfatanteil bei den Anionen dominant ist. Natürliche Sulfatwässer entstehen bei der Auslaugung von Gips und Anhydrit oder bei der Lösung stark pyrithaltiger Gesteine.

Sulfide, ↗Mineralklasse, zu der die sauerstofffreien Verbindungen von Metallen und Metalloden mit Schwefel zählen (Tab.). Darüber hinaus rechnet man zu dieser Klasse auch noch die Selen-, Tellur-, Arsen- und Antimonverbindungen der Metalle sowie eine Reihe von Mineralen, die hinsichtlich ihres chemischen Aufbaues den salzbildenden Verbindungstypen nahestehen und die unter dem mineralogischen Begriff Sulfosalze (↗Spießglanze) zusammengefaßt werden. Obwohl ca. 40 Elemente Verbindungen mit Schwefel eingehen und ein großer Teil der Sulfide als wirtschaftlich wichtige Minerale auf zahlreichen Lagerstätten metallischer Rohstoffe auftreten, ist ihre Beteiligung am Gesamtaufbau der Erdkruste mit 0,15 % relativ gering. Außer den Erzen von Eisen, Mangan, Zink, Aluminium und Uran, die in der Klasse der ↗Oxide und Hydroxide auftreten, und den Elementen finden sich unter den Sulfiden die meisten Erzminerale. Die zahlreichen alten deutschen Namen der Sulfide, von denen es oft mehrere Synonyme gibt, lassen sich zu einem großen Teil auf den mittelalterlichen Bergbau zurückführen. Daher stammen auch die Endsilben »kies«, »glanz« und »blende«, die charakteristische Eigenschaften der Sulfide ausdrükken und ihre Erkennung und Bestimmung in vielen Fällen erleichtern. Die Kiese zeigen einen ausgesprochen metallischen Glanz, lichte Farbe, schwärzlichen Strich und eine meist hohe Härte nach Mohs von 5 bis 6. Beispiele sind Kupferkies, Silberkies und Schwefelkies. Durch ein ebenfalls deutlich metallisches Aussehen zeichnen sich die Glanze aus, jedoch haben sie meist graue bis dunkle Farben, einen schwärzlichen Strich, eine geringe Mohssche Härte von 2–3 und eine gute Spaltbarkeit. Beispiele sind Silberglanz, Bleiglanz und Kupferglanz. Einen halbmetallischen Glanz zeigen die Blenden, sie sind in dünnen Schichten durchsichtig und zeigen meist eine farbige Strichfarbe. Sie zeichnen sich durch eine gute Spaltbarkeit, überwiegend geringe Härte und meist komplizierte Zusammensetzung aus. Beispiele sind Zinkblende (↗Sphalerit) und Schalenblende. Ähnlich wie die Blenden verhalten sich auch die Gültige, wie z. B. das Rotgültigerz. Fahle haben ein metallisches Aussehen, dunkle bis graue Farben, einen schwarzen Strich und geringe Härte. Sie sind meist spröde und nicht spaltbar. Beispiele sind vor allem die ↗Fahlerze. Die meisten sulfidischen Minerale sind hydrothermaler Entstehung. Ausnahmen sind u.a. Kupferkies, Pyrit und Markasit, die sich vor allem auch unter reduzierenden Bedingungen bei Anwesenheit von H_2O in tonigen Sedimenten bilden können. Der Bindungscharakter der sulfidischen Minerale ist recht unterschiedlich. Kiese und Glanze zeigen überwiegend metallische, Blenden und Gültige dagegen mehr homöopolare ↗Bindung. Molekülbindungen sind sehr selten, einige Sulfide weisen auch rein metallische Bindung auf. [GST]

Sulfidfazies, Faziestyp (↗Fazies) der ↗Ironstones und der gebänderten Eisenformationen (↗Banded Iron Formation), charakterisiert im wesentlichen durch ↗Pyrit. ↗Oxidfazies, ↗Silicatfazies, ↗Carbonatfazies.

Sulfidisierung, Umwandlung von meist oxidischen ↗Eisenmineralen (z. B. ↗Magnetit oder ↗Hämatit) durch die Zufuhr von Schwefel; dabei Bildung von ↗Pyrit oder anderen ↗Eisensulfiden.

Sulfosalze ↗Spießglanze.

Sullivan-Typ, durch ↗Exhalation gebildete erzführende Sedimente; benannt nach der Lagerstätte Sullivan in Kanada (Lagerstätte vom Sedex-Typ, aber nicht typisch, da sie präkambrischen Alters ist). Es sind vorwiegend Pb-Zn-Erze, die auch an Cu, Ba und Ag angereichert sind. Als Nebengesteine finden sich vor allem klastische Sedimente (↗terrigene Sedimente), untergeordnet auch ↗Vulkanite. Die plattentektonische Stellung (↗Plattentektonik) beinhaltet einen langanhaltenden, kontinentalen Spreizungsprozeß. Die Altersstellung reicht von mittelproterozoisch (↗Proterozoikum) bis paläozoisch (↗Paläozoikum). ↗sedimentär-exhalative Lagerstätten, ↗Massivsulfid-Lagerstätten.

Sulzschnee, oberflächlich aufgetauter, feuchter Schnee.

Summendifferenzlinie, Kurve, die aus der Aufsummierung zeitlich aufeinanderfolgender Abweichungen einer Variablen von deren Mittelwert resultiert.

Summenformel, Angabe der Summe der sich aus chemischen Analysen ergebenden Elementgehalte. ↗Mineralformeln.

Summenhistogramm ↗Grauwertverteilung.

Summenlinie, Kurve, die aus der Aufsummierung zeitlich aufeinanderfolgender Werte einer Variablen resultiert.

Summenparameter, hydrochemische Kennwerte, die zwei oder mehrere Einzelkennwerte in einem Meß- oder einem Analysevorgang zusammenfassen. Beispiele sind ↗Gesamthärte, AOX-Wert (↗AOX) und ↗elektrische Leitfähigkeit.

Sumpferz ↗Raseneisenerz.

Sumpfgas ↗Methan.

Sumpfrohr, Absetzrohr, Vollrohr am unteren Ende eines Brunnens, nach unten durch eine Kappe, einen Stopfen oder ggf. ein Rückschlagventil (erlaubt spätere Durchspülung) abgedichtet. Es dient zur Aufnahme von Feststoffen, die in den Brunnen gelangen und im Sumpfrohr abgelagert werden können, ohne Filterstrecken abzudichten. ↗Brunnenausbau.

Sund, zwischen Festland und Inseln oder zwischen zwei Inseln befindliche Meeresenge.

Sunkwelle, durch plötzliche Durchflußänderung (z. B. Wasserabsperrung, Wasserentnahme) verursachte instationäre, mit ↗Wellengeschwindigkeit fortschreitende Senkung des Wasserspiegels bei ↗Gerinneströmungen.

supergen, von der Erdoberfläche her stammend; bezieht sich auf die Wirkungen des Grundwasser, z. B. die Bildung von ↗Oxidationszonen oder ↗Zementationszonen. Gegenteil: ↗hypogen.

superimposed ice ↗Aufeisbildung.

Superimposition, in der Photogrammetrie deckungsgleiche Überlagerung des vom Operator in einem ↗analytischen Auswertegerät oder ↗digitalen Auswertegerät wahrgenommenen Bildes bzw. ↗photogrammetrischen Modells mit den Ergebnissen der ↗digitalen Kartierung oder einer ↗digitalen Karte.

Superisation, *Superzeichenbildung*, ↗Superzeichen.

Superkontinent ↗Kontinentalverschiebungstheorie.

Superparamagnetismus, Übergangsform vom ↗Ferromagnetismus bzw. ↗Ferrimagnetismus zum ↗Paramagnetismus. Sie tritt bei sehr kleinen Teilchen (< 10 nm) auf, in denen einerseits eine ↗spontane Magnetisierung M_S existiert, auf der anderen Seite aber wegen der kleinen Teilchenvolumina die ↗Relaxationszeiten τ der Magnetisierungsprozesse klein sind gegen die typische Zeitdauer eines Experiments ($\tau <$ 10^{-3} bis 1 s).

Ein Material mit superparamagnetischen Teilchen verhält sich wie ein Paramagnetikum mit einer sehr großen ↗Suszeptibilität χ. Die Magnetisierungskurve $M(H)$ superparamagnetischer Teilchen ist völlig reversibel, zeigt keine ↗Hysterese und damit auch weder eine ↗Koerzitivfeldstärke H_C noch eine ↗remanente Magnetisierung M_R. Erst wenn bei Abkühlung einer Probe mit superparamagnetischen Teilchen die ↗Blockungstemperatur T_B unterschritten wird, treten die für den Ferro- und Ferrimagnetismus typischen Eigenschaften wie z. B. Hysterese, Koerzitivfeldstärke und remanente Magnetisierung auf. ↗Ferrofluide enthalten solche superparamagnetischen Teilchen in einer Suspension. [HCS]

Superpositionsprinzip, Prinzip der Überlagerung, das es ermöglicht, die resultierende Absenkung bzw. Aufspiegelung des Grundwasserstandes an einem gegebenen Ort als Summe einzelner Absenkungs- bzw. Aufspiegelungsbeträge zu betrachten, die durch mehrere Pump- bzw. Infiltra-

Mineral/chemische Zusammensetzung	Kristallsystem Symbol (Sch.) Symbol (int.)	Härte	Dichte [g/cm³]	Spaltbarkeit
Skutterudit Speiskobalt (Co, Ni)As₃	kubisch T_h^5 Im3	5,5	6,5	{100}
Realgar As₄S₄	monoklin C_{2h}^5 P2₁/n	1,5–2	3,5	{010}
Auripigment As₂S₃	monoklin C_{2h}^5 P2₁/n	1,5–2	3,5	{010}

Sulfide (Tab.): Mineralklasse der Sulfide (Sch. = Schoenflies, int. = international).

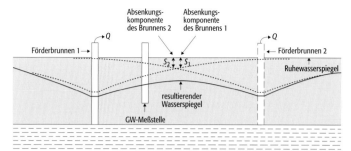

Superpositionsprinzip: Ermittlung des Grundwasserstandes in einer Grundwassermeßstelle zwischen zwei Entnahmebrunnen (GW = Grundwasser, Q = Förderrate).

tionsmaßnahmen erzeugt werden. Das Superpositionsprinzip kann z. B. zur Berechnung der Absenkung des Grundwasserstandes in einer Meßstelle, die zwischen zwei Entnahmebrunnen liegt, herangezogen werden (Abb.). Die Auswertung von Wiederanstiegsversuchen (/Wiederanstiegsmethode nach Theis und Jacob) und /Pumpversuchen mit /Grenzbedingungen beruhen ebenfalls auf dem Prinzip der Überlagerung.

supervised classification /*überwachte Klassifizierung.*

Superzeichen, ein komplexes bzw. ganzheitlich aufgebautes /Zeichen, somit ein Zeichen höherer Ordnung, das aus Zeichen niederer Ordnung (*Subzeichen*) oder aus /Elementarzeichen besteht und durch *Superisation* entsteht. Die Mehrzahl der /Kartenzeichen sind Superzeichen im Sinne der Semiotik. Somit ist das /kartographische Zeichensystem Ergebnis des kartographischen Superisationsprozesses (/kartographisches Zeichenmodell), die Karte bzw. das /Kartenbild ein Superzeichen höchster Komplexität.

suprakrustal, bezeichnet Gesteine oder geologische Prozesse, die an der Oberfläche der Erdkruste gebildet werden bzw. stattfinden; diese können sedimentär oder vulkanisch sein.

supraleitender Beschleunigungsmesser, Gerät, bei dem die supraleitende Probemasse in einem magnetischen Feld »schwebt«. Positionsänderungen der Probemasse verändern den Stromfluß in den supraleitenden Kreisen, der von /SQUIDs detektiert wird.

supraleitendes Gradiometer /Gradiometer.

supraleitendes Gravimeter, Federgravimeter, bei dem die Probemasse durch die Federkraft im Elektromagnetfeld einer supraleitenden Spule schwebend gehalten wird. Die durch Abgriff und Rückkopplung gesteuerte erforderliche Stromstärke ist das Meßsignal. Es wird hauptsächlich zur stationären Registrierung von /Erdgezeiten genutzt und benötigt besondere Maßnahmen zur Aufrechterhaltung der Supraleitfähigkeit (z. B. Helium, mehrstufige Thermohülle). Der Langzeitgang muß, insbesondere bei niedrigem /Gang, z. B. durch Vergleich mit /Absolutgravimeter kontrolliert werden (Abb.).

supralitoral, Küstenbereich oberhalb des rezent möglichen Wellenschlags, der noch durch Spritzwasser benetzt werden kann. /eulitoral, /sublitoral.

supraskalige Prozesse, Vorgänge auf einer Skala, die größer sind als das numerische Modellgebiet.

Diese Prozesse müssen als Eingabedaten vorgegeben werden.

Supratidal, Sprühwasserbereich (Spritzwasserbereich) oberhalb des Gezeiteneinflusses, in dem der Einfluß des Meeres deutlich den des Landes überwiegt.

surge, pyroklastischer Transport- und Ablagerungsprozeß; man unterscheidet /base surges, /ground surges und /ash-cloud surges.

Süring, *Reinhard Joachim,* deutscher Meteorologe, * 15.5.1866 Hamburg, † 29.12.1950 Potsdam; 1901–09 Abteilungsleiter am Preußischen Meteorologischen Institut in Berlin; 1909–28 Professor und Abteilungsvorsteher des Meteorologischen magnetischen Observatoriums Potsdam, 1928–32 und 1945–50 Direktor; Mitbegründer der /Aerologie, 1893–1921 wissenschaftliche Freiballonfahrten, am 31.7.1901 Rekordfahrt zusammen mit A. Berson in einem offenen Freiballon bis 10.800 m, Arbeiten zur /Wolkenphysik und /Strahlungsmessung. Werke (Auswahl): »Lehrbuch der Meteorologie« (3. Auflage 1915), »Die Wolken« (1936), 1908–44 Mitherausgeber der »Meteorologischen Zeitschrift« neben J. v. /Hann.

surtseyanische Eruption, stark phreatomagmatische Eruption (/Vulkanismus) i. d. R. basaltischen Magmas; Typlokalität ist Surtsey in Island.

suspended-load river /Flußtypen.

suspendierte Stoffe, allgemein feste Phase einer /Suspension, in Gewässern gleichbedeutend mit /Schwebstoff.

Suspension, 1) *Ingenieurgeologie*: disperses System aus unlöslichen Feststoffteilchen und Flüssigkeiten. Die /Spülung in der Bohrtechnik liegt als Suspension vor. **2)** *Geomorphologie:* a) /äolischer Prozeß, der den schwebenden Transport des durch /Deflation aufgenommenen Materials beschreibt. Dies betrifft v. a. /Schluff und /Ton, der dann als /Staub oder Flugstaub bezeichnet wird. Suspension tritt ein, sofern Teilchen durch turbulenten Austausch gegen ihre Sinkgeschwindigkeit in der Schwebe gehalten werden. Für die Sinkgeschwindigkeit v_S gilt die Gleichung von /Stokes:

$$v_S = \frac{(\varrho_K - \varrho_L)gd^2}{18\mu},$$

wobei $(\varrho_K-\varrho_L)$ = Dichteunterschied zwischen Korn und Luft, g = Schwerebeschleunigung, d = Korndurchmesser, μ = turbulente Viskosität der Luft. Bei nachlassender Turbulenz fallen die Stäube aus oder werden von Niederschlägen ausgewaschen und sedimentieren meist weiträumig. /Äolische Akkumulationen aus Suspension finden sich v. a. in den Randbereichen der Trockengebiete und den /Periglazialgebieten der pleistozänen Vereisung, da sie durch Feuchte oder Vegetation vor erneuter /Deflation geschützt werden müssen (/Löß). Sie können auch lange in der /Atmosphäre verbleiben und über große Strecken getragen werden. Bekannt sind die in Mitteleuropa gelegentlich auftretenden Staubniederschläge aus der Sahara. b) /fluvialer Transport, /Suspensionsfracht.

Suspensionsfracht, *Schwebfracht*, feinste Sedimentpartikel, die aufgrund ihrer Korngröße und Dichte und in Abhängigkeit von der Strömungsgeschwindigkeit in einer Wassersäule schweben. Selbst bei sehr niedrigen Strömungsgeschwindigkeiten verbleiben Tonminerale als Schwebfracht in Suspension, während Siltkörnchen bereits zu Boden sinken.

Suspensionsstrom, *Suspensionsströmung, Trübestrom, Turbiditstrom, turbidity current*, turbulent fließende Mischungen aus Sediment verschiedener Korngrößen und Wasser. Sie besitzen eine höhere Dichte als die sie umgebende Flüssigkeit. Die Bewegungsenergie ist hangabwärts gerichtet; im Beckentiefsten können die Ströme divergieren oder parallel zur Beckenachse einschwenken. Suspensionsströme kommen an Kontinentalabhängen, in submarinen Canyons und in der Tiefsee vor, aber z. B. auch in Seen. Suspensionsströmungen können lawinenartige Materialverlagerungen bewirken. Ablagerungen aus Suspensionsströmen sind ↗Turbidite.

Suspensionsströmung ↗*Suspensionsstrom*.

Süßbrackwassermolasse, *SBM*, Sammelbezeichnung für Ablagerungen des Molassebeckens (↗*Molasse*), die während des Untermiozäns unter terrestrischen und brackisch-marinen Bedingungen zeitgleich entstanden.

Süßwasser, *Frischwasser*, Wasser oder Gewässerbereich ohne Beimengung von Meerwasser und damit mit geringer Konzentration von gelösten Salzen, so daß es als ↗Trinkwasser genutzt werden kann. Binnengewässer und Quellwässer werden ebenfalls als Süßwässer bezeichnet, auch wenn sie eine erhöhte ↗Salzkonzentration besitzen. Die Vermischung von Süßwasser und Meerwasser in Küstengebieten führt zu Brackwasser.

Süßwasserdiagenese ↗*meteorische Diagenese*.
Süßwasserökosysteme ↗*limnische Ökosysteme*.
sustainable development ↗*Nachhaltigkeit*.
Suszeptibilität, die magnetische Suszeptibilität χ ist ein Maß für die Fähigkeit eines Materials, in einem äußeren Magnetfeld H_a eine (induzierte) ↗Magnetisierung M_i zu erwerben, die nach der Entfernung von H_a aber sofort wieder verschwindet. Es ist: $\chi = M_i/H_a$. ↗Diamagnetische Stoffe haben eine negative Suszeptibilität, sie werden in einem inhomogenen Magnetfeld aus dem Gebiet hoher Feldstärke herausgedrängt. ↗Paramagnetische, ↗ferromagnetische, ↗antiferromagnetische und ↗ferrimagnetische Substanzen besitzen eine positive Suszeptibilität und werden bei inhomogenen Feldern in das Gebiet hoher Feldstärken hineingezogen. Diese Kräfte inhomogener Magnetfelder werden zur Messung der Suszeptibilität genutzt. Während die Suszeptibilität diamagnetischer Stoffe von der Temperatur unabhängig ist, wird $\chi(T)$ aller anderen Stoffe durch das ↗Curie-Gesetz bzw. das ↗Curie-Weiss-Gesetz beschrieben. Ferro- und Ferrimagnetika zeigen dicht unterhalb ihrer ↗Curie-Temperatur ein Maximum von χ, das ↗Hopkinson-Maximum. Der Anstieg der ↗Neukurve in einer Hysteresekurve wird als Anfangssuszeptibilität χ_a

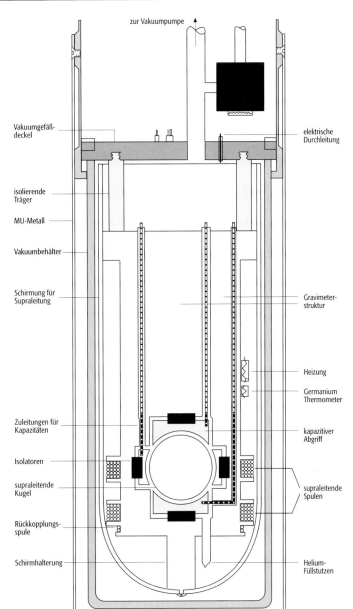

supraleitendes Gravimeter: schematische Darstellung.

bezeichnet. Die Suszeptibilität bezogen auf die Masse einer Probe nennt man die spezifische Suszeptibilität. Sie wird in Einheiten [m³/kg] gemessen, während die auf das Volumen bezogene Suszeptibilität in allen Maßsystemen dimensionslos ist. In SI-Einheiten wird χ häufig in [m³/m³], in cgs-Einheiten in [cm³/cm³] angegeben. Es gilt:

$$1\,[\text{cm}^3/\text{cm}^3] = 4 \cdot \pi[\text{m}^3/\text{m}^3].$$

Nur bei isotropen Materialien, dazu zählen auch die kubisch kristallisierenden Minerale wie z. B. ↗Magnetit, ↗Maghemit, die ↗Titanomagnetite und die ↗Granate, ist χ richtungsunabhängig und eine skalare Größe, sonst ein Tensor zweiter

Stufe. Bei den meisten paramagnetischen (z. B. ↗Hornblende, ↗Biotit, ↗Olivin) und auch einigen ferrimagnetischen Mineralen (z. B. ↗Magnetkies, ↗Hämatit) ist χ anisotrop. Das Suszeptibilitätsellipsoid mit den drei Hauptachsen χ_{max}, χ_{int}, χ_{min} (Abb.) hat eine oblate (diskusartige) Form, wenn $\chi_{max} \approx \chi_{int} > \chi_{min}$, und ist prolat (zigarrenförmig), wenn $\chi_{max} > \chi_{int} \approx \chi_{min}$. Als mittlere Suszeptibilität bezeichnet man das arithmetische Mittel $\chi = (\chi_{max}+\chi_{int}+\chi_{min})/3$.

Zur Beschreibung des Grades der Anisotropie der Suszeptibilität werden im ↗Gesteinsmagnetismus folgende Größen verwendet: Anisotropiegrad $P = \chi_{max}/\chi_{min}$; ↗Foliationsfaktor $F = \chi_{int}/\chi_{min}$; ↗Lineationsfaktor $L = \chi_{max}/\chi_{int}$. Im ↗Flinn-Diagramm werden die beiden Anisotropiegrade L und F gegeneinander aufgetragen. Das Verhältnis:

$$K = L/F = \chi_{max} \cdot \chi_{min}/\chi_{int}^2$$

ermöglicht sowohl eine Unterscheidung von prolaten ($L > F$), oblaten ($L < F$) und neutralen ($K = L/F = 1$) Formen als auch die Darstellung der Anisotropiegrade. Auch bei den von Natur aus isotropen ferrimagnetischen Mineralen kann eine Anisotropie der Suszeptibilität auftreten, wenn die Kornform von der Kugelgestalt abweicht (↗Formanisotropie). Prolate Formen wie z. B. nadelförmige Kristalle haben in Richtung der langen Achse eine größere Suszeptibilität als senkrecht dazu. Bei oblaten Kristallformen ist in der Richtung senkrecht zur Scheibe die Suszeptibilität minimal während χ_{max} und χ_{int} innerhalb der Ebene der Scheiben liegen.

Die Anisotropie der Suszeptibilität von Gesteinen hängt davon ab, wie die durch ↗Kristallanisotropie anisotropen paramagnetischen und die durch Formanisotropie oder Kristallanisotropie anisotropen ferrimagnetischen Minerale orientiert sind. Bei einer völlig regellosen Anordnung sämtlicher Kristalle eines Gesteins ist χ isotrop. Dies trifft in der Regel für die magmatischen Tiefengesteine wie Granit oder Gabbro zu. Bei geschichteten Gesteinen (↗Sedimenten, ↗kristalline Schiefer) liegen χ_{max} und χ_{int} in der Regel innerhalb der Sedimentationsebene bzw. der ↗Schieferungsebene und χ_{min} senkrecht dazu. Bei Gesteinen mit einem ↗Fließgefüge (z. B. extrusive Magmatite, fluviatile Sedimente) charakterisiert χ_{max} die Fließrichtung (Abb.). [HCS]

Sutcliffe, *Reginald Cockcroft*, englischer Mathematiker und Meteorologe, * 16.11.1904 Wrexham, Yorkshire, † 28.5.1991 Cadmore End; 1957–65 Direktor am Meteorological Office; anschließend erster Professor für Meteorologie an der Universität in Reading; Pionier in der Anwendung dynamischer Methoden in der ↗Wettervorhersage, wegweisende Veröffentlichungen über die Entwicklung von ↗Zyklonen und ↗Antizyklonen. Werke (Auswahl): »On the development in the field of barometric pressure« (1938), »A contribution to the problem of development« (1947).

Sutur, *Suturzone*, die Nahtstelle, an der Kontinente oder Kontinentfragmente nach der Subduktion eines dazwischen liegenden ozeanischen Bereichs kollidiert sind (z. B. Iapetus-Sutur, Britische Inseln). Die Sutur entspricht der ehemaligen Plattengrenze (↗Plattenrand); im Idealfall wird sie durch Reste ozeanischer Lithosphäre (↗Ophiolithe) markiert.

Svekokarelische Faltung ↗Proterozoikum.

Svekonorvegische Faltung ↗Proterozoikum.

Sverdrup, *Harald Ulrik*, norwegischer Meteorologe und Ozeanograph, * 15.11.1888 bei Sogndal, † 21.8.1957 Oslo, Teilnehmer an der »Maud«-Expedition in das sibirische Nordpolarmeer (1917–1925); 1926–30 Professor für dynamische Meteorologie in Bergen; 1936–48 Professor für Ozeanographie der University of California und Direktor des Scripps Institute of Oceanography; seit 1948 Direktor des North Polar Institute in Oslo; wichtige Arbeiten zur Physik der ↗Atmosphäre und ↗Ozeanographie.

Sverdrupregime, im östlichen und zentralen Teil der Ozeane in der windbeeinflußten Oberflächenschicht (↗Ekman-Schicht) herrschendes Strömungssystem; benannt nach dem norwegischen Ozeanographen H. U. ↗Sverdrup (1888–1957). Da die internen ↗Reibungskräfte in diesem Bereich näherungsweise zu vernachlässigen sind, besteht hier die Sverdrupbalance:

$$\beta \cdot M_y = \nabla_z \left(\vec{\tau} \right).$$

Hieraus folgt, daß der süd-nord-gerichtete, über die Ekman-Schicht integrierte Massentransport

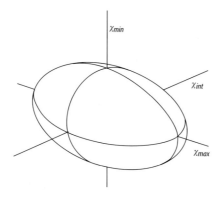
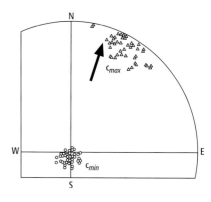

Suszeptibilität: Suszepbilitätsellipsoid mit χ_{max}, χ_{int} und χ_{min} (links) und Ausrichtung von χ_{max} und χ_{min} bei einem Sediment mit bekannter Schüttungsrichtung (Pfeil). χ_{min} steht senkrecht auf der Sedimentationsebene (rechts).

M_y von der Vertikalkomponente der ↗Wirbelstärke des Windfeldes $\nabla_z(\tau)$ abhängig ist. Mit β wird die Abhängigkeit des ↗Coriolisparameters f von der Süd-Nord-Raumkoordinate y bezeichnet: $\beta = df/dy$. In Verbindung mit der über die Ekman-Schicht integrierten ↗Kontinuitätsgleichung:

$$\frac{\partial M_x}{\partial x} + \frac{\partial M_y}{\partial y} = 0$$

wird die prinzipielle ↗Zirkulation in diesem Teil der Ozeane wiedergegeben. Hierbei gibt M_x den über die Ekman-Schicht integrierten Massentransport in West-Ost-Koordinatenrichtung x an. Die Abbildung (Abb.) zeigt die Lösung dieses Gleichungssystems bei Antrieb durch ein idealisiertes Windfeld der mittleren Breiten. [TP]

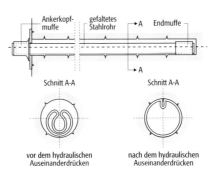

Swellex-Anker: Prinzip eines Swellex-Ankers.

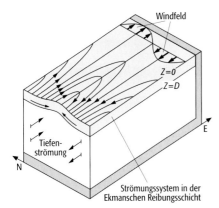

SV-Welle ↗S-Welle.
Swath, engl. Bezeichnung für Schwad, Aufnahmestreifen, ↗Schwadbreite.
Sweep, Steuersignal für seismische Vibratoren, von einem Vibrator erzeugtes ↗Quellsignal. ↗Vibroseis.
S-Welle, *Scherwelle, Sekundärwelle*, ↗Transversalwelle, in der ↗Seismologie benutzte Bezeichnung für elastische Scherwellen, in denen die Bewegung senkrecht zur Fortpflanzungsrichtung erfolgt, die nur in festen Medien auftreten (↗Kontinuumsmechanik) und deren Geschwindigkeit immer kleiner als die von ↗P-Wellen ist. In einem elastischen und isotropen Medium und in großer Entfernung vom Erdbebenherd ist die Partikelverschiebung von S-Wellen senkrecht zur Ausbreitungsrichtung. In einem isotropen Medium ist ihre Geschwindigkeit v_s gegeben durch:

$$v_s = (\mu/\varrho)^{1/2} = (E/[2\varrho(1+\sigma)])^{1/2}.$$

Dabei sind: μ = Schermodul, ϱ = Dichte, E = Elastizitätsmodul, σ = Poisson-Zahl. Die Verschiebung der S-Welle kann in zwei orthogonale Komponenten aufgeteilt werden: die horizontal polarisierte *SH-Welle* und die senkrecht dazu weisende *SV-Welle*. In einem vertikal geschichteten, elastischen und isotropen Medium gibt es keine Wechselwellen von *SH* nach *P*. Daher sind die Wellenformen von *SH* oft einfacher als die von *SV*. In Flüssigkeiten gibt es keine S-Wellen (↗Erdkern).
S-Wellengeschwindigkeit, β, ↗Kontinuumsmechanik.
Swellex-Anker, *Stahlrohranker*, ↗Anker, bestehend aus einem Stahlrohr, welches durch Faltung von 41 mm Durchmesser auf 28 mm Durchmesser reduziert wurde. Durch das Einpressen von Wasser in das beidseitig durch Muffen abgedichtete Rohr, entfaltet sich das Rohr und wird gegen die Bohrlochwand gepreßt (Abb.).
S-Wert, 1) früher verwendete Bezeichnung für die ↗Basensättigung: Anteil der an die Austauscher des Bodens gebundenen Alkali- und Erdalkaliionen (Na, K, Mg und Ca). 2) S-Faktor, Bestandteil des ↗Topographiefaktors der ↗allgemeinen Bodenabtragsgleichung; gibt den mittleren Einfluß der Hangneigung auf den Bodenabtrag von Parzellenmessungen an.
SWH, *significant wave height*, ↗*signifikante Wellenhöhe*.
Sw-Horizont, ↗Bodenhorizont entsprechend der ↗Bodenkundlichen Kartieranleitung, ↗S-Horizont, stauwasserleitend, teilweise stauwasserführend. Mindestens 80 Flächen-% mit Naßbleichungs- und Oxidationsmerkmalen.
Sydow, *Theodor Emil von*, preußischer Offizier und Kartograph, * 15.7.1812 Freiberg (Sachsen), † 13.10.1873 Berlin. Sydow war von 1833 bis 1855 in Erfurt und seit 1860 in Berlin als Major Lehrer an der Kriegsakademie und seit 1867 als Oberst Chef der neu gegründeten Statistischen Abteilung des preußischen Generalstabes und daher in vielfältiger Weise mit der ↗Kartographie verbunden. Seine zunächst für den Unterricht handgezeichneten Wandkarten mit ↗Regionalfarben (Tieflandsgrün, Gebirgsbraun) wurden als »Wandatlas …« (24 Karten, seit 1838) ebenso wie sein »Methodischer Hand-Atlas …« (31 Karten, lithograph. Farbdruck 1842/44) und sein »Schulatlas in 42 Blättern« (1. Ausg. 1849, 28. 1876) bei Justus Perthes in Gotha herausgegeben und erlangten weite Verbreitung. Sydow entwickelte grundlegende Gedanken zur ↗theoretischen Kartographie (»Drei Kartenklippen«, Geogr. Jahrbuch 1866) und veröffentlichte als bester Kenner der zeitgenössischen ↗topographischen Karten sachkundige kritische Fortschrittsberichte »Der kartographische Standpunkt Europas« in

Sverdrupregime: Strömungssystem in der Ekman-Schicht für ein Sverdrupregime (an der rechten Berandung ist die Stärke und Richtung des zugrundeliegenden Windfeldes dargestellt).

↗Petermanns »Mittheilungen ...« (1856–72, 350 S.). [WSt]

Syenit, ein ↗Plutonit, der neben viel Alkalifeldspat Plagioklas, Hornblende und entweder Quarz oder Nephelin führt (↗QAPF-Doppeldreieck).

Sylvin ↗Halogenide.

Symbionten, [von griech. symbioon = zusammenlebend], *Symbioten*, Tier- oder Pflanzenarten, die in einer symbiontischen Wechselbeziehung mit einander stehen (↗Symbiose). Häufig wird der kleinere Symbiosepartner als Symbiont und der größere als ↗Wirt bezeichnet. Endosymbionten sind solche, die entweder intra- oder extrazellulär im Inneren des Wirtes leben (z. B. Mikroorganismen, Algen, Einzeller) und auf unterschiedliche Weise auf die nächste Wirtsgeneration übertragen werden.

Symbiose, Form der Vergesellschaftung von Organismen, im weiteren Sinne jegliches Zusammenleben von artverschiedenen Organismen. Im engeren Sinne wird unter Symbiose ein notwendiges Zusammenleben artverschiedener Organismen verstanden, die für beide Symbiosepartner von Vorteil ist (↗Mutualismus) und dadurch vom ↗Parasitismus abgegrenzt wird. Es wird unterschieden zwischen Endosymbiose, in welcher der ↗Symbiont im Inneren des ↗Wirtes lebt (z. B. ↗Endomykorrhiza, ↗Mykorrhiza) oder Bakterien in den Wurzelknöllchen von ↗Leguminosen und der Ektosymbiose, in welcher der Symbiont außerhalb des Wirtskörpers lebt, (z. B. Pilzzuchten von Blattschneideameisen oder Entfernung von Außenparasiten an Meeresfischen durch Putzerfische).

symbiotische Stickstoff-Fixierung, ↗biologische Stickstoff-Fixierung durch ↗Stickstoffbinder, die in ↗Symbiose mit höheren Pflanzen leben. Bakterien der Gattung ↗*Rhizobium* bilden zusammen mit Leguminosen eine Lebensgemeinschaft, bei der die Bakterien in erster Linie von der Pflanze die notwendige Energie in Form von ATP und assimilierten Kohlenhydraten beziehen, während die Pflanze den aus der Luft gebundenen Stickstoff der Bakterien nutzt. Die N_2-Fixierungsleistung beträgt bei den Holzgewächsen bis zu 60 kg N/ha, bei den landwirtschaftlichen Kulturen bis über 400 kg N/ha und Jahr. Für weitere ca. 300 Nichtleguminosen existieren ähnliche Symbiosen, die zur N_2-Fixierung in der Lage sind (z. B. Erle (*Alnus*), Sanddorn (*Hippophae*)).

Symbol, in der ↗Semiotik nach Ch. S. Peirce ein ↗Zeichen, das sein Objekt entsprechend einer Übereinkunft bzw. Konvention (↗arbiträres Zeichen) repräsentiert, also keine ↗Ikonizität besitzt. In diesem Sinne sind beispielsweise alle Zeichen der Verbalsprache, doch nur ein Teil der ↗Kartenzeichen, Symbole. Im Verständnis des Semiotikers A. Schaff sind Symbole hingegen Sinnbilder und drücken abstrakte bzw. allegorische Sachverhalte aus. Insgesamt wird der Begriff relativ uneinheitlich gehandhabt. In der ↗Kartographie sind Symbole bzw. symbolische ↗Signaturen Kartenzeichen, die im Verständnis von Schaff sinnbildliche, abstrakte Sachverhalte, denen ein gesellschaftlich tiefgreifendes Motiv zugrunde liegt, repräsentieren, mithin also auch eine hohe Ikonizität besitzen (Kreuzfigur als Symbol für Christentum, Farbe Grün als Symbol für den Islam usw.). Der Übergang zu den ikonischen Signaturen ist somit z. T. fließend (gekreuzte Schwerter als ↗Positionssignatur, symbolisch, aber auch bildhaft-assoziativ). Im kartographischen Sprachgebrauch der Anwender moderner digitaler Technologien der ↗Kartenherstellung wird verschiedentlich Symbol auch synonym mit Signatur und mit Kartenzeichen gebraucht, was auf den Einfluß der englischsprachigen Terminologie im Computerbereich zurückzuführen ist. Dementsprechend haben sich auch zusammengesetzte Begriffe wie Symbolisierung statt Signaturierung, Symbolkatalog statt Signaturenkatalog usw. mehr oder weniger eingebürgert. [WGK]

Symbolart, *flagship species*, ↗Leitart, die groß, gut bekannt, auffällig, stark gefährdet oder sonst öffentlichkeitswirksam ist und durch ihre in ein spezifisches ↗Ökosystem integrierte Anwesenheit den geplanten Sollzustand einer ↗Landschaft signalisiert. Vorhaben des ↗Naturschutzes oder ↗Artenschutzes zugunsten solcher »Werbeträger« stoßen auf breite öffentliche Akzeptanz. Gleichzeitig kommen diese Maßnahmen zum Schutz von ↗Lebensräumen auch den daneben vorkommenden weiteren ↗Arten zugute. Beispiele für Symbolarten sind Biber und Lachs (z. B. Rhein-Programm »Lachs 2000«) als Aushängeschilder für ↗Renaturierungen von Fluß- und Auelandschaften.

Symbolisierung, Überführung von Daten- und Informationsstrukturen in symbolisch repräsentierende Sprach- und Zeichensysteme. Wird in deutschen Fachsprachen, einschließlich der der Kartographie, meistens synonym für Visualisierung, Referenzierung (↗Zeichen-Objekt-Referenzierung) oder Darstellung (↗kartographische Darstellung) genutzt.

Symmetrieelemente, die Punkte, Achsen usw., an denen man sich die entsprechenden ↗Symmetrieoperationen ausgeführt denkt (d. h. die Teilräume, die unter den Symmetrieoperationen punktweise oder als Ganzes festbleiben), zusammen mit einer Angabe über die Art der Symmetrieoperation. Die Symmetrieelemente sind nicht

Symmetrieelemente (Tab.): Symmetrieoperationen und Symmetrieelemente in den Räumen der Dimension 1, 2 und 3.

Dimension	Symmetrieoperration	Symmetrieelement
1	Inversion	Inversionszentrum, Symmetriezentrum
2	n-zählige Drehung[(1)] Spiegelung Gleitspiegelung	n-zähliger Drehpunkt[(1)] Spiegellinie Gleitspiegellinie
3	n-zählige Drehung[(1)] Schraubung n_q[(2)] Inversion Spiegelung Gleitspiegelung gs[(3)] Drehinversion $\bar{3}, \bar{4}, \bar{6}$	n-zählige Drehachse[(1)] n_q-Schraubenachse[(2)] Inversionszentrum, Symmetriezentrum Spiegelebene gs-Gleitspiegelebene[(3)] $\bar{3}$-, $\bar{4}$-, $\bar{6}$-Drehinversionsachse

[(1)] $n = 2, 3, 4, 6$ [(2)] $n_q = 2_1, 3_1, 3_2, 4_1, 4_2, 4_3, 6_1, 6_2, 6_3, 6_4, 6_5$ [(3)] $gs = a, b, c, n, d$

zu verwechseln mit den Elementen einer Symmetriegruppe, den Symmetrieoperationen (Tab.).
Symmetriegruppe, Gruppe von ↗Symmetrieoperationen eines Gegenstands. Eine Gruppe von Symmetrieoperationen einer Kristallstruktur nennt man eine kristallographische Gruppe. Die Gruppe aller Symmetrieoperationen einer n-dimensionalen Kristallstruktur ist eine n-dimensionale ↗Raumgruppe. Gibt es einen Punkt im Raum, der bei allen Symmetrieoperationen einer kristallographischen Gruppe fest bleibt, dann handelt es sich um eine kristallographische ↗Punktgruppe. Damit sind die kristallographischen Gruppen jedoch nicht erschöpft. Eine kristallographische Gruppe heißt n-fach periodisch, wenn sie Translationen in n unabhängigen Richtungen enthält. Eine n-dimensionale Raumgruppe ist demnach n-fach und eine Punktgruppe 0-fach periodisch. Des weiteren gibt es Gruppen, die im n-dimensionalen Raum operieren, aber eine geringere als n-fache Periodizität besitzen. Ein Beispiel ist die Symmetriegruppe einer unendlich langen Leiter, deren Dimension (je nach Darstellung) 2 oder 3 ist, die aber nur Translationen in eine Richtung zuläßt. Man nennt m-fach periodische Gruppen von Abbildungen des n-dimensionalen Raums partiell-periodisch, wenn $m < n$. Eine Klassifikation der kristallographischen Gruppen analog derer für die Raumgruppen führt zu den in der Tabelle dargestellten Ergebnissen. [WEK]
Symmetrieoperation, *Deckoperation*, Abbildung eines Gegenstands auf sich. Wenn nicht anders spezifiziert, versteht man unter einer Symmetrieoperation eine isometrische, d. h. abstandstreue Abbildung. Abbildungen einer Kristallstruktur auf sich heißen kristallographische Symmetrieoperationen. Zu ihrer Bezeichnung bedient man sich der Hermann-Mauguin-Symbole (↗internationale Symbole), welche die älteren Schoenflies-Symbole weitgehend verdrängt haben. Jeder Symmetrieoperation läßt sich eine Determinante zuordnen, etwa als Determinante der Matrix einer Matrix-Darstellung der entsprechenden Symmetriegruppe (die Determinante ist unabhängig von der gewählten Darstellung). Da die Symmetrieoperationen isometrische Abbildungen sind, hat die Determinante entweder den Wert +1 oder -1. Symmetrieoperationen mit Determinante +1 nennt man auch Symmetrieoperationen 1. Art. Es sind dies die Translationen, Drehungen und Schraubungen. Symmetrieoperationen mit Determinante -1 heißen Symmetrieoperationen 2. Art. Das sind die Inversionen, Spiegelungen, Gleitspiegelungen und Drehinversionen. [WEK]
Symmetrieprinzip, *Neumannsches Prinzip*, allgemeine Gesetzmäßigkeit für die Symmetrie der makroskopischen physikalischen Eigenschaften in Kristallen. Es wurde 1833 von Franz ↗Neumann formuliert: Die Symmetrie der makroskopisch physikalischen Eigenschaften schließt mindestens die Symmetrie der Punktgruppe des Kristalls ein. Das Attribut »mindestens« bedeutet, daß die physikalische Eigenschaft selbst aus allgemeinen physikalischen, symmetrieunabhängigen Gründen zusätzliche Symmetrie aufweisen und dann insgesamt höhere Symmetrie als der Kristall haben kann.

Symmetriezentrum ↗*Inversionszentrum*.

symmetrische Auslöschung, Sonderfall der ↗Auslöschung, z. B. bei rhombenförmig begrenzten Kristallflächen in Auslöschungslage. Die Schwingungsrichtungen sind dabei den Diagonalen parallel und bilden mit den Begrenzungskanten nach beiden Seiten gleich große Winkel. ↗Polarisationsmikroskopie.

symmetrische Falte ↗*Falte*.

symmorph ↗*Raumgruppe*.

Sympatrie, Begriff der ↗Bioökologie für das Zusammenleben verschiedener genetischer ↗Populationen in demselben Gebiet. Der Begriff Sympatrie bezieht sich dabei auf Populationen, die sich vor kurzem in verschiedenen Gebieten evoluiert haben (*Allopatrie*) und dann wieder in demselben ↗Lebensraum zusammenkommen, ohne sich erneut zu kreuzen. Es handelt sich somit um eine reproduktive Isolation, die zur Artbildung (↗Art) führen kann.

Symplektit, eine enge, feinkörnige Verwachsung von zwei, seltener drei verschiedenen Mineralen in etwa gleichbleibenden Mengenverhältnissen. Symplektite bilden sich durch die metamorphe Umwandlung (↗Metamorphose) einer Phase, von der noch Relikte im Kern des Symplektites erhalten sein können, oder durch Reaktion zwischen zwei benachbarten Phasen.

syn-, Präfix zur zeitlichen Einordnung eines Geschehens während eines Ereignisses z. B. synorogen = während oder zeitgleich mit der Orogenese.

Synaereserisse ↗*Schrumpfungsrisse*.

synchron, zur gleichen Zeit gebildet, zur gleichen Zeit existierend. Der Begriff wird z. B. auf eine zu gleicher geologischer Zeit gebildete Schichtfläche angewendet, wie der Grenze zwischen zwei idealen chronostratigraphischen Einheiten (↗Chronostratigraphie). ↗*isochron*.

Synchrotronstrahlung, elektromagnetische Strahlung, die durch die Zentripetalbeschleunigung geladener Teilchen mit nahezu Lichtgeschwindigkeit bei Ablenkung in einem Magnetfeld auf einer Kreisbahn entsteht. Der Name hat seinen Ursprung in der Entdeckung dieser Strahlung an einem Elektronensynchrotron. Wegen der außergewöhnlichen Eigenschaften dieser Strahlung, deren kontinuierliches Spektrum sich je nach

Periodizität	Dimension			
	0	1	2	3
0	Punkt-Gruppe (1)	Punkt-Gruppe (2)	Punkt-Gruppe (10)	Punkt-Gruppe (32)
1	–	Linien-Gruppe (2)	Fries-Gruppe (7)	Balken-Gruppe (75)
2	–	–	Ebenen-Gruppe (17)	Schicht-Gruppe (80)
3	–	–	–	Raum-Gruppe (230)

Symmetriegruppe (Tab.): kristallographische Gruppen in den Räumen der Dimension 0, 1, 2 und 3 (in Klammern jeweils Anzahl der Typen). Die eindimensionalen Raumgruppen werden als Liniengruppen, die zweidimensionalen Raumgruppen als Ebenengruppen und die dreidimensionalen Raumgruppen als Raumgruppen bezeichnet.

Energie der Teilchen vom harten Röntgenbereich bis in den infraroten Spektralbereich ausdehnt, sind in den letzten Jahren überall auf der Welt zahlreiche Elektronen – oder Positronenspeicherringe gebaut worden (viele andere sind noch in der Planung oder im Aufbau), um Synchrotronstrahlung für die Forschung bereitzustellen. Mehrere europäische Länder haben in einem Gemeinschaftsprojekt zu Beginn der 1990er Jahre in Grenoble eine Synchrotronstrahlungsquelle auf der Basis eines 6 GeV-Elektronenspeicherrings mit einem Umfang von rund 850 m, die European Synchrotron Radiation Facility (ESRF), errichtet. Die erste deutsche Synchrotronstrahlungsquelle, an der die ersten Experimente Mitte der 1970er Jahre aufgebaut wurden, ist der Speicherring DORIS des Hamburger Sychrotron Laboratoriums (HASYLAB) am Deutschen Elektronen Sychrotron (DESY).

Die einzigartigen Eigenschaften der Synchrotronstrahlung sind höchste spektrale Leuchtdichte der Quelle (ein typischer Wert für die Brillanz einer ESRF-Quelle ist 10^{19} Photonen/ $(s \cdot mm^2 \cdot mrad^2 \cdot 0,1\%$ Bandbreite); das ist 10^{12} mal mehr als bei einer Röntgenröhre), fast parallele Abstrahlung mit einer typischen Divergenz von 0,1 mrad, lineare ↗Polarisation in der Ringebene und Abstimmung des Experiments auf eine beliebige Wellenlänge aus dem breiten Spektrum mit Hilfe von Monochromatoren. Grundlagenforschung sowie anwendungsorientierte Forschung und Entwicklung mit Synchrotronstrahlung umfaßt fast alle Gebiete der Naturwissenschaften, wie z. B. Physik, hier insbesondere die Physik der kondensierten Materie, Chemie, Molekularbiologie, Kristallographie, Mineralogie und andere Geowissenschaften, Werkstoffwissenschaften sowie Medizin (Abb.). [KH]

Synchrotronstrahlung: typisches Spektrum der Synchrotronstrahlung an einem Ablenkmagnet, berechnet für Dipolmagnete unterschiedlicher Stärke bei 6 GeV und 100 mA Elektronen-Strahlstrom (ESRF); B = magnetische Flußdichte.

Syneklise, weitspannige, schüsselförmige Krustenverbiegung (Depression), die einen Bereich von mehreren hundert oder tausend Quadratkilometern umfaßt. Die Ränder sind durch ein kaum merkliches Einfallen (↗Fallen) charakterisiert, das nur Bruchteile eines Grades beträgt. Die maximalen Sedimentmächtigkeiten sowie die vollständigste Schichtfolge großer Tafelgebiete finden sich in derartigen Syneklisen, d. h. vor allem in deren zentralen Bereichen. Der Begriff wird international kaum gebraucht und entspricht am ehesten dem Begriff »kratonales Becken« (Beispiel: Michigan-Becken in Nordamerika).

synergetische Landschaftsforschung, aus der geographischen ↗Landschaftsforschung abstammender Zweig der ↗Landschaftsökologie, der sich systematisch und vergleichend mit dem Wirkungsgefüge der ↗Landschaftsökosysteme beschäftigt. Im Mittelpunkt steht dabei die gesamte Erfassung der ökologischen Wirkungsbeziehungen in der ↗topischen Dimension. Dies geschieht über die Charakterisierung der ↗Partialkomplexe, welche durch die Messung der Eigenschaften ausgewählter »Landschaftsfaktoren« (↗Ökofaktoren) beschrieben werden. Wichtige Impulse zur synergetische Landschaftsforschung lieferte der deutsche Vegetationsgeograph ↗Schmithüsen.

Synform, nach oben konkaver Teil einer Faltenstruktur in Gesteinen, in denen die stratigraphische Abfolge unbekannt ist. Der Begriff findet vor allem für lagige oder gebänderte Metamorphite oder magmatische Kontakte Anwendung. ↗Antiform, ↗Falte.

syngenetisch, gleichzeitig (mit einem anderen geologischen Prozeß) entstanden.

syngenetische Lagerstätten, Lagerstätten, die gleichzeitig und mehr oder weniger unter denselben Bildungsprozessen wie ihre Trägergesteine entstanden sind, im Unterschied zu ↗epigenetischen Lagerstätten. Typische syngenetische, magmatische Lagerstätten sind zum Beispiel sulfidische Ni-Cu-Fe-Lagerstätten in geschichteten Intrusionen, die im Rahmen der Entmischung einer Sulfidschmelze aus einer silicatischen Schmelze und anschließender Kristallisation entstanden sind. Syngenetisch sind auch sämtliche ↗synsedimentären Lagerstätten. Im erweiterten Sinne gehören auch die VMS-Lagerstätten (volcanic-hosted massive sulfide deposits) dazu.

synkinematisch ↗posttektonisch.
synkinematische Intrusion ↗Intrusion.
Synklinale, *Synkline,* ↗Falte.
Synklinaltal, in einer Synklinale (↗Falte) verlaufendes Tal (Abb.). Eine Übereinstimmung der geologischen und der morphologischen Merkmale, d. h. von Tälern und Synklinalen bzw. von Bergrücken und Antiklinalen, ist ein Zeichen für eine junge Faltung und eine noch weitgehend vorhandene Anpassung der Reliefeigenschaften an die Faltenstruktur. In diesem Falle wird auch der Ausdruck *jurassisches Relief* verwendet, da der Faltenjura entsprechende Verhältnisse aufweist. Die von den Synklinaltälern (↗Längstälern) ausgehenden Seitentäler, welche die Antiklinalen queren, sind meist in Form enger Durchbrüche (↗Klusen, engl. water gaps) ausgebildet. ↗Antiklinaltal.

Synklinorium, eine Gruppe von Falten, deren ↗Faltenspiegel eine Synklinale (↗Falte) bildet. ↗Antiklinorium.

synkristallin ↗postkristallin.

Synökologie, [von griech. synoikos = Mitbewohner], Teilgebiet der ↗Ökologie, das sich – im Gegensatz zur ↗Autökologie – mit den Wechselbeziehungen zwischen ↗Biozönosen und ihrer ↗Umwelt, zwischen den Organismen untereinander und mit den im ↗System wirksamen Regelprozessen befaßt. Teilweise wird auch die ↗Populationsökologie in die Synökologie miteinbezogen.

Synop-Meldung ↗*synoptische Wettermeldung*.

Synoptik, *synoptische Meteorologie*, Teilgebiet und Arbeitsrichtung der ↗Meteorologie mit der tradierten Aufgabe, anhand einer Zusammenschau (Synopsis) verschiedener zeitgleicher ↗Wetterkarten, ↗Satellitenbilder, oder auch ↗Vertikalschnitte die jeweilige ↗Wetterlage darzustellen und anhand zeitlicher Folgen solcher synoptischen Darstellungen die zukünftige Wetterentwicklung herzuleiten. Das Ziel ist die Erstellung der Wetterprognose. Grundlage für alles sind die heute weltumspannenden Netze der Wetterstationen und aerologischen Stationen, an denen die ↗meteorologischen Elemente zu den ↗synoptischen Terminen gleichzeitig gemessen oder beobachtet und zusammen mit den Daten von ↗Wettersatelliten und anderen modernen Meßeinrichtungen über internationale Fernmeldenetze ausgetauscht werden. In den Zentralen der nationalen ↗Wetterdienste werden diese meteorologischen Daten im Takt der synoptischen Termine gesammelt und jeweils in Wetterkarten verschiedener Höhenstufen ausgewertet (analysiert). Durch zeitliche Extrapolation solch einer (bei Betrachtung zeitlicher Folgen) vierdimensionalen ↗Wetteranalyse gewinnt man ↗Vorhersagekarten, aus denen die regionale und lokale Wetterprognose abgeleitet wird. Bis Mitte der 1960er Jahre hat man Wetterkarten und auch Vorhersagekarten von Hand entworfen und ausgewertet, dabei konzentrierte man sich auf die Identifizierung und Verfolgung diskreter ↗synoptischer Wettersysteme, die in die allgemeinen Luftdruck- und Strömungsfelder eingelagert sind. Inzwischen ist es im Gleichschritt mit der rasanten Entwicklung der Computertechnik zu einem weitverzweigten Ausbau ↗numerischer Modelle der unteren Atmosphäre gekommen. Die traditionelle Synoptik konzentriert sich deshalb auf ↗Nowcasting und die Kürzestfristvorhersage. Für Vorhersagen über zwölf Stunden hinaus hat sich bei den Wetterdiensten die numerische Wetteranalyse und Wetterprognose weitgehend durchgesetzt. Hier bleibt den traditionellen Synoptiker die Aufgabe, die numerischen Produkte zu interpretieren und nachträglich zu verfeinern. [MGe]

synoptisch, übersichtlich zusammengestellt, nebeneinander gereiht.

synoptische Karte, eine die räumlich-sachliche Zusammenschau ermöglichende Karte. Obgleich alle ↗Komplexkarten und ↗Synthesekarten dieser Anforderung genügen und Karten aus erkenntnis- und zeichentheoretischer Sicht zu den synoptischen Medien gehören, wird der Begriff synoptische Karte nahezu ausschließlich für ↗Wetterkarten verwendet, die das Wettergeschehen komplex darstellen, d. h. Luftdruck, Fronten, Windstärke und -richtung, Bewölkung, Temperaturen, Niederschläge sowie besondere Wettererscheinungen. Die Darstellung in den synoptischen Karten der Meteorologie ermöglicht die Wetterprognose. Sie kann als eines der hervorragenden Beispiele für die Standardisierung kartographischer Darstellungen gelten.

synoptische Klimatologie, Zweig der ↗Klimatologie, der sich in besonderem Maße an den Phänomenen der synoptischen Meteorologie (Tief- und Hochdruckgebiete, Wetterfronten) orientiert. ↗Synoptik.

synoptische Meteorologie ↗*Synoptik*.

synoptische Station ↗*synoptische Wettermeldung*.

synoptische Termine, Wetterbeobachtungszeiten, ↗synoptische Wetterbeobachtung zu jeweils 00, 03, 06, 09, 12, 15, 18 und 21 ↗UTC.

synoptische Wetteranalyse ↗*Wetteranalyse*.

synoptische Wetterbeobachtung, *Synop-Beobachtung*, dreistündliche Wetterbeobachtung zu festgelegten Zeiten (↗UTC) nach Vorschriften, die von der ↗Weltorganisation für Meteorologie standardisiert worden sind. Die Grundform umfaßt alle ↗Hauptwetterelemente. Sie wird als ↗synoptische Wettermeldung verschlüsselt und verbreitet.

synoptische Wetterkarte ↗*Wetterkarte*.

synoptische Wettermeldung, *Synop-Meldung*, *Synop*, kodierte Zusammenstellung (↗*Wetterschlüssel*) der ↗synoptischen Wetterbeobachtung. Ein solches Synop einer *synoptischen Station* sieht beispielsweise folgendermaßen aus (↗Stationsmodell): 12 012 10 381 11 530 52 705 10 153 20 122 30 040 40 125 57 010 60 031 78 086 85 902. Hier sind Spezialgruppen für Ereignisse wie Böen oder ↗Hagel usw. weggelassen. Der besondere Vorzug einer derartigen Verschlüsselung liegt darin, daß unabhängig von einer Sprache oder Schrift jeder Mensch den Inhalt erschließen kann. Für Computerverarbeitung eignet sich dieser Code besonders gut. Im einzelnen bedeuten die 5er-Gruppen folgendes: 12 012 = Datum und Uhrzeit, hier 12. des laufenden Monats, 12 ↗UTC; 10 381 = Stationsnummer, hier 10 für Deutschland, 381 für Berlin-Dahlem; 11 530 = 1 bedeutet Station meldet Niederschlagsmenge, die nächste 1 Station meldet 7er-Gruppe (»Wetter«), 5 = Schlüsselziffer für die Höhe der tiefsten ↗Wolken, hier 600 bis 1000 m, 30 = ↗Sichtweite,

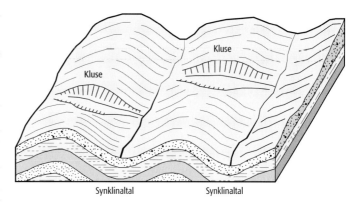

Synklinaltal: schematische Abbildung von Synklinaltälern. Die Nebenflüsse haben in die Antiklinalen Klusen (Schluchten) eingeschnitten.

hier 3 km; 52 705 = 5 gibt die Bewölkungsmenge in Achtel an, 27 die ↗Windrichtung (270 Grad = Westwind), 05 die ↗Windgeschwindigkeit in m/sec. Nun folgen Gruppen, die mit 1, 2, 3 usw. anfangen, deren Inhalt durch diese Zahl und deren Stellung nach den ersten zwei der Stationsnummer folgenden Gruppen bestimmt wird: 10 153 = ↗Temperatur in Zehntel Grad C, also 15,3°C (bei −15,3°C stünde statt der 0 eine 1); 20 122 = Taupunkt in Zehntel Grad C, also 12,2°C; 30 040 = am Stationsbarometer abgelesener Luftdruck, hier 1004,0 hPa; 40 125 = auf Meeresspiegel reduzierter Luftdruck, hier 1012,5 hPa; 57 010 = Luftdrucktendenz der vergangenen drei Stunden, 7 bedeutet fallend, hier 010, also 1,0 hPa; 60 031 = Niederschlagsmenge in l/m². Wenn wie hier die Beobachtung von 12 UTC ist, bezieht sie sich auf die letzten sechs Stunden (Kennziffer 1 am Ende der Gruppe, hier 3 l/m²), um 06 und um 18 UTC wird die Menge der vergangenen zwölf Stunden gemeldet; 78 086 =Wetter und Wetterverlauf 80 = zur Zeit der Beobachtung gab es einen leichten Regenschauer. Die folgende 8 bedeutet: Während der vergangenen sechs Stunden hat es ebenfalls geschauert. Die 6 bedeutet, daß es in den vergangenen sechs Stunden auch längere Zeit geregnet hat. Es bedeutet zum Schluß 85 902 = ↗Wolken, wobei 5 die Untergrenze angibt von 600 bis 1000 m; tiefe Wolken mit 9 für Cumulonimbus (Schauerwolke), mittelhohe Wolken mit 0 bedeutet keine beobachtet; hohe Wolken mit 2 bedeutet Cirrus. [WW]

synoptische Wettersysteme, synoptisch-skalige (1–2000 km Durchmesser) Phänomene in der Troposphäre mit kompliziertem Aufbau und eigenständiger Zirkulation (↗Atmosphäre). Diese Wettersysteme durchlaufen oft eine für sie typische Entwicklung, welche dann mit entsprechenden Wettererscheinungen einhergeht. Zur Zeit der Isobarensynoptik entdeckte man enge Zusammenhänge zwischen synoptisch-skaligen Strukturen des Luftdruckfeldes am Boden (↗Hochdruckgebiet, ↗Tiefdruckgebiet, ↗Tiefausläufer) und der Entwicklung von ↗Wolken und ↗Niederschlägen in den Luftschichten darüber. Inzwischen werden alle Feldaspekte der synoptischen troposphärischen Wettersysteme zu deren Interpretation herangezogen. Das sind außer dem dreidimensionalen Aufbau der einander bedingten Temperatur-, Luftdruck- und Windfelder das zugehörige Feld der Vertikalbewegung sowie der Verteilung und dem Aggregatzustand des in der Luft enthaltenen Wassers. Synoptische Wettersysteme zeigen sich regelmäßig im Bereich des Westwindgürtels der gemäßigten sowie des Ostwindgürtels der tropischen Breiten. Dabei entsprechen ihre Abstände (Wellenlängen), Amplituden und Bewegungen denen der mit der ↗Höhenströmung wandernden oberen ↗Wellen und ↗Wirbel. Tatsächlich entwickeln sich bodennahe Tiefdruckgebiete auf den difluenten Vorderseiten der oberen Wellentröge (↗Trog), die Hochdruckgebiete dagegen auf deren konfluenten Rückseiten. Großkalige Luftdruckgebilde (2–4000 km Durchmesser) erweisen sich generell als quasi-stationäre ↗Steuerungszentren, die von den synoptischen Wettersystemen umkreist werden. Letztere werden oft nach dem Luftdruckaspekt benannt, z. B. ↗Azorenhoch und ↗Polartief. [MGe]

synoptisch-skalig, in der Größenordnung der ↗synoptischen Wettersysteme. Durchmesser ca. 1–2000 km, Wellenlänge ca. 2–4000 km.

synorogener Magmatismus ↗Orogenese.

synsedimentäre Lagerstätten, Unterart der ↗syngenetischen Lagerstätten. Die betreffende Vererzung ist während der Ablagerung und/oder ↗Diagenese der Trägergesteine (vorwiegend klastische und/oder carbonatische Sedimente) entstanden. Dazu gehören sämtliche Seifenlagerstätten (↗Seifen), ↗Salzlagerstätten wie auch eine Reihe von ↗Buntmetall-Lagerstätten, die aus hydrothermalen, metallreichen Lösungen gebildet worden sind (z. B. Bleiberg (Österreich), Mc Arthur River, Lady Loretta, Mt Isa in Queensland (Australien) etc.).

synsedimentäre Strukturen, Strukturen, die sich zeitgleich mit der Ablagerung eines Sediments bilden. Sie können sich sowohl auf der Schichtoberfläche als auch innerhalb einer Sedimentschicht entwickeln. Zu den synsedimentären Strukturen gehören u. a. ↗Horizontalschichtung, ↗Schrägschichtung, ↗Strömungsstreifen, ↗Rippel und Gradierung (↗gradierte Schichtung).

Syntaktik, in der ↗Semiotik und ↗kartographischen Zeichentheorie die von der Zeichenbedeutung unabhängige Beziehung von verbalsprachlichen und unter anderem auch kartographischen Zeichen (↗Kartenzeichen) zueinander.

Syntaxie, Zusammenwachsen von Bereichen verschiedener polytyper Strukturen zu einem Kristallindividuum. Eines der bekanntesten Beispiele hierfür stellen die hexagonalen Modifikationen von SiC dar.

syntektonisch ↗posttektonisch.

Synthesedarstellung ↗Synthesekarte.

Synthesekarte, *synthetische Karte, synthetische Darstellung, Sythesedarstellung*. Die Begriffe Synthesekarte und analytische Karte (Analysekarte, *analytische Darstellung*) beziehen sich zunächst auf die Methoden der Erarbeitung des Inhalts von Karten, d.h. der sachbezogenen Modellierung. Mit den angewendeten Methoden sind bestimmte ↗Gestaltungskonzeptionen verbunden. Daher werden die Begriffe der Synthese und Analyse nicht selten auch zur Beschreibung der kartographischen Gestaltung und darüber hinaus der durch die Darstellung ermöglichten Methoden der ↗Kartenauswertung verwendet. Wichtige Arbeitsmethoden zur Schaffung von Synthesekarten sind die ↗Klassifizierung und die Typenbildung, die geometrische, und die Begriffsgeneralisierung sowie die ↗Verschneidung von Flächen, wobei meist Inhalte aus einer größeren Zahl von Karten und/oder aus anderen Quellen zusammengeführt werden. Das Ergebnis der Synthese besteht in einer Raumgliederung (Raumtypen) oder in Standorttypen; z. B. in Naturraumtypen, Klimaregionen, Wirtschaftsräumen, Gemeindetypen. Die Zahl der Legendeneinheiten kann relativ klein sein, aber auch mehrere Dutzend erreichen. Die Synthese muß bei der Nutzung der Karte nachvollziehbar sein. Dies erfordert entweder umfangreiche Erklärungen in der ↗Legende, z. B. in Form von Tabellen oder Matrizen, oder die dargestellten Einheiten werden mit einem prägnanten Begriff oder einem Schlüssel belegt und in einem Begleittext erläutert. Der Inhalt von Synthesekarten hat stets komplexen Charakter (↗Komplexkarte) und ist häufig nur durch eine ausführliche Kartenerläuterung in vollem Umfang zu erschließen. Das Ergebnis der Synthese wird kartographisch meist in impliziter Darstellung wiedergegeben, aber auch die explizite Gestaltung oder Zwischenformen sind möglich (↗Transkriptionsform). Im Unterschied zu den Synthesekarten geben analytische Darstellungen ein Element oder wenige Elemente (↗Elementkarte) des betrachteten Komplexes in expliziter Darstellung wieder. Der Begriff analytisch weist auch hier auf die Methode der Bearbeitung und in gewissem Sinne auf die Art und Weise der Nutzung dieser Karten hin. Das Zergliedern einer komplexen räumlichen Erscheinung oder eines solchen Sachverhalts in Elemente hat in der Regel mehrere bis zahlreiche Karten eines Raumes zum selben Hauptthema zur Folge. Die betreffenden Darstellungen insgesamt verkörpern somit das Analyseergebnis. Beispiele liefern Karten der Ergebnisse von Volkszählungen, die überwiegend jedes erfaßte Merkmal einzeln, d. h. analytisch darstellen und seltener zusammenfassende, synthetische Darstellungen beinhalten. Das Verständnis der komplexen Zusammenhänge im Raum wird gefördert, wenn sowohl analytische als auch daraus abgeleitete synthetische Darstellungen bearbeitet und genutzt werden können. [KG]

Synthetic Aperture Radar, *SAR*, *synthetische Apertur*, bildgebende ↗Seitensicht-Radar-Systeme mit einer im Gegensatz zur ↗realen Apertur mathematisch synthetisierten ↗Apertur, d. h. Antenne. Bei dieser wird unter Ausnutzung des Dopplereffektes eine virtuelle Antennenlänge erzeugt, die um ein Vielfaches größer ist als die physikalische Antenne. Während des Überflugs wird ein und derselbe Geländepunkt von den aufeinander folgenden Radarimpulsen wiederholt beleuchtet. Dadurch tragen diese mehrfach zu den empfangenen Signalen bei, die dadurch allerdings in komplexer Weise miteinander korreliert sind. Während der Signalverarbeitung werden die Daten jedoch so behandelt, als stammten sie von einzelnen Teilelementen einer sehr langen Antenne. Dadurch wird die effektive Keulenbreite verkleinert und die ↗Azimut-Auflösung verbessert. Je weiter die Geländepunkte von der Apertur entfernt sind (»off-nadir«), desto häufiger werden sie abgebildet, und desto länger ist die scheinbare Antenne. Somit wird die Auflösung in Flugrichtung entfernungsunabhängig.
Die sog. Azimutauflösung R_a in Flugrichtung ist bestimmt durch die Formel:

$$R_a = \frac{0{,}7 \cdot r \cdot \gamma}{L},$$

wobei r die Schrägdıstanz von der Apertur zum Geländepunkt darstellt, λ die Wellen-, und L die Antennenlänge.
Die Entfernungsauflösung R_w wird durch folgende Formel definiert:

$$R_w = \frac{\pi_c}{2\cos\chi},$$

wobei π die Pulsfrequenz in Mikrosekunden ist, für $c = 3 \cdot 10^8$ m/sek gilt und χ der Depressionswinkel ist. Eine synthetische Apertur ist eine unbedingte Voraussetzung für den Einsatz von Radar aus dem Weltall, da mit einer realen Apertur keine entsprechenden ↗geometrischen Auflösungen erzielt werden können. [MFB]

synthetische Abschiebung, 1) gleichsinnig mit der Hauptabschiebung einfallende Zweigabschiebung (Abb. 1). 2) gleichsinnig mit der versetzen Schichtung einfallende Abschiebung (Abb. 2).

synthetische Apertur ↗*Synthetic Aperture Radar*.

synthetische Darstellung ↗Synthesekarte.

synthetisches Seismogramm, mit einem mathematischen Algorithmus berechnetes Seismogramm, das den theoretischen seismischen Respons eines Modells auf die Anregung durch eine bestimmte Wellenform darstellt. Das eindimensionale synthetische Seismogramm wird durch Faltung der Reflektivitätsfunktion (zeitliche Abfolge der ↗Reflexionskoeffizienten) mit einer geeigneten Wellenform berechnet (↗Konvolutionsmodell). Die Reflektivitätsfunktion wird üblicherweise für den vertikalen Einfall in einem Modell aus planparallelen homogenen Schichten berechnet, wobei die Modellparameter aus Geschwindigkeits- und Dichtemessungen vorgegeben werden. Dieses 1-D-Seismogramm wird zum Einhängen von geophysikalischen Bohrlochmessungen in seismische Profile genutzt. Die Zwei- und dreidimensionale Modellierung der seismischen Antwort von komplexeren Modellen (geneigte oder gekrümmte Schichtgrenzen, variable Geschwindigkeiten) oder realistischen Meßgeometrien (Quelle und Empfänger nicht an derselben Stelle) kann mit strahlen- oder wellentheoretischen Verfahren vorgenommen werden. [KM]

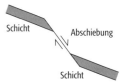

synthetische Abschiebung 2: gleichsinnig mit der versetzen Schichtung einfallende Abschiebung.

synthetische Abschiebung 1: gleichsinnig mit der Hauptabschiebung einfallende Zweigabschiebung.

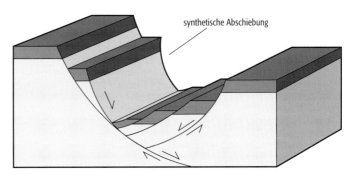

Synusie, Begriff der ↗Bioökologie für eine Organismengemeinschaft aus ähnlichen ↗Lebensformen, die einen bestimmten Ausschnitt eines ↗Lebensraumes besiedelt. Ein solches Beispiel ist ein Baumstrunk mit typischen ↗Arten von Tausendfüßlern, Spinnen und Asseln. In der ↗Geobotanik steht Synusie für eine ökologische und physiognomische Einheit in ↗topischer Dimension innerhalb einer ↗Pflanzenformation. Synusien können dabei auch im Ablauf der jahreszeitlichen ↗Aspekte die Krautschicht einer Waldformation prägen, beispielsweise als Bärlauch-, Bingelkraut- oder Perlgras-Herden als Teile des artenreichen Buchenwaldes.

Syrosem, *Schuttboden*, aus dem russischen für rohe Erde, gehört zur Abteilung der ↗terrestrischen Böden. Syrosem ist ein Rohboden aus Festgestein, dem nur lückig und äußerst geringmächtig ein humoser Oberboden, ein ↗Ai-Horizont aufliegt. Er stellt ein Initialstadium der ↗Bodenbildung dar, in dem noch keine nennenswerte chemische Verwitterung stattgefunden hat und ist auf erodierten Lagen der Bergregionen zu finden. Syroseme entsprechen gemeinsam mit den ausgebildeten ↗Ah/C- Böden den ↗Leptosols der ↗WRB-Klassifikation.

System, Zeiteinheit der ↗Chronostratigraphie, die einer ↗Periode innerhalb der ↗Geochronologie entspricht. Mehrere Systeme werden zu einem Ärathem zusammengefaßt. Im deutschsprachigen Raum wurde vielfach der heute anders definierte Begriff ↗Formation verwendet. ↗Stratigraphie.

Systemanalyse, Begriff aus der ↗Ökologie für eine umfassende, meist computergestützte Methodik zur Untersuchung komplexer Sachverhalte, die sich als ↗Systeme (↗Räuber-Beute-System, ↗Landschaftsökosysteme etc.) darstellen lassen. Das Ziel besteht darin, die Systemstrukturen für Forschungs- und Anwendungszwecke handhabbar zu machen. Mittels der Erfassung aller Elemente eines Systems und der quantitativen Beschreibung ihrer Wechselbeziehungen sollen die betrachteten Systeme als Modelle abgebildet werden. Damit wiederum läßt sich das Verhalten des Systems simulieren und seine Entwicklung unter vorgegebenen Rahmenbedingungen vorhersagen (↗Szenarientechnik). Es besteht somit ein enger Zusammenhang zwischen Systemanalyse und Modelltheorie.

Systemankerung, Verankerung durch mehrere ↗Anker, wobei die Ankerdichte und -länge von der jeweiligen Gebirgsklasse (↗Ausbruchklasse) abhängt.

Systematik ↗Taxonomie.

systematische Klüfte ↗Klüfte.

Systemsoftware, Gesamtheit aller Programme, die von einem Hersteller für den Betrieb eines bestimmten Rechnersystems standardmäßig bereitgestellt wird. Das ↗Betriebssystem beinhaltet den Teil der Systemsoftware, der für den Betrieb minimal erforderlich ist. Darüber hinaus wird diese Funktionalität durch weitere Komponenten wie z. B. ↗Netzdienste oder ↗Programmiersprachen erweitert, die nicht in den Bereich der ↗Anwendersoftware einzuordnen sind. Hierunter fallen insbesondere Programmbibliotheken wie das ↗Graphische Kernsystem (GKS) oder OpenGL, die besonders für die Erzeugung kartographischer Darstellungen relevant ist.

systems tract ↗Sequenzstratigraphie.

Szenarientechnik, in der ↗Landschaftsökologie eine Methode, mit welcher ein ↗Szenarium mit der ↗Systemanalyse kombiniert wird. Ziel ist, es künftige Zustände von ↗Ökosystemen oder ↗Landschaften zu bewerten. Vor allem zur Abschätzung der Folgen von anthropogenen Eingriffen kommen die Szenarientechnik zum Einsatz. Neben beschreibenden Wortmodellen kommen heute vermehrt auch hochkomplexe mathematisch-physikalische Modelle in der Planungspraxis zum Einsatz.

Szenarium, in der ↗Landschaftsökologie eine vorgegebene Entwicklung von politischen, ökonomischen oder klimatischen Rahmenbedingungen, für die mit Hilfe der ↗Szenarientechnik künftige Zustände von ↗Ökosystemen oder ↗Landschaften modelliert werden. Szenarien dienen in der ↗Raumplanung vor allem der Gegenüberstellung verschiedener Planungsalternativen und deren Folgen für die Entwicklung des untersuchten Raumausschnittes. Ökologische Prognosen bedienen sich ebenfalls der Szenarien, um hypothetische Umweltbelastungen abschätzen zu können.

Szepterquarz, Formvarietät von ↗Quarz.

Szintillation, **1)** *Meteorologie*: Flimmern in der Atmosphäre aufgrund turbulenter Bewegungen der Luftmassen, die wiederum durch zeit- und ortsvariable Temperatur- und Feuchtigkeitsverteilungen entstehen. **2)** *Mikrophysik*: Aufblitzen von Materie an der Stelle, an der ein energiereiches Elementarteilchen oder Strahlung in sie eindringt.

TA ↗*Technische Anleitung*.

TA Abfall, oft auch als *TA Sonderabfall* bezeichnete allgemeine Verwaltungsvorschrift zum Abfallgesetz mit dem Ziel einer umweltverträglichen Entsorgung von Sonderabfall. Die vollständige Bezeichnung lautet »Allgemeine Verwaltungsvorschrift zur Änderung der zweiten allgemeinen Verwaltungsvorschrift zum Abfallgesetz (TA Abfall), Teil I: Technische Anleitung zur Lagerung, chemisch-physikalischen und biologischen Behandlung, Verbrennung und Ablagerung von besonders überwachungsbedürftigen Abfällen. Die TA Abfall soll den Entsorgungsstandard bundesweit auf hohem Niveau vereinheitlichen, die behördliche Überwachung vereinheitlichen und verbessern, Planung, Genehmigung, Errichtung und Betrieb von Sonderabfallbehandlungsanlagen effektiver gestalten und die Akzeptanz der Sonderabfallbehandlung in der Bevölkerung verbessern. In ihrem allgemeinen Teil regelt die TA Abfall die Entsorgungsplanung, die Prüfung von Planfeststellungsverfahren, Errichtungs- und Betriebsgenehmigungen für Entsorgungsanlagen, Änderungen der Auflagen für bestehende Anlagen bzw. nachträgliche Anordnungen für Altanlagen, die Klassifizierung und Zuordnung von Abfällen zu bestimmten Entsorgungswegen und -anlagen anhand eines Abfallartenkataloges, die behördliche Überwachung der Abfallentsorgung und gleichzeitig Trennung der Pflichten von Betreibern und staatlicher Kontrolle, Anforderungen an die Getrennthaltung von Abfällen, Anforderungen an Meß- und Analyseverfahren. Der besondere Teil der TA Abfall regelt die verfahrensspezifischen Anforderungen an die Errichtung und den Betrieb von Abfallsammel-, Abfallbehandlungs- und Abfallbeseitigungsanlagen. Eine entsprechende Verwaltungsvorschrift für die kommunalen Massen- und hausmüllähnlichen Gewerbeabfälle wurde mit der ↗TA Siedlungsabfall (TASi) erlassen. [CSch]

Tabula Peutingeriana ↗*Peutingersche Tafel*.

Tabulata, ausgestorbene Ordnung von koloniebildenden ↗Korallen, die vom frühen ↗Ordovizium bis zum ↗Perm wichtige Riffbewohner und z. T. auch -bildner waren.

Tachylit, *Sideromelan*, *Hyalobasalt*, ein vulkanisches Glas (↗Gesteinsglas) von dunkler Farbe. Es bildet sich durch Abschreckung aus basaltischen Schmelzen (↗Basalt) und kommt meist als schmaler Saum am Rand von Gängen oder Sills vor.

Tachymeter, Vermessungsinstrument für die ↗Tachymetrie. Man unterscheidet optisch-mechanische Tachymeter (z. B. *Diagrammtachymeter*, Nivelliertachymeter), optisch-elektronische und *elektronische Tachymeter* bzw. Computertachymeter. Sie dienen zur polaren räumlichen Aufnahme von ↗Zielpunkten, die bezogen werden auf Instrumentenstandpunkt (Koordinaten), Standpunkthöhe sowie eine (reproduzierbare) Bezugsrichtung. Aus den polaren Aufnahmewerten können rechtwinklige Koordinaten berechnet werden. Geodätische Instrumente, die es ermöglichen, Richtungen, Distanzen und Höhenunterschiede zu messen, können als Tachymeterinstrumente verwendet werden. ↗Nivellierinstrumente mit einem Horizontalkreis und ↗Distanzstrichen können als Nivelliertachymeter verwendet werden. Diagrammtachymeter besitzen eine optische Distanz- und Höhenmeßeinrichtung (Abb.) in Form eines eingebauten Reduktionsdiagramms. Das Diagramm begrenzt im Fernrohrbild Lattenabschnitte für Distanz- und Höhenunterschiede, welche von der Entfernung zwischen Instrument und Latte und von der Fernrohrneigung abhängig sind. Durch Multiplikation mit Konstanten werden aus den Lattenabschnitten Horizontaldistanz und Höhenunterschied erhalten. Auf einer speziellen Latte (z. B. Dahlta-Latte) wird der untere Horizontalfaden im Fernrohr auf die Nullmarke, der Vertikalfaden des Fadenkreuzes (↗Theodolit) auf die Lattenmitte eingestellt und am oberen Horizontalfaden die horizontale Entfernung abgelesen. An der schräg durch das Gesichtsfeld verlaufenden Kurve wird in der Mitte der Latte der Lattenabschnitt abgelesen und mit der an der Kurve angegebenen Konstanten multipliziert und man erhält den Höhenunterschied. Elektronische Tachymeter besitzen elektronische Richtungs- und Distanzmeßeinrichtungen und ermöglichen die Registrierung und Speicherung der Meßdaten. Sie können an Computer angeschlossen werden oder besitzen selbst einen leistungsfähigen Rechner. Mit Hilfe geeigneter Programme ist es möglich, vor Ort Berechnungen vorzunehmen. Elektronische Tachymeterinstrumente, die sich mit Hilfe von Motoren zusätzlich automatisch auf Ziele einstellen und Messungen vornehmen können, bezeichnet man als motorisierte Computertachymeter. [KHK]

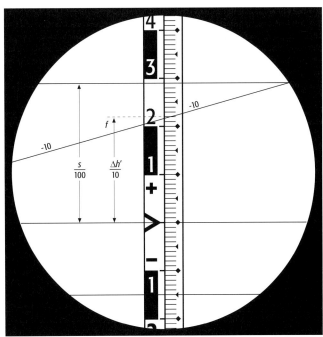

Tachymeter: Gesichtsfeld des Diagrammtachymeters Dahlta 010 A (s = Strecke, $\Delta h'$ = Höhenunterschied).

Strecke $s = 29{,}2$ m   Höhenunterschied $\Delta h' = -2{,}17$ m

Tachymeterbussole, ein mit einer ↗Bussole ausgestattetes ↗Tachymeter, mit dem man z. B. ↗Richtungswinkel, bezogen auf die örtliche magnetische Nordrichtung, bestimmen kann.

Tachymeterzug ↗Polygonzug.

Tachymetrie, ein geodätisches Verfahren, bei dem Lage und Höhe von ↗Objektpunkten in einem Arbeitsgang bestimmt werden. Die ↗topographische Geländeaufnahme erfolgt von Tachymeterstandpunkten aus, deren Lage bekannt ist. Bei der Aufnahme von größeren Geländeabschnitten erfolgt häufig parallel zur Punktaufmessung die Standpunktbestimmung durch Messung eines ↗Polygonzuges niederer Genauigkeit (Tachymeterzug). Die Lagebestimmung erfolgt nach dem ↗Polarverfahren und die Höhenermittlung mit Hilfe der ↗trigonometrischen Höhenbestimmung. Geodätische Instrumente, die es ermöglichen, ↗Richtungen, ↗Distanzen und Höhenunterschiede zu messen, können als ↗Tachymeter verwendet werden. Die Tachymetrie dient hauptsächlich der Plan- und Kartenherstellung unterschiedlicher Maßstäbe. Bei der Kartiertischtachymetrie ist das Instrument mit einem runden Kartiertisch (Durchmesser ca. 25 cm) gekoppelt. Der Kartiertisch ist so konstruiert, daß sich die Zeichenfläche, auf der als Zeichenträger ein Rondell aus maßhaltiger Folie befestigt wird, um gleiche Beträge wie das ↗Fernrohr, aber in Gegenrichtung, dreht. Ein dem Fernrohr paralleles Entfernungslineal zeigt daher automatisch immer in die Richtung des zu kartierenden Geländepunktes. Die Strecke am Lineal wird manuell eingestellt und der Geländepunkt mittels Pikiernadel kartiert. Eine weitere graphische Methode ist die Feldtischtachymetrie. Auf ein Stativ wird eine quadratische Holzplatte (40 × 40 cm) als Feldtisch neben dem Tachymeter aufgestellt. Die vom Beobachter angesagten Meßdaten werden auf einer Kartierunterlage unmittelbar aufgetragen. Die graphischen Verfahren dienen auch zur Plan- und Kartenergänzung. Die Zahlentachymetrie erfordert die häusliche Auswertung der Meßdaten, die im Gelände in einem Formular notiert werden. Parallel dazu muß ein ↗Feldriß mit Eintrag aller aufgenommenen Punkte geführt werden. Bei der elektronischen Tachymetrie werden die Richtungen und die Distanzen elektronisch bestimmt. Die Daten werden im Tachymeter gespeichert und später zur Auswertung in eine Computeranlage überspielt. [KHK]

Taconit ↗Itabirit.

Taenit ↗Nickeleisen.

Tafelberg, *Schichttafel*, ↗*Mesa*.

Tafeleisberg ↗Eisberg.

Tafelriff, in tiefem Wasser aufwachsende Riffstruktur mit flachen Riffdach (Riffplattform); im Gegensatz zum ↗Atoll ohne zentrale Lagune.

Tafelwässer, nach der Mineral- und Tafelwasser-Verordnung ein künstliches Mineralwasser, das zur geschmacklichen Aufbesserung mit natürlichem Salzwasser, Mineralwasser, Meerwasser, Kochsalz, Soda oder doppelsaurem Natron angereichert worden ist. Tafelwässer dürfen nur so hergestellt werden, daß sie die in der Trinkwasserverordnung für chemische Inhaltsstoffe vorgebenen Grenzwerte einhalten.

Tafoni, (sing. Tafone), Höhlungen in Massengesteinen, die auf Verwitterungsvorgänge unter warmariden Klimabedingungen zurückzuführen sind. Tafoni befinden sich häufig an Gesteinen, die Hartkrusten bzw. Schutzrinden aufweisen. Die Höhlungen vergrößern sich dann zum Gesteinsinneren hin. An der Ausbildung von Tafoni sind vermutlich die Vorgänge der ↗Hydrolyse und der ↗Hydratation beteiligt, die eine Zermürbung des Gesteinsinneren bewirken.

Tag, Zeiteinheit, meist am Lauf der Sonne orientiert (↗Sonnentag). Ein Tag umfaßt den hellen Zeitabschnitt (Sonne über dem Horizont), eine Nacht den dunklen Zeitabschnitt (Sonne unter dem Horizont). Allerdings wird bei der Zeitzählung der Tag als Summe von Tag und Nacht behandelt. Seine Länge beträgt 24 Stunden.

Tagbrüche, Verbrüche, die beim Vortrieb eines Tunnels oder ↗Stollen über dem First entstehen und bis über Tage reichen. Dies kann vor allem bei relativ nah an der Geländeoberkante verlaufenden Bergbauaktivitäten der Fall sein.

Tagebau, neben dem ↗Tiefbau die andere Art, terrestrische Lagerstätten abzubauen. In der Regel ist Tagebau das preislich günstigere Abbauverfahren und kommt deshalb häufig bei oberflächennahen niedriggehaltigen Lagerstätten (z. B. ↗Porphyry-Copper-Lagerstätten) oder Massenrohstoffen wie ↗Braunkohle oder Kalk zur Anwendung. Für die Gewinnung von mineralischen Rohstoffen im Tagebau ist die Mächtigkeit (Dicke) und die Beschaffenheit der Deckgebirgsschichten zwischen Erdoberfläche und nutzbarem Mineral, aber auch die Höhe des Grundwasserspiegels entscheidend. Je größer der Lagerstätteninhalt und je wertvoller das Mineral ist, desto größer kann das Verhältnis zwischen Abraummenge und verwertbarer Mineralmenge sein. In ausgedehnten Tagebauen können zudem leistungsstarke Großgeräte eingesetzt werden.

Tagesgang, *Tagesschwankung*, Variation einer Beobachtungs- oder Modellgröße im Verlauf eines Tages (24 Stunden).

Tageslänge, *length of day, lod*, **1)** *Geodäsie*: dient dazu, die Änderungen der Geschwindigkeit der ↗Erdrotation auszudrücken und dient alternativ zur Darstellung der Abweichungen der Weltzeit von der gleichförmigen ↗Atomzeit. Die Schwankungen der Tageslänge können unterschiedlichen Periodenbereichen zugeordnet werden. Im kurzperiodischen Bereich mit Perioden von ungefähr einem Tag und einem halben Tag wirken sich die durch Sonne und Mond verursachten ↗Meeresgezeiten am stärksten auf die Tageslänge aus. Im Periodenbereich von wenigen Wochen bis Monaten dominieren die Perioden von 14 und 28 Tagen aufgrund der durch den Mond verursachten ↗Gezeiten sowie weitere, stark variierende Schwankungen zwischen 50 und 90 Tagen. Letztere werden im wesentlichen durch die zonalen Winde angeregt. Eine Wavelet-Analyse der beobachteten Tageslängen zeigt im Bereich der mittleren Perioden die saisonalen Schwankungen

Talformen 1: schematische Darstellung verschiedener Talformen.

von einem halben und einem ganzen Jahr. Diese werden in erster Linie durch Variationen des ↗Drehimpulses der ↗Atmosphäre erzeugt, die sich in der Erdrotation widerspiegeln. Dekadische Fluktuationen der Tageslänge (↗Rotation der Erde) führt man auf Drehimpulsänderungen im flüssigen ↗Erdkern zurück, die durch mechanische oder elektromechanische Kopplung an den ↗Erdmantel weitergegeben werden. Wegen der Gezeitenreibung und aufgrund langfristiger Massenverlagerungen kommt es zudem zu einer säkularen Verlängerung des Tages um derzeit ca. 1,5 Millisekunden in 100 Jahren. **2)** Klimatologie: Zeitdauer, zu der (astronomisch) die Sonne über dem Horizont steht. [HS]

Tagesschwankung ↗*Tagesgang*.

Tageszeitensolifluktion, auf kurzfristigem, flachgründigem bzw. tageszeitlich entwickeltem ↗Bodenfrost beruhende ↗Solifluktion.

Tag- und Nachtgleiche, an zwei Tagen im Jahr (Frühlings- und Herbstanfang) sind Tages- und Nachtlänge identisch. Die Sonne geht genau im Osten auf und im Westen unter (↗Äquinoktien).

TAI, *temps atomique internationale*, *internationale Atomzeit*, aus einem weltweiten Ensemble von Atomuhren abgeleitete Zeit. Sie repräsentiert ein statistisches Mittel von gewichteten Einzelbeiträgen. Derzeit beste Realisierung einer Zeitmessung, für die das ↗BIPM verantwortlich zeichnet.

Taifun, höchst gefährlicher ↗tropischer Wirbelsturm auf dem westlichen Pazifik.

Taiga, Bezeichnung für die zirkumpolare Zone des ↗*Borealen Nadelwaldes* in Nordosteuropa und Sibirien. Im Norden grenzt die Taiga an die ↗Tundra, im Süden an kontinentale Baumsteppen (↗Steppe), ↗Halbwüsten oder Laubmischwälder (↗Laubwald, ↗Nemorale Laubwälder). Besonders im westsibirischen Tiefland ist durch die Ebenheit der Landschaft und die geringe Verdunstung die Sumpftaiga verbreitet, die durch weite Moorflächen charakterisiert ist. Typisch für die Taiga sind auch sehr ausgedehnte ↗Permafrostgebiete, die im Sommer nur wenig auftauen. Die Bäume können daher nur flach wurzeln. Damit sie dennoch genügend Halt und Nährstoffe finden, müssen sie weiträumig auseinander stehen. Dies begünstigt auch das Auftauen der Böden, weil so Sonnenlicht auf den Boden gelangt. Hauptbaumarten sind die Sibirische und Dahurische Lärche (*Larix sibirica* und *Larix dahurica*), die Sibirische Fichte (*Picea obovata*) und die Waldkiefer (*Pinus sylvestris*). [DR]

Taimyr-Polygone, ↗Eiskeilpolygone, nach dem Vorkommen auf der Taimyr-Halbinsel in Sibirien benannt.

Takonische Orogenese ↗*Iapetus*.

taktile Karte ↗*Blindenkarte*.

taktiler Atlas, *Blindenatlas*, ↗*Blindenkarte*.

Takyr, Böden in abflußlosen Salztonebenen arider und semiarider Klimate mit ↗Trockenrissen in Trockenzeiten.

Tal, eine durch die erosive Tätigkeit (↗Erosion) der ↗Agenzien entstandene langgestreckte Hohlform in der Erdoberfläche mit gleichsinnigem Gefälle der ↗Tiefenlinie (mit Ausnahme der ↗glazialen Übertiefung). ↗Tallängsprofil, ↗Talquerprofil, ↗Talformen.

Talasymmetrie, Querschnitt eines Tals mit unterschiedlich stark geneigten Hängen. Eine Talasymmetrie kann verschiedene Ursachen haben: a) tektonisch bedingte Talasymmetrie: Fließt ein Fluß in tektonisch schräg gestellten Schichten, unterschneidet er stärker auf der Talseite, zu der die Schichten geneigt sind, das heißt es entsteht dort ein steilerer Hang. b) strukturbedingte Talasymmetrie: Eine weitere Ursache kann die Anlage des Tals in unterschiedlich widerständigem Gestein auf beiden Talseiten sein. In widerständigerem Gestein werden steilere Hänge angelegt. c) periglaziale Talasymmetrie: Unter ↗periglazialen Bedingungen findet auf den ostexponierten Hängen aufgrund geringerer Sonneneinstrahlung, größerer Schneeansammlung und damit längerer Durchfeuchtung stärkere ↗Gelifluktion statt. Dadurch werden die ostexponierten Hänge verflacht und die Flüsse nach Osten abgedrängt, so daß sie den Osthang unterschneiden und versteilen. Zusätzlich werden ostexponierte Hänge durch die Sedimentation von ↗Löß verflacht. d) Talasymmetrie aufgrund der ↗Corioliskraft: Als weitere Ursache für eine Talasymmetrie gilt die Einwirkung der ablenkenden Kraft der Erdrotation. [SN]

Talboden ↗*Talquerprofil*.

Taldichte ↗*Flußdichte*.

Talformen, Klassifizierungsschema anhand der unterschiedlichen Gestalt des ↗Talquerprofils. Fluvial morphodynamische und hangdenudative Prozesse steuern in Abhängigkeit von Gestein, Klima, Tektonik, Gefälle, Wasserführung und Sedimentfracht die Entwicklung unterschiedlicher Talformen. So führt sehr starke Tiefenerosion bei geringer Hangdenudation zur Ausbildung einer *Klamm* mit senkrechten oder überhängenden Wänden. Findet in wenig standfesten Gesteinen eine laterale Hangrückverlegung statt, entsteht eine *Schlucht*. Bei starker Tiefenerosion in Verbindung mit starkem Hangabtrag bildet sich ein *Kerbtal* mit V-förmigem Querschnitt. Zunehmende Seitenerosion und Sedimentakkumulationen bewirken im *Kerbsohlental* die Ausbildung einer Talsohle. Sehr viel breitere Talsohlen finden sich beim *Sohlental*, wo sie durch mächtige Sedimentakkumulationen bedingt sind, während sie beim *Kastental* überwiegend durch starke Seitenerosion hervorgerufen werden. Hingegen besitzen *Muldentäler* keine ausgeprägte Talsohle, da die Eintiefung gering ist und die Hangdenudation die Tiefenerosion überwiegt (Abb. 1). In Zusammenhang mit glazialen Prozessen gebildete Talformen sind das ↗Trogtal und das ↗Hängetal. Über diese prozessuale Differenzierung hinaus werden Täler aber auch nach strukturellen Merkmalen (↗Antiklinaltal, ↗Synklinaltal, Klufttal) oder anhand genetischer Gesichtspunkte (↗Antezendenz, ↗Epigenese, ↗Durchbruchstal) benannt (Abb. 2 im Farbtafelteil). [KMM]

Talgefälle, Höhenunterschied zweier Punkte der Talsohle (↗Talquerprofil) im Verhältnis zur zwischen den Punkten liegenden Tallänge.

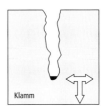
Klamm

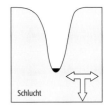
Schlucht

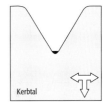
Kerbtal

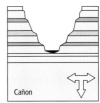
Kerbsohlental

Cañon

Kerbsohlental

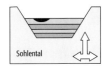
Kastental

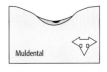
Sohlental

Muldental

Eintiefung Seitenerosion Akkumulation

Talgletscher, Eis eines ↗Gletschers, das ein Tal durchströmt. Der Talgletscher erfüllt das Tal nicht bis zu den oberen Talrändern, wodurch die Bewegungsrichtung des Eisstromes vom Talverlauf bestimmt wird. Nur an einzelnen erniedrigten Stellen, den ↗Transfluenzpässen, kommt es zum Überfließen des Eises in benachbarte Täler. Talgletscher werden in den »Alpinen Typ« mit ↗Nährgebiet in einer Firnmulde (↗Firnfeld) und ↗Zehrgebiet mit ↗Gletscherzunge und in den von Schnee- und Eislawinen gespeisten »Karakorumgletschertyp« unterschieden. Talgletscher bilden den Typ der ↗Talvergletscherung und sind charakteristisch für die ↗Gebirgsvergletscherung.

Talhang ↗Talquerprofil.

Talik, ein Bereich von ständig ungefrorenem Untergrund in ↗Permafrostgebieten. Damit werden sowohl ungefrorene Bereiche innerhalb des ↗Permafrosts (Intrapermafrosttalik) als auch der ungefrorene Untergrund unter dem Permafrost (Subpermafrosttalik) bezeichnet. Taliki können eine Degradation des Permafrosts anzeigen. Sie können u. a. durch lokale Wärmequellen (z. B. durch Grundwasserzirkulation aber auch anthropogene Wärmequellen) hervorgerufen werden. Man unterscheidet nach ihrer Lage bezüglich des Permafrosts folgende Taliki (Abb.): a) ge-

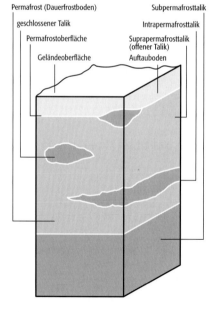

Talik: Bezeichnungen für verschiedene Taliki in Abhängigkeit ihrer Lage zum Permafrost.

schlossener Talik: innerhalb des Permafrosts, b) offener Talik: mit Verbindung zum ↗Auftauboden, c) Interpermafrosttalik: ausgedehnter Talik zwischen einem unteren, älteren Permafrost und einem jüngeren, oberen Permafrost, d) Suprapermafrosttalik: Schicht getauten Untergrunds zwischen dem saisonal gefrorenem Boden und der Permafrostoberfläche. Dieser kann durch ein Tauen des Permafrosts verursacht werden, durch den die Permafrostoberfläche abgesenkt wird, oder durch ein unvollständiges Frieren des Auftaubodens infolge eines milden Winters nach einem warmen Sommer oder einer mächtigeren Schneedecke. [SN]

Talk, [von arabisch talq], *Agalit, Schmerstein, Speckstein*, Mineral mit der chemischen Formel $Mg_3[(OH)_2|Si_4O_{10}]$ und monoklin-prismatischer Kristallform; Farbe: weiß, grünlich- bis gelblichweiß, bräunlich; Fett- bis Perlmutterglanz; durchscheinend bis undurchsichtig; Strich: weiß, Härte nach Mohs: 1 (sehr mild, fettig anfühlend); Dichte: 2,58–2,83 g/cm³; Spaltbarkeit: sehr vollkommen nach (*001*); Aggregate: blätterig, schuppig, grob bis fein, ganz dicht; vor dem Lötrohr weiß werdend, aufblätternd und am Rande schwer zu weißer Emaille schmelzend; in Säuren unlöslich; Begleiter: Chlorit, Serpentin, Magnetit, Pyrit, Dolomit, Calcit; Vorkommen: aus Mg-reichem Edukt im Bereich der epizonalen Metamorphose in Talkschiefer bzw. Kontaktmetamorphose in der Knotenschieferzone, aber auch manchmal in sandigen Sedimenten; Fundorte: Göpfersgrün (Bayern), Lobsdorf und Zöblitz (Sachsen), Sobotín (Zöptau) in Mähren, Grodziszcze (Lampersdorf) in Polen, Zillertal (Österreich), Hospental-Sankt Gotthard (Schweiz), Briançon (Frankreich), Gudbrandsdalen (Norwegen), Schabrovski bei Sverdlovsk (Rußland), Providence (Rhode Island, USA). [GST]

Talk-Disthen-Schiefer ↗*Weißschiefer*.

Talköpfung, infolge einer ↗Flußanzapfung verliert ein Tal seinen Oberlauf (bildlich: Kopf), wodurch diesem Tal der eigentliche ↗Talschluß fehlt.

Talkschiefer, ein schiefriges metamorphes Gestein, das überwiegend aus ↗Talk besteht. Als zusätzliche Minerale können Carbonate, Amphibole, Olivin und Serpentin auftreten. Sehr reine, massig-feinkörnige Talkschiefer werden ↗Speckstein oder Steatit genannt; sie sind wichtige Rohstoffe für keramische und feuerfeste Produkte. Die Bildung von Talkschiefern erfolgt entweder aus ↗Serpentiniten oder aus ↗Peridotiten, wobei jeweils eine metasomatische Zufuhr von SiO_2 über die fluide Phase nötig ist (↗Metasomatose). Die H_2O-CO_2-Verhältnisse in der fluiden Phase können über einen relativ großen Bereich variieren; sie sind jedoch geringer als bei der Bildung von ↗Sagvanditen.

Tallängsprofil, Gefällelinie der Talsohle (↗Talquerprofil) vom ↗Talschluß bis zur Mündung. (↗Flußlängsprofil).

Talmäander ↗mäandrierender Fluß.

Talnebel, Nebel, der von der Höhe aus gesehen nur die Täler bis zur Höhe der seitlichen Randgebirge ausfüllt. Talnebel entsteht aufgrund der nächtlichen Ausstrahlung besonders in windschwachen Herbstnächten. ↗Nebelarten.

Talnetz, räumliches Muster, das vom ↗Flußnetz und allen ↗Trockentälern innerhalb eines bestimmten Ausschnittes der Erdoberfläche gebildet wird.

Talpolje ↗Polje.

Talquerprofil, Linie des Talquerschnitts, der das Ergebnis des wechselnden Zusammenspiels von Tiefen- und Seitenerosion, Akkumulation,

Hangdenudation sowie Gesteinsart und -lagerung ist, woraus unterschiedliche /Talformen resultieren. Die morphographischen Hauptelemente des Talquerprofils sind: die beiden *Talhänge*, die den tiefsten, mehr oder weniger ebenen Teil des Tals, die *Talsohle* bzw. den *Talboden*, einfassen. Die niedrigsten Bereiche der Talsohle bilden die /Aue, in die das aktuelle /Gerinnebett sowie die Rinnen von Altläufen eingesenkt sind (Abb.). Sowohl die Breite als auch die Form des Talquerprofils verändert sich vom /Talschluß zur Mündung.

Talschluß, Bereich, in dem die Talhänge konvergieren und das /Tallängsprofil seinen Anfang nimmt.

Talsohle /Talquerprofil.

Talsperre, /Stauanlage, die den vorrangigen Zweck hat, Wasser zu speichern und daher – anders als ein /Wehr – die gesamte Talbreite absperrt. Talsperren sind meist Mehrzweckanlagen, die nicht nur der Bereitstellung von Trink-, Brauch- und Bewässerungswasser dienen, sondern auch der Niedrigwasseranreicherung oder dem Hochwasserschutz sowie der Wasserkraftgewinnung (/Wasserkraftanlagen). Der dadurch entstehende Stausee dient häufig auch der Freizeit und Erholung. Die Bemessungsgrundlagen sind im Prinzip die gleichen wie sie für Stauanlagen allgemein gelten. Nach Material und Bauweise wird unterschieden zwischen der früher auch aus Bruchstein, heute ausschließlich aus Beton hergestellten /Staumauer und dem aus örtlich anstehendem Erd- und Felsmaterial geschütteten /Staudamm. Gelegentlich werden auch beide Bauweisen kombiniert, wobei beispielsweise der zur /Hochwasserentlastung dienende Teil des Dammes aus Beton ausgeführt wird. Die Wahl der Bauweise hängt entscheidend von den örtlichen Verhältnissen ab und wird u. a. bestimmt durch die Form der Sperrstelle (Muldental, U- oder V-Tal), den geologischen Verhältnissen im Sperrbereich, insbesondere im Hinblick auf Dichtigkeit und Festigkeit von Untergrund und Talflanken, sowie den verfügbaren Materialien und deren bodenmechanischen Eigenschaften. Anders als Staumauern erfordern Staudämme besondere Maßnahmen für die Dichtung. Wegen ihrer Böschungen (1:1,2 bis 1:3) weisen sie zwar erheblich größere Kubaturen auf, werden aber trotzdem heute bevorzugt gebaut, weil sie wegen der starken Mechanisierung des Baubetriebes sowie des Wegfalls aufwendiger Schalungsarbeiten kostengünstiger als Staumauern sind.

Neben dem eigentlichen Sperrenkörper gehören zu den Talsperren als Nebenanlagen der /Grundablaß zur Entleerung, Einrichtungen zur Ableitung und Nutzung des gespeicherten Wassers sowie die Hochwasserentlastung. Entsprechend dem unterschiedlichen Verlauf von Wasserdargebot und Nachfrage können die Wasserspiegelschwankungen in einer Talsperre sehr erheblich sein. Der Stauraum einer Talsperre gliedert sich dabei in mehrere Bereiche: a) /Totraum: nicht entwässerbarer Bereich unterhalb des Grundablasses bzw. des /Absenkzieles, b) Nutzraum: entsprechend dem Zweck der Anlage nach einem Betriebsplan zu bewirtschaftender Stauraum, und c) Hochwasserschutzraum: untergliedert in den Bereich bis zum /Stauziel und den darüber liegenden unbeherrschbaren Hochwasserschutzraum, der sich durch den Aufstau am Überlaufwehr ergibt. [EWi]

TA Luft, Abkürzung für die technische Anleitung zur Reinhaltung der Luft. Dabei handelt es sich um eine allgemeine Verwaltungsvorschrift in der vorgeschrieben wird, wie eine Immissionsprognose bei einer genehmigungsbedürftigen Anlage entsprechend dem Bundesimmissionsschutzgesetz durchzuführen ist. Durch Vergleich der berechneten Belastung mit vorgegebenen Grenzwerten muß abgeschätzt werden, ob durch die Immissionen schädliche Umwelteinwirkungen, Gefahren, erhebliche Nachteile oder erhebliche Belästigungen für Menschen, Tiere, Pflanzen und Sachen zu erwarten sind.

Talung, talähnliche Senke, die kein Fließgewässer aufweist und deren Genese nicht auf fluviale oder glaziale /Erosion zurückgeführt werden kann.

Talus, Schuttansammlung am Fuß von Hängen. /Schutthalde.

Talvergletscherung, Typ der /Vergletscherung, der weitgehend aus /Talgletschern besteht und allgemein dem etwas mißverständlichen Begriff der »dem Relief untergeordneten Vergletscherung« zugeordnet wird. Talgletscher durchströmen die Täler, deren obere Talhänge und -wände, die Grate und Gipfel, auch im /Nährgebiet eisfreie /Nunatakker sind. Die Bewegungsrichtung der /Talgletscher ist vom Relief bestimmt und nur an /Tranzfluenzpässen kommt es zu Eisüberströmungen. Talvergletscherung ist typisch für die /Gebirgsvergletscherung der /Hochgebirge Alpen, Himalaja etc. Im Gegensatz dazu stehen /Plateauvergletscherung und Inlandvereisung (/Eisschild).

Talweg, Verbindungslinie der tiefsten Punkte in den Querschnitten eines Fließgewässers.

Talwind /Berg- und Talwind.

Talzuschub, häufig ganze Talhänge einnehmende, tiefgreifende gravitative Massenbewegungen in meist stark zerlegtem Gestein. Es können sowohl gleitende Scherbewegungen, häufig verbunden mit Zerrstrukturen am Oberhang, als auch tiefgreifende Kriechbewegungen im Unterhang vorkommen. Je nach dem überwiegenden Mechanismus ist der gleitende Talzuschub vom sackenden Talzuschub zu unterscheiden. Die nahezu synonym benutzten Begriffe *Sackung* und /Bergzerreißung beschreiben den Gesamtmechanismus bzw. das Geschehen im höheren Talbereich eines Talzuschubes. Talzuschübe treten nur in Gebieten mit hoher Reliefenergie auf und sind besonders häufig in glazial übertieften Gebirgstälern anzutreffen.

Tanaka-Methode, Geländeschrägschnitte, Darstellung der Erdoberfläche mittels eng gescharter, paralleler, auf den Grundriß projizierter Profillinien. Die zuerst von dem Japaner Kitiro Tanaka 1932 beschriebene und angewandte Methode der /Reliefdarstellung besteht darin, daß eine enge

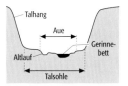

Talquerprofil: schematische Darstellung.

Schar horizontal (Ost-West) verlaufender Geländeschrägschnitte über das Kartenblatt gelegt wird. Die vom Betrachter weg zum oberen Kartenrand hin um 45° geneigten Ebenen schneiden das Relief, wobei die einzelnen Schnittlinien weder Höhen- noch echte Profillinien sind, sondern »geneigte Konturen«, die auf die Kartenebene projiziert dargestellt werden. Daraus leitet sich die Bezeichnung Profilschnittmethode oder Profilschraffur ab. Die Methode ergibt für Bergländer meist wirkungsvolle Reliefdarstellungen, wobei sich die Plastik durch Schattenverstärkung, wie sie die amerikanischen Kartographen H. Robinson und N. J. W. Thrower 1957 und 1963 einführten, und durch Veränderung der Neigung der Schnittlinien verbessert. Der Nachteil der Methode liegt darin, daß die dunklen Linien nur eine sparsame Wiedergabe weiterer Kartenelemente zulassen. [WSt]

Tangelhumus, Humusform in Gebirgslagen mit klimatisch bedingt stark reduzierter Bioturbation. Schlecht zersetzter Tangelhumus unter Nadelwald ähnelt chemisch Hochmoortorf, hier bis einen Meter mächtig; auf Carbonatgestein krümelig und locker.

Tangelrendzina, Varietät des Bodentyps ↗ Rendzina der deutschen Bodenklassifikation mit mächtigem ↗ Tangelhumus.

Tangentialspannung, *Scherspannung, Schubspannung*, ist definiert durch das Verhältnis einer tangential auf eine Fläche wirkenden Kraft K zur Größe dieser Fläche F:

$$\tau = K/F$$

mit der SI-Einheit N/m^2.

Tankgilgai, durch Peloturbation gebildetes Gilgai-Relief (↗ Gilgai-Musterboden) mit rechteckiger Einsenkung zwischen aufgepreßten Wülsten.

Tansley, Sir *Arthur*, englischer Botaniker, * 1871, † 1955, Begründer der ersten ökologischen Gesellschaft, der British Ecological Society, welche auch die Tansley-Lectures abhält. Charakteristisch war sein breitgefächertes Interesse, nicht nur für naturkundliche Thema. Tansley beschäftigte sich mit Geologie, Psychologie, Wissenschaftsphilosophie und wissenschaftlicher Methodenlehre. Er erkannte, daß nicht nur die Tiere von den ↗ Pflanzen, sondern in vielerlei Hinsicht auch die Pflanzen von den Tieren abhängig sind und daß beide in enger Beziehung zur unbelebten Welt stehen. Für dieses Gefüge aus biotischen und abiotischen Komponenten prägte er 1935 den Begriff ↗ Ökosystem. Die Wahl des Wortes »System« zeigt deutlich, daß Tansley nicht einfach nach einem Sammelbegriff für alles, was in der ↗ Vegetation vorkommt, gesucht hatte, sondern nach einem passenden Namen für ein organisiertes Ganzes. Die zugrundeliegende Idee war – in seinen Worten – »die Vorstellung von einer Entwicklung auf ein Gleichgewicht zu, das vielleicht niemals vollständig erreicht wird, an das aber eine Annäherung stattfindet, sobald die einwirkenden Faktoren lange genug konstant und stabil bleiben«.

Tansleys Wortschöpfung fand in der Ökologie erst nach seinem Tod allgemeine Verwendung, und erst in jüngster Zeit ist der Begriff »Ökosystem« in die Alltagssprache eingegangen. Werke (Auswahl): »The use and abuse of vegetational concepts and terms« (1935) (in: Ecology 16), »The Britihs Islands and their Vegetation« (1939). [DS]

Tantal, *Ta*, chemisches Element aus der V. Nebengruppe des ↗ Periodensystems. Es wurde 1802 von dem Schweden A. G. Ekkeberg entdeckt. Tantal wird nicht in Silicatgitter eingebaut, sondern bildet mit Sauerstoff Tantalate anderer Kationen. 1905 stellte W. v. Bolton das reine Metalle dar und fand für Tantal die Verwendung als Leuchtfäden in Glühlampen. ↗ Tantalminerale.

Tantallagerstätten ↗ Seltene-Erden-Lagerstätten.

Tantalminerale, die wichtigsten Tantalminerale sind Tantalit $((Fe,Mn)(Ta,Nb)_2O_6)$ und Niobit $((Fe,Mn)(Nb,Ta)_2O_6)$. Mischkristalle zwischen Niobit und Tantalit werden auch als Columbit bezeichnet. Es sind opake, schwarze bis bräunliche Minerale mit metallähnlichem Glanz. Durch den großen Unterschied in ihrer Dichte (Niobit: 5,3 g/cm³ und Tantalit: 8,1 g/cm³) lassen sich die Mischungsverhältnisse gut feststellen. Darüber hinaus gibt es noch zahlreiche Tantalatminerale der ↗ Seltenen Erden wie Euxenit, Fergussonit und ↗ Samarskit. Zinnstein-Konzentrate (z. B. von Malaya) enthalten bis zu 0,5 % Ta. Tantalminerale kommen primär in Granit-Pegmatiten, sekundär in Seifenlagerstätten vor.

Tapete ↗ Besteg.

Taphonomie, *Fossilisationslehre*, beschreibt alle Prozesse zwischen dem Tod eines tierischen oder pflanzlichen Lebewesens und seiner zum Fundzeitpunkt vorliegenden Erscheinungsform als Fossil. Damit umfaßt die Taphonomie die ↗ Biostratonomie, welche die auf den organischen Überrest einwirkenden Prozesse bis zur endgültigen Einlagerung des Sediments untersucht, und die anschließenden Prozesse der ↗ Fossildiagene-

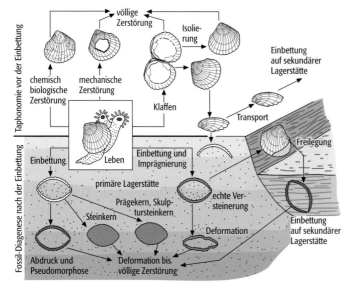

Taphonomie 1: Prozeßgefüge auf dem Weg vom lebenden Organismus zum aufgefunden Fossil.

se (Abb. 1). Manche Autoren rechnen die /Nekrose (Tod und Todesursache) hinzu. Taphonomische Untersuchungen liefern wichtige Ergebnisse zur Erhaltungsfähigkeit und -art von Fossilien (»taphonomischer Filter« Abb. 3) und damit besonders zur Entstehung und Verbreitung von /Fossillagerstätten.
Durch die Untersuchung der auf einen toten Organismus einwirkenden biologischen, sedimentären und geochemischen Faktoren vor seiner Einbettung trifft sie ebenfalls Aussagen zur Paläoökologie, /Fazies und den sedimentären Prozessen (Transport, Umlagerung u. a.) im ehemaligen Lebensraums und kann zwischen Lebensraum und Einbettungsort unterscheiden (/Biozönose, /Thanatozönose, /Taphozönose). Biostratonomische Untersuchungen sind daher auch ein wichtiges Hilfsmittel der /Sedimentologie. In ähnlicher Weise kann die Fossildiagenese die postsedimentäre Geschichte eines Sedimentstapels bis hin zu seiner tektonischen Deformation enthüllen (Abb. 2). [HGH,MG]

Taphonomie 2: Strömungseingeregelte Tentaculiten beweisen Transport und Fossilisation auf sedundärer Lagerstätte.

Taphozönose, Grabgemeinschaft von Organismen, die nach dem Tode überwiegend durch sedimentäre Vermischung aus verschiedenen Lebensräumen zusammengeführt wurde. Dabei kann es sich um die Zumischung allochthoner Organismenreste zu einer authochtonen /Thanatozönose oder um rein allochthone Zusammenschwemmungen handeln. Die meisten Fossilgemeinschaften sind Taphozönosen. Ihre Komponenten sind hinsichtlich Zusammensetzung und Erhaltung durch postmortale (taphonomische) Prozesse (/Taphonomie) beeinflußt. Dazu gehören z. B. Disartikulation und Bruch der Skelette, Abrundung, Frachtsortierung und Strömungseinregelung während des Transports und/oder Bioerosion, wenn Skelettreste längere Zeit ohne Sedimentbedeckung liegen. Aktuopaläontologisches Beispiel einer Taphozönose sind von Wellen zusammengespülte Muschelklappensäume am Strand. Fossile Beispiele sind Schillbänke, Fossilpflaster und /bonebeds. [EM]

Taphrogenese, der von tektonischen, magmatischen und sedimentären Phänomenen begleitete Prozeß der Entwicklung von tektonischen /Gräben und /Riftzonen. Taphrogenese ist damit auch der die /Kontinentalverschiebung einleitende Prozeß.

Tarnung, *Camouflage*, Bezeichnung für die Erscheinung, daß sich Elemente gleicher Ladung und ähnlicher Ionenradien gegenseitig vertreten. Meist handelt es sich um /Spurenelemente, die lange Zeit chemisch nicht analysiert werden konnten. Ein Beispiel ist Hafnium in Zirkon, das erst 1922 von v. Hewesey entdeckt wurde. /Diadochie.

TAS /triaromatische Sterane.

Taschenatlas, /Atlas in Taschenformat (Rückenhöhe 8 bis 17 cm) mit zumeist Erdkarten zu verschiedenen Sachverhalten und Erscheinungen sowie erläuterndem Textteil (Taschenweltatlas). Zum Teil sind Taschenatlanten auch regional auf einen Staat oder Kontinent beschränkt und öfter thematisch spezialisiert (z. B. auf Verkehr, Weltwirtschaft, geschichtliche Epochen). Die Bedeutung der Taschenatlanten liegt in großen, häufig aktualisierten Auflagen und der Darstellung von Themen von allgemein hohem Interesse für ein breites Publikum.

TAS-Diagramm, Total-Alkali-Silica-Diagramm, ein Variationsdiagramm, in dem die Summe der Alkaligehalte (Na_2O+K_2O = Total Alkali, TA) gegen den SiO_2-Gehalt (S) aufgetragen wird. Es dient in erster Linie zur Klassifikation von /Vulkaniten, die auf Grund ihrer Feinkörnigkeit häufig nicht /modal angesprochen werden können. Außerdem erlaubt es eine Unterscheidung zwischen /alkalischen und /subalkalischen (/kalkalkalischen und /tholeiitischen) Gesteinen (Abb.). /Differentiation.

TA Siedlungsabfall, dritte Allgemeine Verwaltungsvorschrift der Bundesregierung, die Vorgaben zur Verwertung von Siedlungsabfällen, zur technischen Ausstattung von Deponien und zur Beschaffenheit der abzulagernden Restabfälle enthält. Sie ist am 1.6.1993 in Kraft getreten. Das Ziel der Verwaltungsvorschrift ist eine bundes-

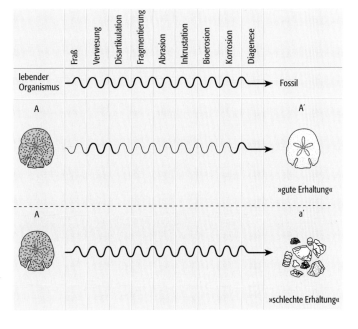

Taphonomie 3: taphonomischer Filter. Die Zahl der durchlaufenen Prozesse entscheidet über die Qualität der Fossilerhaltung.

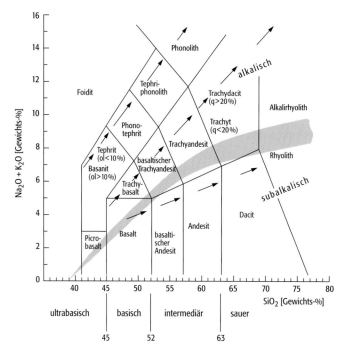

TAS-Diagramm: Klassifikation der Vulkanite nach ihrer chemischen Zusammensetzung (Na_2O+K_2O gegen SiO_2). Der grau markierte Bereich grenzt die alkalischen von den subalkalischen Gesteinen ab. Da bei Plutoniten die Klassifikation nach dem modalen Mineralbestand erfolgt, wird das TAS-Diagramm für diese Gesteine normalerweise nicht verwendet. Um eine entsprechende Unterscheidung zwischen alkalischen und subalkalischen Magmatiten zu treffen, können in erster Näherung die der IUGS-Klassifikation entsprechenden Namen für die Magmatite ggf. aus dem QAPF-Doppeldreieck übertragen werden. Die Pfeile kennzeichnen typische Differentiationsreihen (q = Quarz, ol = Olivin).

einheitliche Regelung der Anforderung an die Entsorgung von Siedlungsabfällen. Nicht vermiedene Abfälle sollen soweit wie möglich verwertet werden, der Schadstoffgehalt der Abfälle soll so gering wie möglich gehalten werden und es soll eine umweltverträgliche Behandlung und Ablagerung der nicht verwertbaren Abfälle sichergestellt werden. Die Deponierung soll so durchgeführt werden, daß die Entsorgungsprobleme nicht auf zukünftige Generationen verlagert werden. Die Anforderungen der Technischen Anleitung richten sich demzufolge an die Verwertung, Behandlung und sonstige Entsorgung von Siedlungsabfällen (unter Berücksichtigung der Entsorgungssicherheit). [CSch]

Tasmansee, Meeresgebiet im ↗Pazifischen Ozean zwischen Australien und Neuseeland.

Tasseled Cap Transformation, eine von Kauth und Thomas entwickelte lineare Transformation der vier Spektralbänder von ↗Landsat-↗MSS, die zu vier neuen Achsen im spektralen Merkmalsraum führt, die den vegetationsspezifischen Informationsgehalt der Daten repräsentieren. Die ersten beiden Hauptachsen komprimieren spektrale Informationen zur Helligkeit des Bodens (soil brightness) und zur grünen Biomasse (greenness, ↗Greenness Index), die dritte Achse entspricht der Gelbfärbung von Getreide im Reifestadium (yellowness) und die vierte Achse beinhaltet Informationen, die a priori nicht mit Helligkeit, Biomasse und Gelbfärbung in Verbindung gebracht werden können (non-such). Die Bodenhelligkeit ist eine gewichtete Summe sämtlicher 4 Spektralbänder, die Biomasse entspricht der Differenz der Spektralbänder im nahen Infrarot minus der Spektralbänder im sichtbaren Bereich, die Gelbfärbung entsteht aus der Differenz des roten minus dem grünen Spektralbereich. Crist und Cicone erweiterten den Ansatz auf jene sechs Spektralbänder von ↗Landsat-↗TM, die reflektierte Strahlung aufzeichnen, und konnten zeigen, daß die Daten in einem dreidimensionalen Merkmalsraum in entsprechenden Ebenen angeordnet sind. Neben einer Ebene der Böden und einer Ebene der Vegetation besteht eine Ebene, die einem Übergangsbereich zwischen Böden und Vegetation entspricht. Diese Ebene ist mit Größen wie Vegetationsbedeckung und Bodenfeuchte korreliert und wird dem Begriff Feuchtigkeit (wetness, ↗Wetness Index) zugeordnet. [EC]

Tatar, *Tatarium*, international verwendete stratigraphische Bezeichnung für die oberste Stufe des Oberperm (↗Perm), benannt nach einem russischen Volksstamm. ↗geologische Zeitskala.

tatsächliche Verdunstung, *reale Verdunstung, aktuelle Verdunstung*, Verdunstung von Oberflächen bei gegebenen meteorologischen Bedingungen bei dem tatsächlich im Boden vorhandenen Wasservorrat (Wassernachschub). Dabei wird zwischen realer ↗Bodenverdunstung (Evaporation), realer ↗Transpiration und realer ↗Evapotranspiration unterschieden. Letztere ist die tatsächliche Verdunstung einer natürlich bewachsenen Fläche und besteht aus den Komponenten der Boden- und Pflanzenverdunstung sowie ggf. der Interzeptionsverdunstung (↗Verdunstungsprozeß).

Tatsumoto-Diagramm ↗U-Pb-Methode.

Tau, an Gegenständen und Pflanzen zu Wassertropfen aus der Luft kondensierter Wasserdampf.

taub, bergmännische Bezeichnung für ein Gestein, in dem kein oder ein nur unbedeutender Anteil des zu gewinnenden Rohstoffes (Erz oder Kohle) enthalten ist. Die gilt insbesondere für Einlagerungen in Lagerstätten, Zwischenmittel in ↗syngenetischen Lagerstätten (wie Kohle) und Vertaubungszonen (↗Vertaubung) in ↗epigenetischen Lagerstätten (wie ↗Ganglagerstätten).

Tauchboot, wird in der ↗Meeresforschung eingesetzt, um Beobachtungen und Messungen auszuführen, Proben zu nehmen oder Geräte auszubringen und zu bergen. Überwiegend werden unbemannte Tauchboote eingesetzt. Dabei werden autonome (Autonomous Underwater Vehicle, AUV) oder über ein Kabel gesteuerte und versorgte Geräte (Remotely Operated Vehicle, ROV) eingesetzt. Bemannte Tauchboote werden speziell für Forschungseinsätze konzipiert und gebaut. Mit dem Bathyscapen Trieste wurde 1960 ein Tieftauchrekord von 11.000 m erreicht. Seitdem hat sich der Schwerpunkt von der maximalen Tauchtiefe zur Manövrierbarkeit verlagert, um gezielte Probennahmen auszuführen. Neuerdings werden auch militärische Atom-U-Boote für die Forschung zur Verfügung gestellt.

Tauchdecke, eine ↗Decke, deren ↗Sohlfläche oder, im Fall von ↗Überfaltungsdecken, deren Achsenfläche im Bereich der Deckenfront in Richtung des tektonischen Transports einfällt. Tauchdecken entstehen durch nachträgliche Faltung der Decke.

taxonomische Kategorien (deutsch, lateinisch, Abk.)	übliche Endungen	taxonomische Einheiten (Beispiele, Synonyme)
Reich (regnum)	-ota	Eukaryota
Unterreich (subregnum)	-bionta	Cormobionta
Abteilung (phylum)	-phyta, -mycota	Spermatophyta
Unterabteilung (subphylum)	-phytina, -mycontina	Angiospermae (= Magnoliophytina)
Klasse (classis)	-phyceae, -mycetes und -opsida (bzw. -atae)	Dicotyledoneae (= Magnoliopsida)
Unterklasse (subclassis)	-idae	Asteridae
Überordnung (superordo)	-anae (bzw. -florae)	Asteranae (= Synandrae)
Ordnung (ordo)	-ales	Asterales
Familie (familia)	-aceae	Asteraceae (= Compositae)
Unterfamilie (subfamilia)	-oideae	–
Tribus (tribus)	-eae	Anthemideae
Gattung (genus)		Achillea
Sektion (sectio, sect.)		sect. Achillea
Serie (series, ser.)		–
Aggregat (agg.)		Achillea millefolium agg.
Art (species, spec. bzw. sp.)		Achillea millefolium
Unterart (subspecies, subsp. bzw. ssp.)		subsp. sudetica
Varietät (varietas, var.)		
Form (forma, f.)		f. rosea

Taxonomie (Tab.): die wichtigsten Kategorien (Taxa) des botanischen Systems, dargestellt am Beispiel der systematischen Stellung von *Achillea millefolium* (Gewöhnliche Schafgarbe).

Tauchfalte ↗Falte.
Tauchwelle, seismische Welle, die von einer ↗seismischen Quelle abgestrahlt wird und durch fortgesetzte Brechung wieder die Oberfläche erreicht. Der ↗Wellenstrahl ist gekrümmt und sein Verlauf kann über das generalisierte ↗Snelliussche Brechungsgesetz bestimmt werden.
Taupunkt, *Taupunkttemperatur*, Temperatur, bei der der ↗Sättigungsdampfdruck gleich dem tatsächlichen ↗Dampfdruck ist.
Taupunktdifferenz, *spread*, Unterschiedsbetrag zwischen der gemessenen ↗Temperatur und dem ↗Taupunkt.
Taupunktregel, lautet: Aus der Differenz von ↗Taupunkt und Temperatur läßt sich die Höhe (in m) des Cumulus-Kondensationsniveaus berechnen, indem man die Taupunktdifferenz mit 122 multipliziert.
Taupunktspiegel ↗Feuchtemessung.
Taupunkttemperatur ↗Taupunkt.
tautozonal, Bezeichnung für Kristallflächen, wenn sie in der gleichen Zone liegen. Natürlich sind je zwei Flächen stets tautozonal, da sie eine Zone definieren; der Begriff wird daher erst bei mehr als zwei Flächen sinnvoll.
Tauwetter, Wettersituation, bei der die bodennahe Lufttemperatur von negativen auf positive Werte ansteigt und eine möglicherweise vorhandene Schneedecke zu tauen beginnt. ↗Witterungsregelfall.
Tawit, ein ↗Foidolith mit Sodalith und 30–70 % ↗Pyroxen.
Taxis, in der ↗Bioökologie die Bezeichnung für die Orientierung und die gerichteten Ortsveränderungen freibeweglicher Organismen in Richtung einer äußeren Reizquelle (positive Taxis) oder von ihr weg (negative Taxis). Chemotaxis ermöglicht Bakterien und Pilzen das Auffinden von Nahrungsquellen. Phototaxis bezieht sich auf die Bewegung des Vegetationspunktes und der Blüte von höheren Pflanzen hin zum Licht. Die Wurzel wächst dagegen i. d. R. vom Licht weggerichtet (Phototropismus). Bewegungen gegenüber der Erdanziehung bezeichnet man als Geotaxis.

Taxon, (Pl. Taxa), in der Biologie eine nach dem Grad der Verwandtschaft geordnete Einheit von Arten. Der Begriff Taxon bezieht sich auf eine beliebige Stufe der ↗Taxonomie (↗Art, Gattung, Familie, Ordnung, etc.).
Taxonomie, Wissenschaft von der Klassifikation und korrekten Beschreibung der Organismen, abgeleitet aus deren evolutionärer Entwicklung. Ein ↗Taxon zeichnet sich durch eine gemeinsame Abstammung und gemeinsam erworbene Merkmale aus. Die sich historisch herleitende Verwandtschaft wird also aus den vorhandenen Merkmalsunterschieden herausgearbeitet. Dabei zählen nur Merkmale, die ein Taxon ursprünglich erworben hat (Synapomorphie, Analogie), nicht aber später entwickelte konvergente Merkmale (↗Konvergenz). Die Verwandtschaftsverhältnisse werden in ein hierarchisch aufgebautes System eingeordnet. Die daraus resultierende *Systematik*, obwohl häufig synonym mit Taxonomie gebraucht, ist deshalb ein weitergehender Begriff und umschreibt die Wissenschaft von der Vielfalt der Organismen (↗Biodiversität) und deren verwandtschaftlichen Beziehungen.
An erster Stelle für die Beschreibung der Taxa stehen morphologische Merkmalsunterschiede (Tab.). Die Taxonomie wird heute zusätzlich durch verfeinerte Methoden der Embryologie, Physiologie, Biochemie, Genetik, aber auch der biogeographischen und paläontologischen Forschung ergänzt. Die wichtigste Einheit im taxonomischen System bildet die ↗Art. Sie wird aus allen Organismen gebildet, die in reproduktivem Austausch miteinander stehen (↗Population). Die wissenschaftliche Nomenklatur der Art erfolgt mit dem vorgestellten Gattungsnamen und adjektivisch beigefügten Artnamen (Buche: *Fagus sylvatica*; Wolf: *Lupus lupus*). Höhere taxonomische Rangstufen sind abstrakte Ordnungsbegriffe, denen im Rahmen der Hierarchie bestimmte Positionen zugeordnet werden. Nach unten werden Unterarten und Varietäten unterschieden, Sippen, die sich zwar in bestimmten Merkmalen unterscheiden, aber miteinander hy-

bridisieren können. Die verwandtschaftliche Beziehung wird sowohl in Stammbäumen dargestellt, welche die Evolution nachzeichnen, wie auch in abstrakten Verwandtschaftsschemen und Horizontalprojektionen (Abb.). [MSch]

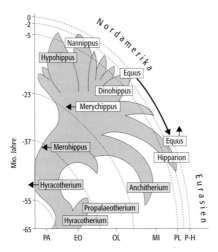

Taxonomie: Stammbaum mit den wichtigsten Gattungen der Equiden (Pferde). Der dicke Pfeil markiert die Wanderbewegung von Equus, der postpleistozän in Nordamerika ausstarb und durch den Menschen im 16. Jahrhundert wieder eingeführt wurde. PA = Paleozän, EO = Eozän, OL = Oligozän, MI = Miozän, PL = Pliozän, P-H = Pleistozän/Holozän.

Taxozönose, *Zönose,* Begriff der ↗Bioökologie für eine Lebensgemeinschaft von ökologisch und taxonomisch (↗Taxonomie) nahestehenden Organismen (aus derselben Klasse, wie z. B. Kreuzblütler oder Vögel usw.). Taxozönosen bilden somit Teilgemeinschaften in der ↗Zoozönose und in der ↗Biozönose. Der Begriff wird auch für lokale Lebensgemeinschaften bei Gruppierung von ↗Arten aus derselben Klasse verwendet (Nomozönose). Diese zeichnen sich im Raum jedoch durch ein eigenes Verbreitungsmuster aus.

TCB, *temps coordonné barycentrique,* baryzentrische Koordinatenzeit, Zeit, die eine im ↗Baryzentrum des Sonnensystems ruhende Uhr anzeigt.

TCG, *temps coordonné geocentrique,* geozentrische Koordinatenzeit, Zeit, die eine im Massenzentrum der Erde ruhende Uhr anzeigt.

Tc-Horizont, ↗T-Horizont, mit Sekundärcarbonat angereichert. ↗Bodenkundliche Kartieranleitung.

TDB, *temps dynamique barycentrique,* baryzentrisch-dynamische Zeit, Zeit, die als Basis der Bewegungsgleichungen von Himmelskörpern im Sonnensystem gilt, wurde in TB umbenannt.

TDR ↗*time domain reflectometry.*

TDT, *temps dynamique terrestrique,* terrestrisch dynamische Zeit, Zeit, die eine auf dem ↗Geoid der Erde befindliche ↗Atomuhr anzeigt, wurde in ↗TT umbenannt.

TEC, *Total Electron Content,* Integral der Elektronendichte einer vertikalen Säule von 1 m² Querschnitt.

Technetium, [von griech. technetos = künstlich], *Eka-Mangan,* radioaktives metallisches Element aus der VII. Nebengruppe des Periodensystems mit dem Symbol Tc, das in der Natur möglicherweise beim ↗Oklo-Phänomen entstanden ist und nur künstlich herstellbar ist.

Technische Anleitung, *TA,* allgemeine Verwaltungsvorschriften, die es für verschiedene Bereiche des ↗Umweltschutzes gibt. a) ↗TA Luft: Sie enthält Vorschriften zur behördlichen Genehmigung und Überwachung von luftbelastenden Anlagen, insbesondere Emissions- und Immissionsgrenzwerte zum Schutz vor Gesundheitsgefahren. b) ↗TA Abfall: enthält Vorschriften zur Minimierung des Risikos im Bereich Abfall, der nach dem neusten Stand der Technik landeseinheitlich beseitigt werden soll. Die Abfälle sollen ökonomisch vertretbar behandelt, abgelagert (deponiert) und beseitigt werden. c) TA Lärm: bezieht sich auf das deutsche Emissionsschutzgesetz und liefert Lärmgrenzwerte und Lärmrichtwerte, die behördenverbindlich bei der Genehmigung technischer Anlagen zum Einsatz kommen.

Technische Barriere, der Teil des ↗Multibarrierenkonzepts, der aus dem technischen Dichtungs- und Kontrollsystem besteht. Hierzu zählen die Deponieoberflächenabdichtung, die Basisabdichtung sowie die Seitenabdichtung.

technische geologische Barriere, ist die ↗geologische Barriere an einem Deponiestandort nach den Anforderungen der Technischen Regelwerke ↗TA Abfall und ↗TA Siedlungsabfall unzureichend, so kann diese gegebenenfalls durch technische Maßnahmen ersetzt oder verbessert werden. Die TA Abfall erlaubt eine teilweise, die TA Siedlungsabfall eine vollständige technische Herstellung der geologischen Barriere.

technische Meteorologie, beschäftigt sich mit der praxisnahen Anwendung meteorologischer Kenntnisse auf alle Bereiche der Technik. Das breite Spektrum möglicher Anwendungen reicht vom Witterungseinfluß auf den Straßenbau über die Materialprüfung bis hin zur Lagerung und zum Transport von Gütern und Waren (↗Laderaummeteorologie).

technische Mineralogie, die modernen mineralogischen Wissenschaften mit den Fachgebieten Mineralogie, Kristallographie, Petrologie, Geochemie und Lagerstättenkunde sind heute überwiegend technisch-angewandte Disziplinen mit dem Kernfach der ↗Mineralogie, die sich mit der vorwiegend kristallisierten und anorganischen Materie beschäftigt. Ihre Bedeutung für Technik und Wirtschaft liegt vor allem in der Entwicklung neuer analytischer und synthetischer Arbeitsmethoden, insbesondere in der Kristallstrukturforschung und der Kristallsynthese. Neben der Anwendung der ↗Polarisationsmikroskopie und der Röntgenbeugung sind es vor allem die in den letzten Jahren in der Mineralogie zu Routinearbeiten gewordenen analytischen Methoden der Röntgenfluoreszenzspektralanalyse, Atomabsorptionsspektralanalyse, optischen Spektralanalyse, energiedispersiven Röntgenmikroanalyse, Neutronenaktivierung, klassischen Durchstrahlelektronenmikroskopie und der modernen Rasterelektronenmikroskopie, der Differenzthermoanalyse und thermogravimetrischen Analyse, Infrarotspektralanalyse usw., durch die vielseitige Anwendung mineralogischer Arbeitsmethoden in Industrie und Technik bedingt ist (↗analytische Methoden). Hinzu kommen die traditionellen Arbeitsmethoden der Mineralogie, wozu u. a. Hochdruck-Hochtemperatursynthesen, Kristallzüchtung (↗Mineralsynthese) und experimentelle Untersuchungen über den Kristallisationsverlauf und Phasengleichgewichte an Mehrkomponentensystemen zählen. Es gibt kaum einen Industriezweig, in dem mineralischer Rohstoff nicht unmittelbar oder als verarbeitetes Produkt Anwendung findet. Ein Schwerpunkt der Mineralogie in der Technik ist die keramische Industrie, wo heute insbesondere auch synthetische Rohstoffe eine zunehmende Bedeutung erlangt haben.

Da ein größter Teil aller Minerale aus Silicaten besteht und die keramischen Rohstoffe (↗Keramik) auf der Basis von Mineralen und Gesteinen beruhen, ist die Mineralogie für die Behandlung der hier auftretenden Festkörperprobleme besonders geeignet. Technologische Verbesserungen und Neuentwicklungen sind nur auf der Basis spezifisch mineralogischer Kenntnisse möglich. Besonders wichtig ist die exakte Kenntnis des qualitativen und quantitativen Phasenaufbaus der Minerale, deren Verwachsungs- und Gefügeverhältnisse sowie ihre Phasenumwandlung und Bildungsmöglichkeiten. Waren es hier früher Fragen zu den Umwandlungs- und Phasenneubildungsprozessen der Rohstoffe beim Brennen von Steingut, Steinzeug und Porzellan, die interessierten, so sind es heute vor allem die Entwicklung neuer Werkstoffe, Verfahren zur Herstellung definierter Kristallformen und Kristallitgrößen, Reinheit und reproduzierbare technologische Eigenschaften der keramischen Erzeugnisse. Dies gilt vor allem für Bereiche der Elektro- und Magnetokeramik, Supraleiter, Metallkeramik, verbund- und faserverstärkten Werkstoff- und Biokeramik. Zu den neuesten sonderkeramischen Erzeugnissen gehören auch Siliciumnitridwerkstoffe, die im Hochtemperatureinsatz bessere Voraussetzungen mitbringen, als alle bisher bekannten Materialien. Sie können z. B. im Maschinenbau dort eingesetzt werden, wo metallische Werkstoffe die Grenze ihrer Einsatzmöglichkeit hinsichtlich der Temperatur, Wärmedehnung und chemischen Stabilität erreicht haben. Die Produkte der Industrie der feuerfesten silicatischen Erzeugnisse und der feuerfesten Baustoffe können je nach Zusammensetzung bis zu Temperaturen über 2000°C beansprucht werden. Da auch hier überwiegend ↗mineralische Rohstoffe zum Einsatz kommen, bildet die Kenntnis der Rohstoffeigenschaften die Voraussetzung für die Herstellung von Produkten mit definiertem technologischen Verhalten. Feuerfeste und hochfeuerfeste Erzeugnisse auf der Basis von Nitriden, Siliciden, Oxiden und Carbiden finden heute vor allem für Widerstandsheizungen, Hartstoffe, in der Raumfahrt und als Mantelwerkstoffe für thermonukleare Reaktionen Verwendung.

Ein weiterer industrieller Schwerpunkt der Mineralogie liegt im Bergbau, wo die Kenntnisse des Festkörpers als mineralischer Rohstoff direkt eingesetzt werden und wo sich ohne mineralogische Kenntnisse die abbauwürdigen Qualitäten einer Lagerstätte nicht beurteilen lassen. Ein klassisches und zunehmend breiteres Feld mineralogischer Problemstellungen bietet die Zementindustrie. Rohstoffe zur Herstellung des Portlandzentrums sind Kalk und Kreidegesteine, Tone und Kalkmergel. Minerale wie Quarz, Feldspat, Glimmer, Tonminerale und akzessorische Mineralkomponenten gehen beim Brennprozeß der Zementklinker (↗Zement) eine Reihe von Reaktionen ein und bilden beim Abkühlen des Zementklinkers durch Kristallisation die »Zementminerale«. Aufschlüsse über Ausbildung und Verteilung der verschiedenen Mineralphasen im Zementklinker geben vor allem polarisationsoptische und röntgenographische Untersuchungen an geätzten Anschliffen. Bei der Verarbeitung bilden sich beim Erhärten des Zements wasserhaltige Verbindungen, die sogenannten Hydratphasen, deren kristalliner Aufbau von entscheidender Bedeutung für die technologischen Eigenschaften der entsprechenden Betonprodukte ist. Dies gilt besonders für die Festigkeit, die auf ein verzahntes Mineralgerüst zurückzuführen ist. Dieses besteht aus feinkristallinem Calciumsilicathydrat und Calciumaluminathydratkristallen, in die gröbere Calciumhydroxidkristalle und unhydratisierte Klinkerreste eingebettet sind. Mineralogische Untersuchungen dienen in Zementwerken der Betriebsüberwachung, wo sie neben chemischen und mechanisch-technologischen Prüfungen wertvolle Hinweise auf die Ursache von Störungen liefern. Darüber hinaus geben sie der Zementforschung bei der Entwicklung neuartiger Bindemittel mit besonderen Eigenschaften wichtige Impulse.

In der Baustoffindustrie spielt neben den Untersuchungen technologischer Eigenschaften von Natursteinen vor allem die Entwicklung neuartiger Baustoffe mit z. T. unkonventionellen Bindemitteln eine wesentliche Rolle. Analog zu den in der Erdkruste ablaufenden mineralbildenden Prozessen kommt es bei den hydrothermal gehärteten Kalksandsteinen unter höheren Druck- und Temperaturbedingungen in Anwesenheit von Wasser zur Kristallisation der Bindemittelphasen. In Verbindung mit den klassischen Bindemitteln Zement, Kalk, Gips führen Kristallisationsreaktionen oft zu Bauschäden. Aus Treibkernbildungen, Frostsprengungen und anderen Ursachen resultieren oft beträchtliche Schadensfälle, deren Aufklärung durch detaillierte kristallographische und mineralogische Kenntnisse über die Verhaltensweisen der beteiligten Mineralphasen möglich ist. Zunehmende Bedeutung haben wärmedämmende Leichtbausteine, bei denen mineralische Rohstoffe wie Bims oder Lavaschlacke (Schaumlava) direkt Verwendung finden oder die durch Pelletieren, Granulieren, Körnen, Sintern oder Blähen künstlich hergestellt werden. Zu den letzteren zählen Perlite, Vermiculite, Blähtone, Blähschiefer, Hüttenbims, Aschensinter, Schlackensinter, Feuerungsschlacken, Schmelzkammergranulate und die mit

Heißdampf hergestellten EPS-Schäume. Eine Reihe von Mineralkomponenten findet als Schwerezuschlag Verwendung, um bei Strahlenschutzbaustoffen die für die Gammastrahlenabschwächung maßgebliche Rohdichte einzustellen. Dabei handelt es sich vor allem um Schwerspat, Ilmenit, Magnetit, Hämatit und Serpentin. Die aus natürlichen Vorkommen stammenden, z. T. auch künstlich hergestellten borhaltigen Minerale Colemanit, Ulexit und Borocalcit erhöhen im Strahlenschutzbeton die Neutronenabsorption, wodurch sich die Wirkung der entstehenden Sekundärstrahlung vermindern läßt.

Gesteine basaltischer Zusammensetzung eignen sich zur Herstellung von künstlichen Mineralfasern (Steinwollen) und zu sogenannten Schmelzbasalterzeugnissen, wie z. B. säurefeste Röhren u. a. Spezialwerkstoffe. Die dabei erforderlichen hohen Schmelztemperaturen und die oft recht heterogene Mineralzusammensetzung des praktisch unerschöpflichen Rohstoffs ↗Basalt, aber auch mögliche gesundheitliche Risiken durch die faserförmigen Stäube werfen dabei zahlreiche Fragen auf, die mit den Methoden der Mineralogie gelöst werden können. Die zunehmenden Verwitterungsschäden an Bausteinen historischer Denkmäler sind ein weiteres aktuelles Betätigungsfeld der Mineralogie im Rahmen von Umweltsicherung und Umweltschutz. Neben chemisch-analytischen Untersuchungen führen hier vor allem mineralogische Arbeitsmethoden wie Gefüge- und Mineralanalysen zur Klärung der Verwitterungsursachen und des Verwitterungsverhaltens, aus denen sich Rückschlüsse auf die bautechnische Verwertbarkeit und die Bausteinkonservierung ableiten lassen. Und in der Industrie der Steine und Erden sind mineralogische Kenntnisse bei Aufbereitungstechnologien von entscheidender Bedeutung für die Mineraltrennungen der Rohstoffe.

Mit einer Vielzahl kristallographischer Festkörperprobleme beschäftigt sich die chemische Industrie, vor allem auf dem Gebiet der Pigmente und der anorganischen Füllstoffe. Die Chemie der Pigmente liefert ein gutes Beispiel angewandter Kristallchemie, da die Pigmenteigenschaften weitgehend durch eine zweckmäßige Auswahl der Wirtsgitter, durch farbgebende Ionen als Gastkomponenten, Kristalltracht (↗Tracht) und ↗Habitus, Teilchengröße und Oberflächeneigenschaften bedingt werden. Die Herstellung anorganischer Füllstoffe auf Silicat-, Kieselsäure- und Metalloxidbasis ist an die zweckmäßige Auswahl und sichere Reproduzierbarkeit disperser fester Phasen sowie an die Kontrolle von Größe und Eigenschaften der inneren und äußeren Oberfläche geknüpft. Mineralogisch-kristallographischer Natur sind auch die zu lösenden Probleme bei der Auswahl von Katalysatoren, Trocknungsmitteln und Molekularsieben auf Zeolithbasis (↗Zeolithe) und in der Chemie der aktivierten Tone. Auch haben die vielseitigen Anforderungen auf dem Kunststoffsektor im Zusammenhang mit der Entwicklung neuer Verbundwerkstoffe, insbesondere der sogenannten Cermets, den Einsatz natürlicher und die Entwicklung synthetischer anorganischer Fasern erheblich simuliert. Wie kaum ein anderer Industriezweig basiert die chemische Industrie jedoch auch auf dem mineralischen Rohstoff selbst (↗Eigenschaftsrohstoffe). Schwefel, Calcit, Baryt, Quarz, Graphit sowie Natrium-, Kalium-, Magnesium-, Bor-, Arsen- und Quecksilberminerale etc. finden für die Herstellung chemischer Präparate direkte Verwendung.

Die mineralogische Grundlagenforschung beschäftigt sich intensiv mit der experimentellen ↗Mineralsynthese, um die Bildungsbedingungen der Minerale und Gesteine zu ergründen. Der steigende Bedarf der Industrie an synthetischen Kristallen, insbesondere an reinen oder gezielt dotierten großen Einkristallen, nimmt immer mehr zu. Heute sind technisch-industrielle Herstellungsverfahren zur Züchtung synthetischer Kristalle für viele Industriezweige von Bedeutung. Schwerpunkte liegen im Bereich der optischen, elektrischen und der Elektronik-Industrie, wo der Bedarf an Halbleitern und an Kristallen mit besonderen magnetischen Eigenschaften zunimmt. Die in der mineralogischen Grundlagenforschung erstmals synthetisierten Quarzkristalle bilden die Grundlage der industriellen ↗Hydrothermalsynthese von Einkristallen in steuerbaren Großprozessen. Die gegenwärtig industriell eingesetzten Kristallzuchtautoklaven (↗Autoklaven) für die Herstellung von Quarzeinkristallen, die für Ultraschallgeber und zur Frequenzstabilisierung von Sendern eingesetzt werden, haben Durchmesser von 1 m und Längen von 1–4 m. Bei hohen Temperaturen und Wasserdampfdrucken bis zu 2000 bar (0,2 GPa) lassen sich dabei Hunderte von Einkristallen herstellen.

Große Kristalle, die wegen der zunehmenden Verknappung mineralischer Rohstoffe insbesondere für die Herstellung von Linsen und Prismen synthetisch hergestellt werden müssen, kommen in der optischen Industrie zum Einsatz. Für optische Geräte werden insbesondere Kalkspat, Flußspat, Quarz und Magnesiumfluoridkristalle gebraucht. Weitere Hilfsmittel der modernen Technik werden aus synthetischem Korund hergestellt, u. a. Linsen und Prismen, Lichtleiter, Elektrodenhalter, Raketendüsen, Fenster an Weltraumkapseln und die Schutzfenster der Solarzellen von Weltraumsonden. Die Lasertechnik ist ohne synthetische Kristalle nicht durchführbar. Durch die sinnvolle Kombination der kristalloptischen und kristallgeometrischen Verhältnisse von Laserrubinen ergeben sich die Möglichkeiten der dreidimensionalen Fotografie, der Holographie. Weitere Einsatzmöglichkeiten liegen auf dem Gebiet der Energieübertragung, Fernmeldetechnik, Spektrographie und Telemetrie.

In der Glasindustrie entstehen vielfältige Probleme bei der Glasherstellung durch Reaktionen zwischen Glasschmelze und Wannenmaterial, die zu Glasfehlern und zum Verschleiß der Glasöfen führen. Mineralogisch-geochemisches Grundwissen ist auch bei der Betriebskontrolle und beim Einsatz der mineralischen Rohstoffe erforderlich. Neben einfachen Gebrauchsgläsern wird heute eine große Palette von Spezialgläsern für Chemie, Pharmazie, Elektronik und Optik hergestellt, die Schwermetalloxide und Seltene Erden enthalten. Mineralogisch-kristallographische Problemstellungen ergeben sich dabei vorwiegend aus dem Nachweis unerwünschter Kristallisationsursachen. Die Kenntnis kristallchemischer und kristallstruktureller Details hinsichtlich der Koordinations- und Ladungsverhältnisse in den Kristallaggregaten erlauben Voraussagen über Eigenschaften und Entwicklung von Spezialgläsern. Ein ausgedehntes Arbeitsgebiet liegt in der modernen Entwicklung glasigkristalliner Werkstoffe, in denen Kristalle, eingebettet in eine Glasmatrix, zu Trägern bestimmter Eigenschaften werden.

Wie vielseitig der technisch-industrielle Anwendungssektor der Mineralogie heute ist, wird in der Papierindustrie deutlich. Neben Kaolin und anderen Tonmineralen finden hier zahlreiche Mineralphasen mit ihren vielfältigen, teils naturgegebenen, teils künstlich abwandelbaren Eigenschaften als Füllstoffe, Streichclays und Weißpigmente Verwendung. Farbgebende Elemente wie Eisen oder Titan müssen zur Erzielung eines hohen Weißgrades abgetrennt werden, dabei ist es wichtig zu wissen, ob diese in Form selbständiger Mineralphasen oder in die entsprechenden Wirtsgitter eingebaut sind. Erst aus den durch mineralogische Phasenanalysen gewonnenen Kenntnissen lassen sich entsprechende technologische Verfahren zur Abtrennung der Störkomponenten oder zur kristallchemischen Tarnung durchführen. Vielfach werden auch die in ihrer Zusammensetzung stark variierenden mineralogischen Rohstoffe durch entsprechende synthetische Erzeugnisse ersetzt, wobei Mineralphasen wie Ettringit (Satinweiß) oder Calcit-Aragonitgemische bestimmter Korngröße, Kristallformen und Oberflächenbeschaffenheit eine wichtige Rolle spielen. Die Schleifmittelindustrie macht sich Eigenschaften der Kristalle wie Härte, Zähigkeit, Kornformen und -größe, Spalt- und Brucheigenschaften sowie die Bindefähigkeit der Mineralphasen an die Trägeroberfläche zunutze. Natürliche Schleifmittel sind Diamant und Diamantaggregate, Korund, Granat und Quarz, daneben werden zahlreiche künstliche Schleifmittel synthetisiert oder aus mineralogischen Rohstoffen hergestellt. Elektrokorund wird aus Bauxit im Lichtbogen gewonnen, Sinterkorund aus calcinierter Tonerde. Weitere großtechnische Synthesen sind Siliciumcarbid, Borcarbid, Bornitrid, Wolframcarbid, Chromoxid und synthetische ↗Diamanten, die unter Verwendung von Metallkatalysatoren aus Kohlenstoff bei Drucken von ca. 100.000 bar (10 GPa) und Temperaturen von ca. 2000°C gewonnen werden (↗Hochdrucksynthese). Neben meist gerundeten Naturdiamanten haben die scharfkantig begrenzten Synthesen schleifmitteltechnologisch oft bessere Eigenschaften.

In engem Zusammenhang mit der Entwicklung der Landwirtschaft steht die Düngemittelindustrie mit der Verwertung von Mineraldüngern, wobei Kalium, Stickstoff und Phosphoritminerale eine wesentliche Rolle spielen. Neben den natürlichen Phosphoritmineralen werden Phosphordüngemittel heute in großem Umfang aus gemahlenen Hüttenschlacken, z. T. auch aus dem Mineral Apatit direkt, hergestellt. Dabei spielen auch Massenkristallisationsprozesse, wobei es auf das Wachstum von Kristalliten bestimmter Korngrößen und Kornformen (z. B. Reiskornform) ankommt, eine wichtige Rolle. [GST]

Technische Zusammenarbeit, *TZ*, Maßnahme der Bundesregierung zur Unterstützung von Entwicklungsprozessen in den Partnerländern. Verantwortlich für die Bundesregierung zeichnet das Bundesministerium für wirtschaftliche Zusammenarbeit und Entwicklung (BMZ). Ziel der Technischen Zusammenarbeit ist es, die Menschen und Organisationen in diesen Ländern durch partnerschaftliche Zusammenarbeit in die Lage zu versetzen, ihre Lebensbedingungen aus eigener Kraft zu verbessern. Zu diesem Zweck werden über die TZ technische, wirtschaftliche und organisatorische Kenntnisse und Fähigkeiten vermittelt. Im Rahmen der TZ werden insbesondere folgende Leistungen erbracht: a) Bereitstellung von Beratern, Ausbildern, Sachverständigen, Gutachtern und sonstigen Fachkräften, b) Bereitstellung von Ausrüstung und Material für die Ausstattung der geförderten Einrichtungen, c) Aus- und Fortbildung einheimischer Fach- und Führungskräfte im Heimatland, in anderen Entwicklungsländern oder in Deutschland.

Vorrangig werden Vorhaben unterstützt, die den Grundbedürfnissen der armen Bevölkerungsschichten direkt Rechnung tragen. Ökologische Gesichtspunkte und solche, die der Verbesserung der gesellschaftlichen Stellung der Frauen dienen, werden besonders berücksichtigt. Auch Vorhaben zur Förderung demokratischer Strukturen werden im Rahmen der TZ gefördert. Die Vorhaben konzentrieren sich auf die Bereiche und Regionen, die in den Länderkonzepten als Schwerpunkte der bilateralen Entwicklungszusammenarbeit (EZ) mit dem Entwicklungsland festgelegt worden sind. Die TZ wird für das Entwicklungsland unentgeltlich im Wege der Direktleistung erbracht. Die Bundesregierung beauftragt damit überwiegend die Deutsche Gesellschaft für Technische Zusammenarbeit GmbH (GTZ), aber auch die Bundesanstalt für Geowissenschaften und Rohstoffe (BGR) und die Physikalisch-Technische Bundesanstalt. Die BGR mit Hauptsitz in Hannover ist die zentrale geowissenschaftliche Institution zur Beratung der Bundesregierung. Sie ist eine nachgeordnete Fachbehörde des Bundesministeriums für Wirtschaft und Technologie. Aus ihrer Aufgabenstellung ergeben sich fachliche Verbindungen zum BMZ. In dessen Auftrag übernimmt die BGR die fachliche Prüfung von Projektanträgen sowie die Planung und Durchführung von TZ-Projekten (Abb.). Die jährlichen Mittelzuweisungen des BMZ an die BGR belaufen sich auf ca. 15 Mio. DM.

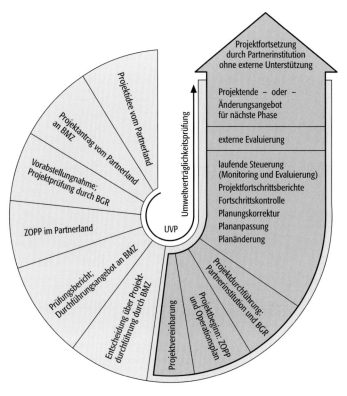

Technische Zusammenarbeit: Entstehung eines Projekts (ZOPP = zielorientierte Projektplanung, BMZ = Bundesministerium für wirtschaftliche Zusammenarbeit und Entwicklung).

Mit dem Wandel der entwicklungspolitischen Zielvorgaben haben sich in den vergangenen 35 Jahren auch die TZ-Projekte der BGR inhaltlich stetig weiterentwickelt. Bis zum Ende der 1960er Jahre stand die Landeserforschung (z. B. Kartierung) als nötige Voraussetzung zum Aufbau einer Infrastruktur im Vordergrund. In den 1970er Jahren wurden die Partnerländer verstärkt bei der Erschließung ihrer Rohstoffbasis unterstützt. Ab Mitte der 1980er Jahre wurde das partizipative Prinzip zum Leitmotiv der deutschen Entwicklungspolitik: Hilfe zur Selbsthilfe, vor allem durch Trägerförderung im Verbund mit einem angepaßten Know How-Transfer und einer verstärkten thematischen Ausrichtung auf die Themen Grundversorgung, Umweltschutz sowie Raum- und Regionalplanung. Schwerpunkt ist die Förderung und der Aufbau nationaler Trägerinstitutionen, wie z. B. von ↗Staatlichen Geologischen Diensten und anderen Geo-Institutionen in Entwicklungsländern. Besonderes Gewicht hat die Aus- und Fortbildung von Mitarbeitern der Partnerinstitutionen durch spezielle Fortbildungsprogramme im In- und Ausland. Im Rahmen der Trägerförderung (Institution building bzw. Capacity building) führt die BGR gemeinsam mit den Partnerinstitutionen TZ-Vorhaben auf folgenden Gebieten durch: Angewandte Geowissenschaften, Regionalgeologie, Umweltgeologie, Hydrogeologie, Geologie mineralischer und Energie-Rohstoffe, Lagerstättenbewertung, Gewinnung mineralischer Rohstoffe, Kleinbergbau, Bergbaugesetzgebung, Umwelt- und Arbeitsschutz im Bergbau. [MST]

Technoökologie, theoretisch postulierte Ausweitung der Betrachtungsweise der ↗Landschaftsökologie auf den Zusammenhang ↗Natur – Technik – Gesellschaft, der die technologischen Möglichkeiten des Menschen in bezug zur ↗Umwelt umfänglich berücksichtigt. Eine forschungs- und anwendungspraktische Umsetzung dieses Postulates scheitert im Moment noch an den fehlenden methodischen Brücken zwischen den verschiedenen zu betrachtenden Disziplinen. Dies liegt nicht zuletzt an den unbeantworteten ethischen Fragen der Bewertung der technischen Möglichkeiten aus ökologischer Sicht (↗Noosphäre).

Teersand, Anreicherung von Schweröl in meist oberflächennahen Sanden, hervorgegangen aus Erdöllagerstätten, in die ↗meteorisches Wasser eingedrungen ist und deren ↗Kohlenwasserstoffe durch Abwandern der leicht flüchtigen (niedrig siedenden) Anteile, Oxidation, Auswaschen und biologischen Abbau nicht mehr fließfähig sind. Die Bezeichnung Teersande ist historisch bedingt und nicht korrekt, da es sich um ↗Bitumen handelt und nicht um Teer, das bei trockener Destillation aus Holz oder Kohle entsteht und andere Kohlenwasserstoffe enthält (Aromate). Aufgrund hoher Kosten für Abbau und Prozessieren (Trennung der Kohlenwasserstoffe vom Gestein) werden Teersande bisher wenig genutzt, sie stellen jedoch eine wichtige Kohlenwasserstoffreserve für die Zukunft dar. Bekannte Vorkommen in Deutschland sind die Teersande aus der Unterkreide von Wietze bei Hannover (früher in Abbau), das größte Vorkommen weltweit sind die kreidezeitlichen Athabasca-Teersande aus der Provinz Alberta in Kanada (bergmännische Gewinnung im Tagebau, Extraktion der Kohlenwasserstoffe mit Dampf oder Heißwasser). [HFl]

Tegelen-Komplex, früher als älteste Warmzeit im ↗Pleistozän durch Flora und Fauna des Tegelen-Tons belegt, benannt von C. und M. Reid 1915 nach der Ortschaft Tegelen in Süd-Limburg (Niederlande). Heute als Tegelen-Komplex in A, B und C1–C8 gegliedert, wobei mehrere Zyklen von Warmzeiten und Kaltzeiten mit ↗Kryoturbationen und ↗Eiskeilpseudomorphosen zu unterscheiden sind. Die Ablagerungen von Tegelen C5 gehören säugerstratigraphisch in das Villafranchian (↗Quartär Tab. 1) und zwar in die MN17 (Mammal Neogen Zone).

Nach den INQUA-Beschlüssen von 1948 und 1982 gehört das Tegelen mit seiner Obergrenze im Top des ↗Olduvai-Event bei 1,7 Mio. Jahren ins ↗Tertiär. In Mitteleuropa wird dagegen im allgemeinen das Tegelen und das vorangegangene ↗Praetegelen noch zum ↗Quartär gerechnet und die Tertiär/Quartär-Grenze bei 2,47 Mio. Jahren in den Bereich der Gauß-Matuyama-Grenze gelegt. Die Pollendiagramme des Tegelen zeigen nicht die typische Wiedereinwanderungsfolge wie die Interglaziale des Mittel- und Jungpleistozäns, so daß eine Identifizierung und Korrelierung der einzelnen Vorkommen schwierig oder unmöglich ist und andere Hilfsmittel herangezogen werden müssen. Typisch für das Tegelen ist der Wasserfarn *Azolla tegeliensis*. [WBo]

Teich, künstliche kleine Wasseransammlung durch Absperren oder Anlegen einer meist abflußlosen Vertiefung. Teiche dienen überwiegend einem bestimmten Zweck, z. B. Mühlteich, Löschteich, Klärteich, Sickerteich usw. ↗Weiher.

Teichmüller, *Marlies*, geb. Köster, deutsche Geologin, * 11.11.1914 Herne, † 12.9.2000 Krefeld; zunächst am Reichsamt für Bodenforschung, nach dem Krieg am Geologischen Landesamt Nordrhein-Westfalen (mit Vorläuferinstitutionen); bei großer Publikationszahl zahlreiche wichtige Arbeiten (häufig zusammen mit ihrem Mann Rolf ↗Teichmüller) zur Geologie der Kohlen, speziell zur Kohlenpetrographie, der Diagenese organischer Teilchen in Sedimenten und zur Inkohlung; Werke (Auswahl): mit Rolf Teichmüller Beiträge in »Coal and Coal-Bearing Strata« (1968), »Stach's textbook of coal petrology« (zusammen mit E. ↗Stach, M.-Th. ↗Mackowski u. a., 1975).

Teichmüller, *Rolf*, deutscher Geologe, * 1.9.1904 Nordhausen am Harz, † 6.10.1983 Krefeld; nach Hochschultätigkeit am Reichsamt für Bodenforschung nach dem Krieg am Geologischen Landesamt Nordrhein-Westfalen (jeweils mit zwischenzeitlich verschiedenen Benennungen); Tätigkeiten im Bereich der Angewandten Geologie mit Schwerpunkt in Deutschland, vornehmlich zu Lagerstätten mit Betonung der Kohlelagerstätten, bei großer Publikationszahl zahlreiche wichtige Arbeiten (häufig zusammen mit seiner Frau Marlies Teichmüller) zur Geologie der Kohlen, speziell zur Inkohlung bzw. Inkohlungsgeschichte, hierbei auch zu Beziehungen zum Vorkommen von Erdöl und Erdgas; Werke (Auswahl): zusammen mit Marlies Teichmüller Beiträge in »Coal and Coal-Bearing Strata« (1968), »Stach's textbook of coal petrology« (zusammen mit E. ↗Stach, M.-Th. ↗Mackowski u. a., 1975).

Teilbarkeit ↗Spaltbarkeit.

Teilchendichte ↗Dichte.

Teilchenkonzentration, Anzahl der Aerosolpartikel einer bestimmten Größenklasse pro Volumeneinheit. ↗Aerosol.

Teilkreis, *Horizontalkreis*, ein mit einer Kreisteilung versehener Kreis, z. B. aus Glas. Teilkreise mit einem Durchmesser von ca. 70–100 mm werden in geodätische Instrumente, z. B. ↗Theodolite, zur Bestimmung von ↗Winkeln eingebaut. Bei optischen Instrumenten wird eine visuelle Ablesung an einer arabischen Bezifferung vorgenommen und in elektronischen Geräten erfolgt eine elektronische Kreisabtastung. Durch unvermeidbare Unvollkommenheit bei der Anfertigung der Kreisteilung treten sogenannte Teilkreisfehler auf. Ihr Einfluß auf die Ermittlung der Winkel kann dadurch reduziert werden, in dem man jede Richtung mehrfach an verschiedenen Teilkreisstellen mißt.

Teilökosystem, modelltheoretische Bezeichnung für einen separierten oder isoliert betrachteten Bereich eines ↗Ökosystems. Die Notwendigkeit zum Ausscheiden von Teilökosystemen kann sich aus methodischen oder disziplinären Gründen ergeben. Teilökosysteme existieren aber nicht in dieser Form in der realen Lebensumwelt, denn sie bleiben immer Bestandteil der funktionellen Einheit des Gesamtökosystems. Beispiele für Teilökosysteme sind das ↗Biosystem, das ↗Morphosystem oder das ↗Geosystem.

Teilpopulation, Untergruppierung von Individuen aus einer ↗Population, die aufgrund ihres Zusammenlebens in einem ↗Bestand oder einem ↗Biotop in engerem reproduktiven Austausch steht. Zwischen den Teilpopulationen ist dagegen der Austausch von Genen vermindert oder ganz unterbrochen (v. a. bei Populationen, die sich parthenogenetisch (eingeschlechtlich) fortpflanzen). Eine Population kann sich daher aus mehreren Teilpopulationen zusammensetzen (↗Metapopulation).

Teilschmelze ↗*Partialschmelze*.

Teilschnittmaschine ↗maschineller Tunnelvortrieb.

Teilsohlenbruchbau ↗Abbaumethoden.

Teilsturm, magnetische Störung, die sich im wesentlichen auf die polaren Gebiete beschränkt. Im Falle einer südwärtigen Komponente des ↗IMF kann Plasma des ↗solaren Windes in die Magnetosphäre eindringen und sich nach Überschreiten einer kritischen Plasmainjektion im ↗Magnetosphärenschweif ansammeln. Die damit verbundenen magnetischen Störungen nennt man Teilsturm. Ein Maß für die Teilsturmaktivität ist der AE-Index. Im Gegensatz zum ↗magnetischen Sturm ist für den Teilsturm kein besonderes Ereignis auf der Sonne erforderlich.

Teilungsfehler, die Abweichung eines beliebig langen Abschnittes einer Teilung von seinem Sollmaß.

Teisserenc de Bort, *Léon Philippe*, französischer Meteorologe, * 1855 Paris, † 1913 Cannes; Gründer und Direktor des »Observatoire de Météorologie dynamique« in Trappes bei Paris, Mitbegründer der dynamischen Meteorologie und ↗Aerologie; Entdecker der Stratosphäre gleichzeitig mit Assmann.

Tektite, [von griech. *téktein* = schmelzen], *Glasmeteorite* (veraltet), wenige Millimeter (in Ausnahmen bis 20 cm) große, kugelige, tropfen- oder hantelförmige Partikel aus Gesteinsglas mit glänzender, genarbter Oberfläche. Sie finden sich in wenigen großen Streufeldern, eingelagert in Sedimenten des ↗Känozoikums, und werden nach den Hauptfundgebieten als ↗Moldavite (Böhmen), ↗Billitonite (Billiton, Indonesien), ↗Australite (ganz Südaustralien) usw. bezeichnet, weitere Fundorte sind vor allem Texas, die Libysche Wüste und die Elfenbeinküste. Ihre chemische Zusammensetzung (60–80 % SiO_2, 10–15 % Al_2O_3, daneben Na, K, Ba, extrem wenig H_2O) unterscheidet sie sowohl von ↗Meteoriten als auch von vulkanischen ↗Gesteinsgläsern, sie deutet mehr auf irdische ↗Sandsteine bzw. ↗Grauwacken. Der Schmelzpunkt der Tektite liegt bei 1200–1400°C. Höchstwahrscheinlich sind sie beim Einschlag großer ↗Meteorite durch Aufschmelzung von Sedimenten entstanden (↗Impakt).

Tektogen, Bereich der ∕Erdkruste mit einheitlichem tektonischen Bau (∕Tektogenese).

Tektogenese, Bildung von Erdkrustensegmenten, die in einheitlicher Weise von tektonischen Verformungen geprägt worden sind. Dabei braucht kein Gebirge im orographischen Sinne zu entstehen.

Tektonik, Teildisziplin der Erdwissenschaften, die sich mit der dreidimensionalen Form und den Formveränderungen von Gesteinen in den festen Teilen der Erde befaßt, d. h. mit allen Aspekten globaler, regionaler, lokaler und mikroskopischer Gesteinsdeformation (∕Deformation). Die bei der Deformation entstehenden tektonischen Strukturen sind Hauptforschungsgegenstand der Tektonik, die daher auch als *Strukturgeologie* bezeichnet wird. Strukturen existieren in sehr verschiedenen Skalenbereichen: ∕Mikrostrukturen sind kleiner, als daß sie mit bloßem Augen erkannt werden können, sie werden mit Hilfe von Lichtmikroskop, Rasterelektronen- und Transmissionselektronenmikroskop sichtbar gemacht. Mesostrukturen sind mit bloßem Auge sichtbar, sie umfassen Strukturen von der Größe eines Handstücks bis zu einer Bergwand. Makrostrukturen sind normalerweise im Gelände nicht zu überblicken, sondern umfassen ganze Gebirge bis zum globalen Bereich, wie dies zum Beispiel bei ∕Plattentektonik der Fall ist (Abb. im Farbtafelteil). Makrostrukturen werden u. a. mit Karten, Luft- und Satellitenbildern sichtbar gemacht. Aus der Analyse von Strukturen werden Rückschlüsse auf die zugrundeliegenden tektonischen Bewegungen gezogen; es erfolgt die kinematische Analyse. Aus dem Bewegungsablauf wird wiederum auf die die tektonischen Bewegungen hervorrufenden Kräfte und Spannungen geschlossen (dynamische Analyse). [ES]

tektonische Brekzie, *Verwerfungsbrekzie, Reibungsbrekzie*, an einer ∕Verwerfung durch Bruch des Gesteins entstandenes Trümmergestein mit eckigen Bruchstücken. ∕Kataklasit.

tektonische Denudation, Freilegung tiefer Krustenteile entlang flach einfallender, weitreichender Abschiebungen und folgendem entlastungsbedingtem isostatischem Aufstieg. Die betroffenen Gebiete sind durch einen hohen ∕geothermischen Gradienten ausgezeichnet, der den flachen Verlauf der Abschiebungsbahnen durch Einschwenken in den entsprechend hochliegenden Bereich ∕duktiler Verformung innerhalb der Kruste gestattet (∕metamorpher Kernkomplex).

tektonische Inversion, 1) positive tektonische Inversion: Vorgang, bei dem eine durch Krustendehnung entstandene Abschiebung durch tektonischen Zusammenschub in eine Aufschiebung umgewandelt wird (Abb. 1). 2) negative tektonische Inversion: Vorgang, bei dem in einem Extensionsregime ehemalige, unter Einengung entstandene Auf- und Überschiebungssysteme in bestimmten Abschnitten als Abschiebungen reaktiviert werden (Abb. 2).

tektonische Karte, Darstellung von Lagerungsformen bzw. Verformungen von Gesteinskörpern, die durch tektonische Krafteinwirkung entstanden sind.

tektonische Klippe, *Deckscholle*, Teil einer ∕Decke, der durch Erosion vom Hauptteil der Decke getrennt wurde und jetzt isoliert auf fremdem Untergrund liegt. ∕tektonisches Fenster.

tektonische Klüfte ∕Klüfte.

tektonische Korrektur, Gesteinsformationen werden während ihrer langen geologischen Geschichte in der Regel durch orogene Prozesse deformiert, gefaltet oder zerbrochen und ihre heutige Lagerung (charakterisiert durch das ∕Streichen und ∕Fallen der Schichten) entspricht nicht mehr ihrer ursprünglichen Position bei der Bildung der Gesteine und ihrer ∕remanenten Magnetisierung. Die an Gesteinsproben bestimmte und auf das heutige geographische Koordinatensystem bezogene ∕charakteristische Remanenz (ChRM) muß daher mit Hilfe einer Koordinatentransformation tektonisch korrigiert werden. Wichtig ist dabei die Festlegung der ∕Paläohorizontalebene, weil sie die ∕Paläoinklination I_{pal} der ChRM und damit die ∕Paläobreite φ_{pal} festlegt. Die tektonischen Korrekturen spielen auch beim ∕Faltungs-Test eine wichtige Rolle.

tektonische Mélange ∕Mélange.

tektonischer Gürtel ∕mobiler Gürtel.

tektonisches Fenster, Bereich innerhalb einer ∕Decke, der so tief erodiert ist, daß die Gesteine im Liegenden der Decke sichtbar werden (Abb.). Ist das Fenster nicht ringsum von Gesteinen der Decke umgeben, spricht man von einem *Halbfenster*. ∕tektonische Klippe.

tektonisches Stockwerk ∕Stockwerkstetonik.

Tektonit, ein Gestein, das eine im Gefüge erkennbare tektonische Verformung erlitten hat. Nach der Ausprägung des Gefüges spricht man von S-, L- oder LS-Tektoniten. *S-Tektonite* werden von planaren Elementen dominiert, lineare Elemente sind kaum oder schwach entwickelt (Beispiele: Tonschiefer, Phyllit). Dieses Gefüge entspricht einem oblaten ∕Verformungsellipsoid. *L- Tektonite* (veraltet *B-Tektonite*) werden durch Lineationen dominiert (Beispiel: eingeregelte Hornblenden in Amphiboliten). Hier hat das Verformungsellipsoid eine prolate Form. In *L/S-Tektoniten* sind planare und lineare Elemente ungefähr gleich stark entwickelt, die Verformungsgeometrie entspricht angenähert ebener Verformung.

tektonische Inversion 1: schematische Darstellung einer klassischen positiven tektonischen Inversion. A, B und C sind stratigraphische Einheiten (A = vor, B = während und C = nach dem Riftstadium).

tektonische Inversion 2: schematische Darstellung einer negativen tektonischen Inversion in zwei Stadien (a und b). Die Störungen sind mit C = contractional (Kontraktion), N = neutral und E = extensional (Extension) bezeichnet, dargestellt durch dickere Linien.

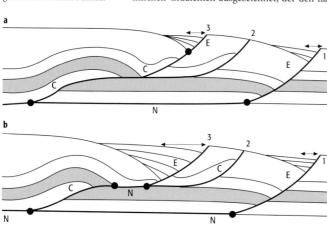

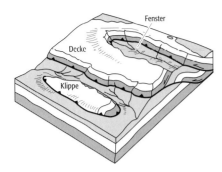

Tektosilicate, *Gerüstsilicate*, überwiegend ↗Alumosilicate der Alkali- und Erdalkalimetalle, bei denen fachwerkartige, räumliche Verknüpfungen der SiO_4-Tetraeder vorliegen. Zu den Tektosilicaten zählen die Mineralgruppe der ↗Feldspäte, der ↗Feldspatvertreter und der ↗Zeolithe (Tab.). ↗Silicate, ↗Silicat-Kristallchemie.

Tektovarianz, der Einfluß der unterschiedlichen Dynamik der Erdkruste auf die Oberflächenformen. ↗Epirovarianz, ↗Klimavarianz, ↗Petrovarianz.

telemagmatische Lagerstätten, weit von ihrer magmatischen Quelle entfernte ↗hydrothermale Lagerstätte (nach heutigem Verständnis i. a. nicht magmatischen Ursprungs).

Telemetrie, *Fernmessung, Fernmeßtechnik*, Aufzeichnung der Anzeige eines Instrumentes über eine Distanz.

telescoping, Zusammenschieben der normalen Zonierung bei hydrothermalen Erzabscheidung (↗hydrothermale Lagerstätte) durch steileres Temperaturgefälle, z. B. um Hochplutone. Dadurch kommt es zu komplexen ↗Mineralbildungen.

telethermal, hydrothermaler Mineralbildungsbereich bei Temperaturen unter 100°C. Der Begriff bezeichnet im Fall von hydrothermalen Erzlagerstätten (↗hydrothermale Lagerstätte) Bildungsbedingungen des Erzes, die distal vom magmatischen Herd und durch geringe Temperaturen (geringer als bei ↗epithermalen Lagerstätten) charakterisiert sind.

Television Infra-Red Observing Satellite ↗TIROS.

Telinit ↗Vitrinit.

Tellereis, Form des ↗Meereises, bei der neu gebildete, nahezu kreisförmige Eisstücke mit Durchmessern zwischen mehreren Dezimetern und wenigen Metern durch gegenseitiges Aneinanderstoßen einen erhöhten Rand besitzen.

Tellur, chemisches Element aus der VI. Hauptgruppe des Periodensystems mit dem Symbol Te. Benannt nach dem lateinischen Wort für Erde (tellus) wurde es 1782 von M. H. Klapproth in goldhaltigen Erzen aus Siebenbürgen aufgefunden.

Tellurerzlagerstätten, sind keine eigenständige Lagerstätten, sondern Beiprodukt auf hydrothermalen ↗Ganglagerstätten (z. B. Butte in Montana, USA).

Telluride ↗Tellurminerale.

Tellurik, [von lat. tellus = Erde], 1) Bezeichnung für induzierte erdelektrische (tellurische) Ströme

und Felder (↗Magnetotellurik). 2) elektromagnetische Kartierungsmethode, die das elektrische Feld an einer Wanderstation mit dem an einer Basisstation in Beziehung setzt, um daraus Rückschlüsse auf die Leitfähigkeitsverteilung im Untergrund zu ziehen. Wegen der Empfindlichkeit des elektrischen Feldes gegenüber oberflächennahen Einlagerungen wird das Verfahren in seiner Reinform, d. h. ohne Messung eines Magnetfeldes, nicht mehr verwendet.

tellurische Ströme, induzierte erdelektrische Ströme (↗Magnetotellurik).

Tellurminerale, Tellur bildet mit Silber, Kupfer, Quecksilber, Bismut und Blei *Telluride*, wobei allerdings die größte Häufigkeit bei den Gelbgold-Telluriden liegt (↗Gold, ↗Goldtelluride). Als Verwitterungsprodukt tritt auch das Oxid Tellurit (TeO_2) auf. ↗Sulfide.

tektonisches Fenster: schematische Darstellung.

Tektosilicate (Tab.): Übersicht über die wichtigsten Tektosilicate (Sch. = Schoenflies, int. = international).

Mineral/chemische Zusammensetzung	Kristallsystem Symbol (Sch.) Symbol (int.)	Härte	Dichte [g/cm³]	Spaltbarkeit
Feldspatvertreter a) Nephelin $Na_3K[AlSiO_4]_4$	hexagonal C_6^6 $C6_3$	5,5–6	2,56–2,66	{1010} {0001} wenig
b) Analcim $Na[AlSi_2O_6]$	kubisch O_h^{10}	5,5	2,24–2,29	{001} sehr wenig
c) Leucit $K[AlSi_2O_6]$	tetragonal C_{4h}^6 $I4_1/a$	5,5–6	2,47–2,50	{110} sehr wenig
Feldspäte a) Orthoklas $K[AlSi_3O_8]$	monoklin C_{2h}^3 C2/m	6	2,55–2,63	{001} {010} sehr deutlich
b) Sanidin $(K, Na)[AlSi_3O_8]$	monoklin C_{2h}^6 C2/c	6	2,55–2,63	{001} {010} sehr deutlich
c) Mikroklin $K[AlSi_3O_8]$	triklin C_i^1 P$\bar{1}$	6	2,56–2,63	{001} {010} sehr vollk.
d) Plagioklase Albit $Na[AlSi_3O_8]$ Oligoklas An 10–30 % Andesin An 30–50 % Labradorit An 50–70 % Bytownit An 70–90 %	triklin C_i^1 P$\bar{1}$	6	2,63	{001} sehr vollkommen {010} gut
Anorthit $Ca[Al_2Si_3O_8]$		6	2,76	
Sodalith $Na_8[Cl_2 (AlSiO_4)_6]$	kubisch T_d^4 P$\bar{4}$3d	5–6	2,3–2,5	{110} ziemlich vollkommen
Zeolithe a) Natrolith $Na_2[Al_2Si_3O_{10}] \cdot 2H_2O$	rhombisch C_{2v}^{19} Fdd2	5	2,24	{110} {110} sehr gut
b) Laumontit $Ca[Al_2Si_4O_{12}] \cdot 4H_2O$	monoklin C_2^3 C2	3–3,5	2,25–2,35	{110} {110} vollkommen
c) Heulandit $Ca[Al_2Si_7O_{18}] \cdot 6H_2O$	monoklin C_{2h}^3 C2/m	3,5–5	2,2	{010} sehr vollk.

Telluroid, die im ⁊Molodensky-Problem durch eine Abbildung der Erdoberfläche entstehende Näherungsfigur der Erde.

Telma, *Mikrogewässer*, Kleinstgewässer, das je nach Wasserführung ein zeitweise oder dauernd existierendes, spezielles ⁊Habitat darstellt. Natürlicherweise finden sich solche minimalen Wasseransammlungen zum Beispiel in kleinen Hohlräumen an Gesteinsoberflächen oder in Baumlöchern. Die Entstehung kann jedoch auch künstlich bedingt sein durch Abfallgegenstände anthropogener Herkunft, wie Konservendosen, Autoreifen oder Holzbehältnisse.

Telom, einförmig gebauter Sproß der ersten tracheophyten Landpflanzen (⁊Psilophytopsida). Die bis 50 cm hohen, binsenförmigen Triebe besaßen einen zentralen Leitstrang für den Stofftransport, waren in Folge der Zweiteilung des ursprünglichen Vegetationskegels gabelig (dichotom) verzweigt, trugen endständige Sporangien und waren durch horizontal liegende, mit ⁊Rhizoiden besetzte ⁊Rhizome im Boden verankert. Die ⁊Telomtheorie versucht zu erklären, wie aus diesem einfach gebauten Vegetationskörper der charakteristische Bauplan der ⁊Tracheophyten entstand.

Telomtheorie, erklärt, wie vom ursprünglichen ⁊Telom der ⁊Psilophytopsida ausgehend fünf Elementarprozesse zum komplexen Bauplan der ⁊Tracheophyten führten. a) Bei der Übergipfelung wuchs ein Trieb der ursprünglich gleichwertigen Telome einer dichotomen Gabelung bevorzugt gegenüber dem Schwestertrieb, was die Unterteilung der ⁊Sproßachse in Haupt- und Nebentriebe und die damit verbundene Arbeitsteilung einleitete. b) Bei der Planation ordneten sich ursprünglich frei im Raum verteilte Seitentriebe in einer Ebene an. c) Bei der Verwachsung bildeten sich Gewebe entweder zwischen den durch Planation in einer Ebene angeordneten Telomen, die somit flächig zum makrophyllen ⁊Blatt verwuchsen, oder mehrere nicht in einer Ebene stehende Telome verwuchsen zur säulenförmigen ⁊Stele. d) Durch starke Reduktion eines der ursprünglich gleichwertigen Telome einer dichotomen Verzweigung entsteht das einnervige Kleinblatt (Mikrophyll). e) Bei der Einkrümmung wuchsen gegenüberliegende Flanken eines Teloms ungleichmäßig stark, das Telom krümmte sich nach einer Seite und konnte dann zusätzlich von Gewebe eingeschlossen werden. Dieser Prozeß führte zur Entwicklung von Fortpflanzungsorganen. [RB]

TEM 1) ⁊*Transienten-Elektromagnetik*. 2) ⁊*Transmissions-Elektronen-Mikroskop*.

TE-Mode, *Tangential Elektrisches Feld*, ⁊Magnetotellurik.

Temperatur, Zustandsgröße, die Systeme (z. B. Wasser oder Luft) im thermodynamischen Gleichgewicht charakterisiert. Zwei Körper sind im thermischen Gleichgewicht, wenn ihre Temperaturen gleich sind. Man unterscheidet zwischen der ⁊absoluten Temperatur (Temperaturwert über dem absoluten Nullpunkt von 0 K) und der ⁊Skalentemperatur (Temperaturwert über einem beliebig festgelegten Nullpunkt, z. B. dem ⁊Gefrierpunkt von Wasser bei der Celsius-Skala). Die ⁊Lufttemperatur gehört zusammen mit dem Luftdruck zu den wichtigsten Zustandsgrößen der ⁊Atmosphäre.

In der ⁊Geothermik wird in der Regel die absolute oder thermodynamische Temperatur (Maßeinheit: Kelvin, K) benutzt, die über den Wirkungsgrad des Carnotschen Kreisprozesses definiert ist. In der ⁊Angewandten Geothermik wird vorrangig die Celsiusskala (°C) verwandt. In der Kelvin-Skala hat die Temperatur am Tripelpunkt des Wassers den Wert $T = 273{,}16$ K. Der Nullpunkt der Celsius-Skala ist nach Definition T_o (Celsius) = 273,15 K.

Die ⁊potentielle Temperatur Q wird in °C angegeben. Heute wird die International Temperature Scale of 1990 (ITS-90) verwendet, wobei der ⁊Tripelpunkt des reinen Wassers bei 273,16 K bzw. 0,010°C und der Siedepunkt bei Standardatmosphärendruck bei 99,974°C liegt. Sie ersetzt die International Practical Temperature Scale of 1968 (IPTS-68).

Temperaturadvektion ⁊Temperaturänderung.

Temperaturänderung, zeitliche Änderung der Lufttemperatur an einem festen Ort. Diese kann durch das Heranführen wärmerer oder kälterer Luftmassen mit dem Wind erfolgen (*Temperaturadvektion*). Als weitere Ursachen kommen die Wärmezufuhr oder Wärmeentzug durch Wärmeleitung sowie kurzwelliger oder langwelliger ⁊Strahlung und durch ⁊Phasenumwandlungen in Frage.

Temperaturfaktor, beschreibt die Reduktion der elastisch gestreuten Intensität von Röntgenstrahlung, Neutronen und Elektronen durch die thermischen Schwingungen der Atome. Atome in Kristallen führen thermisch angeregte Schwingungen um ihre Gleichgewichtslage aus, die zu einer Reduktion der Streuintensität führt. Da die Zeitskala eines Beugungsexperiments sehr viel größer ist als die Dauer einer einzelnen Schwingung, ist nur die zeitlich gemittelte Streudichteverteilung:

$$\varrho^{dyn}(\vec{r}) = \int \varrho^{stat}(\vec{r} - \vec{u}) P(\vec{u}) = \varrho(\vec{r}) \cdot P(\vec{r})$$

von Belang, wobei $P(\vec{u})$ diese Verteilung beschreibt. Die Fouriertransformierte ist nach dem ⁊Faltungssatz:

$$f^{dyn}(\vec{H}) = f^{stat}(\vec{r}) \cdot T(\vec{H}),$$

wobei $f^{stat} = F[\varrho^{stat}]$ der Atomformfaktor (für Neutronen, Elektronen oder Röntgenstrahlung) ist (⁊Atomstreufaktor) und $T(\vec{H}) = F[P(\vec{r})]$ (Fouriertransformation) der Temperaturfaktor oder ⁊Debye-Waller-Faktor für den Reflex mit den Indizes h,k,l.

Für eine harmonische Schwingung sind sowohl die Verteilungsfunktion $P(\vec{r})$ als auch ihre Fouriertransformierte $T(\vec{H})$ Gaußfunktionen ($\langle u^2 \rangle_{\vec{H}}$ = mittlere quadratische Auslenkung parallel zum reziproken Gittervektor $\vec{H}$):

$$T(\vec{H}) = \exp\left[-2\pi^2 \langle u^2 \rangle_H \left(\frac{2\sin\theta}{\lambda}\right)^2\right]$$
$$= \exp\left[-2\pi^2 \vec{H}^T \mathbf{U} \vec{H}\right]$$

mit dem symmetrischen Schwingungstensor zweiter Stufe **U** mit den Elementen $U_{ij} = \langle u_i u_j \rangle$. Im Falle räumlich isotroper Auslenkungen vereinfacht sich das zu:

$$T(\vec{H}) = \exp\left[-2\pi^2 U_{iso}\left(\frac{2\sin\theta}{\lambda}\right)^2\right]$$
$$= \exp\left[-B_{iso}\left(\frac{\sin\theta}{\lambda}\right)^2\right]$$

mit nur einem isotropen Schwingungsparameter $B_{iso} = 8\pi^2 U_{iso}$. Die durch thermische Schwingungen (dynamische Fehlordnung) verlorene Reflexintensität tritt als thermisch diffuser Streuuntergrund an den Braggreflexen auf. Die Breite der Braggreflexe ändert sich nicht.

Zur graphischen Darstellung der Wahrscheinlichkeitsdichte $P(\vec{r})$ verwendet man die charakteristische Fläche (Abb.):

$$\vec{r}^{\,T} \mathbf{U}^{-1} \vec{r} = C^2.$$

die für den symmetrischen Tensor **U** ein Ellipsoid, das sog. »Schwingungsellipsoid«, beschreibt, dessen Hauptachsen eine Länge proportional zur Wurzel aus der mittleren quadratischen Schwingungsamplitude in diesen drei Richtungen haben.

Für Atome in speziellen Lagen bestehen Symmetriebeschränkungen für die unabhängigen Tensorelemente des symmetrischen Tensors **U**. Sie folgen aus der Bedingung:

$$\mathbf{U} = R \mathbf{U} R^T,$$

wobei für R die Drehmatrizen der Lagesymmetrie des betreffenden Atoms einzusetzen sind. Es ergeben sich isotrope Schwingungen (Kugelsymmetrie) für alle kubischen Punktlagen, Rotationsellipsoide für die Drehachsen 3, 4, 6, $\bar{3}$, $\bar{4}$, $\bar{6}$ und deren nichtkubische Obergruppen. Für die orthorhombischen Lagesymmetrien 222, mm2 und mmm fallen die Hauptachsen mit der Richtung der Basisvektoren zusammen; für monokline Lagesymmetrien liegt eine Achse des Ellipsoids entlang der monoklinen Hauptachse. [KE]

Temperatur-Feuchte-Diagramm ↗ *thermodynamisches Diagramm*.

Temperaturgradient, räumliche Änderung der Temperatur. In der ↗ Atmosphäre liegt der vertikale Temperaturgradient im Bereich von 10 K/km und der horizontale Temperaturgradient bei 0,1 K/km. ↗ adiabatischer Temperaturgradient.

Temperatur im Erdinnern, die Temperaturen im Erdinneren können nur aufgrund indirekter Meßergebnisse und bestimmter Modelle abgeschätzt werden, da die tiefsten Bohrungen, in denen die Gebirgstemperatur gemessen wurde, eine maximale Tiefe von 12 km (Bohrung SG-3 auf der Kolahalbinsel) bzw. ca. 10 km (Erdöl-Erdgasbohrungen in Sedimentbecken) erreichen.

Die kontinentale Erdkruste hat eine mittlere Mächtigkeit von 30 km und wird nach unten durch die mit seismischen Methoden erfaßbare ↗ Mohorovičić-Diskontinuität begrenzt (Grenze zwischen der Erdkruste und dem oberen Erdmantel (Kruste-Mantel-Grenze). Da die Anzahl der tiefen Bohrungen sehr gering ist, gibt es gesicherte Kenntnisse über die Temperatur-Tiefenverteilung in bestimmten Regionen oder tektonischen Einheiten lediglich bis zu einer Tiefe von ca. 5 km, deren tatsächliche Meßwerte in Karten der Temperaturverteilung oder Temperaturprofile konstruiert werden. Durch ein transkontinentales Profil durch Europa von den Pyrenäen bis Westsibirien wird verdeutlicht, daß bereits in 5 km Tiefe Temperaturunterschiede zwischen verschiedenen tektonischen Einheiten von >100°C auftreten. Im Bereich der präkambrischen Osteuropäischen Plattform nimmt die Temperatur vergleichsweise langsam mit der Tiefe zu, hohe Temperaturwerte treten in tektonisch jungen Gebieten auf. Für die Extrapolation der Temperatur bis zur Kruste-Mantel-Grenze sind Annahmen über die Tiefenverteilung der radiogenen Wärmeproduktion und der Wärmeleitfähigkeit notwendig. Eine häufig benutzte Beziehung ist die exponentielle Abnahme der Wärmeproduktion mit der Tiefe:

$$H(z) = H_0 \exp^{-z/D}$$

mit H_0 = die Wärmeproduktion in der Nähe der Erdoberfläche ist, z/D = Relaxationstiefe, in der H auf den Wert H_0/e abgesunken ist. Auf indirektem Wege können Aussagen über die vertikale Verteilung der Wärmeproduktion gemacht werden. So weiß man aus petrophysikalischen Untersuchungen an Gesteinsproben, daß es Beziehungen zwischen dem Gesteinstyp, der Gesteinsdichte, der Fortpflanzungsgeschwindigkeit seismischer Wellen und der radioaktiven Wärmeproduktion gibt, da Uran als wichtigstes wärmeproduzierendes Element in granitischen Ge-

Temperaturfaktor: thermisches Schwingungsellipsoid $\vec{r}^{\,T} U^{-1} \vec{r} = C^2$. Das Ellipsoid ist auf der Atomposition zentriert; für $C^2 = 1{,}5282$ umschließt seine Oberfläche ein Volumen von 50 % Aufenthaltswahrscheinlichkeit. Die Länge der drei Hauptachsen ist proportional zur Wurzel aus den mittleren quadratischen Schwingungsamplituden $\sqrt{\langle u_1^2 \rangle}$, $\sqrt{\langle u_2^2 \rangle}$ und $\sqrt{\langle u_3^2 \rangle}$ in diesen drei Richtungen. Bei Raumtemperatur liegen diese Werte für Minerale typischerweise um 0,05–0,20 Å; für organische Substanzen können sie 0,4 Å und mehr erreichen.

steinen konzentriert ist, die einen hohen Quarzgehalt und damit eine niedrige Dichte und eine niedrige Fortpflanzungsgeschwindigkeit haben. Mit zunehmender Tiefe nimmt der Quarzgehalt ab, die Dichte und die Fortpflanzungsgeschwindigkeit steigen an und die radiogene Wärmeproduktion nimmt ab. Aus der Kenntnis der vertikalen Verteilung der Fortpflanzungsgeschwindigkeit seismischer Wellen kann daher eine Abschätzung über die vertikale Verteilung der Wärmeproduktion gemacht werden. Mit diesen Ergebnissen läßt sich die Temperatur-Tiefenverteilung bis zur Kruste-Mantel-Grenze berechnen (↗Geotherme). Da der Aufbau der Erdkruste unterschiedlich ist, gibt es auch regional unterschiedliche Ansätze für die Wärmeproduktion und die Wärmeleitfähigkeit. Die Temperatur-Tiefenverteilung in Form von Geothermen wird daher für einzelne geothermische Provinzen (Wärmestromdichteprovinzen) oder tektonische Einheiten getrennt durchgeführt. Temperatur-Tiefenberechnungen für Europa zeigen, wie stark die Temperaturunterschiede an der Kruste-Mantel-Grenze sein können. Relativ niedrige Temperaturen (350°C bis 500°C) werden für präkambrische Schilde (Schweden, Finnland) und die Osteuropäische Tafel erhalten. Temperaturwerte von 500°C bis 600°C treten in den paläozoisch gefalteten Gebieten Europas (Böhmisches Massiv, Rheinisches Massiv) auf. Hohe Temperaturwerte von 800°C bis 1000°C werden unter dem Ungarischen Becken und dem Oberrheintalgraben erwartet. Diese Untersuchungen verdeutlichen, daß die Kruste-Mantel-Grenze keine Isothermalfläche darstellt und die Wärmestromdichte an der Basis der Erdkruste nicht konstant ist. Für Europa schwanken die Temperaturen an der Kruste-Mantel-Grenze zwischen 280°C und 900°C und die Wärmestromdichte zwischen 15 und 60 mW/m^2. Das bedeutet, daß auch im oberen Erdmantel zumindest bis zur Basis der Lithosphäre erhebliche laterale Variationen der Wärmestromdichte auftreten.

Eine einfache Extrapolation der Temperatur an der Kruste-Mantel-Grenze in größere Tiefen ist nicht möglich. Für die als fest angesehene Lithosphäre bis ca. 200 km Tiefe können jedoch zusätzliche Angaben aus ↗Geothermometern abgeleitet werden. Von Bedeutung für die Temperaturabschätzung im oberen Erdmantel ist vor allem die Druck-Temperatur (p-T)-Abhängigkeit des Verhaltens von Ca und Al in dem Mineral ↗Pyroxen, das verbreitet in ultrabasischen Gesteinen auftritt (Pyroxengeothermometer). Weitere Hinweise über die derzeitige Temperaturverteilung im oberen Erdmantel werden aus seismologischen Ergebnissen in Kombination mit Hochdruck-Hochtemperatur-Untersuchungen über Phasengleichgewichte in Mineralen erhalten, die als typisch für den oberen Mantel angesehen werden. Hierzu gehört insbesondere die Transformation im Mg_2SiO_4-Fe_2SiO_4-Systems des Minerals ↗Olivin. Aus integrierten seismologischen und hochdruckphysikalischen Untersuchungen ergaben sich Temperaturwerte von 1400°C in 380 km Tiefe, von 1550°C in 520 km und 1610°C in 610 km Tiefe. Im oberen Erdmantel hat der geothermische Gradient also einen Wert von weniger als 1°C pro km. Ein weiterer Hinweis auf die Temperatur im oberen Erdmantel läßt sich aus der Tiefenlage der ↗Niedriggeschwindigkeitszone (Low-Velocity-Zone, LVZ) an der Basis der Lithosphäre ableiten, wobei davon ausgegangen wird, daß das Material in der LVZ partiell geschmolzen ist. Daraus werden Temperaturwerte von ca. 1330 K = 1057°C abgeleitet. Die Kenntnisse über die Temperatur im tiefen Erdinnern (tiefer Erdmantel und Erdkern) sind unsicher und weniger gut bekannt als die Dichte und die elastischen Parameter. Die Temperaturangaben für den Erdkern schwanken zwischen 2500 K und 5000 K. Für den unteren Erdmantel und den äußeren Erdkern gibt es keine Angaben zur Temperatur, die direkt oder indirekt aus Beobachtungen bestimmt wurden. Eine wichtige Grenze im Aufbau der Erde ist die Grenze zwischen dem inneren und dem äußeren Erdkern bei 5120 km Tiefe. Sie wird als Grenze zwischen dem flüssigen äußeren Erdkern und dem festen inneren Erdkern angesehen. Es wird angenommen, daß der Innenkern der Erde aus Eisen (Fe) oder einer Verbindung von Eisen mit Schwefel (S) bzw. Nickel (Ni) besteht. Das Problem besteht darin, die Schmelztemperatur t_m eines Materials, das man nicht genau kennt, für einen Druck von ca. 3,2 Mbar zu bestimmen. Eine Abschätzung über die Temperatur wurde auf der Grundlage des Lindemannschen Gesetzes vorgenommen:

$$1/t_m \cdot dT_m/dp = 2(\gamma^{1/3})/K_s.$$

γ ist der Grüneisenparamter und K_s die Inkompressibilität. Diese thermodynamischen Parameter können aus seismologischen Daten abgeleitet werden (Kernphasen von Erdbebenwellen, die durch den Erdkörper laufen). Nach verschiedenen Autoren liegt die Temperatur an der Grenze innerer Erdkern/äußerer Erdkern zwischen 4080 K und 4168 K (Abb.). Die Temperaturzunahme zwischen der Basis des oberen Erdmantels bei ca.

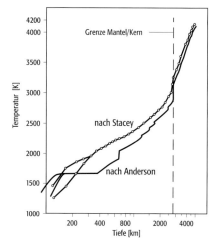

Temperatur im Erdinnern: Temperaturprofil im Erdmantel und äußeren Erdkern nach verschiedenen Autoren.

650 km Tiefe und der Innenkern-/Außenkerngrenze bei 5120 km liegt nahe am adiabatischen geothermischen Gradienten:

$$dt/dz = \alpha_v T g / c_p,$$

wobei α_v = Volumenausdehnungskoeffizient, g = Schwerebeschleunigung und c_p = spezifische Wärme. Für den ↗adiabatischen Temperaturgradient gilt ein Wert von 0,3 mK/m. [EH]
Literatur: [1] JESSOP, A.M. (1990): Thermal Geophysics. – Developments in Solid Earth Geophysics 17. Amsterdam-Oxford-New York-Tokyo. [2] UYEDA, S. (1988): Geodynamics. – In: HAENEL, R., RYBACH, L. und STEGENA, L.: Handbook of Terrestrial Heat-Flow Density Determination. – Dordrecht-Boston-London.

Temperaturleitfähigkeit, *Temperaturleitzahl*, *thermal diffusivity*, beschreibt, wie schnell die Temperatur in einem Körper ausgeglichen werden kann (Tab.). Für homogene Körper kann die Tempera-

Substanz	Temperaturleitfähigkeit	Wärmeleitfähigkeit
Gold	115 mm²/s	295 W/(m K)
Luft	31 mm²/s	0,026 W/(m K)
Peridotit	1,9 mm²/s	4,1 W/(m K)
Granit	1,7 mm²/s	3,1 W/(m K)

turleitfähigkeit a aus der ↗Wärmeleitfähigkeit λ, der ↗Dichte ϱ und der ↗spezifischen Wärmekapazität c_p berechnet werden:

$$a = \frac{\lambda}{c_P \varrho}.$$

Die Temperaturleitfähigkeit hängt – ähnlich wie die Wärmeleitfähigkeit – von Druck und Temperatur ab (↗Petrophysik). Bei Gesteinen muß das ↗Gefüge berücksichtigt werden.

Temperatur-Log, kontinuierliche Aufzeichnung der Temperatur in einer Bohrung. Zur Registrierung eines kontinuierlichen Temperaturprofils mit der Tiefe existieren Geräte mit Meßgenauigkeiten von ± 0,05°C. Temperaturmessungen sollten erst vorgenommen werden, wenn die Störungen des natürlichen Temperaturfeldes durch den Bohrvorgang abgeklungen sind. Um neuerliche Störungen zu vermeiden, wird die Temperatur als einzige Bohrlochmessung beim Absenken der Sonde gemessen. Temperatur-Logs werden als Korrektur-Logs für andere Bohrlochmeßsonden genutzt, aber auch zur Detektion von Wasserzutritten und Abflüssen herangezogen, die sich durch Unstetigkeiten im Temperaturprofil bemerkbar machen.

Temperaturmessung, *Thermometrie*, dient der Bestimmung der Temperatur, insbesondere der ↗Lufttemperatur und der Bodentemperatur. **1)** *Geothermik*: Temperaturmessungen zur Bestimmung von geothermischem Gradienten und Wärmestromdichte werden fast ausschließlich in Bohrungen durchgeführt. Als Sensoren dienen Halbleiterwiderstandsthermometer (Thermistoren) oder Platin-Widerstandsthermometer (Pt-100), die in Bohrlochsonden eingebaut werden. Bei ↗faseroptischen Temperaturmessungen wird das Temperatursensorkabel bis zur Endteufe in eine Bohrung eingebaut. Nach Einstellung des Temperaturgleichgewichtes (ca. 1 bis 2 Stunden) wird die Temperatur dann zeitgleich über das gesamte Bohrprofil gemessen. In der Regel werden in Bohrungen kontinuierliche Temperaturmessungen durchgeführt, bei denen die Sonde mit einer konstanten Geschwindigkeit in das Bohrloch gelassen wird. Bei einer Geschwindigkeit von 5 m/min und einer Meßrate von 2/s (= 120 Messungen pro Minute) erhält man eine Auflösung von ca. 4,2 cm. Durch den Bohrprozeß wird die Temperatur in einer Bohrung stark gestört. Für verläßliche Temperaturmessungen wird daher eine möglichst lange Standzeit nach Abschluß der Bohrarbeiten benötigt. Bei tiefen Bohrungen kann es Jahre bis zur Einstellung der Gebirgstemperatur dauern. Bei Erdöl- und Erdgasbohrungen werden Temperaturmessungen meist nur an der Bohrlochsohle durchgeführt (Bottom-Hole-Temperature, BHT), die zwar nicht die wahre Gebirgstemperatur ergeben, aber mit geeigneten Korrekturen für geothermische Untersuchungen genutzt werden können. In Norddeutschland zeigen die Temperaturmeßkurven (Abb. 1) im oberen Teil (Mesozoikum) einen

Temperaturleitfähigkeit (Tab.): Temperatur- und Wärmeleitfähigkeiten verschiedener Substanzen (Mittelwerte).

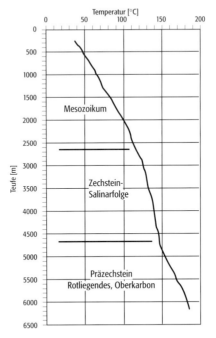

Temperaturmessungen 1: Temperaturprofil der Bohrung Parchim 1/68.

deutlichen Temperaturanstieg mit der Tiefe, der im mittleren Teil (Salzformation des Zechstein) aufgrund der guten Wärmeleitfähigkeit von Salz geringer und unterhalb vom Salz im Rotliegenden wieder deutlich größer wird. Für Temperaturmessungen an der Erdoberfläche und in flachen Bohrungen werden transportable kleine Geräte mit Pt-100 Sensoren eingesetzt. Eine automatische Registrierung über Datensammler ist

Temperaturmessung

Temperaturmessungen 2: Sonde für Temperaturmessungen und Sedimentkerngewinnung in Seen und Meeren (Ewing-Sonde); 1 = Gewicht, 2 = Thermistoren, 3 = Bohrer.

Temperaturverteilung 1: mittlere beobachtete bodennahe Temperaturverteilung der Erde in °C im Januar, Bezugsintervall 1931–1990. Die Pfeile weisen auf die Meeresströmungen hin, welche die Temperaturverteilung wesentlich beeinflussen (getrichelt = kalte Meeresströmung, durchgezogen = warme Meeresströmung.

möglich. Für flächendeckende Temperaturmessungen an der Erdoberfläche ist die ↗Infrarotthermographie geeignet. Infrarotmessungen sind berührungslose Temperaturmessungen, die auch von Flugzeugen und Satelliten aus erfolgen können (↗Fernerkundung). Für Temperaturmessungen zur Bestimmung der Wärmestromdichte in Meeren und Ozeanen werden Sonden eingesetzt, die aufgrund ihres Eigengewichtes von 800 bis 1000 kg in den weichen Meeresboden bis in Tiefen von einigen Metern bis maximal 20 m eindringen können. An diesen Sonden sind mehrere Thermistoren z. B. im Abstand von 1 m angebracht (Abb. 2), so daß mehrere Temperaturwerte im Sediment gemessen werden können. Gleichzeitig ist die In-situ-Bestimmung der Wärmeleitfähigkeit möglich. Im ozeanen Tiefbohrprogramm (Ocean Deep Drilling Program: ODP) wurden mit Hilfe spezieller Bohrschiffe (z. B. Glomar Challenger) in über 50 Tiefseebohrungen Temperaturmessungen bis zu einer Tiefe im Meeresboden von 100 m bis 300 m, vereinzelt bis 1000 m Tiefe, durchgeführt. Darüber hinaus gibt es in Flachmeeren zahlreiche Temperaturmeßwerte aus Erdöl-Erdgas-Bohrungen. **2)** *Klimatologie*: Die Lufttemperatur wird nach internationalen Normen in einer Höhe von 2 m über dem Boden mit einer Genauigkeit von 0,1 K gemessen. Dabei ist zu beachten, daß der Meßfühler des Thermometers oder des ↗Thermographen im thermischen Gleichgewicht mit der ihn umgebenden Luft steht, d. h. daß Meßfühler und Luft die gleiche Temperatur aufweisen. Dies wird durch einen Strahlungsschutz (Thermometerhütte, Ummantelung aus reflektierendem Material) und eine Ventilation (natürliche Ventilation oder Ventilator) erreicht. Die physikalischen Prinzipien, auf denen die Temperaturmessung beruht, sind vielfältig. ↗Flüssigkeitsthermometer nutzen die Eigenschaft einer Flüssigkeit (Alkohol, Toluol, Quecksilber), sich mit der Temperatur auszudehnen. Die Temperatur wird durch den Flüssigkeitsstand in einer Kapillare angezeigt. ↗Bimetallthermometer bestehen aus zwei miteinander fest verbundenen Bändern aus unterschiedlichen Metallen mit unterschiedlichen Wärmeausdehnungskoeffizienten. In Abhängigkeit von der Temperatur biegt sich das Band mehr oder weniger stark. Elektrische Thermometer basieren entweder auf der Temperaturabhängigkeit des elektrischen Widerstandes (↗Widerstandsthermometer, ↗Pt-100-Verfahren, ↗Thermistoren) oder auf der temperaturabhängigen Spannungsdifferenz (*thermoelekrischer Effekt*) an der Kontaktfläche zweier unterschiedlicher Metalle, z. B. NiCr und Ni (*Thermoelemente*). **3)** *Ozeanographie*: Temperaturmessungen erfolgten in der ↗Meeresforschung lange Zeit mit ↗Kippthermometern, die nach dem Prinzip der Volumenänderungen einer Quecksilbersäule in Abhängigkeit der Temperatur arbeiten. Sie liefern Tiefenprofile mit einer geringen vertikalen Auflösung. Heute werden Temperaturen in Abhängigkeit von der Tiefe nahezu kontinuierlich mit elektronischen Sonden gemessen. Am verbreitetsten sind ↗CTD-Sonden, die mit schnellen Platin- oder mit Halbleiterthermometern arbeiten und Meßgenauigkeiten von 0,001 K erreichen. Vom fahrenden Schiff aus können Temperaturen in der Nähe der Meeresoberfläche mit einem Thermosalinographen gemessen werden. Profile erhält man vom fahrenden Schiff aus mit einer Einwegsonde, dem Expendable ↗Bathythermograph (XBT) oder mit geschleppten Geräten. Von Satelliten oder Flugzeugen aus kann die Temperatur an der Meeresoberfläche mit

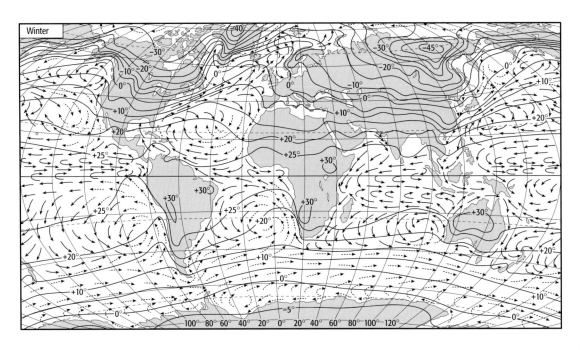

Fernerkundungsverfahren (↗Fernerkundung) durch die Messung der abgegebenen Infrarotstrahlung bestimmt werden. [EH,DH,EF]

Temperaturpaßpunkt, in Erweiterung des für die ↗Geocodierung in ↗Photogrammetrie und Fernerkundung gebräuchlichen Paßpunkt-Begriffes (↗Paßpunkt) ein koordinativ bekannter Punkt der Erdoberfläche, an dem simultan zum Überflug des flugzeug- oder satellitengestützten Thermalsensorsystems mittels Kontaktthermometer spezifische Objekttemperaturen gemessen werden. Anstelle oder in Verfeinerung einer Korrektur der gemessenen Strahlungstemperaturen mittels Modellatmosphäre kann auf Basis von Temperaturpaßpunkten mit Hilfe einfacher Interpolationsverfahren eine Genauigkeitssteigerung des Ergebnisses erreicht werden. Generell wird die gemessene Strahlungstemperatur der gesuchten wahren Temperatur um so ähnlicher sein, je geringer die Lufttemperatur, die relative Luftfeuchtigkeit und die Differenz zwischen Objekttemperatur und Lufttemperatur zum Zeitpunkt des Überfluges sind. [EC]

Temperaturprofil, Betrachtung der Temperaturänderung entlang räumlicher Koordinaten; meridional in Nord-Süd-Richtung, vertikale Änderungen mit der Höhe.

Temperaturrekonstruktion, klimatologisch indirekte Rekonstruktion früherer Temperaturgegebenheiten mit Hilfe der Methoden der ↗Paläoklimatologie. ↗Sauerstoffisotopenmethode.

Temperaturschichtung, Charakterisierung der ↗Schichtung in der ↗Atmosphäre durch den vertikalen Verlauf der Lufttemperatur.

Temperatursprengung ↗Verwitterung.

Temperatursturz, plötzliches Abfallen der Temperatur innerhalb sehr kurzer Zeit (bis zu 15 Grad in 10 min) beim Durchzug von Gewittern oder Kaltfronten.

Temperatursumme, Addition von Termin- oder Mittelwerten der Temperatur (z.B. stündlich oder täglich), die oberhalb/unterhalb eines definierten Schwellenwertes (z.B. 0°C) liegen.

Temperaturverteilung, räumliche Unterscheidung der aktuellen oder zeitlich gemittelten Tages-, Monats- bzw. Jahreswerte der Temperatur für definierte Regionen oder global (Abb. 1 und 2). Mit Hilfe einer Isotherme wird entweder die bodennahe Lufttemperatur oder auch die Temperatur höherer Luftschichten dargestellt. Häufig handelt es sich um statistische Betrachtungsweisen von absoluten oder mittleren Extremwerten, von ↗Trends, ↗Varianz sowie ↗Häufigkeitsverteilung von Temperaturdaten. Außerdem kann der Verlauf der Temperatur im Tages- bzw. Jahresgang erfaßt werden.

Temperaturverteilung der Erde, die Temperatur steigt in der ↗Erdkruste im Mittel um 1°C pro 33 m Tiefe. Der Temperaturgradient (m/°C) oder sein reziproker Wert, die geothermische Tiefenstufe (↗geothermischer Gradient), ist nicht überall gleich groß, sondern hängt von den jeweiligen geologischen Situationen und der Wärmeleitfähigkeit der entsprechenden Gesteine ab. Mit zunehmender Tiefe ist der Temperaturgradient aber nicht konstant. In Tiefen von etwa 60 km werden Temperaturen von ca. 1000–1200°C angenommen, an der 400 km-Diskontinuität (↗Erdmantel) ca. 1200°C, an der 640 km-Diskontinuität etwa 1500°C, an der Grenze Erdmantel/äußerer ↗Erdkern ca. 3700°C und an der Grenze zwischen äußerem und innerem Kern etwa 4600°C. Diese Temperaturangaben aber, vor allem die hohen Temperaturen im Erdmantel

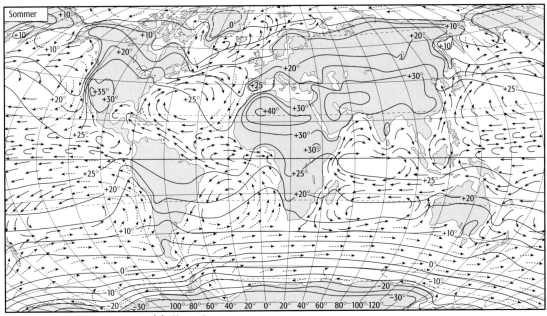

Temperaturverteilung 2: mittlere beobachtete bodennahe Temperaturverteilung der Erde in °C im Juli, Bezugsintervall 1931–1990. Die Pfeile weisen auf die Meeresströmungen hin, welche die Temperaturverteilung wesentlich beeinflussen.

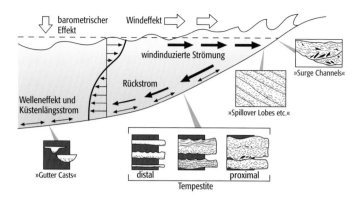

Tempestit 1: Hydrodynamik und resultierende tempestitische Sedimente an einer flachmarinen, sturmbeeinflußten Küste.

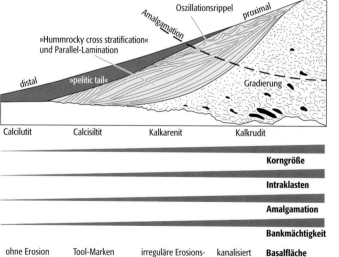

Tempestit 2: strukturelle und texturelle Übergänge von distalen zu proximalen Tempestiten.

und Erdkern, sind immer noch mit großen Fehlern behaftet. Die Ursache für die Wärmeproduktion im Erdinneren ist auf den Zerfall radioaktiver Elemente, vor allem ^{232}Th, ^{40}K und ^{238}U, zurückzuführen. Restwärme, die von der ↗Akkretion der Erde durch die schlechte Wärmeleitfähigkeit der Gesteine noch übrig geblieben ist, stellt eine zweite Wärmequelle zur Verfügung. ↗Schalenbau der Erde. [TK]

temperierte Gletscher, *warme Gletscher,* thermischer Gletschertyp, der bis auf seinen oberflächennahen Bereich durch ganzjährig nahe dem Druckschmelzpunkt liegende Innentemperaturen charakterisiert wird. Temperierte Gletscher besitzen im Gegensatz zu ↗kalten Gletschern ganzjährigen Schmelzwasserabfluß (↗Gletscherklassifikation).

Tempestit, *Sturmsediment,* entsteht in küstennahen Faziesräumen durch sturmbedingte Umlagerung von Sediment. Dabei kommt es zu einem dominant seewärtigen Sedimenttransport (Abb. 1). Die durch einen solchen Event gebildeten Gesteinsbänke (Abb. 2) ähneln nach ihrem generellen, aus mehreren Intervallen bestehenden Aufbau ihrem erosiven Eingreifen in den Untergrund, nach der einhergehenden Aufarbeitung von ↗Lithoklasten und ihrer Gradierung Turbiditbänken (↗Turbidit). Es fehlen aber Anzeiger gerichteter Strömung an der Basis und am Top. So bestehen Sohlmarken in distaleren, etwas tieferen Environments aus dachrinnenartigen »Gutter casts«, proximal eher aus bipolaren oder ausgeprägt irregulären Sohlmarken. Im oberen Teil der Bänke treten die typisch niedrig und im Anschnitt rundlich aussehende hummocky cross stratification (↗Schrägschichtung) sowie in proximalen Enivironments Oszillationsrippeln (Wellenrippeln) auf. Im Gegensatz zu Turbiditen sind die ↗Biota in Tempestiten ↗autochthon bis parautochthon, d. h. sie entsprechen weitgehend jenen des flachmarinen Normalsediments; es kommt nie zur Durchmischung von Flach- und Tiefwasserfaunen. Die Bildung von Schillbänken (↗Lumachelle) geht wesentlich auf Sturmereignisse zurück. Die dabei erfolgende Bildung von Festsubstraten führt zu speziellen post-tempestitischen Organismenassoziationen, inklusive eines charakteristischen Spurenfossilspektrums. Ein wesentliches Charakteristikum von proximalen Tempestiten ist die ↗Amalgamation, d. h. die Verschmelzung von zwei bis mehreren Sturmereignissen in einer einzigen Bank. Dies erfolgt durch die vollständige Erosion des zwischenzeitlich abgelagerten Normalsediments und dem erosiven Eingreifen in den zuvor gebildeten Tempestit. Sturmbedingte Kondensation von phosphatischen Komponenten (Knochen, Zähne, Schuppen, Kotpillen) durch die weitgehende Auswaschung des sandigen oder carbonatischen Normalsediments kann zur Entstehung von ↗bonebeds führen. [HGH]

TEMP-Meldung, *TEMP,* Ergebnis eines ↗aerologischen Aufstiegs in verschlüsselter Form, mit Angaben zu Luftdruck (Geopotential), Temperatur, Feuchte und Wind. Teil A der TEMP-Meldung enthält die entsprechenden Werte von den Hauptdruckflächen bis 100 hPa von der Tropopause sowie das Windmaximum, Teil B bringt Temperatur, Feuchte und Wind der markanten Punkte (zur näherungsweisen Darstellung der vollständigen aerologischen Zustandskurve) sowie die an der Station beobachtete Bewölkung. Die Teile C und D enthalten analog zu A und B die Messungen aus der Stratosphäre oberhalb von 100 hPa. Synoptische TEMP-Meldungen liefern im internationalen Austausch das unabdingbare Grundnetz der aerologischen Meßdaten und sind damit eine wesentliche Ausgangsbasis der globalen und regionalen Wetterdiagnose und Wetterprognose.

temporale Animation, ↗kartographische Animation, die die Veränderung räumlicher Daten in einem bestimmten Zeitintervall zeigt. In der temporalen Animation wird die Präsentationszeit für die Darstellung realer Zeit eingesetzt. Zur korrekten Wiedergabe der realen Zeit ist ein Zeitmaßstab zu bestimmen, der das Verhältnis von realer

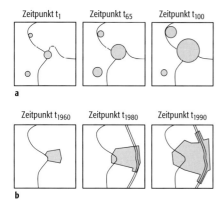

Zeit zur Präsentationszeit festlegt. Die temporale Animation wird für die dynamische Darstellung räumlicher Prozesse und damit für die unmittelbare Wiedergabe dieser Prozesse eingesetzt. Beispiele hierfür sind Ausdehnung von Siedlungsräumen, Ausbreitung von Innovationen oder Erosionsprozesse (Abb.).

Temporalvariation ↗Zyklomorphose.

Temporäranker, *Kurzzeitanker*, ↗Anker für den kurzzeitigen Einsatz (in der Regel nicht länger als zwei Jahre) mit einfachem Korrosionsschutz.

temporäre Härte ↗Carbonathärte.

temporäre Schneegrenze ↗Schneegrenze.

Temps atomique internationale ↗TAI.

Tenazität, Kohäsionseigenschaft der Minerale, die beim Bestimmen der ↗Härte erkennbar ist. Nach der Art der Tenazität unterscheidet man spröd (fragil), mild (tendil), schneidbar (sektil), geschmeidig (maleabel), elastisch-biegsam (elastic), unelastisch-biegsam (flexibel) und zäh (tenaz).

Tenside, *Detergentien*, waschaktive Substanzen (synthetische Seifen), welche die Oberflächenspannung des Wassers herabsetzen und die Schmutzlösung fördern. Es wird unterschieden zwischen anionischen, kationischen, nichtionischen und amphoteren Tensiden. Tenside sind aufgrund ihrer Molekülstruktur als Wasch-, Reinigungs-, Spül- und Netzmittel geeignete oberflächenaktive Stoffe. Problematisch sind Tenside als Verursacher von Hautreizungen und wegen ihrer schweren Abbaufähigkeit. Gelangen sie über Abwassereinleitungen in Oberflächengewässer, kann dies zu Schaumbildung führen, die den Sauerstoffgehalt des Wassers herabsetzt, wodurch Fischsterben ausgelöst werden kann. Seit der Regelung im Waschmittelgesetz ist das Problem der Schaumbildung in Deutschland jedoch weitgehend gelöst. Weiterhin gefordert wird in gesetzlichen Vorschriften vor allem eine erhöhte Abbaubarkeit der Tenside in der Umwelt.

Tensiometer, Gerät zur Bestimmung des ↗Matrixpotentials (Potentialkonzept) bzw. der Saugspannung des Bodenwassers (Abb.). Hydraulische Potentiale können unterhalb der Grundwasseroberfläche relativ einfach durch Bestimmung der Wasserspiegelhöhe erfaßt werden. Dazu wird lediglich ein unter der Wasseroberfläche geöffnetes Rohr benötigt. Im wasserungesättigten Boden ist dies nicht möglich, da sich kein Wasserspiegel einstellt. Hier werden Tensiometer eingesetzt. Ein Tensiometer besteht aus einer porösen Zelle (Keramik, Sinterglas, Sintermetall), die mit einem Drucksensor in Verbindung steht. Das ganze System ist mit Wasser gefüllt. Die Meßeinrichtung ist so eingestellt, daß sie auf Höhe der Grundwasseroberfläche den Wert »0« anzeigt. Oberhalb des Grundwassers wird vom wasserungesättigten Boden Wasser aus dem Tensiometer angesaugt. Da jedoch kein Wasser in das Meßsystem nachfließen und durch die wassergefüllten Poren der Zelle keine Luft eindringen kann, stellt sich im Tensiometer ein Unterdruck ein. Der entstehende Unterdruck ist ein Maß für das Matrixpotential bzw. die Saugspannung und steigt mit der Trockenheit des Bodens. Tensiometer sind bis zu Saugspannungen von ca. 800 cm Wassersäule einsetzbar. [ABo]

Tension ↗Spannung.

Tensor, Schema von Maßzahlen (Tensorkomponenten) zur Darstellung der Richtungsabhängigkeit physikalischer Größen und physikalischer Eigenschaften in anisotropen Materialien (↗Anisotropie).

Tensoren sind über ihre Transformationseigenschaften gegenüber Koordinatentransformation definiert. Die Transformation der Basis eines dreidimensionalen Vektorraums $B = (b_1, b_2, b_3)$ wird durch eine 3×3-Matrix $P = (p_{jk})$ dargestellt: $b'_j = p_{jk} b_k$. Dabei ist immer die ↗Einsteinsche Summenkonvention angewandt: Über gleichlautende Indizes wird summiert. Da es sich bei der Basistransformation um eine starre Bewegung handeln soll, die Winkel und Abstände unverändert läßt, ist der Wert der Determinate von P eins: $|P| = 1$. Die Komponenten eines Vektors transformieren sich jedoch kontragredient bezüglich der Transformation der Basis des Vektorraums (Achsen des Koordinatensystems), d. h. mit der zu P inversen Matrix $Q = (q_{nm})$, $Q = P^{-1}$, die so definiert ist, daß das Matrizenprodukt $QP = I$ die 3×3-Einheitsmatrix I mit $i_{jk} = \delta_{jk}$

temporale Animation: Beispiele temporaler Animation: a) Veränderung der Bevölkerungszahl, b) Ausdehnung eines Stadtgebiets.

Tensiometer: schematische Darstellung.

Tensor: Transformationsmatrix.

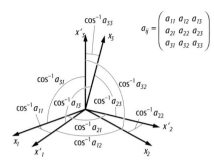

(δ = Kronecker-Symbol) ergibt. Folglich transformieren sich dann die Komponenten eines polaren Vektors:

$$v_n' = q_{nm} v_m.$$

Für orthogonale (kartesischen) Koordinatensysteme ergibt sich die Transformationsmatrix (Abb.) aus:

$$q_{ij} = \cos\left(\angle\left(x_i' x_j\right)\right),$$

wobei das Koordinatensystem X_j' in das Koordinatensystem X_j transformiert wird. Für orthogonale Transformationen erhält man Q einfach durch Transponieren von P, d.h. durch vertauschen der Zeilen und Spalten der Matrix P. Dann transformieren sich Basis und Vektoren in gleicher Weise.

Die Stufe (Ordnung) eines Tensors ergibt sich aus der Anzahl der benötigten Transformationsmatrizen, die für seine Transformation notwendig sind. Die zur Beschreibung der Richtungsabhängigkeit notwendigen Tensorkomponenten werden durch Indizes gekennzeichnet. Die Stufe s des Tensors bestimmt die Anzahl der Indizes. Jeder Index kann im dreidimensionalen Raum die Werte 1, 2, 3, bezogen auf die drei linear unabhängigen Achsen eines kartesischen Koordinatensystems, annehmen. Daraus ergibt sich die Anzahl der Tensorkomponenten eines Tensors s-ter Stufe zu 3^s. Jeder Index transformiert sich wie die Komponente eines Vektors. Daraus folgt das Transformationsverhalten der Komponenten eines *polaren Tensors* s-ter Stufe:

$$t'_{j_1 j_2 \ldots j_s} = q_{j_1 k_1} \, q_{j_2 k_2} \ldots q_{j_s k_s} \, t_{k_1 k_2 \ldots k_s}.$$

Die Summe auf der rechten Seite läuft über alle Tensorkomponenten und besteht im allgemeinen aus 3^s Summanden. Für eine bestimmte Komponente eines Tensors 2. Stufe $t'_{j_1 j_2}$ sieht diese Gleichung beispielsweise ausgeschrieben wie folgt aus:

$$t'_{23} = \sum_l \sum_k q_{2l} \, q_{3k} \, t_{lk},$$

dabei laufen die Summen über l und k unabhängig von einander von 1 bis 3, also über alle neun Komponenten t_{lk}.

Polare und *axiale Tensoren* unterscheiden sich hinsichtlich ihres Transformationsverhaltens, wenn mit der Transformation P^* eine Inversion $P^* = (-1)P$ verknüpft ist. Dann nimmt die Determinante von P^* den Wert -1 an: $|P^*| = |Q^*| = -1$. Die Komponenten polarer Vektoren ändern ihr Vorzeichen unter einer solchen Transformation, da jede Vektorkomponente mit -1 multipliziert wird. Der die physikalische Größe beschreibende Vektor muß bei Wechsel des Koordinatensystems unverändert im Raum bleiben, d.h. im neuen, invertierten Koordinatensystem müssen daher die Komponenten das Vorzeichen wechseln. Axiale Tensoren treten immer dann auf, wenn magnetische Größen im Spiel sind, denn das magnetische Feld ist beispielsweise ein axialer Vektor, dessen Entstehung auf elementare Kreisströme zurückgeführt werden kann. Die Komponenten eines Kreisstroms behalten jedoch bei der Transformation mit einer Inversion ihre Vorzeichen bei, d.h. die Umlaufrichtung ist invariant gegenüber Inversion. Das Magnetfeld hätte vom neuen invertierten Koordinatensystem aus betrachtet seine Richtung im Raum umgekehrt. Denn die Richtung des Magnetfeldes und die Umlaufrichtung des Kreisstroms sind in einem rechtshändigen Koordinatensystem über die Rechtshandregel verknüpft. Bei Inversion kehrt sich die Händigkeit des Koordinatensystems um, d.h. die im Raum unveränderte Umlaufrichtung des Kreisstroms ergibt jetzt mit der Linkshandregel ein Magnetfeld mit umgekehrter Richtung. Diese Richtungsänderung wird durch Einbeziehen des Wertes der Determinante der Transformationsmatrix in die definierende Transformationsvorschrift für axiale Tensoren berücksichtigt:

$$t'_{j_1 j_2 \ldots j_s} = |\mathbf{Q}| \, q_{j_1 k_1} \, q_{j_2 k_2} \ldots q_{j_s k_s} \, t_{k_1 k_2 \ldots k_s}.$$

Die Verknüpfung polarer p- und axialer a-Tensoren ist durch folgende Regeln definiert: $p = pp$, $p = aa$, $a = ap$, $a = pa$.

Die Anzahl der von Null verschiedenen und unabhängigen Komponenten wird durch die Symmetrie des Materials festgelegt. Aus dem ↗Symmetrieprinzip: In symmetrisch äquivalenten Richtungen muß das physikalische Verhalten dasselbe sein, folgen den sog. Reduktionsbeziehungen für die Tensorkomponenten. Sie müssen invariant gegenüber solchen Koordinatentransformationen sein, die Symmetrieoperationen entsprechen; d.h. formal: Die transformierten Tensorkomponenten sind gleich den entsprechenden (d.h. mit der gleichen Abfolge der Indizes) ursprünglichen Komponenten:

$$t'_{j_1 j_2 \ldots j_s} = t_{j_1 j_2 \ldots j_s}.$$

Die Symmetrieoperation Drehung um 90° um die c-Achse z. B. wird durch die Transformationsmatrix:

$$\mathbf{Q}(90°) = \begin{pmatrix} 0 & 1 & 0 \\ -1 & 0 & 0 \\ 0 & 0 & 1 \end{pmatrix}$$

dargestellt. Daraus ergeben sich die folgenden Reduktionsbeziehungen für einen Tensor 2. Stufe: $t_{11} = t_{22}$; $t_{33} = t_{33}$; $t_{12} = -t_{21} = -t_{12}$. Wegen der vielen Nullen in der Transformationsmatrix reduziert sich die Transformationsvorschrift auf einen Summanden. Die letzte Bedingung kann nur erfüllt werden mit $t_{12} = t_{21} = 0$. Ferner ist $t_{13} = t_{23} = -t_{13}$ und $t_{23} = -t_{13} = -t_{23}$. Auch diese Bedingungen können nur erfüllt werden, wenn die Komponenten verschwinden. Dann hat ein Tensor 2. Stufe in allen Kristallklassen des tetragonalen Kristallsystems, da sie alle die Drehachse 4 mit den Symmetrieoperationen Drehung um Vielfache von 90° enthalten, folgendes Aussehen:

$$\begin{pmatrix} t_{11} & 0 & 0 \\ 0 & t_{11} & 0 \\ 0 & 0 & t_{33} \end{pmatrix}.$$

In der Tabelle 1 ist das Komponentenschema der symmetrischen polaren Tensoren 2. Stufe für die Kristallsysteme zusammengestellt.

Kristallsystem	Form des symmetrischen (t_{ij})-Tensors	n
triklin	$\begin{pmatrix} t_{11} & t_{12} & t_{13} \\ t_{12} & t_{22} & t_{23} \\ t_{13} & t_{23} & t_{33} \end{pmatrix}$	6
monoklin	$\begin{pmatrix} t_{11} & t_{12} & 0 \\ t_{12} & t_{22} & 0 \\ 0 & 0 & t_{33} \end{pmatrix}$	4
ortho-rhombisch	$\begin{pmatrix} t_{11} & 0 & 0 \\ 0 & t_{22} & 0 \\ 0 & 0 & t_{33} \end{pmatrix}$	3
tetragonal trigonal hexagonal	$\begin{pmatrix} t_{11} & 0 & 0 \\ 0 & t_{11} & 0 \\ 0 & 0 & t_{33} \end{pmatrix}$	2
kubisch	$\begin{pmatrix} t_{11} & 0 & 0 \\ 0 & t_{11} & 0 \\ 0 & 0 & t_{11} \end{pmatrix}$	1

Tensoren nullter Stufe mit einer Komponente heißen *Skalare*; sie beschreiben richtungsunabhängige physikalische Eigenschaften, wie z. B. spezifische Wärme und spezifische Dichte. Tensoren 1. Stufe mit drei Komponenten nennt man auch ↗Vektoren. Ein physikalisches Beispiel ist die Pyroelektrizität. Durch Tensoren 2. Stufe werden u. a. folgende Eigenschaften beschrieben: optische Eigenschaften, elektrische Leitfähigkeit, Wärmeleitfähigkeit. Die Richtungsabhängigkeit der piezoelektrischen Eigenschaften wird durch einen polaren Tensor 3. Stufe beschrieben. Die Darstellung des Zustandes eines anisotropen Materials unter mechanischer Spannung oder Dehnung erfordert jeweils einen Tensor 2. Stufe. Damit lassen sich die ↗elastischen Eigenschaften im Bereich der Gültigkeit des Hookschen Gesetzes durch einen Tensor 4. Stufe beschrieben (Tab.2).

Tensorfläche, Darstellung eines totalsymmetrischen Tensors s-ter Stufe durch eine Fläche s-ten Grades. Die Tensorfläche wird durch die Gleichung:

$$F = \sum_{j_1} \cdots \sum_{j_s} t_{j_1 j_2 \ldots j_s} \, x_{j_1} x_{j_2} \ldots x_{j_s},$$
$$j = 1, 2, 3$$

beschrieben. $t_{j_1 j_2 \ldots j_s}$ sind die Tensorkomponenten, x_j die Komponenten eines Ortsvektors. Zur Veranschaulichung soll die Fläche 2. Grades eines symmetrischen ↗Tensors 2. Stufe diskutiert werden. Dann lautet die quadratische Form mit den sechs unabhängigen Tensorkomponenten:

$$F = t_{11} x_1^2 + t_{22} x_2^2 + t_{33} x_3^2 + 2 t_{12} x_1 x_2 + 2 t_{13} x_1 x_3 + 2 t_{23} x_2 x_3.$$

Gehen die Koordinatenachsen des Bezugssystems durch die Hauptachsen der Tensorfläche, was man durch eine sog. Hauptachsentransformation immer erreichen kann, so reduziert sich die Beziehung zu:

$$F = t_{11}^* x_1^2 + t_{22}^* x_2^2 + t_{33}^* x_3^2.$$

Der Vergleich mit der üblichen Beschreibung einer Fläche 2. Grades im Hauptachsensystem, nämlich:

$$\frac{x_1^2}{a_1^2} + \frac{x_2^2}{a_2^2} + \frac{x_3^2}{a_3^2} = 1$$

liefert folgende Beziehungen zwischen den Tensorkomponenten und den Halbachsen a_1, a_2, a_3 der Tensorfläche:

$$t_{11}^* = F/a_1^2,$$
$$t_{22}^* = F/a_2^2,$$
$$t_{33}^* = F/a_3^2.$$

Sind die Tensorkomponenten alle positiv, so ist die Fläche 2. Grades ein allgemeines Ellipsoid mit den Halbachsen:

$$a_1 = F/\sqrt{t_{11}^*},$$
$$a_2 = F/\sqrt{t_{22}^*},$$
$$a_3 = F/\sqrt{t_{33}^*}.$$

Für das tetragonale, trigonale und hexagonale Kristallsystem gilt: $t_{11}^* = t_{22}^*$; die Tensorfläche ist also ein Rotationsellipsoid. Im kubischen Kri-

Tensor (Tab. 1): Komponentenschema eines symmetrischen, polaren Tensors 2. Stufe für die verschiedenen Kristallsysteme (n = Zahl der unabhängigen Komponenten).

Tensor (Tab. 2): Transformationsregeln für Tensoren 0. bis 4. Stufe.

Stufe (Ordnung) des Tensors	Name	Transformationsregeln	
		Neues Koordinatensystem bezogen auf das Alte	Altes Koordinatensystem bezogen auf das Neue
0	Skalar S	$S' = S$	$S = S'$
1	Vektor V	$V'_i = a_{ij} V_j$	$V_i = a_{ji} V'_j$
2	Tensor 2. Stufe	$T'_{ij} = a_{ik} a_{jl} T_{kl}$	$T_{ij} = a_{ki} a_{lj} T'_{kl}$
3	Tensor 3. Stufe	$T'_{ijk} = a_{il} a_{jm} a_{kn} T_{lmn}$	$T_{ijk} = a_{li} a_{mj} a_{nk} T'_{lmn}$
4	Tensor 4. Stufe	$T'_{jkl} = a_{im} a_{jn} a_{ko} a_{lp} T_{mnop}$	$T_{jkl} = a_{mi} a_{nj} a_{ok} a_{pl} T'_{mnop}$

Termier, *Pierre*

stallsystem mit $t^*_{11} = t^*_{22} = t^*_{33}$ ist die Tensorfläche eine Kugel. Darauf beruht die Einführung der ↗Indikatrix zur Beschreibung der anisotropen optischen Eigenschaften von Kristallen.

Die Tensorfläche erlaubt in Verbindung mit dem *Größenellipsoid* den Effekt E zu der Einwirkung F geometrisch nach Größe und Richtung zu bestimmen. Das Größenellipsoid wird für einen symmetrischen Tensor 2. Stufe im Hauptachsensystem im allgemeinen durch:

$$\frac{x_1^2}{t_{11}^2} + \frac{x_2^2}{t_{22}^2} + \frac{x_3^2}{t_{33}^2} = 1$$

beschrieben.

Die Abbildung zeigt, wie zu der Einwirkung der Einheitsstärke $F_0 = F/\alpha$ der Effekt E_0 zu bestimmen ist. Im Schnittpunkt von F_0 mit der Tensorfläche wird der Flächennormalenvektor N errichtet. Der Vektor parallel zu N ausgehend vom Ursprung 0 gibt die Richtung des Effektes an, die Größe des Effektes E_0 ist bestimmt durch die Länge des Vektors vom Ursprung 0 bis zum Schnittpunkt mit Größenellipsoid. Für die Einwirkung der Größe F ergibt sich für $E = \alpha E_0$.   [KH]

Tentaculata, *Lophophorata*, ↗sessile, ausschließlich aquatisch lebende, coelomate Tiere mit U-förmigem Darm und bewimperten Tentakeln, die kranzartig auf einem Träger (Lophophor) um die Mundöffnung stehen. Zu der Stammgruppe gehören außer dem kleinen, fossil unbekannten Stamm der Phoronida (Hufeisenwürmer) die Stämme ↗Brachiopoda und ↗Bryozoa. Im Gegensatz zu den solitären Phoronida und Brachiopoda sind die Bryozoa ausschließlich kolonial. Nur unter den Bryozoa gibt es Süßwasserformen.

Tephigramm, ein von Sir Napier Shaw entwickeltes ↗thermodynamisches Diagramm mit der Temperatur T als Abzisse und der Entropie log Q (Q = potentielle Temperatur) als Ordinate. Damit sind die ↗Trockenadiabaten (Q = const.) Geraden, die die Isothermen senkrecht schneiden. In der praktischen Ausführung ist dieses Koordinatensystem um etwa 45 Grad im Uhrzeigersinn gedreht, so daß die leicht gekrümmtem bodennahen Isobaren parallel zum unteren Rand verlaufen und der Luftdruck nach oben abnimmt.

Tephra, durch ↗pyroklastischen Fall abgelagerte ↗Pyroklasten.

Tephrit ↗Basanit.

Tephrochronologie, eine Art der ↗relativen Altersbestimmung anhand von Tephraschichten (↗Tephra) innerhalb von Sedimentprofilen. Unter der Voraussetzung, daß durch geochemische oder petrographische Analysen der Tephrahorizont eindeutig charakterisiert und an unterschiedlichen Profilen identifiziert werden kann, ist die Korrelation von Profilen und das Aufstellen einer ↗Stratigraphie möglich. Chronostratigraphische Informationen (↗Chronostratigraphie) lassen sich besonders über verschiedene ↗physikalische Altersbestimmungen gewinnen.

Tera-Wasserburg-Diagramm ↗U-Pb-Methode.

Termier, *Pierre*, französischer Geologe, * 3.4.1859 Lyon, † 23.10.1930 Grenoble; neben seiner geologischen Tätigkeit vielgefragter Redner und Publizist. Nach Studien in Paris zunächst Minen-Ingenieur, ab 1885 Professor an der École des Mines in St. Étienne, ab 1894 an der École Nationale Supérieur des Mines in Paris. Als Feldgeologe und Petrograph studierte er u. a. den Apennin und das französische Zentralmassiv, sein wichtigstes Arbeitsgebiet waren aber die Westalpen zwischen den Meeralpen und der Vanoise (Savoyen). 1903 beschrieb er von dort drei ↗Decken in den vorwiegend ↗mesozoischen Serien des Briançonnais, darüber eine vierte, die u. a. kristalline Schiefer enthält. In der piemontesischen Zone erkannte er ebenfalls eine riesige Decke aus ↗Sedimentgesteinen und ↗Ophiolithen (»nappe des Schistes lustrés«). Im selben Jahr dehnte er die Deckenlehre auf die Ostalpen aus, wo er zeigte, daß die Bündnerschiefer der Hohen Tauern in einem großen ↗tektonischen Fenster unter ostalpinen Decken zutage treten.

Termier war einer der hervorragenden Protagonisten der von ↗M. Bertrand begründeten Deckenlehre in den Alpen. Als erster unterschied er klar zwischen Decken 1. Ordnung, welche aus liegenden ↗Falten hervorgegangen waren, und Decken 2. Ordnung (ohne Inversschenkel, ↗Falte). Er gehört zu den großen Pionieren, welche zu Beginn des 20. Jahrhunderts die Grundlagen zum heutigen geologischen Bild der Alpen und anderer ↗Orogene geschaffen haben. Die ↗Kontinentalverschiebungstheorie von A. ↗Wegener lehnte er zwar ab; dennoch erklärte er die Struktur der Ostalpen als Produkt eines Schubs, der aus den Dinariden bzw. den Südalpen stammte – eine vollauf ↗mobilistische Ansicht.

Werke (Auswahl): »Les montagnes entre Briançon et Vallouise«, 230 S., 1903; »Les nappes des Alpes Orientales et la synthèse géologique des Alpes«, Bulletinde la Société Géologique de France, 1903; »Lambeaux avant-coureurs de la nappe des Schistes lustrés flottant sur la nappe du Briançonnais«, Société Géologique de France, 1930. [ML]

Termindüngung, ↗Düngung insbesondere von Stickstoff nach dem Bedarf der Pflanze, so daß zu bestimmten Terminen bis zu 5 Einzelgaben der Düngung gegeben werden.

Terminwert, zu einem regelmäßig wiederkehrenden Zeitpunkt gemessener oder beobachteter Wert.

Termiten, Insekten der Tropen und Subtropen, von denen etwa 2000 Arten bekannt sind. Termiten errichten aus Feinboden, Speichel und Pflanzenresten Bauten. Sie beeinflussen über ihre Grab- und Bautätigkeit das Bodengefüge und den Nährstoffhaushalt der Böden oftmals stark.

ternäre Systeme, *Dreistoffsysteme*, ein System mit drei selbständigen Komponenten A, B und C. Es läßt sich in einem räumlichen Diagramm darstellen. Die prozentuale Zusammensetzung der Konzentrationen wird hierbei in einem gleichseitigen Dreieck durch Dreieckskoordinaten angegeben. Die Eckpunkte dieses Konzentrationsdreiecks entsprechen 100 % der reinen Kompo-

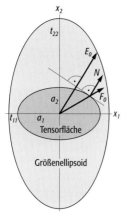

Tensorfläche: geometrische Bestimmung der Richtung und des Betrages eines Effektes mittels Tensorfläche und Größenellipsoid (Schnitt durch die Achsen $x_1 x_2$).

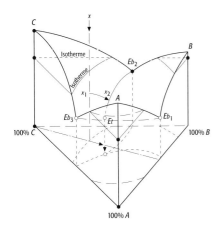

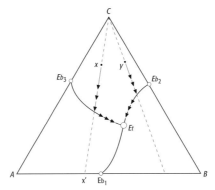

auf den Eutektikalen monovariante Quadrupelpunkte (Gasphase, Schmelzphase und zwei kristalline Phasen) vorliegen (↗Gibbssche Phasenregel, ↗Phasenbeziehungen). Die Konstruktion der Ausscheidungsfolge bzw. der Kristallisationsreihenfolge im Konzentrationsdreieck veranschaulicht Abb. 2. Wird eine homogene Schmelze der

ternäre Systeme 1: schematische räumliche Darstellung eines ternären Systems mit seinen bivarianten Phasenzustandsflächen.

ternäre Systeme 2: Kristallisationsablauf in einem ternären System.

nenten A, B und C. Senkrecht zur Dreiecksebene auf den Eckpunkten stehen die Temperaturachsen, wodurch sich räumliche Zustandsflächen ergeben. Den einfachsten Fall eines ternären Systems, in dem weder eine Verbindungs-, noch eine Mischkristallbildung zwischen den Komponenten auftritt, zeigt Abb. 1. Es handelt sich um die räumliche Darstellung eines ternären Systems, das man sich auch aus drei einfachen binären Systemen mit je einem Eutektikum aufgebaut denken kann. Die Punkte Eb_1, Eb_2 und Eb_3 bilden die eutektischen Punkte der drei Zweistoffsysteme AB, BC und AC. Da diese Darstellungsweise jedoch für den praktischen Gebrauch zu umständlich ist, projiziert man normalerweise zur Veranschaulichung der Zustandsverhältnisse an ternären Systemen die Zustandsflächen in die Ebene des Konzentrationsdreiecks. Außerdem werden die wichtigsten Isothermen, welche als ebene Flächen das räumliche Dreistoffsystem parallel zur Fläche des Konzentrationsdreiecks schneiden, auf die Zeichenebene projiziert. Die räumlichen Grenzkurven zwischen den Zustandsflächen bezeichnet man als eutektische Rinnen oder Eutektikalen. Sie stellen monovariante Kurven dar, während die Zustandsflächen selbst bivariant sind.

Die Kristallisationsfolge in einem ternären System hängt ebenfalls in erster Linie von der ursprünglichen Zusammensetzung der Schmelze ab. So scheiden sich beim Abkühlen einer Schmelze der Zusammensetzung x zuerst am Schnittpunkt mit der Zustandsfläche Eb_3EtEb_2 bei x_1 reine Kristalle der Komponente C aus. Diese Ausscheidung von C hält beim weiteren Abkühlen entlang der Kurve x_1x_2 an, bis es zum Schnitt mit der Eutektikalen Eb_2Et kommt, wo nun gleichzeitig Kristalle von C und B ausfallen, bis bei weiterem Fortschreiten des Kristallisationsverlaufes entlang der Eutektikalen das ternäre Eutektikum Et erreicht wird. Das ternäre Eutektikum Et ist der Punkt der tiefstmöglichen Schmelztemperatur in jedem Dreistoffsystem. Hier befinden sich Gasphase, Schmelzphase und die drei kristallinen Phasen A, B und C im Gleichgewicht. Das ternäre Eutektikum bildet also einen invarianten Quintrupelpunkt, wohingegen

Zusammensetzung x abgekühlt, dann scheiden sich zuerst reine Kristalle der Komponente C aus. Die Schmelze wird dabei C-ärmer, jedoch bleibt das Verhältnis $A:B = x'$ bis zum Schnitt mit der Eutektikalen Eb_3Et konstant. Hier erfolgt nun Ausscheidung von C und A entlang der eutektischen Rinne bis zum ternären Eutektikum, wo eine eutektische Kristallisation aller drei Komponenten stattfindet. Bei einer Schmelze der Zusammensetzung y ist die Reihenfolge der auskristallisierenden Phasen C, $C+B$, $A+B+C$.

Ein einfaches Beispiel eines Dreistoffsystems mit binärer Mischkristallbildung liefert das mineralogisch wichtige Schmelzdiagramm des Systems Diopsid ($CaMgSi_2O_6$) – Albit ($NaAlSi_3O_8$) – Anorthit ($CaAl_2Si_2O_8$), dessen Projektion einschließlich der Isothermen im Abstand von 50°C in Abb. 3 dargestellt ist. Eine eutektische Rinne

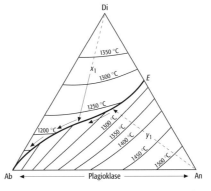

ternäre Systeme 3: Kristallisationsfolge im System $CaMg-Si_2O_6$ (Di = Diopsid) – $NaAlSi_3O_8$ (Ab = Albit) – $CaAl_2Si_2O_8$ (An = Anorthit).

teilt das Konzentrationsdreieck in zwei Felder. Fällt z. B. die Zusammensetzung eines basaltigen Magmas in das Projektionsfeld Ab-E-Di, dann werden sich, ausgehend von x_1, Diopsidkristalle bis zum Erreichen der Eutektikalen ausscheiden. Nach dem Schnitt mit der Eutektikalen kommt es dann zur gleichzeitigen Ausscheidung von Pla-

Terpane (Tab.): Übersicht der aufgrund der Zahl ihrer Isopreneinheiten klassifizierten Terpane.

ternäre Systeme 4: Variation der Gefügemöglichkeiten in einem ternären System mit vier binären Verbindungen: a) Gesamtsystem A-B-C, b) Teilsystem C-AC-CB.

gioklas und Diopsid. Entspricht dagegen die Schmelze in ihrer Zusammensetzung einem Punkt über der Zustandsfläche Ab-E-An, dann wird sich zuerst Plagioklas als Einsprenglingsmineral ausbilden. Dementsprechend gibt es unter den Feldspatbasalten auch diese beiden charakteristischen Gefügevarianten.

Welche und wie viele Gefügemöglichkeiten in einem Dreistoffsystem möglich sind, läßt sich an einem einfachen Fall ableiten, in dem neben den drei reinen Komponenten A, B und C noch die vier binären Verbindungen AB, AC, CB und A_2C auftreten (Abb. 4a). Außer den sieben binären Eutektika Eb auf den Seiten des Konzentrationsdreiecks kommen noch vier weitere eutektische Punkte Eb' in den Schnittpunkten von je zwei Eutektikalen hinzu. Die fünf ternären Eutektika Et liegen in den Schnittpunkten von je drei Eutektikalen. Als Gefügemöglichkeiten ergeben sich also zunächst sieben monomineralische und elf binäreutektische Gemische. Um die restlichen Kombinationsmöglichkeiten zu klären, teilt man das Diagramm in die fünf Teildreiecke C-AC-CB, CB-B-AB, CB-AB-A, CB-A-A_2C und CB-AC-A_2C auf. In einem solchen Teildreieck (Abb. 4b) ergeben sich dann neun verschiedene ternäre Gefügemöglichkeiten, ausgehend von den Schmelzzusammensetzungen x_1 bis x_9, also insgesamt 45 ternäre Gefügemöglichkeiten. Entspricht die Zusammensetzung der Schmelze einem Punkt auf den Eutektikalen, dann ergeben sich noch weitere 15 binäre eutektische Gefügemöglichkeiten (Zusammensetzung der Eutektikalen+ternäres Eutektikum), so daß also in einem solchen ternären System theoretisch 85 verschiedene Gefügemöglichkeiten gegeben sind. Sind die Phasendiagramme eines Systems durch experimentelle Untersuchungen erst einmal quantitativ bekannt, so ist es möglich, für jede beliebige Komponentenzusammensetzung den Kristallisationsverlauf und die Ausscheidungsfolge der kristallinen Phasen vorauszusagen. [GST]

Terpane, Klasse von verzweigten, acyclischen oder cyclischen Kohlenwasserstoffen mit ausschließlich Einfachbindungen, somit gesättigte Analoge der ↗Terpene. Die Klassifizierung der Terpane basiert auf der Anzahl ihrer ↗Isopren-

Isopreneinheiten	Anzahl der Kohlenstoffatome	Klassifizierung
1	5	Hemiterpan
2	10	Monoterpan
3	15	Sesquiterpan
4	20	Diterpan
5	25	Sesterterpan
6	30	Triterpan
8	40	Tetraterpan

einheiten (Tab.). Es wird zwischen linearen (acyclischen) und cyclischen Terpanen unterschieden. Die cyclischen Terpane werden durch ihre Ringanzahl beschrieben. In der ↗Organischen Geochemie oft untersucht sind die acyclischen ↗Diterpane und die cyclischen ↗Triterpane. Die cyclischen Triterpane werden häufig analysiert, da deren analoge Terpene Bausteine in ↗Eukaryoten und ↗Prokaryoten sind und aus ihnen ↗Sterane, ↗Hopane und verwandte Verbindungen gebildet werden, welche als ↗Biomarker Einsatz finden. [SB]

Terpene, Klasse von verzweigten, acyclischen oder cyclischen Verbindungen, welche durch Biosynthese aus kleineren ↗Isopreneinheiten gebildet werden. Zu den Terpenen zählen neben ↗ungesättigten Kohlenwasserstoffen auch eine Vielzahl von Verbindungen mit unterschiedlichen funktionellen Gruppen, welche überwiegend Sauerstoff als ↗Heteroatom enthalten. Die gesättigten Analoge der Terpene, welche keine Heteroatome enthalten, werden als ↗Terpane bezeichnet. Die Klassifizierung der Terpene basiert auf der Anzahl ihrer Isopreneinheiten.

Terrae calcis, Klasse der deutschen Bodenklassifikation; durch Eisenoxide und Eisenhydroxide braun- bis rotgefärbte Böden aus verwitterten Carbonatgesteinen. Die tonreichen Lösungsrückstände der Carbonatgesteine bilden den T-Horizont im Unterboden (↗Terra fusca, ↗Terra rossa), häufig in Winterregengebieten.

Terra fusca, *Kalksteinbraunlehm*, Bodentyp der deutschen Bodenklassifikation der Klasse ↗Terrae calcis; entwickelt aus Carbonatgestein mit entkalktem Ah-Horizont und T-Horizont (Tongehalt über 65 %, braungelb bis rötlichbraun, ↗Polyedergefüge) sowie cC-Horizont (Carbonatgestein); in Deutschland vorwiegend reliktisch oder fossil.

Terran, *terrane (terrain)*, *suspect terrane*, *exotic terrane*, *displaced terrane* (engl.), allseits durch bedeutende Störungszonen begrenzter Krustenblock von regionalem Ausmaß, dessen Entwicklung in stratigraphischer, magmatischer, tektonischer oder auch metamorpher Hinsicht deutlich anders verlief als die angrenzender Krustenblöcke oder Kontinentteile. Es wird davon ausgegangen, daß Terrane durch ↗Akkretion einem aktiven Kontinentalrand als weitgehend exotische (allochthone) Bruchstücke anderer Kontinente oder ↗ozeanischer Plateaus oder auch fossiler ↗Inselbögen angeliefert wurden. Das Terran wird auf der Unterplatte an den aktiven Kontinentalrand herangeführt, wobei es von dieser abschert und dadurch Teil der Oberplatte wird, daß die ↗Subduktionszone sich auf die ozeanwärtige Seite des Terrans verlagert. In solchen Fällen werden sie oft von schmalen Streifen obduzierter ozeanischer Kruste gesäumt. Das Vorliegen eines weiten Transportes kann vielfach durch paläomagnetische Untersuchungen nachgewiesen werden. Nach Angliederung an die Oberplatte kann weiterer Transport durch tiefseeinnenparallele Seitenverschiebungen bewirkt werden. Die nordamerikanische Kordillere von Alaska bis Mexiko ist zu großen Teilen aus verschiedenartigen Terrans aufgebaut. [KJR]

Terra rossa, *Kalksteinrotlehm*, Bodentyp der deutschen Bodenklassifikation der Klasse ↗Terrae calcis; entwickelt aus Carbonatgestein mit entkalktem Ah-Horizont und rubefiziertem T-Horizont (tonreich, vor allem durch Hämatit leuchtend rot gefärbt, goethitreich, ↗Polyedergefüge) sowie cC-Horizont (Carbonatgestein); häufig in den Winterregengebieten der Erde, im Mediterranraum nach jahrhundertlanger Nutzung mit unzureichendem Bodenschutz; heute überwiegend durch Bodenerosion stark verkürzt, in Deutschland reliktisch und fossil.

Terrasse, flacherer, horizontaler bis schwach geneigter Geländeteil, der an einer Seite mit einer Böschung gegen das benachbarte Gelände grenzt. Parallel zu v. a. gesteinsbedingt herausgebildeten Terrassenformen (↗Denudatiosterrasse, ↗Landterrasse) unterscheidet man nach ihrer Entstehung ↗Ackerterrasse, Fließerdeterrasse (↗Girlandenboden), ↗Flußterrasse, ↗Kamesterrasse, ↗Küstenterrasse, ↗Kryoplanationsterrasse, Meeresterrasse, ↗Nivationsterrasse, Schwemmfächerterrasse und ↗Solifluktionsterrasse.

Terrassentreppe, treppenartig angeordnete ↗Flußterrassen. In Mitteleuropa sind Terrassentreppen im allgemeinen Relikte verschieden alter Talsohlen eines ↗braided river system des ↗Pleistozäns, die durch nachfolgende ↗fluviale Erosion zerschnitten wurden. Die über der ↗Aue liegenden Terrassenflächen sind bevorzugte Siedlungsstandorte. Die einzelnen Terrassen werden stratigraphisch als ↗Hauptterrasse, ↗Mittelterrasse und ↗Niederterrasse bezeichnet.

Terrassierung, Geländeveränderungen, die in steilen Hangbereichen landwirtschaftliche, gärtnerische oder waldwirtschaftliche Nutzung ermöglichen. Dazu werden längs den Höhenlinien Stufen und anschließende Flächen in den Hang gebaut (Abb.). Die Terrassierung ist verbreitet bei der Reiskultivierung in Südostasien und im Weinbau in Europa. Sie stabilisiert den ↗Bodenwasserhaushalt und verhindert Schäden durch Bodenerosion. Die begrünten Vorderränder der Terrassen können durch ihre besondere Lage und Exposition ↗Lebensraum für seltene Pflanzenarten und Kleintiere darstellen.

Terrella, kleine Erde. W. Gilbert (engl. Arzt, 1544–1603) benutzte eine kleine Kugel aus Magneteisenstein, um mit dieser magnetisierten Modellerde das Erdmagnetfeld anschaulich zu beschreiben.

Terre noire, regionale Bodenbezeichnung für die dunklen, tonigen und humosen ↗Vertisole vor allem Westafrikas.

terrestrische Böden, *Landböden*, ↗Abteilung der deutschen Bodenklassifikation; nicht grundwasserbeeinflußte Böden der festen Erdoberfläche.

terrestrische Meßkamera, photogrammetrische ↗Meßkamera zur Aufnahme von terrestrischen ↗Meßbildern. Eine photographische terrestrische Meßkamera besteht aus den Hauptbauteilen Kamerakörper und Kassette. Der Kamerakörper verbindet das Objektiv starr oder bei Fokussierung meßbar veränderlich mit dem die ↗Bildebene definierenden Anlegerahmen zur Sicherung der Invarianz der ↗inneren Orientierung der Kamera. Eine Variation des ↗Bildwinkels ist vielfach durch Wechselobjektive möglich. In der Ebene des Anlegerahmens befinden sich vier Rahmenmarken in den Bildseitenmitten zur Definition des Bildkoordinatensystems und zur Erfassung systematischer Bilddeformationen. In terrestrischen Reseau-Kameras erfüllt ein in der Bildebene angeordnetes ↗Reseau diese Aufgaben. Das ↗Bildformat ist rechteckig oder quadratisch und variiert zwischen 23×23 cm und 24×36 mm. Die aufsetzbaren Kassetten nehmen das photographische Aufnahmematerial auf, wobei sowohl Photoplatten als auch Blatt- oder Rollfilm verwendet werden. Die ↗Plattform für eine terrestrische Meßkamera ist in der Regel ein Stativ. Libellen ermöglichen die Horizontierung oder Neigung der ↗Aufnahmeachse um vorgegebene Winkel. Die Ergänzung mit einer Winkelmeßeinrichtung gestattet die Einstellung oder Messung der horizontalen Richtung der Aufnahmeachse. Digitale terrestrische Meßkameras (↗CCD-Kameras) enthalten in der Bildebene ein CCD-Array oder einen in der Bildebene sequentiell meßbar zu verschiebenden CCD-Zeilen-Sensor oder CCD-Array-Sensor. ↗Schnittstellen gewährleisten den Transfer der digitalen Bilddaten online über Kabelanschluß oder über einen Speicher zum Rechner. [KR]

terrestrische Navigation, ↗Navigation.

terrestrische Ökosysteme, ↗Ökosysteme der festen Landoberfläche, als Gegensatz zu ↗aquatischen Ökosystemen. Aus geoökologischer Sicht steht bei terrestrischen Ökosystemen der Boden als zentrale Komponente im Mittelpunkt. Trotz struktureller Übereinstimmung stellen terrestrische und aquatische Ökosysteme gegensätzliche Typen dar (Abb.). Da an Land die höheren

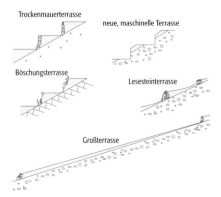

Terrassierung: Terrassentypen im Mittelmeerraum. Traditionell wurden seit der Antike Trockenmauerterrassen gebaut, junge Typen sind maschinelle Terrassen und Großterrassen.

terrestrische Photogrammetrie

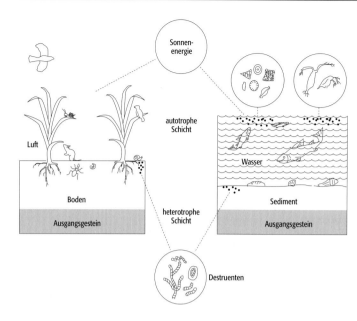

terrestrische Ökosysteme: terrestrisches und aquatisches Ökosystem im Vergleich. Trotz aller Gegensätzlichkeiten finden sich die gleichen Funktionseinheiten und Bestandteile: Abiotische Substanzen, Produzenten, mehrere Stufen von Konsumenten sowie Destruenten. Beide Systeme sind autotroph.

terrestrische Wässer: schematische Darstellung des globalen Wasserkreislaufes mit jährlichen Stoffflüssen in 10^3 km^3/a und in Klammern gesetzt Reservoirvolumina in 10^3 km^3.

/Pflanzen als Autotrophe vorherrschen, übertrifft die /Biomasse von terrestrischen Ökosystemen diejenige der aquatischen Ökosysteme um mehrere Größenordnungen (/Produktion). Allerdings kann das Phytoplankton in stehenden Gewässern dank höherer Umsatzleistung unter günstigen Bedingungen ebensoviel Nahrung erzeugen wie die Landpflanzen.
terrestrische Photogrammetrie, Gesamtheit der Theorien, Geräte und Verfahren der Photogrammetrie zur Aufnahme, Speicherung, Analyse und Auswertung von analogen, photographischen oder digitalen Bildern von terrestrischen Standpunkten aus zur meßtechnischen Erfassung natürlicher oder anthropogener Objekte und Prozesse. Anwendungsorientierte Teilgebiete der terrestrischen Photogrammetrie sind u. a. die Architekturphotogrammetrie und Industriephotogrammetrie. Unter dem Begriff /Nahbereichsphotogrammetrie werden Applikationen bei Vorliegen kurzer Aufnahmeentfernungen im Mikro- und Makrobereich bis zu wenigen Metern zusammengefaßt.
terrestrische Refraktion /Refraktion.
terrestrische Rohböden, Klasse der /terrestrischen Böden mit zwei Typen: /Syrosem und /Lockersyrosem. /Bodenkundliche Kartieranleitung.
terrestrisches Eisen, kommt außerordentlich selten vor: in basischen und ultrabasischen Gesteinen, die sich nur unter besonderen reduzierenden Bedingungen gebildet haben, z. B. durch Resorption von Kohle im Magma, beim Durchschlagen von Basalt durch Kohlevorkommen, (z. B. vom Bühl bei Kassel oder im Basalt der Insel Disko vor Grönland, in kleinen Körnchen auch in Serpentiniten). Der Nickelgehalt liegt bei maximal 2 %, während er im meteoritschen Eisen deutlich höher liegt. /Eisen, /Eisenminerale, /Meteorit.
terrestrische Strahlung, **1)** *Meteorologie*: /terrestrische Wärmestrahlung. **2)** *Geochemie*: ein Bestandteil der natürlichen Strahlenbelastung, die beim Zerfall von natürlichen Radionukliden, die in der Erdkruste enthalten sind, entsteht. Je nach Beschaffenheit des geologischen Untergrundes kann die terrestrische Strahlung regional sehr unterschiedlich sein, viel Strahlung geht z. B. von kristallinen Gesteinen aus.
terrestrische Wärmestrahlung, terrestrische Strahlung, im terrestrischen Spektralbereich (ca. 3,5–100 µm) von einem Medium (Gas, Flüssigkeit, Festkörper) entsprechend seiner Temperatur emittierte infrarote Strahlung (/Plancksches Strahlungsgesetz).
terrestrische Wässer, das den Landflächen zugeordnete Wasser ist neben dem ozeanischen Wasser und dem kurzfristig in der Atmosphäre gespeicherten Wasser das dritte Reservoir der Hydrosphäre (Abb.). Es enthält mit einem Volumen von geschätzten 34 Mio. km^3 etwa 2,5 % der globalen Wasservorräte und ist aufgrund seiner chemischen Eigenschaften (Süßwasser) die anthropogen nutzbare Wassermenge. 70 % dieses Wassers sind allerdings als Polar- und Gletschereis gespeichert. Weitere Kompartimente sind Seen, Flüsse, Moore, die Biosphäre und das Grundwasser. All diese Wässer haben einen Transport über die Atmosphäre erfahren und werden daher auch als meteorische oder vadose Wässer zusammengefaßt. Einen nicht quantifizierbaren und global betrachtet geringen Anteil haben an den terrestrischen Wässern auch die nichtmeteorischen Wässer, d.h. /konnate Wässer und /juvenile Wässer.
Schneerücklagen und Gletschereis haben eine große Bedeutung für die Wasserwirtschaft, da in ihnen auch geringe Niederschläge über einen größeren Zeitraum integriert werden. Die nach der Schneeschmelze in Stauseen gesammelten Wässer stellen in vielen Regionen der Welt die für die Energiegewinnung, Agrarwirtschaft und Trinkwasserversorgung wichtigste Quelle in Trockenzeiten dar. Der Wasserraum in Böden und Gesteinen ist in die ungesättigte und die gesättigte Zone zu unterscheiden. Der ungesättigte

Bereich ist vom Drei-Phasen-System Gas-Wasser-Festkörper gekennzeichnet, während die gesättigte Zone im wesentlichen keine Gasphase enthält. Das Wasser der ungesättigten Zone ist teilweise durch elektrostatische Kräfte und Oberflächenkräfte an Mineralkörner gebunden und nicht konvektiv beweglich, dieses ↗Haftwasser umfaßt hygroskopisches Wasser, Adsorptionswasser und Porenwinkelwasser. Als ↗Sickerwasser wird das Wasser bezeichnet, das sich unter Einfluß der Schwerkraft im Untergrund abwärts bewegt. Gegen die Schwerkraft gehalten oder gehoben wird das ↗Kapillarwasser, das auch die Hohlräume zwischen den Mineralkörnern ganz ausfüllen kann und dann zur gesättigten Zone zu stellen ist (geschlossener Kapillarsaum). Die Fähigkeit von Böden Wasser gegen die Schwerkraft halten (↗Feldkapazität, 60–300 hPa) und damit versickertes Niederschlagswasser für Trockenphasen speichern zu können, ist eine wesentliche Eigenschaft, die Pflanzenbewuchs ermöglicht. Allerdings wird ein Anteil dieses Wassers so fest an der Bodenmatrix gehalten, daß es auch durch den maximal von Pflanzen erzeugbaren osmotischen Druck (bzw. Unterdruck) nicht pflanzenverfügbar wird. Der entsprechende Unterdruck wird als ↗permanenter Welkepunkt (15.000 hPa) bezeichnet.

Die gesättigte Zone wird neben dem geschlossenen Kapillarwasser v. a. vom ↗Grundwasser gebildet, das die Hohlräume zusammenhängend ausfüllt und dessen Bewegung durch die Schwerkraft bestimmt wird. Nach der Art der grundwasserführenden Hohlräume kann in ↗Porengrundwasser, ↗Kluftgrundwasser und ↗Karstgrundwasser eingeteilt werden. Eine andere Einteilung bezieht sich auf die Lage der Grundwasserdruckfläche: ↗freies Grundwasser (Grundwasseroberfläche ist identisch mit der Grundwasserdruckfläche), ↗gespanntes Grundwasser (Grundwasserdruckfläche liegt über der Grundwasseroberfläche) und artesisch gespanntes Grundwasser (↗artesisch gespanntes Grundwasser), d. h. die Grundwasserdruckfläche liegt über der Geländeoberfläche. Das Grundwasser macht etwa 0,5–0,7 % der Hydrosphäre aus. Dem Grundwasserverlust durch ↗Evapotranspiration, Rückfluß in die Ozeane und anthropogener Entnahme steht eine niederschlagsgespeiste Neubildung gegenüber. In der Bundesrepublik Deutschland tragen etwa 14 % des jährlichen Niederschlagsmittels dazu bei. Die Aufenthaltszeit des Wassers im Grundwasserspeicher beträgt wenige Wochen bis mehrere Jahrtausende, z. T. Jahrzehntausende.

In Tiefen von mehreren hundert bis tausend Metern ist die Fließgeschwindigkeit des Grundwassers sehr gering und beträgt z. T. weniger als 1 cm/Jahr. Dieses Tiefenwasser wird manchmal unzutreffend als ↗fossiles Wasser, stagnierendes Wasser oder Tiefenstandswasser bezeichnet. Die langen Kontaktzeiten des Tiefenwassers mit dem Gestein bewirken eine hohe Mineralisation der Wässer, die bis zu 100 g/kg erreichen kann (z. B. Bohrung Urach 3). Die Untergrenze des Tiefenwassers bildet die Tiefe in der Erdkruste, bis zu der noch offene Hohlräume existieren können. Schätzungen liegen bei etwa 10 km.

Während Tiefenwässer wegen der geringen Wasserbewegung nur eine sehr bedingt erneuerbare Ressource darstellen, unterliegen die oberflächennahen Grundwässer, die stärker am Wasserkreislauf teilnehmen, einer intensiven Bewirtschaftung. In vielen Ländern stellen sie die einzige noch entwickelbare Wasserressource dar. In der Bundesrepublik Deutschland stammen etwa 70 % des für die öffentliche Wasserversorgung geförderten Wassers (1991: 6,5 Mrd. m^3) aus Grund- und Quellwässern. Dem Schutz des Grundwassers gegen lokale und in zunehmendem Maße gegen diffuse Einträge kommt daher große Bedeutung zu. Zu letzteren gehören als Folge landwirtschaftlicher Nutzung Stickstoffverbindungen und Pflanzenbehandlungsmittel, aber auch sekundäre Luftschadstoffe und Arzneimittelwirkstoffe, die in kommunalen Kläranlagen kaum zurückgehalten werden. Der Rat von Sachverständigen für Umweltfragen hat daher einen flächendeckenden Grundwasserschutz als Bestandteil einer dauerhaften umweltgerechten Entwicklung als Zukunftsaufgabe definiert. [TR]

terrigene Sedimente, *klastische Sedimente*, setzen sich aus ↗Gesteinsbruchstücken (Klasten) von sedimentären, magmatischen und metamorphen Gesteinen zusammen. Die Klasten werden im Verlauf der mechanischen und chemischen ↗Verwitterung vom Gesteinsverband gelöst und durch physikalische Prozesse transportiert und abgelagert. Transportmedien können Winde, Flüsse, Wellen und Gletscher sowie auch Gezeiten- und Suspensionsströme sein.

Hauptbestandteile der terrigenen Sedimente sind meist Quarz und Silicatmineralen; man spricht daher auch von *siliciklastischen Sedimenten*. Zu den unverfestigten terrigenen Sedimenten zählen ↗Kiese, ↗Sande, ↗Silte und ↗Tone. ↗Konglomerate, ↗Brekzien, ↗Sandsteine, Siltsteine und Tonsteine sind deren diagenetisch verfestigte Äquivalente.

Territorialgewässer ↗*Hoheitsgewässer*.

Territorialstruktur, im Sinne eines Gesamtmodells des ↗Landschaftsökosystems das Aufzeigen des Funktionszusammenhanges der relevanten Parameter in einem Gebiet. Die Territorialstruktur entspricht damit dem ↗Total Human Ecosystem in der englischsprachigen Literatur. Diese »dynamische« Betrachtung unterstreicht die Bedeutung der gesellschaftlichen Einflüsse als Stellgrößen im Landschaftsökosystem (↗Standortregelkreis).

Territorium, *Revier*, in der ↗Bioökologie die Bezeichnung für das Mindestwohngebiet eines tierischen Organismus, das gegen Artgenossen (↗Art) durch spezifische Verhaltensmuster (Territorialverhalten) verteidigt wird. Das Territorium entspricht somit dem räumlichen Aktionsradius eines Tiers. Weil nur eine bestimmte Anzahl an Territorien verfügbar ist, gibt es klare Gewinner und Verlierer beim Erwerb der Territorien. Dies ist ein ausgeprägtes Beispiel für ↗intraspezifische Konkurrenz. Territorialität führt zu einer

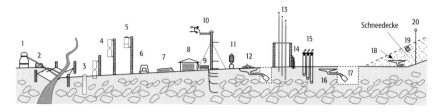

Tessera: Ausstattung einer Tesserae. 1 = ISCO-Sampler (Modell 2700), 2 = ISCO-Flowmeter (Modell 2870), 3 = Grundwasserstandsrohr (Tiefe $t = 10–30$ cm), 4 = Münden-Regensammler (Höhe $h = 1,50$ m und 40 cm), 5 = Hellmann-Regensammler ($h = 1,50$ m), 6 = Tankverdunstungsmesser (3/ $h = 20$ cm), 7 = Max.-/Min.-Thermometer mit Strahlungsschutz (h = Bodenoberfläche), 8 = Wetterhütte mit Thermohygrograph, Max./Min.-Thermometer, Thermistor und Feuchtesonde ($h = 10–15$ cm), 9 = SQUIRREL-Datalogger (im wetterfesten Gehäuse), 10 = Luftthermistoren mit Strahlungsschutz ($h = 0,15, 50, 120$ cm), Windweg-, Windrichtungs- und Globalstrahlungsmesser ($h = 2$ m) sowie Bodenthermistoren ($t = -2, -10, -20, -30, -50$ cm), 11 = Nebelfänger ($h = 40$ cm), 12 = Vegetations-Trichterlysimeter (unter ca. 5–8 cm Vegetationsschicht), 13 = Tensiometerfeld (je 3 in 10, 20, 30 cm t), 14 = Piché-Evaporimeter (3 in 20 cm h), 15 = Saugkerzenfeld (je 3 in 10, 20, 30 cm t), 16 = Boden-Trichterlysimeter (Lysimeter 20 cm unter Flur), 17 = Bodenprofilgrube (arktische Sand- und Schotter-Braunerde), 18 = Schnee-Trichterlysimeter (variable Höhe, je nach Schneedeckenmächtigkeit, jedoch immer möglichst oberflächennah), 19 = Entnahmestelle für Oberflächenschneeproben, 20 = Punkt für Schneehöhenmessung.

strikten Regulation der ↗Population und der Anzahl an Inhabern von Territorien. Territorialverhalten entsteht in ↗Biotopen, in denen Nahrungsressourcen Brutplätze oder Fortpflanzungspartner gleichmäßig verteilt und gleichzeitig klar limitiert sind. Die Größe des Territoriums hängt von der Versorgung mit diesen Ressourcen und Stellung des Individuums in der sozialen Hierarchie ab. Nicht alle Tierarten beanspruchen ein Territorium. Dagegen spielt das Territorium besonders bei Vögeln und Säugern während Brut- oder Brunftzeiten eine große Rolle. Im Sinne eines Hoheitsgebietes wird der Begriff des Territoriums auch für klar abgegrenzte administrativ-politische Raumeinheiten (Staatsgebiete, Zonen für Maßnahmen der ↗Raumplanung) verwendet (↗Territorialstruktur). [MSch]

Tertiär, dritte Zeit, gebräuchliche Bezeichnung für das ältere System des ↗Känozoikums; heute zunehmend durch die Systembezeichnungen ↗Paläogen und ↗Neogen ersetzt. ↗geologische Zeitskala.

tertiärer Spannungszustand, dreidimensionale Spannungsverteilung, die sich im Gebirge in der Folge eines künstlichen Hohlraumausbruchs nach längerer Zeit einstellt. Maßgebend sind dabei in erster Linie Verformungen durch Quellerscheinungen (↗Quellhebung).

Terzaghi, Karl von, tschechischer Ingenieur und Bodenmechaniker, * 2.10.1883 Prag, † 25.10.1963 Cambridge (Massachusetts); Studium des Maschinenbaus in Graz, Diplom 1904; frühes Interesse an Bauingenieurwesen und technischer Geologie, dreijährige Tätigkeit in einem Ingenieurbüro, Stellungen in Kroatien und Rußland; 1911 Promotion an der TH Graz; 1916 Berufung zum Professor an die Kaiserlich-Ottomanische Ingenieurschule Konstantinopel; nach dem ersten Weltkrieg Lehrauftrag am amerikanischen Robert-College in Istanbul, erste Arbeiten zur Festigkeitslehre von Böden; 1925 erscheint in Wien sein Buch »Erdbaumechanik auf bodenphysikalischer Grundlage«; im gleichen Jahr Gastprofessor am Massachusetts Institute of Technology in Cambridge (USA); 1929 Professor am Institut für Wasserbau II der TH Wien, die Hochschule wird mit ihm zum Zentrum bodenmechanischer Forschung, zahlreiche Veröffentlichungen und internationale Gutachtertätigkeit; ab 1939 Lehre an der Harvard University bis zu seiner Emeritierung 1956. [TL]

Teschenit, von G. Tschermak 1866 definiertes Gestein nach der Ortschaft Teschen in Nordost-Mähren.

Tesla, T, ↗Magnetfeldeinheit.

Tessera, »Meßgarten«, in der ↗Landschaftsökologie die Bezeichnung für einen Beobachtungspunkt auf einer abgegrenzten, kleinen Fläche, an welchem Daten zur Erfassung des Klima-, Wasser- und Nährstoffhaushaltes des repräsentierten ↗Geoökosystems erhoben werden. Diese Datengewinnung erfolgt nach den Prinzipien der landschaftsökologischen Komplexanalyse. Die technische Ausstattung mit Meßgeräten richtet sich nach der spezifischen Fragestellung und besteht aus einer Kombination verschiedener Einzelarbeitsweisen. Diese sind vom Arbeitsplan des ↗Prozeß-Korrelations-Systemmodells bestimmt. Die Tessera umfaßt aufgrund ihrer geringen Flächenausdehnung den räumlichen Bereich eines landschaftsökologischen ↗Standortes und liefert Angaben unterhalb der Größenordnung der ↗topischen Dimension (Abb.).

tesserale Kugelflächenfunktionen, ↗Kugelflächenfunktionen, die von der Breite und von der Länge abhängen.

tesserale Potentialkoeffizienten, tesserale sphärische harmonische ↗Potentialkoeffizienten, die als Faktoren der ↗tesseralen Kugelflächenfunktionen auftreten.

Testorganismen ↗Zeigerarten.

Tetartoeder, Polyeder mit tertatoedrischer Symmetrie. ↗Tetartoedrie.

Tetartoedrie, Untergruppe einer ↗Holoedrie, wenn sie vom Index vier ist, also ein Viertel der Symmetrieoperationen der Holoedrie besitzt.

tethered satellite, ein kleiner Satellit, der über ein Kabel mit einem Mutter-Raumschiff verbunden ist. Aus der gegenseitigen Bewegung der beiden Satelliten kann man auf Inhomogenitäten des ↗Schwerefeldes schließen.

Tethys, 1) äquatorialer Ozean, der sich während des ↗Paläozoikums und des ↗Mesozoikums zwischen ↗Gondwana im Süden und Eurasia im Norden erstreckte. 2) biogeographische Provinz im Mesozoikum, deren Faunenassoziationen tropisches und subtropisches Klima anzeigen. Der Name »Tethys« geht zurück auf Eduard v. ↗Suess (1893), der diesen Ozean nach der griechischen Göttin »Tethys«, der Schwester und Frau des Okeanus (Gott des Ozeans), benannte. Suess bezeichnete mit Tethys ein Meer, dessen ozeanische Gesteine und marine Sedimente heute verfaltet und herausgehoben als Reste in den Hochlagen Tibets, des Himalajas und der Alpen anstehen. Moderne plattentektonische Rekonstruktionen zeigen, daß es im Verlauf des Paläozoikums und Mesozoikums mehrere Tethys-Ozeane gab, die sich durch Riftbildung (↗Riftzone), sea-floor spreading (↗Ozeanbodenspreizung) und ↗Subduktion nacheinander öffneten und wieder schlossen. Die Prototethys entstand nach dem Auseinanderbrechen des ersten Superkontinentes Rodinia als ↗Backarc-Becken im ↗Kambrium. Sie bestand während des Paläozoikums und schloß sich während der variszischen ↗Orogenese zum Ende des Unterkarbons. Durch die Kollision von ↗Gondwana und Armorika mit ↗Laurasia und von Laurasia mit ↗Sibiria entstand im ↗Karbon ein neuer Superkontinent Pangäa, der U-förmig um den Äquator lag. In seinem Inneren befand sich die *Paläotethys*, deren Öffnung bereits im ↗Ordovizium und ↗Silur begann. Die Paläotethys bestand bis zum Beginn des ↗Juras und schloß sich durch die Kollision der Kimmeriden mit Eurasia. Südlich der Kimmeriden öffnete sich im ausgehenden ↗Perm die *Neotethys*, die oft auch als die eigentliche Tethys bezeichnet wird. Sie bestand bis zum ↗Paläogen, als Afrika, Arabien und Indien mit Europa und Asien kollidierten und durch die alpidische ↗Orogenese Tibet und der Himalaja herausgehoben wurden. Neben der Neotethys existierte die Alpine Tethys, die sich zwischen Europa und der Adriatischen Platte zeitgleich mit dem zentralen Nordatlantik im frühen Jura öffnete. Die Alpine Tethys schloß sich im ausgehenden Paläogen durch die Kollision von Afrika und Europa und die Heraushebung der Alpen. [SV]

Tetrachlorethan, *1,1,2,2-Tetrachlorethan*, $C_2H_2Cl_4$, farblose, klare, schwere, stark lichtbrechende Flüssigkeit mit chloroformartigem Geruch. Die großtechnische Herstellung von Tetrachlorethan erfolgt durch Umsetzung von Acetylen mit Chlor in Gegenwart von Eisenchlorid und Antimonpentoxid bzw. Schwefeldichlorid als Katalysatoren. Weltweit werden zur Zeit schätzungsweise 100.000–150.000 t/a produziert. Ausgewählte Stoffeigenschaften: Dichte: 1,595 g/cm³ bei 20°C, Dampfdruck: 7 hPa bei 20°C, Wasserlöslichkeit: 2900 mg/l bei 20°C, Schmelzpunkt: -42,5°C, Siedepunkt: 146,2°C. n-Octanol/Wasser-Verteilungskoeffizient (log$P_{O/W}$): 1,7. Tetrachlorethan ist giftig für Wasserorganismen und vermutlich cancerogen. Sein Verhalten in der Umwelt wird maßgeblich bestimmt durch seine hohe Wasserlöslichkeit und Flüchtigkeit, eine geringe Bio- und Geoakkumulationstendenz sowie infolge der hohen Molekülsymmetrie eine relativ hohe Stabilität gegenüber physikalisch-chemischen und biologischen Transformationsreaktionen. In der Hydro- und Pedosphäre ist eine mikrobiologische Metabolisierung unter Bildung von Di- und Trichloressigsäure bzw. Umsetzung bis zu CO_2 zu vermuten. [ME]

Tetrachlorethen, *Tetrachlorethylen*, *Perchlorethylen* = *Per*, C_2Cl_4, farblose, klare Flüssigkeit von ätherischem Geruch. Die großtechnische Herstellung von Per erfolgt durch kombinierte Chlorierungs- und Dehydrochlorierungsreaktionen von 1,2-Dichlorethan. Dabei erfolgt gleichzeitig die Bildung von Trichlorethylen. Die Produktionsmenge betrug in der Bundesrepublik Deutschland 1990 ca. 290.000 t/a. Tetrachlorethen ist gut löslich in organischen Lösungsmitteln. Ausgewählte Stoffeigenschaften: Dichte: 1,620 g/cm³ bei 20°C, Dampfdruck: 1,9 hPa bei 20°C, Wasserlöslichkeit: 150 mg/l bei 20°C, Schmelzpunkt: -23°C, Siedepunkt: 121,2°C, n-Octanol/Wasser-Verteilungskoeffizient (log $P_{O/W}$): 2,3–2,6. Tetrachlorethen ist schädlich für Wasserorganismen und biologisch nicht leicht abbaubar. Daneben zeigt es Hinweise auf mutagene Wirkung. Aufgrund der Anwendungsmengen und Einsatzbereiche ist Tetrachlorethen in Umweltstrukturen weitverbreitet. Sein Verhalten in und zwischen Umweltkompartimenten wird durch die Wasserlöslichkeit und hohe Flüchtigkeit bestimmt. Die Funktionsfähigkeit biologischer Abwasserreinigungsanlagen sind bei Tetrachlorethen-Konzentrationen bis zu 10 mg/l nicht beeinträchtigt. Durchschnittliche Tetrachlorethen-Konzentrationen sind in der Luft 0,07–40 ppb, im Trinkwasser < 5 µg/l, im Oberflächenwasser < 10 µg/l und im Abwasser < 6 µg/l. [ME]

Tetrachlorkohlenstoff, Handelsname Tetra, chemische Formel CCl_4, ↗halogenierter Kohlenwasserstoff, organisches Lösungsmittel.

Tetraeder, spezielle Flächenform {111} der kubischen Symmetrie $\bar{4}3m$ aus vier gleichseitigen Dreiecken der Symmetrie .3m. Das Tetraeder gehört zu den platonischen Körpern. Häufig werden auch tetragonal oder orthombisch deformierte Polyeder aus vier kongruenten Dreiecken Tetraeder genannt.

Tetraederlücken ↗Kugelpackung.

tetraedrisches Pentagondodekaeder ↗Pentagontritetraeder.

Tetraedrit, *Antimon-Arsen-Fahlerz, Antimon-Fahlerz, Coppit, Falkenhavnit, Fieldit, Graugiltigerz, Graugültigerz, Graukupfererz, Kupfer-Antimon-Fahlerz, Nepalit, Nepaulit, Panabase, Schwarzerz, Spießglanzfahlerz, Stylopit, Stylotypit*, nach der Kristallform »Tetraeder« benanntes Mineral mit der chemischen Formel $Cu_3SbS_{3,25}$ und kubisch-hex'tetraedrischer Kristallform; Farbe: stahlgrau, teilweise eisenschwarz; Metallglanz; undurchsichtig; Strich: graulich-schwarz; Härte nach Mohs: 3,5-,4,5 (spröd); Dichte: 4,6–5,2 g/cm³; Spaltbarkeit: keine; Bruch: muschelig, uneben; Aggregate: derb, eingesprengt, körnig bis dicht; Kristalle aufgewachsen; vor dem Lötrohr auf Kohle leicht zu grauem Korn schmelzbar; Zersetzung in Salpetersäure; Begleiter: Chalkopyrit, Sphalerit, Pyrit, Bornit, Arsenopyrit, Bournonit, Realgar, Schwazit; Fundorte: Obermoschel (Rheinland-Pfalz), Rammelsberg bei Goslar (Harz), Príbram (Böhmen) und Banská Stiavnica (Schemnitz) in der Slowakei, Binnatal (Vallis, Schweiz), Schwaz und Brixlegg (Tirol, Österreich), Bingham (Utah, USA), Butte (Montana, USA) und Custer Co. (Idaho, USA). ↗Fahlerz. [GST]

tetragonal, eines der sieben ↗Kristallsysteme.

tetragonale Dipyramide, spezielle Flächenform {h0l} der Punktsymmetrie .m. in der tetragonal holoedrischen Punktgruppe 4/mmm aus acht kongruenten gleichschenkligen Dreiecken.

tetragonale Pyramide, spezielle Flächenform {h0l} der Punktsymmetrie .m. in der tetragonal holoedrischen Punktgruppe 4 mm. Die vier Flä-

Tetraterpan 1: Strukturformel unterschiedlicher Tetraterpan-Einheiten, welche als Bestandteile der Zellmembran von Archaebakterien vorliegen.

chen bilden ein offenes Polyeder. Erst durch Hinzufügen einer Basisfläche (Pedion) entsteht daraus ein geschlossenes Polyeder.

tetragonales Disphenoid, *tetragonales Tetraeder*, spezielle Flächenform $\{h0l\}$ der Punktsymmetrie *.m.* in der tetragonalen Punktgruppe $\bar{4}m2$ aus vier kongruenten Dreiecken.

tetragonales Prisma, spezielle offene Flächenform $\{100\}$ der Symmetrie $4/mmm$ und der Flächensymmetrie $m2m$.

tetragonales Skalenoeder, allgemeine Flächenform $\{hkl\}$ der tetragonalen Punktgruppe $\bar{4}m2$ aus acht kongruenten Dreiecken.

tetragonales Tetraeder ↗ *tetragonales Disphenoid*.

tetragonales Trapezoeder, allgemeine Flächenform $\{hkl\}$ der tetragonalen Punktgruppe 422 aus acht kongruenten Vierecken.

Tetragyre, kaum noch gebräuchliche Bezeichnung für eine vierzählige ↗Drehachse.

Tetrakishexaeder, spezielle Flächenform $\{hk0\}$ der kubischen Holoedrie $m\bar{3}m$ und der Flächensymmetrie $m..$, bestehend aus 24 gleichschenkligen Dreiecken.

Tetrapyrrol, System aus vier stickstoffhaltigen ↗Pyrrolen, welches entweder als Ring oder als acyclische Kette vorkommt. Wichtige Vertreter der offenkettigen Tetrapyrrole sind die Phycobiline, die Farbstoffe der Blau- und Rotalgen. Cyclische Tetrapyrrole sind Bestandteile des für die Photosynthese notwendigen ↗Chlorophylls. Die im ↗Erdöl vorhandenen Tetrapyrrole liegen überwiegend in Form von ↗Porphyrinen vor, welche hauptsächlich Abbauprodukte des Chlorophylls sind.

Tetraterpan, Klasse von gesättigten, aus acht ↗Isopreneinheiten bestehenden C_{40}-Terpanen (Abb. 1). Sie sind Bestandteil der Zellmembranen von Archaebakterien. Im Gegensatz zu den Zellmembranen der Eubakterien und der Eukaryonten liegen in den Zellmembranen der Archaebakterien Etherbindungen und verzweigte C_{40}-Tetraterpane vor. Somit dienen die C_{40}-Tetraterpane zur Unterscheidung dieser Organismen. Ein weiteres verbreitetes Tetraterpan ist das durch Hydrierung des β-Carotens gebildete β-Carotan (Abb. 2).

Tetraterpen, Klasse von ungesättigten, aus acht ↗Isopreneinheiten bestehenden C_{40}-Terpenen. Wichtige Tetraterpene sind die C_{40}-Carotinide. Diese Verbindungen verfügen über ein großes System an konjugierten Doppelbindungen, welches eine Energieabsorption in bestimmten Bereichen des sichtbaren Lichts ermöglicht, wodurch diese Verbindungen eine gelb/rote Färbung erhalten (Abb.). Da Carotinide Licht im kurzen Wellenlängenbereich absorbieren, verbessern sie die Fähigkeit von Organismen, bei geringen Lichtmengen die Photosynthese durchzuführen. Carotinide sind in allen marinen Phytoplanktonarten enthalten und sind für deren Rotfärbung verantwortlich. Auch in nicht photosynthetisierenden Bakterien, Pilzen und Säugetieren kommen Carotinide vor, da sie von essentieller Bedeutung für die Vitamin-A-Herstellung sind (Abb.).

Teufe, bergmännischer Ausdruck für Tiefe oder Tiefenlage; z. B. ist die Lagerstättenteufe die Tiefenlage der Lagerstätte. Teufe ist der Abstand eines Punktes im Untergrund von der Geländeoberkante oder Normalnull (NN). Ewige Teufe bedeutet nach unten unbegrenzt, z. B. kann ein Grubenfeld bis in ewige Teufe reichen, d. h. die Abbaurechte sind nach unten unbeschränkt. Der Begriff wird häufig verbal mit Vorsilbe benutzt, z. B. Abteufen einer Bohrung oder eines Schachtes.

Textur, 1) *Bodenkunde*: als Synonym für die ↗Bodenart verwendet. **2)** *Fernerkundung*: kleinräumige, regelmäßige Variation der ↗Grauwerte einer Fläche. Die Grauwertvariationen, die eine Textur aufbauen, sind im Bild nicht mehr wahrnehmbar, bewirken jedoch als charakteristische Grautonvariationen. Das menschliche visuelle System ist in der Lage, solche Texturen sehr schnell zu erfassen und für die Bildinterpretation in Wert zu setzen. Texturen spielen eine große Rolle, um z. B. Gebiete gleicher Grautöne voneinander abzugrenzen. Sie lassen qualitative Rückschlüsse auf die Oberflächenbeschaffenheit zu und tragen damit zu einer fundierten Interpretation bei. Texturen beeinflussen zusammen mit den übergeordneten Mustern wesentlich die Bildinterpretation. Weitgehend unbekannt ist, wie das menschliche Gehirn Texturen erfaßt. Dem Interpreten fällt es im allgemeinen recht schwer, eine genaue Begründung zu geben, warum er eine Grenze gerade an einer bestimmten Stelle gezogen hat. Texturen lassen sich zudem nur qualitativ mit Begriffen wie fleckig, tupfig, streifig, wolkig, körnig, usw. beschreiben, die stark subjektiv geprägt sind und bei verschiedenen Personen unterschiedliche Assoziationen erwecken. Daraus wird deutlich, wie schwierig es ist, Texturen rechentechnisch zu erfassen. Für eine automatische Analyse müssen objektive Krite-

Tetraterpan 2: Strukturformel des β-Carotans.

rien definiert werden, die sich programmtechnisch in angemessener Zeit in logischen Schritten abprüfen lassen. Die Texturanalyse eines panchromatischen Bildes stellt einen vielversprechenden Auswertungsansatz in sehr heterogenen, bebauten Siedlungsgebieten dar, da dieser Parameter sich hier besonders signifikant von anderen Landbedeckungsarten unterscheidet. Modellierung, Synthese, Beschreibung und Segmentierung von Textur sind wichtige Arbeitsfelder des computergestützten, maschinellen Sehens und der Bildverarbeitung im allgemeinen. Verschiedenste Methoden sind zur Beschreibung, Klassifikation von Textur und texturbasierten Segmentation entwickelt worden. Einfache statistische Methoden erster Ordnung, die Mittelwert oder Varianz nutzen, haben den Nachteil, daß sie die räumliche Verteilung der Pixel im Bild nicht berücksichtigen. Daher wird empfohlen, Verfahren zweiter Ordnung zu nutzen, die sog. Grauwert-Abhängigkeits-Matrizen (Co-occurence-Matrizen) verwenden, die sowohl die spektrale als auch die räumliche Verteilung der Grauwerte im Bild berücksichtigen. **3)** *Kristallographie*: bei polykristallinen Proben die bevorzugte, nicht über alle möglichen Richtungen gleichverteilte Orientierung der kristallinen Körner in einer Probe. Beispielsweise zeigen gewalzte Stahlbleche eine weitgehend bevorzugte Orientierung, d. h. starke Textur der kubischen kristallographischen Achsen der Eisenkristallite in Walzrichtung. **4)** *Mineralogie/Petrologe*: ↗Gefüge.

TGA ↗*Thermogravimetrie*.

Thaer, *Albrecht Daniel*, deutscher Arzt und Begründer der deutschen Landbauwissenschaften, * 14.5.1752 Celle, † 26.10.1828 Möglin bei Wriezen (Märkisch Oderland); 1778 Stadtphysicus in Celle, 1796 königlich-kurfürstlicher Leibarzt, 1786 Beginn der Beschäftigung mit der Landwirtschaft, intensives Selbststudium der englischen Landwirtschaft, 1802 Eröffnung des ersten deutschen landwirtschaftlichen Lehrinstituts in Celle, 1804 folgt Thaer dem Ruf des Preußischen Königs Friedrich Wilhelm III. und des Staatsministers Graf von Hardenberg. Er übersiedelt zunächst nach Wollup im Oderbruch und bald darauf nach Möglin in Brandenburg. Dort eröffnete Thaer 1806 die erste landwirtschaftliche Hochschule in Deutschland, die Mögliner Lehranstalt. Ab 1819 kam die »Königlich Preußische Akademie des Landbaus« hinzu. 1809 Berufung Thaers zum Staatsrat im Preußischen Innenministerium, 1810 Berufung Thaers zum a.o. Professor der Kameralwissenschaften an der Berliner Universität, 1819 Ernennung zum Generalintendanten der Königlich Preußischen Stammschäfereien, 1823 Präsident des Leipziger Wollkonvents. Bedeutendste Buchveröffentlichungen: »Einleitung zur Kenntnis der englischen Landwirthschaft und ihrer neueren practischen und theoretischen Fortschritte in Rücksicht auf Vervollkommnen deutscher Landwirtschaft für denkende Landwirthe und Cameralisten« (1798–1804), Grundsätze der rationellen Landwirthschaft« (1810–12), «Geschichte meiner Wirthschaft zu Möglin» (1815), «Leitfaden zur allgemeinen landwirthschaftlichen Gewerbslehre» (1815). Herausgeber der «Annalen der Niedersächsischen Landwirtschaft» (1799–1804), der «Annalen des Ackerbaus» (1805–1810), der «Annalen der Fortschritte der Landwirtschaft in Theorie und Praxis» (1811–1812) sowie der «Möglinschen Annalen der Landwirtschaft» (1817–1824).

Thaer erstellte erstmals ein systematisches, wissenschaftlich begründetes Lehrgebäude der Landwirtschaft, führte den Gewinn als Betriebsziel ein und begründete damit die Agrarökonomie, entwickelte die Humustheorie weiter, verbreitete konsequent die Fruchtwechselwirtschaft, klassifizierte Böden nach der Bodenart und verbesserte Ackergeräte. [HRB]

Thalattokratie, *Thalassokratie*, Zeit hoher Meeresspiegelstände, in der große Teile der Kratone überflutet sind.

Thales von Milet, griechischer Naturphilosoph, * um 650 v.Chr., † um 560 v.Chr. Keine der Schriften von Thales sind heute erhalten. Vermutlich gehörte er zu den legendären »Sieben Weisen« und war als Staatsmann tätig. Bekannt ist Thales heute aufgrund seiner Kosmologie; er begründete die Philosophie, nach der alles Stoffliche aus dem Wasser stammt. Für ihn war das Universum ein lebendiger Organismus, der durch Wasserdampf genährt wird. Das Universum stellte er sich als unermeßlich große Kugel vor, die zur Hälfte mit Wasser gefüllt wäre. Darin schwimme die Erde als eine flache Scheibe. Xenophanes überlieferte, daß Thales die Sonnenfinsternis vom 28.5.585 v.Chr. vorausgesagt hätte. Kritische Untersuchungen zweifeln jedoch sowohl an dieser Überlieferung wie auch an den ihm nachgesagten mathematischen Kenntnissen. Der sogenannte »Satz des Thales« (Alle Peripheriewinkel in einem Halbkreis betragen 90°.) ist erst in moderner Zeit fälschlich nach ihm benannt worden. [EHa]

Thallium, chemisches Element aus der III. Hauptgruppe des ↗Periodensystems (Bor-Aluminium-Gruppe); Symbol Tl; Ordnungszahl 81; Atommasse: 204,37; Wertigkeit: I und III; Härte nach Mohs: 1,3; Dichte: 11,85 g/cm^3. Thallium ist ein weiches ↗Schwermetall, das im tetragonalen Gitter kristallisiert. Thallium der Wertigkeit I zeigt in seinen Verbindungen ähnliche Eigenschaften wie die Derivate der Alkalimetalle und des Silbers. Die selteneren Thallium(III)-Verbindungen sind starke Oxidationsmittel. Thallium ist zu etwa 10^{-5}% am Aufbau der ↗Erdkruste beteiligt und findet sich häufig, allerdings meist nur in geringen Konzentrationen, als Begleiter des Zinks, Kupfers, Eisens oder Bleis. Auch die ↗Manganknollen des Pazifischen Ozeans enthalten Thallium. Die starke Toxizität des Thalliums steht einer breiten Verwendung des Elementes und seiner

Tetraterpen: Strukturformel des β-Carotens.

Thaer, *Albrecht Daniel*

Verbindungen entgegen. Es wird unter anderem in Photozellen und Infrarot-Detektoren eingesetzt.

Thallophyten, *Niedere Pflanzen, Lagerpflanzen*, Sammelbezeichnung für niedere ↗Pflanzen, die einen vielzelligen Vegetationskörper (↗Thallus) mit arbeitsteiliger Spezialisierung der Zellen besitzen, ohne jedoch den charakteristischen Bauplan der höheren Pflanzen (↗Kormophyten oder Sproßpflanzen) mit der Gliederung in die Grundorgane Wurzel, Sproß und Blätter zu erreichen (Abb.). Da ihnen eigentliche Festigungsgewebe fehlen, lagern sie – mit Ausnahme der im Wasser lebenden Algen – gewöhnlich mehr oder weniger flach am Boden, worauf die deutsche Bezeichnung Lagerpflanzen hinweist. Zu den Thallophyten gehören die meisten ↗Algen, Pilze (↗Fungi), ↗Flechten (↗Lichenes) und Moose. Algen, Fungi und Lichenes besitzen zwar eine vergleichbare Entwicklungshöhe, haben jedoch keine gemeinsame Abstammung und bilden deshalb keine natürliche taxonomische Einheit, anders als in den älteren Klassifikationsschemata dargestellt. Dort bilden Algen, Fungi und Lichenes als Thallophyta einen Stamm des Pflanzenreiches, gelegentlich auch unter Einschluß der ↗Prokaryoten. Die Moose besitzen den differenziertesten Aufbau, sie bilden daher einen Übergang zu den Sproßpflanzen.

Thallus, ein i. d. R. vielzelliges, undifferenziertes Zellager, Zellgeflecht oder in komplexerer Ausbildung bereits ein einfaches Zellgewebe höherer ↗Algen, ↗Fungi und ↗Lichenes (↗Thallophyten), vieler ↗Bryophyta und des Prothalliums der ↗Pteridophyta. Zwar können auch wurzel-, blatt- und stengelförmige Gebilde entstehen, die aber nicht die Funktion echter ↗Wurzeln, ↗Sproßachsen und ↗Blätter des ↗Sporophyten der ↗Tracheophyten haben. Beim allseits von Wasser umgebenen Thallus der submersen Algen kann die Nahrungsaufnahme meist über die gesamte Körperoberfläche erfolgen, es bedarf keiner Aufgabenteilung in Bereiche der Nahrungsaufnahme und des Stofftransportes, vor allem aber nicht der Wasserleitung (↗Leitbündel). Der Auftrieb in Wasser verhindert das Kollabieren auch größerer Thalli, so daß Festigungsgewebe nicht erforderlich sind. Andererseits ist aus diesen Gründen die zumindest temporäre Lebensfunktion von Thalli an Land immer an die (gelegentliche) Präsenz von Wasser gebunden. [RB]

Thanatozönose, Totengemeinschaft von Organismen, aus einer abgestorbenen ↗Biozönose (Lebensgemeinschaft) hervorgehend. Die Organismen sind also an ihrem ursprünglichen Lebensort (autochthon) überliefert. Die Skelette und Schalen der meisten fossilen Organismen sind weitgehend komplett oder wenig zerbrochen überliefert, viele sind in Lebensstellung erhalten. Oft ist eine Vermischung mit allochtonen, aus anderen Lebensräumen eingeschwemmten toten Organismen gegeben. Dann entsteht eine ↗Taphozönose (Grabgemeinschaft).

Thanet, *Thanetium*, international verwendete stratigraphische Bezeichnung für die obere Stufe des ↗Paläozäns, benannt nach der Halbinsel Thanet (Südengland). ↗geologische Zeitskala.

Thaumasit, Mineral mit der chemischen Formel $Ca_3[CO_3|SO_4|Si(OH)_6] \cdot 12\,H_2O$ und hexagonal-pyramidaler Kristallform; Farbe: schneeweiß; Härte nach Mohs: 3,5; Dichte: 1,9 g/cm³; Aggregate: erdig, »wirrnadelig«, dichte Massen; bildet sich wie ↗Ettringit durch Reaktion von gips- und zementhaltigen Baustoffen unter Volumenexpansion als »Treibmineral«, was zu gravierenden Bauschäden führen kann; Fundorte: Haslach (Schwarzwald), Halap (Ungarn), Bjekes-Grube bei Åreskutan und Kallskirchspiel (Jemtland) sowie Ljusnarsberg und Långban (Wermland) in Schweden, Sulitelma (Norwegen), West-Paterson (New Jersey, USA) und Beaver Co. (Utali, USA).

Theis-Gleichung ↗*Brunnenformel von Theis*

Theissche Brunnenfunktion, *well function*, $W(u)$, bezeichnet das Exponentialintegral:

$$\int_u^\infty \frac{e^{-u}}{u}\,du$$

mit:

$$u = \frac{r^2 S}{4tT},$$

wobei r = Abstand Brunnen – Meßstelle [m], S = Speicherkoeffizient, t = Zeit seit Pumpbeginn [s] und T = Transmissivität [m²/s]) mit u als Integrationsvariablen. Die Brunnenfunktion geht in die Berechnung der Absenkung s in der Umgebung eines ↗Förderbrunnens in die ↗Brunnenformel von Theis:

$$s = \frac{Q}{4 \cdot \pi \cdot T} \int_u^\infty \frac{e^{-u}}{u}\,du = \frac{Q}{4\pi T} W(u)$$

mit Q = Förderrate [m³/s] ein. Die Theissche Brunnenfunktion läßt sich auch als konvergente Reihe:

$$W(u) = \left(-0{,}5772 - \ln u + u - \frac{u^2}{2 \cdot 2!} + \frac{u^3}{3 \cdot 3!} - \frac{u^4}{4 \cdot 4!} + ...\right)$$

darstellen.

Theissche Brunnengleichung ↗*Brunnenformel von Theis*

Theissches Typkurvenverfahren, *Theis-Verfahren*, ein Verfahren zur Auswertung von instationären ↗Pumpversuchen in gespannten und freien Grundwasserleitern. Theis entwickelte 1935 als erster eine Gleichung, durch die sich die Absenkung sowohl als Funktion der Zeit als auch der Entfernung zum Entnahmebrunnen bestimmen läßt, also die Auswertung instationärer Pumpversuche erlaubt. Die Gleichung wurde zwar ursprünglich in Analogie zur Wärmeleitung entwickelt, läßt sich aber auch, wie Jacob 1940 zeigte, als eine Lösung der Differentialgleichung der Grundwasserströmung herleiten. Für die Gültigkeit der ↗Brunnenformel von Theis müssen folgende Annahmen gelten: a) Der Grundwasserleiter ist seitlich unbegrenzt. b) Der Grundwasser-

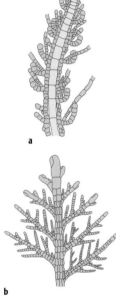

Thallophyten: Beispiele für den Aufbau von Thallophyten (Algen): a) Fadenthallus (Spermatochus) b) Gewebethallus (Halopteris).

leiter ist homogen und isotrop. c) Die Grundwasserströmung ist instationär, d.h. die Absenkung und der hydraulische Gradient ändern sich mit der Zeit. d) Der Wasser- bzw. Druckspiegel ist vor Pumpbeginn horizontal. e) Die Entnahmemenge ist konstant. f) Der Brunnen ist ein vollkommener Brunnen, d. h. er erfaßt die gesamte Mächtigkeit des Grundwasserleiters. g) Es gilt das ↗Darcy-Gesetz. h) Der Grundwasserleiter spricht unmittelbar und nicht verzögert auf Druckveränderungen an. Unter der Voraussetzung, daß diese Annahmen erfüllt sind, lautet die Brunnenformel von Theis:

$$s(t,r) = \frac{Q}{4\pi T} \int_u^\infty \frac{e^{-u}}{u} du = \frac{Q}{4\pi T} W(u)$$

mit:

$$u = \frac{r^2 S}{4tT},$$

wobei s = Absenkung [m], Q = Entnahmerate [m^3/s], T = Transmissivität [m^2/s], r = Entfernung zum Entnahmebrunnen [m], S = Speicherkoeffizient, t = Zeit seit Pumpbeginn [s]. $W(u)$ ist die sogenannte ↗Theissche Brunnenfunktion, eine Exponential-Integral-Funktion. Eine explizite Bestimmung der geohydraulischen Parameter aus der Brunnenformel von Theis ist nicht möglich, da die Transmissivität T als Unbekannte sowohl im Argument der Funktion als auch im Nenner des Integrals steht. Deshalb geht man den Weg einer graphischen Lösung, dem sogenannten ↗Typkurvenverfahren. Dazu formt man die Gleichung von Theis und die Gleichung für u wie folgt um:

$$s = \frac{Q}{4 \cdot \pi \cdot T} \cdot W(u) \Leftrightarrow \lg s = \left[\lg \frac{Q}{4 \cdot \pi \cdot T}\right] + \lg W(u),$$

$$u = \frac{r^2 \cdot S}{4 \cdot t \cdot T} \Leftrightarrow \lg \frac{t}{r^2} = \left[\lg \frac{S}{4 \cdot T}\right] + \lg \frac{1}{u}.$$

Dabei sind die in Klammern stehenden Ausdrücke Konstanten, da sich Q, S und T während des Pumpversuchs nicht ändern. Das bedeutet für die erste Gleichung: Addiert man zu $\lg W(u)$ einen konstanten Betrag, erhält man $\lg s$; für die zweite Gleichung: Addiert man zu $\lg 1/u$ einen konstanten Betrag, erhält man $\lg t/r^2$. Trägt man nun $\lg W(u)$ gegen $\lg 1/u$ und $\lg s$ gegen $\lg t/r^2$ als Kurven auf, so sind beide Kurven identisch und nur um den Betrag [$\lg(Q/4\pi t)$] auf der $W(u)$- bzw. s-Achse und [$\lg(S/4 t)$] auf der $1/u$- bzw. t/r^2-Achse parallel gegeneinander verschoben. Zur Auswertung trägt man nun $W(u)$ gegen $1/u$ auf doppelt-logarithmischem Papier auf. Dies ist die sogenannte Theis-Typkurve. Seltener wird statt $1/u$ auch u oder $\sqrt{u}$ verwendet. Dann muß Gleichung entsprechend so umgeformt werden, daß $\lg u$ bzw. $\lg \sqrt{u}$ den letzten Summanden ergibt. Für die sogenannte Datenkurve trägt man s gegen t/r^2 auf doppelt-logarithmischem Transparentpapier auf. Nun bringt man beide Kurven durch achsenparalleles Verschieben zur Deckung (Abb.). Dabei ist besonders der Bereich mit der stärksten Kurvenkrümmung von Bedeutung. Danach wählt man einen Punkt auf dem überlappenden Bereich beider Blätter aus, den sogenannten ↗match point. Dieser muß nicht unbedingt auf den Kurven selbst liegen. Für diesen Punkt bestimmt man die Koordinaten $W_0(u)$, $1/u_0$ (davon den Kehrwert u_0 bilden), s_0 und $(t/r^2)_0$. Zur Bestimmung der geohydraulischen Parameter Transmissivität T und Speicherkoeffizient S wird nun die Gleichung von Theis und die Gleichung für u umgeformt zu:

$$T = \frac{Q}{4 \cdot \pi \cdot s_0} \cdot W_0(u),$$

$$S = 4 \cdot T \cdot \left(\frac{t}{r^2}\right)_0 \cdot u_0.$$

Die Gleichung von Theis gilt in obiger Form nur für gespannte Grundwasserleiter. Sie läßt sich aber leicht auch für freie Grundwasserleiter anwenden, verwendet man statt der Absenkung s die ↗korrigierte Absenkung s', wobei gilt:

$$s' = s - \frac{s^2}{2 \cdot M},$$

wobei s' die korrigierte Absenkung, s die gemessene Absenkung und M die wassererfüllte Mächtigkeit des freien Grundwasserleiters vor Versuchsbeginn darstellen. Die graphische Auswertung anhand des Typkurven-Verfahrens verläuft analog zum gespannten Grundwasserleiter, wobei alle gemessenen Absenkungen zunächst korrigiert und dann in allen Gleichungen die korrigierten Absenkungen verwendet werden. [WB]
Literatur: [1] DAWSON, K.J., ISTOK, J.D. (1991): Aquifer Testing. Design and Analysis of Pumping and Slug Tests. – Chelsea. [2] KRUSEMANN, G. P., DE RIDDER, N. A. (1990): Analysis and evaluation of pumping test data. – Int. Inst. F. Land Reclamation and Improvement Wageningen. Wageningen. [3] LANGGUTH, H. R.,

Theissches Typkurvenverfahren: Überlagerung der Typkurve $W(u)$-$1/u$ und der Datenkurve s-t/r^2 (beide auf doppel-logarithmischem Papier) durch achsenparalleles Verschieben.

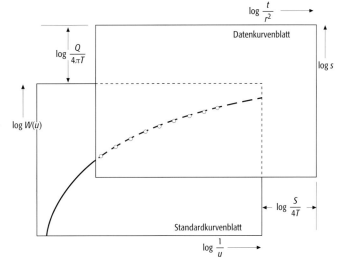

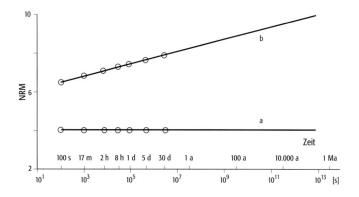

Thellier-Test: a) positiver Thellier-Test: Im Zeitraum von etwa 30 Tagen konnte sich keine signifikante VRM aufbauen. b) negativer Thellier-Test: Die Gesteinsprobe war in relativ kurzer Zeit imstande, eine VRM zu erwerben.

VOIGT, R. (1980): Hydrogeologische Methoden. – Berlin, Heidelberg, New York. [4] THEIS, C. V. (1935): Relation between the lowering of the piezometric surface and the rate and duration of discharge of a well using ground-water storage. – Am. Geophys. Union, 2: 519–524, Richmond.

Theis-Verfahren ↗ *Theissches Typkurvenverfahren*.

Thellier-Test, mit diesem Test kann überprüft werden, ob Gesteine neben der primären ↗ Remanenz noch eine zusätzliche ↗ viskose Remanenz (VRM) in Richtung des heutigen Erdmagnetfeldes aufgenommen haben. Beim Test wird zunächst die natürliche remanente Magnetisierung (NRM) einer Probe gemessen (Abb.). Dann lagert man sie in einer beliebigen Position über einen Zeitraum von etwa 30 Tagen im Erdmagnetfeld und bestimmt die Remanenz. Anschließend setzt man sie wieder den gleichen Zeitraum dem Erdmagnetfeld aus, allerdings in einer um 180° gedrehten Position und vermißt anschließend wieder die Remanenz. Wird eine Differenz der Remanenzen zwischen den beiden um 180° gedrehten Positionen festgestellt, so hat die Probe eine VRM aufbauen können, deren Intensität und Richtung durch Vektorsubtraktion ermittelt werden kann. Man kann mit diesem Test durch eine Extrapolation die Größenordnung einer in einem Zeitraum von 0,7 Mio. Jahren erworbenen VRM abschätzen, wenn man von einem zeitlich unveränderlichen Viskositätskoeffizienten der VRM ausgeht. Mit dem Thellier-Test lassen sich keine exakten quantitativen Angaben über eine in geologischen Zeiträumen erwerbbare VRM machen, sondern nur die Größenordnung des Effekts abschätzen. [HCS]

Thellier-Thellier-Methode, zuverlässigstes Verfahren zur Bestimmung der ↗ Paläointensität des Erdmagnetfeldes unter Verwendung von magmatischen Gesteinen mit einer natürlichen ↗ remanenten Magnetisierung (NRM) in Form einer thermoremanenten Magnetisierung (TRM). Hierbei vergleicht man die in künstlichen Laborfeldern erzeugten partiellen thermoremanenten Magnetisierungen (PTRM) mit den PTRM der NRM.

Thematic Mapper ↗ *TM*.

thematische Generalisierung, die ↗ Generalisierung ↗ thematischer Karten im Sinne einer ↗ Erfassungsgeneralisierung oder der Ableitung einer thematischen Folgekarte aus einer thematischen Ausgangskarte bzw. Grundkarte. Die Generalisierung thematischer Karten hat insgesamt nicht die Bedeutung der Generalisierung ↗ topographischer Karten. Die Gründe dafür liegen vor allem darin, daß thematische Karten nach unterschiedlichen ↗ kartographischen Darstellungsmethoden gestaltet sind, unterschiedliche Komplexität besitzen und nur relativ selten als mehrmaßstäbiges ↗ Kartenwerk im Sinne einer Kartenreihe hergestellt werden. Ein großer Teil der thematischen Karten, auch kleinerer Maßstäbe, wird aufgrund statistischer Meß- und Beobachtungsdaten bearbeitet und nicht durch Generalisierung aus größermaßstäbigen Ausgangskarten. Das betrifft vor allem die große Gruppe der geophysikalischen Karten einschließlich der ↗ Klimakarten, aber auch die meisten ↗ Bevölkerungskarten und Wirtschaftskarten. Bei geophysikalischen Karten wird mitunter eine Generalisierung der häufig hier angewandten ↗ Isolinien erforderlich, wobei zu einer größeren ↗ Äquidistanz übergegangen und die Linienführung vereinfacht wird. Sollen Bevölkerungskarten, die nach der ↗ Punktmethode gestaltet sind, generalisiert werden, so ist, falls nicht ein Wechsel der Darstellungsmethode erwogen wird, der Punktwert zu vergrößern, was zu einer Reduktion der Punktanzahl führt. Auch die ↗ Klassenbildung für Karten nach der Methode des ↗ Flächenkartogramms, aber auch die maßstabsbedingte Verringerung der Klassenanzahl sowie andere Maßnahmen quantitativer Zusammenfassung sind thematische Generalisierungsmaßnahmen. Der Schwerpunkt thematischer Generalisierung liegt bei den ↗ Verbreitungskarten, d. h. naturwissenschaftlichen Karten, die flächenhafte ↗ Diskreta nach der ↗ Flächenmethode (↗ Mosaikkarte) darstellen. Hier werden die ↗ semantische Generalisierung und die ↗ geometrische Generalisierung angewandt. Insgesamt ist die thematische Generalisierung zunächst wesentlich stärker auf das Thema der Karte als auf die Geometrie gerichtet, und dem Kartenautor obliegt somit der größte Teil dieser stark sach- und zweckgebundenen Vereinfachung, Verallgemeinerung und Typisierung. Trotzdem macht auch bei der Generalisierung thematischer Karten die Flächenreduktion durch Verkleinerung eine Auswahl und graphische Vereinfachung der Inhaltselemente notwendig. Nach Kretschmer haben auf die Gestaltung und thematische Generalisierung von Verbreitungskarten, neben dem Maßstab bzw. der Maßstabsspanne, insbesondere folgende Faktoren Einfluß: Zweckbestimmung, Grad der Objektdifferenzierung, Grad der Mischung bzw. der Kombination, Gestalt und Größe der Verbreitungsgebiete sowie den inhaltliche Verwandtschaftsgrad der Einzelflächen. Mitunter müssen Minimalflächen mit geringem Verwandtschaftsgrad zur Umgebung (Fremdflächen) vergrößert (betont) oder nach ↗ Darstellungsumschlag als ↗ Positionssignaturen wiedergegeben werden. Hierfür sind vom Kartenautor und Kartenredakteur Regeln bzw. Thesen bereitstellen. Nach Louis spricht man dann von thesengebundener Generalisierung. Thematische Generalisierung im weitesten Sinne schließt auch Fragen der Generalisierung der ↗Basiskarte ein. Eine sach- und zweckgerechte Angleichung des ↗Generalisierungsgrades der Basiskarte an den des jeweiligen thematischen Karteninhalts kann als Grundforderung gelten. [WGK]

thematische Karte, *Themakarte*, eine Karte, auf der Objekte oder Sachverhalte (Themen) nichttopographischer Art aus der natürlichen Umwelt und aus dem Wirtschafts- und Sozialbereich der menschlichen Gesellschaft abgebildet werden. Thematische Karten sind vereinzelt bereits im Altertum hergestellt worden, doch setzte ihre eigentliche Entwicklung erst im 18. Jh. ein (Edmund Halley: 1701 erste Isogonenkarte (↗Isolinien) für den Atlantischen Ozean, 1702 für die Weltmeere; Christopher Packe: 1743 geologische Karte von East Kent, England). Ein Markstein im deutschen Sprachraum war die Herausgabe des ↗Physikalischen Atlasses, eines breit angelegten geowissenschaftlichen Kartenwerks, durch ↗Heinrich Berghaus 1838–1848. Seit Beginn des 20. Jh., insbesondere aber seit dem Ende des Zweiten Weltkrieges ist die Fülle thematischer Karten und Atlanten kaum mehr zu überblicken. Die thematischen Kartierungen erstrecken sich weltweit und erfassen die verschiedensten Zweck- und Fachgebiete. Thematische Karten dienen der Lösung vielfältigster Aufgaben in Bildung, Planung, Verwaltung und Marketing, in der Wissenschaft (insbesondere in den ↗Geowissenschaften), in der Politik, im Verkehrswesen, im Militärwesen, im Tourismus usw. Dadurch, daß thematische Karten immer häufiger als ↗Bildschirmkarten erzeugt und genutzt werden bzw. in Informations-, Auskunfts-, Navigations-, Lernsysteme usw. integriert sind, lassen sich die fachübergreifenden Anwendungsgebiete dieser Karten heute nicht eindeutig abgrenzen. Auch ist eine scharfe Trennung der thematischen von den vornehmlich orts- und lagebeschreibenden ↗topographischen Karten nicht möglich, zumal im strengen Verständnis die topographischen Objekte (Topographie) gleichfalls ein »Thema« darstellen und zudem verschiedene Übergangsformen (z. B. Liegenschaftskarten (↗Liegenschaftskataster), Wanderkarten, ↗Stadtpläne) existieren. Die Besonderheit thematischer Karten liegt u. a. darin, daß sie weit mehr als ↗topographische Karten zum Zweck der Erkenntnis der in ihnen abgebildeten ↗Darstellungsgegenstände, die zu einem großen Teil abstrakte raumbezogene Sachverhalte sind, bearbeitet und genutzt werden. Je nach thematischer Aussage, die in den Darstellungsgegenständen bzw. im ↗Skalierungsniveau der Ausgangsdaten zum Ausdruck kommt, weisen sie selbst bei gleichen oder ähnlichen ↗Maßstäben eine große kartographische Gestaltungsvielfalt auf (↗kartographische Darstellungsmethoden). Je nach Thema und Zweckbestimmung besitzen sie einen unterschiedlichen Grad geometrischer Genauigkeit, der mitunter nur raumtreu sein kann (↗Kartogramm). Als topographische bzw. geographische Lokalisierungsgrundlage und sachinhaltliche Bezugsbasis für den thematischen Karteninhalt wird jeweils eine geeignete Basiskarte verwendet. Entsprechend der Inhaltsstruktur thematischer Karten (↗Darstellungsschicht) können diese als analytische Darstellung (monothematische Darstellung), ↗Komplexkarten (polythematische Darstellung) oder ↗Synthesekarten gestaltet sein. Nach dem sachlichen Bezug kann die Modellierung der thematischen Informationen als ↗quantitative Darstellung (↗Absolutwertdarstellung oder ↗Relativwertdarstellung) und als ↗qualitative Darstellung erfolgen. Letzterer sind auch die in den Geowissenschaften relativ häufigen Verbreitungskarten zuzuordnen. Bei der Bearbeitung der meisten thematischen Karten ist eine enge Zusammenarbeit zwischen dem Vertreter des jeweiligen Fachgebietes und dem Kartographen unerläßlich (↗thematische Kartographie). In gleicher Weise trifft dies auf die ↗thematische Generalisierung zu. Die gegenwärtig existierenden thematischen Karten weisen eine Vielfalt auf, die sich nach verschiedensten Gesichtspunkten systematisieren läßt. Der ↗Kartenklassifikation kommt deshalb eine nicht geringe Bedeutung zu. Verbreitet ist vor allem die Gliederung thematischer Karten nach ihrem Inhalt bzw. Thema. Hier bilden die geowissenschaftlichen Karten neben den wirtschafts- und sozialgeographischen Karten, den Geschichtskarten u. a. eine bedeutende Gruppe. Von zunehmender Bedeutung ist die Gliederung thematischer Karten nach funktions- und tätigkeitsbezogenen Gesichtspunkten (Bildung und Lernen, Navigation und Orientierung, wissenschaftliche Information und Simulation, Planung usw.). Immer häufiger werden heute thematische Karten flexibel und hocheffizient im Rahmen von ↗Geoinformationssystemen bzw. speziellen Fachinformationssystemen erzeugt und als Bildschirmkarten interaktiv genutzt. Die Möglichkeiten der ↗kartographischen Animation werden dabei für die Wiedergabe von räumlichen und zeitlichen Entwicklungen ausgenutzt, wobei der ↗Multimedia-Kartographie eine immer größere Rolle zukommt. Nicht zuletzt ist das ↗Internet häufig sowohl Datenlieferant für die Herstellung thematischer Karten als auch eine Art Kartenarchiv, auf das kurzfristig zugegriffen werden kann (↗Internetkarte). [WGK]

thematische Landesaufnahme, die Bearbeitung von thematischen ↗Kartenwerken für das Gebiet eines Staates oder einer größeren Region auf der Grundlage von ↗topographischen Karten. Der Begriff wird auch verwendet für den Vorgang der thematischen Informationserfassung und für das kartographische Endergebnis, die umfassende und systematische Zusammenstellung verschiedener ↗thematischer Karten für einen größeren Raum. Gegenstand der thematischen Landesaufnahme sind vorrangig groß- und mittelmaßstäbige thematische Karten von einzelnen Komponenten der natürlichen Ausstattung und des Zustandes des jeweiligen Gebietes (geowissenschaftliche Karten). Sie bilden, zumeist in Verbindung mit Fachinformationssystemen, eine wesentliche Grundlage für die optimale Nutzung der Naturressourcen. Die im Rahmen der thematischen Landesaufnahme zu erfassenden ↗ Sachdaten werden in der Regel auf der Basis von topographischen Karten im Gelände erfaßt (thematische Feldaufnahme), wobei die Aufnahmemaßstäbe zwischen 1:5000 und 1:25.000 liegen. Die geometrische Genauigkeit hängt dabei nicht nur vom Kartenmaßstab ab, sondern auch von der Schärfe, mit der sich Objekte, Grenzlinien, Grenzsäume usw. erfassen lassen. Die endgültige Herstellung und Vervielfältigung der Karten erfolgt entweder im Aufnahmemaßstab oder in einem kleineren Kartenmaßstab. Vielfach werden von diesen Grundkarten Karten in entsprechenden Folgemaßstäben (z. B. 1:100.000, 1:200.000) durch ↗ thematische Generalisierung abgeleitet. In immer stärkerem Maße werden für die thematische Informationserfassung Methoden der ↗ Photogrammetrie und der ↗ Fernerkundung eingesetzt (Auswertung von ↗ Luftbildern und ↗ Satellitenbildern – auch durch automatisierte Interpretation als digitale Bildauswertung). Dann entstehen häufig auch unmittelbar mittelmaßstäbige thematische Karten, die nicht durch Generalisierung aus Grundkarten gewonnen worden sind. Die Einheitlichkeit der oft aus zahlreichen Einzelblättern bestehenden Kartenwerke wird durch festgelegte Kartenzeichensysteme (↗ kartographisches Zeichensystem) bzw. Kartierungsschlüssel und Kartieranleitungen gewährleistet. Die erste thematische Landesaufnahme war im 19. Jh. die geologische Kartierung, die in den deutschen Staaten, beginnend 1866 mit Preußen, im Maßstab 1:25.000 erfolgte und zur Entstehung geologischer Landeskartenwerke führte (↗ geologische Karten). Heute ist die Geologische Karte 1:25.000 (GK 25) das wichtigste Kartenwerk der geologischen Landesaufnahme in der Bundesrepublik Deutschland. Diese geologische Grundkarte wird zukünftig als Flächendatenbank in Verbindung mit digitalen Raummodellen im Rahmen eines geologischen Basisinformationssystems den Nutzern zur Verfügung stehen. Weltweit sind in zahlreichen Staaten geologische Landesaufnahmen durchgeführt bzw. begonnen worden. Von großer Bedeutung sind weiterhin die bodenkundliche Landesaufnahme (↗ Bodenkarten), die Aufnahme von Forstwirtschaftskarten für die Waldflächen und die Landnutzungskartierung. Für den Freistaat Sachsen liegt seit 1996 erstmalig in Deutschland ein flächendeckendes Landnutzungs-Kartenwerk 1:100.000 auf der Basis einer automatischen Klassifikation von Satellitenbilddaten vor. Nur wenige Staaten verfügen über flächendeckende pflanzensoziologische Kartenwerke der natürlichen Vegetation (↗ Vegetationskarten). Verschiedentlich sind in (zumeist europäischen) Staaten geomorphologische Kartierungen als thematische Landesaufnahme durchgeführt worden. [WGK]

thematischer Atlas, ↗ Atlas, in dem im Gegensatz zum ↗ topographischen Atlas ausgewählte Erscheinungen oder Sachverhalte (↗ Kartengegenstand) aus Natur und Gesellschaft dargestellt sind. Zu unterscheiden sind Themaatlanten eines speziellen Sachbereichs, z. B. ↗ Klimaatlas, Hydrologischer Atlas, Verkehrsatlas, und ↗ komplexe Themaatlanten, d. h. thematische Atlanten, die ein Sachgebiet nach seinen Erscheinungen oder Sachverhalten in einer enzyklopädischen Folge von ↗ thematischen Karten darstellen (↗ Nationalatlas, ↗ Regionalatlas). Vom Atlasmedium her kann es sich sowohl um einen Papieratlas als auch um einen ↗ elektronischen Atlas handeln; und immer öfter erscheinen thematische Atlanten in beiden Versionen.

Thenardit, *Makit, Menardit. Natriumsulfat, Pyrotechnit*, nach dem französischen Chemiker L. J. Thenard benanntes Mineral mit der chemischen Formel $Na_2[SO_4]$ und rhombisch-dipyramidaler Kristallform; Farbe: weiß, leuchtend-braun, zartrötlich, auch farblos bis wasserhell; Glas- bis Fettglanz; Strich: weiß; Härte nach Mohs: 2,5 (mild, ins Spröde gehend); Dichte: 2,67 g/cm^3; Spaltbarkeit: sehr vollkommen nach (*010*), deutlich nach (*101*), schlecht nach (*100*); Aggregate: Drusen, erdig, krustig, schichtig, derb; vor dem Lötrohr schmelzend (kräftig gelbe Flammenfärbung); in Wasser löslich; Begleiter: Natrit, Thermonatrit, Mirabilit; Vorkommen: als Primär- oder Diagenese-Ausscheidung terrestrischer Salz- oder Sodaseen, Salzpfannen arider Gebiete sowie Ausblühungen und Verkrustungen von Wüstenböden; Fundorte: Salzwerke von Espartinos bei Madrid (Spanien), Libysche Wüste und Sahara (Nordafrika), Sascha-See (Kaspisches Meer) und Kulandasteppe (Kasachstan), Chaplin Lake (Saskatschewan, Kanada). [GST]

Theodolit, ein geodätisches Instrument zur Bestimmung von ↗ Horizontal- und ↗ Vertikalwinkeln (Zenitwinkeln, Zenitdistanzen). Die Theodoliten lassen sich klassifizieren a) nach der Genauigkeit (niedere, mittlere, hohe, höchste), b) nach der Datenerfassung (optische, elektronische Theodolite), c) nach dem Verwendungszweck (Bau-, Ingenieur- oder Tachymetertheodolite, Feinmeß- bzw. Präzisionstheodolite) und d) nach Instrumentenbauteilen (↗ Bussolen-, ↗ Kreiseltheodolite). Ein Theodolit besteht aus folgenden Hauptbauteilen (Abb.): Ein Dreifuß mit Fußschrauben verbindet das Instrument mit

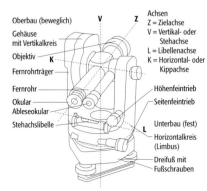

Theodolit: Aufbau und Achsen eines Theodoliten.

dem Stativ. Mit den Fußschrauben und einer fest eingebauten Dosenlibelle im Unterbau erfolgt eine Grobhorizontierung, d. h. die Stehachse (Vertikalachse, V) wird annähernd senkrecht gestellt. Die Stehachsenlibelle (Röhrenlibelle) wird mit den Fußschrauben durch die Feinhorizontierung so eingespielt, daß die Stehachse bei jeder Stellung des Theodoliten lotrecht steht. Anstelle von Röhrenlibellen werden zur Senkrechtstellung der Stehachse auch ↗Kompensatoren verwendet. Zum beweglichen Oberbau gehört das Gehäuse mit dem U-förmigen Fernrohrträger, welcher das Zielfernrohr mit dem Objektiv und dem Okular trägt. Optische Theodoliten besitzen neben dem Beobachtungsfernrohr noch ein kleines Ablesefernrohr mit Okular zur Ablesung am Horizontal- und Vertikalkreis. Der ↗Horizontalkreis ist zentrisch zur Stehachse angeordnet und auf Bezugsrichtungen oder -anzeigen orientierbar. Während der Messung ist er fest mit dem Unterbau verbunden. Auf dem Horizontalkreis werden die mit dem Fernrohr angezielten ↗Richtungen abgelesen und aus den Richtungen die Horizontalwinkel ermittelt. Der Vertikal- oder ↗Höhenkreis ist ebenso wie der Horizontalkreis bei optischen Theodoliten aus Glas. Er ist rechtwinklig und zentrisch auf der Kippachse (K) befestigt und macht die Bewegungen des Fernrohrs mit. Auf dem Vertikalkreis kann die Ablesestelle 0 bzw. 100 gon im Zenit oder in der horizontalen Zielrichtung festgelegt sein. Durch eine einzuspielende Röhrenlibelle (Höhenindexlibelle) wird gewährleistet, daß die Stehachse und die 0 bzw. 100 gon-Ablesestelle zusammenfällt. Ist dies nicht der Fall, liegt ein Höhenindexfehler vor, der rechnerisch ermittelt und korrigiert werden kann. Andernfalls ist die Höhenindexlibelle zu justieren. Bei elektronischen Theodoliten erfolgt die elektronische Abtastung der Teilkreise mit Hilfe des Code- oder Inkrementalverfahrens. Die Meßwertangabe erfolgt in digitaler Form. Mit der Seitenfeststellschraube kann das um die Stehachse drehbare Oberteil festgestellt werden, und die Seitenfeintriebschraube gestattet gleichzeitig ein feinfühliges Drehen. Die Höhenfeststellschraube ist die Vorrichtung, mit der das um die Kippachse drehbare Fernrohr festgestellt werden kann, und die dazugehörige Höhenfeintriebschraube ermöglicht ein feinfühliges Kippen des Fernrohrs um die Kippachse.
Um mit dem Theodoliten Richtungsmessungen (Winkelbestimmungen) frei von systematischen Einflüssen ausführen zu können, müssen die Libellen- (L) und die Kippachse (K) senkrecht zur Vertikalachse (V) und die ↗Zielachse (Z) senkrecht zur Kippachse sein. Bei Nichterfüllung dieser Forderungen entstehen der Stehachsen- oder Vertikalachsenfehler, der Kipp- und der Zielachsenfehler. Nach dem Einspielen der Dosenlibelle und Röhrenlibelle (↗Libelle) sollte beim Drehen des Theodoliten über den gesamten Horizont die Röhrenlibelle eingespielt bleiben. Ein evtl. Libellenausschlag wird zur Hälfte mit den Fußschrauben und die andere Hälfte mit den Justierschrauben beseitigt. Vor jeder Messung ist der Stehachsenfehler zu überprüfen, da er durch Messungsanordnung nicht eliminiert werden kann. Ziel- und Kippachsenfehler können durch die Messung in beiden Fernrohrlagen ausgeschaltet werden. [KHK]

Theophrast, oder Theophrastos, eigentlich Tyrtamos, griechischer Philosoph und Naturforscher, * 371/2 v.Chr. Eresos (Lesbos), † 287 v.Chr. Athen; war der bedeutendste Schüler des ↗Aristoteles. Nach dessen Ruhestand übernahm Teophrast die Leitung des Lyceums, der von Aristoteles gegründeten Akademie. Teophrast folgte seinem Lehrer in all seinen Auffassungen über Metaphysik, Physik, Zoologie, Botanik, Ethik, Politik und Kulturgeschichte und griff darüber hinaus vorsokratische und platonische Lehren wieder auf. Theophrast hinterließ eine Vielzahl naturwissenschaftlicher, dialektischer und philosophischer Schriften. Seine neunbändige »Peri phyton historia« (»Geschichte der Pflanzen«) und die sechsbändige »Peri phyton aition« (»Ursache der Pflanzen«) waren systematische Darstellungen, die auch äußere Einflüsse und Probleme der Züchtung behandelten.

Theorem von Bruns, *Brunssche Formel*, *Formel von Bruns*, a) Beziehung zwischen der ↗Höhenanomalie und dem Störpotential (↗Molodensky-Problem), b) Beziehung zwischen der ↗Geoidhöhe und dem Störpotential (↗Stokes-Problem).

Theorem von Clairaut, *Clairautsches Theorem*, ↗Niveauellipsoid.

Theorem von Stokes ↗Niveauellipsoid.

Theorem von Villarceau, Methode zur Bestimmung des Unterschiedes der ↗Geoidhöhen N_{AP} zweier Punkte A und P über die Differenzen der ↗ellipsoidischen Höhen h_{AP} und der ↗orthometrischen Höhen H_{AP}^O:

$$N_{AP} = h_{AP} - H_{AP}^O.$$

theoretische Hydrologie, *physikalische Hydrologie*, Teilbereich der ↗Hydrologie, in dem die sich im gesamten ↗Wasserkreislauf abspielenden physikalischen und chemischen Prozesse rein theoretisch untersucht werden und versucht wird, diese Prozesse mathematisch zu beschreiben. Wesentliches Anliegen ist die Verbesserung des Prozeßverständnisses.

theoretische Kartographie, häufig als zentrales Teilgebiet der Kartographie bezeichnet, in dem die allgemeine Theorie-, Methoden- und Modellbildung sowie deren wissenschaftstheoretische Reflexion zusammengefaßt sind. Der theoretischen Kartographie gegenübergestellt wird die ↗praktische Kartographie. Aufgrund der zunehmenden gegenseitigen Beeinflussung von theoretischer, empirischer, technologischer und praktischer Erkenntnisbildung in der Kartographie erscheint eine ausdrückliche Separierung der theoretischen Erkenntnisbildung nicht mehr sinnvoll. Aus diesem Grund kann der Bereich Theorie-, Methoden- und Modellbildung der theoretischen Kartographie als Aufgabe der allgemeinen Kartographie und die wissenschaftstheoretische Reflexion darüber als Aufgabe des Teilgebietes ↗Wissenschaftstheoretische Grundlagen der Kartographie gesehen werden. Die Entwicklungen in der theoretischen Kartographie im oben genannten Sinn haben vor allem zu einer Etablierung von zeichentheoretischen und formalwissenschaftlichen Erkenntnissen und Methoden in der Kartographie beigetragen. Sie führten allerdings auch zu einer Separierung der praktischen Kartographie, was insgesamt die Entwicklung einer einheitlichen Fachdisziplin Kartographie erschwert hat. [JB]

theoretische Meteorologie, Teilgebiet der ↗Meteorologie, welches sich mit den mathematischen und physikalischen Grundlagen für die Beschreibung atmosphärischer Vorgänge befaßt. Teilgebiete der theoretischen Meteorologie sind ↗Thermodynamik, ↗Kinematik und ↗Dynamik. In der Thermodynamik werden die Vorgänge beschrieben, die zur Änderung der Lufttemperatur und der Luftfeuchte führen. Als Hauptgrundlage dient hierbei der ↗Erste Hauptsatz der Thermodynamik. Dabei hat sich die formale Beschreibung der Strahlungsprozesse als ein eigenes umfangreiches Gebiet der theoretischen Meteorologie etabliert. Ebenso wird die Theorie der Bildung von Wolken- und Regentropfen sowie der Niederschlagsbildung unter dem Begriff ↗Wolkenphysik als eigenständiges Gebiet angesehen. Während die Kinematik den Zustand der atmosphärischen Strömungsverhältnisse in einer Art Diagnose zu beschreiben versucht, befaßt sich die Dynamik mit den durch Kräfte verursachten Bewegungsvorgängen wie z. B. Zyklonen, Land- und See-Wind, planetarische Wellen oder Turbulenz. Dabei wird im wesentlichen die ↗Bewegungsgleichung zur formalen Beschreibung herangezogen, welche die Wirkung von Druck-, Coriolis-, Reibungs-, und Schwerkraft auf die Bewegung von Luftpartikeln beschreiben. Daneben hat sich in der Meteorologie auch die Verwendung der ↗Vorticitygleichung zur Beschreibung von Bewegungsvorgängen etabliert. Da die mathematische Lösung der oben genannten Gleichungen auf analytischem Wege nur in Ausnahmefällen möglich ist, haben sich im Laufe der letzten fünfzig Jahre numerische Lösungsmethoden immer mehr durchgesetzt. Daraus hat sich das eigenständige Spezialgebiet der ↗numerischen Wettervorhersage entwickelt. [DE]

theoretische Ökologie, allgemein die ↗Ökologie ohne angewandte Aspekte. Die dabei erarbeiteten methodischen und methodologischen Grundlagen (z. B. die Rolle und Bedeutung von Modellen) sind jedoch wesentlich zur Lösung von Problemen in der Praxis. Theoretische Ökologie wird oft auch mit mathematischer Ökologie gleichgesetzt. In diesem Fachzweig werden auf vornehmlich statistischer Grundlage vor allem Prozesse der Populationsbiologie modelliert (↗Populationsdynamik, ↗Räuber-Beute-System, ↗Lotka-Volterra-Modell).

theoretischer Schleifenwiderspruch, *theoretischer Schleifenschlußfehler*, Abweichung eines fehlerfrei ausgeführten ↗geometrischen Nivellements entlang einer geschlossenen Schleife vom Wert Null. Der theoretische Schleifenwiderspruch kann als negative Summe der ↗dynamischen Reduktionen entlang einer geschlossenen Schleife berechnet werden:

$$w := \oint dn \approx \Sigma \Delta n_i = -\Sigma \overset{D}{R}_i.$$

Δn_i sind die Ergebnisse des geometrischen Nivellements und $\overset{D}{R}_i$ die dynamischen Reduktionen:

$$\overset{D}{R}_i = \frac{\bar{g}_i - \gamma_0}{\gamma_0} \Delta n_i$$

für die nivellierten Strecken zwischen den Höhenpunkten i-1 und i. $\bar{g}_i$ sind die mittleren Oberflächenschwerewerte zwischen den beiden Oberflächenpunkten i-1 und i und γ_0 ist ein willkürlich gewählter Schwerewert.

Die Größe des theoretischen Schleifenwiderspruchs hängt von der Inhomogenität des Schwerefeldes ab und zusätzlich von den Höhenunterschieden entlang der Schleife. Der theoretische Schleifenwiderspruch ist ein Maß dafür, wie stark das reale Schwerefeld von einem radialsymmetrisch strukturierten Schwerefeld im Bereich der Schleife abweicht. [KHI]

Theorie der differenzierten Bodennutzung, vom deutschen Landschaftsökologen Haber 1971 entwickeltes raumplanerisches Konzept, das aus den theoretischen Grundsätzen der ↗Sukzession von ↗Ökosystemen abgeleitet wurde. Die Absicht besteht darin, durch eine geschickte räumliche Anordnung der ökologisch unterschiedlich stabilen Landnutzungstypen eine Erhöhung der ökologischen ↗Stabilität in der ↗Kulturlandschaft zu erreichen. Dazu müssen die ↗landschaftsökologischen Nachbarschaftsbeziehungen zwischen ↗Lasträumen und den ↗Ausgleichsflächen unterstützt und intensiviert, die Stabilität der einzelnen Ökosystem-Typen erhöht sowie ihre Fähigkeit zur ↗Selbstregulation auf Kosten der anthropogenen Außensteuerung verstärkt werden (Abb.). Die Theorie der differenzierten Bodennutzung basiert auf der Annahme, daß je heterogener die abiotischen Bedingungen in einer Kulturlandschaft sind, desto höher deren ökologi-

Theorie der differenzierten Bodennutzung: schematische Darstellung.

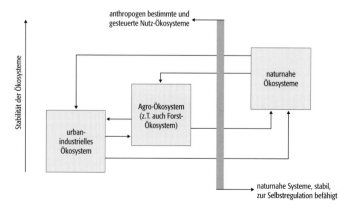

sche Stabilität ist. Die landschaftliche /Heterogenität hat aber in Mitteleuropa in den letzten 100 Jahren stark abgenommen und infolge einer großräumigen Funktionsentmischung den monostrukturierten Räumen mit stark menschlich gesteuerten Ökosystemen Platz gemacht (städtische /Verdichtungsräume, landwirtschaftliche /Kulturssteppen, forstwirtschaftliche /Monokulturen). Diese künstlich geschaffenen Dominanzökosysteme (/Dominanz) haben sich nur durch den menschlichen Einfluß und ohne Berücksichtigung der räumlich differenzierten /Naturraumpotentiale in dieser uniformen Art großflächig ausgedehnt. Dies hat zu einer ökologische Destabilisierung der Kulturlandschaft geführt. Die in der differenzierten Bodennutzung grob ausgewiesenen und berücksichtigten Ökosystem-Typen sind:
a) Schutz-Typ: naturnahe oder nicht genutzte Ökosysteme (/Naturlandschaften), b) Nutz-Typ: intensiv genutzte Agrarökosysteme und /Forstökosysteme, c) Nutz-Typ: städtisch-industrielle Ökosysteme (/Stadtökosysteme). Während Typ a in seiner räumlichen Ausdehnung unbeschränkt vorkommen darf, sind der Größe der Typen b und c Grenzen gesetzt, sie sind auf /ökologische Ausgleichswirkungen durch den Schutz-Typ angewiesen. Die Theorie der differenzierten Bodennutzung faßt als /ökologische Planung erst langsam in der /Raumplanung Fuß. [SR]

Theorie der geographischen Dimension, *geographische Dimension*, in der Geographie, vor allem der /Landschaftsökologie, wird streng maßstabsbezogen gearbeitet, weil sich damit der Forschungsgegenstand genauer beschreiben läßt und vor allem weil die erarbeiteten Untersuchungsmethoden nur für bestimmte Dimensionsbereiche gelten. Dies basiert auf der Tatsache, daß die verschiedenen ökologische Prozesse der Erde ganz unterschiedliche Reichweiten und Wirkungsgrade haben. Dadurch treten sie unterschiedlich physiognomisch in der /Landschaftshülle der Erde auf und führen so zu strukturell und funktional unterschiedlichsten Räumen (Tab.). Das wichtigste Prinzip zur Gliederung der geographischen Dimensionen ist die *Betrachtungsgrößenordnung*. Diese bestimmt die räumliche Auflösung der Untersuchung und wird wesentlich geprägt durch die jeweilige zugrunde liegende Fragestellung. Basierend auf diesen Erkenntnissen besagt die Theorie der geographischen Dimensionen,
a) daß die landschaftlichen /Ökosysteme der Erde hierarchisch geordnet sind (/Dimensionen landschaftlicher Ökosysteme),
b) daß in der jeweiligen Hierarchiestufe ablaufenden ökologischen Prozesse, ihre Funktionsbeziehungen, Reichweiten und ihre Dynamik mit der Dimensionsstufe angepaßten Methodiken untersucht werden müssen (/Dimension naturräumlicher Einheiten) und
c) daß die Hierarchiestufen funktional zueinander in Beziehungen stehen.
Die Theorie der geographischen Dimensionen versucht somit zwischen der Gesamterde einschließlich Atmosphäre auf der einen Seite und den kleinräumigen ökologischen Geschehen in einer Quellmulde oder auf einem Hangsegment auf der anderen Seite eine Beziehung herzustellen. Ihr liegt die Überlegung zugrunde, daß zwischen den kleinräumig-topischen ökologischen Prozessen und dem ökologischen Gesamtgeschehen auf der Erde eine Beziehung besteht. Sie drückt sich gegenwärtig in den anthropogenen Veränderungen der Erdatmosphäre oder der Ozeane aus, deren Auslöser von einer Vielzahl kleinräumiger, topischer bis chorischer Eingriffe in den Landschaftshaushalt der Erde repräsentiert wird. Diese Eingriffe erfolgen zwar oft nur an einem Faktor (Wasser oder Boden oder Vegetation), sie wirken sich aber auch bei den anderen aus und damit eben auch in anderen räumlichen Dimensionen. Ziel von landschaftsökologischen Untersuchungen ist es daher, die Funktionsbeziehungen innerhalb der einzelnen Dimensionsstufen (/topische Dimension, /chorische Dimension, /regionische Dimension und /geosphärische Dimension) herauszuarbeiten und das Gesamtwirkungsgefüge dieser Räume als /Landschaftsökosysteme zu modellieren. Die Raumeinteilungen der /Naturräumlichen Gliederung und der /Naturräumlichen Ordnung sowie alle anderen dimensionsbezogen Methodiken der Landschaftsökologie bauen auf der Theorie der geographischen Dimensionen auf. [SR]

Dimensionsstufe	Trivialbegriff	Landschaftsökologische Raumeinheit (»Arealeinheit«)	Landschaftsökologische Raumfunktionseinheit	Methodik
topisch	»lokal«	Top/topische Elementarlandschaft	Morpho-, Pedo- etc. -system / Geoökosystem / Bioökosystem	Partialkomplexanalyse, komplexe Standortanalyse, landschaftsökologische Komplexanalyse
chorisch	»regional«	Topgefüge / Mikrochore / Mesochore	Geo- und Bioökosysteme/ Landschaftsökosysteme	landschaftsökologische Raumanalyse und -synthese
regionisch	»zonal«	Makrochore / Megachore / Zone	Großraum Landschaftsökosysteme / Geome / Biome	Arealsystemanalyse und -synthese
geosphärisch	»global«	Zonen / »Gaia« / Gesamt-Geobiosphäre / »Erde«	Geome / Biome / Gaia-Globalsystem	Globalsynthese

Theorie der geographischen Dimensionen (Tab.): Dimensionsstufen, Areal- und Funktionseinheiten sowie die jeweiligen Untersuchungsmethodiken.

Literatur: [1] LESER, H. (1997): Landschaftsökologie. Stuttgart. [2] LESER, H. (1994) (Hrsg.): Westermann Lexikon Ökologie und Umweltschutz.

Theorie von Somigliana-Pizzetti ↗Niveauellipsoid.

Theralith, ein ↗Plutonit, der neben überwiegend Plagioklas Klinopyroxen und ein Mineral der Foidgruppe enthält (↗QAPF-Doppeldreieck).

Thermalbild, mit Hilfe von ↗Thermaldetektoren in ↗optomechanischen Scannern von Flugzeug- oder Satellitenplattformen aus aufgezeichnete und als binäre Codes gespeicherte Bilddaten, die bildelementweise unterschiedliche Temperaturwerte als Grauwerte auflösen, z. B. im 8-bit-Modus 256 Werte. Gebräuchlich ist eine Farbcodierung der Grauwerte nach dem Verfahren des ↗density slicing mit einem Farbübergang von blauen (kalt) nach roten (warm) Farben für ansteigende Grauwerte, wodurch bessere Interpretierbarkeit des originären Grauwertbildes erreicht wird. Da die ↗Detektivität von Thermaldetektoren im Vergleich zu den für sichtbare, nahinfrarote und mittelinfrarote Wellenlängenbereichen gebräuchlichen Detektoren um den Faktor 10 geringer ist, muß Thermalstrahlung über größeren Bodenelementen aufgezeichnet werden, um das ↗Rauschen übersteigende Signalintensitäten zu erreichen. Für ↗TM auf Landsat-4 und 5 ergeben sich zum Beispiel Bildelementgrößen von 120 m statt 30 m. Thermalbilder entsprechen einer flächenhaften und flächendeckenden Temperaturaufnahme von Teilen der Erdoberfläche. Im besonderen werden Thermalbilder für das ↗Monitoring von Gewässern, urbanen Räumen, Vegetation, aber auch von Brandkatastrophen eingesetzt. Themenspezifische Schwerpunkte sind unter anderen die Gewässerökologie, die Stadtklimaforschung, die Analyse von Vegetationsschäden und die Erfassung von Waldbrandflächen. [EC]

Thermaldetektor, Detektor, der im Spektralbereich des thermischen Infrarot emittierte Strahlung mißt. Die ↗Detektivität als Gütezahl des Detektormaterials ist eine Funktion der Bandbreite (Frequenzbereich), der Detektorfläche und der rauschäquivalenten Strahlungsleistung (NEP, noise-equivalent power) sowie der Wellenlänge und der Temperatur des Detektormaterials. Blei-Selen-Detektoren, Germanium-Quecksilber-Detektoren oder Germanium-Kupfer-Detektoren sind bei Kühlung auf die Temperatur des flüssigen Stickstoffs und darunter, d. h. gleich oder tiefer $-196°C$, je nach Material bis zu Wellenlängen von 8 µm und bis zu 30 µm sensibel. Damit ist es möglich, die gemäß dem ↗Wiensches Verschiebungsgesetz in Wellenlängenbereichen von 10 µm maximale Temperaturstrahlung der Erdoberfläche zu messen und aufzuzeichnen. Die radiometrische Auflösung des Thermaldetektors wird als rauschäquivalente Temperaturänderung NEΔT angegeben, d. h. als kleinste meßbare Temperaturänderung der Geländeoberfläche. Die NEΔT von Thermaldetektoren in Flugzeugscannern beträgt in Abhängigkeit von der Scanfrequenz um 0,2°C bis 0,4°C. Die Quecksilber-Cadmium-Tellur-Detektoren im Spektralkanal 6 des Thematic Mapper (↗TM) auf Landsat-4 und 5 weisen eine NEΔT von 0,5°C auf. [EC]

thermale Auflösung, die Fähigkeit der TIR-Abtaster (thermal infrared radiation), Temperaturen bzw. Strahlungsdichten zu differenzieren. Sie ist nicht zu verwechseln mit der räumlichen Auflösung, die durch das momentane Gesichtsfeld des Abtasters bestimmt wird (↗IFOV). Gute thermale und räumliche Auflösung schließen sich aus, so daß je nach Aufgabenstellung zwischen guter räumlicher bei schlechter thermaler Auflösung und guter thermaler bei schlechter räumlicher Auflösung entschieden werden muß. Bei tieferen Flughöhen sind bislang thermale Auflösungen von 0,1–0,2°C bei räumlichen Auflösungen von 5×5 m möglich. ↗Thermaldetektor.

Thermalquelle, natürlicher Austritt von ↗Thermalwasser an der Erdoberfläche. Im Kur- und Heilmittelbetrieb werden abweichend von der grundsätzlichen Definition des Begriffs Quelle häufig auch durch Bohrungen künstlich erschlossene Thermalwasserfassungen als Quelle bezeichnet.

Thermalwasser, natürliches Grundwasser, dessen Temperatur am Austritt an die Erdoberfläche merklich höher ist als das langjährige Jahresmittel der örtlichen Lufttemperatur. Damit zeigt es einen signifikanten Einfluß der Erdwärme. Die Wassertemperatur muß zudem während des ganzen Jahres mehr oder weniger konstant sein. Früher wurde in Mitteleuropa ein Grenzwert von 20°C am Austritt an der Erdoberfläche festgelegt, der von einem anerkannten Thermalwasser nicht unterschritten werden durfte.

Thermenlinie, linear angeordnete Häufung von ↗Thermalquellen entlang einer tektonischen Störung, die als Aufstiegsbahn für das aus der Tiefe kommende ↗Thermalwasser fungiert.

Thermik, *Aufwind*, durch die am Tage erfolgende Sonneneinstrahlung wird die am Erdboden und die bodennahe Luftschicht vor allem im Sommer stark erwärmt. Dies erfolgt je nach Bewuchs und Lageausrichtung zur Sonne (z. B. Berghänge) unterschiedlich, so daß auch die untersten Luftschichten unterschiedlich warm werden. Da warme Luft spezifisch leichter als kältere ist, löst sie sich in sog. Thermikblasen ab und steigt auf (Abb.), verursacht damit als konvektive Vertikalbewegung die Thermik. Solche Warmluftblasen haben einen typischen Durchmesser von 200 bis 500 m und steigen mit einer Geschwindigkeit

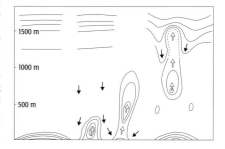

Thermik: Thermikblasen lösen sich am Boden ab und steigen auf.

von 1 bis 5 m/s solange auf, bis sie das Cumulus-Kondensationsniveau (↗Kondensationshöhe) erreichen, in dem Wolken entstehen. Einer ersten Thermikblase folgen mit weiterer Tageserwärmung weitere Blasen nach, meist auch mit größerer Aufstiegsgeschwindigkeit, so daß sich Aufwindschläuche bilden, die gerne von Segelfliegern genutzt werden. Solange die Luft ohne Wolken zu bilden aufsteigt, wird der Vorgang Blauthermik genannt, da ja der Himmel blau bleibt. ↗Konvektion. [WW]

Thermionen-Massenspektrometer, TIMS, ↗Massenspektrometrie.

thermische Ausdehnung, *thermische Dilatation*, **1)** *Geophysik*: kann durch die Anharmonizität atomarer Schwingungen erklärt werden. Sie beruht auf der Änderung der mittleren Schwerpunktslage der Bausteine. Es wird meist eine Zunahme der thermischen Ausdehnungskoeffizienten mit zunehmender Temperatur beobachtet, als Folge der mit steigender Temperatur wachsenden Amplitude thermischer Schwingungen. Die Temperaturabhängigkeit der thermischen Ausdehnung kann als Änderung der Anharmonizität der atomaren Schwingungen mit zunehmender Temperatur beschrieben werden. Zur Beschreibung der thermischen Ausdehnungskoeffizienten als Funktion der Temperatur werden meist lineare Gleichungen der Form:

$$a \cdot x + bx^2 + c/x \ldots$$

verwendet. Die Druckabhängigkeit der thermischen Ausdehnung ergibt sich aus der Änderung der ↗Kompressibilität mit der Temperatur. Bei Gesteinen kann die intrinsische thermische Ausdehnung aus den Mineraleigenschaften abgeleitet werden. Die thermische Ausdehnung der Gesteine wird durch eingeschlossene Poren nur unwesentlich beeinflußt, sofern die Kompressibilität der Porenfüllung wesentlich größer als die der Matrix ist (z. B. gasgefüllte Poren oder Flüssigkeitseinschlüsse). Bei thermischen Ereignissen kann sich die Anzahl der Poren und das Porenvolumen in der Probe ändern. Einen erheblichen Einfluß auf das Gefüge können Mineralreaktionen und Umwandlungen haben. Diese können, wie z. B. die α/β-Quarzumwandlung, durch eine starke Volumenänderung zu Rissen führen. (Abb.). Lineare thermische Ausdehnung beschreibt das Ausdehnungsverhalten in einer vorgegebenen Richtung. Der thermische Ausdehnungskoeffizient α_{lin} [1/K] ist definiert als die Änderung der Probenlänge δl durch eine infinitesimale Temperaturerhöhung δT:

$$\alpha_{lin} = \frac{1}{l}\frac{\delta l}{\delta T}.$$

In der Technik ist der technische Ausdehnungskoeffizient α_{tech} [1/K] üblich, der die Längenänderung (Δl) auf die Normalbedingungen bezieht:

$$\alpha_{tech} = \frac{1}{l}\frac{l - l_0}{T - T_0} = \frac{1}{l}\frac{\Delta l}{\Delta T}.$$

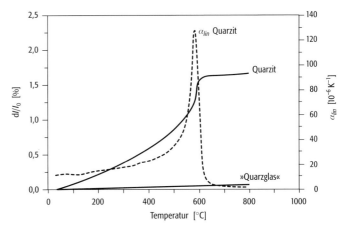

Die lineare thermische Ausdehnung ist i. a. eine anisotrope Eigenschaft (↗Anisotropie) und kann durch einen Tensor 2. Stufe beschrieben werden (Tab. 1).
Die thermische Volumendehnung α_{vol} [1/K] ergibt sich aus der Volumenänderung δV der Probe durch eine Temperaturänderung:

$$\alpha_{vol} = \frac{1}{V}\frac{\delta V}{\delta T}.$$

In erster Näherung gilt für isotrope Körper $\alpha_{vol} \approx 3\alpha_{lin}$. Die Volumenausdehnung der meisten Gesteine liegt im Bereich von $30 \cdot 10^{-6}$/K (Tab. 2). **2)** *Mineralogie*: oft eher unzutreffend als *Wärmeausdehnung* bezeichneter Begriff für die relativ auf die Koordinatenachsen bezogene Längenänderung durch eine Temperaturänderung ΔT. Für einen dünnen Stab der Länge l_0 erhält man in erster Näherung:

$$\frac{l - l_0}{l_0} = \alpha \, \Delta T,$$

dabei bezeichnet α den linearen *Ausdehnungskoeffizienten*. Für Kristalle hängt der Ausdehnungskoeffizient von der Richtung ab, in der der Stab aus dem Kristall herausgeschnitten worden ist. Die physikalische Eigenschaft der thermischen Ausdehnung muß daher durch einen symmetrischen Tensor 2. Stufe, α_{ij}, beschrieben werden. Der Zustand der Dehnung des Kristalls wird selbst durch einen aus physikalischen Gründen symmetrischen Tensor 2. Stufe, den Dehnungstensor ε_{ij} (↗elastische Deformation), dargestellt. Die obige Gleichung für die richtungsabhängige

thermische Ausdehnung: thermische Ausdehnung von Quarzit und »Quarzglas« (SiO_2-Glas). Die durchgezogene Linie stellt die relative Längenänderung (dl/l_0), die gestrichelte Linie den linearen thermischen Ausdehnungskoeffizienten (α_{lin}) dar.

Mineral	α_a [10^{-6}/K]	α_c [10^{-6}/K]
Korund	7,3	23,0
Muscovit	9,9	13,8
Albit	9,6	5,2
Forsterit	6,6	9,8
Fayalit	5,5	9,9
Diopsid	7,8	6,5
Quarz	13,3	7,07

thermische Ausdehnung (Tab. 1): anisotrope thermische Ausdehnungskoeffizienten in orthogonalen Richtungen (parallel und senkrecht zu den größten und kleinsten Ausdehnungskoeffizienten.

thermische Ausdehnung (Tab. 2): thermische Ausdehnungskoeffizienten α_{Vol} für gesteinsbildende Minerale.

Thermische Ausdehnungskoeffizienten α_{Vol} für gesteinsbildende Minerale

Mineral (Temperaturbereich)	thermische Ausdehnungskoeffizienten $\alpha_{Vol}[10^{-6}/K]$		
α-Quarz (20–500 °C)	51,5		
β-Quarz (575–1100 °C)	0		
Orthoklas (20–1000 °C)	15,6 (Mikroklin Or$_{83,5}$Ab$_{16,5}$)	9,7 (Orthoklas Or$_{66}$Ab$_{23,8}$An$_{0,6}$)	
Plagioklas (20–1100 °C)	15,4 (Albit)	8,9 (Ab$_{77}$An$_{23}$)	14,1 (Anorthit 14,1)
Olivin (20–900 °C)	28,2 (Forsterit)	26,1 (Fayalit)	22,6 (Tephroit)
Hornblende (20–1000 °C)	23,8		
Perowskit (20–104 °C)	22,0		
Pyroxen (25–1000 °C)	45,3 (Diopsid) 32,7 (Hypersten)	24,7 (Jadeit) 24,1 (Enstatit)	
Granat (20–700 °C)	23,6 (natürlicher Granat pyropreich) 15,8 (Almandin) 16,4 (Grossular)		

thermische Ausdehnung in Kristallen muß daher wie folgt formuliert werden:

$$\varepsilon_{ij} = \alpha_{ij}(\Delta T) + \beta_{ij}(\Delta T)^2 + \ldots; i,j = 1,2,3.$$

In einem kleinen Temperaturintervall von einigen Grad Kelvin genügt es normalerweise, die linearen Ausdehnungskoeffizienten α_{ij} heranzuziehen, wenn die Ausdehnung mit einer Genauigkeit von 1 % erfaßt werden soll. Ansonsten müssen die Koeffizienten höherer Ordnung β_{ij} hinzugenommen werden. Die richtungsabhängige thermische Ausdehnung in Kristallen kann sehr leicht augenfällig demonstriert werden. Man erwärmt eine aus einem nicht kubischen Kristall geschliffene Kugel. Sie verformt sich zu einem Rotationsellipsoid oder zu einem allgemeinen Ellipsoid, je nach der Symmetrie des Kristalls. Die Koeffizienten in den Hauptachsen des Ellipsoids, das sind die Koeffizienten α_{ii} in der Hauptdiagonale der 3 × 3-Matrix (α_{ij}), nennt man *Hauptausdehnungskoeffizienten*. In der Geologie ist die thermische Ausdehnung bei der physikalischen Verwitterung der Gesteine durch Sonneneinstrahlung sowie auch für die künstliche Gesteinszerstörung von Bedeutung. ↗thermische Eigenschaften.

thermische Belastung, Nutzung der Gewässer zur Kondensatorkühlung (Kraftwerke) oder Prozeßkühlung (Industrie). Das eingeleitete Kühlwasser erwärmt das betroffene Gewässer und beeinflußt direkt und indirekt alle temperaturabhängigen Vorgänge. Um die Auswirkungen der thermischen Belastung in Grenzen zu halten, wurden ↗Wärmelastpläne erstellt, ↗Aufwärmspannen und maximale Einleitungstemperaturen behördlich festgelegt.

thermische Bodenreinigung, Reinigung von kontaminiertem Boden durch Wärmeeinwirkung. Thermische Verfahren werden eingesetzt zur Entfernung von durch Wärmezufuhr verflüchtbaren und zersetzbaren Schadstoffen. Dies sind in der Regel organische Verbindungen. Für flüchtige anorganische Verbindungen wie Cyanide ist die thermische Reinigung nur bedingt geeignet. Bei Böden mit hohem Feinkorn- und/oder Orga-

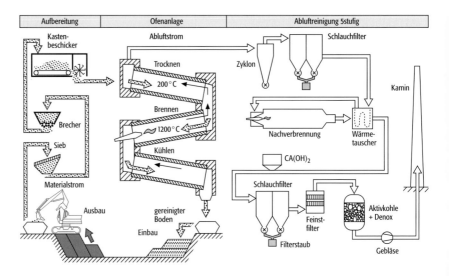

thermische Bodenreinigung: schematische Darstellung der thermischen Sanierung.

nikgehalt ist es oft das einzige effektiv arbeitende Verfahren. Eine thermische Bodenreinigung kann Onsite oder Offsite durchgeführt werden. In der Regel werden hierfür Drehrohr- oder Wirbelschichtöfen eingesetzt.

Die thermische Bodenreinigung läuft in mehreren Stufen ab (Abb.). Die typische Vorgehensweise beim Drehrohrofen umfaßt: a) Ausheben des kontaminierten Bodens und Transport, b) Brechen und Sieben des Materials, c) nach Eingabe in den kühleren Teil des Drehrohrofens Trocknen des Bodens. Durch stetige Umwälzung wandert das Material durch den Ofen, wobei die Schadstoffe bei 400–600°C verdampfen und teilweise verbrennen, d) Abkühlen und Befeuchten des Bodens in einem Mischer, e) Abtransport und ggf. Wiedereinbau des Bodens, f) verdampfte Kontaminationen werden einer Nachverbrennung bei 850–1200°C zugeführt, g) die nachverbrannten Abgase werden neutralisiert, gefiltert und gereinigt.

Vorteile der thermischen Bodenreinigung sind, daß das Verfahren relativ weit entwickelt ist und die Bodeneigenschaften keinen nennenswerten Einfluß auf die Anwendbarkeit des Verfahrens haben. Nachteile sind: Die meisten Schwermetalle und sonstigen anorganischen Schadstoffe weisen einen für die thermische Reinigung zu hohen Siedepunkt auf. Bei chlorierten Kohlenwasserstoffen können bei 400–500°C und Anwesenheit von weiteren Kohlenwasserstoffen hochgiftige Dioxine und Furane entstehen. Die natürlichen Bodenbestandteile werden bei der Behandlung zerstört, so daß ein biologisch totes Substrat übrig bleibt. [ABo]

thermische Bodenverfestigung, thermische Verfestigung bindiger Böden; sie ist seit alters her bekannt und wird z.B. bei der Herstellung der Mauerziegel angewendet. Bei der thermischen Bodenverfestigung wird der bindige Boden an seiner Lagerstätte verfestigt. Insbesondere werden die Zusammendrückbarkeit und die Plastizitätszahl verringert und dadurch Durchlässigkeit und Festigkeit erhöht. Zur Verfestigung bohrt man Löcher in den Boden, in denen – meist am unteren Ende des Bohrlochs – Gas oder Öl verbrannt wird. Hierbei sind zwei Methoden zu unterscheiden. Bei dem Verfahren nach Litvinov wird der Brennstoff in einem oben abgedichteten Bohrloch verbrannt. Das komprimierte, heiße Gas dringt in die Poren des Bodens ein und erhitzt diesen. Die Temperatur, der Überdruck und die Zusammensetzung der Verbrennungsprodukte werden ständig überwacht und gegebenenfalls geregelt. Bei dem Verfahren nach Beles und Stanculescu entweichen die verbrannten Gase durch eine zweite Bohrung, die als Abzug dient und mit dem Verbrennungsbohrloch unten verbunden ist. Die Erhitzung des Bodens erfolgt in diesem Falle durch Wärmeleitung. Die genannten Verfahren wurden sowohl zur Verbesserung des Baugrunds als auch zur Sanierung von Setzungsschäden in schluffigen und lößartigen Böden sowie zur Sanierung von rutschgefährdeten Hängen in plastischen Tonen angewendet. [RZo]

thermische Eigenschaften, in der Mineralogie unterteilt in richtungsabhängige Eigenschaften (Wärmeleitfähigkeit und Ausdehnung der Minerale unter Wärmeeinwirkung, was auch als thermische Dilatation bezeichnet wird, ↗thermische Ausdehnung) und richtungsunabhängige Eigenschaften (spezifische Wärme). Das thermische Verhalten spielt eine große Rolle bei der Verarbeitung mineralischer Rohstoffe zu keramischen Produkten (↗Keramik). Keramische, besonders auch feuerfestkeramische Produkte sind starken Temperaturschwankungen ausgesetzt, und da der Temperaturausgleich in den zum Teil kristallinen, zum Teil glasigen Produkten eine endliche Zeit benötigt, treten dabei Temperaturunterschiede und wegen der Wärmedehnung auch Differenzen in den Volumina auf. Daraus resultieren Spannungen, die, wenn sie die Festigkeit des Materials übersteigen, zu Bruch führen. Der Prüfung der Temperaturwechselbeständigkeit kommt daher in keramischen Erzeugnissen eine wichtige Bedeutung zu. Auch die Wärmeleitfähigkeit in Abhängigkeit von der Temperatur spielt bei Feuerfestkeramiken und bei Metallhüttenprozessen eine wichtige Rolle.

a) spezifische Wärme: Das ist die Wärmemenge, die erforderlich ist, um 1 g einer Substanz um 1°C zu erwärmen. Sie beträgt für H_2O von 15°C = 1. Ausgedrückt in cal/(g · Grad) beträgt sie für die Silicatminerale 0,176, für Kalifeldspat 0,188, für die Pyroxene 0,196 und für Muscovit 0,205. Niedrigere spezifische Wärmen zeigen die metallischen Minerale, wie Kupfer mit 0,092, Silber 0,056 und Gold 0,031. Da die spezifische Wärme der kristallinen Elemente ihrem Atomgewicht umgekehrt proportional ist, bildet deren Atomwärme nahezu eine Konstante, die sich nach der Regel von Doulong-Petit mit steigender Temperatur dem Grenzwert von 6,4 nähert. Als Atomwärme wird das Produkt aus spezifischer Wärme und Atomgewicht bezeichnet.

b) thermische Dilatation oder ↗thermische Ausdehnung: Die unterschiedliche thermische Ausdehnung der Minerale spielt in der Natur, z.B. bei der Insolation, d.h. bei der physikalischen Verwitterung der Gesteine, eine wesentliche Rolle. In der Aufbereitungstechnik wird sie dazu benutzt, verfestigte Mineralgemenge durch wechselweises Erhitzen und Abkühlen zu trennen. Die Größe der Ausdehnung der Kristalle ist von der Richtung abhängig, jedoch können Richtung und Gegenrichtung hier nicht unterschieden werden. Wie auch die optischen Eigenschaften der Minerale sind daher die thermischen Eigenschaften der Minerale inversionssymmetrisch (Abb.). Während sich nahezu alle Stoffe beim Erwärmen ausdehnen, findet bei manchen Mineralen, z.B. beim Calcit, in bestimmten Richtungen beim Erwärmen keine Dilatation, sondern Kontraktion statt. Die relative Verlängerung eines Kristallstabes für je 1°C Temperaturerhöhung wird als linearer Ausdehnungskoeffizient bezeichnet. Für Quarz beträgt der lineare Ausdehnungskoeffizient parallel zur c-Achse $9 \cdot 10^{-6}$, senkrecht zur c-Achse $14 \cdot 10^{-6}$. Isotrope Substan-

thermische Entmagnetisierung

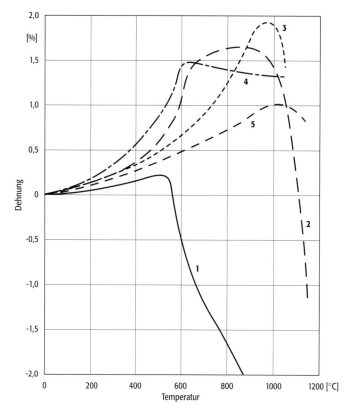

gespeicherte /remanente Magnetisierung durch kurze /Relaxationszeiten verschwindet. Wenn bei der thermischen Entmagnetisierung die /Curie-Temperatur erreicht wird, werden alle Remanenzen aus einem Gestein entfernt. Man spricht dann auch von magnetischer Reinigung. Die Analyse der thermischen Entmagnetisierung geschieht graphisch mit Hilfe der /Zijderveld-Diagramme, rechnerisch mit der /Mehrkomponentenanalyse.

thermische Metamorphose, veraltet für /Kontaktmetamorphose.

thermischer Äquator, Zone der /Tropen mit den im langzeitlichen Mittel höchsten bodennahen Lufttemperaturwerten. /Klimazonen.

thermische Reife /Reife.

thermische Reifung /Reifung.

thermischer Gradient /geothermischer Gradient.

thermischer Wind, aus der Differenz zwischen dem /geostrophischen Wind in zwei unterschiedlichen Höhenniveaus z_1, z_2 resultierender /Windvektor. Dieser ist auf folgende Weise mit dem horizontalen Temperaturgradienten verknüpft:

$$\vec{v}_t = \vec{v}_g(z_2) - \vec{v}_g(z_1) = \frac{g}{f T_m} k \times \nabla T_m \cdot (z_2 - z_1).$$

Hierbei ist T_m die Schichtmitteltemperatur zwischen den Höhenniveaus z_1 und z_2, g die Erdbeschleunigung und f der Corioliskoeffizient. Der thermische Wind ist auch ein Maß für die Baroklinität der Atmosphäre (/barokline Atmosphäre).

thermischer Wirkungskomplex, beschäftigt sich mit dem Wärmehaushalt des Menschen unter dem Einfluß verschiedener meteorologischer Umgebungsbedingungen. Unter Berücksichtigung entsprechender Bekleidung und meteorologischer Größen wie Wind, Temperatur und Feuchte kann der Wärmehaushalt berechnet werden und durch Vergleich mit Kenngrößen zur /Behaglichkeit eine Beurteilung vorgenommen werden. Zum Vergleich wird neben dem PMW-Wert auch die physiologische Äquivalenttemperatur (PET) herangezogen. Die auf diese Weise bestimmten PMV- und PET-Werte können einem thermischen Empfinden und einer Belastungsstufe zugeordnet werden.

thermisches Diffusionsvermögen, Fähigkeit eines Stoffes zur Ausbreitung aufgrund der Wärmebewegung seiner Moleküle. Das themische Diffusionsvermögen hat besondere Bedeutung für Gase und Flüssigkeiten.

thermisches Gleichgewicht, thermodynamischer Zustand eines Systems, definiert z. B. durch Druck, Temperatur und Dichte, der sich mit der Zeit nicht ändert. In einem solchen Fall müssen sich die verschiedenen Effekte, die entsprechend dem /Ersten Hauptsatz der Thermodynamik zu einer Temperaturänderung führen würden, gerade auskompensieren. Als Beispiel sei die mittlere globale Lufttemperatur der Erdatmosphäre genannt, die durch ein Gleichgewicht von kurzwel-

thermische Eigenschaften: Dilatometerkurven einiger keramischer Rohstoffe: 1 = Kaolin (Hirschau), 2 = Illit (Sarospatak), 3 = Sericit (Le Boulou), 4 = Quarzmehl (Dörentrup), 5 = Feldspat (Skandinavien).

zen, also Gläser (/Gesteinsglas) und kubische Kristalle besitzen nur einen linearen Ausdehnungskoeffizienten. Minerale des hexagonalen und tetragonalen Kristallsystems haben dagegen zwei, Minerale des rhombischen, monoklinen und triklinen Kristallsystems drei lineare Ausdehnungskoeffizienten, die senkrecht aufeinander stehen. [GST]

thermische Entmagnetisierung, ist die Entmagnetisierung einer Gesteinsprobe durch Erhitzung auf immer höhere Temperaturen und anschließende Abkühlung in einem magnetisch feldfreien Raum. Dabei werden nacheinander immer höhere /Blockungstemperaturen bzw. Entblockungstemperaturen erreicht und überschritten (Abb.), bei denen die in den ferrimagnetischen Erzmineralien unterschiedlicher Teilchengrößen

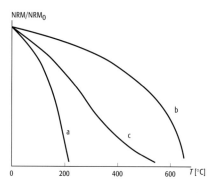

thermische Entmagnetisierung: Beispiele für thermische Entmagnetisierung: a) Probe mit niedrigen Blockungstemperaturen, die von Titanomagnetit getragen werden, b) Probe mit sehr hohen Blockungstemperaturen, die von Hämatit getragen werden, c) Probe mit einem weiten Spektrum unterschiedlich großer Blockungstemperaturen.

liger solarer Einstrahlung und langwelliger terrestrischer Ausstrahlung bestimmt ist.

thermisch-kinetische Metamorphose ↗ *Regionalmetamorphose*.

Thermistor, Halbleiter, dessen elektrischer Widerstand mit zunehmender Temperatur abnimmt. ↗ *Temperaturmessung*.

Thermoanalyse, *thermoanalytische Verfahren*; sind neben der Dilatomie (↗ thermische Ausdehnung) und der ↗ Thermogravimetrie TGA überwiegend die Differentialthermoanalyse DTA. Bei der DTA werden die zu untersuchenden Proben und eine inerte Vergleichssubstanz in einem Ofen mit konstanter Temperatursteigerung erhitzt. Während ein Thermoelement die Temperatur der Probe registriert, wird die Thermospannung der Untersuchungssubstanz gegen die Thermospannung der Vergleichssubstanz gemessen. Dabei wird das Auftreten von endothermen und exothermen Reaktionen in der Untersuchungssubstanz in einem Differenz-Thermodiagramm gleichzeitig mit der Temperatur-Verlaufskurve registriert (Abb. 1). Neben Phasenumwandlungspunkten und Schmelzpunktsbestimmungen lassen sich auf diese Weise Zustandsänderungen, wie die Abgabe von Gasen, Wasserabspaltung usw. erfassen. Von besonderem Interesse sind DTA-Kurven neben röntgenographischen und elektronenmikroskopischen Verfahren für die exakte Bestimmung der ↗ Tonminerale (Abb. 2). [GST]

thermobarischer Effekt, Temperaturabhängigkeit der ↗ Kompressibilität von Wasser; im Meer und in Seen von Bedeutung für die ↗ Konvektion bei Temperaturen nahe des Gefrierpunktes.

Thermobarometrie ↗ *Geothermobarometrie*.

Thermodynamik, Teilgebiet der klassischen Physik, welches sich mit der Beschreibung des thermodynamischen Zustandes eines Systems, charakterisiert z. B. durch Druck, Temperatur und Dichte, und seiner Änderung durch adiabatische und diabatische Prozesse befaßt. In der ↗ Meteorologie werden die Gesetze der Thermodynamik zur Beschreibung der Änderung der Lufttemperatur und zur Bildung von Wolken und Niederschlag verwendet. Zur formalen Beschreibung wird dabei in erster Linie auf den ↗ Ersten Hauptsatz der Thermodynamik zurückgegriffen, welcher sich z. B. wie folgt formulieren läßt:

$$c_p \frac{dT}{dt} - \frac{1}{\varrho} \frac{dp}{dt} = Q.$$

Dabei bedeuten: T = Lufttemperatur, P = Luftdruck, ϱ = Luftdichte, c_p = spezifische Wärme bei konstantem Druck. Das Symbol Q umfaßt die einem Luftvolumen zu- oder abgeführte Wärme in Form von ↗ Wärmeleitung, lang- und kurzwelliger ↗ Strahlung sowie durch ↗ Phasenumwandlungen des in der Luft enthaltenen Wasserdampfes. [DE]

thermodynamisches Diagramm, *aerologisches Diagramm*, *Feuchtediagramm*, *Temperatur-Feuchte-Diagramm*, eine graphische Darstellung mit den Koordinaten Druck (abhängig von der Höhe) und Temperatur, mit deren Hilfe man die Zustandsänderungen eines Luftpakets bei Vertikalbewegungen bestimmen kann. Dazu werden die Ergebnisse eines ↗ aerologischen Aufstiegs (↗ TEMP-Meldung, ↗ Radiosonde) als Zustandskurve in ein aerologisches Diagrammpapier eingetragen (Abb.). Im Koordinatensystem sind zusätzlich die ↗ Trockenadiabaten und ↗ Feuchtadiabaten angegeben, welche die Temperaturänderungen eines betrachteten Luftquantums (individuelle Zustandskurve) bei trockenadiabatischer Hebung oder Absenkung bzw. feuchtadiabatischer Hebung angibt. Schließlich sind zumindest noch die Isolinien gleicher Feuchte, meist in Form des ↗ Mischungsverhältnisses, eingezeichnet. Daraus lassen sich vielfältige Rückschlüsse über den Zustand der Atmosphäre ableiten, insbesondere über die ↗ Stabilität bzw. Labilität der

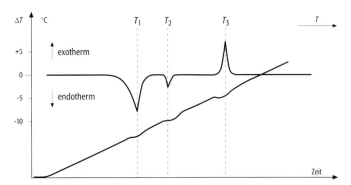

Thermoanalyse 1: Differenz-Thermo-Diagramm mit Temperatur-Verlaufskurve und Differentialthermokurve.

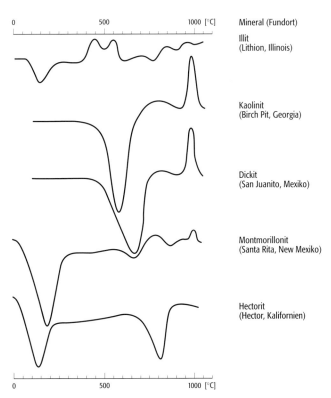

Thermoanalyse 2: DTA-Aufnahmen von Tonmineralen.

thermodynamisches Diagramm:
stark vereinfachtes Schema eines rechtwinkligen thermodynamischen Diagrammpapiers (KKN = Konvektionskondensationsniveau, HKN = Hebungskondensationsniveau, t_A = Auslösetemperatur, t und t_d = Temperatur und Taupunkt im Ausgangsniveau).

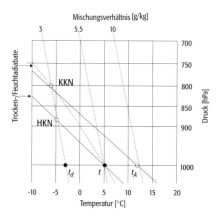

vertikalen thermischen Schichtung, ↗Inversionen und die Unter- und (meist nur grob geschätzten) Obergrenzen der Wolken. Zudem lassen sich mögliche künftige Entwicklungen abschätzen (Wolkenbildung, Gewitterwahrscheinlichkeit, Schneefallwahrscheinlichkeit, Zustandsänderungen bei ↗Föhn usw.). Beim ↗Deutschen Wetterdienst sind die thermodynamischen Diagrammpapiere nach Stüve (↗Stüve-Diagramm) und daneben das auch in den USA verwendete schiefwinklige T-log-p-Diagramm (mit T =Temperatur und p = Luftdruck) in Gebrauch. In manchen aerologischen Diensten sind insbesondere für Energiebetrachtungen das ↗Aerogramm, ↗Emagramm und ↗Tephigramm geläufig.

thermoelektrischer Effekt ↗Temperaturmessung.
Thermoelement ↗Temperaturmessung.
Thermograph, Registriergerät zur kontinuierlichen Aufzeichnung der ↗Lufttemperatur. Die meisten Thermographen basieren auf dem Prinzip des ↗Bimetallthermometers. Die temperaturabhängige Biegung des Bimetalls wird mechanisch auf eine Schreibnadel übertragen, die ein auf einer Trommel aufgespanntes Registrierpapier beschreibt. Die Umlaufzeit der Trommel, die von einem Uhrwerk angetrieben wird, beträgt meist einen Tag oder eine Woche.

Thermogravimetrie, *thermogravimetrische Analyse, TGA,* Erfassung des Massenverlustes einer Probe mit einer Thermowaage. Die temperaturbedingten Veränderungen werden kontinuierlich registriert. Wichtig ist dabei die Bestimmung der Gewichtsverluste durch Abgabe von Wasser (z. B. bei Gips, Tonmineralen und ↗Zeolithen) oder CO_2 (bei Carbonaten). Von spezifischem Interesse ist die Unterscheidungsmöglichkeit zwischen den verschiedenen Wasserarten in den Mineralen (↗Konstitutionswasser). Moderne thermische Analysengeräte, die meist auch eine quantitative Bestimmung der Mineralphasen möglich machen, umfassen einen Temperaturbereich von –200°C bis +2000°C und vereinigen die gleichzeitige Aufnahme von DTA (↗Thermoanalyse) und TGA. ↗analytische Methoden.

thermogravimetrische Analyse ↗*Thermogravimetrie.*

thermohaline Zirkulation, umfaßt Strömungen, die durch räumliche Unterschiede in ↗Temperatur und ↗Salzgehalt hervorgerufen werden. Diese bewirken Unterschiede der ↗Dichte und dadurch ↗Druckgradienten. Sie entstehen durch Ein- und Abstrahlung sowie durch Austausch von Wärme und Süßwasser (Niederschlag und Verdunstung) mit der ↗Atmosphäre, dem ↗Meereis und dem ↗Schelfeis. Die globale thermohaline Zirkulation (Abb. im Farbtafelteil) stellt eine großräumige Umwälzbewegung des Ozeans dar, die durch Absinken dichter Wassermassen in den Subpolargebieten hervorgerufen wird. Dazu zählt das ↗Arktische Mittelmeer und die ↗Labradorsee im Norden sowie die antarktischen Randmeere, besonders das ↗Weddellmeer, das ↗D'Urvillemeer und das ↗Rossmeer im Süden. Die Absinkbewegungen in die Tiefsee erfolgen entweder als Abflüsse am ↗Kontinentalhang, wie z. B. im ↗Overflow in der ↗Dänemarkstraße oder aus dem Filchnergraben im Weddellmeer, oder als ↗Konvektion im offenen Ozean wie in der ↗Grönlandsee und der Labradorsee.
Die abgesunkenen ↗Wassermassen breiten sich überwiegend topographisch geführt in den Ozeanbecken als ↗Tiefenwasser und ↗Bodenwasser aus, z. B. als ↗Tiefer Westlicher Randstrom unter dem ↗Golfstrom, und vermischen sich mit den darüberliegenden Wassermassen. Durch den ↗Antarktischen Zirkumpolarstrom erfolgt die Verteilung der tiefen Wassermassen auf die drei Ozeane. Die Schrägstellung der Isopyknen (Flächen gleicher Dichte) im Antarktischen Zirkumpolarstrom ermöglicht, daß die Wassermassen aufsteigen und zum antarktischen Zwischenwasser beitragen. Dieses breitet sich in die Ozeane nach Norden aus und kehrt in den ↗Auftriebsgebieten an die Oberfläche zurück. Auf der Warmwasserroute erfolgt der Rückstrom aus dem ↗Pazifischen Ozean durch das ↗Australasiatische Mittelmeer in den ↗Indischen Ozean und dort aus im ↗Agulhasstrom in den ↗Atlantischen Ozean. Die Kaltwasserroute führt um Kap Hoorn. Dieser Verlauf wird häufig mit einem Förderband (Conveyor Belt) verglichen.
Die Umwälzbewegung der Ozeane bestimmt über den meridionalen Wärmetransport (etwa $2 \cdot 10^{15}$ W bei 24°N) und den Einfluß auf die Wärmespeicherung den ↗Wärmehaushalt des Ozeans und damit die Bedeutung der Ozeane für das ↗Klima. Die Intensität der globalen Umwälzbewegung liegt bei 15 bis $25 \cdot 10^6$ m³/s. Modellrechnungen zeigen, daß Veränderungen des Wärme- oder Süßwasserhaushalts die thermohaline Zirkulation beeinflussen. So nimmt man an, daß erhöhte Stabilität nach Zufuhr von Süßwasser im Nordatlantik durch Schmelzen des nordamerikanischen ↗Eisschilds zur Abkühlung Nordeuropas in der ↗Jüngeren Dryas geführt hat. Umgekehrt können die Fluktuationen der thermohalinen Zirkulation Auswirkungen auf die klimatischen Verhältnisse haben. Die Verlagerung oder Abnahme des ↗Nordatlantischen Stroms kann zur veränderten Wärme- und Süßwasseraufnahme der Luft im Westwindgürtel (↗Westwinddrift)

und damit zu Veränderungen der Wetterverhältnisse in Nord- und Mitteleuropa führen. Die Wechselwirkung zwischen ozeanischen und atmosphärischen Veränderungen kann unter bestimmten Umständen die thermohaline Zirkulation stabilisieren oder Fluktuationen hervorrufen. [EF]
Literatur: [1] RAITH, W. (Hrsg.) (1997): Erde und Planeten. Lehrbuch der Experimentalphysik, Bd. 7. – Berlin, New York. [2] SCHMITZ, W. J. (1996): On the World Ocean Circulation: Volume I. Some Global Features/North Atlantic Circulation. Wood Hole Oceanog. Inst. Tech. Rept. [3] SCHMITZ, W. J. (1996): On the World Ocean Circulation: Volume II. The Pacific and Indian Oceans/A Global Update. Wood Hole Oceanog. Inst. Tech. Rept. [4] SUMMERHAYES, C. P., THORPE, S. A. (1996): Oceanography. An illustrated Guide. – London.

Thermohygrograph, kombiniertes Meßgerät zur kontinuierlichen Registrierung der Temperatur (↗Temperaturmessung) und der Feuchte (↗Feuchtemessung).

Thermoisoplethen ↗Isoplethen.

Thermokarst, *Kryokarst*, charakteristische unregelmäßige Reliefformen, die durch das Auftauen von eisreichem ↗Permafrost entstehen (Abb.). Das jährliche Auftauen des ↗Auftaubodens verursacht keinen Thermokarst. Das Abschmelzen von ↗Bodeneis kann durch Klimawandel, Zerstörung von isolierender Vegetation durch Feuer, Tiere oder anthropogene Eingriffe sowie durch andere Störungen des thermischen Gleichgewichts verursacht werden, z. B. auch durch fließendes Wasser. Beispiele für Thermokarstformen sind Thermokarstseen, ↗Alase, Thermokarsthügel und kleine Depressionen. Thermokarst kann in aktive und inaktive Formen unterschieden werden. Bei inaktivem Thermokarst hat sich das thermische Gleichgewicht wieder eingestellt, während es bei aktivem Thermokarst noch gestört ist. Die Bezeichnung Thermokarst wurde aufgrund der Ähnlichkeit der resultierenden Reliefformen mit echtem ↗Karst in Kalkgesteinen gewählt. [SN]

Thermokline, *Temperatursprungschicht*, Schicht einer sprungartigen Veränderung der vertikalen Temperaturverteilung. ↗Sprungschicht.

Thermolumineszenz ↗Lumineszenz.

Thermolumineszenz-Datierung, *TL-Datierung*, eine Art der ↗Lumineszenzdatierung, bei der das Signal durch thermische Stimulation (Aufheizen) freigesetzt wird. Die während des Aufheizens kontinuierlich aufgezeichnete sog. Glühkurve zeigt die Menge der bei der jeweiligen Temperatur nicht mehr stabilen Lumineszenz-Zentren. Zur Erstellung der Aufbaukurve wird über ein experimentell ermitteltes Temperaturintervall integriert. Die Thermolumineszenz-Datierung (TL) hat sich für äolische Sedimente der letzten 100.000 Jahre sowie für Keramik als Standardmethode bewährt.

thermomagnetische Kurve, Messung der Abhängigkeit der ↗Sättigungsmagnetisierung M_S von der Temperatur. Sie dient u. a. der Bestimmung der ↗Curie-Temperatur.

Thermomer ↗Eiszeit.

Thermometamorphose, *Pyrometamorphose, kaustische Metamorphose*, ↗Metamorphose, die durch Temperaturerhöhung verursacht wird, vor allem im Kontaktbereich magmatischer Schmelzen. Der Belastungsdruck spielt bei dieser Art von Metamorphose nur eine untergeordnete Rolle. Bei der Thermometamorphose durch Kontaktwirkung von magmatischen Gängen auf das Nebengestein (↗Kontaktmetamorphose) werden Temperaturen bis über 1000°C erreicht. Dabei kommt z. B. zur Frittung von Sandstein, Glasbildung, Phasenumwandlungen, Bildung von »Basaltjaspis« aus Ton und Bildung von Calciumsilicaten durch die Reaktion von Carbonatgesteinen mit basaltischen Schmelzen. Bei der thermisch-kinetischen Umkristallisationsmetamorphose, die in größeren Erdtiefen zur Bildung von kristallinen Schiefern führt, werden Temperaturen zwischen 200°C und 800°C erreicht.

Thermometer, Meßgerät zur Bestimmung der Temperatur. Thermometer werden für unterschiedliche Zwecke in verschiedenen Ausführungen unter Ausnutzung unterschiedlicher Meßprinzipien hergestellt (z. B. ↗Kippthermometer). ↗Temperaturmessung.

Thermometerhütte ↗Wetterhütte.

Thermoökologisches Konzept, Hypothese der ↗Bioökologie zur ökologischen Äquivalenz von ↗Pflanzen und Tieren der ↗Höhenstufen tropischer Gebirge mit den entsprechenden Klimazonen außerhalb der Tropen. Bei diesem Vergleich der ↗Arten bleibt unberücksichtigt, daß vom Tageszeitenklima der Tropen und vom Jahreszeitenklima außerhalb der Tropen unterschiedliche Regelungen der ↗Ökosysteme ausgehen, welche auch Lebensweise und morphologische Anpassung von Tieren und Pflanzen beeinflussen können.

Thermopause ↗Atmosphäre.

Thermopluviogramm, meteorologisches ↗Diagramm, das in einer Koordinate die Temperatur und in der anderen den Niederschlag angibt. Dieses kann stationsbezogen zur Kennzeichnung

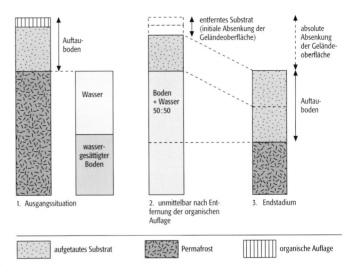

Thermokarst: schematische Darstellung der Entstehung von Thermokarstdepressionen in eisreichem Permafrost durch Entfernung der organischen Auflage.

monatlicher oder jährlicher Anomalien gegenüber vieljährigen Mittelwerten erfolgen oder dient der Darstellung der mittleren Jahresgänge.

thermoremanente Magnetisierung, *partielle Thermoremanenz, PTRM,* wird in der Natur bei der Abkühlung in einem Magnetfeld H gebildet, wenn die Maximaltemperatur die ↗Curie-Temperatur nicht erreichte. Im Labor kann eine PTRM auch dadurch erzeugt werden, daß man bei der Abkühlung von Proben nur innerhalb bestimmter Temperaturintervalle ein äußeres Feld wirken läßt. Die Summe aller partiellen thermoremanenten Magnetisierungen der verschiedenen Temperaturintervalle ist die totale thermoremanente Magnetisierung selbst: TRM =ΣPTRM. Die PTRM ist ebenfalls parallel und proportional zu H, zeitlich aber weniger stabil als die TRM.

Thermosphäre ↗Atmosphäre.

thermotrop ↗flüssige Kristalle.

Therophyten, wissenschaftlicher Begriff für *Kräuter,* einer ↗Lebensform der wurzelnden, kurzlebigen (ephemeren) bis einjähriger, meist unverholzter ↗Pflanzen, die nach der Samen- oder Fruchtreife absterben. Therophyten überdauern thermisch und hygrisch ungünstige Jahreszeiten als Samen im Boden. Die Hauptverbreitung der Therophyten liegt in ariden und semiariden Gebieten der warmen Zonen und in sommerwarmen Gebieten der gemäßigt bis kalten Regionen. Entsprechend lassen sich daher sommergrüne (annuelle) von wintergrünen Therophyten unterscheiden, die nach dem Beginn einer Regenperiode auskeimen.

thickening upward ↗Bankung.

Thiem, *Adolph,* deutscher Bauingenieur, * 21.2.1836 Liegnitz, † 2.5.1908 Leipzig. Thiem gilt als Begründer der neuzeitlichen Hydrologie und Grundwasserversorgungstechnik und verband vorbildlich Theorie und Praxis. In seinen ersten Arbeiten widmete er sich der Erforschung der hydrologischen Grundgesetze. Als erster hat er für die Umgebung der Stadt Straßburg einen Höhenschichtenplan für das Grundwasser entworfen, um Ausdehnung und Strömungsrichtung sichtbar zu machen. Das rechnerisch ermittelte Grundwasser und dessen Nachhaltigkeit wies er 1876 durch einen Dauerpumpversuch nach. Ihm gebührt als erster der Verdienst, die Fließgeschwindigkeit des Grundwassers durch einen Markierungsversuch (↗Tracer) ermittelt zu haben, wobei er eine Kochsalzlösung als Markierstoff verwendete. Er hat weiterhin wesentlich zur Verbesserung von Wasserversorgungsanlagen beigetragen. Insbesondere entwickelte er 1894 die Enteisenung durch Belüftung und nachfolgende Filterung durch groben Kies. Weiterhin hat er den Woltermannschen hydrometrischen Flügel in die Wasserwerkspraxis eingeführt. Adolph Thiem hat für über 50 Städte des In- und Auslandes Entwürfe für Wasserversorgungsanlagen aufgestellt. [HJL]

Thienemann, *August,* deutscher Zoologe, * 7.9.1882 Gotha, † 22.04.1960 Plön; Studium an der Universität Greifswald; seit 1917 Leiter der Hydrobiologischen Anstalt der Kaiser-Wilhelm-Gesellschaft, am später Max-Planck-Institut für Limnologie; Mitbegründer und Präsident (1922–1939) der Internationalen Vereinigung für theoretische und angewandte Limnologie. Thienemann ist einer der Väter der modernen ↗Limnologie. Er zeigte Wechselwirkungen zwischen ↗Biotop und ↗Biozönose auf und schuf damit einen wesentlichen Beitrag zur allgemeinen Ökologie. Seine grundlegenden Untersuchungen an Eifelmaaren führten ihn zu einer Klassifizierung von Seentypen, die er nach dem Vorkommen von Mückenlarven mit unterschiedlichen Sauerstoffansprüchen als *Tanytarsus*-Seen oder als *Chironomus*-Seen bezeichnete. Der wissenschaftliche Gedankenaustausch mit dem schwedischen Biologen ↗Naumann führte dann zur produktionsbiologischen Betrachtungsweise, in der der Nährstoffgehalt eines Gewässers (↗Trophiegrad) eine bedeutende Rolle spielt. Diese Beziehungen wurden bahnbrechend in seinem Buch (1928) »Sauerstoff im eutrophen und oligotrophen See – Ein Beitrag zur Seentypenlehre« beschrieben. Thienemann leitete die Deutsche Limnologische Sunda-Expedition. Vierzig Jahre lang war Thienemann Herausgeber der Fachzeitschrift »Archiv für Hydrobiologie«. Außerdem begründete und redigierte er die Monographien-Sammlung »Die Binnengewässer«, von denen er vier Bände selbst verfaßte. Besonderes Interesse galt den *Chironomiden,* denen er 102 Veröffentlichungen, darunter eine Monographie, widmete. Weitere bedeutende Arbeiten verfaßte Thienemann über die Süßwasserfische Deutschlands und Europas. Seine große Sorge galt der Verschmutzung der Gewässer und dem Erhalt der Trinkwasserressourcen. Sein Lebenswerk umfaßt 459 Veröffenlichungen. [MW]

Thienemannsche Regel, ökologisches Grundprinzip zur Charakterisierung der ↗Biozönosen gemäß den herrschenden Umweltbedingungen, das auf den deutschen Limnologen August ↗Thienemann (1882–1960) zurückgeht. Danach ist es erstens die Artenvielfalt größer, je variabler die Lebensbedingungen eines ↗Ökotops sind (↗Biodiversität), wobei die Individuenzahl pro Art gering bleibt. Zweitens nimmt die Artenzahl ab und die Individuenzahl zu, wenn sich die Lebensbedingungen in einem Ökotop Extremwerten zuneigen: Je spezialisierter ein Ökotop, um so charakteristischer seine Biozönose. Drittens wird eine Biozönose um so artenärmer und instabiler (↗Stabilität), je öfter und stärker anthropogene Einwirkungen auftreten, und viertens dominieren in extremen Lebensräumen ↗stenöke Formen.

Thiessen-Methode ↗*Polygon-Methode.*

Thixotropie, [von griech. tingano = berühren und tropos = Richtung], rheologische Eigenschaft (Fließverhalten) von Mineraldispersionen, wobei sich »Gerüststrukturen« bilden (Abb.). Die Gerüste widerstehen Schubspannungen unterhalb eines kritischen Wertes. Erst bei ausreichend starken Scherkräften werden die Gerüste aufgerissen und das System beginnt zu fließen. Wenn sich die entstehenden Gerüstfragmente in Ruhe wieder zum Netzwerk zusammenlagern,

a

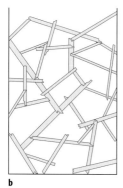

b

Thixotropie: schematische Darstellung der Thixotropie. Gleichgeladene Minerale bauen (meist in wäßriger Lösung) ein labiles Gerüst auf, das eine gewisse Konsistenz besitzt; bei mechanischer Entladung bricht dieses System zusammen: a) Kaolinit, b) Halloysit.

nimmt die Viskosität zu: das System ist thixotrop. Voraussetzung ist, daß der Aufbau des Netzwerkes genügend langsam abläuft. Die Erstarrungszeit kann sehr unterschiedlich sein, von Sekunden und Minuten bei Tonmineraldispersionen bis zu mehreren Wochen, z. B. bei SiO_2-Gelen. Die praktische Bedeutung der Thixotropie liegt z. B. bei der Stabilisierung von Bohrflüssigkeiten bei Tiefbohrungen. Negative Auswirkungen treten auf, wenn reversible Viskositätsänderungen in Sedimenten bestimmter Korngrößenverteilung durch mechanische Beeinflussung (Erschütterung) ohne besondere Wasserzugabe ausgelöst werden. Solche Böden sind besonders fließgefährdet. Ein Beispiel sind Tone in Tagebauen, die angeschnitten und erschüttert werden, wobei es zu schweren Schädigungen des Betriebes durch Rutschungen kommen kann. ↗Rheologie. [GST]

THM, *travelling heater method*, Verfahren, das zur ↗Hochtemperaturschmelzlösungszüchtung gehört (Abb.). Es beruht auf dem Wandern einer geschmolzenen Zone durch ein länglich geformtes Stück Ausgangsmaterial (Stab oder Barren), in dem die Heizvorrichtung, die die ↗Schmelzzone erzeugt, in bezug auf das Ausgangsmaterial bewegt wird. Auf der einen Seite der Schmelzzone wird das Ausgangsmaterial aufgeschmolzen bzw. angelöst, auf der anderen Seite kristallisiert dabei das gewünschte Material aus. Die Schmelzzone kann bei einem Einkomponentensystem aus der Schmelze oder bei einem ↗Mehrstoffsystem aus der Lösung bestehen. Die Mehrzahl der Anwendungen erfolgt in Lösungsschmelzen. Der Vorteil des Verfahrens liegt in der Tatsache, daß durch den Transport der zu kristallisierenden Substanz durch die Schmelzzone hindurch das Kristallwachstum unter gleichen Bedingungen, d. h. bei gleicher Konzentration und Temperatur, erfolgen kann. [GMV]

Tholeiit, *Plagioklasbasalt* (veraltet), 1) ↗Basalt, der sowohl Klino- als auch Orthopyroxen enthält. 2) quarznormativer Basalt nach der Einteilung gemäß des ↗Basalt-Tetraeder.

tholeiitisch, Bezeichnung für Gesteine mit der Zusammensetzung eines ↗Tholeiits.

tholeiitischer Trend, durch ↗fraktionierte Kristallisation hervorgerufene Entwicklung einer magmatischen Suite (↗Gesteinsassoziation), die im Anfangsstadium durch eine Erhöhung des Fe/Mg-Verhältnisses gekennzeichnet ist. Das beruht darauf, daß die am Beginn kristallisierenden ↗mafischen Minerale wie Olivin und Pyroxen zunächst Mg-reich sind und das Fe bevorzugt im Magma verbleibt. Der tholeiitische Trend wird im ↗AFM-Diagramm vom ↗kalkalkalischen Trend unterschieden.

Thomas-Verfahren, Methode zur Herstellung und Veredlung von Stahl durch Entfernen der im Roheisen enthaltenen, überwiegend nichtmetallischen Beimengungen in Konvertern (Thomas-Birne) mit Luft. Da die im Roheisen enthaltenen Nichtmetalle und Nichteisenmetalle größtenteils leichter als Eisen oxidieren, werden sie teils in Gasform wie CO oder SO_2 oder als geschmolzene Schlacke, wie z. B. Ca-Silicat oder -Phosphat, vom gereinigten Metall abgetrennt. Thomas-Schlacken enthalten, soweit sie nicht zu kieselsäurereich sind und dann leicht glasig erstarren, eine große Anzahl kristalliner Mineralphasen, u. a. Apatit, Dicalciumferrit (Kalkferrit), Hilgenstockit (Tetracalciumphosphat), Mischkristalle von Calciumphosphat und Calciumsilicat (»Silikocarnotit«) u. a. Sie werden zu Thomasmehl vermahlen und als Düngemittel verwendet, da ein Großteil der darin enthaltenen Phosphorsäuren in bodenlöslicher Form vorliegt. [GST]

Thompson-Diagramm ↗AFM-Diagramm.

Thomson, Sir *William*, seit 1892 Lord *Kelvin of Largs*, britischer Physiker, * 26.6.1824 Belfast (Irland), † 17.12.1907 Nethergall (Schottland); 1846–99 Professor der Naturphilosophie und theoretischen Physik in Glasgow, gründete das erste britische Laboratorium für Physik; herausragender, ungewöhnlich vielseitiger Physiker; einer der Begründer der klassischen Thermodynamik; definierte den Begriff der absoluten Temperatur und des Wärmetods, stellte 1848 die thermodynamische Temperaturskala (Kelvin-Temperaturskala mit der Temperatureinheit Kelvin) auf; formulierte die beiden Hauptsätze der Thermodynamik (1850 zusammen mit R. J. E. Clausius Aufstellung des 2. Hauptsatzes) und wandte diese auf elektrische, magnetische und elastische Erscheinungen an; führte 1851/52 (neben W. J. M. Rankine) die Bezeichnung »Energie« in die Physik ein; formulierte zusammen mit Clausius den Entropiesatz; fand mit J. P. Joule (1852/53) den Joule-Thomson-Effekt; entwickelte die astatische Nadelpaar (zur Unterdrückung des Einflusses magnetischer Störfelder) im Galvanometer, konstruierte das Spiegelgalvanometer (1858) und Quadrantenelektrometer und eine elektrische Meßbrücke (Thomson-Brücke); entdeckte den thermoelektrischen (1856) und galvanomagnetischen Thomson-Effekt sowie das Gesetz der ungedämpften elektrischen Schwingung (Thomson-Formel, Thomson-Schwingungsgleichung); schuf eine Theorie des Kristallmagnetismus (1850) und von Ebbe und Flut (1868 Entwicklung des harmonischen Verfahrens zur Vorausberechnung der Gezeiten) und konstruierte Geräte zur Gezeitenmessung; entwickelte die Grundlagen der Tiefseekabeltelegraphie; schuf 1898 mit J. J. Thomson eine Vorstufe (Thomsonsches Atommodell) zum Rutherford-Bohrschen Atommodell. Auch nach ihm benannt sind die ↗Kelvinwellen, an den Rändern der Meere auftretende lange Wellen mit speziellen Eigenschaften. Werke (Auswahl): »Treatise on Natural Philosophy« (mit P. G. Tait, 1867), »Reprint of Papers on Electrostatics and Magnetism« (1872), »Mathematical and Physical Papers« (6 Bände, 1882–1911), »Popular Lectures and Adresses« (3 Bände 1889), »Baltimore Lectures on Molecular Dynamics and the Wave Theory of Light« (1904, deutsch »Vorlesungen über Molekulardynamik und die Theorie des Lichts«).

Thomsonsche Gleichungen, beschreiben mathematische Beziehungen mit denen bestimmte Pa-

Thomson, Sir *William*

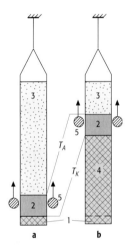

THM: schematische Anordnung beim THM-Verfahren, a) zu Beginn und b) gegen Ende des Versuchs (1 = Keimkristall, 2 = Schmelzlösung, 3 = Ausgangsmaterial, 4 = gezüchteter Kristall, 5 = Heizer, T_A bzw. T_K = Temperatur an der anlösenden bzw. an der kristallisierenden Phasengrenze).

Thorianit ↗Uranminerale.

Thorium, Element der III. Nebengruppe des ↗Periodensystems (Actinoide); Symbol Th; Ordnungszahl 90; Atommasse: 232,0381; Wertigkeit: IV; Dichte: 11,724 g/cm³. Thorium ist ein sehr weiches, in zwei Modifikationen (kubisch-flächenzentriert, ab 1345°C kubisch-raumzentriert) vorliegendes Metall. Thorium ist mit etwa 10^{-3} % am Aufbau der ↗Erdkruste beteiligt und kommt in Vergesellschaftung mit den Seltenerdmetallen vor. Das wichtigste Thoriumisotop ^{232}Th bildet den Anfangspunkt der Thorium-Zerfallsreihe und kann durch Neutroneneinwirkung in ^{233}U überführt werden. Daher dient Thorium in oxidischer oder carbidischer Form zusammen mit Uran als Brutmaterial in Hochtemperaturreaktoren. Außerdem wird es als Legierungsbestandteil in Heizdrähten, Kontakten oder Drähten für Verstärker- oder Senderöhren eingesetzt. Eine weitere Bedeutung kommt Thorium als Bestandteil der ^{230}Th/^{234}U-Zerfallsreihe zu, die in der Historischen Geologie als physikalische Alterdatierung dient (↗Thorium-Uran-Datierung).

Thoriumerzlagerstätten, keine eigenständigen Lagerstätten, sondern Mitgewinnung bei Strandseifen (↗Seife), wie z. B. in Ostaustralien, oder bei ↗Uranerzlagerstätten, da Thorium nur sehr selten eigene Minerale bildet (Thorit, ThSiO₄), sondern fast immer mit Uran über thoriumhaltige Uranminerale oder uranhaltige Thoriumminerale vergesellschaftet ist.

Thorium-Uran-Datierung, *^{230}Th/^{234}U-Datierung*, ↗physikalische Altersbestimmung der Uran-Zerfallsreihe, die auf dem Aktivitätsverhältnis von Tochterisotop ^{230}Th zu Mutterisotop ^{234}U in der Probe beruht. Das Verfahren ist prinzipiell für alle Materialien mit einem Mindestgehalt an Uran von ca. 0,1 μg/g geeignet und hat sich besonders für Tiefseesedimente, ↗organogene Kalke, ↗Travertin, ↗Torf, ↗Evaporite, Knochen und Zähne bewährt.

^{234}U stellt ein Zwischenglied aus der Zerfallsreihe von ^{238}U dar und zerfällt mit einer ↗Halbwertszeit von 245.500 Jahren unter Aussendung von α-Strahlung in ^{230}Th (alte Bezeichnung: Ionium). Dieses besitzt eine Halbwertszeit von 75.400 Jahren und zerfällt unter α-Emission in ^{226}Ra (Radium) (Abb.). Grundlage der Datierungsmethode ist das unterschiedliche geochemische Verhalten von Th und U, wodurch sich beim Schließen des Systems (Mineralneubildung u. a.) radioaktive Ungleichgewichte innerhalb der Zerfallsreihe ausbilden. Th wird aus Wasser fast vollständig durch Adsorption an Tonminerale und Schwebstoffe entfernt. Uran hingegen bildet stabile Carbonato-Komplexe und bleibt besonders im oxidierenden Milieu lange gelöst. Im wäßrigen Milieu gebildete Carbonate wie Höhlensinter oder ↗Korallen sind daher nahezu frei von Th, während U fast vollständig eingebaut wird. Das Th/U-Aktivitätsverhältnis liegt damit bei etwa 0. Demgegenüber kommt es zu einer Anreicherung von ^{234}U gegenüber ^{238}U um den Faktor 1,15. Nach dem Schließen des Systems stellt sich das säkulare Gleichgewicht, bei dem die jeweiligen Tochter-/Mutter-Aktivitätsverhältnisse 1 betragen, gemäß der Zerfallsgesetze wieder ein. Unsicherheiten können durch das radioaktive Ungleichgewicht von ^{234}U zu ^{238}U, in die Probe eingelagertes detritisches ^{230}Th, Umkristallisation (besonders von Aragonit in Calcit) und Mobilisierung des U auftreten.

Nach ihrer chemischen Isolierung werden die Isotope über ihre α-Energien spektrometrisch nachgewiesen, wobei Zugaben synthetischer Isotopengemische der Quantifizierung dienen. Mit Massenspektrometern lassen sich bis 10fach präzisere Daten gewinnen. Die Datierreichweite der Thorium-Uran-Datierung liegt zwischen 10 Jahren und etwa 550.000 Jahren, wobei die Genauigkeit mit geringeren U-Gehalten und zunehmendem Probenalter anwächst. [RBH]

Literatur: GEYH, M. A. (1983): Physikalische und chemische Datierungsmethoden in der Quartär-Forschung. Clausthaler Tektonische Hefte 19.

T-Horizont, ↗Bodenhorizont entsprechend der ↗Bodenkundlichen Kartieranleitung; mineralischer Unterbodenhorizont aus dem Lösungsrückstand von Carbonatgesteinen mit >75 Masse-% Carbonat, in Deutschland meist fossil.

Thorn-Eberswalder-Urstromtal, das während des Pommerschen Stadiums in der ↗Weichsel-Kaltzeit entstandene ↗Urstromtal, das sich von der Weichsel zwischen Thorn und Warschau über die Netze, die Warthe und die Oder bei Eberwalde verfolgen läßt.

Thouletsche Lösung, *Thoulet-Lösung*, wäßrige Lösung von Kaliumiodid und Quecksilberiodid mit einer maximalen Dichte von 3,19 g/cm³; als Verdünnungsmittel dient Wasser. Die Thouletsche Lösung ist gesundheitsschädlich, stark toxisch und wird als ↗Schwereflüssigkeit für Schwermineralanalysen verwendet (↗Schweretrennung).

Thufur, (isländ., Pl.: Thufa), kleiner vegetationsbedeckter dauerhafter Hügel mit einem Kern aus mineralischem ↗Boden. Thufa entstehen entweder im ↗Auftauboden in ↗Permafrostgebieten oder in jahreszeitlich gefrorenem Untergrund in permafrostfreien Gebieten während des Gefrierens des Bodens. Sie erreichen Größen bis 50 cm Höhe und Durchmesser bis 160 cm und können sich innerhalb von 20 Jahren nach Zerstörung wieder bilden. Das Wachstum wird gefördert durch schluffige ↗Sedimente, ein maritimes ↗Klima und relativ gute Drainage.

Thorium-Uran-Datierung: Ausschnitt aus der Zerfallsreihe von ^{238}U mit Angabe der Halbwertszeiten (h = Stunde, d = Tage, a = Jahre, ka = 1000 Jahre).

^{234}Th 24,1 d	→α	^{238}U 4,47·10⁹ a
↓β⁻		
	^{234}Pa 6,7 h	
		↓β⁻
^{226}Ra 1600 a	←α ^{230}Th 75,4 ka ←α	^{234}U 245,5 ka

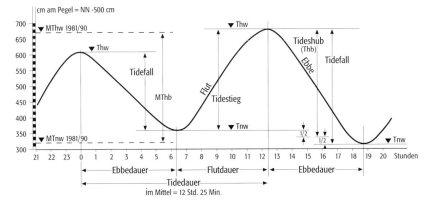

Tidekurve: Schema einer Tidekurve.

Thulium, chemisches Element aus der III. Nebengruppe des ↗Periodensystems, der Gruppe der Lanthanoide angehörendes ↗Seltenerdmetall; Symbol Tm. Thulium kommt ausschließlich als Isotop 169 und als künstliche Isotope vor, tritt zusammen mit anderen Seltenerdmetallen auf und ist z. B. in Gadolinit zu 0,25 % enthalten. Die Herstellung erfolgt aus Monazit-Sand. Entdeckt wurde es 1879 durch Cleve bei der Untersuchung der ↗Yttererden, der Name leitet sich von »Thule« ab, einer alten Bezeichnung für Nordland.

Thuringit, *Owenit*, nach dem Fundgebiet Thüringen benanntes Mineral mit der chemischen Formel $(Fe^{2+},Fe^{3+},Al)_3[(OH)_2|Al_{1-2}Si_{3-2}O_{10}] \cdot (Fe^{2+},Fe^{3+},Mg)_3(OH,O)_6$ und monoklin-prismatischer Kristallform; Farbe: oliv- bis schwärzlichgrün, grau-schwärzlich; matter Perlmutterglanz; undurchsichtig; Strich: grünlich-grau; Härte nach Mohs: 2,5 (mild); Dichte: 3,15–3,19 g/cm³; Spaltbarkeit: sehr vollkommen nach (*001*); Aggregate: derb, feinkörnig, dicht, feinschuppig, oolithisch, kryptokristallin; vor dem Lötrohr zu schwarzem magnetischem Glas schmelzend; in Salzsäure unter Kieselgallerte-Ausfall löslich; Begleiter: Granat, Limonit, Magnetit; Vorkommen: in heiß-hydrothermalen Gängen, Roteisenerzen und Schalsteinen sowie in anderen Fe- und Mn-Erzen; Fundorte: Fichtelgebirge (Bayern), Schmiedefeld bei Saalfeld (Thüringen), Sternberk (Mährisch-Sternberg) in Mähren und anderen. [GST]

Thuringitlagerstätten, heute nicht mehr bauwürdige ↗Eisenerzlagerstätten mit eisenhaltigen ↗Schichtsilicaten aus dem ↗Paläozoikum (z. B. namengebend aus Thüringen), die dem Chamosit verwandt sind.

Thvera-Event, kurzer Zeitabschnitt normaler Polarität von 4,98–5,23 Mio. Jahren im inversen ↗Gilbert-Chron. ↗Feldumkehr.

TIC, *total inorganic carbon*, gesamter anorganisch gebundener Kohlenstoff.

Tide, durch Massenanziehungs- und Zentrifugalkräfte des Systems Sonne, Mond und Erde in Verbindung mit der ↗Erdrotation (astronomische Tide) und durch nichtastronomische Einflüsse wie ↗Oberwasserzufluß und Windeinfluß hervorgerufene Änderungen des Wasserstandes im Küstengebiet. ↗Gezeiten, ↗Springtide, ↗Nipptide.

Tideaußengebiet, seewärts der Hauptdeiche gelegenes ↗Tidegebiet (↗Küstengebiet).

Tidebinnengebiet, zwischen ↗Tidegrenze und Hauptdeich gelegenes ↗Tidegebiet (↗Küstengebiet).

Tidefluß, im ↗Tideaußengebiet gelegene Flußstrecke.

Tidegebiet, durch ↗Tide beeinflußter Teil des ↗Küstengebietes.

Tidegrenze, Linie in einem küstennahen ↗Fließgewässer, bis zu dem eine tidebedingte Wasserstandsänderung auftritt.

Tidehochwasser, höchster Wert der ↗Tidekurve zwischen zwei aufeinanderfolgenden ↗Tideniedrigwassern (DIN 4049).

Tidekurve, ↗Ganglinie des Wasserstandes an einem bestimmten Ort im ↗Tidegebiet. Die Abbildung zeigt das Schema einer Tidekurve mit den halbtägigen Gezeiten. Die jeweiligen oberen Grenzwerte werden als Tidehochwasser oder als Tidehochwasserstand Thw, die unteren als Tideniedrigwasser oder Tideniedrigwasserstand Tnw bezeichnet (↗gewässerkundliche Hauptwerte). Zu diesen Wasserständen gehören Eintrittszeiten, die Tidehochwasserzeit und die Tideniedrigwasserzeit. Flut ist das Steigen des Wassers vom Tnw zum folgenden Thw, Ebbe das Fallen des Wassers vom Thw zum folgenden Tnw. Die entsprechenden Teile der Tidekurve werden als Flutast bzw. Ebbeast, die entsprechenden Zeitspannen als Flutdauer T_F bzw. Ebbedauer T_E bezeichnet. Die Tidedauer T_T ist die Zeitspanne zwischen zwei aufeinanderfolgenden Thw oder Tnw. Unter normalen Verhältnissen ist in den Tideflüssen T_E meistens größer als T_F, und zwar um so mehr, je weiter der Beobachtungspunkt stromaufwärts liegt (↗Tidestrom). Der Höhenunterschied zwischen Tnw und dem folgenden Thw wird als Tidestieg, der zwischen Thw und dem folgen Tnw als Tidefall bezeichnet. Der mittlere Höhenunterschied zwischen beiden Thw und den benachbarten Tnw ist der Tidehub Thb. Der Wasserstand bei halben Tidehub ist Tidehalbwasser oder Tidehalbwasserstand $T_{1/2}w$, der Wasserstand der waagerechten Schwerlinie einer Tidekurve ist Tidemittelwasser oder Tidemittelwasserstand Tmw. Im allgemeinen Fall ist Tmw höher als $T_{1/2}w$. [HJL]

Tidenhub

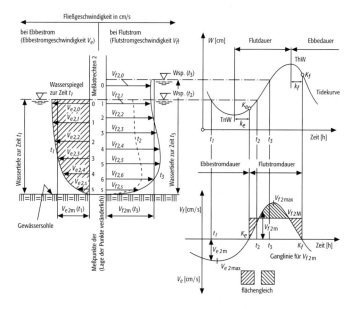

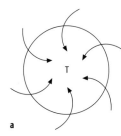

Tidestrom: schematische Darstellung der Fließgeschwindigkeiten in einer Meßlotrechten in einem Tidefluß sowie des Zusammenhangs zwischen Tidekurve und Ganglinie der Fließgeschwindigkeit.

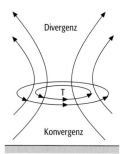

Tiefdruckgebiet 1: Zirkulation in einem Tiefdruckgebiet, a) Bodenwinde: zyklonal, spiralig einwärts, b) Vertikalzirkulation: aufwärts.

Tidenhub ↗ Gezeiten.

Tideniedrigwasser, niedrigster Wert der ↗ Tidekurve zwischen zwei aufeinanderfolgenden Tidewasser (DIN 4049).

Tidestrom, Wasser, das im ↗ Tidegebiet unter Gezeitenwirkung (↗ Gezeiten) mit einer ↗ Fließgeschwindigkeit in einer wechselnden Richtung strömt. Hinsichtlich der Richtungsangabe unterscheidet man grob in Flut- und Ebbestrom. Die Flutstromgeschwindigkeit v_f ist die bei Flutstrom, die Ebbestromgeschwindigkeit v_e die bei Ebbestrom zu einem bestimmten Zeitpunkt gemessene Fließgeschwindigkeit. Die Zeitpunkte, an denen der Tidestrom von einer Hauptrichtung in die andere wechselt (Kentern), d.h. wenn die Fließgeschwindigkeit durch Null geht, wird als Kenterpunkt bezeichnet (Ebbestromkenterpunkt K_e und Flutstromkenterpunkt K_f). Sie fallen nicht mit dem Tidehoch- oder Tideniedrigwasser der ↗ Tidekurve zusammen. Der Wasserstand steigt bereits während Ebbestrom und fällt bereits, während noch Flutstrom läuft. Die Zeitabstände zwischen den Scheiteln der Tidekurve und den Kenterpunkten werden als Kenterpunktabstände k_e und k_f bezeichnet. Ebbedauer und Ebbestromdauer sowie Flutdauer und Flutstromdauer sind in der Regel unterschiedlich groß.

Die Abbildung zeigt im linken Teil beispielhaft für die auf der oben rechts dargestellten Tidekurve angegebenen Zeitpunkte t_1, t_2 und t_3 die vertikale Verteilung der an einzelnen Meßpunkten gemessenen Fließgeschwindigkeit in der Meßlotrechten 2. Die in der Abbildung unten rechts dargestellte ↗ Ganglinie der Fließgeschwindigkeit ergibt sich aus der Mittelung der an den einzelnen Meßpunkten der Meßlotrechten gemessenen Fließgeschwindigkeiten. [HJL]

Tidewasserstand, Wasserstand in einem ↗ Tidegebiet oder einem tidebeeinflußten ↗ Fließgewässer.

Tief, 1) *Hydrologie:* Hauptvorfluter für die Sielentwässerung (↗ Vorflut, ↗ Siel), wobei das Binnentief der auf der Innenseite, das Außentief der auf der Außenseite liegende Teil ist. **2)** *Klimatologie:* ↗ Tiefdruckgebiet.

Tiefausläufer, Tiefdruckausläufer, eine von einem ↗ Tiefdruckgebiet ausgehende zyklonale Ausbuchtung der Isobaren. Diese Ausbuchtung stellt entweder einen gerundeten ↗ Trog oder eine scharfe ↗ Konvergenzlinie dar. Oft gehört ein Tiefausläufer zu einem zyklonalen ↗ synoptischen Wettersystem.

Tiefbau, Abbau einer Lagerstätte unter der Tagesoberfläche, unterhalb des ↗ Deckgebirges, erschlossen durch Schächte oder Stollen. Liegen abbauwürdige Minerale in sehr großer Tiefe, so daß ein Abtragen des Deckgebirges wirtschaftlich nicht vertretbar ist, oder zwingt die Bebauung der Erdoberfläche zum Verzicht auf einen Betrieb im ↗ Tagebau, dann müssen sie untertägig im Tiefbau gewonnen werden. Die Form der Lagerstätte (↗ Flöz, ↗ Ganglagerstätte, massige Lagerstätte) sowie die Standfestigkeit von Nebengestein und Mineral sind entscheidend für die Wahl der ↗ Abbaumethode.

Tiefdränung, Entwässerung tiefer gelegener Bodenschichten, z.B. durch Sickerschlitze, Tiefdränschlitze oder Horizontalbohrungen. ↗ Entwässerungsstollen werden heute aufgrund der hohen Kosten nur in seltenen Einzelfällen ausgeführt. Die Tiefdränung findet im ↗ Tunnelbau, bei der Entwässerung von rutschungsgefährdeten ↗ Böschungen sowie bei der Stabilisierung von Rutschungsmassen Anwendung.

Tiefdruckausläufer ↗ Tiefausläufer.

Tiefdruckgebiet, Tief, Zyklone, Tiefdruckwirbel, Gebiet relativ niedrigen Luftdrucks im 1000-km-Bereich, im Fall der Zyklone mit einem deutlichen Zentrum tiefsten Luftdrucks, das auf der Wetterkarte von mehreren Isobaren umschlossen ist (Abb. 1). In einer Zyklone rotiert die Luft entgegen dem Uhrzeigersinn, speziell in Bodennähe (unter Einfluß der Reibung) spiralig einwärts. Die dadurch erzeugte ↗ Konvergenz des unteren Massenflusses wird im oberen Teil (↗ Höhenströmung) der Zyklone durch eine entsprechende ↗ Divergenz kompensiert, welche den Abtransport der in der Zyklone spiralig aufsteigenden Luftmassen besorgt (Abb. 2 im Farbtafelteil). Diese für die Erhaltung der Zyklone notwendige Aufwärtsbewegung bewirkt dort eine adiabatische Abkühlung (↗ adiabatische Prozesse) der betroffenen Luftmassen und so die konzentrierte Produktion von Wolken und Niederschlägen. In der ↗ Westwinddrift der mittleren Breiten geschieht dies regelmäßig in den ↗ Frontenzyklonen, näher dem Äquator in ↗ tropischen Wirbelstürmen. Die Zyklonenzentren der mittleren Breiten bewegen sich oft längs der ↗ subpolaren Tiefdruckrinne. Hier könnten sie auch frontenlos sein (↗ Polartief). Das rechtsseitige Umströmen großer Gebirgshindernisse (zum Beispiel Südgrönland) begünstigt das Entstehen von Lee-Zyklonen (z.B. Islandtief, Skagerrak-Zyklone, Genua-Zyklone). [MGe]

Farbtafelteil

Stromatolith 1: Stromatolithenhorizont des jüngsten Proterozoikums (Anti-Atlas, Südmarokko).

Subkorn: Subkornfelderung in deformiertem Quarz (Dünnschliff unter gekreuzten Polarisatoren, Bildbreite 1,7 mm).

Talformen 2: Talmäander-Schleife im Gooseneck State Park (Utah, USA).

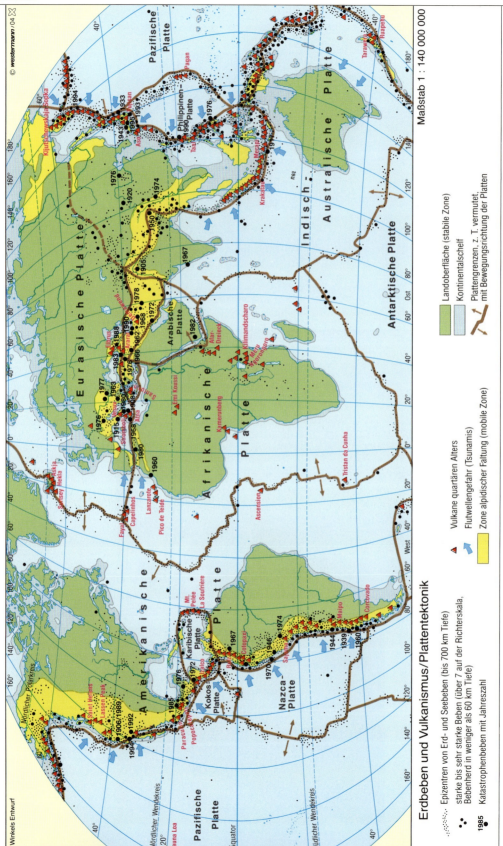

Farbtafelteil

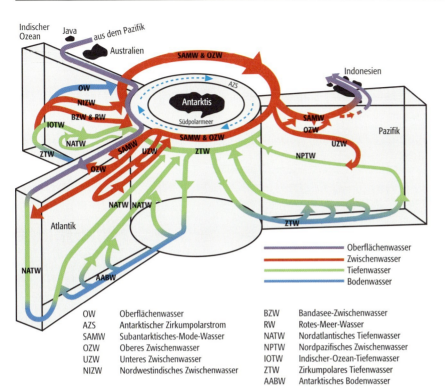

thermohaline Zirkulation: schematische Darstellung der dreidimensionalen globalen thermohalinen Zirkulation.

OW	Oberflächenwasser
AZS	Antarktischer Zirkumpolarstrom
SAMW	Subantarktisches-Mode-Wasser
OZW	Oberes Zwischenwasser
UZW	Unteres Zwischenwasser
NIZW	Nordwestindisches Zwischenwasser
BZW	Bandasee-Zwischenwasser
RW	Rotes-Meer-Wasser
NATW	Nordatlantisches Tiefenwasser
NPTW	Nordpazifisches Zwischenwasser
IOTW	Indischer-Ozean-Tiefenwasser
ZTW	Zirkumpolares Tiefenwasser
AABW	Antarktisches Bodenwasser

Tiefdruckgebiet 2: Satellitenbild eines Tiefdruckwirbels.

Tornado: Tornado mit gut erkennbarem Wolkenrüssel.

tropischer Wirbelsturm: Satellitenbild des Hurrikan Mitch. Das Auge in der Mitte der Zyklone ist deutlich zu erkennen.

Tundra 2: Tundra-Hochebene am Polarkreis in Norwegen.

Ufermoräne: Ufermoräne unterhalb des Rofenkarferners an der Wildspitze in den Ötztaler Alpen.

Universal Soil Loss Equation: Erosionsmeßparzellen bei Dedelow (Brandenburg).

Vulkanruine: Vulkanruine (Shiprock, Arizona, USA).

Farbtafelteil

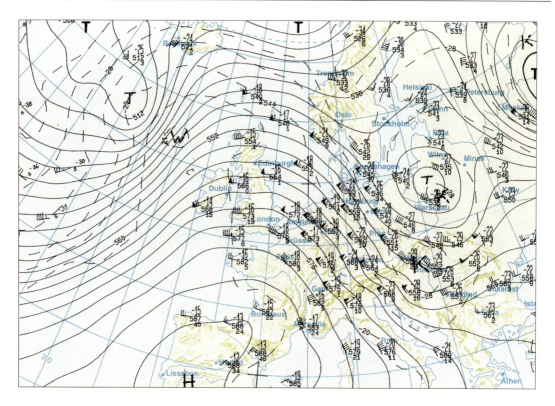

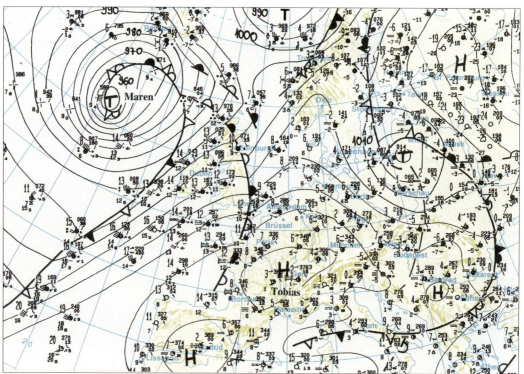

Wetterkarte: Höhenwetterkarte (oben) und Bodenwetterkarte (unten), beide vom 14.12.1998, 1 Uhr (Ausschnitte).

Wettervorhersage 1: In großen, dichtbesiedelten Teilen der Erde (semi-aride Klimazone) hängt die Sicherung des Lebensunterhalts für den Menschen, früher wie heute, weitgehend von rechtzeitigen und ausreichenden Niederschlägen ab, von Naturgewalten, als deren Lenker ein Wettergott galt. Das abgebildete Basaltrelief zeigt den Wettergott Hadad (oder Adad, Baal) vom Tempelpalast in Tell Halaf, 9. Jh. v.Chr. (Vorderasiatisches Museum Berlin).

Windkanter: Windkanter aus dem Tertiär mit Lösungsrillen (Namibia, Afrika); Breite ca. 8 cm

Windrippel: Dünenoberfläche mit Windrippeln, Blickrichtung in etwa gegen den herrschenden Wind, links Dünenkamm mit rippellosem Leehang.

Farbtafelteil VIII

Wogenwolken 1: Leewellen-Wolke.

Wogenwolken 2: Helmholtz-Wogenwolke.

Wolkencluster: Gewittercluster über Mittelitalien am 14.9.1997 (NOAA14-Satellit, Überlagerung von Aufnahmen im sichtbaren Licht und im nahen Infrarot).

Wolkenklassifikation: Schema der Wolkenklassifikation in der von der Weltorganisation für Meteorologie (WMO) vorgegebenen Einteilung.

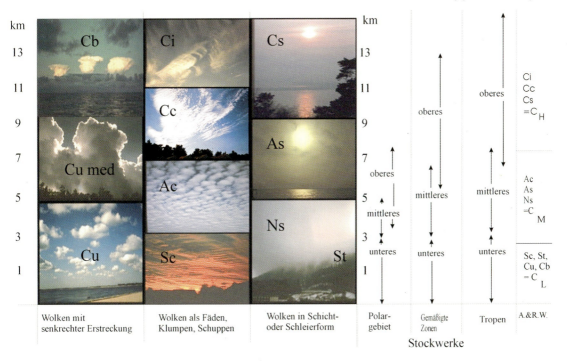

Farbtafelteil

Wolkenstraße: Wolkenstraße über dem Nordmeer.

Wolkensymbole 1: Cumulus humilis ($C_L 1$).

Wolkensymbole 2: Cumulus mediocris ($C_L 2$).

Wolkensymbole 3: Cumulonimbus calvus ($C_L 3$).

Wolkensymbole 4: Stratocumulus cumulogenitus ($C_L 4$).

Wolkensymbole 5: Stratocumulus ($C_L 5$), nicht durch Ausbreitung von Cumulus entstanden, häufigste Wolke Mitteleuropas.

Wolkensymbole 6: Stratus nebulosus oder fractus, ohne Niederschlag ($C_L 6$).

Wolkensymbole 7: Stratus fractus oder Cumulus fractus ($C_L 7$) (meist unter Nimbostratus).

Wolkensymbole 8: Cumulus und Stratocumulus, Untergrenze in verschiedenen Höhen ($C_L 8$).

Wolkensymbole 9: Cumulonimbus capillatus ($C_L 9$).

Farbtafelteil

Wolkensymbole 10: Altostratus translucidus (C_M1).

Wolkensymbole 11: Altostratus opacus oder Nimbostratus (C_M2).

Wolkensymbole 12: Altocumulus translucidus in nur einer Schicht (C_M3).

Wolkensymbole 13: Bänke von Altocumulus translucidus, ständig sich verändernd und/oder in mehreren Höhen (C_M4).

Wolkensymbole 14: Altocumulus translucidus in Banden oder mehrere Schichten von Altocumulus translucidus oder opacus (C_M5).

Wolkensymbole 15: Altocumulus cumulogenitus (C_M6).

Wolkensymbole 16: Altocumulus translucidus oder opacus in zwei oder mehreren Schichten (C_M7).

Wolkensymbole 17: Altocumulus castellanus oder floccus (C_M8).

Wolkensymbole 18: Altocumulus eines chaotisch aussehenden Himmels, Wolken meist in verschiedenen Höhen (C_M9).

Wolkensymbole 19: Cirrus fibratus, auch uncinus, den Himmel nicht fortschreitend überziehend (C_H1).

Wolkensymbole 20: Cirrus spissatus oder Cirrus castellanus oder floccus (C_H2).

Wolkensymbole 21: Cirrus spissatus cumulogenitus (C_H3).

Wolkensymbole 22: Cirrus uncinus oder fibratus oder beide, den Himmel fortschreitend überziehend (C_H4).

Wolkensymbole 23: Cirrus (oft in Banden) und Cirrostratus oder Cirrostratus allein, den Himmel fortschreitend überziehend, jedoch nicht höher als 45° über den Horizont (C_H5).

Wolkensymbole 24: Cirrus (oft in Banden) und Cirrostratus oder Cirrostratus allein, den Himmel fortschreitend überziehend, höher als 45° über den Horizont reichend, den Himmel jedoch nicht ganz bedeckend (C_H6).

Wolkensymbole 25: Cirrostratus-Schleier, den Himmel ganz überdeckend (C_H7).

Wolkensymbole 26: Cirrostratus, den Himmel nicht fortschreitend überziehend und ihn nicht ganz bedeckend (C_H8).

Wolkensymbole 27: Cirrocumulus allein oder Cirrocumulus, der gleichzeitig mit Cirrostratus und/oder Cirrus auftritt, jedoch ist Cirrocumulus vorherrschend (C_H9).

Tiefdruckrinne, *Tiefdruckzone, Tiefdruckfurche*, langgestreckte Zone tiefen Luftdrucks, oft als Verbindung mehrerer ↗Tiefdruckgebiete. ↗subpolare Tiefdruckrinne, ↗äquatoriale Tiefdruckrinne.

Tiefdrucksystem, komplexes ↗Tiefdruckgebiet, oft mit einem zentralen Tiefdruckwirbel (Mutterzyklone), der von ↗Randtiefs (Tochterzyklonen) umkreist wird.

Tiefdrucktrog ↗*Trog*.
Tiefdruckwirbel ↗*Tiefdruckgebiet*.
Tiefdruckzone ↗*Tiefdruckrinne*.
Tiefenanker ↗*Langanker*.

Tiefendüngung, Einbringen von Düngern in tiefere Bodenschichten. Einfache Form ist die ↗Unterfußdüngung zu Mais, andere Verfahren sind die Meliorationsdüngung im Zusammenhang mit einer ↗Tiefenlockerung, die z. B. mit einer Kalkung des Unterbodens verbunden wird.

Tiefenerosion, in der Hydrologie nach DIN 4049 Bezeichnung für die ↗Erosion der ↗Gewässersohle.

Tiefengestein ↗*Plutonit*.

Tiefengrundwasser, *Tiefenwasser*, kommt in den tieferen Bereichen der Erdkruste, ab etwa 1000–3000 m, vor. Aufgrund der langsamen Austauschzeiten (Fließgeschwindigkeiten von wenigen cm pro Jahr) nimmt es nur beschränkt am Wasserkreislauf teil. Die langen Verweilzeiten bedingen in der Wechselwirkung Wasser – Gestein chemische Gleichgewichtszustände bei starker Mineralisation. Tiefenwasser kann entlang von Störungen aufsteigen, sich mit oberflächennäheren Grundwässern vermischen oder direkt an der Erdoberfläche als Thermal- oder Mineralwasserquellen austreten.

Tiefenlinie, 1) *Geomorphologie*: Linie, die die tiefsten Punkte einer gestreckten Hohlform miteinander verbindet. 2) *Kartographie*: Isobathe, auf Land- und Seekarten sowie ozeanologischen Karten die Verbindung von Punkten gleicher Wassertiefe. Sie dient zur Darstellung des Meeres- bzw. Seebodenreliefs. Das für eine Isobathendarstellung notwendige Meßpunktfeld besteht aus Einzellotungen, Lotungsreihen und Echolotprofilen. Die Schwierigkeiten einer exakten Positionsbestimmung auf See nach traditioneller Ortsbestimmung und der oft große Abstand der Lotung und der Lotungsprofile gestatteten bisher – von einigen küstennahen Meeresteilen abgesehen – noch keine den Festlandsformen entsprechende detaillierte Wiedergabe des untermeerischen Reliefs. Die meisten Tiefenliniendarstellungen täuschen daher einen relativ eintönig gestalteten Meeresboden vor. Erst GPS-gestützte Flächenlotungen (↗Global Positioning System) bringen höhere Lagegenauigkeit und Detailliertheit. Zur leichteren Lesbarkeit werden Tiefenzahlen so in den Verlauf der Isobathen eingefügt, daß der Fuß der Ziffern zum tieferen Wasser weist; ebenso werden untermeerische Aufragungen, Rinnen und Kessel mit Tiefenpunkten und Tiefenzahlen gekennzeichnet. Die ersten Karten mit Tiefenlinien entstanden im 18. Jh. noch vor den ersten Höhenliniendarstellungen.

Tiefenlockerung, mechanischer Aufbruch von Schadverdichtungen im ↗Unterboden (↗Unterbodenlockerung) landwirtschaftlich genutzter Böden durch starre oder mechanisch angetriebene zinkenförmige Werkzeuge. Vom Abstand der Lockerungszinken und der Arbeitstiefe hängt ab, ob zwischen dem Bereich des Werkzeugdurchganges ungelockerte Festzonen verbleiben. Eine Tiefenlockerung wird erforderlich, wenn Schadverdichtungen das Ertragspotential eines Standortes nachhaltig beeinträchtigen. Die Wirkungsdauer der Tiefenlockerung ist auf wenige Jahre begrenzt und hängt maßgeblich von einer nachfolgend bodenschonenden Bewirtschaftung ab. Ohne tiefgreifende Umstellung des Landnutzungssystems muß die Tiefenlockerung periodisch wiederholt werden und kann das Problem der ↗Bodenverdichtung auf die Dauer nicht lösen.

Tiefenmessung, Verfahren zur Bestimmung der ↗Meerestiefen mit Hilfe von ↗Lotungen durch ↗Echolote.

Tiefenreif ↗*Schneemetamorphose*.

Tiefenrüttler, Gerät, das zur ↗Rüttelverdichtung bzw. ↗Rüttelstopfverdichtung für größere Tiefen eingesetzt wird.

Tiefenwandlung, die Transformation einer seismischen Zeitsektion in die entsprechende Tiefensektion oder die Umwandlung von interpretierten Zeithorizonten in die Tiefenhorizonte eines geologischen Modells kann nur näherungsweise erfolgen, da die erforderlichen Geschwindigkeiten nicht mit ausreichender Genauigkeit ermittelt werden können. Eine Kalibrierung an Bohrungen über die ↗Zeit-Tiefenfunktion gibt eine punktuelle Kontrolle. Je nach Komplexität des geologischen Oberbaus und Betrag der Geschwindigkeitskontraste stehen eine Reihe von Verfahren zur Verfügung.

Tiefenwasser, Wassermassen in den Tiefen unterhalb ca. 1000 m, die beim Prozeß der ↗Konvektion und des ↗Overflow gebildet werden und sich von den Konvektionsgebieten ausgehend in das Innere der Ozeane ausbreiten. Tiefenwassermassen sind i. a. kalt und weisen aufgrund der vorausgegangenen Konvektion hohe Gehalte an atmosphärischen Gasen und ↗Spurenstoffen auf.

Tiefenwinkel ↗*Vertikalwinkel*.

Tiefenzahl, in ↗topographischen Karten eine Zahl innerhalb stehender Gewässer, die die an dieser Stelle gemessene Wassertiefe angibt. Die Tiefenzahl, meist in blauer Farbe dargestellt, repräsentiert einen eingemessenen Punkt (Tiefenpunkt).

Tiefenzirkulation, Zirkulation des ↗Tiefenwassers und damit wichtiger Bestandteil der ↗Meridionalzirkulation.

Tiefer Westlicher Randstrom, ↗Meeresströmung, die entlang der nordamerikanischen Ostküste in der Tiefe nach Süden strömt und einen Hauptarm der globalen ↗thermohalinen Zirkulation darstellt.

Tiefgründung, *Punktgründung, punktförmige Gründung*, meist durch Pfahlsysteme; Gegensatz zur ↗Flachgründung bzw. Flächengründung, z. B. durch Streifen- oder Plattenfundamente. Eine Tiefgründung ist beispielsweise dann erforderlich, wenn der angetroffene ↗Baugrund wenig tragfest ist, der Boden eine hohe Setzungsempfindlichkeit besitzt oder ein heterogener Aufbau des Untergrundes räumliche Setzungsunterschiede erwarten läßt. Bei der Tiefgründung wird die Bauwerkslast durch ↗Pfahlgründung oder ↗Brunnengründung auf eine tieferliegende, tragfähige Bodenschicht übertragen. ↗Gründung.

Tiefherdbeben, ↗Erdbeben, deren Herde tiefer als 300 km liegen. Mitteltiefe Erdbeben haben Herdtiefen zwischen 70 und 300 km. Die größten, zuverlässig bestimmten Herdtiefen liegen bei 670–680 km. Das bisher stärkste, registrierte Tiefherdbeben (Mw = 8,3) trat im Juni 1994 in 650 km Tiefe in Bolivien auf. Die Existenz von Tiefherdbeben wurde 1922 vom britischen Seismologen Turner postuliert und 1928 vom japanischen Seismologen Wadati aus Beobachtungsdaten eindeutig nachgewiesen. Sie treten vorwiegend im Bereich des zirkum-pazifischen Gürtels auf. Die Herde von mitteltiefen und tiefen Erdbeben liegen in flächenhaften Zonen (Wadati-Benioff-Zone), die an konvergenten Plattengrenzen unter einem Winkel von 30–90° in den oberen Mantel abtauchen. Diese seismisch aktiven Zonen markieren kalte, in den Erdmantel abtauchende, ozeanische Lithosphärenplatten. Herdflächenlösungen von Tiefherdbeben zeigen die für Scherbrüche typische Abstrahlcharakteristik. Dabei weisen die P-Achsen der ↗Herdflächenlösungen überwiegend in Richtung der abtauchenden Platte, während bei mitteltiefen Erdbeben häufig die T-Achsen in diese Richtung weisen. Dies deutet darauf hin, daß abtauchende Platten im mittleren Tiefenbereich unter Zugspannung stehen, d. h. sie werden durch ihr eigenes Gewicht nach unten gezogen (engl. slab pull). In größerer Tiefe dagegen wird dem weiteren Abtauchen der Platte ein Widerstand entgegengesetzt. Als Ursache kommt ein Sprödbruchmechanismus, wie er bei Flachbeben auftritt, wegen des hohen Umgebungsdrucks und der hohen Temperaturen für Tiefherdbeben nicht in Frage. Hypothesen zum Mechanismus von Tiefherdbeben umfassen plastische Instabilitäten, Schmelzprozesse, Entwässerungsreaktionen und plötzlich einsetzende Phasenübergänge. Das abrupte Ende der seismischen Aktivität in 680 km Tiefe könnte mehrere Ursachen haben. Zunächst einmal ist es nicht klar, ob seismische Aktivität ganz aufhört oder ob die Stärke der Tiefherdbeben mit weiter zunehmender Tiefe so stark abnimmt, daß sie vom globalen Netz oder regionalen Netzen nicht mehr erfaßt werden können. Andererseits könnte eine Barriere existieren (z. B. die ↗seismische Diskontinuität in der mittleren Tiefe von 660 km), die das weitere Abtauchen der abtauchenden Platte und damit das Auftreten von Erdbeben verhindert. Ein Problem dieser Vorstellung ist, daß abtauchende Platten nach Ergebnissen der ↗seismischen Tomographie diese Barriere auch überwinden können. Eine andere Möglichkeit ist, daß sich das rheologische Verhalten von Mantelgestein unterhalb der 660-km-Diskontinuität derartig verändert, daß Erdbeben in größeren Tiefen nicht mehr auftreten können. [GüBo]

Tieflandgletscher ↗Vorlandgletscher.

Tieflockerung, *Tiefpflügen*, meliorates Pflügen als Maßnahme zur ↗Entwässerung von Böden (↗Dränung).

Tiefpaßfilter, *low pass filter*, Filterverfahren zur Abschwächung der hohen Frequenzanteile. Sie haben somit eine glättende Wirkung (Glättungsfilter), reduzieren den Einfluß von Rauschanteilen und unterdrücken feine Bilddetails. Dies führt zu einem dem Betrachter unscharf erscheinenden Bild. Tiefpaßfilterungen werden häufig mit kleinen Filtermatrizen zur Erfassung flächiger Hell-Dunkel-Areale durch Unterdrückung der Textur verwendet. Größere Filter sind nicht geeignet, da die Grenzen zwischen den spektralen Unterschieden in zunehmendem Maß unscharf abgebildet werden. ↗Hochpaßfilter.

Tiefpaßfilterung ↗statistische Filterung.

Tiefpflügen ↗*Tieflockerung*.

Tiefsee, geographisch gesehen die Meeresgebiete mit Tiefen über 4000 m, biologisch und geochemisch gesehen der Meeresraum hohen Druckes (größer $4 \cdot 10^8$ Pa), geringer Temperaturen (+2,5 bis -1,5°C), vollkommener Lichtlosigkeit, geringer mittlerer Strömung (kleiner 0,1 m/s), geringer Faunendichte in der Wassersäule und z. T. extremer Ökosysteme im ↗Benthal.

Tiefseeablagerungen, bestehen in weniger produktiven Gebieten aus biogenen Carbonatschlämmen mit den abgesunkenen Gehäuseresten von pelagischen Kalkbildnern (vorwiegend Coccolithophoriden und ↗Foraminiferen, oberhalb 2000 m auch Pteropoden). In produktiveren Gebieten treten vermehrt Kieselsäure-Skelette von ↗Radiolarien (↗Radiolarit) und Diatomeen hinzu, die in hochproduktiven Meeresgebieten in Kieselschlämme (vorwiegend Diatomeen, sog. ↗Diatomite) übergehen können. Unterhalb der ↗Carbonat-Kompensationstiefe lösen sich sedimentierte Kalkpartikel auf, es verbleibt ↗roter Tiefseeton. Einen Sonderfall bilden weitflächige Rasen von ↗Manganknollen. Als klastische Tiefseeablagerungen werden pelagische Tone (aus der Suspension) und ↗Turbidite (Trübeströme) abgelagert.

Tiefseebecken, Großform des Meeresbodens, die etwa 1/3 der Fläche der Ozeane einnimmt. Sie umfaßt ↗Tiefsee-Ebenen, Tiefseehügel, Tiefseeschwellen und Stufenregionen. ↗Meeresbodentopographie.

Tiefseebergbau, Gewinnung von auf den Ozeanböden lagernden mineralischen Rohstoffen, in der Regel in Bereichen außerhalb nationaler Jurisdiktion, d. h. außerhalb der sog. EEZ (Exclusive Economic Zone). Neben Manganknonkretionen (↗Manganknollen), die Spuren von Wertmetallen wie z. B. Kobalt enthalten, könnten künftig auch Methylhydrate sowie polymetallische Sulfide, die an submarine hydrothermale Schlote gebunden sind, an Bedeutung gewinnen.

Ein gesetzliches Regelwerk für den Tiefseebergbau wird seit 1996 von der International Seabed Authority (ISBA) in Kingston (Jamaika) entworfen.

Tiefsee-Ebene, ausgedehnte Flachformen im Tiefseebereich zwischen -4 000 und -6 000 m NN im Bereich der von ↗Mittelozeanischen Rücken und ↗Kontinentalfuß oder ↗Kontinentalhang begrenzten Tiefseebecken. ↗Meeresbodentopographie.

Tiefseeforschung, ↗Meeresforschung in Anwendung auf die ↗Tiefsee.

Tiefseegraben ↗*Tiefseerinne*.

Tiefseerinne, *Tiefseegraben*, *trench*, ozeanwärtig, auf der konvexen Seite von ↗Inselbögen und aktiven ↗Kontinentalrändern verlaufende, schmale (< 100 km) Eintiefung des Ozeanbodens, die einen konvergenten Plattenrand markiert. Der Ozeanboden setzt auf der konvexen Seite der meist bogenförmigen Tiefseerinne als Unterplatte zur Subduktion unter die Oberplatte an, deren Front (↗Subduktionskomplex, ↗Akkretionskeil) den inselbogenwärtigen (auf der konkaven Seite gelegenen) Hang der Tiefseerinne bildet. In den Tiefseerinnen liegen die größten Tiefen des Meeresbodens (Marianen-Rinne, max. 11.022 m). Entsprechend der Asymmetrie des Subduktionsvorganges zeigt die Tiefseerinne ein asymmetrisches Profil. Der ozeanwärtige Hang ist mit 2–4° flacher als der inselbogen- oder kontinentwärtige mit ca. 8°. Vielfach ist der Ozeanboden, ehe er sich in die Tiefseerinne neigt, schwach aufgewölbt. Die Sohle der Tiefseerinne ist eben infolge der Ablagerung von ↗Turbiditen, die klastisches, von der Oberplatte stammendes Material führen. Der Subduktionsvorgang bedingt, daß Tiefseerinnen isostatisch nicht ausgeglichen sind und ein Massendefizit aufweisen, das sich in starken negativen (Freiluft-) Schwereanomalien äußert. ↗Meeresbodentopographie, ↗Plattentektonik. [KJR]

Tiefumbruch, bodenmeliorative Maßnahme, die durch Umschichtung, d.h. durch Vermischen oder Schrägstellung, die ursprüngliche Horizontierung im ↗Bodenprofil dauerhaft verändert. Der Tiefumbruch wird mit Tiefpflügen oder speziellen Mengwühlern durchgeführt, um Gefügeschäden in einzelnen ↗Horizonten zu beseitigen. Anwendungsgebiete sind die ↗Melioration a) flachgründiger Niedermoore mit dem Verfahren der Tiefpflugsanddeckkultur (↗Sanddeckkultur, ↗Sandmischkultur) oder b) geschichteter Böden durch das Verfahren des Mengwühlens mit konkav geformten und in Fahrtrichtung schräg gestellten pflug- bzw. zinkenartigen Werkzeugen. Mit dem Verfahren des Tiefenumbruchs können Arbeitstiefen von 2–3 m erreicht werden.

Tiefumbruchboden, *Treposol*, gehört zur Klasse der terrestrischen Kultusolen (↗anthropogene Böden; ↗Bodenkundliche Kartieranleitung). Es ist ein Boden, in dem die ursprüngliche Horizontabfolge durch einmaligen Umbruch oder ↗Rigolen dauerhaft verändert wurde. Die anthropogen durch Vermischung oder Schrägstellung entstandenen Substrate werden R-Horizontgruppen zugeordnet. Zu Subtypen von Umbruchböden gehören der Tiefumbruchboden aus ↗Podsol (Heidekulturboden), aus ↗Parabraunerde, aus ↗Gley, aus Hochmoor und aus ↗Niedermoor.

Tiefwasserküste, Küste, deren meerwartiger Bereich (↗Schorre, Unterwasserhang) relativ rasch in größere Tiefen abfällt. Dabei spielt es keine Rolle, ob es sich um eine ↗Flachküste oder um eine ↗Steilküste handelt.

Tierreich, kontinentaler Großraum der Tierverbreitung, analog zu den ↗Pflanzenreichen. Obwohl Tierreiche und Pflanzenreiche beide primär von der erdgeschichtlichen Entwicklung bestimmt sind, werden teilweise andere Ausscheidungskriterien angewandt. Dies führt trotz großflächiger Übereinstimmung zu gewissen Abweichungen der Gebietsgrenzen. Tierreiche lassen sind weiter untergliedern in Regionen und kleinere Einheiten.

Tierschutz, zum ↗Naturschutz gehörende, teilweise gesetzlich begründete Maßnahmen, die das Überleben bedrohter Tierarten sichern sollen. Besonders der Schutz großer, attraktiver Arten, sogenannter Flaggschiffarten (Elefanten, Großräuber, Wale, Lachs) ist geeignet, ganze Lebensräume (↗Biotope) und ↗Biozönosen zu erhalten. Denn der Schutz einer auffälligen und zudem »beliebten« ↗Symbolart läßt sich politisch gut durchsetzen und schützt sowohl den meist ausgedehnten Lebensraum dieser Art als auch alle diejenigen Arten, auf welche die Flaggschiffart angewiesen ist.

Tiersoziologie, Teilgebiet der ↗Biologie, die auf der zoologischen Verhaltensökologie aufbaut. Sie betrachtet die Entstehung von Tiergemeinschaften und erklärt deren Funktionieren. Lockere Gesellschaften sind Schlaf-, Wander- und Brutgesellschaften. Soziale Arten können bei der Feindvermeidung, Brutpflege und Nahrungserwerb diverse Formen kooperativen Verhaltens zeigen. In hochentwickelten Sozialverbänden lassen sich altruistische Verhaltensweisen beobachten. Am ausgeprägtesten sind solche bei sozialen Insekten wie Bienen und Termiten zu beobachten, aber auch bei Wirbeltiersozietäten von Primaten, ↗Karnivoren und bestimmten Nagetieren.

Tigerauge, *Tigerit*, gelb-braune oder blaue, seidenglänzende, parallel gerichtete Hornblendefasern (Krokydolith), die von Quarz pseudomorphisiert sind. ↗Amphibolgruppe, ↗Pseudomorphose, ↗Banded Iron Formation.

TIGO, *Transportables Integriertes Geodätisches Observatorium*, transportable ↗Fundamentalstation zum Einsatz auf der Südhalbkugel. TIGO verfügt über Meßsysteme für die Raumverfahren ↗Radiointerferometrie, SLR, GPS sowie über ein supraleitendes Gravimeter, Seismometer und meteorologische Sensoren.

Tilke ↗*Runse*.

Tillit, diagenetisch verfestigtes glazigenes Gestein, das aus ↗Moränen (Geschiebelehm und Geschiebemergel) hervorgegangen ist. Die meist terrestrischen Ablagerungen haben sich sowohl während des Bewegungsvorganges von Gletschern als auch während der Ablation (Stillstandsperioden) von Gletschern gebildet.

Time domain reflectometry, *TDR*, Methode zur Bestimmung des volumetrischen Wassergehaltes im Medium Boden. Das Meßprinzip basiert auf der Geschwindigkeit der Ausbreitung elektromagnetischer Wellen (als Stufen- oder Nadelimpuls) im Boden, die hauptsächlich vom Bodenwassergehalt abhängt. Bei der Messung befindet sich der Boden als Dielektrikum zwischen i. d. R. zwei elektrischen Leitungsdrähten. Man macht sich dabei die sehr unterschiedlichen Dielektrizitätskonstanten von Wasser (Variable) und Bodenmaterial (Konstante) zunutze. Organische und mineralische Böden werden unterschieden. In mineralischen Böden beeinflussen der Salzgehalt, die Bodendichte und der Humusgehalt das Meßergebnis. Ihr Einfluß wird teilweise in den Eichkurven berücksichtigt.

Times-Atlas, ein großer englischsprachiger ↗Handatlas. Er erschien 1895 in erster Auflage im Verlag von J. Bartholomew in Edinburgh und wurde zwischen den beiden Weltkriegen neu gestaltet (3. Auflage 1927). Die »Mid-Century-Edition« erschien 1955 bis 1960 in fünf Bänden mit zusammen 120 Kartenblättern. Der Atlas besteht aus relativ einfachen Höhenschichtenkarten und wird durch politische Erdteilkarten und thematische Weltkarten ergänzt. Er erfaßt das Festland der Erde im Maßstab 1:5 Mio., Europa 1:2,5 Mio. und teilweise 1:1 Mio. Die 5. Auflage erschien wieder als einbändige Ausgabe 1975; deutsche Lizenzausgaben kamen 1960 und 1971 als »Knaurs Großer Weltatlas« heraus.

TIMS, *Thermionen-Massenspektrometer*, ↗Massenspektrometrie.

Tinguait, das Ganggesteinsäquivalent (↗Ganggestein) eines ↗Phonoliths; häufig durch nadelige, radialstrahlig angeordnete Pyroxenkristalle gekennzeichnet.

TIROS, *Television Infra-Red Observing Satellite*, Serie polarumlaufender ↗Wettersatelliten (↗polarumlaufender Satellit) der National Oceanic and Aeronautical Agency als Teil des globalen ↗meteorologischen Satellitensystems. TIROS-1 wurde 1960 gestartet und war der erste rein meteorologischen Zwecken dienende Satellit. Die Serie wurde stets weiter verbessert und trägt neuerdings die Bezeichnung ↗POES. Zu der meteorologischen Kernnutzlast der heutigen als TIROS-N oder allgemein polarumlaufende NOAA-Satelliten bezeichneten Satelliten gehören: das abbildende Radiometer ↗AVHRR zur multispektralen Satellitenbilderzeugung, die Sondierungsinstrumente des ↗ATOVS-Paketes, die Datenübertragungssysteme ↗APT und ↗HRPT sowie das Ortungs- und Datenübermittlungssystem ↗ARGOS. Zusätzlich kommen immer wieder Forschungsinstrumente zum Einsatz wie z. B. Instrumente zur Bestimmung des Ozongehaltes der Atmosphäre oder der Strahlungsbilanz des Systems Erde-Atmosphäre. [WBe]

TIROS Operational Vertical Sounder ↗*TOVS*.

Tirs, regionale Bodenbezeichnung für die dunklen, tonigen und humosen ↗Vertisols vor allem Nordafrikas.

Tisserand, *François Félix*, französischer Astronom, * 15.1.1845 Nuits-Saint-Georges, † 20.10.1896 Paris; Professor in Toulouse (1873–78) und Paris, ab 1892 Direktor der Sternwarte in Paris; hervorragende Arbeiten zur Himmelsmechanik, besonders zur Theorie der Mondbewegung und über die Einwirkung des Riesenplaneten Jupiter auf die Bahnen von kurzperiodischen Kometen. Tisserand begründete 1884 das »Bulletin Astronomique«. Werke (Auswahl): »Abhandlung der Himmelsmechanik« (4 Bände, 1889–96).

Tissot, *Nicolas Auguste*, französischer Mathematiker, * 1824 Nancy, † um 1890 Paris?; nach Besuch der École Polytechnique 1841–43 Offizier von 1843–50; seit 1852 Mathematikprofessor am »Lycée Saint-Louis« in Paris. Er entwickelte von 1859 bis 1865 die mathematischen Gesetze, denen die Verzerrungen um jeden Punkt bei Kartennetzentwürfen unterliegen (deutsch von E. Hammer: »Die Netzentwürfe geographischer Karten«, Stuttgart 1887). Die Ellipse, die einen unendlich kleinen Kreis nach der Abbildung wiedergibt und deren Achsen die Verzerrungen um einen Punkt in endlichen Zahlen ausdrücken, wird als ↗Tissotsche Indikatrix bezeichnet. Sie fand Eingang in alle Lehrbücher der Kartennetzentwurfslehre.

Tissotsche Indikatrix, Ellipse in der Kartenebene, in die ein unendlich kleiner Kreis der Bezugsfläche verzerrt wird (↗Verzerrungstheorie).

Titan, namensgebende Vertreter der IV. Nebengruppe des ↗Periodensystems (Titangruppe); Symbol Ti; Ordnungszahl 22; Atommasse: 47,90; Wertigkeit: IV, III, vereinzelt II; Dichte: 4,506 g/cm^3. Das Leichtmetall Titan kristallisiert in hexagonal dichtester ↗Kugelpackung und wandelt sich bei einer Temperatur von 882,5°C zu einer kubischen Modifikation um. Mit einem Anteil von 0,42 % ist Titan eines der weit verbreiteten Elemente der ↗Erdkruste, tritt allerdings sehr stark verteilt auf. Wichtigste Titanminerale sind ↗Ilmenit (FeTiO$_3$) und mit geringerer (wirtschaftlicher) Bedeutung Perowskit und Titanit. Titan ist entsprechend seiner Häufigkeit in Boden und Pflanzen enthalten, wenngleich eine biologische Bedeutung des Elementes noch nicht gefunden werden konnte. Es weist für die Industrie hochinteressante Eigenschaften auf und ist einer der vielseitigst einsetzbaren Werkstoffe. Titan besitzt hohe Korrosionsresistenz, große mechanische Festigkeit, geringe Masse, einen hohen Schmelzpunkt und niedrige Ausdehnungskoeffizienten. Daher wird es im Fahrzeugbau, Reaktorbau, in der Raketentechnik, im chemischen Anlagenbau, in der Medizin, als Farbstoff (Titanoxide) oder in der Galvanotechnik eingesetzt.

Titaneisenerz ↗Eisenminerale.

Titanlagerstätten, sind a) ↗liquidmagmatische Lagerstätten mit schichtförmigen, stockförmigen oder linsigen Vererzungen in anorthositischen ↗Intrusionen bzw. in vor allem anorthositischen Bereichen von differenzierten ↗basischen Großintrusionen mit Anreicherungen von ↗Ilmenit (z. B. Tellnes in Südnorwegen) oder Titanomagnetit (z. B. ↗Bushveld-Komplex in Südafrika oder Otanmäki in Finnland); b) Strandseifen

(↗ Seife) mit vor allem Anreicherungen von ↗ Rutil (TiO$_2$), dazu Ilmenit und andere Schwerminerale (z. B. Südafrika, Indien, Australien) bzw. Titanomagnetit (z. B. Nordinsel von Neuseeland).
Titanomaghemite, aus ↗ Titanomagnetiten entstehen durch eine langsame Oxidation bei niedrigen Temperaturen (< 200°C) die Titanomaghemite. Dabei werden in zunehmendem Maße Fe^{2+}-Ionen durch Fe^{3+}-Ionen ersetzt, ohne daß dabei die kubisch flächenzentrierte Gitterstruktur der Titanomagnetite aufgegeben wird (Abb.).

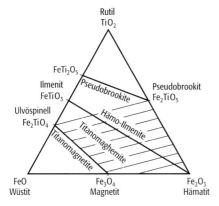

Die Gitterkonstante a_0 wird bei diesem Prozeß der Tieftemperatur-Oxidation leicht verringert, während die ↗ Curie-Temperatur etwas erhöht wird. Die Minerale gehen bei der Substitution der Fe^{2+}- durch Fe^{3+}-Ionen in einen zunehmend metastabilen Zustand über, der durch kleine Temperatur- oder Druckvariationen zu einem Zerfall der Titanomaghemite in ↗ Hämatit (Fe$_2$O$_3$) plus Rutil (TiO$_2$) unter Bildung von Entmischungslamellen führt. Dabei wird die ursprünglich vorhandene ↗ thermoremanente Magnetisierung (TRM) der Titanomagnetite zerstört und es bildet sich eine sekundäre, von Hämatit getragene chemische remanente Magnetisierung (CRM). Die Maghemitisierung macht Gesteine für paläomagnetische Untersuchungen vielfach unbrauchbar. [HCS]
Titanomagnetit, kubisches Mineral (inverse Spinelle) der Mischreihe ↗ Magnetit (Fe$_3$O$_4$) – ↗ Ulvöspinell (Fe$_2$TiO$_4$) und kann durch die Mischformel:

$$xFe_2TiO_4 \cdot (1-x)Fe_3O_4$$

beschrieben werden. Oberhalb etwa 600°C ist eine vollständige Mischung der beiden Komponenten möglich, bei tieferen Temperaturen bilden sich Entmischungslamellen von Ulvöspinell und Magnetit aus. Längs der Mischreihe variieren die ↗ Curie-Temperatur T_C, die ↗ Sättigungsmagnetisierung M_S und die Gitterkonstante a_0 von den Werten T_C = 578°C, M_S = 480 · 10^3 A/m und a_0 = 0,8395 nm bei Magnetit bis zu den Werten T_C = -200°C, M_S = 0 A/m und a_0 = 0,8533 nm beim Ulvöspinell in fast linearer Weise. Der am häufigsten vorkommende Titanomagnetit hat einen Ulvöspinellgehalt von 60 % und wird in der Literatur als TM60 bezeichnet. TM60 besitzt eine Curie-Temperatur T_C ≈ 200°C, eine Sättigungsmagnetisierung M_S ≈ 100 · 10^3 A/m und eine Gitterkonstante a_0 = 0,8475 nm. Die wie bei Magnetit von der Korngröße abhängige spezifische ↗ Suszeptibilität χ_{spez} des TM60 hat Werte im Bereich von 10^{-5}-10^{-6} · 10^{-8} m^3/kg und liegt etwa eine Größenordnung unter denen für Magnetit. Die Titanomagnetite und auch viele andere natürliche Ferrite lassen sich dem ternären System der Fe-Ti-Oxide mit den Endgliedern Wüstit (FeO), Rutil (TiO$_2$) und ↗ Hämatit (Fe$_2$O$_3$) zuordnen. ↗ Titanomaghemit. [HCS]
Titanomagnetitlagerstätten, ↗ liquidmagmatische Lagerstätten oder Seifenlagerstätten (↗ Seife) mit ↗ Titanomagnetit als wichtigster Erzkomponente. ↗ Titanlagerstätten.

Tithon, *Tithonium*, international verwendete stratigraphische Bezeichnung für den unteren Teil (150,7–145,6 Mio. Jahre) des ↗ Volgiums, somit keine anerkannte Stufe des ↗ Malms (↗ Jura), benannt nach einer Sagengestalt der griechischen Mythologie (Tithon, Gatte der Eos, griech. Göttin der Morgenröte). ↗ geologische Zeitskala.

Tjäle, (schwed.), *Auftaufront, frost table*, im ↗ Auftauboden ausgebildete Front während des Auftauens bis auf die Permafrostobergrenze. Die Bezeichnung wird auch verwendet für eine Auftaufront in saisonal gefrorenem Boden. Darüber hinaus wird der Begriff teilweise als Synonym für ↗ Permafrost, Permafrostobergrenze oder ↗ Bodeneis verwendet, sollte jedoch hiermit nicht verwechselt werden.

TL-Datierung ↗ Thermo*l*umineszenz-Datierung.
TM, *Thematic Mapper*, auf ↗ Landsat-4 und 5 eingesetzter ↗ optomechanischer Scanner mit 7 Kanälen im sichtbaren Bereich des elektromagnetischen Spektrums sowie im nahen, mittleren und thermischen Infrarot (Tab.). Durch die spezifi-

Bodenauflösung	30 m (Kanal 6: 120 m)
radiometrische Auflösung	8 bit
Field of View (FOV)	185 km
Spektralkanäle	1: 0,45 – 0,52 µm
	2: 0,52 – 0,60 µm
	3: 0,63 – 0,69 µm
	4: 0,76 – 0,90 µm
	5: 1,55 – 1,74 µm
	6: 10,40 – 12,50 µm
	7: 2,08 – 2,35 µm
Wiederholrate	16 Tage

sche spektrale Bandbreite der Kanäle sind die Daten besonders für Monitoring und Analyse von raumzeitlichen Dynamismen der Landbedeckung und Landnutzung, für forstwirtschaftliche und umweltbezogene Untersuchungen sowie für Resourcenmanagement geeignet. Der auf Landsat-7 eingesetzte ETM+ (Enhanced Thematic Mapper) hat zusätzlich zur TM-Spezifikation einen panchromatischen Kanal (0,52–0,9 µm) mit

Titanomaghemite: Titanomagnetite, Hämo-Ilmenite und Feld der Titanomaghemite (schraffiert) im ternären System der Fe-Ti-Oxide.

TM (Tab.): Daten von Thematic Mapper.

einer Bodenauflösung von 13 × 15 m integriert. Außerdem ist die Auflösung im Thermalkanal von 120 m auf 60 m verbessert worden. Das für die Landsat-7 Mission ursprünglich geplante Sensorsystem HRMSI (High Resolution Multispectral Stereo Imager) wurde 1994 aus dem Programm genommen, nachdem nach Rückzug des U. S. Department of Defense (DOD) aus dem Landsat-Programm unüberbrückbare Finanzierungsprobleme aufgetreten waren. HRMSI wäre das erste operationelle Sensorsystem mit einer geometrischen Auflösung von 10 m in vier multispektralen Bändern im sichtbaren Licht und im nahen Infrarot gewesen. Ein panchromatisches Spektralband hätte Daten mit einer nominalen Bodenauflösung von 5 m aufgezeichnet.

TM-Mode ↗Magnetotellurik.

Toarc, *Toarcium*, international verwendete stratigraphische Bezeichnung für die jüngste (vierte) Stufe (189,6–180,1 Mio. Jahre) des ↗Lias (↗Jura), benannt nach dem Ort Thouars (Frankreich). Die Basis stellt der Beginn des Tenuicostatum-Chrons dar, bezeichnet nach dem Ammoniten *Dactylioceras tenuicostatum*. ↗geologische Zeitskala.

Tobel, im alemannischen Sprachraum (Südwestdeutschland, Elsaß, deutschsprachige Teile der Schweiz und westliches Österreich) weit verbreitete Bezeichnung für ein kurzes, steiles, streckenweise schluchtartig eingeschnittenes Tal mit einem Gerinne, das bei Starkregen oder Schneeschmelze Wildbachcharakter annehmen kann und entsprechend hohe lineare Erosionsleistung erbringt. Der Tobel hat i. d. R. einen steilen trichterförmigen ↗Talschluß und einen mächtigen ↗Schwemmfächer am Talausgang. In den Alpen werden Tobel häufig von ↗Muren und ↗Lawinen durchflossen. Tobel sind im Alpenraum insbesondere als kleine Seitentäler verbreitet, kommen aber im Alpenvorland, im Schichtstufenland und an der Schwarzwaldwestseite vor.

Tobermorit, nach dem schottischen Fundort benanntes, rhombisch-disphenoidisches Calciumsilicathydrat; Farbe: weiß; Härte nach Mohs: 2,5; Dichte: 3,43 g/cm^3; feinkörnige Aggregate; bildet sich hydrothermal, auch als Bindemittel in technisch hergestellten Kalksandsteinen.

TOC, *Total Organic Carbon*, Gesamtgehalt an organisch gebundenem Kohlenstoff in wäßrigen Lösungen, entspricht der Summe aus gelöstem und partikulärem organisch gebundenem Kohlenstoff.

Tochterminerale, *daughter minerals*, Minerale, die aus einer übersättigten Lösung in einem ↗Flüssigkeitseinschluß während der Abkühlung des Umgebungsgesteins ausfallen. Am häufigsten kommen ↗Halit als Tochtermineral vor, aber es treten auch ↗Carbonate, ↗Oxide, ↗Silicate, ↗Sulfate und ↗Sulfide auf. Ein Tochtermineral schmilzt im Gegensatz zu einem Festeinschluß während des Aufheizens in dem Flüssigkeitseinschluß.

Tochternuklid, *radiogenes Nuklid*, ↗Nuklid, welches durch radioaktiven Zerfall aus einem anderen Nuklid entsteht, z. B. ^{87}Sr, welches durch β^--Zerfall aus ^{87}Rb gebildet wird.

TO-Karte ↗Radkarte.

Toleranzgrenze, in der Ökologie allgemeiner Begriff für die Limite des ↗Vitalitätsbereichs eines Organismus (↗Toleranzwert). Er umschreibt die physiologische Belastbarkeitsgrenze von ↗Pflanzen Tieren oder ganzen ↗Ökosystemen gegenüber ↗Schadstoffen. Die Toleranzgrenze ist abhängig von deren Toxizität (↗Ökotoxikologie). Dabei muß die Schadstoffanreicherung über Boden und ↗Nahrungskette mit berücksichtigt werden. Für die meisten Schadstoffe sind aus Unkenntnis ihrer genauen Wirkung noch keine Toleranzgrenzen festgelegt worden.

Toleranzwert, in der ↗Landschaftsökologie in ähnlichem Sinne wie ↗Toleranzgrenze gebrauchter Begriff für bestimmte spezifische Umweltbelastungen. Bei ↗Pflanzenschutzmitteln wird damit der nach toxikologischen Kriterien unbedenkliche Rückstand im Ernteprodukt bezeichnet (↗Rückstandsproblematik). Im Falle der ↗Bodenerosion wird unter Toleranzwert der gebietstypische Bodenabtrag verstanden, der in einem relativen Gleichgewicht mit der Bodenneubildungsrate steht.

Tomalandschaft, Akkumulationsbereich eines ↗Bergsturzes mit hügeligem Relief aus Schutt (Tomahügel).

Tombolo, durch eine ↗Nehrung entstandene Verbindung zwischen Festland und vorgelagerter Insel bzw. zwischen einzelnen Inseln.

Tomillares, [von span »el tomillo« = Thymian], Vegetationsformation im trockenen westlichen Mediterrangebiet (zentrale iberische Halbinsel), die zu den ↗Garigues gezählt wird. Die Tomillares setzt sich aus Zwergsträuchern, ↗Geophyten und Gräsern zusammen. Charakteristisch für diese ↗Heidelandschaft sind Gewächse mit ätherischen Ölen wie Thymus, Salvia, Stachis, Marrubium und Teucrium.

Tommot, *Tommotium*, international verwendete stratigraphische Bezeichnung für die unterste Stufe des Unterkambriums (↗Kambrium), benannt nach einer Stadt in Sibirien. ↗geologische Zeitskala.

Tomographie, ist eine spezielle Art, zwei- oder dreidimensionale Strukturen des Untergrundes abzubilden, z. B. die Leitfähigkeitsverteilung, Verteilung der seismischen Wellengeschwindigkeiten oder der Dichte. Das Grundprinzip des Verfahrens ist, daß der unbekannte Bereich des Untergrundes mit einer möglichst großen Zahl verschiedener Sender-Empfänger-Anordnungen »durchleuchtet« wird. Aus den Meßwerten wird durch einen aufwendigen Inversionsprozeß das Strukturmodell des Untergrundes ermittelt. So wird z. B. bei der seismischen *Transmissionstomographie* aus Laufzeitmessungen für eine Vielzahl von Quellen- und Aufnehmerpositionen zwischen zwei oder mehr Bohrungen oder entlang der Erdoberfläche die Verteilung der seismischen Wellengeschwindigkeit berechnet. Tomographische Verfahren werden auch in der Geoelektrik und bei Bodenradar-Untersuchungen eingesetzt. Eine wichtige Rolle spielt die Tomographie in der ↗Seismologie bei der Erforschung des ↗Erdkörpers. [PG]

TOMS, *Total Ozone Mapping Spectrometer*, Instrument an Bord von Satelliten zur Bestimmung des Ozongehaltes der Atmosphäre. Ein Scanner-Radiometer mißt die rückgestreute Strahlung in 6 schmalen Bändern zwischen 0,312 μm und 0,340 μm und aufzeichnet die Daten auf. In diesem Wellenlängenbereich liegt ein Absorptionsband des Ozons. TOMS-Daten gestatteten das Monitoring abnehmender Ozon-Konzentrationen in den oberen Schichten der Erdatmosphäre insbesondere über den Polen. TOMS auf ↗NIMBUS-7 war von 1978 bis 1986 im Einsatz. Auf einem russischen Satelliten der Meteor-Serie (Meteor 3-6) war TOMS von 1991 bis 1994 und auf dem japanischen ADEOS (Advanced Earth Observing Satellite) von 1996 bis 1997 im Einsatz.

Ton, 1) *Bodenkunde*: Bodenartenhauptgruppe (↗Bodenart) mit einem Äquivalentdurchmesser < 2 μm und den Gruppen Lehmton und Schluffton. ↗Boden. 2) *Geologie/Mineralogie*: unverfestigtes Sedimentgestein. Es besteht im wesentlichen aus Mineralpartikeln kleiner 20 μm im Durchmesser. Unter diesen Partikeln herrschen blättchenförmige silicatische ↗Tonminerale mengenmäßig vor, deren Teilchendurchmesser meistens kleiner als 2 μm sind. Altersmäßig gehören die unverfestigten Tone fast ausschließlich den jungen erdgeschichtlichen Formationen des Tertiärs und Quartärs an. Die Masse aller tonigen Sedimentgesteine ist jedoch verfestigt. Diese Tongesteine werden als ↗Tonschiefer, Schiefertone und neuerdings auch als ↗Tonsteine bezeichnet. Sie gehören überwiegend den älteren geologischen Formationen des Meso- und Paläozoikums an. Unter den Sedimenten herrschen Tone und Tonsteine mit rund 80% weitaus vor. Fast alle Tone sind umgelagert und zeigen eine Schichtung. Bei der Abtragung des primären Verwitterungsdetritus und seinem Transport erfolgt eine Sortierung nach der Korngröße. Der feinkörnige Ton wird von den gröberen sandigen und kiesigen Bestandteilen getrennt wieder abgelagert. Schon geringe Korngrößenunterschiede rufen eine Schichtung des sedimentierten Materials hervor. In dem ungeschichteten Detritus von Verwitterungsprofilen sind die Tonminerale mit gröberen, noch unzersetzten Gesteins- und Mineralresten vermengt. Beispiel dieser Art sind viele Kaolinlagerstätten, besonderes aber die ↗Böden.

Die Tonminerale sind überwiegend wasserhaltige ↗Aluminiumsilcate. Sie entstehen im wesentlichen bei der Verwitterung von Silicatgesteinen und werden deshalb als Verwitterungsneubildungen bezeichnet. Zu diesen gehören neben den Tonmineralen häufig oxidische Eisenminerale (besonders Hämatit und Goethit), Titandioxid als Anatas sowie in den Tropen Aluminiumhydroxide, vor allem Gibbsit. Außer den mengenmäßig vorherrschenden Verwitterungsneubildungen enthalten die Tone Verwitterungsreste und Mineralneubildungen. Unter den Verwitterungsresten sind widerstandsfähige Minerale vertreten, besonders Quarz, daneben Muscovit und Feldspäte, gelegentlich gebleichte Biotite und seltener Chlorite.

Die typischen Eigenschaften der Tone – im feuchten Zustand von seifenartiger Konsistenz, Wasserbindevermögen, Quellung, hohe Absorptionskapazität gegenüber allen möglichen anorganischen und organischen Stoffen, Abdichtungsvermögen, nichtnewtonsches Fließverhalten, Thixotrophie, Plastizität – werden entscheidend durch die silicatischen Tonminerale hervorgerufen. Die Farbe der Tone wird durch Gehalt und Art der Eisenoxide bestimmt (gelb bis gelbbrauner Goethit, orangefarbener Lepidokrit, roter Hämatit und rotbrauner bis schwarzer Maghemit). Unter reduzierten Bedingungen treten durch Eisen(II)-Ionen Blaufärbungen auf, die bei der Oxidation an der Luft verschwinden. Bodentone können durch Vivianit blaugefärbt sein, der z. B. unter reduzierten Bedingungen bei kräftiger Phosphatzufuhr in den Unterwasserböden gebildet wird. Die grünliche Färbung spezieller Bodenhorizonte mag mit dem Vorkommen eines blaugrünen Eisenhydroxids (grüner Rost) zusammenhängen. An der Färbung können auch organische Verbindungen beteiligt sein, besonders bei rosaroten, violettroten und bläulichen Tonen. Auch gelbliche und braune Färbungen können von organischen Stoffen herrühren; manche Tone sind durch kohlige Substanzen schwarz verfärbt. Es gibt daher gefärbte Tone, die weiß brennen. Ein weiteres Unterscheidungsmerkmal ist der Mineralbestand. Danach trennt man kaolinitreiche und smectitreiche Tone. Die (gemeinen) Tone enthalten vor allen Illit, daneben Chlorite, Beimengungen von Kaolinit, Smectiten und Wechsellagerungsmineralen und die üblichen Akzessorien.

In der Lagerstättenkunde wird zwischen Kaolinen, Kaolinittonen, gemeinen Tonen und Bentoniten unterschieden. In der Technik werden unter Ton die durch Wasser oder Wind umgelagerten, auf sekundärer Lagerstätte liegenden Sedimente verstanden, also Kaolinittone, gemeine Tone und Bentonite. Bei der Umlagerung wurden die kleinen Teilchen bevorzugt transportiert und gröbere Bestandteile aussortiert. Viele Tone können ohne Aufbereitung eingesetzt werden. Je nach Ausgangsgestein, Grad der Verwitterung, Zersetzung und Veränderung beim Umlagern ist der Mineralbestand der Tone verschiedener Lagerstätten unterschiedlich. Entsprechend können die Eigenschaften der Tone und ihre Anwendungsmöglichkeiten variieren.

Tone werden in der Technik und dem traditionellen Handwerk vielseitig verwendet. ↗Kaolin besteht hauptsächlich aus Kaolinit und Kaolinitmineralen, neben Quarz und anderen Tonmineralen einschließlich Allophanit. Es ist das Verwitterungsprodukt von Granit, Gneis, Porphyr usw. Sein Name stammt vom chinesischen Kao'ling her, dem Namen eines Berges, von dem die Chinesen Feldspat als Zuschlagstoff für ihre Porzellanherstellung gewannen. Er wurde irrtümlich auf den Ton übertragen. Je nach den anderen Bestandteilen sind die Eigenschaften des Kaolins, wie z. B. der Schmelzpunkt, verschieden, und man unterscheidet magere und plastische Kaoline. Die Hauptmenge des Quarzes wird durch Schlämmen aus dem Rohkaolin entfernt. Die plastischen Sorten werden zur Porzellanherstellung (↗Porzellan), die mageren für die Papierfabrikation verwandt. Sie dürfen, damit sie weiß brennen, kein Eisendioxid enthalten, wogegen eine schwache Braunfärbung durch Humusstoffe unschädlich ist, da diese beim Brennen verschwindet. Steinguttone enthalten 90% Tonsubstanz, 2–3% Feldspat und unter 1% Eisenoxid. Töpfertone sind fette bis magere, oft graue Tone mit einem geringen Gehalt an Flußmitteln, Quarz, Alkalien, Kalkspat usw., die das frühe Dichtbrennen bewirken. Ziegeltone haben einen höheren Gehalt an Flußmitteln und erweichen bereits zwischen 1000°C und 1150°C, sind also nicht feuerfest. Infolge des Gehaltes an Eisenhydroxid sind sie meist braun und brennen dann zu roter Farbe durch Entwässerung des Hydroxids zum Oxid. Als feuerfest bezeichnet man Tone (fire clay) mit einem Schmelzpunkt über 1580°C, während er bei hochfeuerfesten Tonen oberhalb 1730°C liegen muß. Diese sind im allgemeinen keine Naturprodukte, sondern industrielle Mischungen. ↗Bentonite sind hochquellbare Tone, die eine Wasseraufnahme von 200–300% besitzen können und als Hauptonmineral ↗Montmorillonit enthalten. Sie sind aus vulkanischen Gesteinen wie Quarztrachyt, Liparit, Rhyolith und deren Tuffen entstanden. Der Name rührt von der Bentonformation in den USA her. Hunderttausende Tonnen von ihnen werden jährlich industriell verwertet, 80–90% davon als Spülversatz bei Tiefbohrungen der Erdölindustrie. Sie werden verwandt als Bindemittel für Formsande und zur Herstellung von Fullererden, zur Bodenverbesserung, als Füllstoff für Gummi, Kunststoffe, Asphalt, Teer sowie pharmazeutische und kosmetische Produkte. In der Keramik dienen sie zur Erhöhung der Bildsamkeit, in der Farbenindustrie als Farbträger. Hauptproduzent sind die USA, in Europa auch England und Ungarn.

Den Bentoniten ähnlich sind die Fullererden (Walkerden). Sie wurden seit alten Zeiten zum Entfetten von Häuten (Walken) und zum Bleichen von Textilien verwandt. Fullererden werden hauptsächlich zum Entfärben von Pflanzen- und Mineralölen verwendet. Darüber hinaus werden sie als Füll- und Absorptionsmittel sowie als Trägersubstanzen für Insektizide, z.B. DDT, gebraucht. Hauptproduzent sind die USA. In Europa folgt England mit den Fundorten Kent, Dorset, Surrey, Bedfordshire, Shropshire usw., Österreich mit Feldbach, Deutschland mit Vorkommen in Sachsen, Schlesien, Westerwald, Moosburg (Bayern), Kronwinkel, Pfirsching, Hallertan und Geisenheim.

Bolus ist ein durch Eisenhydroxid oder Eisenoxid braun bis lebhaft rot gefärbter Ton, der zur Hauptsache aus Montmorillonit oder Halloysit besteht. Auch er wurde früher wegen seiner Absorptionsfähigkeit geschätzt, als solcher zu Heilzwecken, z.B. Darminfektion, benutzt. Daneben war er als Farberde beliebt. Zu seinen Varietäten gehört die früher als Heilmittel benutzte »Sächsische Wundererde«, die hellbraune Terra di Siena und die dunkelbraune Umbra. [RZo,GST]

Tonalit, ein ↗Plutonit, der überwiegend aus Plagioklas sowie aus 20 bis 60 Vol.-% Quarz, Hornblende und Biotit besteht (↗QAPF-Doppeldreieck). Helle, quarzreiche Varietäten werden als ↗Trondhjemite bezeichnet.

Tonanreicherung, durch den bodenbildenden Prozeß der ↗Tonverlagerung erhöhter Tongehalt im Unterboden des Bodentyps ↗Parabraunerde.

Tonanreicherungsband ↗*Toninfiltrationsband*.

Tonanreicherungshorizont ↗*Bt-Horizont*.

Toncutane, *Argillans*, *Tonhäutchen*, durch den bodenbildenden Prozeß der ↗Tonverlagerung herantransportierte Tonminerale, die auf Mittel- und Grobporenoberflächen in ↗Bt-Horizonten von ↗Parabraunerden abgelagerte dünne Tonbeläge bilden.

Tondurchschlämmung ↗*Tonverlagerung*.

Toneisensteine, bergmännischer Ausdruck für Lagen von Eisencarbonat im Steinkohlegebirge (↗Eisenminerale, ↗Siderit) und für eisenhaltige Tonkonkretionen (↗Konkretion).

Tongehalt, 1) ist der Anteil der Kornfraktion kleiner als 0,002 mm bei ↗Lockergesteinen. 2) der Anteil von ↗Tonmineralen in einem Gestein.

Tonhäutchen ↗*Toncutane*.

Ton-Humus-Komplexe ↗*organomineralische Komplexe*.

Toninfiltrationsband, *Tonanreicherungsband*, meist wenige Millimeter bis einige Zentimeter dünnes, etwa oberflächenparalleles Band im Unterboden mit Ton, der aus dem Oberboden verlagert wurde; Teil eines aus zahlreichen, miteinander verbundenen Toninfiltrationsbändern bestehenden Tonanreicherungshorizontes des Subbodentyps ↗Bänder-Parabraunerde.

Tonkugeln, Abdichtungsmaterial aus ↗Ton in kleinen Kugeln, z.B. für die Abdichtung einer Bohrung gegenüber Grundwassereintritt.

Tonlagerstätten, Sammelbezeichnung für Lagerstätten feinklastischer Sedimente (↗Ton und ↗Schluff). Man unterscheidet: a) die Gruppe der feuerfesten Tone für feinkeramische Zwecke mit hohem Anteil von Kaolinmineralien (hoher Anteil wasserhaltiger ↗Alumosilicate, sog. »Fireclay«-Tone), entstanden als Absätze in lakustrischen oder brackisch-litoralen Räumen vor allem aus der Verwitterung von ↗Feldspäten in feuchtwarmem Klima. In Deutschland kommt diese Gruppe vor allem im ↗Tertiär vor (z.B. Westerwald), in älteren geologischen Epochen (Oberkarbon, Unterkreide) als Schieferton; b) die Gruppe der nicht-feuerfesten Tone mit geringem Anteil an Kaolinmineralien (↗Kaolin) und hohem Anteil an ↗Illit, vor allem für grobkeramische Tone (Ziegeltone) und Töpfertone, entstanden als Verwitterungsbildungen oder Sedimente in einem weiten Bildungsbereich vom glazial über das terrestrische bis zum marinen Milieu; c) ↗Blähtone: Gesteine variabler Zusammensetzung, die bei Erhitzen auf 1110–1250°C durch Gasentwicklung auf das vier- bis sechsfache an Volumen zunehmen. Sie sind weit verbreitet (auch als ↗Tonschiefer und Schieferton) vom

↗Paläozoikum bis zum ↗Quartär, entstanden als Sedimente sowohl in marinen wie in terrestrischen Räumen; d) die Gruppe der ↗Bentonite: Tone, die als Hauptbestandteil Smectitmineralien (i. w. ↗Montmorillonit) enthalten und dadurch ↗Thixotropie und besondere Quelleigenschaften aufweisen. Tone mit Ca-Montmorillonit überwiegen und haben geringere Quelleigenschaften als die mit Na-Montmorillonit. Bentonite sind vor allem (aber nicht nur) aus vulkanischen Aschentuffen (meist Gläsern) hervorgegangen. Große Vorkommen liegen in den USA (v. a. auch Na-Bentonite), bedeutende Lagerstätten auch in Deutschland im Tertiär der Vorlandmolasse (↗nordalpines Molassebecken) von Niederbayern (entstanden aus rhyolithischen ↗Tuffen). [HFl]

Tonminerale, sind überwiegend wasserhaltige ↗Aluminiumsilicate, die bei Verwitterungsprozessen oder durch ↗hydrothermale Alteration entstehen. Mit Ausnahme von Allophanit (amorphes wasserhaltiges Aluminiumsilicat) gehören die Tonmineralen zu den ↗Phyllosilicaten (Schichtsilicaten). Bausteine sind die SiO_4-Tetraeder und $[Mg(O,OH)_6]$-Oktaeder. Aus je einer Tetraeder- und Oktaederschicht bauen sich die Zweischicht-Tonminerale (1:1-Schichtsilicate) auf, zu denen die Serpentin- und Kaolinminerale gehören. In den ↗Dreischichtmineralen (2:1-Schichtsilicate) ist an die Oktaederschicht eine weitere Tetraederschicht ankondensiert. Diese Gruppe zeichnet sich durch eine besonders große Vielfalt aus. Beispiele sind die ↗Smectite, ↗Montmorillonit, ↗Illit u. a. Tonminerale mit Faserstruktur aus Leisten der Schichten der Dreischichtminerale sind Sepiolith und Palygorskit (Attapulgit). Bei Tonmineralen mit Wechsellagerungsstruktur (mixed layer minerals) können strukturell unterschiedliche Schichten, z. B. Kaolinit/Smectit, oder strukturell ähnliche Schichten wie Illit/Smectit auftreten.

Die Kornfeinheit der Tonminerale ist sehr unterschiedlich, sie reicht bei den Smectiten bis weit unter 2 µm, während ↗Kaolinite, die mit blättchenförmigem Habitus bei Schichtdicken von 0,2–2 µm, Durchmesser bis 20 µm oder darüber erreichen können. Charakteristische Eigenschaften der Tonminerale sind ihre Ionen-Austauschreaktionen, die interkristalline Reaktivität (das hohe Adsorptionsverhalten der ↗Bentonite wird für viele praktische Anwendungen genutzt) und die Delamation der Lithium- und Natrium-Smectite in Wasser, wobei die Smektit-Kristallchen auseinanderfallen und kolloidale Dispersionen bilden, was bei zahlreichen technischen Anwendungen eine wesentliche Rolle spielt. Die Quellfähigkeit und damit die Bildsamkeit der Tonminerale beruht auf der Einlagerung von Wasser in die Zwischengitterschichten oder auf der Umhüllung durch Wassermoleküle (↗Thixotropie). Dieses Quellen kann zu ↗Quellhebung bzw. ↗Quelldruck führen, welches u. a. im Tunnelbau zu Problemen führen kann.

In den verschiedenen geologischen Bildungsbereichen treten die Tonminerale meist nur als Gemenge mit anderen Mineralphasen auf. Je nach Hauptbestandteil, aber auch nach Eigenschaften und technisch-wirtschaftlicher Nutzung haben die ↗Tone unterschiedliche Bezeichnungen.

Tonmudde, organomineralische ↗Mudde mit 5–30 Masse-% ↗organischer Substanz. Im mineralischen Anteil sind weniger als 30% Kalk und mehr als 15% Ton enthalten. Die Tonmudde hat noch einen gut erkennbaren Anteil an meist fein zerteiltem organischem Material. Das Sediment ist aufgrund seines hohen Tonanteils klebrig-plastisch oder seifig-schmierig bis zähflüssig. Die Farbe der Tonmudde variiert zwischen weißgrau, dunkelgrünlich grau, bläulich grau, graubraun bis grauschwarz. Übergänge zur ↗Schluffmudde sind schwer zu unterscheiden.

Tonpfanne ↗Salztonebene.

Tonschiefer, ein ↗Schiefer, in dem die ↗Schieferung durch parallel orientierte Tonminerale hervorgerufen wird. Tonschiefer werden aus ↗Peliten bei sehr niedriger ↗Metamorphose (Anchizone) gebildet. Eine genauere Gliederung dieser Gesteine kann durch den Grad der Kristallinität von Tonmineralen (z. B. Illit) vorgenommen werden.

Tonstein, Trivialausdruck für harte verfestigte klastische Gesteine aus Ton, analog zu Schluffstein, Sandstein etc. Ursprünglich war es eine Bezeichnung für sehr feinkörnige saure Tuffe des ↗Rotliegenden. Sogenannte Tonstein-Flöze spielen für die stratigraphische Gliederung des Saar-Karbons eine Rolle.

Tonsuspension, disperse Verteilung von Ton in einer Flüssigkeit; findet teilweise Verwendung als Injektionsmittel.

Tonverarmung, durch den bodenbildenden Prozeß der ↗Tonverlagerung verringerter Tongehalt im Oberboden des Bodentyps ↗Parabraunerde.

Tonverarmungshorizont ↗Al-Horizont.

Tonverlagerung, *Tondurchschlämmung, Lessivierung, Illimerisation*, bodenbildener Prozeß der Verlagerung von Tonmineralen mit dem Sickerwasser aus dem Ober- in den Unterboden, bevorzugt bei einem pH zwischen 4,5 und 6,5. Die Tonverlagerung umfaßt drei Teilprozesse: a) ↗Dispergierung, b) Transport und c) Ablagerung. Tonverlagerung führt zur Entstehung der Bodentypen ↗Parabraunerde, ↗Luvisol, ↗Acrisol mit Tonverarmungs- (↗Al-Horizont) und Tonanreicherungshorizonten (↗Bt-Horizont).

Tonwert, 1) *Schwärzung, Grauwert, Dichte*, der Helligkeitswert einer schwarz-weißen Halbtonvorlage, gemessen an einer definierten Stelle der Vorlage. Bei Farbvorlagen wird dieser Wert als Farbwert bezeichnet. Der Tonwert wird in der Maßeinheit der Schwärzung angegeben und berechnet sich:

$$Schwärzung = \lg(Opazität) = \lg\left(\frac{1}{Transparenz}\right)$$

aus der Opazität bzw. Tranparenz an der Vorlage. Zur Messung von Tonwerten wird ein ↗Densitometer eingesetzt. 2) *Rastertonwert*, bei Rastervorlagen der prozentuale Anteil der geschwärzten Fläche an der Gesamtfläche, gemessen an einer definierten Stelle der Vorlage (↗Rastertonwert).

Top, ökologische Standorteinheit (↗Standort). In der ↗Geoökologie und ↗Landschaftsökologie ist der Top eine bezüglich eines oder mehrerer ↗Geoökofaktoren (↗Partialkomplex) nach Inhalt und Funktion homogene räumliche Grundeinheit der ↗topischen Dimension. Beispiele für Tope sind Ackerterrassen, Dolinen, Kiesgruben, Weiher, Heckenstandorte und Schwemmfächer. Ihre Fläche liegt im Bereich bis zu einem Hektar. Aus den Topen setzen sich gemäß den ↗Dimensionen landschaftlicher Ökosysteme aus der ↗Theorie der geographischen Dimensionen räumlich größere landschaftsökologische Raumeinheiten zusammen (↗Dimension naturräumlicher Einheiten). Die den einzelnen Geoökofaktoren zugeordneten Tope sind der ↗Pedotop, ↗Klimatop, ↗Morphotop, ↗Hydrotop, ↗Phytotop und ↗Zootop. Tope, die gegenüber mehreren Faktoren homogenen Charakter aufweisen und eine Synthese der obigen Tope bilden, sind der ↗Geoökotop und der ↗Bioökotop sowie der ↗Ökotop als Kombination dieser beiden. Die Funktionseinheiten der Tope werden in den entsprechenden Systemen modelliert (z. B. ↗Ökosystem beim Ökotop). [SR]

Topas, *Edeltopas*, *Schnallenstein*, nach dem Fundort der Insel Topazos im Roten Meer benanntes Mineral (Abb.) mit der chemischen Formel $Al_2[F_2|SiO_4]$ und rhombisch-dipyramidaler Kristallform; Farbe: hellgelb bis farblos, tiefgelb, rotgelb, seltener hellblau, aquamarinähnlich-blau, rosa, violett; Perlmutterglanz, sonst meist Glasglanz; durchsichtig bis durchscheinend; Strich: weiß; Härte nach Mohs: 8; Dichte: 3,49–3,60 g/cm³; Spaltbarkeit: gut nach (001); Bruch: muschelig, uneben; Aggregate: kurzsäulige Kristalle, meist aufgewachsen, seltener eingewachsen; keine Zwillinge bekannt; sonst strahlig-stengelig, parallel-stengelig, derb, feldspatähnlich, ganz dicht und jaspisähnlich, Imprägnationen, Gerölle; vor dem Lötrohr unschmelzbar, Zersetzung durch Phosphorsalz; Begleiter: Orthoklas, Morion, Rauchquarz, Albit, Lepidolith; Vorkommen: Leitmineral für pneumatolytische Erscheinungen im Gefolge der Erstarrung verschiedener saurer Plutonite, besonders in Quarzporphyren bis Quarztrachyten; Fundorte: Altenberg und Schneckenstein bei Auerbach (Sachsen), Murzinka und Alabschka bei Sverdlovsk (Rußland), Climax (Colorado, USA), Kleines Spitzkopje bei Usakos (Südafrika), Tanokamiyama (Japan). [GST]

Top-Down-Kontrolle, Steuerung der Struktur und Dynamik einer Lebensgemeinschaft durch Räuber der höchsten Ordnung. Die Ausbildung des Nahrungsnetzes wird von den größten Räubern eines Ökosystems ausgeübt. ↗Bottom-up-Kontrolle.

Topengefüge, Begriff aus der ↗Landschaftsökologie, der das räumliche Muster der ↗Tope innerhalb eines größeren landschaftlichen Raumes der unteren ↗chorischen Dimension beschreibt. Von besonderem Interesse ist dabei die Form, die re-

gelhafte Anordnung und die Ausdehnung der Tope im Gefüge. Das Topengefüge kann aus den komplexen ↗naturräumlichen Grundeinheiten der ↗Geoökotope oder auch aus den Topen der einzelnen ↗Geoökofaktoren zusammengesetzt sein.

Topfstein, Schweizer Lokalbezeichnung (Graubünden) für ↗Talk zum Bau von elektrischen Heizapparaten und Öfen.

topische Dimension, in der ↗Landschaftsökologie der Maßstabsbereich innerhalb der ↗Dimension landschaftlicher Ökosystem, in welchem die landschaftsökologische Grundeinheiten (↗Tope) ausgeschieden und untersucht werden (↗Theorie der geographischen Dimensionen). Eine solche topische Grundeinheit ist bezüglich ihrer Struktur, ihrem Wirkungsgefüge sowie ihrem stofflichen und funktionellen Haushalt nach dem Prinzip der Zweckmäßigkeit homogen. In der topischen Dimension ist ein breites methodisches Instrumentarium zur Messung und Analyse der statischen und dynamischen landschaftsökologische Merkmale vorhanden (↗komplexe Standortanalyse, Partialkomplexanalyse (↗Partialkomplex), ↗landschaftsökologische Komplexanalyse).

toplap ↗Sequenzstratigraphie.

topogen, Bezeichnung für die reliefbedingte Entstehungsweise von ↗Niedermooren. Topogene Moore beziehen ihre ↗Nährstoffe aus dem Zufluß- bzw. ↗Grundwasser.

Topogramm ↗Kartenschema.

Topographie, 1) *Kartographie*: aus den griechischen Worten topos = Ort und graphein = Beschreibung abgeleitet, umfaßt der Begriff Topographie die Ortsbeschreibung - die Lehre vom begrifflichen und meßtechnischen Erfassen, analogen und digitalen Modellieren und Darstellen des Georaumes, seiner Objekte und ihrer Bezüge (z. B. ↗topographische Objekte, Reliefformen). Die Topographie ist ein Teilgebiet des Vermessungswesens, das genaue Kenntnisse über das ↗Relief, seinen Formenschatz und den darauf befindlichen natürlichen und anthropogenen Geo-Objekten erfordert (topographische Objekte). Sie sind Voraussetzung für das begriffliche Erfassen des Geo-Raums. Für die meßtechnische Erfassung werden Meßmethoden der ↗Geodäsie, ↗Photogrammetrie, ↗Fernerkundung und ↗Hydrographie eingesetzt (↗topographische Aufnahme). Ergebnis sind digitale ↗Geodaten, die die Landschaft und ihre Objekte in diskretisierter Form beschreiben. Sie werden zu einem umfassenden digitalen Datenmodell aufbereitet (↗ATKIS), das den Kern eines topographisch-kartographisch ausgerichteten ↗Geoinformationssystems bildet. Es ist digitale Basis für die automatisierte Herstellung topographischer Karten und/oder die Integration weiterer fachspezifischer und anwendungsbezogener Daten, auch aus anderen Disziplinen. Weitere Kenntnisse über Methoden und Verfahren der Informatik sind dafür unerläßlich. **2)** *Klimatologie*: a) *absolute Topographie*: Teilergebnis der ↗Wetteranalyse, Isohypsen-Darstellung des ↗Geopotentials, d. h.

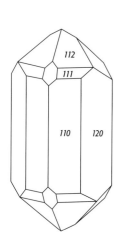

Topas: Topaskristall.

der Höhenlage einer Hauptdruckfläche als Bezugsniveau für eine Höhenwetterkarte (↗Wetterkarte); b) *relative Topographie*: vertikaler Abstand zweier Druckflächen (z. B. 850 hPa und 500 hPa) in ↗geopotentiellen Metern. Der Wert der relativen Topographie ist auch ein Maß für die zwischen den Druckflächen herrschende Schichtmitteltemperatur. Großer Abstand bedeutet höhere, geringer Abstand niedrigere Temperatur. Die Kartierung der relativen Topographie stellt die horizontale Projektion des dazugehörigen Temperaturfeldes dar.

Topographiefaktor, in der ↗allgemeinen Bodenabtragsgleichung Einfluß der Topographie auf die Wassererosion. Der Faktor gibt die spezifischen Verhältnisse eines Hanges in einem Parameter an, bestehend aus Hanglänge, Hangneigung und z. T. Hangform und Exposition.

topographische Aufnahme, *topographische Geländeaufnahme*, eine spezielle Art der Geländeaufnahme, bei der alle für die betreffende ↗topographische Karte wichtigen ↗topographischen Objekte und Reliefformen nach einer bestimmten ↗topographischen Aufnahmemethode semantisch und meßtechnisch erfaßt und im topographischen Original dargestellt oder in einem GIS-Datenmodell (↗Geoinformationssystem) gespeichert werden. Die wichtigsten Arbeitsabschnitte sind Vorbereitungsarbeiten, Herstellung der Aufnahmegrundlage, Erweiterung der geodätischen Grundlage, Geländeaufnahme und Abschlußarbeiten. Die Arbeitsgänge sind bei den verschiedenen ↗topographischen Aufnahmeverfahren unterschiedlich. Der Umfang der topographischen Feldarbeiten ist bei der klassischen – heute nur noch selten angewandten – ↗Meßtischaufnahme am größten. Er wird durch Einsatz der ↗Photogrammetrie erheblich reduziert. Die Vorbereitungsarbeiten beginnen mit der Analyse von Geländebedingungen, der Beschaffung nutzbarer Materialien (z. B. Festpunkte, Karten größeren Maßstabes), der Auswahl zweckmäßiger Arbeitsmethoden, der Planung der erforderlichen Arbeiten usw. In Verbindung mit der Aufnahmeplanung werden meist zugleich die redaktionellen Vorarbeiten, die ↗Bildflugplanung und -durchführung, die Beschaffung von aktuellem Zusatzmaterial (z. B. über Grenzen von Naturschutzgebieten, Einwohnerzahlen von Siedlungen, Tragfähigkeit von Brücken usw.), die terminlichen Festlegungen sowie die Beschaffung bzw. Bereitstellung der Arbeitsmittel (Redaktionsdokumente, Meßgeräte, Zeichenmaterialien usw.) eingeleitet. Bei der Herstellung der Aufnahmegrundlage wird ein maßhaltiger Zeichnungsträger hergestellt, in der Regel eine Polyesterfolie, der die Kartierung bzw. Darstellung bereits vorliegender geodätischer oder photogrammetrischer Meßergebnisse enthält. Die Aufnahmegrundlage kann photogrammetrisch als ↗Bildplan, entzerrte Einzelbilder mit Netz, stereoskopische Grundriß- oder Universalauswertungen o. a. entstehen, aber auch als Plotausgabe oder digitale graphische Darstellung der bereits vorhandenen Inhalte von ↗GIS-Datenbanken. Die topographischen Feldarbeiten beginnen mit der Erweiterung der geodätischen Grundlage. Dabei werden die vorhandenen Festpunktnetze so weit verdichtet, wie es zur zügigen Durchführung der zur Ergänzung der Aufnahmegrundlage notwendigen Messungen erforderlich ist (↗Polygonzug). Die klassische topographische Geländeaufnahme umfaßt Standpunktbestimmungen, Auswahl, Einmessung und Kartierung von Geländepunkten sowie Krokieren und Bleientwurf bzw. Feldvergleich bei moderner Arbeitsweise. Als Instrumentenstandpunkte werden vorwiegend ↗Festpunkte benutzt, die bereits in der Aufnahmegrundlage enthalten sind. Andernfalls werden die Standpunkte durch Tachymeter- oder Polygonzüge bzw. nach der Methode der freien Stationierung oder mit GPS (↗Global Positioning System) bestimmt. Die Geländepunkte werden nach dem Prinzip der Polaraufnahme tachymetrisch aufgemessen. Die Menge der aufzunehmenden Geländepunkte richtet sich nach den örtlichen Gegebenheiten. Im allgemeinen ist ein Punktabstand von 1 cm im Maßstab der Karte ausreichend. In Gebieten mit ausgeprägtem Formenschatz werden die Geländepunkte profilartig in Richtung des stärksten Gefälles gemessen. Zusätzlich sind linienhafte Geländestrukturen zu berücksichtigen. Ist der Formenschatz des Geländes nur schwach ausgeprägt, sind regelmäßig-gitterförmig angeordnete Geländepunkte aufzunehmen, die sogenannte Rostaufnahme. Der Gitterpunktabstand richtet sich nach dem ↗Kartenmaßstab und der räumlichen Ausprägung der Geländeformen. Für die topographische Aufnahme werden heutzutage elektro-optische Tachymeter eingesetzt. Sie können mit Einrichtungen zur automatischen Verfolgung des Prismenstabes, zur Fernbedienung sowie zur Graphikausgabe auf feldtauglichen Computern ausgestattet sein. In Geländeabschnitten mit geringer Vegetation eignet sich auch GPS. Mit beiden Verfahren wird der durchgängige Datenfluß bis zur automatisierten graphischen Darstellung der Meßdaten realisiert. Während bei der klassischen Meßtischaufnahme die Meßdaten mittels ↗Krokieren um Details ergänzt (z. B. nach Augen- und Schrittmaß) und angesicht des Geländes daraus die Höhenlinien als Bleientwurf abgeleitet wurden, erfolgt heutzutage die automatisierte Ableitung von ↗Höhenlinien mit der Methode der ↗digitalen Geländemodellierung entweder vor Ort in Echtzeit oder häuslich. Anschließend führt der Topograph zur Qualitätssicherung der Ergebnisse einen ↗Feldvergleich durch und überprüft die Wiedergabe des Landschaftscharakters sowie die ↗Anschaulichkeit, Richtigkeit (geometrisch und morphologisch) und Vollständigkeit von Situation (der Objektlage) und Reliefdarstellung. Die weiteren Abschlußarbeiten konzentrieren sich auf die Selbstkontrolle, Ergänzungen (z. B. von Namen) und die Aufnahmedokumentation. Danach können die Daten zur manuellen oder GIS-gestützten Kartenfortführung (↗Fortführung) verwendet werden. [GB]

topographische Aufnahmemethode, 1) eine grundlegende Methode der Geländeaufnahme für ↗topographische Karten oder topographische GIS-Datenmodelle (↗Geoinformationssysteme). Die wichtigsten Methoden der ↗topographischen Aufnahme sind die Tachymeteraufnahme, die GPS-gestützte terrestrische Geländeaufnahme und die ↗photogrammetrische Bildauswertung. Neuerdings gewinnt für die reine Reliefaufnahme die Laserscanneraufnahme (↗Laserscanning) an Bedeutung. Die Aufnahme mit elektro-optischen Tachymetern und mit Satellitenempfängern des GPS (↗Global Positioning System) wird bei topographischen Aufnahmen im Maßstab 1:5000 und größer (z.B. Liegenschaftsvermessungen) bevorzugt. Während elektro-optische Tachymeter nahezu landschaftsunabhängig eingesetzt werden können, ist bei GPS-gestützten Aufnahmen stets die quasi-optische Sichtverbindung zu mindestens vier Satelliten zu fordern, so daß Gebiete mit geringem Bewuchs prädestiniert sind. Bei kleineren Maßstäben (z.B. 1:25.000) wird vorwiegend – auch aus Gründen der Wirtschaftlichkeit – die photogrammetrische Bildauswertung eingesetzt. Sie ermöglicht mit geringem Feldaufwand die Erfassung von ↗topographischen Objekten und des Reliefs aus Luftbildern. Die Genauigkeit hängt u.a. ab vom ↗Bildmaßstab und bei der ↗Stereoauswertung zusätzlich vom ↗Basis-Höhenverhältnis. 2) eine Arbeitsmethode der ↗topographischen Aufnahmeverfahren mit bestimmter Aufteilung der Feldarbeitsgänge auf verschiedene Fachkräfte. Bei der klassischen Aufnahme führt der Topograph den Feldriß und weist den Meßgehilfen die aufzunehmenden Geländepunkte. Der Einsatz von zielverfolgenden Servo-Tachymetern oder GPS-Satellitenempfängern führt zur modernen Aufnahme. Der Topograph übernimmt dann zusätzlich die Funktion des Meßgehilfen, indem er selbst das Prisma oder die Satellitenantenne in den aufzunehmenden Geländepunkten aufhält (sogenannte Ein-Mann-Meßstation). [GB]

topographische Aufnahmeverfahren, die Art und Weise der ↗topographischen Aufnahme, die aus der Anwendung einer bestimmten ↗topographische Aufnahmemethode auf konkrete instrumentelle, Gelände-, Ausgangsmaterial- und Qualitätsbedingungen resultiert. Die Wahl des geeigneten Verfahrens hängt ab von den zu erfassenden Landschaftsobjekten, dem Verwendungszweck der erfaßten Daten, der damit zusammenhängenden ↗Lagegenauigkeit, ↗Höhengenauigkeit und wirtschaftlichen Überlegungen. Grundsätzlich ist zu unterscheiden, ob Landschaft und Landschaftsobjekte nach der Lage, der Höhe oder nach Lage und Höhe erfaßt werden sollen. Bei der Aufnahme mit gegebenen Grundriß- und Reliefdarstellungen (z.B. bei der Aktualisierung von Geo-Datenmodellen) ist die Hauptaufgabe des Topographen das ↗Krokieren, bei dem der Inhalt der gegebenen Aufnahme nach Lage und Höhe örtlich überprüft, korrigiert und ergänzt wird. Gegebenenfalls können auch topographische oder thematische Ergänzungsmessungen notwendig sein. Sind ↗Höhenlinien für ein Gebiet nicht verfügbar, so liegt eine Aufnahme mit gegebenem Grundriß vor. Hauptaufgabe ist in diesem Fall die Aufnahme des Reliefs. Ist aus Gelände- oder anderen Bedingungen eine photogrammetrische Höhenauswertung mit ↗Stereobildpaaren oder ↗Laserscanning nicht möglich, so müssen terrestrische Aufnahmemethoden, z.B. die elektro-optische oder GPS-gestützte ↗Tachymetrie oder das ↗Meßtischverfahren eingesetzt werden. Die beiden zuerst genannten Methoden liefern ein digitales Geländemodell, aus dem Höhenlinien abgeleitet werden. Bei dem zuletzt genannten Verfahren werden die Höhenlinien im Zuge des Krokierens vor Ort entworfen. Für die weitere digitale Verarbeitung ist die Analog-Digital-Wandlung der Höhenlinien durch manuelle oder automatische ↗Digitalisierung erforderlich. Liegen für ein Meßgebiet keine Daten in analoger oder digitaler Form vor, so ist eine Neuaufnahme erforderlich. Als rationellste Methode für die Durchführung topographischer Lage- und Höhenaufnahmen hat sich die photogrammetrische Bildauswertung erwiesen, während für die reine Reliefaufnahme größerer Gebiete die Laserscannerabtastung der Geländeoberfläche wirtschaftlicher ist. Terrestrische tachymetrische Aufnahmen sind bedeutsam für die stichprobenhafte Überprüfung bestehender Aufnahmen, die Durchführung von Ergänzungsmessungen oder bei besonderen Anforderungen an die Aufnahmegenauigkeit. Sie können auch bei kleineren Aufnahmegebieten wirtschaftlich vorteilhaft sein. [GB]

topographische Geländeaufnahme ↗topographische Aufnahme.

topographische Grundkarte, amtliche ↗Karte großen ↗Maßstabs mit weitgehend grundrißtreuer Objektdarstellung, die zusätzlich Grundstücksgrenzen enthält. Beispiele dafür sind die ↗Deutsche Grundkarte 1:5000 (DGK 5), die bayerische Höhenflurkarte 1:5000 oder die in den neuen Bundesländern vorliegende topographische Karte 1:10.000 (TK 10).

topographische Karte, eine ↗Karte, in der Situation, Gewässer, Geländeformen, Bodenbewachsung und eine Reihe sonstiger zur allgemeinen Orientierung notwendiger oder ausgezeichneter Erscheinungen den Hauptgegenstand bilden und durch Kartenschrift eingehend erläutert sind. Sie werden dem ↗Maßstab entsprechend vollständig und richtig wiedergegeben. Topographische Karten existieren in Form amtlicher Kartenwerke in unterschiedlichen Maßstäben (1:5000, 1:10.000, 1:25.000, 1:50.000, 1:100.000, 1:200.000, 1:1.000.000). Sie sind ferner erhältlich als amtliche und private ↗Stadtkarten, als topographische Spezialkarten, Militärausgaben, touristische Karten, Wanderkarten, ↗Übersichtskarten, Erdkarten sowie als ↗Kartenwerke und Atlaskarten. Darüber hinaus sind sie angereichert mit thematischen Informationen, z.B. politischen Grenzen, Straßenbezeichnungen und anderem mehr. Topographische Karten dienen der Bildung und Information, der Orientierung im

Gelände, der Verwaltung und Planung, als Grundlage für wissenschaftliche Untersuchungen und kartographische Arbeiten. Sie werden heute verwendet als Vielzweckkarten für unterschiedliche Anwendungsbereiche. Daraus ergibt sich die Notwendigkeit, topographische Karten in unterschiedlichen Maßstäben herzustellen. ↗Topographische Grundkarten enthalten eine vorwiegend grundrißtreue Darstellung bis etwa zum Maßstab 1:10.000, ↗topographische Spezialkarten enthalten aus Gründen der ↗Generalisierung eine weitgehend grundrißähnliche Darstellung im Maßstabsbereich 1:20.000 bis 1:75.000, während die mit Maßstäben kleiner 1:100.000 erhältlichen topographischen Übersichts- oder Generalkarten einen hohen ↗Generalisierungsgrad aufweisen. Der formale Kartenaufbau ist gegliedert in den Kartenrand mit den Kartenrandangaben, den ↗Kartenrahmen und das Kartennetz sowie das Kartenfeld mit dem Karteninhalt. Der Kartenrand ist die außerhalb des Kartenrahmens gelegene Kartenfläche. Sie enthält Angaben, die zum Lesen, Interpretieren und Auswerten der Karte notwendig sind. Dazu gehören z. B. der Blattname, die Nomenklatur, der Maßstab in numerischer und graphischer Form, die Zeichenerklärung oder ↗Legende, Angaben zur ↗Nordrichtung sowie Angaben über den Herausgeber und den Herausgabezeitpunkt. Der Kartenrahmen umfaßt die Rahmenlinien und die Koordinatenzahlen für die Bezifferung der Kartennetzlinien, Zahlen und Buchstaben eines Suchnetzes, Anschlußhinweise zu den Nachbarblättern sowie Abgangsschrift, die aus dem Kartenfeld hinausführt, und Zugangsschrift, die in das Kartenfeld hineinführt. Topographische Karten sind häufig ↗Rahmenkarten. Der Blattschnitt kann sich an ↗geographischen Koordinaten orientieren. In diesem Fall ergeben sich Gitternetz- oder Rechteckkarten (z. B. Deutsche Grundkarte 1:5000). Gradnetz- oder ↗Gradabteilungskarten ergeben sich aus der Abgrenzung durch Netzlinien geographischer Koordinaten (z. B. topographische Karte 1:25.000). Der Kartenrahmen kann auch als Rechteck unabhängig von den Netzlinien gestaltet sein, z. B. zur optimalen Ausnutzung des Blattformates. Der Karteninhalt umfaßt die graphischen Darstellungen der ↗topographischen Objekte und der Geländeoberfläche. Dies sind die Situationsdarstellung mit Siedlungen, Verkehrswegen, Gewässern, Bodenbedeckungen und Einzelobjekten sowie die ↗Reliefdarstellung mit ↗Höhenlinien, Höhenpunkten, schattenplastischer Schummerung oder farbigen Höhenschichten sowie Formzeichen. Darüber hinaus wird der Karteninhalt durch Schrift im Kartenfeld erläutert. Die Gestaltung amtlicher topographischer Karten wird durch sog. ↗Musterblätter geregelt, die von den Landesvermessungsämtern herausgegeben werden. Für die automatisierte Ableitung der topographischen Karte 1:25.000 wird das Datenmodell des Amtlichen Topographisch-Kartographischen Informationssystems (↗ATKIS) zugrunde gelegt. Die graphische Darstellung des Datenmodells wird durch den ATKIS-Signaturenkatalog geregelt. Die Genauigkeit topographischer Karten hängt ab vom Kartenmaßstab und dem Generalisierungsgrad. Wird die Kartiergenauigkeit von ca. 0,2 mm angehalten und ein Kartenmaßstab von 1:25.000, so ergibt sich für die Koordinaten eines abgegriffenen Punktes eine Genauigkeit von 5 m in der Natur. Mittels kartometrischer Auswertungen (↗Kartometrie) können der topographischen Karte weitere Informationen entnommen werden, z. B. Entfernungen, Höhenunterschiede, Geländeprofile und Flächeninhalte. Topographische Karten werden von allen deutschen ↗Landesvermessungsämtern und dem ↗Bundesamt für Kartographie und Geodäsie in analoger Form (Papierkarte) und digitaler Form (Rasterdaten auf CD-ROM) bereitgestellt. [GB]

topographische Kartographie, das Teilgebiet der angewandten ↗Kartographie, das sich mit der Herstellung ↗topographischer Karten und deren ↗Fortführung befaßt. Mit der Herstellung der topographischen Karten werden Grundlagen für die Erschließung des Landes, für militärische Zwecke, für die Umweltplanung und -gestaltung, für die Wissenschaft, Wirtschaft und Verwaltung des Landes sowie für die Herstellung anderer Karten geschaffen. Aufgrund dieser großen Bedeutung ist die Herstellung topographischer Karten eine hoheitliche Aufgabe. Sie umfaßt die Schaffung von Lage- und Höhenfestpunktfeldern (geodätische Grundlage), die flächendeckende Aufnahme des Geländereliefs und der ↗topographischen Objekte und kartographische Arbeiten zur Herstellung der topographischen Karten gemäß der ↗topographischen Maßstabsfolge. Zu Beginn des 19. Jh. lagen die topographischen Arbeiten (Kurhannoversche Landesaufnahme, preußische Landesaufnahme) in den Händen staatlicher bzw. militärischer Institutionen, während heute die ↗Landesvermessungsämter zuständig sind. Als geodätische Grundlage für topographische Arbeiten dienten Triangulationsnetze. Die topographische Aufnahme wurde mit der Meßtischmethode (Meßtischauswertung) durchgeführt. Für die Darstellung des Geländereliefs wurden grundrißähnliche ↗Schraffen verwendet. Mit der Verfügbarkeit von ↗Tachymetern und Nivelliergeräten ab Mitte des 19. Jh. konnten Geländepunkte genauer und in höherer Dichte erfaßt werden, so daß das Geländerelief in Form von ↗Höhenlinien und Koten dargestellt werden konnte. Die Belange des Ingenieurbaus, der Planung und der wissenschaftlichen Forschung konnten dadurch besser erfüllt werden. In der ersten Hälfte des 20. Jh. erhielt die topographische Kartographie neue Impulse durch die Entwicklung von Verfahren für die ↗Luftbildaufnahme und -auswertung. Schwer zugängliche Gebiete konnten wirtschaftlich erfaßt und örtliche Vermessungsarbeiten auf ein Minimum reduziert werden. Zudem wurde die Qualität u. a. durch die Neu-Berechnung moderner Raumbezugssysteme für Lage- und Höhenmessungen gesteigert. In Deutschland entstanden topographische Grundkartenwerke in den Maßstäben

1:5000 (↗Deutsche Grundkarte) und 1:10.000 (↗topographische Karte). Seit Beginn der 90er Jahre dieses Jahrhunderts ist die Herstellung amtlicher digitaler topographischer Datenmodelle Ziel der Erfassung topographischer Daten. Ein Beispiel dafür ist das Informationssystem ↗ATKIS der ↗AdV, in dem ↗topographische Objekte mit einer ↗Lagegenauigkeit von 3 m und einer ↗Höhengenauigkeit von 0,5 bis 1,5 m erfaßt sind. Die in ATKIS enthaltenen ↗Geobasisdaten dienen u. a. als Grundlage für die automatisierte Kartenherstellung der Grund- und Folgemaßstäbe, die jedoch noch Gegenstand intensiver Forschungs- und Entwicklungsarbeiten ist. Aus diesem Grund werden die Blätter der topographischen Kartenwerke manuell, jedoch mit digitalen Hilfsmitteln aktualisiert. [GB]

topographische Massen, Gesteinsmassen zwischen der Erdoberfläche und dem ↗Geoid als Bezugsniveau.

topographische Maßstabsfolge, die Maßstabsfolge der topographischen Karten eines Staates. Der Kartenmaßstab M wird durch den reziproken Wert der Maßstabszahl m angegeben:

$$M = 1/m$$

und basiert auf der SI-Einheit Meter. 1 mm in der Karte entspricht $1 \cdot M/1000$ m in der Natur. Die topographische Maßstabsfolge der deutschen amtlichen topographischen Karten umfaßt die Deutsche Grundkarte 1:5000, die topographischen Karten 1:10.000, 1:25.000, 1:50.000, 1:100.000, die topographische Übersichtskarte 1:200.000 und ein Blatt der Internationalen Weltkarte 1:1.000.000.

topographische Modellbildung, zum Aufbau eines digitalen Datenmodells der Erdoberfläche und ihrer Objekte führender Prozeß. Er basiert auf der Anwendung von Modelliervorschriften für die Datenerfassung (↗ATKIS), z. B. einem Katalog, in dem die zu modellierenden topographischen Objektarten beschrieben sind (↗Objektartenkatalog). Die topographische Modellbildung umfaßt die geometrische und begriffliche Objekterfassung, die digitale Objektmodellierung und die Speicherung der Objektmodelle und ihrer gegenseitigen Bezüge in Datenbanken.

topographische Objekte, die künstlichen und natürlichen Objekte, die zur detaillierten Beschreibung und Charakterisierung der Landschaft erforderlich und in topographischen Karten darzustellen sind. Diskrete topographische Objekte der Situation sind Straßen, Wege, Gewässer, Flächen mit ausgewählter Nutzung oder Bodenbedeckung und Einzelobjekte. Hinzu kommt das Relief in seiner Eigenschaft als Kontinuum.

topographischer Atlas, ↗Atlas, in dem im Gegensatz zum Geschichtsatlas die Erdräume im derzeitigen Zustand mit ↗topographischen Karten dargestellt sind. Die Kartenausschnitte erfassen vornehmlich solche Teilräume, die durch ihre Struktur und ihr Wirkungsgefüge besonders interessante Beispiele liefern, z. B. zur Geomorphologie, zu Siedlungen, Wirtschaft und Verkehr.

Ihren besonderen Wert erhalten die topographischen Atlanten durch ausführliche landeskundlich-geographische Interpretationen der Kartenausschnitte, die manchmal mit Luftbildern anschaulich ergänzt sind. Typische Beispiele sind die von fast allen ↗Landesvermessungsämtern der Bundesrepublik Deutschland zwischen 1953 und 1977 herausgegebenen topographische Atlanten.

topographische Reduktion, heißt in der Gravimetrie, daß die Schwerewirkung der Topographie rund um den Meßpunkt rechnerisch beseitigt wird. Dazu werden Erhebungen über dem Meßniveau abgetragen und Täler aufgefüllt. Zu diesem Zweck wird die Morphologie durch die Summe einfacher geometrischer Körper, deren Schwerewirkung sich berechnen läßt, approximiert. Die Beseitigung von Bergen als auch von Tälern führt zu einer Erhöhung der Schwerewirkung. Es hängt von der Morphologie ab, bis zu welcher Entfernung das Relief zu berücksichtigen ist. Von der Entfernung vom Meßpunkt hängt es auch ab, ob die Krümmung der Erde zur Rechnung zu setzen ist. Für die Berücksichtigung der sphärischen Bouguer-Platte gelten folgende Maximalradien: 5 km im Bergland mit Höhenunterschieden bis zu 200 m, 20 km im Mittelgebirge mit Höhenunterschieden bis zu 800 m und 50 km im Hochgebirge. Das ↗Nettleton-Verfahren ermittelt aus der Anwendung der topographischen Korrektur die Dichte der oberflächennahen Gesteine. Topographische Reduktion wird als Verfahren in der Geodäsie und in der angewandten Gravimetrie in etwas unterschiedlicher Weise gebraucht. In der angewandten Gravimetrie ist dieser Begriff inhaltsgleich mit der dem Begriff ↗Geländereduktion. In der Geodäsie beinhaltet dagegen die topographische Reduktion die Bouguer-Plattenreduktion und die Geländereduktion. In der angewandten Gravimetrie wird dies als Massenreduktion bezeichnet. ↗Schwerereduktionen. [PG]

topographische Rossbywelle, wird beim Überströmen eines Tiefseerückens oder einer ↗Tiefseerinne erzeugt (Abb.). Zugrundeliegender Me-

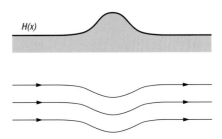

chanismus ist wie bei der planetarischen ↗Rossbywelle die Erhaltung der potentiellen Energie.

topographisches Informationsmanagement, *TIM*, Verfahren zur Prozeßablaufsteuerung von der Erkundung topographischer Veränderungen bis zur ↗Fortführung von DLM und topographischen Landeskartenwerken. Hauptaufgabe ist die

topographische Rossbywelle: Darstellung einer topographischen Rossbywelle. Oben: Vertikalschnitt mit Tiefenverteilung. Unten: Horizontalschnitt mit den Strömungen, die die topographische Rossbywelle repräsentieren.

Registrierung und Auswertung aller Meldungen, die den topographischen Ist-Zustand bzw. geplante oder in Veränderung befindliche topographische Objekte beschreiben. Hauptkomponenten sind die Informationsgewinnung, Informationsspeicherung und die Informationsverarbeitung. Die Informationsgewinnung bedient sich eigener Archive, Mitteilungen Dritter und Meldungen der Gebietstopographen. Relevante Veränderungen werden aufgedeckt und die für die Fortführung notwendigen Unterlagen werden beschafft. Die Informationsspeicherung basiert auf einer relationalen ↗Datenbank, in ihr werden alle Meldungen verwaltet, geprüft, unter Ordnungsnummern registriert und den Bearbeitungseinheiten des digitalen Landschaftsmodells (↗ATKIS) bzw. Blättern der topographischen Landeskartenwerke zugeordnet. Die Informationsverarbeitung greift über Abfragen, Auswerte- und Prüfroutinen auf Veränderungsmeldungen zu und gibt aktuelle, eindeutige und vollständige Informationen zur Übernahme und Dokumentation frei. Die Veränderungsmeldungen können ergänzt werden durch digitale Raster- oder Vektorgraphiken. Bundesweite Informationen werden an das ↗Bundesamt für Kartographie und Geodäsie gerichtet. Die Verwendung der Meldungen erfolgt für eigene Zwecke (Fortführung der ↗Topographischen Übersichtskarte 200 und des Digitales Landschaftsmodell 200). Ferner wird eine Aufteilung nach Länderzugehörigkeiten und die Weiterleitung der Meldungen vorgenommen. Von den Vermessungsverwaltungen der Länder werden die Meldungen zur Fortführung von ATKIS und den topographischen Landeskartenwerken verwendet. [GB]

topographische Spezialkarte, ↗topographische Karte mit Betonung besonderer Inhalte. Sie liegen im Übergangsbereich zwischen topographischen und ↗thematischen Karten. Ausgewählte Beispiele dafür sind Stadt-, Gewässer-, Watt- und Gletscherkarten oder großmaßstäbige topographische Karten vor- und frühgeschichtlicher Objekte.

topographische Übersichtskarte, eine ↗topographische Karte des ↗Maßstabes 1:200.000 oder kleiner. In topographischen Übersichtskarten ist die Wiedergabe sehr vieler topographischer Einzelobjekte nicht mehr möglich, so daß nur eine Übersicht über die wichtigsten Merkmale des Geländes geboten werden kann, z. B. wird die für topographische Karten typische Darstellung der Gebäude im Maßstabsbereich von 1:200.000 bis 1:1.000.000 schrittweise durch Darstellung bebauter Flächen und Siedlungssignaturen abgelöst.

Topologie, 1) Lehre, welche die Eigenschaften mathematisch-geometrischer Gebilde im Raum (Kurven, Flächen, Räume) behandelt, die topologisch invariant sind, die also bei umkehrbar eindeutigen stetigen Abbildungen vollständig erhalten bleiben. 2) In der ↗Geoökologie beschreibt die Topologie die Raummuster der nach funktionalen Gesichtspunkten ausgeschiedenen ↗Tope innerhalb eines ↗Topengefüges. 3) Teilgebiet der ↗Landschaftskunde, in welchem die dort nach visuell-strukturellen Merkmalen ausgeschiedenen naturräumlichen Grundeinheiten untersucht werden (↗Naturräumliche Gliederung).

topologische Analyse, Verfahren zur Auswertung von Nachbarschaftsbeziehungen von ↗Geodaten. Sie ist somit eine besondere Form der ↗geometrischen Analyse und wird häufig im Zusammenhang der Analyse von Netzwerken (↗Graph) eingesetzt. Bei der *Netzwerkanalyse* treten drei Problemstellungen auf: Suche des besten Weges, Suche des besten Standortes und das Reisendenproblem, wobei die Kanten des Netzwerks durch Streckenlängen, Fahrzeiten oder andere fachspezifische Gewichtungen bewertet werden. Die Suche nach dem besten Weg soll die optimale Verbindung zwischen zwei Orten ermitteln. Die Suche nach dem besten Standort in einem Netzwerk geht von der Überlegung aus, einen Knoten im Netzwerk zu ermitteln, zu dem sämtliche denkbaren Wege optimiert sind. Das Reisendenproblem beschreibt die Suche nach einem optimalen Weg durch eine gegebene Anzahl von Knoten, der zum Ausgangspunkt zurückführen muß. [AMü]

topologischer Maßstab, verschiedentlich gebrauchter Begriff für das lineare Verkleinerungsverhältnis einer kartographischen Darstellung im Vergleich zur georäumlichen Realität (geometrisch geprägter Kartenmaßstab) (↗Maßstab, ↗ontologischer Maßstab). Der Begriff des topologischen Maßstabs wird bei Naturraumkarten in einem anderen Sinne, nämlich als sehr großer Kartenmaßstab (Maßstabsbereich der topologischen Dimension) verwendet.

tomineralische Vererzung, Bezeichnung für vom Schema der standardmäßigen Erzformationen abweichende, i. a. besonders reichhaltige Mineralisationen, die auf eine Wechselwirkung der (magmatischen) Erzlösungen mit dem ↗Nebengestein bezogen werden. Der Begriff stammt aus der Vorstellung einer Lagerstättensystematik mit der ↗magmatischen Abfolge der Vererzungen von den ↗liquidmagmatischen Lagerstätten bis zu den ↗hydrothermalen Lagerstätten (↗paragenetische Abfolge). ↗Lateralsekretion.

Toposequenz, in der ↗Landschaftsökologie die räumliche, vom Relief gesteuerte Abfolge von ↗Topen jeglichen Komplexitätsgrades. Typisches Beispiel einer Toposequenz ist die ↗Bodencatena.

topozentrisches astronomisches Koordinatensystem, *lokales astronomisches Koordinatensystem*, erdfestes ↗Koordinatensystem mit dem Ursprung im Topozentrum, d. h. in einem beliebigen Punkt der Erdoberfläche. Durch die Zenitrichtung ist die *z*-Achse:

$$\vec{e}_3^{\,T}$$

des Koordinatensystems festgelegt. Die *x*-Achse:

$$\vec{e}_1^{\,T}$$

weist nach astronomisch Nord und steht rechtwinklig auf der *z*-Achse. Damit liegt sie in der lo-

topozentrisches astronomisches Koordinatensystem: topozentrisches astronomisches Koordinatensystem und lokale sphärische Polarkoordinaten.

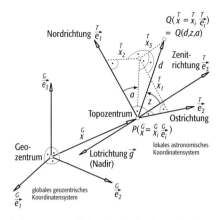

a

b

c

d

Tor: Entstehung eines Tors.

kalen astronomischen Meridianebene. Die y-Achse:

$$\vec{e}_2^{\,T}$$

weist nach astronomisch Ost und ergänzt das lokale astronomische Koordinatensystem zu einem Linkssystem. Die x-y-Ebene ist Tangentialfläche an die lokale ↗Äquipotentialfläche des Schwerefeldes und damit lokale Horizontalfläche. Die relative Position eines beliebigen Punktes Q bezüglich des Ursprungs P im topozentrischen astronomischen Koordinatensystem kann durch rechtwinklig kartesische Koordinaten:

$$x_i^{\,T}$$

oder mittels sphärischer Polarkoordinaten: z (Zenitdistanz), a (astronomisches Azimut), d (räumliche Distanz) angegeben werden (Abb.):

$$\Delta x = x_i^{\,T} \vec{e}_i^{\,T} = x \vec{e}_1^{\,T} + y \vec{e}_2^{\,T} + z \vec{e}_3^{\,T} = \\ d \sin z \cos a \, \vec{e}_1^{\,T} + d \sin z \sin a \, \vec{e}_2^{\,T} + d \cos z \, \vec{e}_3^{\,T}.$$

Das topozentrische astronomische Koordinatensystem hat als erdgebundenes Beobachtungssystem in der Geodäsie große Bedeutung, da die Lotrichtung bzw. die Horizontalebene in nahezu allen Vermessungsmethoden eine wichtige Orientierungsrolle spielen. Damit kann dieses System als natürliches Koordinatensystem betrachtet werden (↗natürliche Koordinaten). [KHI]
Literatur: HECK, B. (1995): Rechenverfahren und Auswertemodelle der Landesvermessung. – Heidelberg.

Topset-Ablagerungen, die horizontal lagernden bis flach beckenwärts einfallenden Sedimentlagen auf der Oberfläche sich beckenwärts vorbauenden Deltas. Die Topset-Ablagerungen überlagern zuvor entstandene ↗Foreset-Ablagerungen.

Tor, kleiner Hügel aus geklüftetem Gestein, der abrupt von einem relativ flachen Gipfel oder Hang aufragt. Tors können kantige bis wollsackförmig gerundete Formen aufweisen (Abb.). Die Genese wird durch zwei unterschiedliche Theorien erklärt: a) durch ↗Frostverwitterung und pleistozäne ↗Kryoplanation, b) durch tiefgründige chemische ↗Verwitterung unter vorzeitlichen tropischen Klimabedingungen bis zu einer Verwitterungsbasis und nachfolgende Exhumierung der im ↗Regolith erhalten gebliebenen Verwitterungsreste als ↗Inselberge, die aus weniger stark geklüfteten Gesteinsbereichen bestehen. Diese Freilegung erfolgt unter ↗periglazialen Klimabedingungen durch ↗Gelifluktion.

Torell, Otto, schwedischer Geologe, * 5.6.1828 Varberg, † 11.9.1900 Stockholm; Professor in Stockholm und Leiter der dortigen schwedischen Geologischen Landesanstalt; Arbeiten zur Geologie der Arktis und des ↗Quartärs; erkannte 1875, daß Norddeutschland im Diluvium (↗Pleistozän) von Inlandeis bedeckt war, und widerlegte damit (unabhängig von A. Ramsey) die 1835 von C. ↗Lyell begründete Drifttheorie.

Torf, Moorsubstrat mit mehr als 30% ↗organischer Substanz in der Trockenmasse, das durch Vertorfung aus abgestorbenen Pflanzenteilen entstanden ist. Torfe bilden sich im wassergesättigten Milieu (z. B. Sumpf) durch Anhäufung unvollständig zersetzten Pflanzenmaterials, das als Grundvoraussetzung zur Torfbildung vor Oxidation geschützt war. Die wichtigsten Umwandlungen finden an der Torfoberfläche bis 0,5 m Tiefe durch die Aktivitäten von aeroben Bakterien und Pilzen statt (»biochemische Inkohlung«). Die mikrobiologische Zersetzung erfaßt zuerst Hemizellulose und Zellulose, wodurch Lignin relativ angereichert wird, was zum Anstieg des Kohlenstoff-Gehaltes von 45–50% in der lebenden Pflanze auf 55–60% im Torf führt. Ein wichtiger Prozeß im Torfstadium ist die Bildung von Huminsubstanzen, hervorgerufen durch Sauerstoffzufuhr, ansteigende Torftemperatur und alkalische Umgebung. Je nach ↗Zersetzungsgrad des Torfes sind pflanzliche Reste mehr oder weniger gut zu erkennen, die größtenteils die moorbildende Vegetation darstellen. Nach ihrer pflanzlichen Zusammensetzung lassen sich die Torfe in (botanische) Torfarteneinheiten (z. B. Moostorf, Holztorf, Kräutertorf) untergliedern. Eine bodenkundliche Einteilung erfolgt in die Torfartengruppen ↗Niedermoortorf, Übergangsmoortorf (↗Übergangsmoor) und Hochmoortorf (↗Hochmoor).

Torfmarsch ↗Moormarsch.

Torfmudde, organische ↗Mudde mit über 30 Masse-% ↗organischer Substanz. Im mineralischen Anteil sind weniger als 30% Kalk und weniger als 30% Silicat enthalten. Das Sediment besteht überwiegend aus erodiertem ↗Torf (↗Erosion von Torfufern an Seen). Die Torfreste sind noch deutlich erkennbar. Die Farbe der Torfmudde variiert von braun bis braunschwarz.

Torfsubstrate, vorwiegend Hochmoortorfe, die mit unterschiedlichsten Düngerkombinationen versetzt werden und hauptsächlich für den Gartenbau im Handel sind; nicht zu verwechseln mit Moorsubstrat, womit zusammenfassend ↗Torfe und ↗organische Mudden beschrieben werden.

Tornado, [von lat. tornare = drehen], stark bis extrem schnell um eine vertikale Achse rotierende

Luftsäule, die sich von der Untergrenze einer Gewitter- oder Schauerwolke in Form eines Elefantenrüssels, teils in Form eines pendelnden Seiles, bis zur Erdoberfläche erstreckt (Abb. im Farbtafelteil). Das rotierende System reicht nach oben mindestens bis in die mittlere Troposphäre. Berührt die Trichterwolke nicht die Erdoberfläche, so spricht man im Englischen von einem Funnel (Trichter, Schlot) oder einer Funnel Cloud. Die Trichterwolke entsteht durch Kondensation von Wasserdampf aufgrund des stark erniedrigten Luftdrucks im engeren, als Wolkenfortsatz erscheinenden Bereiches des Tornados. Zeigt sich unter der nicht bis zum Boden reichenden Trichterwolke ein Wirbel aus Staub und/oder zum Teil hoch in die Luft gewirbelten Trümmerfragmenten, so spricht man ebenfalls bereits von einem Tornado. Neben der Rotationsbewegung, deren Drehsinn meist wie bei Zyklonen (↗Tiefdruckgebieten) erfolgt, kommt es gleichzeitig zu einem spiralig aufsteigenden sehr starken Luftstrom. Es gibt auch antizyklonale Tornados mit entgegengesetztem Drehsinn, diese sind vergleichsweise selten und meist kleiner, kurzlebiger und schwächer als die zyklonalen Tornados. Besonders bei sehr starken Tornados mit einem großen Durchmesser und einer Form, die einer dicken Säule ähnelt, kommt es im Innern sogar zu einer abwärts gerichteten Luftbewegung, die ähnlich wie bei den 1000fach größeren ↗tropischen Wirbelstürmen bis zur Wolkenauflösung (vergleichbar dem Auge von tropischen Wirbelstürmen) über dem inneren Teil eines Tornados führen kann. Der Luftdruck am Boden kann im Innern eines Tornados viel niedrigere Werte als selbst in einem tropischen Wirbelsturm annehmen und zwar nach Messungen bis rund 780 hPa (bei einem Taifun Werte bis etwa 860 hPa). Durch so einen Luftdruck wird eine zusätzliche zerstörerische Kraft auf Gebäude, Lebewesen u. a. ausgeübt. Ob es zu regelrechten Explosionen kommt, wird aber neuerdings bezweifelt. Andere extreme Formen von Tornados bilden eine Multiwirbelanordnung, sog. Saugwirbel umkreisen den zentralen Tornado und erhöhen zusätzlich die Geschwindigkeit ins Extreme.

Der Name Tornado hat sich weltweit weitgehend anstelle regionaler Namen durchgesetzt (z. B. twister = Dreher in den USA, frz. trombe). Tornados sind über Meeren und größeren Seen thermisch bedingt im Mittel schwächer als über Land. Sie sind aufgrund der möglichen extrem hohen Windgeschwindigkeit und des gleichzeitig möglichen extrem niedrigen Luftdruckes die gewaltigste und zerstörerischste atmosphärische Erscheinung, die selbst tropische Wirbelstürme (z. B. Hurrikane, Taifune etc.) in den Schatten stellt. Die Rotation beginnt bereits im Bereich der Gewitterwolke lange vor dem Auftreten des Tornados. Dabei ist die Erhaltung des Drehmoments von großer Bedeutung. So entspricht z. B. einer Geschwindigkeit von 10 m/s im Abstand von 0,5 km eine Geschwindigkeit von 100 m/s im Abstand von 50 m. Im Detail wird dieser Verstärkungsprozeß auch heute noch nicht ausreichend verstanden. Die extrem hohen Windgeschwindigkeiten von über 80 m/s (rund 300 km/h) bis maximal 140 m/s (rund 500 km/h) können in der Regel nicht direkt gemessen werden, sondern nur aus den entstandenen Schäden bzw. Verwüstungen berechnet werden. Derartig extreme Geschwindigkeiten können selbst 200 bis 300 Tonnen schwere Objekte wie Eisenbahnwaggons bis 25 m weit versetzen. Mitunter werden Menschen oder Tiere Hunderte Meter durch die Luft »getragen«, Gewässer leer gesaugt, und Fische oder Frösche gehen irgendwo als Fisch- oder Froschregen nieder.

Um die Tornadostärke zu klassifizieren, wurden 2 Stärken- und Schadenskalen geschaffen, die gebräuchlichere ↗Fujita-Scale mit 13 Klassen F0 bis F12 und die Torro-Skala (Funnel cloud als Vorstufe und Klassen 0 bis 10). Die F5-Tornados sind mit 117 bis 142 m/s die bisher stärksten beobachteten (entspricht Torro-Klasse 10 mit ≥ 124 m/s). Dabei können auch sehr stabile Gebäude zerstört werden. Tornados dieser Stärke traten z. B. bei Ivanovo nordöstlich von Moskau am 9. Juni 1984 auf (mehrere hundert Tote). Der bisher verheerendste einzelne Tornado, der mit 689 Menschen die größte Zahl an Todesopfern forderte, war der sogenannte Tri-State-Tornado, der am 18.5.1925 Missouri, Illinois und Indiana heimsuchte und auf seinem 353 km langen und bis 1,6 km breiten Schadenweg 23 Orte verwüstete. Über 90 % aller Todesopfer werden von nur etwa 2 % der Tornados verursacht, d. h. nur von den stärksten Tornados (Kategorie F3 bis F5). Wenn ein Tornadotunnel den Erdboden erreicht, kommt es zu polternden Geräuschen. Ein gut entwickelter Tornado ist an seinen furchterregenden röhrenden bis heulenden Geräuschen zu erkennen. Tornados können im Prinzip mit Ausnahme der polaren Eiszonen fast überall auftreten (seltener in Äquatornähe), wenn nur die hierfür geeigneten atmosphärischen Bedingungen erfüllt sind. Dazu zählen eine extrem hohe ↗Instabilität der vertikalen atmosphärischen Schichtung in der Troposphäre in Verbindung mit der Zufuhr feuchtwarmer Luft in der unteren Troposphäre aus niederen geographischen Breiten, ein starkes Rechtsdrehen des Windes mit der Höhe (↗Warmluftadvektion) bei einer gleichzeitig starken Geschwindigkeitszunahme mit der Höhe (wodurch die Rotation mit induziert wird), und das bei verstärkten Luftmassengegensätzen am Vorderrand einer Kaltfront und häufig in Verbindung mit ↗Superzellen. Letztere sind zugleich charakteristisch für das unmittelbar räumlich und zeitlich benachbarte Auftreten von Hagel und ergiebigem Regen. Aus diesen Gründen ist die geographische Breitenzone zwischen 20° und 60° besonders geeignet. In den USA sind es besonders der Mittelwesten (wo sich im Raum Texas-Arkansas-Nebraska-Iowa die sog. tornado alley befindet) und Florida. Lokal können Tornados aber auch durch Feuersbrünste ausgelöst werden. Tornados treten meist über Land im Frühjahr bis Frühsommer und am Spätnachmittag und in den Abendstunden auf. Über Meeren haben sie ihr häufigstes Auftreten

toroidal

oft erst im Spätsommer bzw. im Herbst. Die Dauer beträgt Sekunden bis einige Stunden, häufig nur etwa 5 Minuten. Verortet werden Tornados entweder durch Augenbeobachtungen, durch Dopplerradar-Messungen (↗Wetterradar) oder indirekt durch die Form und Intensität von Radarechos und bestimmte Merkmale in hoch auflösenden Wettersatellitenbildern. Ein Indikator für erhöhte Wahrscheinlichkeit für das Auftreten von Tornados ist die Tornadic Vortex Signature (↗TVS). [HN]

toroidal ↗poloidal.

Torrente ↗Wadi.

Torricelli, *Evangelista*, italienischer Mathematiker und G. ↗Galileis Nachfolger in Florenz, * 15.10.1608 Faenza, † 25.10.1647 Florenz; veranlaßte seinen Assistenten V. Viviani zur Durchführung des Quecksilberexperiments; nach ihm ist die nicht mehr gebräuchliche Einheit für den Luftdruck Torr benannt.

Torsionsfedergravimeter, Federgravimeter mit Torsionsfeder, z. B. an einer vertikalen Torsionsfeder. Der Torsion entgegen wirken 2 (3) schräge Fäden (Trifilar-, *Bifilargravimeter*), deren geometrische Anordnung so verändert werden kann, daß sich durch eine große Torsionswinkeländerung je Schwereänderung eine große Empfindlichkeit ergibt.

Torsionswaage, *Torsionsmagnetometer*, ↗Magnetometer, das einen kleinen Magneten an einem Torsionsfaden enthält. Die durch die Kraft einer magnetischen Komponente bewirkte Torsion wurde durch einen Drehknopf wieder kompensiert, wobei der Torsionswinkel proportional zum zusätzlichen Magnetfeld ist. Der Begriff ist heute veraltet.

Torton, international verwendete stratigraphische Bezeichnung für eine Stufe des ↗Miozäns, benannt nach dem Ort Tortona (Norditalien). ↗geologische Zeitskala.

Tosbecken, unterhalb des eigentlichen Wehrkörpers (↗Wehr) gelegenes Becken. Zwischen Ober- und Unterwasser einer ↗Stauanlage besteht ein Energiepotential, das unterhalb des ↗Wehres so umgewandelt werden muß, daß Auskolkungen (↗Kolk) im Gewässerbett und Schäden am Bauwerk durch das strömende Wasser vermieden werden. Im Tosbecken wird, u. U. unterstützt durch Störkörper (Höcker, ↗Zahnschwelle), ein ↗Wechselsprung erzeugt. Dabei geht der schießende Abfluß, wie er über das Wehr erfolgt, in einen strömenden Abfluß über. In der dabei entstehenden Deckwalze wird die kinetische Energie des strömenden Wassers in Wärme- und Schallenergie umgewandelt. Je nach Wassertiefe im Unterwasser der Stauanlage kann es auch zu einem gewellten Wechselsprung kommen, bei dem sich die Energieumwandlung über einen größeren Bereich im Unterwasser erstreckt.

Toskammer, mit Wasser gefülltes, kammerartiges Bauwerk, bei dem die kinetische Energie eines eintretenden Strahles durch intensive Wirbelbildung umgewandelt wird (↗Tosbecken).

Total-Alkali-Silica-Diagramm ↗TAS-Diagramm.

totale Spannung, σ, ist diejenige Spannung, die sich aus der genannten aufgebrachten Normalspannung (Vertikalbelastung) N und der vorhandenen Fläche A zu:

$$\sigma = N/A$$

errechnet. Sie unterscheidet sich von der effektiven Spannung σ' dann, wenn im Boden ein Porenwasserdruck herrscht:

$$\sigma' = \sigma - u.$$

Steht das Porenwasser unter Unterdruck, so ist u negativ und:

$$\sigma' = \sigma + u.$$

Total Human Ecosystem, *THE*, transdisziplinäres Ökosystem-Konzept der israelischen Landschaftsökologen Naveh und Lieberman, das den gesamten Aufgabenbereich des Fachgebietes ↗Landschaftsökologie aufzeigen soll. Unter strikter Berücksichtigung der in der ↗Theorie der geographischen Dimensionen erläuterten Skaleneffekte, die auch für Ökosysteme gelten, stellt das THE die größtmögliche Integrationsstufe dar, mit der gesamten ↗Biogeosphäre (»Ökosphäre«) als räumliche Manifestation. Als Prototyp eines ↗Gestaltsystems kann das THE mittels einer Kombination von Ansätzen der Allgemeinen Systemtheorie zum thermodynamischen Verhalten von offenen Systemen und Erkenntnissen über die kybernetische Regelung von ↗Biosystemen theoretisch beschrieben werden. Das Konzept des THE geht von verschiedenen Natürlichkeitsgraden seiner einzelnen Teile aus (Abb.). Das Ziel eines nachhaltigen Funktionierens des Gesamtsystems (↗Nachhaltigkeit) ist erreicht, wenn ein neuer Ausgleich zwischen den unberührten Ökosystemen auf der linken Seite und den Technoökosystemen (↗Technoökolo-

Torricelli, *Evangelista*

Total Human Ecosystem: das Total Human Ecosystem als höchstmögliche Integrationsstufe einer Ökosystemdarstellung.

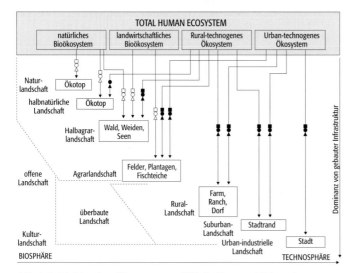

gie) auf der rechten Seite gefunden werden kann. Die dazu notwendigen Maßnahmen beschränken sich nicht auf den technischen Umweltschutz oder planerische Eingriffe, sondern es wird besonders auch der Vermittlung eines ökologischen Bewußtseins eine große Bedeutung beigemessen, angefangen mit Erziehung und Ausbildung bis hin zur Thematisierung in der Kunst. Durch den dominierenden Einfluß des heutigen Menschen im THE erfährt die anthropogene Komponente in dieser Darstellung eine sehr starke Betonung (↗Noosphäre). Der Schwerpunkt der Betrachtung verschiebt sich dabei von naturwissenschaftlichen Sachverhalten weit hin zu gesellschaftlichen und wirtschaftlichen. Die menschliche Gesellschaft selbst dominiert als Regler und gibt dem System der ↗Territorialstruktur die Stellgröße vor (↗Regelkreis). Somit stellt dieser Ansatz die radikalste Abkehr von der früher verbreiteten Annahme dar, daß sich die Ökologie als Wissenschaft auf ↗Urlandschaften zu beschränken habe. Der Komplexitätsgrad eines THE wirft allerdings die Frage auf, wie weit dieser Ansatz über das Konzeptionelle hinaus umgesetzt werden kann. [DS]

Totalintensität ↗Magnetfeldkomponenten.

Totalisator ↗Niederschlagsmessung.

Total Ozone Mapping Spectrometer ↗TOMS.

Totalreflexion, hundertprozentiges ↗Reflexionsvermögen beim Auftreffen eines Lichtstrahls auf eine Grenzfläche zwischen einem optisch dichteren Medium mit höherem ↗Brechungsindex und einem optisch dünneren Medium mit niedrigerem Brechungsindex, wenn der ↗Einfallswinkel größer als ein Grenzwinkel ist. Der Grenzwinkel der Totalreflexion ist der Winkel, bei dem der vom Lot weg gebrochene Strahl in der Grenzfläche verläuft, der ↗Brechungswinkel also 90° beträgt (↗Snelliussches Brechungsgesetz). Es wird dann kein gebrochener Strahl beobachtet.

Totalreflexionsmethode, Bestimmung der Brechungsindizes mit Hilfe der ↗Totalreflexion unter Verwendung eines Totalreflektometers.

Toteis, Reste von Eis, die beim raschen Abschmelzen oder beim Zerfall des Eiskörpers im Vorfeld eines ↗Gletschers oder Inlandeises (↗Eisschild) liegen und keinen Anschluß an das sich noch bewegende Eis mehr haben. Toteis kann von ↗fluvioglazialen Sedimenten um- und verschüttet, in Grundmoränenmaterial (↗Grundmoräne) eingebettet oder beim erneuten ↗Gletschervorstoß in ↗Stauchendmoränen zusammengeschoben werden. Dort ist es vor dem schnellen Abschmelzen geschützt und kann längere Zeit überdauern. Nach dem Abschmelzen entstehen die für eine ↗Toteislandschaft typischen Hohlformen ↗Sölle und ↗Rinnenseen. Toteis bildet in Zusammenhang mit fluvioglazialen Sedimenten ↗Eisszerfallslandschaften.

Toteisblock, im Rahmen eines ↗Gletscherrückgangs isoliert in den Lockersedimenten der ↗Grundmoräne oder der ↗Stauchmoräne zurückbleibender Eisblock.

Toteislandschaft, ↗Grundmoränenlandschaft, deren Relief durch raschen Eiszerfall besonders unregelmäßig ausgebildet ist und zahlreiche, teilweise wassergefüllte Hohlformen unterschiedlichster Form und Größe, insbesondere ↗Sölle, aufweist. Beim Abschmelzen des Eises (↗Gletschereis oder ↗Eisschilde) waren isolierte Eisblöcke von ↗fluvioglazialen Sedimenten überdeckt oder in Grundmoränenmaterial eingebettet worden und konnten so das Abschmelzen des Gletscher- oder Inlandeises überdauern. Erst später tauten sie im Untergrund aus und führen durch das Nachsacken der Sedimentüberdeckung zu Hohlformen und zwischen ihnen liegenden kuppigen Vollformen an der Geländeoberfläche. Toteislandschaften sind reich an Seen und Mooren. Sie sind in den ↗Jungmoränenlandschaften der alpinen ↗Vorlandvergletscherung und der nordischen Vereisung zu finden.

Toteisloch ↗Soll.

Totes Wasser ↗*Totwasser*.

Totholz, abgestorbene Bäume oder Teile davon. Totholz kann in der ↗Landschaft die Funktion eines vielfältigen Lebensraumes für spezialisierte Pflanzen und Tiere einnehmen, sofern es nicht in Folge der forstlichen Nutzung (↗Forstwirtschaft) entfernt wird.

Totraum, Teil des Stau- oder Speicherraumes einer ↗Talsperre unterhalb des Grundablasses, der nicht mehr im freien Gefälle entleert werden kann.

Totwasser, **1)** *Bodenkunde*: Totes Wasser, Welkefeuchte, Teil des ↗Haftwassers, das aufgrund zu starker Bindung (definitionsgemäß >1,5 MPa, (↗Äquivalentwelkepunkt, ↗permanenter Welkepunkt) durch die Pflanzen nicht mehr nutzbar ist. Sein Anteil ist indirekt abhängig von der Korngrößenzusammensetzung des Bodens (↗Bodenart) und direkt abhängig von der Porengrößenverteilung (↗Retention, ↗Saugspannungskurve). **2)** *Ozeanographie*: bezeichnet eine Strömungserscheinung, die nur in unmittelbarer Umgebung eines fahrenden Schiffes existiert und es trotz Fahrt durch das Wasser am Vorwärtskommen hindert. Die Strömung gehört zu ↗internen Wellen an flachen ↗Sprungschichten, die vom fahrenden Schiff angeregt werden. Entspricht die Schiffsgeschwindigkeit der Ausbreitungsgeschwindigkeit der internen Wellen, bleibt das Schiff im Wellenfeld und damit im Strömungsfeld gefangen. Fritjof ↗Nansen erklärte das Phänomen zuerst am Beispiel norwegischer Fjorde.

Tournai, *Tournaisium*, international verwendete stratigraphische Bezeichnung für die untere Stufe des Unterkarbons (↗Karbon), benannt nach einer Stadt in Südwestbelgien. ↗geologische Zeitskala.

TOVS, $\underline{T}$IROS $\underline{O}$perational $\underline{V}$ertical $\underline{S}$ounder, Instrumentenpaket an Bord der ↗polarumlaufenden Satelliten der National Oceanic and Aeronautical Agency, insbesondere zur Bestimmung von vertikalen Temperatur- und Feuchtprofilen der Atmosphäre und des Ozongehaltes. Zu TOVS gehören: ↗HIRS, ↗MSU und ↗SSU. Die deutlich verbesserte Version von TOVS ist ↗ATOVS.

Toxine, von Pflanzen und Tieren zur Verteidigung gegen ↗Herbivoren, Räuber und Parasiten gebil-

toxische Metalle 2: Zusammenhang zwischen Transferfaktor Boden-Pflanze und Grenz-pH-Wert (= Boden-pH, ab dem eine verstärkte Metallmobilisierung eintritt).

dete, giftig wirkende Substanzen. Als Toxine werden aber auch von parasitisch lebenden Organismen ausgeschiedene Stoffwechselprodukte bezeichnet, die sich schädigend auf den Wirt auswirken.

toxische Abbauprodukte, beim ↗Abbau von Stoffen kann es entweder zu einer vollständige Mineralisierung oder zur Bildung von ↗Metaboliten kommen. Diese Metabolite können z. T. toxischer sein als die Ausgangsverbindungen. So kann beispielsweise beim biologischen ↗Abbau von Nitroverbindungen (Nitrobenzole, Nitrophenole, Trinitrotoluol) unter anaeroben Bedingungen die Nitrogruppe durch Reduktasen schrittweise über die Nitroso- und die Hydroxylaminverbindung zum Amin (Anilin) abgebaut werden. Die Aniline können durch eine Dioxygenase zu den Brenzkatechinen umgewandelt werden. Allerdings ist hierfür Sauerstoff notwendig, so daß unter anaeroben Bedingungen die Aniline akkumulieren und in der Regel polymerisieren. Diese Polymerisate sind oft toxisch. Ein weiteres Beispiel für ein toxisches Metabolit ist das cancerogene Vinylchlorid, das aus dem relativ harmlosen ↗Tetrachlorethen entstehen kann. [ME]

toxische Metalle, viele Spurenmetalle üben bei der Überschreitung einer Schwellenkonzentration negative Effekte auf Mikroorganismen, Pflanzen, Tiere oder Menschen aus (Abb. 1). Die-

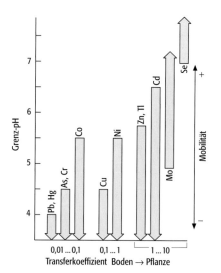

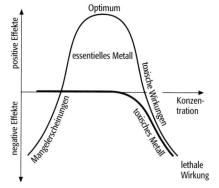

toxische Metalle 1: Zusammenhang zwischen Metallkonzentration und Effekten auf die Biosphäre für essentielle (Mikronährstoffe) und toxische Metalle.

se Schwelle wird in der Toxikologie durch die höchste Dosis bzw. Dosisrate, die noch nicht zu erkennbaren nachteiligen Wirkungen führt (NOAEL = no observed adverse effect level), bzw. durch die geringste Dosis, die bereits zu erkennbaren nachteiligen Wirkungen führt (LOAEL = lowest observed adverse effect level), charakterisiert. Diese sind auch Grundlage für die schutzgut- und z. T. metallspezies-orientierte Ableitung von Schwellen- und Grenzwerten. Zu unterscheiden dabei zwischen einer akuten (sehr rasch einsetzenden) und einer chronischen Wirkung (Effekte geringer, über längere Zeiträume eingenommener Dosen). Entsprechend der Zielgruppe kann die toxische Wirkung der Metalle klassifiziert werden in Phytotoxizität, Zootoxizität und Humantoxizität. Neben ihrer toxischen Wirkung zeigen viele Metalle in kleinen Konzentrationen auch positive Effekte (essentielle Metalle, Mikronährstoffe). Das Eindringen toxischer

Metalle in die Nahrungskette beginnt häufig mit ihrer Mobilisierung in Böden und der Aufnahme in Nutzpflanzen. Generell nimmt dabei die Mobilität der Metalle mit sinkendem Boden-pH-Wert (Grenz-pH-Wert) zu (Abb. 2). Für den oft mit Methylierungsschritten verbundenen Übergang in die Pflanzen wurden experimentell und in Freilandstudien Transferkoeffizienten bestimmt, die ausdrücken, wie stark die Metallkonzentrationen der Pflanzen die Gehalte des Substrates widerspiegeln (Tab.). [TR]

toxische Metalle (Tab.): essentielle und toxische Bedeutung einiger Metalle.

	essentiell		toxisch	
	Pflanzen	Tiere	Pflanzen	Tiere
Blei			●	●
Cadmium			●	●
Chrom		●		●
Kobalt		●		
Kupfer	●	●	●	●
Mangan	●	●		
Molybdän	●	●		
Nickel		●		●
Quecksilber			●	●
Selen		●		●
Zink	●	●	●	●
Zinn		●		

Toxizität, *Giftigkeit,* Giftwirkung eines Stoffes schon bei relativ geringer Konzentration gegenüber lebenden Organismen. Eine reversible oder irreversible schädigende Wirkung kann unmittelbar erfolgen (*akute Toxizität*) oder erst nach längerfristiger Exposition oder Aufnahme des

Stoffes manifest werden (*chronische Toxizität*). Die quantitative Schadwirkung wird im ↗Biotest unter standardisierten Bedingungen ermittelt und mit statistischen Methoden ausgewertet (↗Toxizitätsmessung). Zur chronischen Toxizität werden auch keimschädigende, erbgutverändernde und cancerogene Wirkungen gerechnet.

Toxizitätsmessung, Bestimmung der ↗Toxizität eines Stoffes mit Hilfe eines ↗Biotests. Die Toxizitätsmessung dient der ökotoxikologischen Gefährlichkeitsabschätzung eines Stoffes oder Stoffgemisches. Hauptsächlich werden folgende Kriterien verwendet: Minderung von Organismenzahl oder -biomasse, Störung des Stoffwechsels, Verhaltensstörungen und ↗Letalität. Die Toxizitätsmessung an Gewässerorganismen wird der Ökotoxizität zugeordnet (Abgrenzung zur Humantoxizität). Der Nachweis toxischer Wirkungen ist nicht allgemein gültig, sondern testspezifisch. Eine allgemeine Gefährlichkeitsabschätzung wird näherungsweise durch den Einsatz einer Vielzahl unterschiedlicher Toxizitätstests erreicht. Unter Beachtung des Tierschutzgesetzes unterliegen Toxizitätsmessungen an Wirbeltieren in Deutschland strengen Regelungen. Zunehmend gewinnen schmerzfreie Systeme an Bedeutung: Biotests mit niederen, wirbellosen Tieren, Bakterien (z. B. Leuchtbakterientest mit *Vibrio fischeri*) und Algen. Auch Enzymtests können trotz eng begrenzter Aussagefähigkeit für bestimmte Fragen eingesetzt werden. Bei Vorhandensein eines bekannten Stoffes kann dessen Toxizität als Wirkkonzentration angegeben werden, z. B. die Konzentration, bei der die Hälfte aller Modellorganismen abstirbt (Bezeichnung: LC_{50}). Die von einer Umweltprobe auf einen Modellorganismus ausgehende Ökotoxizität wird besser durch den pT-Wert des empfindlichsten Organismus beschrieben. Der pT-Wert wird definiert als der negative binäre Logarithmus der ersten nicht mehr toxischen Verdünnung in einer Verdünnungsreihe mit dem Verdünnungsfaktor 2. Eine Anwendung erfolgt u. a. zur Klassifizierung von Gewässersedimenten sowie zur Überwachung (Monitoring) von Gewässern. Bei Anwesenheit von Giftstoffen werden Änderungen der Aktivität und des Verhaltens von Testorganismen (Fische, Muscheln) registriert und falls erforderlich ein Alarmsignal ausgelöst. [MW]

Tracer, *Markierungsstoff*, *Markierungsmittel*, *Leitstoff*, leicht nachweisbarer Stoff, der in der Hydrogeologie, Hydrologie, Geotechnik, Ozeanographie und Klimatologie zur Markierung (*Markierungsversuch*) bei zahlreichen Aufgabenstellungen eingesetzt wird (↗geohydrologische Markierungstechnik). Tracer werden in geringen Mengen in Fließgewässer oder in Grundwasser eingebracht, um die Fließwege und Fließeigenschaften wie Fließgeschwindigkeit, Fließzeiten, Aufenthaltsdauer, ↗Dispersion usw. zu ermitteln. In der Klimatologie werden mit ihrer Hilfe Bewegungs- und Transportvorgänge in der Atmosphäre verfolgt, in der Ozeanographie markieren lange im Meer verweilende Tracer die Zirkulation von Wassermassen (↗Zirkulationssystem der Ozeane).

Wird auf einen im zu untersuchenden System bereits vorhandenen Stoff zurückgegriffen, spricht man von einem »natürlichen Tracer«, der allerdings durchaus auf eine anthropogene Kontamination zurückgehen kann. Beim gezielten Einsatz eines im System nicht vorhandenen Stoffes wird von einem »künstlichen Tracer« gesprochen. Für die Wassermarkierung werden bevorzugt verschiedene Salze, Farbstoffe, radioaktive und aktivierungsanalytische Isotope sowie verschiedene Triftkörper (Sporen, Bakterien, Phagen) eingesetzt. Ideale oder konservative Tracer verhalten sich im System wie das Wasser, reaktive Tracer reagieren mit anderen Stoffen und zeigen dadurch ein vom Wasser abweichendes Ausbreitungsverhalten.

Tracerdurchbruchkurve ↗Tracerdurchgang.

Tracerdurchgang, zeitlicher Verlauf des Tracernachweises in einer Beobachtungsstelle. Der über die Zeit aufgetragene Konzentrationsverlauf wird als Tracerdurchgangskurve oder *Tracerdurchbruchskurve* bezeichnet. Verlauf und Form der Kurve werden durch die verschiedenen Prozesse beim Stofftransport bestimmt. Die kennzeichnenden Parameter der Kurve sind der Zeitpunkt des ersten Auftreten des Tracers, der Zeitpunkt der höchsten Konzentration und der Zeitpunkt für den mittleren Durchgang. Aus der Differenz des letzten Wertes und dem Eingabezeitpunkt errechnet sich die Halbwertszeit für den Tracertransport.

Tracerhydrologie, Teilbereich der ↗Hydrologie, der sich mit der Untersuchung der Fließ- und Verweilzeiten sowie der Ausbreitungsvorgänge von Wasser oder von im Wasser transportierten Stoffen in ober- und unterirdischen Gewässern mit natürlichen (im Wasser bereits enthaltenen) oder künstlichen (dem Wasser hinzugefügten) Markierstoffen (↗Tracer), wie z. B. Salzmischungen, Farbstoffe, radioaktive Isotope (↗Isotopenhydrologie), befaßt. ↗Tracermessung.

Tracermessung, *Verdünnungsmessung*, in der Hydrologie ein Verfahren zur Ermittlung von ↗Durchflüssen an Fließgewässern mit Hilfe von Markierungsstoffen (↗Tracer). Eine Anwendung findet hauptsächlich dort statt, wo wegen starker Turbulenzen, großem Gefälle, unregelmäßigem Querschnitt, starker Treibzeug- und Geschiebeführung oder zu großer Fließgeschwindigkeit ↗Meßflügel nicht einsetzbar sind. Dabei wird ein Markierungsstoff mit bekannter Menge oder Konzentration in das Gewässer eingeleitet. Nach vollständiger Durchmischung werden dem Gewässer Proben entnommen und die Konzentration des nunmehr verdünnten Markierungsstoffes bestimmt. Der Durchfluß ergibt sich aus dem Verdünnungsverhältnis. Für die Tracermessung sind zwei Methoden gebräuchlich, die Methode mit konstanter Eingabe und die Integrationsmethode (momentane Eingabe). Als Markierungsstoffe werden meist Fluoreszenzfarbstoffe oder Salze verwendet sowie radioaktive Stoffe; deren Einsatz unterliegt jedoch besonderen Sicherheitsvorschriften. [EWi]

Tracheophyten, *Gefäßpflanzen*, sind ↗Kormophyten mit ↗Leitbündeln in ↗Wurzel, ↗Sproßachse und ↗Blatt. Dieser ↗Organisationstyp des Vegetationskörpers mit Leitbündeln, die den Stofftransport zwischen räumlich getrennten Organen optimieren, ermöglichte den ↗Pteridophyta und ↗Spermatophyta eine funktionsmorphologisch erfolgreiche Anpassung an ein Leben auf dem Land. Tracheophyten entwickelten sich aus ↗Chlorophyta, vielleicht aus ursprünglichen ↗Charophyceae und sind ab dem Obersilur (↗Silur) in marinen Sedimenten (eingeschwemmt), im Unterdevon (↗Devon) aber bereits aus Ablagerungen des Gezeitenbereichs und aus terrestrischen Vorkommen bekannt. Der Wechsel aus dem nassen Lebensraum – wo der Organismus allseits vom lebensnotwendigen Wasser umgeben ist, das zusammen mit Nährstoffen, O_2 und CO_2 über die gesamte Thallusoberfläche (↗Thallus) aufgenommen werden kann – auf das trockene Land zwang zu funktionsmorphologischen Anpassungen im Körperbau, aber auch zu neuen Strategien bei Fortpflanzung und Verbreitung. An Land steht die Pflanze zwar in einem wasser- und mineralstoffhaltigen Boden, ragt jedoch überwiegend in eine O_2- und CO_2-reiche Atmosphäre. Diese unterschiedliche räumliche Verteilung der Nahrungsquellen erzwingt bei den zudem standortfixierten Landpflanzen die Arbeitsteilung zwischen verschiedenen Organen: a) Wurzel mit möglichst großer Oberfläche zur Aufnahme von Wasser und gelösten Mineralsalzen aus dem Boden, b) Blatt für die Aufnahme von O_2 und CO_2 aus der Atmosphäre zur Assimilation, c) Sproßachse, deren Größe die Gesamtphotosynthesefläche der Blätter und deren günstige Exposition zum Licht und somit die Ernährung des Individuums mitbestimmt, und d) Leitbündel für den Stofftransport zwischen den räumlich getrennten Ernährungsorganen und zu den Zellen anderer Pflanzenteile. Für im Wasser lebende Pflanzen stellt die Größe ihres Körpers wegen des Auftriebs kein mechanisches Problem dar. An Land fehlt dieser Auftrieb, und das Kollabieren des Sprosses muß durch mechanische Festigung verhindert werden. Erst mit der Synthese des Holzstoffs ↗Lignin gelang die Ausbildung hinreichend stabiler Zellwände eines Festigungsgewebe, das den Aufbau größerer, hochaufragender (Ernährungsvorteil) und vor allem selbsttragender Landpflanzenkörper ermöglicht, die dann aber fest im Boden verankert sein müssen (Doppelfunktion der Wurzel). Aber nicht nur der Kormus, auch ↗Gameten und ↗Embryo müssen vor Austrocknung geschützt werden, vor allem während ihrer Verbreitung. Da an Land Wasser als Transportmedium nur eingeschränkt zur Verfügung steht, galt es neue Strategien zum Transport von Gameten und Fortpflanzungsprodukten zu entwickelt (↗Sporen, ↗Pollen, ↗Samen, ↗Früchte). Die Evolution des Generationswechsels aus diploidem ↗Sporophyt und haploide Gameten produzierendem ↗Gametophyt war zudem auf eine Verlängerung der diploiden Sporophyten-Generation ausgerichtet, wodurch die genetischen Vorteile des doppelten Chromosomensatzes gegenüber einem einfachen haploiden Chromosomensatz bei Mutationen genutzt werden können. [RB]

Tracht, *Kristalltracht*, Gesamtheit aller Formen und Flächen, die an einem Kristall auftreten. Kristalle gleicher Tracht können aber, bedingt durch die relative Flächenentwicklung, eine andere äußere Gestalt aufweisen. ↗Habitus.

Trachyt, ein ↗Vulkanit, der neben viel Alkalifeldspat Plagioklas, Hornblende und entweder Quarz oder Nephelin führt (↗QAPF-Doppeldreieck).

Tragedy of the Commons, [engl. »Das Unglück der Allgemeingüter«], gemäß diesem Erklärungsversuch der ↗Humanökologie liegt die Ursache der Übernutzung der ↗Umwelt darin, daß in menschlichen Gesellschaften die Gewinne privatisiert, die Kosten dagegen vergesellschaftet werden. Auf einem von mehreren Hirten geteilten Stück Weideland (»↗Allmende«) ist es für den einzelnen Hirten vorteilhaft, soviel Vieh als möglich grasen zu lassen. Die ↗Tragfähigkeit dieses Gebietes wird deshalb rasch erschöpft sein, wenn sich die Gemeinschaft nicht Nutzungsbeschränkungen auferlegt. Dieses Prinzip läßt sich auf alle Teile der ↗Landschaft übertragen, die der Allgemeinheit gleichermaßen zur Verfügung stehen (z. B. unberührte ↗Natur, ↗Naturschutzgebiete, Grünzonen, Flußauen, Oberflächen- und Grundwasser etc.). Aus der Problematik der Tragedy of the Commons wird daher die Legitimation von politischen und wirtschaftlichen Lenkungsmaßnahmen (↗Umweltabgaben) abgeleitet. [DS]

Trägerbohlwand, Wand aus Stahlträgern und einer Ausfachung zur Herstellung von senkrechten Baugrubenumschließungen bis in Tiefen von 25 m. Die Ausfachung besteht aus Holzbohlen oder Stahlbetonfertigteilen, die hinter den Trägerflanschen eingesetzt und verkeilt werden, oder bewehrtem Ortbeton. Die Stahlträger werden vor dem Baugrubenaushub in Abständen von 1,5 m bis 3 m eingerammt oder in vorgebohrte Löcher eingesetzt; die Ausfachung folgt während des Baugrubenaushubs. Zur Abstützung werden ↗Anker oder Steifen verwendet, wobei heute Anker dem Regelfall entsprechen.

trägergeglättete Codemessungen, *carrier smoothed pseudoranges*, Verfahren zur Verbesserung der Nutzerposition beim ↗Differential-GPS. Die wesentlich genaueren Trägerphasenbeobachtungen werden über geeignete Gewichtsfunktionen mit den ungenaueren Codemessungen kombiniert und erzeugen ein geglättetes Ergebnis, ohne die ↗Phasenmehrdeutigkeiten exakt zu lösen. Die Genauigkeit beträgt im DGPS Modus 0,5 bis 1 m, die auch mit preiswerten Handgeräten erzielt werden kann. Typische Anwendungen liegen im Geoinformationswesen.

Tragfähigkeit, 1) *Ingenieurgeologie*: Grenzlast, a) in Böden die maximale Last (z. B. von einem Bauwerk ausgehend), der der Boden aufnehmen kann, ohne daß es zu einem Grundbruch kommt (↗Grundbruchsicherheit). b) nach DIN 1054 die Last Q_g, unter der ein Druckpfahl bei einer Probebelastung merkbar versinkt bzw. ein Zugpfahl sich merkbar hebt. Im Last-Setzungs- bzw. Last-Hebungsdiagramm wird Q_g bei der Grenzsetzung s_g erreicht, d. h. an der Stelle, wo der flache Kurvenbereich in den steil abfallenden Kurvenabschnitt übergeht. **2)** *Landschaftsökologie*: *Carrying capacity*, maximale Zahl an Organismen, ↗Arten oder ↗Populationen, die in einem ↗Lebensraum existieren können, ohne diese nachhaltig zu schädigen. Das Fassungsvermögen des Lebensraumes ist bei natürlichen ↗Ökosystemen nur vom ↗Naturraumpotential, also vom ↗Leistungsvermögen des Landschaftshaushaltes, und den Ansprüchen der sich darin befindenden ↗Lebensgemeinschaften abhängig. Die Populationsgröße kann sich so lange ausdehnen, bis eine bestimmte ↗Wachstumsgrenze erreicht ist. Ab diesem Sättigungsgrad kann das Ökosystem nicht mehr alle Individuen ernähren, das Naturraumpotential wird übernutzt, die natürliche ↗Regenerationsfähigkeit des Ökosystems beeinträchtigt und das langfristige Überleben der Population ist nicht mehr gewährleistet. Durch die Übernutzung wird auch die Funktionsfähigkeit des Lebensraumes selber beeinträchtigt. Diese Prinzipen gelten analog auch für die Tragfähigkeit unserer Erde. Diese ist ebenfalls beschränkt und kann nur eine bestimmte Obergrenze an Menschen ernähren (↗Welternährungsproblem), auch wenn der Mensch die Nahrungsmittelproduktion beeinflussen kann. Schon Ende des 18. Jh. warnte der englische Demograph Malthus, daß die Weltbevölkerung exponentiell, die Nahrungsmittelproduktion aber nur linear wächst (Abb. 1). Wenn sich das Bevölkerungswachstum nicht verlangsamt oder sich die Nahrungsmittelerträge nicht vergrößern, wird daher die Tragfähigkeit der Erde früher oder später überschritten werden. Exakte Tragfähigkeitsberechnungen zur Vorhersage von Engpässen sind nur für kleine und einfache Lebensräume sowie für die nahe Zukunft möglich. Aussagen über die Tragfähigkeit der Erde bleiben wegen der Vielzahl zu berücksichtigender Naturraumpotentiale, natürlicher und gesellschaftlicher Faktoren sowie der raschen technischen Innovationsschübe immer äußerst spekulativ. Tendenzen sind aber trotzdem ersichtlich. So wird davon ausgegangen, daß selbst bei einer Ertragssteigerung in der ↗Landwirtschaft auf das mehrfache der heutigen Werte in mehreren Jahrzehnten die Grenzen des Wachstums erreicht werden. Die Tragfähigkeit eines bestimmten Lebensraumes ist nicht immer konstant gleich groß, sondern verschiebt sich in Abhängigkeit natürlicher oder anthropogen verursachter Veränderungen des Funktionsgefüges des betreffenden Ökosystems (Abbildung 2).

Tragfähigkeit des Baugrunds ↗Baugrund.
Trägheit, 1) Eigenschaft eines Massenpunktes, sich ohne Wirkung äußerer Kräfte mit konstanter Geschwindigkeit geradlinig zu bewegen. 2) bei Meßinstrumenten: zeitliche Verzögerung zwischen der Änderung der zu messenden Größe (z. B. Temperatur) und der vom Instrument (z. B.

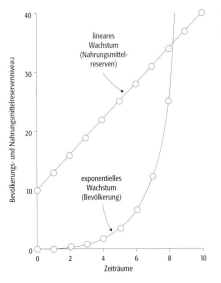

Tragfähigkeit 1: die Tragfähigkeit der Erde.

Quecksilberthermometer) angezeigten Veränderung des Meßwertes.

Trägheitsbeschleunigung, T, *Inertialbeschleunigung*, zweite Ableitung nach der Zeit der Positionsänderung eines Probemassenpunktes in einem von gravitativen Beschleunigungen freien geometischen 3D-Referenzrahmen mit dem Charakter eines Vektors und der Einheit m/s² (↗Schwereeinheiten); wegen der allgegenwärtigen Gravitation abstraktes Konstrukt, das physikalisch näherungsweise in einem frei fallenden Referenzrahmen oder auf der Erde nach rechnerischer Eliminierung der Gravitation realisiert werden kann. Die Bestimmung von T erfolgt entweder aus der kinematischen Beschleunigung $\ddot{r}$, also der zeitlichen Ableitung der Positions-/Geschwindigkeitsänderung:

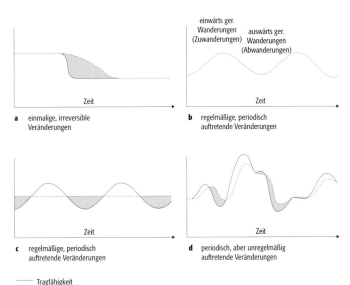

Tragfähigkeit 2: Änderung der Tragfähigkeit und die Auswirkungen auf die Bevölkerungszahl.

$$b = \ddot{r} = \frac{dr}{dt}\dot{r} = \frac{d^2r}{dt^2}r$$

des Probemassenpunktes m auf seiner geometrischen Trajektorie, oder durch Messung der Kraft K gemäß dem Newtonschen Gesetz:

$$K = m \cdot g = m \cdot \ddot{r}$$

(↗Beschleunigungsmesser). Eine Diskussion, ob T nach Mach durch die Gravitation ferner Massen oder nach der allgemeinen Relativitätstheorie als flach gedachte Idealisierung eines allgemein gravitationsbestimmten gekrümmten Raumes erklärt werden sollte, erübrigt sich für die hiesige Anwendung, da die Newtonsche Vorstellung ausreicht. [GBo]

Trägheitsfrequenz, Frequenz F der ↗Trägheitswelle: $F = f/2\pi$, wobei f den ↗Coriolisparameter angibt.

Trägheitskreis, Bahn, die ein Luftpaket oder ein Wasserteilchen beschreibt, auf welches nur die ↗Corioliskraft wirkt. Der Radius des Trägheitskreises R wird durch die Partikelgeschwindigkeit u und den ↗Coriolisparameter f bestimmt:

$$R = u/f.$$

Für typische Verhältnisse in der ↗Atmosphäre beträgt dieser etwa 100 km. Die Zeit, die zum Durchlaufen des Trägheitskreises notwendig ist, bezeichnet man als Trägheitsperiode T. Diese bestimmt sich aus dem Coriolisparameter f:

$$T = 2\pi/f$$

und beträgt in mittleren Breiten etwa 15 Stunden. In der Natur wird ein perfekter Trägheitskreis praktisch nie beobachtet, da außer der Corioliskraft meist noch Druckkraft und Reibungskraft wirken. Dennoch lassen sich deutliche Signale des Trägheitskreises beispielsweise in ↗Trajektorien von frei driftenden Ozeanbojen nachweisen. [DE]

Trägheitsmoment, J, ergibt sich bei einem um eine ausgewiesene Achse rotierenden Körper aus der Summe über die einzelnen Massenelemente m, multipliziert mit dem jeweiligen Achsenabstand r zum Quadrat:

$$J = \Sigma m \cdot r^2.$$

Bei der Beschreibung der Rotation der Erde spielt der ↗Trägheitstensor J eine wichtige Rolle.

Trägheitsnavigation ↗Navigation.

Trägheitsnavigationssystem, *Inertialnavigationssystem*, *Inertial Measurement Unit*, *IMU*, *Inertial Navigation System*, *INS*, Komplex aus im Allgemeinen drei orthogonalen ↗Beschleunigungsmessern (B) und drei Rotationssensoren (R) (Trägheitssensoren) sowie Rechen-, Speicher- und Anzeigemodul. Aus den gemessenen ↗Trägheitsbeschleunigungen in kontrollierten Richtungen wird durch zweifache Integration über die Zeit bei bekannten Anfangsbedingungen und unter Berücksichtigung der Erdrotation und des Erdschwerefeldes eine (relative) Position ermittelt. Nach der Entwicklung eines »künstlicher Horizonts« mit Kreiseln für die Fliegerei wurden in den 1940er Jahren für militärische Anwendungen volle INS entwickelt, später auch zunehmend für zivile Navigation genutzt. Meist wurde zunächst der Sensorkomplex aus Kreiseln, Analogregelkreisen und Kardanrahmen mit Stellmotoren zu sich selbst raumparallel gesteuert (kreiselstabilisierte Plattform), allenfalls der Erdkrümmung nachgeführt. Die Höhe wurde oft unabhängig ermittelt, z. B. barometrisch. In diesem Fall ergibt sich die relative Position besonders übersichtlich aus der direkten Integration der Beschleunigungen. Begünstigt durch schnelle Computer und Fortschritte in der Sensorentwicklung, geht die Entwicklung heute häufig unter Verzicht auf eine Plattform zur direkten Verbindung des Sensorkomplexes mit dem Fahrzeug (fahrzeugfest, »strap-down«) und zur Beobachtung der Richtungsänderung mit rechnerischer Berücksichtigung bei der Integration (analytische Plattform). An Stelle der Kreisel als R treten heute häufig Corioliskreisel (z. B. Stimmgabeln) oder Sagnackreisel (faseroptische- oder Laserkreisel), die robuster und billiger sind. Bei den B sind mikromechanische auf dem Vormarsch. Stärken des Verfahrens sind Echtzeitfähigkeit und Autonomie, d. h. die Unabhängigkeit von Peilsendern, Satelliten etc. Hauptnachteil ist die schlechte Fehlerfortpflanzung, d. h. für längere Missionsdauern (Langstreckenflug, U-Boot) ist hoher Aufwand nötig. Daher bietet sich die Integration mit Navigationsmethoden komplementärer Eigenschaften an, insbesondere mit dem ↗Global Positioning System. [GBo]

Trägheitsstrom, Strömung, die durch ↗Trägheitswellen hervorgerufen wird.

Trägheitstensor, J, wird definiert als:

$$J = \begin{bmatrix} A & -F & -E \\ -F & B & -D \\ -E & -D & C \end{bmatrix}.$$

Er dient dazu, die Verteilung der ↗Trägheitsmomente A, B, C um die drei Trägheitsachsen eines rotierenden Körpers, wie z. B. der Erde, zu beschreiben. Die Trägheitsmomente A, B, C sind ein Maß für die Trägheit eines starren Kreisels gegenüber Drehbewegungen. Die Deviationsmomente D, E, F beschreiben die Unwuchten des Kreisels, verursacht durch asymmetrische Massenverteilung. In einem Hauptträgheitsachsensystem fallen die Deviationsmomente weg, so daß gilt:

$$J = \begin{bmatrix} A & 0 & 0 \\ 0 & B & 0 \\ 0 & 0 & C \end{bmatrix}.$$

Trägheitswelle, Welle, die sich durch das Gleichgewicht von Beschleunigungs- und ↗Corioliskraft ergibt. Im Idealfall bewegen sich die Wasserteilchen in horizontaler Richtung mit der Periode

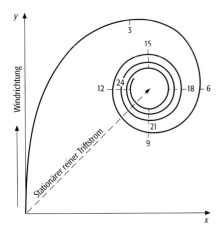

Trägheitswelle: Entwicklung der Strömung nach Einsetzen eines Windes. Die Spirale stellt die Endpunkte der Stromvektoren dar.

T auf dem ↗Trägheitskreis. Es gilt: $T = 2\pi/f$, wobei f den ↗Coriolisparameter angibt. Angeregt werden Trägheitswellen vorwiegend durch plötzliche Windereignisse. Die Abbildung zeigt die sich ergebenen Endpunkte der Stromvektoren nach Einsetzen eines Windes.

Tragschicht, Lage im Untergrund, die zur Stabilisierung, d. h. zum Tragen darüberliegender Schichten und Bauwerke dient. Als Tragschicht gilt z. B. die Frostschutzschicht in frostgefährdeten Gebieten.

Training Area ↗Trainingsgebiet.

Trainingsgebiet, *training area*, *Referenzgebiet*, Stichprobenfläche, die als Referenz für die ↗überwachten Klassifizierungen dient und damit die Geländeinformation repräsentiert. Trainingsgebiete haben einen großen Einfluß auf die Qualität der Ergebnisse der Klassifizierungen, so daß bei ihrer Auswahl und Abgrenzung auf verschiedene Eigenschaften zu achten ist: a) Repräsentativität, d. h. sie sollen für die zugehörige Objektklasse typisch sein, b)Homogenität, d. h. innerhalb eines Trainingsgebiets sollen keine klassenfremden ↗Bildelemente vorhanden sein.

Trajektorie, Verbindungslinie aller Orte, an denen sich ein Strömungspartikel im Laufe der Zeit befindet. Trajektorien können entweder aus der kontinuierlichen Verfolgung von schwebenden Objekten (z. B. Ballonen) ermittelt oder aus den jeweils vorliegenden Geschwindigkeitsfeldern errechnet werden. In der Praxis werden Trajektorien z. B. zur Vorhersage von Fahrten mit bemannten Ballonen oder zur Ermittlung der Ausbreitung von freigesetzten Schadstoffwolken in der Atmosphäre verwendet.

Transamazonische Orogenese ↗Proterozoikum.

Transantarktischer Gebirgsgürtel ↗Proterozoikum.

Transferstörung, *Transferzone*, ↗Seitenverschiebung.

Transfluenzpaß, ein vom Eis überschliffener und erniedrigter Übergang von einem Tal in ein benachbartes in einem rezent oder ehemals vergletscherten Gebirge. Transfluenzpässe entstehen, wenn aus einem mit ↗Gletschereis angefüllten Tal Eis überfließt. Dies ereignet sich besonders häufig bei ↗Eisstromnetzen. Die Fließrichtung über dem Paß kann dabei wechseln. Transfluenzpässe sind gegenüber anderen Pässen desselben Gebirgskammes deutlich niedriger, sie weisen ein durch ↗Detersion hervorgerufenes Flachrelief mit Paßseen auf. Viele Alpenpässe verdanken ihre verkehrsgünstige Funktion dieser Erosionswirkung des Eises, z. B. St. Gotthardpaß oder Brennerpaß.

Transformation, 1) Transformation zwischen globalen Koordinatensystemen: Übergang von einem ersten erdfesten globalen Koordinatensystem (Startsystem) zu einem zweiten (Zielsystem). Start- bzw. Zielsystem können entweder ein ↗globales geozentrisches Koordinatensystem oder ein ↗konventionelles geodätisches Koordinatensystem sein. Im allgemeinen unterscheiden sich die Koordinatensysteme in ihren Ursprüngen, den Orientierungen ihrer Koordinatenachsen und ihren Maßstäben. Man spricht deshalb auch von einer Ähnlichkeitstransformation. Zur mathematischen Darstellung einer Koordinatentransformation zwischen dreidimensionalen rechtwinklig kartesischen Koordinaten verwendet man Translationen entlang dreier Raumrichtungen durch Translationsvektoren und Drehungen um drei Drehachsen durch ↗Drehmatrizen. Ein skalarer Faktor berücksichtigt die unterschiedlichen Maßstäbe. Im allgemeinen kann man davon ausgehen, daß alle Transformationsparameter klein sind. Eine Transformation zwischen Koordinatensystemen mit unterschiedlichem Orientierungssinn erfordert zusätzlich eine Spiegelung, die durch ↗Spiegelungsmatrizen vollzogen werden kann. Zur Formulierung eines speziellen Transformationsmodells ist es notwendig, den Drehpunkt und die Drehachsen zu definieren, wobei sich die Drehachsen im Drehpunkt schneiden.

Als Startsystem sei das Koordinatensystem S_K betrachtet und als Zielsystem das Koordinatensystem S_G. Mit den Größen $\vec{X}$ =Ortsvektor des zu transformierenden Punktes im System S_G, $\vec{x}$ = Ortsvektor des zu transformierenden Punktes im System S_K, $\vec{x}_0$ = Ortsvektor des Drehpunktes im System S_K, $\vec{R}$ = Translationsvektor der Ursprünge beider Systeme $S_G \to S_K$, $M = (1+m)$ = Maßstabsfaktor, D = Drehmatrix, die sich aus drei infinitesimalen Drehungen um vorgegebene Drehachsen zusammensetzt, lautet die allgemeine Transformationsformel (Abb. 1):

$$\begin{pmatrix} {}^G X_1 \\ {}^G X_2 \\ {}^G X_3 \end{pmatrix} = \begin{pmatrix} {}^G R_1 \\ {}^G R_2 \\ {}^G R_3 \end{pmatrix} + \begin{pmatrix} {}^K x_{1,0} \\ {}^K x_{2,0} \\ {}^K x_{3,0} \end{pmatrix} + DM \begin{pmatrix} {}^K x_1 - {}^K x_{1,0} \\ {}^K x_2 - {}^K x_{2,0} \\ {}^K x_3 - {}^K x_{3,0} \end{pmatrix}.$$

Beispielsweise können folgende Vereinbarungen getroffen werden: Drehpunkt $\vec{x}_0$ ist der Ursprung des Systems S_K:

Transformation

Transformation 1: geometrische Veranschaulichung der allgemeinen Ähnlichkeitstransformation.

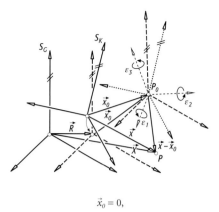

$\vec{x}_0 = 0,$

Drehung **D**:

$$\mathbf{D}_B(\varepsilon_x,\varepsilon_y,\varepsilon_z) := \mathbf{D}_3(\varepsilon_z)\mathbf{D}_2(\varepsilon_y)\mathbf{D}_1(\varepsilon_x).$$

Als Transformationsformel erhält man:

$$\begin{pmatrix} {}^G X_1 \\ {}^G X_2 \\ {}^G X_3 \end{pmatrix} = \begin{pmatrix} {}^G R_1 \\ {}^G R_2 \\ {}^G R_3 \end{pmatrix} + \mathbf{D}_B(\varepsilon_x,\varepsilon_y,\varepsilon_z) M \begin{pmatrix} {}^K x_1 \\ {}^K x_2 \\ {}^K x_3 \end{pmatrix}.$$

Dieses häufig verwendete Transformationsmodell wird auch als *Bursa-Wolf-Modell* bezeichnet. Ein weiteres Transformationsmodell erhält man mit den Vereinbarungen (Molodensky-Badekas-Modell): Drehpunkt $\vec{x}_0$ ist der Fundamentalpunkt der Triangulation im System S_K, Drehung **D**:

$$\mathbf{D}_B(\varepsilon_x,\varepsilon_y,\varepsilon_z) := \mathbf{D}_3(\varepsilon_z)\mathbf{D}_2(\varepsilon_y)\mathbf{D}_1(\varepsilon_x).$$

Die Drehmatrix entspricht der des Bursa-Wolf-Modells. Die Transformationsformel ergibt sich zu:

$$\begin{pmatrix} {}^G X_1 \\ {}^G X_2 \\ {}^G X_3 \end{pmatrix} = \begin{pmatrix} {}^G R_1 \\ {}^G R_2 \\ {}^G R_3 \end{pmatrix} + \begin{pmatrix} {}^K x_{1,0} \\ {}^K x_{2,0} \\ {}^K x_{3,0} \end{pmatrix} +$$

$$\mathbf{D}_B(\varepsilon_x,\varepsilon_y,\varepsilon_z) M \begin{pmatrix} {}^K x_1 - {}^K x_{1,0} \\ {}^K x_2 - {}^K x_{2,0} \\ {}^K x_3 - {}^K x_{3,0} \end{pmatrix}.$$

Ein weiteres Transformationsmodell verwendet die Koordinatenachsen des topozentrischen geodätischen Systems. Damit gelten folgende Vereinbarungen (Veis-Modell): Drehpunkt $\vec{x}_0$ ist der Fundamentalpunkt der Triangulation im System S_K, Drehung **D**: Drehung um die Achsen des topozentrischen geodätischen Systems. Zur Realisierung muß zuerst in dieses System gedreht werden, dann erfolgen die Drehungen um die kleinen Drehwinkel η, ξ und ψ (astrogeodätische ↗Lotabweichungen), anschließend erfolgt die Rückdrehung:

$$\mathbf{D}_V := \mathbf{D}_3(-L_0)\mathbf{D}_2(B_0-90°)\mathbf{D}_1(-\eta)$$
$$\mathbf{D}_2(-\xi)\mathbf{D}_3(\psi)\mathbf{D}_2(90-B_0)\mathbf{D}_3(L_0)$$

und die Transformationsformel lautet:

$$\begin{pmatrix} {}^G X_1 \\ {}^G X_2 \\ {}^G X_3 \end{pmatrix} = \begin{pmatrix} {}^G R_1 \\ {}^G R_2 \\ {}^G R_3 \end{pmatrix} + \begin{pmatrix} {}^K x_{1,0} \\ {}^K x_{2,0} \\ {}^K x_{3,0} \end{pmatrix} +$$

$$\mathbf{D}_V(\varepsilon_x,\varepsilon_y,\varepsilon_z) M \begin{pmatrix} {}^K x_1 - {}^K x_{1,0} \\ {}^K x_2 - {}^K x_{2,0} \\ {}^K x_3 - {}^K x_{3,0} \end{pmatrix}.$$

Die Transformationsparameter werden mit Hilfe einer räumlichen ↗Helmert-Transformation aus den Koordinaten identischer Punkte berechnet.
2) Transformation zwischen globalen und lokalen Koordinatensystemen: Übergang von einem erdfesten globalen Koordinatensystem (Startsystem) zu einem erdfesten lokalen Koordinatensystem (Zielsystem) oder umgekehrt. Start- bzw. Zielsystem können entweder ein ↗globales geozentrisches Koordinatensystem bzw. ein ↗topozentrisches astronomisches Koordinatensystem oder ein ↗konventionelles geodätisches Koordinatensystem bzw. ein ↗lokales ellipsoidisches Koordinatensystem sein. Die Transformationsformeln zwischen dem ↗globalen geozentrischen Koordinatensystem und einem ↗topozentrischen astronomischen Koordinatensystem sind grundlegend für die Modellbildung der Dreidimensionalen Geodäsie. Die Transformation beinhaltet zwei Drehungen, nämlich um die astronomischen Koordinaten λ und φ, die die z-Achse des lokalen Systems bezüglich des globalen Systems festlegen, sowie eine anschließende Spiegelung (Spiegelungsmatrix):

$$\mathbf{T}(\lambda,\varphi) := \mathbf{P}_1\mathbf{D}_2(90°-\varphi)\mathbf{D}_3(\lambda) =$$
$$\begin{pmatrix} -\sin\varphi\cos\lambda & -\sin\varphi\sin\lambda & \cos\varphi \\ -\sin\lambda & \cos\lambda & 0 \\ \cos\varphi\cos\lambda & \cos\varphi\sin\lambda & \sin\varphi \end{pmatrix}.$$

Die Transformationsgleichung für die Transformation der Koordinatendifferenzen bzgl. der beiden Systeme lautet:

$$\begin{pmatrix} {}^T x_1 \\ {}^T x_2 \\ {}^T x_3 \end{pmatrix} = \mathbf{T}(\lambda,\varphi) \begin{pmatrix} {}^G \Delta x_1 \\ {}^G \Delta x_2 \\ {}^G \Delta x_3 \end{pmatrix}.$$

Setzt man die sphärischen Polarkoordinaten im lokalen astronomischen System ein, so erhält man eine Verknüpfung terrestrischer Beobachtungen d,a,z mit Koordinatendifferenzen, bezogen auf das globale geozentrische Koordinatensystem:

$$d = \sqrt{\left(\overset{G}{\Delta x_1}\right)^2 + \left(\overset{G}{\Delta x_2}\right)^2 + \left(\overset{G}{\Delta x_3}\right)^2},$$

$$a = \arctan \frac{-\sin\lambda \overset{G}{\Delta x_1} + \cos\lambda \overset{G}{\Delta x_2}}{-\sin\varphi\left(\cos\lambda \overset{G}{\Delta x_1} + \sin\lambda \overset{G}{\Delta x_2}\right) + \cos\varphi \overset{G}{\Delta x_3}},$$

$$z = \arccos \frac{\cos\varphi\left(\cos\lambda \overset{G}{\Delta x_1} + \sin\lambda \overset{G}{\Delta x_2}\right) + \sin\varphi \overset{G}{\Delta x_3}}{d}.$$

Entsprechende Transformationsgleichungen ergeben sich für den Übergang zwischen einem konventionellen geodätischen Koordinatensystem und einem lokalen ellipsoidischen Koordinatensystem.

3) Transformation zwischen lokalen Koordinatensystemen: Übergang von einem ersten erdfesten lokalen Koordinatensystem (Startsystem) zu einem zweiten (Zielsystem). Start- bzw. Zielsystem können entweder ein ↗topozentrisches astronomisches Koordinatensystem ($\vec{e}_1^T, \vec{e}_2^T, \vec{e}_3^T$) oder ein lokales ellipsoidisches Koordinatensystem ($\vec{e}_1^L, \vec{e}_2^L, \vec{e}_3^L$) sein. Nimmt man die Ursprünge beider Koordinatensysteme in einem Punkt P im Bereich der Erdoberfläche an, dann unterscheiden sie sich lediglich um kleine Klaffungswinkel, wenn die entsprechenden Koordinatenflächen und dazu rechtwinkligen Koordinatenlinien die ↗Äquipotentialflächen und ↗Lotlinien des ↗Schwerefeldes annähern. Die beiden infinitesimalen Winkel ξ und η um die lokale y- und x-Achse des lokalen ellipsoidischen Koordinatensystem können als Abweichungen eines Lotes von einer Ellipsoidnormalen im Punkt P interpretiert werden. Sie werden ↗astrogeodätische Lotabweichungen genannt. Der infinitesimale Winkel ψ um die z-Achse des lokalen ellipsoidischen Koordinatensystem wird als ↗Lotabweichungskomponente in der Horizontebene (azimutale Komponente) bezeichnet. Die Lotabweichungskomponenten und die azimutale Komponente können in Abhängigkeit von den Klaffungswinkeln $\varepsilon_x, \varepsilon_y, \varepsilon_z$ zwischen den beiden globalen Koordinatensystemen (↗globales geozentrisches Koordinatensystem ($\vec{e}_1^G, \vec{e}_2^G, \vec{e}_3^G$) bzw. ↗konventionelles geodätisches Koordinatensystem ($\vec{e}_1^K, \vec{e}_2^K, \vec{e}_3^K$)) ausgedrückt werden (Abb. 2):

Ostkomponente der Lotabweichung (Lotabweichungskomponente in Länge):

$$\eta = (\lambda-L)\cos B - (\varepsilon_x \cos L + \varepsilon_y \sin L)\sin B + \varepsilon_z \cos B,$$

Nordkomponente der Lotabweichung (Lotabweichungskomponente in Breite):

$$\xi = (\varphi-B) + \varepsilon_x \sin L - \varepsilon_y \cos L,$$

azimutale Lotabweichungskomponente:

$$\psi = (\lambda-L)\sin B + (\varepsilon_x \cos L + \varepsilon_y \sin L)\cos B + \varepsilon_z \sin B.$$

Damit sind die Differenzen der Azimute und Zenitdistanzen im topozentrischen astronomischen Koordinatensystem ($\vec{e}_1^T, \vec{e}_2^T, \vec{e}_3^T$) und im lokalen ellipsoidischen Koordinatensystem ($\vec{e}_1^L, \vec{e}_2^L, \vec{e}_3^L$) festgelegt. Für die Differenz zwischen astronomischem und ellipsoidischem Azimut gilt:

$$a-\alpha = (\lambda-L)\sin B + \cot\xi[(\varphi-B)\sin\alpha - (\lambda-L)\cos B\cos\alpha] + (\varepsilon_x \cos L + \varepsilon_y \sin L)\cos B + \varepsilon_z \sin B + \cot\xi[\varepsilon_x(\cos L \sin B \cos\alpha + \sin L \sin\alpha) + \varepsilon_y(\sin L \sin B \cos\alpha - \cos L \sin\alpha) - \varepsilon_z \cos B \cos\alpha]$$

sowie für die Differenz zwischen Zenitdistanz und ellipsoidischer Zenitdistanz:

$$z-\zeta = -[(\varphi-B)\cos\alpha + (\lambda-L)\cos B \sin\alpha] + \varepsilon_x(\cos L \sin B \sin\alpha - \sin L \cos\alpha) + \varepsilon_y(\sin L \sin B \sin\alpha + \cos L \cos\alpha) - \varepsilon_z \cos B \sin\alpha.$$

Aus theoretischen und praktischen Gründen wird bei der Lagerung und Orientierung ↗geodätischer Netze die Parallelität der globalen erdfesten Koordinatensysteme angestrebt, so daß die Drehwinkel ($\varepsilon_x, \varepsilon_y, \varepsilon_z$) in den meisten Fällen zu Null angenommen werden können.

4) Transformation zwischen natürlichen und ellipsoidischen Koordinaten: Übergang von dem im Schwerefeld der Erde definierten System ↗natürlicher Koordinaten (φ, λ, W) in das System ↗ellipsoidischer Koordinaten (B, L, h). Die Transformation erfordert die Kenntnis der infinitesimalen Drehwinkel ($\varepsilon_1, \varepsilon_2, \varepsilon_3$) zwischen den beiden globalen Koordinatensystemen (globales geo-

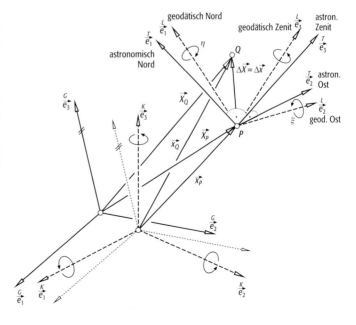

Transformation 2: Transformation zwischen topozentrischem astronomischen und lokalem ellipsoidischen Koordinatensystem.

zentrisches Koordinatensystem $(\overset{G}{e}_1, \overset{G}{e}_2, \overset{G}{e}_3)$ bzw. konventionelles geodätisches Koordinatensystem $(\overset{K}{e}_1, \overset{K}{e}_2, \overset{K}{e}_3)$ sowie die Komponenten der astrogeodätischen Lotabweichung ξ und η und die Lotabweichungskomponente in der Horizontebene ψ. Die ellipsoidischen Koordinaten B und L ergeben sich dann aus den Formeln:

$$B = \varphi - \xi + \varepsilon_x \sin L - \varepsilon_y \cos L,$$
$$L = \lambda - \frac{\eta}{\cos B} - (\varepsilon_x \cos L + \varepsilon_y \sin L) \tan B + \varepsilon_z$$
$$= \lambda - \frac{\psi}{\sin B} + (\varepsilon_x \cos L + \varepsilon_y \sin L) \cot B + \varepsilon_z$$

bzw. unter der Voraussetzung paralleler Achsen der globalen Koordinatensysteme:

$$B = \varphi - \xi,$$
$$L = \lambda - \frac{\eta}{\cos B} = \lambda - \frac{\psi}{\sin B}.$$

Die natürlichen Koordinaten eines Punktes P umfassen neben den Richtungskomponenten der Zenitrichtung noch den Wert des ↗Schwerepotentials W der Äquipotentialfläche durch diesen Punkt. Er entspricht der ↗geopotentiellen Kote C nach einer entsprechenden Festlegung des ↗Vertikaldatums und beschreibt die Höhenlage des Punktes (↗Höhensystem). Die geopotentiellen Koten können mit Hilfe des ↗geodätischen Nivellements bestimmt werden. Um ein Längenmaß zu erhalten, kann (theoretisch gleichwertig) die Länge der Lotlinie, gemessen von einer Bezugsfläche (↗Geoid), angegeben werden. Dieses Höhenmaß ist die ↗orthometrische Höhe H des Punktes. Die Höhenlage des Punktes P, bezogen auf ein konventionelles geodätisches Koordinatensystem mit einem ↗Rotationsellipsoid als ↗Referenzfläche ist die ↗ellipsoidische Höhe h des Punktes P. Geoid und Ellipsoid weichen um die ↗Geoidhöhe N voneinander ab, so daß gilt:

$$h = H + N.$$

5) Transformation zwischen raumfesten und erdfesten Bezugsrahmen: Übergang von einem vereinbarten raumfesten Bezugsrahmen (CCRF) zu einem vereinbarten erdfesten Bezugsrahmen (CTRF) oder umgekehrt. Ein konsistentes System von ↗Bezugsrahmen, raumfesten und erdgebunden, wie z. B. die Bezugsrahmen ↗ITRF und ↗ICRF des internationalen Erdrotationsdienstes ↗IERS, enthält auch die Parameter, um die Transformation zwischen den Bezugsrahmen in konsistenter Weise durchzuführen. Die Transformationen für spezielle, mit einer Jahreszahl versehene Bezugsrahmen entsprechen den folgenden Schritten, wenngleich sich gewisse Abweichungen der numerischen Werte ergeben können. Die Transformation vom CCRF ins CTRF könnte im Prinzip mittels dreier (zeitabhänger) Winkel erfolgen, beispielsweise mit Hilfe der Eulerschen Winkel (↗Eulersche Drehmatrix) oder der kardanischen Winkel (↗kardanische Drehmatrix). Abweichend davon wird die räumliche Drehung in der ↗Astronomie und ↗Geodäsie vereinbarungsgemäß aus verschiedenen Gründen in eine Folge davon abweichender Transformationsschritte zerlegt, die aber wiederum aus Elementardrehungen zusammengesetzt sind. Grundsätzlich handelt es sich beim Übergang zwischen den beiden Bezugsrahmen um zwei Transformationsschritte:

a) Transformation vom mittleren raumfesten Bezugsrahmen (mean celestial reference frame) der Epoche $T_0 = $ ↗J2000 in den wahren raumfesten Bezugsrahmen (true celestial reference frame) zur Epoche T; die Transformation beinhaltet die Drehungen zufolge ↗Präzession und ↗Nutation: Transformation vom mittleren raumfesten Bezugsrahmen der Epoche $T_0 = $ J2000,0 (CCRFT_0) in den mittleren raumfesten Bezugsrahmen T (CCRFT): Präzession (precession),
Transformation vom mittleren raumfesten Bezugsrahmen der Epoche T (CCRFT) in den wahren raumfesten Bezugsrahmen zur selben Epoche T (true celestial reference frame, CRFT): Nutation (nutation),

b) Transformation vom wahren raumfesten Bezugsrahmen der Epoche T in den erdfesten Bezugsrahmen der Epoche T; die Transformation beinhaltet die Drehungen zufolge der tägliche Rotation der Erde und der Polbewegung:
Transformation vom wahren raumfesten Bezugsrahmen der Epoche T (true celestial reference frame, CRFT) in den wahren erdfesten Bezugsrahmen T (true terrestrial reference frame, TRFT): tägliche Drehung (daily rotation),
Transformation vom wahren erdfesten Bezugsrahmen der Epoche T (TRFT) in den ↗vereinbarten erdfesten Bezugsrahmen derselben Epoche T (CTRFT): ↗Polbewegung (polar motion). Die Transformation der rechtwinklig-kartesischen Koordinaten bzgl. des mittleren raumfesten Bezugsrahmens der Epoche $T_0 = 2000,0$ (CCRFT_0) in Koordinaten des vereinbarten erdfesten Bezugsrahmens der Epoche T (CTRFT) gelingt durch die Folge von Drehungen, ausgedrückt in Form von Drehmatrizen:

$$\begin{pmatrix} x \\ y \\ z \end{pmatrix}_{CTRF\ T} = S(GAST, -y_P, -x_P) N(\varepsilon, -\Delta\psi, -\varepsilon - \Delta\varepsilon) P(-\zeta_A, \theta_A, -z_A) \begin{pmatrix} x \\ y \\ z \end{pmatrix}_{CTRF\ T_0}.$$

Die erste Transformation P beschreibt die allgemeine (lunisolare und planetare) Präzession für den Zeitraum zwischen den Epochen $T_0 = 2000,0$ und T. Sie setzt sich aus drei Einzeldrehungen zusammen:

$$P(-\zeta_A, \theta_A, -z_A) := D_3(-z_A) D_2(\theta_A) D_3(-\zeta_A).$$

Die äquatorialen Präzessionsparameter lauten:

$\zeta_A = 2306,''2181\ t + 0,''30188\ t^2 + 0,''017988\ t^3,$
$\theta_A = 2004,''3109\ t - 0,''42665\ t^2 - 0,''041833\ t^3,$
$z_A = 2306,''2181\ t + 1,''09468\ t^2 + 0,''018203\ t^3,$

wobei die Zeitdifferenz t in Julianischen Jahrhunderten der baryzentrischen dynamischen Zeit ↗TDB (Barycentric Dynamical Time, TDB) einzusetzen ist:

$$t = (T-J2000,0)/36525,0$$

und T in ↗Julianischen Jahren der baryzentrischen dynamischen Zeit TDB zu nehmen ist. Diese Parameter entstammen einem numerischen Modell, das von der ↗IAU im Jahre 1976 verbindlich angenommen worden war. In der Zwischenzeit sind genauere Werte bekannt. Die vereinbarten Parameter werden jedoch noch beibehalten, um die Gültigkeit und Konsistenz der Systeme über einen angemessenen Zeitraum zu gewährleisten.

Die zweite Drehung **N** beschreibt die ↗astronomische Nutation zur Epoche T. Sie setzt sich ebenfalls aus drei Einzeldrehungen zusammen:

$$\mathbf{N}(\varepsilon,-\Delta\psi,-\varepsilon-\Delta\varepsilon) := \mathbf{D}_1(-\varepsilon-\Delta\varepsilon)\mathbf{D}_3(-\Delta\psi)\mathbf{D}_1(\varepsilon).$$

Die Drehungen enthalten die mittlere ↗Schiefe der Ekliptik ε und die astronomischen Nutationskomponenten in Länge $\Delta\psi$ sowie in Schiefe $\Delta\varepsilon$. Diese Parameter basieren auf einem numerischen Modell von Wahr, das 1980 von der IAU als verbindlich angenommen worden war. Die mittlere Schiefe der Ekliptik zur Epoche T, ε, die den Winkel zwischen dem mittleren Ekliptiksystem und dem mittleren ↗Äquatorsystem repräsentiert, kann aus der folgenden Formel berechnet werden:

$$\varepsilon = 23°26'21'',448 - 46'',8150\,t - 0,''00059\,t^2 + 0,''001813\,t^3.$$

Die wahre Ekliptikschiefe zur Epoche T ergibt sich aus der Summe $\varepsilon + \Delta\varepsilon$. Die astronomischen Nutationskomponenten in Länge $\Delta\psi$ und in Schiefe $\Delta\varepsilon$ können aus Reihenentwicklungen entnommen werden. Die ersten Terme lauten:

$$\Delta\psi = (-17'',1996 - 0,''01742\,t)\sin\Omega +$$
$$+ (0,''2062 + 0,''00002\,t)\sin(2\Omega) + \ldots$$
$$\Delta\varepsilon = (9,''2025 + 0,''00089\,t)\cos\Omega +$$
$$+ (-0,''0895 + 0,''00005\,t)\cos(2\Omega) + \ldots$$

Die vollständigen Reihenentwicklungen sind beispielsweise in den ↗IERS-Conventions gegeben wie auch verbesserte Theorien für Präzession und Nutation.

Die Drehmatrix **S** beschreibt die tägliche Drehung, ausgedrückt durch die ↗scheinbare Sternzeit des Meridians von Greenwich (Greenwich Apparent Siderial Time, ↗GAST) und zwei Drehungen zufolge der Polbewegung, ausgedrückt durch die ↗Polkoordinaten (x_p, y_p):

$$\mathbf{S}(GAST, -y_p, -x_p) := \mathbf{D}_2(-x_p)\mathbf{D}_1(-y_p)\mathbf{D}_3(GAST).$$

Das wahre raumfeste Bezugssystem (CRFTT) ist durch den wahren raumfesten Äquator (true celestial equator) und durch den wahren raumfesten Ephemeridenpol (true Celestial Ephemeris Pole, CEP) zur Epoche T definiert. Das vereinbarte erdfeste Bezugssystem (CTRFT) ist durch den vereinbarten mittleren erdfesten Äquator (conventional mean terrestrial equator) und den vereinbarten erdfesten Pol (Conventional Terrestrial Pole, CTP) zur selben Epoche T definiert. Die Lage des CEP bzgl. dem CTP ist durch die Parameter der ↗Polbewegung (↗Polkoordinaten (x_p, y_p)) beschrieben. Der Winkel zwischen der x-Achse des CRFT (Richtung des wahren ↗Frühlingspunktes zur Epoche T) und der x-Achse des CTRFT (die in der mittleren astronomischen Meridianebene von Greenwich liegt) ist durch den ↗Stundenwinkel des wahren Frühlingspunktes von Greenwich, der ↗scheinbaren Sternzeit des Meridians von Greenwich (↗GAST), definiert. Die scheinbare Sternzeit Greenwich GAST unterliegt einer ständigen i.a. ungleichförmigen Veränderung wegen der ↗Rotation der Erde. Sie kann aus der mittleren Sternzeit Greenwich (Greenwich Mean Siderial Time, GMST) berechnet werden. Die mittlere Sternzeit Greenwich GMST selbst erhält man aus einem zeitlichen Polynomansatz, der aus der Differenz aus Beobachtungen erhaltenen Weltzeit ↗UT1 (Universal Time 1) und der Atomzeit ↗UTC (Universal Time Coordinated) abgeleitet wird:

$$\Delta t = \text{UTC-UT1}.$$

Die Integration von Δt über einen Tag ergibt die Veränderungen der Tageslänge (Length Of the Day, LOD). Die Zeitdifferenz Δt kann nicht in Form einer analytischen Funktion angegeben werden. Sie muß zusammen mit den Polkoordinaten (X_p, Y_p) durch Beobachtung erfaßt werden und kann erst im nachhinein bekannt gegeben werden.

6) **Transformation von Netzentwürfen**: Die Transformation von Netzentwürfen ist ein Verfahren zur Verbesserung der Eigenschaften von Kartennetzen und damit von Karteninhalten mit klassischen und modernen Methoden.

Bei der Konstruktion von Mischkarten werden Abbildungsgleichungen von Netzentwürfen miteinander kombiniert, um günstige Verzerrungseigenschaften einzelner Entwürfe in einem neuen Entwurf zur Auswirkung zu bringen und ungünstige zu unterdrücken. Dabei werden in der Regel vermittelnde Eigenschaften in Kauf genommen. Beispiele von Mischkarten sind Breusings vermittelnder Entwurf (↗azimutaler Kartennetzentwurf) sowie die Gruppe der Eckertschen und der Winkelschen Entwürfe (↗unechte Zylinderentwürfe). Die Konstruktion solcher Mischkarten gehört zu den klassischen Netztransformationen wie auch das Umbeziffern eines Netzwurfes. Für letzteres dienen als Beispiele ↗Aïtow-Hammers flächentreuer Entwurf und der modifizierte Entwurf VII nach Wagner. Die beiden letztgenannten Entwürfe bleiben bei geeigneter Wahl von Stauchungs- und Dehnungsfaktoren flächentreu.

Eine rein rechnerische Netztransformation von geographischen Koordinaten für die Fälle nicht-

Transformationspotential

Transformation 3: polyfokal verzerrtes Kartennetz.

Transgression 1: Transgression im Kartenbild. Zur Zeit B hat sich die Küstenlinie weit auf die frühere Küstenebene vorgeschoben. Alle Faziesgürtel folgen im gleichen Muster.

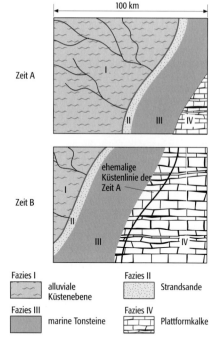

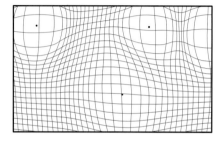

polarer Lage der Kegel- oder Zylinderachse bzw. der Tangentialebene bei Azimutalentwürfen in bezug auf die Erdachse ist unter ↗schiefachsiger Entwurf mit einfachen Transformationsformeln dargestellt. Es handelt sich dabei um die Berechnung eines kartographischen Netzsystems, bei dem die kartographischen Koordinaten bezüglich des kartographischen Pols (desjenigen Punktes, in dem die Achse der Zwischenabbildungsfigur die Kugel durchstößt), der als Hauptpunkt bezeichnet wird, polar sind. Wenn die Transformation sich nicht auf eine einfache Drehung beschränkt und eine exakte Berechnung nicht möglich ist, werden auch Reihenentwicklungen angesetzt (↗Gauß-Krüger-Koordinaten).
Für spezielle Fälle meist großmaßstäbiger Karten (z. B. Stadtpläne) wird, je nach der Dichte der darzustellenden Objekte, ein polyfokal verzerrtes Kartennetz angewendet (Abb. 3). Diese anamorphose Darstellungsweise ist der photogrammetrischen Entzerrung verwandt.
Bei Vorhandensein von Datenbanken, die Karteninhalte, aber auch Netzinformationen enthalten, geht die Entwicklung zur Anwendung von Bildübertragungssystemen. Dabei spielt die Datenübertragung wie auch die Datenübernahme aus vorhandenen Karten eine Rolle. Bei der Datenbereitstellung gewinnen die ↗Fernerkundung (Remote Sensing) in Erweiterung der Photogrammetrie und die elektronischen Verfahren der Satelliten- und Raumsondentechnik in letzter Zeit stark an Bedeutung. [KHI,KGS]

Transformationspotential, in der ↗Ökologie das Vermögen von heterotrophen Organismen (↗Konsumenten), durch den Verbrauch einer bestimmten Menge organischer Substanz innerhalb einer definierten Zeitspanne potentielle chemische Energie umzusetzen. Das Transformationspotential entspricht dem Produktionspotential eines Pflanzenbestandes (↗Produktion).

Transform-Plattenrand, konservativer Plattenrand, ↗Plattenrand.

Transformstörung ↗Seitenverschiebung.

transgredierende Akkumulation, die bei großer Sedimentfracht erfolgende Aufschotterung einer ↗Terrasse bei gleichzeitiger Seitenerosion, die durch wenig resistentes Anstehendes gefördert wird. Es entstehen dadurch Talsohlen mit flach ansteigenden Uferbereichen.

Transgression, positive Strandverschiebung, vorrückende Küste, das Vorrücken des Meeres auf Festlandsgebiete, d. h. die landwärtige Verlagerung (Onlap) der Küstenlinie (Abb. 1). Transgressionen sind das Ergebnis eines relativen Meeresspiegelanstieges. Er kann durch regionale tektonische Absenkung des Festlandes oder durch weltweit gleichzeitig erfolgenden eustatischen Meeresspiegelanstieg (↗eustatische Meeresspiegelschwankung) ausgelöst werden. Sichtbarer Ausdruck einer Transgression ist die Überlagerung kontinentaler durch flachmarine Sedimente bzw. generell die Überlagerung küstennaher durch jeweils küstenfernere Ablagerungen (»deepening upward-Zyklen«). Diese ↗diachrone Verschiebung von Faziesgürteln ist sowohl biostratigraphisch als auch mit Hilfe der seismischen Stratigraphie (↗Sequenzstratigraphie) belegbar. Das Gegenteil zu Transgression ist die ↗Regression (Abb. 2). ↗Ingression. [HGH]

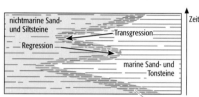

Transgressionskonglomerat, Basalkonglomerat, an der Basis von transgressiven Sedimentfolgen (↗Transgression) bilden sich infolge von Aufarbeitungen im Brandungsbereich häufig Transgressionskonglomerate. Sie sind besonders im Hangenden von winkeldiskordant unterlagernden, steilgestellten bzw. gefalteten Schichtfolgen oder im Hangenden von kristallinem basement

Transgression 2: wiederholte Transgression und Regression im Zeitschnitt.

zu beobachten, also an alten, ein Paläorelief aufweisenden Küsten.

transgressive surface ↗Sequenzstratigraphie.

transgressiv-regressiver Zyklus ↗Sequenzstratigraphie.

Transienten-Elektromagnetik, *TEM, TDEM, Time Domain Electromagnetics,* ↗elektromagnetisches Verfahren im Zeitbereich. Das Meßprinzip besteht im Abschalten eines in einem Sender (meist eine quadratische Spule mit 5–100 m Kantenlänge, möglich ist auch ein geerdeter elektrischer Dipol) fließenden Stroms (Abb. 1), wodurch im elektrisch leitfähigen Untergrund Ströme induziert werden, die sich nach unten und zu den Seiten hin ausbreiten und schnell abklingen, wobei die Abklingzeit durch die Leitfähigkeit bestimmt wird. Dieses Stromsystem erzeugt ein sekundäres Magnetfeld, das in einer Empfangsspule an der Erdoberfläche zu einer Abfolge von Zeitpunkten $t_1, \ldots, t_n$ gemessen wird (Abb. 2). Der größte meßtechnische Vorteil gegenüber anderen aktiven elektromagnetischen Verfahren liegt darin, daß die *Abklingkurve*, die je nach Ausführung des Meßsystems für Zeiträume von einigen µs bis einige 100 ms abgetastet wird, nicht vom wesentlich stärkeren Primärfeld überlagert wird. Durch die Messung bei verschiedenen Zeiten wird analog zu den Frequenzbereichsverfahren eine Tiefensondierung erreicht. Die zeitliche Änderung der vertikalen Induktionsflußdichte $\partial B_z/\partial t$ (bei einer horizontalen Empfangsspule) ist eine komplizierte Funktionen eines dimensionslosen Zeitparameters:

$$\tau = \frac{t}{\mu_0\, \sigma a^2}$$

mit μ_0 = Induktionskonstante, σ = elektrische Leitfähigkeit, a = Radius der Sendespule und t der Zeit nach Abschalten des Stroms. Für frühe Zeiten ($\tau \ll 1$) bzw. späte Zeiten ($\tau \gg 1$) lassen sich jedoch einfache Ausdrücke angeben:

$$\frac{\partial B_z}{\partial t} = \frac{3I}{\sigma a^3}$$

für $\tau \ll 1$, und:

$$\frac{\partial B_z}{\partial t} = \frac{I a^2}{20} \sqrt{\frac{\sigma^3 \mu_0^5}{\pi t^5}}$$

für $\tau \gg 1$. Für frühe Zeiten ist die gemessene Magnetfeldänderung somit proportional zur Leitfähigkeit und unabhängig von der Zeit t, für späte Zeiten ist $\partial B_z/\partial t$ proportional zu $\sigma^{3/2}$ und fällt mit $t^{5/2}$ ab. Auch für das TEM-Verfahren können Kurven des scheinbaren spezifischen Widerstands $\varrho_a(t)$ als Funktion der Abklingzeit t angegeben werden. Sie sind jedoch ebenfalls in eine Früh- und eine Spätzeitkurve aufgeteilt und damit intuitiv weniger anschaulich als die entsprechenden Widerstandskurven beispielsweise der ↗Gleichstromgeoelektrik oder der ↗Magnetotellurik. Die TEM wird in der Umweltgeophysik und bei Studien der obersten Kruste angewandt. Es kann aber bei hinreichender Sendestromstärke auch zum Studium der mittleren Kruste (Long Offset-TEM, *LOTEM*) und wegen der rein magnetischen Anregung bzw. Messung auch in der Aerogeophysik eingesetzt werden (z.B. ↗Input-Verfahren). [HBr]

Transinformation, Korrelationsmaß der Informationstheorie, das auch auf beliebige monotone Formen der Regressionsgleichung (↗Regression) anwendbar ist.

Transit, *NNSS, Navy Navigation Satellite System*, auf dem ↗Doppler-Effekt beruhendes, satellitengestütztes Radionavigationssystem der amerikanischen Marine. Transit ist das Vorgängersystem von GPS (↗Global Positioning System) und wurde im zivilen Bereich seit 1967 bis Anfang der 1990er Jahre weltweit für die Positionsbestimmung und Navigation, insbesondere in den marinen Geowissenschaften eingesetzt. Das System wird seit Ende 1996 mit dem Vollausbau von GPS nicht mehr für Navigationszwecke unterstützt. Grundprinzipien der Positionsbestimmung mit Transit haben Eingang in das französische ↗DORIS-System und teilweise in GPS gefunden. Transitsatelliten bewegen sich auf Polbahnen in etwa 1000 km Bahnhöhe. Sie senden auf zwei Frequenzen stabile Trägersignale (150 MHz, 400 MHz), denen in der sog. Broadcastmessage Informationen zur aktuellen Satellitenposition aufmoduliert sind. Aus den bekannten Satellitenkoordinaten und der in einem Empfangsgerät gemessenen Dopplerverschiebung der Satellitensignale lassen sich Nutzerkoordinaten in einem globalen geozentrischen ↗Bezugssystem (z.B. ↗WGS84) berechnen. Ein Satellitendurchgang, d.h. die Dauer der Radiosichtbarkeit über dem Horizont des Beobachters während eines Satellitenumlaufs beträgt etwa 18 Minuten. Aus der Beobachtung eines Satellitendurchgangs läßt sich bei bekannter Höhe und bekannter Eigengeschwindigkeit des Beobachters die zweidimensionale Position (geographische Länge, geographische Breite) eines Fahrzeuges (z.B. auf der Meeresoberfläche) mit einer Genauigkeit von 30 bis 50 m bestimmen. Zur Ableitung von dreidimensionalen Koordinaten ist die Beobachtung mehrerer (bis zu 50) Satellitendurchgänge erforderlich. Die erzielbare Genauigkeit für eine Einzelstation betrug in der operationellen Phase etwa 5 m für ↗Broadcastephemeriden und etwa 1 m für nachträglich berechnete präzise Ephemeriden. Mit dem Translokationsverfahren, d.h. durch Simultanbeobachtung auf mindestens zwei Stationen, ließen sich Relativgenauigkeiten von etwa 0,5 m erreichen (↗Differential-GPS). Die globalen Verfahren der geodätischen Positionsbestimmung wurden für etwa 20 Jahre durch das Transitverfahren nachhaltig geprägt. Transit kann als Wegbereiter der Nutzung des Global Positioning Systems in den Geowissenschaften gesehen werden. [GSe]

transition zone ↗Schalenbau der Erde.

Transitwasser, Wasser, daß durch ein Gebiet geleitet wird, ohne genutzt zu werden.

Inloop

Separate Loop, Fixed Transmitter

Common Loop

Coincident Loop

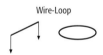
Wire-Loop

Transienten-Elektromagnetik 1: gebräuchliche Anordnungen in der Transienten-Elektromagnetik.

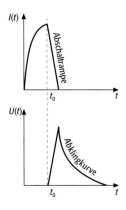

Transienten-Elektromagnetik 2: schematische Darstellung des zeitlichen Verlaufs des Sendestroms und der in der Empfangsspule induzierten Spannung.

Transkriptionsform: explizite und implizite Darstellung von Merkmalen.

Transkriptionsform, *Ausdrucksgrad,* kennzeichnet, in welchem Maße Begriffe der ↗Legende bzw. die darzustellenden Merkmale und ihre Ausprägung in der Karte unmittelbar durch ↗graphische Variablen und ihre Variationen ausgedrückt werden. Eine *explizite Darstellung* liegt vor, wenn das gesamte Begriffssystem der Legende einschließlich der enthaltenen quantitativen Beziehungen in das graphische System übersetzt wird. Das ist z. B. der Fall in einer Darstellung der Entwicklung und der Altersstruktur der Bevölkerung durch Kreissektorendiagramme variabler Größe mit folgender Zuordnung der graphischen Variablen: Einwohnerzahl – Größe der Diagrammfläche, Altersklasse – Helligkeit, Entwicklungstendenz – Muster, Stadt-/ Landgemeinde – Form (Abb.). Explizite Darstellungen sind in der Regel mehrschichtig (↗Darstellungsschicht). Anders wird bei der *impliziten Darstellung* das Begriffssystem in nur eine graphische Variable und eine Darstellungsschicht übertragen, so bei Wiedergabe des Inhalts aus obigem Beispiel als Orientierung eines Flächenmusters, das zur Füllung von Kreissignaturen benutzt wird (Abb.). Zwischen diesen beiden Extremen sind Übergänge möglich. Schwierigkeiten und die Tendenz zur impliziten Darstellung ergeben sich, wenn die Zahl der darzustellenden Merkmale und Merkmalsausprägungen die Zahl der nutzbaren graphischen Variablen und/oder deren Variationsmöglichkeiten übersteigt. Dies kann besonders in einfarbigen Darstellungen auftreten, z. B. wenn zwölf Klassen durch eine ↗Grauskala auszudrücken wären. Läßt sich diese nicht durch eine andere ↗Helldunkelskala ersetzen, ist eine veränderte Klassifizierung des Merkmals nicht zu umgehen, z. B. die Bildung von fünf bis sieben Klassen, die u. U. frühere Klassen enthalten (implizieren). Ganz ähnlich können kontinuierliche ↗Wertmaßstäbe als explizit aufgefaßt werden, während man gestuften Wertmaßstäben Elemente der impliziten Darstellung zuschreiben kann. Die Transkriptionsform ist wesentlicher Bestandteil der ↗Gestaltungskonzeption von Karten. Als Merkmal der konzeptionsbezogenen ↗Kartenklassifikation ergänzt sie die an den Bearbeitungs- und Nutzungsmethoden orientierte Einordnung der Karten als analytisch oder synthetisch (↗Synthesekarte) sowie die vom Modellierungs- und Systembegriff ausgehende Kennzeichnung der Komplexität (↗Komplexkarte) um Aussagen, die die Übertragung von Begriffen in die Graphik der Karte betreffen. Die Begriffsinhalte von explizit und analytisch sowie von implizit und synthetisch sind ähnlich, aber nicht identisch. So kann beispielsweise eine explizit gestaltete Komplexkarte durchaus das Ergebnis einer Synthese sein, aber auch einer späteren Analyse dienen. Im Zusammenhang mit der quantitativen Beschreibung der Transkriptionsformen wird der Begriff Ausdrucksgrad verwendet. [KG]

Translation, 1) *Geologie:* ↗Deformation. **2)** *Kristallographie*: eine Parallelverschiebung, d. h. eine isometrische (abstandstreue) Abbildung, die jede orientierte Gerade in eine dazu gleichsinnig orientierte parallele Gerade abbildet.

Translationsgitter ↗Gitter.

Translationsgruppe, in jeder ↗Raumgruppe bilden die ↗Translationen eine Untergruppe. So ist das Produkt zweier Translationen (in Seitz-Notation) (I,u) und (I,v) wieder eine Translation:

$$(I,u) \cdot (I,v) = (I,u+v),$$

und ebenso ist das Inverse einer Translation wieder eine Translation:

$$(I,u)^{-1} = (t,I,-u).$$

Die Translationsgruppe ist abelsch, d. h. kommutativ, wegen:

$$(I,u) \cdot (I,v) = (I,u+v) = (I,v+u) = (I,v) \cdot (I,u).$$

Die Translationsgruppe ist Normalteiler in der Raumgruppe, denn für ein beliebiges Element (W,w) der Raumgruppe und eine beliebige Translation (I,u) gilt, daß:

$$(W,w) \cdot (I,u) \cdot (W,w)^{-1} = (W,w+u) \cdot (W^{-1},-W^{-1}w) = (I, Wu)$$

wieder eine Translation ist.

Translationsrutschung, bruchhafte Gleitbewegung einer Rutschmasse mit *ebener Gleitfläche*. Die ebene Gleitfläche wird meist durch inhomogenen Untergrundaufbau, wie z. B. Schichtung oder Verwitterungsbildungen, verursacht. Das Rutschmaterial kann bei der Gleitung entlang einer definierten Scherfläche als Block erhalten bleiben, in einzelne Schollen zerbrechen oder sich auch vollständig zerlegen. Je nach beteiligtem Material und der Form der Rutschung kann man Felsgleitungen (↗Bergrutsch), *Blockgleitungen, Schollenrutschungen* und *Schuttrutschungen* unterscheiden.

Translationsvektor, wenn eine ↗Translation einen Punkt P auf einen Punkt P' abbildet, dann nennt man den Vektor $\vec{PP'}$, um den der Punkt

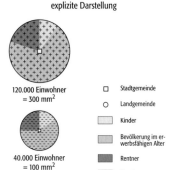

verschoben wird, den Translationsvektor der Translation. In der Seitz-Notation gehört zu einer Translation (I,u) der Translationsvektor mit den Koeffizienten u.

Translationszeit, Zeitspanne, um die in einem betrachteten Abschnitt eines Fließgewässers die ↗Ganglinie des ↗Ausflusses gegenüber der zugehörenden formgleichen Ganglinie des Zuflusses verschoben ist.

translative Lotabweichungsausgleichung, Bestimmung eines ↗lokal bestanschließenden Ellipsoides durch Änderungen der Parameter des ↗Geodätischen Datums unter der Voraussetzung paralleler globaler Koordinatensysteme (↗globales geozentrisches Koordinatensystem, ↗konventionelles geodätisches Koordinatensystem). Die Korrektur des Geodätischen Datums wird so bestimmt, daß die Quadratsumme der ↗Lotabweichungen in den Punkten, in denen astronomische Messungen vorliegen, minimal wird. Hierzu werden auf das Ellipsoid reduzierte Größen verwendet und Netzverschiebungen, Netzdrehungen sowie Maßstabsänderungen und Änderungen der Parameter des ↗Rotationsellipsoides zugelassen.

Transmission, Durchlässigkeit eines Mediums für elektromagnetische Strahlung in Abhängigkeit von der Wellenlänge λ. Die Transmission T_λ einer Atmosphärenschicht wird berechnet aus:

$$T_\lambda = e^{-\int_0^m \sigma_{e,\lambda} \cdot dm}$$

mit $\sigma_{e,\lambda}$ = wellenlängenabhängiger Extinktionskoeffizient und m = absorbierende und streuende Masse entlang des Strahlungswegs durch die Atmosphärenschicht. Die Transmission wird häufig in Prozent angegeben. Die Durchlässigkeit der gesamten Atmosphäre spielt eine wichtige Rolle beim ↗Strahlungshaushalt und bei der Fernerkundung atmosphärischer Parameter (↗atmosphärische Fenster).

Transmissions-Elektronen-Mikroskop, *TEM*, elektronenoptisches Instrument zur hochvergrößernden Materialuntersuchung. Von einer Glühkathode ausgesendete Elektronen, die in der Mikroskopsäule durch elektromagnetische Felder zu einem Elektronenstrahl gebündelt werden, durchstrahlen sehr kleine Objekte (Zellen, Bakterien, Kristallite) oder Ultradünnschnitte in Abhängigkeit von deren Materialdichte und Dicke oder werden absorbiert oder gestreut. Die das Objekt durchdringenden Elektronen werden von einem Fluoreszenzschirm oder einer photographischen Platte unter dem Präparat aufgefangen und ergeben ein zweidimensionales (Schatten-)Bild der unterschiedlichen Elektronendichten des Präparats (im Gegensatz zum Raster-Elektronenmikroskop). Das TEM hat eine Auflösung zwischen 0,2 und 1,0 nm und ermöglicht bis zu 1.000.000fache Vergrößerungen. ↗Elektronenmikroskop. [RB]

Transmissionsgrad, Verhältnis der Strahlungsflüsse vor und nach dem Durchgang durch ein absorbierendes und/oder streuendes Medium, wie z. B. die ↗Atmosphäre.

Transmissionskoeffizient ↗Reflexionskoeffizient.
Transmissionstomographie ↗Tomographie.
Transmissivität, Integral des Durchlässigkeitsbeiwertes k_f über die Grundwassermächtigkeit M:

$$T = \int_0^M k_f \cdot dh = \sum_{i=1}^n k_{fi} \cdot h_i \quad \left[\frac{m^2}{s}\right].$$

In einem homogenen ↗Aquifer entspricht die Transmissivität dem Produkt aus Durchlässigkeit und Aquifermächtigkeit.

Transparenz, Lichtdurchlässigkeit von Gläsern (↗Gesteinsglas) mit mikrokristallinen Anteilen, z. B. Porzellan. Beim Auftreffen von Licht geht zunächst ein kleiner Anteil durch Reflexion verloren, weitere Anteile werden durch färbende Oxide absorbiert. Der wesentlichste Intensitätsverlust erfolgt jedoch durch Streuung an den Korngrenzen. Die Streuung ist um so stärker ausgeprägt, je mehr Korngrenzen vorliegen. Hohe Gehalte an kristalliner Phase bewirken geringe Transparenz, abnehmende Kristallitgröße setzt die Transparenz herab.

Transpiration, *Pflanzenverdunstung*, ↗Verdunstung an Pflanzenoberflächen aufgrund biotischer Prozesse. ↗Landschaftswasserhaushalt, ↗Verdunstungsprozeß, ↗Evapotranspiration.

Transponder, zur ↗Navigation über oder unter Wasser eingesetzte Antwortbaken, die auf ein eintreffendes akustisches Signal oder Radarsignal (↗Radar) hin ein definiertes Antwortsignal aussenden.

transponierte Matrix, Bezeichnung für die ↗Matrix M^t, die aus einer Matrix M durch Spiegelung an der Hauptdiagonalen hervorgeht:

$$(m^t)_p{}^q = m q^p.$$

Transport, Verfrachtung von Eigenschaften (z. B. Impuls, Temperatur, Luftbeimengungen) in der ↗Atmosphäre mit dem mittleren Wind (mittlerer Transport) und turbulenten Bewegungsvorgängen (turbulenter Transport).

transportable Zenitkamera ↗simultane astronomische Ortsbestimmung.

Transportkapazität ↗*Kapazität*.

Transportkörper, in der Hydrologie Erhebungen der Sohle eines ↗Fließgewässers, die sich in Strömungsrichtung (↗Riffel, ↗Dünen und ↗Bänke) oder gegen die Strömungsrichtung (Antidünen) fortbewegen (DIN 4044). Durch Reibungsverluste an der Gerinnebettwand (↗Gerinnebett) hervorgerufene Fließgeschwindigkeitsdifferenzen im Gerinnequerschnitt bewirken eine wirbel- und walzenartige Fließbewegung des Wassers. Entsprechend den dadurch eintretenden gepulsten Fließgeschwindigkeits- und Kapazitätsänderungen (↗Kapazität) kommt es zur räumlich begrenzten rhythmischen Sedimentation grobkörniger ↗Flußfracht in Gestalt von Transportkörpern (engl. »mid channel bars«).

Transportmodell, *Stofftransportmodell, Ausbreitungsmodell*, mathematisches Modell zur Beschreibung des Verhaltens und des Transportes von gelösten und ungelösten Wasserinhaltsstoffen in einem ↗hydrologischen System. Grundlage dieser Modelle bilden die Konvektions- und Diffusionsprozesse (↗Dispersion).

Transportreaktion, chemische Reaktion eines Bodenkörpers mit einer Gasphase unter Bildung gasförmiger Reaktionsprodukte und Transport der Reaktionsprodukte durch die Gasphase und Abscheidung einer Kristallphase in Umkehrung der Reaktion an einer anderen Stelle des Systems. Die Transportreaktion spielt bei der Kristallzüchtung eine Rolle.

Transportweite ↗ *Förderweite*.

Transpression, Krustendeformation bei vorherrschender Horizontalbewegung und schiefer Kompression. Hierbei entstehen im Zuge von ↗Seitenverschiebungen Falten und Aufschiebungen.

Transsekt, in der landschaftsökologischen Forschung (↗Landschaftsökologie) verwendeter Begriff für einen Untersuchungsraum, der mehrere Vegetations- oder Klimazonen entlang eines Gradienten umfaßt. Vergleichende Aufnahmen in mehreren Transsekten liefern geographisch übertragbare Ergebnisse und ermöglichen es, Theorien in ↗regionaler Dimension bis ↗geosphärischer Dimension zu überprüfen. Solche Untersuchungen erfordern große Verbundprojekte, beispielsweise im Rahmen von internationalen Forschungsprogrammen zu globalen Umweltveränderungen (↗IGBP).

Transtension, Krustendeformation bei vorherrschender Horizontalbewegung und schiefer Extension. Hierbei entstehen im Zuge von ↗Seitenverschiebungen grabenartige Senken oder Becken.

Transversaldüne ↗ *Querdüne*.

transversale Abbildung, *äquatoriale Abbildung, querständige Abbildung*, entsteht, wenn die Achse der Zwischenabbildungsfläche (Kegel, Zylinder, Ebene) mit der Erdachse einen rechten Winkel bildet. Der Bildhauptpunkt liegt also im Äquator. Die Netzberechnung der kartographischen Koordinaten geschieht nach den Formeln für die ↗schiefachsigen Entwürfe. ↗Azimutale Kartennetzentwürfe werden gern für kartographische Darstellungen von Körpern des Sonnensystems verwendet, weil dies dem Anblick von der Erde aus weitgehend entspricht. Für Gesamtabbildungen der Erde werden oft ↗Planigloben in der Form transversaler azimutaler Abbildungen verwendet. Für Kegelentwürfe spielt die transversale Abbildung keine Rolle. Bekannt ist dagegen der transversale Zylinderentwurf in Form der Meridianstreifendarstellung, der die Grundlage der ↗Gauß-Krüger-Koordinaten bildet. Auch für langgestreckte Gebiete in Nord-Süd-Richtung (z. B. Nord- und Südamerika) werden transversale Zylinderentwürfe verwendet. [KGS]

Transversalleitfähigkeit, die aufsummierte oder integrierte elektrische Leitfähigkeit senkrecht zu einer Gesteinsschichtung.

Transversalmaßstab, ein ↗Maßstab aus Metall, der zum genauen Kartieren bzw. Abgreifen von Entfernungen in einem bestimmten Kartenmaßstab dient. Aufgetragen sind Felder, deren Länge im allgemeinen 100 m entspricht und deren Breite durch eine Schar paralleler Linien in zehn Intervalle gegliedert ist. Das erste Feld enthält zusätzlich zehn Transversale (lat. = schräg laufende Gerade); für 1:10.000 können in deren Schnittpunkten Strecken auf 0,1 mm abgelesen werden, d. h. mit einer höheren Genauigkeit als mittels Anlegemaßstab.

Auf großmaßstäbigen Karten werden Transversalmaßstäbe anstelle einfacher ↗Maßstabsleisten angebracht, die die eintretende Papierveränderungen mitmachen und damit weiterhin gestatten, exakte Maße aus der Karte zu entnehmen. Alte Transversalmaßstäbe besitzen eine Zollteilung mit dezimaler oder duodezimaler Unterteilung. [WSt]

Transversalschieferung, bezeichnet ein penetratives Gefüge von Schieferungsflächen, die einen großen Winkel zur sedimentären Schichtung bilden. Der Begriff bezeichnet alle nicht sedimentär entstandenen parallelen Flächengefüge.

Der Winkel, den die Transversalschieferung mit dem primären Flächengefüge bildet, hängt von der ↗Kompetenz (Härte bzw. Viskosität) des Gesteins ab (↗Brechung der Schieferung). In eng gefalteten Arealen ist die Transversalschieferung oft nur in den Faltenscharnieren deutlich erkennbar, während sie in den Faltenschenkeln nahezu parallel zur Schichtung bzw. zum älteren Flächengefüge angeordnet sein kann.

Transversalwelle, Scherwelle, bei der die Verschiebung exakt senkrecht zur Ausbreitungsrichtung erfolgt (↗Welle).

Trappbasalt ↗ *Flutlava*.

Traßzement, *Trasszement*, Zement, der neben Zementklinker 30 % Traß (↗hydraulische Bindemittel) und etwas ↗Gips bzw. Anhydrit enthält. Aufgrund seiner hohen Wasserdichtigkeit wird mit Traßzement hergestellter Beton v. a. im Wasserbau verwendet.

Trauf, scharf ausgeprägte Oberkante des ↗Stirnhanges einer Schichtstufe im Übergang zur Stufenfläche. Teilweise setzt sich oberhalb des Traufs noch ein abgeflachter Anstieg, der Walm, bis zum Stufenfirst (↗First) fort. In diesem Falle spricht man von einer Walmstufe. ↗Schichtstufe.

travelling heater method ↗ *THM*.

travelling solvent method ↗Hochtemperaturschmelzlösungszüchtung.

Travertin, benannt nach dem italienischen Begriff *tivertino*, dem Gestein aus einer Lagerstätte in Tivoli bei Rom. 1) nicht marines Carbonatgestein, welches eine geringe Porosität aufweist. Sowohl organische Prozesse als auch vadoses Milieu sind Bildungsvoraussetzungen. Travertin entsteht durch rasche Fällung von gelöstem Calciumcarbonat aus Oberflächen- und Grundwasser. Kohlensäurehaltige Wässer können oberflächennah große Travertinvorkommen erzeugen (Travertin von Ehringsdorf, Riedöschinger Travertin). Das Gefüge entspricht einem dichten, feinkristallinen, massigen oder konkretionären Kalkstein mit weißer oder heller Färbung, oft mit faseriger oder konzentrischer Struktur und splittrigem Bruch. Travertin wird häufig synonym verwendet mit

/Kalksinter, Sinterkalk und /Kalktuff, wobei diese durch eine andere Genese klassifizierbar sind, aber auch Übergänge existieren. 2) Travertin wird häufig als Bezeichnung für sämtliche Höhlenablagerungen aus Calciumcarbonat, aber auch als Handelsbezeichnung für dichte Kalksteine verwendet. [AC]

Treibeis /Meereis.

Treibhauseffekt

Herbert Fischer, Karlsruhe

Die atmosphärischen Spurenstoffe (Spurengase und Aerosole) sind wichtige Komponenten im /Strahlungshaushalt des Systems Erde/Atmosphäre. Die einfallende solare Strahlung wird zu einem kleineren Teil vom System Erde/Atmosphäre direkt in den Weltraum zurückreflektiert, während der größere Anteil an der Erdoberfläche und in der Atmosphäre durch Wolken sowie wenige Spurenstoffe absorbiert wird. Die dem System zugeführte Energie wird durch Abstrahlung im infraroten Spektralbereich wieder an den Weltraum abgegeben. Dieser Prozeß hängt im wesentlichen von den optischen Eigenschaften und der räumlichen Verteilung der Spurenstoffe in der Atmosphäre sowie den Wolken ab. Die Hauptbestandteile der Luft, nämlich Stickstoff und Sauerstoff, absorbieren die elektromagnetische Strahlung im sichtbaren und infraroten Spektralbereich wegen ihrer symmetrischen Molekülstruktur nur in geringem Maße. Bei der Absorption von /Sonnenstrahlung spielen nur wenige Spurenstoffe, nämlich Wasserdampf (H_2O), /Ozon (O_3) und /Aerosol eine wesentliche Rolle. Sie ist jedoch bei weitem nicht so bedeutend wie bei der infraroten Abstrahlung des Systems Erde/Atmosphäre in den Weltraum. Bei dem zuletzt genannten Prozeß tragen neben den bereits angeführten Spurenstoffen insbesondere auch Kohlendioxid (CO_2) und in deutlich geringerem Maße Methan (CH_4), Distickstoffoxid (N_2O) sowie Fluorchlorkohlenwasserstoffe (/FCKW) bei. Daher wirkt sich eine Veränderung der Konzentrationen der Spurengase auf den Strahlungshaushalt aus. Die wichtigsten Spurengase für den Strahlungshaushalt sind demnach H_2O, O_3 und CO_2. Während die Konzentration der beiden zuerst genannten Gase räumlich und zeitlich stark variiert, weist das Kohlendioxid ein fast durchweg konstantes Mischungsverhältnis in der Atmosphäre auf. Eine Veränderung der mittleren globalen Wasserdampfkonzentration konnte bis heute noch nicht eindeutig festgestellt werden – insbesondere bedingt durch die starken räumlichen und zeitlichen Variationen in der Wasserdampfverteilung. Durch die intensiven Messungen der Ozonverteilung in der Atmosphäre und die sorgfältigen Vergleiche der Ergebnisse verschiedener Meßinstrumente sind heute der negative Trend der Ozonkonzentration in der Stratosphäre und der positive Trend in bodennahen Schichten nachgewiesen. Für einzelne Regionen und bestimmte Jahreszeiten sind starke Veränderungen beobachtet worden, wie z. B. die Abnahme des stratosphärischen Ozons in der Antarktis im Oktober und die Zunahme des troposphärischen Ozons in mittleren Breiten der Nordhemisphäre. Der globale Anstieg des CO_2-Mischungsverhältnisses in der Atmosphäre ist bereits seit mehreren Jahrzehnten dokumentiert. Aus diesem Grund ist auf dem Gebiet der Klimaforschung zunächst das CO_2-Problem in den Vordergrund gerückt. Mitte der 1970er Jahre erkannte man jedoch, daß neben den drei Hauptgasen eine Reihe von anderen Spurengasen, wie z. B. CH_4, N_2O und FCKW, eine Rolle im Strahlungshaushalt spielen. Deren Bedeutung ergab sich aus der Lage ihrer Absorptionsbanden im mittleren Infrarot im oder am Rande des sogenannten /atmosphärischen Fensters und durch den meist wesentlich rascher verlaufenden Konzentrationsanstieg im Vergleich zu CO_2.

Den Effekt des troposphärischen Aerosols auf die Strahlungsbilanz zu bestimmen, gestaltet sich nach wie vor schwierig, da die Aufenthaltsdauer des Aerosols in der Troposphäre (Tage bis zu einem Monat) kurz ist und damit die globale Verteilung stark variiert und da wegen der verschiedenartigen Quellen die Strahlungseigenschaften des Aerosols starken Schwankungen in Raum und Zeit unterworfen sind. Längerfristige globale Konzentrationsänderungen sind schwer nachzuweisen. Mit großer Wahrscheinlichkeit haben die Aerosolteilchen in der Umgebung von Industrieregionen zugenommen, wobei sich der Anstieg der Teilchenzahl auf Radien kleiner als 0,15 μm bezieht.

Der natürliche Treibhauseffekt

Ohne Atmosphäre ergibt sich aus der Strahlungsbilanz eine mittlere Temperatur an der Erdoberfläche von nur etwa -18° C. Die durch die Sonnenstrahlung dem Boden zugeführte Energie wird im infraroten Spektralbereich wieder an den Weltraum abgegeben. In der Atmosphäre wird die von der Erdoberfläche emittierte Wärmestrahlung von im Infraroten absorbierenden Spurengasen weitgehend absorbiert. Die Spurengase emittieren entsprechend der atmosphärischen Temperatur ihrerseits Wärmestrahlung, die partiell wieder zur Erdoberfläche zurückgestrahlt wird. Dies führt zu einer größeren Energieaufnahme der Erdoberfläche als ohne Atmosphäre und damit zur Erwärmung der Erdoberfläche sowie einem neuen Gleichgewichtszustand der Energieflüsse. Durch diesen Prozeß stellt sich an der Erdoberfläche unter gegenwärtigen Be-

Treibhauseffekt 1: schematische Darstellung der Wirkung im Infraroten absorbierender Spurenstoffe auf den Strahlungshaushalt des Systems Erde/Atmosphäre.

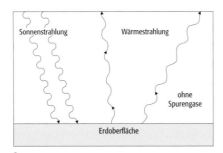

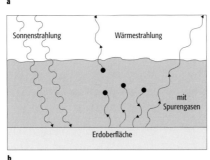

dingungen eine mittlere Temperatur von +15°C ein. Da die meisten atmosphärischen Spurenstoffe jedoch die Sonnenstrahlung im sichtbaren Spektralbereich kaum schwächen, spricht man vom »Treibhauseffekt der Spurenstoffe«. Abb. 1 zeigt schematisch die Wirkung der Spurenstoffe in der Atmosphäre auf die Strahlungsflüsse. Genau betrachtet ist der Vergleich mit einem Treibhaus nicht korrekt. In einem Treibhaus wird die erhitzte Luft am Entweichen gehindert. In der Atmosphäre dagegen wird die Strahlung durch die Spurengase absorbiert und damit die Ausbreitung der Strahlung in den Weltraum behindert. Ein zusätzliches Argument für den natürlichen Treibhauseffekt, auch *Glashauseffekt*, ergibt sich aus der Betrachtung der Strahlungsprozesse in der Troposphäre. In dieser Region nimmt die Temperatur mit zunehmender Höhe im Mittel um ca. 6,5°C/km ab. Die Spurengase in einer atmosphärischen Schicht emittieren Wärmestrahlung als Funktion der lokalen Temperatur; ihre Absorption hängt von der Temperatur der anderen atmosphärischen Schichten und der Erdoberfläche ab, da dort der Ursprung der einfallenden Strahlung ist. Aus diesem Grund absorbieren die Spurengase mehr von dem aufwärts gerichteten, aus warmen Schichten kommenden Strahlungsfluß als sie selbst an Strahlungsenergie wieder in den oberen Halbraum emittieren. Die ↗Transmission der Spurengase im infraroten Spektralbereich ist der Grund, warum Spurengase mit sehr niedrigen Konzentrationen wesentlich zum Treibhauseffekt beitragen können. Der Hauptteil der Wärmestrahlung wird im Wellenlängenbereich zwischen 4 µm und 100 µm abgestrahlt. Der dominante Absorber in der Atmosphäre ist der Wasserdampf, der Strahlung von der Erdoberfläche mit Wellenlängen größer als 18 µm und kleiner als 8 µm fast vollständig absorbiert. Die Transmission der Atmosphäre ist in diesen Spektralbereichen meist nahezu Null, d. h. nur im Vergleich zur Erdoberfläche relativ kalte höhere atmosphärische Schichten können Strahlung in den Weltraum abgeben. In Analogie dazu dominiert das Kohlendioxid die atmosphärische Absorption im Wellenlängenbereich zwischen 13 µm und 18 µm. Der verbleibende Spektralbereich zwischen 8 µm und 13 µm ist bekannt als atmosphärisches Fenster, weil die Atmosphäre in diesem Bereich für Strahlung weitgehend durchlässig ist. Folglich wird in diesem Wellenlängenbereich Wärmestrahlung von der Erdoberfläche direkt in den Weltraum abgestrahlt, d. h. eine Veränderung der atmosphärischen Absorptionseigenschaften im Fensterbereich muß empfindliche Auswirkungen auf die Strahlungsbilanz des Systems Erde/Atmosphäre haben. Entscheidend ist deshalb die Tatsache, daß die Spurengase O_3, CH_4, N_2O, FCKW11 und FCKW12 durchweg starke Absorptionsbanden im oder am Rande des atmosphärischen Fensters aufweisen. Die Beiträge der Spurengase zum natürlichen Treibhauseffekt teilen sich wie folgt auf: H_2O 60%, CO_2 24%, Ozon 8%, N_2O 4%, CH_4 2,5%, sonstige Gase 1,5%.

Der anthropogene Treibhauseffekt

Die anthropogenen Änderungen der Konzentrationen verschiedener Spurenstoffe in der Atmosphäre modifizieren entsprechend der obigen Betrachtungen die Abstrahlungseigenschaften des Systems Erde/Atmosphäre (↗anthropogene Klimabeeinflussung). Die Verengung des atmosphärischen Fensters durch die Zunahme von Spurengasen kann durch Strahlungsübertragungsrechnungen einfach nachgewiesen werden. Abb. 2 zeigt ein Transmissionsspektrum für einen vertikalen atmosphärischen Weg im Bereich zwischen 10 µm und 15 µm. Bei Transmission 1 kann die an der Erdoberfläche emittierte Strahlung ungehindert in den Weltraum entweichen, hat sie jedoch den Wert 0, so wird die gesamte Strahlung dieser Wellenlänge innerhalb der Atmosphäre absorbiert. An der Abszisse ist sowohl die Wellenlänge in µm als auch die Wellenzahl (1/Wellenlänge) in cm^{-1} angegeben. Während im Bereich oberhalb 13 µm die starke ↗Absorptionsbande des CO_2 erkennbar ist, nimmt die Transmission im Bereich unterhalb 13 µm Werte zwischen 0,7 und 0,9 an (bedingt durch schwache Absorption verschiedener Spurengase sowie Kontinuumsabsorption). Eine Verdopplung des CO_2-Gehalts in der Atmosphäre verändert das Spektrum (gestrichelte Kurve) nur in Bereichen von CO_2-Absorptionsbanden, in denen die Transmission noch nicht zu kleine Werte angenommen hat. Eine Abnahme der Transmission ist demnach im Bereich der Flanke der CO_2-Bande bei 13 µm und auch im Bereich zwischen 10,1 µm und 10,8 µm festzustellen (Nebenbande des CO_2). Im unteren Teil der Abb. 2 ist die Differenz zwischen den beiden Spektren dargestellt. Ähnliche Effekte wie beim CO_2 ergeben sich durch die Zunahme des troposphärischen Ozons (9,6 µm-

Bande), des Methans (7,63 μm-Bande) und des Distickstoffoxids (7,78 μm-Bande). Da durch das Montreal-Protokoll und entsprechende Zusatzvereinbarungen die Produktion der FCKWs stark eingeschränkt wurde, nimmt die Gesamtchlorkonzentration in der Troposphäre bereits langsam wieder ab, und somit tragen die FCKWs künftig nur in abnehmendem Maße zum anthropogenen Treibhauseffekt bei.

Der anthropogene Treibhauseffekt kommt nicht nur durch eine Verengung des atmosphärischen Fensters zwischen 8 μm und 13 μm, sondern auch durch eine Anhebung des Emissionsniveaus der Atmosphäre innerhalb von Absorptionsbanden zustande. Im Bereich von Absorptionsbanden wird die vom Erdboden emittierte Strahlung durch die Atmosphärenschichten absorbiert und in Wärme umgewandelt. Die Atmosphärenschichten emittieren selbst Strahlung entsprechend ihrer Temperatur nach dem ↗Planckschen Strahlungsgesetz. Diese Strahlung kann dann in den Weltraum entweichen, wenn zwischen der Atmosphärenschicht und dem Rand der Atmosphäre nur noch eine bestimmte Menge des absorbierenden Spurengases vorhanden ist (abhängig von der Stärke des ↗Absorptionskoeffizienten). Mit dieser Überlegung ist das Emissionsniveau in der Atmosphäre in Abhängigkeit von der Wellenlänge festgelegt. Die qualitativen Änderungen der Strahlungsflüsse in der Atmosphäre durch Veränderungen der Spurengaskonzentrationen sind ein weiterer Aspekt des Treibhauseffekts. In Spektralbereichen mit starker Absorption sind die Emissionsniveaus in der Atmosphäre für die Abstrahlung in den Weltraum bzw. zum Erdboden (unteres Niveau) deutlich voneinander separiert. Bei Zunahme der Konzentration des absorbierenden Spurengases verschiebt sich das untere Emissionsniveau weiter nach unten in wärmere Atmosphärenschichten und erhöht damit die ↗atmosphärische Gegenstrahlung. Eine Verdopplung des CO_2 verringert den nach oben gerichteten Fluß der Wärmestrahlung um ca. 4 W/m^2. Diese Änderung des Strahlungsflusses ist relativ klein im Vergleich zu seinem Absolutwert von 240 W/m^2. Im Prinzip können die Strahlungseffekte des Aerosols simuliert werden. Sie hängen ab vom Verhältnis der Absorptionskoeffizienten im Sichtbaren und Infraroten sowie von der ↗Albedo der Erdoberfläche und der Höhe der Aerosolschicht. Die Schwierigkeiten liegen u.a. darin, daß die Angaben zur Aerosol-Klimatologie auf globaler Basis noch ungenau sind und die integralen Effekte eines Ensembles von Aerosolen sich von der Summe der Effekte der individuellen Aerosole unterscheiden. Insgesamt gesehen ergeben Abschätzungen des Aerosol-Einflusses eine Dämpfung des Treibhauseffektes der Spurengase von 0,4–1,5 W/m^2. Aerosole können die Strahlungsbilanz auch durch indirekte Effekte, nämlich eine Veränderung der Anzahl der Tröpfchen in Wolken, modifizieren. Fundierte Aussagen liegen dazu jedoch noch nicht vor.

Die oben dargelegten Effekte auf die Strahlungsbilanz, bedingt durch die erwarteten Konzentrationsänderungen von Spurengasen, sind für Rechnungen mit Klimamodellen zugrunde gelegt worden. Die abgeleiteten Resultate basieren auf einer Hierarchie von Modellen, die von global gemittelten Modellen über zweidimensionale breitenabhängige Modelle verschiedener Komplexität bis zu dreidimensionalen Zirkulationsmodellen reichen. Als Ergebnis wird eine mögliche globale Erwärmung an der Erdoberfläche von 1,5°C bis 3°C im Jahr 2100 vorhergesagt.

Literatur:
[1] HOUGHTON, J. et al. (eds)(1996): Climate Change 1995, Second Assessment Report of the Intergovernm. Panel on Climate Change, IPCC. – Cambridge.
[2] LOZAN, J.L., GRAßL, H., HUPFER, P. (Hrsg.)(1998): Warnsignal Klima, Wissensch. Auswertungen. – Hamburg.

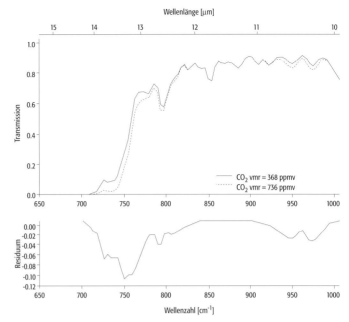

Treibhauseffekt 2: berechnete Transmissionsspektren für vertikale Wege durch die Atmosphäre für unterschiedliche CO_2-Mischungsverhältnisse (368 ppmv = durchgezogene Kurve, 736 ppmv = gestrichelte Kurve), eine Standard-Atmosphäre für mittlere Breiten und eine spektrale Auflösung von 4 cm^{-1}.

Treibsand ↗Schwimmsand.
Treibschneewand ↗Verwehungsverbau.
Tremadoc, *Tremadocium*, international verwendete stratigraphische Bezeichnung für die unterste Abteilung des ↗Ordoviziums, über ↗Kambrium, unter ↗Arenig, benannt von ↗Sedgwick (1846) nach der Lokalität Tremadoc in Ynyscynhaiarn (Carnarvonshire, Wales), wo fossilführende Schiefer (Tremadoc slates) dieser Stufe aufgeschlossen sind. ↗geologische Zeitskala.
Tremolit ↗Grammatit.
trench ↗Tiefseerinne.

Trend, systematische zeitliche Änderung; steigend oder fallend, linear oder nicht linear. ↗Variation.

Trendanalyse, statistisches Verfahren zur Ermittlung linearer oder nichtlinearer kontinuierlicher Veränderungen (↗Trend) in einer Zeitreihe (Homogenitätsprüfung, ↗Konsistenzprüfung). Meist wird hierfür die Einfachregression (↗Regression) mit der Zeit als unabhängige Größe angewandt.

Trennbarkeitsanalysen, dienen der Ermittlung der Trennbarkeit verschiedener Klassen im Rahmen ↗überwachter, multispektraler Klassifizierungen von Fernerkundungsdaten. Dabei können sowohl qualitative als auch quantitative Verfahren eingesetzt werden. Qualitative Verfahren sind dabei die vergleichende Betrachtung von spektralen Histogrammen, Signaturdiagrammen sowie ↗Streuungsdiagrammen mit Signaturellipsen für die verschiedenen Klassen. Schwierig trennbare Klassen sind anhand von Überschneidungen der jeweils dargestellten Parameter oder Wertebereiche erkennbar. Quantitative Trennbarkeitsmaße basieren auf statistischen Methoden zur Berechnung der Fehlerwahrscheinlichkeit. Im Rahmen von ↗multispektralen Klassifizierungen kommen die Abstandsmaße Divergenz, Transformierte Divergenz und vor allem ↗Jeffries-Matusita-Distanz zur Anwendung.

Trennfläche, *Trennfugen*, *Diskontinuitätsfläche*, Oberbegriff für alle Flächen, welche die gestaltliche und/oder mechanische Kontinuität eines Gesteinskörpers unterbrechen und somit die ↗Scherfestigkeit des Gebirges herabsetzen. Sie können auch durch mechanische oder hydraulische Beanspruchung oder durch Einregelung formanisotroper Minerale entstanden sein.

Trennflächengefüge, Gesamtheit der Trennflächen (Schichtfläche, Schieferungsfläche, ↗Klüfte). Für die Darstellung des Trennflächengefüges wird allgemein die ↗Lagenkugel nach Schmidt 1925 verwendet. Die Darstellung in einer ↗Kluftrose gibt nur die Richtungshäufigkeiten des Streichens an und berücksichtigt nicht das Einfallen und die geometrische Beziehung zwischen den einzelnen Flächen. Tektonische Störungen (↗Verwerfung) werden bei diesen Darstellungen i. d. R. als Einzelelemente gewertet.

Trennflächenrauhigkeit ↗*Rauhigkeit*.

Trennfugendurchlässigkeit, *Trennflächendurchlässigkeit*, *Kluftdurchlässigkeit*, k_t, hydraulische Leitfähigkeit einer oder mehrerer vernetzter Trennflächen (Klüfte, Schichtfugen usw.), ausgedrückt durch den Durchlässigkeitsbeiwert. Der Durchlässigkeitsbeiwert einer einzelnen Trennfuge berechnet sich für eine laminare parallele Strömung gemäß:

$$k_t = \frac{b^2}{12}\frac{\varrho\, g}{\mu},$$

für eine Schar paralleler Trennfugen mit dem Abstand *B* gemäß:

$$k_t = \frac{b^2}{12}\frac{\varrho\, g}{\mu\, B},$$

wobei b = Kluftöffnungsweite [m], g = Erdbeschleunigung [m/s²], ϱ = Dichte des Wassers [kg/m³] und μ = dynamische Viskosität des Wassers [kg · m/s].

Trennkanalisation ↗*Kanalisation*.

Trennstromlinie ↗*Grenzstromlinie*.

Trennungskluft, *Querdehnungskluft*, im dreiaxialen Spannungszustand bei sprödem Materialverhalten parallel zur größten Hauptspannung auftretende ↗Klüfte. Die ↗Kluftflächen sind normalerweise uneben und rauh, besitzen ein relativ kleine Ausdehnung und weisen häufig einen Mineralbelag auf.

Trepca, hydrothermale Verdrängungslagerstätte von Blei- und Zinkerzen in Serbien. Es ist ein berühmter Mineralfundpunkt wegen besonders großen und gut ausgebildeten Kristallen von Zinkblende, Magnetkies, Boulangerit (Plumosit), Ilvait, Dolomit und von Pseudomorphosen von Pyrit und Markasit nach Magnetkies u. a.

Treposol ↗*Tiefenumbruchboden*.

Treppenkar ↗*Kartreppe*.

Treue, in der ↗Bioökologie die allgemeine Bezeichnung für die Bindung einer ↗Art an eine bestimmte ↗Biozönose. In der ↗Pflanzensoziologie das Hauptkriterium zur Erarbeitung von ↗Pflanzengesellschaften und deren hierarchischer Klassifikation. Dabei werden fünf Grade unterschieden (treu, fest, hold, vag und fremd). Der Treue-Grad ergibt sich aus der Häufigkeit einer Art in allen aufgenommenen Pflanzenbeständen eines größeren Gebietes. Arten mit großer Treue werden als ↗Charakterarten bezeichnet.

Triangelzone ↗*Dreieckszone*.

Triangulation ↗digitale Geländemodellierung.

triaromatische Sterane, *TAS*, bestehen aus drei Sechsringen und einem Fünfring mit einer Methyl- und einer Alkylgruppe an der C-17-Position. TAS mit 26–28 Kohlenstoffatomen werden bei zunehmender thermischen Reife aus den ↗monoaromatischen Steranen gebildet. Durch fortschreitende thermische Reifung kommt es unter Kohlenstoff-Kohlenstoff-Bindungsbrüchen unter zur Abspaltung der Alkyl-Seitenkette. Dabei werden TAS mit 20 oder 21 Kohlenstoffatomen erhalten. Werden die beiden Gruppen (C_{26}-C_{28} TAS) und (C_{20}-C_{21} TAS) ins Verhältnis gesetzt, so erhält man einen Reifeparameter (Abb.).

Trias, System, das den Beginn des ↗Mesozoikums kennzeichnet. Die Gesteinsschichten zwischen ↗Perm und ↗Jura sind in Mitteleuropa, aber nur hier, deutlich dreigeteilt. Schon im 18. Jahrhundert wurden von den Gelehrten J. G. ↗Lehmann

triaromatische Sterane: Abspaltung der Alkyl-Seitenkette der C_{26}-C_{28} TAS unter Bildung der C_{20}-C_{21} TAS bei zunehmender thermischer Reife.

und G. Ch. Füchsel die Stufen Buntsandstein und Muschelkalk benannt. Der Geologe Leopold von ↗Buch fügte die dritte Stufe als Keuper hinzu. Friedrich August von ↗Alberti (1834) faßte die drei Glieder zur Trias zusammen. Die neue Bezeichnung wurde schnell anerkannt, obwohl diese Dreiteilung außerhalb Mitteleuropas kaum erkennbar ist. Die traditionellen Stufen (↗Skyth, ↗Anis, ↗Ladin, ↗Karn, ↗Nor, ↗Rhät) wurden an marinen Abfolgen der Nördlichen Kalkalpen (Österreich) aufgestellt. Da die Ammonitenzonen hier z. T. unvollständig und nicht immer chronologisch sind, stellte Tozer (1967) einen Standard für die Trias auf, der in Nordamerika besser repräsentiert ist. 1984 modifiziert Tozer die Unterteilung und schlägt vor, das ↗Rhät in das obere ↗Nor zu integrieren. Die ICS-Subkommission für Trias-Stratigraphie (Moskau 1984) entschied jedoch, das Rhät als Stufe beizubehalten.

Die Triaszeit begann vor 250 Millionen Jahren und endete vor 205 Millionen Jahren, umfaßte also 45 Millionen Jahre. Zur Zeit der Trias standen die Landmassen der Süderde ↗Gondwana und der Norderde ↗Laurasia im Bereich des südöstlichen Nordamerikas und des südwestlichen Europas zunächst in breiter Berührung und bildeten den Superkontinent Pangäa. Im Laufe der Trias drang an Grabenbrüchen, sogenannten Riftzonen, der Tethysozean (↗Tethys) weiter Richtung Westen vor, so daß er sich schließlich von Kalifornien und Nevada bis in den Himalaja und Japan erstreckte (Abb.).

In Europa muß aufgrund der geographischen Situation zwischen der sog. Alpinen Trias, entstanden im Tethysozean im Süden Europas, und der ↗Germanischen Trias unterschieden werden. Letztere wurde abgelagert in einem gelegentlich von Flachmeeren überfluteten, vorwiegend aber durch Festlandsedimente zugefüllten Binnenbecken, dem sog. Germanischen Becken, das sich in fast gleicher Form wie zur Zechsteinzeit zwischen dem Nordseeraum und Süddeutschland sowie zwischen England und Weißrußland erstreckte. Ähnliche Verhältnisse mit festländischen Ablagerungen wie im Germanischen Becken bestanden damals im westlichen Mittelmeergebiet, in Teilen des europäischen Rußlands (z. B. Dnjepr-Donez-Senke, Moskauer Becken) sowie im südlichen Uralgebiet. Zeitgleiche kontinentale Ablagerungen außerhalb Europas entstanden in Nordamerika, in Afrika (die sich aus dem ↗Perm fortentwickelnde Karru-Formation), in China und in Indien.

Die Gesteine der fast durchweg marinen Alpinen Trias des südlichen Tethysozeans findet man heute in Spanien (sog. Iberische Trias), in den Alpen, in den Gebirgen Italiens, in den Karpaten und den griechischen Gebirgen. Schon in den Jahren zwischen 1830 und 1850 hatte man die Gleichaltrigkeit der marinen triassischen Kalkgesteine der Alpen mit den Triasgesteinen in Württemberg, Hessen und Thüringen erkannt.

Europa lag zur Triaszeit noch immer in Äquatornähe und unter auffällig warmem Klima. Der da-

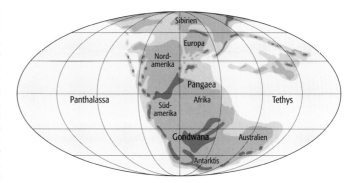

malige Äquator erstreckte sich vom südlichen Nordamerika über Nordafrika entlang der Tethys nach Osten. Der Nordpol lag wie zur Permzeit bei Kamtschatka, der Südpol am Rand Antarktikas. Die damals inmitten von Meeren liegenden Pole dürften eisfrei gewesen sein, als Zeichen eines weltweit ausgeglicheneren Klimas. Inlandsvereisungen wie in der Permzeit gab es jedenfalls nicht.

Die charakteristischen sich schnell weiterentwickelnden ↗Leitfossilien der Triaszeit sind zwischen den beiden so verschiedenen Ablagerungsräumen natürlich ebenfalls unterschiedlich. Im weltoffenen Tethysozean lebten Mesoammoniten (Ceratiten; ↗Cephalopoden), ↗Brachiopoden, Muscheln (Bivalvia; ↗Mollusca), ↗Conodonten und ↗Kalkalgen, von denen einige während der Flachmeerüberdeckung zur Muschelkalkzeit auch ins germanische Binnenbecken einwanderten. In diesen Innensenken sind es vor allem Muschelkrebse (↗Ostracoda), ↗Amphibien, ↗Reptilien und ihre Fährtenabdrücke sowie höhere Pflanzen, die einzelne Zeitabschnitte der Triaszeit zu charakterisieren vermögen.

Im Süden dehnte sich die Tethys zunehmend nach Westen hin aus, sowie sich Afrika von Europa trennte. Im alpinen Gürtel am Nordrand der Tethys bildeten sich in der mittleren und oberen Trias ausgedehnte Carbonatplattformen. Dies sind Gebiete, in denen sich über längere Zeiträume hinweg Flachwassercarbonate bildeten, wie sie aus den Nordalpen (z. B. Dachsteinkalk) und aus den Südalpen (z. B. Schlerndolomit) bekannt sind. Diese ↗subtidalen, ↗intertidalen und ↗supratidalen Sedimentationsräume sind durch den zyklischen Aufbau ihrer Ablagerungen gekennzeichnet, die die entsprechenden Veränderungen in der relativen Position von Land zu Meer widerspiegelten. Es entstanden zahlreiche Riffe in verschiedenen Positionen der Carbonatplattform, die sowohl von den neuauftretenden Hexakorallen (↗Scleractinia) als auch von Organismen wie Schwämmen und Kalkalgen aufgebaut wurden. Solche Riffe sind heute in den tektonischen Deckenkomplexen der Nördlichen Kalkalpen aufgeschlossen. Es handelt sich meist um kleine und isolierte Riffknospen, nicht vergleichbar mit den heutigen Barriereriffen. In der oberen Trias hatten sich die kurz zuvor entstandenen Hexakorallen noch nicht diversifiziert und sie

Trias: paläogeographische Rekonstruktion mit der Lage der Kontinente, Schelfmeere und tiefer Ozeanbereiche. Die Graustufen stellen (von dunkel nach hell) dar: Gebirge, Land, Schelfmeer, Ozean.

mußten erst noch die Fähigkeit entwickeln, umfangreiche Riffgerüste aufzubauen. Die frühen Hexakorallen lebten möglicherweise noch nicht in ↗Symbiose mit Algen (Zooxanthellen), die in modernen tropischen Riffen die Kalkskelettbildung erleichtern. Vielleicht bildete sich diese wichtige symbiotische Beziehung erst in der obersten Trias heraus.

Während der Trias nehmen vor allem die Wirbeltiere einen ungeheueren Aufschwung. Es ist der bedeutenste Zeitabschnitt in der Geschichte der Wirbeltiere überhaupt. In diese Zeit fällt die Blüte der Ganoid- oder Schmelzschuppenfische, der Lungenfische und der Coelacanthii, einer Unterordnung der Quastenflosser. In der Trias entstehen die ersten echten Knochenfische (Teleostei), die ab dem ↗Tertiär zur erfolgreichsten Fischgruppe (↗Fische) werden. Unter den Amphibien erreichen die für das ↗Paläozoikum typischen Dachschädlerlurche (Stegocephalia) in der Trias einen letzten durch Artenvielfalt und besonderen Größenwuchs gekennzeichneten Höhepunkt, bevor sie nachkommenlos ausstarben. Dafür erscheinen in der Untertrias die ersten Froschlurche; der Ursprung der Schwanzlurche liegt mit größter Wahrscheinlichkeit ebenfalls in der Trias. Für alle höheren Vierfüßer ist die Triaszeit der entscheidende Zeitabschnitt ihrer Evolution. Einen geradezu explosionsartigen Aufschwung erleben die ↗Reptilien. Es entstehen viele neue Ordnungen. Zu den bereits im Perm existierenden säugerartigen Reptilien (Therapsida) kamen die Wurzelzähner (Thecodontia), die Dinosaurier (Saurischia und Ornithischia), die Flugsaurier (Pterosauria), die Krokodile (Crocodilia), die Flossenechsen (Sauropterygia), die Echsen (Sauria), die Brücken- und Schnabelechsen (Rhynchocephalia), die Schildkröten (Chelonia), die Fischsaurier (Ichthyosauria) und die Pflasterzahnsaurier (Placodontia) dazu. Damit waren in der Triaszeit von den Schlangen einmal abgesehen, alle Reptilgruppen vorhanden. Sie eroberten sich neue Lebensräume. Schon im ↗Perm hatten die Reptilien alle damaligen Kontinente besiedelt. Gegen Ende der oberen Trias (Keuper) erscheinen als ein biologisch besonders wichtiges Ereignis die ersten echten ↗Säugetiere.   [MBe]

Literatur: [1] KLEIN, G. D.(ed.)(1994): Pangea: Paleoclimate, Tectonics and Sedimentation during Accretion, Zenith and Breakup of a Supercontinent. – GSA Special paper 288, Boulder. [2] SCOTESE, C. R., GOLONKA, (1992): PALEOMAP Paleogeographic Atlas, Paleomap Progress Report #20, Dept. Of Geology, University of Texas. Arlington. [3] TOZER, E. T. (1984): The Trias and its Ammonoids: The evolution of a timescale. – Geol. Survey of Canada, Miscellaneous Report 35. Ottawa.

Triaxialversuch, Druckversuch an zylindrischen Boden- oder Gesteinsproben zur Bestimmung der Materialeigenschaften. Beim konventionellen Triaxialversuch wird der zylindrische Prüfkörper über seinen Umfang mittels einer Druckflüssigkeit ($\sigma_2 = \sigma_3$) und in axialer Richtung (größte Hauptdruckspannung σ_1) durch eine Prüfpresse belastet. Um ein Eindringen der Druckflüssigkeit in den Porenraum des Probekörpers zu verhindern, wird dieser durch eine undurchlässige Membran aus Teflon, Gummi oder Metall abgedichtet. Echte ↗dreiaxiale Druckversuche ($\sigma_1 > \sigma_2 > \sigma_3$), z. B. an würfelförmigen Probekörpern, werden an Gesteinen nur relativ selten durchgeführt, da bei ↗isotropem Materialverhalten die mittlere Hauptdruckspannung σ_2 nur einen relativ geringen Einfluß auf die Festigkeit ausübt.

Triaxialzelle, ein Gerät, um den Spannungszustand im Gebirge nach der ↗Überbohrmethode zu messen. Die am häufigste eingesetzte Zelle besteht aus einem Kunststoffrohr, in dem neun Dehnungsmeßstreifen eingebettet sind. Diese Zelle wird in einem Pilotbohrloch in Kunststoffinjektionsgut eingebettet und nach dem Aushärten mit einer Überbohrkrone (∅ 146 mm) freigebohrt, wobei vor, während und nach dem Bohrvorgang kontinuierlich die Bohrlochdurchmesseränderung gemessen wird. Die Dehnungsmeßstreifen sind so angeordnet, daß drei Streifen in Ringrichtung, zwei in Axialrichtung und vier unter ± 45° zur Bohrlochachse zu liegen kommen (Abb.). Jeder Meßstreifen ist 10 mm lang,

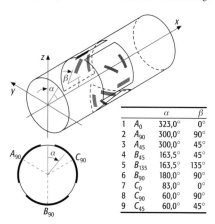

Triaxialzelle: Anordnung der Dehnungsmeßstreifen in der Triaxialzelle.

		α	β
1	A_0	323,0°	0°
2	A_{90}	300,0°	90°
3	A_{45}	300,0°	45°
4	B_{45}	163,5°	45°
5	B_{135}	163,5°	135°
6	B_{90}	180,0°	90°
7	C_0	83,0°	0°
8	C_{90}	60,0°	90°
9	C_{45}	60,0°	45°

um groß im Vergleich zur Körnung des Gesteins zu sein. Durch Anordnung und Größe ist gewährleistet, daß eine realistische Messung des kompletten Spannungstensors möglich ist.

Um die Triaxialzelle im Bohrloch zu injizieren, wird sie mit einem Zweikomponentenkleber gefüllt und dieser durch zwei Öffnungen mit Hilfe eines zylinderförmigen Stößels ausgepreßt, so daß der Hohlraum zwischen Meßzelle und Bohrlochwand gänzlich verfüllt ist. Die Wanddicke der Füllung beträgt im Normalfall 1,5 mm.

Triboluminszenz, Leuchtemission (↗Lumineszenz) im Zusammenhang mit mechanischer Beanspruchung von Kristallen, z. B. beim Zerbrechen von Kristallen. Triboluminszenz tritt z. B. beim Reiben von Quarz auf einer rauhen Porzellanplatte, beim Zerbrechen von Marmor, Zuckerkristallen etc. und beim Kratzen der Zinkblende von Tsumeb mit dem Messer auf. Die genaue Herkunft dieses Effekts ist noch nicht eindeutig geklärt.

Tribomechanik, Bezeichnung für die beim mechanischen Eingriff in dem Gefüge der Grenzflächen fester Körper ablaufenden Mikroprozesse.

Trichlorethen, *Tri*, *TCE* (engl.), *1,1,2-Trichlorethylen*, C_2HCl_3, klare, leicht flüchtige Flüssigkeit mit charakteristischem Geruch nach Chloroform oder Ether. Die Herstellung von Trichlorethen erfolgt durch katalytische Hydrierung von ↗Tetrachlorethen oder Oxychlorierung von 1,2-Dichlorethen bzw. Umsetzung von Ethen mit Chlor und Sauerstoff. Die Produktionsmenge betrug in der Bundesrepublik Deutschland 1990 ca. 58.000 t/a. Es wird angenommen, daß etwa 60 % der jährlichen Weltproduktion herstellungs- und verwendungsorientiert in die Umwelt eingetragen werden. Trichlorethen ist gut löslich in organischen Lösungsmitteln und in Wasser (1000 mg/l bei 20°C). Ausgewählte Stoffeigenschaften: Dichte: 1,460 g/cm³ bei 20°C, Dampfdruck: 7,9 hPa bei 20°C, Wasserlöslichkeit: 1000 mg/l bei 20°C, Schmelzpunkt: -87°C, Siedepunkt: 86,2°C, *n*-Octanol/Wasser-Verteilungskoeffizient (log-$P_{O/W}$): 2,3–3,0. Für Wasserorganismen ist Trichlorethen schädlich, daneben ist es akut gering toxisch und biologisch nicht leicht abbaubar. Die Einträge von Trichlorethen in die Umwelt können nicht exakt quantifiziert werden. Zielkompartiment ist die Luft. Die Konzentrationen liegen im Bereich von 0,05–20 µg/l, in ländlichen Gebieten etwas niedriger. Trinkwasser kann zwischen < 1 und 21 µg Trichlorethen pro Liter enthalten. Trichlorethen ist in biotischen und abiotischen Umweltstrukturen nahezu ↗ubiquitär. [ME]

Trichterbruchbau ↗Abbaumethoden.
Trichterdoline ↗Doline.
Trichtermündung ↗Ästuar.

Tridymit, [von griech. *tridymos* = dreifach], Mineral mit der chemischen Formel SiO_2; dihexagonal-dipyramidal = Hoch-Tridymit, rhombisch-disphenoidisch = Tief-Tridymit; Farbe: farblos, weiß, grau, gelblich; Glas- bis Perlmutterglanz, auch matt; durchsichtig bis durchscheinend; Strich: weiß, Härte nach Mohs: 7 (spröd); Dichte: 2,2 g/cm³; Spaltbarkeit: selten sichtbar nach (0001) und (1010); Aggregate: dünntafelige Kristalle, fächerförmige Zwillinge und Drillinge; vor dem Lötrohr unschmelzbar; in Flußsäure und heißer Sodalösung löslich; Genese: pneumatolytisch-exhalativ, abgesetzt in Klüften und Poren saurer Ergußgesteine; Fundorte: Arabyer Berge (Ungarn), Berg San Cristobal bei Pychuta (Mexiko), reichlich in Laven der San Juan-Berge (Colorado, USA).

Triebschnee, *Driftschnee*, äolisch umgelagerter Schnee, wobei die Schneekristalle auf rd. 10–20 % ihrer ursprünglichen Kristallgröße verkleinert werden.

Trift, *Drift*, bezeichnet die Versetzung von ↗Wassermassen, Treibkörpern und auch ↗Sedimenten durch ↗Meeresströmungen.

Triftstrom ↗Driftstrom.

trigonal, eines der sieben ↗Kristallsysteme.

trigonale Dipyramide, spezielle Flächenform {h0l} ({h0h̄l} in Bravaisschen Indizes) der Flächensymmetrie .m. in der hexagonalen Punktgruppe 6̄m2 aus sechs kongruenten gleichschenkligen Dreiecken.

trigonale Pyramide, spezielle Flächenform {hhl} ({h0h̄l} in Bravaisschen Indizes bei hexagonaler Beschreibung) der Punktsymmetrie.m in der rhomboedrischen Punktgruppe 3 m. Die drei Flächen bilden ein offenes Polyeder. Erst durch Hinzufügen einer Basisfläche (Pedion) entsteht daraus ein geschlossenes Polyeder.

trigonales Prisma, spezielle offene Flächenform {110} oder {1̄1̄0} in der Punktgruppe 6̄2 m mit der Flächensymmetrie m2 m.

trigonales Trapezoeder, allgemeine Flächenform {hkl} der rhomboedrischen Punktgruppe 32 aus sechs kongruenten Vierecken.

trigonometrische Höhenbestimmung, *trigonometrische Höhenmessung*, geodätisches Meßverfahren zur Bestimmung von Höhenunterschieden mittels trigonometrischer Funktionen (Abb. 1). Man unterscheidet trigonometrische Höhenmessungen über kurze Distanzen (< 250 m) und über größere Distanzen (< 10 km). a) Trigonometrische Höhenmessung über kurze Distanzen: Es werden von einem Standpunkt A, dessen Höhe (H_A) bekannt ist, z. B. mit einem ↗Theodoliten, zu einem Punkt B, dessen Höhe (H_B) bestimmt werden soll, der Höhenwinkel α oder der Zenitwinkel Z und die ↗Distanz s' oder die ↗Strecke S gemessen bzw. ermittelt und die ↗Instrumentenhöhe i auf dem Standpunkt A sowie die ↗Zielhöhe t auf dem Punkt B gemessen. Der Höhenunterschied Δh ergibt sich zu:

$$\Delta h = s\cot z, \Delta h = s'\cos z \text{ bzw.}$$
$$\Delta h = s\tan\alpha, \Delta h = s'\sin\alpha.$$

Die Höhe des Punktes B erhält man durch:

$$H_B = H_A + i + \Delta h - t.$$

Kann zu dem Punkt, dessen Höhe bestimmt werden soll, die Distanz oder die Strecke nicht gemessen werden, so kommt bei der trigonometrischen Höhenmessung die sogenannte ↗Turmhöhenbestimmung mit Hilfe eines vertikalen oder horizontalen Hilfsdreiecks zur Anwendung (Abb. 2). Bei der Verwendung eines vertikalen Hilfsdreiecks müssen die ↗Standpunkte A und B

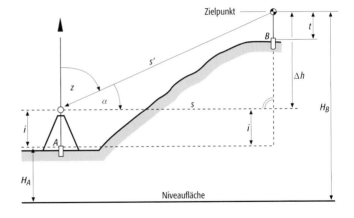

trigonometrische Höhenbestimmung 1: Schema der trigonometrischen Höhenbestimmung (Δh = Höhenunterschied, A = Standpunkt, H_A = Höhe des Standpunktes, B = Zielpunkt, H_B = Höhe des Zielpunktes, α = Höhenwinkel, Z = Zenitwinkel, s' = Distanz, S = Strecke, i = Instrumentenhöhe auf dem Standpunkt, t = Instrumentenhöhe auf der Zielhöhe).

trigonometrische Höhenbestimmung

trigonometrische Höhenbestimmung 2: Turmhöhenbestimmung mit vertikalem Hilfsdreieck (ΔH = Höhenunterschied, A, B = Standpunkte, P = zu bestimmender Punkt, H_A, H_B = bekannte Höhe der Standpunkte, s = bekannte Strecke, x = zu bestimmende Strecke, z_A, z_B = Zenitwinkel, α_A, α_B = Höhenwinkel, i_A, i_B = Instrumentenhöhe).

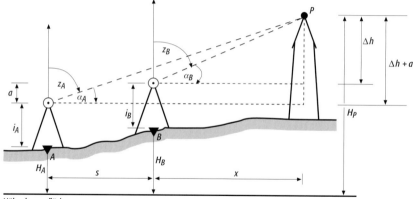

für das Instrument und der höhenmäßig zu bestimmende Punkt P (z. B. Turmspitze) etwa eine Vertikalebene bilden. Die Höhen der Standpunkte (H_A, H_B) müssen bekannt sein, die Instrumentenhöhen (i_A, i_B) sowie die Höhenwinkel (α_A, α_B) oder Zenitwinkel (z_A, z_B) müssen gemessen werden. Der Höhenunterschied Δh ergibt sich z. B. mit den gemessenen Zenitwinkeln zu:

$$\Delta h = \frac{a \tan z_A - s}{\tan z_B - \tan z_A},$$

wobei a der Höhenunterschied der Kippachsen zwischen den aufgestellten Theodoliten auf A und B ist. Die Höhe des Punktes (H_P) berechnet sich:

$$H_P = H_B + i_B + \Delta h$$

und/oder:

$$H_P = H_A + i_A + \Delta h + a.$$

Ist es im Gelände möglich, mit den Standpunkten A und B und dem höhenmäßig zu bestimmenden Punkt P etwa ein gleichseitiges horizontales Dreieck zu bilden (Abb. 3), so kann mit diesem ebenfalls eine trigonometrische Höhenmessung vorgenommen werden. Wie bei der Anwendung eines vertikalen Dreiecks müssen die o. g. Bestimmungsgrößen gegeben sein und gemessen werden. Zusätzlich sind die horizontalen ↗Winkel α und β zu ermitteln. Im horizontalen Dreieck $A'B'P'$ lassen sich die Strecken von:

$$\overline{AP} = d_A \quad \text{und}$$
$$\overline{BP} = d_B$$

mittels Sinussatz berechnen:

$$d_A = \frac{s \sin \beta}{\sin(\alpha + \beta)}; \quad d_B = \frac{s \sin \alpha}{\sin(\alpha + \beta)}.$$

Die Höhenunterschiede Δh_A und Δh_B berechnen sich jeweils aus den vertikalen Dreiecken zu $\Delta h_A = d_A \cdot \cot z_A$ und $\Delta h_B = d_B \cdot \cot z_B$. Die Höhe H_P wird zur Kontrolle zweimal berechnet:

$$H_P = H_A + i_A + \Delta h_A \text{ und } H_P = H_B + i_B + \Delta h_B.$$

trigonometrische Höhenbestimmung 3: Turmhöhenbestimmung mit horizontalem Hilfsdreieck (ΔH = Höhenunterschied, A und B = bekannte Punkte, P = zu bestimmender Punkt, A', B', C' = Hilfsdreieck, α, β = gemessene Winkel).

Mit Hilfe der trigonometrischen Höhenmessung lassen sich auch Höhenunterschiede entlang einer Linie in Form eines Zuges analog zum ↗Nivellement übertragen (Abb. 4). Hierbei steht ein ↗Tachymeter zwischen dem Punkt A und dem Punkt B und der Höhenunterschied (Δh) wird aus den gemessenen Größen, z. B. Zenitwinkeln, Distanzen und den ↗Zielhöhen (t_r und t_v), aus den Rückmessungen zum Punkt A und den Vorblickmessungen zum Punkt B ermittelt. Der Höhenunterschied des ↗Rückblicks r und des ↗Vorblicks v ergibt sich:

$$r = t_r - s_r \cdot \cot z_r \text{ und } v = t_v - s_v \cdot \cot z_v.$$

Der Höhenunterschied zwischen r und v bzw. A und B ergibt sich:

$$\Delta h = s_v \cdot \cot z_v - s_r \cdot \cot z_r + t_r - t_v.$$

Das ↗trigonometrische Nivellement hat gegenüber dem ↗geometrischen Nivellement den Vorteil, durch Schrägzielungen größere Strecken überbrücken zu können. Aufgrund der hohen Meßgenauigkeit der elektronischen Tachymeter erreicht man die Genauigkeiten des geometrischen Nivellements. Im bewegten Gelände und bei Zielungen über große Distanzen ist das trigonometrische Nivellement wirtschaftlicher als das geometrische. Werden bei einem ↗Polygonzug zusätzlich die Höhen- oder Zenitwinkel zwischen den Polygonpunkten bestimmt und die Höhen trigonometrisch berechnet, erhält man einen ↗Höhenpolygonzug. b) Trigonometrische Höhenmessungen über größere Distanzen (Abb. 5): Hierbei muß zur Berechnung des Höhenunterschiedes ΔH unter Verwendung einseitiger Zenitwinkelmessungen der Einfluß der ↗Erdkrümmung:

$$k_E \approx \frac{S^2}{2R} \quad \text{bzw.} \quad \frac{\gamma}{2} = \frac{S}{2R}\text{rad}$$

und Refraktionseinfluß:

$$k_R \approx -\frac{kS^2}{2R} \quad \text{bzw.} \quad \frac{\delta}{2} = \frac{kS}{2R}\text{rad}$$

berücksichtigt werden, wobei der Erdradius $R = 6380$ km und der Refraktionskoeffizient $k \approx 0{,}13$ ist. Die Höhenbestimmung mit der Distanz D oder mit der Strecke S im Bezugshorizont ergibt sich zu:

$$\Delta H = D\cos z + \frac{D^2}{2R}(1-k) + i - t$$

oder:

$$\Delta H = \left\{1 + \frac{H_A}{R}\right\}S\cot z + \frac{S^2}{2R}(1-k) + i - t,$$

wobei i = Instrumentenhöhe und t = Zieltafelhöhe ist. Darüber hinaus muß im Rahmen der Auswertung trigonometrischer Höhenmessungen der Einfluß der ↗Lotabweichung auf die gemessenen Zenitwinkel berücksichtigt werden, d.h., die Berechnung ist auf das ↗Ellipsoid zurückzuführen. Bei der Anwendung der trigonometrischen Höhenmessung im Gebirge stellen die reliefbedingten Unregelmäßigkeiten des Schwerefeldes die wesentlichen Unsicherheiten dar. Bei gegenseitig gleichzeitiger Zenitwinkelmessung und bei stabilen Wetterlagen, läßt sich der Refraktionseinfluß weitgehend eliminieren. Bei Messungen bis zu 10 km Länge und Berücksichtigung der Lotabweichungseinflüsse lassen sich Genauigkeiten:

$$\sigma_H = \frac{1}{2}L$$

mit L in km und σ_H in cm erreichen. [KHK]

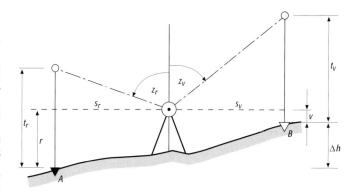

trigonometrischer Punkt, TP, ↗Lagefestpunkt, der im amtlichen Nachweis der Trigonometrischen Punkte geführt wird. Die Gesamtheit der in einem Lagebezugssystem bestimmten trigonometrischen Punkte (TP) bildet ein ↗trigonometrisches Punktfeld (TP-Feld). Das TP-Feld ist die Grundlage der amtlichen Lagevermessung und anderer Vermessungen.

trigonometrisches Nivellement, Methode zur Bestimmung des Unterschiedes der ↗ellipsoidischen Höhen zweier Punkte A und P aus der Messung von Zenitdistanzen und der ↗astrogeodätischen Lotabweichungen längs des Meßweges. Es stellt eine Diskretisierung des folgenden Wegintegrals dar:

$$h_{AP} = \int_A^P \cos(z + \xi\cos a + \eta\sin a)\,dr$$

$$\approx \sum_A^P \cos(z_i + \xi_i\cos a_i + \eta_i\sin a_i)\,\Delta r_i.$$

In dieser Formel bedeuten Δr_i die Schrägentfernung, a_i das Azimut und z_i die gemessene wegen

trigonometrische Höhenbestimmung 4: trigonometrisches Nivellement (Δh = Höhenunterschied, t_r = Zielhöhe im Rückblick, t_v = Zielhöhe im Vorblick, s_r = Strecke im Rückblick, s_v = Strecke im Vorblick, z_r = Zielung im Rückblick, z_v = Zielung im Vorblick).

trigonometrische Höhenbestimmung 5: Höhenbestimmung über große Distanzen (Strecken < 10 km) mit einseitiger Zenitwinkelmessung (ΔH = Höhenunterschied, D = Distanz, S = Strecke, R = Radius, k = Refraktionskoeffizient).

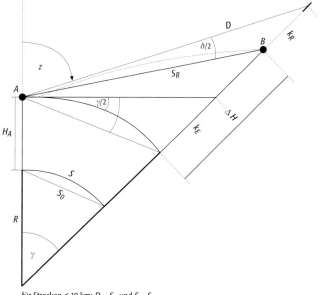

für Strecken < 10 km: $D = S_R$ und $S = S_0$

Trilobita 1: Dorsalansicht eines Trilobitenpanzers.

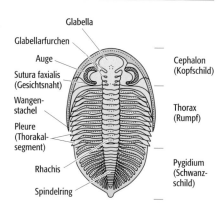

Refraktion korrigierte Zenitdistanz zwischen den beiden Oberflächenpunkten *i-1* und *i*. Die Komponenten der ↗astrogeodätischen Lotabweichungen ξ_i, η_i in den Diskretisierungspunkten ergeben sich als Differenzen der Zenitrichtungen

$$\vec{e}_3^{\,T} - \vec{e}_3^{\,L} = \xi\,\vec{e}_1^{\,L} + \eta\,\vec{e}_2^{\,L}$$

des ↗topozentrischen astronomischen Koordinatensystems und des ↗lokalen ellipsoidischen Koordinatensystem mit den Ursprüngen in den hinreichend nahe beieinander liegenden Punkten des Profils von *A* nach *P*. [KHI]

trigonometrisches Punktfeld, *TP-Feld*, Gesamtheit der ↗trigonometrischen Punkte (TP) eines ↗Lagefestpunktfeldes. Das trigonometrische Punktfeld ist die Grundlage der amtlichen Lagevermessung. Es ist nach Ordnungen von 1 bis 4 und nach Gebieten gegliedert. Die Ordnung 1 repräsentiert die genaueste Stufe. Die TP 1. Ordnung werden in Hauptdreieckspunkte und Zwischenpunkte 1. Ordnung gegliedert.

Trigontrioktaeder, spezielle Flächenform {*hhl*}, |*h*|>|*l*| der kubischen Holoedrie *m*$\bar{3}$*m* und der Flächensymmetrie ... *m*, bestehend aus 24 gleichschenkligen Dreiecken.

Trigontritetraeder, spezielle Flächenform {*hhl*}, |*h*| < |*l*| der kubischen $\bar{4}3\,m$ und der Flächensymmetrie ... *m*, bestehend aus zwölf gleichschenkligen Dreiecken.

Trigyre, kaum noch gebräuchliche Bezeichnung für eine dreizählige Drehachse.

triklin, eines der sieben ↗Kristallsysteme.

Trilobita, ausgestorbene Tiergruppe, die vom ↗Kambrium bis ins obere ↗Perm vertreten war. Ihre Blüte erreichte sie im Oberkambrium und ↗Ordovizium. Die meisten der ausschließlich marinen Organismen lebten benthisch (↗benthische Organismen), wobei sie hauptsächlich in kalkigen Plattformsedimenten oder feinkörnigem Detritus anzutreffen sind. Manche Formen kommen aber auch in tieferem Wasser, z. B. an Kontinentalhängen bzw. in ↗pelagischen Zonen vor. Die Körpergröße schwankt i. a. zwischen 3 und 10 cm, es gibt aber auch bis ca. 70 cm große Formen sowie Arten, die < 5 mm sind und damit zu den ↗Mikrofossilien gehören.

Trilobiten schützten ihren Körper durch einen Panzer, dessen auffällige Dreiteilung namengebend für die ganze Gruppe war (Dreilappkrebse) (Abb. 1). In der Längsrichtung unterscheidet man die Rhachis als medianen Bereich sowie die beiden lateralen Zonen, die Pleurabereiche. Quer gliedert sich der Panzer in Cephalon, Thorax und Pygidium. Seitlich ist der Panzer nach unten umgeschlagen und bildet dort die sog. Duplikatur, die aber nicht der Duplikatur der ↗Ostracoda entspricht. An ihr setzt der Weichkörper an. In etwa halbkreisförmige Cephalon ist ein weitgehend ungegliederter Schild, der aus der mehr oder weniger vollständigen Verschmelzung der Kopfsegmente resultiert. Bei manchen Gruppen kann der Kopfschild enorm vergrößert sein. Ist dieser Bereich perforiert, bezeichnet man ihn als Siebhaube. Als Fortsetzung der Rhachis bildet die Glabella eine zentrale Aufwölbung. Ausdruck der Weichkörpersegmentierung ist die Glabellarfurchung, die jedoch auch rückgebildet sein kann. Die unterste Furche ist allerdings stets durchlaufend und bildet den sog. Occipital- oder Nackenring. Die Bereiche rechts und links der Glabella heißen Wangen. Häutungsnähte teilen die Wangen in Fest- und Freiwangen. Die Festwangen schließen unmittelbar an die Glabella an; sie bilden mit ihr das Cranidium, während die Freiwangen inklusive möglicher Wangenstacheln durch den Häutungsprozeß vom Cranidium getrennt werden (Abb. 2). Auch die Augen selbst

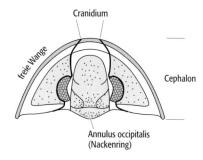

Trilobita 2: Merkmale eines Trilobitenkopfschildes.

gehören meist zum Bereich der Freiwangen. Bei den Lichtsinnesorganen unterscheidet man das holochroale und das schizochroale Auge. Der holochroale Typus ist das primitivere, aber am weitesten verbreitete Organ. Hier werden bis zu 15.000 Linsen von einer gemeinsamen Cornea (Hornhaut) überdeckt, während das schizochroale Auge über weniger, aber dafür kristalline Einzellinsen verfügt. Auf der Unterseite des Kopfes befinden sich das vor oder über der Mundöffnung liegende Hypostom und das sich manchmal nach unten anschließende Metastom als weitere Panzerteile. Das Hypostom kann taxonomische Bedeutung haben. Vor dem Hypostom liegt die spangenförmige Rostralplatte; sie ist manchmal mit dem Hypostom verwachsen. Der Thorax setzt sich aus einer Reihe beweglicher Segmente zusammen, die zwischen 2 und 44 liegt. Zumindest auf Familienniveau ist die Anzahl der Segmente meist konstant. Jedes Thorakalsegment ist aus dem medianen Axialring sowie den beiden seitlichen Pleuren aufgebaut. Die Pleuren haben oft gelenkige Verbindungen. Mit Hilfe von Fortsätzen, die in Gruben vorhergehender Pleuren passen, werden Verschiebungen verhindert. Jeder Axialring trägt an seinem vorderen Rand einen sog. gelenkigen Halbring, der nur bei der Einrollung zu sehen ist. Er deckt die durch Körperdehnung bedingte freiliegende Stelle ab. Der hintere Körperabschnitt ist das Pygidium und besteht aus einer einheitlichen Platte. Das ursprünglich sehr kleine Pygidium wurde durch Angliederung von Thorakalsegmenten vergrößert. Die Segmentzahl ist z. T. an den Querfurchen der Rhachis bzw. an den Seitenfurchen erkennbar. Randstacheln können in der Verlängerung der Pleuren und damit entlang der ursprünglichen Segmentierung verlaufen, sie können aber auch sekundär und damit unabhängig von der Segmentation sein. Häufig ist am Pygidium ein hinterer Stachel oder ein unpaarer Fortsatz vorhanden. Bei Trilobiten, die sich gut einrollen konnten, hat das Pygidium häufig eine dem Kopfschild vergleichbare Größe. Artikulationsmechanismen (Gruben und Höcker bzw. Furche und Kante) an Cephalon und Pygidium sorgten für eine entsprechend feste Fixierung bei der Einrollung. Der überwiegende Teil der Ventralseite sowie die Extremitäten sind weichkörperig und damit nur unter besonderen Umständen erhaltungsfähig. Zu beiden Seiten des Hypostoms inserieren die Antennen, gefolgt von undifferenzierten Spaltbeinen, von denen vier noch zur Kopfregion gehören. Die Gliedmaßen dienen der Fortbewegung wie Laufen und Schwimmen, der Atmung und der Ernährung. Nachdem die ersten drei Beinpaare an Größe zunehmen, verringert sie sich sukzessive nach hinten. Der Grundbauplan des Trilobitenbeins besteht aus einem Protopoditen, an dessen innerer Seite eine Gnathobase ansetzt. Vom Protopoditen spalten sich Exo- und Endopodit ab. Der Exopodit hat vermutlich respiratorische Funktion, während der Endopodit der Lokomotion dient. Die /Ontogenie gliedert sich in drei Hauptphasen. Nach dem Schlüpfen befindet sich die Larve im sog. Protaspisstadium. Die Panzer sind ungeteilte ovale, mehr oder weniger stark gewölbte Schilde, die aber bereits die Duplikatur ausgebildet haben; die Ventralseite wird größtenteils vom Hypostom bedeckt. Manchmal ist schon ein zentraler segmentierter Lobus als Andeutung der Glabella vorhanden. Im späteren Protaspis-Stadium entwickelt sich ein Protopygidium, das aber noch fest mit dem Kopfschild verwachsen ist. Im Meraspis-Stadium bildet sich ein Gelenk zwischen Kopf- und dem noch provisorischen Schwanzschild aus. Im weiteren Verlauf bilden sich die Thorakalsegmente. Jedes neue Segment entspricht meist einer Meraspis-Phase. Es kommt zu einer deutlichen Größenzunahme, auch das Cephalon erhält jetzt die Adultmerkmale. Mit dem Holapsis-Stadium ist die endgültige Segmentzahl erreicht, die definitive Größe wird durch weitere Häutungen erlangt (Abb. 3). Als Phaselus-Larven werden ovoide gewölbte Schalen interpretiert, die noch kleiner als das früheste Protaspisstadium sind.

Im Laufe ihrer ca. 250 Millionen Jahre währenden Existenz dokumentieren die Trilobiten eine große morphologische Diversität, ohne jedoch ihren Grundbauplan zu verändern. Obwohl meist adaptiver Natur, sind gewisse Merkmale Ausdruck evolutiver Trends. Man nutzt diese zur Rekonstruktion der Entwicklung und als Basis für eine Klassifikation. Zu diesen Merkmalen gehören u. a. die Gesichts- bzw. Häutungsnähte. Solche Häutungsnähte sind von keiner anderen Arthropodengruppe bekannt. Grundsätzlich unterscheidet man fünf verschiedene Typen: die propare, opisthopare, gonatopare, metapare und protopare oder hypopare Sutur. Ihr jeweiliger Verlauf ist aus Abb. 4 ersichtlich. Bei den Häutungsvorgängen platzt der Panzer entlang der oben genannten Suturen auf. Eine besondere Art der Häutung ist als /Saltersche Einbettung bekannt und kommt bei den Phacopiden vor.
Die Lebensweise der /stenohalinen Trilobiten war in der Mehrzahl an den Boden gebunden, wo sie jedoch sehr unterschiedliche Nischen besiedelten. Harpiden und manche devonischen Scutelliden gelten als Riffbewohner (/Riff). In Flachwasserkalken findet man im /Ordovizium Illaeniden und Cheiruriden, im /Silur z. B. Lichiden und Calymeniden, im /Devon die Proetiden. Devonische Phacopiden dagegen kommen sowohl im kalkigen Flachwasserbereich als auch in anderen /Fazies vor. In küstenfernen feinklastischen Sedimenten des Kambriums sind v. a. Oleniden vertreten. In der unterkarbonischen Kulmfazies (/Kulm) kommen hauptsächlich kleinäugige bis blinde Formen vor, während in der Kohlenkalkfazies (/Kohlenkalk) großäugige Taxa dominieren. Die meisten Trilobiten waren an den Schelfbereich, d. h. bis ca. 200 m Wassertiefe, gebunden und außerstande, den offenen Ozean zu überqueren. Daher lassen sie einen ausgeprägten Provinzialismus erkennen.
Die bei der Fortbewegung erzeugten Schreitfährten (/Fährte) der Trilobiten geben z. B. Aufschluß über die Bewegungsrichtung, den Standort (auf oder im Sediment), die Art der /Spur (z. B. Weide- oder Ruhespur) sowie über die Morphologie des Erzeugers. Ruhespuren (Rusophycus: Abb. 5) sind i. a. herzförmig, Kriechspuren (Cruziana) sind bandförmig. Je nach Verhalten der Tiere gibt es zwischen diesen beiden Spurentypen alle möglichen Übergänge.
Systematisch unterscheidet man neun Trilobitenordnungen (Abb. 6): a) Redlichiida (Unter- bis Mittelkambrium): mit großem, halbkreisförmigem Cephalon, zahlreichen, meist bestachelten Thorakalsegmenten und kleinem Pygidium. b) Agnostida (Unterkambrium bis Oberordovizium): mit fast gleichgroßem Kopf- und Schwanzschild und lediglich zwei Thorakalsegmenten, Formen meist blind, Lebensweise mit aufeinandergeklapptem Kopf- und Schwanzschild. c) Naraoiidae (Mittelkambrium, /Burgess Shale): ohne Thorakalsegmente, Panzer unverkalkt. d) Corynexochida (Unterkambrium bis Mitteldevon): sehr heterogene Gruppe, Glabella parallel begrenzt oder nach vorn erweitert, opis-

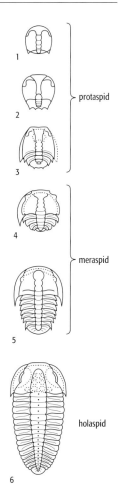

Trilobita 3: Ontogenese bei *Sao hirsuta* (Ptychopariida).

Trilobita

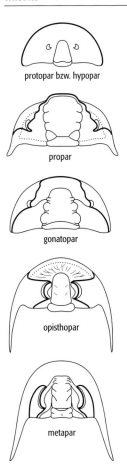

Trilobita 4: Gesichts- oder Häutungsnähte.
Trilobita 5: Ruhespuren (Rusophycus) von Trilobiten: A-C) flaches Einscharren; F-H) Ausscharren einer Grube.

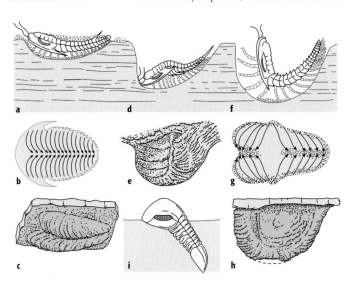

thopare Sutur, 7–8 Thorkalsegmente, Hypostom z. T. mit Rostralplatte verschmolzen. e) Lichida (Mittelkambrium bis Mitteldevon): stark bestachelte Trilobiten und unter Umständen sehr große Formen mit z. T. tuberkuliertem Panzer, Glabella mit bis zu vier Glabellarfurchen, opisthopare Sutur, Größe des Pygidiums je nach Untergruppe verschieden. f) Phacopida (Unterordovizium bis Unterdevon) mit vorherrschend proparen Suturen. Unterteilung in drei Unterordnungen: Cheirurina (mit nach vorn verbreiterter Glabella und vier Glabellarfurchen, 8–19 Thorakalsegmenten, Pygidium bestachelt oder ausgefingertem Rand), Calymenina (mit nach vorn verschmälerter Glabella und gonatoparer Sutur, Thorax mit 11–13 Segmenten, Pygidium gerundet und subdreieckig) und Phacopina (mit proparer Sutur, Glabella nach vorn verbreitert, ohne Rostralplatte, Thorax mit 11 Segmenten, Pygidium klein, gut entwickelter Einrollungsmechanismus). g) Ptychopariida (Unterkambrium bis Unterdevon): große paraphyletische Gruppe mit stark modifizierten Gruppen, typische Vertreter mit nach vorn verschmälerter Glabella und geraden Glabellarfurchen; großer Thorax, aber kleines Pygidium. h) Asaphida (Unterkambrium bis ↗Silur): Glabella undeutlich begrenzt, 8 Rumpfsegmente und großes bis sehr großes Pygidium, breiter Umschlag des Panzers auf Ventralseite. i) Proetida (Ordovizium bis ↗Perm): große stark gewölbte Glabella, opisthopare Sutur, Cephalon mit Wangenstacheln, Rostralplatte nach hinten schmaler werdend, Thorax mit 8–10 Segmenten, Pygidium meist gefurcht und unbestachelt.

Über die Vorläufer der Trilobiten ist fast nichts bekannt, manche Autoren sehen Vertreter der ↗Ediacara-Fauna oder Vendobionta als weichhäutige Vorfahren an. Die älteste Trilobitengruppe sind die Olenellina mit einem winzigen Pygidium. Gemeinsam mit den sekundär erblindeten Agnostida entwickeln sie eine gewisse Diversität im ↗Kambrium. Hinzu kommen die Corynexochida und Ptychopariida, die aber auch nach dem Niedergang der Olenellina an der Wende Kambrium/Ordovizium weiterlebten. Die oberkambrische Fauna wird beherrscht von ptychopariiden Taxa. Mit Ausgang des Kambriums kam es zu einer größeren Krise, in deren Verlauf die meisten der vergleichsweise unspezialisierten Formen ausstarben. Die genauen Gründe sind unbekannt, vermutlich spielten die oberkambrische marine ↗Regression und das Auftreten räuberischer ↗Cephalopoda auch eine Rolle. Nachdem im ↗Tremadoc einige kurzlebige Formen auftauchten und wieder verschwanden, erschienen die ersten Vertreter der wichtigen und dominierenden ordovizischen Gruppen wie z. B. Phacopida, Asaphoida und Trinucleina. Diese ordovizischen Formen eroberten ganz neue Lebensbereiche, beispielsweise ↗Riffe. Trilobitenfaunen des Silurs und Devons können leicht verwechselt werden, da sich viele Taxa überschneiden. Nur die Encrinuriden (Cheiruridae) reichen nicht sehr weit ins Devon hinein; sie sind ein typisches Element des Silurs. Die Mehrzahl der Trilobitengruppen stirbt im Mittel- bzw. Oberdevon aus. Nur die Proetiden überleben bis ins obere Perm. Die meisten von ihnen sind großäugige Flachwasserbewohner, es gibt aber auch spezialisierte dünnschalige und blinde Formen des tieferen Wassers, die vom Oberdevon bis ins ↗Kulm vertreten sind. Das Aussterben der letzten permischen Trilobiten hängt wahrscheinlich mit dem Absinken des Meeresspiegels zusammen, das auch viele andere Invertebratengruppen (↗Invertebraten) vorübergehend stark beeinflußt hat. Grundsätzliche evolutionäre Errungenschaften beziehen sich auf das Entstehen neuer Augentypen, die Verbesserung der Einrollung sowie des Artikulationsmechanismus, der Wechsel von sehr kleinen zu größeren Pygidien, die Ausbildung sehr starker Stacheln in einigen Gruppen sowie die Reduktion der Rostralplatte. Allerdings kam es seit Beginn des Ordoviziums zu keinen bedeutenden Änderungen mehr.

Der stratigraphische Nutzen der Trilobiten ist sehr groß; vor allem die Zonierung des Kambriums basiert fast ausschließlich auf Trilobiten. Beschränkungen für ihre Anwendung liegen in ihrer fazieskontrollierten Verbreitung sowie in ihrem Provinzialismus. Im Ordovizium werden Ablagerungen des küstennahen Bereichs ebenfalls mit Hilfe von Trilobiten altersmäßig eingestuft. Schwierigkeiten gibt es allerdings mit der zeitlichen Korrelation verschiedener Riffablagerungen und zeitgleicher gebankter Carbonate oder Kalkschlammfazies (↗Fazies). Für die stratigraphische Gliederung des Silurs und Devons haben sie lediglich eine gewisse lokale Bedeutung. [IHS]

Literatur: [1] BUCHHOLZ, A.(1997): Trilobiten mittelkambrischer Geschiebe aus Mecklenburg-Vorpommern (Norddeutschland). – Archiv für Geschiebekunde 4(2). [2] FORTEY, R.A., OWENS, R.M. (1999): The Trilobite Exoskeleton. In Savazzi, E. (ed.): Functional Morphology of the Invertebrate Skeleton. [3] KRUEGER, H.-H. (i. Dr.): Die Erratencrinurus Gruppe aus

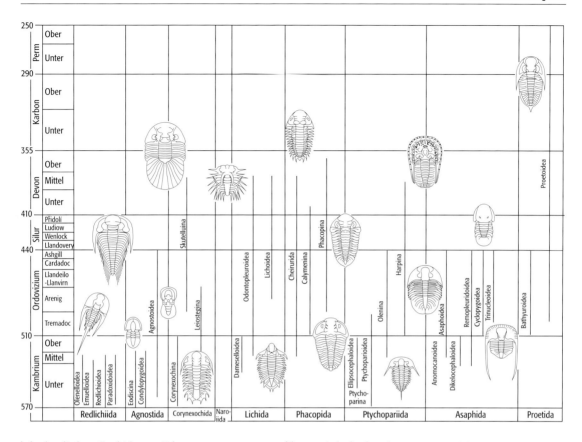

Trilobita 6: Trilobitengroßgruppen und ihre stratigraphischen Reichweiten.

baltoskandischen Geschieben. – Palaeontographica A.

Trinkwasser, Wasser, das für den menschlichen Genuß und unmittelbaren Gebrauch in Haushalten geeignet ist und deshalb, anders als das gewerblich genutzte Betriebswasser besonders hohen Qualitätsanforderungen unterliegt (/Wasserversorgung, /Wasseraufbereitung).

Trinkwasseraufbereitung /Wasseraufbereitung.

Trinkwasserschutzgebiet, zum Schutz des Trinkwassers festgelegtes Gebiet. In der Bundesrepublik Deutschland gibt es derzeit ca. 14.000 Schutzgebiete. Sie nahmen 1986 etwa 21.100 km² (einschließlich der weiteren Schutzzonen) und damit ca. 10% der Landesfläche ein. Solche Schutzgebiete sollen den Bürger und die Behörden wissen lassen, welche Nutzungen das durch eine Gewinnungsanlage genutzte /Grundwasser gefährden könnte. Ausgehend von der Überlegung, daß die Gefährdung des genutzten Grundwassers mit zunehmender Entfernung vom Gefahrenherd und damit steigender Wirkung der Reinigungs- und Verdünnungsvorgänge abnimmt, werden Trinkwasserschutzgebiete in Zonen gegliedert, die dem Wirkungsvermögen der Gefahrenherde angepaßt sind und deren Bemessung von der Beschaffenheit der grundwasserleitenden Schichten und damit ihrem Reinigungsvermögen abhängen. Die Bemessung der einzelnen Schutzzonen erfolgt unter dem Grundsatz der Verhältnismäßigkeit der Mittel und die Festsetzungsverfahren sind länderweise unterschiedlich geregelt. Folgende Zonen werden unterschieden: Zone I = /Fassungsbereich, Zone II = /engere Schutzzone und Zone III = /weitere Schutzzone. Im Fassungsbereich (Zone I) soll der Schutz der unmittelbaren Umgebung der Fassungsanlage vor jeglichen Verunreinigungen und sonstigen Beeinträchtigungen gewährleistet werden. Er soll mindestens 10 m ab Gewinnungsanlage ausgeweitet werden. Die engere Schutzzone (Zone II) soll Schutz vor Verunreinigungen und sonstigen Beeinträchtigungen gewährleisten, die von verschiedenen menschlichen Tätigkeiten und Einrichtungen ausgehen und wegen ihrer Nähe zur Fassungsanlage besonders gefährdend sind. Durch diese Zone soll hauptsächlich der Schutz vor bakteriellen Beeinträchtigungen gegeben sein. Die weitere Schutzzone (Zone III) soll den Schutz des Grundwassers vor weitreichenden Beeinträchtigungen, insbesondere vor nicht oder schwer abbaubaren chemischen und radioaktiven Verunreinigungen gewährleisten. Für die Bemessung der Schutzzonen sollte trotz unterschiedlicher hydrogeologischer Verhältnisse (/Porengrundwasserleiter, /Kluftgrundwasserleiter, /Karstgrundwasserleiter) nach gemeinsamen Kriterien ausgegangen werden. Für die Bemessung der Schutzzonen werden folgende Unterlagen und Daten benötigt (DVGW W101): a) allgemeine Angaben über die zu schützende Trinkwassergewinnungsanlage (Bezeichnung,

Betreiber, Lage und Höhe, technische Beschreibung), b) wasserrechtliche Daten (Erlaubnis, Bewilligung etc.), c) chemische, physikalische und bakteriologische Untersuchungsergebnisse des Rohwassers von mehreren Jahren, aus denen Hinweise auf das Einzugsgebiet der Trinkwassergewinnungsanlage und mögliche Belastungen ergeben, d) hydrogeologische Untersuchungsergebnisse (bei Quellen u. a. regelmäßige Schüttungsmessungen über ein Jahr, bei Brunnen u. a. Pumpversuchs- und Betriebsdaten), e) hydrogeologische Daten und Unterlagen. Weitere Daten und Untersuchungen, wie z. B. isotopenhydrologische Messungen, können hilfreich sein.

Da das Grundwasser durch eine Vielzahl von Stoffen, Anlagen und Handlungen beeinträchtigt werden kann, gibt es für die verschiedenen Schutzzonen unterschiedliche Verbote, Auflagen und Nutzungsbeschränkungen. Die nachfolgend aufgeführten Grundwassergefährdungspotentiale sind dabei je nach Entfernung, Fließzeit des Grundwassers zur Trinkwassergewinnungsanlage, bodenkundlichen und hydrogeologischen Verhältnissen unterschiedlich zu bewerten und den einzelnen Schutzzonen zuzuordnen: physikalische Beeinträchtigungen, künstliche radioaktive Stoffe, chemische Beeinträchtigungen, Nitrat, Sulfat, Chlorid, Schwermetallverbindungen, nicht oder schwer abbaubare organische Stoffe, ↗PAK, ↗BTEX, HKW (z. B. ↗PCB, ↗PCP, ↗Dioxine), ↗LHKW, ↗PBSM, Dünger, ↗Mineralöle, sonstige anorganische Stoffe (z. B. Arsen-, Aluminiumverbindungen), ↗Tenside u. ä., biologische Beeinträchtigungen; Abfall, Abwasser, Klärschlamm, Eintrag von Luftschadstoffen in Boden und Gewässer, sekundäre Prozesse während der Sicker- und Fließvorgänge. Aus den genannten Gefährdungspotentialen ergeben sich für die verschiedenen Schutzzonen Verbote bzw. Auflagen. Für die Schutzzone I gilt z. B.: a) Schutz vor unbefugtem Betreten, z. B. durch Einräumung, b) Verbot für Fahr- und Fußgängerverkehr, c) Verbot der land- und forstwirtschaftlichen sowie der gartenbaulichen Nutzung, d) Verbot der Anwendung von Dünge- und Pflanzenschutzmittel, e) Verbot der für die Zonen II und III ausgeschlossenen Einrichtungen, Handlungen und Vorgänge. Für alle Zonen gilt, daß nach eingehenden geologischen und hydrogeologischen Untersuchungen Abweichungen von den angeordneten Auflagen möglich sind. [ME]

Trinkwasserstollen, Grundwasserfassung durch Stollen. Sie sind wegen ihrer Tiefenlage meist weniger anfällig gegen Niederschlagsschwankungen als Quellfassungen. Wasserwirtschaftlich haben sie den Vorteil, daß durch Abschottung von Stollenabschnitten die Möglichkeit besteht, das zusitzende Grundwasser im Stollen selbst und im angrenzenden Gebirge zu speichern und bei erhöhtem Bedarf die so gebildeten Reserven zu nutzen. Die Gewinnung von Trinkwasser aus Stollenanlagen ist eine sehr traditionsreiche Methode, die zu den ältesten Techniken der Wassergewinnung überhaupt zählt. So zeigen bis zu 4000 Jahre alte Stollenanlagen, sogenannte Kanate, im persischen Raum bereits weitgehend denselben Aufbau wie neu aufgefahrene Anlagen aus dem 19. und 20. Jahrhundert. Sie gehören dabei mit bis zu 40 km Länge auch heute noch zu den längsten Tunnelbauten in der Menschheitsgeschichte. Auf den Kanarischen Inseln sind viele Hunderte sogenannter Galerias bekannt, die die regenreichen Vulkangebirge entwässern und das Wasser den Siedlungen und Feldern im Tal zuführen. Allein auf Teneriffa sind weit über 1000 Kilometer derartiger Galerias bekannt, von denen ein Großteil auch heute noch genutzt wird. Auch in Deutschland wurden zahlreiche Wasserstollen gebaut. So existieren eine ganze Reihe von Stollen-Bauwerken zur Wasserversorgung in nordöstlichen Bayern sowie im angrenzenden Egerland. Die größte derartige Anlage ist mit 934 m Länge der 1857 bis 1859 aufgefahrene Saaser Stollen in Bayreuth, der auch heute noch maßgeblich zur Trinkwasserversorgung der Stadt beiträgt. Einen weiteren regionalen Schwerpunkt stellt das Rheingaugebirge um Wiesbaden dar, wo bereits Ende des letzten Jahrhunderts die Wasserhöffigkeit der zerklüfteten, steilstehenden Taunusquarzite erkannt wurde. In der Folgezeit wurden sowohl in Wiesbaden selbst als auch in der weiteren Umgebung (Bad Homburg, Rüdesheim, Oberursel etc.) zahlreiche Wasserstollen vorgetrieben. Dabei ist die Schüttungsmenge einzelner Anlagen beträchtlich, so beträgt sie in den vier von der Stadt Wiesbaden betriebenen Stollenanlagen ca. 4,5 Millionen Kubikmeter im Jahr. [ME]

Tripel, [nach dem Vorkommen bei Tripolis, lat. terra tripolitana], sehr feinkörnige, feingeschichtete ↗Diatomeenerde (Polierschiefer), wichtiges Poliermittel.

Tripelpunkt, [von lat. triplex = dreifach], **1)** *Geologie*: *triple junction*, Ort des Zusammentreffens von drei Platten (Abb.) und damit drei Plattengrenzen. Entsprechend den drei Arten von ↗Plattenrändern (divergent, Kürzel R wie Ridge im Sinne von ↗Mittelozeanischer Rücken; konvergent, Kürzel T wie Trench oder Tiefseerinne; transformierend, Kürzel F wie Transform-Fault), kann es zehn Arten von Tripelpunkten geben, nämlich FFF, FFR, FFT, FRR, FRT, FTT, RRR, RRT, RTT, TTT. Von diesen sind einige stabil, wie z. B. Tripelpunkt RRR (drei von einem Punkt ausgehende Mittelozeanische Rücken), der auch bei unterschiedlichen Spreizungsgeschwindigkeiten bestehen bleiben kann. Andere Tripelpunkte sind instabil (z. B. FFF), so daß sie nach Entstehen in andere Anordnungen der Plattengrenzen übergehen müssen. Weitere Tripelpunkte können nur dann stabil bleiben, wenn sich in ihnen die Plattengrenzen unter bestimmten Winkeln treffen (z. B. TTF, wenn die beiden T in einer Geraden liegen).

Die Verhältnisse lassen sich in einem zweidimensionalen Geschwindigkeitsraumdiagramm (Abzisse zeigt Relativgeschwindigkeiten der drei am Tripelpunkt zusammentreffenden Platten nach E, Ordinate ebenso nach N) lösen, in dem die Relativgeschwindigkeitsvektoren a) zwischen Platte A und B, b) zwischen Platte A und C sowie c) zwischen Platte B und C nach Richtung und Betrag eingezeichnet werden. Auf jedem der drei ein Dreieck bildenden Vektoren wird die jeweilige Plattengrenze (Plattengrenzen ab, ac, bc) mit ihrer Richtung und Verlagerungsgeschwindigkeit eingezeichnet: Ist die Plattengrenze F, so liegt sie auf dem Relativgeschwindigkeitsvektor der beiden angrenzenden Platten, da in diesem Fall die Bewegung parallel zur Plattengrenze erfolgt; R schneidet den Vektor der divergenten Plattenbewegung im einfachsten Falle in seiner Mitte und senkrecht, da diese Plattengrenze sich relativ zu einer der beiden beteiligten Platten nur mit halber Plattengeschwindigkeit bewegt; und T kann schief zum Vektor der konvergenten Plattenbewegung liegen (↗Subduktionsschiefe), jedoch an dessen Spitze, wenn die Relativgeschwindigkeit der Oberplatte bezüglich der Unterplatte betrachtet wird, oder im umgekehrten Falle an dessen Ende. Schneiden sich die Verlängerungen der so ins Geschwindigkeitsraumdiagramm eingezeichneten Plattengrenzen in einem Punkt, ist der Tripelpunkt stabil. **2)** *Physik/Chemie*: *Dreiphasenpunkt*, Schnittpunkt dreier Kurven, z. B. Dampfdruck-, Schmelz- oder Phasengrenzkurven eines Stoffe im ↗Phasendiagramm (↗Phasenbeziehungen). Es ist der Punkt, an dem in einer homogenen chemischen Substanz ein Gleichgewicht hinsichtlich der Aggregatzustände der festen, flüssigen und gasförmigen Phase herrscht. Für das in der Atmosphäre vorhandene Wasser liegt dieser bei einer Temperatur von 0,01°C und einem Dampfdruck von 6,112 hPa. Bei diesen Verhältnissen ist der Wasserdampfdruck über Eis gleich demjenigen über einer ebenen Wasseroberfläche.

Triplet, ein aus drei stereoskopischen Einzelaufnahmen bestehender kurzer Bildstreifen, der – bei der üblichen Überlappung von 60 % – die dreidimensionale Auswertung der gesamten Mittelszene ermöglicht.

Triterpane, durch Synthese von sechs ↗Isopreneinheiten gebildete verzweigte ↗Kohlenwasserstoffe. Aufgrund ihrer Stabilität und ihrer Verbreitung kommt eine Reihe von cyclischen Triterpanen als ↗Biomarker zum Einsatz. Es werden tricyclische, tetracyclische und pentacyclische Triterpane unterschieden. Im ↗Kerogen, im ↗Bitumen und im ↗Erdöl sind tricyclische und pentacyclische Triterpane weitverbreitet. Die tricyclischen Triterpane stammen aus den regulären C$_{30}$-Isoprenoiden, welche Zellbestandteile prokaryontischer Zellmembranen sind. Aufgrund unterschiedlicher Kohlenstoffgerüste wird bei pentacyclischen Triterpanen zwischen hopanoiden und nichthopanoiden Verbindungen unterschieden (↗Hopanoide). Hopanoide Verbindungen (↗Hopan) besitzen vier Cyclohexanringe (Ring A-D) und einen Cyclopentanring (Ring E), nichthopanoide Verbindungen besitzen fünf Cyclohexanringe (Abb.). Das hier dargestellte Gammaceran stammt aus dem Tetrahymanol, einem Lipid, welches ↗Sterole in Membranen ersetzen kann. Gammaceran ist ein Biomarker für stark salzige marine und nichtmarine Sedimentationsbedingungen. [SB]

Tritium, radioaktives Isotop des Wasserstoffs, $^3_1$H bzw. T, Halbwertszeit 12,43 Jahre (Betazerfall zu ^{3}He). Tritiumkonzentrationen werden in *Tritiumeinheiten* (TU = tritium units) angegeben. 1 TU = 1 ^{3}H auf 10^{18} Wasserstoffatome und 1 TU = 0,118 Bq/kg Wasser. Tritium entsteht in der Umwelt bzw. wird eingetragen: a) durch kosmische Strahlung in der oberen Erdatmosphäre, z. B. 14_7N+1_0n → 12_6C+3_1H; b) geogen, z. B. durch die Spaltung von ^{6}Li ($^6_3$Li+$^1_0$n → $^3_1$H+$^4_2$He). Dieser geogene Tritiumeintrag ist i. d. R. sehr gering, kann aber in besonders lithiumreichen Gesteinen zu einer meßbaren Erhöhung der TU-Werte führen. Im Bereich von Uranlagerstätten (Uranspaltung) werden hingegen hohe ^{3}H-Konzentrationen (bis zu 250 TU)

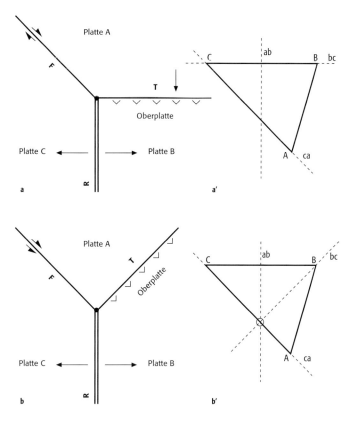

Tripelpunkt: An den RTF-Tripelpunkten a und b treffen die Platten A, B und C zusammen, a' und b' sind die zugehörigen Geschwindigkeitsraumdiagramme. Tripelpunkt a ist instabil, da im Diagramm a' sich die Plattengrenzen nicht in einem Punkt schneiden; b ist stabil (F und T sind hier winkelsymmetrisch in Bezug auf R), da in b' alle Plattengrenzen sich in einem Punkt treffen (AB, AC, BC = relative Geschwindigkeitsvektoren zwischen jeweils zwei Platten; ab, ac, bc = zugehörige Plattengrenzen).

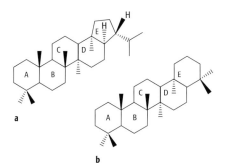

Triterpan: Strukturformel und Ringbezeichnung des C$_{30}$-Hopans (a) und des nichthopanoiden Gammacerans (b). Im Gegensatz zum C$_{30}$-Hopan besitzt das nicht hopanoide Gammaceran einen fünften Cyclohexanring als E-Ring.

Tritium: Tritium im Niederschlag Nordamerikas und Europas.

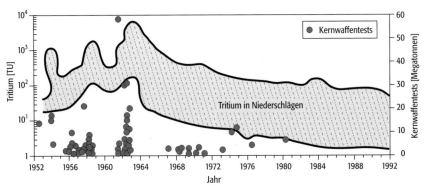

gemessen, z. B. in Saskatchewan (Kanada) oder am Naturreaktor von Gabun; c) durch Neutronenbeschuß von Stickstoff in Kernreaktoren; d) durch die atmosphärischen Kernwaffentests (Bombentritium), deren hohe Neutronenflüsse atmosphärisches Stickstoff spalten und die bedeutendste Tritiumquelle darstellen.

Das durch die Kernwaffentests in der Atmosphäre erzeugte Tritium wird – ebenso wie das nach a) erzeugte – in den Wassermolekül der Niederschläge eingebunden (Abb.). Nach der nach Sprengkraft größten Testserie 1962 wurden im Frühjahrsniederschlag 1963 bis zu 10.000 TU gemessen. Die Testmoratorien haben zu einem deutlichen Rückgang der Tritiumbelastungen geführt. Der sehr starke Eintrag von Tritium in die Hydrosphäre im Jahr 1963 ermöglicht die Verwendung von Tritium für die Altersbestimmung von Grundwässern. Werte über 30 TU werden meist als Einfluß des Bombentritiums interpretiert. Die Bedeutung dieser in den letzten 40 Jahren etablierten Methodik der Isotopenhydrogeologie tritt aber mit dem Abklingen des Einflusses des Bombenpeaks zurück. [TR]

Tritium-Datierung, ↗physikalische Altersbestimmung mit dem kosmogenen und anthropogenen (durch militärische und zivile Kerntechnik erzeugten) Isotop ^3H (↗Tritium) für Proben bis etwa 100 Jahre. Der hohe Anteil anthropogenen Tritiums sowie die starken regionalen und saisonalen Schwankungen in der Primärproduktion des natürlichen Tritiums schränken die Anwendung der Methode ein. Eine Variante stellt die *Tritium-Helium-Datierung* ($^3H/^3He$-Datierung) dar. Sie basiert auf dem Verhältnis des Mutterisotops ^3H zum Tochterisotop ^3He, in das es mit einer ↗Halbwertszeit von 12,32 Jahre zerfällt und das sich beispielsweise in absinkenden Wassermassen anreichern kann. Mit beiden Techniken können Wasser und Schnee datiert werden.

Tritiumeinheit, *tritium unit*, *TU*, ↗Tritium.
Tritium-Helium-Datierung ↗Tritium-Datierung.
Trittfestigkeit, Resistenz bestimmter ↗Pflanzen gegenüber mechanischen Einwirkungen durch Betreten. Auf Viehweiden werden bei größerem Besatz trittfestere ↗Arten gefördert (↗Trittflur). Trittfeste Pflanzen sind auch im städtischen Bereich, an Straßen und in stark frequentierten ↗Naherholungsgebieten häufig oder werden an Sportanlagen angepflanzt.

Trittflur, *Trittrasen*, *Trittgesellschaft*, Vegetationstyp auf naturfernen ↗Standorten (↗Polyhemerobie), die durch ständige mechanische Beschädigung (z. B. Tritt von weidenden Huftieren) und Verdichtung des Untergrundes (verdichtete Bodenoberfläche, Felsweg, Pflasterfugen) gekennzeichnet sind. Eine Besiedlung gelingt nur niedrigwüchsigen Pflanzen mit verzweigtem Wurzelsystem, sowie verhärteten Sprossen und Blättern, beispielsweise dem Grossen Wegerich (*Plantago major*).

Trittkarren, *Nischenkarren*, Karrentyp (↗Karren) auf schwach geneigten Felsflächen; häufig fußabtrittförmige kleine Stufen, die zu einer tieferliegenden Fläche überleiten. Trittkarren sind eine Korrosionserscheinung (↗Korrosion) des ↗Karstes.

Trittsiegel, der Eindruck eines einzelnen Fußes oder einer Hand, teilweise zu einer ↗Fährte zusammengesetzt. ↗Spurenfossilien.

Trittsteinbiotop, mehr oder weniger regelmäßig verteilte Biotop-Inseln (↗Biotop), deren Standortbedingungen zahlreichen Tier- und mit ihnen verbreiteten Pflanzenarten einen zeitweisen Aufenthalt ermöglichen. Sie erleichtern damit deren Ausbreitung über größere Strecken. Im ↗Naturschutz werden Trittsteinbiotope geschaffen, um durch ↗Ausräumung der Kulturlandschaft verlorengegangene Verbindungsstrukturen zwischen den eigentlichen Kern-Lebensräumen zu ersetzen (↗Biotopverbundsystem). Als Trittsteinbiotope können Einzelbäume, Strauchgruppen, Magerwiesen-Restflächen, kleine Weiher usw. dienen (Abb.).

Trochiten, isolierte Crinoiden-Stielglieder. ↗Crinoidea.

Trochitenkalk, Formation des Oberen Muschelkalks (↗Germanische Trias), die fast vollständig aus isolierten Stielgliedern von *Encrinus liliiformis* besteht.

Trockenadiabate, Zustandskurve in einem ↗thermodynamischen Diagramm, die sich bei adiabatischen Zustandsänderungen trockener Luft ergibt. Entlang einer Trockenadiabate ist z. B. die ↗potentielle Temperatur konstant.

Trockendichte, ϱ_d, ergibt sich aus der Masse m_d der trockenen Probe, bezogen auf ihr Volumen V. Die Trockendichte hat die Einheit g/cm³. Den Labor- und Feldmethoden (DIN 18 125 T1 und T2) liegt folgender Zusammenhang zugrunde:

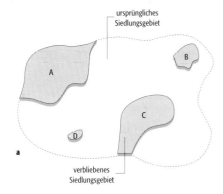

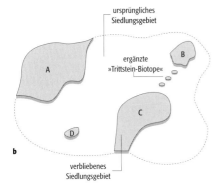

$$\varrho_d = \frac{m_d}{V} = \frac{\varrho}{1+w},$$
$$m_d = \frac{m}{1+w},$$

wobei ϱ die Dichte, m die Masse, w der Wassergehalt der feuchten Bodenprobe darstellen. ↗Proctorversuch.

Trockendrehbohren, allgemein drehendes ↗Bohrverfahren ohne Spülung.

trockene Deposition ↗Deposition.

Trockeneis, *Kohlensäureschnee*, feste Form des ↗Kohlendioxids.

trockene Metamorphose ↗feuchte Metamorphose.

trockener Dunst ↗Dunst.

trockener Strand, von der Obergrenze des Spülbereiches der Wellen bei Mittelwasser (↗Strandlinie) bis zur Grenze der obersten Wellenwirkung bei Sturmfluten reichender Teil eines ↗Strandes.

Trockengewicht, *Trockenmasse, Trockensubstanz, TG*, Masse (in g) der organischen Substanz (↗Phytomasse, ↗Biomasse, ↗Nekromasse), nachdem ihr in einem standardisierten Verfahren Wasser entzogen worden ist (Trocknung bei +60°C oder +105°C). In der Ökologie und Agronomie wird das Trockengewicht gebraucht, damit unterschiedliche organische Substanzen trotz verschiedener Wassergehalte verglichen werden können (z. B. Ernteerträge).

Trockengrenze, Grenzsaum zwischen aridem Bereich (↗arides Gebiet) und humidem Bereich (↗humides Gebiet). Diese auf Klimavariable beruhende Trockengrenze ist von der agronomischen Trockengrenze zu unterscheiden, weil Regenfeldbau ohne künstliche ↗Bewässerung häufig weit in aride Gebiete hinein möglich ist.

Trockenkernbohren, drehendes ↗Bohrverfahren ohne Spülung mittels einer Bohrkrone, in deren Inneren ein gewinnbarer Bohrkern stehenbleibt, und das daher vorwiegend für Aufschlußbohrungen eingesetzt wird.

Trockenklima, Klimazone mit geringen Niederschlägen. ↗Klimaklassifikation.

Trockenmauer, Natursteinmauern, die als Stütze traditionellerweise im Wein und Gartenbau angelegt wurden und wichtige Elemente entsprechender ↗Kulturlandschaften bilden. Durch ihre besondere Struktur entstehen ↗Lebensräume für spezialisierte ↗Pflanzen (eigentliche Mauergesellschaften mit z. B. Mauerpfeffer, Mauerraute). Durch die ↗Ausräumung der Kulturlandschaft wurden in den letzten Jahrzehnten viele Trockenmauern abgerissen oder durch kahle Betonmauern ersetzt. Dadurch gehen nicht nur Lebensräume und Rückzugsräume für bedrohte Tier- und Pflanzenarten verloren, sondern auch charakteristische Dorf- und Landschaftsbilder.

Trockenperiode, in der Hydrologie die Zeitspanne, in der die ↗potentielle Verdunstung die ↗Niederschläge übersteigt. Die Trockenperiode kann von Tagen über Wochen, Monate oder Jahre andauern. Je nach Dauer können ↗aride Gebiete, ↗semiaride Gebiete oder ↗semihumide Gebiete entstehen. Äußeres Kennzeichen der hydrologischen Trockenperiode ist, daß Fließgewässer und teilweise Seen trockenfallen und/oder daß der Grundwasserspiegel soweit absinkt, daß er von den Wurzeln der Vegetation nicht mehr erreicht werden kann.

Trockenrasen, *Trockenwiese, Trockenweiden*, flachgründige und humusarme, trockene bis sehr trockene ↗Lebensräume in Mitteleuropa, meist wärmeexponiert in steilen Hanglagen auf Kalkuntergrund mit rasen- und halbstrauchartigen ↗Pflanzenbeständen, die sich aufgrund der Nährstoffarmut durch eine hohe ↗Artenvielfalt auszeichnen. Die Gehölz- und Baumarmut kann klimabedingt oder durch die Nutzung (Heuwiesen, Schafweiden etc.) bestimmt sein (↗Halbtrockenrasen, ↗Magerwiesen). Trockenrasen enthalten seltene Reliktpflanzen mediterraner oder kontinentaler Herkunft (↗Reliktareal). Wahrscheinlich ist deren Einwanderung in Phasen des Postglazials zu datieren, in welchen für Mitteleuropa die zonalen ökologischen Bedingungen der ↗Steppe anzunehmen sind. Physiologisch entsprechen Trockenrasen der Grassteppe. Trockenrasen umfassen im wesentlichen die pflanzensoziologische Klasse der *Festuco-Brometea*. Der volle Trockenrasen wird als *Xero-Bromion* bezeichnet, der ↗Halbtrockenrasen als *Meso-Bromion*. Trockenrasen gehören als extensiv bis sehr extensiv genutzte Bestandteile der ↗Kulturlandschaft zu den Magerwiesen. [SMZ]

Trockenrisse, Substrate mit quellfähigen Tonmineralen schrumpfen mit zunehmender Aus-

Trittsteinbiotop: nachträgliche Wieder-Verbindung von Teilen des ehemals geschlossenen Siedlungsgebiet einer Art durch Trittsteinbiotope.

Trockenrohdichte

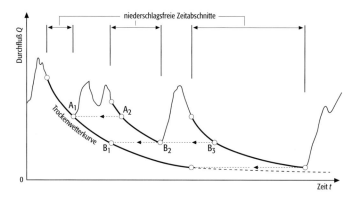

Trockenwetterauslauflinie: Bildung der Trockenwetterauslauflinie aus abfallenden Ästen einer Durchflußganglinie.

trocknung unter Ausbildung von Trockenrissen (↗Schrumpfungsrisse). Die Risse verbinden sich zu polygonalen Netzen.

Trockenrohdichte ↗*Bodendichte*.

Trockensavanne, Typ der ↗Savanne mit 5–7 ariden Monaten, wodurch Busch- und Grasformationen überwiegen und Bäume gegenüber der ↗Feuchtsavanne zurücktreten. Die schirmkronigen Bäume sind meist klein und weisen fiederblättriges Laub auf. Eine Sonderform der Trockensavanne ist die Termitensavanne. Die Trockensavanne bildet als Landschaftszone den Übergang zwischen Feuchtsavanne und ↗Dornsavanne (↗Savanne Abb.).

Trockenschnee ↗*Wildschnee*.

Trockenschneelawine ↗*Lawine*.

Trockensiebung, Methode zur Trennung von trockenen Korngemischen. ↗Bodenskelett und ↗Feinboden werden mit genormten Lochsieben getrennt; Anwendung überwiegend für ↗Kornfraktionen >2 mm; für kleinere ↗Korngrößen ergänzt durch die Naßsiebung (↗Siebanalyse).

Trockental, ↗*Tal ohne oberirdischen Abfluß*: a) In Karstgebieten (↗Karst) sind Trockentäler durch ehemals oberirdischen Abfluß entstanden, der mit zunehmender ↗Verkarstung in den Untergrund abgeführt wurde. Ihre Entstehung kann auf ↗periglaziale Klimabedingungen zurückzuführen sein, unter denen ↗Permafrost das Eindringen des Wassers verhinderte, oder auf Hebung des Gebietes bzw. Senkung des Vorfluterniveaus (↗Vorfluter). b) in ariden Gebieten ehemals oder nur selten durchflossene Täler (↗Wadi). c) infolge der Umlenkung eines Gewässers, z. B. durch ↗Flußanzapfung trocken gefallenes Tal.

Trockenwetterabfluß, 1) Abfluß nach einer längeren Zeitspanne ohne abflußwirksame Niederschläge (↗Effektivniederschlag). Er besteht nur aus ↗grundwasserbürtigem Abfluß. 2) in der ↗Kanalisation vorhandenes bzw. in der Kläranlage zu behandelndes, aus Schmutzwasser und Fremdwasser bestehendes ↗Abwasser ohne Berücksichtigung des Regenwassers.

Trockenwetterauslauflinie, *Trockenwetterkurve, Leerlaufkurve*, ausgleichende ↗Ganglinie, die durch Mittelung der abfallenden Teilstücke von Hochwasserabflußganglinien entsteht, aus Zeiten, die nicht durch Regen beeinflußt sind. Sie charakterisiert das Speicherverhalten eines Einzugsgebietes. Die abfallende Hochwasserganglinie wird durch die Auslaufgesetze der verschiedenen Speicher (Landoberfläche, ungesättigte und gesättigte Bodenzone, Flußbett) bestimmt (Abb.). Die Rückgangskoeffizienten stellen wichtige Parameter zur Quantifizierung der Speichereigenschaften eines Gebietes dar. Eine Rückgangslinie kann angenähert in der Form:

$$Q(t) = Q_0 \cdot k_r^t$$

geschrieben werden, wobei Q_o den Anfangsabfluß, k_r den Rezessionskoeffizienten und t die Zeit darstellen. Die Tabelle enthält Näherungswerte der Rezessionskoeffizienten (Leerlaufkoeffizient) für die verschiedenen hydrologischen Speicher. [HJL]

Trockenzeit, Zeitintervall innerhalb des ↗Jahresganges, in dem im Gegensatz zu anderen Jahreszeiten kein oder nur geringer Niederschlag fällt. ↗Klimaklassifikation.

Trocknungs-Befeuchtungs-Versuch, Versuchsmethode, um Halbfestgesteine zu bestimmen.

Trog, *Tiefdrucktrog, Wellentrog*, Gebiet tieferen Luftdrucks ohne Zentrum; in der ↗Wetterkarte oft ein gerundeter ↗Tiefausläufer; in der mäandrierenden ↗Höhenströmung ein zyklonales Wellental. Die Trogachse kennzeichnet das Gebiet relativ hoher zyklonaler Krümmung der Isobaren und Stromlinien. Die Wettererscheinungen im gut ausgeprägten Trog sind ähnlich denen im ↗Tiefdruckgebiet. Durch die Aufwärtsbewegung wird eine adiabatische Abkühlung (↗adiabatische Prozesse) der betroffenen Luftmassen bewirkt und so Wolken und Niederschläge produziert.

Trogbauweise ↗*Weichgelinjektion*.

Trogkante, *Trogrand*, scharfer Übergang zwischen steiler Wand des ↗Trogtales und darüberliegender flacher ↗Trogschulter.

Troglinie ↗*Falte*.

Trogschluß, oberes Talende eines ↗Trogtales, das ähnlich steil wie die Wände und häufig halbrundförmig ausgebildet ist. Darüber befinden sich ein oder mehrere ↗Kare oder eine ↗Kartreppe.

Trogschulter, *Schulterfläche*, oberhalb der steilen Wände eines ↗Trogtales gelegener relativ flacher

hydrologischer Speicher	Rezessionskoeffizient
Landoberflächenabfluß- und Flußbettspeicher	0,05 – 0,30
oberer Bodenspeicher (unmittelbarer Zwischenabfluß)	0,50 – 0,80
unterer Boden- und Grundwasserspeicher (verzögerter Zwischenabfluß und Grundwasserabfluß)	0,85 – 0,97
Grundwasserspeicher (regionaler Grundwasserabfluß)	0,97 – 0,99

Trockenwetterauslauflinie (Tab.): Rezessionskoeffizienten für hydrologische Speicher.

Talhangabschnitt, der zwar vom ↗Gletschereis durch ↗glaziale Erosion überformt, aber im Gegensatz zum eigentlichen Trogtal nicht so stark eingetieft worden ist. Als Gründe werden die präglaziale Talform und/oder die geringere Eismächtigkeit der ↗Gletscherzunge in ihren Randbereichen angenommen. Die Trogschulter ist durch die ↗Trogkante nach unten vom eigentlichen Trogtal mit seinen steilen Trogwänden und nach oben durch ein ↗Schliffbord mit ↗Schliffgrenze und ↗Schliffkehle zu den steilen nicht eisüberformten Hangpartien abgegrenzt. Obwohl die Trogschulter zu den charakteristischen Elementen eines Trogtales gezählt werden darf, gibt es viele Trogtäler ohne ausgeprägte Trogschulter oder sie setzt in Talabschnitten aus. Die Trogschultern sind, wo vorhanden, wichtiger Wirtschaftsraum und Siedlungsfläche mit Almen und Flächen für den alpinen Skisport. [JBR]

Trogtal, *U-Tal*, vom Gletscher durch ↗glaziale Erosion, besonders durch ↗glaziale Übertiefung mit ↗Detraktion und ↗Detersion geschaffenes bzw. überformtes fluvial angelegtes Tal (Abb.). Das Trogtal hat steile, mitunter senkrechte Trogwände und einen flachen Talboden, der häufig mit ↗Moränen und/oder ↗fluvioglazialen Sedimenten bedeckt ist. Die Trogwände gehen an der ↗Trogkante in die flache ↗Trogschulter über, welche mit dem ↗Schliffbord, oft als ↗Schliffkehle ausgebildet, die ↗Schliffgrenze zum oberhalb liegendenden, nicht ↗glazial überformten Teil des Talhanges bildet. Die Trogschulter kann fehlen. Seitentäler münden als ↗Hängetäler weit über dem Trogtalboden des Hauptales, da ihre glaziale Übertiefung nicht Schritthalten konnte. In Wasserfällen stürzt der Zufluß über die steile Trogtalwand hinab. Rückschreitend schneidet er eine Klamm (↗Talformen) ein. Das obere Ende des Trogtales ist als Halbrund, ↗Trogschluß, ausgebildet, über dem ein oder mehrere ↗Kare oder eine ↗Kartreppe liegen. Trogtäler sind charakteristischer Bestandteil der ↗Gebirgsvergletscherung und bilden in ehemals und aktuell vergletscherten ↗Hochgebirgen die typische Talform. Besonders schöne Beispiele sind das Lauterbrunner Tal in den Berner Alpen und der Hundskehlengrund in den Zillertaler Alpen. Auch die ehemals vergletscherten Mittelgebirge in Europa weisen typische Trogtäler auf. Beispiele sind das St. Wilhelmertal und das Wiesetal im Südschwarzwald. [JBR]

Troktolith, *Forellenstein*, ein ↗Gabbro, der an Stelle von Pyroxenen überwiegend Olivin als ↗mafisches Mineral enthält.

Troll, *Carl*, deutscher Landschaftsökologe und Biogeograph, * 21.12.1899 in Gabersee (Oberbayern), † 21.7.1975 in Bonn; Studium in München mit Promotion in ↗Botanik, Professuren in Berlin (1929) und Bonn (1938–1966). Die Umgebung seiner Jugendzeit mit den Moränen des Alpenvorlandes (↗Moränenlandschaft) und den ↗Mäandern des Inntals weckten sein Interesse für Gebirgslandschaften und die Vielfalt natürlicher Lebensräume als Wechselspiel von ökologischen Faktoren. Die vergleichende dreidimensionale Geographie der Hochgebirge der Erde aus ökologischer Sicht zog sich entsprechend als roter Faden durch seine Forschungs- und Lehrtätigkeit. Mit der Auswertung der Aufnahmen von ausgedehnten Expeditionen und Forschungsreisen zwischen 1926 und 1937 in die Gebirgsregionen dreier Kontinente (Südamerika, Ostafrika, Himalaja) prägte Troll 1939 die ↗Landschaftsökologie als neue Forschungsdisziplin und Kombination der damaligen ↗Landschaftskunde mit der ↗Ökologie. Wichtige Arbeitstechniken waren dabei die terrestrische Photogrammetrie und die Luftbildinterpretation. Damit verfeinerte er die Methoden der Analyse und kartographischen Darstellung von ↗Landschaftstypen als kleinräumige ↗Mosaike innerhalb einheitlicher Großlandschaften. Als kleinste Raumeinheit definierte er das ↗Ökotop in Erweiterung des ↗Biotops durch Einbezug geowissenschaftlicher (»abiotischer«) Einflüsse (Boden, Klima etc.). Troll sah eine ↗Landschaft im Sinne des ↗holistischen Ansatzes als etwas natürliches Ganzes; ein Ganzes, das mehr ist als die Summe eines Teils und das deshalb mittels eines einheitlichen Ansatzes erfaßt werden sollte. In dieses Gesamt-Wirkungsgefüge eingeschlossen war auch der Mensch als Landschaftsgestalter. Solche Gedanken wurden von vielen Anderen für praktische Arbeiten der ↗Landeignungsklassifikation oder der Bestimmung des ↗Naturraumpotentials übernommen. Neben den Arbeiten am landschaftsökologischen Gesamtkonzept leistete Troll auch wichtige Beiträge zu Einzelsachverhalten, beispielsweise dem Vergleich von konvergenten ↗Lebensformen bei alt- und neuweltlichen Pflanzen (↗Konvergenz), zur ↗Klimaklassifikation auf der Basis von jahreszeitlichen und tageszeitlichen Rhythmen oder zu Froststrukturböden und Denudationsvorgängen in der ↗subnivalen Stufe. Abgerundet wurde dies durch sozioökonomische Studien, u. a. zur Stellung der Indianerhochkulturen im Landschaftsaufbau der tropischen Anden. Neben den wissenschaftlichen Leistung trat Troll auch in Erscheinung beim Wiederaufbau des Geographischen Instituts, als Gründer der Zeitschrift »Erdkunde« sowie als Dekan und Rektor an der Rheinischen Friedrich-Wilhelms-Universität Bonn, ebenso als Kommunalpolitiker. Weltweit wirkte er als Präsident der International Geographischen Union (IGU) von 1960–64. Werke (Auswahl): »Die geographische Landschaft und ihre

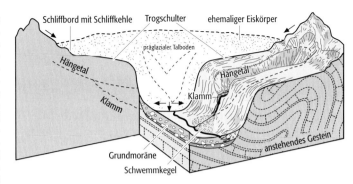

Trogtal: Querschnitt durch ein Trogtal mit steilen Trogtalwänden, flachem Trogtalboden, Trogschulter und Hängetal mit Klamm.

Trompetentälchen: Drei Eisrückzugsstadien mit drei Endmoränen und den dazugehörenden fluvioglazialen Schwemmkegeln: Zum äußeren Endmoränenwall gehört der älteste Schwemmkegel, in den sich die Schmelzwässer zur Zeit des mittleren Endmoränenwalles eingeschnitten haben und den mittleren Schwemmkegel bildeten. Die innere Endmoräne korreliert mit dem jüngsten Schwemmkegel, dessen Bach sich wiederum in den mittleren Schwemmkegel eingeschnitten hat. Nach der Form werden sie als Trompetentälchen bezeichnet.

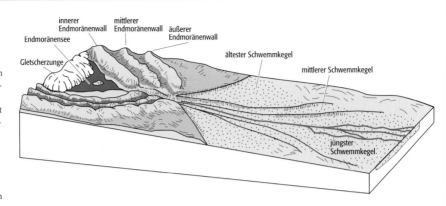

Erforschung« (1950), »Landschaftsökologie als geographisch-synoptische Naturbetrachtung« (1966), »Landschaftsökologie (Geoecology) und Biogeocoenologie« (1970). [DS]

Tromben, Luftwirbel mit einer (quasi-)senkrechten Achse; vor allem in der unteren, bodennahen Atmosphäre ausgeprägt bzw. beobachtbar. Man unterscheidet ↗Tornados (auch *Großtromben* genannt) und *Kleintromben* (auch *Staubteufel*, *Sandteufel* oder *Windhose* genannt). Der Unterschied zwischen Groß- und Kleintromben besteht nicht entscheidend in ihrer unterschiedlichen Größe, sondern in ihrer Entstehung. Großtromben bzw. Tornados sind an Gewitter- bzw. Schauerwolken gebunden, Kleintromben hingegen sind nicht an bestimmte Wolken, sondern an die lokale, sonnenstrahlungsbedingte Aufheizung der Erdoberfläche und damit der bodennahen Luft gebunden.

Kleintromben sind recht schmale, unscharf strukturierte schlauchartige Wirbel mit einem warmen Kern und nur leicht erniedrigtem Luftdruck. Der Drehsinn ist aufgrund der geringen Größe zufällig und lokal bedingt rechts- oder linksdrehend, also nicht durch die Erdrotation verursacht. Wegen der erforderlichen Aufheizung der Erdoberfläche treten Tromben meist nur über festem Land bei windschwachen Wetterlagen auf und lösen sich bei Übertritt auf Wasserflächen rasch auf. Sie sind mit aufsteigender Luftbewegung verbunden (↗Thermik), weswegen die erkennbaren Strukturen besonders in Trockengebieten eher verschlungenen Fäden ähneln. Außerhalb der Steppen- und Wüstengebiete entwickeln sich Staubteufel vor allem über Flächen mit wenig Vegetation und wenig Bebauung. Sie dürfen aber nicht mit turbulenten Luftwirbeln verwechselt werden, die sich an Hindernissen (Gebäuden etc.) bei meist stärkerem Wind ablösen (vergleichbar den Strömungswirbeln hinter Fahrzeugen).

In Mitteleuropa haben Staubwirbel meist einen Durchmesser von nur wenigen Metern, eine vertikale Mächtigkeit bis höchstens 100 m und existieren nur für wenige Sekunden bis Minuten. In Steppen- und Wüstengebieten können sie einige hundert Meter, im Extremfall bis über 1 km mächtig werden, einen Durchmesser von einigen hundert Metern erreichen und für einige Stunden existieren. Die Temperaturdifferenz zwischen Kern und Umgebung kann in Wüsten bis 10 K erreichen. Die horizontale Windgeschwindigkeit kann 20 m/s (Stärke 8, stürmischer Wind), die vertikale Aufwärtsbewegung 10 m/s erreichen. Kleintromben treten bevorzugt in den Sommermonaten oder im Sommerhalbjahr bzw. bei relativ hohem Sonnenstand auf und sind besonders häufig in den Tropen – im Gegensatz zu Tornados – und in den Subtropen. [HN]

Trompetentälchen, Sequenz von ineinander geschachtelten kleinen Tälern auf ↗fluvioglazialen ↗Schwemmfächern, wobei sich die Tälchen in den jeweils älteren Fächer einschnitten und unterhalb einen neuen, jüngeren aufbauten, in den sich nachfolgend erneut fluvioglaziale Schmelzwasser einschnitten (Abb.). Die Schwemmfächer korrespondieren mit Perioden, die Stillstandsphasen oder kurzzeitiges Wiedervorrücken während des allgemeinen Abschmelzens der ↗Gletscher und des Zurückweichens des Eisrandes repräsentieren (↗Eiszeit). Der Begriff zeigt exemplarisch die Anbindung von fluvioglazialen Schüttungen an die glazialen Ablagerungen (↗Endmoränen). Trompetentälchen sind im Bereich der ehemaligen alpinen ↗Vorlandvergletscherung im Alpenvorland zu finden. Beispiele sind das Würmtal und das Isartal bei ihrem Austritt aus den würmzeitlichen Endmoränen südlich von München. [JBR]

Trondhjemit, *Trondheimit*, *Plagiogranit*, ein heller, quarzreicher ↗Tonalit.

Tropen, a) äquatornahe Zone der Erde zwischen den beiden Wendekreisen (23,5° N und 23,5° S), wo die Sonne einen Zenitstand erreichen kann. b) die geographische Zone beiderseits des Äquators, die tropische Warmklimate mit unterschiedlich langen Regenzeiten aufweist. Die Tropen werden konventionell in immerfeuchte oder innere Tropen, wechselfeuchte oder äußere Tropen und Randtropen unterteilt. Die Differenzierung erfolgt im wesentlichen nach der Länge der humiden Jahreszeit(en). Die Tropen sind auf den verschiedenen Kontinenten unterschiedlich verbreitet. In der Neuen Welt reichen sie bis etwa 25° nördlicher und südlicher Breite, während sie in Afrika zwischen dem 20. Breitengrad (Nord) und dem südlichen Wendekreis liegen. Eine Ausnahme stellt der indisch-asiatische Raum dar, wo die Tropen weit nach Norden ausgreifen.

Tropenklima, Klimazone der ↗Tropen, gekennzeichnet von ganzjährig hohen Temperaturen; in den inneren Tropen auch ganzjährig sehr niederschlagsreich (↗Regenklima); zu den Randtropen hin, in Richtung der ↗Subtropen erst zwei und dann nur noch eine sommerliche Regenzeit (↗Niederschlagstypen); ↗Klimaklassifikation.

Tropentag, Tag, an dem die Lufttemperatur ein Maximum von mindestens 30°C erreicht.

Tropfbewässerung, Bewässerungsverfahren (↗Bewässerung), bei dem das Wasser mit geringem Überdruck in Form von Tropfen abgegeben wird, um den Wassergehalt des Bodens nahe der ↗Feldkapazität zu halten. Die Tropfbewässerung zählt im engeren Sinn nicht zur ↗Beregnung, da die Wasserzufuhr meist in Bodennähe oder im Boden erfolgt, so daß die oberirdischen Pflanzenteile trocken bleiben. Die Anlage besteht neben einer Regel- und Steuereinheit aus den Verteilleitungen, die zwischen den Pflanzenreihen verlaufen, und den Tropfern zur gleichmäßigen Wasserversorgung der Pflanze. Dem Wasser können auch Nährstoffe zugegeben werden. Gelegentlich erfolgt die Wasserabgabe auch über Leitungen mit porösen Wänden, Spalten, Düsen oder Kapillarröhrchen. Die Tropfbewässerung hat eine hohe Verbreitung in ariden Zonen und in den gemäßigten Breiten bei Gewächshauskulturen und in Spezialkulturen (Obst, Gemüse). Es handelt sich um das Verfahren mit dem geringsten Wasserverbrauch und das schonendste Applikationsverfahren bei allerdings relativ hohen Materialkosten und Arbeitskraftbedarf.

Tropfenboden ↗Sandtropfen.

Tropfengröße, die Größe des Radius oder Durchmessers eines Wassertropfens (µm). Bei ↗Regentropfen muß die Abplattung aufgrund des Fallens berücksichtigt werden (Achsenverhältnis von 0,7 bei 5 mm Durchmesser). Die Anzahl von Tropfen pro Volumeneinheit (m^3 oder cm^3) in einem vorgegebenen Größenintervall (z. B. pro µm Radiusintervall) definiert die Größenverteilung der Wolkentropfen: das Tropfenspektrum. Typische Durchmesser sind: Nebeltropfen 5 µm, Wolkentropfen 10 µm, Nieseltropfen 200 µm, Regentropfen 1,5 mm. (Abb.)

Tropfenschlag ↗Regentropfenaufprall.

Tropfenspektrum, Verteilung von Tropfen unterschiedlichen Durchmessers pro Zeiteinheit; appliziert die kinetische Energie auf Oberflächen. Ein definiertes Tropfenspektrum kann durch Regensimulation auf Testparzellen oder im Labor zur Bestimmung der Erodierbarkeit des Bodens oder des relativen Bodenabtrags bestimmter Fruchtarten gegenüber Schwarzbrache erzeugt werden. Beim gewöhnlich großtropfigen Landregen haben die Tropfen einen Durchmesser von mindestens 0,5 mm und fallen mit einer Geschwindigkeit von mehr als 3 m/s zu Boden. Beim Sprühregen (Staubregen, Niesel) beträgt der Tropfendurchmesser weniger als 0,5 mm. Er fällt meist aus Nebel oder Hochnebel aus. Regenschauer bestehen aus großen Regentropfen, die aus hochreichenden Quellwolken ausfallen. Beim Wolkenbruch, einem kurzen, starken Regenschauer, treten Tropfengrößen von über 8 mm auf. [DDe]

Tropfenwachstum, Prozeß der ↗Niederschlagsbildung. Bei ↗Übersättigung kondensiert Wasserdampf an ↗Kondensationskernen zu Tröpfchen, die entsprechend ihrer Größe und ihres Salzgehaltes gemäß der ↗Köhler-Kurve durch Diffusion von Wasserdampf auf die Tropfenoberfläche wachsen. Durch Turbulenz oder ab 40 µm Durchmesser Tropfengröße hauptsächlich durch ↗Koaleszenz, die durch Unterschiede in der Fallgeschwindigkeit hervorgerufen wird, entstehen aus Wolkentröpfchen mit 10–20 µm Durchmesser 100–500 µm große ↗Nieseltropfen. In tropischen Gewitterwolken werden durch Koaleszenz gewachsene Regentropfen bis 10 mm beobachtet. In mittleren Breiten entstehen Regentropfen über die Eisphase durch Schmelzen von ↗Graupeln oder ↗Schneeflocken. Ab 9 mm Durchmesser führt hydrodynamische Instabilität zum Zerplatzen von Regentropfen.

Tropfkörper, *Spültropfkörper*, Anlage zur Reinigung von organisch belastetem ↗Abwasser. Tropfkörper bestehen aus einer Aufschüttung von Steinen, Kunststoffbrocken oder anderem inerten Materialien mit einer Korngröße von etwa 2–5 cm. Die Benässung des Tropfkörpers mit Abwasser erfolgt entweder durch Flutung (veraltetes Verfahren) oder als Berieselung. Wichtig ist eine gute Versorgung mit Luftsauerstoff. Auf der Oberfläche des Tropfkörpermaterials bildet sich ein biologischer ↗Aufwuchs aus Bakterien und ↗Protozoa, die Abwasserinhaltsstoffe aufnehmen und im weiteren Verlauf abbauen. Normal und hochbelastete Spültropfkörper schwemmen den Zuwachs an Biomasse mit dem ablaufenden Wasser aus. Diese Biomasse ist sehr wasserhaltig und faulfähig, d. h. sie kann im anaeroben Zustand (z. B. Faulturm) weiter biologisch abgebaut werden. Schwach belastete Tropfkörper bauen auch den Zuwachs an Biomasse ab. Der anfallende Schlamm ist wasserärmer und weitgehend mineralisiert. [MW]

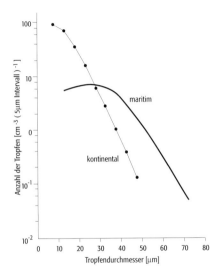

Tropfengröße: Tropfenspektrum bei typischen kontinentalen und maritimen Wolken.

 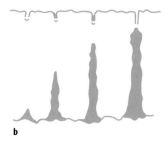 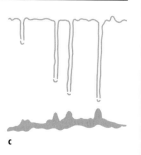

Tropfstein: a)–c) schematische Darstellung des Tropfsteinwachstums (von oben Stalaktiten, von unten Stalagmiten) und verschiedene Formen des Tropfsteinschmuckes.

Tropfschnee, von der Vegetation zunächst abgefangener und über Stammabfluß und Tropfwasser verzögert der Bodenoberfläche zugeführter Schnee.

Tropfstein, Kalksinterbildung in Karsthöhlen (/Karst), die durch Ausscheidung von Kalk aus /Tropfwasser erfolgt (im weiteren Sinne auch Salz- oder Gipstropfsteine). $CaCO_3$ wird aus $Ca(HCO_3)_2$-haltigem Wasser ausgeschieden, wenn CO_2 an die Höhlenluft abgegeben wird oder Wasser verdunstet. Die Geschwindigkeit der Tropfsteinbildung wird von Temperatur, Feuchte und CO_2-Gehalt der Höhlenluft beeinflußt. /Stalaktite und /Stalagmite, die zu /Stalagnaten zusammenwachsen können, sind die häufigsten Formen in Tropfsteinhöhlen (Abb.). /Kalksinter.

Tropfwasser, in unterirdischen Hohlräumen (Höhlen) von der Decke abtropfendes Sickerwasser.

Trophie, Begriff der /Ökologie, der sich allgemein auf den Ernährungszustand von Einzelorganismen oder die gegenseitige Nahrungsbeziehung von Organismengruppen (/Nahrungskette) bezieht. Die /Konsumenten bilden dabei höhere Ernährungsstufen (Trophie-Ebenen) gegenüber den /Primärproduzenten. In diesem Sinne bezeichnet Trophie auch die Art und Intensität der Versorgung eines /Ökosystems mit organischen und anorganischen /Nährelementen (/Trophiegrad).

Trophiegrad, in der /Ökologie die allgemeine Umschreibung der Menge an verfügbaren /Nährelemente in einem /Ökosystem, welche die Intensität der pflanzlichen /Primärproduktion regelt. Am häufigsten werden Trophiegrade zur Klassifikation von Gewässern (/See) verwendet. Der Trophiegrad wird dabei von den Gehalten an Nährstoffen (vor allem Stickstoff- und Phosphorverbindungen) und Huminsäuren im Wasser bestimmt und zeigt sich in der Ausbildung einer charakteristischer Algenflora (/Eutrophierung). Es werden unterschieden: nährstoffarm, schwach produktiv (/oligotroph), ausgeglichene, mittlere Produktivität durch begrenztes Nährstoffangebot (/mesotroph), nährstoffreich und hohe Produktivität (/eutroph) sowie übermäßiges Angebot an Nährstoffen begleitet durch extreme Produktivität (/hypertroph). Als nachteilige Folgen eines hohen Trophiegrades können /Algenblüten, Verkrautung, /Pilztreiben, /Sauerstoffmangel, Faulschlammbildung (/Sapropel), Verödung und Fischsterben auftreten. Elektrolytarme Seen mit hohen Gehalten an Huminsäuren haben eine eigene, typische /Biozönose; sie werden als /dystroph bezeichnet und stellen einen besonderen Typ oligotropher Gewässer dar. Der Trophiegrad ist nicht identisch mit der /trophischen Ebene. /Trophiesystem.

Trophiesystem, empirische Einteilung (/Trophiegrad) der Nährstoffversorgung und der Produktivität z. B. eines Gewässers. /See.

trophische Ebenen, Ernährungsstufen. Gesamtheit der Organismen mit gleicher Position in der /Nahrungskette. Sie wird durch die Zahl der Energie-Transferschritte bis zu dieser Position definiert. Autotrophe Produzenten (photosynthetisch aktive Pflanzen und Bakterien, chemosynthetische Bakterien) bilden die unterste trophische Ebene (/Primärproduktion). Konsumenten der folgenden, höheren Ebenen wandeln diese Biomasse in körpereigene um (/Sekundärproduktion). Auf allen trophischen Ebenen wird die gebildete Biomasse durch Bakterien (/Reduzenten) wieder abgebaut. Die Bakterienbiomasse wird teilweise wieder in die Sekundärproduktion rückgeführt.

trophogene Schicht, *trophogene Zone, Nährschicht*, obere Wasserschicht eines Gewässers, in welcher eine positive Bilanz der /Primärproduktion möglich ist. Dies ist abhängig von einem ausreichenden Angebot an Anregungsenergie (Licht bestimmter Wellenlänge) für Photosynthesepigmente. Die Dicke der trophogenen Schicht, die das oberste /Pelagial und Teile des /Benthals umfaßt, wird begrenzt durch die Eigenbeschattung der Planktonorganismen (/Plankton) und durch Extinktion bzw. /Attenuation des Lichts im Wasser.

tropholytische Schicht, *Zehrschicht*, Tiefenbereich eines Gewässers (/See) ohne Möglichkeit zur photoautotrophen /Produktion. In dieser Abbauzone eines Sees wird organisches Material durch heterotrophe und chemolithotrophe Bioaktivität abgebaut. Die tropholytische Schicht liegt unterhalb der /trophogenen Schicht.

Trophophyll, *Ernährungsblatt*, das der Assimilation dient, im Gegensatz zum /Sporophyll, das die /Sporen trägt und damit der Fortpflanzung dient.

Tropikluft, *tropische Luft*, eine Luftmasse, deren Ursprung in der /Tropenzone liegt. Kontinentale Tropikluft (cT) steht im Sommerhalbjahr in Nordafrika bereit, maritime Tropikluft ganzjährig in der Karibik. Tropikluft erreicht Mitteleuropa nur sehr selten. /Luftmassenklassifikation.

tropische Böden, in den immerfeuchten, wechselfeuchten und ariden Tropen entstandene Böden. Bei hohen Temperaturen und hohen Summen der Jahresniederschläge sind sie in älteren kalkfreien Substraten oft sehr stark verwittert und extrem nährstoffarm (z. B. ↗Ferralsols). Sie sind in den trockenen Tropen meist nur sehr schwach entwickelte oder salzreiche Böden (z. B. ↗Aridisols, ↗Solonetze).

tropische Depression, mäßig entwickeltes ↗Tiefdruckgebiet am Boden mit wenigstens einer geschlossenen Isobare und maximal Windstärke 7 (17 m/s); oft frühes Entwicklungsstadium eines ↗tropischen Wirbelsturms. ↗tropische Zyklonen.

tropische Konvergenzzone ↗Innertropische Konvergenzzone.

Tropischer Regenwald, eng gefaßter Begriff für ↗Regenwald.

tropischer Sturm, mittlere Entwicklungsstufe eines ↗tropischen Wirbelsturms mit typischen Windgeschwindigkeiten zwischen 17,2 und 32,6 m/s. ↗tropische Zyklonen.

tropischer Wirbelsturm, kräftiger Tiefdruckwirbel (↗Tiefdruckgebiet), der nur auf tropischen Ozeanen entstehen und dort bis zum höchst gefährlichen Orkantief (↗Orkan) anwachsen kann. In der Karibik und an den mittelamerikanischen Küsten wird er Hurrikan (Abb. im Farbtafelteil), auf dem westlichen Pazifik Taifun, am Golf von Bengalen Zyklon und im australischen Raum Willy-Willy genannt. Tropische Wirbelstürme können sich bei Wassertemperaturen über 27°C entwickeln, sie ziehen anfangs überwiegend west- bis nordwestwärts. Wenn sie dabei deutlich polwärts vorankommen, biegen sie in vielen Fällen in die Westwindzone der mittleren Breiten ein und wandeln sich schließlich in eine außertropische ↗Frontenzyklone um. In anderen Fällen geraten sie auf das Festland und lösen sich dort nach wenigen Tagen auf. Gut entwickelte tropische Wirbelstürme haben Durchmesser von 200 bis über 1000 km mit Windgeschwindigkeiten von 35 bis über 90 m/s. Dabei wehen die bodennahen Winde zyklonal spiralig einwärts, sie nähern sich zum Zentrum hin einer Kreisbahn, die das vielfach wolkenfreie, windschwache Auge des Orkans umschließt. Die das Auge umkreisende dichteste Bewölkung verzweigt sich oft in spiralige Bänder kompakter ↗konvektiver Wolken, aus denen z. T. langanhaltender wolkenbruchartiger Regen fallen kann, insbesondere beim Übertritt eines tropischen Wirbels auf gebirgiges Festland. Teilweise werden betroffene Küstenstriche zusätzlich von meterhohen Meeresflutwellen überspült. ↗tropische Zyklonen. [MGe]

tropisches Jahr, Zeitspanne zwischen zwei aufeinanderfolgenden Durchgängen der Sonne durch den Frühlingspunkt. Im Jahr 1900 betrug sich die Länge auf 365,24219879 Tage. Seitdem nimmt sie um 0,00000614 Tage bzw. 0,530496 Sekunden pro julianischem Jahrhundert (36.525 Tage) ab. Als mittlere Länge wird meist der Zahlenwert 365,2422 verwendet.

tropische Tiefenverwitterung, intensive und tiefreichende chemische ↗Verwitterung in den humiden Tropen.

tropische Zyklonen, allgemeiner Begriff für Zyklonen ohne ↗Fronten in einer weitgehend einheitlichen Luftmasse. Sie entstehen über tropischen, seltener über subtropischen Gewässern und haben eine charakteristische Anordnung von Bewölkung mit Regen, Schauern und Gewittern entsprechend ihrem Entwicklungsstadium sowie eine charakteristische zyklonale Windzirkulation am Boden und in der unteren Troposphäre. Vorstadien für tropische Zyklonen sind tropische (Ost-)Störungen (easterly waves). Tropische Zyklonen werden vor allem nach dem Entwicklungsstadium und der Windgeschwindigkeit (bzw. dem tiefsten Luftdruck und dem Luftdruckgradienten) unterteilt. Danach ergibt sich weltweit folgende Typisierung entsprechend dem Entwicklungsstadium: a) ↗tropische Depression, b) ↗tropischer Sturm, c) ↗tropischer Wirbelsturm. Für letztere gibt es verschiedene regionale Bezeichnungen, wie z. B. ↗Hurrikan für das mittel- und nordamerikanische Gebiet inklusive Nordatlantik und Ostteil Nordpazifik, *Cordonazo* für Mexiko, Taifun (typhoon) für den westlichen Nordpazifik, Baguio für den Bereich der Philippinen, Zyklon für den Indischen Ozean, Willy-Willy für den australischen Raum, *Mauritius-Orkan* für den Südwesten des Indischen Ozeans.

Tropische Oststörungen sind flache, westwärts wandernde Tiefdruckausläufer (»Wellen«) beiderseits der äquatorialen Tiefdruckrinne mit geringen Luftdruckunterschieden. Sie sind durch charakteristisch angeordnete ↗Konvektion (Ballungsgebiete von starker Bewölkung mit Schauern und Gewittern) gekennzeichnet und sie behalten ihre Identität für mindestens 24 Stunden bei. Sie können mit Windkonvergenzen einhergehen und in tropische Depressionen übergehen. Obwohl sie ganzjährig auf beiden Hemisphären auftreten können, sind sie im Sommer bis Frühherbst und dann besonders auf der Nordhalbkugel wegen des höheren Anteils an Landoberfläche und dessen stärkerer Erwärmung am ausgeprägtesten. Ursachen für ihre Entstehung sind vor allem die ↗Instabilität von Luftmassen durch Erwärmung und Feuchteanreicherung von der Erdoberfläche her und durch Freigabe ↗latenter Wärme. Besonders günstig für die Entstehung sind Landgebiete, insbesondere Gebirge, bei ausreichender Luftfeuchtigkeit, wie z. B. Indien, Südostasien und die Inseln im zentralen Westpazifik. Für die afrikanischen Oststörungen ist nicht selten das Hochland von Äthiopien bereits der Ausgangspunkt. Die wellenartig angeordneten tropischen Oststörungen haben meist Wellenlängen von 2000 bis 4000 km, Perioden von 3 bis 6 Tagen und dementsprechend Zuggeschwindigkeiten von 4 bis 10 m/s. Alle nachfolgend erläuterten Typen werden neben Boden-, Flugzeug- und Radarbeobachtungen maßgeblich aufgrund von Satellitenbildern ermittelt. Die Festlegung der Entwicklungsstadien von tropischen Wirbelstürmen erfolgt nach der Klassifikation von Dvorak. Die benachbarten einzelnen Typen und Entwicklungsstadien können wechselseitig ineinander übergehen. Tropische Depressionen sind Wolkensysteme mit Gewittern, einer ausgeprägten Zirkulation und einer mittleren maximalen Windgeschwindigkeit von 11 bis 16 m/s. Mitunter wird noch angegeben, daß der Kerndruck um 5 bis 15 hPa im Vergleich zur Umgebung erniedrigt sein soll, d. h. sie haben geschlossene Isobaren. Tropische Stürme sind ebenfalls Wolkensysteme, allerdings mit schweren Gewittern, einer ausgeprägten Zirkulation und einer mittleren maximalen Windgeschwindigkeit zwischen 17 und 32 m/s. Mitunter wird noch ein Kerndruck gefordert, der um 15 bis 30 hPa unter dem der Umgebung liegt. Tropische Stürme erhalten Namen, die sie bei Erreichen des Stadiums eines tropischen Wirbelsturms beibehalten. Für die jeweilige tropische Region existieren im voraus für mehrere Jahre festgelegte Namen, die nach bestimmten Prinzipien geändert werden (z. B. Wegfall von Namen, die für sehr zerstörerische Wirbelstürme verwendet wurden). Die Namen wechseln generell aufeinanderfolgend zwischen männlichen und weiblichen Vornamen. Tropische Wirbelstürme sind meist nahezu kreisförmige bis schwach elliptische Tiefdruckwirbel mit einem warmen Kern (im Unterschied zu den anderen Tiefs, die einen kalten Kern haben), der oft als wolkenloses oder wolkenarmes Auge in Satellitenbildern und nach Bodenbeobachtungen gut erkennbar ist. Die geforderte mittlere maximale Windgeschwindigkeit beträgt ≥ 33 m/s (= Orkanstärke), weitere Abstufungen erfolgen nach der ↗Saffir-Simpson Hurricane Scale. Tropische Wirbelstürme entstehen über den tropischen Meeren und sind nicht zu verwechseln mit einem ↗Tornado. Sie erstrecken sich vertikal über die gesamte Troposphäre und können eine horizontale Ausdehnung zwischen wenigen hundert und im Extremfall etwa 1200 km Durchmesser annehmen. Die Bewölkung besteht aus Schauer- und Gewittermassiven sowie Regenwolken, über denen sich mit zunehmender Stärke eine zunehmend dichtere und größere zirkulare Cirrusdecke schließt. Aus der kreisförmigen Wolkenmasse ragen häufig zwei spiralig angeordnete Wolkenarme (Regenbänder) heraus, die bezogen auf die Zugrichtung mitunter quasistationär bleiben, aber im anderen Extrem die Wirbelkern umrunden. Am wetterwirksamsten sind sie offensichtlich im Bereich des vorderen rechten Viertelkreises in Zugrichtung gesehen, insbesondere mit Erreichen von Inseln und Festland, da sich dann die Gewitter- und Niederschlagstätigkeit verstärkt. Die größten Windgeschwindigkeiten treten im gleichen Viertelkreis auf, da sich hier Translations- und Rotationsgeschwindigkeit addieren. Außerdem sind in diesem Bereich mit Erreichen der Küste die Flutwellen am stärksten wegen der auf die Küste gerichteten Strömung. Die stärksten horizontalen Winde treten meist im Abstand von 10 bis 50 km vom Mittelpunkt des Auges in Höhen von 500 bis 1000 m auf. Die Windzunahme vom windstillen Zentrum nach außen ist schroff und daher besonders gefährlich für Luft- und Schiffahrt. Im Auge ist der Seegang dennoch sehr gefährlich, da sich dort unterschiedlich orientierte Wellenzüge zur Kreuzsee (↗Seegang) überlagern. Um das im Durchmesser zwischen 10 und 80 km große Auge, in dem absinkende Luftbewegung und Wolkenauflösung erfolgt, ist eine Wolkenmauer (engl. eyewall) angeordnet. Hinter dieser »Wolkenwand« kommt es zu starken Aufwärtsbewegungen mit Regen, Schauern und Gewittern. Die Wolkenmauer weitet sich mit der Höhe trichterförmig. Außerhalb des Auges strömt die Luft in den unteren 2 km stark zum Wirbelzentrum hin, während oberhalb von 8 bis 9 km stark ausströmende Luft die Bildung einer Cirruswolkendecke verursacht. Tropische Wirbelstürme ziehen nach ihrer Entstehung auf der Nordhalbkugel zunächst nach W bis NW auf der Südhalbkugel nach W bis SW und schwenken ab etwa 20° geographischer Breite auf eine zunehmend polwärtige bis östliche Bahn ein. Die Saison dauert in der Regel vom Hochsommer bis zur Herbstmitte mit einem Maximum an der Grenze vom Sommer zum Herbst. Eine gewisse Ausnahme hiervon bildet der nördliche Indische Ozean, wo gestört durch die Monsunzirkulation bereits im Mai/Juni ein sekundäres Maximum auftreten kann. Über dem westlichen Nordpazifik können aufgrund der dort besonders hohen Wassertemperaturen sogar ganzjährig Taifune auftreten.

Die tropischen Wirbelstürme sind nach Tornados das gefährlichste meteorologische Phänomen, zumindest was die Windstärke betrifft. Neben der größeren Flächenhaftigkeit der Schäden im Vergleich zu Tornados kommt es zu enormen Schäden und Opfern durch starken Seegang, bis maximal etwa 7 Meter hohe Flutwellen an den Küsten und sintflutartigen Regen und Überschwemmungen. Bereits stündlich können 50 bis 100 mm fallen. Über Land kann der Gesamtschaden durch zusätzlich vermehrt auftretende Tornados noch erhöht werden. Die bisher höchsten Zahlen an Menschenopfern durch tropische Wirbelstürme wurden mit jeweils rd. 300.000 in den Jahren 1970 aus Bangladesh, 1737 aus Indien und 1881 aus China gemeldet. [HN]

Tropopause ↗Atmosphäre.

Tropopausensprung, diskontinuierliche Höhenänderung der Tropopause.

Tropophyten, mehrjährige ↗Pflanzen in Jahreszeitenklimaten, deren Aussehen sich im Laufe des Jahres verändert, beispielsweise durch den Verlust der Blätter. Dies ist eine Anpassung an die im Wandel der Jahreszeiten stark wechselnde Wasserverfügbarkeit. In Abschnitten mit Wassermangel weisen Tropophyten Merkmale von ↗Xerophyten, in Perioden mit Wasserüberschuß von Landpflanzen, die an schattige, feuchte bis nasse ↗Standorte angepaßt sind (Hygrophyten). Tropophyten finden sich im regengrünen Wald der Tropen, in sommergrünen ↗nemoralen Laubwäldern und in der ↗Steppe.

Troposphäre, untere, z. T. wasserdampfhaltige Schicht der ↗Atmosphäre, in der sich Klima- und

Wetterphänomene abspielen. Die Höhe der Troposphäre variiert mit Jahreszeit und Breite von bis zu 18 km in den Tropen bis 8–10 km im Sommer an den Polen. Die Troposphäre wird nach oben durch die Tropopause begrenzt.

troposphärische Front, ↗Front, die sich als etwa ein Prozent geneigte ↗hyperbarokline Schicht vom Boden durch die Troposphäre bis nahe an die Tropopause erstreckt, wie vor allem die ↗Polarfront.

troposphärische Laufzeitkorrektur, das Radarsignal wird durch Luftmoleküle verzögert. Die entsprechende Längenkorrektur kann in Trocken- und Feuchtanteile zerlegt werden. Der Trockenanteil [mm] ist proportional zum Boden-Luftdruck p [hPa] und beträgt in Abhängigkeit von der geographischen Breite φ:

$$-2{,}277\, p \cdot (1+0{,}0026\, \cos 2\varphi).$$

Der Trockenanteil variiert wenig und beträgt ca. −2,30 m. Der Feuchtanteil [mm] hängt vom Wasserdampfgehalt der Atmosphäre ab und beträgt in guter Näherung:

$$-381{,}5 \int e/T^2 \, dz,$$

wobei e der Partialdruck des Wasserdampfes [hPa], T die Temperatur in K ist und die Integration vom Boden bis zur Höhe des Satelliten erfolgt. In den Tropen ergeben sich Beträge von etwa −0,35 m, an den Polen verschwindet der Feuchtanteil fast vollständig. Der Wasserdampfgehalt wird von meteorologischen Diensten übernommen. Alle derzeit arbeitenden ↗Altimetermissionen besitzen aber auch eigene Radiometer, die eine unabhängige Schätzung des Feuchtanteils der troposphärischen Laufzeitkorrektur erlauben. [WoBo]

troposphärische Zirkulation ↗allgemeine atmosphärische Zirkulation.

TRS ↗Bezugsystem.

trübe, Tag mit einem Bewölkungsmittel von mehr als 6,4 Achtel, was 80 % Himmelsbedeckung entspricht. Diese Definition stammt aus der Zeit, als die Bewölkung in Zehntel angegeben wurde.

Trübestrom ↗Suspensionsstrom.

Trübung 1) *Kartographie*: ↗Entsättigung. **2)** *Klimatologie*: Lufttrübung, vermindert die Durchlässigkeit der Atmosphäre für elektromagnetische Strahlung (↗Extinktion) und ist verursacht durch ↗Dunst, das ↗Aerosol. Das Aerosol streut und absorbiert ↗Sonnenstrahlung und ↗Himmelsstrahlung (↗Mie-Theorie) und vermindert damit die ↗Sicht und macht das ↗Himmelslicht weißlicher.

Trum 1) ↗Ader. **2)** *Trümmer*, *Gangtrum*, bergmännischer Ausdruck für geringmächtige gangförmige Mineralvorkommen.

Trümmer ↗Trum.

Trümmereis, entsteht aus der Zerkleinerung von ↗Meereis in zahlreiche Bruchstücke mit Größen unter 2 m.

Trümmererz, limonitisches (↗Limonit) Eisenerz in Schichten der ↗Kreide des nördlichen Harzvorlandes (Raum Salzgitter), entstanden durch marine Aufarbeitung von ↗Konkretionen aus dem ↗Jura und angereichert in Salzstockrandsenken (↗Randsenke); nicht mehr in Abbau.

Trümmerstrom ↗Schuttstrom.

Tschernitza, tief humoser, grauschwarzer, carbonathaltiger Bodentyp der ↗A/C-Boden, der zur Klasse der ↗Auenböden gehört; besitzt einen mächtigen Mull-Horizont, der durch intensive ↗Bioturbation entstanden ist. ↗Bodenkundliche Kartieranleitung.

Tschernosem ↗Schwarzerde.

Tschuktschensee, ↗Randmeer des ↗Arktischen Mittelmeers vor der Küste Sibiriens und Alaskas, das durch eine Linie von der Wrangel-Insel nach 78°N 180° und von dort nach Point Barrow begrenzt wird.

TSM ↗Hochtemperaturschmelzlösungszüchtung.

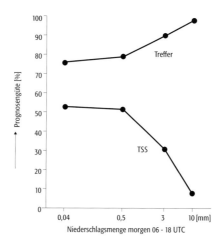

TSS, *true skill statistic*, wahres Gütemaß (Abb.); ein bereits 1884 von J. Finley in den USA zur Überprüfung von Tornado-Vorhersagen entwickeltes ↗Verifikationsmaß. Es besitzt u. a. folgende wichtige Eigenschaften: es bestimmt anhand einer 2x2 ↗Kontingenztabelle, d. h. auf der Grundlage binärer oder alternativer Aussagen, den quantitativen Grad des Zusammenhangs zwischen Vorhersage und Beobachtung; es ist leicht verständlich, nimmt Werte zwischen -1 und +1 an und es benutzt alle relevanten Informationen (Tab.):

$$\text{TSS} = d/h - c/g$$

Ereignis	beobachtet		
vorhergesagt	nein	ja	Σ
nein	a	b	e
ja	c	d	f
Σ	g	h	N

TSS (Tab): Kontingenztabelle.

TSS: Am Beispiel der kurzfristigen Niederschlagsvorhersage für viele deutsche Orte aus dem Jahr 1996 läßt sich u. a. zeigen, daß die traditionellen Trefferprozente nicht immer ein geeignetes Prüfmaß darstellen. Für verschiedene Schwellenwerte (Abszisse) wurde die Qualität der so erhaltenen, alternativen Ja/nein-Aussagen einmal mittels der herkömmlichen Trefferquote, zum anderen mittels TSS beurteilt. Erwartungsgemäß sinkt die Vorhersagegüte TSS, je seltener das vorherzusagende Niederschlagsereignis eintritt. Starkniederschläge über 13 mm/12 h länger als 27 Stunden im voraus punktgenau vorherzusagen, war 1996 noch nicht möglich. Orientiert man sich an den traditionellen Trefferquoten, gelangt man zu einer irreführenden, gegenteiligen Bewertung. Übrigens wurden im Jahre 1998 TSS-Werte für die Schwelle 10 mm/12 h je nach Vorhersagemethode von 17 bis 30 % erreicht.

TSS (ideal) = 1, TSS = 0, wenn nur g und h (also das »Stichproben-Klima«) bekannt wären. TSS ist zahlenmäßig identisch mit anderen, nach 1884 entwickelten Gütemaßen, wie z. B. Hanssen und Kuipers Discriminante von 1965 und die relative Information, die über die statistische Entropie berechnet wird. [KB]

Tsunami, aus dem Japanischen übernommene Bezeichnung für ↗lange Wellen mit Perioden von 3–60 Minuten, die durch plötzliche Hebungen oder Senkungen des Meeresboden angeregt werden. Ursachen für diese Bewegungen sind starke ↗Erdbeben, deren Hypozentren unter dem Meeresboden liegen und die eine vertikale Verschiebung des Meeresbodens verursachen (hauptsächlich Aufschiebungsbeben). Auch submarine Rutschungen oder vulkanische Explosionen im marinen Bereich können Tsunamis erzeugen. Tsunamis treten vor allem im zirkumpazifischen Gürtel auf. Sie werden selten auf hoher See bemerkt, da dort ihre Amplituden weniger als einen Meter betragen und die Abstände zwischen zwei Wellenbergen 100 km und mehr betragen. Die Ausbreitungsgeschwindigkeit beträgt dort 700 km/h und mehr. Die Geschwindigkeit, mit der sich Tsunamis ausbreiten ist stark von der Wassertiefe abhängig. Erreichen sie Flachwasser, breiten sie sich mit etwa 100 km/h deutlich langsamer als auf hoher See aus. Die Amplituden der die Küste anlaufenden Tsunamis erhöhen sich um ein Vielfaches – bis zu 30 m hohe Wasserwellen sind beobachtet worden. Diese können in Küstenregionen enorme Verwüstungen anrichten, selbst wenn der Erdbebenherd in einiger Entfernung liegt. Ein Tsunami-Warnsystem mit Hauptquartier in Honolulu ist für den zirkumpazifischen Raum eingerichtet worden. Warnungen werden nach besonders starken Erdbeben ausgegeben, bei denen zu befürchten ist, daß sie Tsunamis erzeugen. Das Warnsystem beruht auf der kontinuierlichen Überwachung der Seismizität und von marinen Pegelmessungen. Für ein von einem Erdbeben in Chile erzeugtes Tsunami beträgt die Laufzeit nach Hawaii etwa 15 Stunden und nach Japan 22 Stunden. Für die nahegelegenen Küstenregionen Chiles hingegen beträgt sie weniger als eine Stunde, so daß hier kaum eine ausreichende Vorwarnzeit zur Verfügung steht. [GüBo]

Tsunamit, durch einen ↗Tsunami gebildete Eventablagerung (↗Event). Obwohl rezente Tsunamite bisher noch nicht beschrieben wurden, werden in Intertidal-/Supratidal-Abfolgen erosiv eingeschaltete, chaotische Brekzien mit oft großen Klasten diverser flachmariner Fazies als Tsunami-induzierte Sedimente gedeutet. Dabei handelt es sich in der Regel um isolierte, oft mächtige Bänke. Beim Rückstrom einer Tsunami-Welle ist mit ausgeprägten Erosionserscheinungen im Strand-/Vorstrandbereich sowie im angrenzenden Flachwasser zu rechnen. Wegen der bis mehrere Tage anhaltenden, hochturbulenten Nachphase werden weiterhin Sedimente mit Tempestit-Charakter (↗Tempestit) gebildet.

TT, *temps terrestrique*, terrestrische Zeit, neue Bezeichnung für ↗TDT.

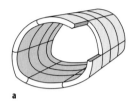

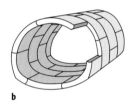

Tübbing: Tübbingausbau mit a) durchlaufenden und b) versetzten (»voll auf Fug«) Gelenkfugen.

Tübbing, vorgefertigtes Bogensegment, das im Schacht- und ↗Tunnelbau zur Auskleidung verwendet wird und stützende Funktion hat. Man unterscheidet Stahl- und Betontübbinge. Der Schacht- bzw Tunnelquerschnitt wird in vier bis sieben Segmente unterteilt, die in Laufrichtung eine Länge zwischen 75 und 120 cm haben. Die Gelenke werden an den Stellen angelegt, wo ein monolithischer Ring (Ring aus einem Segment) die größten Momente aufweisen würde. Die Anordnung der Gelenkfugen kann entweder durchlaufend oder versetzt (»voll auf Fug«) sein (Abb.). Die versetzte Anordnung ist ungünstiger, da hierbei die Gelenkwirkung annulliert wird. Die Gelenkfugen sollten mit einem plastischen Mittel gefüllt sein, da dieses gegen Sprengerschütterungen unempfindlicher ist als Zementmörtel. Mit einer Vortriebsgeschwindigkeit von 80 m in 24 Stunden sind Auskleidungen mit Tübbingen rasch herzustellen. [ERu]

Tuberoide ↗Peloide.

Tuff, verfestigte Ablagerung, die vorwiegend aus vulkanischer ↗Asche aufgebaut ist (↗Pyroklast Tab.).

Tuffit, feinkörniges, vulkanoklastisches Sediment mit einem Gehalt an ↗Pyroklasten zwischen 25 und 75 %.

Tuffkegel, *Aschenvulkan*, monogenetischer, mehrere Zehner- bis hunderte Meter hoher, terrestrischer Vulkan, der bei vulkanianischer bis strombolianischer Eruptionstätigkeit (↗Vulkanismus) aus relativ feinkörnigen ↗Pyroklasten aufgeschüttet wird. Bei Tuffkegeln befindet sich der Ort der phreatomagmatischen Explosionen (↗Vulkanismus) nahe der Erdoberfläche. Es gibt Übergänge zu ↗Tuffringen und ↗Maaren, für deren Bildung tiefere Explosionsherde angenommen werden.

Tuffring, flacher Ring aus ↗pyroklastischen Fall- und ↗Surge-Ablagerungen, der bei phreatomagmatischen Eruptionen (↗Vulkanismus) entsteht. ↗Maare sind i.d.R. von Tuffringen umgeben (↗Tuffkegel).

Tu-Horizont, ↗Bodenhorizont entsprechend der ↗Bodenkundlichen Kartieranleitung; ↗T-Horizont; rubefiziert (↗Rubefizierung), braunrot; kommt in Deutschland nur fossil vor.

Tümpel, stehendes Gewässer geringer Größe und Wassertiefe, das zeitweilig austrocknen kann und i. d. R. keinen ständigen Durchfluß besitzt.

Tundra, [finnisch tunturi = Hügel], baumfreie bis baumarme Vegetationszone der Subpolargebiete mit einer relativ artenarmen ↗Vegetation (Abb. 1). Man unterscheidet Flechtentundra (↗Flechten) Moostundra und Zwergstrauchtundra (↗Zwergstrauchheide). Die niedrigen Bäume bestehen v. a. aus Weiden und Birken. Die Schneedecke liegt bis zu 300 Tage im Jahr und im Sommer weisen nur wenige Tage eine Mitteltemperatur über 10°C auf.
Je nach Breitenlage und Kontinentalitätsgrad ist die Tundra verschieden ausgebildet. Haupttypen sind die Flecken- und die Torfhügeltundra. Wo die Tundra an den ↗Borealen Nadelwald angrenzt, tritt die Waldtundra auf, die aus Birken, Kiefern und Lärchen zusammengesetzt ist, und

die in kleinen Beständen und in Krüppelform auftreten. Die Tundra ist heute nur noch innerhalb des Polarkreises verbreitet, reichte aber im ↗Pleistozän und während des frühen ↗Postglazials bis in die heute gemäßigten Breiten Mitteleuropas. Deshalb finden sich in den Alpen noch glaziale Reliktpflanzen, welche in Europa sonst nur in der Tundra vorkommen.

Typische Tundraböden sind Rohböden vom Typ der ↗Syroseme, der ↗Tundraranker und die Råmark. Der gefrorene Untergrund (↗Permafrost) taut auch im Sommer nur in einer geringmächtigen Schicht auf. Die Permafrost ist daher sehr kurz. Bedingt durch den Polartag (nördlich des Polarkreises 24 Stunden Sonneneinstrahlung im Sommer) können die ↗Pflanzen an klaren Tagen hingegen ständig ↗Photosynthese betreiben und so für den Rest des Jahres einen kleinen Gewinn an Assimilaten (↗Assimilation) erzielen. Das Wachstum der Pflanzen geht aber nur langsam vonstatten, ihre Regenerationsfähigkeit ist gering und benötigt ausgedehnte Zeiträume. Da während des langen Polartages durchgehend Nahrung aufgenommen werden kann und daher die Aufzucht der Jungen bereits vor Einbruch des Winters beendet ist, verbringen viele Vogelarten die Sommersaison in der Tundra. Hingegen können nur wenige Vögel auch im Winter in der Tundra leben. Eine entscheidende Rolle in der Stickstoffversorgung der Tundra spielen Meeresvögel (↗Guano) und ↗Flechten mit stickstofffixierenden, symbiotischen ↗Cyanobakterien (z. B. Nostoc). Seit mehreren Jahrzehnten werden die Polar- und Subpolargebiete immer mehr von der anthropogenen Luftverschmutzung betroffen. Stickstoffdepositionen und Seen-Versauerung durch sauren Regen, Akkumulation von persistenten organischen Stoffen wie DDT und PCB und von Radionukliden in der Nahrungskette. Davon sind v. a. die Organismen an der Spitze der Nahrungskette (große Land- und Meeressäuger sowie der Mensch) betroffen (Abb. 2 im Farbtafelteil). [DR]

Tundragley, ↗Gleysols der ↗WRB-Klassifikation. Ständig gefrorener Unterboden und geringe Wasserverdunstung in der Tundra führen zu Wasserstau und zur Bildung von ↗Gleyen.

Tundraranker ↗Ranker.

Tundrenklima, Klimazone der Subpolarregion, wo sich als typische natürliche Vegetationsformation die ↗Tundra ausbildet; ↗Klimaklassifikation.

Tungstein, [von schwedisch tung = schwer], Scheelit, ↗Wolframminerale.

Tunnelbagger, Maschine zum Ausbruch der Tunnelröhre (Abb.). Der Tunnelbagger wird in reiß-

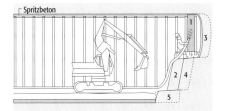

Tundra 1: Verbreitungskarte der Tundra.

baren, nicht standfesten und verformungsanfälligen Gebirgsarten angewendet. Dieser Vortrieb ist relativ erschütterungsfrei. Dadurch wird die Gebirgsauflockerung (↗Auflockerung) und die dadurch bedingte Verformung gering gehalten. Die Abschlaglänge beträgt normalerweise 0,6 bis 1,2 m. Alternative Vortriebsarten sind der ↗Sprengvortrieb und der Vortrieb mit einer Teilschnittmaschine, deren Einsatz dem des Tunnelbaggers relativ ähnlich ist.

Tunnelbau, Tunnel, Stollen und Kavernen machen als Bauwerke im Gebirge und mit der Schaffung spezifischer Spannungssituationen besondere Bauweisen erforderlich. Bauraumerkundungen, Anpassung der Konstruktion an die geologischen Bedingungen und Sicherungsmaßnahmen in Form eines provisorischen Verbaues und des endgültigen Ausbauens spielen eine entscheidende Rolle. Im Tunnelbau ist das Gebirge nicht nur Baugrund, sondern zugleich Baustoff aber vor allem mittragendes Element. Um den Hohlraum, dem Ort besonderer Spannungskonzentrationen, entsteht aber gleichzeitig auch eine Belastungssituation. Nachfolgend wird auf Tunnel im Halbfest- und Festgestein, nicht jedoch auf solche im Lockergestein oder Tunnel in halboffener oder Deckelbauweise eingegangen.

Die klassische, aus dem Bergbau übernommene Bauweise folgt einem bestimmten Ausbruchsschema und sichert in starrer Bauweise mittels Holz-, Stahl- oder Betonausbau. Der Betonausbau kennt vorgefertigte Betonelemente, die in Fugen aneinander stoßen und den Halbraum schlüssig auskleiden. Als Alternative sind in situ gegossene Ortbetonschalen anzusehen. Das wesentliche Element des starren Ausbaus ist mit zwei Merkmalen zu begründen: a) Alle Gebirgs-

Tunnelbagger: schematische Darstellung. Die Zahlen stellen die Reihenfolge der Arbeitsschritte dar.

Tunnelbau 1: Verformungsmessungen im Hohlraum mittels Meßankern (1), Stangenextensiometern (2) und Konvergenzmessungen (3).

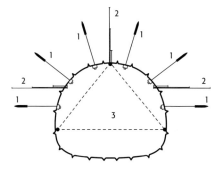

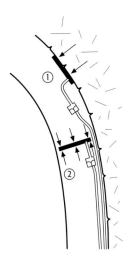

Tunnelbau 2: Radial- (1) und Tangentialspannungen (2) mit hydraulischen Druckdosen (Druckkissen).

spannungen, die sich durch Umlagerungsprozesse um den Halbraum bilden, liegen auf dem Ausbau, der entsprechend dimensioniert werden muß. b) Der starre Ausbau läßt keine Deformationen und damit keinen Spannungsabbau in den Hohlraum hinein zu. Die auftreffenden Radial- und die sich um den Halbraum entwickelnden Tangentialspannungen verlaufen im Ausbau. Die tunnelbauimanenten Meßmethoden wie Konvergenzmessungen, Laser-Lichtraummessungen, Gleitmikrometer, Meßanker, Extensiometer und Druckmeßdose können einerseits die hohen Drücke und andererseits das Unterdrüken der Deformation nachweisen. Als nachgiebige Ausbaumethode hat die sogenannte ↗ Neue Österreichische Tunnelbauweise (NÖTM) internationale Bedeutung erlangt. Sie ist kein Vortriebsschema sondern ein Tunnelbaukonzept mit Anspruch, das Gebirge zum Abtragen der Last mit heranzuziehen. Der Ausbau bestehend aus Spritzbetonschale, Anker und Tunnelbögen ist nachgiebig, d.h. die Ausbaumittel und das den Halbraum umgebende Gebirge deformieren sich und bauen dadurch Spannungen ab. Anker und Gebirge bilden einen eigenen, gewölbeartigen Baukörper, dessen Ausmaß von der Gebirgsqualität und der Geometrie des Hohlraumes bestimmt wird. Radialspannungen σ_r, Konvergenzen Δ_r, Ausbauwiderstände p_i und die Zeit T charakterisieren die Wechselwirkungen zwischen Gebirge und Ausbauelementen.

Das Prinzip der Verformungsmessungen mittels Meßankern, Extensiometern und Konvergenzmessungen ist in Abbildung 1 wiedergegeben. Spannungsmessungen für radiale und tangentiale Kraftwirkungen sind in Abbildung 2 im Prinzip dargestellt. Die Meßvorrichtung sind Druckmeßdosen bestehend aus Druckkissen und hydraulischem Ventil. Neben den hydraulisch arbeitenden Druckkissen sind elektrische Dehnungsmeßstreifen, induktive Geber, Schwingsaiten und spannungsoptisch aktive Materialien als Spannungsmeßeinrichtungen in Verwendung. Vor jedem Eingriff ist im ungestörten Gebirge ein »primärer« Spannungszustand vorhanden. Ursachen hierfür sind der lithostatische Druck und tektonische, gerichtete Spannungen. Unmittelbar nach dem Auffahren des unterirdischen Hohlraums stellt sich ein »sekundärer« Spannungszustand ein, der sich aus Spannungs- und Massenumlagerungen ableitet. Das in der Fürste oft bis zu mehreren Metern aufgebrochene Gebirge wirkt gravitativ als Auflockerungsdruck auf den Ausbau. Bei entsprechender Gesteinsbeschaffenheit können zusätzlich ↗ Schwelldrücke und ↗ Quelldrücke auftreten. Nach Abklingen der Konvergenzen nach dem Einbau der Sicherungsmittel hat sich ein bleibender, quantitativ geringer »tertiärer« Spannungszustand eingestellt. Die primäre, im Gebirge vorhandene Spannung hat maßgeblich Einfluß auf die Konvergenz eines Hohlraumes (Abb. 3).

Dem starren oder nachgiebigen Ausbau muß eine Ausbruchsmethode vorangehen, die jedoch nicht zwangsläufig auf die Ausbauart abgestimmt sein muß. Je nach den ingenieurgeologischen Eigenschaften (Gesteinsart und Trennflächen, Wasserführung, Anisotropie des Gebirgsverbandes) wird das Gebirge sprengtechnisch oder maschinell gelöst. Anzustreben ist eine möglichst erschütterungsfreie Vortriebsarbeit, welche durch Tunnelvortriebsmaschinen gewährleistet ist. Diese arbeiten im Voll- oder Teilschnitt. Eine häufige durch die geologischen Verhältnisse naheliegende Vorgehensweise ist das Auffahren eines Pilotstollens mit einer Tunnelvortriebsmaschine zur Erkundung der Geologie und

	Primärspannung	Verformungsbild	vertikale Konvergenz	horizontale Konvergenz
Berechnung finite Elemente	$\sigma_H = 0{,}18\sigma_V$	Berechnung	≈ 2 mm	≈ 0 mm
Messung		Messung	> 1–3 mm unsymmetrisch	> 6–9 mm unsymmetrisch
Nachrechnung	$\sigma_H = 2\sigma_V$ E-Moduli halbiert	Nachrechnung	≈ –2,5 mm symmetrisch	≈ 7 mm symmetrisch

Tunnelbau 3: Einfluß der Primärspannung auf das Verformungsverhalten eines Tunnelquerschnitts.

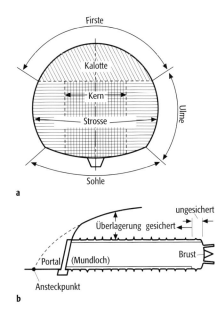

Tunnelbau 4: tunnelbautechnische Bezeichnungen in a) Querschnitt und b) Längsschnitt.

Abschläge entstehen beim Sprengvortrieb während bei maschinellen Bohr- und Fräsarbeiten kontinuierlich fortschreitende Ablösungen entstehen. [ERu]

Tunnelbohrmaschine, Maschine zur Erzeugung von Hohlräumen beim Tunnelvortrieb. In die Hohlräume wird Sprengstoff eingebracht. Früher wurde diese Arbeit von leichten Bohrhämmern geleistet. Heute geschieht dies mit mittelschweren bis schweren, auf Lafetten geführten und mit Hartmetallschneiden bestückten Hämmern. Die Bohrhämmer sind auf Bohrgerüstwagen (sogenannte Jumbos) montiert. Die Vortriebsgeschwindigkeit liegt im Weichgestein bei etwa 100 cm/min und im Hartgestein bei etwa 40 cm/min je Bohrhammer.

Tunnelerosion ↗Piping.

Tunnelkartierung, ingenieurgeologische Aufnahme, Beschreibung und Dokumentation des Gebirges während des Tunnelvortriebs. Diese Kartierung beinhaltet die geologische Aufnahme und Darstellung der unter Tage tatsächlich angetroffenen allgemeinen Schichtenfolge und -ausbildung sowie des Trennflächengefüges. Zudem müssen die Wasserführung, geologische Besonderheiten und allgemein alle festigkeitsverringernden Einflußgrößen erfaßt werden. Während des Tunnelausbaus muß das Verformungsverhalten im Hohlraum und, wenn vorhanden, auch Oberflächensetzungen aufgenommen werden. Die bei der Tunnelkartierung gewonnenen Ergebnisse müssen ständig mit den vor dem Beginn des Tunnelbaus aufgestellten Prognosen über das Gebirge und seine Eigenschaften abgeglichen, und der Fortgang der Arbeiten den aktuellen Erkenntnissen angepaßt werden.

Tunnelmeßprogramm, die meßtechnische Überwachung eines bestehenden oder im Bau befindlichen Tunnels. Die am häufigsten eingesetzten Messungen in bestehenden Tunneln sind ↗Konvergenzmessungen hoher Präzision und bei im Bau befindlichen Tunneln die ↗optische Verschiebungsmessung. Diese Messungen werden in Abständen von 10 bis 50 m vorgenommen, wobei in jedem Querschnitt mindestens fünf Festpunkte in der Tunnelschale beobachtet werden. Darüber hinaus werden bei im Bau befindlichen Tunneln an ausgewählten Querschnitten Spannungsänderungsmessungen mit hydraulischen Druckkissen vorgenommen, welche in tangentialer und radialer Richtung angeordnet werden. Bei nicht zu großer Überdeckung der Tunnel sind auch ↗Extensometer, ↗Inklinometer und das ↗Oberflächennivellement ausgezeichnete Hilfsmittel, um das Verformungsverhalten von Bauwerk und Baugrund meßtechnisch zu erfassen. Ebenfalls gebräuchlich sind Ankerkraft- und Piezometermessungen. [EFe]

Tunnelvoreinschnitt, Geländeinschnitt, der sich vor dem Mundloch eines Tunnels befindet. Es ist der erste Einschnitt beim Tunnelbau, danach erfolgt vom Tunnelvoreinschnitt ausgehend der eigentliche Vortrieb.

Tunnelvortriebsmaschine ↗maschineller Tunnelvortrieb.

nachfolgend das sprengtechnische Aufweiten auf den Vollquerschnitt.

Im Tunnelbau wird die Standfestigkeit des aufzufahrenden Gebirges wesentlich durch die geologischen Lagerungsverhältnisse, d. h. Lage und Ausbildung der Trennflächen, die Wasserführung und die Gesteinsbeschaffenheit bestimmt. Danach richtet sich auch in erster Linie das Ausbruchsschema. Strosse, Kern und Kalotte werden sukzessive oder im Vollausbruch entfernt. Vortriebsart und Sicherungsarbeiten werden getrennt nach den in Abbildung 4 dargestellten Bereichen klassifiziert. Die ↗Gebirgsklassifikation gibt ansatzweise das Ausbruchsschema vor. Ein vorlaufender Kalottenausbruch gegenüber dem Strossen- und gegebenenfalls Sohlausbruch ist durch die Standfestigkeit bzw. das Verformungsverhalten des Gebirges bedingt. Strossen- und Sohlausbruch werden in gebrächem Gebirge nachlaufend auf relativ kurze Strecken, 100 bis 200 m, gebaut. Bei wenig standfestem Gebirge ist auf möglichst kurze Entfernungen ein Sohlschluß herzustellen. Abbildung 5 zeigt typische Abfolgen des nachlaufenden Kalotten-Strossen-Sohlenvortriebs. Wenn das Gebirgsverhalten keinen Vollausbruch oder Kalotten-Strossen-Sohle-Vortrieb zuläßt, muß auf kleinere Teilquerschnitte umgestellt werden. Die Auflösung des Tunnelquerschnittes erfolgt in verschiedenen Teilquerschnitten mit typischem ↗Ulmenstollenvortrieb bzw. vorlaufend geteilter Kalotte. Modernere Tunnelbauweisen streben nach Möglichkeit den Ausbruch des Gesamten Tunnelquerschnittes (Vollprofil-Vortrieb) in einem Vorgang an. Bei schlechten Gebirgsklassen muß der Gesamtquerschnitt in kleine Teilquerschnitte aufgelöst werden. Dabei treten jeweils neue Spannungsumlagerungen ein. Bei der Vollprofil-Bauweise kann das Gebirge schrittweise in Abschlägen gelöst und nach der NÖTM sofort gesichert werden.

1 Entkopplung Kalotte – Strosse – Sohle

2 Parallelbetrieb

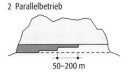

50–200 m

3 schneller Ringschluß

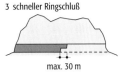

max. 30 m

Tunnelbau 5: Schema der unterschiedlichen Ausbruchsfolgen bei der NÖTM.

Turam, ↗elektromagnetisches Verfahren, das mit einer großen, rechtwinkligen Stromschleife als Sender und einem Spulenpaar als Empfänger arbeitet.

Turbation, mechanische ↗Durchmischung von Böden.

Turbidite, Ablagerungen von *Suspensionsströmungen*. Ihre Mächtigkeit liegt zwischen wenigen Zentimetern und mehreren Metern. Merkmale sind *Gradierung*, ↗Kolkmarken, ↗Gegenstandsmarken, ↗Wickelschichtung, ↗Horizontalschichtung, Rippelschichtung, ↗Belastungsmarken, Fließkanäle, ↗Entwässerungsstrukturen sowie eine schlechte Sortierung. Turbidite sind aus den Einheiten A bis E der ↗Bouma-Sequenz oder Teilen davon zusammengesetzt. Nahe dem Liefergebiet abgelagerte (proximale) Turbidite sind in der Regel dickbankiger und grobkörniger als liefergebietsfern abgelagerte (distale) Turbidite. Turbidite sind die wichtigsten und häufigsten Sedimente am Fuß der ↗Kontinentalhänge der ↗Tiefsee. Dort bedecken sie häufig große Areale. Sie kommen aber auch in ↗Seen und ↗Randmeeren vor.

Turbiditstrom ↗*Suspensionsstrom*.

turbidity current ↗*Suspensionsstrom*.

Turbine, *Wasserturbine*, im Kraftwerk eingebaute Maschine, bei der die Strömungsenergie des Wassers in Rotationsenergie umgesetzt wird. Nach der Beaufschlagung des Laufrades durch den Wasserstrom unterscheidet man zwischen Überdruckturbinen und Freistrahlturbinen. Überdruckturbinen bestehen aus einem Laufrad, einem davor liegenden Leitapparat und einem anschließenden Saugrohr, wobei sämtliche Bauelemente geflutet sind. Bei geringen Fallhöhen und großen Durchflüssen, z. B. an ↗Laufwasserkraftwerken, werden Kaplan-Turbinen verwendet, deren Regelung über vier bis zwölf am Laufrad befindliche verstellbare Schaufeln erfolgt. Bei größeren Fallhöhen werden Francis-Turbinen eingesetzt, bei der das Laufrad aus einer Vielzahl starr angeordneter Schaufelwände besteht. Eine Feinregulierung des Triebwasserzuflusses erfolgt über einstellbare Leitschaufeln. Freistrahlturbinen der Bauart Pelton werden für Fallhöhen bis 2000 m eingesetzt. Hierbei wird ein Schaufelrad tangential durch einen mit hoher Geschwindigkeit aus einer Düse austretenden Strahl beaufschlagt. [EWi]

turbulente Diffusion ↗*Diffusion*.

turbulente Flüsse, die durch turbulente Geschwindigkeitsfluktuationen verursachten Transporte von Strömungseigenschaften wie Impuls, Temperatur oder Stoffbeimengungen. Meistens sind die turbulenten Flüsse gegen bestimmte Gradienten gerichtet und führen somit zum Abbau solcher Gradienten (↗Gradientansatz). In der Atmosphäre übertreffen die turbulenten Flüsse die molekularen Flüsse um einige Größenordnungen, insbesondere in der ↗atmosphärischen Grenzschicht.

turbulenter Diffusionskoeffizient ↗*Diffusionskoeffizient*, ↗*Diffusion*.

turbulente Schwankungen, durch ↗Turbulenz verursachte Variationen von Strömungseigenschaften (z. B. Temperatur oder Windgeschwindigkeit) um einen Mittelwert herum.

turbulentes Fließen, wirbelnde Strömung, die in der Regel in sehr durchlässigen ↗Aquiferen unter hohen hydraulischen Gradienten und bei einer ↗Reynoldsschen Zahl $R_e > 10$ auftritt. Dabei übersteigen die Trägheitskräfte die zähigkeitsbedingten Kräfte der inneren Reibung um ein Mehrfaches, so daß die Fließgeschwindigkeit langsamer ansteigt, als es die Darcy-Gleichung erwarten läßt. Der Übergang von der laminaren Strömung (↗*laminares Fließen*) zur turbulenten erfolgt allmählich, sie beginnt in nur einzelnen größeren Poren und geht mit wachsender Strömungsgeschwindigkeit auf eine zunehmende Zahl von Porenräumen über.

Das turbulente Fließen kann beschrieben werden durch:

$$Q = F \cdot k_k \cdot \sqrt{i} \quad \left[\frac{\text{m}}{\text{s}}\right]$$

mit Q = Wasservolumen [m³/s], k_k = Durchlässigkeitsbeiwert des turbulenten Flusses, F = durchströmte Fläche [m²], i = hydraulischer Gradient. k_k ist weitgehend unabhängig von den Flüssigkeitseigenschaften und nur abhängig von den hydraulischen Gesteinseigenschaften. [RO]

Turbulenz, Strömungsanteil in einer Flüssigkeit oder in einem Gas, der statistisch beschrieben wird. In einer turbulenten Strömung ist es häufig ausreichend, das Geschwindigkeitsfeld nicht mehr an jedem Raumpunkt und zu jedem Zeitpunkt durch die ↗Bewegungsgleichungen exakt zu beschreiben; vielmehr beschränkt man sich auf die Angabe einer mittleren Strömung und einer statistischen Schwankung um diesen Mittelwert herum. Bei der modellmäßigen Beschreibung wird die Wirkung turbulenter Bewegung durch Austausch- und Diffusionskoeffizienten parametrisiert, deren Größe vom jeweiligen Schichtungs- und Bewegungszustand abhängt. ↗Meeresströmungen sind im allgemeinen turbulent. Für die Atmosphäre (*atmosphärische Turbulenz*) kann man feststellen, daß die Strömung im Bereich der ↗atmosphärischen Grenzschicht praktisch immer turbulent ist. Die Turbulenz wird durch Randeffekte oder Instabilitäten (z. B. ↗Scherungsinstabilität) verursacht. In einer turbulenten Strömung erfolgen die Transporte von Impuls, Energie, Temperatur oder Stoffbeimengungen senkrecht zur Strömungsrichtung wesentlich effektiver als in einer laminaren Strömung. Turbulenzen führen zur ↗Dissipation von Bewegungsenergie, indem größere Wirbel in immer kleinere zerfallen, bis schließlich die Energie durch die innere (molekulare) ↗Reibung in Wärme umgewandelt wird.

In der Hydrologie versteht man in Anlehnung an DIN 4044 unter Turbulenz die ungeordnete Bewegung von Wasserteilchen in einem ↗Gewässer (↗Gerinneströmung). Bei turbulenter Strömung bilden sich an Unebenheiten von Wandungen oder Einbauten Flüssigkeitspartikel makroskopischer Größe (Turbulenzballen) aus, die sich über eine bestimmte endliche Strecke bewegen, bevor

sie sich mit anderen Ballen stoßen oder vermischen. Die Breite der Turbulenzballen senkrecht zur Fließrichtung wird als Prandtlscher Mischungsweg oder Mischungslänge bezeichnet.
Turbulenz-Korrelations-Methode, *Eddy-Flux-Methode*, Verfahren zur Ermittlung der ↗Verdunstung durch Messung von kurzzeitigen Fluktuationen, d.h. der momentanen Abweichungen, der vertikalen ↗Windgeschwindigkeit und des Wasserdampfgehaltes der Atmosphäre. Der sich aus dem turbulenten Austausch des von der Oberfläche verdunstenden Wassers in die bodennahe Luftschicht ergebende vertikale Wasserdampfstrom E läßt sich aus dem zeitlichen Mittel des Produktes der Fluktuationen berechnen:

$$E = \varrho' \cdot \overline{w \cdot q'},$$

wobei ϱ die Dichte der Luft, w die Vertikalkomponente der Windgeschwindigkeit und q die spezifische Luftfeuchte darstellen. w' und q' sind die Abweichungen der Größen w und q von ihrem zeitlichen Mittelwert $\overline{w}$ und $\overline{q}$. Die Mittelbildung erfolgt etwa über 30 min. Dieses Verfahren stellt hohe Anforderungen an die Instrumentierung und Meßwertverarbeitung. Stationäre Bedingungen und horizontale, homogene Oberflächen ausreichender räumlicher Ausdehnung werden vorausgesetzt. Da Schwankungen bis zu 10 Hz erfaßt werden müssen, eignen sich als Meßinstrumente nur solche mit besonders geringer Trägheit und hoher Genauigkeit, wie z. B. das Ultraschallanemometer für die Messung der Windgeschwindigkeit und Lymanalpha- oder Infrarot-Hygrometer für die Luftfeuchte (↗Feuchtemessung). Die Berechnung der Verdunstung erfolgt durch Mikroprozessoren. Wegen der hohen Genauigkeitsanforderungen eignet sich das Verfahren noch nicht für den Routinebetrieb. Es wird zur Unterhaltung des Verdunstungsprozesses und zur Parametrisierung einfacherer Verdunstungsverfahren eingesetzt. [HJL]
Turbulenzspektrum, Aufteilung der kinetischen Energie der turbulenten Bewegungen in Anteile, welche durch Wirbel unterschiedlicher Größe verursacht werden. Für den Bereich der kleinräumigen atmosphärischen Turbulenz ergibt sich im sogenannten Inertialbereich eine potenzförmige Abhängigkeit der Energiedichte ($E(k)$) von der ↗Wellenzahl k in der Form:

$$E(k) g k^{-5/3}.$$

Diese Form des Turbulenzspektrums wird auch als Kolmogorov-Gesetz bezeichnet. Es besagt, daß Turbulenz zunächst in Form großer Wirbel (kleine Wellenzahlen) erzeugt wird und diese dann in immer kleinere Wirbel (mit größeren Wellenzahlen) zerfallen, so daß ein Energietransfer von großen zu kleinen Wirbeln erfolgt (sog. Energiekaskade).
Türkis, [»Stein aus der Türkei«, wahrscheinlich, weil er aus Persien durch die Türken importiert wurde], *Arizonoit, Calcit, Calait, Chalchuit, Henwoodit, Johnit, Kalait, Kallait, Senai-Stein*, Mineral mit der chemischen Formel $CuAl_6[(OH_2)|PO_4]_4 \cdot 4 H_2O$ und triklin-pinakoidaler Kristallform; Farbe: himmel- bis grünlich-blau, bläulich- bis spangrün, grün; schwacher Wachsglanz; undurchsichtig; Strich: weiß; Härte nach Mohs: 5–6 (ziemlich spröd), Dichte: 2,6–2,8 g/cm³; Spaltbarkeit: keine; Bruch: muschelig; Aggregate: feinkörnig, feinstfaserig, dicht bis porös, nierig, traubig, als Trümmer, Adern, Überzüge; vor dem Lötrohr wird er rissig und braun; in Säuren löslich; Begleiter: Chalcedon, Limonit u. a.; Fundorte: Oelsnitz (Vogtland), Weckersdorf (Thüringen), Los Cerillos (Mexiko), Copper-Mine bei Bigham (Utah, USA), Madèn bei Nishapur (Iran). Farbliche Verbesserungen von Türkis werden durch chemische Behandlung der Oberfläche und nachträgliche Imprägnation mit blauen Kunststoffen durchgeführt. Häufig handelt es sich bei Türkisimitationen auch um gefärbtes fossiles Elfenbein oder um gefärbtes Knochenmaterial. ↗Edelsteine. [GST]
Turmalin, *Esmeralda, Iochroit*, aus dem Singhalesischen stammende Bezeichnung für eine Borosilicat-(Ringsilicat)-Gruppe; chemische Formel: $NaFe_3Al_6[(OH)_4|(BO_3)_3|Si_6O_{18}]$; ditrigonal-pyramidale Kristallform (Abb.); Farbe: grün, rot, blau, braun, schwarz und mehrfarbig; Glasglanz; durchsichtig bis durchscheinend; Strich: weiß; Härte nach Mohs: 7–7,5; Dichte: 3,0–3,25 g/cm³; Spaltbarkeit: keine; Bruch: muschelig, splittrig, uneben; Aggregate: radialstrahlig (Turmalinsonnen), divergent- bis parallelstengelig, faserig, dicht, massig; vor dem Lötrohr je nach Zusammensetzung blaß oder matt werdend bzw. Aufblähung; in Säuren unzersetzbar; Gemengteil vieler Gesteine; Vorkommen: pegmatitisch-pneumatolytisch in vielen Granitpegmatiten und Quarz-Turmalin-Gängen und im metamorphen Bereich in allen Stufen, ferner im Schwermineralspektrum der Sande und Sandsteine; Fundorte: Campolungo am Sankt Gotthard (Uri-Tessin, Schweiz), Grotta d'Oggi (Elba, Italien), Schajtanka, Murzinka, Sarapulka und Lipovka (Ural, Rußland). Turmalin hat viele Varietäten von verschiedener Farbe: Achroit (farblos oder zartgrün), Buergerit (fast schwarz), Dravit (braun bis grünlich und braunschwarz, sehr Mg-reich), Indigolith (blau), Liddicoatit (dunkelbraun), Mohrenkopf (ein Achroit mit schwarzen Enden), Rubellit (rot), Schörl (schwarz), Tsilaisit (dunkelgelb), Uvit (braun), Verdelith (grün), ferner noch vanadium- bzw. chromhaltige Turmaline. ↗Borminerale, ↗Borosilicate. [GST]

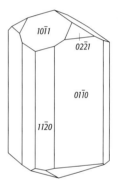

Turmalin: Turmalinkristall.

Turmalingreisen, ↗pneumatolytische Bildung von ↗Turmalin (↗Turmalinit) am Kontakt von kieselsäurereichen Schmelzen.
Turmalinisierung, kontaktpneumatolytische Veränderung des Nebengesteins durch die Einwirkung borhaltiger leichtflüchtiger Gemengteile unter Bildung von Turmalin. ↗leichtflüchtige Bestandteile, ↗Pneumatolyse.
Turmalinit, Gestein mit >20 % ↗Turmalin (daneben vor allem Quarz) als hoch- bis mittelthermale Gangfüllung. Turmalinit ist ein Produkt der Nebengesteinsalteration (↗Turmalinisie-

rung) von Stockwerkvererzungen (z. B. die Zinnlagerstätte Llallagua in Bolivien) oder bei der ↗Intrusion granitischer Schmelzen (↗Turmalingreisen).

Turmalinzange, Gerät zur Erzeugung von polarisiertem Licht durch Doppelbrechung und selektive Absorption. Im ↗Turmalin werden Lichtschwingungen parallel der c-Achse durchgelassen, senkrecht dazu aber völlig absorbiert. Eine parallel der c-Achse geschnittene Platte von Turmalin erzeugt daher polarisiertes Licht, das allerdings meist stark gefärbt ist. Eine Turmalinzange enthält zwei solcher Platten. ↗Polarisationsmikroskopie.

Turmhöhenbestimmung, ↗trigonometrische Höhenbestimmung eines hochgelegenen Punktes, z. B. eines Turmes.

Turmkarst, Karstlandschaft (↗Karst) der feuchten Tropen, die durch isolierte, steilwandige ↗Karsttürme charakterisiert ist, die aus einer Ebene aufragen. Turmkarst entsteht durch fortgesetzte ↗Korrosion an der Basis der ↗Karstkegel aus ↗Kegelkarst.

Turnover, [engl. »Umsatz, Umschlag«], in der ↗Ökologie der Austausch von Mitgliedern einer ↗Population durch diejenigen der nächsten Generation. Dies läßt sich übertragen auf den damit verbundenen Umsatz von ↗Biomasse und die darin inkorporierten Stoffe (↗Spiralling) oder den Umsatz ihres Energiegehalts. Anhand der ↗Stoffkreisläufe läßt sich der durchschnittliche Zeitraum berechnen, während dem ein Stoff in einem bestimmten Zustand bleibt (↗Verweildauer). Wird andererseits der Umsatz auf eine definierte Zeitdauer bezogen (Turnover-Rate), so lassen sich daraus im Sinne einer biologischen Halbwertszeit auch Angaben über den Abbau von Stoffen machen (↗Abbauaktivität). Dies ist beispielsweise bei ↗Umweltchemikalien mit hoher Toxizität von besonderer Bedeutung ist.

Turon, *Turonium*, international verwendete stratigraphische Bezeichnung für eine Stufe innerhalb der Oberkreide (↗Kreide), benannt nach der Landschaft Touraine (Frankreich). ↗geologische Zeitskala.

Tuttle-Apparatus ↗*Cold-Seal-Apparatus*.

Tuya, komplexe Vulkanform mit flachem Top. Früher wurden Tuyas ausschließlich als subglaziale Bildungen angesehen; inzwischen geht man davon aus, daß ähnliche Vulkanformen auch sublakustrin und submarin entstehen können.

TVS, *Tornadic Vortex Signature*, Tornado-Wirbelmerkmal, mittels ↗Wetterradar festgestellte massive Rotation (stärker als bei einer Mesozyklone (↗Mesometeorologie). Bestimmte Kriterien bezüglich Geschwindigkeit, vertikaler Mächtigkeit und zeitlicher Kontinuität müssen erfüllt sein, um ein TVS zu vergeben. Ein TVS ist ein Indikator für erhöhte Wahrscheinlichkeit für das Auftreten von ↗Tornados. Werte von 15 bis 45 sind für die Bildung von Superzellen förderlich, die eine hohe Wahrscheinlichkeit für Tornados bergen.

T-Wert, veraltete Bezeichnung für die Summe aller im Boden gebundenen Kationen (↗Kationenaustauschkapazität). Der T-Wert entspricht im wesentlichen der potentiellen Kationenaustauschkapazität, wird jedoch mit einer anderen Methode (Mehlich-Milbrodt) bestimmt.

Twin-Array, Meßanordnung in der ↗Gleichstromgeoelektrik zur Kartierung oberflächennaher Leitfähigkeitskontraste, insbesondere bei der archäologischen Prospektion.

two-way-time, *TWT*, ↗Zweiweglaufzeit.

Typkurvendeckungsverfahren ↗*Typkurvenverfahren*.

Typkurvenverfahren, *Typkurvendeckungsverfahren*, *Standardkurvenverfahren*, Auswerteverfahren zur Bestimmung der geohydraulischen Parameter, z. B. durch ↗Pumpversuche oder ↗Slug-Tests, die auf dem ↗Superpositionsprinzip (Überlagerung) beruhen. Bei diesen Auswerteverfahren wird eine Datenkurve, bei der die Grundwasserstände gegen die Zeit aufgetragen wurden, durch achsenparalleles Verschieben mit einer Typkurve (Standardkurve) zur Deckung gebracht. Danach wird für den Überlappungsbereich der beiden Kurvenblätter ein gemeinsamer Punkt gewählt, der als ↗match point bezeichnet wird. Der match point muß dabei nicht auf den Kurven selbst liegen. Anschließend werden die Koordinaten diese Punktes sowohl auf dem Typ-(Standard-) Kurvenblatt als auch auf dem Datenkurvenblatt bestimmt. Aus diesen Koordinaten lassen sich dann mit den entsprechenden Formeln der jeweiligen Untersuchungsmethode die gesuchten geohydraulischen Parameter bestimmen. In der Praxis werden die folgenden Typkurvenverfahren am häufigsten verwendet: a) ↗Theissches Typkurvenverfahren zur Auswertung von instationären Pumpversuchen in gespannten und freien Grundwasserleitern, b) Waltonsches Typkurvenverfahren zur Auswertung von instationären Pumpversuchen in halbgespannten Grundwasserleitern nach Hantush und Jacob, c) Neumansches bzw. Boultonsches Typkurvenverfahren (↗Boulton-Verfahren) zur Auswertung von instationären Pumpversuchen in halbfreien Grundwasserleitern, d) Stallmansches Typkurvenverfahren zur Auswertung von instationären Pumpversuchen in Grundwasserleitern mit positiver oder negativer Randbedingung, e) Bourdet-Gringartensches Typkurvenverfahren zur Auswertung von instationären Pumpversuchen in ↗Kluftgrundwasserleitern mit doppelter Porosität und f) Coopersches Typkurvenverfahren zur Auswertung von Slug-Tests in gespannten Grundwasserleitern. [WB]

typographische Maßsysteme, Systeme zur Messung des ↗Schriftgrades. Die historischen Entwicklung des graphischen Gewerbes hat unterschiedliche typographische Maßsysteme hervorgebracht. In der Kartographie ist z. T. noch die Messung in Millimetern üblich. Mit dem ↗desktop mapping setzt sich zunehmend der aus dem alten amerikanischen Maßsystem abgeleitete DTP-Punkt (pt) als Maßeinheit durch. Die Angabe der Schriftgröße bezieht sich auf den Schriftkegel, der die Ober- und Unterlängen der Buchstaben geringfügig überschreitet.

typomorphes Mineral ↗*Leitmineral*.

Typomorphie, [von griech. týpos = Schlag, Form und morphé = Gestalt], *Mineraltypomorphie*, *Typomorphie der Minerale*, Versuch aus Struktur, Form und Aufbau der Minerale Abhängigkeiten zwischen den lokalen Vorkommen der Minerale und ihren Bildungsbedingungen aufzuzeigen. ↗genetische Mineralogie.

Typstandort, in der ↗Landschaftsökologie die Bezeichnung für eine Lokalität, welche die charakteristischen naturhaushaltlichen Zusammenhänge der umgebenden Raumeinheit in ↗topischer Dimension bis ↗chorischer Dimension repräsentiert und die daher als Meßstelle für die ↗komplexe Standortanalyse geeignet ist.

Typus, in der ↗Biologie allgemein die durch einen entsprechenden Bauplan gekennzeichnete Grundform eines Organismus, welche eine bestimmte systematische Kategorie (↗Systematik) charakterisiert. In der ↗Pflanzensoziologie ist dies beispielsweise die charakteristische ↗Pflanze einer ↗Population, bei welcher die Merkmale einer bestimmten ↗Sippe am besten ausgeprägt sind.

U

Überbohrmethode, Verfahren, um den primären Spannungszustand im Gebirge zu bestimmen. Hierzu wird im Tiefsten einer Bohrung eine 60 bis 70 cm lange ↗Pilotbohrung mit einem Durchmesser von 39 mm als Kernbohrung hergestellt, in welche eine ↗Triaxialzelle eingeklebt wird. Nach dem Aushärten des Klebers wird die Triaxialzelle überbohrt, wodurch der Kern mitsamt der Zelle entspannt wird (Abb.). Die durch die Entspannung des Kernes bedingten Dehnungen werden mit der Triaxialzelle gemessen. Die Ermittlung der Gebirgsspannungen aus den Versuchsergebnissen setzt ein linear elastisches, isotropes Gebirgsverhalten sowie die Kenntnis seines ↗Elastizitätsmoduls E und der Poisson-Zahl v (↗Poisson-Verhältnis) voraus. Die gemessenen Dehnungskomponenten $\varepsilon_{\alpha,\beta}$ sind mit den Komponenten $\sigma_x, \sigma_y, \sigma_z, \tau_{yz}, \tau_{xz}$ und τ_{xy} des Spannungstensors durch folgende Beziehung verknüpft:

$$\varepsilon_{\alpha,\beta} = A_{xx}\sigma_x + A_{yy}\sigma_y + A_{zz}\sigma_z + A_{yz}\tau_{yz} + A_{xz}\tau_{xz} + A_{xy}\tau_{xy},$$

wobei die Gleichungen für die A-Koeffizienten aus der Theorie der elastischen, unendlich ausgedehnten, gelochten Scheibe abgeleitet werden können. Beispielsweise ist:

$$A_{xx} = \frac{1-v}{2E} - \frac{1+v}{2E}\cos 2\beta - \frac{(1-v^2)}{E}(1-\cos 2\beta)\cos 2\alpha,$$

sofern isotropes Spannungsdehnungsverhalten zugrunde liegt. [EFe]

Überbohrtechnik, Bohrverfahren zur Überwindung bohrtechnisch schwer zu beherrschenden Gebirges, instabilen Bohrlochabschnitten oder Bohrhindernissen.

Überdauerungsorgane, morphologische Anpassungen der Pflanzen an abiotische Lebensbedingungen. In der Regel werden mit Hilfe der Überdauerungsorgane ungünstige klimatische Bedingungen überbrückt und somit das Überleben der Pflanzen bei Wassermangel, Kälte oder Hitzestreß, Verbiß oder anderen für sie ungünstigen Lebensbedingungen gesichert. Zu den Überdauerungsorganen der Pflanzen gehören Knospen, Knollen, Zwiebeln, Wurzeln usw. Man spricht bei den verschiedenen Überwinterungsformen im gemäßigten Klima auch von den Raunkiaerschen Lebensformen. Zu Ihnen gehören u. a. die ↗Phanerophyten, ↗Hemikryptophyten, Kryptophyten sowie ↗Therophyten.

Überdeckungsschema, Diagramm zur Kontrolle der tatsächlichen ↗Mehrfachüberdeckung, die bei einer reflexionsseismischen Messung nach der CMP-Methode erreicht wird (Abb.). Aus der Geometrie der seismischen Messung nach der ↗Common-Midpoint-Methode wird im Überdeckungsschema die Mehrfachüberdeckung überprüft. Dieses Schema ist für eine Auslage »↗Schuß und 12 ↗Geophone« dargestellt (Geophon- und Schußabstand 1 Einheit, Abstand zum 1. Geophon 1,5 Einheiten). Die horizontale Achse der Abbildung bildet die Profilkoordinate. Im unteren Teil der Abbildung ist die fortschreitende Auslage aufgezeichnet (Schuß = ausgefülltes Quadrat, Geophon = Dreieck). Von oben nach unten schreitet die Auslage jeweils um einen Schußabstand in Profilrichtung voran. Als vertikale Achse wird die Schußposition verwendet. Ausgefallene Schüsse oder Geophonpositionen werden in dieser Darstellung sofort sichtbar. Im oberen Teil der Abbildung werden im CMP-Offset-Diagramm die Mittelpunkte aufgetragen. So entspricht der Rhombus links unten dem Mittelpunkt vom ersten Schuß (Koordinate = 0) und dem ersten Geophon (Offset = 1,5). Der Mittelpunkt für das nächste Geophon liegt nach rechts oben versetzt (Offset = 2,5). Die Überdeckung am Midpoint, der durch Pfeile markiert ist, ergibt

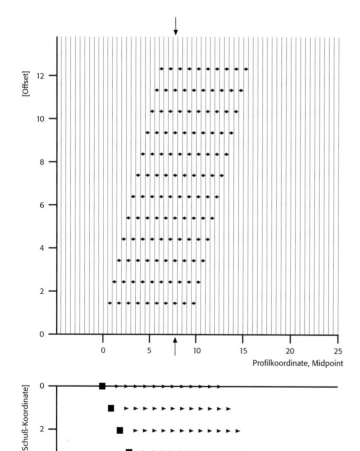

Überdeckungsschema: Beispiel für ein Überdeckungsschema.

sich aus der Gesamtzahl der Mittelpunkte, die in diesem Diagramm vertikal übereinander liegen: Sie beträgt hier 6. [KM]

Überdüngung, als Folge der industriellen Landwirtschaft kann es lokal zu einer Überversorgung der Pflanzen mit organischem und/oder mineralischem Dünger kommen, der über den Nährstoffbedarf der Pflanze hinausgeht. Die überdüngten Flächen sind dann besonders gefährdet für die Auswaschung von Stickstoff und Phosphor ins Grundwasser. Bei Starkniederschlagsereignissen kann es im Zusammenhang mit Oberflächenabfluß und Bodenerosion zum Eintrag von aufgebrachtem Dünger in die Oberflächengewässer und damit zu einer /Eutrophierung der Gewässer kommen.

Überfahrene Molasse, die von der /Faltenmolasse und den nordalpinen /Decken (/Alpen) überfahrenen Partien des /nordalpinen Molassebeckens.

Überfallquelle, entstehen in schüssel- oder muldenförmigen Strukturen an den tiefsten Stellen der undurchlässigen Umrandung, wenn Grundwasserleiter einen Grundwassernichtleiter überlagern.

Überfaltungsdecke, eine /Decke, die sich aus einem Faltenpaar entwickelt und die Gesamtstruktur einer liegenden *Antiklinale* (/Falte) hat (Abb.). Der /Mittelschenkel des Faltenpaars kann extrem gestreckt und verdünnt oder abgerissen sein.

Übergangseis, vom Festland auf das Meer übergreifende Vereisung.

Übergangselemente, im Periodensystem die Elemente der Gruppen IIIa bis VIIa sowie Ib und IIb, einschließlich Lanthaniden und Actiniden.

Übergangsgebiet, kleinräumiger, meist linienartiger Grenzbereich zwischen unterschiedlichen /Landschaftsökosystemen. /Ökoton, /Saumbiotop.

Übergangshorizonte, /Bodenhorizonte, in denen sich die Merkmale unterschiedlicher pedogener Prozesse überlagern. /Bodensystematik.

Übergangsmoor, *Zwischenmoor*, Zwischenstufe in der Entwicklung vom topogenen /Niedermoor zum ombrogenen /Hochmoor. Die Vegetation setzt sich sowohl aus Vertretern der Niedermoore als auch der Hochmoore zusammen, woraus der spezifische Übergangsmoortorf hervorgeht. Dieser /Torf setzt sich vor allem aus Seggen (*Carex sp.*), Binsen (*Scheuchzeria sp.*), verschiedenen Moosarten und Holzresten (z. B. *Betula sp.*, *Pinus sp.*) zusammen. Im atlantisch geprägten Nordwesteuropa ist der Wechsel von der topogenen zur ombrogenen Moorbildung relativ rasch erfolgt. Davon zeugen nur wenige Zentimeter Übergangsmoortorf unter den Hochmoortorfen. Ein Subtyp in der Abteilung der Moore ist das Übergangs(nieder)moor, mit einem uH(w)/uH(r)/(nHr)/(F)/II(f)-Profil. Es ist basenärmer als ein Niedermoor (pH < 4 im Unterboden). [AB]

übergeordnete Vergletscherung, /Vergletscherung.

Überhöhung, die Vergrößerung des Höhenmaßstabes gegenüber dem Längenmaßstab. Sie ist bei der Konstruktion von /Profilen und bei der Herstellung von Kartenreliefs in kleinen Maßstäben aus Gründen der besseren Erkennbarkeit der Höhendifferenzierung erforderlich. Das optimale Maß ergibt sich in engen Grenzen aus dem Maßstab und dem Reliefcharakter sowie aus dem Feinheitsgrad der Darstellung. Bis 1 : 25.000 kann in der Regel ohne Überhöhung ausgekommen werden. Für eine mittlere Feinheit können die Überhöhungswerte der Tabelle gelten. Bei der Betrachtung von Stereobildern ergibt sich aus der gegenüber dem Augenabstand vergrößerten Aufnahmebasis eine visuelle Überhöhung des Geländes.

1 Herstellen des Großbohrlochs

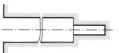
2 Herstellen des Pilotbohrlochs

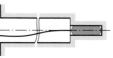
3 Einsetzen der Triaxialzelle

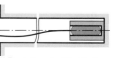
4 Überbohren der Triaxialzelle

5 entspannter Ringkern

Überbohrmethode: Meßprinzip der Überbohrmethode.

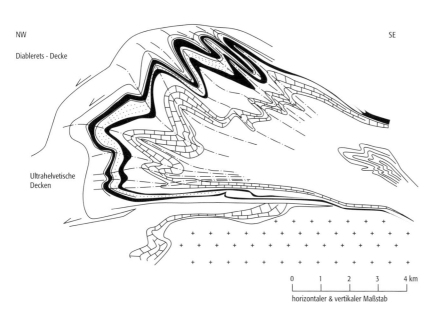

Überfaltungsdecke: schematische Darstellung.

Überhöhung (Tab.): Verhältnis der Höhenmaßstäbe zu den jeweiligen Längenmaßstäben.

Maßstab 1:	Flachland	Mittelgebirge	Hochgebirge
100.000	2:1	1:1	1:1
200.000	5:1	2:1	1:1
500.000	10:1	5:1	2:1
1 Mio.	20:1	10:1	5:1
2,5 Mio.		20:1	
5 Mio.		20 – 40:1	
10 Mio.		25 – 50:1	
20 Mio.		40 – 100:1	
50 Mio.		50 – 200:1	

Überholentfernung, Entfernung zum Schußpunkt, bei der die direkte und die refraktierte Welle zeitgleich sind. Zu größeren Entfernungen hin wird die refraktierte Welle als Ersteinsatz beobachtet. Verwechslung mit der ↗kritischen Entfernung ist zu vermeiden. ↗Wellenausbreitung.

überkippter Faltenschenkel ↗Falte.

Überkippung, 1) *Fernerkundung*: ↗Layover. **2)** *Geologie*: ↗inverse Lagerung.

Überkorn ↗Korngröße.

überkritische Lösung, Lösung, die bei den vorliegenden Druck-Temperatur-Bedingungen oberhalb ihres ↗kritischen Punktes liegt; eine Unterscheidung von flüssigem oder gasförmigem Zustand ist nicht mehr möglich.

Überlagerung, 1) bei Radar-Bildern üblicher, allerdings nicht so häufig gebrauchter Begriff für ↗Layover. 2) in der Fernerkundung und Photogrammetrie die optische Überlagerung (↗Superimposition) von (Meß-)Bild und graphischen Elementen in Betrachtungssystemen, z.B. von Instrumenten zur Stereobildmessung, zur ↗Visualisierung schon erfaßter Datenbestände (Einspiegelung). Sie wird vor allem zur ↗Fortführung von Landkarten und Plänen eingesetzt. 3) die rein graphische Kombination von verschiedenen Fernerkundungsbilddatensätzen miteinander oder von Fernerkundungsbilddaten mit anderen graphischen Elementen, wie dies z.B. bei den Bild-Strich-Karten (CIL Maps) der Fall ist. Zum Unterschied von der Verquickung von Daten mittels ↗Bilddatenfusion wird hier keine numerische Inbezugsetzung durchgeführt. Ein Beispiel ist die einfache RGB-Kombination dreier Spektralbänder. [MFB]

Überlagerungsdruck, Spannungszustand, der der vertikalen Spannung entspricht und durch das Eigengewicht hervorgerufen wird. Der Überlagerungsdruck σ_v wird aus der Überlagerungshöhe $h_{\ddot{u}}$ und der Wichte γ des überlagernden Materials bestimmt:

$$\sigma_v = h_{\ddot{u}} \cdot \gamma.$$

Überprägung, erneute ↗Prägung von Gesteinen, die aber noch Spuren vorausgegangener Prägungen erkennen läßt.

Übersättigung, 1) *Klimatologie*: Verhältnis des Dampfdruckes zum ↗Sättigungsdampfdruck bezüglich Wasser oder Eis, zumeist ausgedrückt in Prozent. Bei Werten über 100% liegt Übersättigung, ansonsten Sättigung (100%) oder Untersättigung (<100%) vor. **2)** *Kristallographie*: Definition der Abweichung eines chemischen Systems vom Gleichgewicht, wenn die ↗Phasengrenze überschritten wird, z.B. zum Zwecke der ↗Kristallisation. Sind zwei Phasen einer Komponente miteinander im Gleichgewicht, dann sind die chemischen Potentiale der Komponente in jeder Phase gleich. Wird durch Variation der unabhängigen Variablen das System von der Koexistenzlinie entfernt, dann ist die Differenz beider Potentiale um so größer, je größer diese Abweichung ausfällt. Damit ist die Potentialdifferenz die treibende Kraft für die Bildung der stabileren Phase und steigt mit der Abweichung vom Gleichgewicht. Ein Maß dafür ist die Übersättigung. Sie wird meist als Differenz in den Werten der betreffenden Variablen für die Veränderung und den Gleichgewichtswert beschrieben, d.h. für die Temperatur $T-T_e$ (die ↗Unterkühlung), für den Druck $P-P_e$ und für die Zusammensetzung $X-X_e$. Die Übersättigung bestimmt wesentlich die Kinetik der ↗Keimbildung im Volumen, die nach einer ↗kritischen Überschreitung der Übersättigung vehement einsetzen kann, und die der ↗Flächenkeime auf den atomar glatten Flächen. Sie bestimmt weiterhin die Größe des ↗kritischen Keimradius und der ↗Keimbildungsarbeit. ↗Kristallwachstum erfolgt im allgemeinen bei Übersättigungen, die kleiner sind als diejenigen, die nötig für die Keimbildung sind, und kann dann ohne Neukeimbildung an ↗Impfkristallen oder ↗Keimkristallen erfolgen. Ebenfalls kleinere Übersättigungen benötigt das ↗Spiralwachstum oder das Wachstum von ↗Whiskern. ↗Skelettwachstum oder die unerwünschte spontane Bildung von Keimen vor der Wachstumsfront sind meist auf zu große Übersättigungen zurückzuführen. ↗Sättigungsindex.

Überschiebung, eine ↗Störung, an der sich das Hangende aufwärts über das Liegende bewegt hat, und deren steilste Teile unter einem Winkel <45° zur Horizontalen angelegt wurden. Überschiebungen bewirken eine Verkürzung und Verdickung der betroffenen Gesteinseinheiten. Sie haben oft einen gestuften Verlauf mit ungefähr horizontalen *Flachbahnen* und steiler einfallenden ↗Rampen (Abb.). Rücküberschiebungen sind gegen die regional vorherrschende Transportrichtung gerichtet.

Überschwemmung, *Überflutung*, 1) im Sinne der DIN 4049 das Übertreten von Wasser bei starker Wasserführung über die seitliche Begrenzung des ↗Gewässerbettes (↗Ausuferung). 2) Überflutung von Landflächen mit Wasser im Binnenland durch Starkregen, Ausufern von ↗Fließgewässern oder ↗Seen infolge starker Wasserführung oder Zuflüsse (↗Hochwasser), durch Rückstau (↗Eisversetzung), durch Dammbrüche sowie im Küstenbereich durch ↗Sturmfluten, ↗Tsunamis oder Überschwemmungen im Gefolge von ↗tropischen Wirbelstürmen.

Überschwemmungsgebiet, *Überflutungsgebiete*, 1) nach DIN 4049 Fläche, die durch Ausufern vom Wasser (↗Überschwemmung, ↗Hochwasser) eingenommen wird. 2) Fläche, die durch Überflutung vom Wasser eingenommen wird.

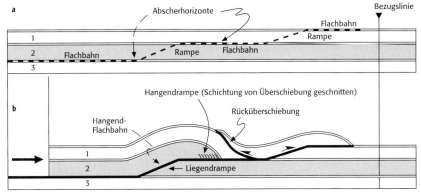

Überschiebung: Elemente einer gestuften Überschiebung a) vor und b) nach der Bewegung des Hangendblocks.

Überschwemmungsökosysteme, ↗Ökosysteme, welche periodisch mit Wasser überflutet werden. Dadurch hat sich eine ganz spezielle ↗Biozönose entwickelt, welche an die wechselnden amphibischen und terrestrischen Verhältnisse angepaßt ist und nur unter diesen Bedingungen überleben kann: z.B. Flußauen, ↗Mangroven, Überschwemmungssavannen. Bei Trockenlegung wird die Überschwemmungsbiozönose durch eine trockenliebendere Lebensgemeinschaft verdrängt.

Übersichtskarte, eine maßstabsindifferente Bezeichnung für Einzelkarten und Kartenwerke, die für eine territoriale Einheit ein Gesamtbild vermitteln. Die ↗topographischen Übersichtskarten sind meist Ableitungen aus topographischen Detailkarten und stellen kleinere Länder in einem Blatt, größere Staaten in einer überschaubaren Blattanzahl zwischen 1:200.000 und 1:2.000.000 dar. Chorographische Übersichtskarten von Staaten sowie ↗Großraumkarten und ↗Erdteilkarten bilden diese Räume zusammenhängend auf einem ↗Kartenblatt kleiner als 1:6.000.000 ab. Häufig wird der Begriff Übersichtskarte auch im Titel für zusammenfassende ↗thematische Karten gebraucht. Stadtübersichtskarten sind entsprechende Ableitungen aus vielblättrigen Stadtgrundkarten, meist im Maßstab zwischen 1:10.000 und 1:50.000.

Übersprung, *Wechsel,* Begriff aus dem Bergbau, entspricht einer ↗Aufschiebung.

Überstruktur, Kristallstruktur, die aus einer andern Kristallstruktur durch Mischbesetzung von ↗Punktlagen hervorgeht. Da bei der Ersetzung gewöhnlich die Symmetrie vermindert wird, entstehen Freiheitsgrade, die zur geometrischen »Erweichung« der Struktur führen, so daß die Atompositionen in der Überstruktur im allgemeinen nicht mehr genau eingehalten werden. Der Begriff ist eng verwandt mit dem der ↗Homöotypie. In beiden Fällen treten strittige Grenzfälle auf, die daher rühren, daß es eine Ermessensfrage ist, welche Abweichungen man tolerieren will.

Überstrukturreflexe, zusätzliche, meistens intensitätsschwache Braggreflexe (↗Braggsche Gleichung), die zwischen den starken Hauptstrukturreflexen zu beobachten sind. Sie entstehen durch geringfügige Änderung der Streudichteverteilung derart, daß Translationsperioden der ursprünglichen Kristallstruktur um ein n-faches vervielfacht werden (Überstruktur); die (hkl)-Indizes der Überstrukturreflexe sind dann entsprechend der n-te Bruchteil der (hkl)-Indizes der Hauptstrukturreflexe, je nachdem in welche Richtung die Translationsperiode vervielfacht wird. Die Intensitäten der Hauptstrukturreflexe sind bestimmt durch die Streudichteverteilung der mittleren Struktur, die durch Mittelung über die Änderung der Streudichteverteilung entsteht und die folglich die ursprünglichen Translationsperioden besitzt. Die Intensität der Überstrukturreflexe ist also gerade durch die Abweichungen von der gemittelten Streudichteverteilung bestimmt. [KH]

Übertiefung, Begriff, der überwiegend für das Ergebnis der durch ↗glaziale Erosion hervorgerufenen relativen Eintiefung gegenüber dem umliegenden Gelände, z.B. ↗Trogtäler und ↗Zungenbecken, verwendet wird (↗glaziale Übertiefung). Eine Übertiefung kann aber auch durch ↗fluviale Erosion, z.B. innerhalb einer Flußbettsohle, erfolgen.

überwachte Klassifizierung, *supervised classification,* Bildung von Objektklassen nach vorgegebenen Entscheidungsregeln. Als Referenz für die Klassen dienen ↗Trainingsgebiete, die zur parametrischen bzw. nicht-parametrischen Kennzeichnung der Klassen dienen. Grundsätzlich werden bei diesen Verfahren die ↗Bildelemente anhand ihrer ↗Merkmale den Objektklassen zugeordnet, deren Trainingsgebiete gleiche oder zumindest ähnliche Eigenschaften aufweisen. Parametrische Entscheidungsregeln basieren auf statistischen Kriterien, wie z.B. Extrema, Mittelwertvektoren und ↗Kovarianzmatrizen der ↗Grauwerte von Bildelementen der Trainingsgebiete. Da es sich hierbei um einen kontinuierlichen Entscheidungsraum handelt, werden alle Bildelemente einer Klasse zugewiesen. Die wohl bekanntesten Verfahren sind ↗Minimum-Distance-Klassifizierung bzw. ↗Maximum-Likelihood-Klassifizierung. Im Gegensatz dazu werden bei nicht-parametrischen Verfahren, wie z.B. der ↗Box-Klassifizierung, diskrete Bereiche des ↗Merkmalsraums durch die Trainingsgebiete abgegrenzt. Die Zuweisung eines Bildelements zu einer Klasse erfolgt aufgrund seiner Lage inner-

Überweidung: Überweidung und ihre Konsequenzen als Regelkreis.

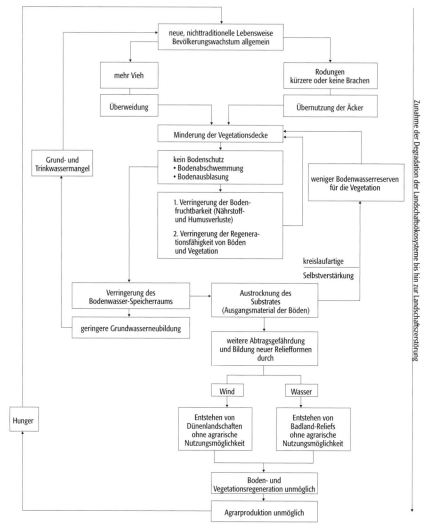

halb des zugehörigen begrenzten Areals des Merkmalsraums. [HW]

Überwachung, *Monitoring*, kontinuierliche oder regelmäßige standardisierte Messung oder Beobachtung von Kenngrößen in der Umwelt, die der Warnung oder Kontrolle dienen. Wesentliches Ziel ist es, Schäden auf die Gesundheit des Menschen und Schädigungen der Tier- und Pflanzenwelt frühzeitig zu erkennen und abzuwehren.

Überwasserriff, infolge Regression (↗Regressionsküste) über den rezenten Meeresspiegel aufragendes, durch ↗Brandung in Zerstörung befindliches ↗Riff.

Überweidung, in semihumiden bis ariden ↗Geoökosystemen auftretende Degradierung der Pflanzendecke bis hin zur Entstehung von Wüstenbereichen (↗Wüste) als Folge einer zu hohen Anzahl Weidetiere (Überstockung) und einer zu langen Beweidungsdauer. Meist handelt es sich dabei um Nutzvieh, in seltenen Fällen auch um ↗Populationen von Wildtieren. Die Futterverknappung als Folge der Überweidung führt zu einem Verbiß der nachwachsenden Pflanzen. Nur die Arten mit flachem Wuchs oder anderen Abwehrmechanismen (Behaarung, Gift) bleiben vor dem Biß der Tiere verschont, so daß sich die Bestandeszusammensetzung verändert. Durch die selektive Überweidung bevorzugter Futterpflanzen breiten sich weidewirtschaftlich wertlose Pflanzen mit geringem Futterwert aus. Um Wasserstellen kann es infolge der Auslese von Nahrungspflanzen durch die Weidetiere zu konzentrischer Vegetationszonierung kommen, mit vollständiger Vegetationszerstörung im Kernbereich. Im Extrem führen die Narbenschäden zu einer nackten Bodenoberfläche mit einer erhöhten Erosionsgefahr (↗Bodenerosion) und ↗Desertifikation (Abb.).

Ubiquisten, [von lat. ubique = überall], Begriff aus der ↗Bioökologie für Organismen, die in völlig verschiedenartigen ↗Lebensräumen vorkommen können. Als ↗euriöke ↗Arten weisen sie aufgrund ihrer Anpassungsfähigkeit keine Bindung an einen ↗Standort auf. Zu den Ubiquisiten zählen viele Bakterien, Algen und Schimmelpilze. Im Gegensatz zu den ↗Kosmopoliten muß sich daraus jedoch nicht zwangsläufig eine weltweite Verbreitung ergeben.

ubiquitär, überall vorkommend, allgegenwärtig. Als Beispiel für die Allgegenwart (Ubiquität) von Stoffen seien hier die ↗PAKs genannt. PAK sind in der Biosphäre sowohl in der Luft, im Erdboden, z. B. Acker- und Waldboden, wie auch im Wasser enthalten. Ebenso trifft man sie originär in pflanzlichen und tierischen Nahrungsstoffen an. Dort werden sie zum Teil durch biogene Synthese in Bakterien und niederen Pflanzen gebildet (kalte Entstehungsweise). Gewisse Zubereitungsverfahren der Lebensmittel wie auch standortbedingte Kontaminationseinflüsse (Stadt- und Industrienähe) auf Nutzpflanzen führen darüber hinaus zu weiteren PAK-Konzentrationserhöhungen. Untersuchungen belegen, daß mit den Grundnahrungsmitteln bedeutende PAK-Mengen aufgenommen werden. Dabei sind jedoch die Konzentrationen in tierischen Lebensmitteln (Fleisch, Fisch, Wurst usw.) bedeutend niedriger als in den pflanzlichen, wie z. B. Getreide, Gemüse, Obst, Pflanzenöle usw., angesiedelt. Als Durchschnittswert rechnet man bei pflanzlichen Produkten mit 1 bis 2 µg ↗Benzo(a)-pyren pro 100 g Trockensubstanz und bei tierischen, z. B. Fleisch, mit 0,1 bis 0,2 µg ↗Benzol(a)-pyren pro kg. Erstaunlicherweise und entgegen einer weitverbreiteten Meinung tritt auch nach der küchenmäßigen Bereitung (Backen, Braten, Grillen, Rösten, Räuchern) tierischer Produkte nur eine verhältnismäßig geringe Erhöhung dieser Werte ein, so daß nach wie vor die PAK-Gehalte in pflanzlicher Kost dominieren. Mit dem Spülicht gelangen daher geringe PAK-Anteile, gebunden an Nahrungsmittelresten, ins kommunale Abwassernetz. Nicht nur Nahrungsmittel, sondern auch einzelne Genußmittel bestimmen die Aufnahme von PAK durch den Menschen. So sind beispielsweise alle aktiven wie auch passiven Raucher diesem Einfluß ausgesetzt. Weiterhin sind PAKs in allen fossilen Brennstoffen, z. B. ↗Erdöl, ↗Braunkohle und ↗Steinkohle enthalten. Bei der Pyrolyse von Holz, Kohle, Heizöl und Kraftstoff werden beträchtliche Mengen an ↗PAK freigesetzt. Mit dem fallenden Niederschlag gelangen diese Substanzen aus der Luft auf den Erdboden und somit auch ins Grundwasser, Oberflächenwasser und bei der Mischkanalisation ebenso ins Abwassernetz. [ME]

udic soil moisture regime, eine Klasse der Einteilung des Feuchtestatus eines Bodens nach der ↗Soil Taxonomy, die typisch ist für Böden humider Klimate mit gleichmäßiger Verteilung der Niederschläge.

UELN, *United European Levelling Net*, *Vereinigtes Europäisches Nivellementnetz*, ↗Nivellementfestpunktfeld zur Definition des europäischen ↗Vertikaldatums. Eine ältere hierzu parallel verwendete Bezeichnung ist ↗REUN.

Ufer, seitliche Teile des ↗Gewässerbettes.
Uferdamm ↗Uferwall.
Uferdeckwerk ↗Deckwerk.

Ufereis, am Ufer von stehenden oder fließenden Gewässern angefrorenes Eis.
Uferfiltrat, Bezeichnung für Grundwasser, das in der Nähe der Oberflächengewässer durch Versickerung von Oberflächenwasser aus dem natürlichen Gewässerbett in den Untergrund gebildet wird. Es weist daher noch weitgehend die Eigenschaften des Oberflächenwassers auf, wobei eine direkte Abhängigkeit hinsichtlich Menge und Güte von der Entfernung der Fassungsanlage vom Gewässerbett gegeben ist. Seitens des Wasserhaushalts wird Uferfiltrat als Oberflächenwasser betrachtet. Gegenwärtig werden erhebliche Mengen Uferfiltrat für die Trinkwasserversorgung verwendet. Uferfiltrat stärker verschmutzter Vorfluter sollte vorwiegend als Betriebswasser verwendet werden. Für die Verwendung von Uferfiltrat bei der Trinkwassergewinnung ist die Beschaffenheit des Oberflächenwassers von maßgebender Bedeutung. Die Reinigungswirkung hängt sowohl von der Beschaffenheit der Kontaktzone zwischen oberirdischem Gewässer und Untergrund (Kolmationsschicht) als auch von den Eigenschaften der anschließenden Schichten ab. Die Trinkwassergewinnungsanlagen sollten so angelegt werden, daß eine Verweildauer des Uferfiltrats und ↗Seihwassers im Grundwasserleiter von 50 Tagen gewährleistet ist und unmittelbaren Auswirkungen von Hochwässern wirksam begegnet werden kann. Trinkwassergewinnungsanlagen, die wegen der vorhandenen Morphologie und Geologie nur kurze Fließwege und -zeiten zulassen, unterliegen einer besonderen Betrachtung. Bei Uferfiltratanlagen ist die Möglichkeit der Unterströmung des oberirdischen Gewässers zu prüfen. Das Einzugsgebiet eines oberirdischen Gewässers, das auf natürliche Weise oder durch entnahmebedingten Zutritt von Uferfiltrat in den genutzten Grundwasserleiter einspeist, kann oft nur teilweise in das Wasserschutzgebiet einbezogen werden. Es ist zu prüfen, wie die Reinhaltung des infiltrierenden oberirdischen Gewässers und seines Einzugsgebietes gewährleistet werden kann. Unter der Voraussetzung konstanter Strömungsbedingungen kann davon ausgegangen werden, daß die in einem Mischwasser festgestellten Konzentrationen einer Indikatorsubstanz (natürliche Isotope, hydrochemische Parameter) direkt proportional den Mengenanteilen der Ursprungswässer und deren Indikatorkonzentrationen sind. Die Berechnung des Mischungsverhältnisses von Flußwasser (= Uferfiltrat) und Grundwasser im geförderten Rohwasser kann nach nachfolgender Formel abgeschätzt werden:

$$x = \frac{c_{Ro} - c_{Gw}}{c_{Fl} - c_{Gw}} \cdot 100$$

mit x = prozentualer Anteil des uferfiltrierten Flußwassers am geförderten Rohwasser, c_{Fl} = Konzentration im Fluß, c_{Gw} = Konzentration im zeitlich korrespondierenden Grundwasser, c_{Ro} = Konzentration im zeitlich korrespondierenden geförderten Rohwasser. Für die Bestimmung des

Uferfiltratanteils kommen verschiedene Indikatorsubstanzen in Frage. Das Migrationsverhalten dieser Indikatoren im Aquifer sollte nahezu ideal sein, das heißt, Konzentrationsänderungen durch Sorptions- und Desorptionsvorgänge oder Fällungs- und Lösungsprozesse sollten ebensowenig auftreten wie mikrobieller Abbau. Außerdem muß zwischen dem Flußwasser und den anderen Mischungskomponenten ein signifikanter Konzentrationsunterschied der Indikatoren bestehen. Zusätzlich muß der Anteil der lokalen Grundwasserneubildung über die ↗ungesättigte Zone mittels der üblichen hydrologischen Verfahren abgeschätzt werden. Als geeignete Indikatoren haben sich neben den Umweltisotopen (^{18}O, ^{3}H) die Wasserinhaltsstoffe ↗Chlorid, Borsäure, Natrium und teilweise ↗Uranin bewährt. ↗Seihwasser. [ME]

Uferfiltration, Verfahren zur Gewinnung von Trinkwasser aus Oberflächenwasser nach Bodenpassage. Technisch wird ↗Uferfiltrat mittels Horizontalfilterbrunnen gewonnen, die mindestens 50 m vom Ufer entfernt sein sollten. Jede Uferfiltration fördert auch eine gewisse Menge hangseitig zuströmenden Grundwassers. Die Ergiebigkeit des Uferfiltrats hängt ab von der Durchlässigkeit des Gewässerbetts, der Durchlässigkeit und Mächtigkeit des Grundwasserleiters, der Art und Entfernung der Wasserfassung vom Ufer, dem erzeugten Potentialunterschied, der Wasserführung und dem Wasserstand. Mit zunehmender Belastung des Oberflächenwassers mit schwer abbaubaren organischen Stoffen können sich auf der Uferfiltrationsstrecke anaerobe Verhältnisse einstellen. Dies hat eine Remobilisierung von Eisen und Mangan aus dem Untergrund zur Folge, was dann die zusätzlichen Aufbereitungsschritte der ↗Enteisenung und ↗Entmanganung erforderlich macht. Zur Prüfung des Verhaltens z. B. einzelner Stoffe oder produktspezifischer Abwässer unter Bedingungen, die der Uferfiltration entsprechen ist ein Testfilterverfahren entwickelt worden. [ME]

Uferlinie, an ↗Gezeitenküsten der mittleren Hochwasserlinie, an gezeitenschwachen Küsten der Mittelwasserlinie (und damit der ↗Strandlinie) und an den Ufern stehender Gewässer und Flüsse der jeweiligen Begrenzung des wasserbespülten Bereichs entsprechender Grenzsaum zwischen Wasser und Land.

Ufermoräne, zum seitlichen Gletscherrand eines ehemaligen oder aktuell stärker abgeschmolzenen ↗Gletschers parallel verlaufender Wall aus Moränenmaterial (↗Moräne), die keine Verbindung zum Gletschereis und der aktuellen ↗Seitenmoräne mehr hat und als Reliktform daher von dieser unterschieden werden muß (Abb. im Farbtafelteil). Junge Ufermoränen weisen eine sehr steil geneigte, zum ehemaligen Gletscher gerichtete Innenseite auf, die nach dem Abschmelzen des Eises für einige Zeit erhalten bleibt, während die Außenseite in der Regel flacher ausgebildet ist und deutlich stärkeren Bewuchs aufweisen kann. Ufermoränen geben Hinweise auf die frühere, höhere Mächtigkeit des Gletschereises und somit auf ehemalige Gletscherstände. In den Alpen bilden die Ufermoränen des sogenannten 1850er-Standes typische Beispiele.

Uferrehne, Uferaufhöhung an einem ↗Fließgewässer durch Ablagerung von Feststoffen.

Uferriß, Riß zwischen dem ↗Ufereis und dem auf einer Wasserfläche frei beweglichen Eis.

Ufersicherung, bautechnische oder ingenieurbiologische Maßnahme gegen eine Beschädigung oder Zerstörung des Ufers, im Binnenland bei größeren Gewässern oder bei Kanälen häufig in Form von ↗Deckwerken (↗Gewässerausbau ↗Schiffahrtskanal).

Uferspeicherung, *unechtes Grundwasser*, Wasser, das von einem durchlässigen ↗Gewässerbett oder dem Ufer eines ↗Fließgewässers, natürlichen oder künstlichen ↗Sees bei steigenden Wasserständen aufgenommen wird (↗Uferfiltration, ↗Influenz), im ufernahen Bereich in das ↗Grundwasser übertritt und ganz oder teilweise bei sinkenden Wasserständen zurückfließt (Uferexfiltration). Uferspeicherung ist besonders beim Durchlauf einer Hochwasserwelle von Bedeutung, da ein erhebliches Wasservolumen beim Anstieg in den ufernahen Bodenbereich eindringt und dort bis zu mehreren Wochen gespeichert werden kann (Abb.). Dies bedeutet bei auf-

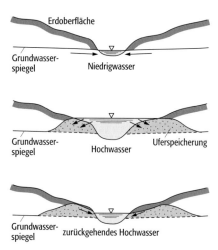

laufendem Hochwasser eine Minderung der Wasserstände (Hochwasserdämpfung). Beim Hochwasserabfall tritt das zurückgehaltene Wasser zurück und erhöht dadurch die Wasserstände. Das unechte Grundwasser ist eine von vier Abflußkomponenten bei der Beschreibung der ↗Trockenwetterauflaufline.

Uferstruktur, ein Hauptparameter der Strukturgütebewertung, welcher die naturraumtypische Ausprägung und den Bewuchs der Ufer beschreibt. Auch künstliche Strukturen (Uferverbau) werden hiermit erfaßt.

Ufervegetation, allgemein die ↗Vegetation entlang der Ufer von Oberflächengewässern, v. a. als Ufergehölz sichtbar. Durch die Begradigung und den Ausbau von Flüssen und die Intensivierung benachbarter landwirtschaftlich genutzter Flächen ist heute die natürliche Ufervegetation auf

Uferspeicherung: Prinzip der Uferspeicherung beim Durchlauf einer Hochwasserwelle.

kleine Reste zurückgedrängt und stark gefährdet. Sie ist aber eine ökologisch wichtige Übergangsstruktur zwischen Wasser und Land, welche vielen Tierarten ↗Lebensraum bietet. Typische Vertreter der mitteleuropäischen Ufervegetation sind die Schwarzerle (*Alnus glutinosa*), verschiedene Weidenarten (z. B. *Salix alba*, *Salix cinerea*), Spierstaude (*Filipendula ulmaria*) und Sumpfdotterblume (*Caltha palustris*).

Uferwall, *Flußdamm*, *Levée*, *Uferdamm*, *natural levée*, dammartige Erhebung aus ↗Hochflutsedimenten unmittelbar entlang eines Gerinnelaufes (Abb.). Die mit der Ausuferung eines Gerinnes bei Hochwasser schlagartig einsetzende Verzögerung der Fließgeschwindigkeit bedingt eine rapid einsetzende ↗Sedimentation. Diese ist unmittelbar benachbart dem Gerinne am stärksten und erfaßt zuerst die gröberen Korngrößen, wodurch zum Auenrand hin eine Abnahme der abgelagerten Korngrößen auftritt. Die natürlichen Uferwälle erhöhen sich sukzessiv mit den Hochwasserereignissen.

UHAP ↗*Ultra High Altitude Photographie*.

UHF-Sonde, *Ultra-high-frequency-Sonde*, Bohrlochsonde zur Messung der relativen Dielektrizitätskonstanten (↗Dielektrik-Log), die mit Frequenzen im GHz-Bereich arbeitet. Bei einer *VHF-Sonde* (Very-high-frequency-Sonde) wird eine Frequenz von etwa 50 MHz benutzt.

Uhr, Zeitmesser zur Zählung periodisch wiederkehrender Vorgänge und Veranschaulichung des Zählerstandes. Waren früher ↗mechanische Uhren und ↗Quarzuhren in Gebrauch, so erfolgt heutzutage die Zeitmessung in erster Linie durch ↗Atomuhren.

Ulexit, *Boro-Natro-Calcit*, *Fernsehstein*, *Hayesin*, *Hydro-Borocalcit*, *Natro-Borocalcit*, *Raphit*, *Stiberit*, *Tinkalcit*, *Tiza*, nach dem deutschen Chemiker Ulex benanntes Mineral mit der chemischen Formel $NaCa[B_5O_6(OH)_6] \cdot 5 H_2O$ und triklin-pinakoidaler Kristallform; Farbe: weiß; matt-seidiger Glanz; Strich: weiß; Härte nach Mohs: 1 (mild); Dichte: $1{,}96–2{,}0$ g/cm³; Spaltbarkeit: keine; Aggregate: knollig, faserig, erdig, locker, wattebauschartige Knollen, zerreibbar; vor dem Lötrohr gelbe Flammenfarbe, aufblähend und leicht schmelzend zu durchsichtigem Glas; in kaltem Wasser nicht, jedoch in heißem Wasser löslich; von Säuren zersetzbar; Begleiter: Gips, Kernit, Colemanit; Vorkommen: in Boraxseen und -sümpfen sowie in Wüstengebieten; Fundorte: Wüste Wells bei Kern und Suckow-Mine (USA), Kramer District (USA), Columbus Marsh (USA) sowie Lake Co. (USA), Salines bei Arequipa (Peru), Tres Moros, (Jujuy, Argentinien) und Anatolien. ↗Borminerale. [GST]

ULF-Pulsationen ↗Pulsationen.

Ullmannit, *Antimon-Nickelglanz*, *Antimon-Nickelkies*, *Nickel-Antimonglanz*, *Nickel-Antimonkies*, *Nickel-Bournonit*, *Nickel-Spießglanzerz*, nach dem Marburger Mineralogen J. Ch. Ullmann benanntes Mineral (Abb.) mit der chemischen Formel NiSbS und kubisch-tetragonal-pentagondodekaedrischer Kristallform; Farbe: silberweiß ins Stahlgraue, dunkelgrau und matt anlaufend; Metallglanz; undurchsichtig; Strich: grauschwarz; Härte nach Mohs: 5 (spröd); Dichte: $6{,}61–6{,}69$ g/cm³; Spaltbarkeit: vollkommen nach (*100*); Bruch: uneben; Aggregate: eingesprengt, körnig, spätig, derb; vor dem Lötrohr Sb-Reaktion; in Königswasser grüne Lösung; Begleiter: Gersdorffit, Calcit, Siderit; Vorkommen: weniger verbreitet als Gersdorffit; Fundorte: Siegerland, Waldenstein (Kärnten, Österreich), große und gut ausgebildete Kristalle vom Monte Narba bei Sarrabus (Sardinien, Italien). [GST]

Ulmenpfähle, Balken, die der Abstützung der Ulmen beim Tunnelbau dienen.

Ulmenstollenvortrieb, Vortriebsart, die im Tunnelbau angewendet wird. Sie findet vor allem Anwendung bei großen Querschnitten und bei solchen Gebirgsarten, die keinen ↗Kalottenvortrieb zulassen. In solch einem Fall wird auf kleinere Teilquerschnitte umgestellt. Neben dem Ulmenstollenvortrieb gibt es die sogenannte vorlaufende geteilte Kalotte (Abb.). Sowohl die vorlaufende geteilte Kalotte, als auch der Ulmenstollenvortrieb bieten den Vorteil, daß das Gebirge vor dem Ausbruch größerer Teilquerschnitte vorauseilend entwässert und damit stabilisiert werden kann. Außerdem kann das Gebirge vom Ulmenstollen aus mit ↗Injektionsankern oder Gebirgsinjektionen gezielt verbessert werden. Die Vorraussetzung für den Ulmenstollenvortrieb ist das Durchörtern längerer Strecken, da das Verfahren ansonsten nicht wirtschaftlich ist.

Ultisols, [von lat. ultimus = der Letzte], Ordnung (order) der ↗Soil Taxonomy; vor allem in silicatischen Gesteinen entwickelte, stark verwitterte Böden mit ↗Tonanreicherungshorizont; ↗Basensättigung im Tonanreicherungshorizont unter 35 %.

ultrabasisch, Bezeichnung für die chemische Zusammensetzung magmatischer Gesteine, wenn deren SiO_2-Gehalt unter 45 % liegt (Ultrabasite). Der Begriff wird häufig synonym mit ↗ultramafisch verwendet, dies ist streng genommen nicht korrekt, auch wenn in den meisten Fällen ultrabasische Gesteine gleichzeitig ultramafisch sind (und umgekehrt). Ausnahmen bilden jedoch verschiedene ↗monomineralische Gesteine wie ↗Pyroxenite, die ultramafisch, aber mit ei-

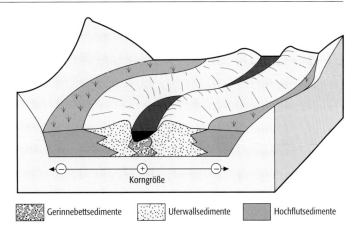

Uferwall: schematische Darstellung.

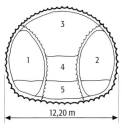

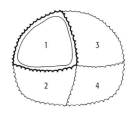

Ulmenstollenvortrieb: Teilquerschnitte und Ausbruchsreihenfolge beim Ulmenstollenvortrieb (oben) und bei vorlaufender geteilter Kalotte (unten).

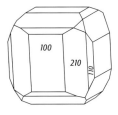

Ullmannit: Ullmannitkristall.

nem SiO$_2$-Gehalt über 50 % nicht ultrabasisch sind, oder ↗Anorthosite, die nicht ultramafisch, aber mit einem SiO$_2$-Gehalt von ca. 43 % ultrabasisch sind. Letzteres gilt auch für verschiedene ↗Alkalimagmatite (z. B. manche ↗Foidite, ↗Foidolithe und ↗Alkalibasalte).

Ultrabasit, ein ↗Magmatit mit einem SiO$_2$-Gehalt < 45 %. ↗ultrabasisch.

Ultrahelvetikum ↗Helvetikum.

Ultra High Altitude Photography, *UHAP*, Fernerkundungsprogramm der NASA in den 1970er und 1980er Jahren, bei welchem mittels des Hochbefliegungsflugzeugs (Ultra-High-Altitude Plane – UHAP) RB-57 in Höhen zwischen 18 und 19 km Befliegungen des amerikanischen Kontinents sowie verschiedener Gebiete der Erde durchgeführt worden sind. Die mit einer speziell adaptierten Reihenmeßkammer aufgenommenen fotografischen Daten decken einen Bereich von 28 × 28 km ab. Somit kann mittels einer UHAP-Aufnahme ein amerikanisches Kartenblatt von rund 25,5 × 25,5 km abgedeckt werden. Bei Herstellung eines derartigen Kartenblattes im Maßstab 1 : 50.000 belaufen sich die Kosten mit 5,– DM/km^2 nur auf rund ein Fünfzehntel der Kosten bei einer konventionellen Auswertemethode.

Ultra-Hochdruckmetamorphose, *Höchstdruckmetamorphose*, hochdruckmetamorpher Prozeß (↗Hochdruckmetamorphose), der bei Drücken von mehr als 2,5 bis 2,8 GPa abläuft und der zur Bildung von Coesit, Diamant oder anderen äquivalenten ↗Mineralparagenesen führt.

ultramafisch, Bezeichnung für den ↗modalen Mineralbestand magmatischer Gesteine, wenn diese zu über 90 % aus ↗mafischen Mineralen bestehen (↗Ultramafitit). Ultramafische Gesteine sind meist, aber nicht immer auch ↗ultrabasisch, weshalb die häufig synonyme Verwendung der beiden Begriffe nicht korrekt ist. Für die aus magmatischen Ultramafititen hervorgegangenen Metamorphite (z. B. ↗Serpentinit) wird der Begriff ultramafisch ebenfalls verwendet.

Ultramafitit, magmatisches oder metamorphes Gestein, das hauptsächlich (>90 %) aus ↗mafischen Mineralen (Olivin, Pyroxen, Amphibol, Biotit, Serpentin etc.) zusammengesetzt ist (Abb. 1 u. 2). Zu den Ultramafititen gehören u. a. die ↗Peridotite, ↗Pyroxenite und ↗Hornblendite.

Ultramarin, [von lat. *ultramarinus* = jenseits des Meeres liegend], *Lasurit*, blaue Mineralfarbe aus ↗Lapislazuli.

Ultrametamorphose, metamorpher Prozeß (↗Metamorphose), der bei so hohen Temperaturen und Drücken abläuft, daß es zur ↗Anatexis (partielle oder im Extremfall vollständige Aufschmelzung) der Gesteine kommt. Es bilden sich dann ↗Migmatite.

Ultramylonit ↗Mylonit.

ultra-oligotroph, Bezeichnung für einen Seetyp dessen ↗Produktivität P_{tot} nach der Vollzirkulation < 5 µg/l beträgt. ↗See.

Ultrarotabsorptionsanalyse, *IR-Spektroskopie*, wird im geowissenschaftlichen Bereich überwiegend für Strukturuntersuchungen und zur qualitativen und quantitativen Phasenanalyse feinkörniger Substanzen eingesetzt. Der Hauptanwendungsbereich liegt allerdings bei organischen Strukturen zum Nachweis des Wassergehaltes, von CO$_2$ und Molekülschwingungen. Der Vorteil liegt in der geringen Probenmasse (wenige mg pulverisierter Substanz), die mit KBr-Pulver zu einer Tablette gepreßt werden. Auch mikroskopische Schnitte und Schliffe lassen sich mit der IR-Technik mikroskopisch untersuchen (IR-Mikroskopie).

Ultraschall, ↗Schallwellen mit Frequenzen über 20 kHz.

Ultraschallmessung, in der Hydrologie Verfahren zur ↗Durchflußmessung in Gewässern. Dabei wird zwischen ortsfest eingebauten Anlagen und Geräten unterschieden, die mobil sind (↗ADCP-Meßverfahren). Die am Gewässer fest eingebauten Anlagen beruhen auf dem Prinzip, daß sich ein Schallsignal gegen die Strömung langsamer ausbreitet als in Fließrichtung. Auf einer schräg zum Gewässer angeordneten Meßstrecke ist die Laufzeit des Schallimpulses zwischen zwei Wandlern A und B kürzer als in umgekehrter Richtung. Die Laufzeitdifferenz wird als Maß für die ↗Fließgeschwindigkeit benutzt.

ultraviolette Strahlung, *UV-Strahlung*, im ↗elektromagnetischen Spektrum der an das sichtbare Licht zu kürzeren Wellenlängen bis 10 nm hin anschließende Bereich (Tab.). Die für das Leben auf der Erde sehr gefährliche EUV- und UV-C Strahlungen werden durch Absorption durch molekularen Sauerstoff und Ozon bereits in der ↗Atmosphäre oberhalb 20 km aus dem Spektrum der ↗Sonnenstrahlung herausgefiltert. Der UV-Strahlungsfluß am Boden hängt wegen des Zenitwinkels der Sonne stark von der Jahreszeit

Ultramafitit 1: Nomenklatur der Ultramafitite für Gesteine, die überwiegend aus Olivin (Ol), Orthopyroxen (Opx) und Klinopyroxen (Cpx) bestehen. (Hbl) bestehen.

Ultramafitit 2: Nomenklatur der Ultramafitite für Gesteine, die überwiegend aus Olivin (Ol), Pyroxen (Px) und Hornblende (Hbl) bestehen.

Bezeichnung	Bereich
EUV (extrem kurzwellig)	10 nm – 100 nm
UV-C	100 nm – 280 nm
UV-B	280 nm – 315 nm
UV-A	315 nm – 400 nm

und von der variablen Dicke der Ozonschicht in der Atmosphäre ab.

Ulvöspinell, auch unter dem Namen Ulvit bekannt. Das Mineral ist wie der ↗Magnetit kubisch flächenzentriert mit einer Gitterkonstante $a_0 = 0,8533$ nm und besitzt eine inverse Spinellstruktur. Die chemische Formel lautet Fe_2TiO_4. Eisen ist nur in 2-wertiger Form vorhanden. Das Mineral ist antiferromagnetisch mit einer ↗Néel Temperatur $T_N = 120$ K. Bei Raumtemperatur ist das Mineral paramagnetisch mit einer spezifischen ↗Suszeptibilität $\chi_{spez} = 100 \cdot 10^{-8}$ m³/kg und unterscheidet sich diesbezüglich nicht von rein paramagnetischen Mineralien.

Umbric epipedon, [von lat. umbra = Schatten], dunkler, humoser Oberbodenhorizont der ↗Soil Taxonomy mit mindestens 25 cm Mächtigkeit und weniger als 50 % ↗Basensättigung.

Umbric horizon, ↗diagnostischer Horizont der ↗WRB-Klassifikation. Es handelt sich um einen mächtigen, dunkel gefärbten, basenverarmten Oberbodenhorizont mit hohem Gehalt an organischer Substanz. Er kommt in ↗Andosols, ↗Fluvisols, ↗Leptosols und ↗Umbrisols vor.

Umbrisols, Böden der ↗WRB-Klassifikation mit einem ↗Umbric horizon als ↗diagnostischem Horizont, der sich über einem ↗albic horizon oder einem ↗cambic horizon befinden kann. Umbrisols treten in kühlen feuchten Klimagebieten mit sehr starker Auswaschung auf und umfassen etwa 100 Mio. Hektar in Westeuropa, an der Nordwestküste von Amerika und Kanada, in den Gebirgsregionen des Himalayas und Südamerikas. Böden mit ↗Basensättigung unter 50 % und bis 1,25 m Bodentiefe werden darunter zusammengefaßt.

Umflut, natürliche oder künstlich geschaffene Möglichkeit, bei ↗Hochwasser den ↗Durchfluß teilweise umzuleiten.

Umgebungskarte ↗Stadtplan.

Umhüllungsparamorphose ↗Perimorphose.

Umkippen, Begriff aus der ↗Ökologie, der vor allem auf Gewässerökosysteme angewendet wird. Gemeint sind grundlegende Störungen der ↗Lebensgemeinschaften und des Vermögens zur ↗Selbstreinigung durch plötzliches Sauerstoffdefizit infolge ↗Eutrophierung. Die Sauerstoffkonzentration fällt, weil mehr Sauerstoff zum Abbau der organischen Substanz benötigt wird als neu in das Gewässer eingetragen wird. Unterschreitet die Konzentration eine bestimmte Schwelle, sterben viele aerobe Organismen. Durch die Erhöhung an toter ↗Biomasse wird noch mehr Sauerstoff für den Abbau benötigt (positives ↗Rückkopplungssystem). Der Begriff »Umkippen« wird auch als Trivialbezeichnung für eine spontane, drastische Verschlechterung der ↗Gewässergüte mit Begleiterscheinungen wie Fischsterben, ↗Faulgas und ↗Verödungszonen gebraucht. Gelegentlich wird er auch auf andere ↗Ökosysteme angewandt, beispielsweise auf stark belastete Böden, die einen plötzlichen Abfall ihrer Produktivität zeigen.

Umkristallisation, die Neubildung von Mineralkörnern in metamorphen Gesteinen ohne (*isophas*) oder mit Änderung (*allophas*) des Mineralbestandes. Die Umkristallisation dient häufig dem Abbau von Strain (↗Verformung), der durch Deformationen hervorgerufen wurde. Sie kann folgende diskrete Schritte beinhalten: Ausheilung von Gitterdefekten, Bildung von ↗Subkorngrenzen, Nukleation neuer Körner und deren Wachstum durch Korngrenzverschiebungen. Die Zunahme der Korngröße erklärt sich durch das Bestreben, die Grenzflächenenergien zu minimieren.

Umlagerungsparamorphose ↗*Paramorphose*.

Umlaufberg, entsteht beim Mäanderdurchbruch eines Mäanderhalses eines Talmäanders; als Vollform Gegenstück des ↗Umlauftales. ↗mäandrierender Fluß.

umlaufendes Streichen, Falten mit eintauchender Faltenachse zeigen bei ihrem Schnitt mit der Erdoberfläche konzentrische Streichlinien von Schichtflächen.

Umlaufsee, Stillwasserbereich im tiefer liegenden Mäandergürtelbereich eines ↗mäandrierenden Flusses, der, innerhalb einer (abgeschnürten) Mäanderschleife liegend, von dessen innerem Uferwall umschlossen wird.

Umlauftal, nach einem Mäanderdurchbruch verlassener Talmäander, der dabei in Abschnitten oder ganz zum ↗Trockental werden kann.

UMPLIS, *Umwelt-Forschungskatalog*, Katalog, der einen umfassenden Überblick über Forschungsprojekte im Umweltbereich (Umweltdatei) gibt, seit 1981 durch das Deutsche Umweltbundesamt herausgegeben.

Umprägung, erneute ↗Prägung von Gesteinen, welche die Spuren vorausgegangener Prägungen vollständig gelöscht hat.

Umsatzwasser ↗*meteorisches Wasser*.

Umwandlung, in der Mineralogie Mineralneubildungen durch Verwitterung, hydrothermale oder metamorphe Prozesse aus meist primär gebildeten Ausgangsmineralen. Eine Änderung der Zustandsvariablen, insbesondere Druck und Temperatur, führt bei den Mineralen zu einer Phasenumwandlung (↗Phasenbeziehungen). Der Umwandlungsvorgang wird im allgemeinen nach dem neu gebildeten Mineral oder der ↗Mineralparagenese bezeichnet. Beispiele sind die ↗Serpentinisierung bei der hydrothermalen Umwandlung von Olivin, Amphibolen oder Pyroxenen oder die ↗Kaolinitisierung bei der Verwitterung oder hydrothermalen Umwandlung von Feldspäten oder Glimmern in Kaolinit (Tab.).

Umwandlungsparamorphose ↗*Pseudomorphose*.

Umwandlungstemperatur, Bezeichnung für diejenige Temperatur, bei der ein Stoff von einem Aggregatzustand in einen anderen übergeht (↗Phasenübergang).

ultraviolette Strahlung (Tab.): Einteilung der UV-Strahlung in Wellenlängenbereiche.

Ausgangsmineral	Art der Umwandlung	Neubildung	Bezeichnung des Umwandlungsvorganges
Olivin	hydrothermal oder epizonal-metamorph	Serpentin Hornblende Talk	Serpentinisierung Pilitisierung
	Verwitterung	Mg-Fe-Carbonate (Magnesit) + Fe_2O_3 + Quarz	Carbonatisierung
Klinopyroxen	epizonal-metamorph	Amphibol	Uralitisierung
	hydrothermal	Chlorit Serpentin Antigorit	Chloritisierung Serpentinisierung Bastitisierung z. T.
	epizonal-metamorph	Epidot	Epidotisierung
	Verwitterung	Carbonate + Fe-Oxide + Quarz	Carbonatisierung
Orthopyroxene	hydrothermal	Serpentin (wirrfaserig)	Serpentinisierung
		wenige große Antigoritkristalle pseudomorph nach Orthopyroxen	Bastitisierung
Gemeine Hornblende	hydrothermal	Chlorit Serpentin	Chloritisierung Serpentinisierung
	Zerfall nach der Effusion	Magnetit + Hypersthen	Opazitisierung
Muscovit	Verwitterung oder hydrothermal	Hydromuscovit Illit Montmorillonit Beidellit Kaolinit Halloysit	Illitisierung Montmorillonitisierung Kaolinitisierung
Nephelin	»hydrothermal«	Analcim + Zeolithe	»Sonnenbrand« (Sonnenbrennerbasalt)
	Verwitterung	Kaolinit	Kaolinitisierung
	epizonal-metamorph	Glimmer (feinschuppig)	
Feldspat und andere Al-haltige Silicate	Verwitterung	Hydrargillit-Gibbsit, Böhmit, Diaspor, Goethit, Hämatit u. a.	Bauxitbildung und Lateritisierung
	pneumatolytisch	Topas, Turmalin, Glimmer, Kaolinit	Gneisbildung (Vergreisenung)
Alkalifeldspat	hydrothermal oder Verwitterung	Kaolinit + Quarz	Kaolitisierung
	hydrothermal oder epizonal-metamorph	Sericit	Sericitisierung
Plagioklase	hydrothermal	Alunit	Alunitisierung
	hydrothermal oder Verwitterung	Tonminerale: Nontronit (unter Beteiligung eisenreicher Minerale), Montmorillonit Illit, Carbonat	
	Verwitterung	Epidot	Carbonatisierung Epidotisierung
		Zoisit	Zoisitisierung
	epizonal-metamorph	Epidot + Zoisit + Sericit	Saussuritisierung

Umwandlung (Tab.): Beispiel für die Umwandlung silicatischer Minerale.

Umweganregung /Renninger-Effekt.

Umwelt, *Milieu*, ursprünglich aus der /Biologie stammende und durch Uexküll 1921 im Sinne einer psychologischen Umwelt eingeführter Begriff, der heute mehrdeutig verwendet wird. Im umgangssprachlichen Sinn wird unter Umwelt das räumlich-funktionale Umfeld von Organismen verstanden, also jener Bereich in dem sich das Leben von Mensch, Tier oder Pflanze abspielt. Im populations-biologischen Sinn reduziert sich diese allgemeine Lebensumwelt zu einem auf die Organismen bezogenen, räumlichen Wirkungsfeld von abiotischen, biotischen und anthropogenen Außenfaktoren. Die von Uexküll beschriebene psychologische Umwelt ist die »Merkwelt« eines Tieres, jener Teil der Umgebung, der durch die Sinnesorgane wahrgenommen werden kann. Die minimale Umwelt ist die Summe der für die Existenz des Organismus lebensnotwendigen Faktoren. Die physiologische Umwelt ist der Komplex, der direkt auf den Organismus wirkenden Faktoren, mit denen ein Lebewesen aktiv in Beziehung tritt. Die physiologische Umwelt ist somit vergleichbar mit der »Wirkwelt« von Uexkülls' Umgebungskomponenten. Die ökologische Umwelt ist die Summe aller direkt und indirekt auf einen Organismus wirkenden /Ökofaktoren. Die kosmische Umwelt beinhaltet alle Faktoren des Weltzusammenhanges, die – wenn auch auf vielen Umwegen – auf Organismen wirken. In der weiter gefaßten umweltzentrischen Definition der /Umweltwissenschaften wird die Umwelt als eigenes System im Sinne eines Wirkungsgefüges abiotischer, biotischer und anthropogener Faktoren verstanden, in welchem sich Organismen aufhalten, zu dem sie vielfältige Wechselwirkungen haben. Die Umwelt wird hier je nach Betrachtungsschwerpunkt als komplexes System im Sinne eines ↗Landschaftsökosystems, ↗Geoökosystems oder ↗Bioökosystems verstanden und nach den Methoden der ↗Landschaftsökologie mit einem ↗holistischen Ansatz untersucht. Die natürliche Umwelt beinhaltet die ↗biotischen Faktoren und ↗abiotischen Faktoren und Prozesse zusammen mit ihrem Wirkungsgefüge (↗Ökosystem). Die technische Umwelt umfaßt die anthropogen bedingten technisch-infrastrukturellen Komponenten und Prozesse in der Umwelt und hat direkten oder indirekten Einfluß auf die Qualität der natürlichen Umwelt (↗Umweltschutz). Die soziale Umwelt betrachtet die sozialen, politischen, wirtschaftlichen und kulturellen Prozesse und Einrichtungen, die einen direkten Einfluß auf das menschliche Leben haben. [SR]

Umweltabgabe, umweltpolitisches Instrument, mit dem Lenkungseffekte erreicht werden sollen. Umweltabgaben sind somit auch ein Instrument der Umwelterziehung. Umweltschädigungen werden über die Verpflichtung zur Abgabenzahlung bestraft, was längerfristig eine Verhaltensänderung beim Verursacher zur Folge haben soll. Zu den Umweltabgaben gehören Finanzierungsabgaben, die direkt in den Kosten des Verbrauchs enthalten sind, und der Finanzierung von Umweltschutzmaßnahmen dienen. Bekanntes Beispiel in Deutschland ist der »Wasserpfennig«. Eine andere Form der Umweltabgabe besteht darin, den Verursacher einer Belastung durch Entrichten einer Abgabe zur Verminderung einer Emission zu bewegen. Darunter fallen *Ökosteuern* (beispielsweise CO_2-Steuer für Industriebetriebe oder Nitrat-Steuer in der ↗Landwirtschaft). Die Wirkung solcher Lenkungsabgaben ist umstritten, weil sie oft als zusätzliche Betriebskosten dem Produktpreis zugeschlagen werden, ohne daß eine Ursachenbekämpfung stattfindet. [SMZ]

Umweltanalytik, interdisziplinärer Fachbereich des ↗Umweltschutzes und der Umweltplanung zur Untersuchung von umweltgefährdenden Stoffen in der ↗Landschaft. Dabei kommen Methoden aus unterschiedlichen Fachbereichen zum Einsatz: Chemische und physikalische Umweltanalytik (Wasser- oder Bodenuntersuchungen), aber auch Analysemethoden, die auf digitale Techniken setzen, beispielsweise den Einsatz ↗Geoinformationssysteme. Ein Beispiel für letzteres ist die Altlastenerkundung durch das Auswerten digitaler Kartengrundlagen (Bodenkarten, Geländemodelle etc.).

Umweltatlas, ein ↗thematischer Atlas, der in einer systematischen Kartenfolge umfassend die natürlichen Grundlagen und die anthropogenen Einflüsse, die ökologische Situation, Veränderungen und gegebenenfalls auch Strategien für eine nachhaltige Umweltentwicklung darstellt. Umweltatlanten beziehen sich in ihrer räumlichen Darstellung zumeist auf kleinere, administrativ abgegrenzte Regionen, z. B. Stadtgebiete. Die Themenbereiche werden dann detailliert in topographischen Maßstäben behandelt. In aller Regel werden die Themen Boden, Wasser, Luft und Klima, Pflanzen- und Tierwelt, Flächennutzung, Verkehr, Abfall, Energie und Lärm behandelt. Neben Karten enthalten Umweltatlanten durchweg ergänzende Textdarstellungen, Diagramme, Graphiken und Tabellen. ↗Umweltinformationssystem.

Umweltchemie, Teilgebiet der Chemie, das sich mit Stoffen und deren Verhalten in der Umwelt befaßt. Dabei untersucht sie die Stoffkreisläufe auf Quellen (Emissionen), Eintrag (Immissionen) Verteilung und Abbau sowie die damit verbundenen chemischen und physikalisch-chemischen Prozesse. Im Mittelpunkt der Betrachtungen stehen die Medien Boden (Pedosphäre), Wasser (Hydrosphäre), Luft (Atmosphäre) und deren Wechselwirkungen mit Menschen, Tieren und Pflanzen (Ökosphäre). Damit steht die Umweltchemie in enger Beziehung zur ↗ökologischen Chemie und zur ↗Ökotoxikologie. Ein aktuelles Arbeitsfeld der Umweltchemie liegt im Bereich des produktions- und produktintegrierten Umweltschutzes, dessen oberstes Leitbild der nachhaltige Umgang mit Ressourcen und Energie und die Minimierung des Schadstoffaufkommens ist.

Umweltchemikalie, Bezeichnung für künstlich hergestellte Stoffe, die als Zwischen- oder Endprodukte durch anthropogene Aktivitäten in die Umgebung gelangen. Weltweit ist mit rund 100.000 solcher Substanzen zu rechnen, die zudem auch verschieden kombiniert angewendet werden. Der Begriff Umweltchemikalie ist nicht von vornherein mit Umweltgefährdung gekoppelt. Neben dem vollständigen oder teilweisen Abbau verschiedener Umweltchemikalien im natürlichen ↗Stoffkreislauf wirken andere als Umweltgifte, die zum Teil eine hohe Beständigkeit (Persistenz) aufweisen.

Umweltfaktor ↗Ökofaktor.

Umweltinformationssystem, UIS, Fachinformationssytem, das neben einer Datenbasis einschließlich Nutzungsfunktionalität, Umweltdaten, ↗Geodaten und ↗kartographische Medien über die natürliche, erbaute und soziale Umwelt des Menschen sowie zu den jeweiligen Wechselbeziehungen enthält. Auf der Grundlage der vorgehaltenen Daten ermöglichen Umweltinformationssysteme ihren Anwendern aus Forschung und Verwaltung, Wirtschaft und Öffentlichkeit über ↗graphische Benutzeroberflächen mit Analysefunktionen der ↗Geoinformationssysteme oder durch Zugriffs- und Recherchefunktionen eines Auskunftssystems georäumliche und andere Informationen zum Umweltschutz, zur Umweltplanung, -forschung und -technik aufzubereiten bzw. abzurufen oder aber für Zwecke der Weiterverarbeitung und Weitergabe integriert zu nutzen. Eine wichtige Eigenschaft von Daten und Medien in Umweltinformationssystemen ist, in Zusammenhang mit der häufig hohen zeitlichen Auflösung der Daten, ihre eingeschränkte zeitliche Gültigkeit. Sie erfordert – abhängig von den jeweiligen Nutzungsfunktionen eines Umweltinformationssystems – die regelmäßige oder permanente Aktualisierung der Daten und Medien und eine entsprechende Systemfunktionalität. In der angewandten Kartographie, die in der Zeit vor der Einführung von Informationssystemen die Verwaltung von Umweltdaten und Umweltwissen durch die Herstellung von Umweltkarten und ↗Umweltatlanten unterstützte, hatte sich deshalb eine spezifisch auf schnelle Aktualisierbarkeit von ↗Karten ausgerichtete *Umweltkartographie* als Teil der angewandten Kartographie entwickelt. Heute werden dieser Anforderung die Aktualisierungsfunktionen moderner ↗Datenbanken in Umweltinformationssystemen (Umweltdatenbank) gerecht. [PT]

Umweltisotope, von Natur aus in der Umwelt vorhandene, als Markierstoff (↗Tracer) geeignete, stabile und oft auch radioaktive Isotope (Deuterium ^2H, Tritium ^3H (↗schweres Wasser), ^{18}O, ^{13}C, ^{14}C, ^{15}N, ^{34}S, ^{210}Pb, ^{222}Rn u. a.) sowie seit einigen Jahrzehnten durch Kernwaffenversuche, Kernreaktoren und industrielle Produktion in die Umwelt künstlich eingetragene Isotope (Tritium ^3H, ^7Be, ^{14}C, ^{134}Cs, ^{137}Cs u. a.). ↗Isotopenhydrologie, ↗Isotopenfraktionierung.

Umweltkartographie ↗Umweltinformationssysteme.

Umweltmonitoring, eine spezifische Teilaufgabe des ↗Monitoring, die der Überwachung, Kontrolle und Beobachtung der qualitativen und quantitativen Veränderungen der verschiedenen Umweltkompartimente durch natürliche und anthropogene Einflüsse in lokalem, regionalem und globalem Maßstab dient. Aufgrund der Synopsis und der regelmäßigen Verfügbarkeit eignen sich Fernerkundungsdaten hervorragend. In Abhängigkeit von der spezifischen Thematik werden sowohl Flugzeug- als auch Satellitendaten aller verfügbaren Wellenlängenbereiche verwendet. Beispiele hierfür sind Thermalscannerdaten für Abwassereinleitungen in Fließgewässer, Landsat-TM oder NOAA-AVHRR-Daten zur Kontrolle der Desertifikation und Biomasseberechnung in ariden und semiariden Gebieten oder UV-Spektrometer für die Ozonlochüberwachung.

Umweltqualitätsziele, allgemeine Vorgaben hinsichtlich der Güte der ↗Umwelt. Die Umweltqualitätsziele sind darauf ausgerichtet, langfristige Schäden an ↗Ökosystemen, Sachgütern und den Menschen zu vermeiden sowie das ↗Leistungsvermögen des Landschaftshaushaltes zu erhalten. Umweltqualitätsziele werden in Form von Standards formuliert und können sich an amtlichen ↗ökologischen Richtwerten orientieren. Die Wertmaßstäbe zur Beurteilung der Umweltqualität sind stark durch die herrschenden gesellschaftlichen Rahmenbedingungen geprägt, basieren also auf sozialen, historischen und kulturellen Erfahrungen. Entsprechend unterliegen sie einem permanenten Wandel.

Umweltschutz, Sammelbegriff für Maßnahmen des Menschen, um weitere schädliche Einflüsse auf seinen ↗Lebensraum (↗Umwelt) zu verhindern, unumgängliche Belastungen auf ein möglichst geringes Maß zu reduzieren und gestörte ökologische Beziehungen wiederherzustellen. Die Ziele des Umweltschutzes bestehen darin, das natürliche Gleichgewicht zu erhalten, die ↗Naturraumpotentiale langfristig nicht zu gefährden und das ↗Leistungsvermögen des Landschaftshaushaltes nicht einzuschränken, um dadurch die Gesundheit und Überlebensfähigkeit der Organismen, vor allem des Menschen, zu erhalten. Darauf sowie auf die ethischen Eigenrechten der Natur begründet sich der Umweltschutz. Der Umweltschutz kann nach den hauptsächlichen Schutzgütern und Schutzzielen gegliedert werden, z. B. Bodenschutz, ↗Naturschutz, ↗Landschaftsschutz, ↗Gewässerschutz, ↗Luftreinhaltung, Abfallentsorgung, Strahlenschutz, Pflanzen- und Tierschutz sowie ↗Biotopschutz. Die Aufgaben des Umweltschutzes werden durch die Umweltpolitik formuliert und gesetzlich verankert (z. B. Umwelt-, Gewässer-, Boden- oder Strahlenschutzgesetz). Die wichtigsten Grundsätze des modernen Umweltschutzes sind das ↗Verursacherprinzip, das ↗Vorsorgeprinzip und das Kooperationsprinzip. Ein Instrument des Umweltschutzes auf der lokalen Ebene ist die ↗Umweltverträglichkeitsprüfung, welche die Auswirkungen von Planungsvorhaben auf die Umweltkomponenten und ihre Wechselwirkungen bewertet. Maßnahmen zum Umweltschutz auf regionaler bis globaler Ebene bedürfen einer internationalen Regelung um wirksam zu werden (z. B. ↗Agenda 21). [SR]

Umwelttoxikologie ↗Ökotoxikologie.

Umweltverträglichkeitsprüfung, UVP, *Nutzungsverträglichkeit*, präventives Instrument des amtlichen ↗Umweltschutzes. Für größere Bauten und Anlagen, von denen eine erhöhte Belastung der ↗Umwelt zu erwarten ist, wird in einem formalisierten Verfahren geprüft, ob die Anforderungen des Umweltschutzrechts eingehalten werden. Dies gilt sowohl für Vorhaben der öffentlichen Hand als auch der Privatwirtschaft. Die der UVP unterliegenden Anlagen sind in einer dazugehörigen Verordnung aufgeführt. Bei der Durchführung einer UVP läßt der Projektierende auf eigene Kosten einen umfassenden Bericht über die voraussichtlichen Umweltbelastungen und die vorgeschlagenen Verminderungsmaßnahmen ausarbeiten. Dieser Umweltverträglichkeitsbericht umfaßt die Ermittlung, Beschreibung und Bewertung der Auswirkungen eines Vorhabens auf Menschen, Tiere und Pflanzen, Wasser, Luft, Klima und Landschaft sowie Kultur- und Sachgüter, einschließlich der jeweiligen Wechselwirkungen. Er wird durch die zuständigen amtlichen Fachstellen geprüft, welche der Entscheidungsbehörde Antrag stellen. Im allgemeinen sind der Bericht und die Ergebnisse der Prüfung öffentlich zugänglich. Im Sinne des ↗Verbandsklagerechtes kann der UVP-Entscheid von berechtigten Umweltschutzorganisationen angefochten werden. Normalerweise wird eine UVP in das allgemeine Genehmigungsverfahren (Baubewilligung, Konzessionserteilung, Sondernutzungsplan) integriert, die ein Vorhaben sowieso durchlaufen muß. Sinnvollerweise führt das Er-

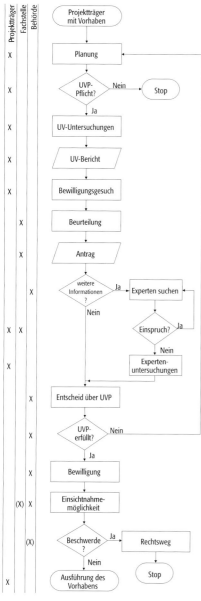

tigungen gehören auch die Zerstörung von Naturschönheiten und sonstige ästhetische Veränderungen der /Landschaft. Daher kommen bei der Umweltverträglichkeitsprüfung auch verschiedene Verfahren der /Landschaftsbewertung zum Einsatz. (Abb.) [SMZ]

Umweltwahrnehmung, *Raumwahrnehmung*, in der Wahrnehmungspsychologie und der /Kartographie der aktive und konstruktive Prozeß der /Wahrnehmung der natürlichen, erbauten und sozialen Umwelt, in dem Informationen aus der Umwelt zielgerichtet und situativ selektiert und auf der Grundlage raumbezogener und georäumlicher Erkenntnis-, Verhaltens- und Handlungsbedürfnisse als Wissen kognitiv repräsentiert und sprachlich sowie u. a. kartographisch abgebildet werden. Die Umwelt wird in diesem Zusammenhang als Gesamtheit der den einzelnen Menschen und die Gesellschaft umgebenden und auf sie in Form eines umfangreichen Reizangebotes einwirkenden Eigenschaften und Bedingungen des Raumes aufgefaßt. Im Prozeß der Wahrnehmung stellt die Umwelt danach eine u. a. optische Situation des Raumes dar, die zu einer kontinuierlichen Stimulation der sensorischen Organe und darauf basierend zur direkten Entnahme und Verarbeitung derjenigen Informationen führt, die bei wechselnden Stimuli invariant sind. Dieses sind beispielsweise charakteristische Eigenschaften von Gegenständen in der Umwelt, wie der typisch polygonale Grundriß von Liegenschaftsobjekten oder der typisch langkurvige Verlauf von Autobahnstrecken. Der Begriff der Umweltwahrnehmung basiert auf der ökologischen Sehtheorie aus den 1950 er Jahren als eine der wichtigsten wahrnehmungspsychologischen Schulen und stellt den aktiven, mit der Umwelt ständig in Interaktion befindlichen Menschen mit einer permanenten Zielausrichtung auf die Entnahme von Informationen für Denken, Verhalten und Handeln in den Vordergrund. Die Wahrnehmung der Umwelt erfolgt dabei unter dem Einfluß von z. B. geowissenschaftlichen Wissensstrukturen, /Raumvorstellungen, Einstellungen, Motivationen, Erwartungen und Empfindungen. Umweltwahrnehmung hat das Ziel, Informationen aus der Umwelt zu gewinnen, um georäumliches Wissen zu bilden, raumbezogene Handlungen ausführen oder sich in der Umwelt verhalten und bewegen zu können. Aufgrund dieser Zielausrichtungen wird die /Aufmerksamkeit auf diejenigen Merkmale gelenkt, die für die wahrgenommene Umwelt besonders charakteristisch sind. Grundlegende Kommunikationsmedien für die Wahrnehmung und gedankliche Verarbeitung der Umwelt sowie für das Verhalten und das Handeln in der Umwelt sind /kartographische Medien. So unterstützt die /Karte im Rahmen georäumlicher Erkenntnisprozesse sowohl die Abbildung wahrgenommener Umweltinformationen als auch die Entnahme von Informationen aus der Umwelt sowie deren gedanklichen Abgleich mit der Realität. Die Prozesse der visuellen Verarbeitung von Umweltinformationen sind deshalb für die Model-

kennen von Schwachpunkten eines Vorhabens während der Abklärungen zum Umweltverträglichkeitsbericht zur Revision des Projektes und zur erneuten Beurteilung (/Prozeß-UVP). Seit dem 3. Juli 1988 ist die EG-Richtlinie über die UVP bei bestimmten öffentlichen und privaten Projekten EG-weit geltendes Recht. Am 1. August 1990 wurde diese Richtlinie durch das Gesetz über die Umweltverträglichkeitsprüfung in das Recht der Bundesrepublik Deutschland umgesetzt. Betroffen von der UVP sind unter anderem /Bundesraumordnungsprogramme, Fernstraßenplanung, Wasserstraßenplanung sowie andere technische Infrastruktureinrichtungen, die das /Leistungsvermögen des Landschaftshaushaltes beeinträchtigen könnten. Zu diesen Beeinträch-

Umweltverträglichkeitsprüfung: Ablauf einer UVP.

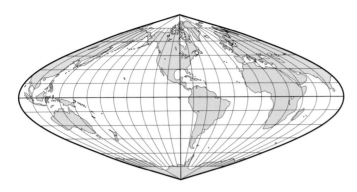

unechte Zylinderentwürfe 1: sinusiodaler Entwurf nach Mercator-Sanson.

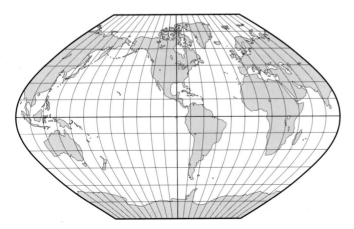

unechte Zylinderentwürfe 2: unechter Zylinderentwurf von Ekkert (V).

lierung und Präsentation kartographischer Medien von elementarer Bedeutung und werden in der ↗empirischen Kartographie untersucht.[PT]

Umweltwissenschaften, umfaßt alle Wissenschaften, die sich mit Fragestellungen bezüglich der ↗Umwelt und natürlicher oder menschlich geprägter ↗Ökosysteme sowie deren Schutz (↗Umweltschutz) beschäftigen; im allgemeinen Sinne also Fachgebiete, welche sich mit der Untersuchung und Erforschung der durch die menschlichen Tätigkeiten auftretenden Veränderungen der Umwelt und dem Funktionsgefüge von natürlichen Ökosystemen befassen.

unbelasteter Erdaushub und Bauschutt, ↗Erdaushub bzw. Bauschutt, bei denen weder eine erhöhte ↗geogene Grundbelastung noch Schadstoffanreicherungen durch menschliche Einwirkungen feststellbar sind. Hinsichtlich seines Schadstoffgehaltes kann unbelasteter Erdaushub uneingeschränkt wiedereingebaut und unbelasteter Bauschutt unbeschränkt weiterverwertet werden. Ein uneingeschränkter Einbau ist beispielsweise möglich, wenn die Schadstoffkonzentrationen den entsprechenden Zuordnungswert Z0 der Länderarbeitsgemeinschaft Abfall (LAGA) nicht überschreiten. Die Gehalte bis zum Zuordnungswert Z0 kennzeichnen den weit überwiegenden Teil natürlicher Böden. Bei Unterschreiten des Z0-Wertes ist davon auszugehen, daß durch einen Einbau keine Schutzgüter beeinträchtigt werden. Zusätzliche Regelungen für bestimmte Anwendungsbereiche, beispielsweise bauphysikalische Anforderungen des Straßen- und Wasserbaus oder die hygienischen Anforderungen an Kinderspielplätze und Sportanlagen, bleiben hiervon unberührt. [ABo]

unbunte Farben, *Unbuntfarben*, die auf der ↗Grauskala liegenden Farben einschließlich Schwarz und Weiß. ↗bunte Farben, ↗Farbordnung.

Undationstheorie, entwickelt von R. W. van Bemmelen (seit 1930), nimmt an, daß alle ↗geotektonischen Prozesse letztlich auf thermisch angetriebene Massenverlagerungen unter der festen Erdrinde zurückgehen. Dadurch könnten sich große Ansammlungen von Materie (»Asthenolithe«) bilden, welche die Erdkruste darüber in Form von »Geotumoren« aufwölben. Durch diese würden tektonische Deformationen verschiedener Art erzeugt, während der Aufwölbung z. B. Dehnungsstrukturen, später ↗Falten, ↗Überschiebungen oder ↗Decken durch gravitatives Abgleiten von den »Geotumoren«. Die Undationstheorie wird heute nicht mehr diskutiert.

Underplating, *Unterplattung*, Akkretion von Krustenmaterial an der Unterseite einer ↗Platte durch tektonische oder magmatische Prozesse. An konvergenten ↗Plattenrändern kann Material der ↗Unterplatte, z. B. Teile der ozeanischen Kruste oder subduziertes Sediment, abgeschert und von unten an die Oberplatte im Bereich des ↗Forearc angegliedert werden. Magmatisches Underplating kann im Bereich des magmatischen Bogens stattfinden, wo aus dem Asthenosphärenkeil erschmolzener Basalt durch Einlagerung an der Kruste-Mantel-Grenze eine neue Unterkruste zu bilden vermag. In kontinentalen Riftzonen ist auf ähnliche Weise mit magmatischem Underplating durch Basaltschmelzen aus hochliegender Asthenosphäre zu rechnen.

undulöse Auslöschung, uneinheitliche Auslöschung bei der polarisationsmikroskopischen Untersuchung von Kristallen, bei denen ein Teil vollständig dunkel erscheint, andere Teile mehr oder weniger stark aufgehellt sind, wobei es bei Dunkel- und Hellstellungen alle Übergänge gibt. Beim Drehen des Objekttisches unter gekreuzten Polarisatoren entsteht ein unruhiger Wechsel von Hell und Dunkel. ↗Auslöschung, ↗Polarisationsmikroskopie.

unechtes Grundwasser ↗Uferspeicherung.

unechte Zylinderentwürfe, dienen der Abbildung der ganzen Erde. Sie werden oft als Grundlage für ↗Planisphären verwendet. Unechte Zylinderentwürfe vermeiden die mangelnde Formähnlichkeit der echten ↗Zylinderentwürfe. Als normale Abbildungen besitzen die unechten Zylinderentwürfe in der Karte einen geradlinigen Äquator und geradlinige Parallelkreise. Das gleiche gilt für den Mittelmeridian. Die Bilder der Meridiane sind Kurven. Bei ↗Mollweides unechtem Zylinderentwurf sind es Ellipsen. Der Mercator-Sanson-Entwurf hat Sinuslinien als Meridianbilder (Abb. 1) desgleichen Goodes Entwurf (↗Planisphäre). Die meisten unechten Zylinderentwürfe sind flächentreu. Daraus ergeben sich die Form der Meridiane und der Abstand der Parallelkreisbilder voneinander.

Aus der Vielzahl der publizierten unechten Zylinderentwürfe seien noch zwei vorgestellt. Die Ekkertschen Entwürfe haben Sinuslinien (Abb. 2) oder Halbellipsen als Meridiane. Ein von Winkel angegebener Entwurf hat gleichabständige Parallelenbilder. Damit geht die Flächentreue verloren (Abb. 3). Unechte Zylinderentwürfe in transversaler oder allgemeiner Lage der Zylinderachse führen zu kuriosen Netzentwürfen, die wohl nur selten und zu sehr speziellen Zwecken angewendet werden. [KGS]

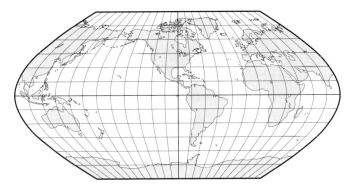

unechte Zylinderentwürfe 3: unechter Zylinderentwurf von Winkel (I).

UNEP, *United Nations Environment Program*, »Umweltschutzprogramm der Vereinten Nationen«. In diesem Bereich werden die UN-Aktivitäten auf dem Gebiet des ↗Umweltschutzes koordiniert (↗Agenda 21).

UNESCO, *United Nations Education, Science and Culture Organization*, UN-Organisation für Bildung, Wissenschaft und Kultur, Sonderorganisation der Vereinten Nationen (UN); staatliche (governementale) Organisation, die weltweit Ausbildung, Wissenschaft und Kultur fördert. Sie führt vier naturwissenschaftliche Langzeitprogramme durch: Internationales Geologisches Korrelationsprogramm (IGCP), ↗Internationales Hydrologisches Programm (IHP), Internationale ozeanische Kommission (IOC) und Mensch und Biosphäre (MAB).

ungesättigte Bodenzone, Bodenbereich, in dem meist nur eine teilweise Sättigung des ↗Porenvolumens mit Wasser vorkommt und in dem kein Stau- oder Grundwasser mit ↗Wassersättigung auftritt. Ihre vertikale Ausdehnung ist abhängig vom Substrat, der Reliefposition, den klimatischen Bedingungen und dem ↗Landschaftswasserhaushalt. Sie kann zwischen wenigen cm und bis über 100 m mächtig sein (↗gesättigte Bodenzone Abb.). Die ungesättigte Bodenzone wird, wenn sie in den Gesteins- oder Sedimentuntergrund hineinreicht, in der Hydrologie bei meist ungenauer Kenntnis der Sättigungsbedingungen auch als die ↗vadose Zone bezeichnet.

ungesättigte Durchlässigkeit, Durchlässigkeit der ↗ungesättigten Zone. Zusammen mit dem antreibenden Potentialgefälle bestimmt sie die Wasserbewegung in der wasserungesättigten Bodenzone. Grundlage dieser Bewegung ist die Darcy-Gleichung:

$$Q = k_u \cdot \frac{d\psi}{dl} \quad \left[\frac{m^3}{s}\right]$$

mit Q = Wasservolumen [m^3/s], k_u = Durchlässigkeitsbeiwert der ungesättigten Zone [m/s], ψ = Potential [1], l = Fließstrecke [m]. Der Durchlässigkeitsbeiwert k_u hängt von der Korngrößenverteilung ab und wird insbesondere in oberflächennahen Schichten durch gefügebedingte Grobporen beeinflußt. Bei sinkendem Wassergehalt bzw. steigender Wasserspannung in den Porenräumen nimmt die ungesättigte Durchlässigkeit ab.

ungesättigte Kohlenwasserstoffe, ↗Kohlenwasserstoffe mit einer oder mehreren Doppel- oder Dreifachbindungen. Kohlenwasserstoffe ohne funktionelle Gruppen mit Doppelbindungen werden als ↗Alkene bezeichnet, Kohlenwasserstoffe ohne funktionelle Gruppen mit Dreifachbindungen als Alkine. Ungesättigte nichtaromatische Kohlenwasserstoffe sind unter den Bedingungen der ↗Diagenese und der ↗Metagenese anfällig für Reaktionen und werden oft zu gesättigten oder aromatischen Kohlenwasserstoffen umgewandelt.

ungesättigter Fluß, im Boden ist damit die Wasserbewegung bei variabler und teilweiser Sättigung des Porenraums mit Wasser gemeint. Der ungesättigte Fluß wird mit der ↗Richards-Gleichung beschrieben. Er ist die übliche Fließbedingung im Wurzelraum eines Bodens und bei der ↗Infiltration.

ungesättigte Strömung, stationäre oder instationäre Wasserbewegung in der ungesättigten Zone infolge von Potentialgradienten. Dabei ist die spezifische Permeabilität einer ungesättigten Strömung der bei gesättigter Strömung proportional.

ungesättigte Zone, *Grundwasserüberdeckung*, der Gesteinskörper oberhalb der Grundwasseroberfläche. Er enthält neben der anorganischen und organischen Festsubstanz Luft (Grundluft), Adsorptions-, Kapillar- und Sickerwasser. Adsorptionswasser (hygroskopisches Wasser) umhüllt die feste Oberfläche der Bodenteilchen. Die Bindung dieser ersten Wassermolekülschichten beruht auf van-der-Waalschen-Kräften, der H-Bindung zwischen der Sauerstoffatomen der festen Oberfläche und den Wassermolekülen und schließlich auf der Wirkung des elektostatischen Feldes der geladenen festen Oberflächen auf die hydratisierten Ionen und die Wasserdipole. ↗Kapillarwasser (früher Haftwasser, Häutchenwasser, Zwickelwasser genannt), das sich über die Schichten des Adsorptionswasser legt, bildet an den Berührungsstellen der festen Teilchen stark gekrümmte Menisken (= mondsichelartig gebogene Körper) aus. Diese beruhen auf Adhäsionskräften zwischen den Wassermolekülen unter Bildung von H-Brücken (Kapillarkräfte). Es wird unterschieden zwischen unmittelbar der Grundwasseroberfläche »aufsitzendem Kapillarwasser« im Kapillarsaum und »schwebendem Kapillarwasser« oberhalb des Kapillarsaumes. ↗Sickerwasser ist Wasser, das sich durch Überwiegen der Schwerkraft in der ungesättigten Zone nach un-

Ungleichförmigkeitsgrad (Tab.): verschiedene Grenzwerte für die Ungleichförmigkeitszahl U.

gleichförmig	$U < 3$
ungleichförmig	$U = 3 – 15$
sehr ungleichförmig	$U > 15$
nach dem Grundbautaschenbuch (1980):	
gleichförmig	$U < 5$
ungleichförmig	$U = 5 – 15$
sehr ungleichförmig	$U > 15$
nach DIN 18196 (1988):	
gleichförmig	$U < 6$
ungleichförmig	$U > 6$

ten bewegt. Das Wasser in der ungesättigten Zone steht unter Unterdruck, der als negativer hydrostatischer Druck aufgefaßt werden kann und als absoluter Zahlenwert als Wasserspannung mit Hilfe von ∕Tensiometern gemessen wird. Die Wasserspannung wird üblicherweise als ∕pF-Wert in log cm Wassersäule angegeben, wobei F für freie Energie und p für Logarithmus steht. Bei abnehmendem Wassergehalt steigt die Wasserspannung. Der Zusammenhang zwischen Wassergehalt und Wasserspannung ist von der Porengrößenverteilung und dem Porenvolumen abhängig und daher in den einzelnen Bodenhorizonten verschieden. Als wichtiger bodenspezifischer Grenzwert ist die ∕Feldkapazität zu nennen, die denjenigen Wassergehalt angibt, oberhalb dessen jede weitere Wasserzufuhr zur Wasserabgabe in die Tiefe (zur Versickerung) führt. Die Feldkapazität ist groben in Untergrundmaterialien wesentlich kleiner als in feinen. [ME]

ungespannter Grundwasserleiter ∕ *freies Grundwasser.*

ungespanntes Grundwasser ∕ *freies Grundwasser.*

ungestörte Probe, ∕Bodenprobe, die ohne Störung des ∕Bodengefüges aus dem sie umgebenden Bodenverband gewonnen wird. Die Entnahme der ungestörten Probe erfordert eine spezielle Technik (Einschlagen oder Eindrücken von Hohlzylindern definierten Volumens) und ist auf den Zeitraum frühjahrsfeuchten Bodens beschränkt. Probenahmen zu Zeitpunkten niedrigen Bodenwassergehaltes schließen wegen der Störung des Gefüges durch Bodenaufbruch die Entnahme ungestörter Bodenproben aus. Ungestörte Proben sind Voraussetzung für detailgetreue morphologische und funktionelle Untersuchungen des ∕Bodengefüges, für eine Messung realistischer Parameter der ∕Wasserdurchlässigkeit, der Luftdurchlässigkeit oder der Gasdiffusion.

Ungleichförmigkeitsgrad, bezeichnet die Neigung der Körnungslinie (∕Siebkurve); sie gibt die Gleichförmigkeit bzw. Ungleichförmigkeit eines Bodens an, die für verschiedene Bodeneigenschaften von Bedeutung ist. Dabei ist der Ungleichförmigkeitsgrad ein Parameter zur Charakterisierung von vorwiegend Sanden und gröberen Korngemischen hinsichtlich ihrer Verdichtbarkeit. Der zahlenmäßige Ausdruck dafür ist die *Ungleichförmigkeitszahl U*:

$$U = d_{60}/d_{10}.$$

Dabei sind d_{60} und d_{10} die Korngrößen in mm, bei denen die Summenkurve die 60 %- bzw. 10 %-Linie schneidet. Als Grenzwerte gelten die in der Tabelle angeführten Werte.

Zur Bestimmung des ∕k_f-Wertes aus der Kornanalyse von Lockergesteinen ist die Untersuchung eines repräsentativen Korngemisches notwendig. Hierfür wird in der Praxis zumeist die Hazen-Formel verwendet:

$$k_f = C \cdot d_{10}^2$$

wobei:

$$C = \frac{0{,}7 + 0{,}03 \cdot t}{86{,}4}$$

mit t = Grundwassertemperatur [°C]. Diese Formel gilt allerdings nur, wenn der Ungleichförmigkeitsgrad U kleiner als 5 ist.

Ungleichförmigkeitszahl ∕Ungleichförmigkeitsgrad.

Ungleichheit der Gezeit ∕Gezeiten.

unitäre Strukturamplitude ∕Strukturamplitude.

univalenter Ionenradius, von ∕Pauling bestimmter Ionenradius, die auf einem empirischen Zusammenhang zwischen Ordnungszahl und Ionenradius beruhen. Paulings univalente Radien sind hergeleitet unter der Annahme, daß alle Ionen – auch mehrwertige – nur einwertig wären (Einwertigkeitsradien). Pauling geht von der Annahme aus, daß der Radius r umgekehrt proportional zur effektiven Kernladungszahl $(Z-S)$ ist,

$$r = C_n/(Z-S)$$

und deshalb von der Ordnungszahl Z (Kernladungszahl) abhängt. C_n und S (Abschirmkonstante) sind empirische Konstanten, die durch die Hauptquantenzahl n bestimmt sind und für isoelektronische Ionen, z. B. Na$^+$ und Cl$^-$, den gleichen Wert haben. Paulings univalente Ionenradien fallen etwas größer aus als die ∕effektiven Ionenradien, die üblicherweise verwendet werden.

Universalatlas, ein komplexer ∕Weltatlas, der nach Inhalt und Darstellung umfassend angelegt ist. Diese Atlanten zeichnen sich aus durch eine breite Palette ∕physischer Karten und politischer Karten, Wirtschaftskarten und Karten zu Kultur und Reisen, thematische ∕Weltkarten und ∕Stadtkarten, Weltraum- und ∕Satellitenbildkarten. Oft enthalten sie auch Geschichtskarten und historische Karten. Im Sinne der Darstellung bedeutet universal die Nutzung aller Medien wie ∕Karte, Graphik, ∕Bild, Tabelle und Text. Damit ist ein Universalatlas die komprimierteste Form der Darstellung des geographischen Weltbildes.

Universaldrehtisch, *U-Tisch*, *Fodorov-Tisch*, Zusatzinstrument zum ∕Polarisationsmikroskop (∕Polarisationsmikroskopie), welches Drehungen des Untersuchungsobjektes um 3–5 Achsen erlaubt. Dadurch ist eine große Zahl der verschiedenartigsten Lagen der ∕Indikatrix zur Mikroskopachse möglich.

Universalinstrument, ein dem ∕Theodolit im Prinzip ähnliches Meßinstrument, mit dem man von einem stabilen Pfeiler (selten von einem Stativ) aus Vertikal- und Horizontalwinkel messen kann. Beliebige Punkte über dem Horizont (Sterne, terrestrische Meßpunkte) sind mit dem Fernrohr anzielbar. Das wird erreicht durch Verwendung eines geradsichtigen, exzentrisch an einem Ende der horizontalen Kippachse angebrachten oder eines zentrischen, gebrochenen Fernrohrs (wie beim ↗ Passageinstrument). Wichtiges Merkmal eines Universalinstruments ist, daß Höhenwinkel (Zentriwinkel) und Horizontalwinkel mit gleich hoher Genauigkeit gemessen werden können. Dazu verfügt das Universalinstrument über zwei sehr genau geteilte Meßkreise mit 20 bis 35 cm Durchmesser in vertikaler und horizontaler Anordnung. Die Teilung in Grad oder in Gon ist meist auf Glasringen aufgebracht. Zur Ablesung an der Teilung werden mechanische oder optische Mikrometer mit visueller oder elektronischer Registrierung verwendet. Im Gesichtsfeld des Fernrohrs ist zur Erfassung des Ziels ein System von horizontalen und/oder vertikalen Strichen sichtbar. Dieses und ein meßbar beweglicher Faden ermöglichen Mehrfachanzielungen bei gleichzeitiger Zeitregistrierung bewegter Objekte. Zur präzisen Aufstellung verfügt das Universalinstrument über spezielle Libellen oder Neigungskompensatoren. Die Justierung der vertikalen Drehachse (Stehachse) erfolgt mit einer aufsetzbaren Flüssigkeitslibelle (Reit- oder Hängelibelle) oder einer optisch-mechanischen Ziellinienstabilisierung. Die Nullpunktfixierung des Höhenkreises geschieht mit einer Indexlibelle oder durch einen gedämpften mechanischen Pendelkompensator. Für Messungen, bei denen die Höheneinstellung des Fernrohrs über mehrere Minuten nicht verändert werden darf, benützt man an der Horizontalachse senkrecht zu dieser anklemmbare Horrebowlibellen (↗ astronomische Breitenbestimmung, ↗ astronomische Zeit- und Längenbestimmungen). Mit ihrer Hilfe kann man auch aus der Stellung der Libellenblasen senkende Neigungsänderungen von wenigen Bogensekunden messen. [KGS]

Universal Soil Loss Equation, *USLE*, ist als ↗ allgemeine Bodenabtragsgleichung (ABAG) im deutschsprachigen Raum bekannt. Entwickelt wurde die USLE auf der Basis statistischer Untersuchungen von Wischmeier und Smith. Grundlegende Erkenntnisse sind von Zingg (1940), Laws und Parsons (1942) und Musgrave (1947) sowie durch Bodenabtragsmessungen von mehr als 10.000 Parzellenjahren im Mittleren Westen der USA eingeflossen. Diese wurden auf Verhältnisse von Standardparzellen (22,13 m Länge, 9 % Gefälle, saatbettbereite Schwarzbrache) bezogen. Der Bodenabtrag korreliert dabei mit einer Vielzahl von Einflußfaktoren. Sie bilden zusammengefaßt in sechs Hauptfaktoren die Gleichung:

$$A = R \cdot K \cdot L \cdot S \cdot C \cdot P$$

mit A = mittlerer Bodenabtrag [t/ha · a], R = Niederschlags- und Oberflächenabflußfaktor (auf den Boden wirkende Ablösungs- und Transportkräfte), K = Bodenerodierbarkeitsfaktor (Maß für die Erodibilität der Böden unter Standardbedingungen (bei saatbettbereiter Schwarzbrache), L = Hanglängenfaktor (Verhältnis des Bodenabtrags eines beliebig langen Hanges gegenüber der Standardhanglänge), S = Hangneigungsfaktor (Verhältnis des Bodenabtrages eines beliebig geneigten Hanges gegenüber dem Bodenabtrag des Standardhanges), C = Bedeckungs- und Bearbeitungsfaktor (Verhältnis des Bodenabtrages bestimmter Fruchtarten oder Fruchtfolgen gegenüber dem Bodenabtrag unter Standardbedingungen, wobei angebaute Kulturpflanzen, ihr ↗ Bodenbedeckungsgrad, technologische Bearbeitungsverfahren etc. berücksichtigt werden), P = Erosionsschutzfaktor (Verhältnis des Bodenabtrages bei Anwendung spezieller Schutzmaßnahmen, z. B. Kontur- oder Streifennutzung, Terrassierung usw., gegenüber dem Standardhang mit Bearbeitung in Gefällerichtung ohne Schutzmaßnahmen). Die ABAG berechnet den langjährigen mittleren Bodenabtrag für ein erosionswirksamen Hangabschnitt (vom Einsetzen des Oberflächenabflusses bis zum Beginn der Materialakkumulation oder des Eintritts der Suspension in Gräben oder Vorfluter). Weitere Limitationen sind durch die begrenzte Schätzsicherheit gegeben. Die besten Ergebnisse erreicht man im Bereich von Hanglängen bis zu 130 m und Neigungen von 5–12 % bei schluffigen und lehmigen Böden (Abb. im Farbtafelteil). Zur Berechnung von Abtragsfrachten einzelner Hänge für spezielle Jahre oder gar für einzelne Niederschläge darf die Gleichung nicht angewendet werden. Jeder der sechs Faktoren stellt eine Funktion mehrerer abhängiger Variablen und zum Teil ihrer Wechselwirkungen dar, die bei der Berechnung lokaler Werte zu berücksichtigen sind.

Die USLE wurde zur Unterstützung der landwirtschaftlichen Beratung in den USA entwickelt. Ziel des Modells ist die Vorhersage des ↗ Bodenabtrags von Hängen und der Vergleich unterschiedlicher Fruchtfolgeglieder, Managementpraktiken und weiterer Maßnahmen zum Schutz des Bodens vor Wassererosion. Zum Konzept gehört der Vergleich des Berechnungsergebnisses mit einer Toleranzgrenze des Bodenabtrags, dem sogenannten ↗ T-Wert. Dafür empfehlen die Entwickler der *RUSLE* (Revised USLE), einer Weiterentwicklung der USLE, einen sowohl wasserqualitäts-, ökonomisch und politisch bezogenen T-Wert, der jeweils eine Erosionsrate toleriert, welche die nachhaltige Pflanzenproduktion sichert. Die Revised USLE ist auch als PC-Programm erhältlich. Grunddaten liegen in den Datenbanken des USDA vor, wodurch die Beratung zum Bodenschutz vor Erosion in den USA stark vereinfacht wird. Verbessert und stärker regionalisiert wurde der ↗ R-Faktor; der ↗ K-Faktor gibt die jahreszeitliche Änderung der ↗ Erodierbarkeit wieder und integriert den erosionsmindernden Steinanteil. Der ↗ Topographiefaktor wurde weiterentwickelt, um das Verhältnis von Rillen- und Zwischenrillenerosion besser widerzuspiegeln.

Der C-Faktor wurde vom saisonal abhängigen relativen Bodenabtragswert zu einer kontinuierlich arbeitenden Gleichung mit den Subfaktoren Vorfrucht, Bodenbedeckung, Pflanzenbedeckung, Oberflächenrauhigkeit und in bestimmten Regionen der ↗Bodenfeuchte entwickelt. Die Subfaktoren schließen die Effekte der Wurzelmasse in den oberen 10 cm in Abhängigkeit von Jahreszeit, Bearbeitung und Pflanzenrückständen ein. Die RUSLE sollte mit ihrer verbesserten prozeßnäheren Betrachtungsweise den Anforderungen der Erosionsberatung in den USA bis zur Jahrtausendwende gewachsen sein und den Zeitraum bis zum Einsatz neuer Technologien, wie sie mit dem Water Erosion Prediction Project (WEPP) gegeben sind, überbrücken helfen.

Die Anwendung der USLE in anderen geographischen Regionen oder zu Zwecken, für die sie nicht entwickelt wurde, kann zu mißbräuchlicher Verwendung und zu Fehlinterpretationen führen. Anwendungen in Einzugsgebieten sind nur zulässig, wenn die Verhältnisse der Teilgebiete jeweils in spezifischen USLE-Faktoren repräsentiert werden. Die Abtragssumme muß in diesem Anwendungsfall stets mit gebietsspezifischen Depositionsgleichungen gekoppelt sein. Da sich empirische Gleichungen nicht übertragen lassen, sind Adaptionen der USLE nur mit Vorsicht und unter Verwendung ausreichend langer Datenreihen der betreffenden Anwendungsgebiete vorzunehmen. Vorteile der empirischen Gleichung sind die vergleichsweise einfachen Algorithmen, die geringe Anzahl an Inputparametern, deren einfache Parametrisierung und die Ausweisung der zu- oder abnehmenden Erosionsgefährdung bei Einsatz anderer Bewirtschaftungsmaßnahmen. Deshalb wird die USLE häufig mit Raster-GIS (↗Geoinformationssystem) gekoppelt. Nachteile sind neben der fragwürdigen Übertragung in andere Regionen auch Begrenzungen der Aussagen in bezug auf die ablaufenden Prozesse (z. B. Deposition, ↗Grabenerosion) und geringere Differenzierungen in Raum und Zeit. Dazu wurde das Modell nicht entwickelt. Ziel der Entwickler war eine schnelle Umsetzung der wissenschaftlichen Erkenntnisse und Anwendung in der Praxis mit wenigen überschaubaren Interaktionen gegen Ende der 1950 er, Anfang der 1960 er Jahre. Zunehmende Betrachtungen von komplexen Ökosystemen führten Mitte der 1970 er Jahre zu weitergehenden Fragestellungen. Zur Abschätzung der ereignisbezogenen Sedimentausträge wurde die USLE, den physikalischen Prozeß besser abbildend, modifiziert. Anstelle des Niederschlags- und Oberflächenabflußfaktors $R = E \cdot I_{30}$ [N/h] (E = kinetische Energie eines Zeitintervalls, I_{30} = maximale Regenintensität in 30 Minuten) wurden von Autoren einzelereignisbezogen mehr hydrologisch basierte Faktoren (Abflußvolumen und Scheitelabflußrate = $a(Q_T\ q_p)$ integriert (MUSLE) sowie der regenerosivitätsabhängige Abfluß und der Scheitelabfluß als verbesserter Erosivitätsindizes eingeführt:

$$R_m = 0{,}5\ E \cdot I_{30} + 0{,}30\ Q_t q_p^{0,33}.$$

Die grundlegenden Algorithmen der USLE sind auch Bestandteile von Nährstoff- und Pestizidtransportmodellen unterschiedlichen Einzugsgebietsflächenbezugs. Zu nennen sind CREAMS, GLEAMS, EPIC, ANSWERS, die alle zwischen 1980 und 1987 entwickelt wurden und z. T. gegenwärtig fortgeschrieben werden. [DDe]

Literatur: [1] FOSTER, G. R., LANE, L. J. (1987): User requirements USDA-Water Erosion Prediction Project (WEPP). – Lafayette. [2] RENARD, K. G., FOSTER, G. R., WEESIES, G. A. (1997): Predicting soil erosion by water – A guide to conservation planning with the Revised Universal Soil Loss Equation (RUSLE). – USDA-ARS, Agr. Handb. 703. [3] WISCHMEIER, W. H.; SMITH, D. D. (1978): Predicting rainfall erosion losses – a guide to conservation planning. – U. S. Department of Agiculture, Aricultural Handbook 537.

Universal Transverse Mercator Grid System
↗UTM-Koordinaten.

Unkrautbekämpfungsmittel, *Herbizide*, Pflanzenschutzmittel zur Unkrautkontrolle, die in drei Gruppen eingeteilt werden: a) Kontaktherbizide, die als Blattherbizide nur an den direkt benetzten Pflanzenteilen wirken, indem das Chlorophyll zerstört wird. Erfaßt werden nur Samenunkräuter, keine Wurzelunkräuter. b) Wuchsstoffherbizide führen zu übersteigertem Wachstum, Mißbildungen, Stoffwechselstörungen und Absterben der Pflanzen. c) Bodenherbizide wirken vorwiegend über die Wurzel, und werden vor der Saat eingearbeitet oder nach der Saat appliziert. Je nach Einsatzzeitpunkt unterscheidet man zwischen Vorauflauf-Herbiziden, die appliziert werden, bevor die Keimlinge die Bodenoberfläche durchstoßen oder Nachauflauf-Herbiziden, die im Kulturpflanzenbestand eingesetzt werden. Die ↗Applikation kann als Flächenbehandlung oder zur Einsparung an Aufwandmengen als Bandspritzung erfolgen. Bei letztgenanntem Verfahren wird ein schmales Herbizidband über die Kulturpflanzenreihe appliziert, zwischen den Reihen kann eine mechanische ↗Unkrautkontrolle erfolgen. [HPP]

Unkräuter, *Beikräuter*, *Segetalflora*, anthropozentrisch-wirtschaftsorientierte Bezeichnung für ↗Pflanzen, die unerwünscht sind. Sie finden sich als Bodenvegetation in Kulturpflanzengemeinschaften (Acker, Gartenbau, Forstwirtschaft) und weisen gelegentlich Massenvermehrung auf. Unkräuter sind als Wildkräuter unter normalen Bedingungen deutlich konkurrenzstärker als die in langer Zuchtentwicklung entstandenen ↗Nutzpflanzen, denen sie Nährstoffe, Licht und Wasser entziehen. Dadurch wird der Ertrag der Nutzpflanzen z. T. stark gesenkt, was wirtschaftlich v. a. in ↗Entwicklungsländern zu Problemen führt. Deshalb bekämpft der Mensch seit Jahrtausenden das Unkkraut mechanisch (Jäten, Pflügen) und seit ca. 1900 auch chemisch (↗Herbizide). In der ↗integrierten Landwirtschaft und der ↗biologischen Landwirtschaft hat sich in den letzten Jahren die Erkenntnis durchgesetzt, daß ein Unkraut-Bestand unterhalb einer bestimmten Schwelle positive Wirkung hat (stabileres Bodengefüge und Erosionsschutz durch die Bodenbedeckung, Nahrungspflanzen für ↗Nützlinge, Gen-Reservoir für zukünftige Nutzungen). Die Unkräuter werden daher auch mit dem positiven Begriff *Wildkräuter* belegt. [DR]

Unkrautfluren, *Segetalfluren*, jene ↗Pflanzengesellschaften, die in Äckern, Gärten, Weinbergen, Forsten, Weiden und Wiesen als »↗Unkräuter« zusammen mit ↗Nutzpflanzen vorkommen und durch die anthropogene Bewirtschaftung bedingt sind.

Unkrautkontrolle, beinhaltet eine Vielzahl von Anbau- und Pflegemaßnahmen, die entweder zunächst die Keimung von Samenunkräutern anregen, um mit anschließender wiederholter Bearbeitung die Unkräuter zu bekämpfen, oder die direkte mechanische Kontrolle des Unkrautes im Kulturpflanzenbestand: a) ↗Primärbodenbearbeitung, b) Stoppelbearbeitung mit verschiedenen Geräten, c) ↗Sekundärbodenbearbeitung, d) Hacken, Striegeln, Eggen, Fräsen, Bürsten, e) thermische Verfahren mittels Abflammen.

Unland, land- und forstwirtschaftlich nicht oder nur ungenügend nutzbare Fläche im ↗ländlichen Raum. Diese Flächen sind aus ökonomischer Sicht wegen ihrer natürlich bedingten schlechten Ertragsfähigkeit nicht rentabel. Ökologisch gesehen hat das Unland wichtige ökologische Ausgleichfunktionen und bietet als natürliches ↗Ökosystem ein ↗Refugium für gefährdete ↗Arten.

unspezifische Adsorption ↗Adsorption.

unsupervised classification ↗*unüberwachte Klassifizierung*.

Unterboden, 1) *Agrarökologie*: Aus ackerbaulicher Sicht handelt es sich beim Unterboden, um den Bereich des ↗Bodenprofiles, der nicht ständig mechanischen Eingriffen durch Maßnahmen der ↗Bodenbearbeitung ausgesetzt ist. 2) *Bodenkunde*, Bodenraum mit pedogenen Merkmalen, der sich zwischen ↗Oberboden (Krume) und Untergrund (Ausgangsgestein) befindet. Der Unterboden unterliegt langfristigen Veränderungen durch Verwitterung. Prozesse der ↗Bodenentwicklung können zur Verbraunung, Versauerung, Lessivierung, Podsolierung oder Vergleyung führen.

Unterbodenlockerung, ↗Tiefenlockerung, ist in der landwirtschaftlichen Praxis in der Regel auf den Tiefenbereich größer 30 und kleiner 120 cm Tiefe beschränkt.

Unterbodenmelioration ↗Gefügemelioration.

Untere Meeresmolasse, *UMM*, *UM*, älteste, unter marinen Verhältnissen abgelagerte Einheit des Molassebeckens (↗nordalpines Molassebecken).

unterer Kulminationspunkt, *Scheitelpunkt*, der tiefste Punkt der ↗Grenzstromlinie des Einzugsgebietes einer Grundwasserentnahme (↗Entnahmebreite Abb.).

Untere Süßwassermolasse, *USM*, *US*, zweitälteste, limnisch-fluviatil gebildete Einheit des Molassebeckens (↗nordalpines Molassebecken).

Unterfährte, die sich im Sediment unterhalb der tatsächlich von ihrem Erzeuger betretenen Oberfläche durchpausende Form des Extremitäteneindruckes. ↗Spurenfossilien.

Unterfußdüngung, ist eine Düngung unter oder direkt neben die Saatkörner, wobei die Nahrstoffe in einem Band gleichzeitig mit der Saat abgelegt werden.

untergeordnete Vergletscherung ↗Vergletscherung.

Untergrundabdichtung, Bestandteil von Bauwerken, bei denen die Dichtigkeit des Untergrundes von besonderer Bedeutung ist. Dazu werden z. B. bei ↗Talsperren mit Hilfe von Injektionen ↗Dichtungsschleier angelegt, wofür von der Aufstandsfläche, gelegentlich auch über eigens angelegte Stollen, Bohrungen abgeteuft werden, in die anschließend unter Druck Zementmilch, Bentonit oder Chemikalien eingepreßt werden.

Untergrunderkundung, geotechnische Untersuchungen von Boden und Fels als Baugrund und Baustoff bei Bauvorhaben aller Art einschließlich des Hohlraumbaus, des Baus von Abfalldeponien und der Sanierung von kontaminierten Standorten. Für die ↗Altlastenerkundung gelten besondere Anforderungen. Die Erkundung des Untergrundes wird in DIN 4020 detailliert beschrieben. Sie gibt Anforderungen für die Planung, Ausführung und Auswertung von geotechnischen Untersuchungen und soll sicherstellen, daß Aufbau und Eigenschaften des Baugrunds bzw. eines als Baustoff zu verwendenden Bodens oder Fels bereits für den Entwurf bekannt sind. Sie soll damit beitragen, die Unsicherheiten bezüglich des Baugrunds zu verringern, Bauschäden vorzubeugen und eine möglichst wirtschaftliche Lösung zu erreichen. Dabei sind geotechnische Untersuchungen für bautechnische Zwecke die zur bautechnischen Beschreibung und Beurteilung von Boden und Fels notwendigen ingenieurgeologischen, hydrogeologischen, hydrologischen, geophysikalischen, bodenmechanischen und felsmechanischen Arbeiten. Für jede Bauaufgabe müssen Aufbau und Beschaffenheit von Boden und Fels im Baugrund oder in den Gewinnungsstätten für Baustoffe sowie die Grundwasserverhältnisse ausreichend bekannt sein. Hierzu müssen Untersuchungen je nach Projekt ausgeführt werden. Aufschlüsse in Untergrund (Boden und Fels) sind als Stichprobe zu bewerten. Sie lassen zwischenliegende Bereiche nur Wahrscheinlichkeitsaussagen zu. Bei der Festlegung des Stichprobenumfangs (Lage, Anzahl, Art und Tiefe der Aufschlüsse, Anzahl und Art der Versuche usw.) sind Vorkenntnisse, örtliche Erfahrung und ergänzende Informationen zu berücksichtigen. Für die Planung der geotechnischen Untersuchung ist eine Aufstellung über die einschlägigen bautechnischen Fragen, die bei der baulichen Anlage bzw. bei der Gewinnungsstätte auftreten können, vorzunehmen. Sie muß die geologischen Gegebenheiten berücksichtigen und den im Laufe der Untersuchungen gewonnenen Kenntnissen laufend angepaßt werden. Führt das Ergebnis der geotechnischen Untersuchung zur Änderung der Planung, ist zu prüfen, ob ergänzende Untersuchungen notwendig sind. Für jede Phase der geotechnischen Untersuchung müssen die entsprechenden Unterlagen über das Bauobjekt zur Verfügung gestellt werden, wie z. B.: a) Lageplan mit Angabe der Lage des Bauobjekts im Gelände, b) Grundrisse und Schnitte der Vor- oder Entwurfsplanung mit NN-Höhen, c) voraussichtliche Massen und Lasten, dynamische und sonstige Einwirkungen, d) beabsichtigte bzw. mögliche Konstruktionsanweisungen und e) Nutzungsweise des Bauobjekts, insbesondere der unter Geländeoberfläche befindlichen Räume.

Die Erkundung des Untergrundes als Baugrund hat die Beschreibung aller für die jeweilige Baumaßnahme maßgebenden Baugrundeigenschaften zu ermöglichen und die erforderlichen Baugrundkenngrößen zu liefern oder zu überprüfen. Anhand der Kenntnis der Eigenschaften und Kenngrößen des Baugrunds müssen festgestellt beziehungsweise beurteilt werden können: a) Verformungen, die durch die Baumaßnahme und das Bauwerk hervorgerufen werden, ihre räumliche Verteilung und ihr zeitlicher Verlauf sowie die Möglichkeiten, durch konstruktive Maßnahmen (Formgebung, statisches System, Wahl der Gründungsart) ein verträgliches Zusammenwirken von Bauwerk und Baugrund zu erzielen; b) die Sicherheit gegen Grenzzustände, (beispielsweise gegen Grundbruch, Auftrieb, Gleiten Knicken von Pfählen); c) Lasteinwirkungen auf das Bauwerk aus dem Baugrund und Abhängigkeit dieser Kräfte von der konstruktiven Gestaltung des Bauwerks und der Art der Durchführung, z. B. Seitendruck auf Pfähle; d) die Einwirkungen, die auf das Bauwerk über die genannten Ursachen hinaus wirksam werden können; e) die Auswirkung des Bauwerks und seines Betriebs auf die Umgebung; f) die zusätzlichen Maßnahmen, die die Baudurchführung erfordert, z. B. die Baugrubenausbildung, einschließlich eventueller Rückverankerungen und Grundwasserhaltung, Hülsen bei Ortbetonpfählen, Beseitigung von Rammhindernissen; g) die Auswirkungen der Baudurchführung auf die Umgebung; h) bereits eingetretene oder in der Umgebung eines Kontaminationsbereiches zu erwartende Untergrundverunreinigungen nach Art und Ausdehnung; i) der Effekt einer Maßnahme zur Eingrenzung oder Beseitigung einer Untergrund- bzw. Grundwasserkontamination.

Bei der Untersuchung der Grundwasserverhältnisse müssen festgestellt werden können: a) die Tiefenlage, Mächtigkeit, Ausdehnung und Durchlässigkeit wasserführender Schichten und im Fels darüber hinaus die Trennflächensysteme, b) Höhenlage der Grundwasseroberfläche oder Grundwasserdruckfläche der Grundwasserstockwerke und ihre zeitabhängigen Schwankungen (außer augenblicklichen Grundwasserständen auch mögliche extreme Stände und deren Häufigkeit), c) chemische Beschaffenheit, Temperatur soweit erforderlich.

Nach diesen Ergebnissen muß unter Beachtung der Bauaufgabe beurteilt werden können: a) Möglichkeit, Art und Umfang von Grundwasserhaltungsmaßnahmen, b) Gefährdung von Baugruben oder Böschungen durch das Grundwasser (z. B. hydraulischer Grundbruch, Strömungsdruck, Erosion), c) erforderliche Maßnahmen für das Bauwerk selbst (z. B. Abdichtung, Dränung, Widerstandsfähigkeit gegen ↗ aggressive Wässer, ↗ hydrostatischer Druck), d) Auswirkungen auf Dritte (z. B. durch Absenkung, Wasserentzug, Aufstau), e) das Schluckvermögen des Baugrunds im Hinblick auf die Einspeisung von Wässern im Rahmen von Baumaßnahmen, f) die Nutzungsmöglichkeit als Brauchwasser für bautechnische Zwecke.

Bei Festlegung von Art und Umfang der geotechnischen Untersuchungen des Baugrunds sind folgende Einflußmerkmale zu beachten: a) Art, Größe und Konstruktion der baulichen Anlage, b) Geländeform und Baugrundverhältnisse, c) Grundwasser, d) Erdbebengefährdung, e) Einflüsse aus der Umgebung oder auf die Umgebung (z. B. Oberflächenwasser, offene Gewässer, Maßnahmen Dritter, Anschneiden eines Hanges), f) Fragestellung (z. B. Voruntersuchung, Hauptuntersuchung), g) Möglichkeit der Baudurchführung (z. B. Baugrubenumschließung, Wasserhaltung, Zwischenlagerung von Aushub, Befahrbarkeit von Bau- und Zufahrtsstraßen), h) Einschränkung technischer Untersuchungsmöglichkeiten, i) Möglichkeit, während der Baudurchführung ergänzende geotechnische Untersuchungen durchzuführen bzw. Konstruktionsänderungen vorzunehmen.

Die Untersuchungen sollten möglichst umfassen: a) Sichtung und Bewertung von vorhandenen Unterlagen, b) Erkundung der Konstruktionsmerkmale und Gründungsverhältnisse im Einflußbereich der Baumaßnahme liegender baulicher Anlagen, c) allgemeine geologische Beurteilung, gegebenenfalls bei einzelnen Objekten oder schwierigen Baugrundverhältnissen geologische Detailuntersuchung, d) direkte Aufschlüsse, e) indirekte Aufschlüsse, f) Feldversuche, g) Probebelastungen, in Einzelfällen Probeausführung von Bauteilen mit Funktionsprüfung (z. B. Proberammungen), h) Pumpversuche, Dichtheitsprüfungen, i) Messung vorgegebener Abläufe wie Grundwasserschwankungen, Hangbewegungen usw. sowie k) Laboruntersuchungen (Art und Umfang der Laboruntersuchungen sind der Fragestellung und der Gewinnung der erforderlichen Rechenwerte anzupassen. Bei Aufschlußbohrungen ist auch der Bohrdurchmesser den für die Laborversuche benötigten Probenmengen bzw. Probendurchmessern anzupassen). Beschränkungen des Untersuchungsaufwandes sollen ebenso begründet werden wie besonders aufwendige und umfangreiche geotechnische Untersuchungen bei außergewöhnlichen Fragestellungen.

Bei Anordnung der Aufschlüsse sind folgende Vorgaben zu beachten: a) Um den räumlichen Verlauf der Schichtung zu erfassen, sind Aufschlüsse im Raster oder in Schnitten anzuordnen. Die geologischen Gegebenheiten sind hierbei zu berücksichtigen. b) Die Eckpunkte des Grundrisses sind bevorzugt mit direkten Aufschlüssen zu belegen. c) Bei Linienbauwerken sind je nach Breite der Trasse oder Breite von Dammaufstandsflächen oder von Einschnitten Aufschlüsse auch außerhalb der Bauwerksachse anzuordnen. d) An Hängen und Geländesprüngen (auch Baugruben) sind Aufschlüsse auch außerhalb des Bauwerksgrundrisses anzuordnen, und zwar so, daß die Stabilität des Hanges oder Geländesprunges beurteilt werden kann. Bei Rückverankerungen ist die Lage der Krafteinleitungsstrecke besonders zu berücksichtigen. e) Aufschlüsse sind so anzuordnen, daß sie keine Gefährdung des Bauwerks, der Baudurchführung und der Nachbarschaft durch Veränderung des Baugrunds und der Wasserverhältnisse bewirken.

Die Abstände direkter Aufschlüsse sind von Fall zu Fall nach den geologischen Gegebenheiten, den Bauwerksabmessungen und den bautechnischen Fragestellungen zu wählen. Als Richtwerte können gelten: a) bei Hoch- und Industriebauten ein Rasterabstand von 20 bis 40 m, b) bei großflächigen Bauwerken ein Rasterabstand von nicht mehr als 60 m, c) bei Linienbauwerken (Landverkehrswege, Wasserstraßen, Leitungen, Deiche, Tunnel, Stützmauern) ein Abstand zwischen 50 und 200 m, d) bei Sonderbauwerken (z. B. Brücken, Schornsteinen, Maschinenfundamenten) 2–4 Aufschlüsse je Fundament, e) bei Stabmauern, Staudämmen und Wehren (DIN 19 700 Teil 10 und Teil 11) Abstände zwischen 25 und 75 m in charakteristischen Schnitten. Bei schwierigen geologischen Verhältnissen oder zur Eingrenzung von Unregelmäßigkeiten sind geringere Abstände oder eine größere Anzahl von Aufschlüssen erforderlich. Dagegen darf bei sehr gleichförmigen geologischen Verhältnissen ein größerer Abstand oder eine geringere Anzahl der Aufschlüsse gewählt werden. Die Aufschlußtiefe z_a muß alle Schichten, die durch das Bauwerk beansprucht werden, erfassen. Bei Staudämmen, Wehren und für Baugruben im Grundwasser sowie bei Fragen der Wasserhaltung ist die Aufschlußtiefe außerdem auf die hydrologischen Verhältnisse abzustimmen. An Böschungen und an Geländesprüngen muß die Aufschlußtiefe im Hinblick auf die Lage möglicher Gleitflächen gewählt werden. Im Regelfall gelten diese Forderungen bei folgenden Aufschlußtiefen als erfüllt: Die Bezugsebene für z_a ist die Bauwerks- oder Bauteilunterkante, die Aushubsohle oder Ausbruchsohle.

Bei Alternativangaben gilt jeweils der größte Wert für z_a:

a) Hochbauten, Ingenieurbauten:

$$z_a \geq 3{,}0 \cdot b_F \text{ und } z_a \geq 6 \text{ m}$$

mit b_F = kleinere Fundamentmaß. Bei Plattengründungen und bei Bauwerken mit mehreren Gründungskörpern, deren Einfluß sich in tieferen Schichten überlagert, gilt:

$$z_a \geq 1{,}5 \cdot b_B$$

mit b_B = kleinere Bauwerksmaß.

b) Erdbauwerke:

$$\text{Damm: } 0{,}8 \cdot h < z_a < 1{,}2 \cdot h \text{ und } z_a \geq 6 \text{ m},$$
$$\text{Einschnitt: } z_a \geq 2 \text{ m } z_a \geq 0{,}4 \cdot h$$

mit h = Dammhöhe bzw. Einschnittiefe.

c) Linienbauwerke:

Landverkehrsweg: $z_a \geq 2$ m unter Aushubsohle
Kanal und Leitung: $z_a \geq 2$ m unter Aushubsohle:
$$z_a \geq 1{,}5 \cdot b_{AH}$$

mit b_{AH} = Aushubbreite

d) Hohlraumbauten:

$$1{,}0 \cdot b_{AB} < z_a < 2{,}0 \cdot b_{AB}$$

mit b_{AB} = Ausbruchbreite

e) Baugruben: Wenn Grundwasserdruckfläche und Grundwasserspiegel unter der Baugrubensohle liegen, dann gilt:

$$z_a \geq 0{,}4 \cdot h \text{ und } z_a \geq t + 2{,}0 \text{ m}$$

mit h = Baugrubentiefe und t = Einbindetiefe der Umschließung. Wenn Grundwasserdruckfläche und Grundwasserspiegel über der Baugrubensohle liegen, dann gilt:

$$z_a \geq 1{,}0 \cdot H + 2{,}0 \text{ m und } z_a \geq t + 2{,}0 \text{ m}$$

mit H = Höhe des Grundwasserspiegels über der Baugrubensohle (wenn bis zu diesen Tiefen kein Grundwasserhemmer erreicht wird, gilt: $z_a \geq t + 5$ m, wobei t = Einbindetiefe der Umschließung).

f) Staudämme und Staumauern: z_a ist nach Stauhöhe und hydrogeologischen Verhältnissen sowie nach den Konstruktionsweisen festzulegen.

g) Dichtungswände: $z_a \geq 2$ m unter Oberfläche des Grundwassernichtleiters.

h) Pfähle:

$$z_a \geq 1{,}0 \cdot b_G \text{ und } 10{,}0 \text{ m} \geq z_a \geq 4{,}0 \text{ m},$$
$$z_a \geq 3 \cdot D_F$$

mit b_G = kleineres Maß eines in der Fußebene liegenden Rechtecks, das die Pfahlgruppe umschließt und D_F = Pfahldurchmesser.

Bei größeren oder besonders schwierigen Bauobjekten sind einzelne Aufschlüsse tiefer zu führen, als dies nach den Aufzählungen a) bis h) erforderlich wäre. Auch bei ungünstigen geologischen Verhältnissen wie bei tiefliegenden, wenig tragfähigen oder stark kompressiblen Schichten sind größere Untersuchungstiefen zu wählen. Bei Fels darf in den Fällen a) bis c) die Untersuchungstiefe auf $z_a = 2{,}0$ m ermäßigt werden. Bei nicht eindeutigen Verhältnissen muß für mindestens eine Bohrung $z_a \geq 5{,}0$ m gewählt werden. In diesem Fall bezieht sich z_a nur dann auf die Bauwerkssohle, wenn dort bereits Fels im festen Verband ansteht, ansonsten bezieht sich z_a auf die Oberfläche des festen Felsverbandes.

Je nach vorhandenem Untergrund sowie Untersuchungszweck muß die zweckmäßigste Kombination der Aufschluß- und Untersuchungsverfahren nach den Abschnitten festgelegt werden. Die Auswahl und Kombination der Aufschlußverfahren, die sich zunächst an vorhandenen Unterlagen orientieren, sollen flexibel gehandhabt werden. Es muß möglich sein, während der Untersuchung unter Berücksichtigung der angetroffenen Verhältnisse Art und Umfang der einzelnen Untersuchungsverfahren zu ändern und anzupassen. Die einzelnen Verfahren sind:

a) geologische und bautechnische Vorgeschichte: Bei der Festlegung der geotechnischen Untersuchungen sind die Entstehungsgeschichte des Baugrunds und die bautechnische Vorgeschichte zu berücksichtigen.

b) Ortsbegehung: Vor der Festlegung des Untersuchungsprogramms, spätestens aber bei Beginn der Aufschlußarbeiten ist eine Ortsbegehung des Standortes und seiner Umgebung durchzuführen und zu dokumentieren.

c) Luftaufnahmen: Luftaufnahmen sind für die Vorerkundung bei großräumigen Aufgabenstellungen sowie in schlecht zugänglichen Gebieten zur Erfassung der Oberflächenbeschaffenheit und grundsätzlicher geologischer Strukturen, auch zur Erkundung von verschütteten Flußläufen, Rutschungen, geologischen Störungen, unter Umständen von Grundwasserströmungen oder Leckagen bei Staudämmen einzusetzen.

d) vorgegebene und einsehbare Aufschlüsse: Zu einem frühen Zeitpunkt der Erkundung sollen im natürlichen Gelände vorhandene Aufschlüsse im Baubereich und dessen näherer und weiterer Umgebung (z. B. an Flanken von Flußläufen, an steilen Bachgerinnen, Anschnitten) eingesehen und bewertet werden. Vorhandene und einsehbare Aufschlüsse sind in orientierten und vermaßten Skizzen darzustellen. Das ungefähre Alter des Aufschlusses muß abgeschätzt und protokolliert werden; auch die Entstehungsgeschichte des Aufschlusses ist anzugeben. Die Protokolle und bemaßten Skizzen sollten durch Farbfotos, gegebenenfalls Detailaufnahmen, ergänzt werden.

e) Schürfe, Untersuchungsschächte und Untersuchungsstollen: Schürfe, Untersuchungsschächte und -stollen dürfen nur nach sorgfältiger Planung und Abstimmung mit dem Hauptbauwerk nach DIN 4021 ausgeführt werden. Die Störung des Baugrunds in deren Umgebung ist zu berücksichtigen.

f) Bohrungen: Das Bohrverfahren und die Art der zu gewinnenden Boden-, Fels- und Wasserproben sind in Abhängigkeit von den zu erwartenden Fragestellungen und den zu erwartenden Boden- und Felsverhältnissen nach DIN 4021 zu wählen. Auch die im Bohrloch gegebenenfalls auszuführenden Versuche und Messungen sind dabei zu berücksichtigen. Bei der Durchführung von Kleinstbohrungen muß ein Sachverständiger zugegen sein.

g) Sondierungen: Ramm- oder Drucksondierungen in Böden als indirekte Aufschlußverfahren zur Erkundung und Untersuchung des Baugrunds sind nach DIN 4094 durchzuführen. Bei nichtbindigen Böden sind Ramm- und Drucksondierungen zur Beurteilung der Lagerungsdichte und der Festigkeitseigenschaften ergänzend zu den direkten Aufschlüssen erforderlich. Zur quantitativen Auswertung der Sondierergebnisse müssen die jeweils durchfahrenen Bodenarten bekannt sein. Flügelsondierungen zur Ermittlung der undränierten Scherfestigkeit in feinkörnigen Böden höchstens steifer Konsistenz sind nach DIN 4096 durchzuführen. Bei Sondierungen zur Erkundung des Baugrunds müssen grundsätzlich ergänzende direkte Aufschlüsse (Schlüsselbohrungen) ausgeführt werden.

h) geophysikalische Verfahren: Geophysikalische Oberflächenverfahren und geophysikalische Bohrlochverfahren dürfen zur Baugrunderkundung nur durch auf diesem Gebiet fachkundige Personen ausgeführt werden. Zur Baugrundbeurteilung ist grundsätzlich die Kalibrierung an den Ergebnissen direkter Aufschlüsse notwendig.

i) Laborversuche: Die für Laborversuche zu verwendenden Bodenproben (Bohr-, Schürf- oder Sonderproben) müssen die entsprechende Güteklasse nach DIN 4021 aufweisen. Zur Ermittlung der Zusammendrückbarkeit, der Scherfestigkeit und der Wasserdurchlässigkeit nach DIN 16130 Teil 1 ist Güteklasse 1 erforderlich. Bei anisotropen Böden ist hierbei die Richtungsabhängigkeit der Bodenkenngrößen zu beachten. Probengröße und Probemenge sind unter Beachtung von Korngröße und der benötigten Versuche zu bemessen. Auch bei Vorherrschen von Feldversuchen ist auf eine ergänzende Laboruntersuchung nicht zu verzichten. Es ist nach Möglichkeit eine größere Anzahl von Proben zu entnehmen, als untersucht werden soll. Anzahl und Art der durchzuführenden Versuche sind so zu wählen, daß unter Beachtung bestehender Vorkenntnisse die Beurteilung der geotechnischen Fragen möglich wird. Felsproben werden aus künstlichen oder natürlichen Aufschlüssen gewonnen (DIN 4021). Wegen der zumeist geringen Probengröße handelt es sich in der Regel um Gesteinsproben. Die daraus bei den Versuchen ermittelbaren mechanischen Parameter müssen daher als Gesteinsparameter, nicht als Felsparameter gewertet werden. Bei engen Trennflächenabständen sollte durch Entnahme und Untersuchung von Großproben angestrebt werden, die Felsparameter wenigstens näherungsweise zu erfassen. Soweit für die Durchführung von Laborversuchen Empfehlungen der DGEG oder DIN-Normen vorliegen ist danach vorzugehen. Ansonsten sind die angewendeten Verfahren näher zu beschreiben, gegebenenfalls unter Hinweis auf die benutzte Fachliteratur. Wasserproben müssen entsprechend den Untersuchungszwecken nach DIN 4021 entnommen und zur Untersuchungsstelle transportiert werden. Art und Umfang der Laboruntersuchungen richten sich nach der Fragestellung, z. B. bezüglich Betonaggressivität DIN 4030, bezüglich Stahlaggressivität DIN 50929 T1 und T3.

j) Feldversuche im Untergrund: Feldversuche sind bevorzugt durchzuführen bei grobkörnigen

Böden für die Ermittlung der Dichte, bei fein- und gemischtkörnigen Böden zur Ermittlung der Festigkeit und der Verformungseigenschaften sowie zur Bestimmung der Durchlässigkeit von Böden an der Bodenoberfläche oder im Bohrloch. Die Festigkeit und Verformungseigenschaften, der natürliche Spannungszustand und die Wasserdurchlässigkeit von Fels sind in der Regel nur durch Feldversuche in Bohrlöchern, Schürfen, Schächten, Stollen und an freigelegten Felsflächen zu ermitteln. Bei Feldversuchen im Fels ist stets eine geologische Dokumentation des Versuchsbereichs vorzunehmen. [ME]

Untergrunderosion, Tunnelerosion, die nach Starkniederschlägen bei bestimmten Horizontabfolgen lokal unterhalb der Oberbodenschichten abläuft. Bekannt aus Gebieten, wo Löß über Mergel ansteht.

unterirdische Bauwerke, sind z. B. Tunnel (/Tunnelbau), Stollen, U-Bahnschächte, Tiefgaragen, etc. Bei unterirdischen Bauwerken ist zwischen Bauwerken im ungesättigten Untergrund, Bauwerken mit Auffahrung des /Grundwassers und gravitativer Entwässerung am Ausgang sowie Bauwerken, die mit Teilstrecken in das Grundwasser eintauchen, zu unterscheiden. Während der Bauphase kann es in allen drei Fällen durch Kontamination des Sickerwassers, durch Emissionen der Baustelle, durch Unfälle, durch Ausbreitung des angefahrenen Grundwassers oder durch Grundwasserabsenkungen zu einer Störung und Beeinträchtigung des natürlichen Grundwasserdargebotes kommen. Nach Fertigstellung eines unterirdischen Bauwerkes ist insbesondere bei dem den Verkehr dienenden Bauwerken in jedem Fall, auch im ungesättigten Bereich, eine vollständige Abdichtung der Bauwerke anzustreben. Soweit inertes Baumaterial verwendet wird, muß damit eine weitere direkte Beeinträchtigung des Grundwassers ausgeschlossen werden. Allerdings können solche dichten unterirdischen Bauwerke bei geringmächtigen /Grundwasserleitern eine Stau- oder Barrierewirkung quer zur Abstromrichtung ausüben. Dies ist durch zusätzliche technische Maßnahmen wie Unterdükerung der Bauwerke auszugleichen. Quantitative Auswirkungen auf das Grundwasser können entstehen, wenn dieses bei einem Geländeeinschnitt freigelegt wird und Maßnahmen wie Sickeranlagen erforderlich sind, um durch ständige Grundwasserabsenkung die unterirdischen Bauwerke gegen das Grundwasser zu schützen. Die daraus resultierenden Auswirkungen auf das Grundwasser sind Grundwasserableitungen, Verringerung des nutzbaren bzw. pflanzenverfügbaren Grundwassers, Störung des Wasserhaushalts und Grundwasserabsenkungen. [ME]

unterirdischer Abfluß, A_u, der Teil des Gesamtabflusses, der aus dem /Grundwasser stammt und über /Quellen wieder zutage tritt. /Abfluß.

unterirdisches Einzugsgebiet, *Grundwassereinzugsgebiet*, das begrenzte oder abgrenzbare Gebiet, aus dem Grundwasser einem bestimmten Ort, z. B. einer Grundwasserentnahmestelle, zufließt. Der Verlauf der Grenze des Grundwassereinzugsgebietes wird durch geologisch-hydrogeologische, hydrologische sowie anthropogene Größen wie geologischer Aufbau und Durchlässigkeit des Untergrundes, Grundwasserneubildung und Höhe der Grundwasserentnahme beeinflußt.

unterirdisches Wasser, alles Wasser, das sich in Hohlräumen in der /Lithosphäre befindet. Zum unterirdischen Wasser zählt z. B. das /Grundwasser, das /Sickerwasser und das /Kapillarwasser.

unterirdische Wasserscheide, 1) /Grundwasserscheide. 2) Bereiche, häufig in grundwassernahen Böden, bei denen sich Wasser im Hangenden dieser Bereiche aufgrund von /Evaporation und/oder /Transpiration nach oben bewegt, jedoch unterhalb dieser Bereiche nach unten wandert. Hierdurch kommt es zur Ausbildung einer Wasserscheide.

Unterkorn /Korngröße.

unterkühltes Wasser, metastabiler Zustand des flüssigen Wassers bei Temperaturen unterhalb des Gefrierpunktes. Fast alle Wolken enthalten im Temperaturbereich zwischen 0 und -40°C unterkühltes Wasser, wobei die Wahrscheinlichkeit unterkühlte Tropfen anzutreffen mit abnehmender Temperatur nahezu exponentiell absinkt, von etwa 10 % bei -20°C auf Null bei -40°C, dem Einsetzen des homogenen Gefrierens. Die Existenz unterkühlten Wassers ist durch den Mangel geeigneter aktiver /Eiskeime bedingt (bei -20°C ca. 1 Eiskeim pro Liter).

Unterkühlung, liegt vor, wenn ein Dampf, eine Schmelze oder eine Lösung unter die Sättigungs- oder Schmelztemperatur gebracht werden. Das Maß für die Unterkühlung ist die Temperaturdifferenz zur Gleichgewichtstemperatur. Damit läßt sich die /Übersättigung eines Systems über die Temperatur einstellen und damit die Kinetik der /Keimbildung und der /Kristallisation steuern. Sie wird hauptsächlich bei der /Kristallzüchtung aus Lösungen oder aus der Schmelze (/Hochtemperaturschmelzlösungszüchtung) verwendet. Eine zu große Unterkühlung fördert unerwünschtes /dendritisches Wachstum und Neukeimbildung.

Unterlauf /Fließgewässerabschnitt.

Unterlegung, eine Hervorhebung von Zeichnungsteilen durch Farbfelder. So können im Kartenbild einzelne geographische Namen, aber auch Diagrammfiguren farbig unterlegt werden. Die Unterlegung dient entweder nur der Hervorhebung oder sie kann auch eine spezielle, in der Zeichenerklärung ausgewiesene Bedeutung erhalten. Auch Legendenteile, Erklärungen und zusätzliche Darstellungen auf Freiflächen können eine farbige Unterlegung erhalten. Werden Signaturen oder Vignetten mit Farbflächen versehen, so wird das als Farbfüllung bezeichnet, die zur Kennzeichnung von Bedeutungsunterschieden nach Farbrichtung und nach Farbintensität abgewandelt werden kann. Zur Unterscheidung von Land und Meer oder von thematisch bearbeitetem Gebiet zu unbearbeiteter Umgebung können Flächen mit einem Landton bzw. Meereston belegt werden. [WSt]

Unterlicht, der durch Rückstreuung im Wasser an die Oberfläche zurückkehrende Anteil des eingefallenen Lichtes. Das Unterlicht bestimmt die ↗Wasserfärbung.

Untermoräne, an der Unterseite des Eises (↗Gletscher oder ↗Eisschild) transportiertes Moränenmaterial (↗Moräne), das vom Gletscher durch ↗Detersion oder ↗Detraktion vom Untergrund abgelöst wurde oder durch Spalten aus oder durch den Gletscher an den Grund des Eises gelangte. Durch die Bewegung des Eises wird die Untermoräne über dem Untergrund bewegt, dabei werden die Gesteinsbruchstücke zerkleinert und ihre Kanten abgeschliffen, sie werden »kantengerundet«, abgeschliffen, poliert, geschrammt und gekritzt (↗gekritzte Geschiebe) und bearbeiten in der gleichen Weise den Untergrund. So entstehen ↗Gletscherschliff mit Geltscherschrammen, ↗Geschiebe, ↗Geschiebemergel und ↗Geschiebelehm. Abgelagert wird die Untermoräne zu ↗Grundmoräne.

Unterordnung, *suborder*, Einheit der Bodenklassifikation ↗Soil Taxonomy.

Unterplatte, im Bereich von konvergenten Plattengrenzen (↗Plattenränder) sinkt eine der beiden beteiligten Lithoshärenplatten in einer ↗Subduktionszone unter den Rand der anderen, an der Oberfläche verbleibenden Platte (↗Oberplatte) ab (↗Subduktion). Die Unterplatte (engl.: subducting plate; slab) ist meist ozeanisch, im Falle der ↗Kontinentalkollision wird eine kontinentale Platte zur Unterplatte (z. B. Indien unter Asien). Die Unterplatte bleibt bis in eine Tiefe von maximal 700 km seismisch aktiv (↗Wadati-Benioff-Zone). Innerhalb des Mantels, in den sie eintaucht, stellt sie eine negative thermische Anomalie dar, die sich durch eine geringere Dämpfung (hoher ↗Q-Faktor) der sie durchlaufenden seismischen Signale äußert.

Untersaat, meist Klee, Kleegras, Luzerne und Grasarten, die ohne Bodenbearbeitung in Wintergetreide oder zusammen mit Sommergetreide ausgesät werden. Nach der Ernte der Deckfrucht entwickelt sich die Untersaat voll und kommt der Forderung nach ständiger ↗Bodenbedeckung nach. Die Untersaat kann dann als ↗Zwischenfrucht genutzt werden oder auch als mehrjähriges Kleegras stehen bleiben.

Untersättigung ↗Sättigungsindex.

Unterschiebung, die Bewegung des Liegenden einer ↗Überschiebung gegenüber einem am Hangenden fixierten Bezugsrahmen. Dynamisch und kinematisch besteht kein Unterschied zwischen Unterschiebung und Überschiebung.

Unterschiedshöhe, Differenz aus ↗Niederschlagshöhe h_N und ↗Abflußhöhe h_A (↗Wasserbilanz):

$$h_U = h_N - h_A.$$

Unterschießung, spezielle seismische Messung, bei der Schuß- und Geophonpunkte nicht kontinuierlich fortschreiten und z. T. größere Abstände zwischen ↗Schuß und dem schußnächsten ↗Geophon auftreten, weil das dazwischenliegende Gebiet nicht zugänglich ist (z. B. beim Überqueren eines Wasserlaufs) oder eine Struktur die Wellenausbreitung stark beeinflußt (z. B. Salzdiapir) und große Unsicherheiten in den Geschwindigkeiten eine Bearbeitung erschweren würden (z. B. Verminderungen der Wellengeschwindigkeit über einer Lagerstätte durch austretendes Gas).

Untersonne, ein heller Fleck auf einer von oben gesehenen Eiswolke unterhalb der Sonne; ein spezieller ↗Halo aus der Fülle der Halo-Erscheinungen.

Untersuchungsstollen, Stollen, der zur ↗Baugrunderkundung dient. Untersuchungsstollen geben Aufschluß über die Boden- bzw. Felsart, Schichtung und Lagerung, Verwitterung, evtl. Auflockerung, Trennflächen, geologische Störungen und, falls der Grundwasserspiegel das Stollenniveau erreicht, über das Vorhandensein von Grundwasser. Bohrlochversuche zur weiteren Baugrunderkundung können in den Untersuchungsstollen ebenfalls durchgeführt werden.

Untertagedeponie, *UTD*, sind untertägige Deponien in natürlichen sowie künstlich geschaffenen Hohlräumen. Sie dienen der Entsorgung leicht wasserlöslicher, toxischer und ↗radioaktiver Abfälle die längerfristig der Biosphäre entzogen werden sollen um eine Schädigung des Menschen und der Umwelt zu vermeiden. Als Deponieraum werden oft ehemalige Bergwerke, für radioaktive Abfälle meist Salzbergwerke, genutzt. Unterirdische Hohlräume müssen bestimmte Kriterien erfüllen, um als Untertagedeponie genutzt werden zu können. Aus Senkungsmessungen an der Erdoberfläche und Konvergenzmessungen im Salz muß hervorgehen, daß abbaubedingte Spannungen weitgehend abgeklungen sind, und Gebirgsschläge oder Erdbeben die Standsicherheit der Deponiehohlräume und die Unversehrtheit der Deckschichten nicht gefährden. Der Grubenraum muß vor Wassereinbrüchen sicher sein. Besonders bezüglich der ↗Endlagerung radioaktiver Abfälle werden Untertagedeponien untersucht. [NU]

Untertagespeicher, Speicher unter der Geländeoberkante; bezeichnet i. a. Speicher zur Lagerung von Erdöl oder Gas in unterirdischen Hohlräumen.

Untervorschiebung, (vor allem in älterer Literatur), Störung, die in ihrer heutigen Lage eine Abschiebung ist, aber zusammen mit Einengungsstrukturen (↗Falten, ↗Aufschiebungen, ↗Überschiebungen) auftritt. Der Ausdruck umfaßt Strukturen ganz unterschiedlicher Entstehung von überkippten Überschiebungen (Abb.) bis zu echten ↗Abschiebungen.

Unterwasserböden ↗*subhydrische Böden*.

Unterwasserdüne, größere, meist regelmäßige sich in Gewässern in Strömungsrichtung bewegende Sohlenwelle, deren Höhe von der Wassertiefe abhängt.

Unterwasserlaboratorium, bemannte oder unbemannte Einrichtung, mit deren Hilfe gezielte

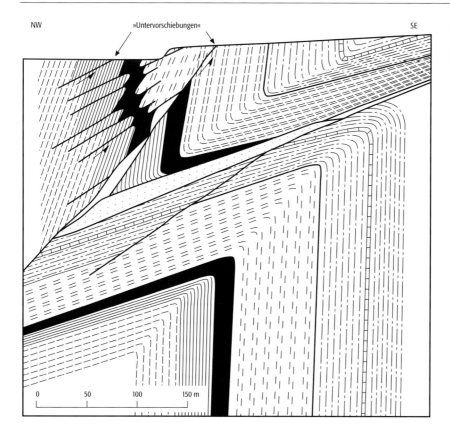

Untervorschiebung: Untervorschiebungen (in diesem Fall wahrscheinlich überkippte Überschiebungen) im Thüringischen Schiefergebirge.

wissenschaftliche Versuche unter Wasser durchgeführt werden können. Durch die Begrenzung der Aufenthaltszeiten von Tauchern unter Wasser erfolgten in den 1960er Jahren zahlreiche Entwicklungen von bemannten Unterwasserlaboratorien. In der Folge von Unfällen und der Verschiebung der Forschungsschwerpunkte war in den 1970er Jahren ein starker Rückgang zu verzeichnen. Inzwischen haben sich durch die Fortschritte im Einsatz von Robotern neue Anwendungsgebiete für unbemannte Unterwasserlaboratorien bei Langzeitversuchen eröffnet.

Unterwasserpumpe, Einrichtung zur Förderung von Wasser, die unterhalb des dynamischen Wasserspiegels (↗Betriebswasserspiegel) eingebaut wird. Bei Förderhöhen >7 bis 8 m ist eine Wasserförderung nur über Unterwasserpumpen möglich. Hierbei kann der Antrieb der Unterwasserpumpen über ein Gestänge oder ein hydraulisches System von Obertage erfolgen, z.B. durch Kolbenpumpen, bei denen einer oder mehrere Kolben mit entsprechender Ventilsteuerung Wasser alternierend ansaugen und hochdrücken. Moderne Unterwasserpumpen sind als Kreiselpumpen oder Tauchmotorpumpen gebaut. Ihr Arbeitsprinzip fußt auf der Umsetzung von mechanischer Energie über ein Schaufelrad in Strömungsenergie. Ein wasserdicht verkapselter Elektromotor versetzt dabei eine mit einem oder mehreren Schaufelrädern (Pumpenstufen) bestückte Welle in Drehbewegung.

Unterwasserschorre, unter dem mittleren Tideniedrigwasser liegender Bereich der ↗Schorre.

unüberwachte Klassifizierung, *unsupervised classification, ISODATA-Klusterung, automatische Klassifizierung,* statistische Verfahren, die Klassenbildungen ohne Referenzdaten ermöglichen (↗Klusteranalyse). Ziel dieser Verfahren ist, Bildelemente, die im ↗Merkmalsraum durch Merkmalsvektoren dargestellt werden, so in Kluster zusammenzufassen, daß jede dieser Ballungen einer homogenen Bildregion entspricht. Alle ↗Bildelemente werden also lediglich aufgrund statistischer Parameter verschiedenen Klassen zugeordnet. Die Verfahren unterscheiden sich u.a. in den Eingangsparametern, teilweise werden Angaben, wie z.B. Klassenanzahl oder Festlegung der Keimpunkte, d.h. jener Punkte, die als Ursprung einer Klasse dienen, benötigt. Im Gegensatz zur ↗überwachten Klassifizierung liegen Informationen zu thematischen Inhalten bzw. Zugehörigkeiten zu tatsächlichen Objektklassen zunächst nicht vor. Sie werden in der Nachbearbeitung zugewiesen, sofern dies überhaupt möglich ist. [HW]

unvollkommene Brunnen, erfaßen über ihre Filterstrecke nur einen Teil der Gesamtmächtigkeit des Grundwasserleiters; zur Wassergewinnung ausreichend, wenn der Grundwasserleiter sehr mächtig und/oder hochdurchlässig ausgebildet ist. ↗vollkommene Brunnen.

Unwetter, als extrem schlecht empfundene, oft

U-Pb-Methode

U-Pb-Methode 1: die drei natürlichen radioaktiven Zerfallsreihen.

fen parallel zur selben Zeit zwei radioaktive Zerfallsreihen ab, deren Edukte und Produkte chemisch identisch sind. Man kann zwei Altersgleichungen formulieren und für jede Probe zwei Alter berechnen (↗Anreicherungsuhr). Durch Division der beiden Gleichungen und Einsetzen des bekannten $^{238}U/^{235}U$-Verhältnisses von 137,88 erhält man eine dritte Gleichung, welche die Berechnung eines *Pb-Pb-Alters* allein aus einem Pb-Isotopenverhältnis erlaubt (*Evaporationsmethode*). Wegen der hohen Mobilität des Urans ist die Datierung von Mineralen oder Gesamtgesteinen nach der ↗Isochronenmethode nur in Ausnahmefällen möglich. Erfolgversprechender ist die Bestimmung von Pb-Pb-Altern an Gesamtgesteinen, da Pb-Isotopenverhältnisse gegen eine Rücksetzung resistenter sind als U-Pb-Verhältnisse.

Für die U-Pb-Datierung kommen nur einige wenige stabile Minerale in Betracht, welche bei ihrer Bildung Uran gegenüber Blei extrem anreichern und die sich in Bezug auf das U-Pb-System weitgehend geschlossen verhalten. Die U-Pb-Methode bietet für diese wesentliche Randbedingung isotopischer Uhren (die Geschlossenheit des Systems) eine interne Kontrollmöglichkeit, da für ein Mineral zwei voneinander unabhängige Alter bestimmt werden können. Eine Übereinstimmung oder Konkordanz dieser Alter belegt, daß nach der Bildung des Systems keine Öffnung mehr stattgefunden haben kann. Eine geochemische Änderung des U-Pb-Verhältnisses beträfe die beiden Zerfallsreihen aufgrund ihrer unterschiedlichen Zerfallskonstanten in unterschiedlichem Ausmaß und würde zu diskordanten Alterswerten führen. Konkordante U-Pb-Alter stellen derzeit wohl die genaueste und zuverlässigste isotopische Altersbestimmung dar. Aber auch diskordante Alterswerte liefern in vielen Fällen geochronometrische Informationen, da mit ihrer Hilfe die Öffnung eines Mineralsystems nicht nur erkannt, sondern auch deren Zeitpunkt erfaßt werden kann. Zur Darstellung von U-Pb-Isotopendaten dient das *Konkordiadiagramm* oder *Wetherill-Diagramm* (Abb. 2), in welchem die Isotopenverhältnisse der beiden Isotopensysteme gegeneinander aufgetragen werden. In dieser Darstellung liegen Punkte, die ein identisches Alter repräsentieren, auf einer Kurve, die *Konkordia* genannt wird. Die Krümmung dieser Linie ist durch die unterschiedlichen Halbwertszeiten des ^{238}U und ^{235}U bedingt. Diskordante Datenpunkte einer Probe liegen meist auf einer geraden Linie, der *Diskordia*, welche die Konkordia in zwei Punkten schneidet (*Schnittpunktalter*). Der obere Schnittpunkt kann in seiner Bedeutung meist mit konkordanten Alterswerten gleichgesetzt werden, der untere Schnittpunkt liefert häufig eine Altersinformation zur Störung des U-Pb-Systems. Weitere Darstellungsformen sind das *Tera-Wasserburg-Diagramm* ($^{238}U/^{206}Pb$-$^{207}Pb/^{206}Pb$) und das *Tatsumoto-Diagramm* ($^{235}U/^{207}Pb$-$^{206}Pb/^{207}Pb$). Da in den genannten Diagrammen jeweils nur die radiogenen Anteile der gemessenen Isotopenverhältnisse eingetra-

Schäden verursachende Wetterkonstellation, z. B. ↗Orkan oder ↗Hagel.

U-Pb-Methode, *Uran-Blei-Methode*, eine der gebräuchlichsten Methoden der ↗Altersbestimmung nach dem Prinzip der ↗Anreicherungsuhr. Verwendet werden die beiden ↗Zerfallsreihen:

$$^{238}_{92}U \rightarrow {}^{206}_{82}Pb + 8\,{}^{4}_{2}He + 6\beta^- + 47{,}4\ \text{MeV/Nuklid},$$
$$^{238}_{92}U \rightarrow {}^{206}_{82}Pb + 7\,{}^{4}_{2}He + 4\beta^- + 45{,}2\ \text{MeV/Nuklid},$$

welche beide in Nukliden desselben Elements (Uran) beginnen und im selben Element (Blei) enden. Die Halbwertszeiten der beiden Ausgangsnuklide ($^{238}U = 4{,}47 \cdot 10^9$ Jahre, $^{235}U = 7{,}07 \cdot 10^8$ Jahre) sind dabei sehr viel höher als die der darauffolgenden Zwischenprodukte, so daß sich die Serien, über einen geologischen Zeitraum betrachtet, im Gleichgewicht befinden (Ungleichgewichtsmethode). Die Folgeisotope sind jeweils Mitglieder nur einer der beiden Serien. Die Abbildung 1 zeigt die beiden radioaktiven Familien, welche auch als Uran-Radium- und Actinium-Reihe bezeichnet werden, im Detail. Das heutige $^{238}U/^{235}U$-Verhältnis ist bis auf wenige Ausnahmen überall in der Welt identisch und hat einen Wert von 137,88. In uranhaltigen Systemen laugen werden, muß das *initiale Blei* (gewöhnliches Blei) welches sich beim Start der Uhr bereits im System befand, vom gemessenen Anteil subtrahiert werden. Ist sein Anteil sehr gering, reicht es aus, seine Isotopenzusammensetzung anhand idealisierter Blei-Entwicklungsmodelle für die Erde abzuschätzen (↗Bleiisotope). Ist er jedoch signifikant, bedarf es einer sehr genauen Kenntnis der Isotopenzusammensetzung durch Analyse des Bleis in kogenetischen uranfreien Mineralen, deren Bleisystem allerdings nicht gestört sein darf.

Eine manchmal gangbare alternative Vorgehensweise ist die Erweiterung der Diagramme um eine dritte Achse, die das nicht radiogene Isotop ^{204}Pb darstellt (*3D-Diskordia*). Die Probenpunkte bestimmen nun eine Diskordia-Fläche, deren Schnittlinie mit der *x-y*-Ebene die bekannte zweidimensionale Diskordia darstellt. Zur Definition dieser Fläche benötigt man mindestens drei Probenpunkte mit möglichst großer Spannweite in der Diskordanz und im initialen Bleigehalt.

Das in der U-Pb-Methode am häufigsten verwendete Mineral ist das weitverbreitete Akzessorium ↗Zirkon. Es ist eine magmatische Frühausscheidung, deren Wachstum aber über einen längeren Zeitraum andauert und welches aufgrund seiner hohen Stabilität selbst hochgradige ↗Metamorphosen überdauern kann; metamorphes Neuwachstum ist vielfach beschrieben worden. Der Zirkon ist sehr verwitterungsresistent und kann mehrere Verwitterungs- und Sedimentationszyklen überstehen. Konkordante U-Pb-Alter von Zirkonen werden üblicherweise als ↗Kristallisationsalter interpretiert, wobei die Bildung der Zirkone je nach H$_2$O-Gehalt der Schmelze zwischen ca. 1200°C und 650°C stattgefunden haben kann. Häufig liefern Zirkone diskordante Alterswerte, welche unterschiedlich interpretiert werden: Das klassische Modell des Episodischen *Bleiverlustes* geht von einem einphasigen Zirkonsystem aus. Die diskordante Lage von Probenpunkten wird hier durch ein kurzzeitig wirkendes Ereignis, welches zu Bleiverlust führt, erklärt. Als dessen Folge zeigen die Probenpunkte im Diagramm eine lineare Anordnung. Der obere Schnittpunkt dieser Linie mit der Konkordia wird als ursprüngliche isotopische Zusammensetzung und der entsprechende Alterswert als das Kristallisationsalter der Zirkone interpretiert, der untere Schnittpunkt als Zeitpunkt der Systemöffnung durch metamorphe Aufheizung Druckentlastung oder auch Verwitterung (Schnittpunktalter). Während einer komplizierten geologischen Geschichte ist auch mehrfacher Bleiverlust denkbar, welcher zu einer nicht mehr interpretierbaren Anordnung der Probenpunkte im Konkordiadiagramm führen kann. In der Regel sind jedoch Zirkone, die einmal eine hochgradige Metamorphose erlitten haben, unempfindlich gegenüber weiteren Ereignissen, so daß meist ein sekundäres Ereignis dominiert. In jüngerer Zeit wird Mischungseffekten bei der Erklärung diskordanter U-Pb-Alter eine immer größere Rolle zugeschrieben.

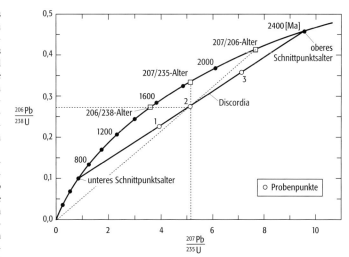

U-Pb-Methode 2: Wetherill-Konkordia-Diagramm. Angegeben ist die Lage von drei diskordanten Datenpunkten (1,2,3), deren Schnittpunktsalter sowie die scheinbaren Alter des Punktes 2 (Ma = Mio. Jahre).

Die drei bisher vorgestellten Modelle betrachten den Zirkon als einphasiges System. Tatsächlich hat man es jedoch bei der Analyse in aller Regel mit einer Mischung unterschiedlicher (konkordanter und diskordanter) Zirkonphasen selbst im Einzelkornbereich zu tun, wobei die Mischung konkordanter Zirkonphasen eine diskordante Lage des Probenpunkts im Diagramm ergibt. Untersuchungen mit der SHRIMP sowie nach der Evaporationsmethode bestätigen die Inhomogenität der meisten Zirkone bezüglich ihres U-Pb-Systems sowie die Existenz mehrerer konkordanter Partien in vielen Kristallen. Dies zeigt, daß letztlich nur konkordante Alter eine zweifelsfreie Interpretation zulassen.

Neben dem Zirkon ist das Akzessorium ↗Monazit gegenwärtig das wichtigste Mineral in der U-Pb-Geochronometrie. Es kann magmatisch oder in der oberen Amphibolit- und Granulitfazies (↗metamorphe Fazies) auch metamorph gebildet werden. Die Alterswerte von Monaziten sind meist konkordant. Diskordante Alterswerte wurden beschrieben und in ähnlicher Weise wie Zirkonalter interpretiert. Die Frage, ob Monazitalter Bildungsalter oder hochtemperierte Abkühlalter darstellen, wird kontrovers diskutiert. Weiterhin wird in der U-Pb-Geochronometrie der ↗Rutil verwendet, welcher nach dem bisherigen Stand der Kenntnis Abkühlalter mit einer ↗Schließtemperatur für das U-Pb-System von ca. 400°C datiert.

Bei der konventionellen U-Pb-Analytik werden geringe Mineralmengen (< 1 mg) oder Einzelzirkone nach Separation und Aufschluß der Minerale sowie Spiken (↗Isotopenverdünnungsanalyse), Abtrennung der Elemente U und Pb und deren Messung im TIMS (↗Massenspektrometrie) analysiert. Daneben besitzt in der U-Pb-Geochronometrie die Analytik insbesondre alter Zirkone mit der ↗SHRIMP-Methode (Sensitive High Resolution Ion Micro Probe) mit einem Massenspektrometer große Bedeutung. Mit diesem Instrument können Pb-Isotopenverhältnisse in Zirkonen in situ gemessen werden. Die Bestimmung der Relativ- und Absolutkonzentrationen von U und Pb wird allerdings durch die sehr unterschiedliche und variable Diskriminierung der SHRIMP für beide Elemente erschwert. Der Vorteil der Methode liegt deshalb vor allem in der hohen geometrischen Auflösung, welche meist eine Trennung verschiedener inhärenter U-Pb-Alter gestattet. In fast jeder Probe können konkordante Partien gefunden werden, was trotz der relativ hohen Meßfehler eine relativ genaue Datierung alter Zirkone erlaubt. Ein kritischer Punkt bei der geologischen Interpretation von Ionensondendaten ist die Repräsentativität der datierten Bereiche. Da in Zirkonen meist zahlreiche unterschiedlich bedeutende Ereignisse isotopisch dokumentiert sind, kann die subjektive Auswahl von Meßpunkten zu einer falschen Gewichtung der Alterswerte führen. Insbesondere als Screening-Methode oder bei geologisch einfachen Verhältnissen kann die Evaporationsmethode mit Erfolg angewandt werden. Bei dieser Methode werden Zirkonkristalle im TIMS direkt verdampft und ^{207}Pb/^{206}Pb-Werte gemessen, welche direkt Alterswerten entsprechen. Die schrittweise Steigerung der Temperatur während der Messung erlaubt eine Unterscheidung der verschiedenen Pb-Komponenten eines Zirkonindividuums, die entsprechend ihrer Aktivierungsenergie mobilisiert und analysiert werden. Nicht kristalline Partien, die fast das gesamte gewöhnliche Pb enthalten, werden vor Beginn der eigentlichen Messung bei niedrigeren Temperaturen abgeheizt. Die ermittelten Alter können jedoch nur im Falle einphasiger und geschlossener Systeme als Kristallisationsalter interpretiert werden. Ob diese Voraussetzungen gegeben sind, kann mit der Methode allerdings prinzipbedingt nicht überprüft werden. [SH]

up-sweep ↗Vibroseis.

upwelling, **1)** *Ozeanographie*: aufsteigende Strömung von kaltem und schwerem Meereswasser an die Oberfläche, entlang der Küsten von Kontinenten (↗Küstenauftrieb) und Auftrieb im offenen Ozean, der hauptsächlich als ↗äquatorialer Auftrieb und in der ↗antarktischen Divergenz erfolgt. Das warme Wasser wird gleichzeitig von der Küste weg verdrängt (↗Zirkulationssystem der Ozeane). Da Wasser aus tieferen Schichten meist nährstoffreicher als das Oberflächenwasser ist, führt Auftrieb zur Zunahme der Primärproduktion mit starker Wirkung auf die gesamte Nahrungskette. Daher erbringen die Auftriebsgebiete häufig hohe Fischereierträge. **2)** *Geologie*: eine relativ schwache Eruption von Gas und ↗Lava.

Uralit, eine feinfaserig-nadelige, grüne Varietät von aktinolithischen Amphibolen (↗Amphibolgruppe), die sich sekundär aus ↗Klinopyroxenen gebildet haben. ↗Uralitisierung.

Uralitisierung, eine von Rändern oder Rissen ausgehende sekundäre Umwandlung von magmatisch gebildeten ↗Klinopyroxenen in aktinolithische Amphibole (↗Amphibolgruppe), meist als polykristalline, faserige Aggregate mit koaxialer Orientierung zum verdrängten Pyroxen. ↗Urali-

te bilden sich sowohl spätmagmatisch als auch während der Metamorphose.

Uran, radioaktives chemisches Element aus der III. Nebengruppe des ↗Periodensystems; der Gruppe der Actinoide zugehöriges Schwermetall; Symbol U; Ordnungszahl: 92; Atommasse: 238,029; Wertigkeit: meist IV, VI, seltener V und III; Dichte 18,97 g/cm^3. Uran wurde 1789 von M. H. Klaproth im Uranpecherz von Johanngeorgenstadt im Sächsischen Erzgebirge als Oxid aufgefunden. Im Jahr 1841 erfolgte die Metalldarstellung durch E. Péligot. Schon sehr bald nach Klaproths Entdeckung wurden zahlreiche ↗Uranminerale gefunden und ihre Fundstellen beschrieben. 1896 beobachtete H. Becquerel die Radioaktivität, der 1898 die Entdeckung des Radiums durch P. und M. Curie folgte. Schließlich gelang 1938/39 O. Hahn unter Mitarbeit von L. Meitner und F. Strassmann die Kernspaltung am Uran. Diese Entwicklung in der Geschichte des Urans spiegelt sich auch im Bergbau von St. Joachimsthal im Erzgebirge wider. Ursprünglich war es ein Silberbergbau, auf den noch die Münzbezeichnung »Thaler« hinweist. Um die Mitte des 19. Jahrhunderts begann die Gewinnung des Uran zur Herstellung von Farben. Am Aufbau der Erdkruste ist Uran zu $3,2 \cdot 10^{-4}$ % beteiligt. [GST]

Uran-Blei-Methode ↗U-Pb-Methode.

Uranerzlagerstätten, Mineralisationen einer Vielzahl von Uranmineralien (am wichtigsten ↗Uranpecherz), häufig mit Beteiligung von Thorium, zusammen mit anderen Erzmineralien durch verschiedene lagerstättenbildende Prozesse. Am wichtigsten ist derzeit der Abbau aus ↗Pegmatiten vor allem präkambrischen Alters (z. B. Rössing in Namibia, Bancroft in Kanada), weiterhin aus ↗fossilen Seifen in präkambrischen Konglomeraten (Südafrika, Kanada), aus Lagerstätten des Red-Bed-Typs (*Sandstein-Uranlagerstätten*, z. B. in den südwestlichen USA), aus hydrothermalen Abscheidungen in Gängen (U-Bi-Co-Ni-Ag-Formation, weltweite Verbreitung, in Deutschland z. B. nicht oder nicht mehr in Abbau stehend im Erzgebirge und Schwarzwald), in Mantos (z. B. Saskatchewan in Kanada) sowie in vor allem kohlenstoffhaltigen Sedimenten, dabei bevorzugt unterhalb von Diskordanzflächen (z. B. Saskatchewan in Kanada, Nordaustralien) und aus ↗Carbonatiten (z. B. Palabora in Südafrika). [HFl]

Uranglimmer, Uranphosphate, Uranarsenate, Uransilicate, Uranhydroxide mit Ca-, Ba-, Cu-, Mg-, Fe- u. a. Kationen, z. B. Autunit, Uranocircit, Torbernit, Zeunerit, Carnotit, Tyuyamuntit. Alle besitzen grelle Farben (gelb, grün, orange, rot) und sind blättrige glimmerartige Minerale mit wechselndem Wassergehalt, die vorwiegend als Oxidationsprodukte von ↗Pechblende (↗Uraninit) gebildet werden.

Uranin, Fluoreszenzstoff, chemischer Name: Natriumfluorescein, chemische Summenformel: $C_{20}H_{10}O_5Na_2$. Uranin ist gut wasserlöslich, aber photochemisch unter Einwirkung von Sonneneinstrahlung nicht stabil. Sein Extinktionsmaximum liegt bei 491 nm, das Fluoreszenzmaximum bei 512 nm. Uranin wird als Farbstoff in der Kosmetik-Industrie und zum Teil in der Medizin verwendet. In der Markierungstechnik ist es wegen seiner hohen Nachweisempfindlichkeit das am häufigsten eingesetzte Markierungsmittel (↗Tracer, ↗geohydrologische Markierungstechnik).

Uraninit, *Kirchit, Pechblende, Pecherz, Schwarzuranerz, Schweruranerz, Ulrichit, Uranin, Uranpechblende, Uranpecherz*, nach dem chemischen Element ↗Uran benanntes Mineral mit der chemischen Formel UO_2 und kubisch-hexoktaedrischer Kristallform; Farbe: pechschwarz ins Grünliche, Bräunliche bzw. Graue; halbmetallischer Fett- bzw. Pechglanz; undurchsichtig; Strich: grauschwarz, bräunlich-schwarz bis dunkelgrün; Härte nach Mohs: 4–6 (spröd); Dichte: 7,5–10,6 g/cm³; Spaltbarkeit: selten sichtbar nach (*111*); Bruch: muschelig; Aggregate: meist derb und dicht, eingesprengt, in Adern und Lagen, als Gelbildung, nierig, traubig, schalig, seltener würfelige Kristalle; vor dem Lötrohr unschmelzbar; in Salpeter-, Schwefel und Flußsäure leicht, in Salzsäure schwer löslich; Begleiter: ↗Uranglimmer, Galenit, Molybdänit, Bismut, Baryt, Dolomit, Fluorit, Hämatit, Pyrit; Fundorte: Wölsendorf (Bayern), Aue (Sachsen), Jáchymov (Joachimsthal) und Příbram (Böhmen), La Crouzille und Bois Noires (Vendée, Frankreich), Saetesdalen und Moss (Norwegen), Öregrund (Schweden), Jeelpean (Colorado, USA), Guadeloupe und Chihuahua (Mexiko), Lac la Rouge (Saskatschewan) und Hybla (Ontario) in Kanada, Shinkolobwe (Shaba) in Zaire (Afrika). ↗Pechblende, ↗Uranpecherz, ↗Uranminerale. [GST]

Uranminerale, es gibt eine große Anzahl (ca. 110) von Uranmineralen in Form von Oxiden, Hydroxiden, Phosphaten, Arsenaten, Vanadaten, Uranaten, Carbonaten und Silicaten (Tab.). Die meisten sind Sekundärminerale. Da sich Uran und Thorium (Th) in den Kristallgittern häufig vertreten, gibt es weitere 40 Minerale mit diesen Elementen als Nebenbestandteilen.
Die ↗Pechblende oder das Uranpecherz ist das wichtigste Uranmineral. In neuerer Zeit unterscheidet man zwischen Pechblende und ↗Uraninit. Dabei versteht man unter Uraninit die bei höherer Temperatur meist in Pegmatiten gebildeten Varietäten, die gut, vorwiegend würfelig kristallisiert sind, während mit Pechblende die dichten, nierenförmigen Ausbildungen in den hydrothermalen Gängen bezeichnet werden. Beide sind pechschwarz und undurchsichtig. Der Uraninit hat die ideale Zusammensetzung UO_2 wie auch aus dem Kristallgitter, das dem des CaF (Fluorit) entspricht, hervorgeht. Durch die radioaktive Strahlung wird jedoch das Kristallgitter mehr oder weniger gestört und U^{4+} in wechselndem Maße durch das kleinere U^{6+} ersetzt. Auf Zwischengitterplätzen und in Hohlräumen des gestörten Gitters werden zusätzliche O-Ionen eingelagert, so daß fast die Zusammensetzung U_3O_8 erreicht werden kann. Bei der Pechblende ist dieser Vorgang am stärksten eingetreten, und man könnte ihr die Realzusammensetzung U_3O_7 zuschreiben. Außerdem findet häufig ein isomorpher Ersatz des U durch Th und ↗Seltene Erden, besonders Ce, statt. Bei überwiegend Th heißt das Mineral auch *Thorianit*. Varietäten von Uraninit mit hohem Th-Gehalt werden Bröggerit genannt, weitere Uraninite mit diadochen Vertretungen sind Nivenit (Ce,Y), Cleveit (Y,Er,Ce,Th,Ar,He) und Aldanit (Pb). Daneben tritt Uran in Mineralen der Euxenit-Reihe (z. B. $(Y,Er,Ce,U,Pb,Ca)[(Nb,Ta,Ti)_2(O,OH)_6]$) und der Blomstrandin-Reihe (z. B. $(Y,Ce,Th,Ca,Na,U)[(Ti,Nb,Ta)_2O_6]$) auf. Uran kommt als Hydroxid in verschiedenen Mineralen vor (z. B. Ianthinit, $[UO_2/(OH)_2]$), als Uranyl-Carbonat (z. B. Rutherfordin, $[UO_2/CO_3]$) mit unterschiedlichen Wassergehalten, als Uranyl-Sulfat und als Uranyl-Molybdänat. Uranyl-Gruppen treten in Phosphaten, Arsenaten und Vanadaten auf. In Silicaten gibt es Uran im Uranothorit $((Th,U)[SiO_4])$, im Thotaogummit, im Coffinit und in Uranyl-Silicaten (beispielsweise Soddyit, $[(UO_2)_2/SiO_4] \cdot 2\,H_2O$, oder Uranophan, $Ca(H_3O)_2[UO_2/SiO_4]_2 \cdot 3\,H_2O$). Weitere Uranminerale sind Gummit, ein kryptokristallines Zersetzungsprodukt der Pechblende, und Uranophan, das verbreitetste und wichtigste Uransilicat; es findet sich meist als Sekundärmineral neben ↗Uranglimmer und bildet feinnadelig-verfilzte, gelbe Aggregate. [GST,AM]

Uranpecherz, kubisches Mineral aus der Klasse der ↗Oxide und ↗Hydoxide mit der chemischen Formel UO_2, in ↗idiomorpher Form als ↗Uraninit und in ↗kollomorpher Form als ↗Pechblende bezeichnet.

Uranreihen-Datierung ↗physikalische Altersbestimmungen.

Uratmosphäre ↗Atmosphäre.

Urbanböden ↗*Stadtböden*.

Urban boundary layer, Bezeichnung für den Teil der bodennahen atmosphärischen Grenzschicht, der durch die städtisch bebauten Gebiete beeinflußt wird. Die Ursache ist die Anpassung der Strömung an die veränderte Oberflächenbeschaffenheit.

urbane Ökosysteme, *Urbanökosysteme*, Spezialbereich der ↗Ökologie, ↗Stadtökologie und ↗Bioökologie, der sich mit der spezielle städtischen Lebensumwelt (↗Stadtökosystem) und ihren Einfluß auf die darin lebenden Tiere und Pflanzen beschäftigt, z. B. mit den Auswirkungen der Schadstoffimmissionen oder Einfluß der Zersplitterung der ↗Lebensräume. Das urbane Ökosystem ist in diesem Sinne derjenige Teilbereich des Stadtökosystem, der sich mit dem Lebensraum der Tier- und Pflanzenwelt beschäftigt.

Uranminerale (Tab.): wichtige Uranminerale.

Pechblende / Uranitit	UO_2	kubisch	46–88 % U
Gummit		Gemenge	
Uranophan (Uranotil)	$Ca(H_3O)_2[UO_2 \mid SiO_2]_2 \cdot 3\,H_2O$	monoklin	67 % UO_3
Autunit	$Ca[UO_2 \mid PO_4]_2 \cdot 8\,H_2O$	tetragonal	58–63 % UO_3
Uranocircit	$Ba[UO_2 \mid PO_4]_2 \cdot n\,H_2O$	rhombisch	56–57 % UO_3
Torbernit	$Cu[UO_2 \mid PO_4]_2 \cdot n\,H_2O$	tetragonal	57–61 % UO_3
Zeunerit	$Cu[UO_2 \mid AsO_4]_2 \cdot n\,H_2O$	tetragonal	56 % UO_3
Carnotit	$K_2[UO_2 \mid VO_4]_2 \cdot 3\,H_2O$	monoklin	63–65 % UO_3
Tyuyamunit	$Ca[UO_2 \mid VO_4]_2 \cdot 3\text{-}8\,H_2O$	rhombisch	57–58 % UO_3

urbane Hydrologie, Teilbereich der ↗Hydrologie, der sich mit den besonderen Aspekten des hydrologischen Kreislaufs in Siedlungsgebieten und industriell genutzten Gebieten befaßt. In urbanen Gebieten können die Niederschlagsintensitäten sowie Gewitter durch das geänderte Wärmeklima, durch erhöhte Anzahl von Kondensationskernen und Turbulenzen ansteigen. Durch Versiegelung vieler bebauter Flächen sowie Verdichtung des Bodens ist der Direktanteil des ↗Durchflusses hoch, ↗Infiltration in und ↗Perkolation durch den Boden entsprechend gering. Das Niederschlagswasser aus Stadtgebieten wird durch ein oberirdisches Grabensystem beziehungsweise durch ein unterirdisches Kanalsystem entwässert. Für die Bemessung des Kanalnetzes ist es außerordentlich wichtig, die zu erwartenden Niederschlagsintensitäten, und wenn möglich, den vermutlich höchstmöglichen Niederschlag, zu kennen. [KHo]

Urbanisierung, Ausbreitung und Verdichtung städtischer Lebensformen (z.B. berufliche Spezialisierung, soziale Schichtung, Freizeitaktivitäten, hohe soziale und räumliche Mobilität). Die nach der Industrialisierung verstärkte Konzentration von Arbeitsplätzen in den ↗Städten förderte einerseits den Zuzug von Arbeitskräften aus dem Umland (↗Verstädterung), andererseits die Ausdehnung und Verbreitung der städtischen Lebensformen im ↗ländlichen Raum durch die Pendlerströme. Die Zunahme stadtökologischer Probleme in den ↗Großstädten führt ab den 1970er Jahren zur sogenannten ↗Stadtflucht, welche die Urbanisierung der ländlichen Gebiete weiter verstärkt. Probleme, die sich daraus ergeben, sind der ↗Flächenverbrauch (Wohnen, Verkehr) und die Belastung des ↗Naturraumpotentials.

Urbanökosystem ↗urbane Ökosysteme.

Urbarmachung, *Melioration*, Nutzbarmachung von natürlichen, noch relativ unberührten Flächen (Moore, Sumpfgebiete) für die ↗Landwirtschaft. Ausgedehnte Gebiete werden durch die Melioration in Kulturland umgewandelt und für den Menschen nutzbar gemacht. Teilweise werden hierfür aufwendige kulturtechnische Maßnahmen nötig (z.B. Rodung, Be- und Entwässerung; ↗Kulturtechnik). Urbarmachung bedeutet auch immer einen Verlust an Natürlichkeit der entsprechenden Räume.

Urey-Effekt ↗Sauerstoffkreislauf.

Urfarben ↗Grundfarben.

Urfarne ↗*Psilophytopsida*.

Urgestein, veralteter Ausdruck für metamorphe Gesteine. In der Frühzeit der geologischen Forschung galten Metamorphite wegen ihrer großräumigen Verbreitung als Urgesteine der Erdkruste, zumal für ihre damals noch unbekannte Genese eine exzeptionalistische Bildung, die auf außergewöhnliche, heute nicht mehr beobachtbare Prozesse zurückgehen soll, angenommen wurde. Erst später erkannte man, daß ↗Metamorphosen der Gesteine auch in jüngeren Zeitaltern der Erdgeschichte aufgetreten sind. Im Handel wird die Bezeichnung Urgestein abweichend gebraucht. So z.B. besteht das sogenannte Urgesteinsmehl i.d.R. aus gemahlenen basischen Magmatiten.

Urgon, nach dem Ort Orgon in der Provence von ↗D'Orbigny (1847) geprägter, fazieller Begriff für die flachmarine höhere Unterkreide im Bereich der ↗Tethys. Die Gesteine der Urgonfazies sind meist dichte, helle Kalke mit charakteristischer Fossilführung (↗Korallen, ↗Bryozoa).

Urheberrecht, in der Bundesrepublik Deutschland durch das Urheberrechtsgesetz (UrhG) von 1965 (einschließlich der Änderungsgesetze von 1985, 1993 und 1995) geregelt. Danach genießen Karten denselben urheberrechtlichen Schutz wie andere Darstellungen wissenschaftlicher oder technischer Art, sofern diese persönliche geistige Schöpfungen eines Urhebers sind. Das Urheberrecht von nicht freischaffend Tätigen wird meist im Rahmen dienst- und arbeitsrechtlicher Vereinbarungen durch deren Beschäftigungsstelle, d.h. die Behörde oder den Arbeitgeber (z.B. einen Verlag) wahrgenommen. Das Recht auf Verwertung (d.h. Vervielfältigung, Verbreitung, Ausstellung) eines Werkes, damit auch kartographischer Darstellungen hat allein der Urheber. Dies schließt die Umgestaltung oder Bearbeitung von Karten zum genannten Zweck ein. Zulässig ist hingegen die Vervielfältigung zum persönlichen und wissenschaftlichen Gebrauch sowie für Unterrichtszwecke. Die Verlagen aus Vervielfältigungen zustehende Vergütung wird über eine von den Herstellern und Betreibern der Kopiergeräte an Verwertungsgesellschaften zu zahlende Abgabe geregelt. Der Urheber einer Karte kann einem anderen (z.B. einem Herausgeber) die Nutzungsrechte ganz oder zeitlich, räumlich oder inhaltlich beschränkt einräumen. Mit Zustimmung des Urhebers sind diese übertragbar, z.B. zwischen Verlagen zum Zwecke einer Lizenzausgabe eines Atlas. Für amtliche topographische Karten, die keine durch das UrhG geschützten Werke sind, ergeben sich die Nutzungsrechte aus den Vermessungsgesetzen. Für ihre Nutzung in analoger oder digitaler Form ist in der Regel ein Nutzungsentgelt zu entrichten. Darüber hinaus sind die ↗Datenquelle und ein Genehmigungsvermerk in der Karte anzugeben. Des weiteren gelten internationale Verträge zum Urheberschutz, darunter das Welturheberrechtsabkommen von 1952 in der revidierten Pariser Fassung von 1971. Im Bereich der thematischen Kartographie ist die eindeutige Bestimmung der Urheberschaft, d.h. des Anteils der schöpferischen Leistung an einer Karte oftmals schwierig, da diese häufig in enger Zusammenarbeit von Kartenautor und gestaltendem Kartenredakteur entsteht. Ähnliches gilt für die schöpferische Anwendung kartographischer Konstruktionsprogramme und ↗Geoinformationssysteme zur Verwirklichung der Absichten eines Kartenautors durch andere. In diesen Fällen sollte das gemeinsam von Miturhebern geschaffene Werk durch eine entsprechende Urheberbezeichnung in der Karte ausgewiesen werden. Der Urheber bestimmt, ob und mit welcher Urheberbezeichnung ein Werk zu versehen ist. [KG]

Urlandschaft, eine durch den Menschen unberührte, noch nicht veränderte ⁄Naturlandschaft. Eine ⁄Landschaft also, wie sie sich vor dem Einfluß des wirtschaftenden Menschen präsentiert hat und wie sie heute nur noch in Randregionen der Erde zu finden ist (z. B. höchstes Hochgebirge, Polregionen).
Urmeter ⁄Meter.
Ur-Passat ⁄Passat.
Urpflanze, theoretische Abstraktion der allgemeinen Form der höheren ⁄Pflanze. Daraus sollen sich alle bestehenden speziellen Pflanzenformen ableiten lassen, gleichzeitig wird die Möglichkeit für eine unbegrenzte Vielfalt künftiger neuer Formen angenommen.
Urproduktion ⁄Primärproduktion.
ursprüngliche Vegetation, vor der menschlichen Einflußnahme vorhandener Pflanzenbewuchs. Wo die ursprüngliche Vegetation weitgehend durch anthropogene ⁄Ersatzgesellschaften abgelöst worden ist, kann sie nur noch als ⁄potentielle natürliche Vegetation erschlossen werden. Die heutige natürliche Vegetation lässt sich nicht mit der ursprünglichen Vegetation vergleichen, weil irreversible natürliche (postglazialer Klimawandel) und anthropogene (Bodenerosion, Änderung des Grundwasserspiegels etc.) Änderungen der Umweltbedingungen stattgefunden haben.
Urstromtal, große, breite ehemalige Abflußbahn der Schmelzwasser der Nordischen Inlandvereisung im Norden Mitteleuropas, heute meist als flaches Sohlental (⁄Talformen) ausgebildet, dessen Gerinne in keinem Verhältnis zur Größe des Tales steht. Urstromtäler können Talterrassen aufweisen, auf dem Talboden haben sich flächenhaft Niedermoore ausgebildet. Urstromtäler entstanden während der Kaltzeiten als Schmelzwasserrinnen, die den Eisrand großräumig nach Westen und Nordwesten in Richtung Nordsee umflossen, weil das Relief gegen die Eisfließrichtung nach Süden hin ansteigt. Als letztes Glied der ⁄Glazialen Serie hinter den ⁄Sandern, Staffeln der ⁄Endmoränen und der ⁄Grundmoränenlandschaft mit ⁄Zungenbecken nahmen die Urstromtäler die ⁄fluvioglazialen Schmelzwasser von den Sanderflächen auf. Beispiele sind das Glogau-Baruther Urstromtal, das Warschau-Berliner Urstromtal und das Thorn-Eberswalder Urstromtal. Die heutigen Flüsse verlaufen in Urstromtalabschnitten westwärts, aus denen sie nach Norden ausbrechen bis sie im nächst nördlicheren Urstromtal wieder ein Stück westwärts fließen. So entstehen die für Elbe und Havel typischen Abbiegungen. [JBR]
Urtit, ein feldspatfreier ⁄Foidolith, der überwiegend aus ⁄Nephelin besteht.
Urwald, *Primärwald*, Wald mit natürlichem Bestandesaufbau, der keine Veränderung durch anthropogene Nutzung erfahren hat. Heute ersetzt der ⁄Sekundärwald nahezu weltweit den Urwald. Größere, aber bedrohte Reste der Urwälder existieren noch in den Tropen (⁄Hyläa) und in nördlichen Breiten (⁄boreale Nadelwälder).
ustics soil moisture, eine Klasse der Einteilung des Feuchtestatus eines Bodens nach der ⁄Soil Taxonomy, die im Bereich zwischen ⁄udic soil moisture regime und ⁄aridic soil moisture regime liegt.
UT, *Universal Time*, *Weltzeit*, *UT0*, mittlere Sonnenzeit für Greenwich, direkt aus astronomischen Beobachtungen bestimmt.
UT0 ⁄UT.
UT1, entspricht UT0 (⁄UT), korrigiert um den Einfluß der Polbewegung auf die Beobachtungsstation. ⁄UT1 R.
UT2, entspricht ⁄UT1, korrigiert um jahreszeitliche Schwankungen der Erdrotation.
U-Tal ⁄Trogtal.
UTC, *Universal Time Coordinated*, koordinierte Weltzeit, statistische Zeit, die dem gewichteten Mittel vieler weltweit verteilter ⁄Atomuhren entspricht. Ihr Stand wird mittels ⁄Schaltsekunden an die tatsächliche Erdrotationsphase ⁄UT1 angeglichen (⁄BIPM). Der größte Unterschied liegt bei 0,9 Sekunden.
UTM-Koordinaten, *Universal Transverse Mercator Grid-System-Koordinaten*, ⁄Gaußsche Koordinaten X,Y auf einem ⁄Rotationsellipsoid, die sich auf ein Meridianstreifensystem beziehen. Neben der allgemeinen Bedingung, daß das ⁄Bogenelement der Fläche die isotherme Form besitzt, wird hierbei gefordert, daß ein vorgegebener ⁄Meridian L ($= L_0$ = const., der sog. Grund- oder Hauptmeridian) die Abszissenlinie $Y = 0$ bildet, wobei deren Abszissenwert $X(Y = 0)$ bis auf einen globalen, konstanten Maßstabsfaktor $m_0 = 0,9996$ mit der Bogenlänge des vom Äquator aus gezählten Meridianbogens übereinstimmen soll. Die Ordinatenlinien X = const. eines Gaußschen Systems auf der Ellipsoidoberfläche sind im Allgemeinfall weder geschlossene noch ebene Kurven und unterscheiden sich von ⁄geodätischen Linien. Die Abszissenlinien Y = const. sind zwar in sich geschlossen, aber keine ebenen Kurven. Die sich orthogonal schneidenden Parameterlinien X = const., Y = const. werden als UTM-Gitterlinien bezeichnet. Um die mit der Entfernung zum Hauptmeridian betragsmäßig anwachsenden, bei der Bearbeitung trigonometrischer Netze der Landesvermessung erforderlichen Richtungs- und Streckenreduktionen klein zu halten, führt man einerseits den o. g. Maßstabsfaktor $m_0 < 1$ ein und begrenzt den Gültigkeitsbereich der UTM-Koordinaten auf eine Längenausdehnung von 3° beiderseits des Hauptmeridians. Den hiermit entstehenden 6° breiten Meridianstreifensystemen (Zonen) werden auf beiden Seiten des Hauptmeridians jeweils ca. 0,5° breite Überlappungszonen angeschlossen, so daß die Streifensysteme faktisch eine Längenausdehnung von etwa 7° besitzen. Mit UTM-Meridianstreifensystemen lassen sich ausgedehnte Gebiete der Erdoberfläche bis hin zur gesamten Erde konsistent darstellen (Weltkoordinatensystem). Die in den Überlappungszonen liegenden Punkte erhalten doppelte Koordinatensätze, die sich jeweils auf das rechte und linke Streifensystem beziehen. Den Meridianstreifen werden *Zonennummern* zugeordnet, die sich aus der (vom Meridian von Greenwich ausgehend nach Osten

positiv gezählten) geographischen Länge L_0 der entsprechenden Hauptmeridiane ergeben (L_0 in Grad): Zonennummer = $(L_0+3)/6+30$.

Das Gebiet der Bundesrepublik Deutschland liegt größtenteils in den Zonen 32 und 33. Vereinbarungsgemäß werden die Abszissen und Ordinaten mit den Symbolen N (North) und E (East) bezeichnet, die mit den Gaußschen Koordinaten X,Y in folgendem Zusammenhang stehen: N = X für Punkte auf der nördlichen Hemisphäre, N = $X+10.000.000$ m auf der südlichen Hemisphäre, E = $Y+500.000$ m. Die *UTM-Systeme* werden zu den Polen hin durch die Parallelkreise $|B| = 80°$ begrenzt. Zur Kennzeichnung eines Bereiches innerhalb einer Zone wird jeder Meridianstreifen in Nord-Süd-Richtung durch Bänder mit einer Breitendifferenz $\Delta B = 8°$ unterteilt. Das UTM-System im westeuropäischen Bereich hat das auf das ↗Internationale Ellipsoid bezogene Zentraleuropäische Dreiecksnetz mit dem Europäischen Datum 1950 (ED50) als Grundlage. Auf UTM-Koordinaten beruht u. a. die Internationale Weltkarte. [BH]

UTM-System ↗UTM-Koordinaten.

UT1 R, entspricht ↗UT1, wobei kurzperiodische Terme (< 35 Tage) weggelassen sind.

^{238}U/^{234}U-Datierung, *UUDatierung*, eine ↗physikalische Altersbestimmung für Proben bis etwa 1 Mio. Jahre aufgrund der Uranzerfallsreihe. Grundlage ist die Herausbildung des radioaktiven Ungleichgewichtes zwischen dem Mutterisotop ^{238}U und dem chemisch identischen Tochterisotop ^{234}U, in das es mit einer ↗Halbwertszeit von 4,47 Mrd. Jahren zerfällt. Das Ungleichgewicht entsteht bei der Lösung des wegen des Zerfallsprozesses im Kristallgitter weniger fest gebundenen ^{234}U. Im wäßrigen Milieu gebildete organische oder anorganische Bildungen können bei Kenntnis des Anfangsaktivitätsverhältnisses datiert werden.

UU-Versuch ↗dreiaxialer Druckversuch.

Uvala, geschlossene Hohlform im ↗Karst, die aufgrund ihrer Größe eine Zwischenstellung zwischen ↗Dolinen und ↗Poljen einnimmt. Uvalas können durch das Zusammenwachsen mehrerer Dolinen infolge fortschreitender ↗Korrosion entstehen und haben daher häufig einen unregelmäßigen, gelappten Rand. Ihr Boden setzt sich dann aus mehreren Teilhohlformen zusammen, die durch Felsschwellen voneinander abgegrenzt sind (Karstmulden). Uvalas mit ebenem, sedimentbedecktem Boden werden auch als Karstwannen bezeichnet.

uv-Komatit ↗Komatiit.

UVP ↗*Umweltverträglichkeitsprüfung*.

UV-Strahlung ↗ultraviolette Strahlung.

vadoses Wasser, Bezeichnung für unterirdisches Wasser, das durch Einsickerung ↗meteorischer Wässer entsteht und am Wasserkreislauf teilnimmt. Es wird damit im Gegensatz zum ↗juvenilen Wasser gestellt. Im Angloamerikanischen wird darunter das Wasser der ↗ungesättigten Zone (↗vadose Zone) im Gegensatz zum ↗phreatischen Wasser verstanden.

vadose Zone, *vadoser Bereich*, wasserungesättigte Zone im Untergrund, im Gegensatz zur wassergesättigten ↗phreatischen Zone, häufig verwendete Gliederung für Karstsysteme. In der vadosen Zone sind die Porenräume nur zeitweise mit versickerndem oder versinkendem Niederschlagswasser gefüllt (↗meteorisches Wasser). Als Diagenese-Zone ist die vadose Zone vertikal weiter untergliederbar in: a) eine obere Lösungszone (↗Bodenzone), in der Lösung durch untersättigtes Süßwasser und CO_2-Produktion stattfindet. Es wird bevorzugt Aragonit gelöst. In Kalken entstehen Lösungsporen, sog. *vugs* (engl.); b) eine sich im unteren Bereich befindende Zone der Abscheidung (Kapillarsaumzone): Es entstehen Meniskus-Zemente (Hängezement) zwischen Sedimentkörnern. In dieser Zone herrscht CO_2-Verlust; es kann zu Evaporation kommen.

vagil, freibeweglich auf oder im Substrat lebende, benthonische Organismen des ↗Aufwuchses; Gegensatz zu ↗sessil. Der Fortbewegung dienen speziell entwickelte Organe, z. B. Beine (Arthropoden), Pseudopodien (↗Foraminiferen und andere Rhizopoden) oder Ambulakralfüßchen (↗Echinodermata). Andere Organismen erzielen Fortbewegung durch Zusammenziehen ihres Hautmuskelschlauches (Würmer) oder über einen Kriechfuß (↗Mollusken) Vagile Organismen hinterlassen Lebensspuren, die fossil erhaltungfähig sind (Ichnofossilien) und spezielle Verhaltensweisen (Nahrungssuche, Fortbewegung, Flucht, Ruhe, u. a.) dokumentieren.

Vainshtein, *Boris Konstantinovich*, russischer Physiker und Kristallograph, * 10.7.1921 Moskau, † 28.10.1996 Moskau; 1955 Promotion in Physik und Mathematik, 1959 Gründer und Leiter des Laboratoriums für Proteinstrukturen, seit 1962 Direktor des Instituts für Kristallographie der Akademie der Wissenschaften der UdSSR, seit 1976 Vollmitglied der russischen Akademie. Als Vorsitzender des Wissenschaftsrates für Kristallphysik der Akademie koordinierte er die Forschung auf diesem Gebiet in Rußland bzw. UdSSR. Er war Herausgeber der russischen Zeitschrift für Kristallographie »Kristallografiya« und erhielt zahlreiche Auszeichnungen. Sein umfangreiches wissenschaftliches Werk umfaßte Beiträge zur Theorie der Beugung an Kristallen, zur Symmetrietheorie, zur atomistischen Struktur der Materie, zum Zusammenhang zwischen Struktur und Eigenschaften von Kristallen, zum Zusammenhang zwischen Struktur und Funktion biologisch aktiver Moleküle, zur Röntgen- und Elektronenbeugung und Elektronenmikroskopie ebenso wie zur Züchtung von Kristallen für neue Technologien. Werke (Auswahl): »Structure Analysis by Electron Diffraction« (1964), »Diffraction of X-rays by Chain Molecules« (1966), »Modern Crystallography I–IV« (1979–1981). [KH]

Väisälä-Frequenz, Frequenz N der ↗Stabilitätsschwingung:

$$N = \sqrt{\frac{g}{\varrho} \cdot \frac{d\varrho}{dz}}$$

mit g Gravitationsbeschleunigung, ϱ Dichte und z vertikale Raumkoordinate (positiv nach oben).

Vakuumverfahren, Verfahren, das bei der Grundwasserabsenkung eingesetzt wird. In Böden mit einer geringen Durchlässigkeit, in denen das Wasser durch reine Schwerkraftabsenkung mittels Wasserpumpen nicht mehr abgesenkt werden kann, werden Vakuumlanzen eingebracht, die per Unterdruck dem Boden das Wasser entziehen. Die Vakuum-Entwässerung kann auch durch Vakuum-Brunnen erfolgen, die luftdicht abgeschlossen sind und die ebenfalls mittels Unterdruck das Wasser aus dem Boden absaugen. Das anströmende Wasser wird dann durch Pumpen aus dem Brunnen gefördert.

Valangin, *Valanginium*, *Valendis*, international verwendete stratigraphische Bezeichnung für eine Stufe der Unterkreide (↗Kreide), benannt nach einem Ort bei Neuchatel (Schweiz). ↗geologische Zeitskala.

Valenzband ↗elektrische Leitfähigkeit.

Valenzbindungstheorie, auf Heitler, London, Slater und ↗Pauling zurückgehendes Verfahren zur Beschreibung der chemischen Bindung, das Elektronenpaarbindungen (↗homöopolare Bindung) durch Überlappung von Atomorbitalen beschreibt, die gegebenenfalls hybridisiert sein können. Im Gegensatz zur ↗Molekülorbitaltheorie bleiben die Ein-Elektronenfunktionen auf den einzelnen Atomen lokalisiert; die Individualität der Atomorbitale bleibt erhalten. Die Bindung kommt im wesentlichen durch Austausch-Wechselwirkungen zustande, d. h. dadurch, daß die Bindungselektronen nicht unterscheidbar sind und sich deshalb an jedem der beteiligten Atomkerne aufhalten können.

Valenzelektronenkonzentration, *VEK*, Gesamtzahl aller auf Kationen M und Anionen X vorhandenen Valenzelektronen, normiert auf die Anzahl x der Anionen:

$$VEK(X) = \frac{m \cdot e(M) + x \cdot e(X)}{x}.$$

Validierung, Überprüfung einer Messung, Aussage oder Modellrechnung auf ihre Richtigkeit. Im Gegensatz zur ↗Verifikation macht die Validierung ausschließlich Aussagen bezüglich der Gegenwart oder gegenwartsnahen Zeit. Eine Validierung im strengen Sinne ist in der Praxis oft nur unter großem Aufwand zu erreichen. Es ist notwendig, eine genügend große Datenmenge über einen langen Zeitraum zu sammeln, um beispielsweise eine Modellvorhersage zu überprüfen.

Vallone-Küste ↗*Canale-Küste*.

Vanadate, Mineralgruppe, zur ↗Mineralklasse der ↗Phosphate gehörig, zu der auch die ↗Arse-

Vanadinit

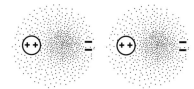

Van-der-Waals-Bindung: Van-der-Waals Kräfte zwischen Heliumatomen; links: isoliertes kugelsymmetrisches Heliumatom, rechts: gegenseitige Polarisation zweier Heliumatome unter Bildung induzierter Dipole.

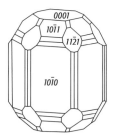

Vanadiumminerale: Vanadinitkristall.

Vanadiumminerale (Tab.): Übersicht der wichtigsten Vanadiumminerale.

nate zählen. Diese Mineralklasse ist wegen umfangreicher Diadochie-Möglichkeiten (↗Diadochie) besonders artenreich. Wichtigstes Mineral ist der Vanadinit (↗Vanadiumminerale).

Vanadinit ↗Vanadiumminerale.

Vanadium, chemisches Element aus der V. Nebengruppe des Periodensystems, Schwermetall; Symbol V; Ordnungszahl: 23; Atommasse: 50, 9414; Wertigkeit: V, IV, III, II, seltener auch I, 0, -I; Dichte: 6,092 g/cm³. Vanadium ist am Aufbau der Erdkruste mit $9,0 \cdot 10^{-3}$ % beteiligt. Seine Entdeckung gelang zuerst 1801 dem Chemiker Del Rio in dem braunen Bleierz von Zimapan im Staate Hidalgo (Mexiko). Er nannte es Pancromo, widerrief aber später dessen Existenz. 1830 fand es der Schwede N. G. Selfström im Titanomagnetiterz von Taberg in Småland, und anschließend stellte F. Wöhler die Identität der beiden Elemente fest. Seine Verwendung in der Metallurgie geht auf den Anfang des 20. Jahrhunderts zurück, doch erhielt der Vanadiumstahl eine größere Bedeutung erst im und nach dem Ersten Weltkrieg.

Vanadiumlagerstätten, keine eigenständigen Lagerstätten, sondern als Nebenbestandteil in manchen Magnetit- oder Titanomagnetitvererzungen (z. B. im höheren Bereich des ↗Bushveld-Komplexes oder in Otanmäki in Finnland) oder, mit eigenständigen Mineralphasen wie Roscoelith (ein dem ↗Muscovit verwandter Vanadiumglimmer) und Montroseit (VO(OH)), in Uranlagerstätten des Red-Bed-Typs (↗Red-Bed-Lagerstätten), wie z. B. südwestliche USA.

Vanadiumminerale, das wichtigste Vanadiummineral war ursprünglich *Patronit* (Tab.). Es kommt fast ausschließlich auf peruanischen Lagerstätten vor, ist schwärzlichgrün, sehr feinkristallin. *Vanadinit* (Abb.) bildet tonnenförmige Kristalle und gehört kristallographisch zur Apatitgruppe (↗Phosphate). Seine Farbe ist orange- bis braunrot, auch gelb. Er wird zusammen mit Descloizit in Verwitterungszonen mancher Pb-Zn-Lagerstätten gefunden. Vom Descloizit gibt es eine Reihe Varietäten mit eigenem Namen, die sich in erster Linie durch das Verhältnis Zn:Cu unterscheiden. Mottramit umfaßt die Glieder der unbeschränkten Mischreihe, die mehr Cu als Zn enthalten. Carnotit gehört zu der Gruppe der ↗Uranglimmer und war früher ein wichtiges Radiumerz. Sein K-Gehalt kann durch Na, Ca, Cu oder Pb ersetzt werden. Er bildet gelbe körnige Imprägnationen im Sandstein. Roscoelith ist ein ↗Muscovit mit Vanadiumgehalt, wobei das Vanadium an Stelle von Aluminium eingebaut ist. Er bildet dunkelgrüne Blättchen. [GST]

Van-Allen-Gürtel, *Strahlungsgürtel*, historische Bezeichnung für die nach ihrem Entdecker, dem Physiker James van Allen, benannten gürtelförmigen Regionen in der ↗Magnetosphäre, in denen hochenergetische geladene Teilchen eingefangen sind, die eine Gyrationsbewegung um die Magnetfeldlinien sowie eine Oszillationsbewegung in Nord-Südrichtung längs der Magnetfeldlinien ausführen.

Van-der-Waals-Bindung, schwache attraktive Kräfte, die auf ↗Dispersionskräften und ↗Dipol-Dipol-Kräften beruhen. Diese Kräfte (↗Nebenvalenzbindungen) sind zwischen sämtlichen Atomen, Ionen und Molekülen wirksam und überlagern sich mit den Hauptbindungsarten (↗Hauptvalenzbindung). Zwischen polaren Molekülen, die ein permanentes Dipolmoment besitzen, bestehen elektrostatische Anziehungskräfte, sog. Dipol-Dipol-Kräfte, die mit der sechsten Potenz des Abstandes abnehmen. Bekannte Beispiele für Moleküle mit permanenten Dipolmomenten sind Wasser und Ammoniak. Darüber hinaus besteht die Möglichkeit, daß Moleküle mit einem permanenten Dipolmoment in benachbarten Molekülen Dipole indizieren. Auch zwischen unpolaren Partikeln kommt es zu solchen induzierten Dipolkräften durch momentane Polarisation der Elektronenhüllen (Dispersionskräfte). Van-der-Waals-Kräfte sind die einzigen Bindungskräfte zwischen unpolaren Molekülen und Edelgasatomen, was sich beispielsweise in den niedrigen Schmelzpunkten und der geringen Härte von Edelgaskristallen ausdrückt (Abb.). [KE]

Van-der-Waals-Radien, Wirkungsradien der Atome in Molekül- und Edelgaskristallen. Sie folgen der Beziehung:

$$r = c\,\lambda_{Br},$$
$$\lambda_{Br} = h\sqrt{m_e I_0},$$

wobei c eine von der Gruppe des Periodensystems abhängige Konstante ist, die zwischen 0,48 und 0,61 liegt, und λ_{Br} die De-Broglie-Wellenlänge ist (m_e = Elektronenmasse, I_0 = erstes Ionisierungspotential des betreffenden Elements). Bei genauer Betrachtung erweisen sich kovalent gebundene Atome nicht als exakt kugelförmig, sondern als etwas abgeplattet. Ein an Kohlenstoff gebundenes Chloratom erscheint beispielsweise in der Verlängerung der C-Cl-Achse etwas kleiner als senkrecht dazu.

Van-Krevelen-Diagramm, graphische Darstellung des Sauerstoff/Kohlenstoff-Verhältnisses gegen das Wasserstoff/Kohlenstoff-Verhältnis des ↗Kerogens. Das Van-Krevelen-Diagramm (Abb.)

Patronit	VS$_4$		monoklin	ca. 30 % V
Vanadinit	Pb$_5$Cl(VO$_4$)$_3$		hexagonal	11 % V
Descloizit	Pb (Zn, Cu) [OH | VO$_4$]		rhombisch	13 % V
Carnotit	K [UO$_2$ | VO$_4$] · 1½H$_2$O		monoklin	ca. 12 % V
Roscoelith	K (Al, V)$_2$ [(OH, F)$_2$ | AlSi$_3$O$_{10}$]		monoklin	4–16 % V

dient zur Unterscheidung der unterschiedlichen Kerogentypen I bis III und zeigt die verschiedenen Evolutionswege des Kerogens während der ↗Diagenese und ↗Katagenese bis hin zur ↗Metagenese auf.

Van't Hoffsche Regel ↗RGT-Regel.

Varenius, *Bernhardus*, * 1622 Hitzacker a. d. Elbe, † 1650 Amsterdam; begründete mit seinem 1650 erschienenen Buch »Geographia generalis« die Allgemeine Geographie (↗Geographie).

Variabilität, Sammelbegriff für alle Arten von zeitlichen oder räumlichen ↗Variationen beliebiger Größen einschließlich entsprechender statistischer Kenngrößen (↗Variationsmaße).

variable Ladung, Ladung, die im allgemeinen durch dissoziationsfähige Protonen Oberflächennaher OH-Gruppen verursacht wird. Sie ist von den Bedingungen der Umgebung, insbesondere dem pH-Wert, abhängig.

Variablentyp, nach der ↗graphischen Semiologie von J. Bertin die Unterscheidung der ↗graphischen Variablen hinsichtlich ihrer Eignung für die (karto)graphische Abbildung statistisch unterschiedlich skalierter ↗Daten und Geodaten.

Varianz, Quadrat der ↗Standardabweichung, liegt diversen statistischen Analysetechniken zugrunde (↗Korrelation); gelegentlich auch im allgemeineren Sinn als zeitliche Variabilitätsaussage.

Varianzspektrum, Aufschlüsselung der ↗Varianz nach der Frequenz bzw. Periode. ↗statistische Spektralanalyse.

Variationen, *Schwankungen*, konkrete Änderungen einer Größe als Funktion der Zeit oder des Raumes, wobei insbesondere die zeitlichen Variationen ein sehr unterschiedliches Erscheinungsbild haben können (Abb.).

Variationsfeld, jener Teil des Erdmagnetfeldes (↗Erde), der von Strömen in ↗Ionosphäre und ↗Magnetosphäre erzeugt wird und raschen zeitlichen Änderungen mit Perioden bis zu einigen Tagen unterliegt.

Variationskorrektur, im Verlaufe magnetischer Vermessungen im Gelände am Boden und per Flugzeug ändert sich das Magnetfeld der ↗Ionosphäre und ↗Magnetosphäre (Sq-Gang, erdmagnetische Stürme). Diese zeitliche Variation muß von den Geländemessungen wieder abgezogen werden.

Variationsmaße, *Streuungsmaße*, statistische Maßzahlen zur integrativen quantitativen Kennzeichnung der ↗Variabilität bzw. konkreter ↗Variationen. Dies sind vor allem die ↗Standardabweichung und ↗Varianz, daneben auch die durchschnittliche Abweichung (↗arithmetischer Mittelwert) und die Extremwertbreite (Extremwertabstand, Bandbreite), also die Differenz zwischen dem Maximum und dem Minimum eines Datenkollektivs.

Varietät, **1)** *Biologie*: Begriff für eine der ↗Art und der Unterart noch untergeordnete Kategorie der ↗Taxonomie. Es handelt sich dabei um voneinander nicht mehr klar abtrennbare ↗Sippen in verschiedenen ↗Lebensräumen. Bei ↗Nutzpflanzen wird der Begriff ↗Sorte, bei Zuchttieren derjenige der *Rasse* angewendet. **2)** *Bodenkunde*: bodensystematische Einheit zur weiteren Untergliederung von ↗Subtypen beim Hinzutreten weiterer pedogenetischer Merkmale, z. B. Auenparabraunerde (↗Parabraunerde mit Auendynamik im Unterboden, ↗Auenböden).

Variogramm, Analyse der räumlichen ↗Variabilität einer Kenngröße.

Varisziden, *Variszisches Gebirge, Variszikum, Hercyniden,* östlicher Teil eines europäisch-nordamerikanischen Gebirgsgürtels des jüngeren ↗Paläozoikums. Der Name wurde von E. ↗Suess 1888 nach dem lat. Namen der Stadt Hof, Curia Variscorum, der sich von dem germanischen Stamm der Varisker ableitet, geprägt.

Dieses bedeutende, ursprünglich ca. 500–1000 km breite, transkontinentale Orogen erstreckte sich – vor der mesozoischen Öffnung des Atlantiks – vom Westrand der Russischen Plattform über Mittel-, Süd- und Westeuropa sowie Nordwest-Afrika (Anti-Atlas) bis ins östliche Nordamerika (Appalachen) und von dort über Texas (Ouachitiden) und NE-Mexiko (Sierra Madre Oriental) vermutlich bis nach Zentralamerika. Es entstand während der Variszischen Orogenese hauptsächlich vom späten ↗Devon bis ins Oberkarbon (↗Karbon) als Folge der Kollision der zwei paläozoischen Großkontinente ↗Gondwana und ↗Laurussia (↗Old-Red-Kontinent) unter Einschluß mehrerer dazwischen liegender Mikrokontinente (↗Terranes). Gondwana lag zunächst auf der Südhalbkugel und bewegte sich nordwärts auf Laurussia zu, das in den Tropen lag. Durch diese Vereinigung wurde der zwischen Gondwana und Laurussia liegende paläozoische Ozean Paläotethys (↗Tethys) geschlossen und dadurch der Westteil des spätpaläozoisch-frühmesozoischen Superkontinents Pangäa gebildet. Die Varisziden waren ein äußerst heterogen zusammengesetzter Kettengebirgsgürtel, der sich girlandenförmig in zwei Bögen durch das heutige Mittel- und Westeuropa zog (Abb.). Für diesen stark gekrümmten Verlauf sind in erster Linie die unregelmäßigen Grenzen der kollidierenden Großkontinente sowie der Einbau der inselartigen Mikrokontinentschollen verantwortlich; daneben hat die nachträgliche Öffnung des Golfs von Biscaya eine wichtige Rolle gespielt. Relikte der Varisziden finden sich hauptsächlich in postvariszisch gehobenen Mittelgebirgsblöcken, z. B. Böhmische Masse, Harz, ↗Rheinische Masse, Odenwald, Spessart, Schwarzwald, Vogesen, Französisches Zentralmassiv, Armorikanisches Massiv, Iberische Meseta sowie in Südwest-England und in Süd-Irland, daneben in Kernzonen junger, alpidischer Gebirge, z. B. Alpen, Pyrenäen, Betische Kordillere. Darüber hinaus zeigen aber auch zahlreiche Tiefbohrungen, Xenolithe in känozoischen Vulkaniten und tiefseismische Untersuchungen die Existenz variszischer Elemente unter permischer, mesozoischer und/oder känozoischer Bedeckung in weiter Verbreitung außerhalb dieser Gebirge an, z. B. unter der süddeutschen Schichtstufenlandschaft oder im Untergrund der ↗Hessischen Senke.

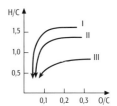

Van-Krevelen-Diagramm: drei Kerogentypen, dargestellt in Form des Van-Krevelen-Diagramms. Die Veränderung der Elementverhältnisse des Kerogens läuft mit zunehmender thermischen Reife in Pfeilrichtung ab.

Variationen: Grundtypen zeitlicher Variationen einer Größe (Variablen).

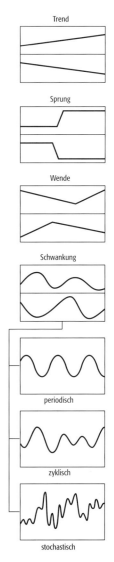

Varisziden

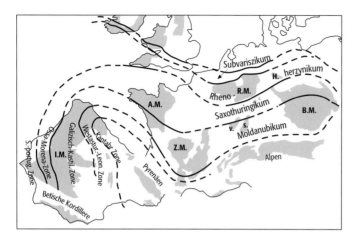

Varisziden: Gliederung der mittel- und westeuropäischen Varisziden (A. M. = Armorikanisches Massiv, B. M. = Böhmische Masse, H. = Harz, I. M. = Iberische Meseta, O. = Odenwald, R. M. = Rheinische Masse, S. = Schwarzwald, Sp. = Spessart, V. = Vogesen, Z. M. = Zentral-Massiv).

Die Varisziden gliedern sich in eine im wesentlichen kristalline Kernregion (»Interniden«) sowie zwei symmetrisch dazu verlaufende Außenstränge, die hauptsächlich aus nicht-, schwach- oder mäßig-metamorphen Gesteinsverbänden aufgebaut sind. Der südöstliche Außenstrang wurde durch die alpidische Orogenese weitgehend zerstört bzw. überprägt und tritt – außer in Nordspanien und Südfrankreich – nur in Form stark deformierter Basement-Fragmente in den alpidischen Hochgebirgen zu Tage. Der nordwestliche Außenstrang ist dagegen als komplexe Doppelbogen-Struktur vom nördlichen Mitteleuropa über Nordwest-Europa bis in die westliche Iberische Halbinsel nachvollziehbar. In Mitteleuropa führte F. Kossmat 1927 die klassische Unterteilung der außeralpinen Varisziden in vier parallele Hauptzonen durch, die sich nach Art und Alter ihrer Gesteine, tektonischem Baustil und Metamorphosegrad unterscheiden. Die Grenzen zwischen diesen Zonen sind auffällige geologische Diskontinuitäten, werden häufig von markanten Störungszonen (/Suturen) gebildet und heute vielfach als fossile Platten- oder Terrane-Grenzen interpretiert. Das Moldanubikum (/Moldanubische Zone) ist der mitteleuropäische Hauptteil der ehemaligen Kernzone des Variszischen Gebirges und tritt heute u. a. in der Böhmischen Masse, im Schwarzwald und in den Vogesen zu Tage und setzt sich über das Zentralmassiv und das südliche Armorikanische Massiv bis in die Iberische Zentralzone (Galizisch-Kastilische Zone) fort. Hier dominieren hochmetamorphe Gesteine, vor allem /Gneise, /Amphibolite und /Migmatite, sowie ausgedehnte Granit-Komplexe, die dokumentieren, daß dieser Krustenabschnitt während der Variszischen Orogenese besonders tief versenkt, aufgeheizt und teilweise aufgeschmolzen wurde. Im Moldanubikum sind vermutlich u. a. mehrere Mikrokontinente miteinander vereinigt, und die lokal auftretenden /Eklogite könnten z. T. Reste von ursprünglich dazwischen liegenden Meeresbecken mit ozeanischer Kruste darstellen, die vor der Kollision subduziert wurden. Das /Saxothuringikum (Saxothuringische Zone) ist heute vor allem am Nordwestrand der Böhmischen Masse, im Spessart und im Odenwald aufgeschlossen und setzt sich über das nördliche und mittlere Armorikanische Massiv bis nach Südwest-Iberien fort (Ostlusitanisch-Alcudische Zone und Ossa-Morena-Zone). Das Saxothuringikum ist aus vielfältigen, sehr schwach bis stark metamorphen und intensiv gefalteten, geschieferten und verschuppten Gesteinen – meist Klastika, /Carbonaten und /Vulkaniten – mit jungpräkambrischen bis jungpaläozoischen Bildungsaltern aufgebaut, dazu kommen meist karbonische Granit-Körper. Es ist ein plattentektonisches Mosaik, in dem heute Reststücke von kontinentalen Schollen, magmatischen Bögen und zwischengelagerten Meeresbecken des Paläozoikums miteinander vergesellschaftet sind. Das /Rhenoherzynikum (Rhenoherzynische Zone) ist vor allem in Form des Harzes und der Rheinischen Masse an der Erdoberfläche zugänglich. Seine Fortsetzungen sind in Südwest-England, Süd-Irland und Süd-Portugal (Südportugiesische Zone) zu erkennen. Das Rhenoherzynikum entspricht dem im Paläozoikum abgesenkten und tektonisch gedehnten, aber noch zusammenhängenden passiven Kontinentalrand von Südost-Laurussia, wo insbesondere im Devon und Unterkarbon mehr oder weniger kontinuierlich Küsten-, Schelf- und Tiefsee-Sedimente sowie submarine Laven gebildet wurden (/Kulm, /Kohlenkalk). Diese Serien erlitten bei der Variszischen Orogenese im Oberkarbon meist eine geringe Metamorphose, wurden aber gefaltet und geschiefert. Das Subvariszikum (Subvariszische Zone) bildet den Außensaum der mitteleuropäischen Varisziden und beinhaltet die wichtigsten mittel- und nordwesteuropäischen Steinkohlenreviere. Es ist nur am Nordrand der Rheinischen Masse übertage sichtbar und taucht nordwärts tief unter postkarbonische Serien ab. Das Subvariszikum setzt sich über Südholland, Belgien, Nordfrankreich, Kent und Südwales bis nach Südirland fort. Charakteristisch sind vor allem die mächtigen Sand- und Tonstein-Ablagerungen des Oberkarbons als Folge der intensiven Erosion des sich heraushebenden Variszischen Gebirges. Über 200 Kohleflöze lagern sich in diese Molasse-Sedimente ein. Dieses mächtige Oberkarbon steht in starkem Gegensatz zu den unterlagernden Serien des Unterkarbons, Devons und älteren Paläozoikums. Die Gesteine des Subvariszikums wurden im höheren Oberkarbon gefaltet, aber nicht mehr bis zur Metamorphose abgesenkt. Die Faltung klingt nach Norden hin aus.
Eine entsprechende Zonengliederung des südöstlichen Stranges der Varisziden läßt sich nur in Teilbereichen nachzeichnen, vor allem in Nord- und Zentralspanien: Dort enthält mit dem Saxothuringikum grob vergleichbare Westasturisch-Leonesische Zone ein mächtiges, hauptsächlich klastisches Altpaläozoikum, das mancherorts winkeldiskordant Präkambrium überlagert und offenbar am passiven, seinerzeit ebenfalls in Senkung begriffenen Kontinentalrand von Gondwana in mittleren bis hohen Breiten

der Südhalbkugel abgelagert wurde. Die Gesteine wurden im Karbon intensiv gefaltet, geschiefert und gering bis stark metamorphosiert. Die noch weiter »außen« liegende Kantabrische Zone ist in etwa mit dem Rhenoherzynikum vergleichbar, enthält aber auch »subvariszische« Elemente: Neben dem Altpaläozoikum sind hier vor allem fossilreiches Devon, Unterkarbon und tiefes Oberkarbon weit verbreitet; z. T. folgt diskordant postorogenes hohes Oberkarbon in Molasse-Fazies mit Kohlen. Die Gesteine zeigen einen variszischen Faltenbau und verbreitet Deckentektonik, sind aber generell nur gering oder nicht metamorph.

Mit Ausnahme des Lizard-Komplexes in Cornwall (Südwest-England) fehlen in den Varisziden klar erkennbare und abgrenzbare Ophiolith-Komplexe (/Ophiolith) als Nachweis der Existenz ehemaliger Meeresbecken mit unterlagernder ozeanischer Kruste zwischen den paläokontinentalen Blöcken. Infolgedessen sind auch das Verschwinden solcher Meeresräume durch Subduktion und die damit verbundenen horizontalen Plattenbewegungen nicht direkt ersichtlich, so daß sich plattentektonische Vorstellungen zur Entwicklung der Varisziden zunächst nicht durchsetzen konnten. Erst seit zunehmend auch paläomagnetische, radiometrische und kristallinpetrologische Daten zur Verfügung stehen und damit z. B. auch krustendynamische Prozesse in den früher genetisch kaum verstandenen, stark metamorphen Teilbereichen der Varisziden rekonstruierbar wurden, konnten vom Beginn der achtziger Jahre an diskutable, wenn auch teilweise stark voneinander abweichende Modelle zur plattentektonischen Entwicklung der Varisziden entworfen werden. In groben Zügen ergibt sich danach folgender Ablauf: Im frühen Altpaläozoikum gab es in der westlichen Hemisphäre drei Großkontinente: /Gondwana (im wesentlichen heutige Südkontinente und Indien) und /Baltica (Skandinavien und Rußland bis zum Ural) in mittleren bis hohen Breiten der Südhalbkugel sowie /Laurentia (Nord-Amerika und Grönland) in den Tropen. Zwischen Laurentia und Baltica befand sich der Iapetus-Ozean (/Iapetus), von Gondwana wurden sie durch den Paläotethys-Ozean getrennt. In der Paläotethys gab es mehrere Mikrokontinente (u. a. /Armorica und /Avalonia), die sich vom Nordrand Gondwanas abgespalten hatten. Baltica wanderte im Altpaläozoikum nordwärts und kollidierte im Silur mit Laurentia, und zwar unter Subduktion und Schließung des Iapetus sowie Entstehung der /Kaledoniden an seiner Stelle. Im Süden lagerte sich noch Avalonia an, so daß der neue gemeinsame Großkontinent /Laurussia entstand. Gondwana wanderte nun ebenfalls nordwärts, und die Paläotethys mit ihren Mikrokontinent-Inseln verschmälerte sich dadurch vor allem vom Devon an stark, was letztlich zur Variszischen Orogenese führte. Diese war im Unterkarbon im südlichen Mitteleuropa und in Südeuropa bereits weit fortgeschritten, und es waren wahrscheinlich mehrere Subduktionszonen aktiv, deren Bewegungsrichtungen sich aus den Faltenvergenzen der deformierten Gesteine erschließen lassen: u. a. an der Südgrenze des Moldanubikums (Subduktion nach Norden), zwischen Moldanubikum und Saxothuringikum (nach Süden) und zwischen Saxothuringikum und Rhenoherzynikum (nach Süden). Vom Oberdevon an machten sich die orogenen Prozesse in den Sedimenten der noch verbliebenen Meeresstraßen bemerkbar: Die frühen Hebungen führten zur Erosion und in der Folge zur Ablagerung von /Grauwacken (»Flysch-Stadium«), die späteren Haupthebungen (insbesondere im Oberkarbon) zum »Molasse-Stadium«, das u. a. im Subvariszikum dokumentiert ist. Die Orogenese war auch von bedeutendem Magmatismus begleitet, der sich vor allem in Form der ausgedehnten Granite erhalten hat. Beginnend mit seiner Heraushebung wurde das Variszische Gebirge kontinuierlich abgetragen: außer als Flysch und Molasse blieb ein Teil seines Schutts in Form der überwiegend kontinentalen Rotsedimente des höchsten Oberkarbons, des Perms und der Trias erhalten. Diese lagerten sich in tropischen bis subtropischen Breiten auf dem im Zuge der Variszischen Orogenese gebildeten Superkontinent Pangäa ab. [HJG]

Literatur: [1] DALLMEYER, R. D., FRANKE, W., WEBER, K. (Hrsg.) (1995): Pre-Permian Geology of Central and Eastern Europe. – Berlin-Heidelberg-New York. [2] DALLMEYER, R. D., MARTÍNEZ-GARCÍA, E. (Hrsg.): Pre-Mesozoic Geology of Iberia. – Berlin-Heidelberg-New York. [3] FRANKE, W. (1989): Tectonostratigraphic units in the Variscan belt of central Europe.- Geol. Soc. America spec. Pap., 230: 67–90. [4] MARTIN, H., EDER, F. W. (Hrsg.) (1983): Intracontinental fold belts. Case studies in the Variscan belt of Europe and the Damara belt in Namibia. – Berlin-Heidelberg-New York-Tokio. [5] SCHÖNENBERG, R., NEUGEBAUER, J. (1997): Einführung in die Geologie Europas. – Freiburg (Rombach). [6] ZWART, H. J., DORNSIEPEN, U. F. (Hrsg.) (1981): The Variscan Orogen in Europe.- Geologie en Mijnbouw, 60 (1).

variszische Streichrichtung /erzgebirgische Streichrichtung.

Varuträsk, Lithiumpegmatit in Nordschweden zwischen Skellefteå und Boliden (/Pegmatit) mit Lepidolith, Lithium-Muscovit, Rb-Mikroklin, Pollucit, Spodumen, Amblygonit, Petalit, Cookeit, Beryll, Turmalin, verschiedenen Mn-Fe-Phosphaten, »Alaemonit« und Tantalit. Ähnliche Vorkommen finden sich in Paris (Maine, USA), Etta Mine Black Hills (South Dakota, USA) und Utö bei Stockholm (Schweden).

Vaucluse-Quelle, /Karstquelle im Kreidegebiet der Provence (Südfrankreich) mit einer /Quellschüttung von 4,5–200 m^3/s (/Riesenquelle).

Vector Map Level, *Vmap*, eine aktualisierte und verbesserte Version der Digital Chart of the World (DCW). Sie ist ein weltweiter, vektororientierter Datensatz mit Elementen wie Küstenlinien, Höhenlinien und Höhenpunkten (in »feet«), Staatsgrenzen, Siedlungen, Flughäfen,

Straßen, Eisenbahnen, Transport- und Kommunikationsnetzen u. a. auf zehn verschiedenen thematischen Ebenen (layers) sowie einer geographischen ↗Datenbank mit Zusatzinformationen. Wichtigste Grundlage des Datensatzes ist die ↗Luftfahrtkarte im Maßstab 1:1 Mio. (Operational Navigation Chart, ONC). Der gesamte Datensatz wird auf vier CD-ROM für Nordamerika, Europa/Nordasien, Südamerika/Afrika/Antartis und Südasien/Australien angeboten.

Vega, aus dem spanischen stammende Bezeichnung für einen ↗Bodentyp in der Klasse der ↗Auenböden. Er verbraunt (↗Verbraunung) durch tiefreichende Verwitterung am Ort der Ablagerung und Freisetzung größerer Mengen an Fe-Oxiden ähnlich wie in den ↗Braunerden. Vegas dürfen nicht mit Böden aus braunen Sedimenten, den ↗Kolluvisolen erodierter Standorte, verwechselt werden. Subtypen sind die (Norm-)Vega und die Gley-Vega.

Vegardsche Regel, besagt, daß die Größe der Gitterkonstante von Mischkristallen zwischen den beiden Werten der Mischungsendglieder liegt, wenn diese etwas unterschiedliche Gitterparameter aufweisen (Abb.). ↗Mischbarkeit, ↗Mischkristall, ↗Kristallstruktur.

Vegetation, *Pflanzendecke, Pflanzenkleid*, Gesamtheit aller ↗Pflanzen eines bestimmten Gebietes. Die Vegetation unterscheidet sich somit von der ↗Flora, welche den ↗Pflanzenbestand nach systematischen Kriterien in ↗Sippen beschreibt. Die ↗natürliche Vegetation ist eine vom Menschen unbeeinflußte, an die übrigen ↗Ökofaktoren angepaßte Pflanzendecke, die nur an wenigen ↗Standorten erhalten geblieben ist (z. B. Felsfluren, Schluchtwälder, Hochmoore, Röhrichte, Salzwiesen). Sie stimmt jedoch nicht zwangsläufig mit der ↗ursprünglichen Vegetation überein. Durch die anthropogene Einwirkung entstehen ↗Ersatzgesellschaften (↗Hemerobie). Nach Aufhören dieses Einflusses entwickeln sich diese zu quasi natürlichen Gesellschaften weiter (↗potentiell natürliche Vegetation).

vegetation indices ↗*Vegetationsindex*.

Vegetationsindex, *vegetation indices*, Maßzahl zur Quantifizierung des Vegetationsanteils, auf der Tatsache beruhend, daß alle optischen multispektralen Fernerkundungsdaten besonders sensibel auf Vegetation reagieren. Grüne Pflanzen zeichnen sich durch ein typisches Reflexionsverhalten in Abhängigkeit von der Wellenlänge aus. Im sichtbaren Teil des elektromagnetischen Spektrums reflektieren sie nur sehr gering, was durch die hohe Absorption innerhalb der Blätter zu erklären ist. Im Spektralbereich um 0,7 µm, am Übergang zum nahen Infrarot, ist eine sehr starke Zunahme der reflektierten Strahlung zu verzeichnen. Im gesamten Infrarotbereich liegt der Reflexionsanteil zwischen 40 und 50 %. Die Absorption in diesem Wellenlängenbereich durch die Blätter beträgt weniger als 10 %. Der Rest der Strahlung wird transmittiert. Absorption und Brechung sind abhängig von den Zellstrukturen der Pflanzen. Die beschriebene Reflexionscharakteristik unterliegt weiterhin der Phänologie, dem Alter der Pflanzen und ihrem Vitalitätszustand. Aus letzterem können Ursachen für Veränderungen von Pigment- und Wassergehalt sowie zur Zellstruktur einer Pflanze abgeleitet werden. Neben diesen das einzelne Blatt beeinflussenden Faktoren spielen folgende eine Rolle: a) ↗Blattflächenindex, b) prozentuale Bodenbedeckung, c) Geometrie der Vegetationsdecke, d) Zusammensetzung der Vegetationsdecke (Blätter, Stengel, Äste, Stämme, etc.) und Reflexionseigenschaften der einzelnen Komponenten, e) Eigenschaften des Hintergrundes (Reflexionsverhalten des Bodens, Bedeckung mit Blattstreu, etc.), f) Sonnenhöhe und Sonnenazimut und g) Blickwinkel und Azimut des Sensors. Auf der Grundlage von beschriebenen Reflexionseigenschaften der Vegetation sind seit den 1970er Jahren verschiedene Rechenverfahren zur Bestimmung des Vegetationsanteils entwickelt worden. Die Mehrzahl dieser Indizes macht sich den starken Reflexionsunterschied zwischen sichtbarem Rot und nahem Infrarot zunutze, indem entweder eine Differenz oder/und ein Quotient aus den Reflexionswerten der entsprechenden Kanäle gebildet wird (↗Normalized Difference Vegetation Index). Vor allem werden Quotienten berechnet, um den Einfluß des unterliegenden Bodens auf die Gesamtreflexion zu minimieren. Es wird davon ausgegangen, daß die Reflexion des Bodens relativ gleichmäßig vom sichtbaren Bereich zum nahen Infrarot ansteigt. Ein Quotient bleibt daher von Unterschieden des Bodentyps oder der Bodenfeuchte relativ unbeeinflußt, so daß der Anteil an Vegetation die entscheidende Größe bleibt. Der Wert der Indizes nimmt mit steigendem Vegetationsanteil zu. [MN]

Vegetationskarten, *pflanzengeographische Karten, pflanzensoziologische Karten*, Karten, in denen die regionale Struktur und Verbreitung der Pflanzendecke der Erde oder von Teilräumen abgebildet wird. In der kartographischen Präsentation von Vegetationskartierungen werden drei Verfahren unterschieden. Die pflanzensoziologisch/ökologisch orientierte Kartierung, in der die aktuelle Vegetation oder die potentielle natürliche Vegetation an Standorten aufgenommen wird. Pflanzensoziologische Karten geben den Vegetationscharakter und die Beziehungen von Pflanzengesellschaften zu ihrer Umwelt wieder. In der floristischen Aufnahme und geobotanisch orientierten Kartierung entstehen Artenlisten für Einzelflächen, die zu Standortkarten für bestimmte Arten in großen Maßstäben (>1:50.000) und Arealkarten verschiedener Sippen (Arten, Gattungen, Familien) in kleinen Maßstäben (<1:1.000.000) führen. Im Rahmen der Biotop-Kartierung sowie Artenschutzkartierung werden u. a. Lebensräume und Fundpunkte von nachgewiesenen Pflanzenarten mit Artnamen, Gefährdung, Nutzung und weiteren Beschreibungen flächenhaft und linienhaft abgegrenzt sowie in punkt-, linien- oder flächenhafter Darstellung graphisch dokumentiert. Die kartographische Abbildung vegetationskundlicher Standorte und Areale erfolgt mittels Flächenfar-

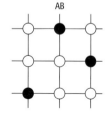
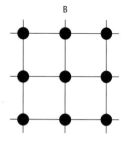

Vegardsche Regel: Die Größe der Elementarzelle des Mischkristalls AB liegt zwischen der der beiden Endglieder A und B.

Klasse	Bedeckung der Erdoberfläche		Biomasse		Nettoprimärproduktion	
	10^6 km²	in kg/m²	in 10^{12} kg	C-Gehalt in 10^{12} kg	in kg/(m² · a)	in 10^3 kg/a gesamte Erde	C-Anteil in 10^3 kg/a gesamte Erde
Tropischer Regenwald, immergrün	17,0	45 (6–80)	765	344	2,2 (1–3,5)	37,4	16,8
Tropischer Regenwald, laubwerfend	7,5	35 (6–60)	260	117	1,6 (1–2,5)	12,0	5,4
Wald der gemäßigten Klimazone	12,0	32 (6–200)	385	174	1,25 (0,6–2,5)	14,9	6,7
Borealer Nadelwald (Nordhemisphäre, kontinental)	12,0	20 (6–40)	240	108	0,8 (0,4–2,0)	9,6	4,3
offenes Wald- und Buschland	8,5	16 (2–20)	50	23	0,7 (0,25–1,2)	6,0	2,7
Savanne	15,0	4 (0,2–15)	60	27	0,9 (0,2–2,0)	13,5	6,1
Grasformationen der gemäßigten Klimazone	9,0	1,6 (0,2–5)	14	66	0,6 (0,2–1,5)	5,4	2,4
Tundra und alpine Flora	8,0	0,6 (0,1–3)	5	2	0,14 (0,01–0,4)	1,1	0,5
Halbwüste	18,0	0,7 (0,1–4)	13	6	0,09 (0,01–0,25)	1,6	0,7
Vollwüste	24,0	0,02 (0–0,2)	0,5	–	0,003 (0–0,01)	0,1	0,0
Kulturpflanzen	14,0	1 (0,4–12)	14	6	0,65 (0,1–4,0)	9,1	4,1
Sumpf- und Moorland	2,0	15 (3–50)	30	14	3,0 (0,8–6,0)	6,0	2,7
Seen und Flüsse	2,0	0,02 (0–0,1)	0,05	–	0,4 (0,1–1,5)	0,8	0,4
Summe	149,0		1837	827		117,5	52,6

ben und -muster, Umrißlinien, geometrischen und bildlichen Signaturen sowie Vektoren für Ausbreitungs- und Rückzugsrichtungen. Vegetationskarten dienen neben der wissenschaftlichen Erforschung der Gesetzmäßigkeiten der Vegetationsverbreitung und -entwicklung im großmaßstäbigen Bereich z. B. der Bioindikation und dem /Umweltmonitoring und sind für die Biodiversitätsforschung von Bedeutung. Kleinmaßstäbige Vegetationskarten werden für regionale und globale Modellierungen eingesetzt, z. B. des Kohlenstoffhaushaltes im Rahmen globaler Klimaveränderungsmodelle. [ADU]

Vegetationsklasse, *Vegetationsformation*, Zusammenfassung der Pflanzen eines Ökosystems (Tab.).

Vegetationsperiode /*Vegetationszeit*.

Vegetationszeit, *Vegetationsperiode, Wachstumszeit*, Zeitabschnitt des pflanzlichen Wachstums im Sinne eines deutlichen Stoffgewinns durch /Photosynthese. Bestimmender Faktor der Vegetationszeit ist die Wärme. Entsprechend den Ansprüchen des jeweiligen /Pflanzenbestandes wird die Vegetationszeit allgemein als die Anzahl der Tage mit Mitteltemperaturen > 5°C definiert. Die meisten /Nutzpflanzen, die zonalen /Laubwälder sowie Steppen- und Halbwüstenpflanzen benötigen jedoch höhere Werte. Ab Mitteltemperaturen >10°C beginnt die optimale Aktivität des Wachstums. Nur in den Tropen besteht keine jahreszeitliche Einschränkung der Vegetationszeit. In Jahreszeitenklimaten wechselt die Vegetationszeit dagegen mit /Ruheperioden ab. Neben der Temperatur können auch Trockenheit oder Schneebedeckung die *Wachstumsphase* begrenzen. In Mitteleuropa dauert die Vegetationszeit von April bis Anfang Oktober, mit der Hauptvegetationsperiode von Mai bis Juli. Phänologisch beginnt die Vegetationszeit mit dem Blattaustrieb und endet mit dem Laubfall. In Hochgebirgen entspricht die Vegetationszeit in der Regel der schneefreien Zeit (/Schneetälchenvegetation). [MSch]

Vegetationszonen, *Vegetationsgürtel*, durch charakteristische Spektren von /Pflanzenformationen gekennzeichnete Gebiete der Erde. Ihre weitgehend breitenparallel verlaufende Zonierung ist in erster Linie großklimatisch bestimmt; sie ist in Gebieten, die wenig durch den Menschen verändert sind, durch die Abfolge der zugehörigen zonalen /Vegetation leicht erkennbar (tropische /Regenwälder, regengrüne Wälder, /Savannen, /Hartlaubwälder der mediterranen Winterregengebiete, laubwerfende /nemorale Wälder der gemäßigten Zone usw.). Diese klare Abfolge ist allerdings heute durch anthropogene Vegetationsveränderungen in vielen Gebieten sehr verwischt. Außer der kennzeichnenden zonalen Vegetation gedeiht in allen Vegetationszonen in der Gebirgs- und Hochgebirgsstufe (/Höhenstufen) eine abweichende Vegetation, die von den Klimabedingungen der Tieflagen unabhängig ist *(azonale Vegetation)*. Über die Verbreitung der Vegetationszonen ist der Verbreitungskarte der /Biome zu entnehmen. /Klimaklassifikation. [DR]

vegetative Vermehrung, *klonales Wachstum*, Bezeichnung in der /Biologie für die Vermehrung durch Sprossung, Ableger und Brutknospen, d. h. ohne sexuelle Reproduktion. Die vegetative Vermehrung ist besonders bei /Pflanzen verbreitet, wobei meist dicht unter der Erdoberfläche liegende Sprosse (Rhizome) oder Ausläufer an der Erdoberfläche der Ausbreitung dienen.

VEI, *Volcanic Explosivity Index*, Maß für die Stärke eines Vulkanausbruches, im wesentlichen basierend auf der Magnitude (eruptiertes Volumen), der Intensität (Eruptionsrate), der Tephraverbreitung (/Vulkanismus) und dem Grad der Zerstörung.

Veis-Modell, Modell zur /Transformation zwischen globalen Koordinatensystemen.

Vektor, Bezeichnung für eine gerichtete Größe, die durch zwei Angaben charakterisiert ist. Die Zahl für den Betrag beschreibt die Länge des Vektors. Die zweite Angabe bezieht sich auf die Richtung des Vektors im Raum. Geometrisch läßt sich

Vegetationsklasse (Tab.): Vegetationsklassen (Grobschema) und ihre biotischen Charakteristika.

ein Vektor durch einen Pfeil darstellen, der in die Richtung des Vektors weist. Als Beispiel für eine vektorielle Größe sei der ↗Windvektor genannt. Weitere Beispiele aus der Geophysik sind das Schwerefeld und das erdmagnetische Feld. Für das Letztere sind die Totalintensität, die ↗Deklination und ↗Inklination die beschreibenden Größen (↗Tensor).

Vektordatenmodell, spezielles Datenmodell zur Verwaltung von ↗Geometriedaten, das den Punkt als Träger der geometrischen Information benutzt. Linien, Flächen und andere Objekte leiten sich direkt oder indirekt aus verbundenen Punkten ab. Grundsätzlich können unterschiedliche Vektordatenmodelle unterschieden werden: Die Spaghetti-Struktur gibt den Grundriß von Objekten durch eine Menge von Punkten wieder, diese liegen u. U. redundant vor. Da Vektordaten nach diesem Modell umständlich nachzuführen sind, eignen sich topologische Modelle besser zur Verwaltung von Vektordaten. Im Sinne eines ↗Graphen werden in diesem Modell Punkte als Knoten und Stützpunkte sowie Kanten als Repräsentanten von Linien ausgedrückt. Flächen setzen sich wiederum aus Linien zusammen. In der Kartographie sind Vektordatenmodelle weit verbreitet, bezüglich der Rechenzeiten und des Speicherplatzbedarfs sind sie den Rasterdaten überlegen. [AMü]

Vektorendiagramm, *Richtungsdiagramm*, ein sternförmiges Diagramm (↗Diagrammfigur), bei dem die Sachverhalte nach den Himmelsrichtungen aufgetragen werden, z. B. ↗Windrose, Kluftrichtungen, Verkehrsbeziehungen.

Vektorenmethode, *Methode der Bewegungslinien*, *Pfeildarstellung*, aus der Übertragung und Verallgemeinerung des mathematischen Vektorbegriffes abgeleitete Methode der kartographischen Entwicklungsdarstellung zur Veranschaulichung von Ortsveränderungen und Bewegungsabläufen auf der Erdoberfläche (↗Linienrichtungskarte, ↗Flächenrichtungskarte). Das universelle graphische Ausdrucksmittel hierfür ist der ↗Pfeil. Zur Referenzierung von metrisch skalierten Daten (Mengen, Quantitäten) kann die Breite des Pfeils, zur Kennzeichnung von Bewegungsintensität (Geschwindigkeit) die Länge des Pfeils und für die qualitativen Unterschiede (↗Nominalskala) die Füllung bzw. die Farbe benutzt werden. In bestimmten Fällen wird die Länge durch Ausgangs- und Zielort über den Kartenmaßstab vorgegeben. In solchen Fällen wirkt visuell als Pfeilgröße die sich aus Länge und Breite ergebende Fläche des Zeichens. Nur bei der Darstellung von Transportleistungen werden damit visuell zutreffend Menge und Weg charakterisiert, was bei der Karteninterpretation zu berücksichtigen ist. Hauptanwendungsgebiete der Vektorenmethode sind: a) Darstellung von Routen (Strecken), z. B. Vogelfluglinien. Nicht-linear erfolgende Wanderungen (von Völkern) werden verallgemeinert oft als schematische lineare Wege mittels besonders gestalteter Pfeile, z. B. anschwellend, wiedergegeben; b) Verlauf der Zugbahnen von Zyklonen, Ausbreitung von Kulturleistungen sowie Ausbreitung von Krankheiten, wozu meist ein geschwungener Pfeilverlauf bevorzugt wird. c) Regelmäßig sich wiederholende Ortsveränderungen, wie Pendelwanderungen, Ebbe- oder Flutstrom, können als Einrichtungs- oder zweiphasig gegenläufige Darstellung gestaltet werden. d) Bei Verlagerung von Grenzen, wie Küsten- und Uferlinien, Veränderungen von Pflanzenarealen oder anderen Territorien, wird der Pfeil meist zusätzlich zur ↗Mehrphasendarstellung der flächigen Erscheinungen eingesetzt. e) Bewegungen in Kontinua, wie Meeresströmungen und Luftmassenverfrachtung, lassen sich mittels Pfeilscharen sichtbar machen. f) Transport von Personen und Gütern kann durch Bänder unterschiedlicher Breite (↗Bandkartogramm) mit zusätzlich eingefügten Pfeilen wiedergegeben werden. Dabei kann die Linienführung mehr oder weniger stark generalisiert bis schematisiert sein. Auch die völlige Lösung vom Grundriß wird praktiziert. Probleme bietet die Quantifizierung, da Transportmengen ihrem Wesen nach nur durch mehrdimensionale körperliche Figuren wiedergegeben werden sollten, für die Darstellung aber meist nur die eine Dimension Bandbreite benutzt wird, so daß in der Regel ein nichtlinearer ↗Wertmaßstab nötig ist. Eine andere Methode ist die Verwendung von Werteinheitslinien (dünne Linie 1 Einheit, mittelstarke Linie 10 Einheiten, starke Linie 100 Einheiten), was ablesbare Mengenwerte liefert, jedoch graphisch unschöne Bilder ergibt. Die Verwendung von zweidimensionalen »Röhren« ist nur bei schematischen Darstellungen sinnvoll. In gewisser Weise gehören zur Vektorenmethode auch die ↗Schraffen, die die Richtung des stärksten Gefälles markieren, und die echten Richtungsdiagramme. [WSt]

Vektorgitter ↗Gitter.

vektoriell, Bezeichnung für richtungsabhängige Eigenschaften, z. B. ↗Härte, ↗Spaltbarkeit, ↗Wärmeleitfähigkeit, ↗Dilatation, Magnetismus, aber auch Wachstumsgeschwindigkeit und die Auflösungserscheinungen. Dabei heißen Eigenschaften, die in Richtung und Gegenrichtung gleich groß sind, auch bi-vektoriell (z. B. Leitfähigkeit), während solche, die in Richtung und Gegenrichtung ungleiche Werte aufweisen, auch als polar-vektoriell bezeichnet werden (z. B. Ritzhärte). Eine wichtige, symmetrieabhängige, polar-vektorielle Eigenschaft ist z. B. die Erscheinung der ↗Piezoelektrizität, die nur bei solchen Kristallen auftritt, die kein Symmetriezentrum besitzen, bei denen also polare Richtungen vorhanden sind.

Vektorisierung ↗Raster-Vektor-Konvertierung.

Vektor-Raster-Konvertierung, *Vektor-Raster-Wandlung*, Transformation von Vektor- in Rasterdatenformat. Dazu werden nach Vorgabe von Größe, Lage und Orientierung des zu quantisierenden Ausgangsbildes zunächst alle betroffenen Linienobjekte aus der Vektordatenbank selektiert. Anschließend erfolgt eine Umrechnung der Datenbankkoordinaten in Zeilennummern und Pixelindizes sowie eine Sortierung der einzelnen Linienobjekte nach aufsteigenden Zeilennummern. Die eigentliche Vektor-Raster-Konvertierung wird durch Eintragen der (grauwertkodierten) Punktfolge der Linienobjekte in die Matrixstruktur des Ausgangsbildes realisiert. Zwischen den Punkten werden entsprechend einer vorgegebenen Interpolationsregel Hilfspunkte auf Geraden oder Kurven interpoliert. Das Ergebnis der Vektor-Raster-Konvertierung ist die Achse des Linienobjektes in Rasterform (↗Raster).

Vendium, das jüngste, gut mit Fossilien belegte ↗Präkambrium (↗Proterozoikum), beginnend ab 650 Mio. Jahre bis zum ↗Kambrium (545 Mio. Jahre).

Vendobionta ↗Ediacara-Fauna.

Vening Meinesz-Integralformel, *Formel von Vening Meinesz*, die aus der ↗Stokesschen Integralformel abgeleitete Beziehung zwischen den ↗Lotabweichungskomponenten ξ und η und den ↗Schwereanomalien Δg:

$$\begin{pmatrix}\xi\\\eta\end{pmatrix} = \frac{1}{4\pi\bar{\gamma}} \iint_\sigma \Delta g \cdot \frac{dS(\psi)}{d\psi} \cdot \begin{pmatrix}\cos\alpha\\\sin\alpha\end{pmatrix} d\sigma.$$

Hierin bezeichnen $\bar{\gamma}$ die ↗mittlere Normalschwere, $dS(\psi)/d\psi$ die Ableitung der ↗Stokesschen Funktion $S(\psi)$ nach dem Argument ψ (Vening Meinesz-Funktion, Abb.) und α das ↗Azimut des

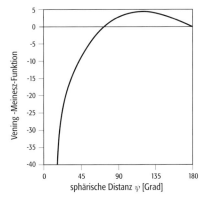

variablen Integrationspunktes bezüglich des Aufpunktes. Die mittels der Vening Meinesz-Integralformel berechneten Lotabweichungskomponenten bezeichnet man auch als gravimetrische Lotabweichungen.

Ventilation, aktive Belüftung der Sensoren von Temperatur- und Feuchtemeßgeräten. Eine Ventilation ist vor allem bei ↗Psychrometern notwendig.

Ventilrohrinjektion ↗Manschettenrohrinjektion.

Venturi-Kanal, ein Meßgerinne; Anlage zur ↗Durchflußmessung. Das Prinzip des Venturikanals beruht darauf, daß in einem offenen Gerinne bei strömendem Abfluß an Querschnittsverengungen eine Absenkung des Wasserspiegels stattfindet. Aus dieser Wasserspiegeländerung läßt sich der ↗Durchfluß über hydraulische Formeln berechnen.

Venturi-Rohr, eine nach dem italienischen Physiker G. B. Venturi benannte Meßanordnung zur Bestimmung der Strömungsgeschwindigkeiten

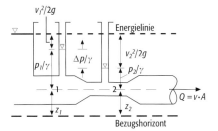

von Flüssigkeiten. Ein Venturi-Rohr besteht aus miteinander verbundenen Durchflußröhren verschiedener Querschnitte, auf denen Standrohre zur Messung der Druckhöhe angebracht sind (Abb.). Aus der Grundbedingung, daß an allen Punkten die ↗Energiehöhe gleich ist, die sich unmittelbar aus der ↗Bernoullischen Energiegleichung ergibt, läßt sich bei bekannten Strömungsquerschnitten und abgelesenen Druckhöhen die Durchflußgeschwindigkeit der strömenden Flüssigkeit berechnen.

veränderlich festes Gestein ↗Halbfestgestein.

Verankerung, 1) *Angewandte Geologie*: ↗Anker. 2) *Ozeanographie*: Methode zur örtlichen Fixierung von Plattformen und Sensoren im und auf dem Meer. Der Halt am Meeresboden erfolgt durch Grundgewichte oder speziell geformte Anker. Während Schiffe, Meßplattformen und Bojen an der Meeresoberfläche durch eine Ankerleine oder -kette mit dem Anker oder Gewicht verbunden sind, werden Sensoren für das Innere der Wassersäule in Unterwasserverankerungen fixiert. Dabei halten druckfeste Auftriebselemente die Verankerungsleinen bzw. -drähte in einer vertikalen Position, die Sensoren werden in den gewünschten Tiefen in die Verankerung eingebunden. Durch ein akustisches Signal vom Schiff kann ein elektro-mechanischer Auslöser betätigt und damit die Verbindung zwischen der Verankerungsleine und dem Grundgewicht getrennt werden. Das Grundgewicht verbleibt am Meeresboden, die Verankerungsleine mit den Meßgeräten und Auftriebselementen schwimmt auf und wird vom Schiff aufgenommen.

Verankerungsstrecke, *Verankerungslänge*, Länge des Zugelements beim ↗Verbundanker zwischen dem Ankerfuß und dem Hüllrohr.

Verarmung, *Abreicherung*, Abnahme des Gehalts von Elementen oder Verbindungen gegenüber anderen Elementen und Verbindungen in einem Gemisch von Stoffen und/oder Mineralen, wie z. B. in einem Gestein oder einer Schmelze.

Verarmungszone, begrenzter Gewässerbereich, in dem durch ↗Gewässerbelastungen das Vorkommen standorttypischer Organismen nach Arten- und Individuenzahl eingeschränkt ist.

Verbandseigenschaften, Verformungs- und Festigkeitseigenschaften eines vollkommen durch ↗Klüfte durchtrennten Gebirges. Hierbei wird das Gebirge als statistisches Kontinuum, bestehend aus Gesteinskörpern, Trennflächengefüge (Kluft), Wasser sowie ↗Kluftfüllung betrachtet.

Verbandsfestigkeit, Festigkeitseigenschaften (↗Scherfestigkeit, Druck- und Zugfestigkeit) ei-

Venturi-Rohr: Prinzip der Geschwindigkeitsmessung mit dem Venturi-Rohr (Q = Durchflußrate [m³/s], v – Strömungsgeschwindigkeit [m/s], A = durchströmte Querschnittsfläche [m²], $v_1^2/2g$ = Geschwindigkeitshöhe an der Position 1 [m], $v_2^2/2g$ = Geschwindigkeitshöhe an der Position 2 [m], z_1 = Positionshöhe an der Position 1 [m], z_2 = Positionshöhe an der Position 2 [m], p_1/γ = Druckhöhe an der Position 1 [m], p_2/γ = Druckhöhe an der Position 2 [m], g = Erdbeschleunigung [m/s²], γ = Wichte der strömenden Flüssigkeit [N/m³]).

Vening Meinesz-Integralformel: graphische Darstellung.

Verbreitungskarte: Verbreitung mitteleuropäischer Eichen; Beispiel für Arealgrenzen von Stieleiche *(Quercus robur)*, Flaumeiche *(Quercus pubescens)*, Traubeneiche *(Quercus petraea)* und Steineiche *(Quercus ilex)*.

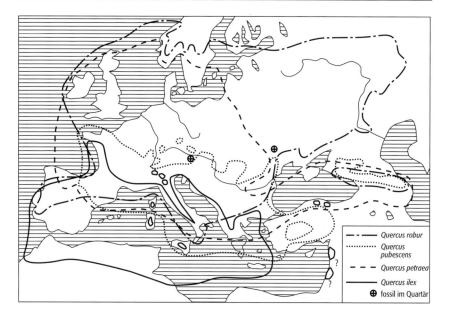

nes vollkommen durch ↗Klüfte durchtrennten Gebirges (↗Verbandseigenschaften).

Verbandsklagerecht, Befugnis für anerkannte Naturschutz- und Umweltverbände zur Interessensvertretung der Allgemeinheit hinsichtlich öffentlicher Rechtsgüter im Umweltbereich. Das Verbandsklagerecht stellt somit eine Ergänzung zum allgemeinen Recht dar, das nur die Klage natürlicher und juristischer Personen als Direktbetroffene kennt. Es ermöglicht Klagen gegen die Gesetzgebung, gegen Maßnahmen der ↗Planung oder Einsprachen im Rahmen von ↗Umweltverträglichkeitsprüfungen. Das Verbandsklagerecht ist den verschiedenen Staaten und Regionen unterschiedlich gesetzlich verankert.

Verbau, Sicherungsmaßnahme zur Stabilisierung von ober- und unterirdischen Baumaßnahmen. Durch den Verbau wird das gestörte natürliche Gleichgewicht mit technischen Maßnahmen wieder hergestellt. Bei Baumaßnahmen über Tage spielt vor allem die Sicherung von künstlichen Böschungen (z. B. bei ↗Baugruben) eine Rolle, beim Felsbau unter Tage ist das Ziel die Offenhaltung eines künstlich geschaffenen unterirdischen Hohlraumes (z. B. ↗Tunnelbau, ↗Bergbau). Beispiele für Verbaumaßnahmen sind die Anwendung von ↗Spritzbeton und Stahlspundwänden.

Verbiß, durch Wildtierarten und im Freien lebende Haustierarten erfolgtes, naschhaftes, rasches Abäsen nicht nur der Gräser, sondern auch der an den Sträuchern und Bäumen vorhanden Trieben und Knospen mit schädigender Wirkung. Verbiß wirkt sich oft nachteilig auf die natürliche Artenzusammensetzung aus und kann z. B. zur Ausbildung von Vegetationsdecken führen, auf denen Sträucher und Bäume nicht mehr konkurrenzfähig sind. Das kann u. a. zum Entstehen von ↗Heidelandschaften führen.

verbleibende Absenkung, *residuelle Absenkung*, der Absenkungsbetrag, der nach dem Ende der ↗Grundwasserentnahme, also während des Wiederanstiegs des ↗Grundwasserspiegels, gemessen werden kann. Die verbleibende Absenkung wird kontinuierlich kleiner, bis der Ausgangswasserspiegel erreicht wird. Stellt sich der Ausgangswasserspiegel vorzeitig ein, so herrschen positive ↗Grenzbedingungen. Wird beim Wiederanstieg der Ausgangswasserspiegel nicht mehr erreicht, bedeutet dies, daß der Grundwasserleiter räumlich begrenzt ist und die Wasserentnahme nicht mehr vollständig ausgeglichen werden kann. Wird die zeitliche Entwicklung der verbleibenden Absenkung im Entnahmebrunnen bzw. einer Grundwassermeßstelle aufgezeichnet, so kann mit diesen Werten die ↗Transmissivität des Grundwasserleiters bestimmt werden (↗Wiederanstiegsmethode nach Theis und Jacob).

Verbraunung, Teilprozeß der chemischen ↗Verwitterung, der maßgebend zur Profilausprägung vieler Böden beiträgt. Letztendlich führt die Verbraunung zur Bildung des ↗Bv-Horizontes. Im Verlauf werden aus eisenhaltigen Silicaten leichtlösliche Ionen mobilisiert und ausgewaschen, die braungefärbte Eisenoxide (z. B. ↗Goethit) bilden.

Verbreitungskarte, *Arealkarte*, die kartographische Darstellung der Erstreckung und Ausdehnung von flächenhaften oder über die Fläche verbreiteten Sachverhalten. Die Wiedergabe flächenhaft verbreiteter Objekte (Gebiet mit Schneedecke, geologische Formation, Kulturart) sollte generell mittels ↗Flächenmethode erfolgen. Die Darstellung punktförmiger Objekte mittels ↗Signaturenmethode führt zu ↗Standortkarten. Bei starker Verkleinerung kann eine solche Verbreitung zu einer Fläche zusammengezogen werden, die exakt als ↗Pseudoareal anzusprechen ist. Auf solchen Arealkarten wird die Verbreitung von Pflanzen (↗Vegetationskarten) und Tieren (zoo-geographische Karten) meist mit einer ausgezogenen oder gerissenen Umgrenzungslinie verdeutlicht (Abb.), die Fläche statt mit einem Flächenton durch Flächenmuster oder Schraffuren gefüllt.

Verbrennung, exotherme Oxidation von Materie, meist unter Auftreten von Feuer.

Verbundanker, ↗Verpreßanker, bei dem die Ankerkraft über das Zugelement vom luftseitigen Ende der ↗Verankerungsstrecke aus unmittelbar auf den Verpreßkörper übertragen wird.

Verbuschung, 1) *Verbrachung*, in Weidegebieten gemäßigter Breiten mit einem Wald-Klimax (↗Klimax): Es ist die auftretende Verschiebung von Grasanteilen zugunsten von Strauch- und Baumanteilen als Folge aufgegebener ↗Beweidung. Dies führt insbesondere auf Magerweiden zu einer deutlichen Abnahme der pflanzlichen Artenvielfalt, wohingegen beispielsweise Schmetterlinge von der Verbuschung profitieren. Wald als das Endstadium der ↗Sukzession wird meist innerhalb von wenigen Jahren bis Jahrzehnten erreicht.
2) Durch übermäßige Beweidung von Gräsern in ↗Savannen und ↗Steppen auftretende Verschiebung von Gras- zu Strauch- und Baumanteilen. Mit dem Wegfallen der Gräser in der Konkurrenz um Wasser steht dieses vermehrt den Sträuchern und Bäumen zur Verfügung, die sich dadurch stark entwickeln können. Als Endstadium stellt sich eine ↗Dornstrauchsavanne ein, welche aber nur noch von Schafen und Ziegen, nicht mehr aber von Rindern genutzt werden kann. [DR]

Verdachtsflächenkartei, Kartei, in der alle Verdachtsflächen von ↗Altlasten eingetragen sind.

Verdampfung, Phasenübergang eines Stoffes vom flüssigen in den gasförmigen Zustand. Verdampfung kann bei jeder Temperatur und jedem Druck stattfinden. Wird die Flüssigkeit bis zum Siedepunkt erwärmt, verdampft die Flüssigkeit nicht nur an der Oberfläche, sondern auch im Innern in Form von Blasen (Sieden). Zur Überwindung der molekularen Anziehungskräfte muß die Verdampfungswärme aufgebracht werden, die bei der ↗Kondensation wieder freigesetzt wird. Die Verdampfungswärme von Wasser beträgt bei 20°C $2{,}45 \cdot 10^6$ Ws/kg. Das langsamer als Sieden verlaufende Verdampfen unterhalb der Siedetemperatur nennt man ↗Verdunstung.

Verdichtbarkeit, ↗Verdichtungsgrad.

Verdichtung, durch Verdichtung werden Bodenteilchen in eine dichtere Lagerung gebracht, wobei ein Teil der Luft oder des Wassers aus den Poren des Bodens ausgepreßt wird. Durch die Verringerung des Porenanteils wird der ↗Steifemodul und der ↗Reibungswinkel des Bodens vergrößert und in geringem Umfang auch die Durchlässigkeit des Bodens verringert. Es wird zwischen Oberflächen- und Tiefenverdichtung (↗Verdichtungsverfahren) unterschieden. Eine gute Verdichtung bewirkt eine Reduktion der Ausgangshöhe um 17 bis 23 %.

Verdichtungsgeräte, Geräte zur mechanischen Verdichtung des Untergrundes (Abb. 1). Die Tiefenwirkung hängt dabei vom Gerät ab und liegt im Bereich von 0,2 bis 1 m. Zur Verdichtung im

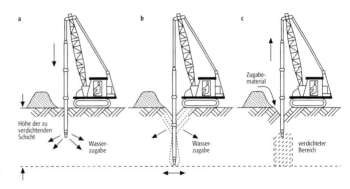

Boden werden folgende Geräte benutzt: Ramm- und Stampfgeräte, Flachrüttler und statisch und dynamisch wirkende Walzen. Im Fels werden folgende Geräte verwendet: mittelschwere Rüttelwalzen (4–8 t): bei geringer Schichtdicke bis 0,5 m und mürbem Gestein; schwere Rüttelwalzen (8–25 t): bei Schichtmächtigkeiten bis zu einem Meter; Fallplatten von mindestens 2 t (Abb. 2).

Verdichtungsgrad, D_{Pr}, quantitativer Ausdruck der auf der Baustelle erzielten ↗Verdichtung. Der Verdichtungsgrad wird nach DIN 4015 bestimmt:

$$D_{Pr} = \frac{\varrho_d}{\varrho_{Pr}}$$

mit ϱ_d = ↗Trockendichte des verdichteten Bodens, ϱ_{Pr} = einfache ↗Proctordichte. Der Verdichtungsgrad hängt stark von der *Verdichtbarkeit* des Bodens ab. Bei nichtbindigen Böden ist diese relativ hoch. Bei bindigen Erdstoffen läßt sich die Luft aus den Großporen einer Schüttung zwar noch gut verdrängen, die Luft in den Feinporen und das Porenwasser allerdings ist nur schwer oder überhaupt nicht verdrängbar. Bei Erdarbeiten wird im allgemeinen ein Verdichtungsgrad von ≥ 95 % gefordert. ↗Proctorversuch.

Verdichtungskontrolle, *Verdichtungsnachprüfung*, Überprüfungsverfahren zur Kontrolle, ob die gewünschte ↗Verdichtung erreicht ist. Dazu gibt es fünf verschiedene Methoden: a) Entnahme von Bodenproben, um die ↗Trockendichte mit der ↗Proctordichte zu vergleichen, b) Messung mit radioaktiven Isotopen, c) Plattendruckversuch, um vom Verformungsmodul auf den Verdichtungsgrad zu schließen, d) Rammsondierung zum Nachprüfen der Gleichmäßigkeit der Verdichtung über große Flächen, e) ↗Drucksondierung.

Verdichtungskurve, *Drucksetzungskurve*, beschreibt in der Bodenkunde das Verdichtungsverhalten von Böden bei uniaxialer statischer Druckbelastung und unter drainierten Bedingungen. Gemessen wird die Abnahme der ↗Porenziffer (Verhältnis zwischen ↗Porenvolumen und ↗Feststoffvolumen) mit zunehmender Auflast. Bei einem nicht vorbelasteten Boden (Erstverdichtung) und bei logarithmischer Einteilung der Belastungsachse ist die Verdichtungskurve eine Gerade (Abb.). Entlastungs- und Wiederver-

Verdichtungsgeräte 2: Bodenverdichtung nach dem Rütteldruckverfahren: a) Versenken des Rüttlers, b) Verdichten (tiefste Stellung), c) Verdichten (Mittellage).

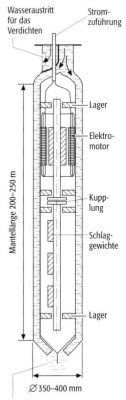

Verdichtungsgeräte 1: Aufbau eines Verdichtungsgeräts.

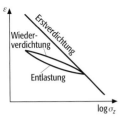

Verdichtungskurve: Schema der Beziehung zwischen der Porenziffer ε und der Vertikalspannung σ_z bei statischer Druckbelastung einer Bodenprobe.

dichtungsvorgänge dokumentieren sich in einem hystereseartigen Kurvenverlauf, dessen Ausprägung von den reversiblen Anteilen der elastischen Verformung abhängt. Ackerböden sind vorbelastet, da sie bewirtschaftungsbedingt einer Vielzahl von Belastungsimpulsen unterliegen. Die Vorbelastung läßt sich aus der Verdichtungskurve ableiten.

Verdichtungsraum ↗Ballungsgebiet.

Verdichtungsverfahren, Verfahren zur Verdichtung des Untergrundes. Zu nennen sind folgende Verfahren: Druckverdichtung, Stoßverdichtung, Schwingverdichtung, Verdichtung mit Walzen, Verdichtung mit Platten.

Verdoppelungszeit, in der ↗Populationsökologie die Zeit, in der sich die Population einer Tier- oder Pflanzenart (↗Art) verdoppelt. Die Verdopplungszeit ist stark abhängig von den Umweltbedingungen sowohl bezüglich der ↗abiotischen als auch der ↗biotischen Faktoren.

Verdrängung, 1) *Ökologie*: Überleben einer ↗Art, einer ↗Population oder eines ↗Genotyps in einem ↗Lebensraum auf Kosten eines anderen. Verdrängung geschieht bei der Einführung von ↗Neophyten oder fremdländischen Tieren, die aufgrund kompetitiver Überlegenheit (↗Konkurrenz) und weil sie nicht von Parasiten geschwächt werden einheimische Arten verdrängen können. In manchen mitteleuropäischen Auegebieten droht beispielsweise die kanadische Goldrute (*Solidágo canadénsis*) viele Vertreter der einheimischen Vegetation zu verdrängen. In Fließgewässern verdrängt an vielen Orten die amerikanische Regenbogenforelle die einheimische Bachforelle. **2)** *Kartographie*: ↗Generalisierungsmaßnahme, die die Lesbarkeit der Folgekarte sichert, indem durch die relative Vergrößerung der ↗Kartenzeichen im Folgemaßstab hervorgerufene Überlagerungen graphisch korrigiert werden. Die Verdrängung bedeutet zugleich eine geringfügige Veränderung der Lagebeziehungen und folglich der Geometrie des kartographischen Modells. Die damit verbundenen Abweichungen von der Wirklichkeit nehmen bei fortschreitender Verkleinerung der Maßstäbe zu. In der Regel wird die Verdrängung als letzte Maßnahme der Generalisierung durchgeführt, d.h. nach dem ↗Darstellungsumschlag, der ↗Formvereinfachung und ↗Zusammenfassung der für den Folgemaßstab ausgewählten Objekte. Bei Maßnahmen der Verdrängung wird eine von der Bedeutung der Objektklassen bestimmte Rangfolge (Verdrängungshierarchie) eingehalten. Die Lage einiger Objekte wird unter keinen Umständen verändert. In topographischen Karten betrifft das u.a. Fest- und Höhenpunkte, Grenzen und die Hydrographie. Verdrängt wird stets so, daß die topologischen Strukturen erhalten bleiben. **3)** *Petrologie*: Veränderung der chemischen Zusammensetzung oder Abbau von Mineralen oder Fossilien und Neubildung von Mineralen oder Mineralaggregaten an deren Stelle, häufig unter Erhaltung der ursprünglichen Kristallform der verdrängten Minerale oder der organischen Strukturen (↗Pseudomorphose). Dies geschieht weitestgehend im festen Zustand und ohne größere Volumenänderung durch diffusiven Stoffaustausch (↗Festkörperreaktion) oder durch gleichzeitige Auflösung und Wiederausfällung. Es ist zu unterscheiden zwischen: a) ↗isochemischem Verlauf bei der ↗Metamorphose (bezogen auf den Gesamtgesteins-Chemismus und die nichtflüchtigen Komponenten), z.B. die Verdrängung von Disthen durch Sillimanit, die ↗Serpentinisierung von Olivin oder die Amphibolisierung von Pyroxen (↗Uralitisierung), und b) ↗allochemischem Verlauf, bei dem die Verdrängungsreaktionen durch externe Stoffzufuhr (↗Metasomatose) verursacht werden; Beispiele dafür sind die ↗Dolomitisierung von Kalkstein oder die hydrothermale Verdrängung von Baryt durch Quarz. Durch Zufuhr metallhaltiger Lösungen können wirtschaftlich bedeutende ↗Verdrängungslagerstätten gebildet werden (z.B. ↗Skarnlagerstätten). Schwer zuzuordnen sind Verdrängungen im sedimentär-diagenetischen Bereich: Die Verkieselung von Holz oder die Pyritisierung von Ammoniten o.ä. können beispielsweise i.w.S. als isochemisch betrachtet werden, da im Sediment bereits vorhandene Stoffe lediglich lokal umverteilt werden, jedoch kann bei vielen diagenetischen Verdrängungsreaktionen die Zusammensetzung der beteiligten Porenlösungen vor allem in durchlässigen Gesteinen stark durch Zuflüsse aus Nachbarformationen beeinflußt sein, wobei hier die Abgrenzung des betrachteten »Systems« aber ziemlich willkürlich ist. [MSch,KG,RH]

Verdrängungslagerstätten, Lagerstätten, die durch Verdrängungsvorgänge (↗Verdrängung) von vorher ↗taubem ↗Nebengestein hervorgegangen sind. Hierzu gehören die ↗Skarnlagerstätten oder Lagerstätten, bei denen organische Substanz als Fänger für Schwermetalle aus den Porenlösungen wirken, wie z.B. bei manchen Uranlagerstätten (↗Uranerzlagerstätten) oder beim ↗Kupferschiefer.

Verdrängungsparamorphose ↗Pseudomorphose.

Verdrängungspfähle, ↗Pfähle, die durch Einbringen eines Bohrrohres, welches beim Abteufen das anstehende Bodenmaterial verdrängt, erstellt werden. Nach Erreichen der Zieltiefe wird unter gleichzeitigem langsamen Herausziehen des Bohrrohres der Pfahl durch das Bohrrohr betoniert.

Verdrängungspseudomorphosen, lokale Auflösung und Pseudomorphosenbildung bei metasomatischen Prozessen (↗Verdrängungen). ↗Metasomatose, ↗Pseudomorphose.

Verdünnungsmessung ↗Tracermessung.

Verdunstung, ↗Verdampfung von Wasser unterhalb des ↗Siedepunktes; oftmals auch allgemein für den Phasenübergang eines Stoffes in die Gasphase aus der flüssigen oder festen Phase, z.B. Verdunstung von Eis oder Schnee. Die zur Verdunstung benötigte Verdunstungs- oder Verdampfungswärme wird dem Wasser und der umgebenden Luft entzogen und kann daher zu Abkühlung führen (Verdunstungskälte). Bei der ↗Kondensation in einer Wolke wird die am Erdboden oder einer Wasseroberfläche zur Verdunstung benötigte Energie wieder freigesetzt (↗latente Wärme). Die Verdunstung ist daher ein wichtiges Glied im atmosphärischen Energie- und Wasserhaushalt. Wasser verdunstet a) an Wolkenrändern und im fallenden ↗Niederschlag, b) von Wasserflächen und der vegetationsfreien Erdoberfläche (↗Evaporation), c) von Pflanzenbeständen (↗Transpiration), d) von der natürlichen bewachsenen Bodenoberfläche (↗Evapotranspiration). In der Hydrologie wird die Verdunstung definiert als Summe von ↗Bodenverdunstung, ↗Interzeptionsverdunstung, Transpiration, Schnee- und Eisverdunstung sowie Verdunstung freier Wasserflächen. Letztere ist nicht identisch mit der ↗potentiellen Verdunstung, da der Wasserkörper andere Wärmeeigenschaften (Temperatur, Wärmezufuhr) hat als Landoberflächen.

Die direkte Messung der Verdunstung am Boden erfolgt mit ↗Evaporimetern und ↗Lysimetern. Die aktuelle Verdunstung am Boden, im Gegensatz zur potentiellen Verdunstung, hängt entscheidend von der Wasserzufuhr ab. Für klimatologische Anwendungen wurden verschiedene Verdunstungsformeln konzipiert, deren bekanntesten die von Albrecht, Haude, Penman und Thornthwaite sind. Die wesentlichen Einflußfaktoren in diesen Formeln sind das ↗Sättigungsdefizit und die Windgeschwindigkeit. ↗Grasreferenzverdunstung, ↗Landschaftswasserhaushalt, ↗tatsächliche Verdunstung.

Verdunstungsberechnung, rechnerische Ermittlung der Verdunstung durch empirische bzw. semiempirische oder physikalisch begründete Verdunstungsformeln. Da die ↗Verdunstungsmessung sehr aufwendig ist, wird die Verdunstung heute vielfach aus leichter meßbaren Größen wie Lufttemperatur, Luftfeuchte, Windgeschwindigkeit und Sonnenscheindauer, die im Routinebetrieb an den Klimastationen der Wetterdienste gemessen werden, berechnet. Es wird zwischen Methoden zur Berechnung der ↗potentiellen Verdunstung und der ↗tatsächlichen Verdunstung unterschieden. Die Verdunstung freier Wasserflächen E_W wird meist über Verfahren, die das ↗Dalton-Gesetz zur Grundlage haben, bestimmt:

$$E_W = (a+b+u^c) \cdot (e_S(T_{WO}) - e_L).$$

Dabei ist u die Windgeschwindigkeit, e_s der Sättigungsdampfdruck bei der Temperatur der Wasseroberfläche T_{wo} und e_L der Dampfdruck der Luft. Die Konstanten liegen in den Bereichen $0 \leq a \leq 0{,}21$, $0{,}1 \leq b \leq 0{,}31$ und $0{,}5 \leq c \leq 1{,}0$. Weiterhin wird die ↗Penman-Formel eingesetzt. Für die Berechnung der potentiellen Verdunstung E_p von Landoberflächen werden neben der Penman-Formel eine Vielzahl empirischer Formeln verwendet. Die in Deutschland bekanntesten sind die von Haude und die von Turc. Die Haude-Formel berechnet die potentielle Verdunstung aus dem um 14:00 Uhr in 2 m Höhe gemessenen ↗Sättigungsdefizit $e_s - e_L$:

$$E_P = F \cdot (e_s - e_L).$$

Der Proportionalitätsfaktor F ist jahreszeitlich abhängig, er liegt in den Wintermonaten bei 0,22 und erreicht in den Monaten April und Mai mit 0,29 den höchsten Wert. Die Turc-Formel berücksichtigt neben der Lufttemperatur T die Globalstrahlung R_G in W/m² und die relative Luftfeuchte:

$$E_p = 0{,}027 \cdot C \cdot (R_G + 24) \cdot \frac{T}{T+15}.$$

Der Korrekturfaktor C beinhaltet die Luftfeuchte f. Er wird für $f < 50\,\%$ nach:

$$C = 1 + (50-f)/70$$

berechnet. Für $f \geq 50\,\%$ ist $C = 1$. Bessere Ergebnisse als mit beiden vorgenannten Verfahren erzielt man ebenfalls mit der Penman-Formel. Schwieriger ist die Berechnung der tatsächlichen Verdunstung. Als langjähriges Mittel ergibt sie sich für ein ↗Einzugsgebiet aus der Differenz von ↗Gebietsniederschlag und ↗Abfluß. Da die reale Verdunstung durch das Energie- und Wasserdargebot begrenzt wird, kann sie auch aus der potentiellen Verdunstung abgeleitet werden. Dabei wird eine Reduktionsfunktion $f(\Theta)$ eingeführt, die vom Wassergehalt des Bodens Θ abhängt:

$$E_r = f(\Theta) \cdot E_P.$$

Die Funktion $f(\Theta)$ ist theoretisch nicht ableitbar, es gibt für die Funktion aber zahlreiche Ansätze. Häufig wird für sie ein stückweiser linearer Verlauf gewählt, wie z.B.:

$$f(\Theta) = 1 \quad \text{für } \Theta_o \leq \Theta \leq \Theta_S$$
$$f(\Theta) = \frac{\Theta - \Theta_{WP}}{\Theta_o - \Theta_{WP}} \quad \text{für } \Theta_{WP} \leq \Theta \leq \Theta_o$$
$$f(\Theta) = 0 \quad \text{für } \Theta_o \leq \Theta_{WP}.$$

Dabei bedeuten Θ_S den Bodenwassergehalt bei Sättigung und Θ_{WP} den bei Welkepunkt. Θ_0 ist ein Bodenwassergehaltswert, der unter dem der Feldkapazität Θ_{FK} liegt und ab dem eine Reduktion der Wasserverfügbarkeit einsetzt. Allgemein gilt:

$$\Theta_0 / \Theta_{FK} \approx 0{,}5 \text{ bis } 0{,}8.$$

Für Gebiete mit heterogener Landnutzung und Bodenart sind »homogene« Teilflächen auszuweisen. Die Berechnung ist für jede dieser Teilflächen getrennt durchzuführen. Das Gebietsmittel E_{r_G} der realen Verdunstung ergibt sich aus dem flächenmäßig gewichteten arithmetischen Mittel der Verdunstung der Teilflächen E_{r_i}:

$$E_{r_G} = \frac{1}{A_G} \sum_{i=1}^{n} A_i E_{r_i},$$

wobei A_i den Flächenanteil der Teilflächen und A_G die gesamte Gebietsfläche bedeuten. [HJL]

Literatur: [1] DYCK u. PESCHKE (1995): Grundlagen der Hydrologie. [2] BAUMGARTNER u. LIEBSCHER (1996): Lehrbuch der Hydrologie. [3] DVWK (1996): Ermittlung der Verdunstung von Land- und Wasserflächen.

Verdunstungshöhe, *Verdunstungsrate*, an die Atmosphäre durch ↗Verdunstung an einem bestimmten Ort abgegebenes Wasservolumen, ausgedrückt als Wasserhöhe in mm (1 mm = 1 l/m²) über einer horizontalen Fläche in einer betrachteten Zeitspanne.

Verdunstungskessel, *Verdunstungswanne*, Gerät zur Messung der ↗Verdunstung, bestehend aus einem mehr oder weniger tiefen Becken oder Kessel (z. B. Class A-Kessel) mit möglichst großer Oberfläche, in dem das durch die Verdunstung bedingte Absenken des Wasserspiegels gemessen wird. Oft wird auch der durch die Verdunstung bedingte Wasserverlust durch Gewichtsmessung erfaßt.

Verdunstungsmessung, Messung der ↗Verdunstung durch direkte und indirekte Verfahren. Zu den direkten Verfahren gehören alle diejenigen, bei denen ein befeuchteter Probekörper, wie z. B. Papierfilter (Piche-Atmometer), poröse Keramikscheiben (Ceratzki-Scheibe) oder Wasserkörper (Verdunstungsgefäße, ↗Verdunstungskessel) der Verdunstung ausgesetzt werden (↗Evaporimeter). Die Verdunstungshöhe wird dabei durch Messung der Veränderung der Wasserhöhe im Gefäß, des erforderlichen Nachfüllwasservolumens oder des Gewichtsverlustes ermittelt. Verdunstungsgefäße können frei auf der Erdoberfläche, im Boden eingebettet, auf einem Meßfloß (Floßverdunstungskessel) montiert oder in einer Wetterhütte oder unter einem Schutzdach stehend aufgestellt werden. Die vorgenannten Verfahren sind sehr ungenau, da die dem Verdunstungsprozeß ausgesetzten Wasserflächen selten den realen Bedingungen auf der Landoberfläche entsprechen. Zu den direkten Verfahren gehören auch ↗Lysimeter. Vor allem zeitlich hochauflösend (Meßintervall ″ 10 min) messende wägbare Lysimeter erlauben die direkte Messung der ↗tatsächlichen Verdunstung.

Bei den indirekten Verfahren wird die Verdunstung durch Messung anderer Größen, wie z. B. Lufttemperatur, Luftfeuchte, Windgeschwindigkeit und Strahlung, bestimmt. Hierzu gehört die ↗Turbulenz-Korrelations-Methode, bei der kurzzeitige Fluktuationen der vertikalen Windgeschwindigkeit und der relativen Luftfeuchte gemessen werden. Ein weiteres indirektes Verfahren zur Ermittlung der Verdunstung E ist die Gradientenmessung in der bodennahen Luftschicht. Grundlage für dieses Verfahren ist die Wasserdampftransportgleichung:

$$E = A_W \cdot \mathrm{grad} q,$$

wobei A_w = turbulenter Austauschkoeffizient und $\mathrm{grad} q$ = Höhengradient der Luftfeuchtigkeit. Für eine neutral geschichtete Atmosphäre gilt die Formel von Thornthwaite & Holzman:

$$E = \varrho \cdot k^2 \frac{(q_1 - q_2) \cdot (u_1 - u_2)}{\ln\left(\dfrac{z_2 - d}{z_1 - d}\right)^2}.$$

Dabei sind ϱ die Dichte der Luft, k die Karman-Konstante (0,44), q_1 und q_2 die Luftfeuchte sowie u_1 und u_2 die horizontale Windgeschwindigkeit in den Meßhöhen z_1 und z_2. d ist die Verdrängungshöhe, die sich aus der Höhe der Vegetation ergibt. Ein weiteres indirektes Meßverfahren ist das Energiebilanzverfahren, dessen Grundlage die Gleichung von Sverdrup ist:

$$E = \frac{R_n - G}{1 + \gamma \dfrac{T_2 - T_1}{e_2 - e_1}}.$$

Dabei wird der Strahlungsterm R_n durch Strahlungsmesser und der Bodenwärmestrom G durch Messung des Temperaturgradienten im Erdboden ermittelt. Das das Bowen-Verhältnis charakterisierende Glied $\gamma \cdot (T_2-T_1)/(e_2-e_1)$ wird durch Gradientenmessung von Lufttemperatur T und Wasserdampfdruck in den Meßhöhen z_1 und z_2 ermittelt.

Alle besonders zur Verdunstungsmessung geeigneten Verfahren wie wägbare Lysimeter, Turbulenz-Korrelations-Verfahren, Gradienten-Methode und Energiebilanz-Methode sind sehr aufwendig und kostspielig. Sie können nur für spezielle Untersuchungen, aber nicht im Routinebetrieb eingesetzt werden. ↗Verdunstungswaage. [HJL]

Verdunstungsnebel ↗Nebelarten.

Verdunstungsprozeß, Prozeß, bei dem Wasser bei Temperaturen unter dem Siedepunkt vom flüssigen in den gasförmigen Zustand übergeht. Wassermoleküle lösen sich aus dem Molekülverband und entweichen durch die Flüssigkeitsoberfläche in die Atmosphäre (Abb. 1). Dabei werden Wassermoleküle mit höherer Molekulargeschwindigkeit aus dem Wasserverband herausgelöst und treten in die Atmosphäre über. Die Bewegung der Moleküle ist sowohl im Wasserverband als auch in der Atmosphäre richtungs- und geschwindigkeitsmäßig zufalls- (normal-) verteilt (Brownsche Molekularbewegung). Die Zahl der austretenden Moleküle nimmt mit steigender Temperatur zu. Sie leisten dabei Arbeit gegen die Oberflächenspannung. Hierzu ist Energie erforderlich, die im natürlichen Wasserkreislauf hauptsächlich der Strahlung, aber auch der Körper- (Wasser-, Bodenwärme) und der Luftwärme entnommen wird. Da die schnelleren Flüssigkeitsmoleküle die Oberfläche am leichtesten durchbrechen, sinkt die mittlere Molekularge-

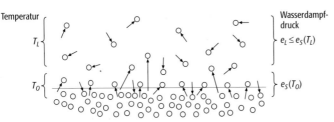

Verdunstungsprozeß 1: schematische Darstellung des Flusses und der Bewegung der Wassermoleküle über einer Wasseroberfläche mit T_O = Temperatur der Wasseroberfläche, T_L = Temperatur der darüberliegenden Luftschicht, e_L = Wasserdampfdruck der Luft, e_s = Wasserdampfdruck an der Wasseroberfläche (Sättigungsdampfdruck).

schwindigkeit in der Flüssigkeit. Die verdampfende Flüssigkeit kühlt dabei ab. Die ↗Verdunstungswärme r_v wird latent mit dem Wasserdampfstrom weggeführt.

Die herausgetretenen Moleküle werden in der sich unmittelbar über der dem Wasser befindlichen Schicht angereichert. Auch hier bewegen sich zufällig. Einige der Moleküle verlieren ihre Energie und werden wieder vom Wasserverband eingefangen. Die Rate der wiedereintretenden Moleküle ist proportional der Konzentration der Moleküle in dieser Schicht. Wenn die Zahl der aus- und eintretenden Moleküle gleich ist, ist ein Gleichgewichtszustand (↗Sättigungsdampfdruck) erreicht. Man spricht auch von einer wassergesättigten laminaren Grenzschicht. Sie bildet sich nur unmittelbar über der Wasserfläche aus und hat eine Schichtdicke von wenigen Millimetern. Der Sättigungsdampfdruck e_s ist von der Temperatur T abhängig und wird durch die Formel:

$$e_s(T) = 6{,}11 \ \exp\left(\frac{17{,}3 \cdot T}{T + 237{,}3}\right)$$

beschrieben. In dem über der wassergesättigten laminaren Grenzschicht liegenden Bereich besteht meist ein Sättigungsdefizit. In diese Schicht hinein defundieren die aus dem Wasserverband in die Grenzschicht ausgetretenen Moleküle. Durch dieses Wasserdampfdruckgefälle entsteht eine Saugkraft, die der Erd- oder Wasseroberfläche ständig weiteres Wasser entzieht.

Das verdunstende Wasservolumen E ergibt sich aus der Menge der sich von der gesättigten in die darüberliegende, meist ungesättigte Schicht bewegenden Moleküle. Es ist proportional dem Dampfdruckgefälle zwischen der Wasseroberfläche mit dem Dampfdruck $e_s(T_o)$ und der darüberliegenden Schicht mit dem Dampfdruck e_L (↗Dalton-Gesetz):

$$E = f \cdot (e_s(T_o) - e_L).$$

Dabei ist f ein von der Windgeschwindigkeit abhängiger Koeffizient, der den Abtransport des Wasserdampfes an der oberflächennahen Schicht kennzeichnet. Die Bedeutung der laminaren Grenzschicht ergibt sich aus dem sehr langsamen molekularen Transport mit einem molekularen Diffusionskoeffizient (↗Diffusion) von 10–20 mm^2/s. Der Wind greift turbulent in diese Schicht ein und transportiert mit dem turbulenten Diffusionskoeffizienten von etwa 200.000 mm^2/s Wasserdampf ab. Dabei wird durch die Windgeschwindigkeit die meist mit Wasserdampf angereicherte Luft durch Luft mit geringerem Wasserdampfgehalt ausgetauscht. Das Dalton-Gesetz gilt sowohl für freies Wasser als auch für Schnee, Eis und befeuchtete Böden. Die Gleichung von Dalton bildet die Grundlage vieler Verdunstungsverfahren. Physikalisch hängt die Verdunstung weiter von der an der Oberfläche zur Verfügung stehenden Energie ab.

Der Wasserentzug der Erdoberfläche durch Verdunstung wird durch Bindungskräfte des Wassers im verdunstenden Körper (Wasseroberfläche, Boden, Pflanzen) verzögert. Es steht nicht immer Wasser zur Verdunstung zur Verfügung. Wenn die Oberfläche nicht gerade naß ist, muß das zur Verdunstung kommende Wasser erst an die Oberfläche transportiert werden.

Die potentielle Energie des Bodenwassers an einer bestimmten Stelle im Boden resultiert aus einer Anzahl von Kräften, die auf das Bodenwasser einwirken. Die wichtigsten sind Adhäsions- und Kohäsionskräfte sowie die Schwerkraft. Da an verschiedenen Stellen im Boden sich die Summen aller einwirkenden Kräfte unterscheiden, treten Differenzen der potentiellen Energie auf, und es findet eine Wasserbewegung statt. Die Transportvorgänge des Wassers im Boden werden durch die unterschiedlichen partiellen Wasserpotentiale in der Luft und im Boden und durch die Luftbewegung zum Abtransport des verdunsteten Wassers beeinflußt (Abb. 2).

Neben den physikalischen Prozessen beeinflussen biologische Vorgänge in den Pflanzen erheblich die ↗Evapotranspiration. Die Pflanzen benötigen für den optimalen Ablauf ihrer Lebensprozesse einen bestimmten Quellungszustand des Protoplasmas (Zellinhalt) und einen der Zelle Festigkeit verleihenden Innendruck (Turgeszens, Tugorspannung). Sie erreichen diesen fast ausschließlich durch Entnahme von Wasser aus dem Boden. Dabei erfolgt zugleich ein Teil der Nährstoffversorgung. Der überwiegende Anteil der Nährstoffanlieferung an die Pflanzenwurzeln

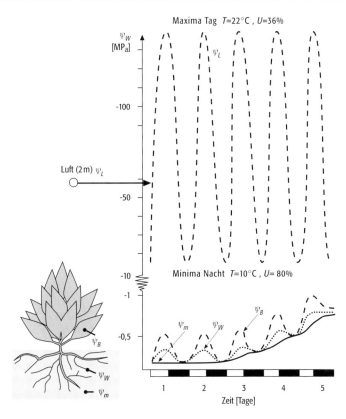

Verdunstungsprozeß 2: schematische Darstellung des Tagesganges der Wasserpotentiale von Boden (ψ_m), Wurzeln (ψ_W), Blättern (ψ_B) und Luft (ψ_L) für fünf aufeinanderfolgende niederschlagsfreie Tage (Tag: T_{max} = 22°C, relative Luftfeuchte = 36 %; Nacht: T_{min} = 10°C, relative Luftfeuchte = 80 %).

Verdunstungsprozeß

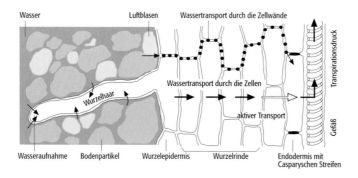

Verdunstungsprozeß 3: Wasseraufnahme und Transportweg des Wassers durch das Wurzelsystem einer Pflanze.

erfolgt durch ↗Diffusion. Der Aufstieg des Wassers aus dem Boden in die Pflanzenwurzeln sowie der Übergang aus den Blättern in die Luft folgt dem jeweiligen Potentialgefälle (Abb. 3). Das Wasserpotential ist in der Wurzel am größten. Der Wasserfluß folgt immer in Richtung abnehmender Potentiale. Am geringsten ist das Wasserdampfpotential in der Luft. Osmotische Potentialunterschiede zwischen dem Bodenwasser und dem Saftstrom der Pflanzenzellen tragen zum Wasseraufstieg in den Pflanzen bei.

In den Pflanzen wird das aufgenommene Wasser zu einem geringen Teil ($<1\%$) durch Assimilation gebunden. Der weitaus größte Teil verdunstet aus den Spaltöffnungen der Blätter, den Stomata, in die Atmosphäre (stomatäre Transpiration). Ein geringer Teil des Wassers entweicht durch die Epidermis der Blätter (cuticuläre Transpiration). Beide Vorgänge zusammen bilden die ↗Transpiration. Auch wenn die Pflanzen nicht mehr wachsen, transpirieren sie bei ausreichendem Wasserangebot bis zu ihrer Abreife. Neben der Transpiration können bestimmte Pflanzen aus besonderen Wasserspalten (Hydatoden) an bestimmten Stellen der Blätter Wassertropfen abscheiden (↗Guttation).

Die Pflanzen steuern durch Öffnen der Stomata die Transpiration (↗Stomatawiderstand). Sie reagieren damit auf schwankende Wasserpotentiale in den Schließzellen der Stomataöffnungen und beeinflussen auch die Photosyntheseleistung der Pflanze. Wenn der osmotische und der hydraulische Druck in den Schließzellen unter bestimmten Grenzen fallen, schließen sich die Stomata vollständig. Diese Grenzen hängen von der Pflanzenart ab. Der gleiche Vorgang läuft bei Dunkelheit ab, da keine ↗Photosynthese stattfinden kann. Die Wasseraufnahme aus dem Boden findet solange bei geschlossenen Stomata statt, bis der Potentialausgleich zum Bodenwasser erfolgt ist (Abb. 4). Mit dem Wachstum der Wurzeln und der oberirdischen Pflanzenteile nehmen die Wasserpotentiale von Boden, Wurzeln und Blättern während der Vegetationszeit zunächst zu.

Die Transpiration verschiedener Pflanzenarten weist bedeutende Unterschiede auf. Wildpflanzen sind auf ihren natürlichen Standorten an die vorherrschenden Wasser- und Verdunstungsbedingungen angepaßt. Durch landwirtschaftlich-technische Maßnahmen (Wasserbodenbearbeitung, Bewässerung, Dränung) können für die Kulturpflanzen günstigere Wasserverhältnisse geschaffen werden. Die maximale Transpiration tritt bei ausreichendem Wasserdargebot (geringe Wasserspannung) ein. Unter definierten Bedingungen wird sie als potentielle Transpiration bezeichnet. Diese Bedingungen sind gewöhnlich im Winter und im beginnenden Frühjahr gegeben. Bei niedriger Wasserspannung im Boden (hoher Bodenfeuchte nach ergiebigen Niederschlägen) oder bei geringem Verdunstungsanspruch der Luft können solche Bedingungen auch im Sommer vorkommen.

Wenn der pflanzliche Wasserentzug im Hauptwurzelraum nicht durch Zugang von Niederschlags- oder kapillar aufsteigendes Grundwasser ausgeglichen wird, steigt in der unmittelbaren Umgebung der Wurzeln die Bodenwasserspannung. Als Folge tritt eine Verringerung des Matrixpotentials ein. Hierdurch nimmt das Potentialgefälle gegenüber den Wurzeln ab. Gleichzeitig sinkt die Wasserleitfähigkeit des Bodens. Durch beides wird eine Herabsetzung der Wassernachlieferung an die Wurzeln bewirkt. Die durch den Pflanzenbestand an die Luft abgegebene Wassermenge kann nicht mehr den Betrag erreichen, dem Verdunstungsanspruch der Luft entsprechen würde. Die relative Transpirationsrate mit steigender Bodenwasserspannung (d.h. abnehmender Bodenfeuchte) nimmt um so stärker ab, je höher die potentielle Transpiration ist. Auf sehr feuchten, meist staunassen Standorten kann auch eine Einschränkung der Transpiration auftreten, wenn bei nicht angepaßten Kulturen der Gasaustausch der Wurzeln behindert wird. Dagegen erreichen Pflanzen, die physiologisch feuchte Standorte angepaßt sind, wie z.B. Schilf, nur dort ihre potentielle Transpiration. Bei bewachsenen Flächen erfolgt neben der Transpiration auch eine Verdunstung von der obersten Bodenschicht (Evaporation) und ggf. eine Abtrocknung der von Niederschlägen feuchten Pflanzenteile (↗Interzeptionsverdunstung).

Somit wird klar, daß der physikalische Verdunstungsvorgang in dem aus Boden, Pflanze und Atmosphäre bestehenden System von einer Reihe externer Parameter abhängt, die sich gegenseitig beeinflussen. Das hat zur Folge, daß die Ermittlung der realen Verdunstung von Landoberflächen zu einem komplexen Problem wird, dessen exakte Lösung nicht mit einfachen Mitteln möglich ist.

[HJL]

Verdunstungsprozeß 4: schematische Darstellung der Wasserabgabe einer Pflanze aus den Blättern mit Detaildarstellung des Spaltöffnungsapparates.

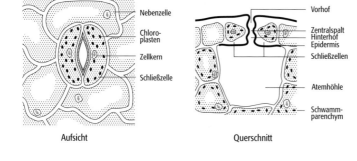

Verdunstungsschutz, Aufbringung einer molekularen Schicht auf eine Wasserfläche zur Reduzierung der Verdunstung. Diese Schicht hat die Dicke eines Moleküls. Als Schutzmittel werden Fettsäuren oder langkettige Alkohole verwendet.

Verdunstungswaage, Gerät zur Messung der ↗Verdunstung. Dabei wird die durch den Verdunstungsvorgang bedingte Gewichtsabnahme durch Wägung bestimmt (z. B. Wildsche Waage).

Verdunstungswärme, *Verdampfungswärme*, r_v, Energie, die aufgewendet werden muß, um den Übergang der Wassermoleküle aus dem Wasserverband in die Atmosphäre zu ermöglichen (↗Verdunstungsprozeß). Sie beträgt bei 20°C etwa 2450 J/g Wasser. Die Temperaturabhängigkeit wird bei $T \geq 0$ durch:

$$r_v = 2498 - 2{,}61 \cdot T \; [J/g]$$

beschrieben.

vereinbarter Bezugsrahmen, CRF, *Conventional Reference Frame*, ↗Bezugsrahmen.

vereinbarter erdfester Bezugsrahmen, CTRF, *Conventional Terrestrial Reference Frame*, ↗Bezugsrahmen.

vereinbarter raumfester Bezugsrahmen, CCRF, *Conventional Celestial Reference Frame*, ↗Bezugsrahmen.

vereinbarter terrestrischer Bezugsrahmen, IERS, *Terrestrial Reference Frame*, ↗ITRF.

vereinbartes Bezugssystem, CRS, *Conventional Reference System*, ↗Bezugssystem.

vereinbartes erdfestes Bezugssystem, CTRS, *Conventional Terrestrial Reference System*, ↗Bezugssystem.

vereinbartes raumfestes Bezugssystem, CCRS, *Conventional Celestial Reference System*, ↗Bezugssystem.

Vereisungskurven, aus ↗Strahlungsdiagrammen berechnete Rekonstruktion von quartären ↗Vereisungsphasen.

Vereisungsphasen, allgemein Zeiträume positiven Gletscherwachstums (↗Gletschervorstoß). Große Vereisungsphasen sind z. B. die pleistozänen Kaltzeiten mit über tausend km weit vorstoßenden ↗Gletschern. Vereisungsphasen sind durch ↗Vereisungsspuren aber auch aus älteren Erdzeiten, wie z. B. von der Wende Karbon/Perm und von der Wende Präkambrium/Kambrium belegt. ↗Eiszeit, ↗Quartär, ↗historische Paläoklimaologie.

Vereisungsspuren, durch ehemalige Gletscherbedeckung entstandene typische Oberflächenformen (z. B. ↗Rundhöcker, ↗Gletscherschliff) und Ablagerungen (z. B. ↗Moränen, ↗Tillite, ↗Sander). Vereisungsspuren werden zur Rekonstruktion und Abgrenzung erdgeschichtlich unter Umständen weit zurückreichender Eisbedeckungen herangezogen (↗präpleistozäne Vereisungsspuren).

Vereisungszentren, Ursprungsgebiete der ↗Eisschilde und ↗Vorlandgletscher während großer ↗Vereisungsphasen. Die großen Eisschilde der quartären Kaltzeiten (↗Quartär) z. B. hatten ihren Ursprung in mehreren, mehr oder weniger voneinander unabhängigen Vereisungszentren.

Vererdung, in der Moorkunde versteht man unter Vererdung die pedogenetische Umwandlung (↗Bodenentwicklung) oberflächennaher ↗Torfe in amorphes, erdähnliches Bodenmaterial; Moorbodenentwicklung vom ↗Ried zum Erdfen. Dieser Prozeß vollzieht sich vor allem durch ↗Mineralisierung und ↗Humifizierung unter vorwiegend ↗aeroben Bedingungen im Zuge der ↗Entwässerung und anschließender landwirtschaftlicher Nutzung der Moore. Vererdeter Torf ist vor allem im ↗Ap-Horizont mäßig entwässerter jüngerer Moorkulturen zu finden. Je nach Ausgangsmaterial entsteht ein dunkelbraun bis schwarzes Krümelgefüge, in welchem makroskopisch keine pflanzlichen Strukturen mehr zu erkennen sind. Der Vererdung schließt sich mit zunehmender Austrocknung des Moorbodens die ↗Vermulmung an, wobei ein humin- und ascherreiches, schwerbenetzbares (kohlenstaubähnliches) Feinkorngefüge entsteht. [AB]

Vererzung, *Mineralisation*, 1) Führung von ↗Erzmineralen im Gestein; 2) Vorgang der Erzbildung; 3) bergmännischer Begriff für erzhaltiges Gestein.

Verfestigungskoeffizient ↗Gleitkurve.

Verfestigungskurve ↗*Gleitkurve*.

Verformbarkeit, die Art und Weise, wie sich Boden und Fels proportional zu einer Belastungsänderung verhalten. Versuche zur Bestimmung der Verformbarkeit sind im Labor der Kompressionsversuch sowie der einaxiale Druckversuch und ↗dreiaxiale Druckversuch und im Gelände der ↗Plattendruckversuch sowie der ↗Bohrlochaufweitungsversuch. Die Kenngrößen zur Beschreibung der Verformbarkeit sind der ↗Elastizitätsmodul, der ↗Steifemodul und der ↗Verformungsmodul.

Verformung, *strain*, der Teil der ↗Deformation, bei der sich – anders als bei der Translation und Rotation – die relativen Positionen von Partikeln innerhalb eines Körpers ändern. Quantitativ erfaßt man die Verformung durch dreierlei Veränderungen in der Geometrie geologischer Vorzeichnungen: a) Volumenänderung (↗Dilatation), $\Delta = (V - V_O)/V_o$, wobei V das Volumen im verformten Zustand, V_o das Ausgangsvolumen bezeichnet. b) Längenänderung (↗Elongation), $\varepsilon = (l - l_o)/l_o$, wobei l die Länge im verformten, l_o die Länge im unverformten Zustand bezeichnet. Ein positiver Wert der Elongation bedeutet Ausdehnung (↗Extension), ein negativer Wert Verkürzung (*Kontraktion*, ↗Einengung). c) Winkeländerungen (Scherverformung) (γ). Die Scherverformung berechnet sich nach $\gamma = \tan\psi$, wobei der Scherwinkel ψ die Winkeländerung zwischen zwei Linien bezeichnet, die vor der Verformung senkrecht aufeinander standen.

Die Beträge aller Arten von Verformung sind also dimensionslos. Entsprechend werden die Verformungsraten mit s^{-1} notiert. Die Summe aller infinitesimalen Volumen-, Längen- bzw. Winkeländerungen in einem Punkt lassen sich als Verformungstensor beschreiben, aus der kumulativen Überlagerung infinitesimaler Verformungstensoren resultiert die Gesamtverformung eines Ge-

Verformungsaufteilung

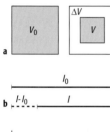
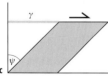
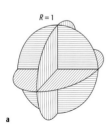

Verformung: die drei Arten von Veränderungen der Geometrie durch Verformung: a) Dilatation, b) Elongation, c) Scherverformung.

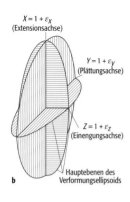

Verformungsellipsoid: Schema der Hauptebenen und Hauptachsen eines Verformungsellipsoids (b), welches volumenkonstant aus einer Kugel (a) mit dem Einheitsradius $R = 1$ hervorgeht.

steins, die mit Hilfe des ↗Verformungsellipsoids beschrieben wird (Abb.). [ES]

Verformungsaufteilung, inhomogene ↗Verformung, bei der sich die tektonischen Bewegungen auf bestimmte Gesteinsbereiche konzentrieren, z. B. in Scherzonen (Verformungskonzentration), während in anderen Bereichen die Verformung deutlich geringer ist.

Verformungsellipsoid, *Strainellipsoid*, wird ein Material homogen und ohne Volumenänderung verformt, bildet sich aus einer Kugel mit dem Einheitsradius $R = 1$ ein dreiachsiges Ellipsoid (Verformungsellipsoid). Anhand der Orientierung und der Form dieses Ellipsoides läßt sich das Ausmaß der Gesamtverformung geologischer Körper semiquantitativ oder quantitativ beschreiben. Die Achsen des Verformungsellipsoids stellen die Hauptachsen der Deformation dar, wobei die Hauptachse X die größte Achse (Extensionsachse), die Hauptachse Y die mittlere Achse (*Plättungsachse*) und die Hauptachse Z (*Kontraktionsachse*) die kleinste Achse des Ellipsoides darstellt. Bei homogener Verformung bekannter Objekte gibt es alle Varianten von Streckung in X (ein zigarrenförmiges, prolates *Deformationsellipsoid* mit $X > Y = Z$) bis zum Überwiegen der Verkürzung in Z (fladenförmiges, oblates Verformungsellipsoid mit $Z < Y = X$). Bei einem Überwiegen von Streckung zeigen die verformten Gesteine vor allem lineare Texturelemente (L-Tektonit), wobei die Streckungslineation der X-Richtung des Verformungsellipsoids entspricht; bei einem Überwiegen der Verkürzung entstehen vor allem planare Texturelemente (S-Tektonit), wobei das Flächengefüge der XY-Fläche der des Verformungsellipsoides entspricht.
Bei einer Verformung, bei der gilt $Y = 1$, spricht man von ebener Verformung, hier sind lineare und planare Texturelemente gleich entwickelt (S/L-Tektonit). Zur Quantifizierung der Verformung von Gesteinen benützt man geologische Vorzeichnungen, deren dreidimensionale Geometrien auf bekannte Ausgangsformen bezogen werden können. Dabei ermittelt man Länge und Orientierung der Hauptachsen des Verformungsellipsoids über eine statistische dreidimensionale Analyse der verformten Objekte in verschiedenen Schnittlagen (Abb.). [ES]

Verformungsmessungen, die meßtechnische Erfassung der Änderung der Querschnittsform eines Tunnels, einer Talsperre, einer Baugrube oder eines Fundaments. Die Verformungen werden durch ↗optische Verschiebungsmessungen sowie mit Hilfe von ↗Neigungsmessungen und ↗Setzungsmessungen festgestellt. Die Geräte, welche dafür eingesetzt werden, sind ↗Tachymeter, ↗Inklinometer, ↗Extensometer u. a.

Verformungsmodul, die Kenngröße zur Beschreibung des Spannungsverformungsverhaltens von Böden und Fels bei behinderter Seitenausdehnung (z. B. im ↗Plattendruckversuch).

Verformungsverhalten, die räumliche und zeitliche Querschnittsveränderung eines Bauwerkes auf oder im Boden bzw. Fels. Erfaßt wird das Verformungsverhalten durch ↗Verformungsmessungen. Darüber hinaus bezieht sich der Begriff auch auf die Eigenschaft von Boden und Fels, sich unter verändernder Last in bestimmter Weise zu verformen. Dieses Verhalten wird in Labor- oder In-situ-Versuchen getestet und mit Hilfe von Kenngrößen wie dem ↗Verformungsmodul beschrieben.

vergente Falte ↗Falte.

Vergenz, 1) Richtung, in die die Achsenfläche einer geneigten oder liegenden ↗Falte aus der Senkrechten abweicht (Abb.). Es wird der Azimuth dieser Richtung und in qualitativer Form der Betrag der Rotation angegeben; z. B. »schwach, mäßig, stark NW-vergent«. *Vergenzfächer* bzw. *Vergenzmeiler* sind Bereiche, in denen die Vergenzen in entgegengesetzte Richtungen nach außen bzw. innen gerichtet sind. Die Vergenz entspricht nicht immer der tektonischen Transportrichtung (↗Klinenz). 2) Bewegungsrichtung an Überschiebungen und Überschiebungssystemen.

Vergenzfächer ↗Vergenz.

Vergenzmeiler ↗Vergenz.

Vergletscherung, bezeichnet den Vorgang bzw. den Zustand der Bedeckung der Geländeoberfläche oder des Meeres mit ↗Gletschereis. Hierbei wird weiterhin unterschieden nach der dem Relief *übergeordneten Vergletscherung*, bei der die ↗Gletscher das Relief überdecken und die Gletscherbewegung durch die Eismächtigkeit gesteuert wird, sowie nach der *untergeordneten Vergletscherung*, die dem Relief angepaßt ist, wobei die Gletscher primär dem vorgegebenen Gefälle folgen.

Vergletscherungstypen ↗Gletscherklassifikation.

Vergleyung, Prozeß der Bodenentwicklung, der vor allem im Unterboden von Grundwasserböden (Gleye, Marschböden, Solonchake) auftritt. Dabei werden Eisen- und Mangan-Ionen mit dem Grundwasser zugeführt oder durch Reduktion vorhandener Eisen- und Manganoxide im Boden gebildet. Sie gelangen durch Wasserfluß und Diffusion in höhergelegene, teilgesättigte Bodenbereiche und werden dort als Oxide ausgefällt. Bei relativ konstanten Grundwasserständen und ständiger Zufuhr eisenhaltigen Fremdwassers führt Vergleyung in der Regel zur deutlicheren Ausprägung der redoximorphen Merkmale in den vorhandenen Gley-Horizonten bis hin zur Bildung von ↗Raseneisenstein. Bei längerfristig ansteigendem Grundwasser verschiebt sich der Übergangsbereich zwischen oxidativen und reduktiven Merkmalen näher in Richtung Bodenoberfläche. Die Vergleyung geht oftmals mit ↗Vernässung einher. Bei abgesenktem Grundwasser verschiebt sich die Untergrenze des Go-Horizontes abwärts. [LM]

Vergreisung ↗hydrothermale Alteration.

Vergrößerungsverhältnis ↗geodätische Parallelkoordinaten.

Vergrusung, bei ↗Plutoniten Zerfall des Gesteins in Mineralkörner, bedingt durch ↗Verwitterung besonders empfindlicher Mineralarten (bei ↗Graniten z. B. die ↗Feldspäte). An sonnenbeschienenen Gesteinsoberflächen kommt es eben-

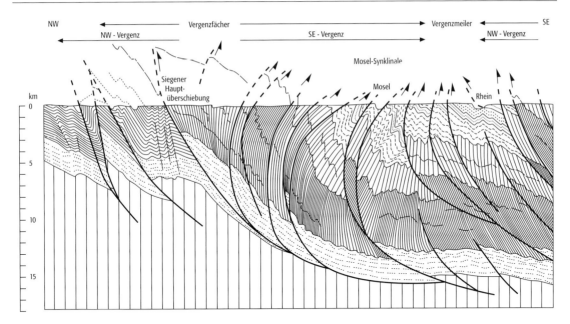

falls zur Vergrusung wegen der unterschiedlichen Wärmeabsorption der hellen und der dunklen Mineralkomponenten, die jeweils zu unterschiedlich großer Ausdehnung führt.

Verheidung, Begriff der ↗Ökologie für den anthropogenen Prozeß der Ausbreitung einer ↗Heidelandschaft durch die Vernichtung des ursprünglichen Waldes infolge ↗Verbiß bei der Beweidung mit Schafen und Ziegen. Verheidung wird unterstützt durch ↗Feuer und durch Verarmung des Bodens infolge regelmäßigen Entfernens des Heidekrauts samt Rohhumusschicht als »Plaggen«, die als Brennstoff und Streu (Dünger) genutzt wurden. Auch bei der Entwässerung von Hochmooren breitet sich das Heidegewächs *Calluna vulgaris* aus.

Verifikation, *Prognosenprüfung*, Überprüfung der Richtigkeit (Wahrheit) von Aussagen (Hypothesen). Für den Wahrheitsgehalt beliebiger Aussagen gibt es jedoch kein allgemeingültiges Kriterium. Allenfalls für die Klasse alternativer, binärer Ja/Nein-Aussagen lassen sich die Wahrheitswerte der zweiwertigen Logik (wahr/falsch) bestimmen. In der Regel werden die Verfahren der Verifikation bei der Überprüfung und Beurteilung geophysikalischer, insbesondere meteorologischer Vorhersagen eingesetzt. Es läuft immer auf einen Vergleich zwischen Vorhersagen und Beobachtung hinaus. Daraus folgt aber auch, daß Vorhersagen über nicht oder erst in ferner Zukunft beobachtbare/meßbare ↗meteorologische Elemente und Erscheinungen nicht verifizierbar sind, woraus grundsätzliche Probleme bei der Bewertung von Modellen, z. B. der Klimavorhersage, erwachsen. In gewisser, aber letztlich nicht überzeugender Weise hilft man sich hierbei mit verifizierbaren Aussagen über vergangenes Wetter und Klima (»Nachsagen«, Epignosen). Manchmal wird der Begriff Verifikation auch für einen momentanen Soll-Ist-Vergleich verwendet, für den aber die Bezeichnung »real-time-monitoring« (Echtzeitüberwachung) verständlicher und präziser ist. Um aber wesentliche Eigenschaften einer Vorhersagemethode oder eines Prognosemodells zu erkennen, bedarf es der mathematisch-statistischen Auswertung einer Stichprobe, d. h. einer hinreichend großen Menge vieler Einzelfälle. Am Ende steht die Berechnung und Darstellung verschiedener ↗Verifikationsmaße, die in der Lage sind, die unterschiedlichen Aspekte der Bewertung von Aussagen widerzuspiegeln. Im wesentlichen ist an Genauigkeit, wissenschaftliche Leistung und (ökonomischen) Nutzen zu denken. Von Anfang an unterzogen sich die Meteorologen der Verifikation ihrer Vorhersagen, um mit deren Hilfe kontinuierlich die Qualität ihrer Vorhersagen anzuheben. Anwendung und Methodik der Verifikation haben sich seitdem beträchtlich erweitert und verbessert. Im Grunde genommen läuft es auf Vergleiche der verschiedensten Art hinaus: a) Vorhersage, Beobachtung/Messung zur Bestimmung des Vorhersagefehlers bzw. der Kontingenz zwischen Prognose und Beobachtung, b) (echte) Vorhersagen, ↗Referenzvorhersagen zur Bestimmung der (wissenschaftlichen) ↗Vorhersageleistung und der praktischen Grenze der ↗Vorhersagbarkeit, c) Vergleich der Verifikationsergebnisse aus verschiedenen Zeiträumen, um Aussagen über Trend und wissenschaftlichen Fortschritt sowie die Abschätzung möglicher Ursachen zu treffen, d) Verifikationsergebnisse für verschiedene Orte, Länder, Klimagebiete zur Aufdeckung von Unterschieden zwischen den Verifikationsmaßen und Ursachensuche, e) Vergleich der Verifikationsergebnisse verschiedener Methoden, insbesondere altes/neues Modell der ↗numerischen Wettervorhersage, alter/neuer Ansatz des statistischen post-processing oder alte/verbesserte Methoden der ↗synoptischen Wettermeldung. In-

Vergenz: Wechselnde Vergenzen im Rheinischen Schiefergebirge entstehen durch Stapelung von Schuppen.

Verifikationsmaße 318

Verifikation: Trend des Fehlers rmse (Ordinate) bei der punkt- und termingenauen Vorhersage der Lufttemperatur für den morgigen Tag im Zeitraum 1984 bis 1998 (Quartalsmittelwerte und gleitendes Mittel). Eine Abnahme des rmse von 2,45 K auf 1,90 K entspricht z. B. einer Reduktion des Risikos absoluter Fehler >5 K von 4 % (1984) auf 0,9 % (1998). Solche Trendanalysen erzeugt die Verifikation für eine Vielzahl vorhergesagter meteorologischer Elemente und Ereignisse.

folge der methodischen Vielfalt gewinnen Verifikationsvergleiche zwischen unterschiedlichen Methoden zunehmend an Bedeutung, vor allem der Leistungsvergleich zwischen »Mensch« (Vorhersagemeteorologen) und »Maschine« (algorithmisierte und automatisierte Verfahren der praktischen Wettervorhersage) (Abb.). [KB]

Verifikationsmaße, in der ↗Verifikation von ↗Wettervorhersagen werden drei Aspekte unterschieden: Genauigkeit, Leistung und Nutzen. Bei den zu prüfenden Aussagen kann es sich um kontinuierliche oder diskrete Variablen handeln. Bei ersteren läßt sich eine Distanz zwischen Prognose und Beobachtung als Differenz bzw. Fehler definieren. Da die meisten Prognosefehler nach einer ↗Gauß-Kurve verteilt sind, kann die gesamte ↗Häufigkeitsverteilung ausreichend durch die beiden statistischen Parameter ↗Mittelwert und ↗Standardabweichung beschrieben werden. Da der Mittelwert nicht genau genug bekannt ist, wird aus praktisch zwingenden Gründen das Verifikationsmaß ↗rmse zur Charakterisierung der mittleren Fehlerhaftigkeit der Vorhersagen bevorzugt. Im Falle diskreter Prognosevariablen wird zur Verbindung von Vorhersage und Beobachtung eine ↗Kontingenztabelle als Verifikationsmethode gewählt. Die Bewertung solch einer Tabelle ist schwierig, weshalb auch eine große Zahl unterschiedlicher Verifikationsmaße existiert. Die günstigsten Eigenschaften weist das Maß ↗TSS auf. Die (wissenschaftliche) ↗Vorhersageleistung hingegen kann, anders als die Vorhersagegenauigkeit, nur im Vergleich mit einer geeigneten ↗Referenzvorhersage bestimmt werden. Als Maß dieser Leistung kommt u. a. die Reduktion der Fehlervarianz (↗RV) für kontinuierliche Variable bzw. die Differenz TSS-TSS$_{ref}$ für diskrete Variablen in Frage. Der dritte Aspekt bei der Verifikation von Voraussagen ist der (ökonomische) Nutzen. Er wird meist als verminderter Schaden definiert, d. h. auch hier bedarf es eines Vergleichs der ökonomischen Folgen unerwünschter geophysikalischer Erscheinungen, einmal ohne, zum anderen mit Kenntnis prognostischer Informationen. [KB]

Verinselung, Begriff der ↗Landschaftsökologie für die Zerteilung eines ursprünglich geschlossenen ↗Lebensraumes in mehrere Untereinheiten (»Inseln«). Dies kann durch natürliche Klimaschwankungen, v. a. aber durch landschaftsverändernde Eingriffe des Menschen geschehen (↗Ausräumung der Kulturlandschaft). Auch bei einem relativ kleinen Flächenverlust, wie er z. B. beim Bau einer Straße auftreten, können ↗Populationen reproduktiv voneinander getrennt werden. Dies verursacht eine genetische Verarmung, die zusammen mit natürlichen Populations-Schwankungen zum Aussterben der betroffenen ↗Art in einem Teillebensraum führen kann. Die Zusammenhänge von Arealgröße mit der Überlebens-Wahrscheinlichkeit werden in der ↗Inseltheorie erklärt. Die Vermeidung von Verinselung durch ↗Biotopverbundsysteme spielt im modernen ↗Naturschutz eine wesentliche und bedeutende Rolle. [MSch]

Verkarstung, 1) im eigentlichen geomorphologischen Sinne die (Korrosions-)Prozesse, die zur Entwicklung des Landschaftstyps ↗Karst mit den charakteristischen ↗Karstformen führen. Wesentliches Merkmal der Verkarstung ist ein deutlicher Anteil unterirdischer Entwässerung an der Gesamtentwässerung. 2) in verallgemeinernder Form das Freilegen des Gesteins durch Vegetationsentfernung und Bodenerosion, wie dies gerade in mediterranen Karstgebieten zu erkennen ist.

Verkehrsleitsystem, elekronisches und kartengestütztes System für die Analyse, Regelung und Optimierung von Verkehrsströmen in Verkehrsleitstellen. Über Sensoren in, an oder über der Fahrbahn werden in elektronischen Verkehrsleitsystemen Daten über das aktuelle Verkehrsaufkommen erfaßt und kombiniert mit den momentanen Schaltzuständen von Verkehrsbeeinflussungsanlagen in einer Bildschirmkarte abgebildet. Diese bildet die Grundlage für die Steuerung des Verkehrsgeschehens etwa durch Geschwindigkeitsregelung, Fahrstreifensignalisierung, Wechselwegweisung oder Zuflußregelung. In Kombination mit ↗Fahrzeugnavigationssystemen ist durch elektronische Verkehrsleitsysteme eine dynamische Fahrzeugsteuerung möglich.

Verkehrsplanung, räumliche ↗Fachplanung, die sich mit der optimalen Gestaltung des Verkehrs befaßt. Dazu gehört die planmäßige Beeinflussung der Verkehrssysteme (Organisationsform des Verkehrs, Güter-, Personen- und öffentlicher Verkehr) und des Verkehrsangebots durch die Verkehrswege und -mittel. Ziele der Verkehrsplanung sind die Befriedigung der Mobilitätsbedürfnisse durch bessere Verkehrsnetze und die Erhöhung des Erschließungsgrades auch von abgelegenen Regionen. Die Verkehrsplanung hat aber auch die ökologischen Auswirkungen (z. B. Lärm, Erschütterungen, Luftverschmutzung) zu berücksichtigen.

Verkehrswasserbau, umfaßt sämtliche Baumaßnahmen, die das Ziel haben, natürliche Gewässer so umzugestalten, daß sie als ↗Wasserstraßen für den Güter- und Personenverkehr mit Schiffen geeignet sind. Dazu gehört auch der Bau von ↗Schiffahrtskanälen und ↗Häfen. Bei den Flüssen wird dabei versucht, ein nach Größe und Verlauf ausreichend stabiles Fahrwasser zu schaffen, das schiffahrtstechnisch günstige Strömungsverhältnisse aufweist, wenn bei Niedrigwasser eine Schiffahrt nicht mehr wirtschaftlich durchführbar ist. Dazu werden zunächst flußbauliche Maß-

nahmen (Flußregelungen) im Bereich niedriger Wasserstände vorgenommen (↗Niedrigwasserregulung). Kann durch flußbauliche Maßnahmen allein die für die Schiffahrt erforderliche Wassertiefe nicht gewährleistet werden, dann erfolgt ein Ausbau durch eine ↗Stauregelung. Dabei besteht eine Staustufe aus einem ↗Wehr und einer ↗Schleuse für die Schiffahrt sowie in den meisten Fällen einem Kraftwerk (↗Wasserkraftanlage). Wo natürliche Gewässer nicht oder nicht in den erforderlichen Abmessungen vorhanden sind, werden zur Deckung des Wasserstraßenverkehrsbedarfes Schiffahrtskanäle angelegt. Beispiele sind in Deutschland in erster Linie das Nordwestdeutsche Kanalnetz und der Main-Donau-Kanal.
Maßnahmen des Verkehrswasserbaus sind in vielen Fällen mit Eingriffen in Natur und Landschaft verbunden, deren Umfang bei Neu- und Ausbau über eine Umweltverträglichkeitsprüfung zu ermitteln ist. Sofern die zu erwartenden Veränderungen »erheblich« oder »nachhaltig« (Bundesnaturschutzgesetz) sind, sind diese durch geeignete Maßnahmen auszugleichen. Das geschieht in einem ↗Landschaftspflegerischen Begleitplan, der ein fester Bestandteil der Wasserstraßenplanung ist. Über Unterhaltungspläne soll sicher gestellt werden, daß spätere Unterhaltungsmaßnahmen in Einklang mit der umgebenden Landschaft und dem Naturhaushalt stehen. [EWi]

Verkehrswasserwirtschaft, Teil der ↗Wasserwirtschaft, der sich mit Fragen der Planung, dem Ausbau, Bau, Betrieb und der Unterhaltung von natürlichen und künstlichen Gewässern (Kanäle) für die Schiffahrt befaßt.

Verkieselung ↗Silifizierung.

Verkrautung, übermäßige Besiedlung oder starkes Wachstum von ↗submersen Wasserpflanzen.

Verkrautungseffekt, Anhebung des Wasserspiegels in einem Fließgewässer infolge Pflanzenwuchs.

Verkrustung, *Krustenbildung*, Entstehung einer sehr festen, wenige mm mächtigen Schicht an der Bodenoberfläche, die den Austausch von Flüssigkeiten und Gasen zwischen Boden und Atmosphäre behindert. Ursachen für die Verkrustung sind: die Austrocknung von durch ↗Verschlämmung gebildeten Schichten (structural crust, depositional crust), die Salzausfällungen (chemical crust) und Anregung des Algen- und Flechtenwachstum (cryptogamic crust). Die Verkrustung weist oft ein ausgeprägtes Rißmuster auf.

Verlandung, in der ↗Landschaftsökologie der Begriff für das allmähliche Auffüllen von stehenden Gewässern. Meist ist ein räumlich unterscheidbares Muster an unterschiedlichen Verlandungsgürteln erkennbar. Ursache der Verlandung ist der Eintrag an nährstoffreichen Feinsedimenten (z. B. Schwebstoffe) aus den Zuflüssen und die anschließende Besiedelung dieser Ablagerungen durch ↗Pflanzen in einer Verlandungsfolge (↗Sukzession). Mit dem Pflanzenbewuchs setzt Humusentstehung und Bodenbildung ein. Zu unterscheiden ist der Prozeß des Wandels eines offenes Gewässers zu einem ↗terrestrischen Ökosystem von der künstlichen Landgewinnung durch Eindeichung, bei der anthropogen bestimmte terrestrische Ökosysteme entstehen. Der Verlandung stehender Gewässer entspricht in Fließgewässern die ↗Auflandung.

Verlandungsmoor ↗Niedermoor.

Verlehmung, pedogenetischer Prozeß der Bildung von Tonmineralen. Ist ↗Verbraunung mit der Bildung von Ton verknüpft, bezeichnet man diese als Verlehmung.

Vermarkung, *Punktmarkierung*, die dauerhafte Kennzeichnung eines ↗Vermessungspunktes durch das Einbringen bzw. Anbringen von ↗Vermessungsmarken oder -zeichen in der Örtlichkeit. Im Falle einer vorübergehenden Kennzeichnung, z. B. mittels ↗Fluchtstab oder Signierkreide, spricht man dagegen von *Signalisierung* bzw. *Markierung* eines Vermessungspunktes.

Vermessungskreisel, *Kreiseltheodolit*, ist ein als Pendel aufgehängter, elektrisch angetriebener Kreisel, dessen Rotationsachse sich unter dem Einfluß der Schwerkraft und der Erddrehung auf ↗Astronomisch-Nord ausrichtet. In diesen richtungsgebenden Teil (Kreisel) nimmt ein ↗Theodolit die Kreiselrichtung ab und setzt sie zu seinem Horizontalkreis in Beziehung. Kreisel und Theodolit können in einer Einheit zusammengebaut sein (Kreiseltheodolit) oder der Kreisel kann auf den Theodoliten bei Bedarf aufgesetzt werden (Aufsatzkreisel).

Vermessungsmarke, *Vermarkungsmittel*, Einrichtung zur vorübergehenden oder dauerhaften Kennzeichnung von ↗Vermessungspunkten auf oder unter der Erdoberfläche, an Bauwerken oder in Form hochgelegener Bauwerksteile.

Vermessungsnachweis, Dokumentation der Ergebnisse der Aufnahme in digitaler und/oder analoger Form, z. B. in Form von ↗Feldbuch, Vermessungsriß oder ↗Karte.

Vermessungspunkt, Punkt für die Vermessungszwecke, der sowohl über als auch unter der Erdoberfläche liegen kann.

Vermessungsriß, *Messungsriß*, ↗Feldriß.

Vermiculit, [von lat. *vermiculus* = Würmchen, aufgrund der Krümmung vor dem Lötrohr], Mineral mit der chemischen Formel $(Mg,Fe^{3+},Al)_3 [(OH)_2|Al_{1,25}Si_{2,75}O_{10}] \cdot Mg_{0,33}(H_2O)_4$ und monoklin-domatischer Kristallform, zählt zu den 2:1-Schichtsilicaten (↗Tonminerale, ↗Phyllosilicate); Farbe: weiß, gelblich, braun, grau; metallisierender Glas- bis Perlmutterglanz; durchsichtig bis durchscheinend; Strich: grünlich, Härte nach Mohs: 1,5 (mild); Dichte: 2–3 g/cm³; Spaltbarkeit: vollkommen nach (*001*); Aggregate: schuppig, locker-erdig, dicht; Kristalle tafelig bis kurzsäulig; vor dem Lötrohr wurmartig aufblähend (Blähglimmer); Begleiter: Phlogopit, Chlorit, Magnetit; Vorkommen: metamorph in Form einer Übergangszone zwischen Serpentin-Linsen und umgebenden Glimmerschiefern oder Gneisen, ferner aus basischen Massengesteinen (Pyroxeniten, Hornblenditen, Peridotiten) und auch zusammen mit Chlorit gangartig in Serpentinfels oder Talkfels; Fundorte: Milbury bei Wochester (Massachusetts) und Westchester (Pennsylvania) in den USA, Palabora (Transvaal, Südafrika), Bulgarien und Griechenland.

Vermiculite in aufgeblähter Form sind technisch wichtig. Dazu werden die mikroskopischen Vermiculit-Kriställchen innerhalb einiger Sekunden bis auf 1500°C erhitzt und sofort auf 400°C gekühlt. Dabei verdampft das Wasser in den Schichtzwischenräumen und zwischen den Schichtpaketen und treibt diese auseinander; die Kristalle blähen auf. Durch die schnelle Temperaturänderung wird die Wasserabspaltung aus den OH-Gruppen der Silicatschichten verhindert. Das Volumen nimmt um den Faktor 15–30 zu, das Raumgewicht sinkt auf 64–160 kg/m³ ab. Verwendung findet Vermiculit in der Bautechnik zur Wärme- und Schallisolation, als Zuschlagskomponente zu Leichtbeton, als Verpackungsmaterial zum Stoß- und Wärmeschutz sowie zum Aufsaugen von Flüssigkeiten bei Gefäßbruch. In der Metallurgie wird es als Wärmeschutz gebraucht, z. B. zum Abdecken von Metallschmelzen bis zum Gießen. Weiterhin dient es zur Steuerung des Wasserhaushaltes und zur Speicherung von Nährstoffen bei der Kultur von Garten- und Zimmerpflanzen. [GST]

Vermischung, Ausgleich von Eigenschaftsunterschieden im Wasser durch turbulente Transporte.

vermittelnde Kartennetzentwürfe, sind in keinem der Elemente Länge, Fläche und Winkel verzerrungsfrei. Sie haben aber den Vorteil, daß alle Verzerrungen relativ klein sind. Das ist vor allem der Fall, wenn man den abzubildenden Teil der Erdoberfläche in Grenzen hält und ihn auf die Größe beschränkt, in dem die Verzerrungswerte ein gewisses vorgegebenes Maß nicht überschreiten. Vermittelnde Kartennetzentwürfe, die oft von den konventionellen Konstruktionsvorschriften abweichen, können nach sehr willkürlichen Regeln konstruiert werden. Wegen der Vielzahl der Konstruktionsmöglichkeiten vermittelnder Entwürfe und der unterschiedlichen Forderungen an die Verzerrungseigenschaften eines Kartennetzes ist es nicht zweckmäßig, spezielle vermittelnde Entwürfe zu benennen. Vielmehr empfiehlt es sich, nach den Anforderungen an eine Karte die Auswahlkriterien für Netzentwürfe in Betrachtung zu ziehen. [KGS]

Vermoderungshorizont ↗ *Of-Horizont*.

Vermulmung, Prozeß der Bodenentwicklung in entwässerten Mooren. Vermulmung führt zur Ausprägung eines Oberbodenhorizontes mit ungünstigen Gefügeeigenschaften (Vermulmungshorizont). Im Unterboden vollziehen sich ebenfalls Prozesse der Gefügeentwicklung. Es entsteht der Bodentyp ↗ *Mulm*. In vermulmten Mooren sind wesentliche Bodenfunktionen wie Speicherungs- und Transformationsvermögen sowie die Ertragsfähigkeit gemindert. Etwa zwei Drittel der Moore des Nordostdeutschen Tieflandes sind bereits vermulmt.

vermutlich größter Niederschlag, *probable maximum precipitation*, *PMP*, größte physikalisch mögliche Niederschlagshöhe für ein bestimmtes Gebiet (meist Einzugsgebiet), eine bestimmte Niederschlagsdauer und eine bestimmte Jahreszeit.

vermutlich größtes Hochwasser, *vermutlich maximales Hochwasser*, *höchstes wahrscheinliches Hochwasser*, *probable maximum flood*, *PMF*, größter physikalisch möglicher Hochwasser-Scheitelabfluß für ein bestimmtes Einzugsgebiet. Er wird häufig mit einem 10.000jährlichen Hochwasserereignis gleichgesetzt. Es stellt einen berechneten Wert dar, der für die Anwohner eines Flusses, für die Schiffahrt und für viele Aufgaben der ↗ Wasserwirtschaft und des ↗ Wasserbaus von erheblicher Bedeutung ist. Die Bemessung von Bauwerken, z. B. Brücken und Stauräume, ist davon abhängig. Für eine Risikoanalyse, die die Bemessung begleiten sollte, ist die Berechnung der Jährlichkeit eines solchen Ereignisses sinnvoll.

Vernässung, 1) Zustand hohen Bodenwassergehaltes oder Wasser auf dem Boden (↗ Bodennässe), der zumeist intensiv und länger andauert und sich nachteilig auf wesentliche Bodenfunktionen auswirkt. Bei landwirtschaftlicher Bodennutzung werden das Pflanzenwachstum und/oder die Befahr- und Bearbeitbarkeit von Böden nachteilig beeinflußt. Vernässung kann durch ↗ Entwässerung oder ↗ Gefügemelioration eingeschränkt oder beseitigt werden. 2) im allgemeinen auch: Erhöhung/Förderung von ↗ Bodennässe eines Standortes durch natürliche Prozesse oder anthropogene Maßnahmen. Vernässung kann z. B. durch Klimawechsel in einen stärker humiden Bereich eintreten. Eine derartige Situation führte während des Frühholozäns in Nordostdeutschland zur Ausbildung der Versumpfungsmoore. Gegenwärtig werden im Rahmen von Renaturierungsprojekten Anstrengungen unternommen, Moore oder andere Niederungen durch Abflußdrosselung und/oder Wassereinleitung zu vernässen, um Feuchtgebiete zu schaffen und die Moorbildung zu fördern (Wiedervernässung). [LM]

Vernetzungsgrad, *Konnektivität*, Maß für die Anzahl der durchhaltenden Kluftverbindungen zwischen den Begrenzungen eines Gesteinsvolumens. Die Permeabilität zwischen zwei Gebietsbegrenzungen wird im wesentlichen von der Anzahl der unabhängigen Verbindungen bestimmt. Der Vernetzungsgrad hängt von der Kluftlängenverteilung, der Kluftdichte und der Geometrie des Kluftsystems ab, er ist in der Regel skalenabhängig.

Verneuilverfahren ↗ *Flammenschmelzverfahren*.

Verockerung, durch Änderung der Redoxbedingungen bewirkte Ausfällung und Anlagerung von Eisen- und Manganverbindungen durch Oxidation von zweiwertigen Eisen- und Manganverbindungen, meist unter Mitwirkung von Mikroorganismen. Von Verockerung spricht man z. B. bei der Ausfällung von Eisenocker (Eisen(II)oxid) in Dränrohren mit nachteiligem Einfluß auf die Funktion einer ↗ Rohrdränung. Generiert wird dieser Prozeß durch Eisenbakterien. Eisenocker verstopft die Eintrittsöffnungen von Dränrohren und engt den Fließquerschnitt des Rohres ein. Oftmals wird der Bereich der Ausmündung verstopft. Die Bildung und Ablagerung von Eisenocker in Dränanlagen ist in Gebieten mit hohen

Frachten eisenhaltigen Fremdwassers nicht grundsätzlich zu verhindern. Durch entsprechende Gestaltung des Dränsystems, z. B. durch Staumaßnahmen, die den Lufteintritt verhindern, oder durch Dränspülung kann Verockerung zumeist deutlich gemindert werden. In Brunnen kann Verockerung durch Eintritt sauerstoffhaltiger Luft bei der Absenkung im Kiesfilter und in den Brunnenfiltern eintreten und zu nachlassender Leistung führen.

Verödungszone, begrenzter Gewässerbereich, in dem eine Besiedlung durch wirbellose Tiere (↗Makrozoobenthos) oder aquatische ↗Makrophyten nicht möglich ist, obwohl diese dort standorttypisch vorkommen könnten. Eine Verödungszone entsteht meist durch extremen ↗Sauerstoffmangel, die Einleitung von Abwassergiften, aber auch durch sehr starke Sedimentablagerungen. Eine Verödungszone kann weiterhin durch Trockenfallen von Gewässerbereichen verursacht werden.

Verortung, *Positionierung, Plazierung*, auf der Grundlage der kartographischen ↗Zeichen-Objekt-Referenzierung und der ↗Georeferenzierung die konkrete Zuordnung von ↗kartographischen Zeichen und von ↗Kartenschrift zu durch ↗Geodaten abgebildeten Objekten in der ↗Karte. Dabei wird unterschieden zwischen der Verortungsebene und der Plazierungsebene. Auf der Ebene der Verortung werden die Lagepositionen von Objekten in der Kartenfläche logisch durch Mittelpunkte, Achsen und Flächenränder sowie durch Orts-, Strecken- und Regionsnamen bzw. -bezeichnungen abgebildet. Auf der Plazierungsebene werden die Lagepositionen von Objekten gemeinsam mit der zweidimensionalen Flächenform der Zeichen und der Kartenschrift präsentiert. Beide Ebenen haben einen unterschiedlichen Einfluß auf die Informationsentnahme aus Karten. Da kartographische Zeichen grundsätzlich eine zweidimensionale Ausdehnung aufweisen, entsteht auf der Verortungsebene zwischen den null- oder eindimensional als Mittelpunkten oder Achsen definierten Objekten und den Zeichen in der Karte eine dimensionale Diskrepanz. Diese Diskrepanz zwischen logischer Objekt- und konkreter Zeichendimension führt zur Verzerrung von euklidischen und häufig auch topologischen Objektrelationen, die vom Kartennutzer visuell-gedanklich u. a. mit Hilfe seiner Fähigkeit zur ↗Raumvorstellung ausgeglichen werden müssen. Neben diesen dimensionsbezogenen Verzerrungen ergeben sich auf der Plazierungsebene weitere visuelle Probleme aus der lokalen Form und Größe der Zeichen in der Karte und der Kartenschrift sowie ihren unterschiedlichen Abständen zueinander. So führt die Plazierung von Diagrammen beispielsweise zur gegenseitigen Überdeckung von Zeichen sowie zur Abdeckung der Verortungsebene (↗Zeichenüberlagerung), woraus Unschärfen bei der visuell-kognitiven Verarbeitung der geometrischen und substantiellen Zustands- und Beziehungsinformationen in der Karte folgen können. Die konkrete Verortung von Zeichen in der Karte wird heute meist von kartographischen Konstruktionssystemen, kartographischen Informationssystemen oder Konstruktionsmodulen in ↗Geoinformationssystemen automatisch ausgeführt. Die beschriebenen Ergebnisse der Verortung müssen vom Kartenhersteller bzw. Systemanwender – das nötige Fachwissen vorausgesetzt – in der Regel allerdings selbst optimiert werden. Auf der Grundlage dieser Sachverhalte werden in der ↗empirischen Kartographie und im Rahmen der ↗kartographischen Modellbildung beispielsweise Ansätze zur Optimierung der Verortung von Diagrammen und zur Schriftplazierung, der kartographischen ↗Generalisierung sowie zur aktiven Unterstützung des Kartennutzers bei der visuell-kognitiven Verarbeitung dimensionaler Diskrepanzen und Zeichenüberlagerungen untersucht. [PT]

Verpreßanker, die Zugkraft des ↗Ankers wird im Bereich der Krafteintragungslänge l_0 durch Mantelreibung zwischen dem Verpreßkörper (↗verpressen) und dem Gebirge abgetragen. Im Bereich der freien Ankerlänge l_{fA} kann sich das Zugglied frei im Gebirge bewegen.

Verpreßdruck, Druck, mit dem das Verpreßgut bei einer ↗Injektion oder bei der Herstellung eines ↗Verpreßankers verpreßt wird. Der aufgewendete Druck ist abhängig von den Bodenverhältnissen (Korngröße, Schichtaufbau), der Verpreßtiefe und der Viskosität des Injektionsgutes.

verpressen, 1) Vorgang, bei dem der ringförmige Hohlraum zwischen dem Zugglied eines ↗Ankers und der Bohrlochwand durch Einpressen von ↗Zementsuspensionen aufgefüllt wird. Die Länge des Verpreßkörpers kann durch Ausspülen des überschüssigen Verpreßgutes mit einer Spülflüssigkeit begrenzt werden. 2) Vorgang der ↗Injektion.

Verpreßpfähle, ↗Pfähle, die in den Boden eingedrückt werden.

Verrucano, von P. Savi 1832 nach dem Monte Verruca bei Pisa (Italien) benannter Begriff für eine Fazies buntgefärbter, oftmals grob klastischer Sedimente von Oberkarbon- bis Untertrias-Alter als Trogfüllung in den W- und S-Alpen und dem Apennin. Da das Typusvorkommen nach heutiger Kenntnis der Trias angehört, werden die permischen Vorkommen als Alpiner Verrucano bezeichnet. Im wesentlichen handelt es sich um kontinental-detritisches Ablagerungsmaterial (Gerölle von ↗Quarzporphyr und ↗Tonschiefer) varistischer Gebirgsbereiche und deren postorogene Vulkanite; untergeordnet kommen Carbonatgesteine vor. In die Verrucano-Serien sind verschiedentlich basische bis intermediäre Vulkanite eingeschaltet.

Versalzung ↗*Bodenversalzung*.

Versandung, durch unangepaßte Filteröffnungsweite und/oder falsche Filterkieswahl und/oder zu hohe Absenkrate verursachter Sandeintrag in einen Brunnen.

Versatz, 1) *Geologie*: ↗*Verwurfsbetrag*. 2) *Lagerstättenkunde*: im ↗Tiefbau Füllung der durch die Gewinnung von Rohstoffen erzeugten Abbauhohlräume mit nicht nutzbarem Material (↗taubes Gestein, Berge), damit ↗Nebengestein nicht nach oben an die Tagesoberfläche gefördert werden muß bzw. damit die Hohlräume nicht zu Bruch gehen.

Versauerung, Erhöhung des ↗pH-Wertes. ↗Bodenversauerung.

Verschiebung ↗ *Verwerfung*.

Verschiebungsbrüche, der Verschiebungsbruch charakterisiert eine bruchhafte Mischdeformation zwischen einem extensionalen Trennbruch und einem kompressiven Gleitungsbruch und besitzt somit immer zwei Bewegungskomponenten, wobei die eine senkrecht und die andere parallel zur Bruchfläche orientiert ist. Verschiebungsbrüche stellen die häufigste Bruchart dar. Der Bruch eines Gesteins oder eines Gesteinsverbandes mit Verschiebungen senkrecht und/oder parallel zur Bruchfläche tritt ein, wenn durch Zunahme der einwirkenden Spannungen die Festigkeitsgrenze des Gesteins erreicht und die Bruchgrenze überschritten wird.

Felsmechanische Versuche zeigen, daß ein spröder ↗isotroper Gesteinskörper, der bis zum Bruch belastet wird, Bruchflächen ausbildet, die bestimmte symmetrische Beziehungen zu den drei effektiven Hauptspannungen ($\sigma_1 > \sigma_2 > \sigma_3$) aufweisen (Abb.).

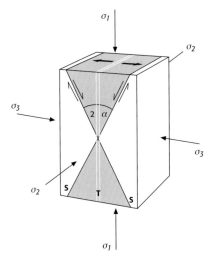

Verschiebungsbrüche: Zusammenhänge zwischen den effektiven Hauptspannungen und Verschiebungsbrüchen (Vorkommen im grau schattiertem Bereich) sowie den Beziehungen zu einem Trennbruch (T) und den konjugierten Gleitungsbrüchen = Scherbrüchen (S); 2α = Winkel zwischen den konjugierten Scherflächen = Bruchflächenwinkel.

Bei geringem Umlagerungsdruck bzw. bei $\sigma_3 = 0$ entstehen reine Extensionsbrüche = Trennbrüche (T), die senkrecht zu σ_3 und parallel zu σ_1 orientiert sind. Die Verschiebungen erfolgen dabei senkrecht zur Bruchfläche (↗Klüfte: Extensionsklüfte).

Bei zunehmendem Umlagerungsdruck gehen die Trennbrüche in Verschiebungsbrüche oder sogenannte hybride Extensions-Scherbrüche über. Dabei verbinden sich die das Gestein aufweitenden Extensions-Mikrorisse über sich schräg zur σ_1-Richtung bildende Mikro-Scherrisse zu einer zusammenhängenden Verschiebungsbruchfläche. Die Bruchflächen der entstehenden Verschiebungsbrüche schließen bei niedrigem Umlagerungsdruck geringe Winkel (α) mit der maximalen Hauptspannungsrichtung σ_1 ein. Ansteigender Umlagerungsdruck und zunehmende Differenzialspannung ($\sigma_1 - \sigma_3$) führen zu einer Zunahme des Bruchflächenwinkels (2α) zwischen den konjugierten Verschiebungsbrüchen, bis diese in reine kompressive Gleitungsbrüche = Scherbrüche mit nur noch parallel zur Bruchfläche stattfindenden Verschiebungen übergehen. [CDR]

Literatur: [1] HANCOCK, P. L. (1985): Brittle micotectonics: Principles and practice. – J. Struct. Geol. 7: 437–457. [2] Müller, L. (1963): Der Felsbau. – Stuttgart. [3] ROŠ, M. & EICHINGER, A. (1949): Die Bruchgefahr fester Körper. – Eidgn. Materialprüf- und Versuchsanstalt. Ber.Nr. 172, Zürich.

Verschiebungskluft, Scherbrüche in der Anfangsphase nach Überschreiten der Schubspannung bei spröden Materialverhalten. Ihr Bruchwinkel α ist meist kleiner als 45° (meist 26°-40°). Die ↗Kluftflächen sind meist eben und körnig-rauh bis zackig-rauh und z.T. treppenartig versetzt oder in Verzweigungen auslaufend. Verschiebungsklüfte zeigen nie Bewegungsspuren, wohl aber häufig sog. Besen- und Ringstrukturen.

Verschlämmung, 1) *Bodenkunde*: durch ↗Planschwirkung infolge ↗Regentropfenaufprall auf unbedeckten Bodenoberflächen entstehende, wenige Millimeter mächtige Schicht an der Bodenoberfläche, deren Struktur, Rauhigkeit und Dichte sich von der des anstehenden Bodens unterscheidet. Kennzeichnend für die Verschlämmung ist eine sehr geringe ↗Wasserdurchlässigkeit, die zu einer drastischen Verminderung der ↗Infiltrationsrate führen kann und oft die Ursache für die Bildung von ↗Oberflächenabfluß und ↗Bodenerosion ist. Drei Mechanismen tragen hauptsächlich zur Verschlämmung bei: die direkte Verdichtung der Bodenoberfläche durch den Aufprall von Regentropfen, die Verstopfung von Poren durch Einlagerung von abgesprengten Bodenpartikeln und die schichtweise Ablagerung abgesprengter Bodenpartikel, besonders Ton, auf der Bodenoberfläche. 2) *Hydrologie*: Verstopfen von Zwischenräumen bei ↗Tropfkörpern durch ↗Aufwuchs. Bei schwach belasteten Tropfkörpern kommt es mit der Zeit zu einer Verschlämmung, da die gebildete ↗Biomasse im System verbleibt und mineralisiert wird. Es bildet sich ein relativ wasserarmer, humusähnlicher Schlamm, der periodisch entfernt werden muß.

Verschleißbeiwert ↗verschleißscharfe Minerale.

verschleißscharfe Minerale, Minerale die durch ihre große Härte zu besonders hohem Verschleiß an Bohrwerkzeugen oder im Tunnelbau eingesetzten Schneidwerkzeugen führen. Als verschleißscharf gelten Minerale, wenn ihre Mohssche Härte über 5,5 liegt, was etwa der Härte von Stahl entspricht (↗Mohssche Härteskala). Wichtige verschleißscharfe Minerale sind u.a. ↗Quarz, unverwitterte ↗Feldspäte, ↗Pyroxene, ↗Hornblenden, ↗Granat und ↗Pyrit. Von besonderer Wichtigkeit für den Werkzeugverschleiß ist meist der Quarzanteil. Neben dem Anteil an verschleißscharfen Mineralen wirken sich aber auch die Mineralkorngröße und die Zugfestigkeit des Gesteins auf den Verschleiß aus. Durch Ermittlung des Massenverlustes von Stahlstiften, die in Kreisbahnen von insgesamt 10 m Länge über eine Gesteinsprobe gezogen werden, läßt sich der *Verschleißbeiwert F* [mg/m] ermitteln. [JR]

Verschlüsselung, Umsetzung von Informationen in Zahlen- oder Buchstabengruppen mit dem Zweck der Geheimhaltung oder aber, wie beim ↗Wetterschlüssel, um Verbalinformationen international lesbar zu machen.

Verschmutzung ↗Verunreinigung.

Verschneidung, *overlay*, spezielles Verfahren der ↗geometrischen Analyse zur Berechnung von neuen Geoobjekten durch eine räumliche Überlagerung von Geoobjekten. Die neuen Objekte sind als Schnittflächen und Schnittlinien das Ergebnis einer Verschneidung. Die Verschneidung gehört zu den Grundfunktionen in einem ↗Geoinformationssystem mit dem Ziel, z. B. Überlappungsbereiche, Aussparungen oder Niemandsland zu berechnen. Im wesentlichen können Lageungenauigkeiten und Richtungsfehler in einem Datensatz zu Fehlern bei der Verschneidung führen.

Verschuppung, die Zerlegung einer Gesteinseinheit in ↗Schuppen durch wiederholte Anlage von ↗Überschiebungen (Abb.). Die Überschiebungen zweigen in der Regel von einer basalen Scherfläche ab und halten oft mehr oder weniger regelmäßige Abstände voneinander.

Verschwärzlichung ↗Entsättigung.

Verschweißungskompaktion, pyroklastische Ablagerungen entgasen bei und nach ihrer Ablagerung und sinken dabei zusammen (↗Kompaktion). Bei besonders heißen pyroklastischen Ablagerungen kann dies mit einer Verschweißung schmelzflüssiger Magmenfragmente einhergehen.

Versenkungsmetamorphose, spezielle Art der ↗Regionalmetamorphose, die dadurch gekennzeichnet ist, daß Druck- und Temperaturerhöhungen in erster Linie durch die Überlagerung mächtiger Sedimentstapel hervorgerufen werden. Geringe ↗geothermische Gradienten von 10 bis 20°C/km und meist fehlende Durchbewegung und Gesteinsdeformation sind deshalb charakteristisch.

Versetzung, eindimensionaler, linienförmiger ↗Kristallbaufehler. Eine mikroskopische Betrachtung der ↗plastischen Deformation zeigt, daß die Verformung sich vorzugsweise auf den am dichtest gepackten Ebenen eines Kristalls abspielt. Dies kann man sich in einem Gedankenexperiment so vorstellen, daß sich zwei Kristallhälften auf dieser Ebene gegeneinander verschieben, wie dies in Abb. 1d angedeutet ist. Ein Vergleich der theoretisch notwendigen Schubspannung, um eine derartige Verschiebung über die gesamte Größe des Kristalls zu erreichen, mit den experimentellen Werten zeigt jedoch, daß der experimentelle Wert deutlich niedriger ist. Dies ist durch das Auftreten von Versetzungen möglich. Der einfachste Fall einer *Stufenversetzung* ist in

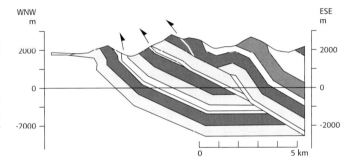

Abb. 1b skizziert. Diese stellt einen linienförmigen Kristallbaufehler dar, den man sich als die von oben eingeschobene zusätzliche Halbebene von Atomen vorstellen kann. Um den *Versetzungskern*, damit wird z. B. bei einer Stufenversetzung das Ende der eingeschobenen Halbebene bezeichnet, ist der Kristall stark verzerrt. Die Verschiebung und damit die Verformung eines Kristalls um einen Gittervektor wird nun dadurch realisiert, daß die eingeschobene Halbebene entlang der Netzebene durch den Kristall läuft. Damit ist das gleiche erreicht wie beim Verschieben der beiden Kristallhälften gegeneinander. Der dazu nötige Energieaufwand, der sich hauptsächlich aus der Verzerrungsenergie der Versetzung herleitet, ist im Vergleich jedoch wesentlich geringer als das Abgleiten einer ganzen Kristallhälfte in einem Stück.

Versetzungen werden durch zwei charakteristische Vektoren bestimmt. Zum einen ist dies der *Burgers-Vektor* $\vec{b}$, der die Bewegungsrichtung – auch *Gleitrichtung* genannt – für einen Elementarschritt einer Versetzung bezeichnet, zum anderen die Ebenennormale der sog. *Gleitebene*, auf der die Versetzung sich bewegt. Der Burgers-Vektor $\vec{b}$ steht bei einer Stufenversetzung senkrecht auf der Versetzungslinie. Dieser Zustand stellt einen Extremfall einer Versetzung dar. Im zweiten Extremfall steht $\vec{b}$ parallel zur Gleitrichtung, wie dies in Abb. 1 c verdeutlicht ist. In diesem Fall spricht man von einer *Schraubenversetzung*. Die Atome um den verzerrten Bereich des Versetzungskerns sind dabei ähnlich einer Wendeltreppe angeordnet. Im allgemeinen Fall besitzt eine Versetzung sowohl Stufen- als auch Schraubencharakter. Die Energie des Verzerrungsfeldes um den Versetzungskern pro Längeneinheit, die sog. *Versetzungsenergie*, ist proportional $G|\vec{b}|^2$ (G entspricht hierbei dem Torsionsmodul, ↗elastische Deformation). Diese Energie pro Länge kann man als Linienspannung interpretieren. Sie ist der Grund dafür, daß Versetzungen, sofern sie nicht unter einer lokal wirkenden Spannung stehen, möglichst geradlinig zwischen den sie festhaltenden Hindernissen zu verlaufen. Umgekehrt kann man aus der Krümmung einer Versetzungslinie auf die lokal wirkende Spannung schließen.

Da die Versetzungsenergie proportional zu $|\vec{b}|^2$ ist, kann es für eine Versetzung energetisch günstiger sein, sich in zwei Teilversetzungen, auch

Verschuppung: Verschuppung silurischer und devonischer Gesteine (Ostkordillere, Bolivien).

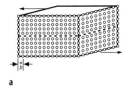

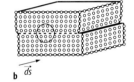

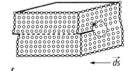

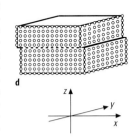

Versetzung 1: schematische Darstellung der verschiedenen Möglichkeiten der Abgleitung zweier Kristallbereiche; a) Ausgangszustand, b) über eine Stufenversetzung, c) über eine Schraubenversetzung, d) Endzustand, d. h. die zwei Kristallhälften sind um die Länge eines Burgers-Vektors $\vec{b}$ gegeneinander abgeglitten ($\vec{ds}$ = Richtung der Versetzungslinie).

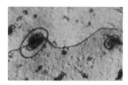

Versetzung 2: elektronenmikroskopische Aufnahme von Al$_2$O$_3$-Partikeln in Kupfer, die von Versetzungsringen (dunkle, linienförmige Kontraste) umgeben sind. Der Durchmesser der innersten Ringe beträgt ca. 1000 Å.

Versetzung 3: Ätzgruben von Einzelversetzungen und Versetzungen in Subkorngrenzen auf einer (100)-Oberfläche eines LiF-Kristalls.

Partialversetzungen genannt, mit kleinerem $|\vec{b}'|^2$ aufzuspalten. So kann z. B. in einem kubisch flächenzentrierten Metall eine Versetzung mit $\vec{b} = [101]\,a/2$ in $[11\bar{2}]\,a/6 + [2\bar{1}\bar{1}]\,a/6$ unter Energiegewinn aufspalten. Da es sich bei den Vektoren $[11\bar{2}]\,a/6$ und $[2\bar{1}\bar{1}]\,a/6$ jedoch um keine Gittervektoren handelt, wird die Stapelfolge der Struktur zwischen den beiden Partialversetzungen gestört. Es entsteht ein ↗Stapelfehler, dessen Bildung mit Energieaufwand verbunden ist. Dadurch können die Partialversetzungen nur bis zu einem gewissen Abstand aufspalten, der durch die Balance zwischen dem durch die Aufspaltung bedingten Energiegewinn und der aufzuwendenden Stapelfehlerenergie gegeben ist.

Der Widerstand, den ein Kristall der plastischen Verformung entgegensetzt, d.h. die Festigkeit, hängt von mehreren Faktoren ab: a) Ist ein Kristall hoher Perfektion frei von Versetzungen, kann dieser sehr hohe Spannungen tragen, falls nicht bereits durch die Krafteinleitung Versetzungen erzeugt werden. Dies ist bei sog. Whisker-Kristallen (↗Whiskers), die z. B. zur Verstärkung von Verbundwerkstoffen eingesetzt werden können, möglich. Die Herstellung solcher Kristalle ist jedoch äußerst schwierig, da durch verschiedene Prozesse beim Kristallwachstum bereits Wachstumsversetzungen eingebaut werden können. b) Es gibt verschiedene Möglichkeiten, die Beweglichkeit von Versetzungen einzuschränken. Zum einen sind es die Versetzungen selbst. Da jede Versetzung auch die elastische Verspannung aller umgebenden Versetzungen spürt, stoßen sich Versetzungen gleichen Vorzeichens, z. B. zwei benachbarte Stufenversetzungen auf der gleichen Gleitebene, ab. Außerdem ist das Schneiden von z. B. zueinander senkrecht stehenden Versetzungen mit einem hohen Energieaufwand verbunden. Diese Prozesse bewirken, daß mit zunehmender Versetzungsdichte die plastische Verformung schwieriger wird und eine höhere Spannung erfordert. Mit zunehmender plastischer Verformung nimmt wegen verschiedener ↗Versetzungsquellen die Versetzungsdichte zu, falls keine Erholungsmeachnismen (↗Erholung) diese wieder abbauen. Des weiteren können im Kristall befindliche ↗Ausscheidungen oder Teilchen die Beweglichkeit von Versetzungen erschweren, da diese wegen des sie oft umgebenden Spannungsfeldes oder wegen ihrer Kristallstruktur bzw. ihrer Orientierung zum Wirtsgitter entweder überhaupt nicht oder nur unter hohem Energieaufwand von Versetzungen durchquert werden können. Ist die wirkende Spannung hoch genug, dann »biegen« sich die Versetzungen Gummibändern ähnlich zwischen den Ausscheidungen durch. Da sich bei extrem starker Durchbiegung dann einzelne Versetzungsteile unterschiedlichen Vorzeichens (dies wäre beispeilsweise der Fall, wenn eine von oben eingeschobene Halbebene sich in der Nähe einer von unten eingeschobenen befindet) anziehen und zum Teil gegenseitig annihilieren können, bleibt ein *Versetzungsring* um die Ausscheidung übrig (Abb. 2). Die Versetzung hat damit das Hindernis überwunden und kann sich weiter bewegen. Ein weiterer Mechanismus, die Beweglichkeit der Versetzungen herabzusetzen, ist die Mischkristallhärtung. Hierbei wird durch das Zulegieren anderer Atome meist unterschiedlicher Größe das Kristallgitter verspannt, so daß die Bewegung von Versetzungen erschwert wird. Hinzu kommt noch die direkte Wechselwirkung zwischen Fremdatomen und Versetzungen. Bei einer Stufenversetzung existiert durch die eingeschobene Halbebene oberhalb der Gleitebene eine Kompressions-, unterhalb eine Dilatationszone. Für Fremdatome ist es je nach ihrem relativen Größenunterschied zu den Atomen des Wirtsgitters energetisch günstiger, in eine dieser Zonen zu diffundieren. Dadurch entsteht eine Wechselwirkung zwischen der Versetzung und der sie umgebenden Wolke (Cottrel-Wolke) von Fremdatomen, die es der Versetzung erschwert, sich zu bewegen. c) ↗Korngrenzen und hier vor allem Großwinkelkorngrenzen stellen in der Regel für Versetzungen unüberwindbare Hindernisse dar. Dies bedeutet, daß ein sehr feinkörniges Material sich wesentlich schwerer plastisch verformen läßt als das gleiche Material als Einkristall oder mit größeren Körnern.

Für eine Reihe wissenschaftlicher Fragestellungen ist die *Versetzungsdichte* von Interesse. Hierunter wird die auf ein Einheitsvolumen bezogene Linienlänge aller darin befindlicher Versetzungen verstanden, die z. B. auf einer elektronenmikroskopischen Aufnahme ausgemessen werden kann. Da die aufgrund der elastischen Verspannung gestörten Bereiche der Ausstoßpunkte einer Versetzung an einer Oberfläche leicht angeätzt werden können, ist es möglich, die Anzahl dieser Ätzgruben pro Flächeneinheit zu bestimmen. Diese Ätzgrubendichte steht in einem festen Verhältnis zur Versetzungsdichte. Ein Beispiel für eine mikroskopische Aufnahme von Ätzgruben an Ausstoßpunkten von Versetzungen auf einer Probenoberfläche ist in Abb. 3 dargestellt. [EW]

Versetzungsdichte ↗Versetzung.
Versetzungsenergie ↗Versetzung.
Versetzungskern ↗Versetzung.
Versetzungsklettern ↗Erholung.
Versetzungsquelle, sich erneuernde Quelle von ↗Versetzungen. Die wohl bekannteste Versetzungsquelle ist die sog. *Frank-Read-Quelle*, deren Mechanismus in Abb. veranschaulicht ist.
Versetzungsring ↗Versetzung.
Versickerung, *Tiefensickerung*, Größe im Wasserhaushalt. Versickerung ist die ↗Sickerung von Bodenwasser aus der wurzelbeeinflußten Zone in tiefere Schichten. Auf Standorten mit ↗Grundwasser entspricht die versickernde Wassermenge im wesentlichen der Grundwasserneubildung. Die Sickerwasserrate (Sickerwassermenge pro Zeit- und Flächeneinheit) wird beeinflußt von geologischen Verhältnissen, Bodentyp, Landnutzung (Nutzung, Fruchtart und Bewirtschaftung) und klimatischen Bedingungen (vor allem dem Niederschlag). Mit dem Sickerwasser können Nähr- und Schadstoffe in das Grundwasser eingetragen werden.

Versickerungsbrunnen ↗ *Schluckbrunnen*.
Versickerungsfaktor, der Quotient aus der ↗ Durchsickerungshöhe R und der ↗ Niederschlagshöhe N. Der Versickerungsfaktor kann z. B. durch Untersuchungen an einem ↗ Lysimeter ermittelt werden.
versiegelte Böden, sind ↗ Böden, deren natürliche Horizontfolge bzw. Substratschichtung durch Ein- oder Aufbringen einer technogenen Trag- oder Sperrschicht (Beton, Asphalt, Pflaster, Folie, Gebäude etc.) verändert wurde, sie also eine Versiegelung aufweisen. Die Ziele einer Versiegelung sind nutzungsorientiert, z. B. mechanische Belastbarkeit (Verkehr) oder Verhinderung des Sickerwasserflusses (Deponieabdeckung zum Grundwasserschutz). Unterschieden werden Oberflächen- (z. B. Straße) und Unterflurversiegelung (z. B. Tiefgarage mit Bodenüberdeckung) bzw. nach Intensität und Wirkung Teil- und Vollversiegelung. ↗ Stadtböden sind häufig versiegelt. Wirkungen sind u. a. Einschränkung bzw. Verlust natürlicher Bodenfunktionen (z. B. Grundwasserneubildung). Eine Bewertung erfolgt mit Flächenbezug (Versiegelungsintensität). Planer definieren nutzungsabhängig zulässige Obergrenzen oder veranlassen Entsiegelungen. Typische Gradienten existieren zwischen Innenstadt und ländlichem Umland. [WHi]
Versinkung, nach DIN 4049 der schnelle Eintritt von Wasser aus einem oberirdischen Gewässer in ein unterirdisches Hohlraumsystem (offene Spalten, Schächte oder Höhlen). ↗ *Schwinde*.
Versinterung, Vorgang der Sinterbildung. Aus fließendem Wasser werden Minerale ausgeschieden, die sich krustenbildend auf dem Untergrund ablagern. ↗ *Sinterstufe*.
Verstädterung, Bezeichnung für Prozesse, die zu einem Wachstum und einer Stärkung der ↗ Städte führen. Dazu gehören die Zunahme der städtischen Siedlungen, das Wachstum der Städte nach ihrer Einwohnerzahl und Siedlungsfläche sowie das relative Wachstum der städtischen Bevölkerung an der Gesamtbevölkerung eines Staates. Der Verstädterungsgrad eines Staates ist der Anteil der städtischen Bevölkerung an der Gesamtbevölkerung. Die Verstädterung hat verstärkt nach der Industrialisierung eingesetzt und führte zu räumlich ausgedehnten ↗ Ballungsgebieten. Durch die vermehrt einsetzende ↗ Stadtflucht fördert die Verstädterung den Prozeß der ↗ Urbanisierung.
Versteinerung ↗ *Fossil*.
Versteppung, in den Trockengebieten der Erde stattfindender, anthropogen bedingter Landschaftswandel, der seine Ursache in der nicht standortgerechten Landnutzung hat (z. B. ↗ Überweidung). Dabei wird das Gleichgewicht zwischen Gras- und Holzgewächsen langfristig gestört. Die ablaufenden Veränderungsprozesse werden unter dem Begriff ↗ Desertifikation zusammengefaßt. Von Versteppung spricht man auch, wenn es in agrarisch intensiv genutzten Gebieten durch die Zerstörung oder das Entfernen von Sträuchern und Bäumen (↗ *Verbiß*, ↗ *Ausräumung der Kulturlandschaft*) zur Verarmung

der ↗ Landschaft kommt. Dadurch entsteht eine sog. ↗ Kultursteppe, die aber nicht wie die natürliche ↗ Steppe auf hydroklimatische Faktoren zurückzuführen ist und deshalb auch nicht mit dieser verglichen werden kann.
Versuchsgebiet, *Experimentalgebiet*, *kleines Untersuchungsgebiet*, in der Hydrologie ein kleines Einzugsgebiet (< 10 km²), in dem die natürlichen Verhältnisse bewußt verändert und die Wirkungen dieser Veränderungen auf den ↗ Wasserkreislauf untersucht werden. Vielfach werden in solchen Gebieten besondere Meßprogramme durchgeführt, um mittels Prozeßstudien zur Verbesserung des Prozeßverständnisses (z. B. ↗ Abflußbildung und ↗ Abflußkonzentration) beizutragen.
Versumpfungsmoor ↗ *Niedermoor*.
Vertaubung, plötzliches Aufhören einer ↗ Vererzung oder Kohleführung innerhalb einer flöz- oder gangartigen Lagerstätte. Dies kann durch Vorgänge in Zusammenhang mit der Entstehung der Lagerstätte geschehen wie Störungen in der Zufuhr der Minerallösungen (z. B. plötzliche Zunahme der ↗ Gangart), sedimentäre Vorgänge (z. B. Einschüttung von klastischen Sedimenten in zu Kohle gewordenen Sumpfablagerungen) oder diagenetische Prozesse (z. B. Versteinung wie ↗ Dolomitisierung anstelle ↗ Inkohlung von Pflanzenmaterial), nicht durch spätere Vorgänge wie tektonische Verdrückung.
Vertebraten, [von lat. vertebra = Wirbel], *Wirbeltiere*, tierische Organismen mit bilateral symmetrischem, in Kopf, Rumpf und Schwanz (sofern vorhanden) gegliedertem Körper, der – im Gegensatz zu den ↗ Invertebraten – ein meist verknöchertes Innenskelett mit charakteristischer Wirbelsäule und einem Schädel als knorpelige oder knöcherne Schutzumhüllung des Gehirns aufweist. Das Gehirn ist deutlich vom übrigen Nervensystem abgegliedert und wie die Sinnesorgane hoch entwickelt. Die Epidermis ist mehrschichtig und das Blut enthält stets rote Blutkörperchen (mit Ausnahme der Eisfische). Vertebraten sind fast immer getrenntgeschlechtlich. Heute existieren folgende Klassen der Wirbeltiere: Rundmäuler (*Cyclostomata*), Panzerfische (*Placodermi*), Knorpelfische (*Chondrichthyes*), Knochenfische (*Osteichthyes*), Lurche (*Amphibia*), Kriechtiere (*Reptilia*), Vögel (*Aves*) und Säugetiere (*Mammalia*). [DR]
Verteilungsfunktion, Integral der ↗ Wahrscheinlichkeitsdichtefunktion bzw. kumulative Form einer ↗ Häufigkeitsverteilung.
Verteilungskoeffizient, beim Kristallwachstum eines mehrkomponentigen Systems aus einer Schmelze auftretender Quotient der Konzentrationen zwischen Kristall und Schmelze. In Abb. 1 ist schematisch das Zustandsdiagramm eines zweikomponentigen Systems, das in kristalliner Form eine vollständige Mischbarkeit zeigt, dargestellt. Auf der Ordinate ist die Temperatur, auf der Abszisse die Konzentration der Komponenten aufgetragen. Die Punkte A und B entsprechen den Konzentrationen der reinen Komponenten. Man unterscheidet drei Gebiete: a) Den mit L be-

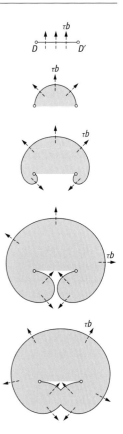

Versetzungsquelle: Prinzip der Frank-Read-Versetzungsquelle. Mit τb ist die jeweilige Richtung der Kraft pro Linienlänge, die auf das entsprechende Versetzungssegment wirkt, angedeutet. Die Versetzungshindernisse sind mit D bzw. D' bezeichnet, der bereits abgeglittene Kristallbereich ist punktiert dargestellt.

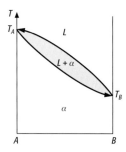

Verteilungskoeffizient 1: binäres Zustandsdiagramm (x-T-Diagramm) für ein System mit vollständiger Mischbarkeit sowohl in der flüssigen als auch in der festen Phase.

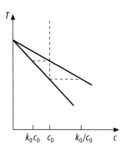

Verteilungskoeffizient 2: linke obere Ecke des Zustandsdiagramms von Abb. 1.

zeichneten Bereich der Schmelze, b) den mit $L+\alpha$ bezeichneten zweiphasigen Bereich, in dem die Schmelze und der Festkörper sich im thermodynamischen Gleichgewicht befinden, und c) den mit α bezeichneten Bereich des Festkörpers. Die Linie, die die Schmelze vom Zweiphasengebiet $L+\alpha$ trennt, wird als Liquiduslinie bezeichnet. Für die Linie, die das Zweiphasengebiet gegen den Bereich des Festkörpers abgrenzt, verwendet man den Begriff Soliduslinie. Das gezeigte Diagramm ist dem von Cu und Nickel ähnlich, die meisten binären Zustandsdiagramme sind jedoch wesentlich komplizierter. In Abb. 2 ist der linke Rand von Abb. 1 vergrößert dargestellt. Wird eine Schmelze mit der Zusammensetzung c_0 abgekühlt, so kann aus Sicht der Thermodynamik die Kristallisation beim Erreichen der Liquiduslinie bei der Temperatur T_L einsetzen. Dies erfordert jedoch, daß ein oder mehrere geeignete Kristallkeime zur Verfügung stehen. Die Konzentration $c_1 = k_0 c_0$ (k_0 = Verteilungskoeffizient) des kristallisierenden Festkörpers läßt sich aus dem Schnittpunkt der Isothermen T_L mit der Soliduslinie ablesen. Dies bedeutet, daß ein Festkörper mit der Konzentration c_1 mit einer Schmelze der Konzentration c_0 im thermodynamischen Gleichgewicht steht. Der Verteilungskoeffizient beschreibt das Verhältnis dieser beiden Konzentrationen. Falls der Verteilungskoeffizient deutlich von 1 abweicht, verarmt die Schmelze an der Komponente, die bevorzugt in den Kristall eingebaut wird. Dadurch besitzt der Teil des Kristalls oder die Kristallite, die am Anfang des Kristallisationsprozesses gewachsen sind, eine andere Zusammensetzung als die zuletzt erstarrende Schmelze. Falls die Schmelze nicht sehr gut, wie beispielsweise durch Rühren, durchmischt wird, verarmt die Grenzschicht der Schmelze oder Lösung zum Festkörper noch stärker als dies durch die Gleichgewichtsthermodynamik vorhergesagt wird. Der sich dabei einstellende *effektive Verteilungskoeffizient* kann dabei je nach den Bedingungen dem Betrag nach noch wesentlich höher als der Gleichgewichtsverteilungskoeffizient sein. [EW]

vertical gradient freezing ↗ gerichtetes Erstarren.

vertic horizon, [von lat. vertere = wenden], diagnostischer Horizont der ↗ WRB; Unterbodenhorizont mit hohem Tongehalt, der charakteristische Gefügeformen als Folge von Quellung und Schrumpfung aufweist. Dies sind entweder gerieftet und polierte Aggregatoberflächen (↗ slikken sides) oder keilförmige oder flachrhomboedrische Aggregate. Sie kommen als diagnostische Horizonte in ↗ Gleysols, ↗ Kastanozems, ↗ Leptosols, ↗ Phaeozems, ↗ Solonchaks und ↗ Vertisols vor.

Vertikalbewegung, zeitliche Änderung der Ortsposition eines Luftpaketes in vertikaler Richtung, d. h. senkrecht zur ebenen Erdoberfläche.

Vertikaldatum, *Höhendatum,* Bezugspunkte, auf die sich in eindeutiger Weise die Höhen eines ↗ Höhenfestpunktfeldes beziehen. Beispiele sind der Amsterdamer Pegel, der als Vertikaldatum für viele europäische Höhensysteme und für das Vereinigte Europäische Nivellementnetz (↗ REUN) dient, und der Höhenfestpunkt Wallenhorst, der als Vertikaldatum für das ↗ DHHN92 verwendet wird und ebenfalls vom Amsterdamer Pegel abgeleitet wurde. Das Vertikaldatum legt i. a. auch die ↗ Höhenbezugsfläche eines ↗ Höhensystems fest. Dem Vertikaldatum wird i.a. ein Potentialwert W_0 zugeordnet, der eine Äquipotentialfläche des Schwerepotentials definiert.

Vertikaldrän, in Bohrlöcher verfüllter Kies- oder Sandkörper bzw. eine perforierte Kunststoffrohrung in Bohrlöchern. Vertikaldräns dienen der Grundwasserabsenkung, der Entwässerung von Böschungen und Hängen und der punktförmigen Bodenstabilisierung. Primäre Konsolidationssetzungen werden dadurch beschleunigt, die Sekundärsetzungen früher eingeleitet (↗ Setzung). Im Falle der Hang- und Böschungswässerung müssen die Vertikaldräns mit horizontalen Dränagesträngen, die am Fußpunkt des Vertikaldräns ansetzen, verbunden sein.

vertikaler magnetischer Dipol, wird als Sender in den aktiven elektromagnetischen Verfahren benutzt und durch eine kleine stromdurchflossene Leiterschleife/Spule realisiert, deren Achse senkrecht zum Erdboden ausgerichtet ist.

vertikaler Schweregradient ↗ Schweregradient.

vertikales seismisches Profil, VSP, ↗ Bohrlochseismik.

vertikales Stapeln, Summation von seismischen Spuren, die von mehreren Auslösungen einer Energiequelle an einem festen Geophonpunkt registriert wurden. Meistens wird diese Stapelung bei relativ schwachen Energiequellen verwendet, um den Effekt einer bedeutend stärkeren Quelle zu erzielen. Eine horizontale Stapelung entspricht der CMP-Stapelung.

Vertikalgeschwindigkeit, in der Klimatologie die Geschwindigkeit, mit der sich ein Luftpaket in vertikaler Richtung bewegt. Die in der ↗ Atmosphäre auftretenden Vertikalgeschwindigkeiten liegen zwischen 0,1 m/s für großräumige Bewegungen (z. B. in ↗ Tiefdruckgebieten) bis hin zu 30 m/s in Gewitterwolken.

Vertikalgradient, die Änderung in vertikaler Richtung in einem Skalarfeld, z. B. in einem Temperaturfeld (↗ Gradient).

Vertikalkomponente, in der Glaziologie Bewegung der Eiskörner und des auflagernden Schutts eines ↗ Gletschers, die im ↗ Nährgebiet zum Untergrund hin (↗ Submergenzbewegung) und im ↗ Zehrgebiet zur Gletscheroberfläche hin (↗ Emergenz) gerichtet ist.

Vertikalkoordinate, die in einem Koordinatensystem senkrecht nach oben gerichtete Achse, entlang der die Höhe eines Punktes in der ↗ Atmosphäre festgelegt werden kann. Neben dem üblichen z-System, bei der das Meter als Maßeinheit verwendet wird, ist in der ↗ Meteorologie das ↗ p-Koordinatensystem üblich. Man kann auch andere Systeme einführen, wobei als Bedingung gelten muß, daß einem Wert der neuen Vertikalkoordinate nur eine Höhe entspricht.

Vertikalkreis, Großkreis durch den Zenit eines Beobachters. Er steht senkrecht auf der Horizontebene des Beobachters.

Vertikalparallaxe ↗Parallaxe.
Vertikalschnitt, 1) *Klimatologie*: graphische Darstellung der Felder ↗meteorologischer Elemente und daraus ersichtlicher Strukturen (z. B. ↗Bewölkung, ↗Front, ↗Strahlstrom, Tropopause) in Abhängigkeit von der Höhe. Ein Vertikalschnitt kann als ↗Meridionalschnitt, ↗Zonalschnitt oder längs einer Flugroute erfolgen. Als Komplement zu den Höhenwetterkarten (↗Wetterkarte) erschließen Vertikalschnitte den dreidimensionalen Aufbau der ↗synoptischen Wettersysteme in der Troposphäre (↗Atmosphäre). **2)** *Geologie*: ↗Profil.
Vertikalsicht ↗meteorologische Sichtweite.
Vertikalstruktur der Landschaft, Einbezug der dreidimensionalen Ausdehnung geoökologischer Objekte als wichtige funktionale Merkmale für die Raumgliederung (↗naturräumliche Gliederung, ↗naturräumliche Ordnung). Methodisch wird dabei mit dem ↗Schichtenprinzip des Geoökosystems Bezug genommen. Bei der Vertikalstruktur der Landschaft läßt sich dabei das naturräumliche Hauptstockwerk (HSW) ausscheiden, das den Berührungs- und Durchdringungsbereich zwischen Atmosphäre und Lithosphäre darstellt. Im HSW vollzieht sich eine Vielzahl energieumsetzender, stoffumwandelnder und stoffverlagernder Prozesse. Seine obere und untere Grenze sind durch Wuchshöhe und Durchwurzelungstiefe der ↗Vegetation vorgegeben. Das HSW selbst ist wiederum in Schichten und Horizonte unterteilt (Baum-, Strauch-, Krautschicht, Bodenhorizonte). Dieses vertikale Gefüge führt zu Ausschnitten mit schichtspezifischem Mikroklima und dadurch zur Ausbildung von vielfältigen ↗Lebensräumen (Abb.). [DS]
Vertikal-Stylolith ↗Horizontal-Stylolith.
Vertikalwanderung, tagesrhythmische Auf- und Abwanderung von Planktern in der Wassersäule.
Vertikalwinkel, ein in der Vertikalebene definierter ↗Winkel, bei dem eine ↗Richtung entweder die Horizontale (*Höhenwinkel* oder *Tiefenwinkel* α) oder die Zenitrichtung (*Zenitdistanz* bzw. *Zenitwinkel* ζ) ist. Während bei Höhen- oder Tiefenwinkeln das Vorzeichen zu beachten ist, sind Zenitwinkel/Zenitdistanzen stets positiv. Höhen- oder Tiefenwinkel und Zenitdistanzen ergänzen sich zu 100 gon.
Vertikalwinkelmessung, Messung eines ↗Vertikalwinkels mit Hilfe einer Teilkreiseinrichtung (↗Teilkreis), z. B. ↗Vertikalkreis bei einem ↗Theodoliten, welcher in der vertikalen Ebene angeordnet ist. Dabei wird die Richtung des ↗Zielpunktes vom ↗Standpunkt aus nur in der Vertikalebene bestimmt. Die andere ↗Richtung ist durch die Schwerkraftrichtung (Lotlinie) bzw. durch die dazu rechtwinklige Horizontale gegeben. Die Bezugsrichtungen werden durch ↗Kompensatoren oder Röhrenlibellen realisiert. Diese bewirken, daß sich die Ablesestelle genau am definierten Ort befindet, daß z. B. beim horizontalen Fernrohr am Vertikalkreis der Zenitwinkel ζ = 100 gon abgelesen wird. Ist diese Bedingung nicht erfüllt, ist ein Indexfehler/Höhenindexfehler vorhanden. Bei der Vertikalwinkelmessung zielt man den Zielpunkt in Fernrohrla-

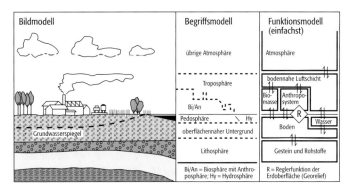

Vertikalstruktur der Landschaft: Vertikalstruktur der Landschaft und Möglichkeiten ihrer Abbildung.

ge I an, überzeugt sich, daß der Kompensator funktioniert oder läßt die Höhenindexlibelle einspielen und registriert den Meßwert a_I. Dies wiederholt man in der Fernrohrlage II und registriert a_{II}. Es besteht die Bedingung:

$$a_I + a_{II} = 400 \text{ gon.}$$

Ist das nicht der Fall, so ist die Differenz zu 400 gon der doppelte Indexfehler/Höhenindexfehler. Man erhält den korrigierten Zenitwinkel, indem man an a_I die Indexverbesserung additiv anbringt. Je nachdem, wo der Nullpunkt des ↗Vertikalkreises bei einem Theodoliten festgelegt ist, im Zenit oder in der Horizontalen und damit Höhen-, Tiefen- oder Zenitwinkel bestimmt werden, bezeichnet man die Messungen als Höhen-, Tiefen- oder Zenitwinkelmessung. [KHK]
Vertikalzirkulation, geschlossener Strömungskreislauf mit horizontaler Achse, der aus auf- und absteigenden Bewegungen sowie den dazugehörigen horizontalen Ausgleichsströmungen besteht. Als Beispiel für eine großräumige Vertikalzirkulation sei die ↗Hadley-Zirkulation genannt. Im kleinräumigen Bereich sind der ↗Land- und Seewind sowie der ↗Berg- und Talwind Beispiele für Vertikalzirkulationen.
Vertisols, Bodeneinheit der ↗WRB; dunkle, humose Böden wechselfeuchter Klimate, gebildet aus toniger Verwitterung in Plateaulagen und in tonigen Sedimenten auf Unterhängen und in Senken sowie in Talauen (Tongehalt nach WRB mindestens 30 %). Quellfähige Tonminerale (besonders ↗Smectite) bewirken die Ausbildung von bis zu mehreren Zentimeter breiten und bis über einen Meter tiefen ↗Trockenrissen durch Schrumpfung bei Austrocknung und von ↗slikken sides bei Befeuchtung. Die Austrocknungs-/Befeuchtungszyklen führen zu starker Durchmischung der tonreichen Substrate durch den Prozeß der ↗Peloturbation. Die hohe Kationenaustauschkapazität ist auf den hohen Anteil an Smectiten (über 50 %) in der Tonfraktion zurückzuführen. Trotz des Nährstoffreichtums sind Vertisole aufgrund der ungünstigen physikalischen Bodeneigenschaften (sehr hart in ausgetrocknetem Zustand und trotz hohen Gesamtporenvolumens nur geringe Anteile pflanzenverfügbaren Bodenwassers in den Feuchtphasen) schwierig ackerbaulich zu nutzen.

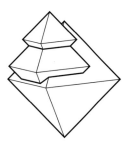

Verwachsung: schematische Darstellung eines parallelverwachsenen Oktaeders.

Zahlreiche heute oft veraltete Bezeichnungen für Vertisole weisen auf die große Verbreitung und regionale Bedeutung dieser Bodeneinheit: Black Cotton Soil (Indien), Grumusol (USA), Regur (Indien), Smonitza (Südost-Europa), Terres Noires (Westafrika) und Tirs (Nordafrika). [HRB]

Vertorfung, Prozeß der Torfbildung (↗Torf) während der Moorwachstumsphase (↗Moor). Teilweise zersetzte Pflanzensubstanz kann sich anhäufen, weil unter meist ↗anaeroben Bedingungen infolge von Wasserüberschuß die ↗organische Substanz schneller gebildet als wieder abgebaut wird. Dabei entstehen Faul- bzw. Sumpfgase wie Methan (CH_4) und Schwefelwasserstoff (H_2S). Die ↗aerobe Zersetzung (↗Humifizierung und ↗Mineralisierung) ist bei der Vertorfung gehemmt.

Vertrauensbereich ↗Konfidenzintervall.

Vertrauensgrenze ↗Konfidenzgrenze.

verunreinigter Bodenaushub, Bodenaushub bzw. ↗Erdaushub, der durch anthropogene Einflüsse (Schadensfälle, ↗Altlasten, Emittenten) mit Schadstoffen verunreinigt ist. Verunreinigter Bodenaushub kann wiedereingebaut werden, wenn keine Gefährdung von Schutzgütern zu besorgen ist. Die abfallrechtliche Bewertung für die Verwertung bzw. Entsorgung in Deutschland erfolgt entsprechend den Zuordnungswerten Z1 bis Z5 der ↗Länderarbeitsgemeinschaft Abfall (LAGA), wobei jenseits des Zuordnungswertes Z2 die Deponieanforderungen nach ↗TA Abfall beginnen. Überschreitet die Schadstoffkonzentration die abgestuften einschlägigen Grenzwerte, darf der Aushub nur unter besonderen Bedingungen wieder eingebaut werden bzw. muß vor dem Wiedereinbau gereinigt oder gleich auf eine geeignete Deponie verbracht werden. Hinsichtlich seiner weiteren Verwendungsmöglichkeiten versteht man unter verunreinigtem Bodenaushub auch Bodenaushub mit erkennbaren Verunreinigungen durch mineralische Fremdbestandteile (z. B. Bauschutt, Schlacke, Ziegelbruch etc.) bis zu 10 Vol.-%. Bodenaushub mit Fremdbestandteilen über 10 Vol.-% wird zum Bauschutt gezählt. [ABo]

Verunreinigung, Anwesenheit eines ↗Schadstoffes in einem Ökosystem oder Organismus (engl. contamination). Bei übermäßiger Verunreinigung spricht man i. a. auch von *Verschmutzung* (engl. pollution).

Verursacherprinzip, umweltpolitisches Konzept, wonach die Verursacher von Umweltbelastungen (Produzenten und Konsumenten) selbst für die Schäden aufkommen müssen. Dieser Lenkungseffekt soll durch den Einsatz ökonomischer Instrumente auf einen schonenden Umgang mit den Umweltressourcen hinwirken, da die vom Verursacher aufzubringenden Kosten für Umweltschädigungen auch in dessen Wirtschaftlichkeitsberechnungen eingehen. Im administrativen Bereich sind jedoch noch nicht alle Voraussetzung zur konsequenten Anwendung des Verursacherprinzips erfüllt. Der Gegensatz zum Verursacherprinzip ist das ↗Gemeinlastprinzip.

Verwachsung, Zusammenwachsen von Kristallen bei der Kristallisation. Hierbei können Kristalle entweder vollkommen regellos oder aber auch in ausgezeichneten Orientierungen verwachsen sein. Besitzen die einzelnen Individuen die gleiche Orientierung, so spricht man von einer Parallelverwachsung (Abb.). Falls die Orientierungsbeziehung zwischen den Individuen festgelegt ist, so spricht man von einem ↗Zwilling.

Verwachsungszwilling ↗Zwillinge.

Verwehungsverbau, Art des technischen ↗Lawinenverbaus, wobei quer zur Hauptwindrichtung aufgestellte lattenzaunähnliche Bauten die Triebschneeansammlung im oberen Bereich potentieller ↗Lawinenbahnen oder ↗Schneeverwehungen auf Verkehrswegen verhindern sollen (z. B. *Treibschneewände*).

Verweildauer, *Aufenthaltsdauer, Verweilzeit*, **1)** *Allgemein*: Aufenthaltsdauer von Materie in bestimmten Reservoiren; kann durch chemische Reaktionen oder physikalische Flüsse/Senken begrenzt sein. **2)** *Hydrogeologie*: Zeitspanne, in der ein Wasserteilchen oder Wasserkörper in einem Kompartiment (z. B. Atmosphäre, Kryosphäre, Hydrosphäre, Lithosphäre, ↗gesättigte Bodenzone) oder in einem bestimmten Gewässerabschnitt verbleibt (↗Wasservorrat). Die Verweildauer t wird aus dem Verhältnis des gesamten Wasservolumens V_g [m³] des betrachteten Wasserkörpers und des im langjährigen Mittel ausgetauschten Wasservolumens V_a [m³/a]:

$$t = \frac{V_g}{V_a}$$

ermittelt. Als Folge der Vermischung von Wässern, die zu unterschiedlichen Zeiten in den Untergrund infiltriert sind, wird meist die Mittlere Verweilzeit (MVZ) angegeben.

Verweilzeit ↗Verweildauer.

verweissensitive Karte ↗View-Only Verfahren.

Verwerfung, *Verschiebung*, ↗Bruch (↗Störung) innerhalb des Gesteinsverbandes, an dem beide Seiten relativ zueinander verschoben werden (↗Verschiebungsbruch). Je nach zugrundeliegender Deformation – Extension (Ausweitung = Verlängerung) oder Einengung (Verkürzung) – entstehen als bruchhafte Deformationsstrukturen (↗Bruchdeformation) Abschiebungen, Aufschiebungen und ↗dextrale oder ↗sinistrale Horizontalverschiebungen. Die Verschiebungen finden dabei parallel zum Bruch statt. Die Bewegung auf der Bruchfläche kann sowohl im direkten ↗Fallen oder im direkten ↗Streichen als auch schräg zum Fallen und Streichen erfolgen

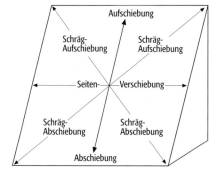

Verwerfung 1: mögliche Verschiebungsrichtungen auf einer Störungsfläche.

(*Schrägabschiebung*, *Schrägaufschiebung*; Abb. 1). Die entstehenden Deformationsstrukturen (Abb. 2) werden durch die Orientierung und die Beträge der drei ↗Hauptspannungen (σ_1, σ_2, σ_3) bestimmt. [CDR]

Verwerfungsfläche ↗Harnisch.

Verwerfungsquelle, Grundwasseraustritt an einer Verwerfung mit einer wasserundurchlässigen und einer durchlässigen Schicht, wodurch das unter hydrostatischem Druck stehende Wasser zum Aufsteigen (↗aufsteigende Quelle) gezwungen wird. ↗Quelltyp.

Verwerfungstreppe, Schollentreppe, ↗Staffelbruch.

Verwertungsgebot, Erzeuger oder Besitzer von Abfällen sind nach dem deutschen Kreislaufwirtschafts- und Abfallgesetz verpflichtet, diese zu verwerten, soweit die Abfallerzeugung nicht vermieden werden kann (Grundpflichten der Kreislaufwirtschaft). Die Verwertung von Abfällen hat somit Vorrang vor deren Beseitigung. Die Pflicht zur Verwertung von Abfällen besteht, soweit dies technisch möglich und wirtschaftlich zumutbar ist. Eine der Art und Beschaffenheit des Abfalls entsprechende hochwertige Verwertung wird gefordert. Der Vorrang der Verwertung von Abfällen entfällt, wenn deren Beseitigung die umweltverträglichere Lösung darstellt. Dabei sind insbesondere die zu erwartenden Emissionen, die Schonung der natürlichen Ressourcen, die einzusetzende oder zu gewinnende Energie und die Anreicherung von Schadstoffen in den zu verwertenden Abfällen oder daraus gewonnenen Erzeugnissen zu berücksichtigen. [ABo]

Verwey-Phasenübergang, zwischen -145°C und -155°C durchläuft ↗Magnetit eine Phasenumwandlung von kubisch zu orthorhombisch und ändert dabei nicht nur seine mechanischen und elektrischen, sondern auch seine magnetischen Eigenschaften. Bei diesem Verwey-Phasenübergang kommt es in diesem Temperaturintervall zu einem Vorzeichenwechsel von K_1, der ersten Kristallanisotropie-Konstanten (↗Kristallanisotropie). Damit verbunden ist ein Wechsel der ↗leichten Richtung der ↗spontanen Magnetisierung von der *111-Richtung* (Raumdiagonale eines Würfels) bei Raumtemperatur zur *110-Richtung* (Flächendiagonale) unterhalb -155°C. In Gesteinen können kleinste Mengen von Magnetit mit Hilfe dieses Phasenübergangs noch nachgewiesen werden.

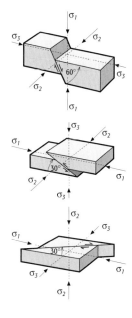

Verwerfung 2: Orientierung und die Beträge der drei Hauptspannungen σ_1, σ_2 und σ_3.

Verwitterung

Dorothee Mertmann, Berlin

Verwitterung von Gesteinen umfaßt die Gesamtheit aller Reaktionen auf exogene Einwirkungen, also auf die an der Erdoberfläche oder dicht darunter herrschenden physikalischen, chemischen und biologischen Bedingungen. Diese äußern sich in einem fortschreitenden Zerfall des Gesteinsverbandes, durch Auflösung sowie Um- und/oder Neubildung von Mineralen. Durch die Gesteinsaufbereitung schafft Verwitterung die Voraussetzungen für Abtragung (↗Erosion) durch verschiedene Transportmechanismen (Eis, Wasser, Wind, Schwerkraft) und Bildung neuer Sedimente. Von entscheidendem Einfluß ist das Klima. In ariden und nivalen Gebieten herrscht die physikalische (mechanische) Verwitterung vor, in humiden Gebieten dominieren hingegen die chemische Verwitterung. Die Verwitterung ist eng mit Prozessen der ↗Bodenbildung verknüpft. *Verwitterungsraten* sind von verschiedenen Faktoren abhängig. Eine Rolle spielen dabei die physikalischen und chemischen Eigenschaften des zu verwitternden Gesteins, Zeitdauer und Art der exogenen Einflüsse, Klima, Entwicklung der Böden und Art der Vegetation (Tab.).

Physikalische Verwitterung

Die *physikalische Verwitterung* (*mechanische Verwitterung*) verursacht eine mechanische Zerstörung des Ausgangsmaterials entlang von ↗Klüften, ↗Spalten, Mikrorissen und Korngrenzen Sie äußert sich in makroskopisch sichtbaren Spalten. Ein Gestein wird dabei in immer kleinere Bruchstücke oder Fragmente zerlegt. Dies wird besonders durch kurzfristige Temperatur- und Niederschlagsschwankungen gefördert. Zusätzlich spielt die lokale Ausrichtung und Neigung exponierter Gesteinsflächen gegenüber der Einwirkung von Wasser und Luft eine Rolle. Verschiedene Mechanismen sind zu nennen: a) ↗Frostsprengung wird mit der Volumenzunahme (etwa 9 %) beim Phasenübergang von Wasser zu Eis in Rissen und Spalten des Untergrundes wirksam, vor allem dort, wo genügend Wasser vorhanden ist und die Temperaturen häufig um den Gefrierpunkt schwanken. Dies ist besonders in ↗Periglazialgebieten sowie im Hochgebirge der Fall und kann dort zu ↗Steinschlag führen. Auch Schlaglöcher auf der Straße gehen zum Teil auf Frostsprengung zurück. b) *Temperatursprengung* (Insolationsverwitterung) wird allein durch starke Temperaturschwankungen hervorgerufen. Dunkle, wenig reflektierende Gesteinsoberflächen werden bei kräftiger Sonneneinstrahlung und nachfolgend schneller Abkühlung wechselweise Ausdehnungs- und Schrumpfungsbewegungen ausgesetzt, die zur oberflächenparallelen *Desquamation* (Abschalung, Abschuppung) meist wenige Zentimeter dicker Schalen führen. Bei extrem rascher Abkühlung können die Zugspannungen sogar ausreichen, um in Felsblöcken ↗Kernsprünge senkrecht zur Oberfläche auszubilden. Durch den Wechsel von Erwärmung und Abkühlung kommt es in Abhängigkeit von der chemischen Bindung zu unterschiedlicher thermischer

kontrollierende Faktoren	Verwitterungsrate	
	gering	hoch
Eigenschaften des Ausgangsgesteins		
Löslichkeit	gering (z.B. Quarz)	hoch (z.B. Steinsalz)
Struktur	massiv	dünnbankig oder von Rissen durchzogen
Klima		
Niederschlag	niedrig	ergiebig
Temperatur	gering	heiß
Boden und Vegetation		
Bodendicke	fehlt	dick
Bewuchs	gering	reich
Zeitdauer der Exponierung	kurz	lang

Verwitterung (Tab.): relative Verwitterungsraten in Abhängigkeit von verschiedenen kontrollierenden Faktoren.

Ausdehnung dunkler und heller Minerale. Dieses führt zu Spannungen und Bewegungen an den Korngrenzen der Minerale und damit zu einer Auflockerung des Mineralverbandes, die als ↗Vergrusung bezeichnet wird. Bei Vergrusung von Sandsteinen spricht man vom ↗Absanden. c) ↗Salzsprengung bzw. *Salinarverwitterung* erfolgt durch Verdunstung von salzhaltigem Wasser in Poren oder Hohlräumen, so daß Gips oder Steinsalz auskristallisieren. Der Kristallisationsdruck lockert das Gefüge mechanisch weiter auf. Ein häufiger Wechsel von Durchfeuchtung und Austrocknung macht die Salzsprengung besonders wirksam. Dieser Prozeß wird auch zur schonenden Aufbereitung von Gesteinsproben benutzt, um z. B. Mikrofossilien zu gewinnen.

Biologische Verwitterung

Die *biologische Verwitterung* wird durch die Einwirkung von Organismen an oder nahe der Erdoberfläche hervorgerufen. ↗Wurzelsprengung (biologisch-mechanische Variante) wird durch den Wachstums- und Zelldruck (Turgor) von Pflanzenwurzeln ausgeübt, die in winzigen Spalten und Rissen Halt suchen. Wühlende Tiere im Boden sowie der Gang von Tieren über Geröll und Sand können ebenso eine Kornverkleinerung bewirken. Die biologisch-chemische Variante der biologischen Verwitterung beruht im wesentlichen auf der Zersetzung von Organismen- (meist Pflanzenresten) unter Bildung von Humin-, Kohlen- und Schwefelsäure. Darüber hinaus vermögen z. B. Flechten den Silicaten Metallionen zu entziehen. Damit wird der weiteren chemischen Verwitterung Vorschub geleistet.

Chemische Verwitterung

Die *chemische Verwitterung* basiert auf einer Reihe chemischer Reaktionen, durch die Minerale in ihrem Aufbau verändert oder gar aufgelöst werden. Sie greift zunächst an den freien Oberflächen der Minerale und Gesteine an. Das wichtigste Reagens ist das Wasser, das aus dem Ozean, aus Flüssen, Seen, Gletschern, dem Grundwasser oder als Niederschlag aus der Atmosphäre stammen kann. Es transportiert Ionen zum Ort der Reaktion, nimmt an der Reaktion teil und führt deren Produkte wieder fort. Mineralabbau und -neubildung sind in besonderem Maße durch die Lithologie des Ausgangsgesteins, Klima, Chemismus angreifender Lösungen und Dauer gleichartiger Verwitterungsreaktionen bestimmt. Die *Lösungsverwitterung* ist eine wesentliche Form chemischer Verwitterung. Salze sind in Wasser unterschiedlich gut löslich. Steinsalz und Kalisalze sind sehr stark wasserlöslich und kommen daher in humiden Gebieten an der Erdoberfläche nicht vor. Hingegen ist die Löslichkeit von Anhydrit, ↗Gips und besonders Kalk im humiden Klima deutlich geringer, so daß sie dort zwar an der Erdoberfläche weit verbreitet sind, aber längerfristig auch in großem Maße aufgelöst werden können. Lösungsverwitterung führt dann zu den vielfältigen Erscheinungsformen des ↗Karstes mit z. B. ↗Dolinen an der Erdoberfläche und ↗Höhlen im Untergrund. Während der Oxidation werden in Mineralen Ionen verschiedener Wertigkeitsstufen mit oxidierenden Ionen (z. B. Sauerstoff) verbunden. Dies betrifft vor allem Minerale, in denen Eisen in zweiwertigem Zustand vorkommt, z. B. bei ↗Olivin:

$$(Fe,Mg)2\ SiO_4 + 4\ H_2O + 4\ CO_2 \rightarrow$$
$$2(Fe^{2+},Mg^{2+}) + 4\ HCO_3 + H_4SiO_4,$$

↗Pyroxen:

$$(Mg,Fe)2\ Si_2O_6 + 2\ O_2 + 2\ H_2O \rightarrow$$
$$2(MgO,FeO) + 2\ H_4SiO_4,$$

↗Biotit oder ↗Hornblende. Unter reduzierenden Bedingungen kann Fe^{2+} mit der Kieselsäure im Wasser weit verlagert werden. Unter oxidierenden Bedingungen bildet sich Fe^{3+}, das meist in Hydroxyl-Aggregaten ausfällt und sich nahe der Erdoberfläche in ↗Goethit (FeO · OH) umwandelt. Nach Abgabe von (OH)⁻ entsteht daraus das stabilere Mineral ↗Hämatit (Fe_2O_3). Ähnliche durch reduzierende und oxidierende Sickerwässer ausgelöste Freisetzungs- oder Fällungsprozesse gelten auch für Mangan (Mn^{2+}, Mn^{4+}). In vielen Fällen sind zusätzliche mikrobielle Vorgänge beteiligt, z. B. im Wurzelwerk von Pflanzen.
↗Hydrolyse oder *Silicatverwitterung* betrifft die weit verbreiteten Silicate, z. B. ↗Feldspäte, Pyroxene, Hornblenden und ↗Glimmer. Die als Dipole wirkenden Wassermoleküle werden von den Kationen an den Grenzflächen der Silicate angezogen. Die H-Ionen des Wassers treten mit den Kationen in Austausch. Dies bedeutet zusätzlich, daß sich (OH)⁻-Gruppen in neugebildeten Verwitterungsprodukten (↗Hydroxiden) anordnen. Vor allem Al-reiche Silicatminerale magmatischer und metamorpher Gesteine sind betroffen. In Anwesenheit ausreichender Mengen an Wasser ist die Hydrolyse besonders im humiden Klima wirksam. Die chemischen Prozesse der Hydrolyse werden zusätzlich aktiviert und kompliziert, wenn z. B. organische Säuren oder Kohlensäure beteiligt sind. Die wichtigste Form der Hydrolyse beobachtet man beim Zersatz von Feldspäten. Aus der Zersetzung der Plagioklas-Mischkristallreihe ↗Albit (1)–↗Anorthit (2) und beim ↗Orthoklas (3a+b) entstehen verschiedene Tonminerale wie ↗Kaolinit und ↗Illit:

$$2NaAlSi_3O_8 + 3\ H_2O + 2\ CO_2 \rightarrow$$
$$Al_2Si_2O_5(OH)_4 + 2\ Na^+ + 2\ HCO_3^- + 4\ SiO_2\ (1)$$

$$CaAl_2Si_2O_8 + 3\ H_2O + 2\ CO_2 \rightarrow$$
$$Al_2Si_2O_5(OH)_4 + 2\ Ca^{2+} + 2\ HCO_3^-\ (2)$$

$$2KAlSi_3O_8 + 9\ H_2O + 2\ H^+ \rightarrow$$
$$Al_2Si_2O_5(OH)_4 + 2\ K^+ + 4\ H_4SiO_4\ (3a)$$

$$2KAlSi_3O_8 + 12\ H_2O + 2\ H^+ \rightarrow$$
$$KAl_3Si_3O_{10}(OH)_2 + 2\ K^+ + 6\ H_4SiO_4\ (3b)$$

Die Kationen werden je nach Sättigung aus dem Gestein abgeführt oder verbleiben als neugebildete ↗Tonminerale, Oxihydroxide, ↗Carbonate oder ↗Sulfate im Verwitterungsrückstand. Silicatische Kationen bilden davon den wichtigsten Teil und sind Ausgangspunkt für Stoffverlagerungen in die Biosphäre. Eine spezielle Form der Hydrolyse ist die *Rauchgasverwitterung*. Kohlendioxid, Schwefeldioxid und andere Verbindungen in der Luft reagieren dabei mit Regenwasser zu aggressiven Säuren. Diese dringen z. B. in das Mauerwerk von Bauwerken ein und können es zerstören.

Durch Verwitterungsprozesse können Elemente und Minerale in situ oder mehrfach umgelagert in ↗supergenen Lagerstätten angereichert werden. Bei entsprechenden Vorkonzentrationen in den Ausgangsgesteinen können dabei teils wirtschaftlich bedeutsame Lagerstätten entstehen, z. B. von ↗Bauxit, ↗Kaolinit, oxidischen Fe-Mn-Erzen oder durch Anreicherung von Lanthaniden oder Uran.

Literatur:
[1] BLAND, W., ROLLS, D. (1998): Weathering. – London.
[2] PRESS, F., SIEVER, R. (1986): Earth. – New York.

Verwitterungsbeständigkeit, in der Mineralogie der Widerstand der Minerale gegenüber physikalisch-mechanisch, chemisch, biologisch und biochemisch wirksamen Kräften (Insolation, Salzverwitterung, Frost-/Tauwechselbeständigkeit sowie gegen Salze und atmosphärische Gase). Die Verwitterungsbeständigkeit der Gesteine in situ unterscheidet sich z. T. wesentlich von der Verwitterungsbeständigkeit der Naturwerksteine an Gebäuden und technischen Anlagen. Die Ursache der oft geringen Verwitterungsbeständigkeit der Gesteine liegt meist in der Natur des mineralischen Bindemittels (z. B. Carbonate, Tonminerale und Eisenoxidhydrate) gegenüber SiO_2 (Quarz, Chalcedon), z. B. in Sandsteinen (Tab.). ↗Schwermineralseife.

Verwitterungsgrad, *Verwitterungszustand*, Intensität der ↗Verwitterung von Fels. Der Verwitterungszustand wird allgemein in vier Kategorien eingeteilt: a) unverwittert: keine Erkennung von Verwitterung möglich mit Ausnahme von Verfärbungen an Trennflächen, b) angewittert: großflächige Verfärbung des Gesteins und erste Entfestigung, c) verwittert: weitergehende Entfestigung, aber Gesteinsverband bleibt noch bestehen, d) zersetzt: Verlust der mineralischen Bindung, ähnlich Lockergestein.

Verwitterungslagerstätten, Begriff für alle Lagerstätten, die durch Verwitterungsvorgänge (↗Verwitterung) entstanden sind (↗alluviale Lagerstätten, ↗Eluviallagerstätten, Bildung von ↗Reicherz).

Verwitterungsprofil, *weathering profile*, allgemein die gesamte unverfestigte und sekundär zementierte, tiefgründige, überwiegend durch chemische ↗Verwitterung entstandene Verwitterungsdecke oberhalb des unverwitterten Gesteins. In der Regel ist das Verwitterungsprofil in verschiedene Horizonte gegliedert (↗Regolith, ↗Bodenhorizonte, ↗Saprolit, ↗Laterit).

Verwitterungsrate ↗Verwitterung.

Verwitterungszone, *Langsamschicht*, Zone geringer Ausbreitungsgeschwindigkeiten nahe der Erdoberfläche (Werte bis hinunter zu 150 m/s kommen vor, allgemein zwischen 500 und 800 m/s). Diese Zone wirkt sich stark verzerrend auf das in den tieferen Untergrund laufende und reflektierte Wellenfeld aus. Laufzeitkorrekturen

unbeständige Minerale	mäßig beständige Minerale	beständige Minerale	sehr beständige Minerale
Olivin	Apatit	Anatas	Limonit
rhombische Pyroxene	Diopsid-Hedenbergit	Staurolith	Andalusit
Augite (Fe)	Allanit	Cyanit (Disthen)	Topas
Vesuvian	Ca-Fe-Granate	Ilmenit	Brucit
gewöhnliche Amphibole	Aktinolith	Hämatit	Leukoxen
Pyrit und viele Sulfide	Cinnabarit	Titanit	Chromspinelle
Melanit	Tremolit	Titanomagnetit	Rutil
Glaukonit	Epidot	Magnetit	Turmalin
Biotit	Zoisit	Monazit	Gold
basische Plagioklase	Wolframit	Xenotim	Platin
Feldspatoide	Scheelit	Perowskit	Spinell
Calcit	Axinit	Columbit	Zirkon
Dolomit	Baryt	Muscovit	Cassiterit
Gips	Sillimanit	Orthoklas	Korund
	intermediäre Plagioklase	Albit	Diamant
		Quarz	

Verwitterungsbeständigkeit (Tab.): Verwitterungsbeständigkeit gesteinsbildender Minerale.

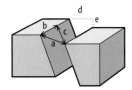

Verwurfsbetrag: a) Versatz oder Gesamtversatz auf der Bewegungsfläche, b) Horizontalversatz, c) Abschiebungs- bzw. Überschiebungsversatz, d) Extensions- bzw. Kontraktionsversatz, e) Vertikalversatz.

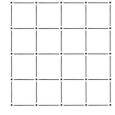

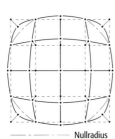

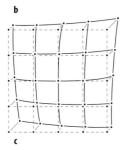

Verzeichnung: a) fehlerfreie Abbildung, b) symmetrische radiale Verzeichnung, c) asymmetrische Verzeichnung eines Objektivs.

können aus der Kenntnis der Geschwindigkeitsverteilung in dieser Zone berechnet werden. Methoden wie ↗Aufzeitschießen und spezielle ↗Refraktionsseismik werden eingesetzt.

Verwundbarkeit ↗Naturkatastrophe.

Verwurf ↗Verwurfsbetrag.

Verwurfsbetrag, *Versetzungsbetrag, Verschiebungsbetrag*, gibt an, um wieviel sich an einer ↗Verwerfung ein Block gegen den anderen verschoben hat. Die Verschiebung entlang einer Verwerfung bezeichnet man als *Verwurf*, allgemein gebräuchlich ist anstatt dieses alten Bergmannsausdrucks die Bezeichnung ↗Versatz. Man unterscheidet dabei in (Abb.): a) Versatz oder Gesamtversatz auf der Bewegungsfläche, b) Horizontalversatz. Dieser kann ↗dextral oder ↗sinistral sein, c) Abschiebungsversatz (bzw. Überschiebungsversatz bei Auf-/Überschiebungen), d) Extensionsversatz (bzw. Kontraktion bei Auf-/Überschiebungen), e) Vertikalversatz.

Very Long Baseline Interferometry, *VLBI*, ↗Radiointerferometrie.

verzahnen, als Verzahnung wird ein unregelmäßiger lateraler oder vertikaler Übergang einer Gesteinsart in eine andere bezeichnet. Dieses Phänomen wird u. a. in Sedimentfolgen beobachtet, in dessen Bildungsbereichen zeitlich oder räumlich Fazieswechsel durch Änderung der Sedimentationsbedingungen auftreten. Beispiele dafür liefern Transgressionen und Regressionen, das Weiterwachsen von Fluß-Deltas und Wattflächen in tiefere Meeresbereiche oder das Mäandrieren eines Flusses über seiner Überschwemmungsfläche.

Verzeichnung, geometrischer Abbildungsfehler eines Objektivs (Abb.). Die radiale Verzeichnung als Folge einer Pupillenaberration des Objektivs ist rotationssymmetrisch um den Symmetriepunkt in Abhängigkeit vom radialen Abstand r' von diesem Punkt. Mängel in der Zentrierung der Linsen eines Objektivs bewirken eine asymmetrische und eine tangentiale Verzeichnung. Die Verzeichnung des Objektivs einer ↗Meßkamera wird im Zuge der ↗Kamerakalibrierung ermittelt. Die Maximalwerte der Verzeichnung von Hochleistungsobjektiven von Meßkameras liegen in der Größenordnung von " 10 µm.

Verzerrungsellipse ↗Verzerrungstheorie.

Verzerrungstheorie, mathematische Theorie zur Berechnung von Verzerrungen, die bei der Abbildung der Erdoberfläche (Kugel, Ellipsoid) in die ebene Kartenfläche entstehen. Es handelt sich dabei um ↗Längenverzerrungen (differentiell veränderlicher linearer Maßstab), ↗Flächenverzerrungen (differentiell veränderlicher Flächenmaßstab) und ↗Winkelverzerrungen. Diese Verzerrungen können durch die Geometrie bzw. durch die Wahl der ↗Abbildungsgleichungen vermieden oder reduziert werden. So kann man ↗längentreue, ↗flächentreue und ↗winkeltreue ↗Kartennetzentwürfe realisieren. Es ist aber trivial zu erkennen, daß offenbar ein Kartennetzentwurf nicht in allen drei Elementen gleichzeitig verzerrungsfrei gestaltet werden kann. Es sind zwar flächen- und winkeltreue Entwürfe der ganzen Erdoberfläche entwickelt worden, aber einen in allen Teilen längentreuen Entwurf gibt es nicht. Lediglich für einen differentiell kleinen Teil der Bezugsfläche um einen Punkt A kann in der Abbildungsfläche eine allgemeine Längentreue erreicht werden. Solche Abbildungen werden konform genannt. Um Gesetzmäßigkeiten für eine Verzerrungstheorie abzuleiten, muß man von unendlich kleinen Flächenelementen auf der Kugel bzw. bei höheren Ansprüchen an Genauigkeit und Aussagekraft auf dem Ellipsoid ausgehen.

a) differentielle Fläche: Es sei nach Abb. 1 $ABCD$ ein differentielles Rechteck auf der Kugel als Bezugsfläche, welches durch zwei um $d\varphi$ getrennte Parallelkreisbogenstücke (Meridiankreisbogenstücke) gebildet wird. Wegen der unendlichen Kleinheit von $d\varphi$ und $d\lambda$ werden die Seiten des Rechteckes als Geraden betrachtet. Für die Kugel gelten nach Abb. 1 die differentiellen Bogenstücke:

$$dS_m = R \cdot d\varphi$$

(im Meridian) und:

$$dS_p = R \cdot d\lambda \cdot \cos\varphi$$

(im Parallelkreis). Die Diagonale AC auf der Kugel ist damit:

$$dS^2 = dS_m^2 + dS_p^2 = R^2 \cdot (d\varphi^2 + d\lambda^2 \cdot \cos^2\varphi). \quad (1)$$

In der Abbildungsebene (Abb. 2) erhält man mit $A'B'C'D'$ das verzerrte Bild des Rechtecks $ABCD$. Der Punkt A' ist mit A identisch angenommen. Die differentiellen Koordinatenzuwächse zwischen den Punkten $A'B'C'$ und D' in den ebenen Koordinaten dX und dY werden mit den partiellen Differentialen:

$$\frac{\partial X}{\partial \varphi}, \frac{\partial Y}{\partial \varphi}, \frac{\partial X}{\partial \lambda} \text{ und } \frac{\partial Y}{\partial \lambda}$$

gebildet, wie aus der schematischen Abbildung 2 hervorgeht. Man erhält für die differentiellen Koordinatenunterschiede dX und dY zwischen A' und C' als totale Differentiale:

$$dX = \frac{\partial X}{\partial \varphi} \cdot d\varphi + \frac{\partial X}{\partial \lambda} \cdot d\lambda, \quad (2)$$

$$dY = \frac{\partial Y}{\partial \lambda} \cdot d\lambda + \frac{\partial Y}{\partial \varphi} \cdot d\varphi. \quad (3)$$

Die Diagonale $A'C'$ wird:

$$d\sigma^2 = dX^2 + dY^2. \quad (4)$$

Mit (2) und (3) erhält man:

$$d\sigma^2 = \left[\frac{\partial X}{\partial \varphi} \cdot d\varphi + \frac{\partial X}{\partial \lambda} \cdot d\lambda\right]^2 + \left[\frac{\partial Y}{\partial \lambda} \cdot d\lambda + \frac{\partial Y}{\partial \varphi} \cdot d\varphi\right]^2. \quad (5)$$

b) Gaußsche Fundamentalgrößen: Das Ausmultiplizieren von (5) führt zu einem sehr umfangreichen Ausdruck, der hier zunächst durch die Einführung der Fundamentalgrößen der Differentialgeometrie in der Gaußschen Flächentheorie vermieden werden soll. Man substituiert:

$$E = \left(\frac{\partial X}{\partial \varphi}\right)^2 + \left(\frac{\partial Y}{\partial \varphi}\right)^2,$$

$$F = \left(\frac{\partial X}{\partial \varphi} \cdot \frac{\partial X}{\partial \lambda}\right) + \left(\frac{\partial Y}{\partial \varphi} \cdot \frac{\partial Y}{\partial \lambda}\right),$$

$$G = \left(\frac{\partial X}{\partial \lambda}\right)^2 + \left(\frac{\partial Y}{\partial \lambda}\right)^2. \quad (6)$$

Mit (6) wird aus (5) für das Quadrat des differentiellen Diagonalenbogens dσ in Abbildung 2 der einfache Ausdruck:

$$d\sigma^2 = E \cdot d\varphi^2 + 2 \cdot F \cdot d\varphi \cdot d\lambda + G \cdot d\lambda^2. \quad (7)$$

c) Meridian- und Parallelverzerrung: Aus den Abbildungen 1 und 2 kann man jetzt sofort einen Ausdruck für die Längenverzerrung m_m im Meridian ablesen:

$$m_m^2 = \frac{d\sigma_m^2}{dS_m^2} = \frac{A'B'^2}{AB^2} =$$

$$\frac{\left(\frac{\partial X}{\partial \varphi} \cdot d\varphi\right)^2 + \left(\frac{\partial Y}{\partial \varphi} \cdot d\varphi\right)^2}{R^2 \cdot d\varphi^2} = \frac{E \cdot d\varphi^2}{R^2 \cdot d\varphi^2}. \quad (8)$$

Setzt man $R = 1$ für die Einheitskugel, so vereinfacht sich (8) noch weiter:

$$m_m = \sqrt{E}. \quad (9)$$

Gleichung (9) ist ein allgemeiner Ausdruck für die Längenverzerrung im Meridian eines gegebenen Punktes. Entsprechend findet man die Längenverzerrungen m_p im Parallelkreis:

$$m_p^2 = \frac{d\sigma_p^2}{dS_p^2} = \frac{\left(\frac{\partial Y}{\partial \lambda} \cdot d\lambda\right)^2 + \left(\frac{\partial X}{\partial \lambda} \cdot d\lambda\right)^2}{R^2 \cdot d\lambda^2 \cdot \cos^2 \varphi} =$$

$$\frac{G \cdot d\lambda^2}{R^2 \cdot d\lambda^2 \cdot \cos^2 \varphi} \quad (10)$$

und mit $R = 1$:

$$m_p^2 = \frac{\sqrt{G}}{\cos \varphi}. \quad (11)$$

In der Literatur wird oft m_m durch h und m_p durch k ersetzt.

d) Längenverzerrungen in beliebigem Azimut: Durch Einführung allgemeiner Abbildungsgleichungen für einen beliebigen Kartennetzentwurf:

$$X = f(\varphi, \lambda),$$
$$Y = g(\varphi, \lambda) \quad (12)$$

findet man einen Ausdruck für die Längenverzerrungen in einem Punkt in einer beliebigen Fortschreitrichtung α (Abb. 1 und 2) in Analogie zu (8) und (10):

$$m_\alpha^2 = \frac{d\sigma^2}{dS^2} = \frac{dX^2 + dY^2}{R^2(d\varphi^2 + d\lambda^2 \cdot \cos^2 \varphi)}. \quad (13)$$

Die Ausdrücke dX und dY werden jetzt als totale Differentiale geschrieben, die allgemein für die Funktionen $f(\varphi,\lambda)$ und $g(\varphi,\lambda)$ eines bestimmten Entwurfs charakteristisch sind:

$$dX = \frac{\partial f}{\partial \varphi} \cdot d\varphi + \frac{\partial f}{\partial \lambda} \cdot d\lambda$$

entspricht (2),

$$dY = \frac{\partial g}{\partial \varphi} \cdot d\varphi + \frac{\partial g}{\partial \lambda} \cdot d\lambda$$

entspricht (3). Zur übersichtlicheren Handhabung bei der weiteren Rechnung wird eingeführt:

$$\frac{\partial f}{\partial \varphi} = f_\varphi,$$
$$\frac{\partial f}{\partial \lambda} = f_\lambda,$$
$$\frac{\partial g}{\partial \varphi} = g_\varphi,$$
$$\frac{\partial g}{\partial \lambda} = g_\lambda. \quad (14)$$

Damit wird (13) zu:

$$m_\alpha^2 = \frac{(f_\varphi^2 + g_\varphi^2) \cdot d\varphi^2 + (f_\lambda^2 + g_\lambda^2) \cdot d\lambda^2}{R^2 \cdot (d\varphi^2 + d\lambda^2 \cdot \cos^2 \varphi)} +$$

$$\frac{2(f_\varphi \cdot f_\lambda + g_\varphi \cdot g_\lambda) \cdot d\varphi \cdot d\lambda}{R^2 \cdot (d\varphi^2 + d\lambda^2 \cdot \cos^2 \varphi)}. \quad (15)$$

Aus:

$$dS_m = R \cdot d\varphi$$

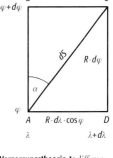

Verzerrungstheorie 1: differentiell kleines Viereck ABCD auf der Kugel.

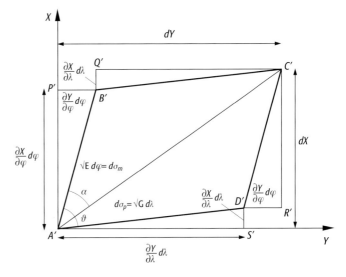

Verzerrungstheorie 2: differentiell kleines Viereck A'B'C'D' in der Abbildung im ebenen X-Y-System.

und:

$$dS_p = R \cdot d\lambda \cdot \cos\varphi$$

(auf der Kugel) erhält man nach Abbildung 1:

$$\tan\alpha = \frac{\cos\varphi \cdot d\lambda}{d\varphi} \quad \text{oder}$$

$$\frac{d\lambda}{d\varphi} = \frac{\tan\alpha}{\cos\varphi}. \quad (16)$$

Division von Gleichung (15) durch $d\varphi^2$ ergibt mit (16):

$$m_\alpha^2 = \frac{(f_\varphi^2 + g_\varphi^2) + (f_\lambda^2 + g_\lambda^2) \cdot \dfrac{\tan^2\alpha}{\cos^2\varphi}}{R^2(1+\tan^2\alpha)} + \frac{2(f_\varphi \cdot f_\lambda + g_\varphi \cdot g_\lambda)\dfrac{\tan\alpha}{\cos\varphi}}{R^2(1+\tan^2\alpha)}. \quad (17)$$

Trennung des Ausdrucks (17) in drei Brüche und Einführung der Substitution:

$$\frac{1}{1+\tan^2\alpha} = \cos^2\alpha$$

führt zu:

$$m_\alpha^2 = \frac{(f_\varphi^2 + g_\varphi^2)}{R^2} \cdot \cos^2\alpha + \frac{(f_\lambda^2 + g_\lambda^2)}{R^2 \cdot \cos^2\varphi} \cdot \sin^2\alpha + \frac{2(f_\varphi \cdot f_\lambda + g_\varphi \cdot g_\lambda)}{R^2 \cdot \cos\varphi} \cdot \sin\alpha \cdot \cos\alpha. \quad (18)$$

Eine Diskussion der Gleichung (18) für die Fälle $\alpha = 0°$ bzw. $\alpha = 90°$ ergibt wegen $\sin\alpha = 0$ bzw. $\cos\alpha = 0$ Ausdrücke für die Längenverzerrung in Parallelkreisrichtung m_p, nämlich:

$$m_m = \frac{\sqrt{f_\varphi^2 + g_\varphi^2}}{R} \quad \text{bzw.}$$

$$m_p = \frac{\sqrt{f_\lambda^2 + g_\lambda^2}}{R \cdot \cos\varphi}, \quad (19)$$

was genau den Beziehungen (8) und (10) bzw. (9) und (11) entspricht. Zur Längenverzerrung im beliebigen Azimut α führt man ein:

$$p = \frac{2 \cdot (f_\varphi \cdot f_\lambda + g_\varphi \cdot g_\lambda)}{R^2 \cdot \cos\varphi} \quad (20)$$

und erhält:

$$m_\alpha^2 = m_m^2 \cdot \cos^2\alpha + m_p^2 \cdot \sin^2\alpha + p \cdot \sin\alpha \cdot \cos\alpha. \quad (21)$$

Unter Verwendung der Gaußschen Fundamentalgrößen (6) und Beachtung von (5) und (1) erhält man die mit (18) bzw. (21) identische Gleichung:

$$m_\alpha^2 = \frac{E \cdot d\varphi^2 + 2 \cdot F \cdot d\varphi \cdot d\lambda + G \cdot d\lambda^2}{R^2 \cdot (d\varphi^2 + d\lambda^2 \cdot \cos^2\varphi)}. \quad (22)$$

e) Ellipsoid als Bezugsfläche: Sollen die vorstehenden Beziehungen zur Berechnung der Längenverzerrung für das Ellipsoid abgeleitet werden, so muß man den Kugelradius R durch die variablen Größen M für den Meridiankrümmungsradius und N für den Normalkrümmungsradius ersetzen (↗Gradnetz der Erde). Alle bisher erhaltenen Ausdrücke sind dahingehend umzuschreiben, daß das Ellipsoid mit dem konstanten Radius ersetzt. Die Gleichung (15) für die Längenverzerrung m_α lautet danach:

$$m_\alpha^2 = \frac{1}{M^2 \cdot d\varphi^2 + N^2 \cdot d\lambda^2 \cdot \cos^2\varphi} \cdot$$
$$\left[(f_\varphi^2 + g_\varphi^2) \cdot d\varphi^2 + (f_\lambda^2 + g_\lambda^2) \cdot d\lambda^2 + 2 \cdot (f_\varphi \cdot f_\lambda + g_\varphi \cdot g_\lambda) \cdot d\varphi \cdot d\lambda\right] \quad (23)$$

und mit den in Gleichung (15) und folgende eingeführten Umformungen entsprechend (18):

$$m_\alpha^2 = \frac{(f_\varphi^2 + g_\varphi^2)}{M^2} \cdot \cos^2\alpha + \frac{(f_\lambda^2 + g_\lambda^2)}{N^2 \cdot \cos^2\varphi} \cdot \sin^2\alpha + \frac{(f_\varphi \cdot f_\lambda + g_\varphi \cdot g_\lambda)}{M \cdot N \cdot \cos\varphi} \cdot \sin2\alpha \quad (24)$$

und mit den Fundamentalgrößen:

$$m_\alpha^2 = \frac{E}{M^2} \cdot \cos^2\alpha + \frac{F}{N^2 \cdot \cos\varphi} \cdot \sin2\alpha + \frac{G}{M \cdot N \cos^2\varphi} \cdot \sin^2\alpha. \quad (25)$$

Wie bereits erwähnt ist m_α der spezielle Maßstab in einem Kartenpunkt in der Richtung α. Da E, F und G sich ständig mit Länge und Breite ändern, ändert sich der Maßstab auf der Karte von Ort zu Ort. Doch damit noch nicht genug. Wegen der Abhängigkeit von α in Gleichung (25) ist der Längenmaßstab also auch von der Fortschreitrichtung von diesem Kartenpunkt aus abhängig. Es gilt also:

$$m_\alpha = F(\varphi, \lambda, \alpha) = \phi(X, Y, \alpha). \quad (26)$$

f) Hauptrichtungen der Längenverzerrung: Zur Bestimmung der Hauptrichtungen wird eine Extremwertaufgabe formuliert. In bekannter Weise wird, ausgehend von Gleichung (21) oder (22), eine Differentation nach α durchgeführt und der gefundene Ausdruck gleich Null gesetzt. Die Umstellung der entstandenen Beziehung nach einer Winkelfunktion von α liefert dann die Hauptrichtungen der Verzerrung, wie im folgenden vorgeführt wird. Die Richtungsabhängigkeit der Längenverzerrung, die alle nichtkonformen Kartennetzentwürfe aufweisen, hat notwendigerweise zur Folge, daß jeweils eine Richtung existiert, in der die Verzerrung ein Maximum erreicht und eine zweite, in der sie kleiner ist als in allen übrigen Richtungen. Diese beiden ausgezeichneten Richtungen heißen Hauptrichtungen der Längenverzerrung. Zweckmäßigerweise geht man von Gleichung (21) aus, differenziert sie und setzt gleich Null:

$$\frac{\partial m_\alpha^2}{\partial \alpha} = 2 \cdot m_\alpha \cdot \frac{\partial m_\alpha}{\partial \alpha} = 0. \quad (27)$$

Ausführlich heißt das:

$$\frac{\partial m_\alpha^2}{\partial \alpha} = -2 \cdot m_m^2 \cdot \cos\alpha \cdot \sin\alpha + 2 \cdot m_p^2 \cdot \sin\alpha \cdot \cos\alpha + p \cdot (\cos^2\alpha - \sin^2\alpha) = 0. \quad (28)$$

Durch Substitution der Sinus- und Kosinusausdrücke wird daraus:

$$-m_m^2 \cdot \sin 2\alpha + m_p^2 \cdot \sin 2\alpha + p \cdot \cos 2\alpha = 0; \quad (29)$$

zusammengefaßt:

$$\sin 2\alpha \cdot (m_m^2 - m_p^2) = p \cdot \cos 2\alpha$$

und für die Extremwerte α_e:

$$\tan 2 \cdot \alpha_e = \frac{p}{m_m^2 - m_p^2}. \quad (30)$$

Wegen der Periodizität des Tangens gibt es zwei Winkel $2\alpha_e$ in Gleichung (30), die sich um zwei Quadranten unterscheiden. Die beiden Werte für α_e bilden miteinander einen rechten Winkel. Diese beiden Azimute weisen in die Hauptrichtungen der Längenverzerrungen. Es sind dies die Halbachsen der Verzerrungsellipse, deren Gleichung sich aus der Abbildung eines Elementarkreises mit dem Radius dS in die Ebene ergibt.

g) Die Tissotsche Verzerrungsellipse: Die Gleichung des Kreises lautet:

$$R^2(d\varphi^2 + d\lambda^2 \cdot \cos^2\varphi) = dS^2 \quad (31)$$

Aus den bekannten ebenen Koordinatenelementen:

$$dX = f_\varphi \cdot d\varphi + f_\lambda \cdot d\lambda,$$
$$dY = g_\varphi \cdot d\varphi + g_\lambda \cdot d\lambda \quad (13)$$

werden die Differentiale für Breite und Länge herausgelöst:

$$d\varphi = \frac{dX \cdot g_\lambda - dY \cdot f_\lambda}{f_\varphi \cdot g_\lambda - f_\lambda \cdot g_\varphi},$$
$$d\lambda = \frac{dY \cdot f_\varphi - dX \cdot g_\varphi}{f_\varphi \cdot g_\lambda - f_\lambda \cdot g_\varphi}. \quad (32)$$

Durch Einsetzen von (32) in (31) erhält man die folgende Gleichung 2. Grades:

$$\left[R^2 \cdot g_\lambda^2 + R^2 \cdot g_\varphi^2 \cdot \cos^2\varphi\right] \cdot dX^2 - \left[R^2 \cdot f_\lambda^2 + R^2 \cdot f_\varphi^2 \cdot \cos^2\varphi\right] \cdot dY^2 - 2 \cdot \left[R^2 \cdot g_\lambda \cdot f_\lambda + R^2 \cdot g_\varphi \cdot f_\varphi \cdot \cos^2\varphi\right] \cdot dX \cdot dY = \left(f_\varphi \cdot g_\lambda - f_\lambda \cdot g_\varphi\right) \cdot d\sigma^2. \quad (33)$$

Die Ausdrücke in eckigen und runden Klammern können in der nächsten Nachbarschaft eines Punktes als konstant angesehen werden. Das heißt aber, daß (33) die Gleichung einer Ellipse für das zusammengehörige Wertepaar dX, dY darstellt. Dieses ist die *Verzerrungsellipse* oder ↗Tissotsche Indikatrix. Man kann sich die Indikatrix durch ein paralleles Strahlenbündel entstanden denken, das die entsprechenden Punkte des oben genannten Elementarkreises mit den Bildern in der Verzerrungsellipse verbindet. Die Verzerrungsellipse ist also das affine Bild des differentiell kleinen Kreises auf der Kugeloberfläche (Abb. 3). Die Wahl der Affinitätsachse und die

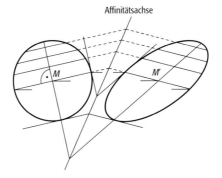

Verzerrungstheorie 3: Verzerrungsellipse als affines Bild eines differentiell kleinen Kreises.

Richtung des Parallelstrahlenbündels ist prinzipiell willkürlich, sie bestimmt aber die Eigenschaften der entstehenden Abbildung des Kartennetzes. Wenn das Parallestrahlenbündel senkrecht auf die Affinitätsachse fällt und die Abstände des Gegenstandspunktes auf der Kugelfläche und des Bildpunktes von der Affinitätsachse gleich groß sind, wird die Indikatrix in der Abbildung wieder ein Kreis. Eine solche Abbildung ist im differentiellen Bereich in allen Richtungen α längentreu und wird als konform bezeichnet. Im allgemeinen Fall des affinen Ellipsenbildes werden zwei aufeinander senkrechte Durchmesser des Kreises der Bezugsfläche in zwei zueinander konjugierte Durchmesser der Ellipse abgebildet, die einen von 90° verschiedenen Winkel miteinander einschließen. Es gibt nur ein Durchmesserpaar, das auch nach der Abbildung noch einen rechten Winkel bildet. Das sind die bereits definierten Hauptrichtungen der Längenverzerrung, die die Hauptachsen der Verzerrungsellipse sind.

h) Azimut- und Winkelverzerrung: Vor der Ableitung von Ausdrücken für die Winkelverzerrung bei der Abbildung von der Kugel in die Ebene soll eine Betrachtung zur Azimutverzerrung vorgenommen werden. Formal ist dann die Winkelverzerrung nur die Differenz zweier Azimutverzerrungen. Auf der Kugel sei eine differentielle Strecke dS mit dem Azimut a im Punkt P gegeben (Abb. 4). Durch die Abbildung in die Ebene wird aus a das Azimut α in P'. Dieses Azimut α in der Abbildung ist der Winkel zwischen den Tangenten an das Bild des Meridians und an die Kurve σ in P', d. h. des Differentials dS. Dabei werden im allgemeinen die Richtungen verzerrt gegen-

Verzerrungstheorie 4: Azimutverzerrung.

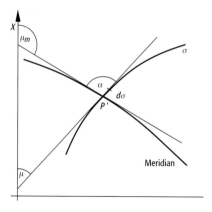

über den Originalen. Sind μ_m und μ die Winkel der Tangenten mit der Ordinatenachse (Abb. 4), so gilt:

$$180° - \alpha = \mu_m - \mu. \quad (34)$$

Nach dem Tangensadditionstheorem gilt:

$$\tan(180° - \alpha) = \frac{\tan \mu_m - \tan \mu}{1 + \tan \mu_m \cdot \tan \mu}. \quad (35)$$

Außerdem ist nach (13) mit Einsetzung von (14):

$$\frac{dY}{dX} = \tan \mu = \frac{g_\varphi \cdot d\varphi + g_\lambda \cdot d\lambda}{f_\varphi \cdot d\varphi + f_\lambda \cdot d\lambda} =$$

$$\frac{g_\varphi + g_\lambda \cdot \frac{d\lambda}{d\varphi}}{f_\varphi + f_\lambda \cdot \frac{d\lambda}{d\varphi}}. \quad (36)$$

Nach (16) gilt:

$$\frac{d\lambda}{d\varphi} = \frac{\tan \alpha}{\cos \varphi} = \frac{\sin \alpha}{\cos \varphi \cdot \cos \alpha}.$$

Damit wird $\tan \mu$ gefunden zu:

$$\tan \mu = \frac{g_\varphi + g_\lambda \cdot \frac{\sin \alpha}{\cos \varphi \cdot \cos \alpha}}{f_\varphi + f_\lambda \cdot \frac{\sin \alpha}{\cos \varphi \cdot \cos \alpha}}. \quad (37)$$

Die Verzerrung des Winkels einer Richtung gegen den Meridian, also die Azimutverzerrung μ_m, findet man aus (37) durch Annahme von $\lambda = $ const. für den Meridian mit $\sin \alpha = 0$:

$$\tan \mu_m = \frac{g_\varphi}{f_\varphi} = \left(\frac{dY}{dX}\right)_{\lambda = const.}. \quad (38)$$

Setzt man in Abbildung 4 für die Kurve S das Bild des Parallelkreises, so wird aus der allgemeinen Azimutverzerrung μ die Verzerrung des Winkels μ_p der Tangente an das Parallelkreisbild und der Ordinatenachse mit $\alpha = 90°$ nach Gleichung (36):

$$\tan \mu_p = \frac{g_\lambda}{f_\lambda} = \left(\frac{dY}{dX}\right)_{\varphi = const.}. \quad (39)$$

Verzerrungstheorie 5: maximale Winkelverzerrung.

Für die Beurteilung eines Kartennetzentwurfs ist es von Belang, wie der rechte Winkel zwischen Meridianen und Parallelkreisen auf der Kugel in der Kartenebene abgebildet wird. Dieser Winkel ϑ entspricht der Größe $180° - \alpha$ in Gleichung (34) und in Abbildung 4. Der Tangens des Winkels ϑ wird mit Hilfe des Tangensadditionstheorems aus (38) und (39) berechnet. Man erhält:

$$\tan \vartheta = \frac{\dfrac{g_\varphi}{f_\varphi} - \dfrac{g_\lambda}{f_\lambda}}{1 + \dfrac{g_\varphi \cdot g_\lambda}{f_\varphi \cdot f_\lambda}}. \quad (40)$$

Indem im Zähler und im Nenner der gemeinsame Hauptnenner $f_\varphi f_\lambda$ eingeführt wird, erhält man den vereinfachten Ausdruck:

$$\tan \vartheta = \frac{g_\varphi \cdot f_\lambda - f_\varphi \cdot g_\lambda}{f_\varphi \cdot f_\lambda + g_\varphi \cdot g_\lambda}. \quad (41)$$

Aus dem Winkel ϑ ergibt sich die Verzerrung θ der Rechtschnittigkeit zwischen Meridianen und Parallelen in der Abbildung:

$$\theta = 90° - \vartheta. \quad (42)$$

i) maximale Winkelverzerrung: Die Verzerrung der Winkel zwischen zwei Richtungen in der Abbildung ist durch Gleichung (42) noch nicht erschöpfend diskutiert. Es gibt zahlreiche Kartennetzentwürfe, in denen die Rechtschnittigkeit der Meridiane und Parallele in der Abbildung zwar erhalten bleibt, die aber deshalb nicht notwendig winkeltreu sind. Wie für die Längenverzerrung gilt auch für die Winkelverzerrung, daß ihr Wert nicht nur von den geographischen Koordinaten auf der Erdkugel abhängt, sondern auch von den Richtungen der Kurven in der Ebene, die einen Winkel miteinander bilden, dessen Verzerrung gesucht ist. Wie bei der Längenverzerrung läßt sich auch eine maximale Winkelverzerrung definieren und berechnen. Dazu geht man von Abbildung 5 aus. Im Ursprung M eines rechtwinkligen X-Y-Koordinatensystems wird ein differentiell kleiner Kreis der Kugeloberfläche mit dem Radius 1 gezeichnet. Konzentrisch dazu ist die Verzer-

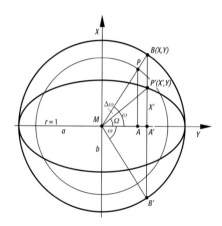

rungsellipse mit den Halbachsen a und b angeordnet. Kreis und Ellipse sind affin zueinander. Der Kreis um M mit Radius a ist der Leitkreis. P ist ein beliebiger Punkt auf dem differentiellen Urkreis, P' der zugehörige affine Punkt auf der Verzerrungsellipse. Um die Winkelverzerrung zu berechnen und dann ihr Maximum zu bestimmen, muß man zunächst eine Ausgangsrichtung wählen, deren Lage beliebig ist, da sie bei der Differenzbildung keine Rolle mehr spielt. Zweckmäßig ist eine der Hauptrichtungen der Längenverzerrung hierfür geeignet (in Abb. 5 die Y-Achse), da hier die Richtungen in der Bezugsfläche (Kugel) und in der Abbildungsebene zusammenfallen. Der Winkel ω zwischen der Y-Achse bzw. der großen Halbachse der Verzerrungsellipse und MP gibt die unverzerrte Richtung an. Über den Punkt B (X, Y) wird wegen der Affinität die verzerrte Richtung MP' (X', Y) gefunden. Sie schließt mit der gewählten Ausgangsrichtung den Winkel Ω ein. Alle weiteren Bezeichnungen sind aus Abbildung 5 erkennbar. Es gelten folgende Beziehungen, die sich aus der Affinität ergeben:

$$\frac{MA}{MA'} = \frac{MP}{MB} = \frac{1}{a} \quad \text{und}$$

$$\frac{P'A'}{BA'} = \frac{b}{a}. \quad (43)$$

Die Beziehungen zur Berechnung der beiden Omegawinkel sind:

$$\tan \omega = \frac{X}{Y} \quad \text{und}$$

$$\tan \Omega = \frac{X'}{Y},$$

$$\frac{\tan \Omega}{\tan \omega} = \frac{X'}{X} = \frac{b}{a}. \quad (44)$$

Der Sinussatz im Dreieck MBP' lautet unter Verwendung von (44):

$$\frac{\sin(\omega - \Omega)}{\sin(90° - \omega)} = \frac{X - X'}{MP'} = \frac{X \cdot \left(1 - \frac{a}{b}\right)}{MP'}. \quad (45)$$

In Abbildung 5 ist bezüglich der Y-Achse symmetrisch zum Dreieck MBA' das Dreieck $MB'A'$, ebenfalls mit dem Winkel ω am Punkt M und $90°-\omega$ am Punkt B' zu erkennen. Wird jetzt im Dreieck $MB'P'$ der ebene Sinussatz aufgestellt, so erhält man

$$\frac{\sin(90° - \omega)}{\sin(\omega + \Omega)} = \frac{MP'}{X + X'} = \frac{MP'}{X \cdot \left(1 + \frac{a}{b}\right)}. \quad (46)$$

Multiplikation von Gleichung (45) und (46) ergibt:

$$\frac{\sin(\omega - \Omega)}{\sin(\omega + \Omega)} = \frac{X \cdot \left(1 - \frac{a}{b}\right)}{X \cdot \left(1 + \frac{a}{b}\right)} = \frac{a - b}{a + b}. \quad (47)$$

Die linke Seite der Gleichung bedarf der Diskussion. Die Differenz $\omega - \Omega$ im Zähler ist die gesuchte Winkelverzerrung. Es gilt:

$$\Delta \omega = \omega - \Omega. \quad (48)$$

Im Nenner kann $\sin(\omega + \Omega)$ maximal den Wert 1 annehmen. Also ergibt sich die Winkelverzerrung zu:

$$\sin \Delta \omega = \frac{a - b}{a + b}. \quad (49)$$

Ein gleich großer Betrag für $\Delta \omega$ ergibt sich aber auch für das Dreieck $MP'B'$, so daß man endgültig für die maximale Winkelverzerrung:

$$\Delta \omega_{max} = 2 \cdot \Delta \omega \quad (50)$$

erhält. Durch Anwendung geeigneter goniometrischer Gleichungen kann man noch andere Funktionen zur Berechnung von $\Delta \omega$ angeben (Winkelverzerrung). Gleichung (49) setzt natürlich die Kenntnis der Halbachsen a und b der Verzerrungsellipse voraus, was aber kaum praktisch realisiert wird. Daher wendet man praktikablere Beziehungen an.

k) **Flächenverzerrung:** Sie spielt bei zahlreichen Forderungen der praktischen Kartennutzer eine ganz wesentliche Rolle. Häufig werden Verzerrungen der anderen Elemente eines Kartennetzentwurfs in Kauf genommen, um die Abbildung flächentreu zu gestalten. Zur Ableitung einer Beziehung für die Flächenverzerrung v_f ist das Verhältnis der Fläche eines differentiell kleinen Kreises zu der Fläche der zugehörigen Verzerrungsellipse (Abb. 5) heranzuziehen. Wenn für den Radius des differentiellen Kreises anstelle von 1 die Größe $d\sigma$ gesetzt wird, ist seine Fläche gleich $\pi \cdot d\sigma^2$ und die Fläche der Verzerrungsellipse gleich $\pi \cdot a \cdot d\sigma \cdot b \cdot d\sigma$. Die Flächenverzerrung ergibt sich also zu:

$$v_f = \frac{\pi \cdot a \cdot d\sigma \cdot b \cdot d\sigma}{\pi \cdot d\sigma^2} \quad (51)$$

oder:

$$v_f = ab. \quad (52)$$

Auch hier gilt, was zu Gleichung (49) gesagt worden ist: Die praktische Anwendung der Gleichungen (49) und (52) ist nur bei Kenntnis der Halbachsen der Tissotschen Verzerrungsellipse möglich. Für den praktischen Gebrauch werden zur Winkelverzerrung und zur Flächenverzerrung Beziehungen angegeben, die geeigneter sind und auf den Ausdrücken für die Längenverzerrung beruhen. [KGS]

verzögerte Porendränung ↗ *Grundwasserleiter mit verzögerter Entleerung.*
Verzögerungszeit ↗ *Delay-Zeit.*
Verzögerungszündung, *Intervallzündung, Millisekundensprengen,* Verfahren zur gebirgsschonenden Sprengung von Fels. Die einzelnen Sprengla-

dungen werden dabei nicht gleichzeitig, sondern mit geringer Verzögerung gezündet. Durch Überlagerung der Stoßwellen, Spannungszonen und Rißbildungen verstärken sich die einzelnen Sprengwirkungen, so daß mit einem minimalen Einsatz von Sprengmitteln eine maximale Wirkung erzielt werden kann.

Vesuvian, *Duparcit, Genovit, Idokras, italienischer Chrysotil, Jefreinoffit, kalifornischer Türkis*, nach dem Vorkommen am Vesuv benanntes Mineral (Abb.) mit der chemischen Formel $Ca_{10}(Mg,Fe)_2Al_4[(OH)4|(SiO_4)_5|(Si_2O_7)_2]$ und ditetragonal-dipyramidaler Kristallform; Farbe: braun, grünlich-braun, grün, gelbbraun, seltener gelb, rot- bis schwarz-braun; Glasglanz (frischer Bruch = Fettglanz); durchscheinend; Strich: weiß bis grau, Härte nach Mohs: 6,5; Dichte: 3,27–3,45 g/cm³; Spaltbarkeit: keine; Bruch: uneben, splittrig; Aggregate: körnig, kugelig, kleinkörnig bis dicht bzw. hornfelsartig; vor dem Lötrohr leicht schmelzbar zu grünlichem oder braunem Glas; in Salzsäure teilweise und nach vorherigem Glühen vollkommen löslich; Begleiter: Chlorit, Diopsid, Granat, Ilvait, Epidot, Pyroxen, Wollastonit, Skapolith, Chalkopyrit, Pyrrhotin, Sphalerit, Arsenopyrit; Vorkommen: in Gesteinen fast stets metamorphen Ursprungs sowie in regionalmetamorphen Kalksteinen, jedoch selten in Magmatiten; Fundorte: Göpfersgrün (Bayern), Auerbach bei Bensheim (Hessen), Mussa Alp (Piemont) und Vesuv sowie Monte Somma (Italien), Aarvold bei Oslo (Norwegen), Pitkjaranta (Karelien) und Polkajovka im Ural, Karaburun (Türkei). [GST]

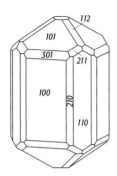

Vesuvian: Vesuviankristall.

VGF / gerichtetes Erstarren.

VHF-Sonde, *Very-high-frequency-Sonde*, / UHF-Sonde.

VHMS-Lagerstätten, *VMS-Lagerstätten* (veraltet), *volcanic-hosted massive sulphide deposits*, Sulfid-Lagerstätten, die am Meeresboden im Zusammenhang mit vulkanischer Aktivität gebildet wurden und deshalb entweder an / mafische oder an / felsische / Vulkanite gebunden sind. Plattentektonisch gesehen entstehen VHMS-Lagerstätten an konstruktiven (/ Mittelozeanischer Rücken) und destruktiven (/ backarc) Positionen sowie an intraozeanischen / Inselbögen. Sie haben sich seit frühesten geologischen Zeiten gebildet und treten im Archaikum, Proterozoikum und im Känozoikum auf. Besonderes Interesse hat die Möglichkeit hervorgerufen, VHMS-Lagerstätten »in statu nascendi« zu beobachten. Spektakuläre Erfolge haben internationale Gruppen mit ozeanographischen Forschungsschiffen in den letzten Jahren im Manus-Becken des südwestlichen Pazifik (Lihir Island, Conical Seamount) und vor der Westküste Kanadas (Juan de Fuca Ridge) erzielt. Die eindrucksvollste Manifestation dieser rezenten Erzbildung sind die / black smokers, aus denen durch Konsolidierung und Rekristallisation massive sulphides entstehen. VHMS-Lagerstätten sind durch eine Stockwerkzone (engl. stringer zone) im Liegenden und durch massive Sulfidlinsen im Hangenden charakterisiert. Die Stockwerkzone stellt dabei die ursprünglichen Zufuhrkanäle der Erzlösungen dar, die dann auf dem Meeresboden ausgetreten (black smokers) und zu massiven Sulfidlinsen angewachsen sind. Ein Charakteristikum dieser Lagerstätten ist, daß sie oft nur relativ kleine (5–10 Mio. Tonnen) Erzkörper bilden, aber in relativ großer Zahl in sogenannten VHMS-Distrikten vorkommen. Seltener findet man Großlagerstätten mit mehreren 100 Mio. Tonnen Erzreserven, wie z. B. Kid Creek (Kanada) oder Neves Corvo (Portugal). Dem Metallgehalt nach lassen sich eine Cu-Zn-Gruppe, die vorzugsweise in mafischen Vulkaniten im / Archaikum und im Alt-Proterozoikum des / Kanadischen Schildes vorkommt, und eine Zn-Pb-Cu-Gruppe, die an felsische Vulkanite gebunden ist und am besten durch die Kuroko-Lagerstätten Japans repräsentiert wird, unterscheiden. Die wirtschaftlich wichtigsten Minerale sind Kupferkies ($CuFeS_2$), Zinkblende (ZnS), Bleiglanz (PbS) und Pyrit (FeS_2) sowie Magnetkies (FeS). Gehalte an Kupfer können von 0,3 bis 8 %, an Zink von 0,5 bis 18 % und an Blei von 0,3 bis 7,6 % schwanken. Dazu gesellen sich meist 30–70 g/t Silber und 0,4–3,5 g/t Gold. Die wirtschaftlich wichtigsten VHMS-Distrikte liegen im nordwestlichen Quebec und nordöstlichen Ontario (Kanada), im Grüntuff-Gürtel von Japan, im Bathurst-Distrikt von New Brunswick (Kanada) und im westlichen Tasmanien. In Europa sind Zypern (nur historisch bedeutsam), der iberische Pyrit-Gürtel mit Rio Tinto (Spanien) und Neves Corvo (Portugal) sowie Outokumpu (Finnland) zu nennen. [EFS]
Literatur: [1] HANNINGTON, M. AND HERZIG, P. (1997): Recent Ore Deposits on the Ocean Floor. – Geowissenschaften 15, 336–347. [2] LEISTEL, J.M., MARCOUX, E., THIÉBLEMONT, D., QUESADA, C., SANCHEZ, A., AMODOVAR, G.R., PASCUAL, E., SAÉZ, R. (1998): The volcanic-hosted massive sulphide deposits of the Iberian Pyrite Belt: review and preface to the thematic issue. – Mineralium Deposita, 33, 2–30. [3] MISRA, K. C. (2000): Understanding Mineral Deposits. Dordrecht/Boston/London. [4] RONE, P.A., SCOTT, S.D. (1993): Seafloor hydrothermal mineralisation – new perspectives. -Econ. Geol. 88, 1935–1976.

Vibrator, Quelle zur Erzeugung eines seismischen Signals (/ Vibroseis).

Vibroseis, Vibrator als seismische Energiequelle. Das Vibrationssignal wird durch eine harmonische Funktion mit kontinuierlich veränderter Frequenz gesteuert und über mehrere Sekunden dem Boden aufgeprägt. Bei linear mit der Zeit zunehmender Frequenz spricht man von einem *up-sweep*. Ein *down-sweep* ist durch entsprechend abnehmende Frequenz gekennzeichnet. Die aufgezeichnete Spur wird mit dem Sweep korreliert und enthält dann ein äquivalentes kurzes Quellsignal. Vibroseis stellt eine der wichtigsten Methoden der Landseismik dar. Es kann auf Straßen und in bebauten Gebieten verwendet werden.

Vickershärte / Härte.

Vidie-Dose / Barometer.

Viehwirtschaft, Form der landwirtschaftlichen Nutzung (/ Landwirtschaft) zur Produktion von

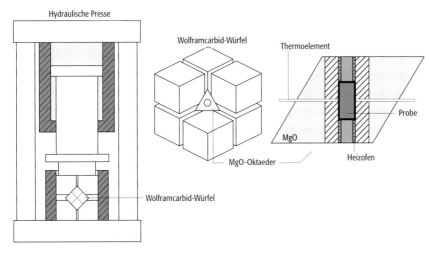

Vielstempel-Presse: prinzipieller Aufbau.

Milch, Fleisch, Häuten, Wolle oder Eiern durch Nutzviehhaltung. Die Viehwirtschaft hat sich historisch als Begleitform des Ackerbaus und sich zu verschiedenen Formen weiter entwickelt: extensive Weidewirtschaft (Vieh ernährt sich durch Abweiden der Futterflächen), stationäre Weidewirtschaft (ausgedehnte betriebseigene Futterflächen) und Fütterungswirtschaft (Stallhaltung, Futterveredlung, hoher Kapitaleinsatz, z. T. mit Kraftfutterzukauf). Vor allem bei der Massentierhaltung, einer Sonderform der Fütterungswirtschaft, fallen durch die hohe Viehdichte große Mengen an Mist und Gülle an, was zu einer ↗Überdüngung der landwirtschaftlichen Flächen und zur Gewässerbelastung führen kann.

Vieldeutigkeit, heißt, daß es zu einem Satz von Meßwerten keine eindeutige Lösung gibt, d. h. es gibt eine Vielzahl von Erklärungsmodellen. Diese Eigenschaft wird auch unter dem Begriff der Äquivalenz beschrieben.

Vielfarbigkeit ↗*Pleochroismus*.

Vielkanter ↗Windkanter.

Vielstempel-Presse, *Multi-anvil-press*, Gerät, das in der ↗experimentellen Petrologie verwendet wird, um bei sehr hohen Drücken von 5 bis 50 GPa und Temperaturen bis zu 2800°C arbeiten zu können, wobei das nutzbare Probenvolumen im Vergleich zur ↗Diamantstempel-Zelle viel größer ist. Der prinzipielle Aufbau der am häufigsten verwendeten kubischen Vielstempel-Presse (Abb.) besteht aus hydraulisch angetriebenen Stempeln, die auf die sechs Flächen eines Würfels drücken. Der Würfel ist aus acht einzelnen Wolframcarbid-Würfeln zusammengesetzt, deren innere Ecken abgeschnitten sind. Dadurch entsteht ein oktaedrischer Raum, der von Magnesiumoxid als druckübertragendes Medium eingenommen wird. Im Inneren des MgO-Oktaeders befindet sich der Probenraum, der von einem zylindrischen Widerstandsheizofen mit Thermoelementkontrolle umgeben ist. Die Dimensionen einer Presse richten sich nach der Größe des Probenraumes und dem maximal erreichbaren Druck und betragen z. B. für die 25 GPa-Presse des Bayerischen Geoinstituts in Bayreuth mehrere Meter in Höhe und Breite. [MS]

Vierdimensionale Geodäsie ↗Geodäsie.

Vierdimensionale Seismik, *4D-Seismik*, wiederholt ausgeführte Flächenseismik, die durch die zwischen den einzelnen Messungen verstrichene Zeit die vierte Dimension enthält; Methode zur Überwachung von Förderung oder Abbau einer Lagerstätte oder Detektion anderer zeitlich veränderlicher Phänomene.

Viereckdiagramm, graphische Darstellung der relativen Häufigkeit von Vierstoffsystemen in Form von Rechtecken, Quadraten, Parallelogrammen oder Rhomben.

Vierfarbendruck, Verfahren zum Herstellen von Drucken mit vier Druckfarben, in der Regel mit den genormten Druckfarben Cyan (C), Magenta (M), Gelb (Y) und Schwarz (K), und dessen Ergebnis.

View-Only-Atlas ↗elektronischer Atlas.

View-Only-Verfahren, Einsatz von Karten am Bildschirm ohne weitere Manipulationsmöglichkeiten durch den Nutzer, im Gegensatz zur Verwendung von ↗interaktiven Karten, wie sie innerhalb von raumbezogenen Informationssystemen (↗Geoinformationssysteme) eingesetzt werden. Das View-Only Verfahren kommt häufig in Auskunftssystemen, etwa innerhalb von Internet-Anwendungen, zum Einsatz. Eine Zwischenstellung zwischen View-Only Karten und interaktiven Karten nehmen die *sensitiven Karten* ein, die als einzige Interaktionsmöglichkeit eine ↗Identifizierung von Kartenobjekten ermöglichen. Enthalten Kartenobjekte einen Verweis (Link) auf weitere Informationen, so werden diese als *verweissensitive Karten* bezeichnet. Die Verknüpfung von Informationen hat ihren Ursprung in der Methodik des Hypertext bzw. ↗Hypermedia (↗elektronischer Atlas).

Vignal-Höhe, eine nach Vignal benannte Variante der ↗Normalhöhe. Zuweilen wird sie aufgrund einer etwas anderen Interpretation auch den ↗orthometrischen Höhen zugeordnet. Man erhält sie, indem für den ↗Normalschweregradienten $\partial\gamma/\partial h$ ein konstanter Wert eingesetzt wird.

Die Vignal-Höhe ist eine in den meisten Fällen ausreichend genaue Näherung für die Normalhöhe (Normalschwere in mgal, Höhen in m):

$$H_P^N = \frac{C_P}{\gamma_0(B) + \frac{1}{2}\frac{\partial \gamma}{\partial h} H_P^N} = \frac{C_P}{\gamma_0(B) - 0{,}3086 \frac{H_P^N}{2}}.$$

Vignette, a) allgemein ein kleines ornamentales oder figürliches Bildchen auf Titel- und Textseiten von Büchern. b) In der Kartographie eine kleine, in das Kartenbild eingefügte bildartige Zeichnung. Im Unterschied zu Signaturen und ↗Piktogrammen bringen Vignetten individuelle Besonderheiten des dargestellten Objektes zum Ausdruck. Mit Vignetten werden auf Touristenkarten insbesondere markante Gebäude (z. B. Baudenkmale) oder andere bauliche Anlagen (z. B. Sportstätten) dargestellt. Sie können als silhouettenartige Aufrißzeichnung oder auch als perspektivische Zeichnung ausgeführt werden. Zur besonderen Hervorhebung wird die schwarze Zeichnung oft noch farbig unterlegt.

Vikarianz, Begriff der ↗Geobotanik für nahe verwandte ↗Sippen, die in verschiedenen Gebieten vorkommen und dort jeweils vergleichbare ökologisch-soziologische Positionen einnehmen. Vikariierende ↗Arten schließen sich somit gegenseitig aus. Vikarianz entsteht durch eine unterschiedliche evolutive Weiterentwicklung nach reproduktiver Trennung eines Gesamtareales (↗Areal) in isolierte Teil-Areale (↗Disjunktion). Dabei müssen nicht zwangsläufig genetische Barrieren entstehen, d. h. bei einem erneuten Kontakt kommt es zu Kreuzungen. Bekanntes Beispiel für Vikarianz ist die Verbreitung der Tannen (*Abies*) in Europa.

Vindelizische Schwelle, Festland aus variszischen (moldanubischen) Gesteinen zwischen ↗Germanischem Becken und Tethysraum (↗Tethys), welches sich von der Böhmischen Masse spornartig nach SW in Richtung zum Bodensee, allmählich abtauchend und fingerartig aufspaltend als Schwelle bis zum Genfer See weiter in die Westalpen erstreckte (Abb.). Während der Bereich des Faltenjuras noch zum Germanischen Becken gehört, bildete das ↗Helvetikum (↗Alpen) die nördlichste paläogeographische Einheit der Tethys, d. h. ihren nördlichen Schelf. In der ↗Germanischen Trias Süddeutschlands macht sich das Vindelizische Land durch nach Süden/Südosten hin abnehmende Schichtmächtigkeiten, im ↗Muschelkalk durch zunehmende Dolomitisierung und zunehmende Versandung bemerkbar. Vor allem im ↗Keuper ist der Beckenrand durch ausgedehnte, nach Nordwesten auskeilende Sandschüttungen gekennzeichnet (»Vindelizischer Keuper«). [HGH]

Virengehalt, *Virenzahl*, Gehalt an Viren in einem bestimmten Wasservolumen. Der Virengehalt wird mit oder ohne Anreicherungsverfahren durch indirekte Zählmethoden ermittelt.

Virga ↗Fallstreifen.

virtual reality, *Virtuelle Realität*, *VR*, eine mit dem Computer generierte synthetische dreidimensionale Welt, in der der Mensch über geeignete Schnittstellen agieren kann. Der virtual reality liegen digitale Technologien zugrunde, die ein möglichst realitätsnahes Handeln und Erleben in der virtuellen Welt ermöglichen. Die virtuelle Realität wird aus einem dreidimensionalen Datenmodell erzeugt. Als Schnittstellen zur virtual reality stehen zur Verfügung: a) die Desktop VR-Systeme (z. B. VRML-Viewer), die die dreidimensionalen VR-Modelle zweidimensional auf dem Computerbildschirm darstellen, b) die stereoskopischen Sichtsysteme, die über das Prinzip der Stereobildpaare und eines geeigneten Sichtgerätes, z. B. einer Schutterbrille, beim Betrachter einen dreidimensionalen Eindruck der VR erzeugen, c) die immersiven Systeme, die den dreidimensionalen räumlichen Eindruck von ↗Stereobildpaaren durch Messen der Kopf- und Augenbewegung stets der Bewegung des Nutzers anpassen, und die mit Hilfe eines Datenhandschuhs das Anfassen und Bewegen von Objekten der virtuellen Welt mit der Hand ermöglichen. In der Kartographie ist virtual reality einsetzbar, um dreidimensionale Modelle bestimmter Raumausschnitte zu erzeugen und dem Betrachter einen sehr realistischen dreidimensionalen Eindruck dieser Raumausschnitte zu vermitteln. Anwendungen sind u. a. der stadt- und landschaftsplanerische Entwurfsprozeß oder die Visualisierung nicht mehr exisitierender historischer Regionen und Städte. [DD]

virtuelle Karte, der Möglichkeit nach vorhandene (latente) Karte, die aus Daten einer ↗Datenbank oder aus einer ↗digitalen Karte für eine be-

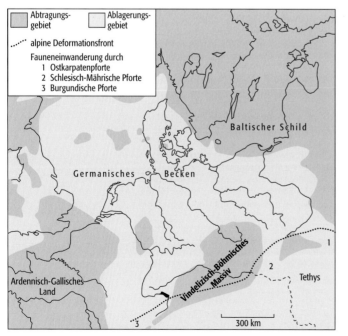

Vindelizische Schwelle: das Vindelizische Land als trennendes Element zwischen Germanischem Becken und Tethys zur Zeit der mittleren Trias (Muschelkalk).

stimmte Fragestellung oder zur Gewinnung von neuen raumbezogenen Vorstellungen abgeleitet werden könnte. Virtuelle Karten bilden die Gesamtheit von erforderlichen oder erwünschten Repräsentationen und Präsentationen (↗kartographische Repräsentation, ↗kartographische Präsentation), die in Daten und Systemen strukturell angelegt sein müssen und aus denen als Ergebnis möglichst mehr Wissen als aus der Realität selbst abgeleitet werden soll (↗virtuelle Realität). Hintergrund der Bezeichnung ist die generelle kommunikative und technologische Konzeption, Karten flexibel, dynamisch und problemorientiert aus nutzerorientiert strukturierten digitalen Karten ableiten zu können.

virtueller geomagnetischer Pol, *VPG*, die Lage des virtuellen geomagnetischen Nord- oder Südpols (östliche Länge λ' in °E, geographische Breite φ' in °N) wird aus den geographischen Koordinaten eines Beobachtungspunktes *S* und der dort gemessenen oder aus der ↗Remanenz der Gesteine abgeleiteten ↗Deklination *D* und ↗Inklination *I* unter Verwendung der Formel für einen ↗Dipol berechnet (Abb.). Der erste Schritt ist die Bestimmung der ↗Co-Breite *p*. Dies ist die Winkeldifferenz auf einem Großkreis zwischen dem Beobachtungsort und dem virtuellen geomagnetischen Pol. Hierzu benötigt man nur die Inklination *I*. Es gilt: $\tan p = 2/\tan I$. Die geographische Breite φ' eines zu einem Wertepaar Deklination *D* und Inklination *I* und den geographischen Koordinaten λ und φ gehörenden virtuellen geomagnetischen Pols erhält man durch die Beziehung:

$$\sin\varphi' = \sin\varphi \cos p + \cos\varphi \sin p \cos D$$

mit $-90° '' \varphi' '' +90°$. Die geographische Länge λ' des virtuellen geomagnetischen Pols ergibt sich zu:

$$\sin(\lambda' - \lambda) = \sin p \sin D / \cos\varphi' = \sin\beta.$$

Für die Bedingung:

$$\sin\varphi \sin\varphi'''\cos p \text{ ist } \lambda' = \lambda + \beta,$$

und für:

$$\sin\varphi \sin\varphi' > \cos p \text{ ist } \lambda' = \lambda + 180° - \beta.$$

Dabei sind: $-90° '' \beta '' +90°$ und $0° '' \lambda' '' 360°$. Bei einer räumlichen und zeitlichen Mittelung über zahlreiche virtuelle geomagnetische Pole ergibt sich der ↗paläomagnetische Pol. Dabei werden die Nichtdipolanteile und die ↗Säkularvariation herausgemittelt. [HCS]

virtuelle Temperatur, eine fiktive Temperatur, die angibt, welche Temperatur trockene Luft annehmen müßte, um bei gleichem Druck die gleiche Dichte wie feuchte Luft zu haben. Die im allgemeinen mit *Tv* bezeichnete virtuelle Temperatur läßt sich mit der aktuellen Lufttemperatur *T* und der ↗spezifischen Feuchte *s* darstellen durch:

$$Tv = T(1+0{,}604\,s).$$

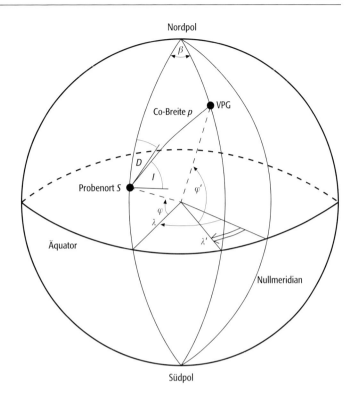

VIS ↗elektromagnetisches Spektrum.
Visè, *Viseum*, international verwendete stratigraphische Bezeichnung für die obere Stufe des Unterkarbons (↗Karbon), benannt nach einem Ort in Südholland. ↗geologische Zeitskala.
viskoelastische Modelle ↗Viskoelastizität.
Viskoelastizität, beschreibt die Kombination verschiedener Deformationsmodelle mit dem Ziel, die komplizierten Verformungsmechanismen mathematisch zu erfassen. Im Detail werden diese *viskoelastischen Modelle* unter dem Begriff ↗Rheologie beschrieben.
viskoplastisches Verhalten, zeitabhängiges Verformungsverhalten von Gesteinen. Unter Belastung verformt sich ein Gestein zunächst elastisch, d.h. reversibel. Wird die Belastung über eine gesteinsspezifische Grenzbelastung hinaus gesteigert, so tritt eine plastische, irreversible Verformung ein, wobei der Fortschritt der Deformation von der Viskosität des Gesteins abhängt. Ein Beispiel für ein Gestein mit ausgeprägten viskoplastischen Eigenschaften ist Steinsalz.
viskose Remanenz ↗remanente Magnetisierung.
Viskosität, *Zähigkeit*, Grundbegriff der ↗Rheologie. Dieser Parameter beschreibt die innere Reibung bei laminarer Strömung in fließfähigen Medien. Die dynamische Viskosität η wird durch die Beziehung:

$$\tau = \eta \cdot dv/dz$$

mit der Scherspannung τ und dem Geschwindigkeitsgradienten dv/dz verknüpft. Die Einheit der dynamischen Viskosität η ist Pascal · Sekunde

virtueller geomagnetischer Pol: Definition der Parameter für die Berechnung von Länge λ' und Breite φ' des virtuellen magnetischen Pols VGP am Probenort S (Länge λ, Breite φ) aus der Deklination *D* und Inklination *I* der charakteristischen Remanenz ChRM.

(Pa · s = N · s/m² = kg/(m · s)). Die ↗ kinematische Viskosität v leitet sich aus dem Quotienten der dynamischen Viskosität η und der Dichte ϱ ab:

$$v = \eta/\varrho.$$

Ist die dynamische Viskosität η unabhängig vom Geschwindigkeitsgradienten, so besteht zwischen der dynamischen Viskosität und der Scherspannung eine lineare Beziehung und man spricht von einer *Newtonschen Flüssigkeit*.
Die dynamische Viskosität für fließfähige Medien überspannt einen sehr weiten Wertebereich: Luft 10^{-5} Pa · s, Wasser 10^{-3} Pa · s, Eis 10^{10} Pa · s, Salz 10^{17} Pa · s und Granit 10^{20} Pa · s. Die Viskosität ist sehr stark von der Temperatur abhängig und spielt eine große Rolle bei Konvektionsbewegungen im Erdmantel sowie auch beim Absinken von Partikeln in Gewässern.

Visualisierung, Sichtbarmachen von Objekten, Daten und Phänomenen durch visuelle Darstellung. Visualisierung umfaßt jede Art der visuellen Darstellung, wie z. B. die Veranschaulichung durch ein Bild, die Hervorhebung einer Information durch eine Graphik oder die Sichtbarmachung eines räumlichen Phänomens in einer Karte. In den wissenschaftlichen Disziplinen wird Visualisierung hauptsächlich für die Analyse großer Datenmengen eingesetzt. Bei dieser Anwendungsform spricht man von ↗ wissenschaftlicher Visualisierung. In der Kartographie wird Visualisierung auch als Synonym für die Darstellung räumlicher Daten in Karten verwendet.

visuelle Assoziation, Verknüpfung zwischen Einheiten im Gedächtnis und über die visuelle ↗ Wahrnehmung aufgenommenen optischen Reizen. Der Begriff Assoziation läßt sich bis auf ↗ Aristoteles zurückführen, der als Urheber des Assoziatismus angesehen wird. Einheiten im Gedächtnis sind danach über Ähnlichkeit, Kontrast sowie zeitliche oder räumliche Kontiguität assoziiert. Assoziationen können dadurch entstehen, daß beginnend von einem Hinweisreiz eine Assoziationskette bis hin zum gesuchten Element aufgebaut wird. Neuere Gedächtnistheorien (↗ Gedächtnis), die auf Gedächtnisrepräsentationen in Form semantischer Netze beruhen, knüpfen an diese Tradition an, erweitern jedoch den Begriff Assoziation. Danach sind Einheiten im Gedächtnis über Relationen miteinander verknüpft, die verschiedene Assoziationstypen darstellen und gerichtet sein können. Im Rahmen der ↗ Kartennutzung werden Zeichen gedanklich in visuelle Assoziationen und Analogien überführt. Visuelle Assoziationen entstehen immer dann, wenn in Zeichen visuell wahrnehmbare Merkmale von Gegenstandsbereichen graphisch reproduziert sind. Dies sind zum einen Grundrißformen von Objekten, denen in der Kartographie eine grundlegende Funktion zukommt, und zum anderen sind es Gegenstandsfarben, visuelle Oberflächenstrukturen und Aufrißformen. Visuelle Assoziationen führen bei der Wahrnehmung dieser Strukturen zur gedanklichen Reproduktion der entsprechenden Merkmale. Der zugehörige Gegenstandsbereich bzw. die entsprechende gedankliche Reproduktion von Begriffen und Sachverhalten ergibt sich in der Regel erst aus dem thematischen Gesamtkontext der Karte. Im Gegensatz zu dieser bei Assoziationen unmittelbaren gedanklichen Ableitung von Merkmalen können bei visuellen Analogien die aus Zeichen reproduzierten Merkmale nur mittelbar auf den abgebildeten Begriffs- oder Sachverhaltsbereich übertragen werden.

Vier grundlegende semantische Relationen können unterschieden werden, die den Zusammenhang zwischen Zeichen und der gedanklichen Reproduktion von in Zeichen repräsentierten Merkmalen beschreiben. Bei der ersten semantischen Relation, der ikonischen Referenz, werden bildhafte visuelle Ansichten von Gegenstandsbereichen reproduziert und dadurch visuelle Assoziationen hervorgerufen. Bei der symbolischen Referenz werden kulturell beständige oder bekannte Zeichen als Gegenstandsbereichen reproduziert. Dieses sind beispielsweise Symbolfarben wie schwarz für Trauer oder geometrische Formen wie Kreuz für Christentum. Mit Hilfe der graphischen Zeichen kann dann gedanklich unmittelbar ein Begriff- oder Sachverhaltsbereich assoziiert werden. Konventionelle Referenzen ergeben sich aus fest definierten kartographischen Wert-Zeichen-Beziehungen, die allgemein oder in speziellen Bevölkerungsgruppen bekannt sind bzw. sich dort bewährt haben. Beispiel hierfür sind konventionelle und normierte Zeichen in der Geologie, Meteorologie oder in der Schiffahrt. Auch die konventionelle Referenz führt unmittelbar zu Assoziationen aus dem Gegenstandsbereich. Bei der vierten semantischen Relation, der offenen- oder abstrakten Referenz, können aus Zeichenstrukturen nur mittelbar, z. B. über eine zusätzliche sprachliche Erläuterung in der Legende oder über gedankliche Wertsysteme, visuelle Analogien zu Merkmalbereichen hergestellt werden. Bei der offenen Referenz werden keine Merkmale aus einem Gegenstandsbereich durch Zeichen reproduziert. Die Auswahl der Zeichen erfolgt häufig nach graphischen Aspekten, um beispielsweise optische Beziehungen in Zeichenreihen hervorzuheben. Bei der abstrakten Referenz werden in Zeichen abstrakte, nicht unmittelbar einem Gegenstandsbereich zugehörende Merkmale reproduziert. Diese Merkmale können gedanklich nur indirekt mit dem Gegenstandsbereich in Verbindung gebracht werden. [FH]

visuelle Bildinterpretation ↗ Bildinterpretation.
visuelle Simulation, im Gegensatz zur ↗ numerischen Simulation verwendeter Begriff aus ↗ Kartographie und ↗ Fernerkundung, welcher die zweidimensionale, pseudodreidimensionale oder echt dreidimensionale Darstellung (↗ 3D-Visualisierung) simulierter Szenarien von Landschaftsveränderungen (z. B. Gebäude-, Straßen-, Brücken- oder Staudammbauten, aber auch Tagebergbaue) beschreibt. Sie ist mittels computer-

gestützter Verfahren auch dynamisch als ↗Animation realisierbar.

visuell-kognitive Prozesse, bezeichnen in der Kartennutzung Vorgänge, die in wechselseitiger Kombination und Komplexität diejenigen kognitiven Funktionen der visuellen Informationsverarbeitung beschreiben, die mit Hilfe des visuellen Systems und korrespondierender Gedächtnissysteme eine zielorientierte Nutzung kartographischer Medien ermöglichen. Visuell-kognitive Prozesse umfassen Prozesse der ↗Aufmerksamkeit und ↗Wahrnehmung, des Denkens und Problemlösens und die Strukturen des ↗Gedächtnisses. Die Analyse visuell-kognitiver Prozesse der Kartennutzung ist ein Hauptforschungsgebiet der ↗Experimentellen Kartographie. Dabei stehen zwei Fragestellungen im Mittelpunkt des Interesses. a) Welche visuell-kognitive Prozesse laufen bei der Arbeit mit Karten ab und wie sind diese Prozesse strukturiert? b) Wie können die jeweiligen visuell-kognitive Prozesse aktiv durch einen adäquaten Graphik- und Medieneinsatz unterstützt werden? Mit dem Informationsverarbeitungsansatz der Kognitionspsychologie steht für die Analyse visuell-kognitiver Prozesse ein Forschungsinstrument zur Verfügung, das eine operationale Modellierung dieser Prozesse ermöglicht. Danach lassen sich kognitive Vorgänge als Informationsverarbeitung beschreiben. Die Grundunterscheidungen von Input, Operation und Output führen zu leistungsfähigen Analysen. Mit Hilfe der rekursiven Zerlegung lassen sich Strukturen und Prozesse, die auf einem bestimmten Beschreibungsniveau komplex erscheinen, in einfachere Komponenten zerlegen, so daß die komplexeren Gegebenheiten durch das informationelle Zusammenwirken die einfacheren Komponenten beschrieben und erklärt werden können. Zentrale visuell-kognitive Grundprozesse, die in wechselnder Kombination zur sukzessiven Transformation von Problemzuständen in Richtung Ziel führen können, sind u. a. a) das »Zergliedern« eines Problems in seine Bestandteile, b) das »Erfassen« der Merkmale dieser Bestandteile oder Objekte, d. h. das »Ausgliedern« von Eigenschaften eines Gegenstandes und das Erfassen der Beziehungen dieser Eigenschaften zueinander sowie zwischen Eigenschaft und Gegenstand, c) der »Vergleich« der Einzelobjekte und das Bestimmen ihrer Unterschiede und Gemeinsamkeiten. Voraussetzung ist die Fähigkeit zu differenzieren und zu generalisieren. Weiterhin d) das »Ordnen« einer Reihe von Sachverhalten hinsichtlich eines oder mehrerer Merkmale, e) das »Klassifizieren« als Zusammenfassung von Objekten mit übereinstimmenden Merkmalen, f) das »Verknüpfen« von Merkmalen im Sinne einer Komplex- bzw. Strukturbildung sowie g) das »Abstrahieren« als Erfassen der in einem bestimmten Kontext wesentlichen Merkmale eines Sachverhaltes und Vernachlässigung der unwesentlichen Merkmale; darüber hinaus h) das »Verallgemeinern« als Erfassen einer Reihe von Sachverhalten gemeinsamen und wesentlichen Eigenschaften sowie i) das »Konkretisieren« als Umkehrung des Abstraktionsprozesses. Voraussetzung ist die Fähigkeit, Beziehungen zwischen konkreten Objekten und Klassen oder Kategorien festzustellen, um Schlußfolgerungen aufgrund des Vorliegens oder Fehlens bestimmter Merkmale zu treffen. Abhängig von Gegenstand, Ziel und Inhalt einer konkreten Aufgabenstellung bilden die genannten Basisoperationen – in jeweils spezifischer Verkettung und Wechselbeziehung – komplexe Handlungen oder Operationsfolgen.

Es gibt Informationen, die im Zusammenhang mit Operationen der visuell-kognitiven Informationsverarbeitung in Karten verarbeitet werden. So gibt es Operationen, bei denen der Name von Objekten gesucht oder die Lage von Objekten im Raumausschnitt festgestellt werden sollen. Oder es werden bei Operationen entweder der substantielle Zustand von Objekten oder deren geometrische Beziehungen verglichen. Jede dieser Operationen ist auf bestimmte Informationsstrukturen und räumliche Muster ausgerichtet, deren visuelle Wahrnehmung und kognitive Verarbeitung durch die gezielte Vorgabe von kartographischen Zeichenstrukturen unterstützt wird. Je besser dabei die Zeichenmuster auf die verschiedenen Operationen und Operationskombinationen ausgerichtet sind, desto schneller und zielgerichteter können die für die zu bearbeitende Aufgabe notwendigen Informationen aus der Karte entnommen und in Handlungen umgesetzt werden. Dabei hängt der spezifische Ablauf bzw. die erfolgreiche Durchführung der einzelnen Operation von einer Vielzahl von Kriterien ab. So zum Beispiel wer, mit welcher Kompetenz und Erfahrung, wo, unter welchen situationsbezogenen Umständen, was, d. h. im Rahmen welcher konkreten Aufgabenstellung, mit Hilfe welches kartographischen Mediums die Operation ausführt. Im Idealfall sollte das Medium auf alle diese Merkmale einer Problemlösekonstellation flexibel und zielgenau ausgerichtet sein und die jeweils optimale Unterstützung anbieten (↗Arbeitsgraphik). [FH]

Vitalitätsbereich, *Vitalbereich*, in der ↗Landschaftsökologie der von der Konstellation der ↗Geofaktoren bestimmte Bereich, in denen ein bestimmter Organismus wächst und sich reproduziert (↗ökologische Amplitude). In diesem Sinne beschreibt der Vitalitätsbereich den abiotischen Teil der ökologischen ↗Nische einer Art. Der Vitalitätsbereich ist bei ↗euryöken Arten groß, bei ↗stenöken klein und kann sich zwischen Jugend- und Altersstadium eines Organismus verschieben. Er bestimmt die äußeren Grenzen der Verbreitung einer ↗Art (↗Hitzegrenze, ↗Kältegrenze, ↗ökologische Grenze).

Vitrain, *Glanzkohle*, stark glänzende, tiefschwarze Lagen in ↗Steinkohlen mit glatter Oberfläche und würfeligem Bruch; Vitrain ist nicht abfärbend. Es ist ein häufiger ↗Lithotyp in den Steinkohlen des ↗Karbons auf der Nordhalbkugel.

Vitrinit, Maceralgruppe und dominierender organischer Bestandteil der Steinkohlen. Die ↗Macerale der Vitrinitgruppe beinhalten den *Telinit*, hervorgegangen aus den Pflanzenzellwänden, und den *Collinit*, entstanden aus den Zellfüllungen. Vitrinite bilden die augenfälligen schwarz glänzenden Bänder in der Steinkohle. Vitrinitpartikel befinden sich in über 80 % der Schiefer und Sandsteinen der Sedimentbecken. Der Vitrinit enthält einen relativ hohen Volatilanteil, reagiert beim Erhitzen plastisch und hinterläßt bei der Verbrennung wenig Rückstand.

Vitrinitisierung ↗Maceral.

Vitrinitreflexion, Inkohlungsparameter (↗Inkohlung), der auf einer im Mikroskop bei Auflicht-Hellfeld-Betrachtung zu beobachtenden, an steigende ↗Inkohlung gebundenen Aufhellung des ↗Vitrinits beruht. Gemessen wird, wieviel Prozent des senkrecht auf den polierten Anschliff auffallenden Lichtes vom Collotelinit, einem ↗Maceral aus der Vitrinitgruppe, reflektiert werden. Bei Beleuchtung mit unpolarisiertem weißem Licht wird die Zufallsreflexion (random reflectance) R_r bestimmt, im einfach polarisierten Licht die maximale Reflexion R_{max}. R_{max} wird vor allem an hochinkohltem Material gemessen, weil vom Eßkohlenstadium ab deutlich wahrnehmbarer Reflexionspleochroismus im Vitrinit auftritt.

Vitriole, ↗Sulfate von Mg, Fe, Co, Ni, Mn, Cu, Zn mit 4, 5, 6 oder 7 H_2O, häufig Mischkristalle. Es sind überwiegend Verwitterungsbildungen, häufig in Oxidationszonen von Erzlagerstätten im engeren Sinne (Vitriol-Familie). Beispiele sind Leonhardtit (Starkeiyt, $MgSO_4 \cdot 4\,H_2O$) als Ausblühung aus Grubenwässern, Rozenit, Aplowit und Ilesit sowie Kupfervitriol (Chalkantit, $CuSO_4 \cdot 5\,H_2O$). ↗Alaune, ↗Alunit.

vitrophyrisch, Gefügebezeichnung für Gesteine mit ↗Einsprenglingen in einer vorwiegend glasigen (↗hyalinen) Grundmasse.

Vivianit, *Blaueisenerde, Blaueisenerz, Blauerde, blaue Eisenerde, Eisenblau, Eisenphyllit, Glauko-Siderit*, nach dem englischen Mineralogen J. G. Vivian benanntes Mineral mit der chemischen Formel $Fe^{2,3+}[PO_4]_2 \cdot 8\,H_2O$ und monoklin-prismatischer Kristallform; Farbe: frisch farblos, färbt sich aber rasch zu blau, indigo bzw. auch schwärzlich-grün; Glas- bis matter Perlmutterglanz; durchscheinend bis undurchsichtig; Strich: bläulich; Härte nach Mohs: 2 (mild); Dichte: 2,67–2,69 g/cm³; Spaltbarkeit vollkommen nach (*010*); Bruch: uneben und faserig; Aggregate: meist strahlig-faserig, Rosetten, Kugeln, Knollen, erdig, pulverig; vor dem Lötrohr rot werdend und zu einem grau-glänzenden, magnetischen Korn schmelzend; in Salz- und Salpetersäure leicht löslich; Begleiter: Limonit, Siderit; Vorkommen: als Verwitterungsneubildung mancher sulfidischer Erzlager, ferner in der limonitischen Zone von Sideritlagerstätten und auch in Tonen; Fundorte: Grube ↗Messel, Bodenmais und Waldsassen (Bayern), Trepča (Serbien), St. Agnes (Cornwall, England), bei Moskau (Rußland), Llallagua und Posokoni (Bolivien). [GST]

VLBI ↗Radiointerferometrie.

VLBI-Korrelator, Prozessor zur ↗Kreuzkorrelation von VLBI-Datenströmen (↗Radiointerferometrie) verschiedener ↗Radioteleskope, die in den meisten Fällen von Magnetbändern gelesen werden. Bei geodätischer Zielsetzung werden aus den Maxima der Kreuzkorrelationskoeffizienten die Laufzeitdifferenzen, bei astronomischer Zielsetzung Korrelationsamplitude und ↗Interferometer-Phase bestimmt.

VLEM-Verfahren, <u>v</u>ertical <u>l</u>oop <u>e</u>lectro<u>m</u>agnetics, ↗Zweispulen-Systeme.

VLF-R-Verfahren, <u>v</u>ery <u>l</u>ow <u>f</u>requency-<u>r</u>esistivity, eine Variante der ↗Magnetotellurik, die die Felder von VLF-Sendern zur Bestimmung der Untergrundleitfähigkeit ausnutzt. Sie wird allgemein zur Erkundung oberflächennaher Strukturen und insbesondere in der Umweltgeophysik eingesetzt. Die Beschränkung des Verfahrens liegt im schmalen Frequenzbereich und in der eingeschränkten Zahl von ausnutzbaren Sendern, so daß nur selten eine vollständige Trennung von TE- und TM-Mode gelingt (↗VLF-Verfahren).

VLF-Verfahren, <u>v</u>ery <u>l</u>ow <u>f</u>requency, elektromagnetisches Verfahren zur Kartierung von Anomalien der elektrischen Leitfähigkeit, das von weltweit verteilten VLF-Sendern im Frequenzbereich von etwa 15–30 kHz zur Kommunikation mit U-Booten ausgestrahlten EM-Wellen ausnutzt. Die physikalischen Grundlagen entsprechen der ↗Magnetotellurik bzw. der ↗erdmagnetischen Tiefensondierung. Die ↗Eindringtiefen liegen im Bereich von einigen 10er m bis maximal einigen 100 m, daher wird das Verfahren insbesondere zur Klärung oberflächennaher Fragestellungen eingesetzt. Eine optimale Ankopplung des primären Magnetfelds und damit ein maximales sekundäres Vertikalfeld wird in der TE-Mode erzielt, d. h. die Senderrichtung stimmt mit der Streichrichtung der Anomalie überein. Im entgegengesetzten Fall (TM-Mode, Senderrichtung ⊥ Streichrichtung) wird kein vertikales Magnetfeld induziert. In der Praxis ist es schwierig, einen Sender in der geeigneten Richtung zu finden, so daß sich selten ein maximaler Induktionseffekt ergeben wird. Das resultierende Feld schwingt auf einer Polarisationsellipse, wobei der Winkel zwischen primärem und sekundärem Feld Kippwinkel (engl. tilt angle) genannt wird. Meßgrößen des Verfahrens sind einmal das Verhältnis aus vertikalem und horizontalem Feld bei gegebener Frequenz, das man getrennt nach In-Phase- und Out-of-Phase-Anteil in % des horizontalen Feldes aufträgt, und der Kippwinkel θ, jeweils als Funktion des Ortes. Das VLF-Verfahren (das auch in der Aerogeophysik Verwendung findet) kann leicht um eine zusätzliche elektrische Feldmessung ergänzt werden (↗VLF-R-Verfahren). Die Beschränkung bzgl. der geringen Zahl von geeigneten Sendern umgeht man mit eigenen transportablen Sendereinrichtungen. [HBr]

Vlies, flexible Matten oder Bahnen aus ausgerichtet oder wirr aufeinandergelegten Fasern. Die dafür verwendeten Spinnfasern oder Filamente sind nicht miteinander verwebt, sondern je nach Verfahren verklebt, verschweißt, vernäht oder vernadelt. Vliesstoffe zeigen in der Regel eine höhere Dehnbarkeit und bessere Filtereigenschaft

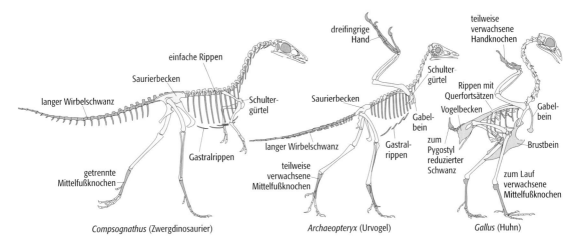

Compsognathus (Zwergdinosaurier) *Archaeopteryx* (Urvogel) *Gallus* (Huhn)

als Gewebe. Vliese werden neben Geweben, Maschenwaren und Verbundstoffen als ↗Geotextilien in der Bautechnik und Geotechnik eingesetzt. Sie werden beispielsweise als Trennlage in ↗Oberflächendichtungen von Deponien eingebaut. Dabei verhindern sie zwischen dem weichen feinkornhaltigen Wurzelboden und der unterlagernden, sandig-kiesigen Flächendrainage das Eindringen des Wurzelbodens in die Flächendrainage. Die Entwässerung des Wurzelbodens in die Flächendrainage bleibt dennoch möglich. Daneben dienen Vliese als Filter und Schutzschicht. Die Vorzüge von Vliesen, zum Beispiel hinsichtlich ihrer horizontalen Durchsickerungsfähigkeit, können verbessert werden, indem sie lagenweise mit Geweben zu Verbundstoffen verarbeitet werden. [ABo]

Vmap ↗ *Vector Map Level*.

VMS-Lagerstätten, veraltet für ↗*VHMS-Lagerstätten*.

VOC, *volatile organic compounds*, leichtflüchtige organische Verbindungen. Unter den VOC werden alle organischen Verbindungen zusammengefaßt, deren Siedepunkt etwa zwischen 20°C und 150°C liegt. Die VOC umfassen insbesondere den gesamten Bereich der Benzinkohlenwasserstoffe einschließlich des ↗Benzols, Toluols und Xylols (↗BTEX), die Halogenkohlenwasserstoffe und alle gängigen Lösungsmittel. Die VOC-Emissionen bestehen aus zahlreichen, sehr verschiedenen kohlenstoffhaltigen Substanzen mit unterschiedlichem chemischen Verhalten wie ↗Alkane, ↗Alkene usw. Bestimmte reaktive Substanzgruppen entstehen bei der unvollständigen Verbrennung fossiler Stoffe, aber auch bei Verbrennung von Biomasse. Andere leicht oxidierbare VOC-Verbindungen stammen aus der Biosphäre, die global bei weitem die größte VOC-Emissionsquelle darstellt (↗Terpene, biogene Kohlenwasserstoffe). [ME]

Vögel, *Aves*, warmblütige Vertebraten mit einer hohen Stoffwechselrate und vielfältigen Anpassungen an eine fliegende Fortbewegungsweise. Dazu zählen vor allem die Umgestaltung der Vorderextremitäten zu Flügeln, ein stark vergrößertes, gekieltes Brustbein als Ansatzfläche der kräftigen Flugmuskulatur, marklose, meist pneumatisierte Knochen sowie ein effizientes Ventilationssystem (»Vogellunge«). Der Vogelkörper ist mit unterschiedlichen Federtypen (z. B. Schwung-, Schwanz- oder Daunenfedern) bedeckt, die den Reptilschuppen homolog sind. Federn galten bisher immer als Exklusivmerkmal der Vögel. Das hat sich jedoch geändert, seit in jüngster Zeit aus China mehrere Gattungen befiederter ↗Dinosaurier bekannt geworden sind (z. B. *Sinosauropteryx, Caudipteryx, Protarchaeopteryx*), die teilweise nicht zur engeren Verwandtschaft der Vögel zählen.

Alle Vögel pflanzen sich mittels kalkschaliger Eier fort und betreiben Brutpflege. Der Nachwuchs der Nesthocker (z. B. Singvögel) ist nach dem Schlüpfen fast nackt und noch blind, während die Küken von Nestflüchtern (z. B. Entenvögel) wesentlich weiter entwickelt sind. Nur wenige Stunden alt folgen sie den Eltern auf die Nahrungssuche.

Der älteste Vogel ist immer noch *Archaeopteryx* aus den oberjurassischen Lithographenschiefern der Solnhofener Lagune. Dieses inzwischen mit acht Exemplaren bekannte Genus ist anatomisch

Vögel 1: Der Vergleich des Urvogels *Archaeopteryx* einerseits mit dem kleinen Dinosaurier *Compsognathus*, andererseits mit einem modernen Vogel verdeutlicht die anatomische Mittelstellung von *Archaeopteryx*. Er zeigt sowohl Reptil- als auch Vogelmerkmale. *Compsognathus* selber gehört jedoch nicht zu den Vorfahren der Vögel, diese sind innerhalb der Dromeosauriden zu suchen.

Vögel 2: Phylogenie der Vögel. Die schwarzen Bereiche zeigen die stratigraphische Verbreitung und relative Häufigkeit der Gruppen an. Bei den neognathen Vögeln sind nicht alle Gruppen genannt. Es muß erwähnt werden, daß die Klassifizierung der Alvarezsauridae zu den Vögeln sehr umstritten ist.

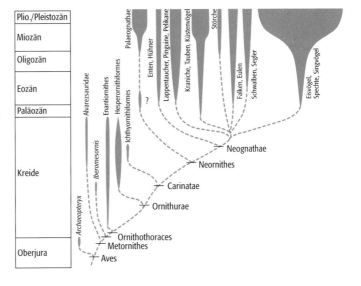

Vögel 3: In den letzten Jahren sind aus der Unterkreide der chinesischen Provinz Liaoning besonders gut und vollständig erhaltene Vögel bekannt geworden. Das gezeigte Exemplar des etwa hühnergroßen *Confuciusornis* wurde in Bauchlage präpariert. Diese Tiere haben den langen Reptilschwanz reduziert, und es ist ein zahnloser Vogelschnabel mit Hornscheide ausgebildet. Zur besseren Erkennbarkeit der Knochen ist das mit Weichteilerhaltung überlieferte Exemplar mit Ammoniumchlorid geweißt.

Vögel 4: Die Enantiornithen sind die diverseste mesozoische Vogelgruppe. Sie sind ausschließlich in der Kreide verbreitet. Vertreter sind a) der kleine *Sinornis* oder b) die große Form *Enantiornis*.

das klassische Beispiel eines ↗missing links zwischen zwei Wirbeltierklassen: Vögel lassen sich unzweifelhaft aus den ↗Reptilien herleiten, wobei sich in den letzten Jahren innerhalb der theropoden Dinosaurier die Dromeosauridae (z. B. *Deinonychus*) als direkte Stammgruppe herauskristallisiert haben. *Archaeopteryx* zeigt überwiegend Reptilmerkmale wie bezahnte Kiefer, einen langen Wirbelschwanz, massive Knochen und eine bekrallte, dreifingerige Hand. Seine Vogelnatur erkannte man vor allem am Vorhandensein eines Federkleids (siehe jedoch oben), das bereits asymmetrisch gebaute Federn wie die modernen Vögel hatte, und *Archaeopteryx* damit als aktiven Flieger ausweist. Außerdem kennzeichnen ihn Details des Schädelbaus als Vogel. Neuesten theoretischen Berechnungen zufolge konnte *Archaeopteryx* durch Laufen mit Flügelschlagen die notwendige Geschwindigkeit für einen Bodenstart aufbringen (Abb. 1).

Seit Jahren stark umstritten ist die systematische Stellung der Gattung *Protoavis* aus der texanischen Obertrias. Handelte es sich hier tatsächlich um einen Vogel, müßte man den ältesten Nachweis dieser Klasse um rund 80 Millionen Jahre zurückdatieren. Eine ebenfalls sehr kontrovers diskutierte Gattung ist *Mononykus* aus der Oberkreide der Mongolei, dessen herausragendes Kennzeichen die stark reduzierte Vorderextremität ist. Manche Autoren halten diese Tiere, die zu den Alvarezsauridae gestellt werden, als die ältesten Nachweise flugunfähiger Vögel.

Die fossilen Belege kreidezeitlicher Vögel haben sich in den letzten zehn Jahren entscheidend vermehrt. Man hat heute eine sehr viel bessere Vorstellung der Vogelevolution vor der paläogenen ↗Radiation in die modernen Gruppen (Abb. 2). Die primitivsten Vertreter nach *Archaeopteryx* sind unterkretazische Vögel aus Südeuropa und China: Bei dem nur spatzengroßen *Iberomesornis* aus der spanischen Lokalität Las Hoyas war der lange Reptilschwanz zum Pygostyl der modernen Vögel reduziert, und es war ein vogelartiger Greiffuß ausgebildet. Die Plattenkalke der Jehol-Gruppe aus der chinesischen Provinz Liaoning sind vor allem durch ihre meist exzellent erhalten Vögel bekannt geworden. Die am besten erforschte Gattung ist *Confuciusornis* (Abb. 3). Die im anatomischen Verband gefundenen, etwa hühnergroßen Tiere zeigen ein Pygostyl und einen echten zahnlosen Vogelschnabel mit Hornscheide, aber auch Weichteilerhaltung wie Abdrücke der Körperbefiederung und zum Teil lange Schmuckfedern am Schwanz.

Die diverseste Gruppe kreidezeitlicher Vögel waren die weltweit verbreiteten Enantiornithes, die meist in Süßwasserablagerungen gefunden werden. Die überwiegend bezahnten Gattungen zeigen eine große Variabilität hinsichtlich Morphologie und Dimensionen, die von Spatzengröße (*Sinornis*) bis zu Flügelspannweiten von 1 m reichen (*Enantiornis*) (Abb. 4). Die Gruppe ist u. a. durch eine ungewöhnlich konstruierte Gelenkung im Schultergürtel, einen abweichenden Verwachsungsmodus der Tarsometatarsus sowie bereits durch die Ausbildung eines Synsacrums charakterisiert.

Die vor allem in der Oberkreide Nordamerikas verbreiteten Hesperornithiformes waren etwa 1 m große, marine Tauchvögel (Abb. 5). Charakteristische Merkmale sind ein sehr langer Hals, kräftige Hinterextremitäten mit Füßen, die wahrscheinlich mit Schwimmhäuten versehen waren. Die Hesperornithiformes waren mit ihren reduzierten Vorderextremitäten flugunfähig. Aus Nordamerika und Asien kommen die meist disartikulierten Reste eines weiteren, ausschließlich oberkretazischen Vogels der Gattung *Ichthyornis*. Er hatte die Größe einer kleinen Möwe, noch be-

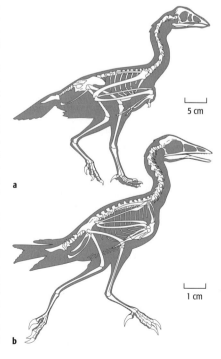

Vögel 5: Vor allem aus der nordamerikanischen Kreide kommen die Reste zweier mariner Vogelgruppen: a) Die Hesperornithiformes waren große, hochspezialisierte aber flugunfähige Tauchvögel, b) der sehr viel kleinere *Ichthyornis* wird als Stoßjäger aus der Luft rekonstruiert.

zahnte Kiefer und kräftige Flügel. *Ichthyornis* wird ähnlich heutigen Seeschwalben als Fischjäger aus der Luft rekonstruiert.

Die Neornithes, zu denen alle rezenten Vögel gehören, treten an die Stelle der mesozoischen Vogelgruppen, die zum Ende der Oberkreide aussterben. Die Neornithes gliedern sich nach dem Bau ihres Gaumens zum einen in die primitiveren Palaeognathae, zum anderen in die fortschrittlicheren Neognathae. Einige der modernen Vogelordnungen lassen sich inzwischen bis in die Oberkreide zurückverfolgen, die Belege sind aber nach wie vor ungenügend.

Die fast durchgängig flugunfähigen Palaeognathen sind bereits durch Funde aus dem mittleren ↗Paläozän sicher belegt. Zu dieser Gruppe zählen rezent die Ratiten (Kiwis, Nandus, Kasuare, Emus, Strauße) und die südamerikanischen Tinamiformes (Steißhühner). Die neuseeländischen Moas und die madagassischen Elefantenvögel sind seit dem ausgehenden ↗Pliozän bekannt und erst in historischer Zeit erloschen, vermutlich durch den Menschen ausgerottet. Die endemische Verbreitung beider Gruppen legt nahe, daß sie von flugfähigen Vorfahren abstammen, die ihre Flügel mangels terrestrischer Freßfeinde reduzierten (Abb. 6). Von Moas kennt man über 13 Arten von der Größe eines Truthahns bis zum drei Meter hohen *Dinornis*. Die Elefantenvögel blieben insgesamt etwas kleiner als die Moas, konnten aber das Gewicht eines mittelgroßen Pferdes erreichen. Beide Gruppen, die überwiegend aus pleistozänen und ↗subrezenten Ablagerungen bekannt sind, nahmen in der Inselsituation die ökologische Nische der großen Pflanzenfresser ein, die üblicherweise durch ↗Säugetiere besetzt ist.

Aufgrund der sehr limitierten mesozoischen Fossilbelege besteht Uneinigkeit darüber, ob sich die Neognathen bis in die Oberkreide zurückverfolgen lassen. Die meisten Familien der neognathen Vögel erscheinen im ↗Eozän. Die Passeriformes (Singvögel) kennt man jedoch erst seit dem ↗Miozän, dem Beginn ihrer extremen erfolgreichen Radiation. Als die primitivsten Neognathen werden die Anseriformes (Gänsevögel) und die Galliformes (Hühnervögel) angesehen. Mit diesen verwandt sind die flugunfähigen Gastornithiformes (Abb. 7), deren bekanntester Vertreter die riesige, über zwei Meter große *Diatryma* ist. Mit ihren krallenbewehrten Laufbeinen und kräftigen Schnäbeln waren diese Tiere gefährliche Jäger im ↗Paläozän und Eozän von Nordamerika und Europa und konkurrierten mit räuberisch lebenden Säugetieren und Reptilien um Beute. Nach neueren Untersuchungen könnten sie jedoch auch Pflanzenfresser gewesen sein.

Erst Ende des 17. Jahrhunderts ausgestorben und daher sehr bekannt ist der Dodo (Gattung *Didus*, Abb. 8). Dieser zu den Columbiformes (Taubenvögel) gehörende truthahngroße Vogel war flugunfähig und einst sehr häufig auf der Insel Mauritius im Indischen Ozean. Aufgrund seiner Wehrlosigkeit war er eine einfache Beute für die frühen Seeleute. Das letzte Exemplar starb 1681.

Die Diversität der neognathen Vögel ist enorm, so daß an dieser Stelle nicht auf die einzelnen Gruppen eingegangen werden kann. Man kennt zur Zeit mehr als 8500 Arten, die in über 140 Fa-

Vögel 6: ausgestorbene Laufvögel: a) *Dinornis* war mit drei Metern Höhe die großwüchsigste Gattung innerhalb der neuseeländischen Moas, b) Elefantenvögel wie die Gattung *Aepiornis* lebten noch in historischer Zeit auf Madagaskar. Sie wurden ebenso wie die Moas vom Menschen ausgerottet.

a   b

Vögel 7: a) Der flugunfähige *Andalgalornis* war ein gefürchteter Jäger im südamerikanischen Pliozän. b) Carnivor oder auch herbivor ernährte sich der etwa 2 m große *Diatryma*. Die Gattung kam im Eozän von Nordamerika und Europa vor.

Vögel 8: Der truthahngroße Dodo hatte ebenfalls mangels Bodenfeinden seine Flugfähigkeit verloren und war daher eine leichte Beute für hungrige Seefahrer. Dodos kamen ausschließlich auf Mauritius vor.

milien klassifiziert werden. Die Vögel stellen zusammen mit den Säugetieren die rezent erfolgreichste Landwirbeltiergruppe dar. Aufgrund ihrer Anpassungsfähigkeit haben sie neben dem Biotop Luftraum zum einen eine ganze Reihe terrestrischer Laufvögel hervorgebracht, zum anderen sind sie auch in marinen Bereich mit den eine schwimmende Lebensweise adaptierten Pinguinen vertreten. [DK]

Literatur: [1] BENTON, M. J. (1997): Vertebrate Palaeontology. – London u. a. [2] CARROLL, R. L. (1993): Paläontologie und Evolution der Wirbeltiere. – Stuttgart/New York. [3] CHATTERJEE, S. (1997): The Rise of Birds. – Baltimore/London. [4] FEDUCCIA, A. (1996): The Origin and Evolution of Birds. – New Haven/London. [5] PADIAN, K., CHIAPPE, L. M. (1998): The origin and early evolution of birds. – Biol. Rev., 73: 1–42.

Vogelfuß-Delta /Fingerdelta.

Vogelschaubild, zentral-perspektive, konstruktivzeichnerische (auch gemalte) /kartenverwandte Darstellung eines kleineren oder größeren Erdoberflächenstückes. Seine Herstellung erfordert zunächst die Konstruktion eines den darzustellenden Landschaftsausschnitts umschließenden dreidimensionalen räumlichen Gitters, in das dann die Grundrißelemente zunächst auf die Basisebene bezogen eingetragen werden und von dieser auf ihre Höhenlage lotrecht hochgezeichnet werden müssen. An den begrenzenden Flächen entstehen perspektive Profillinien; als Strichzeichnung mit oder ohne farbige Flächenfüllung ausgeführt, aber auch als Gemälde. Für die Wirkung ist die optimierte Lage des Projektionszentrums und damit der Blickrichtung ausschlaggebend; meist durch Horizontlinie begrenzt. Vogelschauartige Geländebilder lassen sich auch auf andere Weise herstellen: In gleichen Abständen und in gleicher Art entworfene Profile ergeben hintereinander angeordnet, angehoben, seitlich versetzt oder verdreht als Profilserie auf einfache Weise ein anschauliches Geländebild in einer schiefwinklig axonometrischen Darstellung. Durch schattenplastische Verstärkung der Profillinien läßt sich der Reliefeindruck deutlich verbessern. Weltberühmt wurden die gemalten Vogelschaubilder von Heinrich Berann (/Globalansicht). [MFB]

Vogelschaukarte, /kartenverwandte Darstellung; konstruktive Parallelperspektive (Axonometrie) auf eine schräge Bildebene, die zeichnerisch leicht zu erstellen ist. Die geometrischen Herstellungsgrundlagen sind dieselben wie bei einem /Vogelschaubild, nur daß hier kartographische Darstellungselemente überwiegen, während bei Vogelschaubildern das bildhafte, realitätsnahe Element im Vordergrund steht.

Vogesit, ein /Lamprophyr, der überwiegend aus Kalifeldspat (/Orthoklas) und /Hornblende besteht.

Voigt, *Woldemar*, deutscher Physiker, * 2.9.1850 Leipzig, † 13.12.1919 Göttingen; ab 1875 Professor in Königsberg (Preußen), ab 1883 in Göttingen. Voigt schrieb bedeutende Arbeiten zur Kristallphysik, besonders Kristalloptik, Elektro- und Magnetooptik und Elastizitätslehre. Nach ihm ist der Voigt-Effekt (Zunahme der transversalen magnetischen Doppelbrechung in der Nähe von starken Absorptionslinien) benannt. Werke (Auswahl): »Die fundamentalen physikalischen Eigenschaften der Kristalle« (1898), »Magneto- und Elektrooptik« (1908), »Lehrbuch der Kristallphysik« (1910).

Volatile, [von ital. volare = fliegen oder lat. volatilis = flüchtig], *Volatilien*, in einem Stoff oder Stoffgemisch, wie z. B. Magma oder Lava, gelöste flüchtige Bestandteile (z. B. H_2O, CO_2, F etc.), die in die volatile Gasphase übergehen. Volatile können bei Druck- und Temperaturerniedrigung austreten und Blasen bilden (/Vulkanismus).

volatile Phasen, gasförmige und überkritische /fluide Phasen. Aus der Untersuchung an Gläsern erstarrter Magmen sowie aus der Zusammensetzung rezenter vulkanischer Gase wurde bestimmt, daß H_2O, CO_2, HF, HCl, CO, CH_4, H_2, O_2, SO_2 und H_2S die /Volatilen sind. Die *Sauerstoffugazität* (Aktivität des Sauerstoff) liegt dabei nahe dem Quarz-Fayalit-Magnetit-Puffers, die *Schwefelfugazität* (Aktivität des Schwefels) steht im Gleichgewicht mit der des Pyrrhotins (/Magnetkies). H_2O in einer Schmelze kann mit den Brückensauerstoffatomen der Kieselsäure reagieren; dadurch werden vorhandene Kieselsäurepolymere verkleinert (depolymerisiert). CO_2 kann in einer Schmelze auf zwei Möglichkeiten gelöst werden: Zum einen ist es möglich, daß eine Reaktion der Schmelze erfolgt (CO_2+Forsterit = Enstatit+Magnesit; Polymerisation), zum anderen kann eine Reaktion CO_2+MeO = CO_3^{2-}+Me^{2+} mit Me = Fe, Mg, Ca, Sr, Ba, Na, K ablaufen. Da die Bildungsenthalpie der Carbonate von Fe über Mg, Ca, Sr, Ba, Na bis zum K abnimmt, haben CO_2-reiche Schmelzen hohe Mg/Fe-und Ca/Mg-Verhältnisse. Da CO_2 polymerisierend wirkt, ist außerdem der Vernetzungsgrad der Schmelze ein begrenzender Faktor für CO_2-Löslichkeit. Erhöhte Temperatur bedeutet geringe Polymerisation der Schmelze und daher erhöhte Löslichkeit für CO_2. Hochvernetzte Feldspatschmelzen dagegen enthalten kaum CO_2.

Die Schwefellöslichkeit in Schmelzen hängt entscheidend von der Sauerstoffugazität ab. Bei hoher Sauerstoffugazität kommt SO_4^{2-} vor, bei niedriger S^{2-}. Letzteres hat eine bedeutend höhere Löslichkeit in Schmelze, da sich offenbar FeS bildet. [AM]

Volcanic Explosivity Index ↗ *VEI*.
Volgium, die jüngste (dritte) Stufe (150,7–142 Mio. Jahre) des ↗Malms und damit des ↗Juras insgesamt, benannt nach der Wolgaregion (Rußland). Es umfaßt das ↗Tithon und das ↗Portland. Die Basis stellt der Beginn des Hybonotum-Chrons dar, bezeichnet nach dem Ammoniten *Hybonoticeras hybonotum*.
vollarides Gebiet, Bezeichnung für ein Gebiet, in dem ständig die ↗potentielle Verdunstung die Niederschläge übersteigt.
vollhumides Gebiet, Bezeichnung für ein Gebiet, in dem ständig die Niederschläge die ↗potentielle Verdunstung übersteigen.
vollkommene Brunnen, Brunnen, der durch seine Filterstrecke die gesamte wassererfüllte Mächtigkeit eines Grundwasserleiters erfaßt und dadurch die höchstmögliche Ergiebigkeit gewährleistet (Abb.). Auswertungen von ↗Pumpversuchen gelten exakt nur für vollkommene Brunnen.
Vollkronenbohrung, ↗Bohrverfahren im Festgestein, bei dem im Gegensatz zur ↗Kernbohrung die ↗Bohrkrone den vollen Bohrlochquerschnitt einnimmt. Meist handelt es sich dabei um Bohrungen kleineren Durchmessers bis ca. 200 mm. Ein Probengewinn ist nur als Schweb oder Siebrückstand aus der Bohrspülung möglich. Vollkronenbohrungen werden vor allem bei Bau- und Sicherungsmaßnahmen (↗Felsanker, ↗Injektionstechnik) eingesetzt, bei denen auf den Gewinn von Kernproben verzichtet werden kann.
Vollschnittmaschine ↗maschineller Tunnelvortrieb.
Volltensor-Gradiometer ↗Gradiometer.
Vollwinkel ↗Winkel.
Vollzirkulation, Durchmischung des Wasserkörpers in einem See, die jährlich oder allgemein periodisch auftreten kann. Dabei werden die vertikalen Wasserschichten vollständig umgeschichtet. Sie stellt ein Merkmal zur Klassifikation von ↗Seetypen dar.
Vollzugsdefizit, Rückstand der administrativen Maßnahmen gegenüber den gegebenen rechtlichen Befugnissen und Möglichkeiten. Ein Vollzugsdefizit ist aktuell v. a. im Bereich des ↗Umweltschutzes festzustellen. Die Ursache liegt einerseits vielfach im Fehlen von einfachen, allgemein anerkannten Methoden und Verfahren zur Prüfung der Einhaltung von Grenzwerten und Vorschriften hinter den Maßnahmen, andererseits treten oft Schwierigkeiten auf, bei komplexen Sachverhalten den effektiven Verursacher einer übermäßigen Belastung eindeutig zu identifizieren.
Volumenstrom, Q, die Volumeneinheit V, die pro Zeiteinheit t strömt:

$$Q = \frac{V}{t}.$$

von Gruber, *Otto*, Geodät und Photogrammeter, * 9.8.1884 Salzburg, † 3.5.1942 Jena. Nach dem Studium von Maschinenbau, Mathematik, Physik, Astronomie und Geographie 1903–1907 in München und Berlin wurde von Gruber 1911 Assistent am Physikalischen Institut der TH München und promovierte an der Universität München. 1913 trat er als Vermessungsingenieur in der Firma Stereographik GmbH in Wien ein, 1919 Habilitation als Privatdozent an der TH München; seit 1922 wissenschaftlicher Mitarbeiter der Firma Carl Zeiss in Jena, gleichzeitig 1926–1930 Professor an der TH Stuttgart für Geodäsie; in dieser Zeit Begründer der Kurse für optische Streckenmessung, 1930 wissenschaftlicher Leiter der Abteilungen für Geodätische Instrumente sowie für Bildmessung bei der Firma Carl Zeiss Jena. Als Wissenschaftler lieferte von Gruber auf dem Gebiet der Geodäsie entscheidende Beiträge zur Konstruktion von Theodoliten und Nivellierinstrumenten sowie zur Fehlertheorie, auf photogrammetrischem Gebiet erstellte er bedeutende Arbeiten zur Theorie, Methodik und Praxis der analogen ↗Photogrammetrie: Theorie der ↗Entzerrung und der ↗Aerotriangulation, Entwicklung der ↗relativen Orientierung zu einem systematisierten Verfahren der Analogauswertung, Weiterentwicklung photogrammetrischer Auswertegeräte, herausragende praxisrelevante Arbeiten zur Bildauswertung von Aufnahmen im Hochgebirge, der Arktis und Antarktis. Von Gruber verfaßte bedeutende Beiträge zur Verbreitung der Photogrammetrie als geodätisches Meßverfahren. [KR]

von Orel, *Eduard*, Konstrukteur, Photogrammeter, Major, * 5.11.1877 Miramare bei Triest, † 25.10.1941 Bozen. Von Orel durchlief eine militärische Ausbildung und Laufbahn. 1901–1912 war er Mitarbeiter und ab 1911 Leiter der Abteilung ↗Photogrammetrie am Militärkartographischen Institut Wien. In dieser Zeit Zusammenarbeit mit der Firma Carl Zeiss Jena, Gründung der Firma Stereographik (Gesellschaft für praktische Anwendung der Stereoautographie). Entwurf und Konstruktion des Autostereograph in der Firma R. und A. Rost, der bis 1911 gemeinsam mit der Firma Carl Zeiss Jena zum Stereoautograph, dem ersten photogrammetrischen Stereokartiergerät für terrestrische Aufnahmen, ausgebaut wurde. 1926 Ehrenpromotion Deutsche TH Prag.

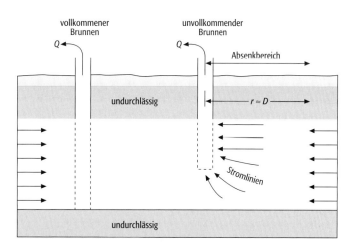

vollkommene Brunnen: schematische Darstellung eines vollkommenen und eines unvollkommenen Brunnens.

Vorausinjektion, im ↗Tunnelbau verwendetes Verfahren zur Sicherung der Vortriebsarbeiten. Dabei wird mit Hilfe eines bis zu 30 m langen Injektionsschleiers (↗Injektion) eine Voraussicherung gegen Wassereinbrüche oder instabile Gebirgsbereiche erreicht.

Vorausverformung, beim ↗Tunnelbau das Phänomen, daß sowohl die Spannungsumlagerung als auch die damit verbundenen Verformungen dem Ausbruch eines Tunnels um ein bis zwei Tunneldurchmesser vorauseilen. Die vorauseilenden Gebirgsverformungen sind auf den Spannungsanstieg vor der ↗Ortsbrust zurückzuführen. Sie können 30 bis 50% der Gesamtverformungen ausmachen. Die Vorausverformungen schlagen auch bei einer Tunnelüberdeckung von 50 bis 100 m noch bis zur Geländeoberfläche durch. Die Größenordnung dieser Verformungen gibt Hinweise auf die Gebirgsqualität und auf örtliche Schwächezonen. Die Vorausverformungen können mit ↗Extensometern, ↗Inklinometern und durch ↗Nivellement gemessen werden.

Vorbelastung, Belastung eines ↗Baugrundes, z. B. durch temporäre Aufschüttungen, vor der eigentlichen Lastaufnahme. Wird auf weichen Böden angewandt, um Setzungen im Untergrund auszulösen, die dann bei der späteren Belastung durch das eigentliche Bauwerk nicht mehr entstehen können.

Vorblick, Ablesung an einer ↗Nivellierlatte bei Zielung in Meßrichtung eines ↗geometrischen Nivellements.

Vorderschenkel ↗Falte.

Vordüne, *Primärdüne*, initiales Stadium der ↗Küstendüne, die von Seewinden aus Strandsanden aufgebaut wird. Die Dünenbildung setzt ein, wenn erhöhte Bereiche des ↗Strandes (z. B. ↗Strandwälle) trockenfallen und ↗äolischer Transport einsetzen kann. Die ↗äolische Akkumulation erfolgt meist strandparallel an kleinen Hindernissen oder im Bereich der strandnächsten Vegetation. Größe, Wachstum und Relief der Vordünen variieren in Abhängigkeit von ↗Temperatur, ↗Salinität, ↗Niederschlag und Windereignissen. Vordünen sind oft kurzlebige Gebilde, da sie bei ↗Sturmfluten zerstört oder bei Starkwindereignissen deflatiert werden können. Letzteres führt zu landwärtigem Transport und zur Akkumulation von ↗Sekundärdünen.

Vorereigniswasser, *pre-event water*, *altes Wasser*, *Altwasser*, Wasser, daß vor dem auslösenden Niederschlag oder vor der Schneeschmelze im Boden (Bodenwasser- oder Grundwasserspeicher) des Einzugsgebietes gespeichert war und als Folge eines Niederschlagsereignisses entweder als ↗returnflow auf der Landoberfläche oder als Abfluß im Uferbereich eines Fließgewässers austritt. Je nach Gebietscharakteristika und hydrologischen Randbedingungen liegt der Anteil des »Altwassers« für ein einzelnes Niederschlagsereignis in der Größenordnung von mindestens 50% bis über 80%.

Vorerkundung, vorbereitende Phase innerhalb der landschaftsökologischen Untersuchung eines Raumes, z. B. im Zuge des ↗Geoökologischen Arbeitsganges. In der Vorerkundung werden die vorhanden gebietsspezifischen Materialen (z. B. Karten, Luftbilder, regionale und lokale Literatur, Klimadaten, Bewirtschaftungspläne, Bohrungen und Baugrunduntersuchungen, vorhandene Gutachten) zusammengetragen und gesichtet. Im weiteren wird auch eine Grobaufnahme der wichtigsten Ausstattungsmerkmale der ↗Landschaft durchgeführt (z. B. Substratverhältnisse, exemplarische Bodenprofile, Relieftypen, Landnutzung, Vegetationstypen). Die Grobaufnahme wird in der später folgenden eigentlichen Feldarbeitsphase verfeinert. Die Vorerkundung ist wichtig für die exakte Planung der weiteren Untersuchung.

Vorflut, Wasserabfluß. Die Vorflut kann entweder in freiem Gefälle (natürliche Vorflut) erfolgen oder künstlich durch Hebung (Pumpen, ↗Schöpfwerk). Als *Vorfluter* wird nach DIN 4049 ein der Vorflut dienendes natürliches oder künstliches Gewässer bezeichnet. Die Gewässerunterhaltung hat die Aufgabe, die Funktionsfähigkeit der Vorflut sicherzustellen.

Vorfluter, 1) Begriff aus der Klärtechnik für Gewässer, die ↗Abwasser aufnehmen. 2) ↗Vorflut.

Vorfruchtwirkungen, umfassen alle direkten oder indirekten Einflüsse einer Feldfrucht auf die Ertragsbildung der Nachfrucht: ↗Wasserverbrauch der Vorfrucht, Nährstoffverbrauch der Vorfrucht, Ernte- und Wurzelrückstände, Garezustand des Bodens, Schaderregerpotential, Unkrautpotential, Rückstände von Pflanzenschutzmitteln bspw. Herbiziden.

Vorfrühling, im Rahmen der ↗Phänologie definierte Jahreszeit.

Vorgärten, dem Häusern vorgelagerte, meistens kleinflächige ↗Gärten. Die Vorgärten werden häufig durch Zäune, Hecken oder Mauern umgrenzt und weisen eine in der Regel intensiv gepflegte abwechslungsreiche ↗Vegetation auf. Vor allem in dicht bebauten Stadtbereichen repräsentieren sie die ↗Grünflächen des ↗Stadtgrüns mit all den ausgleichenden ökologischen Funktionen (z. B. Stadtklima, Versickerung und Wasserspeicherung, ökologische Nischen). In Agglomerationen und ländlichen Gebieten werden Vorgärten häufig auch als Gemüsegärten verwendet.

Vorhaben- und Erschließungsplan, *VEP*, Planungsinstrument zur schnellen Realisierung eines konkreten Vorhabens, einschließlich der baulichen Gestaltung. Der VEP besteht aus dem Vorhaben- und Erschließungsplan des Vorhabensträgers, der Satzung der Gemeinde und dem Durchführungsvertrag zwischen Vorhabenträger und Gemeinde. Seit 1993 im Einigungsvertrag (§246 a Baugesetzbuch) zugelassen, soll er Bauleitverfahren beschleunigen.

Vorhersagbarkeit, ein geophysikalischer Parameter ist vorhersagbar, wenn sein Vorhersagefehler kleiner ist als der Fehler der bestmöglichen ↗Referenzvorhersage. Daher sind verläßliche Angaben zur Vorhersagbarkeit nur mittels vergleichender, systematischer ↗Verifikation zu gewinnen. Z. B. ist ein (meteorologisches) Element

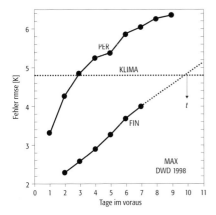

lich und zeitlich zu prognostizieren. ↗Erdbebenvorhersage. [PG]

Vorhersagekarte, ↗Wetterkarte für einen vorhergesagten Zeitpunkt, wobei in der Praxis derzeit 1 bis 7 Tage überbrückt werden. Vorhersagekarten für den internen Gebrauch enthalten Darstellungen der meteorologischen Felder (z. B. Luftdruck-, Temperatur-, Niederschlagsverteilung) und auch der ↗synoptischen Wettersysteme. Für die Öffentlichkeit bestimmte Boden-Vorhersagekarten zeigen neben einfachen Feldern und Wettersystemen auch einzelne vorhergesagte Wetterelemente (z. B. Mittagstemperatur, Sonnenschein, Bewölkung, Regen, Wind) für ausgewählte Orte und zugehörige Regionen, wobei der graphischen Gestaltung ein weiter Spielraum bleibt. Entsprechend ausgelegte Höhen-Vorhersagekarten kommen in erster Linie der Flugberatung zugute. Vorhersagekarten wurden anfangs nach graphischen Verfahren der klassischen ↗Synoptik konstruiert; seit den 1960er Jahren dominieren hierbei in zunehmendem Maße die immer umfassenderen und zugleich fortwährend verfeinerten Methoden und Ergebnisse der ↗numerischen Wettervorhersage. [MGe]

Vorhersageleistung, eine Aussage über die Vorhersageleistung kann nur mittels vergleichender ↗Verifikation mit einer ↗Referenzvorhersage gewonnen werden (Abb.). Gewöhnlich wird sie als Reduktion der Fehlervarianz (↗RV) bzw. als Differenz zweier Kontingenzmaße (↗TSS) ausgewiesen. Bestimmt man die Vorhersageleistung als (empirische) Funktion des Vorhersagezeitraumes (Zeit zwischen Ausgabe der Vorhersage und Gültigkeitszeitpunkt bzw. -zeitraum), so definiert das Erreichen des Zeitpunktes mit verschwindender Vorhersageleistung die praktische, gegenwärtige Grenze der ↗Vorhersagbarkeit.

Vorhersagesystem, Einrichtung zur Vorhersage kurz-, mittel- oder langfristig erwarteter Zustände. Hierzu gehören die kurzfristigen Wettervorhersagen der Wetterdienste, Wasserstands- oder

Vorhersagbarkeit 1: Die Grafik zeigt das Anwachsen des Fehlers rmse (Ordinate) bei der kurz- und mittelfristigen Vorhersage (FIN) der Tageshöchsttemperatur für 6 deutsche Orte im Jahr 1998 als Funktion des Vorhersagezeitraumes (Abszisse). Die Differenz zwischen der Kurve FIN und der genaueren Referenzvorhersage (Persistenz PER bzw. Strategie KLIMA-Normalwert) ist ein Maß der Vorhersageleistung. Es endet in diesem Beispiel bei 10 Tagen im voraus.

oder Ergebnis vorhersagbar, solange ↗RV >0. Es zeigt sich, daß die zeitliche Grenze der Vorhersagbarkeit eng mit der ↗Korrelationszeit des Wetterphänomens bzw. seiner Lebensdauer zusammenhängt. Die vorherzusagenden meteorologischen Ereignisse umfassen raum-zeitliche Unterschiede ihrer Ausdehnung von mindestens 10 Größenordnungen. Es existieren enge Bindungen zwischen ihrem charakteristischen Längen- und Zeitmaßstab. Dies bedeutet, daß großräumige Erscheinungen von längerem Bestand sind, während kleinräumige Vorgänge schnellen Änderungen unterworfen sind. Das bedeutet auch, daß Phänomene kleinerer räumlicher Ausdehnung um so schlechter vorhersagbar sind.

Von der praktischen Vorhersagbarkeit ist deren prinzipielle Grenze zu unterscheiden. Infolge der objektiven Existenz des Zufalls und der daraus erwachsenden stochastischen Natur geophysikalischer Gesetze, läßt sich nicht jedes raum-zeitliche Detail mit jeder wünschbaren Genauigkeit beliebig weit in die Zukunft vorhersagen (Abb. 1 und 2). [KB]

Vorhersage, ist ein sehr weitgespannter Begriff, der sowohl in der Geophysik, in der Meteorologie als auch in Ozeanographie Verwendung findet. Geläufig ist der Begriff der ↗Wettervorhersage und auch der Klimavorhersage. In der Ozeanographie kommt es z. B. darauf an, das Eintreffen von ↗Tsunamis vorherzusagen. In der Geophysik kann der Begriff Vorhersage in zwei Anwendungen gesehen werden. Aus geophysikalischen Messungen an der Erdoberfläche wird die Existenz bestimmter Strukturen im Untergrund vorhergesagt. Ein großer Teil der Explorationsstrategien beruht auf Vorhersagen. Erst eine Bohrung bringt eine gewisse Bestätigung oder Nichtbestätigung der Vorhersage. In aller Munde ist der Begriff der Erdbebenvorhersage. Hier ist es das Bestreben, den Ort, den Zeitpunkt und nach Möglichkeit auch die Stärke eines Erdbebens vorherzusagen. Das Problem ist sehr vielschichtig. Mit einer gewissen Wahrscheinlichkeit läßt sich sagen, ob eine Region mehr oder minder durch Erdbeben gefährdet ist. Dagegen ist es trotz großer Anstrengungen der ↗Seismologie bislang nur sehr vereinzelt gelungen, ein Erdbeben exakt ört-

Vorhersagbarkeit 2: Wie in Abb. 1 wurde die Grenze der Vorhersagbarkeit für punktgenaue Routine-Prognosen meteorologischer Elemente und Ereignisse bestimmt. Je nach Wetterparameter schwankte sie im Jahre 1998 zwischen 5 und fast 11 Tagen im voraus, was z. T. erfolgreicher ist als die Vorhersage von Druckfeldern in der numerischen Wettervorhersage.

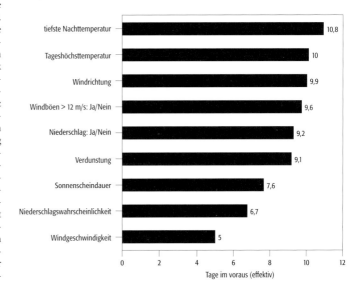

Vorhersageleistung: Jahresgang der Güte RV (im Vergleich mit der Erhaltungsneigung) kurzfristiger Vorhersagen der Temperatur, der Wolkenbedeckung, des Niederschlags und des Windes (20 verschiedene Zielgrößen) im Zeitraum 1989/98 für 14 bis 17 deutsche Orte. Die Zahlenwerte der Ordinate dürfen keinesfalls als »Trefferquote« interpretiert werden, sondern als die prozentuale Reduktion der Fehlervarianz (kostenloser) Persistenzvorhersagen infolge echter, wissenschaftlicher Vorhersagen. Man erkennt, daß im Mai die Vorhersageleistung ihr Minimum erreicht.

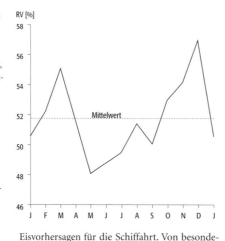

Eisvorhersagen für die Schiffahrt. Von besonderer Bedeutung ist die Vorhersage extremer, die Bevölkerung bedrohender ↗Naturereignisse zur Minimierung von Personen- und Sachschäden (Sturmvorhersagen, Hochwasservorhersagen).

Vorklärbecken, *Vorbecken,* Absetzbecken in Kläranlagen (↗Abwasserreinigung), das den Abwasserschlamm und meist auch den Überschußschlamm aufnimmt und der Schlammfaulung zuführt.

Vorkommen, der Wirtschaftsgeologe unterscheidet zwischen nicht wirtschaftlich abbaubaren Vorkommen und bauwürdigen Lagerstätten (↗Bauwürdigkeit). Steigen die Preise für einen mineralischen Rohstoff oder werden zusätzliche ↗Vorräte entdeckt, kann aus einem Vorkommen eine ↗Lagerstätte werden.

Vorlage, a) in der ↗Reproduktionstechnik das zu reproduzierende Objekt (Reproduktinsvorlage). Im Bereich der ↗Kartenherstellung wird zwischen ↗Halbtonvorlage und ↗Strichvorlage, zwischen ein- und mehrfarbiger Vorlage, zwischen Aufsichts- und Durchsichtsvorlage (auch als opake und transparente Vorlage bezeichnet), zwischen positiver und negativer Vorlage sowie zwischen seitenrichtiger und seitenverkehrter Vorlage unterschieden. Aufsichtsvorlagen oder auch opake Vorlagen sind lichtundurchlässig, Durchsichtsvorlagen oder transparente dagegen lichtdurchlässig. In positiven Vorlagen sind die Zeichnungsstellen geschwärzt, die zeichnungsfreien Stellen dagegen weiß bzw. lichtdurchläßig. Bei negativen Vorlagen sind die ↗Tonwerte vertauscht, d. h. die Zeichnungsstellen sind weiß oder lichtdurchlässig, die zeichnungsfreien Stellen dagegen geschwärzt. Bei seitenrichtigen Vorlagen erscheint das Bild der Vorlage seitenrichtig, wenn die Schichtseite des Materials der Vorlage in Richtung des Betrachters zeigt, bei seitenverkehrten Vorlagen dagegen ist das Bild der Vorlage seitenverkehrt, wenn die Schichtseite des Materials der Vorlage in Richtung des Betrachter zeigt. Je nach Vorlage erfolgt die Auswahl des ↗Kopierverfahrens, des Materials und des Gerätes. Die Vorlagen müssen bestimmte Anforderungen vor allem in bezug auf Schwärzung oder Deckung erfüllen und eine Mindeststrichbreite besitzen, damit sie qualitätsgerecht reproduziert werden können. b) im Rahmen der kartographischen Datenerfassung als Scanvorlage bezeichnet, um analoge ↗Kartenoriginale in digitale Daten umzuwandeln oder als Digitalisirvorlage für das Digitalisierbrett, auf der ausgewählte Punkte durch Abspeichern der Koordinaten digital erfaßt werden (↗Digitalisierung). Bei der Bildschirmdigitalisierung in Grafikprogrammen bildet die gescannte analoge Vorlage die Digitalisierungsvorlage, um am Bildschirm (on sreen) zu digitalisieren (Kartenherstellung). c) Im Rahmen der Kartenredaktion als redaktionelle Vorlage, die bei der Erstellung von Kartenentwürfen zur Erarbeitung des Karteninhalts dient. [CR]

Vorland, 1) *Hydrologie:* flaches, ein ↗Fließgewässer außerhalb des ↗Gewässerbettes begleitendes Gelände, das meist durch ↗Deiche, ↗Dünen oder Hochufer begrenzt wird. 2) *Landschaftskunde:* a) der naturräumliche Bereich vor einem Bergland. Dieser erweist sich meist als eine niedrigere, weniger gegliederte ↗Landschaft mit geringerer Diversität (↗Landschaftsdiversität). b) bei der ↗Neulandgewinnung der Bereich vor dem Deich eines Flusses oder einer Küste, der noch nicht geschützt wird, gleichwohl aber einer Beanspruchung durch den Menschen unterliegt. c) in der ↗Raumplanung und der ↗Raumordnung ein Gebiet, das einem Hinterland gegenüber gestellt wird und für dieses im Sinne eines zentralen Ortes insbesondere aus wirtschaftlicher Sicht das »Einzugsgebiet« darstellt.

Vorlandgewinnung, Maßnahme des aktiven ↗Küstenschutzes zur Entwicklung eines begrünten, über Mittelwasser oder mittlerem Tidehochwasser liegenden Geländes. Damit sollen die Angriffskräfte des Wassers seewärts vom ↗Deich wegverlegt werden, wodurch die Aufwendungen für Bau und Unterhalt der Deiche vermindert werden können. Als Salzwiesen stellen die Vorländer wertvolle Brut- und Nahrungsbiotope dar. Bei der Vorlandgewinnung werden zunächst mit Hilfe niedriger Dämme (Lahnungen, Schlengen) rechteckige Sedimentationsfelder abgegrenzt, die eine Fläche von mehreren Hektar haben. Nachdem sich dort soviel Schlick abgesetzt hat, daß sich salztolerante Pflanzen wie Queller und Schlickgras ansiedeln können, erfolgt in einem zweiten Schritt die Entwässerung durch ↗Grüppen.

Vorlandgletscher, *Gebirgsfußgletscher, Piedmontgletscher, Tieflandgletscher,* ↗Gletscher, der aus einem Hochland beziehungsweise Gebirge auf das tiefer gelegene Vorland übergreift. Vereinigen sich die Zungen mehrerer Vorlandgletscher, wobei sie dessen Reliefzüge vollständig verhüllen, wird von Vorlandvereisung oder ↗Vorlandvergletscherung gesprochen.

Vorlandmolasse, der tektonisch durch die alpine ↗Orogenese unbeeinflußte Bereich des ↗nordalpinen Molassebeckens.

Vorlandvergletscherung, im Gegensatz zur ↗Gebirgsvergletscherung die ↗glaziale Überformung eines Gebirgsvorlandes. Die großen ↗Talgletscher des Gebirges sind dabei aus dem Gebirge herausgetreten, in das Gebirgsvorland vorgestoßen, und die ↗Gletscherzungen haben sich dort zu breiten Loben ausgeweitet. Charakteristischer glazialmorphologischer Formenschatz der Vorlandvergletscherung sind ↗Zungenbecken, Drumlinfelder (↗Drumlin), ↗Grundmoränen, ↗Eiszerfallslandschaften und Endmoränenwälle (↗Endmoräne). Ein typisches Beispiel ist das glazial überformte schwäbisch-bayerische Alpenvorland zwischen Bodensee und Chiemsee.

Vorläuferaktivitäten ↗Erdbebenvorläufer.
Voronoi-Typ ↗Wirkungsbereich.
Vorrangfläche, *Vorranggebiet*, Konzept der ↗Raumplanung, wonach in einem bestimmten Gebiet je nach ↗Leistungsvermögen des Landschaftshaushaltes und Nutzungstradition besondere Nutzungs- oder Schutzinteressen Vorrang genießen (↗Theorie der differenzierten Bodennutzung). Durch spezielle Eignungen oder Funktionen von Boden, Wasser, Luft, Vegetation, Untergrund etc. kann dies Vorrang für die Versorgung mit Bodenschätzen oder Trinkwasser, für die ↗Erholungsnutzung oder als ↗ökologische Ausgleichsfläche bedeuten. In Vorrangflächen werden andere Nutzungen nur dann zugelassen, wenn sie die vorrangige Nutzung nicht beeinträchtigen. Kleinräumige landschaftsökologische Differenzierungen werden ignoriert oder gar entfernt (z. B. ↗Ausräumung der Kulturlandschaft). Einseitige oder zu großräumige Vorrangflächen führen daher zu immer weitergehender Funktionsentmischung in der ↗Landschaft und damit zu einer unerwünschten Herausbildung monostrukturierter Räume. Ökologische Aspekte bei der Ausweisung von Vorrangflächen sind daher besonders zu beachten. [DS]
Vorrat, Menge (angegeben in Tonnen) des in einer ↗Lagerstätte gewinnbaren Rohstoffes, abhängig von dem immer wieder neu zu berechnenden Verhältnis der Gewinnungskosten zu erzielbarem Erlös (bergbaulicher Vorrat) und dem Grad der Erschließung (geologischer Vorrat) mit sicheren, wahrscheinlichen und vermuteten oder möglichen Vorräten (↗Lagerstättenbewertung).
Vorratsberechnung, Berechnung des ↗Vorrates einer ↗Lagerstätte aus Lagerstättenvolumen und Rohstoffgehalt. In Abhängigkeit von der Form der Lagerstätte werden unterschiedliche Methoden angewandt.
Vorregenindex, gewichtete Summe der vorangegangenen täglichen Niederschlagswerte. Sie wird als Index zur Charakterisierung des Bodenwassergehalts bei ↗hydrologischen Modellen genutzt. Die Wichtung, die dem Niederschlag des einzelnen Tages gegeben wird, erfolgt gewöhnlich als exponentielle oder reziproke Funktion der Zeit, wobei der jüngste Niederschlag das größte Gewicht erhält.
Vorriff ↗Riff.
vorrückende Küste ↗Transgression.
Vorsorgeprinzip, sieht als wichtiger Grundsatz des modernen ↗Umweltschutzes vor, daß Maßnahmen, die zu Umweltgefahren und Umweltschäden führen, so weit als möglich vermieden werden sollten. Für schädliche oder lästige Einwirkungen auf die ↗Umwelt, die nicht vermieden werden können, werden von der Umweltpolitik Grenzwerte erlassen, die so festgelegt sind, daß die Gesundheit des Menschen, das ↗Leistungsvermögen des Landschaftshaushaltes und die Vielfalt von ↗Landschaft sowie Pflanzen- und Tierwelt gewährleistet bleiben. Bestehen Interessenskonflikte mit anderen Politikbereichen (z. B. volkswirtschaftliche Produktivität), wird eine Güterabwägung vorgenommen.
Vorstoßphase ↗Gletschervorstoß.
Vorstrand, meerwärts der Niedrigwasserlinie liegender Bereich einer Sandschorre (↗Schorre); durch den ↗nassen Strand vom ↗Strandwall getrennt. ↗litorale Serie Abb. 1.
Vorticity, Vertikalkomponente der Rotation des Geschwindigkeitsfeldes. Die üblicherweise mit ζ bezeichnete Vorticity ist ein Maß für den Drehsinn einer Strömung. Man unterscheidet vier verschiedene Arten von Vorticity:
a) relative Vorticity ζ_{rel}: die auf das Koordinatensystem der rotierenden Erde bezogene Vorticity einer Strömung:

$$\zeta_{rel} = \frac{\partial v}{\partial x} - \frac{\partial u}{\partial y}$$

mit x, y Raumkoordinaten in West-Ost- und Süd-Nord-Richtung sowie u, v als die entsprechenden Geschwindigkeitskomponenten. Eine positive Vorticity verursacht eine Rotation entgegen dem Uhrzeigersinn.
b) planetarische Vorticity ζ_{plan}: aus einem ↗Inertialsystem betrachtete Wirbelstärke einer Strömung, die dadurch zustande kommt, daß diese bei der Drehung der Erde mitgeführt wird:

$$\zeta_{plan} = f,$$

wobei f für den ↗Coriolisparameter steht.
c) absolute Vorticity ζ_{abs}: wird bei der Beschreibung großräumiger Strömungen verwendet; die absolute Vorticity ist als Summe von relativer Vorticity und Coriolisparameter definiert:

$$\zeta_{abs} = \zeta_{rel} + \zeta_{plan},$$

d) potentielle Vorticity ζ_{pot}: Produkt zwischen dem Gradienten einer konservativen skalaren Größe ψ und der Rotation des Geschwindigkeitsfeldes $\vec{v}$:

$$\zeta_{pot} = \nabla \psi \cdot \nabla \times \vec{v}.$$

In der Meteorologie wird die potentielle Vorticity meist über die Änderung der ↗potentiellen Temperatur θ mit dem Luftdruck p und die absolute Vorticity definiert als:

$$\zeta_{pot} = \frac{\partial \theta}{\partial p}\left(\zeta_{rel} + f\right),$$

wobei f = Coriolisparameter. Die potentielle Vorticity spielt in der modernen synoptischen Meteorologie eine herausragende Rolle, u. a. zur Identifikation von Luftmassen oder zur Bestimmung der Lage der Tropopause. Für adiabatische Prozesse ist die potentielle Vorticity eine Erhaltungsgröße, für die gilt: $d\zeta_{pot}/dt = 0$. Dies ist der nach dem Meteorologen H. ↗Ertel benannte Ertelsche Wirbelsatz. Auch in weiten Teilen der Ozeane ist die potentielle Vorticity v. a. eine Erhaltungsgröße. Wird in erster Näherung der Ozean als homogener Wasserkörper betrachtet, gilt:

$$\zeta_{pot} = \frac{\zeta_{rel} + f}{H} = const.,$$

wobei H die Gesamtwassertiefe angibt. Die Erhaltung der potentiellen Vorticity ist Grundlage bei der Erklärung planetarischer und topographischer ↗Rossbywellen.

Vorticityadvektion, Transport von ↗Vorticity mit dem Strömungsfeld. Die Vorticityadvektion führt am festen Beobachtungsort zu einer zeitlichen Änderung der Vorticity (↗Vorticitygleichung).

Vorticitygleichung, *Wirbelgleichung*, eine aus der ↗Bewegungsgleichung abgeleitete Beziehung für die zeitliche Änderung der ↗Vorticity ζ. Diese wird in der ↗Meteorologie und der ↗Ozeanographie besonders zur Behandlung großräumiger Bewegungsvorgänge, z. B. ↗Rossbywellen oder ↗Zyklogenese, herangezogen. Als Beispiel sei die quasi-geostrophische Form der Vorticitygleichung angegeben. Diese lautet:

$$\frac{d\xi}{dt} = -\beta v - f\,\nabla_h \cdot \vec{v}_h\,.$$

Hierbei sind β der ↗Rossbyparameter und f der ↗Coriolisparameter. v ist die Nord-Süd-Komponente der Geschwindigkeit, $\vec{v}_h$ der horizontale Geschwindigkeitsvektor und t die Zeit. Der Term auf der linken Seite der Gleichung beschreibt die zeitliche Vorticity, wie sie durch die beiden Terme auf der rechten Seite hervorgerufen wird. Der erste Term (sog. Beta-Term) bewirkt u. a. das Entstehen von ↗Rossbywellen. Der zweite Term enthält die Divergenz des horizontalen Geschwindigkeitsfeldes und verursacht u. a. in Verbindung mit dem Beta-Term die Entstehung des ↗Leetrog. [DE]

Vortiefe ↗*Randsenke*.

Vortriebsklassen, *VK*, ↗*Ausbruchsklasse*.

vorübergehende Auflockerung, Volumenvergrößerung gegenüber dem gewachsenen Baugrund nach dem Lösen des Gesteins aus dem Verband. ↗bleibende Auflockerung.

vorübergehende Härte ↗*Wasserhärte*.

Voruntersuchung, Sammelbegriff aus dem Bereich der Ingenieurgeologie, unter dem die Untersuchungsschritte der Erstbewertung sowie der orientierenden Phase und der Detailphase einer Gefährdungsabschätzung zusammengefaßt werden. Diese Untersuchungen dienen der Ermittlung und Feststellung eines kontaminationsbezogenen Sachverhalts und bilden zugleich die Voraussetzung für die rechtliche Beurteilung (einschließlich Entscheidung über die im Grundsatz zu erreichenden Schutzziele) durch die zuständige Behörde. Die Voruntersuchungen sind nicht auf die Realisation eines bestimmten ↗Sanierungsverfahrens (↗Altlastensanierung) ausgelegt, sondern dienen zunächst der Beantwortung der Frage, ob ein Schadstoffpotential im Boden vorliegt und ob hiervon eine Schutzgutbeeinträchtigung ausgeht oder ausgehen könnte. Nach detaillierten Unterlagenauswertungen, die zur Ermittlung der historischen (Flächennutzung, Anlagenstandplätze, eingesetzte, abgelagerte und umgeschlagene Substanzen) sowie der geologisch-hydrogeologischen (Untergrundaufbau, Grundwasserverhältnisse) Standortsituation dienen, kommen im Rahmen von Voruntersuchungen in der Regel folgende Feld- und Laborarbeiten zur Ausführung: a) Erstellung von Rammkernsondierungen zur Gewinnung von Bodenproben (Standarddurchmesser 36–60 mm), b) Entnahme und geologisch/organoleptische Ansprache von Bodenproben je Bohrmeter oder Schichtwechsel (Probenvolumen 250–500 ml, Sonderproben (Septumgläser) 10–20 ml), c) Entnahme von Bodenluftproben aus provisorischen bzw. permanenten Gasmeßstellen, Direktentnahme aus Sondierlöchern/Bodenluftlanzen (Standarddurchmesser bis 50 mm), Entnahme über Anreicherung auf Adsorbersubstanz und/oder in Gasmaus/Septumbehälter usw., d) Erstellung von Grundwassermeßstellen (Bohrdurchmesser 80–320 mm, Ausbaudurchmesser 50–150 mm, Ausbaumaterial PVC, PEHD, Stahlrohr verzinkt), e) Entnahme von Grundwasserproben (Schöpfproben, Pumpproben, zonierte Pumpproben), f) Durchführung von ↗Pumpversuchen (Dauer 8–48 Stunden), g) chemische Analysen auf standorttypische Parameter (organische und anorganische Stoffe) an Bodenluftproben, Bodenproben (Orginalsubstanz/Eluat) und Grundwasserproben. [ME]

Vorverarbeitung ↗*Bildvorverarbeitung*.

Vorwarnzeit, Zeitraum zwischen der Bekanntgabe einer Vorhersage (Warnung) und dem erwarteten Eintreten des vorhergesagten Wertes (↗hydrologische Vorhersage).

Vorwärtseinschnitt, *Vorwärtsschnitt*, ↗*Einschneideverfahren*.

Vorwärtsmodellierung, geht von einem vorgebenen Modell aus. Es wird das entsprechende Feld berechnet. Für ↗Störkörper mit einfacher Form läßt sich oft das entsprechende Feld mit analytischen Verfahren berechnen. Für komplizierte Strukturen müssen numerische Näherungsverfahren oder Analogexperimente eingesetzt werden.

Vorzugsspur, ↗Spurenfossil mit scharfem Kontrast zum Gesteinshintergrund, das das ↗Sedimentgefüge bestimmt. Seine gute Sichtbarkeit kann durch Mineralisierung während der ↗Diagenese bedingt sein oder dadurch, daß es als letztes in einer Abfolge von Bioturbationsereignissen (↗Bioturbation) gebildet wurde. Die Erzeuger sind meist hochaktive Tiere wie Krabben oder Seeigel aus der ichnologischen Übergangszone (↗Ichnologie).

VOX, *volatile organic halogen*, flüchtige organisch gebundene Halogene (X = Kurzbezeichnung der Halogene), Summenparameter für extrahierbare organisch gebundene Halogene (↗EOX) und ausblasbare (engl. = purgable) organisch gebundene Halogene (↗POX). Unter den EOX versteht man die Gesamtheit der in Hexan (oder Pentan bzw. Heptan) extrahierbaren Halogene (Chlor, Brom, Iod), die in organischen Verbindungen enthalten sind. Zum Teil werden die EOX in StOXS = strippbare (leichtflüchtige) organische Halogenverbindungen und EOXS = extrahierbare (schwerflüchtige) organische Halogenverbindungen unterteilt. Die EOX-Bestimmung erfolgt im Abwasser nach DIN 38409, T8 und in Feststoffen nach DIN 38414, T14. Die EOX können analog den AOX-Werten (↗AOX) bewertet werden. POX ist ein Verfahren zur Bestimmung der ausblasbaren, organisch gebundenen Halogene in einer Flüssigkeit. Mit diesem Verfahren lassen sich die leichtflüchtigen halogenierten Kohlenwasserstoffe sowie Vinylchlorid bestimmen. Zum Ausblasen wird das Edelgas Argon verwendet. Die weitere Bestimmung erfolgt analog der EOX-Bestimmung. [ME]

VPE, *Vapour Phase Epitaxy*, Gasphasenepitaxie, Form der ↗Epitaxie. Mit der Gasphasenepitaxie werden aus der Gasphase epitaktische Schichten auf ↗Substraten abgeschieden.

VRM ↗remanente Magnetisierung.

Vrulje, aus dem serbokroatischen übernommene Bezeichnung für ↗submarine Quellen (Abb.).

VSP ↗Bohrlochseismik.

vug ↗vadose Zone.

Vulkane, geologische Strukturen, die durch den Austritt von ↗Magmen an der Erdoberfläche bedingt sind (↗Vulkanform).

Vulkanform, wichtige Formen von ↗Vulkanen sind ↗Caldera, ↗Lavadom, ↗Maar, ↗Schildvulkan, ↗Schlackenkegel, ↗Stratovulkan, ↗Spaltenvulkan, ↗Tuffkegel, ↗Tuffring.

Vulkanherd, veraltete Bezeichnung für die ↗Magmakammer, die einen Vulkan speist.

Vulkaninsel, Vulkangebäude, welches aus dem Meer oder einem See herausragt.

vulkanische Brekzie, allgemeiner Begriff für Aggregate in Vulkangebieten, die aus groben, i. d. R. eckigen ↗Pyroklasten oder Lavafragmenten aufgebaut sind.

vulkanische Eruption, schwach-phreatomagmatischer Eruptionstyp (↗Vulkanismus); Typlokalität Vulcano (Italien).

vulkanische Exhalation, im Zusammenhang mit der Bildung von submarinen sedimentären Lagerstätten (Sedex) verwendeter Begriff für den Austritt von mineralreichen Thermalwässern am Meeresboden in vulkanisch aktiven Zonen.

vulkanische Fragmentierung, umfaßt ↗pyroklastische, ↗hydroklastische, autoklastische und ↗hydraulische Fragmentierung.

vulkanische Front, die der ↗Tiefseerinne zugewandte, meist recht ebenmäßig verlaufende Frontseite des ↗magmatischen Bogens. Sie liegt auf der Oberplatte 100–120 km über der Oberfläche der abtauchenden ↗Unterplatte.

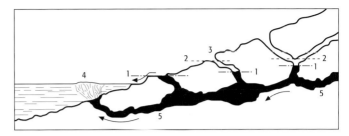

vulkanische Gase, vom Magma mitgeführte ↗Volatile (in abnehmender Häufigkeit: H_2O, CO_2, H_2, CO, SO_2, H_2S, F etc.), die entweder während der Eruption aus dem Vulkan bzw. aus der ausfließenden Lava oder in aktiven Vulkanzonen in Geothermalfeldern und ↗Fumarolen austreten. ↗magmatische Gase.

vulkanische Gasemission ↗*vulkanische Gastätigkeit*.

vulkanische Gastätigkeit, vulkanische Gasemission, allgemeiner Begriff für den Austritt von Gasen aus Laven, Lavadomen, Vulkangebäuden und Geothermalfeldern (↗Fumarole).

vulkanische Gefahr, von Vulkaneruptionen ausgehende Gefährdung von Leben und Gütern im Umkreis von aktiven Vulkanen sowie Gefährdung durch Aschewolken für die Luftfahrt.

vulkanische Krise, finden in einem Vulkan bestimmte Phänomeine, wie z. B. verstärkte seismische Aktivität, Gasemission, Aufblähung des Vulkangebäudes etc. statt, die eine bevorstehende Eruption anzeigen, und es kommt aber nicht zum Ausbruch, so spricht man von einer vulkanischen Krise.

vulkanischer Bogen ↗*magmatischer Bogen*.

vulkanischer Staub, in der ↗Atmosphäre, vornehmlich der Stratosphäre, gelegentlich aber auch der Mesosphäre durch Gas-Partikel-Umwandlung sich bildende Aerosol-Schichten (↗Aerosol), die nach explosive Vulkanausbrüchen auftreten bzw. die stratosphärische Aerosolschicht (d. h. deren Hintergrundkonzentration) verstärken können. In Zusammenhang mit ↗Vulkanismus-Klima-Effekten sind dabei insbesondere Sulfatpartikel von Bedeutung, obwohl vulkanogene Partikel auch noch aus diversen anderen Substanzen bestehen. ↗vulkanische Gase, ↗Vulkanismus.

vulkanisches Gestein ↗*Vulkanit*.

vulkanisches Glas ↗*Gesteinsglas*.

vulkanische Sinterbildung, chemische Ausfällung von Stoffen, die in Thermalwässern gelöst in aktiven Vulkanzonen an der Erdoberfläche austreten.

Vulkanismus, im Gegensatz zum ↗Plutonismus, dessen magmatisches Geschehen sich innerhalb der Erdkruste abspielt, umfaßt der Vulkanismus sämtliche Prozesse und Erscheinungsformen, die mit dem Austritt von Magma an die Erdoberfläche in Zusammenhang stehen. Man unterscheidet dabei das ruhige Ausfließen (↗Effusion) vom explosiven Herausschleudern (↗vulkanische Eruption). Beide Prozesse können an der Oberfläche des Festlandes (terrestrischer oder

Vrulje: submarine Karstquelle (Vrulje) mit Hochwasserentlastung; 1 = piezometrische Fläche bei Normalwasser, 2 = piezometrische Fläche bei Hochwasser, 3 = temporäre Karstquelle (Hochwasserentlastung), 4 = Vrulje, 5 = Süßwasserstrom (schwarz).

Vulkanismus 1: Schema einer subaerischen explosiven Eruption.

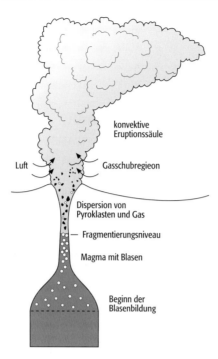

Vulkanismus 2: Klassifikationsschema explosiver Eruptionen anhand der von pyroklastischen Fallablagerungen bedeckten Fläche (D) und des Grades der Tephrazerkleinerung (F). Neben den rein magmatischen Eruptionen unterscheidet man je nach Verfügbarkeit von externem Wasser zwischen gemäßigt phreatomagmatischen (vulkanianischen) und extrem phreatomagmatischen (surtseyanischen und phreato-plinianischen) Eruptionen; D = Fläche, die von der 1 %-T_{max}-Isopache eingeschlossen wird (T_{max} = Maximalmächtigkeit der Ablagerung); F = Gewichtsprozent der Fraktion < 1 mm einer Probe, welche an dem Schnittpunkt der 10 %-T_{max}-Isopache mit der Ausbreitungsachse der Ablagerung genommen wurde.

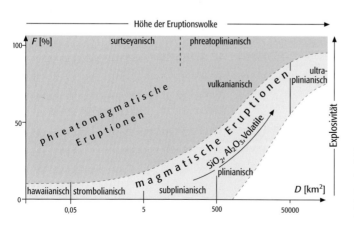

subaerischer Vulkanismus) oder am Boden von Gewässern (*subaquatischer Vulkanismus*), also am Boden von Seen (sublakustrin) und am Meeresboden (submarin) sowie unter Gletschern (subglazial) stattfinden.

Als *Eruptionsformen* unterscheidet man *phreatomagmatische Eruptionen*, bei denen ↗externes Wasser (Grund-, See-, Meer- und Schmelzwasser) eine Rolle spielt, von *magmatischen Eruptionen*, bei denen Explosion und Fragmentierung durch vom Magma mitgeführte juvenile ↗Volatile verursacht werden. Im Verlauf einer explosiven Eruption können neben den ↗juvenilen Fragmenten, also Magmafetzen und Einsprenglinge des eruptierenden Magmas, auch ↗Gesteinsbruchstücke gefördert werden, die von vulkanischen Produkten vorangegangener Eruptionen oder vom Magma aus dem oberen Mantel oder der Kruste mitgerissen wurden bzw. bei der Explosion aus der oberen Kruste herausgebrochen wurden.

Bei magmatischen Eruptionsformen treten durch die mit dem Magmenaufstieg einhergehende Druckentlastung juvenile Volatile (z. B. H_2O, CO_2) aus dem Magma aus und bilden Blasen (Abb. 1). Magmatische Eruptionen werden nach ihrer Explosivität in *hawaiianische, strombolianische* und ↗plinianische Eruptionen unterteilt (Abb. 2). Hawaiianische Eruptionen sind in der Regel an niedrigviskose basaltische Magmen gebunden, bei denen bis 500 m hohe ↗Lavafontänen und ausgedehnte Lavaströme entstehen können. Demgegenüber neigen SiO_2-reichere und entsprechend viskosere Basaltmagmen zu strombolianischer Tätigkeit, bei der große Gasblasen am Top der Magmasäule zerplatzen, die dabei entstandenen Magmafetzen auf ballistischen Bahnen aus dem Vulkan herausfliegen und in der Umgebung zu einem ↗Schlackenkegel aufgeschichtet werden. Es kann auch zur Ausbildung von bis zu 10 km hohen ↗Eruptionssäulen kommen, aus denen ↗Lapilli und ↗Asche herausregnen und zu pyroklastischen Fallablagerungen führen. SiO_2-reiche bzw. differenzierte und volatilreiche Magmen neigen zu hochexplosiven plinianischen Eruptionen, in deren Verlauf bis zu 65 km hohe Eruptionssäulen und ausgedehnte ↗Tephra-Decken entstehen können. Im Magma, das zur Erdoberfläche aufsteigt, nimmt die Zahl und Größe der Blasen stetig zu. Bei einem Blasengehalt von 60–70 % wird die Zerrfestigkeit der hochviskosen Schmelze überschritten und sie wird fragmentiert (Abb. 1). Starke, die Zerrfestigkeit überschreitende Fließbewegung der blasenreichen Schmelze dürfte ebenfalls zur Fragmentierung beitragen. Oberhalb des Fragmentierungsniveaus liegt eine 700–900°C heiße, niedrigviskose Dispersion aus Gas, aufgeschäumten Magmafetzen, Kristallen und ggf. Gesteinsbruchstücken vor, die sich, angetrieben von der Expansion des Gases, unter starker Beschleunigung (bis zu 600 m/s) aus dem Vulkanschlot herausbewegt und eine Eruptionssäule bzw. -wolke aufbaut. Plinianische Eruptionen führen zur Ausbildung von ausgedehnten Fallablagerungen (↗Tephra); daneben können sich als Folge eines partiellen oder kompletten Kollapses der Eruptionssäule ↗pyroklastische Ströme entwickeln.

Bei *phreatomagmatischen Eruptionen* spielt neben den magmatischen Eruptionsprozessen ↗externes Wasser eine Rolle. Beispielsweise kann an einer Störung aufsteigendes Magma in einigen Zehner bis Hunderten Meter Tiefe in engen Kontakt mit Grundwasser geraten. Die hieraus resultierenden Explosionen führen zu Druckwellen, die sich mit großer Geschwindigkeit in der Schmelze fortpflanzen. Dadurch wird die Schmelze fragmentiert, und das externe Wasser gelangt in die kurzzeitig vorhandenen Klüfte. Im weiteren Verlauf der phreatomagmatischen Eruption wandelt sich das gespannte oder überkritisch aufgeheizte Wasser in den Klüften unter stark explosiver Volumenzunahme zu Wasserdampf. Durch die heftigen Dampfexplosionen findet ei-

ne starke Fragmentierung des Magmas und oft auch des Nebengesteins statt (hoher F-Wert, Abb. 2). Im Verlauf von phreatomagmatischen Eruptionen entstehen häufig ⁄Base surges. [CB]
Literatur: [1] CAS, R.A.F., WRIGHT, J.V. (1987): Volcanic successions: Modern and ancient. – London. [2] FISCHER, R.V., SCHMINCKE, H.-U. (1984): Pyroclastic rocks. – Berlin. [3] ORTON, G.J. (1996): Volcanic environments. In: READING, H.G. (Hrsg.): Sedimentary environments: Processes, facies and stratigraphy. – London. [4] MCPHIE, J., DOYLE, M. ALLEN, R. (1993): Volcanic textures – A guide to the interpretation in volcanic rocks. University of Tasmania. Centre for Ore Deposit and Exploration Studies. [5] SCHMINCKE, H.-U. (1986): Vulkanismus. – Darmstadt.

Vulkanismus-Klima-Effekte, der ⁄Vulkanismus ist insofern auch für das ⁄Klima von Bedeutung, als explosive Vulkanausbrüche Gase und Partikel bis in die Stratosphäre, in extremen Fällen sogar bis in die Mesosphäre schleudern, wo sie die ⁄Strahlung der ⁄Atmosphäre beeinflussen. Wichtig sind dabei vor allem die über Gas-Partikel-Umwandlungen aus schwefelhaltigen Gasen entstehenden Sulfat-Partikel, die in der Stratosphäre eine Verweilzeit von einigen Jahren haben und dort einen Teil der ⁄Sonnenstrahlung absorbieren, was stets mit Erwärmungseffekten verbunden ist, bzw. streuen. Die dadurch verringerte ⁄Transmission von Sonneneinstrahlung in die untere Atmosphäre führt dort, simultan mit den stratosphärischen Erwärmungen, zu Abkühlungseffekten (Abb.). Der Strahlungsantrieb als

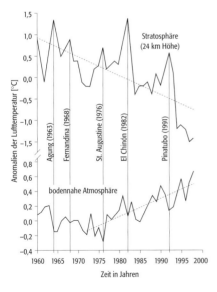

Maß für die global gemittelten klimarelevanten Störungen des atmosphärischen Strahlungs- und Energiehaushaltes im Jahr des Pinatubo-Ausbruchs (1991), der als möglicherweise stärkster vulkanischer Einfluß auf das Klima im 20. Jh. anzusehen ist, betrug damals 2,4 W/m^2, im Folgejahr (als die genannte Partikelbildung abgeschlossen und der maximale Klimaeffekt eingetreten war) 3,2 W/m^2 und 1993 dann nur noch 0,9 W/m^2 (⁄Klimageschichte, ⁄anthropogene Klimabeeinflussung). Es kann kein Zweifel daran bestehen, daß Vulkanismus-Klima-Effekte in der historischen und vor allem vorhistorischen Zeit, im Rahmen der ⁄Paläoklimatologie, von noch weitaus größerer Wirksamkeit gewesen sind. ⁄historische Paläoklimatologie. [CDS]

Vulkanit, *Extrusivgestein, Ergußgestein, vulkanisches Gestein*, ein ⁄Magmatit, der durch Austritt einer an die Erdoberfläche herausgetretenen ⁄Lava entstanden sind. Der Begriff umfaßt sowohl ausgeflossene ⁄Effusivgesteine als auch das in die Atmosphäre ausgeschleuderte und wieder herabgefallene Material (⁄Pyroklast). Aufgrund einer schnellen Abkühlung sind Vulkanite klein- bis feinkörnig oder ⁄porphyrisch und können Glas (⁄Gesteinsglas) enthalten.

vulkanogene Lagerstätten, Lagerstätten, die auf vulkanogene (⁄Vulkanismus) Anreicherungsprozesse zurückgehen (z.B. ein Teil der ⁄Schwefellagerstätten).

vulkanogen-sedimentäre Lagerstätten, Lagerstätten, entstanden aus der Verknüpfung vulkanischer und sedimentärer Vorgänge. Hierzu gehören die exhalativen Oxidlagerstätten (z.B. mit (Meta-) Vulkaniten verknüpfte Eisen- oder Wolframverzerungen).

vulkanoklastische Ablagerung, übergeordneter Begriff für ⁄Pyroklastite und ⁄vulkanoklastische Sedimente.

vulkanoklastisches Sediment, sedimentäre Ablagerung, die einen hohen Anteil an vulkanischen Fragmenten enthält (⁄vulkanoklastische Ablagerung).

Vulkanotektonik, vertikale und horizontale, kompressive und extensionale Bewegungen und Deformationen in aktiven Vulkangebieten, die an magmatische Prozesse gebunden sind, z.B. an die teilweise Entleerung einer ⁄Magmakammer oder die Platznahme einer subvulkanischen Intrusion (⁄Stock, Sill etc.).

Vulkanreihe, mehrere Vulkane, die auf einer Spalte sitzen, auf der Magma aufsteigt; im Gegensatz zum ⁄Zentralvulkan. ⁄Spaltenvulkan.

Vulkanruine, weitgehend erodierter Vulkan, von dessen ursprünglicher Gestalt nur noch Reste vorhanden sind. Dabei werden kompakte, widerständige Schlot- und Gangfüllungen (⁄Dikes) als markante Vollformen herauspräpariert. Die ehemals den Vulkan mitaufbauenden ⁄Aschen und ⁄Schlacken sind dagegen weitgehend der Abtragung zum Opfer gefallen. Solche Vulkanruinen haben daher den Charakter von ⁄Härtlingen, die steil aus ihrer Umgebung aufragen (Abb. im Farbtafelteil).

Vulkanschlot ⁄*Schlot*.

Vulkan-Überwachung, Beobachtung (seismologisch, geodätisch, fernerkundlich etc.) von Vulkanen während des Ausbruchs und während der Ruhephasen mit dem Ziel einer Gefahrenabschätzung und/oder einer Ausbruchs- und Eruptionsverlaufsvorhersage.

Vulnerabilität ⁄*Naturkatastrophe*.

Vulkanismus-Klima-Effekte: Nach größeren explosiven Vulkanausbrüchen treten Erwärmungen der Stratosphäre und gleichzeitig Abkühlungen der bodennahen Atmosphäre auf, hier illustriert anhand der nordhemisphärisch und jährlich gemittelten Temperaturwerte 1960–1998.

Waal, von W. H. Zagwijn 1957 nach einem Mündungsfluß des Rheins geprägter Begriff. Es werden darunter zwei unterpleistozäne ↗Warmzeiten (Waal A und C), die durch eine Kaltzeit (Waal B) getrennt werden, zusammengefaßt. Dieses Waal-Interglazial ist, der ↗Günz-Kaltzeit vorausgehend, vor ca. 400.000 Jahren eingetreten; ähnlich dem Eem-Interglazial (↗Eem-Warmzeit). ↗Quartär Tab. 1, ↗Klimageschichte, ↗quartäres Eiszeitalter.
Wabenschnee ↗Schmelzschalen.
Wabenverwitterung ↗Windschliff.
Wachstumsform, Form, die beim Wachsen eines Kristalls entsteht. Dabei werden bevorzugt diejenigen Formen ausgebildet, deren Wachstumsgeschwindigkeit besonders niedrig ist (Abb.).
Wachstumsfront, Grenzfläche zwischen Nährphase und Kristall, an der der Einbau der Kristallbausteine erfolgt. Hier laufen alle wesentlichen kinetischen Prozesse des ↗Kristallwachstums ab. Egal welche Verfahren verwendet werden, ob Kristallzüchtungen aus der Schmelze (↗Schmelzzüchtung), ↗Kristallzüchtung aus Lösungen oder ↗Kristallzüchtung unter Mikrogravitation, beim Bridgman-Stockbarger-Verfahren (↗Bridgman-Verfahren), ↗Czochralski-Verfahren oder dem ↗gerichteten Erstarren, immer wird das Ziel sein, eine vom Kristall her gesehen konvexe oder zumindest ebene Wachstumsfront zu erzeugen, um entstehende Baufehler nach außen auswachsen zu lassen. Der ↗Stofftransport vor der Wachstumsfront erfolgt durch ↗Konvektion und ↗Diffusion und erzwingt über den ↗Gleichgewichtsverteilungskoeffizienten einen experimentellen Temperaturgradienten zur Vermeidung der ↗konstitutionellen Unterkühlung. Ist dies nicht garantiert oder die ↗Kristallisationsrate zu hoch, können ↗Einschlüsse von Fremdpartikeln oder Lösungsmittel in den Kristall erfolgen, da sie nicht abtransportiert werden, oder im schlimmsten Fall kann ↗dendritisches Wachstum auftreten. [GMV]

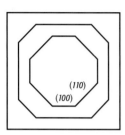

Wachstumsform: drei Wachstumstadien eines kubischen Kristalls mit schneller wachsender {110}- und langsamer wachsender {100}-Form.

Wachstumsgeschwindigkeit ↗Kristallisationsrate.
Wachstumsgrenzen, sowohl durch ↗abiotische, ↗biotische natürliche als auch durch den Einfluß des Menschen hervorgerufene Grenzen, welche ein weiteres Wachstum von Lebewesen, Lebensgemeinschaften, Ökosystemen und wirtschaftlicher Faktoren unmöglich machen. Der Begriff wird heute häufig im Zusammenhang mit der wirtschaftlichen Entwicklung auf unserem Planeten gebraucht. Ein unbegrenztes Wachstum ist nicht möglich, da Wachstum immer auch auf dem Verbrauch von natürlichen Ressourcen beruht, deren Ausbeutung nicht unbegrenzt vorangetrieben werden kann.
Wachstumsregulatoren, Pflanzenbehandlungsmittel, die das Längenwachstum der Pflanze beeinflussen. Eine Verkürzung des Halmes führt zu einer geringeren Lagerneigung des Getreides durch eine verstärkte Halmbasis und geringere Hebelwirkung, wodurch erst ein hohes Ertragsniveau erreicht werden kann. In Weizen, Roggen und Hafer werden Chlocholichlorid und Chlormequat eingesetzt, in Wintergerste, Sommergerste und Winterroggen die Wirkstoffe Etephon und Clormequatchlorid.
Wachstumsstreifen ↗Streifenbildung.
Wächte, an einem Grat durch starken, vorherrschend aus einer Richtung wehenden Wind angehäufte Schneemasse, die hohlschwebend in Richtung der steileren Hangseite über den Grat hinausreicht.
Wächtenhohlkehle ↗Nivationsformen.
Wächtenkolk, ↗Kolk (Hohlform) im Lee einer ↗Wächte, der hier durch Sogwirkung der verwirbelten Luftmasse entsteht.
Wächtenstirn, am weitesten freischwebend vorgebauter Bereich einer ↗Wächte.
Wadati-Benioff-Zone, *WBZ*, *Benioff-Zone*, geneigte, seismisch aktive Zone von mitteltiefen Beben und ↗Tiefherdbeben, die vorwiegend im Bereich von ↗Subduktionszonen auftreten. Sie markieren die kalten, in den Mantel abtauchenden, ozeanischen Lithosphärenplatten. Der Abtauchwinkel beträgt im Mittel etwa 45°, doch gibt es, selbst innerhalb einer abtauchenden Platte, starke Variationen zwischen etwa 10–30° in Tiefen bis 150 km und manchmal bis zu 90° in Tiefen unterhalb von 400 km. Nahezu horizontale Abschnitte in Tiefen um 600 km werden ebenfalls angetroffen. Eine Erklärung hierfür ist, daß der abtauchenden Platte ein Widerstand entgegengesetzt wird, die ein weiteres Eindringen in den unteren Mantel verhindert. Resultate der ↗seismischen Tomographie scheinen dies zu bestätigen. Sie zeigen aber auch, daß sich Bereiche mit hohen seismischen Geschwindigkeiten als Fortsetzung von Wadati-Benioff-Zonen in den unteren Mantel erstrecken, ohne daß dort Tiefherdbeben beobachtet werden. Dies wird dahingehend interpretiert, daß kalte, ozeanische Lithosphäre in den unteren Mantel bis zur Kern-Mantel-Grenze abtauchen kann. Die Tiefenverteilung von Erdbeben in einer WBZ ist nicht gleichmäßig. Man beobachtet eine Häufung von Erdbeben zwischen 520 und 650 km Tiefe. Seismische Aktivität in Tiefen zwischen 250 und 500 km ist gering oder tritt überhaupt nicht auf, wie z. B. unter den Anden in Südamerika. Die seismische Aktivität erstreckt sich über relativ schmale Zonen der abtauchenden Platte und ist wahrscheinlich auf die Bereiche der subduzierten ozeanischen Kruste und Teile des subduzierten oberen Mantels beschränkt. In einigen Wadati-Benioff-Zonen, wie z. B. unter Japan, hat man zwei parallel einfallende Ebenen seismischer Aktivität bis 250 km beobachtet. ↗Erdbeben, ↗Erdbebenhäufikeit. [GüBo]
Wadati-Diagramm, graphische Darstellung der Differenz-Laufzeiten $t_s–t_p$ zwischen *S*- und *P*-Wellen in Abhängigkeit von der Einsatzzeit t_p ↗*P*-Welle. Die Steigung der Kurve, die meistens nahezu linear ist, beträgt t_s/t_p-1. Aus t_s/t_p erhält man einen Wert für α/β, das Verhältnis von *P*- zu *S*-Wellengeschwindigkeit. In der Erdkruste und im Erdmantel beträgt α/β etwa $\sqrt{3}$. Wadati Diagramme wurden früher häufig bei der Lokalisierung von Erdbeben zur Bestimmung der Herdzeit benutzt. Im Erdbebenherd selbst geht $t_s–t_p$ gegen Null. Deshalb ergibt der Schnittpunkt der

als linear angenommen Kurve mit der horizontalen t_p-Achse die gesuchte Herdzeit.

Wadi, *Arroyo, Oued, Rivier, Torrente*, Bezeichnung für ↗Trockentäler arider und semiarider Gebiete, die nur während der Regenzeit episodisch oder periodisch Wasser führen.

Wadsleyite ↗Erdmantel.

wahre Anomalie, Winkel des Radiusvektors vom Zentralkörper (Erde bzw. Sonne im Brennpunkt der Bahnellipse) zum Satelliten bzw. Planeten, gezählt mathematisch positiv vom Perizentrum aus. Die wahre Anomalie v ergibt sich aus der ↗exzentrischen Anomalie E durch die Beziehung:

$$\tan v = \frac{\sqrt{1-e^2}\sin E}{\cos E - e}.$$

wahre Ortssternzeit, ↗scheinbare Sternzeit des aktuellen Ortes.

wahre Ortszeit ↗scheinbare Ortszeit.

wahre Polwanderung ↗Polwanderungskurven.

wahrer Wert, Wert der Meßgröße als Ziel der Auswertung von Messungen der ↗Meßgröße.

wahre Sternzeit ↗scheinbare Sternzeit.

Wahrnehmung, aktiver und konstruktiver Prozeß, in dem Informationen stark selektiert und den Erfordernissen der Verhaltenssituationen entsprechend aufgenommen werden. Die Wahrnehmung erfolgt unter dem Einfluß von Gedächtnisinhalten, Emotionen, Motivationen und Erwartungen (↗Gedächtnis). Sie hat das Ziel, Informationen aus der Umwelt zu gewinnen, um sich in dieser Umwelt möglichst erfolgreich zu verhalten. Daher kann die ↗Aufmerksamkeit auf bestimmte Merkmale gelenkt werden, auf deren Wahrnehmung besonderen Wert gelegt wird. Die Gesetzmäßigkeiten der visuellen Wahrnehmung sind für die Gestaltung ↗kartographischer Medien von weitreichender Bedeutung. Alle kognitionspsychologischen Ansätze gehen davon aus, daß sich die Wahrnehmung und kognitive Verarbeitung optisch dargebotener Informationen als Prozeß beschreiben läßt, der über mehrere Ebenen verläuft: Vom ersten Blick auf eine Karte über das Verständnis des Gesehenens bis zur Einprägung im Gedächtnis. Obwohl es eine sachlogische Abfolge von der Wahrnehmung bis zum Verstehen gibt, laufen die Prozesse auf den Ebenen parallel und interaktiv ab. Auf den ersten Blick liefert das visuelle System eine spontane Organisation der Vorlage durch Erkennen und Unterscheiden einzelner visueller Figuren und deren Zuordnung zu Konfigurationen. Auf dieser untersten Ebene der Verarbeitung werden nur die visuellen Rohdaten bereitgestellt, ohne daß eine inhaltliche Auswertung stattfindet (= subsemantische Verarbeitung). Diese Prozesse verlaufen bottom-up und parallel, sie sind nur in geringem Maße vom Vorwissen abhängig und kaum willentlich beeinflußbar. Sie werden deshalb als präattentive oder voraufmerksame Verarbeitungsprozesse bezeichnet. Einige der Prozesse, die aus visuellen Merkmalen eine gegliederte Wahrnehmung konstruieren, sind gut untersucht, wie z. B. die sogenannten ↗Gestaltgesetze. Die voraufmerksame Ebene der visuellen Verarbeitung ist damit weitestgehend von den Eigenschaften der Präsentationsvorlage abhängig. Sie bestimmt den ersten Eindruck, den eine Karte, ein Bild oder Diagramm bei den Betrachtenden hinterläßt: Ist die Karte gut gegliedert und übersichtlich oder wirkt sie unstrukturiert? In welche Bestandteile läßt sie sich zerlegen? Da Karten und andere visuelle Medien Informationen mit elementaren graphischen Mitteln wie Punkten, Linien, Flächen und Formen präsentieren, können die Auswirkungen der Gestaltfaktoren dort eindrücklich beobachtet werden. Das visuelle System muß bei der ↗Kartennutzung nicht nur die Grenzen zwischen dem Objekt (z. B. Kartenzeichen) und dem Hintergrund hervorheben, sondern diese auch verfolgen können. Für die Kartengestaltung läßt sich daraus ableiten, daß die Differenzierung der Zeichen primär nach der konturorientierten Form und sekundär nach der Modifizierung des Zeicheninneren erfolgen sollte, um eine rasche, aber auch eindeutige Formwahrnehmung im Interesse der Zeichenidentifikation zu erreichen. Die Formwahrnehmung wird durch die Beobachtungssituation, insbesondere durch die Größe des Gegenstandes (z. B. Kartenzeichen), den Abstand vom Beobachter (Kartennutzer) und den ↗Kontrast zwischen Gegenstand und Hintergrund (z. B. dem Kartenblatt mit den darauf befindlichen Kartenzeichen) bestimmt. Insgesamt erlaubt der gezielte Einsatz der Gestaltgesetze im Rahmen der Kartenmodellierung, die Aufmerksamkeit bzw. Wahrnehmung des potentiellen Nutzers in einem begrenzten Umfang zu steuern. Grundsätzlich gilt: Auch wenn die voraufmerksame Verarbeitung noch bedeutungsfrei ist, kann sie bestimmte Interpretationen vorbereiten. Die zweite Ebene der präattentiven Verarbeitung führt ausgehend von den visuellen Rohdaten zur Wahrnehmung einer bestimmten räumlichen Konfiguration, die dann Gegenstand einer konzeptgeleiteten Analyse wird. Diese erfolgt bewußt und wird sowohl vom Vorwissen als auch von den jeweiligen Zielsetzungen beeinflußt. Mit der attentiven (= aufmerksamen) Verarbeitung wird gewissermaßen vom einfachen Wahrnehmen zur bewußten Analyse und zum Verstehen der betreffenden Karte oder Graphik übergegangen. Diese zweite Ebene der Verarbeitung ist von Zielsetzungen und dem Vorwissen des Betrachtenden abhängig. Die visuelle Aufmerksamkeit wendet sich nacheinander besonders informationshaltigen Ausschnitten der Vorlage zu. Während auf der voraufmerksamen Ebene eine parallele Verarbeitung über das Sehfeld hinweg stattfindet, verläuft jetzt die Verarbeitung sequentiell. Die Interpretation optischer Vorlagen geschieht durch eine Abfolge von Fixationen und Augenbewegungen. Dabei ist die Abfolge der Augenbewegungen interessen- oder aufgabenorientiert. Der Betrachtende schaut dorthin, wo er wichtige Informationen in der Vorlage vermutet. Zentraler Prozeß der aufmerksamen Verarbeitung ist die Klassifikation. Klassifikation bedeutet, daß die Eigenschaften der sensorisch wahrgenommenen Objekte in vertraute Kategorien eingeordnet werden. Während einer Fixation kategorisiert die betrachtende Person die visuelle Information mit Hilfe von Vorwissen (Schemata), d.h. erkennt und benennt sie teilweise. Darauf aufbauend wird entschieden, welches Bildareal als nächstes fixiert wird. Die Ebene der aufmerksamen Verarbeitung ist für die Modellierung aufgaben- und nutzerorientierter kartographischer Medien interessant, weil sie Hinweise gibt, wie der Blickverlauf und damit die Verarbeitung gesteuert werden kann. So kann die Kartengestaltung angeborene oder gelernte Blickzuwendungen ausnutzen. Dies ist z.B. der Fall, wenn Hervorhebungen eine Blickzuwendung erzwingen oder durch die Anordnung ein Blickpfad nahegelegt wird. Auf einer dritten Ebene (elaborative Verarbeitung) geht es um ein vertiefendes Verstehen der graphischen Präsentation, das nicht nur Inhalte, sondern auch die damit bezweckte Mitteilung umfaßt. Ein weitergehendes Verstehen ordnet auf dieser Ebene der Verarbeitung das Wahrgenommene in größere Zusammenhänge ein, d.h. es interpretiert es. Dabei handelt es sich um durch die Karte ausgelöste, aber über ihren eigentlichen Inhalt hinausgehende Schlußfolgerungen, Assoziationen und Vorstellungen, die durch vorhandenes Wissen vermittelt werden. Unterstützt werden diese Vorgänge durch sogenannte kognitive Schemata, in denen allgemeines und fachbezogenes Faktenwissen sowie prozedurales Methodenwissen strukturiert sind. Auf dieser Ebene entscheidet sich letztlich, ob die aktuelle Aufgabenstellung des Kartennutzers bzw. sein individuelles Wissensdefizit mit Hilfe der Karte ausgeglichen werden kann. Wahrnehmung besteht also aus physiologischen Prozessen, nämlich Entdecken und Unterscheiden, sowie konzeptionellen Prozessen, bei denen das Gedächtnissystem als Speicher von Konzepten eine zentrale Rolle spielt. Auf dieser Besonderheit der Wahrnehmung basiert psychologisch letztlich die große Bedeutung der Leitsignaturen und Leitfarben in der Kartographie, insbesondere in ihrer Bedeutung für Erhöhung der Decodiergeschwindigkeit, weil der Umfang der zum Vergleich benötigten Gedächtnismuster geringer ist. [FH]

Wahrscheinlichkeit, nach Jacob Bernoulli »der Grad der Gewißheit, welcher sich zur Gewißheit wie der Teil zum Ganzen verhält«, also der Grad der Möglichkeit, mit der ein Ereignis erwartet werden kann; universelle Eigenschaft künftiger Ereignisse in einer stochastisch determinierten Welt, wobei diese Unbestimmtheit sowohl subjektiver als auch objektiver Natur ist. Der subjektive Anteil kann durch die Gesamtheit der wissenschaftlich-technischen Fortschritte mehr oder weniger reduziert werden, der objektive Anteil ist quantitativ noch weitgehend unbekannt und prinzipiell nicht eliminierbar. $p(E)$, die Wahrscheinlichkeit des Auftretens des Ereignisses E, kann sowohl durch den Menschen als auch (automatisch) mittels statistischer Methoden und ↗ensemble prediction system geschätzt werden.

Wahrscheinlichkeitsdichte ↗Wahrscheinlichkeitsdichtefunktion.

Wahrscheinlichkeitsdichtefunktion, in der Statistik die Funktion, welche in normierter Form die Wahrscheinlichkeit des Auftretens, die *Wahrscheinlichkeitsdichte* bestimmter Zahlenwerte einer Variablen (Größe) angibt. Sie steht im Gegensatz zu den entsprechenden empirischen ↗Häufigkeitsverteilungen von Stichproben. Sie ist theoretisch und auf Populationen (Prozesse) bezogen, wie z.B. die Gaußsche Normalverteilung (↗Gauß-Kurve). Es gibt aber sehr viele theoretische Herleitungen von Wahrscheinlichkeitsdichtefunktionen, deren Integral die zugehörige ↗Verteilungsfunktion ist.

Wahrscheinlichkeitsprozeß, Rechenprozeß, bei dem die Wahrscheinlichkeit des Auftretens von Variablen berücksichtigt wird, während die Reihenfolge ihres Auftretens ignoriert wird.

Wairakit, *Calcium-Analcim*, nach dem Fundort Wairaki in Neuseeland benanntes Mineral mit der chemischen Formel $Ca[AlSi_2O_6]_2 \cdot H_2O$ und monokliner (pseudokubisch) Kristallform; Farbe: farblos; Spaltbarkeit: schlecht; Aggregate: bis 15 cm große Kristalle, vielfach freistehend und mit abgerundeten Kanten; Vorkommen: als hydrothermales Umwandlungsprodukt von Plagioklas in glasigen Tuffen, tuffitischen Sandsteinen, deren Brekzien und in Ignimbriten; Fundorte: aus Dampfquellen von Wairaki (Neuseeland).

Wake, quer zur Bewegungsrichtung der ↗Meereises gehende, offene Wasserrinne im Treibeis (Meereis) oder ↗Packeis, die groß genug ist, von Schiffen durchfahren zu werden.

Wald, aus Bäumen bestehende, weitgehend geschlossene Vegetationsformation. ↗Pflanzenformation.

Waldböden, natürliche oder naturnahe Böden mit weitgehend ungestörter Bodenbildung und Profilabfolge. Typisch für Waldböden ist die Streuauflage, die früher stark genutzt wurde (↗Streunutzung). Seit Beginn der Industrialisierung wurden diese immer mehr durch die Verbrennung fossiler Brennstoffe und deren Emissionen und Deposition beeinflußt. So ist u.a. der ↗Ap-Horizont eines Ackerbodens durch den Verdünnungseffekt weniger durch ↗Schwermetalle und organische Schadstoffe belastet, als der Auflagehumus eines Waldbodens. Ein weiteres Beispiel für die anthropogene Belastung sind die Säureeinträge durch die Luft (NH_4) und den Niederschlag. Sie führen zu einer sekundären Versauerung und zu einer Veränderung des ↗C/N-Verhältnisses im Boden.

Waldbodeninventur, flächendeckende Bestandesaufnahme der Boden- und Standortverhältnisse in Forsten im Rahmen großmaßstäbiger ↗Waldbodenkartierungen (besser: forstliche Standorterkundung) mit einem Kartenmaßstab meist 1:10.000 oder größer; je nach Bundesland in der Regel Aufgabe von Landesstellen der Forstverwaltung oder geologischer Landesdienste unter Bezug auf forstliche Betriebseinheiten (Ämter, Reviere, Abteilungen). Auswerteziele liegen u.a. in waldbaulicher (Forsteinrichtung) und forstökologischer Interpretation (Dauerbeobachtung, Zustandswandel).

Waldbodenkartierung, Hauptkomponente der ↗forstlichen Standorterkundung. Es ist eine den Besonderheiten der ↗Waldböden und forstlichen Auswerteziele angepaßte ↗Bodenkartierung, heute in Anlehnung an die ↗bodenkundliche Kartieranleitung der geologischen Landesdienste; in der ehemaligen DDR als landschaftsökologisch orientiertes Verfahren der forstlichen Standortserkundung entwickelt, zusammen mit der »Standorterkundungsanweisung (SEA)«. Besonderheiten sind unter anderem die genaue Ansprache der ↗Humusform (↗Humus) und der Nährkraftstufe. Die Erkundungstiefe reicht oft bis 20 dm. Die Abgrenzung von Kartiereinheiten erfolgt u.a. über pflanzensoziologische Indikation.

Waldbodenkunde, *Forstpedologie*, *forstliche Bodenkunde*, ressortorientierter Teil der ↗Bodenkunde, der forstlich genutzte u.a. Waldstandorte kennzeichnet und bewertet. Betonung des Nutzungsbezugs ist aus praktischer Sicht akzeptabel, da Ausbildung, Verwaltung und Betriebe ebenso auf Wald/Forst bezogen existieren. Es gibt u.a. spezielle Lehrstühle an Hochschulen, wobei die Risiken in bezug auf eine einheitliche Entwicklung der Fachdisziplin ↗Bodenkunde zu beachten ist. Trotz Besonderheiten von ↗Waldböden (Humusauflage, eingriffsarm gegenüber Ackerbau) haben Forstflächen häufig ackerbauliche Historie, d.h. auch Merkmalsausprägungen nichtforstlicher Vornutzungsphasen, was gegen eine Separation als spezifische Fachdisziplin spricht.

Waldbrand, durch Blitzschlag oder von Menschenhand, meist nach längerer Trockenheit, fahrlässig oder mit Absicht ausgelöstes Feuer in Waldbeständen. ↗Naturkatastrophe.

Waldgrenze, Grenze des maximalen natürlichen Vorkommens von geschlossenen Waldbeständen; daran anschließend vereinzeltes Baumwachstum. ↗Baumgrenze.

Waldkalkung, ↗Kalkung forstlich genutzter Standorte. Es ist eine nicht unumstrittene Maßnahme der Waldbewirtschaftung zur Pufferung von Säureeinträgen und Ausgleich von Basenmangel. Empfehlungen gehen möglichst vom Verzicht auf ↗Kalkung aus, nur auf Standorten mit sehr anthropogen versauerten Böden oder bei Einsatz geringer Mengen (1–2 t/ha) u.a. zur Unterstützung von Waldumbau auf basenarmen Standorten bis notwendige Maßnahme (8–10 t/ha) zum Ausgleich atmosphärischer Säureeinträge. Risiken erhöhter Waldkalkung liegen in verstärkter Mineralisation der Humusauflage, damit in erhöhter N-, Schwermetall- und Nährstofffreisetzung, in Belastung von Grundwasser und in Wirkungen auf Bodenvegetation und Pilzflora.

Waldklima Lokalklima in Waldbeständen, das durch die Besonderheiten des Strahlungs- und Wasserhaushaltes hervorgerufen wird und durch Baumart, Baumhöhe und Bestandsdichte geprägt ist. Im Gegensatz zum offen Feld ist die direkte Einstrahlung vermindert, der Tagesgang der Temperatur ausgeglichener, die relative Feuchte höher und die Windgeschwindigkeit deutlich abgeschwächt.

Waldökosystem, eine mit Wald bestockte, sich selbst regulierende Funktionseinheit aus der ↗Biogeosphäre. Räumlich manifestiert sich das Waldökosystem als Waldökotop. Das Waldökosystem kann als energetisch und stofflich offenes System mit abiotischen und darauf abgestimmten biotischen Komponenten beschrieben werden. Im Gegensatz zum ↗Forstökosystem wird in das Waldökosystem nicht oder nur minimal durch die menschliche Nutzung eingegriffen (↗Forstwirtschaft). Das Waldökosystem ist somit ein natürliches bis naturnahes ↗Ökosystem.

Waldrodung, durch Fällen oder Abbrennen (Brandrodung) von Bäumen vorgenommene Reduzierung der Flächenausdehnung von Wäldern. Die Waldrodung hat insbesondere im Bereich des tropischen ↗Regenwalds besorgniserregende Ausmaße angenommen.

Waldschäden, *Waldsterben*, großflächige Schäden an Baumbeständen, die zu einer Beeinträchtigung der Waldfunktion und, noch weitergehend, zum Absterben von Nadel- und Laubbäumen führen können. Wurden früher eher natürliche Ursachen als Auslöser vermutet, so wird heute unter der Bezeichnung ↗neuartige Waldschäden eine anthropogene Regelung des Wirkungsgefüges angesehen, ohne daß Ursachen und Effekte abschließend aufgeklärt sind. Als Hauptverursacher gelten Schadstoffemissionen aus der Luft durch Produkte wie Schwefeldioxid, Stickoxide und daraus entstandene Photooxidantien (v.a. Ozon), die direkt auf die Nadeln und Blätter der Bäume einwirken können (Abb.). Diese direkte

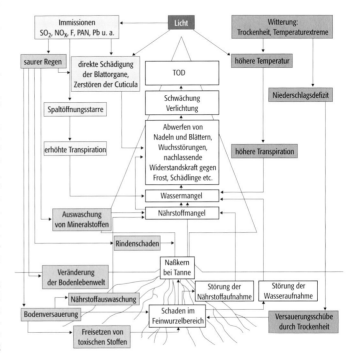

Waldschäden: mögliche Kausalkette beim Baumsterben.

Schädigung tritt allerdings hinter die indirekte Schädigung des Waldes durch die Belastungen des Boden zurück. Dadurch wird der gesamte ↗Nährstoffhaushalt und ↗Wasserhaushalt der Böden dauerhaft gestört, was sich wiederum auf die Bäume negativ auswirkt. So kann ein erhöhter Stickstoffeintrag zwar das oberirdische Wachstum der Bäume beschleunigen, jedoch bleibt die Ausbildung eines entsprechenden Wurzelwerkes dahinter zurück, so daß diese Bäume sehr windanfällig werden. Durch sauren Regen kommt es zur Zerstörung des Blattwerkes und zur Versauerung des Bodens. Bei tieferen pH-Werten im Boden wird die Pflanzenverfügbarkeit von Schadstoffen (Schwermetalle, Aluminium) erhöht. Ein weiterer Faktor, der zu nachhaltiger Schädigung des Waldes führen kann, ist extremer Trockenstreß in Jahren mit geringen Niederschlägen. Dadurch sind die Wälder oft so geschwächt, daß sie natürlichen Feinden, wie z. B. dem Borkenkäfer, keinen Widerstand mehr entgegensetzen können. [SMZ]

Waldschadenserhebung, seit den ab etwa 1975 aufgetretenen ↗neuartigen Waldschäden durchgeführte, in regelmäßigen Abständen wiederholte großflächige Aufnahme zum Zustand des Waldes (↗Solling-Projekt). Ein Beispiel aus der Schweiz ist das Sanasilva-Programm. ↗Waldschäden.

Waldseemüller, auch Waltze(n)müller, Hylacomylus, Ilacomilus, *Martin*, Kosmograph und Kartograph, * um 1470 Radolfzell (Bodensee), † zwischen 1518 und 1520 Saint-Dié (Lothringen) oder Straßburg. Nach Studium in Freiburg seit 1490 war Waldseemüller in Saint-Dié tätig. Er arbeitete zusammen mit dem Philologen M. Ringmann (lat. Philesius, 1482–1511) an einer Neuausgabe der »Geographie« des Ptolemäus, die 1513 bei J. Schott in Straßburg erschien. Sie enthält zu den 27 Ptolemäuskarten hinter eigenem Titelblatt 20 »Tabulae modernae«, darunter Regionalkarten der Schweiz, Lothringens und der Rheinlande (2. Ausgabe 1520, Faksimiledruck Amsterdam 1966 mit Einführung von R. A. Skelton). In Saint-Dié wurde 1707 bei W. Lud seine große Weltkarte in herzförmiger Projektion von 12 Holzstöcken gedruckt (zusammen 236 × 132 cm), auf der sich erstmals der Name »America« (nach dem ital. Seefahrer Amerigo Vespucci) findet. Die 1516 publizierte rechteckige »Carta Marina Navigatoria« (12 Blatt Holzschnitt, 248 × 134 cm) ist im Stil der ↗Portolankarten gestaltet (Neuausgabe beider Karten von Fischer und Wiener 1903). 1511 erschien in Anlehnung an E. ↗Etzlaub die »Carta Itineraria Europae« (4 Holzstöcke, 141 × 107 cm), die nur in der Ausgabe von J. Grüninger (Straßburg 1520) erhalten ist (Faksimileausgabe Bonn-Bad Godesberg 1971 mit Erläuterungen von K.-H. Meine). Mit seinen Karten wurde Waldseemüller zum Wegbereiter der modernen Kartographie. [WSt]

Waldsterben ↗*Waldschäden.*

Waldweide, *Wytweide*, Form der Waldnutzung durch die ↗Viehwirtschaft, bei welcher der Wald (in der Regel Laubwälder) als Weidegebiet für das Vieh benutzt wird. Als Viehnahrung dienen Eicheln (Eichelmast bei Schweinen), Haselnüsse, Laub, Blätter, junge Triebe wie auch ganze Jungpflanzen und die Bodenvegetation. Problematisch ist, das durch die langjährige Nutzung die natürliche Verjüngung des Waldes unterbleibt und das ↗Waldökosystem beeinträchtigt wird. Im Waldrandbereich kann die Waldweide zu einer Verschiebung der Waldgrenze führen. Die frühere flächenmäßige und wirtschaftliche Bedeutung der Waldweide hat in Mitteleuropa stark abgenommen.

Waldwind, die während der Tagstunden vom Wald in die umliegende Flur gerichtete Strömung als Teil der Wald-Feld-Wind Zirkulation. Tagsüber ist die Luft im Waldesinnern deutlich kühler als diejenige über den Feldern, die der direkten Sonnenstrahlung ausgesetzt ist. Dadurch entsteht ein Luftdruckgegensatz, der über eine thermisch induzierte Zirkulation abgebaut wird. Da der Waldwind nur sehr schwache Strömungsgeschwindigkeiten aufweist, ist er nur bei ↗autochthoner Witterung zu beobachten. Sein Gegenstück, der Feldwind, wird aufgrund der großen Bodenrauhigkeit am Waldrand fast völlig unterdrückt.

walkaway-VSP ↗Bohrlochseismik.

Walker-Zirkulation, ein in den Tropen parallel zum Äquator angeordnetes Zirkulationssystem mit zonalen (west-östlichen) Massentransporten, das vom Boden her durch regional unterschiedliche Temperatureinflüsse thermisch direkt angetrieben wird. Die Walker-Zirkulation verläuft quer zur in gleicher Weise angetriebenen ↗Hadley-Zirkulation. Im jährlichen Mittel wird das Zentrum der Walker-Zirkulation durch ein weites Gebiet mit aufsteigender Luftbewegung über dem besonders warmen tropischen Westpazifik und ein ebenso großes Gebiet über dem relativ kalten tropischen Ostpazifik repräsentiert, wo die Luft absinkt. Durch untere Ostwinde und obere Westwinde schließt sich die Zirkulation. Weitere Zirkulationszellen entstehen durch aufsteigende Luftbewegung über Brasilien und Ostafrika, verbunden mit Absinkbewegung über dem tropischen Atlantik bzw. über dem westlichen Indischen Ozean. Die Walker-Zirkulation steht im Gebiet zwischen Ostafrika und Indonesien in enger Wechselbeziehung zur großräumigen Monsunzirkulation (↗Monsun), und sie verlagert die Schwerpunkte ihrer Zirkulationszellen entsprechend mit der Jahreszeit. Sie wird außerdem durch ↗ENSO modifiziert: ENSO-Warmereignisse schwächen, Kaltereignisse (La Niña; ↗El Niño) stärken die zentrale Walker-Zirkulation über dem Pazifik. [MGe]

Wallace-Linie, westliche Begrenzung der tiergeographischen Übergangsregion Wallacea zwischen der Orientalis und der Australis (↗biogeographische Regionen). Sie markiert die Grenze der Ausbreitung australischer Tiergruppen (z. B. Beuteltiere). Über den genauen Verlauf im Bereich der Phillipinen bestehen unterschiedliche Ansichten. Die östliche Grenze der Wallacea, gleichbedeutend mit der maximalen Ausbreitung orientalischer Formen (z. B. der Flugdrachen, bildet die Lydekker-Linie. Die ↗Weber-Linie stellt die Faunenscheide dar.

Wallerius, *Johan*, schwedischer Naturkundler, * 11.7.1709 Stora Mellösa (Schweden), † 16.11.1785 Uppsala; seit 1750 Professor in Uppsala. Wallerius beschrieb die physikalischen Eigenschaften von Humus, Sand und Ton und führte chemische Bodenuntersuchungen durch. Er prägte in der »Agricultura fundamenta chemica«(1761) den Begriff Agrikulturchemie als Chemie der Feldfrüchte und Böden.

Wallerquelle ↗*aufsteigende Quelle*.

Wallfazies, äußerer Bereich eines ↗Schlackenkegels.

Wallhecke ↗Knick.

Wallriff ↗*Barriereriff*.

Walmstufe ↗*Schichtstufe*.

Walter, *Heinrich*, deutscher Geobotaniker und Ökologe, * 21.10.1898 in Odessa, † 15.10.1989 in Stuttgart. Studium der ↗Botanik und Zoologie in Tartu und Jena. Dozent in Heidelberg, 1927 Berufung nach Stuttgart als Leiter des Botanischen Instituts. 1945 folgte die Berufung nach Hohenheim bei Stuttgart, wo Walter an der Landwirtschaftlichen Hochschule den Lehrstuhl für Botanik bis zu seiner Emeritierung 1966 innehatte. 1969 wirkte er als Gastprofessor in Utah. Entscheidend für die wissenschaftlichen Leistungen Walters waren seine ausgedehnten Forschungsreisen in alle Teile der Welt. Walter verband vegetationskundliche Erhebungen mit ökologischen und klimatischen Meßmethoden. Dadurch erhellte er den Zusammenhang der ↗Geoökofaktoren Wasser und Wärme mit der Physiologie der ↗Pflanzen und der räumlichen Verteilung der ↗Vegetation.

Die Quellung des Zellplasmas als Ausdruck des Wasserzustandes der Pflanze, der Hydratur, war Ausgangspunkt der ökophysiologischen Messungen Walters. Dazu entwickelte er eine kryoskopische Methode zur Bestimmung der Zellsaftkonzentration und befaßte sich mit dem Problem der ↗Xerophyten. Seine vegetationsökologischen Untersuchungen fanden praktische Anwendung für die Farmwirtschaft in Namibia. Aus dem Zusammenhang zwischen Trockenheit, der Ausbildung der Vegetation und ihres Nährwertes erarbeitete Walter Nutzungsformen der Weidewirtschaft und des Ackerbaus in ariden Gebieten, die an das ↗Naturraumpotential angepaßt sind. Die Darstellung von thermischen und hygrischen Jahreszeiten in ↗Klimadiagrammen und deren Konsequenz auf die Vegetation ist ein Hauptbestandteil der wissenschaftlichen Leistungen Walters. Walter wandte diese Klimadiagramme als Grundlage für die ökologische Gliederung der ganzen Erde in ↗Zonobiome und Zonoökotone (↗Ökoton) an. Die Analyse von ↗Arealen, den Verbreitungsgebieten von Pflanzenarten, führte Walter zur Definition des ↗Geoelements. Er beobachtete, daß Gruppen von Pflanzen kongruente Hauptverbreitungsgebiete haben und sich in regionaler Hinsicht deutlich von anderen Gruppen abheben. So bilden Pflanzen im westlichen Küstenbereichs Europas das atlantische Geoelement, die Pflanzen im Mittelmeergebiet das mediterrane Geoelement. Aus der Beobachtung, daß bei entsprechenden klimatischen und edaphischen Verhältnissen auch ein Geoelement aus einem fremden Gebiet auftreten kann, folgerte Walter das Gesetz der relativen ↗Standortkonstanz. Das Geoelementspektrum, die prozentuale Aufschlüsselung der in einem Raum vorkommenden Geoelementvertreter, liefert einen Ansatzpunkt für die ökologische Raumbewertung. In seiner »Arealkunde« (1945, 1970) leistete Walter einen entscheidenden Beitrag an die ökologische Beschreibung der Vegetation nach den primären Standortfaktoren Wärme, Wasser, Licht, chemische und mechanische Einflußgrößen.

Die Forschungsreisen nach Australien und Neuseeland (1958/59), Afrika (1963) und Südamerika (1965/66, 1968) ermöglichten Walter die Herausgabe seines Hauptwerkes »Die Vegetation der Erde«. Werke (Auswahl): »Die Hydration und Hydratur des Protoplasmas der Pflanzen und ihre ökophysiologische Bedeutung«. Protoplasmatologia II, Wien – New York 1970 (1. Auflage 1929). »Die Vegetation der Erde in ökophysiologischer Betrachtung. Band I: Die Tropischen und Subtropischen Zonen«, Jena 1962, 1973; »Band II: Die Gemäßigten und Arktischen Zonen«, Jena 1968. »Vegetation und Klimazonen«. Stuttgart 1970, 1973, 1977–1990. »Arealkunde (floristisch-historische Geobotanik)«. Stuttgart 1954, 1970. mit Breckle, S.: »Ökologie der Erde – Geo-Biosphäre«. Stuttgart – New York 1968–1991. »Band I: Ökologische Probleme in globaler Sicht«, 1983, 1991; »Band II: Spezielle Ökologie der Tropischen und Subtropischen Zonen«, 1984; »Band III: Spezielle Ökologie der Gemäßigten und Arktischen Zonen Euro-Nordasiens«, 1986, 1994; »Band IV: Spezielle Ökologie der Gemäßigten und Arktischen Zonen außerhalb Euro-Nordasiens«, 1991.

Neben Walters Publikationen in Buchform erschienen über 160 Beiträge in wissenschaftlichen Zeitschriften. [MSch]

Walther, *Johannes*, deutscher Biologe, Geologe und Paläontologe, *20.7.1860 Neustadt/Orla, †4.5.1937 Hofgastein; Professor in Jena (ab 1890) und Halle/Saale (1906–29); vielseitiger Forscher, unternahm zahlreiche Forschungsreisen, unter anderem nach Ägypten, Griechenland, Ostindien, Ceylon, Nordamerika; bedeutende Arbeiten zur Meeresgeologie, Wüstenforschung, genetischen Klassifikation von Sedimentgesteinen und Paläoökologie; stellte klar heraus, daß die Geologie eine historische Wissenschaft ist; nutzte den ↗Aktualismus (»ontologische Methode«) als hauptsächliche geologische Untersuchungsmethode; erkannte als erster die unlösbare Verflechtung der organischen und der anorganischen Entwicklung und übertrug die biologische Selektion auf lithologische Vorgänge. Werke (Auswahl): »Einleitung in die Geologie als historische Wissenschaft« (3 Bände, 1893–94), »Geschichte der Erde und des Lebens« (1908), »Allgemeine Paläontologie« (4 Teile, 1919–27), »Geologie Deutschlands« (4. Auflage, 1923), »Geschichte

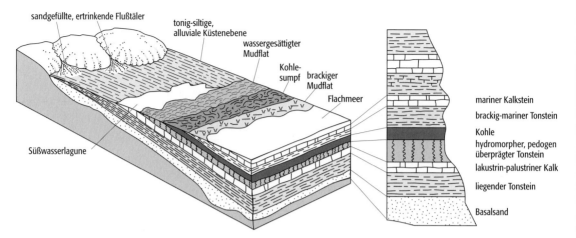

Walthersche Faziesregel: Überlagerung ursprünglich nebeneinander liegender paralischer Faziesgürtel im kohleführenden Oberkarbon.

der Wüstenbildung« (4. Auflage, 1924), »Rätsel der Wünschelrute« (1933). ↗Walthersche Faziesregel. [VJ]

Walthersche Faziesregel, 1894 von Johannes ↗Walther erstellte Regel, die besagt, daß sich primär nur solche ↗Fazies und Faziesbezirke überlagern können, die in der Gegenwart nebeneinander zu beobachten sind. Damit wird ausgesagt, daß durch die allmähliche laterale Verschiebung von Lebens- und Ablagerungsräumen in der Zeit (Fazieswanderung, z. B. im Rahmen von ↗Transgressionen oder ↗Regressionen, an einem gegebenen Ort eine Fazies schließlich von einer anderen, benachbarten Fazies abgelöst – überlagert – wird. Damit entspricht in einem geologischen Profil das heute sichtbare Übereinander in der Regel dem fossilen Nebeneinander (Abb.). Die Walthersche Faziesregel verbietet so entsprechend des Prinzip des ↗Aktualismus die direkte Überlagerung der Fazies zweier völlig unterschiedlicher Ablagerungsräume, z. B. einer fluviatilen Fazies durch eine offenmarine Fazies. Läßt sich eine solche exotische Konstellation tatsächlich nachweisen, muß sich zwischen beiden Fazieseinheiten eine Schichtlücke und damit eine Zeitlücke befinden. [HGH]

Wanderdüne, unscharfe Bezeichnung für ↗Dünen, die vor dem Wind wandern. Dies können sowohl ↗Binnendünen als auch ↗Küstendünen sein. Als Prototyp der Wanderdüne gilt der ↗Barchan.

Wanderfeldbau, *agrarische Wechselwirtschaft, shifting cultivation,* Form der ↗Landwirtschaft, bei der starke Ertragsrückgänge die Verlegung der Felder erzwingen, was gleichzeitig mit einer Verlegung der Siedlungen verbunden ist. Der Wanderfeldbau ist überwiegend in den Tropen und Subtropen verbreitet, auf Böden mit geringen Nährstoffreserven (z. B. ↗Ferralsols, ↗Acrisols, ↗Plinthosols) und dient vor allem der Selbstversorgung. Die Erschließung der Kulturflächen beginnt mit der ↗Brandrodung mit den Nebeneffekten der Aschedüngung und Zerstörung von ↗Unkräutern und ↗Schädlingen durch das Feuer. Nach der Brandrodung ist eine Feldnutzung für ein (dauerfeuchte Tropen) bis maximal vier (wechselfeuchte Tropen) Jahre möglich.

Die Auswahl an ↗Nutzpflanzen ist dabei sehr vielfältig. Wanderfeldbau führt dank minimalem Bearbeitungsaufwand (Grabstock) nicht zur Waldzerstörung, sondern läßt ↗Sekundärwald aufkommen. Vor der erneuten Feldnutzung sind 10–20 Jahre Waldbrache zur Regeneration der Böden notwendig. Wanderfeldbau ist sehr flächenaufwendig und kann daher nur in dünn besiedelten Regionen (max. 30 Einwohner/km^2) mit großen Waldreserven funktionieren. Weltweit ernähren sich rund 250 Mio. Menschen auf diese Weise. Wanderfeldbau hat aber in den letzten Jahren an Bedeutung verloren. [SMZ]

wandering river, ein Haupttyp der ↗Flußgrundrißtypen, steht als sedimentologisch-fluvialmorphologischer Übergangstyp zwischen dem ↗braided river system und dem ↗mäandrierenden Fluß. Der Begriff wird aber auch im räumlichen Sinne für einen sich aus stabilen Abschnitten zusammensetzenden Flußgrundrißtyp mit gewundenem Gerinnelauf und »multi-channel sedimentation zones« (Breitenverzeigung; ↗Flußverzweigung) gebraucht.

Wanderschutt, a) allgemein eine Bezeichnung für durch ↗Verwitterung entstandenen Schutt, der sich hangabwärts bewegt. b) periglazialer Wanderschutt: sich unter ↗periglazialen Bedingungen hangabwärts bewegender Schutt (↗Basisschutt, ↗Deckschutt, ↗Mittelschutt, ↗Solifluktionsschutt).

Wandersonde, Meßprinzip im ↗Eigenpotential-Verfahren. Dabei dient eine Sonde als Basis, mit der anderen wird das Meßgebiet sukzessive abgetastet. Nachteilig können sich bei dieser Technik tellurische Variationen bei zunehmender Kabellänge auswirken (↗Leap-Frog-Methode).

Wanderungskarten ↗Bevölkerungskarten.

Wandgletscher ↗*Flankenvereisung.*

Wandkarte, eine zur Betrachtung aus etwa 2 bis 10 m Entfernung bestimmte Kartenform. Die Wandkarte dient vorrangig als Unterrichtsmittel in Bildungseinrichtungen, konzipiert für den Frontal- oder Gruppenunterricht (↗kartographische Lehr- und Lernmedien) sowie als operatives Demonstrations- und Arbeitsmittel in verschiedenen Institutionen wie Unternehmen, militärischen Stäben, Polizeidienststellen u. ä. Medienspezifische Kennzeichen, durch die sich die Wandkarte von anderen Kartenformen unterscheidet, zeigen sich vor allem in der Ausrichtung der Wandkarte auf Fernwirkung sowie einem besonders hohen Generalisierungsgrad. Dies ist notwendig, um bei Unterricht und Vortrag auch in größerem Abstand noch die Lesbarkeit der Karte zu ermöglichen. Die Generalisierungsgrundsätze ergeben sich aus einer starken Vergröberung, Verdrängung, stringenter Auswahl, Verstärkung der Farbtöne und betonter Akzentuierung der Kartenschrift. Zeichen und Schrift sind gegenüber Hand- und Atlaskarten stark vergrößert (etwa 2- bis 4fach). Schulwandkarten sind meist auf bestimmte Lehrpläne und auf andere Lehrmittel abgestimmt. Unter den Schulwandkarten dominieren die herkömmlichen sogenannten »physischen« Weltkarten. Ihr Inhalt ist die geographische Übersichtsdarstellung in Farbschichten (Höhenschichtenkarten). Daneben nehmen thematische Wandkarten (Staatenkarten, Klimakarten, Vegetationskarten, wirschaftgeographische Karten u. a.) einen breiten Raum ein. In Umrißwandkarten (Lernkarten) können vom Nutzer selbst Eintragungen vorgenommen werden. Weiterhin sind Reliefkarten und Satellitenbild- bzw. Weltraumbild-Wandkarten als spezielle Wandkartentypen zu nennen. Der Vorteil von Reliefkarten liegt in der analogen Darstellung der dritten Dimension. In der Zukunft werden traditionelle Wandkarten vermehrt durch großflächige Display-Projektionen ergänzt bzw. ersetzt. Sie erlauben eine dynamisch-interaktive Nutzung mit allen Vorteilen der Bildschimkarte. Mit Hilfe von Lichtgriffeln oder durch den Einsatz berührungsempfindlicher Displays können grundlegende Operationen wie Zoomen, Verschieben und Rotieren sowie spezifische Selektionen von Objekten in der Karte vorgenommen werden. Ebenso können Markierungszeichen vom Nutzer aus einer vorgegebenen Musterpalette entnommen und in der Karte plaziert werden. Dabei können Graphikelemente wie Pfeile in verschiedenen Größen und Farben, Punkte, Rechtecke, Kreise oder Ellipsen sowie lineare Elemente beliebig häufig auf der Karte plaziert werden, dort verschoben oder aufgrund einer neuen Situation auch wieder gelöscht werden. Ebenso können Textbausteine erstellt und in der Karte oder Legende plaziert sowie den generierten Zeichen zusätzliche Funktionen (wie Blinken) zugeordnet werden. Die Verwendung von Markierungszeichen ist in zahlreichen Nutzungssituationen denkbar. So zum Beispiel als visuelle Merkhilfen, die es dem Nutzer ermöglichen, für seine Aufgabenstellung wichtige Punkte oder Regionen in der Karte zu markieren, um bei späteren Analyseschritten schneller darauf zurückgreifen zu können oder als optische Hinweise auf interessante Bereiche in der Karte. So eingesetzt, können diese Zeichen ↗Aufmerksamkeit erzeugen und das ↗Gedächtnis entlasten, wenn verschiedene Standorte, die in Beziehung gesetzt werden sollen, mit Hilfe der Zeichen deutlich hervorgehoben werden. Damit wird der Gebrauchswert herkömmlicher Wandkarten deutlich erhöht. [FH]

Wandreibungswinkel, Winkel zwischen ↗Erddruck und Normalen einer belasteten Bauwerksfläche. Die Wandreibung wird durch unterschiedliche Verschiebungen von Wand und Boden während eines Bruchvorgangs im Boden hervorgerufen. Die Größe des Wandreibungswinkels wird von der Ausbildung des Bruchkörpers (z. B. Gleitkreis), der Rauhigkeit der Wand, dem Hinterfüllungsmaterial und möglichen Bewegungen, wie z. B. Setzungen, bestimmt. Der Wandreibungswinkel δ ergibt sich näherungsweise auf der Seite des aktiven Erddruckes bei normaler Wandrauhigkeit aus $\delta \approx 2/3 \cdot \varphi$, bei rauher Oberfläche aus $\delta \approx \varphi$, wobei φ der Scherwinkel ist. Auf der Seite des passiven Erddruckes wird δ oft als $-1/2\, \varphi$ abgeschätzt. Generell gilt, daß der Wandreibungswinkel positiv ist, wenn sich die Wand nach oben neigt, sonst ist er negativ.

Wandschubspannung, τ_o, tangentiale Spannung zwischen Wand und Flüssigkeit, gemessen in kN/m^2 (↗Schubspannung, ↗Gerinneströmung).

Wannenkar, flach ausgebildete, schüsselförmige, durch ↗glaziale Erosion entstandene Hohlform, die im Gegensatz zur im Idealfall »lehnsesselartigen« Form eines ↗Kares breiter angelegt ist.

Warburg-Impedanz ↗Cole-Cole-Modell.

Wärme, *Wärmemenge*, *Wärmeinhalt*, Energieform mit der Einheit Joule (J), die bei einem diabatischen Prozeß zur Änderung der ↗Temperatur einer Masse führt (↗Enthalpie). In der Erde ist Energie in Form von Wärme in der Größenordnung von 10^{31} J gespeichert. Über den terrestrischen Wärmestrom gibt die Erde pro Jahr 10^{21} J an die Atmosphäre ab. In der Erde erfolgt eine ständige Neuproduktion von Wärme (↗Wärmeproduktion). Wichtigste ↗Wärmequelle ist die radioaktive Wärmeproduktion. Wärme wird in der Erde durch ↗Wärmeleitung, ↗Konvektion und ↗Wärmestrahlung von Bereichen höherer Temperatur zu Bereichen mit niedrigerer Temperatur transportiert (↗Wärmetransport). Als regenerative ↗geothermische Energie kann die in der Erde gespeicherte Wärme für die Verstromung, für die Gebäudebeheizung, als Prozeßwärme und für andere Zwecke genutzt werden.

Wärmeäquator, derjenige Breitenkreis, welcher im Jahresmittel die höchsten Lufttemperaturen in Bodennähe aufweist. Dieser liegt wegen des größeren Anteils der Landmassen auf der Nordhemisphäre bei etwa 10° N.

Wärmeausdehnung ↗thermische Ausdehnung.

Wärmeaustausch, *Wärmetransport*, *Wärmeübertragung*, ein Prozeß, der zum Temperaturausgleich zwischen zwei Körpern unterschiedlicher ↗Temperatur oder innerhalb eines Mediums bei vorhandenem ↗Temperaturgradienten führt. Dies kann durch molekulare ↗Wärmeleitung, durch ↗Strahlung, ↗Konvektion oder durch turbulente Mischungsvorgänge geschehen. Durch Wärmeaustausch werden vorhandene Temperaturanomalien in der Erde abgebaut (z.B Abkühlung von magmatischen Körpern und Granittrusionen) (↗Geothermen). Bei der ↗geother-

Wärmehaushalt 1: Komponenten des Wärmehaushalts eines Gewässers (R = reflektierte Strahlung, A = Ausstrahlung, V = Verdunstung).

mischen Energiewinnung erfolgt ein Wärmeaustausch mit Hilfe von zirkulierenden Wärmetauscherflüssigkeiten an Wärmetauscherflächen wie natürlichen und künstlichen Kluftflächen (/Hot-Dry-Rock) oder Wandungen von Erdwärmesonden.

Wärmebilanz, Summe aller einem Kontrollvolumen zu- oder abgeführten Energieflüsse in Form von Wärmeleitung oder lang- und kurzwelliger Strahlung. Eine positive Wärmebilanz (Nettoenergiezufluß) führt entsprechend dem /ersten Hauptsatz der Thermodynamik zu einer Erhöhung der /Temperatur und somit der inneren Energie des Volumens, eine negative Wärmebilanz (Nettoenergieabfluß) führt zu einer Temperaturerniedrigung.

Wärmefluß, *Wärmestrom*, diejenige Wärmemenge, die pro Zeiteinheit durch eine Kontrollfläche übertragen wird. Dies kann z. B. durch /Wärmeleitung oder durch Transport in einer Strömung geschehen. Die Angabe des Wärmeflusses W erfolgt üblicherweise in der Einheit W/m².

Wärmeflußdichte /*Wärmestromdichte*.
Wärmegewitter /*Gewitter*.
warme Gletscher /*temperierte Gletscher*.
Wärmegrenze /*Hitzegrenze*.

warme Hangzone, Gebiet entlang eines Hanges, in dem die Temperatur häufig höher ist als in den darüber- und darunterliegenden Geländeteilen. Die warme Hangzone kommt dadurch zustande, daß die in den Nachtstunden am Hang gebildete Kaltluft abfließt (/Kaltluftabfluß) und sich am Talboden sammelt, während die Luft auf dem das Tal nach oben hin abschließenden Plateau liegen bleibt und sich weiter abkühlt. Dadurch entsteht etwa im oberen Hangdrittel ein Gebiet mit höheren Temperaturen. Die warme Hangzone ist nebelarm, kaum frostgefährdet, bioklimatisch begünstigt und macht sich in der Vegetation dadurch bemerkbar, daß der Austrieb einige Tage früher erfolgt als im Tal.

Wärmehaushalt, 1) *Allgemein*: bezeichnet die Bilanz des Zuflusses und des Abflusses von Wärmeenergie in einem System, z. B. der Atmosphäre, dem Ozean, der festen Erde oder auch des Erdkörpers insgesamt. Ist ein Überschuß vorhanden, so erwärmt sich das System, im umgekehrten Falle kühlt es sich ab. **2)** *Hydrologie*: *Gewässerwärmehaushalt*, die Gesamtheit der energiezuführenden und -abführenden Prozesse, soweit diese den Wärmeinhalt eines /Gewässers beeinflussen. Wesentlich für ein Gewässer sind die Wärmemengen, die durch Zufluß (auch durch /Grundwasser) eingebracht und durch Abfluß entnommen werden, die Gesamtheit der Strahlungskomponenten (Globalstrahlung, atmosphärische Gegenstrahlung, Ausstrahlung der Wasseroberfläche), Verdunstung, Kondensation, Konvektion, Wärmeaustausch mit dem Untergrund und die anthropogene Erwärmung (Kühlwassereinleitung). Die Zufuhr von Erdwärme spielt in Vulkanseen und Thermalquellen eine Rolle (Abb. 1). Die wesentlichen natürlichen Komponenten können durch eine vereinfachte Wärmehaushaltsgleichung beschrieben werden:

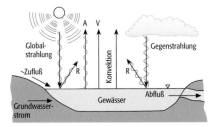

$$\varphi_{(T,t)} = \varphi_{SB} + \varphi_V + \varphi_L + \varphi_Q = c_\varrho \cdot h \cdot \varrho(\delta_T/\delta_t).$$

Dabei bedeuten φ = Wärmestromdichte [W/m²], T = Wassertemperatur [°C], t = Zeit, φ_{SB} = Wärmestromdichte aus Strahlung [W/m²] mit $\varphi_{SB} = IH+G-A-R$ (IH = Wärmestromdichte aus Globalstrahlung [W/m²], G = Wärmestromdichte aus Gegenstrahlung [W/m²], A = Wärmestromdichte aus Ausstrahlung [W/m²], R = Wärmestromdichte aus der Rückstrahlung von der Wasseroberfläche [W/m²]), φ_V = Wärmestromdichte aus Verdunstung [W/m²], φ_L = Wärmestromdichte aus Konvektion [W/m²], φ_Q = Wärmestromdichte aus direkten Wärmeeinleitungen [W/m²], c_ϱ = spezifische Wärmekapazität des Wassers = $4{,}1868 \cdot 10^3$ J/(kg·K), ϱ = Dichte des Wassers (1,000 kg/m³), h = Höhe der Einheitswassersäule [m]. Weitere denkbare Komponenten der Wärmebilanz wie Wärmeübergang vom und zum Gewässerbett, innere Reibung u. a. werden als gering gegenüber den zuvor genannten Komponenten angesehen und können meist vernachlässigt werden. Zuströme aus dem Grundwasser sind meist schwer zu quantifizieren und müssen gegebenenfalls durch Abschätzung und Kalibrierung berücksichtigt werden.

Bei gleichbleibenden meteorologischen Verhältnissen würde sich die Temperatur des Gewässers auf einen festen Wert einstellen, der durch das Gleichgewicht zwischen Wärmezufuhr und Wärmeabgabe gekennzeichnet ist (Gleichgewichtstemperatur). In Wirklichkeit ist die Gleichgewichtstemperatur ständigen Änderungen unterworfen, da sich die meteorologischen Bedingungen innerhalb kurzer Zeit ändern können. Liegt die Wassertemperatur oberhalb der Gleichge-

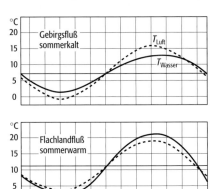

Wärmehaushalt 2: charakteristische Jahresganglinien der Flußwassertemperaturen und Lufttemperaturen.

wichtstemperatur, so wird Wärme abgegeben, liegt sie darunter, so nimmt das Gewässer Wärme auf. Obwohl die physikalischen Grundlagen für stehende und fließende Gewässer weitgehend gleich sind, zeigen sich doch charakteristische Unterschiede bei der Ausbildung der Temperaturen im Wasserkörper.

Fließgewässer, besonders kleinere, haben wegen ihrer Turbulenz im gesamten Abflußquerschnitt in etwa die gleiche Temperatur. Im Jahresmittel ist die mittlere Wassertemperatur meist etwas höher als die mittlere Lufttemperatur. Ausgenommen hiervon sind Gletscherflüsse und Gebirgsflüsse, die im Sommer kühleres Wasser führen (Abb. 2). In Abhängigkeit vom Abfluß kommt es zu einer mehr oder weniger ausgeprägten Tagesamplitude der Wassertemperatur. Abkühlung und Erwärmung verlaufen mit räumlicher Verschiebung mit der fließenden Welle. Quellen haben eine sehr geringe Tages- und Jahresamplitude der Temperatur. Die Quelltemperaturen entsprechen etwa der Jahresmitteltemperatur der Luft an dem betreffenden Ort. In der ersten Jahreshälfte nimmt ein Wasservolumen mit zunehmender Entfernung von der Quelle im Tagesmittel Wärme auf. Dieser zeitlichen Wärmezunahme überlagern sich die Temperaturschwankungen der Tagesperiodik (Abb. 3). In der zweiten Jahreshälfte verliert der fließende Wasserkörper Wärme an die Umgebung. In der Regel nimmt die Tagesamplitude der Temperatur quellabwärts zu und das Tagesmaximum verschiebt sich in die Nachmittagsstunden.

Aufgrund der maßgebenden Geofaktoren können in mitteleuropäischen Breiten folgende Fließgewässertypen unterschieden werden: a) ständig kühle Fließgewässer, typische ↗Forellenregion. Ihre Temperatur liegt je nach Höhenlage zwischen +5°C und +10°C, bei Gletscherflüssen nahe dem Gefrierpunkt. b) sommerkühle Fließgewässer in Gebirgslagen, Gebirgsrandlagen oder Mittelgebirgen. Sie weisen natürliche Wassertemperaturen bis etwa 20°C auf. c) sommerwarme Fließgewässer. Zu diesen gehören alle größeren Flachlandflüsse. Die natürlichen Wassertemperaturen erreichen etwa 25°C.

Der Wärmehaushalt von Seen unterliegt grundsätzlich denselben physikalischen Gesetzmäßigkeiten der Energiezufuhr und -abgabe jedoch kommen mit der Wassertiefe und der Windexposition entscheidende Kriterien hinzu, während der Abfluß keine oder nur eine untergeordnete Rolle spielt. Die Globalstrahlung wird in der oberflächennahen Wasserschicht (bis ca. 10 m) absorbiert. Die aufgenommenen oder abgegebenen Wärmeströme sind bestimmend für die resultierende Temperatur. Die Vermischung des oberflächennahen Wassers mit tieferen Wasserschichten erfolgt durch Windenergie. Eine vollständige Vermischung ist jedoch nur in flachen, windexponierten ↗Seen möglich. Tiefere Seen zeigen eine deutliche Trennung ihrer Wasservolumen aufgrund der Temperaturverhältnisse. Für tiefere Seen der gemäßigten Klimazonen gilt, daß die Wärmeverfrachtung im Sommer auf eine

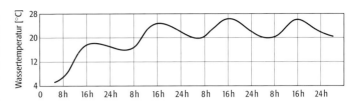

warme, thermisch weitgehend homogene, oberflächennahe Wasserschicht (↗Epilimnion) beschränkt ist. In der darunter liegenden Wasserschicht (↗Metalimnion) tritt ein starker Temperaturgradient (↗Sprungschicht) auf. Mit größerer Wassertiefe bleibt die Temperatur gleichförmig auf einem niedrigen Niveau. Dieses Wasservolumen wird als ↗Hypolimnion bezeichnet (Abb. 4). Eine Durchmischung aller

Wärmehaushalt 3: tageszeitliche Temperaturänderung in der fließenden Welle eines Baches innerhalb von vier Tagen, beginnend von der Quelle.

a Frühjahrs-Vollzirkulation

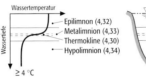

b Sommerstagnation

c Herbst-Vollzirkulation

d Winterstagnation

Wärmehaushalt 4: Zirkulations- und Stagnationsperioden des Wasserkörpers eines dimiktischen Sees im Jahresverlauf.

Wasserschichten ist nur in Zeiten gleicher Wassertemperaturen (Homothermie) möglich, die während der Frühjahrs- und Herbstzirkulation eintritt. Der Zustand einer stabilen, thermischen Schichtung wird im Sommer erreicht (Sommerstagnation) mit warmem Oberflächenwasser und kaltem Tiefenwasser. Im Winter kehren sich die Temperaturverhältnisse um. Die oberflächennahe Wasserschicht ist gefroren oder nahe dem Gefrierpunkt. Das Tiefenwasser ist mit 4°C (größte Dichte) wärmer. Eine Schichtung (Winterstagnation) ist wegen der geringen Temperaturunterschiede nur wenig ausgeprägt. Ein Epilimnion fehlt.

Seen mit einer zweifachen Durchmischung im Jahr werden als ↗dimiktische Seen, solche mit einmaliger Durchmischung als ↗monomiktische Seen bezeichnet. Nach den Zirkulationstypen sind die Seen geographisch in folgende Gruppen eingeteilt: a) kalt monomiktisch: polare und subpolare Seen, die nur während der Sommermonate vollständig zirkulieren. In der übrigen Zeit zeigen sie Winterstagnation mit Eisbedeckung; b) dimiktisch: temperierte Seen des nördlichen Nordamerika und Eurasiens mit Vollzirkulation im Frühjahr und Herbst; c) warm monomiktisch: Seen der Subtropen, die nur während der Wintermonate bei ausreichender Abkühlung des Oberflächenwassers zirkulieren (z. B. Lago Maggiore, Gardasee und auch Bodensee als nördlichster See dieses Typs); d) oligomiktisch: Tropenseen mit seltener Vollzirkulation; e) warm polymiktisch: Tropenseen mit häufiger Vollzirkulation bei starker nächtlicher Abkühlung; f) kalt polymiktisch: tropische Hochgebirgsseen mit fast ständiger Vollzirkulation, z. B. Titicacasee in 5400 m Höhe.

Eine Zirkulation des Wasservolumens kann vollständig (holomiktisch) bis zum Grund stattfinden oder unvollständig (meromiktisch) sein. Die Durchmischung eines Sees führt zu einem vertikalen Stofftransport. Zu Zeiten der Vollzirkulation erhalten tiefere Wasserschichten und der Seeboden Sauerstoff. Zu Zeiten der Stagnation nimmt der Sauerstoffgehalt in der Tiefenwasserschicht wieder ab, so daß ein ↗anaerober Zustand eintreten kann. Da die spezifische Wärme von flüssigem Wasser außerordentlich hoch ist, erwärmen sich Seen relativ langsam und geben ihre Wärme nur langsam ab. Seen mit einem großen Wasservolumen können entsprechend große Wärmeinhalte speichern und wirken ausgleichend auf die klimatischen Verhältnisse der näheren Umgebung. **3)** *Ozeanographie*: das Erdsystem erhält seine Energie in Form von kurzwelliger Sonneneinstrahlung. Der Ozean weist aufgrund der hohen ↗Wärmekapazität von Wasser und der Speicherfähigkeit durch ↗Wärmetransporte eine positive Wärmebilanz auf. So ist im globalen Langzeitmittel die Ozeanoberflächentemperatur ca. 0,8°C höher als die der atmosphärischen bodennahen Grenzschicht mit der Folge, daß der Überschuß im Wärmehaushalt des Ozeans zur Deckung des Defizits der Atmosphäre genutzt werden kann. Betrachtet man Breitenkreismittel der Wärmehaushalte von Ozean und Atmosphäre, dann werden die Wärmeüberschüsse des Systems zwischen 43°S und 43°N zu gleichen Teilen von ozeanischen und atmosphärischen Transportprozessen in die subpolaren und polaren Breiten zur Deckung des dortigen Haushaltsdefizits verfrachtet. Wärmehaushaltsbetrachtungen für einzelne Ozeanregionen heben den nördlichen Nordatlantik hervor: Die bis in das ↗Nordpolarmeer reichenden Ausläufer des warmen und salzreichen ↗Nordatlantischen Stromes heben nicht nur die Jahresmitteltemperatur von Nordwesteuropa um 5–8°C über das Breitenkreismittel, sondern führen durch die Abkühlung zur Bildung der Wassermassen der ↗Kaltwassersphäre, die im ↗Europäischen Nordmeer absinken und so die globale ↗thermohaline Zirkulation antreiben. [EH,MW,JM]

Wärmeinsel, Bezeichnung für den Teil eines urbanen Gebietes, welcher eine gegenüber dem Umland höhere ↗Temperatur aufweist. Dabei sind Wärmeinseln keine einheitlich zusammenhängenden Gebiete mit homogener Überwärmung, sondern setzen sich aus vielen warmen Teilen zusammen, die immer wieder durch deutlich kühlere Bereiche voneinander getrennt sind. Die Ursachen für ihre Ausbildung sind Veränderungen im ↗Strahlungshaushalt (aufgrund der Modifikationen in der Zusammensetzung der Luft), im ↗Wasserhaushalt (Ableitung des Wassers durch die Kanalisation und somit kaum Verdunstung), hohe Wärmespeicherung in der Baumasse und die Freisetzung anthropogen erzeugter Wärme. Wärmeinseln bilden sich besonders gut bei ↗autochthoner Witterung aus und können zu bestimmten Zeiten Temperaturdifferenzen zwischen Innenstadt und Umland von 5–10 K aufweisen. Im Jahresmittel zeigt die Stadt eine Übertemperatur von 0,5–2 K. [GG]

Wärmekapazität, Verhältnis der Energie W in Joule, die notwendig ist, um einen Stoff von der Temperatur T_1 auf T_2 zu erhöhen, zur Temperaturdifferenz $\Delta T = T_2 - T_1$ in Grad Kelvin:

$$C = W/\Delta T \quad [J/K].$$

Bezogen auf die Masse M des Stoffes in kg erhält man die ↗spezifische Wärmekapazität oder kurz spezifische Wärme:

$$c = W/M\,\Delta T \quad [J/kgK].$$

Auf 1 mol eines Elementes bezogen erhält man die molare Wärmekapazität [J/molK], die auch als Atomwärme bezeichnet wird.

Die Wärmekapazität ist nicht konstant, sondern hängt von der Temperatur des Stoffes ab. Bei Gasen muß man unterscheiden, ob die spezifische Wärmekapazität bei konstantem Volumen c_V oder bei konstantem Druck c_p gemessen wird. In c_p steckt noch die Arbeit, die das Gas bei seiner Wärmeausdehnung (↗thermische Ausdehnung) leisten muß. Bei Festkörpern und Flüssigkeiten macht dies fast nichts aus, da deren Wärmeausdehnung äußerst gering ist. Die spezifische Wärmekapazität ist auch in Kristallen richtungsunabhängig, d. h. isotrop, also ein Skalar (↗Tensor), da sie eine physikalische Eigenschaft darstellt, die skalare Größen, Temperatur und Energie, in Beziehung setzt. [KH]

Wärmelastplan, Berechnung der Wärmebelastung für das Temperaturregime von Fließgewässern unter besonderer Berücksichtigung der Aufwärmung durch den Menschen. In Deutschland wurden Wärmelastpläne für alle großen Flüsse erstellt.

Wärmeleitfähigkeit, *spezifisches Wärmeleitvermögen*, *Wärmeleitzahl*, *thermal conductivity*, charakterisiert die Eigenschaft eines Mediums, bei Vorhandensein eines ↗Temperaturgradienten einen molekularen ↗Wärmefluß hervorzurufen. Die Wärmeleitfähigkeit λ_{ij} [W/(mK)] ist über die ↗Wärmestromdichte q_i (Wärmestrom pro Flächeneinheit) und den Temperaturgradienten grad$T$ definiert. ↗Wärmefluß und Temperaturgradient sind in anisotropen Körpern meist nicht parallel. Quantitativ läßt sich die Wärmeleitfähigkeit eines Mediums durch das Verhältnis des Wärmeflusses zum Temperaturgradienten, einen Tensor 2. Stufe ausdrücken:

$$q_i = -\lambda_{ij}\,\mathrm{grad}\,T_i.$$

Das negative Vorzeichen gibt an, daß der Wärmetransport in Richtung fallender ↗Temperatur erfolgt. Wärme kann über verschiedene Mechanismen transportiert werden. Neben den Temperatur- und Druckbedingungen hängt der dominierende Wärmetransportmechanismus von der mineralogischen Zusammensetzung, der ↗Textur (Orientierung der Minerale und Risse), dem ↗Gefüge und ↗Mikrogefüge (räumliche Anordnung, Kristallitgröße, Risse etc.) des Körpers ab. Beim Wärmetransport wird Energie transportiert. Die Energie kann über verschiedene, sich durch den Körper bewegende Teilchen transportiert werden (u. a. Phononen, Photonen, Elektronen). Mit der Geschwindigkeit v, der Wärmekapazität C (bezogen auf das Volumen) und der mittleren freien Weglänge l ergibt sich:

$$\lambda = \frac{1}{3} C\,v\,l.$$

↗Wärmeleitung. [FRS]

Wärmeleitfähigkeitskoeffizient, *Wärmeleitzahl*, ↗Wärmeleitung.

Wärmeleitung, Transport von Wärmeenergie in Materie längs eines Temperaturgefälles (Temperaturgradient grad$T$), d. h. von Orten hoher Temperatur zu Orten niedriger Temperatur. Die pro Querschnittsfläche transportierte Wärmeenergie, die Wärmestromdichte j, ist um so größer, je steiler das Temperaturgefälle grad$T = (\partial T/\partial x, \partial T/\partial y, \partial T/\partial z)$ ist:

$$j = \lambda\,\mathrm{grad}\,T.$$

λ ist der stoffspezifische *Wärmeleitfähigkeitskoeffizient* (*Wärmeleitzahl*) mit der Einheit W/Km, ein Maß für die physikalische Eigenschaft der ↗Wärmeleitfähigkeit (Wärmeleitvermögen); sie ist temperaturabhängig. In Kristallen ist sie im allgemeinen richtungsabhängig (↗Kristallphysik) und muß daher durch einen symmetrischen ↗Tensor 2. Stufe dargestellt werden, da sie zwei vektoriellen Größen, den Temperaturgradienten und die Wärmestromdichte, in Beziehung setzt:

$$\vec{j}_k = \sum_l \lambda_{kl}(\mathrm{grad}\,T)_l;\quad k,l = 1,2,3.$$

Metalle sind im allgemeinen gute, Gase sehr schlechte Wärmeleiter. Wärme kann aber auch durch Konvektion, d. h. Strömungsvorgänge von Materie, transportiert werden. In Flüssigkeiten und Gasen transportiert die Konvektion oft viel mehr Wärme als die Wärmeleitung.

In der ↗Geothermik spielt neben der Wärmeleitung der Energietransport durch strömende Bewegung (↗Konvektion) und ↗Wärmestrahlung eine wichtige Rolle. Bei Temperaturen bis ca. 300°C, d. h. in dem Bereich der Erde, in dem direkte Messungen der Temperatur möglich sind, ist die Wärmeleitung als Gitter- bzw. Phononenleitfähigkeit neben der Konvektion der wichtigste Energietransport. ↗Wärmetransport, ↗Temperaturleitfähigkeit, ↗Wärmeleitungsgleichung.

Wärmeleitungsgleichung, Grundlage für alle Wärmeleitungsvorgänge ist das Fouriersche Gesetz der Wärmeleitung. Danach ist die Wärmemenge Q, die durch eine planparallele Platte mit der Dicke h fließt:

$$Q = -\lambda A t (T2-T1)/h.$$

$T2-T1$ ist die Temperaturdifferenz zwischen den beiden Grenzflächen der Platte, A ist die Fläche der Platte und t die Zeit, während der die Wärme fließt. λ ist ein Proportionalitätsfaktor, der die Stoffeigenschaften des Materials charakterisiert, durch das die Wärme strömt und der als ↗Wärmeleitfähigkeit bezeichnet wird. Der Quotient $(T2-T1)/h$ wird als ↗Temperaturgradient bezeichnet. Ist dieser Temperaturgradient von Null verschieden, so bildet sich eine Wärmeströmung aus. Die Wärmemenge, die pro Zeiteinheit und Flächeneinheit strömt, wird als Wärmestromdichte q bezeichnet:

$$q = -\lambda\,\mathrm{d}T/\mathrm{d}h.$$

Die Wärmestromdichte q ist ein Vektor, es gibt also eine Wärmestromdichte in x-, y- und z-Richtung. Da die Gesteine in der Erde in der Regel anisotrop sind, zeigt die Wärmeleitfähigkeit ebenfalls eine Richtungsabhängigkeit (die Wärmeleitfähigkeit ist ein ↗Tensor). In der ↗Geothermik wird nur die vertikale Komponente der Wärmestromdichte in z-Richtung betrachtet. Es gilt also:

$$q = q_z = \lambda_{zz}\,\mathrm{d}T/\mathrm{d}z = \lambda_{zz}\Gamma,$$

Γ = geothermischer Gradient. Die Wärmeleitfähigkeit muß also in z-Richtung gemessen werden, auch wenn die Gesteinsschichten in der Natur schräg gestellt sind. Unter Beachtung, daß in dem Volumenelement, durch das die Wärme strömt, die gespeicherte thermische Energie gleich $\varrho c\,\partial T/\partial t$ ist (ϱ = Gesteinsdichte, c = spezifische Wärme) und in dem Volumenelement eine Wärmequelle (oder auch Wärmesenke) H vorhanden ist, erhält man die Fouriersche Differentialgleichung der Wärmeleitung. Sie lautet für ein dreidimensionales kartesisches Koordinatensystem:

$$\partial T/\partial t = a\Delta T + H/\varrho c.$$

Wärmeproduktion (Tab.): Wärmeproduktionsraten beim Zerfall radioaktiver Elemente.

U-238	$9{,}17 \cdot 10^{-5}$ W/kg
U-235	$5{,}75 \cdot 10^{-4}$ W/kg
Uran (natürlich)	$9{,}52 \cdot 10^{-5}$ W/kg
Th-232	$2{,}56 \cdot 10^{-5}$ W/kg
K (natürlich)	$3{,}48 \cdot 10^{-9}$ W/kg

Der Proportionalitätsfaktor $a = \lambda/\varrho c$ ist die thermische Diffusivität. Δ ist der Laplaceoperator $\partial^2/\partial x^2 + \partial^2/\partial y^2 + \partial^2/\partial z^2$. H ist die Wärme, die in dem betrachteten Volumenelement in der Zeiteinheit produziert wird (spezifische ↗Wärmeproduktion, Wärmeproduktionsrate). $\partial T/\partial t$ bedeutet, daß zeitliche Änderungen der Temperatur auftreten, man spricht daher von einem instationären Temperaturfeld. Bei der Betrachtung von Temperaturfeldern in der Erde wird jedoch in der Regel davon ausgegangen, daß stationäre Temperaturfelder vorhanden sind. In diesem Fall gilt $\partial T/\partial t = 0$. Wird auch die Wärmeproduktion H vernachlässigt, so vereinfacht sich die Fouriersche Differentialgleichung zu der Laplaceschen Differentialgleichung $\Delta T = 0$. [EH]

Wärmeleitwert, *Wärmedurchgangskoeffizient, k-Wert*, bei ebenen Anordnungen insgesamt transportierte Wärmeleistung (Wärmeenergie/Zeit) P pro Fläche A und 1 K Temperaturdifferenz:

$$\frac{P}{A} = k\left(T_2 - T_1\right).$$

Sein Kehrwert, der ↗Wärmewiderstand, setzt sich analog zum elektrischen Widerstand aus den Widerständen der hintereinander geschalteten Hindernisse zusammen. Bei einer Platte der Dicke d beispielsweise, die an zwei Medien mit den Temperaturen T_1 bzw. T_2 angrenzt, ist der Gesamtwärmewiderstand gegeben durch:

$$\frac{1}{k} = \frac{1}{\alpha_1} + \frac{d}{\lambda} + \frac{1}{\alpha_2}.$$

Dabei sind α_1, α_2 die Wärmeübergangskoeffizienten bei Übergang vom Medium 1 bzw. 2 zur Platte und λ die Wärmeleitzahl (↗Wärmeleitung) der Platte. Bei mehreren in Wärmestromrichtung nebeneinander liegenden Teilflächen A_j, die jeweils unterschiedliche k-Werte k_j haben, berechnet sich der mittlere k-Wert k_m aus:

$$k_m = \frac{\sum k_j A_j}{\sum A_j}.$$

[KH]

Wärmeleitzahl, *Wärmeleitfähigkeitskoeffizient*, ↗Wärmeleitung.

Wärmeoptimum ↗*Klimaoptimum*.

Wärmeproduktion, *Wärmeproduktionsrate*, sie ergibt sich aus der Wärmemenge, die in 1 m³ Material in 1 Sekunde erzeugt wird; Einheit W/m³, im praktischen Gebrauch µW/m³. Die wichtigste exotherme Reaktion in der Erde ist der Zerfall radioaktiver Elemente. 35 bis 80 % der an der Erdoberfläche gemessenen ↗Wärmestromdichte werden hierdurch erzeugt (*radiogene Wärme*). Bei dem Zerfall radioaktiver Elemente gelten die Wärmeproduktionsraten der Tabelle. In tektonisch aktiven Gebieten der Erde, vor allem im Bereich von Subduktionszonen, treten Relativbewegungen zwischen Lithosphärenplatten auf. Die bei der Reibung entstehende Wärme ergibt sich als Produkt aus Scherspannung und Relativgeschwindigkeit zwischen zwei Gesteinsplatten. Je nach Größe der Scherspannung kann die durch Reibung erzeugte Wärme Werte bis zu 100 µW/m³ erreichen. Die Möglichkeiten für die Entstehung von Reibungswärme sind jedoch auf einen schmalen Bereich maximaler Relativbewegung zwischen zwei Gesteinskörpern beschränkt. Aus den Untersuchungen der Wärmestromdichte in tektonisch aktiven Gebieten (z. B. San Andreas-Verwerfung, chilenische Anden) kann kein nennenswerter Beitrag der Reibungswärme zum Gesamtwärmehaushalt der Erde abgeleitet werden. In Oberflächennähe kommt es bei Anwesenheit von Sauerstoff und Wasser zur Oxidation von sulfidischen Mineralen. Eine typische Reaktion ist die Pyritumwandlung:

$$2\,FeS_2 + 7{,}5\,O_2 + H_2O =$$
$$2\,Fe^{3+} + 4\,SO_4^{2-} + 2\,H^+ + 1418{,}7\,kJ/Mol.$$

Derartige exotherme Umwandlungen treten besonders in Bergbauhalden und -kippen sowie in Schlackenhalden und Reststoffdeponien auf und können zu hohen Temperaturen bis über 300 °C führen. Auch bei der ober- oder untertägigen Laugung (Leaching-Verfahren) von Erzen (z. B. Kupferbergbau in Chile) treten deutliche exotherme Reaktionen auf. Die Erfassung und Überwachung der Temperatur kann dabei zur Steuerung und Optimierung des Laugungsprozesses verwandt werden. Die Umwandlung sulfidischer Minerale erfolgt in vielen Fällen unter Beteiligung mikrobieller Prozesse, die ebenfalls exotherm sind. Mikrobielle exotherme Abläufe führen bei der Zersetzung organischer Materie besonders im Innern von Deponien zu einem starken Temperaturanstieg. Mit Langzeitmessungen (Geomonitoring) der Temperatur kann in Deponien, Halden und Kippen die zeitliche Entwicklung der Wärmeproduktion erfaßt und überwacht werden. [EH]

Wärmequelle, Bereich, in dem Wärme durch exotherme Prozesse erzeugt wird. In der Erdkruste und im oberen Erdmantel sind wesentliche Wärmequellen die ↗Wärmeproduktion beim Zerfall radioaktiver Elemente, die Reibungswärme bei tektonischen Bewegungen sowie exotherme Reaktionen bei Mineralbildungen und -umbildungen. Oberflächennahe Wärmequellen (z. B. in Halden, Deponien) und bei der ober- und untertägigen Erzaufbereitung durch Laugungsverfahren (Leaching) sind chemische und mikrobiologische Stoffumwandlungen (z. B. Pyritoxidation, Zersetzung organischer Materie). Die Abbindewärme bei der Zementation von Verrohrungen und die Quellwärme von Tonen bei der Wasseraufnahme bilden lokale, zeitlich schnell abklingende Wärmequellen (z. B. in Bohrungen).

Wärmestau, Überwärmung des menschlichen Körpers durch ein Ungleichgewicht zwischen der Wärmeproduktion und der Wärmeabgabe an die Umgebung. ↗Klima-Michel.

Wärmestrahlung, in der Erde wird Wärme bei zunehmender Temperatur auch durch Wärmestrahlung transportiert (↗Wärmeleitung, ↗Konvektion). Entsprechend dem Stefan-Boltzmannschen Strahlungsgesetz nimmt der Energieübergang durch Wärmestrahlung mit der 4. bzw. 5. Potenz der Temperatur zu. Die Wärmeleitfähigkeit λ_{eff} als Summe von Wärmeleitung und Wärmestrahlung (radiative Wärmeleitfähigkeit) steigt bei hohen Temperaturen aufgrund der Zunahme der Wärmestrahlung deutlich an (Abb.).

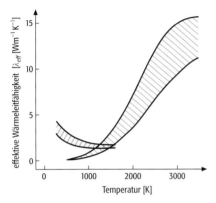

Charakteristisch hierfür ist das Mineral Olivin, das im oberen Erdmantel verbreitet auftritt. Die Energieübertragung durch Wärmestrahlung bildet die Grundlage für die berührungslose Temperaturmessung an der Erdoberfläche (↗Remote Sensing). ↗elektromagnetisches Spektrum.

Wärmestreß, meteorologische Situation, bei der die thermischen Umgebungsbedingungen für einen Menschen eine Wärmebelastung ergeben, die den Wert von 2 PMV (↗Predicted Mean Vote) überschreitet.

Wärmestrom ↗Wärmefluß.

Wärmestromdichte, *Wärmeflußdichte*, die je Zeiteinheit durch die Flächeneinheit hindurchgehende Wärmemenge mit der Einheit W/m², im praktischen Gebrauch mW/m². In der ↗Geothermik (↗Wärmeleitungsgleichung) wird unter Wärmestromdichte stets die z-Komponente der Wärmestromdichte verstanden. Entsprechend der Wärmeleitungsgleichung ergibt sich die Wärmestromdichte q_0 an der Erdoberfläche aus der Vertikalkomponente der Wärmeleitfähigkeit λ_{zz} und dem geothermischen Gradienten $dT/dz = \Gamma$ zu:

$$q_o = q_z = \lambda_{zz} dT/dz = \lambda_{zz} \Gamma.$$

Die Wärmestromdichte wird durch Messung dieser beiden Parameter bestimmt (↗Temperaturmessung). Verläßliche Werte für die Wärmestromdichte werden erst für Tiefen ab 200 m erhalten. Die Temperaturmessungen zur Wärmestromdichtebestimmung werden auf den Kontinenten fast ausschließlich in Bohrungen unter Verwendung von ↗Berührungsthermometern durchgeführt. In Ozeanen und Seen wird der geothermische Gradient mit Sonden gemessen, die sich unter ihrem Eigengewicht in das Bodensediment eindrücken. Die Interpretation der Wärmestromdichtewerte erfolgt unter der Annahme stationärer Bedingungen in der Erde. Werte, die in der Nähe der Erdoberfläche bestimmt wurden, werden damit als repräsentativ für größere Tiefen interpretiert. Untersuchungen in tiefen Bohrungen (Kola SG-3, Kontinentale Tiefbohrung KTB) zeigen allerdings, daß z.T. sprunghafte Änderungen der Wärmestromdichte mit der Tiefe auftreten (Abb.). Ursache hierfür können Klimaschwankungen in der Vergangenheit oder ein advektiver Wärmetransport (↗Advektion) sein. Der Paläoklimaeffekt kann zwar rechnerisch korrigiert werden, eine Trennung von Einflüssen eines advektiven Wärmetransportes, der bis in Tiefen von 10 km reichen kann, ist meist nicht möglich. Bei der Interpretation der Wärmestromdichte sind weiterhin topographische Effekte und der Einfluß von Krustenhebung (verbunden mit Erosion) und Krustensenkung (verbunden mit einer Sedimentation) zu berücksichtigen. Die in der Nähe der Erdoberfläche gemessene Wärmestromdichte wird überwiegend durch die radioaktive Wärmeproduktion in der Erdkruste erzeugt. Mehr als 35 %, z.T. bis zu 80 % der Wärmestromdichte haben ihren Ursprung in der Erdkruste. Der Rest stammt aus dem tiefen Erdinnern (↗Temperatur im Erdinnern, ↗Geothermik). Wärmeleitfähigkeitsinhomogenitäten können zu einer Verzerrung der Wärmestromdichte führen. Typisch sind Wärmestromdichteanomalien über Salzstöcken und Aufragungen von kristallinen Gesteinen. Für die

Wärmestrahlung: effektive Wärmeleitfähigkeit λ_{eff} (Gitterleitfähigkeit + radiative Wärmeleitfähigkeit) als Funktion der Temperatur für Olivin (weiß schraffiert = radioaktive Wärmeleitfähigkeit, grau schraffiert = Gitterleitfähigkeit).

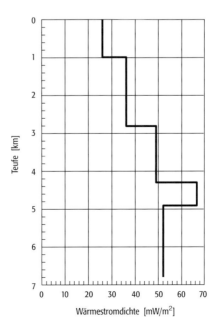

Wärmestromdichte: Veränderung der Wärmestromdichte mit der Tiefe in der Bohrung Kola SG-3.

Wärmestromdichte (Tab.): Entwicklung der Kenntnisse über die globale Wärmestromdichte (Anzahl der Werte).

Autor	Kontinente	Ozeane	Σ
Birch, 1954	43	20	63
Lee, 1963	73	561	634
Lee, Uyeda, 1965	131	913	1044
Horai, Simmons, 1989	474	2348	2822
Lee, 1970	597	2530	3127
Jessop u.a., 1976	1699	3718	5417
Chapman, Pollack, 1980	2808	4409	7217
Chapman, Rybach, 1985	3601	5181	8782
Pollack u.a., 1993	10.337	9884	20.201

globale Analyse der Wärmestromdichte werden die Daten in einer Global Heat Flow Data Bank zusammengefaßt (Tab.). Die erste globale Zusammenstellung im Jahre 1954 basierte auf 54 Werten, jetzt liegen über 20.000 Werte vor. Die Wärmestromdichte beträgt für die Kontinente ca. 65 mW/m^2 und für die Ozeane ca. 101 mW/m^2. Der globale Mittelwert beträgt 87 ± 2 mW/m^2, die Erde gibt eine Wärmemenge von $44{,}2 \pm 1{,}0 \cdot 10^{12}$ W an die Atmosphäre ab. In der globalen Darstellung treten die ↗Mittelozeanen Rücken (Riftsysteme) durch hohe Wärmestromdichtewerte hervor. [EH]
Literatur: [1] CHAPMAN D. S. und POLLACK, H. N. (1975): Global heat flow: A new look. – In: Earth Planet.Sci.Lett. 28, 23–32. [2] KOZLOVSKY, Y. A. (1987): The Superdeep Well of the Kola Peninsula. – Springer-Verlag. [3] POLLACK, H. N., HURTER, S. J. und JOHNSON, J. R. (1993): Heat flow from the earth's interior: analysis of the global data set. – Rev. Geophys. 31, 267–280.

Wärmetod, *Hitzetod*, Einwirkung zu hoher Temperatur auf den ↗Stoffwechsel der Organismen. Dabei werden die physiologischen Funktionen der Enzyme und Hormone bis zur Gerinnung der Eiweiße gestört. Dem Wärmetod geht die Wärmestarre voraus. Abgesehen von ganz wenigen bekannten Ausnahmen (v. a. unter den Protozoen, Nematoden und Insekten) liegt die obere Wärmegrenze für Tiere bei 40 bis 50°C. Bestimmte Bakterien und Blaualgen können in Thermalgewässern noch bei +75°C existieren

Wärmetransport, übergeordnete Bezeichnung für ↗Wärmefluß oder ↗Wärmeleitung. In der Erde wird Wärme durch verschiedene Mechanismen transportiert. In Gesteinen und Mineralen erfolgt der Wärmetransport als Gitter- bzw. Phononenleitfähigkeit (↗Wärmeleitfähigkeit). Bei Temperaturen oberhalb 800°C überwiegt der Wärmetransport durch ↗Wärmestrahlung. Bei der temperaturgesteuerten freien ↗Konvektion ist der Wärmetransport an einen Massentransport gekoppelt (↗Temperatur im Erdinnern, ↗Plattentektonik, ↗adiabatischer Temperaturgradient). Der advektive Wärmetransport (↗Advektion, erzwungene Konvektion) ist an Grundwasserfließvorgänge gebunden, deren Größe von dem Grundwassergefälle (hydraulischer Gradient) und dem ↗Durchlässigkeitsbeiwert in den Grundwasserleitern abhängt.

Wärmeübergangszahl, Verhältnis von ↗Wärmefluß und Temperaturdifferenz zwischen zwei Medien.

Wärmeübertragung, Übertragung von Wärme zwischen zwei Systemen durch ↗Wärmeleitung oder ↗Strahlung.

Wärmewiderstand, Kehrwert des ↗Wärmeleitwertes innerhalb eines Mediums bzw. Kehrwert des Wärmeübergangskoeffizienten beim Wärmedurchgang zwischen zwei Medien.

Warmfront, ↗Front zwischen zwei unterschiedlich temperierten ↗Luftmassen, die sich in Richtung der kälteren Luftmasse bewegt. Dabei wird die kältere durch die wärmere Luftmasse verdrängt (↗Warmfrontdurchgang). Es lassen sich zwei Arten von Warmfronten unterscheiden: a) Ana-Warmfront: eine zumeist mit ↗Flächenniederschlag verbundene ↗Aufgleitfront, bei der die frontsenkrechte Windkomponente mit der Höhe zunimmt, d. h. die wärmere Luft überholt die Frontschicht in zunehmendem Maße und gleitet dabei auf den schräg ansteigenden ↗Isentropenflächen nach oben; b) Kata-Warmfront: eine ↗Abgleitfront, bei der die frontsenkrechte Windkomponente in der unteren und mittleren Troposphäre (↗Atmosphäre) geringer ist als die Bewegung der Front als Struktur, d. h. in mit der Front geführten Koordinaten kommt die vorgelagerte kältere Luft der Front z. T. entgegen, wobei sie auf den Isentropenflächen schräg abwärts gleitet; adiabatische Erwärmung (↗adiabatischer Prozeß) und Wolkenauflösung sind die Folgen. Ana-Warmfronten sind im Winter, Kata-Warmfronten im Sommer häufiger. [MGe]

Warmfrontbewölkung ↗Frontbewölkung.

Warmfrontdurchgang, *Warmfrontpassage*, der typischen Ana-Warmfrontpassage an einem Ort geht ein Landregen oder Schneefall mit allmählicher Temperaturzunahme voraus, dann dreht der Wind auf die für den ↗Warmsektor maßgebende Richtung, der Dauerniederschlag läßt nach und die Temperatur erreicht den Skalenwert der Warmluft. Bei der Passage einer Kata-Warmfront fehlen dichte Bewölkung und Niederschlag völlig, die präfrontale Temperaturzunahme wird unter Umständen durch Sonnenstrahlung unterstützt. ↗Warmfront.

Warmfrontgewitter, ↗Frontgewitter, das mit einer ↗Warmfront verbunden ist. Warmfrontgewitter können nur entstehen, wenn die aufgleitende Warmluft bereits eine ↗bedingte Instabilität in ihrer Schichtung aufweist, wobei ein großer Teil der geschichteten Aufgleitbewölkung durch ↗Konvektionsbewölkung ersetzt wird.

Warmfrontokklusion, Variante der ↗Okklusionsfront.

Warmfrontpassage ↗*Warmfrontdurchgang*.

Warmklima, relativ warme Epoche des ↗Klimas; im Gegensatz zum ↗Klimaoptimum langzeitlicher definiert, z. B. als ↗Warmzeit innerhalb eines ↗Eiszeitalters oder als ↗akryogenes Warmklima, in dem Eisbildungen auf der Erdoberfläche nicht vorkommen. ↗Klimageschichte.

Warmluft, ein Luftkörper, der entweder wärmer ist als ein benachbarter oder wärmer ist als die Klima-Mitteltemperatur bzw. der Untergrund (↗Luftmassenklassifikation). Kleinräumig entsteht Warmluft durch intensive Sonneneinstrahlung verbunden mit Erhitzung der bodennahen Luftschicht. Wegen ihrer geringeren Dichte entweicht Warmluft regelmäßig nach oben, in anderen Fällen wird sie in der Höhe (ca. 500 – 1000 m) durch eine ↗Inversion von der bodennahen Luftschicht getrennt gehalten (oft im Winterhalbjahr). Warmluftkörper mit ↗synoptisch-skaligen Proportionen werden zumeist als Warmluftmassen bezeichnet; diese kühlen sich über kälterem Untergrund ab und werden so vom Boden her stabilisiert.

Warmluftadvektion, *Warmadvektion*, horizontale Zufuhr von zunehmend wärmerer Luft.

Warmlufteinschub-Gewitter, ↗Frontgewitter, bei dem durch den Einschub einer wärmeren Luftschicht in die vorgelagerte Kaltluft eine ↗bedingte Instabilität der Schichtung (Warmluft unterhalb von kälterer Luft) erzeugt wird. Der Warmlufteinschub geschieht zwischen 1000 und 3000 m Höhe; er kommt an ↗quasistationären Fronten vor.

Warmluftvorstoß, *subtropischer Warmluftvorstoß*, Vorstoß von ↗Subtropikluft (in seltenen Fällen von ↗Tropikluft) in mittlere und subpolare Breiten, zumeist auf der Vorderseite eines sich entwickelnden ↗Tiefdruckgebiets an der ↗Polarfront, die sich dabei deformiert und unter Umständen weit nach Norden verlagert.

warm-monomiktischer See, ↗See, der im Winter zirkuliert. Er kühlt zwar bis nahe 4°C ab, friert aber nicht zu. Dies kann durch die Größe verursacht werden, die nur alle 100 Jahre in extrem kalten Wintern ein Zufrieren gestattet (z. B. Bodensee, aber auch subtropische Seen).

Warmsektor, bei einer Frontenwelle (↗Wellentief) oder ↗Frontenzyklone der mit ↗Warmluft gefüllte Sektor zwischen der vorauslaufenden ↗Warmfront und der nachfolgenden ↗Kaltfront an der (in Zugrichtung) rechten Seite der Zyklone. Die geostrophische (reibungsfreie) Warmsektorströmung entspricht näherungsweise der ↗Höhenströmung, sie gibt die Zugrichtung der Frontenwelle oder -zyklone an. Im häufigen und typischen Falle der Frontenzyklogenese wird der Warmsektor infolge der divergenten Höhenströmung ausgepumpt: Er okkludiert (↗Okklusionsfront) und verschwindet schließlich weitgehend.

Warmwasserereignis, *El Niño*, Erwärmung des ↗Meerwassers über das übliche Temperaturspektrum hinaus. ↗El Niño.

Warmwassersphäre, die ↗Wassermassen des Weltmeeres, die in den gemäßigten, subtropischen und tropischen Regionen das obere Stockwerk der Ozeanbecken füllen. Definiert man die Temperatur von 8°C als Grenze zur ↗Kaltwassersphäre so sind nur 11 % des Volumens des Weltmeeres der Warmwassersphäre zuzurechnen.

Warmzeit, *Interglazial*, *Zwischeneiszeit*, im Gegensatz zur ↗Kaltzeit eine Epoche relativ warmen Klimas innerhalb eines ↗Eiszeitalters, wie prinzipiell auch im gegenwärtigen Klima des ↗Holozäns. ↗Eiszeit.

Warnsystem, Einrichtung zur Warnung der Bevölkerung vor Bedrohungen verschiedenster Arten. Hierzu gehören z. B. ↗Erdbeben, ↗Tsunamis, Vulkanausbrüche, ↗Eisaufbrüche, Folgen von Schiffshavarien (Ölunfälle), Chemieunfälle und Dammbrüche.

Warschau-Berliner-Urstromtal, das während des Frankfurter Stadiums in der ↗Weichsel-Kaltzeit entstandene ↗Urstromtal, das sich von Warschau über Grünberg und Eisenhüttenstadt bis zur Spreemündung in die Havel in Berlin verfolgen läßt.

Warve, alternierende, dünne horizontale Lage wechselnder Zusammensetzung. In der Regel sind abwechselnd helle Sommer- und dunkle Winter-Laminae (↗Lamina) ausgebildet (↗Warvit). Eine Warve entspricht einem Hell-Dunkel-Wechsel und repräsentiert somit die Sedimentation eines Jahres (Jahresschichtung). ↗Jahreswarven.

Warvenverknüpfung, Verbindung gleichalter ↗Warven über mehrere ↗Aufschlüsse hinweg.

Warvit, enge rhythmische Wechsellagerung von hellen, feinsandig-siltigen und dunklen, C_{org}-reichen, tonigen Lagen, den ↗Warven.

Typische Warvite sind *Bändertone (Beckentone)*, die sich bevorzugt in gletscherrandnahen Seen bilden. Während der Sommerperiode führt hier die hohe Ablationsrate des Eises zu erhöhter Wasserführung und Transportkraft, so daß größeres Material mitgeführt werden kann und sich sandig-siltigen Lagen ablagern. Die tonigen Zwischenlagen hingegen bilden sich während kälterer Jahreszeiten, in dem die Schmelzwasserflüsse inaktiv sind und die Sedimentation lediglich aus der Suspension erfolgt.

Aufgrund des jahreszeitlichen Wechsels der Sedimentationsbedingungen, können Warvite zur relativen Altersbestimmung herangezogen werden (Warvenchronologie).

Warvenartige Rhythmite können sich zudem in ↗Ästuaren, Seen oder größeren abgeschnürten Becken entwickeln. [DA]

Washingtoner Artenschutzabkommen, 1973 ratifizierte internationale Vereinbarung, der bisher rund 130 Staaten beigetreten sind (Gültigkeit in Deutschland seit 1976). Darin wird der grenzüberschreitende Handel mit gefährdeten freilebenden Tier- und Pflanzenarten und den von ihnen gewonnenen Produkten geregelt. Die Kontrolle obliegt den Zollbehörden. Trotz gewisser Mängel (Strafmaß geringer als Handelswerte, fehlendes Konzept zur sinnvollen Weiterverwendung konfiszierter Sendungen) hat das Washingtoner Artenabkommen den weltweiten Stellenwert des ↗Artenschutzes erheblich gefestigt.

Washout, Auswaschen atmosphärischer Spurenstoffe (↗Aerosole) durch Niederschlagselemente.

Wasser

Hans-Jürgen Liebscher, Koblenz

Wasser mit der chemischen Formel H_2O ist ein Stoff, der durch seine besonderen Eigenschaften (↗Wasserchemismus) auf der Erde in fester, flüssiger und dampfförmiger Phase sowohl in der ↗Hydrosphäre als auch in der ↗Lithosphäre und in der ↗Atmosphäre existiert. Phasenübergänge erfolgen durch ↗Kondensation, ↗Verdunstung (Verdampfung), ↗Gefrieren, ↗Schmelzen, ↗Sublimation oder ↗Resublimation. In flüssiger Form tritt das Wasser in den Meeren und den Oberflächengewässern des Festlandes auf. Als Boden-, Grund- oder Tiefenwasser durchsetzt es die Lithosphäre und als Wolkenwasser die Atmosphäre. In der festen Form bildet es die Eisschilde der Polargebiete, die Gletscher der Gebirge, die Eisdecken auf den Meeren, Seen und Flüssen sowie die Schneedecken. Eis ist auch in der Atmosphäre und im Boden, zum Beispiel in den Permafrostböden (↗Permafrost) der höheren Breiten und Gebirgen, zu finden. Wasser ist ferner als Wasserdampf in der Atmosphäre und der Lithosphäre enthalten.

Ohne Wasser ist auf der Erde kein Leben möglich, die Biosphäre würde nicht existieren. Es ist Roh-, Bau- und Betriebsstoff für die Organismen (↗Wasser in Organismen). Neben Kohlenstoff und Sauerstoff ist es das wichtigste Element zur Bildung von Pflanzenbiomasse. Pflanze, Tier und Mensch bestehen vorwiegend aus Wasser. Es dient als Substanz zur Aufrechterhaltung der Zellstruktur und als Mittel zum Austausch von Stoffen für die Körperfunktionen. Es ist Nahrungsmittel für Pflanzen, Tiere und Menschen. Als Trinkwasser ersetzt es das dem Körper von der meist an Wasserdampf ungesättigten Atmosphäre entzogene Wasser.

Wasser ist in vielen Stoffen gebunden und Lösungsmittel für viele Substanzen. So werden z. B. die Nährstoffe im Boden gelöst und über Saugkräfte im Röhrensystem der Pflanzen zu den Assimilationsorganen geleitet (↗Transpiration). Wasser ist Hygienemittel, es dient als Reinigungs-, Wasch- und Spülmittel. Es verdünnt oder beseitigt belastende oder giftige Schadstoffe und baut diese ab, sofern sich die Belastung in Grenzen hält (↗Abbau). Wasser ist Heilmittel und Erholungsmittel für den Menschen, z. B. für den Wasser- und Wintersport oder als Wasserkur. Es ist Lebensraum für aquatische Organismen und damit auch ein ↗Ökosystem. Zudem formt es die Erdoberfläche, z. B. durch ↗Erosion, und es strukturiert die Böden. Wasser ist Transportmittel oder Transportweg im Stoff- und Güteraustausch. Es trägt oder befördert Schiffe und nimmt gelöste oder suspendierte Stoffe im ↗Fließgewässer mit, wie z. B. das ↗Abwasser.

Wasser ist auch Träger von potentieller oder kinetischer Energie. Es wird zur Gewinnung von elektrischer Energie genutzt (↗Wasserkraftanlage). Es wird ferner zur Übertragung von Energien und Kräften sowie zur Erzeugung hoher Drucke verwendet. Bei Hochwasser wirkt die Kraft des Wassers zerstörend (↗Naturkatastrophen). Als Rohstoff für die Wirtschaft ist Wasser unentbehrlich. Es dient der Verarbeitung und Synthese von Stoffen, z. B. in Hüttenwerken oder in der Chemieindustrie. Wasser ist ein Kühlmittel in der Natur und in der Technik, z. B. bei thermischer Erzeugung von Energie und bei industriellen Produktionsprozessen. Bei Kühlprozessen wird der Oberfläche durch die Verdunstung Wärme entzogen. Wasser beinhaltet latente Energie, die bei Phasenänderungen durch die Prozesse Verdunstung, Kondensation, Schmelzen, Gefrieren oder Sublimation umgesetzt wird. Es ist somit ein Regler des Energiehaushaltes der Erde und der Wettersysteme in der Atmosphäre. Der Wasserdampftransport sorgt für einen Wasserausgleich auf der Erde.

Im Vergleich zu anderen Stoffen hat das Kontinuum Wasser in mehrfacher Hinsicht anomale Eigenschaften. Dazu gehören vor allem das Dichtemaximum bei 3,98°C, hohe spezifische Wärme, hoher Siedepunkt, hohe Schmelz- und Verdampfungswärme sowie große Dielektrizitätskonstante. Dies ist durch den Dipolcharakter des Wassers, das kleine Molvolumen und auf die Mischung von verschiedenen Wassermolekülaggregationen im natürlichen Wasser zurückzuführen. Man unterscheidet elektrische, mechanische, optische und thermische Eigenschaften. Alle diese Eigenschaften sind mehr oder weniger stark von der Temperatur und Wasserinhaltsstoffen, besonders vom Salzgehalt abhängig.

Elektrische Eigenschaften
Wasser verfügt, bedingt durch die Molekülstruktur, über Besonderheiten bezüglich der ↗elektrischen Leitfähigkeit für elektrische Ströme und Wellen, Eindringtiefe elektromagnetischer Wellen und der ↗Dielektrizitätskonstante, die sowohl von der Temperatur als auch von den Wasserinhaltsstoffen, insbesondere vom Salzgehalt, beeinflußt werden. Der elektrische Widerstand R ist wegen des geringen Anteils an dissoziierten H^+- und an OH^--Ionen in reinem Wasser groß und die elektrische Leitfähigkeit $k = 1/R$ gering. Letztere liegt bei reinem Wasser je nach Wassertemperatur zwischen $1{,}6 \cdot 10^{-6}$ und $20 \cdot 10^{-6}$ S/m. In verschmutztem Wasser, z. B. Regenwasser mit niedrigem pH-Wert, steigt die Leitfähigkeit auf ein Vielfaches, z. B. auf 10^{-4} S/m. Wasser ist durch eine abnorm hohe Dielektrizitätskonstante gekennzeichnet. Dies ist dadurch bedingt, daß die Wassermoleküle in einem elektrischen Feld versuchen, dieses zu neutralisieren. In einem elektrischen Feld wenden sie ihre negativ geladene Sauerstoffatom-Seite dem Plus-Pol (Anode) und ihre positiv geladene Wasserstoffatom-Seite dem Minus-Pol (Kathode) zu. Die absolute Di-

T [°C]	ε_r [F/m]	k [10^{-6} S/m]
0	87,7	1,58
4	86,0	
10	83,8	2,85
20	80,1	4,00
30	76,5	
40	73,2	
50	69,9	
100	55,7	18,9

Wasser (Tab. 1): elektrische Eigenschaften von reinem Wasser als Funktion der Temperatur T (ε_r = relative Dielektrizitätskonstante, k = elektrische Leitfähigkeit).

elektrizitätskonstante ε_0, d.h. für Vakuum, hat den Wert $8,854 \cdot 10^{-12}$ C/(N · m²). Die dimensionslose relative Dielektrizitätszahl (Permittivitätszahl) ε_r des Wassers mit der Temperatur 20°C beträgt 80 (Tab. 1).
Die Eindringtiefe elektromagnetischer Wellen in Wasser ist frequenzabhängig und wird von der Leitfähigkeit der Flüssigkeit mitbestimmt. Die Halbwerttiefe von Längstwellen (VLF, ELF, ULF) beträgt in Frischwasser bei 50 Hz etwa 20 cm, bei 500 Hz 0,5 m, bei 5 kHz 2 m, bei 50 kHz 5 m und für Hochfrequenzwellen (UKW, KW) bei 500 kHz ca. 20 m. Die Eindringtiefe von GHz-Wellen, z. B. Radar, liegt bei über 100 m. In Meerwasser mit hohem Salzgehalt dringen die Wellen erst ab 5 kHz nennenswert ein. Aus der Rückstreuung von Millimeter- und Zentimeter-Wellen lassen sich die Wassergehalte von Schneedecken oder Böden bestimmen (/Fernerkundung). Die Strahlungsdurchlässigkeit für UV-Strahlung wird zur Wasserentkeimung ausgenutzt, wobei der Spektralbereich des UVC bei 250–200 nm benutzt wird.

Mechanische Eigenschaften
Wasser hat sowohl im ruhenden als auch im bewegten Zustand besondere mechanische Eigenschaften, die durch Oberflächen- und innere Kräfte bestimmt sind. Diese werden durch die Temperatur (Tab. 2) und den Salzgehalt beeinflußt. Das spezifische Volumen v des Wassers verringert sich mit abnehmender Temperatur entsprechend der Abnahme der Molekularbewegung, bis sie bei der Temperatur 3,98 °C mit dem Wert $1,000 \cdot 10^{-3}$ m³/kg ihren kleinsten Wert erreicht hat. Dann aber wird der Einfluß der Wasserstoffbindung stärker als die durch geringere Bewegung der Wassermoleküle bewirkte Zusammenziehung. Die Wassermoleküle beginnen sich entlang der Linien ihrer Wasserstoffbindungen zu ordnen. Dabei bleiben Lücken oder Öffnungen zwischen diesen Linien frei. Das Wasser dehnt sich aus, bis es erstarrt und die Kristallstruktur (/Eis) annimmt.
Die Dichte ϱ verhält sich invers zum spezifischen Volumen v: $\varrho = v^{-1}$. Beim Gefrieren erfolgt ein Dichtesprung um 9 % und führt auf den Wert $0,9168 \cdot 10^3$ kg/m³ bei 0°C für reines, luftfreies Eis. Letzteres ist leichter als Wasser; es schwimmt auf diesem und taucht etwa bis zu 90 % in das Wasser ein. Das Dichtemaximum bei 3,98°C bewirkt, daß Gewässer erst dann zufrieren können, wenn das gesamte Wasser auf 3,98°C abgekühlt ist. Die Dichte des Wassers nimmt mit größer werdendem Salzgehalt zu. Dies ist für das Meerwasser und die Dynamik der Ozeane von besonderer Bedeutung. Wegen des Salzgehaltes gefriert Meerwasser erst unterhalb 0°C, wodurch sich auch das Dichtemaximum verschiebt. Bei einem Salzgehalt von 2,47 % stimmt die Temperatur des Dichtemaximums mit dem Gefrierpunkt von -1,322°C überein.
Die strenge Wasserstoffbindung im Wassermolekül und im Kontinuum Wasser bewirkt eine ungewöhnliche Kohäsion des Wassers als Flüssigkeit. Dies äußert sich in der hohen /Oberflächenspannung. Die molekularen Bindungskräfte verleihen dem Wasser eine Zähigkeit, die bei dessen Strömung zu innerer Reibung oder /Viskosität und zu /Schubspannungen führen. Der Koeffizient der inneren Reibung η (dynamische Viskosität) hat für Wasser bei 20°C einen Zahlenwert von etwa 1 mPa · s = 10^{-3} N · s/m².
Die relative Volumenänderung des Wassers bei einer Druckerhöhung, die /Kompressibilität $\varkappa$, ist außerordentlich klein. Bezogen auf die Druckerhöhung um $1 \cdot 10^5$ Pa = $0,1 \cdot 10^6$ N/m² beträgt die relative Volumenänderung nur 10^{-9} hPa⁻¹. Die /Relaxationszeit τ, d.h. die Einstellzeit nach Formveränderungen auf $(1/e) = 0,368$ des Anfangszustands, ist extrem kurz und sie liegt in der Größenordnung von 10^{-11} bis 10^{-13} Sekunden.

T [°C]	ρ [kg/m³]	σ [N/m 10^{-3}]	η [Pa · s 10^{-3}]	κ [hPa⁻¹ 10^{-9}]	v_s [m/s]
-20	0,99349			62,0	
-15	0,99626			58,5	
-10	0,99814			55,5	
-5	0,99928	76,4		53,5	
0	0,99987	75,6	1,79	51,0	1403
3,98	1,00000			49,6	
5	0,99999	74,8	1,52	49,3	1426
10	0,99973	74,2	1,31	47,9	1448
15	0,99913	73,4	1,14	46,8	1466
20	0,99823	72,7	1,00	45,9	1483
25	0,99708	71,9	0,89	45,2	1496
30	0,99568	71,1	0,80	44,8	1510
35	0,99406	70,3	0,72	44,4	
40	0,99225	69,5	0,66	44,2	
45	0,99024	68,7	0,60	44,2	
50	0,98807	67,9	0,55	44,2	1544
100		58,9	0,28	48,9	

Wasser (Tab. 2): mechanische Eigenschaften des Wassers in Abhängigkeit von der Temperatur T (ϱ = Dichte, σ = Oberflächenspannung, η = absolute (dynamische) Viskosität, $\varkappa$ = Kompressibilität, v_s = Schallgeschwindigkeit bei 750 kHz in destilliertem Wasser).

Die Ausbreitungsgeschwindigkeit v_s von Schallwellen im Wasser hängt von der Dichte und der Kompressibilität ab. Sie beträgt bei reinem Wasser von 25°C etwa 1500 m/s. Im Meerwasser mit 3,5% Salzgehalt laufen die Schallwellen langsamer, und zwar mit 1450 m/s. Die Schallgeschwindigkeit wird zur Tiefenlotung oder zur Messung der ↗Fließgeschwindigkeit genutzt (↗Durchflußmessung). Sie wächst mit steigender Temperatur.

Optische Eigenschaften
Hydrologisch bedeutsame optische Eigenschaften des Wassers sind die Strahlungsreflexion an der Wasseroberfläche, die Lichtbrechung an der Grenzfläche Wasser/Luft, die Strahlungstransmission und die Strahlungsstreuung im Wasser. Diese Eigenschaften werden von Trübstoffen im Wasser beeinflußt. Die Strahlungsreflexion R ist sowohl von der Wellenlänge als auch von der Einfallsrichtung der Strahlung abhängig. Sie wird nach der Gleichung von Fresnel beschrieben:

$$R = 0{,}5 \cdot \left(\frac{\sin^2(i-r)}{\sin^2(i+r)} + \frac{\tan^2(i-r)}{\tan^2(i+r)} \right),$$

wobei i den Einfallswinkel der Strahlung (z. B. Sonnenhöhe) und r den Brechungswinkel darstellen. Wasseroberflächen reflektieren im Lichtwellenbereich ($\lambda = 0{,}4\text{–}0{,}7~\mu m$) etwa 5–7%. Sie absorbieren die Infrarotstrahlung ($\lambda = 3~\mu m$) schon in dünnen Wasserschichten nahezu vollständig. Die integrierte Reflexion über alle Wellenlängen, die ↗Albedo, beträgt für solare Strahlung (0,38–3 μm) 6–12%, für die Lichtwellen (0,4–0,76 μm) 5–15 % und für die terrestrische Strahlung (3–100 μm) etwa 4,5%.

Die Lichtbrechung an der Grenze Wasser/Luft ist durch eine Strahlkrümmung zum optisch dichteren Medium hin, dem Wasser, gekennzeichnet. Sie wird durch den Refraktionsindex:

$$n_{1,2} = \sin\alpha/\sin\beta = 1{,}333$$

beschrieben, wobei $n_{1,2}$ zur Luft = 1,00029 und der Einfallswinkel mit der Sonnenhöhe gleich gesetzt werden kann. Beim Erreichen des Grenzwinkels von $\alpha_g = \beta_g = 48{,}5°$ wird das Licht in das Wasser hineingebrochen. Unterlicht, das vom Wasser her zur Oberfläche weist, unterliegt der Totalreflexion. Die Brechzahl von Eis beträgt 1,31. Wasser ist für die Strahlung durchlässig. Mit zunehmender Tiefe wird die Intensität durch Absorption und Streuung gedämpft. Die Schwächung oder ↗Extinktion kann durch das Lambert-Beersche Gesetz beschrieben werden. Dabei hängt die Strahlungsintensität I im Wasser in der Tiefe z von der Strahlungsdichte I_0 an der Wasseroberfläche und vom Extinktions- oder Absorptionskoeffizient a ab:

$$I = I_0 \cdot e^{-a \cdot z}.$$

Diese Gleichung gilt für homogene Medien sowohl für monochromatische als auch für die Gesamtstrahlung. Die Durchlässigkeit D einer Wasserschicht d folgt aus:

$$D = (I_d/I_o)^d.$$

Dabei stellt das Verhältnis I_d/I_o den Transmissionsfaktor dar. Die Transmission T ergibt sich zu:

$$T = I_o\text{-}I.$$

Der Absorptionskoeffizient a ist eine Funktion der optischen Eigenschaften des reinen Wassers und seiner gelösten kolloidalen und partikularen Inhaltsstoffe wie mineralische Schwebstoffe oder Organismen, z. B. Algen.

Die Lichtstreuung oder innere Reflexion im Wasser ist ebenfalls wellenlängenabhängig von Grad und Art der Trübung bestimmt. Die Trübung bestimmt die Sichttiefe. Sie ist die gemeinsame Wirkung von Streuung und Absorption und nimmt mit steigendem Feststoffgehalt ab. Der Trübungsfaktor T gibt an, wie viele Schichten reinen Wassers benötigt werden, um die gleiche Extinktion wie bei verunreinigtem Wasser zu erzeugen. Die Lichtstreuung erzeugt das Unterlicht, das bei flachen Gewässern auch durch die Reflexion am Gewässergrund verstärkt wird. Auf der Streuung beruht die Wasserfarbe. Reines Wasser erscheint blau. Feinste Mineralstoffe erzeugen grüne, grobes Mineral graue Farbtöne. Ton und humose Stoffe geben dem Wasser gelbe, braune bis schwarze Farbe.

Thermische Eigenschaften
Mit der Wasserstoffbindung der Wassermoleküle sind auch die besonderen thermischen Eigenschaften von Wasser verbunden. Diese sind sowohl für Wasser in gasförmiger, flüssiger und fester Form temperatur- und druckabhängig. Die Aggregatzustände sind durch den Gefrier- oder Schmelzpunkt und durch den Siede- oder Kondensationspunkt getrennt. Im Tripelpunkt bei 0,0098°C und 6,11 hPa Dampfdruck können alle Zustandsformen permanent nebeneinander bestehen. Die Phasenübergänge durch ↗Kondensation, ↗Verdunstung, ↗Gefrieren, ↗Schmelzen, ↗Sublimation und Eisverdampfung sind mit Energieumsätzen verbunden. Dabei sind die Phasenübergänge Eis-Wasser-Eis von erheblich geringeren Energieumsätzen begleitet als bei den Aggregatsänderungen Wasser-Dampf-Wasser oder Dampf-Eis-Dampf.

Die spezifische Wärme von Wasser c_w ist im Vergleich zu anderen Flüssigkeiten sehr hoch (Tab. 3). Die Abhängigkeit von der Temperatur T wird durch:

$$c_w = 4{,}21 - 0{,}00177 \cdot T + 0{,}0000127 \cdot T^2$$

beschrieben. Sie wächst auch mit steigendem Salzgehalt. Wasser ist auch durch eine große Volumenwärmekapazität $c \cdot \varrho$ gekennzeichnet. Der Wärmeinhalt, die Enthalpie ε, steigt mit der Temperatur. Sowohl die spezifische Wärme als auch

Wasser (Tab. 3): Kenngrößen zur Thermodynamik des Wassers in Abhängigkeit von der Temperatur T (α = thermische Ausdehnung, c = spezifische Wärme, λ = Wärmeleitfähigkeit, ε = Enthalpie; mit den Indizes w für Wasser und e für Eis).

T [°C]	α_w [K^{-1}]	c_w [J/(kg·K)·10^3]	c_e [J/(kg·K)·10^3]	λ_w [W/(m·K)·10^{-2}]	λ_e [W/(m·K)·10^{-2}]	ε_w [J/kg·10^3]
-20	-678	4,35	1,96	52,3	243	
-15			2,00			
-10			2,05			
-5			2,07			
0	-68,1	4,22	2,11	56,4	222	0,10
5	16,0	4,20		57,4		16,9
10	87,9	4,19		58,4		
15	150,7	4,19				
20	206,6	4,18		59,7		84,00
25	257,0	4,18				
30	303,1	4,18		61,8		
35	345,7	4,18				
40	385,4	4,18		62,7		167,58
45	422,6	4,18				
50	457,8	4,18		64,5		
60	523	4,18		65,1		251,20
80	642	4,20		67,0		335,00
100	750	4,22		68,2		419,10

die Wärmekapazität bewirken die bedeutende Rolle des Wassers im Wärmehaushalt der Atmosphäre und der Grenzschicht Erdoberfläche/Atmosphäre. Die spezifische Wärme der Luft beträgt je nach Luftfeuchte nur $0{,}71\text{–}1{,}0 \cdot 10^3$ J/(kg·K) und die Wärmekapazität der Luft nur 1,3 J/(m·K). Wasser ist bei gleicher Temperatur viel energiereicher.

Auch die molekulare Wärmeleitfähigkeit λ ist von der Temperatur abhängig. Im unbewegten oder laminar fließenden Wasser beträgt sie 0,6 W/(m·K) bei 20°C. Die Temperaturleitfähigkeit k des unbewegten Wassers:

$$k = \lambda/(c \cdot \varrho)$$

nimmt wegen der hohen Wärmekapazität $c \cdot \varrho$ nur 1/100 der Werte der Luft an und zwar $0{,}15 \cdot 10^{-6}$ m^2/s.

Die spezifische Wärme von Eis c_e ist nur etwa halb so groß wie jene von flüssigem Wasser, und zwar beträgt sie bei 0°C 2,11·10^3 J/(kg·K). Die Molwärme liegt bei 38,5 J/(mol·K). Entsprechend der geringen spezifischen Wärme sowie wegen des Dichtesprungs bei 0°C ist die Wärmekapazität nur 47 % jener von flüssigem Wasser, und zwar bei –20°C von der Größe $1{,}80 \cdot 10^6$ J/(m^3·K) und bei 0°C $1{,}93 \cdot 10^6$ J/(m^3·K). Die Wärmeleitfähigkeit von Eis ist wesentlich höher als die von Wasser. Bei 0°C beträgt sie 22,2 W/(m·K) und ist damit vier mal größer. Die Wärmeleitzahlen sind abhängig von der Schneedichte. Für Neuschnee beträgt die Wärmeleitzahl 0,08 W/(m·K) und für Altschnee ca. 1,5 W/(m·K). Neuschnee ist ein besonders guter Wärmeisolator. Die Temperaturleitzahl liegt nur bei etwa $0{,}5 \cdot 10^{-6}$ m^2/s und ist etwa vier mal größer als jene von Wasser.

Wasseranalyse, chemische Untersuchung von Wasserproben auf ↗Wasserinhaltsstoffe mit chemisch-analytischen Methoden. Die Untersuchungen werden in Wasserproben jeglicher Herkunft durchgeführt, z. B. aus Gewässern, Roh- und Trinkwasser, Prozeß- und Abwasser, Mineralquellen sowie in atmosphärischen Niederschlägen. Die Zahl der routinemäßig bestimmbaren Kenngrößen ist groß und umfaßt u. a. Salze bzw. deren Ionen, Schwermetalle, Kohlenwasserstoffe und Pestizide. Aufgrund der umfangreichen Parameterliste und der sehr unterschiedlichen Stoffeigenschaften werden in der Wasseranalyse verschiedene physikalisch-chemische Meßmethoden wie Spektroskopie, Chromatographie oder elektrochemische Verfahren in zahlreichen Varianten angewandt. Als offizielle Referenzquelle für genormte Verfahren der Wasseranalyse gelten in Deutschland die »Deutschen Einheitsverfahren zur Wasser-, Abwasser- und Schlammuntersuchung«. [HB]

Wasserandrang, ↗Ergiebigkeit eines Grundwasserleiters.

Wasseraufbereitung, *Trinkwasseraufbereitung*, Gesamtheit der Verfahren und Anlagen zur Behandlung von Wasser, um seine Beschaffenheit dem jeweiligen Verwendungszweck anzupassen (Tab.). Insbesondere ↗Rohwasser, das aus Oberflächengewässern entnommen wurde, aber auch uferfiltriertes oder in Anreicherungsanlagen gewonnenes Grundwasser bedarf einer Aufbereitung. Je nachdem, welche Substanzen entnommen oder in ihren Konzentrationen vermindert werden sollen, werden unterschiedliche physikalische, chemische oder biologische Verfahren angewendet. Absetzbare Stoffe mit größeren Durchmessern können durch Sedimentation entfernt werden, partikuläre Stoffe mit einem Durchmesser bis $0{,}5 \cdot 10^{-4}$ mm durch Siebverfahren und/oder ↗Filtration. Je nach den Eigenschaften des Rohwassers können ↗Flockung sowie Verfahren zur ↗Enteisenung und ↗Entman-

Wasseraufbrauch

aus dem Rohwasser zu entnehmende Stoffe	physikalische und chemische Verfahren											biologische Verfahren					
	Siebung	Sedimentation	Flockung	Schnellfiltration	Schlammkontaktverfahren	Oxidation	Fällung	Verdüsung	Entsäuerung	Adsorption	Ionenaustausch	Langsamfiltration	künstl. Grundwasseranreicherung	Uferfiltration	Bioreaktoren	Schnellfiltration	Trockenfiltration
grob dispers, >5 · 10⁻⁴ mm anorg. Trübstoffe, große Algen, Zooplankton, Detritus, Animalcula	•	•	(•)	•	•							•	•	•			
kolloiddispers, 5 · 10⁻⁴ bis 5 · 10⁻⁶ mm anorganische und organische Stoffe			•	•		•	•					•			•	•	•
molekulardispers, 5 · 10⁻⁶ bis 5 · 10⁻⁷ mm Stoffe			•	•		•	•	•	•	•	•	•	•	•	•	•	•

Wasseraufbereitung (Tab.): Aufbereitungsverfahren bei der Trinkwassergewinnung.

ganung oder ↗Entsäuerung in Frage kommen. Der Zusatz von Chlor oder Ozon dient der Desinfektion (↗Chlorung, Ozonisierung).   [EWi]

Wasseraufbrauch, *Aufbrauch,* Verminderung des ober- und unterirdischen Wasservorrates durch ↗Verdunstung oder Entnahme, gemittelt über ein bestimmtes Gebiet. Er wird meist ausgedrückt als Wasserhöhe über einer horizontalen Fläche.

Wasseraufnahme, meist angegeben in l/min, dient als Kennwert zur Quantifizierung der Gebirgs- und Gesteinsdurchlässigkeit bei Wasserabpreßversuchen.

Wasseraufnahme- und Wasserbindevermögen, das *Wasseraufnahmevermögen* ist nach DIN 18132 die von einer getrockneten Probe aufgesaugte maximale Wassermasse, bezogen auf die Trockenmasse der Probe. Es ist die Eigenschaft, das Wasser kapillar anzusaugen und zu halten und hängt von der spezifischen Oberfläche des Feinkorns und der Aktivität der Tonmineralien ab. Man unterscheidet demnach zwischen der ↗Kapillarität und der ↗Hydratation.

Die Kapillarität ist eine Folge der Molekularkräfte. Diese Kräfte ziehen die an der Oberfläche einer Flüssigkeit liegenden Moleküle nach innen. Bei der Kapillarität wird nur die äußere Oberfläche zugänglich. Die Wasseraufnahme beginnt spontan nach Herstellung eines Kontakts zwischen der freien Flüssigkeit und den Feststoffkörnern. Mit zunehmendem Sättigungsgrad verläuft der Bewegungsvorgang langsamer; je mehr die Poren ausgefüllt sind, desto geringer ist die Ansauggeschwindigkeit.

Die Hydratation kommt bei quellfähigen Tonmineralen zum Tragen. Hierbei wird die sich zwischen den Silicatschichten der Tonmineralkristalle befindliche innere Oberfläche durch den Quellvorgang zugänglich. Alle anderen Bodenminerale besitzen lediglich eine äußere Oberfläche.

In der Praxis bestimmt man das Wasseraufnahmevermögen bindiger Böden, um zu testen, ob sie quellfähige Tonminerale enthalten. Schon geringe Mengen von ein bis zwei Prozent machen sich bemerkbar. (Eine Mineralbestandsanalyse ist dagegen sehr teuer und aufwendig.) Das Wasseraufnahmevermögen steht in linearem Zusammenhang mit der ↗Plastizitätszahl.

Das Wasserbindevermögen ist die Menge Wasser, die ein getrockneter Boden nach vier Minuten aufgenommen hat, bezogen auf die zuvor ermittelte Trockenmasse. Das Wasseraufnahme- und Wasserbindevermögen werden mit dem ↗Enslin-Gerät bestimmt.   [SRo]

Wasseraufnahmevermögen ↗Wasseraufnahme- und Wasserbindevermögen.

wasseraufnehmender Fluß, *effluenter Fluß,* ↗Vorfluter, der durch diffuse Zuflüsse oder punktförmig eingebrachtes Wasser an ↗Abfluß zunimmt.

Wasserbau, Gesamtheit der baulichen Maßnahmen am und im Gewässer, die das Ziel haben, dessen Nutzung zu ermöglichen oder zu verbessern, die ökologische Bedingungen zu beeinflussen sowie Siedlungs- und Nutzflächen zu schützen. Der Wasserbau gliedert sich in zahlreiche Einzeldisziplinen. So umfaßt z.B. der ↗Gewässerausbau (Flußbau) alle Baumaßnahmen zur Beeinflussung von Linienführung, Querschnitt und Gefälleverhältnissen von Fließgewässern. Derartige Maßnahmen sind u.a. auch Teil des ↗Verkehrswasserbaus, der die Aufgabe hat, natürliche Gewässer so umzugestalten, daß sie als ↗Wasserstraßen für den Güter- und Personenverkehr mit Schiffen geeignet sind. Dazu gehört auch der Bau von ↗Schiffahrtskanälen und ↗Häfen sowie von ↗Staustufen. Die in diesem Zusammenhang meist errichteten ↗Wasserkraftanlagen sind ebenso wie die ↗Talsperren Teil des Energiewasserbaus. Maßnahmen zum ↗Hochwasserschutz fallen sowohl in den Bereich des Gewässerausbaus als auch des Küsteningenieurwesens (↗Küstenschutz). Der Siedlungswasserbau umfaßt hingegen die zur ↗Wassergewinnung und ↗Wasseraufbereitung erforderlichen Anlagen sowie die ↗Kanalisation mit ihren Nebenanlagen und die ↗Abwasserreinigung. ↗Bewässerung und ↗Entwässerung sind hingegen Aufgaben des landwirtschaftlichen Wasserbaus. ↗Hydrotechnik.   [EWi]

Wasserbedarf, das in einem Versorgungsgebiet bereitzustellende Wasservolumen. Es hängt von der jeweiligen Einwohnerzahl und dem spezifischen Wasserbedarf (in Liter pro Einwohner und Tag) ab sowie ggf. vom Bedarf an Betriebs-, Kühl- und Löschwasser und dem Wasserbedarf für öffentliche Einrichtungen (z. B. Bäder, Krankenhäuser, Schulen). Der einwohnerbezogene Wasserbedarf wird stark von der Art der Bebauung, der sanitären Ausstattung der Gebäude und Wohnungen sowie den sozialen Verhältnissen der Wohnbevölkerung bestimmt. Er liegt in der Bundesrepublik je Einwohner und Tag bei einfachen, älteren Mehrfamilienhäusern bei 90 l, in modernen Villenvierteln mit Komfortausstattung bei 250 l und kann Spitzenwerte von 400 l erreichen, der Mittelwert beträgt 145 l. Der Anteil des Kleingewerbes schwankt zwischen 9 % und 27 % des einwohnerbezogenen Wasserbedarfes. In der Industrie ist der Wasserbedarf stark branchenabhängig, er hat sich durch den Einsatz neuer Technologien, wie z. B. Kreislaufkühlung und Mehrfachnutzung, in den vergangenen Jahren erheblich verringert. Von großer Bedeutung kann regional der Kühlwasserbedarf von Kraftwerken sein, der z. B. bei einem 1300 MW-Kernkraftwerk in den Sommermonaten bis zu 1 m^3/s betragen kann, sowie der Wasserbedarf der Landwirtschaft. In der Wasserbilanz schlagen sich die beiden letzteren Bedarfsarten als Verlust nieder. ↗Pflanzenwasserbedarf. [EWi]

Wasserbehälter, *Wasserspeicher*, Anlage zur Speicherung von Trink- oder Brauchwasser. Wasserbehälter gleichen die Schwankungen von Dargebot und Bedarf aus und ermöglichen damit eine gleichmäßige Auslastung und wirtschaftliche Dimensionierung von Wasserversorgungsanlagen (↗Wasserversorgung). Meistens werden Wasserbehälter als Hochbehälter ausgeführt, ihr Wasserspiegel liegt dann über der jeweiligen Betriebsdruckhöhe des Versorgungsgebietes, so daß eine Zuleitung und Sicherstellung des notwendigen Betriebsdruckes in freiem Gefälle möglich ist. Darüber hinaus bilden sie eine Reserve im Fall von Betriebsstörungen oder einem kurzfristig erhöhten Wasserbedarf (z. B. als Löschwasserreserve).

Nach der Lage zum Versorgungsgebiet unterscheidet man Durchlaufbehälter und Gegenbehälter. Durchlaufbehälter liegen zwischen dem Wasserwerk und dem Versorgungsgebiet, so daß sie vom gesamten im Versorgungsgebiet benötigten Wasservolumen durchflossen werden. Der Gegenbehälter liegt – vom Wasserwerk aus gesehen – hinter dem Versorgungsgebiet, so daß er nur das Wasser speichert, was dort momentan nicht benötigt wird. Hochbehälter werden meist als Erdbehälter ausgeführt, gelegentlich auch als Wasserturm. Wo aus topographischen Gründen die Anlage von Hochbehältern nicht möglich ist, werden Tiefbehälter angeordnet, wobei der notwendige Versorgungsdruck verbrauchsabhängig durch Pumpen erzeugt wird.

Eine wesentliche Forderung ist, daß das gespeicherte Wasser bei der Speicherung keine nachteiligen Veränderungen erfährt. Wasserbehälter bestehen in der Regel aus mindestens zwei Wasserkammern, um Wartungs- und Instandhaltungsarbeiten ohne Betriebsunterbrechung durchführen zu können, sowie dem Bedienungshaus (Schieberkammer), in dem die erforderlichen Armaturen und Steuerungseinrichtungen untergebracht sind. Um Algenbildung zu verhindern, werden die Wasserkammern so ausgebildet, daß kein Tageslicht einfallen kann. In Erdbehältern wird das Wasser durch eine Erdüberdeckung gegen extreme Außentemperaturen abgeschirmt. Die Wasserkammern sind meist Stahlbeton- oder Spannbetonkonstruktionen aus wasserundurchlässigem, rissefreiem Beton. [EWi]

Wasserbewirtschaftung, Steuerung und Betrieb ↗wasserwirtschaftlicher Systeme (Wasserversorgungs-, Abwasserbeseitigungs-, Be- und Entwässerungs-, Kanal-, Hochwasserschutzsysteme) und wasserbaulicher Anlagen (Talsperren, Schiffahrtskanäle) mit dem Ziel, die Wasserressourcen und das Ökosystem Wasser zu schützen sowie einen Ausgleich der Interessen verschiedener Nutzungen herbeizuführen (↗nachhaltige Wasserwirtschaft, ↗Gewässerbewirtschaftung).

Wasserbewirtschaftungsplan, nach dem ↗Wasserhaushaltsgesetz geforderter Plan zur Bewirt-

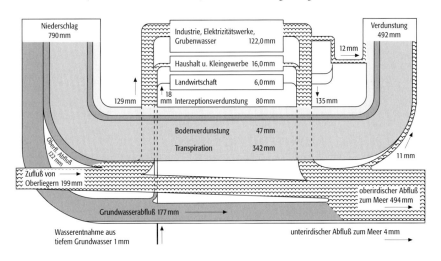

Wasserbilanz 1: Wasserbilanz von Deutschland für den Zeitraum 1961–1990 mit den Wasserverbrauchszahlen von 1990.

Wasserbilanz

Wasserbilanz (Tab. 2): Wasserbilanz für die gesamte Erde sowie für das Festland und die Weltmeere (P = Niederschlag, E = Verdunstung, R = Abfluß).

	Fläche [10⁶ km²]	P [mm / a]	E [mm / a]	R [mm / a]	P [10³ km³]	E [10³ km³]	R [10³ km³]
Land	149	800	485	315	119	72	47
Meer	361	1270	1400	-130	458	505	-47
Erde	510	1130	1130	-	577	577	-

schaftung der Gewässer (↗Gewässerbewirtschaftung), der dem Schutz der Gewässer (↗Gewässerschutz) als Bestandteil des ↗Naturhaushaltes, der Schonung der ↗Grundwasservorräte, dem Durchflußverhalten und den Nutzungserfordernissen Rechnung trägt.

Wasserbilanz, *Wasserhaushaltsgleichung*, volumenmäßige Erfassung der einzelnen Komponenten des ↗Wasserkreislaufes und der ↗Wasservorratsänderung in einem betrachteten Gebiet während einer Zeitspanne. Es sind dies: ↗Niederschlag h_N, ↗Verdunstung h_V, Bodenverdunstung (↗Evaporation) h_{VB}, Pflanzenverdunstung (↗Transpiration) h_{VT}, ↗Interzeption h_{VI}, Verdunstung freier Wasserflächen $h_{V\ddot{o}}$, Wasserverbrauch h_{Vv}, ↗Abfluß (oberirdisch) h_{Ao}, Grundwasserabstrom (↗Grundwasserabfluß) h_{Au}, Wasserableitung h_{Ak}, ↗Zufluß (oberirdisch) h_{Zo}, Grundwasserzustrom (↗Grundwasserzufluß) h_{Zu}, Wasserzuleitung h_{Zk}, Vorratsänderung auf der Erdoberfläche in Form von Schnee oder in Gewässern h_{So} und ↗Bodenvorratsänderung h_{Su}.

Die Wasserbilanzgleichung für ein Gebiet lautet:

$$h_N = h_{VB} + h_{VT} + h_{VI} + h_{Vv} + h_{Ao} + h_{Au} + h_{Ak} - h_{Zo} - h_{Zu} - h_{Zk} + h_{So} + h_{Su}$$

oder vereinfacht:

$$h_N = h_V + h_A - h_Z + h_S.$$

Bei Betrachtung der Wasserbilanz über einen längeren Zeitraum (>30 Jahre) hinweg kann das Vorratsänderungsglied h_S in guter Näherung vernachlässigt werden, so daß die Bilanzgleichung dann lautet:

$$h_N = h_V + h_A.$$

Die Angaben für die einzelnen Glieder der Bilanzgleichung erfolgen in der Dimension Wasserhöhe pro Zeiteinheit oder Volumen pro Zeiteinheit, dabei werden meist die Einheiten mm/a oder km³/a verwendet. Als Beispiel ist die Wasserbilanz von Deutschland aufgeführt (Abb. 1). Der Berechnung liegen die Nutzungsflächenanteile der BRD zugrunde (Tab. 1).

	km²	%
Fläche von Deutschland	356.800	100,0
Landwirtschaftliche Nutzfläche	204.390	57,3
Wald	99.760	28,0
Gewässer	7200	2,0
Sonstige	45.450	12,7

Bei der Wasserbilanz für die Erde, auch Weltwasserbilanz oder globale Wasserbilanz genannt, kann in hinreichender Näherung von der Erhaltung der Wassermasse über lange Erdzeiten ausgegangen werden. Dies bedeutet die Gleichheit der Volumina des globalen Niederschlages h_{Ng} und der globalen Verdunstung h_{Eg}, daher wird die Wasserbilanzgleichung zu:

$$h_{Ng} - h_{Eg} = 0.$$

Bei der Betrachtung der Wasserbilanz für die Land- und Meeresflächen muß der Abfluß h_A mit betrachtet werden. Die Wasserbilanzgleichung lautet dann für die Landflächen (Index *l*):

$$h_{Nl} - h_{El} - h_{Al} = 0$$

und entsprechend für die Meeresflächen (Index *m*):

$$h_{Nm} - h_{Em} - h_{Am} = 0.$$

(h_{Am} bedeutet für die Meeresflächen Wasserdampftransport über die Atmosphäre von den Weltmeeren zum Festland).

In der Tab. 2 ist die Wasserbilanz für die Erde sowie die Land- und Meeresflächen dargestellt. Tab. 3 enthält die Wasserbilanz für die einzelnen Kontinente. Das Wasser ist über die Erde ungleich verteilt. Dies kann durch die Darstellung der räumlichen Verteilung der Wasserhaushalts-

Wasserbilanz (Tab. 1): Flächenanteile von Deutschland für verschiedene Nutzungsarten.

Wasserbilanz (Tab. 3): Wasserbilanz der Kontinente in km³ pro Jahr und in mm Wasserhöhe pro Jahr.

	Fläche [10⁶ km²]	Niederschlag [km³/a]	Niederschlag [mm/a]	Verdunstung [km³/a]	Verdunstung [mm/a]	Abfluß [km³/a]	Abfluß [mm/a]
Europa	10,1	8000	790	5100	507	2820	283
Asien	44,1	2600	740	18.300	416	14.300	324
Afrika	29,8	22.000	740	17.500	587	4600	153
Australien[(1)]	7,6	6000	791	3900	511	2100	280
Nordamerika	24,1	18.200	756	10.000	418	8200	339
Südamerika	17,9	28.600	1600	16.300	910	12.300	685
Antarktis	14,1	2300	165	0	0	2300	165
Total[(2)]	149,8	120.000	800	72.600	485	47.200	315

[(1)] ohne Neuseeland und zugehörende Inseln [(2)] einschließlich Neuseeland und zugehörende Inseln

Kontinent	Feststoffe Fracht [10⁶ t/a]	Flächenabtrag [t/(a · km²)]	gelöste Stoffe Fracht [10⁶ t/a]	Flächenabtrag [t/(a · km²)]	Total Fracht [10⁶ t/a]	Flächenabtrag [t/(a · km²)]
Afrika	530	35	201	13	731	48
Asien	6433	229	1592	57	8052	286
Europa	230	50	425	92	655	142
Nord- und Zentralamerika	1462	84	758	43	2220	127
Australien[(1)]	3062	589	293	56	3355	645
Südamerika	1788	100	603	34	2391	134

[(1)] einschließlich Neuseeland und pazifische Inseln

komponenten ↗Niederschlag, tatsächliche ↗Verdunstung und deren Differenz verdeutlicht werden (↗Niederschlagsverteilung Abb. 1 und 2 im Farbtafelteil, Abb. 2 u. 3). Diese Differenz ergibt für die Landflächen der Erde die räumliche Verteilung der ↗Abflußhöhe.
Mit dem Abfluß ist von den Landflächen ein Transport von ↗Feststoffen und gelösten Stoffen in die Weltmeere verbunden. Fracht und Flächenabtrag für die Kontinente der Erde sind in Tab. 4 aufgeführt. [HJL]

Wasserbilanzschreiber, Gerät zur Messung der ↗klimatischen Wasserbilanz, das aus der Kombination eines Niederschlagsschreibers (↗Niederschlagsmessung) und eines ↗Evaporimeters (z. B. Ceratzki-Evaporometer) besteht.

Wasserbindemittelwert, W/B, Faktor, der das Verhältnis (Volumen oder Gewicht) zwischen Wasser und einem Bindemittel (Zement) in Feinstbindemitteln, die z. B. für ↗Injektionen in Lockergesteinen und Fels eingesetzt werden, angibt. Der Wasserbindemittelwert beeinflußt die Viskosität, die Fließgrenze und die Sedimentiergeschwindigkeit z. B. von Zementsuspensionen in einem Injektionsverfahren. Außerdem hat der Wasserbindemittelwert Auswirkung auf die Erosionsstabilität und die Festigkeit.

Wasserbindung, Einschränkung der Bewegungsmöglichkeit von Wasser in porösen Systemen (z. B. Boden); wird verursacht durch im Boden wirkende Kräfte (z. B. Adsorptionskräfte, Kapillarkräfte).

Wasserbiozönose ↗Gewässerbiozönose.
Wasserblüte ↗Algenblüte.

Wasserchemismus, Chemismus des ↗Wassers als ein Stoff mit besonderen chemischen und physikalisch-chemischen Eigenschaften. Aus diesem Grund findet es eine vielfache Verwendung in allen Bereichen menschlicher Tätigkeiten. Zudem spielt es in der belebten und unbelebten Natur bei fast allen Vorgängen eine zentrale Rolle oder ist zumindest daran in irgendeiner Weise beteiligt. Die Ursache für die ungewöhnlichen Eigenschaften ist in der molekularen Struktur begründet. Das Wassermolekül (Monohydrol, H_2O) besteht aus zwei Wasserstoffatomen (H) und einem Sauerstoffatom (O) (Abb. 1a). Es wird durch die aus einem gemeinsamen Elektronenpaar bestehende kovalente Bindung zusammengehalten (Abb. 1b). Das Molekül ist in der Form des Was-

Wasserbilanz (Tab. 4): Feststofffracht in Tonnen (t) pro Jahr (a) sowie Flächenabtrag in Tonnen (t) pro Jahr (a) und Fläche (km²) für die Kontinente der Erde.

Wasserbilanz 2: Verteilung der jährlichen Verdunstungshöhen [cm/a] auf der Erde.

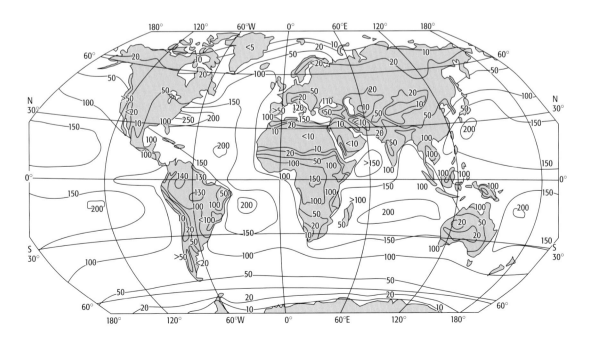

Wasserchemismus

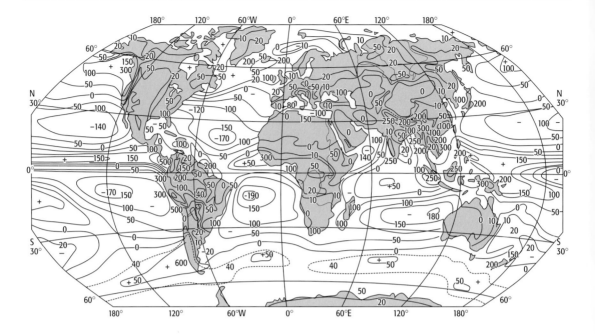

Wasserbilanz 3: Verteilung der jährlichen Differenz Niederschlagshöhe/Verdunstungshöhe (cm/a) auf der Erde. Auf den Landflächen der Erde entspricht der Wert der Abflußhöhe.

Wasserchemismus 1: a) Aufbau eines Wassermoleküls, b) kovalente Bindung im Wassermolekül, c) Molekülstruktur des Wassers.

serdampfes existent. Es hat einen winkelförmigen Aufbau, wobei die Valenzbindungen vom Sauerstoff zu den beiden Wasserstoffatomen einen Winkel von 104,5° einschließen und einen O-H-Bindungsabstand von 0,096 nm aufweisen (Abb. 1c). Der Moleküldurchmesser beträgt 0,275 nm, der Abstand zwischen den beiden H-Atomen 0,154 nm. Die Ionisierungsenergie des Moleküls beträgt 12,62 eV. Die relative Molekülmasse ist 18,01 534. Sie ergibt sich aus der relativen Atommasse für $^1H = 1,00797$ und für $^{16}O = 15,9994$.

Der Schwerpunkt der Elektronen im Molekül liegt aufgrund dieser Struktur nicht zentral. Die unterschiedliche Elektronegativität von O- und H-Atomen führt zu Partialladungen von -0,34 am Sauerstoff- und je +0,17 an den beiden Wasserstoffatomen. Das Molekül weist daher ein positiv und ein negativ geladenes Ende auf und stellt damit einen Dipol mit einem Dipolmoment dar. Auf dem Dipolcharakter der Wassermoleküle beruhen viele der außergewöhnlichen chemischen und physikalischen Eigenschaften des Wassers, wie z. B. das gute Lösungsvermögen, die ↗Viskosität, die ↗Oberflächenspannung usw. Das Kontinuum Wasser ist eine Verbindung von Monohydrolen (Abb. 2). Die zwischenmolekulare Bindung erfolgt neben den van der Waalsschen Massenanziehungskräften über die positiven und negativen freien Ladungen am Wassermolekül. Der negative Pol des einen zieht den positiven Pol des anderen Hydrols an. Diese elektrostatische Bindung wird als Wasserstoffbrückenbindung bezeichnet. Sie ist viel stärker als die van der Waalssche Massenanziehung und bewirkt die Entstehung von Molekülaggregaten $(H_2O)_x$ (Polyhydrole). In ihnen sind die Wassermoleküle zu einem Verband von ungewöhnlicher Dichte und Kontinuität der Struktur verkettet. Mit steigender Temperatur werden die Molekülaggregate instabiler.

Beim Erstarren des Wassers bildet sich in der Natur Eis (»normales« Eis, Modifikation »Eis I«). Darin sind, wie die Abbildung 3 zeigt, die Sauerstoffatome tetraedrisch angeordnet, die Wasserstoffatome bilden zu den umgebenden Sauerstoffatomen sowohl kovalente wie Wasserstoffbrückenbindungen aus. Insgesamt ergibt sich dadurch eine hexagonale Kristallstruktur mit zahlreichen Hohlräumen. Zugleich erfolgt eine Volumenvergrößerung und Dichteminderung (↗Wasser, mechanische Eigenschaften). Eine Elementarzelle hat eine Kantenlänge von 0,451 nm bzw. 0,735 nm. Neben der Normalform gibt es noch zahlreiche weitere Eismodifikationen, die unter Hochdruck oder bei tiefen Temperaturen entstehen können.

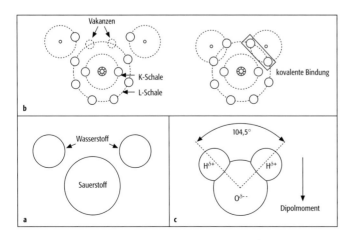

Wasserchemismus 2: Wasserstoffbrückenbindung im Wasser.

In der flüssigen Phase des Wassers sind nicht alle Wasserstoff- und Sauerstoffatome in Wassermolekülen gebunden. Es bestehen daneben noch geringe Mengen H^+- und OH^--Ionen. Die Aufspaltung eines Moleküls wie des Wassers in Ionen wird als ↗Dissoziation bezeichnet. Aus dem ungewöhnlich großen Dipolmoment der Wassermoleküle und der sich daraus ergebenden hohen Dielektrizitätskonstante resultiert die beachtliche Fähigkeit des Wassers, andere Stoffe aufzulösen. Dies betrifft besonders solche Stoffe, deren Moleküle allein oder hauptsächlich durch Ionenbindung zusammengehalten werden. Eine solche Bindung entsteht aus der Coulombschen Anziehung, zum Beispiel wenn Na^+- und Cl^--Ionen sich gegenseitig anziehen und NaCl-Moleküle (Kochsalz) bilden. Diese Bindungen sind verhältnismäßig schwach. Wenn sie an der Oberfläche eines in Wasser getauchten Salzkristalls unterbrochen werden, wird die Anziehung zwischen den gelösten, entgegengesetzt geladenen Ionen durch die hohe Dielektrizitätskonstante stark vermindert. Die Trennung der Ionen (Dissoziation) wird zusätzlich dadurch gefördert, daß die positiven Ionen dazu neigen, sich an die negativ geladene Sauerstoffseite des H_2O-Moleküls und die negativen Ionen sich an die positiv geladene Wasserstoffseite anzuhängen (Komplexierung durch Wassermoleküle, Hydratisierung). Durch diesen Vorgang ändert sich die zwischenmolekulare Struktur des Wassers erheblich. Nicht dissoziierende Substanzen sind gut in Wasser löslich, wenn ihre Moleküle ebenfalls ein Dipolmoment besitzen oder wenn sie unter Ausbildung von Wasserstoff-(H-)Brücken mit den Wassermolekülen in Wechselwirkung treten können. Der Lösungsvorgang ist mit Volumenkontraktion und Wärmeumsatz (positive oder negative Wärmetönung) verbunden.

In der Natur kommt Wasser in reiner Form praktisch nicht vor; es sind immer anorganische oder organische Stoffe in gelöster oder ungelöster Form in ihm enthalten. Wasser kann Stoffe verschiedenster Art (Feststoffe, Flüssigkeiten, Gase) lösen. Die ↗Wasserinhaltstoffe können die ursprünglichen physikalischen und chemischen Eigenschaften des Wassers erheblich verändern (zum Beispiel Siedepunkt, Dichte, u. a.). Außerdem kann das Wasser Zwei-Phasen-Systeme mit Feststoffen (Suspensionen), mit Flüssigkeiten (Emulsionen) und mit Gasen (Schäume, Nebel) bilden. [HB]

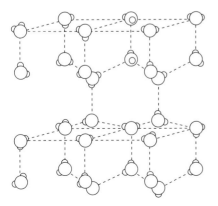

Wasserchemismus 3: zwischenmolekulare Bindung von Wasser im Eis.

Wasserdampf: maximale Wasserdampfmenge bei gegebener Temperatur; bei –30°C kann maximal 0,45 g Wasserdampf pro m³ Luft enthalten sein, bei +30°C dagegen 30,3 g pro m³ Luft, also fast das 300fache.

Wasserdampf, das Gas des Wassers, das in der ↗Atmosphäre immer unsichtbar enthalten ist. Der Wasserdampfgehalt der Atmosphäre schwankt räumlich und zeitlich sehr stark, häufig auch als Folge der Phasenübergänge von Gas zu Wassertröpfchen oder Eiskristallen und umgekehrt. An der Zusammensetzung der Luft kann Wasserdampf bis zu 4 % beteiligt sein. Der Partialdruck bzw. die Wasserdampfmenge hängt von der herrschenden ↗Temperatur ab (Abb.). Wasserdampf ist in der Atmosphäre neben ↗Stickstoff und ↗Sauerstoff das häufigste Gas.

Wasserdampfabsorption, Absorption von ↗elektromagnetischer Strahlung in ↗Absorptionsbanden des atmosphärischen ↗Wasserdampfes. ↗Strahlungsabsorption.

Wasserdampffenster, Spektralbereich zwischen den ↗Absorptionsbanden des ↗Wasserdampfes, in dem sich die ↗elektromagnetische Strahlung in der ↗Atmosphäre ohne Beeinträchtigung durch den Wasserdampf ausbreiten kann. ↗atmosphärische Fenster, ↗Strahlungsabsorption, ↗Treibhauseffekt.

Wasserdampfradiometer, passiver Sensor zur Bestimmung des Wasserdampfes und des flüssigen Wassers entlang eines Zielstrahls von der Erdoberfläche aus durch die Atmosphäre. Empfangen wird die Strahlung der H$_2$O-Moleküle bei ca. 21 und 31,4 GHz innerhalb einer Richtkeule von ca. 3–6°. Neben meteorologischen Untersuchungen werden Wasserdampfradiometer auch für die Bestimmung von Refraktionseffekten bei hochgenauen weltraumgeodätischen Meßaufgaben, z. B. mit ↗GPS oder ↗Radiointerferometrie, eingesetzt.

Wasserdampfsättigung, chemischer Gleichgewichtszustand zwischen ↗Wasserdampf und Wasser (↗Wassersättigung) oder Eis (Eissättigung). Der ↗Sättigungsdampfdruck ist eine bekannte Funktion ausschließlich der ↗Temperatur. Liegt der Dampfdruck unterhalb bzw. oberhalb des Sättigungsdampfdruckes, herrscht Untersättigung bzw. ↗Übersättigung und es liegt untersättigter bzw. übersättigter Wasserdampf vor. Eventuell bei Untersättigung vorhandenes Wasser oder Eis verdunstet. Die Differenz zum Sättigungswert heißt auch ↗Sättigungsdefizit und kontrolliert die Stärke der ↗Verdunstung. Bei Übersättigung kondensiert der vorhandene Wasserdampf. Da stets ausreichend viele ↗Kondensationskerne vorhanden sind, werden in Wolken höchstens wenige Prozent Übersättigung beobachtet, und der Sättigungsdampfdruck stellt den Maximalwert an Wasserdampf bei der vorgegebenen Temperatur dar. Mit steigender Temperatur nimmt auch das Speichervermögen der Luft für Wasserdampf zu. Da in der ↗Atmosphäre ein Mangel an ↗Eiskeimen besteht, kann die Übersättigung über Eis mehrere hundert Prozent betragen. Der Sättigungsdampfdruck über ↗unterkühltem Wasser ist höher als über Eis. Im Temperaturbereich von 0 bis –40°C kann die Luft daher bezüglich Eis übersättigt, aber bezüglich Wasser untersättigt sein und eventuell vorhandene Eiskristalle wachsen auf Kosten der Wassertropfen (↗Bergeron-Findeisen-Prozeß). Der Sättigungsdampfdruck bezieht sich auf eine ebene Oberfläche von Wasser oder Eis. Über gekrümmten Oberflächen, z. B. bei Tröpfchen, ist der Sättigungsdampfdruck höher (↗Krümmungseffekt), bei Lösungen geringer (Lösungseffekt, ↗Raoultsches Gesetz). [TH]

Wasserdargebotspotential, Teilpotential des ↗Naturraumpotentials und des ↗Leistungsvermögens des Landschaftshaushaltes. Das Wasserdargebotspotential ist die Fähigkeit des ↗Landschaftshaushaltes aufgrund der Vegetationsstruktur, der klimatischen Gegebenheiten sowie der Boden-, Substrat- und Reliefbedingungen Grundwasser und Oberflächenwasser zu generieren und der menschlichen Nutzung bereitzustellen.

Wasserdruck-Test, *WD-Test, Wasserdruckversuch, Lugeon-Versuch*, im Jahr 1933 von Lugeon erarbeiteter Versuch, bei dem Wasser in einem mit 1 oder 2 ↗Packern abgedichteten Bohrlochabschnitt verpreßt wird. Der Versuch wird deshalb z. T. auch als ↗Packertest bezeichnet. Sein Hauptanwendungsgebiet liegt in der *Wasserdurchlässigkeitsmessung* von Festgesteinen (z. B. für den Staudammbau). Die Auswertung erfolgt über während des Versuchs aufgezeichnete Kurven von aufgenommener Wassermenge und Verpreßdruck. Je nach Durchführung unterscheidet man Einfach- und Doppelpackertests sowie Ein- und Mehrstufentests.

Der Versuch wird in einem Bohrloch von 50–100 mm Durchmesser durchgeführt. Das Bohrloch muß dabei ganz oder zumindest im Bereich der Versuchsstrecke unverrohrt sein. Weiterhin ist ein mechanischer oder hydraulischer bzw. pneumatischer Einfach- oder Doppelpacker oder ein Packersystem zur Abdichtung des beprobten Bohrlochabschnittes nötig sowie bei hydraulischen bzw. pneumatischen Packern Flüssigkeit bzw. Druckluft zur Expansion des Packers. Zum Einpressen des Wassers verwendet man eine gleichmäßig arbeitende, d. h. druckstoßfreie Pumpe von für den Versuch ausreichender Stärke. Die Pumpe wird angeschlossen an Meßeinrichtungen zur Aufzeichnung der Einpreßraten und des Einpreßdruckes. Der Aufbau eines WD-Versuchs ist in Abbildung 1 dargestellt.

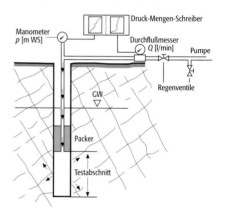

Wasserdruck-Test 1: Versuchsaufbau eines Wasserdruck-Tests.

Der WD-Versuch kann prinzipiell nach drei verschiedenen Methoden durchgeführt werden. Die genauesten Ergebnisse liefert dabei die Methode des abschnittsweisen Bohrens. Dabei wird das Bohrloch jeweils bis zum Ende der Versuchsstrecke abgeteuft, nach oben hin mit einem Einfach-Packer abgedichtet und der WD-Test durchgeführt. Danach wird das Bohrloch weiter vertieft und die eben beschriebene Meßprozedur im neuen Meßabschnitt wiederholt (Abb. 2a). Dies ist jedoch sehr aufwendig, da ständig Bohrgestänge und Versuchsgestänge ein- und ausgebaut werden müssen. Eine weitere Methode ist die Messung verschieden langer Bohrlochabschnitte im fertig erstellten Bohrloch, die nach oben ebenfalls mit Einfach-Packern abgedichtet sind (Abb. 2b). Bei längeren Bohrlochabschnitten kann dabei jedoch schnell die Leistungsfähigkeit der Pumpe erreicht werden. Der Einsatz von Doppel-Packern ermöglicht dagegen die abschnittsweise Messung von komplett abgeteuften Bohrlöchern, da sie einen Bohrlochabschnitt so-

wohl nach oben als auch nach unten hin abdichten können (Abb. 2c). Die Wahl eines Einfach- oder Doppelpackersystems hängt also von der Art der Versuchsdurchführung ab.
Relativ große Fehler werden neben den Wasserverlusten durch Undichtigkeiten (Abb. 3a) am Packer durch sog. Umläufigkeiten erzeugt. Diese beschreiben den Effekt, daß das Wasser nicht nur radial in den Grundwasserleiter gepreßt wird, sondern über stärker durchlässige Trennflächen auch nach oben und unten am Packer vorbei strömen kann (Abb. 3b). Dieser Effekt kann dadurch erkannt werden, daß man oberhalb des Packers den Wasserspiegel mißt und beim Auftreten von Umläufigkeiten die Anordnung des Packers ändert. Dies ist jedoch bei Doppelpacker-Systemen am unteren Packer nicht möglich und somit sind Umläufigkeiten auch nicht mehr zu kontrollieren. Eine gute Möglichkeit zur Verminderung der Umläufigkeitseffekte bietet der Einsatz von speziellen Packersystemen, bei denen mit mehreren Verpreßabschnitten gearbeitet wird. Der Testabschnitt wird dabei von einem oder zwei weiteren Verpreßabschnitten umgeben, so daß es nicht oder nur zu geringen Umläufigkeiten kommt, da kein Druckgefälle herrscht.
Die Wassermenge pro Zeiteinheit ist, anders als bei Pump- und Auffüllversuchen, eine Meßgröße und kein vorgegebener Wert, der eingehalten werden soll. Deswegen ist die manuelle Messung über Wasseruhren meist zu ungenau und zu umständlich. Die Aufzeichnung der Werte sollte mit Präzisionsmeßgeräten, zum Beispiel volumetrischen Trommelscheibenzählern (Impulse eines Wasserzählers werden in elektrische Signale umgewandelt) oder induktiven Durchflußmeßgeräten, automatisch erfolgen. Bei kleinen Raten ist eine Messung über eine Wasserspiegelabsenkung in einem Vorratsbehälter sinnvoll. Größere Probleme bereitet die Messung des Verpreßdruckes. Der Druck, mit dem das Wasser an der Oberfläche in das Bohrloch eingepreßt wird, entspricht nicht dem Wasserdruck im Verpreßabschnitt. Zu dem Einpreßdruck P_M, der an der Oberfläche mit einem Manometer gemessen wird, addiert sich der hydrostatische Druck P_H der im Bohrloch stehenden Wassersäule. Entgegen wirken der Druck einer eventuell vorhandenen Wassersäule im Grundwasserleiter P_W sowie ein Druckabfall infolge von Umlenk- und Reibungsverlusten P_R (Umlenkverluste im Druckschlauch zwischen Pumpe und Bohrloch, Reibungsverluste in Druckschlauch und Bohrlochgestänge, Energieverlust durch die Erweiterung des Fließquerschnitts an der Unterkante des Packers, Umlenk- und Einlaufverluste beim Eintritt des Wassers in den Grundwasserleiter). Der Druck in der Teststrecke P_T setzt sich also folgendermaßen zusammen:

$$P_T = P_M + P_H - P_W - P_R.$$

Eine Quantifizierung der einzelnen Komponenten und damit eine rechnerische Bestimmung von P_T ist sehr aufwendig. Deshalb mißt man den Druck direkt im Verpreßabschnitt, wodurch alle Komponenten bis auf den Druckverlust beim Übertritt in den Grundwasserleiter berücksichtigt werden. Dies geht z. B. über den Einbau von Druckmessern mit elektrischer Fernübertragung direkt in den Testabschnitt, häufiger aber benutzt man eine sog. Druckluftwaage (Abb. 4). Dazu wird ein dünnes Meßröhrchen über die Wasserzuleitung mit dem einen Ende bis in den Testabschnitt und dem anderen Ende in ein verschlossenes Beobachtungsglas an der Erdoberfläche eingebracht. In das Beobachtungsglas wird nun über eine Preßluftflasche soviel Luft in das Glas eingepreßt, bis kein Wasser mehr aus dem Meßröhrchen austritt, d. h. Wasserdruck und Luftdruck im Beobachtungsglas gleich groß sind. Dieser Druck wird von einem Druckschreiber aufgezeichnet. Die Druckverluste, die durch das Meßröhrchen auftreten, sind wegen dessen geringen Durchmessers vernachlässigbar gering.
Bei der Versuchsdurchführung wird über eine Verpreßstrecke von 2–5 m (Einfach-Packer) bzw. 1–2 m (Doppel-Packer) jeweils Wasser unter verschiedenen Druckstufen eingepreßt. Typisch ist z. B. eine auf- und absteigende Druckstufenfolge in der Form a-b-c-d-c-b-a (z. B. 2-4-6-8-6-4-2 bar bzw. 0,2–0,4–0,6–0,8–0,6–0,4–0,2 MPa) oder zur Verkürzung nur eine absteigende Druckstufenfolge, z. B. c-b-a. Dabei wird jede Druckstufe so lange gehalten, bis die beim jeweiligen Druck in den Grundwasserleiter eintretende Wassermenge pro Zeiteinheit konstant ist, also stationäre Verhältnisse eingetreten sind. Die höchste Druckstufe sollte dabei beim ca. 1,3–1,5fachen des maximal zu erwartenden Wertes in der Praxis betragen, da es sonst zu irreversiblen Prozessen im Gebirge kommen kann. Dabei werden die Wassereinpreßraten und die angelegten Drücke über die Zeit in einem p-Q-t-Diagramm aufgezeichnet.
Für die Auswertung und die Dokumentation der Ergebnisse eines Wasserdruckversuches gibt es verschiedene Möglichkeiten: 1) Zusammenfassende p-Q-t-Diagramme: Für diese Darstellungsform werden die einzelnen Druckstufen und die

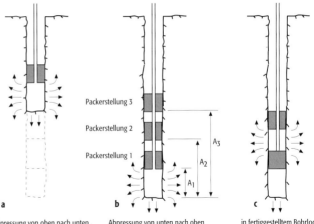

Wasserdruck-Test 2: Durchführungsmethoden von WD-Tests: a) abschnittsweises Abteufen des Bohrloches mit anschließenden Einfachpacker-Versuchen, b) Einfachpacker-Versuch im fertigen Bohrloch mit verschieden langen Teststrecken, c) Doppelpackerversuch im fertigen Bohrloch.

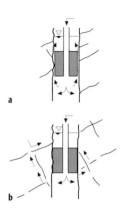

Wasserdruck-Test 3: Verfälschung der Versuchsergebnisse durch a) Undichtigkeit des Packers oder b) Umläufigkeiten.

Wasserdruckversuch

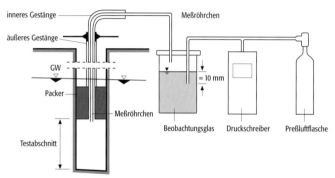

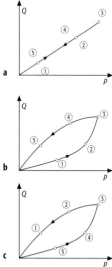

Wasserdruck-Test 4: Druckmessung in der Teststrecke mit Hilfe einer Druckluftwaage (GW = Grundwasser).

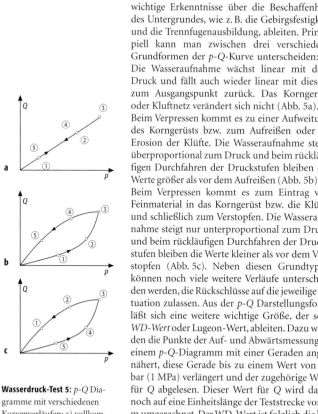

Wasserdruck-Test 5: p-Q Diagramme mit verschiedenen Kurvenverläufen: a) vollkommen elastisches Verhalten des Gebirges, b) Öffnung von Klüften aufgrund des Einpreßdruckes, c) Verstopfung von Klüften während der Versuchsdurchführung.

zugehörigen Durchflußraten in einem zeitlichen Diagramm dargestellt. Es stellt im Prinzip nur eine geglättete Form der Originalaufzeichnung dar. 2) p-Q-Diagramme: In einem p-Q-Diagramm (auch WD-Diagramm) werden die Wasseraufnahmen in den stationären Strömungsphasen der einzelnen Druckstufen gegen den jeweils angelegten Druck als Punkte aufgetragen (z. T. auch umgekehrt) und zu einer Kurve verbunden (Abb. 5). Aus dieser Kurve lassen sich wichtige Erkenntnisse über die Beschaffenheit des Untergrundes, wie z. B. die Gebirgsfestigkeit und die Trennfugenausbildung, ableiten. Prinzipiell kann man zwischen drei verschiedene Grundformen der p-Q-Kurve unterscheiden: a) Die Wasseraufnahme wächst linear mit dem Druck und fällt auch wieder linear mit diesem zum Ausgangspunkt zurück. Das Korngerüst oder Kluftnetz verändert sich nicht (Abb. 5a). b) Beim Verpressen kommt es zu einer Aufweitung des Korngerüsts bzw. zum Aufreißen oder zu Erosion der Klüfte. Die Wasseraufnahme steigt überproportional zum Druck und beim rückläufigen Durchfahren der Druckstufen bleiben die Werte größer als vor dem Aufreißen (Abb. 5b). c) Beim Verpressen kommt es zum Eintrag von Feinmaterial in das Korngerüst bzw. die Klüfte und schließlich zum Verstopfen. Die Wasseraufnahme steigt nur unterproportional zum Druck und beim rückläufigen Durchfahren der Druckstufen bleiben die Werte kleiner als vor dem Verstopfen (Abb. 5c). Neben diesen Grundtypen können noch viele weitere Verläufe unterschieden werden, die Rückschlüsse auf die jeweilige Situation zulassen. Aus der p-Q Darstellungsform läßt sich eine weitere wichtige Größe, der sog. WD-Wert oder Lugeon-Wert, ableiten. Dazu werden die Punkte der Auf- und Abwärtsmessung in einem p-Q-Diagramm mit einer Geraden angenähert, diese Gerade bis zu einem Wert von 10 bar (1 MPa) verlängert und der zugehörige Wert für Q abgelesen. Dieser Wert für Q wird dann noch auf eine Einheitslänge der Teststrecke von 1 m umgerechnet. Der WD-Wert ist folglich die bei einem Druck von 10 bar (1 MPa) verpreßte Wassermenge pro Minute und Meter Teststrecke. Seine Einheit ist Lugeon:

$$1 \, \text{Lugeon} = \frac{l}{\text{min} \cdot \text{m}}$$

bei 10 bar bzw. 1 MPa. Der WD-Wert ist ein wichtiges Kriterium (Lugeon-Kriterium) für die Dichtigkeit bzw. die Durchlässigkeit des Untergrundes. Er wird z. B. bei Stauseen als Beurteilungsgrundlage für die Notwendigkeit von Abdichtungsmaßnahmen im Felsuntergrund einer Staumauer herangezogen. Ein Wert von ca. 3 Lugeon gilt im allgemeinen als »kritische Aufnahmemenge«. Allerdings sind weltweit verschiedene Grenzwerte für tolerable WD-Werte in Gebrauch, die bis zu einem Faktor von 15 variieren. Die teufenabhängige Darstellung der Versuchsergebnisse gibt direkt Aufschlüsse über die Lagerungsverhältnisse im Untergrund. Sie kann als Darstellung der p- und Q-Werte oder der WD-Werte erfolgen. Die Ergebnisse aus einem Wasserdruckversuch lassen sich auch zur vergleichenden Bestimmung von Durchlässigkeiten in Form von k_f-Werten heranziehen. Eine absolute Bestimmung sollte aber kritisch betrachtet werden, da die Genauigkeiten wesentlich geringer sind als bei mit Pumpversuchen ermittelten Werten und da Festgesteinsgrundwasserleiter (bei denen WD-Versuche vor allem eingesetzt werden) im allgemeinen weder homogen noch isotrop sind. Die Bestimmung der k_f-Werte kann mit verschiedenen theoretischen oder empirischen Verfahren erfolgen. [WB]

Literatur: [1] HEITFELD, K. H. (1979): Durchlässigkeitsuntersuchungen im Festgestein mittels WD-Testen. – Mitt. Ing.- u. Hydrogeol. 9. Aachen. [2] LUGEON, M. (1933): Barrages et Géologie. – Paris. [3] PRINZ, H. (1991): Abriß der Ingenieurgeologie, mit Grundlagen der Boden- und Felsmechanik, des Erd-, Grund- und Tunnelbaus sowie der Abfalldeponien. – Stuttgart. [4] STOBER, I. (1986): Strömungsverhalten in Festgesteinsaquiferen mit Hilfe von Pump- und Injektionsversuchen. – Geol. Jb., C 42. Stuttgart, Hannover.

Wasserdruckversuch ↗ *Wasserdruck-Test*.

Wasserdurchlässigkeit, 1) *Bodenkunde*: *Wasserleitfähigkeit*, Eigenschaft eines porösen Mediums, z. B. eines Bodens, in seinem Porenraum Wasser zu leiten (↗ *hydraulische Leitfähigkeit*). Treibende Kraft der Wasserbewegung sind Potentialgradienten. Je größer die Poren sind, desto schneller kann sich das Wasser bewegen. Wenn alle Poren (Hohlräume) mit Wasser gefüllt sind (↗ *Wassersättigung*), spricht man von der gesättigten Wasserleitfähigkeit. Dringt Luft in das Porensystem ein, spricht man von der ungesättigten Wasserleitfähigkeit. Letztere ist über eine meist stark nichtlineare Beziehung vom Wassergehalt und der Saugspannung abhängig. Ein Maß für die Wasserdurchlässigkeit ist der Darcysche Leitfähigkeitskoeffizient k. **2)** *Ingenieurgeologie*: in bezug auf ein Gebirge die druckabhängige Wasseraufnahme in l/(min · m), die bei der Durchführung von ↗ *Wasserdruck-Tests* bestimmt wird.

Wasserdurchlässigkeitsmessung ↗ *Wasserdruck-Test*.

Wassereinbruch, plötzlicher, bei Anwesenheit von Menschen manchmal katastrophaler Eintritt von Wasser in einen unterirdischen Hohlraum,

z. B. bei Bohrungen, Schacht- und Tunnelbauten sowie Bergwerken.

Wassereis, Eis, das ausschließlich durch das Gefrieren flüssigen Wassers entstanden ist, im Gegensatz zum weitgehend durch die Prozesse der ↗Schneemetamorphose entstandenen ↗Gletschereis.

Wassereisschicht, aus gefrierendem, flüssigem Wasser entstandene Eisschicht.

Wasserenthärtung, Entfernung der sog. »Härtebildner«, d. h. insbesondere der Hydrogencarbonate, Sulfate und Chloride des Calciums und Magnesiums aus Wasser. Die Wasserenthärtung ist bei zahlreichen technischen Prozessen erforderlich, wenn dort eine große ↗Wasserhärte korrodierend oder störend wirkt (u. a. bei Kesselspeisewasser, Herstellung von Getränken).

Wassererosion, Form der ↗Erosion; die durch hang- und talabwärts auf der Bodenoberfläche abfließendes Wasser ausgelöste abtragende Tätigkeit des Wassers, als ↗Oberflächenabfluß oder in fließenden Gewässern (fluviatile Erosion). Die Wassererosion dient dem Ausgleich des Gefälles. Es gibt unterschiedliche Strömungsgeschwindigkeiten und Turbulenzen. Das Niveau des Meeresspiegels ist die absolute Erosionsbasis, bis zu der die Wassererosion wirksam werden kann. Lokale Erosionsbasen können Seen, Ebenen oder auch Fließgewässer sein.

Wasserersatzmethode, Methode zur Bestimmung der Bodendichte (↗Rohdichte) im Gelände (DIN 18125–2), zählt zu den Flüssigkeitsersatz-Verfahren. Zuerst wird an der zu untersuchenden Stelle eine Grube gegraben, wobei die Masse m des ausgehobenen Bodens durch Wägung ermittelt wird. Die Grube wird mit einer Kunststoffolie oder Weichgummihaut ausgekleidet und anschließend mit Wasser aufgefüllt. Die verbrauchte Wassermenge (Masse m_w) wird gemessen. Anhand der Dichte des Wassers ϱ_w kann das Volumen der Grube V_g bestimmt werden:

$$V_g = m_w/\varrho_w.$$

Die Bodendichte ϱ kann nun anhand der Formel:

$$\varrho = m/V_g$$

errechnet werden. Das Verfahren wird bei grobkörnigen Sanden, Kiessanden und Mischböden (Hangschutt) angewandt, in denen sich standfeste Gruben ausheben lassen. Durch die Verwendung einer Kunststoffolie oder Weichgummihaut erlaubt der Wasserersatz auch die Ausmessung großer Gruben in grobkörnigen, sehr durchlässigen Böden. In weniger durchlässigen Böden kann auf die Auskleidung mit Kunststoffolie oder Weichgummihaut verzichtet und anstatt Wasser angerührter Bentonit oder Tapetenkleister verwendet werden. [ABo]

Wasserfärbung, *Wasserfarbe*, wird hervorgerufen durch die Streuung des Lichts im Wasser oder durch ↗Wasserinhaltsstoffe. Reines Wasser erscheint blau, feinste Mineralstoffe und Algen erzeugen grüne, grobes Mineral graue Farbtöne.

↗Huminsäuren geben dem Wasser eine gelbliche bis braune Färbung.

Wassergehalt, *Flüssigwassergehalt*, Menge des lokal vorhandenen flüssigen Wassers pro Volumeneinheit in einer Wolke oder im fallenden ↗Niederschlag; typische Werte in g/m^3 sind: < 0,2 (↗Nebel), 0,1–0,5 (Stratus), 0,2–1,0 (Cumulus), 0,5–5 (Cumulonimbus) (↗Wolkenklassifikation). Innerhalb eines ↗Gewitters werden gelegentlich Werte über 10 g/m^3 gefunden.

Wassergesetze, gesetzliche Regelungen zur Bewirtschaftung der Wasservorräte. Von besonderer Bedeutung sind in Deutschland das ↗Wasserhaushaltsgesetz (WHG) und das ↗Abwasserabgabengesetz.

Wassergewinnung, Gewinnung von Trink- und Brauchwasser (Abb.). Nach DIN 4046 wird dabei zwischen Oberflächenwasser und Grundwasser unterschieden. Oberflächenwasser wird je nach Zweck und Qualitätsanspruch sowohl aus natürlichen als auch aus künstlichen Gewässern genommen. So spielen z. B. die Seen im Voralpenraum eine wichtige Rolle bei der Versorgung mit Trinkwasser. Trinkwassertalsperren (↗Talsperren) als künstliche Gewässer dienen nicht nur dem Ausgleich von natürlichen Dargebotsschwankungen, sondern auch dem Rückhalt qualitativ hochwertigen Wassers für die Trinkwasserversorgung. Aus Oberflächengewässern wird ferner der Kühlwasserbedarf von Kraftwerken sowie der überwiegende Bedarf des Bewässerungswassers für die Landwirtschaft gedeckt.
↗Grundwasser wird entweder als echtes Grundwasser gewonnen, das aus der Versickerung von Niederschlägen gebildet wurde, oder als uferfiltriertes Grundwasser (Seihwasser), das aus Flüssen und Seen infolge eines natürlich oder künstlich erzeugten Wasserspiegelgefälles in den Grundwasserleiter eindringt. Bei der künstlichen Grundwasseranreicherung wird Wasser aus Oberflächengewässern mittels Gräben, Versickerungsbecken oder Schluckbrunnen zunächst versickert, um nach einer ausreichend langen Bodenpassage wieder gefördert zu werden (↗Wasseraufbereitung). Die Grundwasserförderung erfolgt über ↗Brunnen, Sickerleitungen oder bei natürlichen Austritten durch ↗Quellfassungen. Im Einzugsgebiet einer Wassergewinnungsanlage oder in Teilen davon können zum Schutz des Grundwassers Nutzungsbeschränkungen ausge-

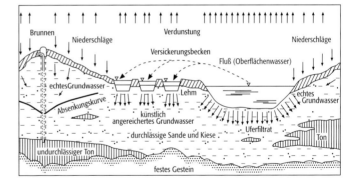

Wassergewinnung: Art und Herkunft von Trink- und Betriebswasser.

Wasserglaslösung, im Wasser gelöstes Natriumsilicat, aus dem bei Kontakt mit z. B. Calciumchloridlösung ein Calciumsilicatgel ausfällt, das u. a. zur Baugrundabdichtung und Baugrundverfestigung beim ↗Joosten-Verfahren eingesetzt wird.

Wassergüte, qualitativer Zustand von ↗Wasser oder eines ↗Gewässers. Mit der Wassergüte wird die Wirkung von Inhaltsstoffen, physikalischen Zuständen und den biologischen sowie biochemischen Verhältnissen ausgedrückt. Im allgemeinen werden vier Wassergüte-Klassen ausgesondert: Klasse I = kaum verunreinigt, Klasse II = mäßig verunreinigt, Klasse III = stark verunreinigt, Klasse IV = sehr stark verunreinigt. Zu diesen Klassen können jeweils Zwischenklassen ausgewiesen werden, so daß insgesamt sieben Klassen unterschieden werden.

Die Wassergüte wird mit chemischen Analyseverfahren oder mit biologischen und biochemischen Verfahren ermittelt. Sie kann sich durch den Selbstreinigungsprozeß eines Gewässers, bei dem Mikroorganismen durch den Abbau der organischen Belastung zur Mineralisierung beitragen, verbessern. Die Abbautätigkeit der Mikroorganismen erfordert Sauerstoff. Der Sauerstoffgehalt und der ↗biochemische Sauerstoffbedarf (BSB, z. B. BSB_5 = innerhalb von fünf Tagen) eines Wassers geben Anhaltswerte für die Wassergüte. Der Grad des Abbaus der organischen Belastung und der Selbstreinigung wird durch die ↗Saprobietätsstufen polysaprob, α-mesosaprob, β-mesosaprob (↗mesosaprob) und ↗oligosaprob und den ↗Saprobienindex wiedergegeben.

Stellt man die Wassergüte kartenmäßig dar, so erhalten die Gewässer bzw. Gewässerabschnitte der Klasse I die Farbe blau, die der Klasse II grün, die der Klasse III gelb und die der Klasse IV rot. Kombinationen dieser Klassen und der entsprechenden Farben sind möglich. Die Länderarbeitsgemeinschaft Wasser (LAWA) gibt für Deutschland regelmäßig Karten heraus, in denen die Wassergüte der Gewässer dargestellt ist. Der vieljährige Vergleich der Wassergüte zeigt, daß diese in den letzten Dekaden, insbesondere durch die Kläranlagen, erheblich verbessert wurde. [KHo]

Wassergütemeßstation, fest installierte Meßkammer an einem Gewässerabschnitt zur dauerhaften Überwachung von Wassergütekenngrößen und ggf. zur Probenahme. Vom Gewässer führt ein direkter Zulauf zur Meßstation, über den das Wasser in die Station gepumpt und auf die Meß- und Probenahmegeräte im Inneren verteilt wird. Die Meßgeräte arbeiten automatisch, die Meßdaten werden über eine Datenleitung an eine Kontrollstelle innerhalb oder außerhalb der Wassergütemeßstation übertragen. Die Kontrollgeräte können mit einer Alarmeinrichtung versehen werden für den Fall, daß Kenngrößengrenzwerte über- oder unterschritten werden.

wasserhaltige Minerale, Minerale mit einem Gehalt an Wasser, der unabhängig von der Stöchiometrie eine besondere Rolle spielt. Man unterscheidet: a) Konstitutionswasser (Hydroxylgruppen) entweicht erst beim Erhitzen auf einige hundert Grad Celsius. Ein Beispiel ist der ↗Malachit. b) Kristallwasser in Form von H_2O-Molekülen wird beim Erhitzen relativ leicht und oft in Stufen abgegeben, wobei das Gitter, in dem die H_2O-Moleküle bestimmte Gitterplätze besetzen, zusammenbricht. Ein Beispiel dafür ist der ↗Gips. c) ↗Zeolithwasser ist in Hohlräumen ohne Fixierung an bestimmte Plätze gebunden. Eine stufenlose Abgabe und Wiederaufnahme erfolgt ohne Änderung der Gitterstruktur (Beispiel: ↗Zeolithe). d) Kolloidwasser (↗Kolloide) ist Adsorptionswasser in Hydrogelen, das kontinuierlich abgegeben, aber nicht in jedem Fall wieder aufgenommen werden kann, wie beispielsweise beim ↗Opal. e) *Zwischenschichtwasser* oder Quellungswasser ist in Schichtgittermineralen zwischen den Schichten eingelagert und kann das Gitter senkrecht zu den Schichten aufweiten. Es kann kontinuierlich aufgenommen und abgegeben werden, wie beim ↗Montmorillonit und den ↗Smectiten. f) Darüber hinaus ist das kapillar gebundene Wasser und das sorptiv an die Minerale gebundene Wasser (Bergfeuchte) sowie in ↗Flüssigkeitseinschlüssen eingeschlossene Wasser zu berücksichtigen. [GST]

Wasserhaltung, Verfahren, das dem Zweck dient, den natürlichen Grundwasserspiegel abzusenken und in der Baugrube anfallendes Niederschlagswasser bzw. aus dem Baugrund eindringendes Wasser der verschiedenen Formen zu fassen und abzuleiten. Wasserhaltung ist erforderlich für Baugruben, die ins ↗Grundwasser reichen. Hierfür muß der Wasserspiegel durch Abpumpen des Wassers soweit abgesenkt werden, daß die Baugrube trocken fällt. Ist das Abpumpen von Wasser aus der Baugrube ausreichend, dann spricht man von offener Wasserhaltung. Muß eine Grundwasserabsenkung mit Brunnen vorgenommen werden, dann spricht man von geschlossener Wasserhaltung. Zur Wasserhaltung zählen ebenfalls technische Maßnahmen, die die Baugrube gegen Wasserandrang schützen. Das Prinzip verschiedener Wasserhaltungsverfahren ist in der Abbildung verdeutlicht. Die jeweilige Anwendbarkeit der unterschiedlichen Verfahren wird bestimmt durch die Größe und Form der Baugrube, des geologischen Schichtenprofils, der Durchlässigkeit des Untergrundes, der Absenktiefe der Grundwasseroberfläche, der Wasserhaltungsdauer und der Vorflutverhältnisse.

Wasserhaltungsarbeiten sind nach dem ↗Wasserhaushaltsgesetz und den entsprechenden Landesgesetzen erlaubnispflichtig. Die Erlaubnis ist bei der Unteren Wasserbehörde zu beantragen. Hierbei wird darauf geachtet, daß nahegelegene Grundwasserentnahmen nicht beeinträchtigt werden und kein bleibender Eingriff in das Grundwasser erfolgt. Auch für die Einleitung des anfallenden Wassers in oberirdische Gewässer oder in die Kanalisation wird eine wasserrechtliche Erlaubnis der Unteren Wasserbehörde benötigt. Dabei ist der Nachweis zu erbringen, daß das anfallende Wasser nicht kontaminiert ist. Konta-

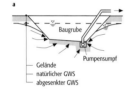
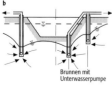
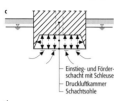
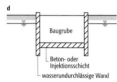

Wasserhaltung: a) offene Wasserhaltung, b) geschlossene Wasserhaltung, c) pneumatische Wasserhaltung, d) Abdichtungsverfahren (GWS = Grundwasserspiegel).

miniertes Wasser muß gegebenenfalls gereinigt oder gesammelt und entsorgt werden. Die Wiedereinspeisung des anfallenden Wassers in den Grundwasserleiter ist von den hydrogeologischen Verhältnissen und der behördlichen Erlaubnis abhängig. Eine gezielte Wiedereinspeisung kann dazu beitragen, die quantitativen Auswirkungen einer Wasserhaltung zu verringern.

Unter offener Wasserhaltung sind die Wasserhaltungsverfahren zu verstehen, bei denen das in der Baugrube anfallende bzw. bei freiem Austritt aus den Böschungen und aus der Sohle in die Baugrube eindringende Wasser mit offenen Gräben, Sickergräben oder Drängräben gefaßt und aus den Pumpensümpfen oder Dränage-Sammelbrunnen ständig oder zeitweise abgepumpt wird. Ein grundsätzliches Problem der offenen Wasserhaltung ist darin zu suchen, daß hiermit eine vollkommen trockene Baugrube nur schwer zu erreichen ist. Bei sehr gut durchlässigen Grundwasserleitern sind sehr große Mengen an Grundwasser abzupumpen. Bei Überschreitung vorgegebener Einleitegrenzwerte (keine direkte Wiedereinleitung in den Untergrund oder Vorfluter) können hohe Kosten für die Einleitung in die Kanalisation entstehen. Während der offenen Wasserhaltung können beispielsweise wassergefährdende Stoffe aus oberflächennahen Altlasten oder von Abstromfahnen infolge der Potentialumkehr beigezogen, d. h. verfrachtet werden. Ebenfalls können durch die Absenkungsmaßnahme und die damit verbundene Sauerstoffzufuhr in einen ehemals reduzierenden Bereich Pfahlgründungen aus Holz geschädigt werden. Offene Wasserhaltungen führen zu signifikanten Grundwasserabsenkungen im Umfeld der Baumaßnahmen. Infolge von in der Vergangenheit (z. B. in Berlin) aufgetretenen Setzungs- und Vegetationsschäden wird deshalb verstärkt auf geschlossene Wasserhaltungsmaßnahmen im Spezialtiefbau zurückgegriffen. Offene Wasserhaltungen im urbanen Raum können ein nicht unerhebliches Grundwassergefährdungspotential darstellen. Es ist möglich, daß wassergefährdende Stoffe (z. B. von oberstromigen Altlasten, Unfälle, Emissionen etc.) nach dem Bodenaushub direkt ins Grundwasser gelangen und mit dem Grundwasserabstrom weitreichend verfrachtet werden. Deshalb sind auch aus ökologischer Sicht möglichst kurzzeitige offene Wasserhaltungen anzustreben und besondere Sicherungsmaßnahmen gegenüber Unfällen vorzunehmen.

Unter geschlossener Wasserhaltung sind Wasserhaltungsverfahren zu verstehen, bei denen die Grundwasseroberfläche durch Entnahme des Wassers aus außerhalb und eventuell auch innerhalb der Baugrube abgeteuften Brunnen abgesenkt wird, so daß kein freier Austritt des Grundwassers aus den Böschungen und aus der Sohle in der Baugrube erfolgt. Eine geschlossene Wasserhaltung kann mittels Gravitationsverfahren, Vakuumverfahren oder elektroosmotischen Verfahren erfolgen. Bei geschlossenen Wasserhaltungen besteht im Gegensatz zur offenen Wasserhaltung die Möglichkeit der raschen Auskofferung der Baugrube. Hinsichtlich der Grundwasserrelevanz von geschlossenen Wasserhaltungen sind sowohl positive als auch negative Punkte anzuführen. Geschlossene Wasserhaltungen können im urbanen Raum bereichsweise die Funktion von Abwehrbrunnen annehmen, d. h. bereits vorliegende Grundwasserbeeinträchtigungen können durch eine Förderwasserentnahme und anschließende Aufbereitung zu einer lokalen Verbesserung der Grundwasserqualität führen. Dies gilt besonders, wenn Wiedereinleitmaßnahmen im Baugrubenumfeld getroffen werden. [ME]

Wasserhärte, *Härte des Wassers*, kennzeichnet dessen Gehalt an Calcium-, Magnesium-, Barium- und Strontium-Ionen. Da die meisten Wässer kein oder nur sehr geringe Spuren an Barium und Strontium aufweisen, wird in der Praxis die Härte meist durch den Calcium- und Magnesiumgehalt definiert. Im wissenschaftlichen Bereich wird die Härte nach DIN 38409 Teil 6 als Summe der Ca^{2+}- und Mg^{2+}-Konzentrationen in mmol/l definiert.

Dieser Summenparameter ist eine in der Praxis wichtige Kenngröße für bestimmte Eigenschaften des Wassers. Historisch ist er auf das Verhalten des Wassers beim Waschvorgang mit fettsauren Seifen zurückzuführen, wobei hartes Wasser mit Seife schlecht schäumt und Ca-Mg-Seifen abscheidet. Beim Waschen und bei vielen technischen Prozessen beim Umgang mit Wasser ist daher eine geringe Härte von Vorteil. Die bei der Ausfällung der Carbonate frei werdende Kohlensäure kann sonst geochemisch die (Um-)Bildung mineralischer Ablagerungen bewirken und technisch die Korrosion von Dampfkesseln, Beton, u. a. verursachen. Auch das Problem der Kalkabscheidungen in Rohrleitungen ist hierbei von Bedeutung. In gesundheitlicher Hinsicht (Herz- und Kreislauferkrankungen) bestehen allerdings noch Unklarheiten, doch geht man davon aus, daß Wasser mittlerer Härte als Trinkwasser besonders gut geeignet ist. Die negativen Auswirkungen hoher Härten von Wasser werden im Waschmittelsektor durch die Verwendung von ↗Detergentien, im technischen Sektor durch verschiedene Methoden der ↗Wasserenthärtung verringert.

Zur Kennzeichnung einzelner Teilkomponenten der Härte stehen unterschiedliche Begriffe in Verwendung. So kann in bezug auf die Hauptkomponenten von der Calcium- oder Magnesiumhärte gesprochen werden, denen dann als Summe die Gesamthärte gegenübergestellt wird. Als Carbonathärte wird jener Anteil der Gesamthärte verstanden, für den eine äquivalente Konzentration an Hydrogencarbonat- und Carbonationen vorliegt. Da dieser Teil der Härte durch

Wasserhärte (Tab. 1): Einteilung der Wässer nach ihrer Härte.

Gesamthärte [mmol/l]	entsprechend °d	gerundet °d	frühere Einstufung °d	Beurteilung
0–1	0–5,6	0–6	0–4	sehr weich
1–2	5,6–11,2	6–11	4–8	weich
2–3	11,2–16,8	11–17	8–18	mittelhart
3–4	16,8–224	17–22	18–30	hart
>4	>22,4	>22	>30	sehr hart

Härtebereich	Bundesrepublik Deutschland		Österreich		Schweiz	
	Härte in mmol/l	°d	mmol/l	°d	°f ≙	°d
1	< 1,3	< 7	< 1,8	< 10	< 15	< 8,4
2	1,3–2,5	7–14	1,8–3,0	10–16	15–25	8,4–14
3	2,5–3,8	14–21	> 3,0	> 16	> 25	> 14
4	> 3,8	> 21	–	–	–	–

Wasserhärte (Tab. 2): Härtebereiche für den technischen Bereich.

Austreiben der Kohlensäure, z. B. durch Erhitzen, in Form von Kalkabscheidungen ausgefällt wird, spricht man auch von austreibbarer oder *vorübergehender Härte*. Die Nichtcarbonathärte oder bleibende Härte ist der nach Abzug der Carbonathärte von der Gesamthärte verbleibende Rest, der an äquivalente Konzentrationen von Sulfat-, Nitrat-, Phosphat- oder Chloridionen gebunden ist.
Die Angabe der Härte erfolgt in der Stoffmengenkonzentration $c(Ca^{2+}+Mg^{2+})$ in mmol/l (mol/m³) oder als Äquivalenthärte c ($^1/_2Ca^{2+}+$ $^1/_2Mg^{2+}$) in mmol/l. In der Praxis werden vor allem Härtegrade oder Härtebereiche verwendet, z. B. »Deutscher Härtegrad (°d)«. Sie sind in den einzelnen Ländern unterschiedlich definiert:

$$1°d \text{ (deutsch)} = 10 \text{ mg/l CaO} = 0{,}357 \text{ mmol(eq)/l Härte}$$
$$1°f \text{ (französisch)} = 10 \text{ mg/l CaCO}_3 = 0{,}2 \text{ mmol(eq)/l}$$
$$1°e \text{ (englisch)} = 10 \text{ mg/0,7 l CaCO}_3 = 0{,}286 \text{ mmol(eq)/l}$$
$$1°a \text{ (amerikanisch)} = 1 \text{ mg/l CaCO}_3 = 0{,}02 \text{ mmol(eq)/l}$$

In der Tabelle 1 ist eine Einteilung der Wässer nach ihrer Härte wiedergegeben. In der Tabelle 2 sind Härtebereiche für den technischen Bereich aufgeführt.
Natürliche Wässer zeigen eine sehr große Streubreite in der Härteausbildung. Sehr weich sind Regenwässer, sehr weich bis weich sind Grundwässer aus kristallinen Gesteinen und Sandsteinen sowie viele Oberflächenwässer, mittelhart bis hart sind Wässer aus carbonatführenden Locker- und Festgesteinen und hart bis sehr hart sind Grundwässer aus gips- und anhydrithaltigen Gesteinen.
Wasserhaushalt, 1) *Biologie*: die physiologisch gesteuerte Wasseraufnahme und -abgabe bei allen Organismen. **2)** *Geoökologie*: Teil des Naturhaushaltes, der die Erscheinungen, Zustände und Prozesse des Wassers umfaßt. Der Erkenntnisgewinn zum Wasserhaushalt bezieht sich vor allem auf die mengenmäßige Betrachtung des Wassers in verschiedenen Zuständen und Räumen (Geosphäre, Biosphäre) sowie auf das Zusammenwirken und die Übergänge zwischen den Komponenten des Wasserhaushalts mit unterschiedlicher räumlicher und zeitlicher Auflösung.
Der Wasserhaushalt wird durch das Zusammenwirken der einzelnen Wasserhaushaltsgrößen (↗Wasserkreislauf) und deren Beträge (↗Wasserbilanz) beschrieben und wesentlich vom ↗Energiehaushalt beeinflußt. Mit dem Wasserhaushalt ist wiederum der ↗Stoffhaushalt eng verbunden (Abb.). Hauptkomponenten (Elemente) des Wasserhaushalts sind nach der Allgemeinen Wasserhaushaltsgleichung: ↗Niederschlag, ↗Verdunstung, ↗Abfluß und Speicheränderung. Wichtige Spezifikationen des Wasserhaushalts sind: a) ↗Landschaftswasserhaushalt: betrachtet den Wasserhaushalt in einem größeren räumlichen und hinsichtlich der Richtungen der Wasserflüsse komplexen Rahmen (Landschaften, größere Einzugsgebiete), b) ↗Bodenwasserhaushalt und c) Standortswasserhaushalt: bezieht sich überwiegend auf kleinere räumliche Kompartimente (z. B. Feld, Hang, Lysimeter, Bodenprofil) und kann dabei teilweise sehr enge zeitliche Auflösungen berücksichtigen.
Wasserhaushaltsgesetz, Gesetz zur Ordnung des ↗Wasserhaushaltes (WHG); Rahmengesetz des Bundes von 1957 (zuletzt novelliert 1996), enthält grundsätzliche Bestimmungen über wasserwirtschaftliche Maßnahmen sowohl hinsichtlich der Wassermengen- als auch der Wassergütewirtschaft. Danach sind die Gewässer als Bestandteil des ↗Naturhaushaltes so zu bewirtschaften (↗Wasserbewirtschaftung), daß sie dem Wohl der Allgemeinheit und im Einklang mit ihm auch dem Nutzen einzelner dienen sowie daß jede vermeidbare Beeinträchtigung unterbleibt.
Wasserhaushaltsgleichung ↗*Wasserbilanz*.
Wasserhaushaltsmodell, *Wasserbilanzmodell, Langzeitsimulationsmodell,* ↗hydrologisches Modell zur Berechnung des ↗Durchflusses in einem Fließgerinne (↗Gerinne) aus einer Folge von Niederschlagsereignissen mit mehr oder weniger langen dazwischenliegenden, niederschlagsfreien Zeitspannen (Kontiniummodelle). Im Gegensatz zu den ↗Niederschlags-Abfluß-Modellen wird neben Niederschlags- und Abflußbeziehungen der gesamte Bodenwasserhaushalt in dem Modell mit simuliert. Wasserhaushaltsmodelle dienen vor allem der Untersuchung des Einflusses von Landnutzungs- und Klimaänderungen auf das Abflußregime.
Wasserherkunft, Entstehung des Wassers im Lauf der Erdgeschichte. Die aus solarem Nebel gebildete feurig-flüssige Urerde hatte zunächst keine nennenswerte Gashülle (↗Atmosphäre). Bei der sich langsam verfestigenden Urerde wurden bei anfänglich hohen Erdtemperaturen vor allem Methan (CH_4) mit Beimengungen, Wasserstoff (H_2), Wasserdampf (H_2O) und Ammoniak (NH_3) durch Ausgasung und Exhalation freigesetzt. Diese Gase bildeten die Uratmosphäre. Eisen- und Nickeloxide kristallisierten sich im Erd-

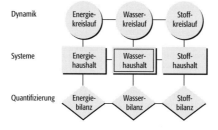

Wasserhaushalt: Verbindung von Energie-, Wasser- und Stoffhaushalt sowie von Stoffkreislauf und -bilanzen.

kern, während im konzentrierten Erdmantel die leichteren Siliciumverbindungen verblieben. Darin war Sauerstoff fest gebunden. Es veränderte sich die Zusammensetzung der ausgasenden Stoffe, wobei CO_2, N_2 und weiterhin Wasserdampf überwogen. Bei der relativ raschen Abkühlung der Erdkruste, in den ersten hundert Millionen Jahren, kondensierte der freigesetzte Wasserdampf. Es bildeten sich Wolken, Niederschläge und das Wasser sammelte sich in den Becken der Ozeane. Auch heute noch wird der Atmosphäre durch den ↗Vulkanismus Wasserdampf aus dem Erdinnern zugeführt. Der seither permanenten Existenz von Wasser, Wasserdampf und Eis verdankt die Erde ihre Sonderstellung als Planet im Sonnensystem. Im Zusammenhang mit dem richtigen Abstand von der Sonne ergibt sich die mittlere Temperatur an der Erdoberfläche von 288 K. Die Schwere von $g = 981$ cm/s^2 verhindert das Entweichen des Wasserdampfes in das Weltall. Vergleichsweise ist der Planet Venus zu heiß, um flüssiges Wasser zu besitzen, und der sonnenfernere Mars ist zu kalt, so daß dort nur H_2O als Eis und CO_2 in fester Phase existiert. Mit der Bildung von flüssigem Wasser auf der Erde wurde CO_2 aus der Atmosphäre weitgehend entfernt und im Meerwasser sowie in Gesteinen gebunden.

Die eigentliche Wasserentstehung auf der Erde über die Wasserstoff-Sauerstoffbindung setzte erst vor 3,7 Milliarden Jahren ein. Freier Sauerstoff war zunächst nicht vorhanden, obwohl Sauerstoff mit rund 46 Gewichtsprozenten das häufigste Element der ↗Lithosphäre ist. Er ist in den gesteinsbildenden Mineralien wie den Silicaten gebunden. Die Sauerstoffatmosphäre konnte sich erst mit dem Einsetzen der ↗Photosynthese bilden, wobei sich aus CO_2 und H_2O unter Einfluß der UV-Strahlung Kohlehydrate bildeten und Sauerstoff O_2 frei wurde. Das Wasser existierte jedoch schon vor der Entwicklung der Sauerstoff-Atmosphäre. [HJL]

Wasserhimmel ↗Eisblink.

Wasserhülle eines Bodenteilchens, umfaßt die mit unterschiedlicher Bindungsenergie an die Bodenoberfläche angelagerten Wassermoleküle (Abb.). Die Dipolstruktur der Wassermoleküle

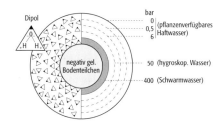

bewirkt in der dichten Lagerung der inneren Wasserhülle erhebliche elektrostatische Bindungskräfte (↗hygroskopisches Wasser: 50–400 bar bzw. 5–40 MPa). Nur die äußeren Wasserhüllen mit gegen Null abnehmender negativer Bindungsenergie sind für die Pflanzen durch die Saugspannung der Wurzeln verfügbar.

Wasser im Baugrund ↗Baugrund.

Wasserinhaltsstoffe, Sammelbezeichnung für alle im ↗Wasser enthaltenen gasförmigen, gelösten, kolloidalen oder festen Stoffkomponenten. In der Natur kommt Wasser in reiner Form praktisch nicht vor; es sind immer anorganische oder organische Stoffe darin enthalten. Dabei können Wasserinhaltsstoffe die ursprünglichen physikalischen und chemischen Eigenschaften des Wassers wie Siedepunkt, Gefrierpunkt, Dichte, ↗Oberflächenspannung u. v. a. erheblich verändern (↗Wasserchemismus). Weiterhin kann das Wasser Zwei-Phasen-Gemische mit Feststoffen, Flüssigkeiten und Gasen bilden. Man unterscheidet:

a) Salze: In der Natur vorkommendes Wasser enthält – je nach Herkunft oder Vorkommen – in verschiedenem Ausmaß gelöste Salze (ionisch aufgebaute Verbindungen). Die Metalle (z. B. Na^+, K^+) liegen dabei als positiv geladene Kationen vor, die Nichtmetalle (z. B. Cl^-) oder deren Sauerstoffverbindungen (z. B. PO_4^{3-}) als negative Anionen. Quellwasser mit einem Gehalt von mindestens 1 g/l an Salzen bezeichnet man als Mineralwasser, der Gehalt an Calcium und Magnesium bedingt die ↗Wasserhärte. Meerwasser ist eine Lösung mit einer Salzkonzentration von ca. 3,5 %.

Salze und Salzlösungen setzen den Dampfdruck über ihren Oberflächen herab. Davon wird besonders die relative Luftfeuchtigkeit betroffen. Die gesättigten Salzlösungen sind hygroskopisch; sie ziehen Wasserdampf aus der Luft an, verdünnen sich und setzen das Dampfdruckgefälle herab. Hygroskopische Salze dienen in der Atmosphäre als Kondensationskerne bei der Tropfenbildung, und die Dampfdruckerniedrigung über Lösungströpfchen bewahrt diese vor ↗Verdunstung. Von der durch Salze veränderten zwischenmolekularen Bindung der Wassermoleküle werden auch der Schmelz- und Gefrierpunkt sowie der Siedepunkt des Wassers betroffen. Eine gesättigte Kochsalzlösung gefriert in Meereshöhe erst bei -22°C. Durch Osmose werden Konzentrationsunterschiede von Flüssigkeiten, die durch Membranen getrennt sind, ausgeglichen. Dieser Vorgang wird durch das ↗Ficksche Gesetz beschrieben. Die Osmose wird z. B. bei der Meerwasserentsalzung genutzt und spielt in der Physiologie der Organismen eine wichtige Rolle. Die Anwesenheit der Salze und deren ↗Hydrolyse bestimmen daneben wesentlich den ↗pH-Wert einer wäßrigen Lösung. Süßwasser weist überwiegend pH-Werte von $7 \pm 0,5$ auf, Meerwasser im Durchschnitt einen pH-Wert um 8,2. Die Salze in wäßrigen Lösungen bedingen durch die Anwesenheit von Ionen eine ↗elektrische Leitfähigkeit.

b) organische Stoffe: Eine bedeutende Gruppe der organischen Stoffe in Gewässern stellen die ↗Huminstoffe dar. Sie stammen aus pflanzlichen Überresten (auch aus Mooren) und repräsentieren verschiedene Phasen des natürlichen Abbaus dieser Rückstände. In höherer Konzentration verleihen sie dem Wasser eine gelbliche Farbe (daher früher: Gelbstoffe). Eine weitere wichtige

Wasserhülle eines Bodenteilchens: Wasserhülle um ein Bodenteilchen mit angelagerten Wasserdipolmolekülen (1 bar = 0,1 MPa).

Gruppe organischer Stoffe in Gewässern sind die organischen Schadstoffe (Biozide, Pestizide). Ihre Einträge in die Umwelt erfolgen hauptsächlich durch Produktionsabwässer und durch die Anwendung in der Landwirtschaft. Sie können in entsprechender Konzentration eine erhebliche Verschlechterung der Gewässergüte bewirken und zur Gefahr für die Gewässerorganismen werden. Zahlreiche organische Schadstoffe zeigen die Eigenschaft, sich in diesen Organismen anzureichern (Bioakkumulation).

c) Gase: Wasser enthält im natürlichen Zustand Gase, entsprechend ihrem Partialdruck über der Wasseroberfläche und in Abhängigkeit von der Wassertemperatur. Die bei Sättigung gelöste Masse des Gases ist dem Partialdruck des Gases über der Flüssigkeit proportional (Henrysches Gesetz). Die Löslichkeit nimmt mit zunehmender Temperatur ab. Während Wasserstoff, Sauerstoff und Stickstoff im Wasser nur mit zwei bis fünf Volumenprozent gelöst sind, kann ein Liter Wasser ca. einen Liter Kohlendioxid und einen Kubikmeter Ammoniak lösen. Das Wasser der Antarktis enthält beispielsweise im Mittel 5 ml O_2 je Liter Wasser (0,5 Vol.-% O_2), ist somit an Sauerstoff ungesättigt. Der Kohlendioxidgehalt beeinflußt den pH-Wert des Wassers. Während eines Dauerniederschlages nimmt Regenwasser einen pH-Wert von etwa 5,0 an, bedingt durch den Gleichgewichtszustand (= Neutralpunkt) von atmosphärischem Wasser mit Kohlendioxid (CO_2), bei dem der pH-Wert 5,7 herrscht. Ca und Mg sind im Wasser als Hydrogencarbonat an Kohlensäure gebunden. Das Verhältnis Kalk zu Kohlensäure ist bei der Mischung von Wasser, z. B. bei Trinkwasserüberleitungen, von Bedeutung, es kann bei Veränderung des CO_2-Gehaltes zu Wassertrübungen (Ausfällung) führen. Da der Kohlenstoff C des CO_2-Gases Anteile des Kohlenstoffisotopes ^{14}C enthält, ist eine Altersbestimmung des Wassers aus dem $^{14}C/^{12}C$-Verhältnis möglich. Zu den gasförmigen Beimengungen gehört das radioaktive Edelgas Radon (^{222}Rn) mit seinen ebenfalls radioaktiven Isotopen (Aktinon = ^{219}Rn, Thoron = ^{220}Rn u. a.). Die Radonisotope haben Halbwertszeiten von Mikrosekunden bis zu Tagen. Radon wird in tieferen Erdschichten ständig neu gebildet, gelangt vor allem im Quell- und Thermalwasser an die Erdoberfläche und wird gelegentlich zu Heilzwecken eingesetzt.

d) Zwei-Phasen-Systeme: Während Lösungen einphasige Systeme darstellen, kommen im Wasser auch mehrphasige Systeme vor, d. h. ein Nebeneinander der verschiedenen Phasen fest, flüssig bzw. gasförmig. Die zweiphasigen Systeme flüssig-fest (z. B. Wasser/Feststoffe) werden als Suspension, flüssig-flüssig (z. B. Wasser/Öl) als Emulsion und flüssig-gasförmig als Schaum bezeichnet. Ist die Hauptkomponente (das Kontinuum) dagegen ein Gas (Luft) und die diskreten Partikel Wasser oder Lösungen, spricht man von Nebel (Spray). Beispiele für Zwei-Phasen-Systeme in Gewässern sind die darin enthaltenen ↗Schwebstoffe oder die Schaumbildung am Ende von ↗Algenblüten. [HB]

Wasser in Organismen, dient der Aufrechterhaltung aller Funktionen der lebenden Zelle (Elektrolythaushalt, Stoffwechsel, Wachstum und Reproduktion). Die Aussage »Ohne Wasser kein Leben« besitzt allgemeine Gültigkeit. Der Wassergehalt in Organismen ergibt sich aus der Differenz zwischen Lebendgewicht und Trockengewicht. Das in Kristallen festgehaltene Wasser wird dabei nicht berücksichtigt. Der Wassergehalt kann sehr unterschiedlich sein. Er ist in Samen meist gering (< 50%) und in vielen marinen Wirbellosen sehr hoch (>90%). Zur Aufrechterhaltung des Wasserhaushalts haben vor allem an Land lebende Pflanzen und Tiere Strategien zur Einsparung entwickelt, z. B. durch Herabsetzung der Verdunstungsverluste, Speicherung in besonderen Organen, Gewinnung von Wasser aus dem Fettstoffwechsel, Rückgewinnung aus Ausscheidungsprodukten. Die Aufnahme von Wasser in Zellen erfolgt passiv (durch Quellung) oder aktiv durch Osmoregulation. Eine aktive Ausscheidung ist schon bei manchen ↗Protozoa verwirklicht. Höhere Pflanzen nehmen Wasser über die Wurzeln auf und leiten es über Leitgefäße den Blättern/Nadeln zu. Spaltöffnungen regulieren passiv die Wasserabgabe durch Verdunstung (↗Verdunstungsprozeß). [MW]

Wasserkörper, eindeutig abgegrenztes oder abgrenzbares Wasservolumen.

Wasserkraftanlage, Anlage, bei der die ↗potentielle Energie und die Bewegungsenergie des Wassers zunächst über ↗Turbinen in mechanische und anschließend über Generatoren in elektrische Energie umgewandelt wird. Die Leistungsabgabe wird dabei in erster Linie bestimmt vom Durchfluß und der Fallhöhe, d. h. der Differenz der Energiehöhen vor und hinter dem *Kraftwerk*. Die Fallhöhe kann entweder durch einen künstlichen Aufstau erzeugt werden (↗Wehr, ↗Talsperre) oder durch Umleitung des Wassers aus höher gelegenen Becken. Nach der Druckhöhe unterscheidet man Niederdruckkraftwerke (Fallhöhe bis 15 m), ↗Mitteldruckkraftwerke (Fallhöhe bis 50 m) und ↗Hochdruckkraftwerke (Fallhöhe über 50 m). Eine weitere Einteilung erfolgt nach flußbaulichen und bautechnischen Gesichtspunkten. Laufkraftwerke sind Anlagen, die das natürliche Wasserdargebot eines Gewässers ohne nennenswerte Speicherung ausnutzen. Speicherkraftwerke verfügen hingegen über einen Speicher, der entweder durch den natürlichen Zufluß oder durch Rückpumpen gespeist wird (↗Pumpspeicherwerk). Sonderformen sind Gezeiten- und Wellenkraftwerke. Nach energiewirtschaftlichen Aspekten wird eine Unterteilung in Grundlastkraftwerke, Mittellastkraftwerke und Spitzenlastkraftwerke vorgenommen. Zur ersteren Gruppe gehören z. B. Laufkraftwerke, zur letzteren Kraftwerke an Talsperren oder Pumpspeicherwerke. Als Kleinwasserkraftanlagen gelten in Deutschland Anlagen mit einer Leistung von weniger als 1 MW.

Da die Erzeugung von Wasserkraft nicht mit Schadstoffemissionen verbunden ist, stellt sie vom Grundsatz her die am meisten umweltschonende Form der Energieerzeugung dar. Allerdings muß dabei berücksichtigt werden, daß Bau und Betrieb einer Wasserkraftanlage erhebliche und dauerhafte Eingriffe in Natur und Landschaft darstellen. Durch den für die Energieerzeugung erforderlichen Aufstau werden die Abflußdynamik, die Wasserwechselzone und die Fließcharakteristik des ursprünglichen Gewässers beeinflußt. Während bei Flußkraftwerken und insbesondere bei Speicherkraftwerken der Stauraum oberhalb der Sperre den wesentlichen Einfluß ausmacht, bilden bei Ausleitungskraftwerken die unterhalb der Stauanlage gelegenen Ausleitungsstrecken den eigentlichen Problembereich. Die früher bei Laufkraftwerken häufig übliche Totalausleitung wird heute vermieden und in der Regel in den Ausleitungsstrecken ein Restabfluß belassen, der zur Aufrechterhaltung der wichtigsten ökologischen Funktionen erforderlich ist. Um Wanderfischen die Überwindung der ↗Fallstufe zu ermöglichen, werden ↗Fischaufstiege angeordnet. [EWi]

Wasserkreislauf, *hydrologischer Kreislauf, Wasserzirkulation*, vereinfacht der Weg des Wassers, den es vom Meer über die ↗Verdunstung, den atmosphärischen Wasserdampftransport und den ↗Niederschlag zum Land sowie über die Flüsse zum Meer nimmt (Abbildung 1). Durch diesen Wasserkreislauf wird jedoch nicht die Hauptmasse des Wasserumsatzes erfaßt. Dieser geht vielmehr über dem Meer selbst vor sich, wobei der größte Teil des verdunstenden Wassers als Niederschlag auf das Meer zurückkehrt. Nur ein verhältnismäßig geringer Teil des Wassers wird zwischen Meer und Landflächen ausgetauscht. Der Umsatz über den Landflächen ist etwas größer, aber erreicht bei weitem nicht denjenigen über dem Meer. Für den Menschen ist der Wasserumsatz über dem Land besonders wichtig, weshalb er meist für sich betrachtet wird. Der Wasserkreislauf über den Landflächen ist komplizierter. Er teilt sich in ungezählte Einzelkreisläufe auf, die sowohl zeitlich als auch räumlich verschiedene Werte annehmen. Der Wasserkreislauf selbst besteht aus vielen Teilprozessen (Abbildung 2).
In der ↗Atmosphäre ist Wasser in gasförmiger Phase als Wasserdampf vorhanden. Dieser wird ständig durch neu in die Atmosphäre eintretenden Wasserdampf durch den ↗Verdunstungsprozeß vermehrt. Nach Erreichen oder Überschreiten eines von der Temperatur abhängigen Sättigungswertes kommt es beim Vorhandensein von ↗Kondensationskernen zur Bildung von Wasserdampf in der Atmosphäre. Es bilden sich Wassertröpfchen oder Eiskristalle, die sich bis zu einer gewissen Größe schwebend in Form von Wolken oder Nebel in der Atmosphäre halten (↗Niederschlagsbildung). Durch Wind kann das in der Atmosphäre entweder in gasförmiger, flüssiger oder fester Phase befindliche Wasser über größere Strecken transportiert werden, wobei die mittlere Verweilzeit des Wassermoleküls in der Atmosphäre etwa neun Tage beträgt. Nach Erreichen einer gewissen Tropfen- oder Kristallgröße gelangt das Wasser aus der Atmosphäre in Form von festen oder flüssigen Niederschlägen auf die Landflächen zurück. Das Niederschlagswasser trifft zunächst, wenn keine Überbauung, nackter Erdboden oder Felsflächen vorliegen, auf die Vegetationsdecke, wo ein Teil des Niederschlages zurückgehalten wird (↗Interzeption) und von dort entweder direkt wieder verdunstet (↗Interzeptionsverdunstung) oder zum Teil verzögert auf den Erdboden gelangt (↗Stammabfluß, ↗abtropfender Niederschlag, ↗Abflußbildung).
Nach Erreichen des Erdbodens versucht das Niederschlagswasser nach Durchfeuchtung der Bodenoberfläche in den Boden einzudringen (↗Infiltration). Dieser Prozeß hängt im wesentlichen von dem Wasseraufnahmevermögen und der Durchlässigkeit der Böden sowie der Vegetation ab. Ist die ↗Niederschlagsintensität größer als die Infiltration, kommt es, wenn es die örtlichen Gefälleverhältnisse erlauben, zum Fließen über dem

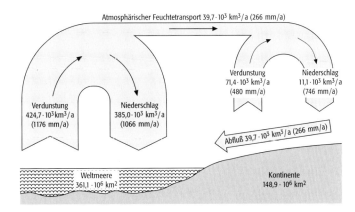

Wasserkreislauf 1: schematische Darstellung des Wasserkreislaufes der Erde.

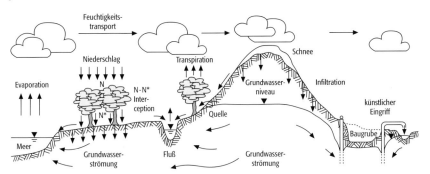

Wasserkreislauf 2: Kreislauf des Wassers über den Landflächen.

Boden (↗Oberflächenabfluß). Dieses oberflächlich abfließende Wasser erreicht meist, dem Weg des größten Gefälles folgend, den nächsten Bachlauf oder Fluß (↗Vorfluter) mit geringer Zeitverzögerung. Der Oberflächenabfluß ist um so größer, je höher die Niederschlagsintensität, je länger die ↗Niederschlagsdauer, je größer die örtlichen Gefälleverhältnisse und je geringer das Infiltrationsvermögen des Bodens ist. Meist treten hohe Niederschlagsintensitäten bei sommerlichen Starkregen nur lokal auf. Dabei kann es in bergigen oder gebirgigen Gegenden örtlich kurzzeitig zu einer Ansammlung von Wasser im Flußlauf kommen (↗Abflußprozeß). Das Infiltrationsvermögen des Bodens wird durch Gefrieren des Bodens sehr stark herabgesetzt. Daher kann es nach kalten Winterperioden in Verbindung mit Schneeschmelze und Regen zu großem Oberflächenabfluß kommen, was an den Flüssen oft zu ↗Hochwässern katastrophalen Ausmaßes führt. An der Oberfläche kann das Niederschlagswasser an Pflanzenoberflächen (Interzeption) oder in flachen Gebieten in kleineren Mulden oder Senken kurzzeitig gespeichert werden. Hier wirken dann die klimatologischen, die Verdunstung bestimmenden Elemente wie ↗Strahlung, ↗Lufttemperatur, Bodentemperatur (↗Erdbodentemperatur), Sättigungsdefizit der Luft und Windgeschwindigkeit auf das Wasser ein. Je größer diese sind, desto größer ist der Verdunstungsverlust, den das Wasser an der Oberfläche erfährt. Auch spielt die Vegetationsart eine Rolle. Wälder vermögen z. B. ein wesentlich größeres Niederschlagsvolumen zu speichern als Grasländer.

Größere Wassermassen können über längere Zeitabschnitte auf der Erdoberfläche in Form von ↗Schnee und ↗Eis gespeichert werden, wenn die Lufttemperatur unter dem Gefrierpunkt liegt. Bei etwas darüber liegenden Lufttemperaturen vermag eine Schneedecke auch Niederschläge in Form von Regen zu speichern. Wasserverluste von Schnee- und Eisflächen durch den ↗Verdunstungsprozeß sind zwar vorhanden, jedoch in den mittleren Breiten meist nur von geringer Bedeutung, da die Verdunstung in den Wintermonaten wegen der geringen Einstrahlung und der daraus folgenden niedrigen Lufttemperatur gering ist. Schnee- und Gletscherschmelze hängen im wesentlichen von der Lufttemperatur ab. Ferner können größere Wassermassen an der Oberfläche in natürlichen und künstlichen Seen gespeichert werden. Hier treten hohe Verluste durch Verdunstung besonders in den Sommermonaten auf.

Nach der Infiltration in den Erdboden füllt das Niederschlagswasser zunächst die ↗Bodenwasservorräte wieder auf. Überschüssiges Wasser wird in tiefere Bereiche abgeleitet. An der Bodenoberfläche erleidet das Wasser wieder Verluste durch den Verdunstungsprozeß (↗Bodenverdunstung). Dabei können die hier entstehenden Wasserverluste teilweise durch kapillar aufsteigendes Wasser ausgeglichen werden. Die Höhe dieser Verluste hängt von der Größe der aufgrund klimatologischer Bedingungen möglichen maximalen Verdunstung (↗potentielle Verdunstung), den im Boden vorhandenen Wasservorräten, der Wasserleitfähigkeit (↗Wasserdurchlässigkeit) der Böden und der Tiefe des ↗Grundwasserspiegels ab. Ferner vermögen die im Erdboden vorhandenen Pflanzenwurzeln Wasser aus dem Boden aufzunehmen (↗Wurzelabsorption) und durch das Pflanzensystem an die Blattoberfläche zu transportieren, wo es verdunstet (↗Transpiration). Die Höhe des Wasserverlustes hängt neben der potentiellen Verdunstung und dem im Boden verfügbaren Wasservolumen auch von der Pflanzenart ab. Beim weiteren Eindringen des Wassers in den Boden gelangt das Wasser entweder in das ↗Grundwasser (↗Grundwasserneubildung) oder an weniger durchlässige Schichten. An letzteren wird es zunächst gestaut und bewegt sich unter dem Einfluß der Schwerkraft und dem Potentialgradient parallel zu der weniger durchlässigen Schicht dem Weg des größten Gefälles folgend (↗Zwischenabfluß). Dabei fließt es oft hangparallel und tritt entweder zeitlich verzögert an der Oberfläche oder in einem ↗Vorfluter wieder aus oder es erreicht das Grundwasser (↗Abflußprozeß, ↗Abflußkonzentration).

Hat das Wasser entweder direkt oder teilweise über den Zwischenabfluß den Grundwasserspeicher erreicht, bewegt es sich dem größten Gefälle des Grundwasserspiegels folgend, als ↗Grundwasserabfluß dem Vorfluter zu und trägt zur Bildung des Durchflusses im Vorfluter bei. Die zeitliche Verzögerung hängt dabei weitgehend von dem geologischen Aufbau des Gebietes, den damit zusammenhängenden unterirdischen Gefälleverhältnissen und den Durchlässigkeiten der Böden und Schichten im Untergrund ab.

Nach Ein- bzw. Austritt des Wassers in den Vorfluter folgt es dem größten Gefälle und es kommt zur Bildung des Abflusses im offenen Gerinne. Hier bewegt es sich, dem Gefälle folgend, dem Meer oder einem See zu. Auf dem Weg dorthin trifft neues Wasser hauptsächlich aus Nebenflüssen einmündend hinzu. Das sich im Gerinne bewegende Wasser steht mit dem unmittelbaren an dem Wasserlauf angrenzenden Untergrund in Wechselbeziehung, wobei sowohl zeitlich befristet als auch ständig ein Wasserzustrom zum Vorfluter aus dem benachbarten Grundwasserspeicher vorhanden sein kann. Umgekehrt finden auch Abgaben von Flußwasser an das Grundwasser statt. Häufig tritt ein solcher Verlust während des Wasseranstiegs bei Hochwasserwellen ein (↗Uferspeicherung). Beim Fallen des Hochwasserdurchflusses fließt das kurzfristig gespeicherte Wasser wieder in den Vorfluter zurück. Ferner ist es möglich, daß das am Kreislauf teilnehmende Wasser, wenn auch nur in geringen Maßen, in tiefere Schichten gelangt und dort über längere, z. T. geologische Zeiträume gespeichert und somit dem Wasserkreislauf entzogen wird (Tiefenversickerung). Das in geologischen Zeiten gespeicherte Wasser kann durch geologische Prozesse oder anthropogene Eingriffe (z. B. Bergbau) reaktiviert werden, um wieder an dem Wasserkreislauf teilzunehmen. Nicht alles einem Einzugsge-

biet entstammende Wasser verläßt das Gebiet oberirdisch als ↗Abfluß. Im Untergrund können unbekannte Wassermassen einem Gebiet zu- (↗Grundwasserzufluß) oder abfließen (↗Grundwasserabfluß).
Im Kernprojekt »Biospheric Aspects of the Hydrological Cycle« (BAHC) des Internationalen Geosphären-Biosphären Programmes (↗IGBP) werden die Wechselwirkungen zwischen Biosphäre einerseits und regionalem und globalem Klima sowie dem Wasserkreislauf und den Wasservorräten andererseits unter dem Einfluß von Landnutzungsänderungen und Änderung der Zusammensetzung der Atmosphäre untersucht. ↗anthropogener Wasserkreislauf. [HJL]

Wasserlagerungsversuch, Versuch zur Klassifikation der Veränderung von Gesteinen durch Lagerung unter Wasser. Nach DIN 52103 sind vier Klassen zu unterscheiden: a) stark veränderlich (Probe ist über Nacht zerfallen), b) veränderlich (Probe zerfällt über Nacht in einzelne Brocken), c) mäßig veränderlich (Probe ist nur oberflächlich aufgeweicht), d) nicht veränderlich (Probe ist unverändert).

Wasserleitfähigkeit ↗*Wasserdurchlässigkeit*.

Wasserlinie, Schnittlinie des ↗Wasserspiegels mit der Landoberfläche (↗Ufer, ↗Watt).

Wasserlöslichkeit, die Löslichkeit gasförmiger, fester und flüssiger Stoffe in Wasser; stoffspezifische Größe, die außerordentlich verschieden ist. Die Löslichkeit in wäßrigen Lösungen weicht von der in reinem Wasser ab. Es wird zwischen echten Lösungen, in denen die einzelnen Stoffe in Moleküle oder Ionen aufgeteilt sind, und kolloidalen Lösungen unterschieden.

Wassermassen, sind durch ihre Eigenschaft wie ↗Temperatur, ↗Salzgehalt, Gasgehalt, Nährsalzgehalt etc. definiert. Diese Eigenschaften werden dem ↗Meerwasser durch Kontakt mit der ↗Atmosphäre, seltener dem Meeresboden aufgeprägt. Im Inneren des Meeres sind viele Eigenschaften konservativ, d. h. sie verändern sich nur noch durch Vermischung mit benachbarten Wassermassen. Unter Annahmen über die Vermischung kann man Wassermassen auf ihrem Weg durch das Ozeaninnere verfolgen und so Aussagen zur ↗Zirkulation gewinnen.

Wassermenisken, aufgrund der Wasserspannung gekrümmte Wasseroberflächen an der Grenzfläche zwischen Wasser und Luft in ↗Bodenporen, ↗Kapillaren oder im Bereich von Kornkontaktstellen.

Wasserorganismen, Organismen, deren Leben vollständig oder überwiegend im Wasser stattfindet, z. B. Fische, Muscheln.

Wasserpolitik, Politik zur Bewirtschaftung der Wasservorräte auf lokaler, regionaler und internationaler Ebene. Ziele einer nachhaltigen Wasserpolitik sind: Sicherung der Wasserversorgung, Schutz der Wasservorräte, Verminderung von Wasserverschmutzung, Verhinderung der Ausbreitung von Krankheitserregern, sparsamer Umgang mit Wasser, Entwicklung und Anwendung abwasserfreier Technologien und nachhaltige Wassernutzung.

Wasserpotential, die potentielle Energie des Wassers im Verhältnis zu einem Referenzniveau. Das ↗Bodenwasserpotential setzt sich u. a. aus dem Gravitations- und ↗Matrixpotential zusammen. Das Wasserpotential in Pflanzen schließt außerdem das osmotische Potential ein.

Wasserprobe, die während einer ↗Probenahme erhaltene Probe aus Oberflächen-, Grund-, Trink-, Prozeß- oder Abwasser, im weiteren Sinne auch von atmosphärischen Niederschlägen (Regen, Schnee) oder Eis. Sie enthält in der Regel gelöste Stoffe (Ionen, nichtionische Substanzen, Gase) sowie suspendierte Stoffe. Entsprechend den vorgesehenen Untersuchungen muß die Wasserprobe ggf. speziell behandelt (z. B. filtriert), konserviert und gelagert werden.

Wasserprobenehmer, Gerät zur Entnahme von ↗Wasserproben. In Abhängigkeit vom Ziel der Probenahme und den örtlichen Gegebenheiten gibt es mehrere gebräuchliche Wasserprobenehmer: a) Schöpfbecher: einseitig offene Gefäße für die manuelle Probenahme, b) Schöpfapparate: durch Klappen oder Ventile verschließbare Hohlkörper für die manuelle Probennahme, c) automatische Probenahmegeräte: eine Gerätekombination aus Förderaggregat, Steuer- und Dosiereinrichtung, Probenverteiler und Probenaufbewahrungsteil für die zeit- oder durchflußabhängige Probenahme, d) Probenahmepumpen, e) Sammel- und Auffangtrichter für Niederschläge: vor Wettereinflüssen und Verunreinigungen geschützte Gefäße.

Wasserqualität, *Wasserbeschaffenheit*, Kennzeichnung der Eigenschaften des Wassers durch physikalische, chemische und biologische Parameter.

Wasserrücklage, *Rücklage*, Zunahme des ober- und unterirdischen Wasservorrates durch ↗Niederschlag, ↗Grundwasserneubildung, ↗Zufluß oder Zuleitung, gemittelt über ein bestimmtes Gebiet. Sie wird meist ausgedrückt als Wasserhöhe über einer horizontalen Fläche.

Wassersättigung, beschreibt, in welchem Ausmaß die Hohlräume des Untergrundes (Bodens) mit Wasser erfüllt sind. Die Wassersättigung wird über die Sättigungszahl quantifiziert. Ist der Boden wassergesättigt, d. h. alle Hohlräume sind mit Wasser bzw. Bodenlösung gefüllt (maximaler Wassergehalt des Bodens z. B. im Grund- oder Stauwasser), dann ist der Boden ein Zweiphasensystem und besitzt die größte Wasserleitfähigkeit; in einem Bohrloch bildet sich ein Wasserspiegel aus.

Wasserschall, ↗Schallwellen im Wasser. Da elektromagnetische Wellen im Wasser stark gedämpft werden, dient dort der Schall dem Zweck der Ortung und Kommunikation. Meerestiere orientieren sich und kommunizieren mit Hilfe von Schall. Mit dem auf jedem Schiff vorhandenen ↗Echolot wird die Wassertiefe gemessen. Ein dem ↗Radar entsprechendes akustisches Unterwassersystem heißt ↗Sonar (sound navigation and ranging). Sonargeräte dienen zur Vermessung der Topographie und Struktur des Meeresbodens, der Auffindung von Fischschwärmen und der Ortung von U-Booten. Wasserschall

Wasserscheide

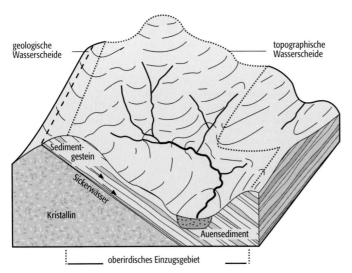

Wasserscheide: geologische und topographische Wasserscheide.

Wasserschöpfer: Kippwasserschöpfer nach Nansen. a = Metallzylinder, b_1, b_2 = Hahnventile, c = Klemmvorrichtung, d = hydrographischer Draht, e = Auslösevorrichtung, f_1, f_2 = Fallgewichte, g = Führungsstange, h = Sperrkegel, i = Auslösehebel, k = Metallrahmen für Kippthermometer, l = Ablaßhahn, m = Luftventil.

wird mit Schallwandlern künstlich erzeugt und mit ↗Hydrophonen (Unterwassermikrophon) aufgezeichnet.

Die Schallausbreitung wird durch die ↗Schallgeschwindigkeit bestimmt. Sie hängt im Wasser von ↗Temperatur, ↗Salzgehalt und ↗Druck ab und steigt mit allen drei Parametern. Im offenen Ozean ist die Schallgeschwindigkeit im wesentlichen eine Funktion der Temperatur und des Druckes und somit der Wassertiefe. In warmen und gemäßigten Breiten nimmt die Temperatur unterhalb der Meeresoberfläche mit der Tiefe ab und damit auch die Schallgeschwindigkeit. Ab einer gewissen Tiefe überwiegt der Druckeinfluß, und die Schallgeschwindigkeit nimmt wieder zu. Wenn sich die Schallgeschwindigkeit auf der Strecke einer ↗Wellenlänge nur wenig ändert, und das ist im Ozean im allgemeinen der Fall, kann die Schallausbreitung durch Strahlen beschrieben werden. Da die Schallgeschwindigkeit im wesentlichen eine Funktion der vertikalen Koordinate ist, breiten sich die Schallstrahlen in vertikaler Richtung auf Geraden aus. Damit ist die Echolotung auch in einem geschichteten Ozean möglich. In von der Vertikalen abweichenden Richtungen verlaufen die Schallstrahlen auf gekrümmten Kurven. Für die horizontale Schallausbreitung ergeben sich Schattenzonen, in die die Schallstrahlen nicht dringen, aber auch sog. Kanäle, in denen der Schall gebündelt wird und sich über große Entfernungen ausbreitet. Das Minimum der Schallgeschwindigkeit in warmen und gemäßigten Breiten liegt bei 1000 ± 300 m Wassertiefe und bildet die Achse des sog. ↗SOFAR-Kanals (sound fixing and ranging).

Durch Beugung kann (in geringem Maße) Schallenergie auch in Bereiche gelangen, die im Schallschatten liegen. An der Meeresoberfläche und am Meeresboden gilt das ↗Reflexionsgesetz. Die Schallenergie wird total reflektiert (an der Meeresoberfläche und bei flachem Einfall am Meeresboden) oder ein Teil der Schallenergie dringt durch Brechung in den Meeresboden ein.

Eine punktförmige Unterwasserschallquelle erzeugt eine ↗Kugelwelle. Durch Reflexionen an Meeresoberfläche und -boden bildet sich in großer Entfernung (verglichen mit der Wassertiefe) eine ↗Zylinderwelle aus. Durch Brechung am Meeresboden geht Energie verloren, durch Streuung an der rauhen Meeresoberfläche und auch am -boden wird dem Ausgangssignal Energie entzogen und in abweichende Richtungen abgestrahlt. Das Streusignal erzeugt den ↗Nachhall, den man auch am Ort des Senders registriert. Neben den geometrischen Einflüssen wird die Reichweite auch durch ↗Schallabsorption (Umwandlung von Schallenergie in Wärme) beeinflußt. Die Absorption bewirkt eine exponentielle Abnahme der Schallintensität I mit der Entfernung x:

$$I(x) = I_0 \exp(-\gamma x),$$

wobei der Absorptionskoeffizient γ mit der Frequenz stark zunimmt. Um große Reichweiten von z. B. 1000 km im SOFAR-Kanal zu erreichen, sind tiefe Frequenzen unter 500 Hz erforderlich, d. h. Wellenlängen über 3 m.

In der ozeanographischen Forschung kommen verschiedene akustische Fernmeßverfahren zur Anwendung. Sie können von Schiffen oder von festinstallierten Plattformen aus eingesetzt werden. Eine Erweiterung des Echolots ist das Fächerlot (↗Echolot), das durch Schwenken des akustischen Senders einen Streifen quer zur Fahrtrichtung abtastet, d. h. ein zweidimensionales Bild der Wassertiefe liefert. Ein wichtiges Instrument ist das ADCP (Acoustic Doppler Current Profiler) (↗ADCP-Meßverfahren), das die Strömungsgeschwindigkeit in verschiedenen Tiefen gleichzeitig mißt. Die geneigt zur Vertikalen ausgestrahlten Schallwellen werden von kleinen mit der Strömung driftenden Partikeln zurückgestreut. Aus der gemessenen Frequenzverschiebung (↗Doppler-Effekt) läßt sich die Strömungsgeschwindigkeit berechnen. ADCPs können vom Schiff aus eingesetzt oder für Langzeitregistrierungen am Meeresboden verankert werden.

Die akustische ↗Tomographie basiert auf der Temperaturabhängigkeit der Schallgeschwindigkeit. Durchstrahlt man eine Wassermasse auf verschiedenen Wegen, so kann man aus den gemessenen Laufzeiten Informationen über die Temperaturverteilung in der Wassermasse gewinnen. Es ist geplant, Langzeitmessungen im SOFAR-Kanal durchzuführen, um seine Veränderung zu studieren und daraus Schlüsse auf die globale Erwärmung zu ziehen. [HHE]

Wasserscheide, Grenzlinie, die benachbarte ↗Einzugsgebiete voneinander trennt. Nicht immer verläuft die Wasserscheide als Gipfellinie über die Höhenzüge hinweg, die ein Einzugsgebiet umrahmen. Durch eine Umstellung der Entwässerungsrichtung, beispielsweise infolge einer ↗Flußanzapfung oder ↗glazialer Überformung, kann die Wasserscheide auch als flache Talwasserscheide ausgebildet sein. Als kontinentale oder Hauptwasserscheide trennt sie Abflußgebiete, die auf verschiedene Ozeane eingestellt sind. Nur bei homogenem Gesteinsaufbau strömt alles im Einzugsgebiet versickernde Wasser dem Hanggefälle folgend den ↗Tiefenlinien zu. Gesteinswechsel, Faltung oder ↗tektonische Störungen innerhalb eines Einzugsgebietes beeinflussen häufig die hydrologischen Verhältnisse derart, daß die topographisch ermittelte Wasserscheide nicht mit der geologischen bzw. hydrologischen Wasserscheide im Untergrund zusammenfällt. Durch den Zu- oder Abstrom von Sickerwässern sind oberirdisches und unterirdisches Einzugsgebiet nicht mehr deckungsgleich (typisch für Karstgebiete), was bei allen Betrachtungen, denen die topographische Einzugsgebietsfläche zugrunde liegt, berücksichtigt werden muß (Abb.). [KMM]

Wasserschloß, Ausgleichsspeicher bei ↗Hochdruckkraftwerken zur Dämpfung von Druckstößen, die beim Öffnen und Schließen der ↗Turbinen auftreten können. Weiter wird dadurch eine vereinfachte Regelung der Anlage erreicht.

Wasserschöpfer, Behälter zur Gewinnung von ↗Wasserproben, die zur Analyse der Eigenschaften des ↗Meerwassers oder darin enthaltener Partikel oder Organismen verwendet werden (Abb.). Sie werden an einem Draht von einem Schiff ins Wasser abgesenkt und in einer vorgegebenen Tiefe geschlossen. Früher wurden die Schöpfer einzeln am Draht befestigt und der Schließmechanismus mit einem Fallgewicht, das entlang des Drahts glitt, ausgelöst. Heute wird meist eine Serie kreisförmig um eine ↗CTD-Sonde angeordneter Schöpfer eingesetzt, wobei beim Fieren der Sonde ein hochauflösendes Profil unterschiedlicher Wassermasseneigenschaften (↗Wassermassen) gemessen wird und die Schöpfer beim Hieven in ausgewählten Tiefen geschlossen werden. [EF]

Wasserschutzgebiet, Bezeichnung für das Einzugsgebiet oder einen Teil eines Einzugsgebietes einer Wassergewinnungsanlage, das zum Schutz des Wassers (Güte und Menge) besonderen Nutzungsbeschränkungen unterliegt. Nach §19 des ↗Wasserhaushaltsgesetz (WHG) können zum Wohl der Allgemeinheit und zum Schutz der Wasserversorgung vor nachteiligen Einwirkungen Wasserschutzgebiete festgesetzt werden. Diese Regelung in einem Rahmengesetz des Bundes ist in den verschiedenen Landeswassergesetzen berücksichtigt. Das Wasserschutzgebiet ist in der Form einer Rechtsverordnung festzusetzen und richtet sich in Form und Inhalt nach Landesrecht. Die Schutzintensität geht über die alleinige Vermeidung einer Gefährdung im polizeirechtlichen Sinne hinaus. Nach der Rechtsprechung muß eine Gefährdung nach menschlicher Erfahrung unwahrscheinlich sein. Hierzu können bestimmte Handlungen verboten oder für beschränkt zulässig erklärt werden oder auch Duldungspflichten zu Lasten von Grundstückseigentümern eingeführt werden. Soweit das Wasserschutzgebiet eine Enteignung darstellt oder die ordnungsgemäße land- oder forstwirtschaftliche Nutzung eines Grundstücks einschränkt, ist ein angemessener Ausgleich zu leisten.

In vielen Fällen werden Wasserschutzgebiete zum Schutze des Trinkwassers erstellt (↗Trinkwasserschutzgebiet). Die nachhaltigsten Gefahren gehen von Industrie- und Gewerbebetrieben, menschlichen Ansiedlungen, Abfallbeseitigungsanlagen (z. B. Deponie), Massentierhaltung, Verkehrsanlagen, Erdaufschlüssen und dem Bergbau aus. Die Festsetzung von Trinkwasserschutzgebieten erfolgt im allgemeinen nach Richtlinien der Länderarbeitsgemeinschaft Wasser (LAWA) und des Deutschen Vereins des Gas- und Wasserfachs e. V. (DVGW). Man unterscheidet dabei ↗Grundwasser, ↗Talsperren und ↗Seen. Nachteilige Veränderungen, insbesondere des Grundwassers, ergeben sich u. a. durch pathogene Viren und Bakterien sowie durch organische und anorganische Stoffe, z. B. Halogenkohlenwasserstoffe, Mineralölprodukte, Detergentien (↗Tenside), Trübungs- und Farbstoffe, Geruchs- und Geschmacksstoffe, ↗Schwermetalle, Stickstoff-Verbindungen, Cyan-Verbindungen und radioaktive Stoffe. Auch Temperaturveränderungen, Änderungen der Oberflächenspannung, des Gesamtsalzgehaltes und die Ausbildung reduzierter Bedingungen mit dadurch erhöhten Fe^{2+}- und Mn^{2+}-Gehalten sind in Wasserschutzgebieten zu vermeiden. Schadorganismen und Schadstoffe unterliegen im Gewässer bzw. im Untergrund gewissen ↗Reinigungsvorgängen und Verdünnungsvorgängen.

Die Auswirkungen nachteiliger Vorgänge sind von den örtlichen Gegebenheiten abhängig. ↗Abbau und ↗Retention von ↗Schadstoffen erfordert Raum und Zeit. Entsprechend sind Wasserschutzgebiete in einzelne Schutzzonen gegliedert, mit zur Fassungsanlage hin höheren Nutzungsbeschränkungen. Die Schutzzone I (Fassungsbereich) dient dem unmittelbaren Schutz der Fassungsanlage und beträgt im allgemeinen 10 m. Die Schutzzone II (↗engere Schutzzone) dient insbesondere zum Schutz gegenüber pathogenen Keimen. Nach vorliegenden Erkenntnissen sind die notwendigen Absterbe-, Sorptions- und Filtervorgänge im Grundwasser durch eine Aufenthaltszeit von mindestens 50 Tagen gegeben. Die Bemessung der Zone richtet sich daher nach der Fließgeschwindigkeit des Gewässers. In dieser Zone sind z. B. menschliche Ansiedlung oder z. B. Kiesgruben gefährlich. Die Schutzzone III (↗weitere Schutzzone) dient dem Schutz vor Verunreinigungen, die durch die Reinigungswirkung des Gewässers oder des Bodens nicht oder kaum beseitigt werden. Dabei unterscheidet man Schutzzone IIIa (Grenze liegt in Hauptfließrichtung in 2 km Abstand zum Brunnen) und Schutzzone IIIb (umschließt das gesamte Einzugsgebiet des Brunnens). Bei Grundwasser fällt die Grenze des Wasserschutzgebiets unter Umständen mit der des Gewässereinzugsgebietes zusammen. Ähnliche Einteilungen gelten in der Schweiz und in Österreich. Für Heilquellen gelten besondere Richtlinien. Zum Schutz des Grundwassers für die Trinkwassernutzung sind folgende Flächen, ausgedrückt in

Prozent der Gesamtfläche Deutschlands, erforderlich: Zone I und II 1,3 %; Zone III 10,0 %. [ME]

Wasserspannungskurve ↗ *Saugspannungskurve*.

Wasserspeicher ↗ *Wasserbehälter*.

Wasserspiegel, ausgeglichene Grenzfläche eines ↗ Wasserkörpers gegen die Atmosphäre (Wasseroberfläche).

Wasserspiegelgefälle, Neigung des ↗ Wasserspiegels eines Fließgewässers in Fließrichtung.

Wasserspiegellage, *Gewässerspiegellage, Wasserspiegellinie, Spiegellinie,* ↗ Wasserspiegel längs eines ↗ Fließgewässerabschnittes zu einem bestimmten Zeitpunkt.

Wasserspiegellagenberechnung, Ermittlung der ↗ Wasserspiegellage für einen ↗ Fließgewässerabschnitt mittels mathematischer Modelle. Grundlagen derartiger Modelle bilden die ↗ Bernoullische Energiegleichung und die ↗ hydrodynamische Impulsgleichung.

Wasserstand, Höhe des ↗ Wasserspiegels in Gewässern in bezug auf einen festgesetzten Nullpunkt. An der deutschen Küste ist der ↗ Pegelnullpunkt (PN) relativ zum ↗ Normalnull (NN) der Landesvermessung als PN = NN-5 m definiert. Der Wasserstand wird mit ↗ Wasserstandspegeln und mit Hilfe von Satelliten durch ↗ Altimeter gemessen. Die Messungen der ↗ Pegel liefern die Gezeitengrundwerte, auf deren Grundlage das ↗ Seekartennull der deutschen ↗ Seekarten festgelegt wird. Wasserstandmessungen über einen längeren Zeitraum werden dazu benutzt, um ↗ Meeresspiegelschwankungen zu erfassen. Wasserstände von ↗ Fließgewässern dienen vor allem der Ermittlung der ↗ Durchflüsse. Sie werden direkt für die Schiffahrt und den Hochwasserschutz benötigt. Wasserstände von Seen und Talsperren sind für die Bestimmung des Speichervolumens erforderlich.

Wasserstandsmessungen, Mesungen des Wasserstandes, die für Bearbeitungen wasserbaulicher und wasserwirtschaftlicher Fragen benötigt werden. Dazu gehören u. a. die Untersuchung des Abflußgeschehens als Voraussetzung für die Kenntnis des ↗ Wasserhaushaltes, die Steuerung ↗ wasserwirtschaftlicher Systeme, die Beurteilung morphologischer Veränderungen, die Informationen, die für Sicherheit und Leichtigkeit der Schiffahrt erforderlich sind, und der Betrieb von Melde- und Warndiensten, insbesondere zur Hochwasservorhersage. In Deutschland wird hierfür ein Netz von ↗ Pegeln und Abflußmeßstellen benutzt, das so dicht ist, daß alle wichtigen Teileinzugsgebiete erfaßt werden (↗ gewässerkundliche Dienste). An Talsperren und Rückhaltebecken werden Pegel zur Ermittlung von Zu- und Ablauf bzw. der gespeicherten Wassermengen eingerichtet. Das Erfassen von Wasserständen an Pegeln geschieht entweder zu bestimmten Zeiten (Terminwerte) oder durch kontinuierliche Registrierung. Im Tidebereich liegen die Tidebinnenpegel zwischen Hauptdeich und Tidegrenze, die Tideaußenpegel seewärts der Hauptdeiche. Bevor sie für wasserwirtschaftliche Zwecke verwendet werden, müssen die gewonnenen Meßwerte geprüft und aufgearbeitet werden. [EWi]

Wasserstandspegel, Meßgeräte zur Bestimmung des ↗ Wasserstands. Man unterscheidet Küstenpegel und Hochseepegel. Bei Küstenpegeln erfolgt die Ablesung an Land an einer Meßlatte (Lattenpegel), über einen Schwimmer in einem Schacht (Schwimmerpegel), mit einer Druckübertragung durch eine luftgefüllte Rohrleitung (↗ Druckluftpegel) oder durch eine In-situ-Druckmessung mit elektrischer Übertragung. Bei Hochseepegeln wird die In-situ-Druckmessung gespeichert und steht erst nach Wiederaufnahme des Geräts zur Verfügung. Während bei Küstenpegeln die absolute Lage bekannt ist und sie aneinander angeschlossen werden können, liefern die Hochseepegel nur Registrierungen der lokalen Wasserstandsschwankungen. ↗ Pegel.

Wasserstoff, gasförmiges chemisches Element, chemisches Symbol H. ↗ Hydrologie, ↗ Kohlenwasserstoff, ↗ Spurengase.

Wasserstoffisotopenverhältnis ↗ $^2H/^1H$.

Wasserstoffmaser, ↗ Atomuhr mit hochgenauer Periodenkonstanz (Frequenz 1,420 405 751 GHz), die sowohl lang-, als auch kurzfristig im Genauigkeitsrahmen von 10^{-14} bleibt. Wie auch die ↗ Caesiumuhr dient der Wasserstoffmaser als Primärstandard.

Wasserstraße, Sammelbezeichnung für Flüsse, Kanäle oder Seen, die von Schiffen für den Personen- und/oder Güterverkehr befahren werden können. In Deutschland sind die in Bundesbesitz befindlichen Bundeswasserstraßen im Bundeswasserstraßengesetz (WaStrG) ausgewiesen. Sie gliedern sich nach dem Wasserwegerecht in Binnenwasserstraßen und Seewasserstraßen. Der Schiffsverkehr unterliegt gesetzlichen Regelungen.

Flüsse zählen zu den ältesten Verkehrswegen, wobei Größe und Tragfähigkeit der Schiffe zunächst von der natürlicherweise vorhandenen Breite und Tiefe des Gewässers abhängig waren. Eine systematische Anpassung an wirtschaftliche Notwendigkeiten und ein Ausbau von Flußsystemen zu zusammenhängenden Verkehrsnetzen fällt im wesentlichen mit der Industrialisierung und dem Entstehen arbeitsteiliger Gesellschaften zusammen. Dabei wurden getrennte Flußsysteme durch ↗ Schiffahrtskanäle verbunden und in ursprünglich frei fließenden Gewässern durch geeignete Regelungsmaßnahmen, vor allem durch den Bau von ↗ Staustufen, die erforderlichen Wassertiefen hergestellt.

Das deutsche Wasserstraßennetz umfaßt insgesamt 7700 km, davon 1800 km Kanäle, der Anteil der Seewasserstraßen beträgt 800 km. Auf diesem Verkehrsnetz wird ein Güterverkehrsaufkommen von 60 Mrd. tkm abgewickelt, davon zwei Drittel auf dem Rhein, was etwa 25 % des deutschen Massengüterfernverkehrs entspricht. Es ist Teil eines gesamteuropäischen Wasserstraßennetzes, dessen Hauptachsen Rhône, Rhein, Donau und Elbe sind. Zu den großen Wasserstraßensystemen gehören weiter u. a. der Wolga-Baltic-Wasserweg zwischen Ostsee und Schwarzem Meer sowie das Mississippi-Wasserstraßensystem mit dem küstenparallel verlaufenden Intercoastal Waterway. Die Ausbauparameter einer Wasserstraße werden im wesentlichen durch Standard-Schiffsgrößen (↗Wasserstraßenklasse) und das erwartete Verkehrsaufkommen bestimmt. Der ↗Verkehrswasserbau umfaßt dabei sämtliche Maßnahmen, die erforderlich sind, um natürliche Gewässer für den Verkehr mit Binnenschiffen auszubauen und künstliche Schiffahrtswege anzulegen. Im wesentlichen handelt es sich dabei um flußbauliche Maßnahmen (↗Flußbau), Staustufen mit ↗Schleusen, Schiffahrtskanäle und ↗Häfen. Wasserstraßen sind häufig Mehrzweckanlagen, die zusätzlichen Zwecken wie dem Hochwasserschutz, der Erzeugung von Wasserkraft oder, wie z. B. beim Main-Donau-Kanal, auch der Überleitung von Wasser aus Überschußgebieten in Wassermangelgebiete dient. [EWi]

Wasserstraßenklasse, Einteilung der ↗Wasserstraßen in sechs Kategorien durch die Konferenz der Europäischen Verkehrsminister. Den einzelnen Klassen liegen bestimmte Ausbauparameter zugrunde, die durch den jeweiligen ↗Schiffstyp bestimmt werden. Der Ausbau des deutschen Wasserstraßennetzes erfolgt im wesentlichen für die Wasserstraßenklasse V.

Wasserstreß, Zustand der Pflanzen bei nicht ausreichender Wasserversorgung, d. h. höherer Energie, die sie aufwenden müssen für die Absicherung der uneingeschränkten Assimilation. Die Pflanzen reagieren mit einer Reduzierung der Assimilation und Stoffproduktion durch Verkleinern der Spaltöffnungen. Dieser Prozeß setzt ein ab Saugspannungswerten von etwa 0,1 MPa (pflanzenspezifisch unterschiedlich) und verstärkt sich mit zunehmender Saugspannung. Ab Saugspannungswerten größer als beim ↗permanenten Welkepunkt bzw. 1,5 MPa (↗Äquivalentwelkepunkt) ist der Wasserstreß so groß, daß die Pflanzen irreversibel welken.

Wassertiefe, vertikaler Abstand eines Punktes des ↗Wasserspiegels vom ↗Gewässerbett oder in einem Überschwemmungsgebiet von der überschwemmten Geländeoberfläche. Bei durch Wellen bewegter Wasseroberfläche ist die Wassertiefe der lotrechte Abstand des ↗Ruhewasserstandes vom Gewässerbett. In der Ozeanographie wird die Wassertiefe als der Abstand zwischen der Meeresoberfläche und dem ↗Meeresboden definiert. Die Bestimmung der Wassertiefe erfolgt über ↗Lotungen. Schwankungen des ↗Wasserstands machen die Definition eines Bezugsniveaus notwendig.

Kultur	l Wasser / kgTrM
Mais	350
Zuckerrüben	440
Sommerweizen	490
Gerste	530
Kartoffeln	580
Hafer	580
Rotklee	700
Luzerne	840

Wasserverbrauch, 1) *Bodenkunde*: hängt bei einer Pflanze von der Blattfläche sowie den anatomischen und physiologischen Besonderheiten der Pflanzenart ab. Nur etwa 0,2 bis 0,3 % des aufgenommenen Wassers werden zum Aufbau der organischen Substanz, alles andere zur Transpiration verwendet. Als Transpirationskoeffizient (Tab.) bezeichnet man die Wassermenge, die die Pflanze zur Bildung von einem Kilogramm Trockensubstanz verbraucht. **2)** *Hydrologie*: das in einer bestimmten Zeitspanne für die ↗Wasserversorgung abgegebene Wasservolumen, z. B. Trinkwasser, Betriebswasser, Haushaltswasser, Bewässerwasser, Kühlwasser, Löschwasser und Wasser für öffentliche Einrichtungen.

Wasserverfügbarkeit, Begriff, der in der Bodenkunde im Sinne der Pfanzenwasserverfügbarkeit gebraucht wird (↗pflanzenverfügbares Wasser).

Wasserverschmutzung ↗Gewässerverunreinigung.

Wasserversorgung, nach DIN 4046 die Deckung des ↗Wasserbedarfes der Wohn- und Arbeitsstätten der menschlichen Gesellschaft mit ↗Trinkwasser und ↗Betriebswasser. Die Wasserversorgung hat die Aufgabe, die erforderliche Wassermenge in ausreichender Qualität und mit dem nötigen Versorgungsdruck zur Verfügung zu stellen. Nach DIN 4046 wird unterschieden zwischen der öffentlichen Wasserversorgung, die der Allgemeinheit dient, unabhängig von der Rechtsform des Betreibers, und der Eigenwasserversorgung, die vom Betreiber mit betriebseigenen Anlagen durchgeführt wird. Bei der zentralen Wasserversorgung (Abb.) wird das Wasser einem größeren Verbraucherkreis durch ein Rohrnetz zur Verfügung gestellt (↗Wasserverteilungsanlage), während bei der Einzelwasserversorgung nur einzelne Verbraucher meist im Rahmen der Eigenwasserversorgung über sog. Verbrauchsleitungen versorgt werden. Die Gruppenwasserver-

Wasserverbrauch (Tab.): Transpirationskoeffizient ausgewählter Kulturpflanzen in Liter Wasser je kg Trockenmasse (TrM).

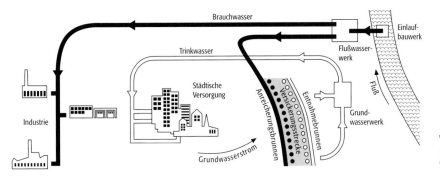

Wasserversorgung: Schema eines kombinierten Fluß- und Grundwasserwerkes.

Wasserverteilungsanlage

sorgung und Verbundwasserversorgung dienen der zentralen Versorgung mehrerer Verbraucherkreise, wie z. B. Kommunen. Eine Wasserversorgungsanlage umfaßt in der Regel Einrichtungen für die ↗Wassergewinnung aus Grund- und Oberflächenwasser, die ↗Wasseraufbereitung, die Wasserspeicherung sowie die Wasserverteilung. Die Dimensionierung eines Wasserversorgungssystems wird durch den zu deckenden Wasserbedarf sowie die Bedarfsschwankungen bestimmt. [EWi]

Wasserverteilungsanlage, Anlage zur hygienisch einwandfreien und wirtschaftlichen Verteilung von Wasser mit Hilfe von Rohrleitungen. Dazu kommen die zur Regelung des Volumenstromes erforderlichen Absperr- und Regelarmaturen, Ventile zur Druckminderung sowie zur Be- und Entlüftung. Je nach der Funktion werden unterschieden: Zubringerleitungen (bei einer Länge von über 25 km und einem Durchmesser von mehr als 500 mm als Fernwasserleitungen bezeichnet), Haupt- und Versorgungsleitungen zur Verteilung des Wassers innerhalb eines Versorgungsgebietes sowie Anschluß- und Verbrauchsleitungen zu einzelnen Abnehmern bzw. innerhalb einzelner Grundstücke und Gebäude.

Innerhalb eines Versorgungsgebietes erfolgt die Verteilung über Rohrnetze, die als Verästelungsnetze oder Ringnetze ausgeführt sein können. Letztere haben in betrieblicher und hygienischer Hinsicht Vorteile, da jedem Versorgungspunkt das Wasser von zwei Seiten zufließen kann und außerdem das Wasser stets in Bewegung ist, so daß keine Stagnationen oder längere Verweilzeiten eintreten können (Gefahr der Wassertrübung und Verkeimung). Eine Bemessung von Wasserverteilungsanlagen erfolgt im Hinblick auf den sog. wirtschaftlichen Rohrdurchmesser, d. h. so, daß die Summe von Bau- und Betriebskosten zum Minimum wird. Die Aufwendungen für die Wasserverteilung sind erheblich, rund zwei Drittel der Investitionen für die öffentliche Wasserversorgung entfallen auf die Rohrnetze.

Die Fließgeschwindigkeit in Wasserverteilungsanlagen liegt zwischen 3 m pro Sekunde bei Fernleitungen und 0,5–1,0 m pro Sekunde bei Versorgungsleitungen. Bevorzugte Werkstoffe sind Gußeisen, Stahl und Kunststoff, wobei Gußrohre derzeit noch den größten Anteil am Bestand haben, bei Neuverlegungen, insbesondere bei der weiträumigen Verteilung in ländlichen Gebieten, werden jedoch zunehmend Kunststoffrohre bevorzugt. [EWi]

Wasservorkommen, *Wasserressourcen*, *Süßwasservorkommen*, Wasservolumen, das für die Nutzung in ausreichender Menge und Beschaffenheit in einem bestimmten Gebiet für einen bestimmten Zeitraum für einen potentiellen Bedarf in geeigneter Form zur Verfügung steht oder verfügbar gemacht werden kann. Dabei unterscheidet man zwischen erneuerbaren und nicht erneuerbaren Vorräten. Bei erneuerbaren Vorräten erfolgt ständig eine Auffüllung durch ↗Niederschläge, ↗Grundwasserneubildung sowie durch ober- und unterirdische Zuflüsse. Zu den nicht erneuerbaren Vorräten gehört ↗fossiles Wasser, das sich in historischen Zeiträumen gebildet hat.

Wasservorrat, in einem Gebiet vorhandenes Wasservolumen, das sowohl in Form von Schnee und Eis als auch als Wasser auf der Landoberfläche, im Boden oder als Wasserdampf in der Atmosphäre gespeichert sein kann. Derzeitige Schätzungen des Gesamtwasservorrates der Erde liegen bei etwa 1386 Mio. km³. Davon entfallen etwa 1338 Mio. km³ (96,5%) auf die Weltmeere. 24,4 Mio. km³ (1,76%) sind in Form von Eis in den Polarkappen und in ↗Gletschern gebunden. Das Abschmelzen dieser Eismassen würde ein

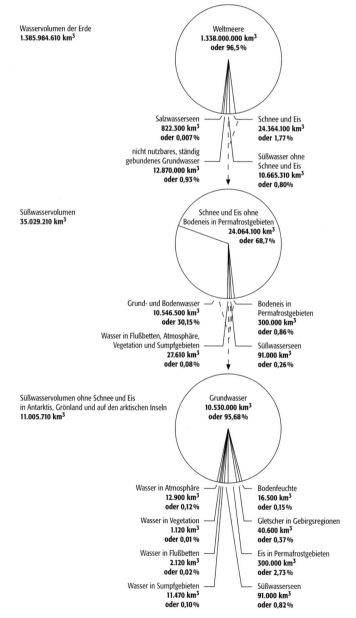

Wasservorrat 1: Gesamtwasservorräte und Süßwasservorräte der Erde.

Wasservorrat (Tab. 1): Süß-Wasser-Vorräte der Erde. Neben den prozentualen Anteilen an den Gesamtsüßwasservolumen sind auch die bedeckte Fläche und die Schichtdicke, die das Wasser einnehmen würde, wenn es gleichmäßig über die Fläche verteilt wäre, sowie die mittlere Verweildauer des Wassers in diesen Bereichen angegeben.

Vorkommen	Wasservolumen [km³]	Areal [10⁶ km²]	Schichtdicke [m]	Anteil [%]	mittlere Verweilzeit [a]
Polareis, Meereis	24.364.100	16	1460	68,7	9700
Gletscher, Schnee					1600
davon: Antarktis	21.600.000	14	1546	(61,7)	
Grönland	2.340.000	1,8	1298	(6,68)	
Arktische Inseln	83.500	0,23	369	(0,24)	
Gebirge	40.600	0,22	181	(0,12)	
Bodeneis (Permafrost)	300.000	21	14	0,86	10.000
Grundwasser	10.530.000	135	78	30,1	1400
davon: bis 100 m Tiefe	3.600.000	135	27	(12,6)	300
Bodenfeuchte	16.500	82	0,2	0,05	1
Süßwasserseen	91.000	1,24	74	0,26	17
Moore, Sümpfe	11.470	2,7	4,3	0,03	5
Flüsse	2120	149	0,014	0,006	0,044
Organismen	1120	510	0,0001	0,003	0,003
Atmosphäre	12.900	510	0,001	0,04	0,025
Total	35.029.210	149	235	100	2800

Ansteigen des Meeresspiegels um etwa 68 m bewirken. Nur 10,6 Mio. km³ (0,77 %) sind als ↗Süßwasser auf den Landflächen der Erde in Süßwasserseen, im ↗Grundwasser, als ↗Bodenfeuchte, in Flüssen, im Boden, in der Atmosphäre und in den Organismen enthalten. Nach Ausscheiden von salzigem Grund- und Oberflächenwasser verbleiben nur etwa 35 Mio. km³ (2,53 %) des Gesamtwasservolumens als Süß- oder Frischwasser. Das auf der Erde vorhandene Süßwasservolumen verteilt sich auf die einzelnen Bereiche nach der Zusammenstellung in Tab. 1 und Abb. 1.

Diese Wasservorräte sind über den Landflächen der Erde sowohl räumlich wie zeitlich sehr unterschiedlich verteilt. Die tatsächlich nutzbaren und wirtschaftlich erreichbaren Frischwasservorräte (↗Wasservorkommen) werden heute mit etwa 22.000 km³/a geschätzt. Davon ist ein Teil durch Verschmutzung bereits unbrauchbar geworden. Dieser Anteil nimmt ständig zu, so daß eine stetige Abnahme der nutzbaren Wasservorräte erfolgt. Zugleich steigt der Weltwasserbedarf (Abb. 2). Es wird heute angenommen, daß etwa im Jahr 2040 weltweit der ↗Wasserbedarf die nutzbaren Wasservorräte erreicht, wenn sich die derzeitige Entwicklung fortsetzt.

In Tab. 2 ist das in den Flüssen befindliche Wasser für die einzelnen Kontinente zusammengefaßt und auf die Bevölkerungsdichte bezogen. [HJL]

Wasservorratsänderung, *Vorratsänderung*, Größe in der ↗Wasserbilanz. Für die Wasserbilanz eines Ausschnitts der Erdoberfläche bis zu der Tiefe, aus der Wasser noch in den atmosphärischen Wasserkreislauf einbezogen ist, ausgedrückt in mm Wasserhöhe über einen bestimmten Zeitabschnitt, gilt:

$$P + E + R + \Delta W = 0.$$

Dabei ist E die Verdunstungshöhe, P die Niederschlagshöhe, R die Abflußhöhe (ober- und unterirdisch) und W der Wasservorrat im Gebiet (Abb.). Die Größe ΔW als Änderung des Wasservorrats in dem betrachteten Zeitschritt wird durch die gegenläufigen Prozesse der Infiltration von Niederschlag in den Boden, des lateralen (seitlichen) Zu- und Abflusses sowie der Aufwärtsbewegung von Wasser in den Pflanzenwurzeln in Verbindung mit kapillarem Aufstieg des Wassers im Boden bestimmt. In der Hydrologie wird die Wasservorratsänderung auch als Differenz aus ↗Wasserrücklage und ↗Wasseraufbrauch definiert. Die Vorzeichen der Wasserbilanzelemente in der genannten Gleichung, ausgehend von der Oberfläche, sind aus der Abbildung ersichtlich. Der Niederschlag P führt, wenn vorhanden, der Oberfläche Wasser zu und hat ein

	Bevölkerung (1969) [10⁶]	mittlerer Gesamt-abfluß [km³/Jahr]	mittlerer jährlicher Abfluß pro Einwohner [m³/Jahr]
Europa	642	3110	4850
Asien	2047	13.190	6440
Afrika	345	4225	12.250
Nordamerika	312	5960	19.100
Südamerika	185	10.300	56.100
Australien	18	1965	10.900
Deutschland	80	93	1160
Rheingebiet	50	80	1600

Wasservorrat (Tab. 2): Verteilung der Abflüsse auf die Kontinente im Vergleich von Deutschland und Rheingebiet.

Wasserwegigkeit

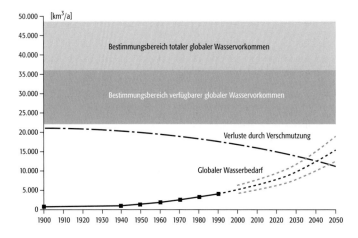

Wasservorrat 2: Entwicklung der weltweiten Wasservorkommen und des Wasserbedarfs.

Wasservorratsänderung: Vorzeichen von E = Verdunstungshöhe, P = Niederschlagshöhe, R = Abflußhöhe (ober- und unterirdisch) und ΔW = Änderung des Wasservorrats.

positives Vorzeichen. Die Verdunstung E ist stets eine Verlustgröße und liegt nachts nahe bei Null. Sie geht also mit negativem Vorzeichen in die Wasserhaushaltsgleichung ein. Ein Wassergewinn der Oberfläche durch Tau oder Reif (dünner Pfeil in der Abbildung) ist von untergeordneter Bedeutung. Die Größe ΔW ist die zeitliche Änderung des Wasservorrats W der Bodenschicht, zusammengesetzt aus dem Grundwasser und dem Bodenwasser oberhalb des Grundwassers einschließlich Oberflächenwasser und Schnee bzw. Eis. Sie kann positiv oder negativ sein. An einem Sommertag ohne Niederschlag wird in den Pflanzenwurzeln und Kapillaren nur Wasser an die Oberfläche transportiert, also dem Boden entzogen. In diesem Falle geht ΔW negativ in die Gleichung ein. Ebenso kann die Abflußhöhe (Zufluß minus Abfluß) beide Vorzeichen annehmen. Es sei angemerkt, daß häufig die Verdunstung meist nicht in dieser exakten Form als Verlustgröße verwendet wird, sondern ohne Vorzeichen. Dann sind die Vorzeichen in der Wasserhaushaltsgleichung zu ändern.

Die im Verlaufe des Jahres wechselnden Witterungsbedingungen und die hierdurch bedingten Schwankungen in der Stoffwechselintensität von Pflanzen führen zu einem mehr oder weniger stark ausgeprägten charakteristischen Verlauf von Wasserzufuhr zum Boden und Wasserverlusten aus dem Boden. Der Verlauf dieser Veränderungen, der vielfach unter dem Begriff ↗Wasserhaushalt zusammengefaßt wird, ist außer von den genannten Faktoren auch noch von den Bodeneigenschaften sowie von der hydrologischen Situation abhängig. Hierbei sind vor allem die Wasserleitfähigkeit der Böden bei unterschiedlichen Sättigungszuständen und damit die Eigenschaften des Porensystems wichtig. Daher sind die Wasserspannungskurve und die Wasserleitfähigkeitskurve wichtige Hilfsmittel bei der Beurteilung von Bodenwasserhaushalten. Für die Beurteilung des Wasserhaushaltes von Böden werden häufig Begriffe wie ↗Feldkapazität und ↗permanenter Welkepunkt verwendet. Diese Werte entsprechen Wassergehalten, die für die einzelnen Bodenschichten und -horizonte charakteristisch sind und sich unter definierten Verhältnissen stets wieder einstellen. Früher wurde oft angenommen, daß es sich bei diesen Kennwerten um Bodenkonstanten handelt, deren Wassergehalt einem bestimmten Gleichgewicht entsprechen würde. Die vorkommenden Wassergehalte werden jedoch auch von Faktoren beeinflußt, die nicht mit Bodeneigenschaften zusammenhängen. Der Wasserhaushalt eines Bodens unterliegt jahreszeitlichen Schwankungen, die durch das klimabedingte Verhältnis zwischen Wasserverlust und Wasserzufuhr gesteuert werden. So ist z. B. unter humiden Klimabedingungen bei größeren Grundwasserabständen (>2 m unter Flur) im großen gesehen eine ständige nach unten gerichtete Wasserbewegung typisch, da im Verlaufe eines Jahres mehr Wasser durch die Niederschläge zugeführt wird als verdunsten kann.

Wasserwegigkeit, *Wasserwegsamkeit*, uneinheitlich benutzter Begriff zur Beschreibung der Durchlässigkeit des Untergrundes. Einzelne Autoren gebrauchen auch die Bezeichnung Wasserwegsamkeit als Synonym für die ↗Trennfugendurchlässigkeit.

Wasserwegsamkeit ↗*Wasserwegigkeit*.

Wasserwerk, Bezeichnung für technische Einrichtung zur Gewinnung, Aufbereitung und Abgabe insbesondere von Trinkwasser (Trinkwasseraufbereitungsanlage). Je nachdem, welcher Aufwand für die Erzeugung einer erwünschten Wasserqualität notwendig ist, enthält eine Trinkwasseraufbereitungsanlage folgende Stufen: a) Grobaufbereitungsanlagen, b) Feinreinigungsanlagen, c) Anlagen zur Entfernung von unangenehmem Geruch und Geschmack sowie von Mikroverunreinigungen, d) Anlagen zur Desinfektion, e) Mischeinrichtungen, f) Anlagen zur Chemikalienaufbereitung, g) Anlagen zur Schlammbehandlung. Diese Einteilung ist schematisiert; ihre Bausteine werden dem Einzelfall angepaßt. Es gibt eine Vielfalt von Verfahren. Zur Aufbereitung wird das Wasser zunächst mechanisch durch Filtration mit Hilfe von Kies- und Sandschichten verschiedener Körnung von Trübungen aus anorganischen und organischen Schwebstoffen befreit, was bei aus Brunnen gefördertem Grundwasser im allgemeinen schon durch die natürliche Bodenfiltration geschieht. Nach dem Klären wird das Wasser noch weiteren Behandlungen unterzogen, wie der Entkeimung und Geschmacksverbesserung, der ↗Enteisenung, ↗Entmanganung, der Entsäuerung und Wasserenthärtung. Eine weitergehende Enthärtung ist nur bei extrem hohen Härtegraden erforderlich. [ME]

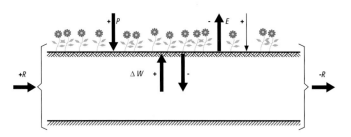

Wasserwirtschaft, in Anlehnung an DIN 4049 die zielbewußte Ordnung aller menschlichen Einwirkungen auf das ober- und unterirdische Wasser. In weitergehender Definition wird sie als »die Wissenschaft der methodischen Grundlagen einer zielbewußten Ordnung und der nachhaltigen (sozio-ökonomisch-ökologisch) Nutzung der Wasservorkommen des festen Landes nach Volumen und Qualität zum Schutze des Menschen und seiner Kultur« definiert (↗nachhaltige Wasserwirtschaft). Wesentliche Aufgabe der Wasserwirtschaft ist es, zwischen dem durch die Gegebenheiten der Natur meist aus quantitativer und qualitativer Sicht begrenzten Wasserdargebot und dem sich aus dem Anspruch der Gesellschaft ergebenen Wasserbedarf einen Ausgleich zu schaffen (↗Gewässernutzung). Weitere Aufgabe ist es, die Menschen und deren Eigentum vor dem Wasser zu schützen (↗Hochwasser, ↗Sturmflut) sowie das Ökosystem Wasser zu bewahren (↗Gewässerschutz). Die Wasserwirtschaft gliedert sich in die Bereiche ↗Wasserversorgung, ↗Siedlungswasserwirtschaft (Abwasserbeseitigung, ↗Stadtentwässerung), Gewässerschutz, ↗Verkehrswasserwirtschaft, (Schiffahrt), Wasserkraftnutzung, ↗Hochwasserschutz und ↗Küstenschutz. [HJL]

wasserwirtschaftlicher Rahmenplan, nach dem ↗Wasserhaushaltsgesetz geforderter Plan zur Sicherung der Entwicklung der für Lebens- und Wirtschaftsverhältnisse notwendigen wasserwirtschaftlichen Voraussetzungen. Dabei müssen die nutzbaren ↗Wasservorräte, die Erfordernisse des ↗Hochwasserschutzes und die Reinhaltung der Gewässer (↗Gewässerschutz) berücksichtigt werden.

wasserwirtschaftliche Systeme, von Menschenhand geschaffene Strukturen und Anlagen zur Bewirtschaftung (↗Wasserbewirtschaftung) der Wasservorräte, zur Versorgung der Bevölkerung, der Industrie oder der Landwirtschaft mit Wasser (Wasserversorgungssysteme), der Beseitigung von Abwasser (Abwasserbeseitigungssysteme), zum Schutz der Bevölkerung vor Wasser (Hochwasserschutzsysteme, Vorhersagesysteme, Stadtentwässerungssysteme), zur landwirtschaftlichen Produktion (Bewässerungssysteme), zur Energieversorgung (Wasserkraftgewinnungssysteme) und zur Schiffahrt (Wasserverkehrssysteme).

Wasserwirtschaftsverwaltung, nationale institutionelle, meist den Umweltministerien zugeordnete staatliche Einrichtungen (fachliche Verwaltungen) zur Wahrnehmung hoheitlicher, gesetzlich geregelter Aufgaben der ↗Wasserwirtschaft. Hierzu gehören z. B. die Bewirtschaftung der Wasservorräte (↗Wasserbewirtschaftung), der ↗Hochwasserschutz, der ↗Küstenschutz, der ↗Gewässerschutz, der Trinkwasserschutz, die wasserwirtschaftliche Planung, die Genehmigung und Beaufsichtigung ↗wasserwirtschaftlicher Systeme sowie Betrieb und Unterhaltung des gewässerkundlichen Meßnetzes. Letzteres schließt die von den Fachdiensten (↗gewässerkundliche Dienste) durchgeführte Überwachung der Gewässer ein. In Deutschland liegt die Zuständigkeit für die allgemeine Wasserwirtschaft bei den Bundesländern. Der Bund ist zuständig für die Rahmengesetzgebung und die grenzüberschreitenden Gewässeraufgaben sowie für die Verkehrswasserwirtschaft (Wasser- und Schiffahrtsverwaltung). [HJL]

Wasser-Zement-Faktor, *Wasserzementwert*, *W/Z*, kennzeichnet das Gewichtsverhältnis von Wasser zu ↗Zement, das für die vollständige ↗Hydration des Zementes benötigt wird. Die Porosität und damit die Festigkeit des Zementsteins hängt von der zugegebenen Menge an Wasser ab: 1–2 Teile Wasser bei Wasserbauten, 3 Teile bei Luftbauten. Die Regel vom Wasserzementwert besagt, daß der Abfall der Festigkeit mit steigendem Wasserzementwert einer logarithmischen Funktion entspricht. Diese Regel ist das Fundament der Betontechnologie. Sie gestattet es, mit Hilfe von Erfahrungszahlen die zu erwartenden Festigkeiten beliebiger, vollständig verdichteter Betonmischungen zu bestimmen bzw. Betonmischungen für einen bestimmten Festigkeitsbereiches zu entwerfen.

Watt, Bezeichnung für die an gezeitenreichen ↗Seichtwasserküsten liegenden, meist aus sehr feinkörnigen Sedimenten (Schlickwatten aus Ton, Schluff und höherem Anteil organischer Substanzen und Sandwatten überwiegend aus Sand) aufgebauten, weitgehend ebenen Flächen, die im Rhythmus der Gezeiten überflutet werden und teilweise bis vollständig wieder trocken fallen. An der Wattküste der Nordsee ist das zum Meer hin offene Watt von dem hinter Düneninseln geschützt liegenden ↗Rückseitenwatt zu trennen. Watt entsteht durch die Ablagerung von mit der Flut antransportierten Feinsedimenten beim kurzen Strömungsstillstand im Übergang zur Ebbe. Vom anschließenden Ebbstrom werden diese Sedimente nur zum Teil und v. a. in den bevorzugten Abflußrinnen, die je nach Tiefe und Breite als ↗Priele, ↗Baljen, Tiefs, Legden oder ↗Seegaten bezeichnet werden, wieder erodiert. Dadurch erfolgt eine Aufhöhung der Wattfläche bis zu dem Stadium, ab dem sie bei Hochwasser nicht mehr überflutet wird und die Bildung der ↗Marschen einsetzt. Die regelmäßig wechselnden Gezeitenströmungen bringen eine hohe Dynamik zwischen Akkumulation und Erosion und damit ein eher kurzlebiges Feinrelief im Watt mit sich, wobei lediglich die größeren Formen (Priele, Baljen) über längere Zeiträume eine unveränderte Lage beibehalten. ↗Brackmarsch, ↗Küstengebiet. [HRi]

Watt, *James*, britischer Ingenieur und Maschinenbauer, * 19.1.1736 Greenock, † 19.8.1819 Heathfield bei Birmingham; ursprünglich Mechaniker, später Landmesser und Zivilingenieur; Erfinder der modernen Dampfmaschine (direktwirkende Niederdruck-Dampfmaschine mit vom Zylinder getrenntem Kondensator und Dampfmantel um den Zylinder, 1769 Patentierung) durch Verbesserung derjenigen von T. Newcomen; erfand den Kondensator, 1769 das Wattsche Parallelogramm als Geradführung und 1788 den Wattschen Fliehkraftregler; gründete 1775 mit M. Boulton die erste Dampfmaschinen-

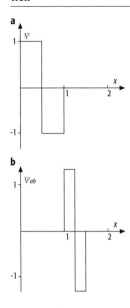

Wavelettransformation 1: a) Haar-Wavelet (Mutterwavelet), b) abgeleitetes Wavelet mit $a = 0{,}5$ und $b = 1$.

Wavelettransformation 2: Multi-Skalen-Repräsentation: a) Schema, b) Originalbild, c) Wavelett-Repräsentation.

fabrik der Welt; brachte 1782 die erste universell einsetzbare Dampfmaschine (1774 Konstruktion der doppeltwirkenden Niederdruck-Dampfmaschine) heraus, die wesentlich zur industriellen Revolution beitrug; erfand auch das nasse Briefkopieren in der Kopierpresse (1780) und 1799 den gußeisernen Balancier; erforschte die Zusammensetzung des Wassers und trug zur Entwicklung der Dampfheizung (ab 1784) bei; führte die »Pferdestärke« als Leistungseinheit ein. Nach ihm ist die Einheit »↗Watt« benannt.

Watt, W, nach J. ↗Watt benannte ↗SI-Einheit für die Leistung: 1 W = 1 J/s.

Wattenküste, durch die Entstehung von Wattflächen (↗Watt) charakterisierte ↗Seichtwasserküste eines gezeitenreichen Meeres.

Watthöhenscheide, Verbindungslinie der höchsten Geländepunkte zwischen zwei ↗Fließgewässern im ↗Watt.

Wattplatten, zwischen den ↗Prielen liegende Wattflächen (↗Watt).

Wattstrom, Hauptwasserlauf (↗Fließgewässer) im ↗Watt.

Wattwasserscheide, Grenze zwischen zwei benachbarten Watteinzugsgebieten. Die Lage dieser Grenze verschiebt sich meist im Verlauf der ↗Tide.

Wavelet, ↗seismisches Signal oder Wellenform. In der Reflexionsseismik wird darunter üblicherweise nicht das Quellsignal verstanden, das von der seismischen Energiequelle ausgesandt wurde, sondern das nach der Bearbeitung vorhandene Signal. Dieses Wavelet wird als das charakteristische Echo eines Reflektors analysiert.

Wavelettransformation, Überführung einer Funktion $f(x)$ vom Ortsraum in den Wavelet-Raum durch Zerlegung der Funktion in Wavelets (Wellenstücke) ψ. Die Wavelets werden durch Skalierung und Verschiebung eines ausgewählten Mutterwavelets gewonnen (Abb. 1):

$$\psi_{ab}(x) = \left(\frac{1}{\sqrt{|a|}}\right)\psi\left(\frac{(x-b)}{a}\right),$$

wobei a = Skalierung und b = Verschiebung. Im Gegensatz zur ↗Fouriertransformation erfaßt die Wavelettransformation sowohl Frequenzeigenschaften als auch lokale Eigenschaften der Ausgangsfunktion. In der ↗Photogrammetrie werden Wavelettransformationen zur Darstellung der Intensitätsfunktion digitaler Bilder im Wavelet-Raum getrennt nach Größe, Position und Richtung genutzt. Bei der Multi-Skalen-Repräsentation (Abb. 2) erfolgt schrittweise eine Zerlegung des Originalbildes nach Tiefpaßfilterung in ein Approximationsbild A der nächstniedrigen Auflösung sowie in drei Detailbilder D^1, D^2 und D^3. Die durch kombinierte Tief- und Hochpaßfilterung in jeder Auflösungsstufe aus dem Approximationsbild gewonnenen Detailbilder entsprechen Verstärkungen im Bild waagerechter, senkrechter und diagonaler Kanten. Durch eine jeweilige Flächenreduktion um den Faktor 4 entsteht nur ein Speicherbedarf in Größe des Originalbildes. Unter Verwendung von Interestoperatoren können die Detailbilder zur ↗Merkmalsextraktion genutzt werden. [KR]

WCC, *World Climate Conference*, ↗Weltklimakonferenz.

WCP, *World Climate Programme*, ↗Weltklimaprogramm.

WD-Test ↗Wasserdruck-Test.

WD-Wert ↗Wasserdruck-Test.

Wealden, nach einer südenglischen Landschaft von W. ↗Smith geprägter fazieller Begriff, ursprünglich für limnisch-brackische Ablagerungen der tieferen Unterkreide Südenglands (»Wealden beds«). Der Begriff wird heute auch verwendet für adäquate Sedimente in Norddeutschland, Belgien und Frankreich. ↗Kreide.

weathering profile ↗Verwitterungsprofil.

Weber, Wb, physikalische Einheit, entspricht der ↗SI-Einheit Vs (↗Magnetfeldeinheit).

Weber-Linie, faunistische Grenzlinie im Bereich der tiergeographischen Übergangsregion der Wallacea zwischen der Orientalis und der Australis (↗Wallace-Linie). Die Weber-Linie stellt innerhalb der Wallacea die eigentliche Faunenscheide dar.

Weber-Zahl, We, ein das Verhältnis zwischen den Trägheitskräften und den Kräften der ↗Oberflächenspannung beschreibender, dimensionsloser Parameter:

$$We = \frac{\varrho \cdot r_{hy} \cdot v_m^2}{k},$$

wobei ϱ die Dichte, r_{hy} den ↗hydrologischen Radius, v_m die mittlere Fließgeschwindigkeit und k die dimensionslose Karman-Konstante ($k = 0{,}4$) darstellen.

Websterit, ↗Pyroxenit mit einem Anteil an ↗Olivin von ″ 5%.

Wechselfeld-Entmagnetisierung, ist die ↗Entmagnetisierung einer Gesteinsprobe in einem von magnetischen Gleichfeldern freien Raum durch ein zusätzliches magnetisches Wechselfeld (Frequenz: 10 bis 1000 Hz), dessen Stärke langsam von H_{max} stufenlos auf $H = 0$ verringert wird. Dabei werden mit steigendem H_{max} nacheinander immer höhere ↗Koerzitivfeldstärken H_C erreicht und es verschwinden die Anteile der Remanenz, die durch weniger große H_C-Werte gekennzeichnet sind (Abb.). Wenn bei der Wechselfeld-Entmagnetisierung die größte vorkommende Koerzitivfeldstärke H_{Cmax} erreicht wird, werden schließlich alle Remanenzen aus einem Gestein entfernt. Man spricht dann auch von magnetischer Reinigung. Die Analyse der Wechselfeld-Entmagnetisierung geschieht graphisch mit Hilfe des ↗Zijderveld-Diagramms, rechnerisch mit der ↗Mehrkomponentenanalyse.

Wechsellagerungsminerale, *mixed layer minerals*, ↗Phyllosilicate meist im Korngrößenbereich der ↗Tonminerale, bei denen zwei und/oder Dreischichtpakete unterschiedlicher chemischer Zusammensetzung regelmäßig oder unregelmäßig gestapelt sind. Besonders häufig sind regelmäßige Sudoit-Montmorillonit-, regelmäßige und

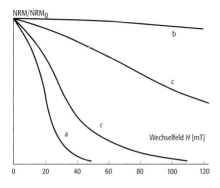

Wechselfeld-Entmagnetisierung: Beispiele für eine Wechselfeld-Entmagnetisierung: a) Probe mit niedrigen Koerzitivkräften, die von Magnetit getragen werden, b) Probe mit extrem hohen Koerzitivkräften, die von Hämatit getragen werden, c) Probe mit einem weiten Spektrum unterschiedlich großer Koerzitivkräfte.

unregelmäßige Montmorillonit-Illit- und entsprechende Chlorit-Saponit-Wechsellagerungstonminerale. Wechsellagerungsminerale kommen überwiegend in Sedimenten aller Art vor und bilden sich meist bei unterschiedlicher diagenetischer Beanspruchung, seltener als Produkte hydrothermaler Prozesse. Die Bestimmung von Wechsellagerungsmineralen erfolgt röntgenographisch durch Röntgenbeugung oder unter dem hochauflösenden Durchstrahlelektronenmikroskop, und zwar an Ultramikrotomschnitten senkrecht zur Basis, wenn die quellbaren Komponenten mit n-Alkylammoniumionen aufgeweitet werden.

Wechselpunkt, Lattenstandpunkt zwischen zwei Instrumentenaufstellungen beim geometrischen oder trigonometrischen Nivellement.

Wechselsprung, diskontinuierlicher, sprungartiger, unstetiger Übergang vom ↗Schießen zum ↗Strömen bei ↗Gerinneströmungen (↗Fließwechsel). Er macht sich im Fließgewässer durch die Bildung einer rotierenden oberflächennahen Strömung mit waagerechter, quer zur allgemeinen Strömungsrichtung liegenden Achse bemerkbar. Es bildet sich eine sogenannte Deckwalze aus. Wechselsprünge treten meist bei der Überströmung eines ↗Wehres oder eines Absturzes auf, dessen unterstromiger Bereich dann zum Schutz der Gewässersohle gegen Erosion (↗Kolk) durch ein ↗Tosbecken gesichert werden muß.

Wechselstromverfahren, umfassen alle ↗geoelektrischen Verfahren, die mit (niederfrequentem) Wechselstrom arbeiten.

Wechselwirkungsgefüge, in der ↗Landschaftsökologie die Gesamtheit der Wechselbeziehungen zwischen den Elementen eines ↗Landschaftsökosystems. Durch diese unmittelbaren gegenseitigen Einwirkungen werden die Einzelkomponenten miteinander verbunden. Wichtige Wechselwirkungen gehen von energetischen Prozessen der Globalstrahlung aus, die Ökosysteme verbinden. Weitere wichtige ökologische Wechselwirkungen ergeben sich durch den Stoffumsatz zwischen den einzelnen Sphären. Bei Anwendung der Systemtheorie auf die Beziehungen nicht naturwissenschaftlicher Sachverhalte untereinander kann ebenfalls von Wechselwirkungsgefüge gesprochen werden (↗Total Human Ecosystem).

Weddellmeer, ↗Randmeer des ↗Atlantischen Ozeans östlich der Antarktischen Halbinsel. Als östliche Begrenzung des Weddellmeers wurde früher die nordöstliche Erstreckung von Coats Land betrachtet, heute wird meist die Ausdehnung des zyklonalen Strömungssystems des Weddellseewirbels bis etwa 30°E als Begrenzung verwendet. Im Süden wird das Weddellmeer vom Filchner-Ronne-Schelfeis (↗Schelfeis) bedeckt, unter dem mit -2,7°C das kälteste Wasser des Ozeans im flüssigen Zustand vorkommt. Das Weddellmeer stellt mit 66 % das Hauptentstehungsgebiet des Antarktischen ↗Bodenwassers dar.

Wegener, *Alfred Lothar*, deutscher Geophysiker und Meteorologe, *1.11.1880 Berlin, † Mitte November 1930 Grönland (beim Rückmarsch von der Station »Eismitte«); 1906–08 Meteorologe der Danmark-Expedition Mylius-Erichsen nach Nordgrönland, 1912–13 Teilnehmer an Kochs Grönland-Expedition, 1919–24 Vorstand der Abteilung Meteorologie der Deutschen Seewarte, 1921–24 Professor in Hamburg, 1924–30 in Graz, 1929 Leiter der Vorexpedition der Deutschen Inlandeisexpedition, 1930 Leiter der Deutschen Grönland-Expedition »Alfred Wegener« an die Westküste Grönlands zur Untersuchung der meteorologischen und glaziologischen Verhältnisse auf dem Inlandeis; bedeutender Förderer der wissenschaftlichen Polarforschung; entwickelte (ab 1912) die ↗Kontinentalverschiebungstheorie (schrieb 1915 »Die Entstehung der Kontinente und Ozeane«), die er durch Arbeiten zur Paläoklimatologie (»Die Klimate der geologischen Vorzeit« 1924, mit W. ↗Köppen) zu untermauern versuchte, Vorläufer der heute herrschenden Theorie der ↗Plattentektonik; auch Arbeiten zur Thermodynamik der Atmosphäre (»Thermodynamik der Atmosphäre«, 1911), Wolkenphysik und über Halo-Erscheinungen, zur Erforschung großer Meteore und deren Anfangs- und Endhöhenbestimmung sowie über die Entstehung der Mondkrater. Nach ihm ist das Alfred-Wegener-Institut für Polar- und Meeresforschung in Bremerhaven (1980 gegründet) benannt.

Wehr, ↗Stauanlage (Abb.), mit der ein Flußlauf abgesperrt wird, mit dem Ziel, den Wasserstand für Zwecke der Schiffbarmachung, der Energieerzeugung (↗Wasserkraftanlage) oder der Ableitung von Wasser anzuheben. Es kann sowohl als Einzelanlage angelegt sein als auch Teil einer Wehrkette (↗Stauregelung). Da anders als bei einer ↗Talsperre der Speicherraum vergleichsweise klein ist, findet ein Rückhalt von Wasser nur im begrenzten Umfang statt, die Wasserspiegelschwankungen in der oberhalb gelegenen ↗Stauhaltung sind daher entsprechend gering. Wehre werden meist quer zur Hauptströmungsrichtung als geradliniges Wehr ausgeführt. Eine schräge Anordnung oder gebrochene bzw. gekrümmte Grundrisse werden gelegentlich gewählt, um die Überfallänge zu vergrößern. Bei ↗Streichwehren liegt die Überfallkrone parallel oder fast parallel zum ↗Stromstrich. Eine Sonderform des Wehres sind ↗Grundschwellen, auch Grundwehre genannt, die nur wenig über die Sohle hinausragen und unter dem Unterwasserspiegel liegen.

Wegener, *Alfred Lothar*

Wehr: a) festes und b) bewegliches Wehr mit Wehrkörper (1), Staukörper (2), Überlaufkrone (3), Wehrrücken (4), Wehrwange (5), Wehrschwelle (6), Einlaufboden (7), Vorboden (8), Nachboden (9), Wehrhöcker (10), Wehrverschluß (11), Wehrpfeiler (12), Stauwand (13), Tosbecken (14), Endschwelle (15), Zahnschwelle (16), Störkörper (17), Revisionsverschluß (18), Sporn (19), Strahlteiler (20), Strahlaufreißer (21).

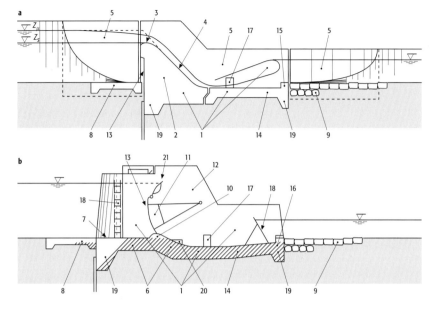

Eine Wehranlage umfaßt folgende Teile: a) massiver Wehrkörper mit den erforderlichen Betriebseinrichtungen, wozu ein ↗Grundablaß und bei beweglichen Wehren auch die Regelungsorgane gehören. Die hydraulische Gestaltung des Wehrkörpers erfolgt so, daß auch extreme Hochwasserabflüsse schadlos abgeführt werden können; b) ↗Tosbecken zur schadlosen Umwandlung der Energie des überströmenden Wassers. Je nach den örtlichen Verhältnissen und dem Zweck der Anlage können auch ↗Schleusen für die Schiffahrt, eine Wasserkraftanlage oder ↗Fischaufstiege dazukommen.

Feste Wehre sind nicht regulierbar, die Wasserstände oberhalb der Anlage unterliegen daher entsprechend dem Zufluß größeren Schwankungen. Ihr Vorteil liegt in der einfachen Bauweise und dem Wegfall von Bedienungselementen. Das ↗Heberwehr ist eine Sonderform des festen Wehres. Bewegliche Wehre verfügen ebenfalls über eine feste Wehrschwelle, wobei jedoch Verschlüsse zur Regelung der Wasserstände entweder in die Schwelle eingelassen oder auf dieser aufgesetzt sind. Im allgemeinen können die Verschlüsse zur Abführung von Hochwasser je nach Konstruktionsart entweder umgelegt oder gezogen werden, so daß das Wehr dann als feste Wehrschwelle arbeitet. Die Funktionstüchtigkeit des Wehres bei Hochwasser muß auch dann gewährleistet sein, wenn eine oder mehrere Verschlußöffnungen blockiert sind. Bewegliche Wehre werden im allgemeinen nach der jeweiligen Art des Verschlusses bezeichnet: Wehre mit Schützen (↗Schützenwehre) haben tafelförmige Verschlüsse, ↗Segmentwehre, ↗Sektorwehre und ↗Klappenwehre weisen meist gekrümmte Staueinrichtungen auf. Die Wahl des Verschlusses richtet sich nach der Breite der Wehröffnung und der Stauhöhe sowie dem Regulierungsziel. Hub-, Schütz- und Segmentverschlüsse können nur unterströmt werden, Klappen- und Sektorverschlüsse hingegen nur überströmt. Nicht selten werden daher unterschiedliche Verschlußtypen miteinander kombiniert, z. B. für eine Feinregelung oder für die Abführung von Eis und Schwimmstoffen über das Wehr.

Dammbalkenwehre und Nadelwehre bestehen aus einer Vielzahl von horizontalen bzw. vertikal gelagerten Balken aus Holz, Metall oder Beton, sie werden heute nur noch als Notverschlüsse verwendet. Insbesondere für provisorische Anlagen mit Stauhöhen unter 5 m werden auch aufblasbare Kunststoffolien verwendet (Schlauchwehr). [EWi]

Wehrlit, ↗Peridotit mit Anteil an ↗Orthopyroxen von ″ 5 %.

Wehrwange, Anschlußbauwerk eines ↗Wehres an das Ufer.

Weichbraunkohle ↗Lithotyp.

weiche Daten, Zahlenwerte, die nicht mittels naturwissenschaftlichen (»harten«) Meßtechniken erhoben wurden. Insbesondere bei der ↗Landschaftsbewertung in der ↗Landschaftsökologie muß man sich auf weiche Daten stützen, damit komplexe Sachverhalte vereinfacht dargestellt werden können. Ein Nachteil liegt darin, daß solche semiquantitativen Angaben auf subjektive Normen bezogen sein können und ihre Ermittlung oft nur schwer nachvollziehbar bleibt. Der Einsatz von weichen Daten ist daher nur legitimiert, solange mit vertretbarem Aufwand keine umfassenden quantitativen Aufnahmen im Sinne der ↗Komplexanalyse durchgeführt werden können.

weiche Komponente, ist eine energiearme Komponente (Elektronen und Photonen) in der Sekundärstrahlung der ↗kosmischen Strahlung.

Weichflora, ↗submerse krautähnliche Pflanzen, z. B. Wasserpest.

Weichgelinjektion, Injektionsverfahren (↗Injektion) für Abdichtungszwecke bei Baugruben. Die

Weichgelinjektion (Tab. 1): Arten und Anwendungsmöglichkeiten des Einpreßgutes in Fels, Lockergestein und Bauwerken.

	Hohlräume in		Abdichtung	Verfestigung
1	Lockergestein	Kies	Tonzementsuspension Tonzementsuspension und Silicatgel	Zementsuspension Tonzementsuspension Tonzementsuspension und Silicatgel
2		Sand	Silicatgel und Tonsuspension	Silicatgel
3		schluffiger Sand	Silicatgel Kunststofflösung (wäßriges oder nicht-wäßriges System)	Silicatgel (nichtwäßriges System)
4	Fels	Hohlräume (Karst, große Klüfte)	Zementpaste Zementmörtel Zementsuspension Tonzementsuspension Schaumstoff	Zementpaste Zementmörtel Zementsuspension Tonzementsuspension
5		Klüfte (> 0,1 mm)	Zementsuspension Tonzementsuspension Tonzementsuspension und Silicatgel	Zementsuspension Tonzementsuspension Tonzementsuspension und Silicatgel
6		Klüfte (≤ 0,1 mm)	Silicatgel	Silicatgel und Kunststofflösung (nichtwäßriges System)
7	Bauwerke	Hohlräume (Stollen, Kanäle)	Zementpaste Zementmörte Zementsuspension	Zementpaste Zementsuspension Tonzementsuspension
8		Fugen und Risse (> 0,1 mm)	Zementsuspension Tonzementsuspension	Zementsuspension Tonzementsuspension
9		Risse (≤ 0,1 mm)	Kunststofflösung (wäßriges oder nicht-wäßriges System)	Kunststofflösung (wäßriges oder nicht-wäßriges System)

Erstellung tiefgründender Bauwerke erfordert besonders bei hohen Grundwasserständen eine zeitweilige Trockenlegung der ↗Baugruben bis zum Erreichen eines auftriebssicheren Bauzustandes. Wegen der erheblichen quantitativen Eingriffe in den Grundwasserhaushalt und der begrenzten Möglichkeiten zur Verminderung negativer Auswirkungen zum Beispiel über die Reinfiltration werden für das Bauen im Grundwasser vermehrt alternative Verfahren zur Grundwasserhaltung (↗Wasserhaltung) angewandt. Grundprinzip dieser alternativen Verfahren ist die Erstellung eines »wasserdichten Troges«, der im Untergrund verankert wird, in dem – nachdem dieser entwässert und ausgekoffert wurde – das Bauwerk errichtet wird. Art und Anwendungsmöglichkeiten des Einpreßgutes hängen wesentlich vom Untergrundaufbau ab (Tab. 1 u. 2). Aus der Verwendung von organischen Härtern resultieren die früher zur Baugrundverfestigung angewandten Hartgele, durch Verwendung der anorganischen Härter entstehen die überwiegend für Abdichtungszwecke verwendeten Weichgele. Da durch den Einsatz von organischen Härtern merkliche und andauernde Grundwasserverunreinigungen auftraten, werden für Abdichtungszwecke heute nur noch anorganische Härter eingesetzt.

Die Injektionsmittel ändern ihre Eigenschaften von einer flüssigen Phase zu einem unterschiedlich durchlässigen und festen Zustand. Einige Injektionsmittel besitzen die gewünschten bautechnischen Eigenschaften für sich allein, wie z. B. Zementsuspensionen, andere entwickeln diese Eigenschaften nur zusammen mit dem Baugrund, wie z. B. viele Chemikaliengemische. Alle Injektionsmittel sind während der Verarbeitungszeit fließfähig und ermöglichen somit das Eindringen in Poren und Klüfte. Die Fließeigenschaften und die Dauer der Verarbeitbarkeit sind durch die ↗Viskosität und die ↗Fließgrenze sowie deren zeitliche Veränderung vorgegeben. Diese Eigenschaften können in der Regel durch eine geeignete Rezeptur verändert und optimiert werden. Bei Suspensionen hat das Sedimentationsverhalten eine große Bedeutung.

Die Bedeutung aller anderen chemischen Injektionsmittel tritt im Bauwesen gegenüber derjenigen der ↗Silicatgele weit zurück. Eine Unterteilung ist schwierig. Die DIN 4093 spricht nur von »Silicatgel« und »Harz«. Die ausgehärteten Produkte der Injektionsmittel auf Silicat-, Acrylamid- und Lignosulfonatbasis werden als Gele bezeichnet und diejenigen auf der Basis von Phenoplast und Aminoplast als Harze. Hinzu kommen die Schaumstoffe, welche meist auf Polyurethan basieren, sowie die unter dem Namen Polythixon im Handel befindlichen Fettsäurederivate.

Im unverarbeiteten Zustand sind alle chemischen Injektionsmittel in irgendeiner Weise toxisch. Vor dem vollkommenen Abschluß der chemischen Reaktionen bringen sie alle eine Veränderung des Baugrunds und des ↗Grundwassers mit sich, deren Ausmaß von den Randbedingungen des Einzelfalls abhängt. Dazu gehören z. B. die Reaktionsdauer, die Chemikalienmenge, der

Weichgelinjektion (Tab. 2): Vergleich der grundwasserbezogenen Risiken unterschiedlicher Baugrubenbauweisen.

Bauweise	Barrierewirkung im Untergrund	Risiko des Eintrags wassergefährdender Stoffe	Restwassermengen	havariebedingtes Risiko
Einbindung in oberflächennahe geringdurchlässige Schichten	gering	gering	gering bis mittel	hoch
Einbindung in eine Tiefeninjektionssohle	mittel	gering bis mittel	mittel	gering bis mittel
Einbindung in eine hochhegende Betonsohle	gering	gering bis mittel	gering	mittel bis hoch
Einbindung in tiefliegende geringdurchlässige Schichten	hoch	gering	mittel	mittel bis hoch

Chemismus von Baugrund und Grundwasser. Nach vollkommenem Reaktionsabschluß sind viele chemische Injektionsmittel unbedenklich oder werden in verschiedenen Ländern als unbedenklich eingestuft. Ein vollkommener Reaktionsabschluß ist in der Praxis aber nur schwer zu erreichen. Kommt es zu keiner vollständigen Mineralisierung, kann nicht ausgeschlossen werden, daß Veränderungen des Grundwassers über längere Zeit eintreten. Wegen der nicht stöchiometrischen Reaktionsgleichung bei der Weichgelbildung läßt sich jedoch der Anteil der jeweiligen Reaktionsprodukte nicht exakt berechnen. Neben den durch die Weichgelinjektion in den Untergrund eingetragenen Reaktionsprodukten können theoretisch ebenso Nebenprodukte wie beispielsweise Verunreinigungen der Ausgangskomponenten mitverfrachtet werden. Auch können im Natronwasserglas und Natriumaluminat geringste Spuren von As, Cu, Fe, Mg, Hg, Ti und Zn (wenige ppm) vorhanden sein.

Nach Stand der Technik existieren verschiedene Verfahren zur Herstellung tief in das Grundwasser reichender Baugruben, wobei die Schaffung tiefliegender, künstlicher Injektionssohlen, die seitlich an eine laterale Baugrubenumschließung anbinden, das heutzutage am häufigsten angewendete Verfahren darstellt. Diese sog. *Trogbauweise* mit tiefliegenden Dichtungssohlen wurde in jüngerer Vergangenheit zu einer relativ ökonomischen Bauweise mit vielen Vorzügen entwickelt. Die Dichtungssohlen können prinzipiell mit unterschiedlichen Einpreßmitteln hergestellt werden. Für klastische Lockergesteine kommen vorzugsweise Zementsuspensionen oder sogenannte chemische Injektionsmittel auf Wasserglasbasis (Weichgele) in Betracht. Bei den Zementmilchinjektionen handelt es sich um das Einpressen von in Wasser aufgeschlämmten Zementpartikeln in das Porengefüge der klastischen Sedimente. Bei Sanden gewisser Feinkörnigkeit sind die relativ groben Feststoffpartikel gewöhnlicher Zementsuspensionen jedoch nicht im Stande, in die feinen Poren des Untergrundes einzudringen. Für feinkörnige Sande können deshalb nur Feinstbindemittel (Feinstzemente) und Weichgele eingesetzt werden. In der Bundesrepublik Deutschland kamen deshalb Weichgelinjektionssohlen in größerem und in jüngerer Zeit zunehmendem Umfang zur Ausführung.

Bei fachgerechter Planung und Durchführung einer Weichgeleinpressung gehen auch von den durch die Gelbildungsreaktion mobilisierten Stoffen keine nachhaltigen oder etwa besorgniserregenden Beeinträchtigungen der Grundwasserqualität aus. Zwar führt eine Weichgelinjektion zur kurzfristigen Anhebung des pH-Wertes im angrenzenden Grundwasser, jedoch laufen die zu erwartenden Reaktionen infolge rascher Neutralisierung durch stetige Pufferung im Grundwasserabstrom sehr rasch ab. Daraus resultiert eine zügige und sehr weitgehende Immobilisierung der zuvor freigesetzten Inhaltsstoffe. Die hydrochemischen Umsetzungen laufen daher in räumlich sehr eng begrenzten und vorhersehbaren Bereichen ab.

Im Idealfall wird bei der Bauweise mit wasserdichtem Trog lediglich das in der Baugrube befindliche Grundwasser entnommen. Hierin liegt aus Sicht des Grundwasserschutzes der wesentliche Vorteil der »wasserdichten Baugrube« gegenüber der »Grundwasserhaltung«. Allerdings ergeben sich durch den Bau von wasserdichten Baugruben ebenfalls Risiken für das Grundwasser, die je nach Bauverfahren unterschiedlich hoch sind. Im Zusammenhang mit wasserdichten Baugruben sind vier wesentliche Auswirkungen zu benennen, von denen Risiken für das Grundwasser ausgehen können:

a) Barrierewirkung im Untergrund: In Abhängigkeit von der Größe und Form der unterirdischen Bauwerke sowie je nach Art der Untergrundverhältnisse wirken wasserdichte Baugruben im Grundwasserstrom als Barriere. Im Extremfall kann der ↗Grundwasserleiter durch das Bauwerk horizontal und/oder vertikal vollständig abgesperrt sein.

b) Eintrag wassergefährdender Stoffe bei der Baugrubenerstellung: Zur Erstellung wasserdichter Baugruben werden unterschiedliche Materialien und Dichtstoffe in den Untergrund eingebracht. Durch die eingesetzten Materialien und Dichtstoffe können Stoffe im Grundwasser freigesetzt werden, die in Abhängigkeit von Art und Menge sowie von den hydrogeologischen und hydrochemischen Verhältnissen das Grundwasser beeinträchtigen können. Zusätzlich können Folgeprozesse durch die eingebrachten Materialien induziert werden. So kann es z. B. zur Auflösung organischer Verbindungen (Fulvinsäuren) durch das Einbringen von Silicatgelen kommen.

c) Grundwasserentnahmen im »Normalbetrieb«:

Weichgelinjektion: Bauweisen zur Herstellung (nahezu) wasserdichter Bauten.

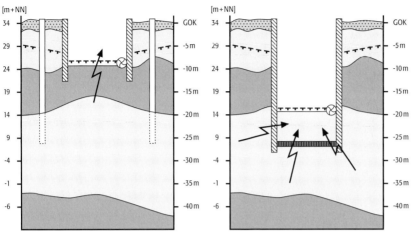

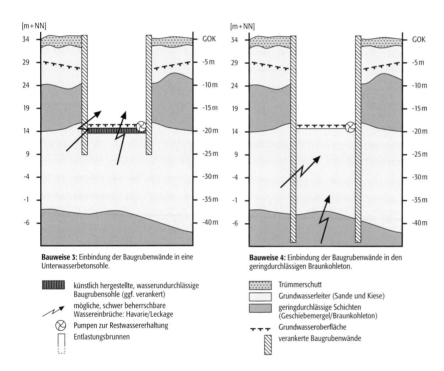

Auch bei wasserdichten Baugruben kann Grundwasser in die Baugrube gelangen. Das Grundwasser sickert hierbei zum Beispiel durch feinste Risse und muß aus der Baugrube herausgepumpt werden (Restwasserhaltung). Die Höhe der Restwassermenge wird bestimmt durch die Anzahl und Größe der Fehlstellen sowie durch den hydraulischen Druck, der von außen auf den Fehlstellen lastet (Lage unter Grundwasseroberfläche). Aufgrund der Erfahrungen der letzten Jahre in Berlin liegt im Normalfall der Restwasserzutritt in eine wasserdichte Baugrube im Durchschnitt bei etwa 1,5 l/s je 1000 m² benetzter Baugrubenfläche. Im Einzelfall, z. B. bei sorgfältiger Bauausführung, günstigen Untergrundverhältnissen und geringen Bautiefen, können auch Baugruben erstellt werden, die wesentlich geringere Restwassermengen aufweisen. Bei besonderen Gefahrenherden (z. B. im Grundwasser liegende Verkehrsanlagen) sind entsprechende Vorbereitungen zu treffen.

d) Grundwasserentnahmen im Störfall: Großflächige Undichtigkeiten in der Baugrubenumschließung (Leckagen) oder gar das Bersten der Dichtflächen unter der hydraulischen Last (Havarie) stellen Situationen dar, in denen erhebliche Wassermengen in die Baugrube gelangen. Dieses Wasser muß aus der Baugrube abgepumpt werden. Die Höhe der Entnahmemenge hängt im wesentlichen davon ab, wie schnell und auf welche Weise der Wasserzutritt in die Baugrube begrenzt werden kann. Im ungünstigsten Fall muß während der ersten Bauzeit eine Grundwasserhaltung mit hohen Entnahmemengen durchgeführt werden, um die Grundwasseroberfläche bis unter die Baugrubensohle abzusenken.

In der Abb. sind exemplarisch vier Bauweisen für wasserdichte Baugruben mit ihrer Einbindung in das anstehende Gestein und den entsprechenden Höhenangaben dargestellt. Bei allen Baugrubenvarianten werden Stahlbetonschlitz- oder Stahlspundwände in den Untergrund eingebracht. Die einzelnen Varianten unterscheiden sich im Hinblick auf die Konstruktion der Baugrubensohle. Es handelt sich um folgende Bauweisen: a) Einbindung der Baugrubenwände in eine geringdurchlässige und oberflächennahe Schicht (z. B. Geschiebemergel), b) Einbindung der Baugrubenwände in eine oberflächenfern liegende Tiefeninjektionssohle, c) Einbindung der Baugrubenwände in eine Betonsohle und d) Einbindung der Baugrubenwände in eine tiefliegende geringdurchlässige Schicht (z. B. Tonsteine).

Der Eintrag wassergefährdender Stoffe in das Grundwasser ist bei den Bauweisen vergleichsweise niedrig, deren Sohle aus natürlichen geringdurchlässigen Gesteinen besteht (Bauweisen a) und d)). Hierbei ist das Risiko von Stoffeinträgen bei der Bauweise a) aufgrund der kleineren wasserbenetzten Baugrubenflächen geringer als bei der Bauweise d). Bei der tiefliegenden Injektionssohle wird das Risiko eines Eintrags wassergefährdender Stoffe mit gering bis mittel bewertet. Das Risiko von Stoffeinträgen bei den hochliegenden Betonsohlen (Unterwasserbeton oder Hochdruckinjektion) wird im Vergleich mit mittel bewertet.

Die Höhe der Restwassermengen in der Baugrube ist im wesentlichen abhängig von der benetzten Baugrubenfläche. Bei den Bauweisen a) und c) ist die benetzte Baugrubenfläche vergleichsweise klein. Die Restwasserzutritte können insbesondere auch aufgrund der Einsehbarkeit und Zugänglichkeit der Dichtflächen geringgehalten werden. Aufgrund der Größe der benetzten Baugrubenflächen werden die Restwassermengen bei der Bauweise d) als hoch und bei der Bauweise b) als mittel bewertet.

Die Wahrscheinlichkeit von Havarien ist bei den Baugrubensohlen aus natürlichen geringdurchlässigen Gesteinsschichten (Bauweisen a) und d)) vergleichsweise hoch. Bei den künstlich hergestellten Baugrubensohlen wird die Wahrscheinlichkeit von Havarien demgegenüber mit mittel bewertet. Da je nach Bauweise bei Havarien unterschiedliche Sanierungsmöglichkeiten bestehen (Einbringen einer zusätzlichen Dichtungsschicht), wird das havariebedingte Risiko für das Grundwasser bei der Bauweise b) (Tiefeninjektion) mit gering bis mittel bewertet. Bei den Bauweisen c) und d) wird das havariebedingte Risiko mit mittel bis hoch und bei der Bauweise a) mit hoch bewertet.

Eine abschließende Bewertung der Umweltverträglichkeit einzelner Baugrubenbauweisen erfordert immer die Berücksichtigung der örtlichen Verhältnisse. So ist beispielsweise das erhöhte Risiko von Schadstoffausträgen einzelner Baugrubenbauweisen besonders kritisch zu bewerten, wenn sich das Bauvorhaben im (näheren) Einzugsgebiet von Wassergewinnungsanlagen befindet. Ebenso kann bei entsprechender Ausprägung des Grundwasserleiters die Barrierewirkung der wasserdichten Baugruben eine vorrangige Priorität bei der Bewertung der Umweltverträglichkeit erforderlich machen. Dies wäre zum Beispiel bei geringmächtigen Grundwasserleitern der Fall. [ME]

Weichsel-Kaltzeit, von K. Keilhack 1909 geprägter Begriff für die letzte quartäre /Eiszeit; auf das /Eem-Interglazial folgend, in Süddeutschland auch /Würm-Kaltzeit und auf den Britischen Inseln Devensian genannt; Beginn vor 115.000 Jahre, Ende vor 10.000 Jahre, aufgrund der grönländischen Eisbohrkerne bei 11.500 Jahre.

Die Weichsel-Kaltzeit wird wie folgt untergliedert (/Quartär Tab. 2): Das Unterweichsel (OIS 5d-a), auch Frühglazial genannt, ist durch zwei Wärmeschwankungen (Interstadiale) /Brörup (/OIS 5c) und /Odderade (OIS 5a) unterteilt, die eine Klimaverbesserung, die eine Waldvegetation ermöglichte, dokumentieren. In Norddeutschland handelt es sich um Birken-Kiefern-Wälder. Am Südrand der Vogesen sind anspruchsvollere Gehölze, unter anderen hohe Anteile an Buchen festzustellen. Ein früherer Eisvorstoß im Unterweichsel wird kontrovers diskutiert. Im /Periglazialgebiet im Rheinland ist Lößanwehung in OIS 5d nachgewiesen. Das Mittelweichsel (OIS 3 und 4) ist durch fünf Interstadiale untergliedert, wovon die Interstadiale Oerel und Glinde eine Strauchtundra aufwiesen, während die jüngeren Interstadiale eine offenere Vegetation hervorbrachten. Größere Vereisungen sind in Mitteleuropa nicht bekannt. Das Oberweichsel (OIS 2) ist zweigeteilt in das ältere Hochglazial und das jüngere Spätglazial. Das Hochglazial zwischen 23.000 und 14.000 Jahre ist die Zeit der großen Eisvorstöße der Weichsel-Kaltzeit. Man unterscheidet ein Brandenburger-Stadium, Frankfurter-Stadium und Pommersches Stadium. Die weiteste Verbreitung des Eises erreichte das Brandenburger-Stadium (Abb.) Das Frankfurter-Stadium wird heute als Rückzugsstaffel des Brandenburger Vorstoßes interpretiert. Die Schmelzwässer des Inlandeises schufen die /Urstromtäler. Ab der Havelmündung stand das untere Elbetal zur Verfügung. Weiter östlich lassen sich vier Hauptentwässerungsbahnen unterscheiden. Das älteste ist das Glogau-Barather-Urstromtal, es folgt das /Warschau-Berliner-Urstromtal. Zur Pommerschen Haupteisrandlage gehört das Thorn-Berliner- und das spätere /Thorn-Eberswalder Urstromtal.

Durch die weltweite Akkumulation von Eis auf den Kontinenten wurde der Meeresspiegel um 140 m abgesenkt, was zum Trockenfallen der Nordsee führte.

Der Periglazialraum ist durch ↗Permafrost, Lößanwehung und fluviatile Aktivität gekennzeichnet. Das Spätglazial ist durch die bewaldeten Interstadiale ↗Bölling und ↗Alleröd gegliedert. In der ↗Jüngeren Dryas herrschte noch einmal ↗Permafrost in Mitteleuropa. Die Weichsel-Kaltzeit ist die Zeit des Mittelpaläolithikum und Jungpaläolithikums (↗Steinzeit). [WBo]

Weichwasser, Ca- und Mg-armes Süßwasser. ↗Wasserhärte.

Weichwasserkorrosion, in der Bautechnik Korrosionserscheinung an Beton und Mörtel durch besonders weiches Wasser. Sehr weiche Wässer, die sehr wenig Calcium- oder Magnesiumsalze (< 30 mg CaO/l bzw. < ca. 3 Deutscher Härte) enthalten, können das Calciumhydroxid des Zementsteins im Beton lösen. ↗Wasserhärte.

Weickmann, *Ludwig Friedrich*, deutscher Meteorologe, * 15.8.1882 Neu Ulm, † 29.11.1961 Bad Kissingen; 1923–45 Professor und Direktor des Geophysikalischen Instituts der Universität Leipzig, 1945–53 Präsident des Deutschen Wetterdienstes der US-Zone; gründete 1932 das Observatorium Collm; Arbeiten zur Physik der ↗Atmosphäre und über ↗Luftdruckwellen.

Weideland, ↗Grünland, das von dem aus der ↗Viehwirtschaft stammenden Vieh abgeweidet wird. Weideland sind naturnahe Teile der ↗Kulturlandschaft mit einer an die speziellen Lebensbedingungen angepaßten Pflanzen- und Tierwelt (Förderung von Unkräutern, Untergräsern, weideresistenten Pflanzen, Verdrängung trittempfindlicher Pflanzen). Bei den permanent genutzten Standweiden besteht die Gefahr der Zerstörung der Grasnarbe durch ↗Überweidung, was zur Bodenverdichtung beitragen kann.

Weidespur, *Pascichnion*, ↗Spurenfossilien.

Weiher, flaches, großflächiges Gewässer, oft abflußlos und zweckorientiert angelegt, z.B. als Dorfweiher. ↗Teich.

Weihnachtstauwetter, innerhalb der im ↗Jahresgang (unregelmäßig) auftretenden ↗Witterungsregelfälle ein relativ warmer, mit ↗Niederschlägen verbundener Witterungsabschnitt. Mittleres Eintrittdatum in Deutschland ist zwischen dem 24. und 29. Dezember.

Weiß, *Christian Samuel*, deutscher Mineraloge und Physiker, *26.2.1780 Leipzig, †1.10.1856 Eger (Böhmen); 1801 trat Weiß das erstemal öffentlich hervor, als er die Preisfrage der Kurfürstlich Bayerischen Akademie mit einer gekrönten Preisschrift beantwortete: »Ist die Materie des Lichtes und des Feuers die nämliche oder eine verschiedene …?«. Weiß wurde 1808 zum ordentlichen Professor der Physik in Leipzig berufen. Seit 1810 war er Professor der Mineralogie in Berlin und Direktor des Königlichen Mineralienkabinetts. 1815 wurde Weiß ordentliches Mitglied der Königlichen Akademie der Wissenschaften. Sein Hauptwerk war »Ueber eine ausführlichere, für die mathematische Theorie der Krystalle besonders vortheilhafte Bezeichnung der Krystallflächen des sphaeroïdischen Systems« (1818). Weiß veröffentlichte viele mineralogisch-kristallographische Werke, u.a. über Zwillingskristallisationen in Feldspäten, Schwefelkies, Gips etc. [EHa]

Weißalkaliböden, veraltet für ↗Solonchaks.

Weißeisbänder ↗Bänder.

Weißeisblätter ↗Bänder.

Weißeisenerz ↗Eisenminerale.

Weißenberg-Methode, Verfahren zur Untersuchung von Einkristallen mit monochromatischer Röntgenstrahlung (Abb.); es ergänzt das ↗Drehkristallverfahren und das Schwenkverfahren. Der Nachteil dieser beiden letzt genannten Verfahren besteht darin, daß eine ganze Ebene des reziproken Gitters auf eine Schichtlinie abgebildet wird,

···· 20 ···· Küstenlinie mit Alter in Kilojahren   maximale Eisrandlage
— 13 — Eisrandlage mit Alter in Kilojahren   ◯ lokale Vergletscherungen

Weichsel-Kaltzeit: Eisverbreitung während der Weichsel-Kaltzeit.

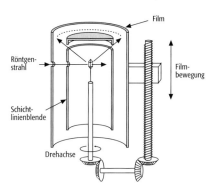

Weißenberg-Methode: Prinzipskizze einer Weißenberg-Kamera. Bei einer Aufnahme der nullten Schicht würde die Öffnung der Schichtlinienblende in Höhe des Primärstrahls liegen.

dadurch können verschiedenen Braggreflexe (↗Braggsche Gleichung) übereinander fallen. Beim Weißenberg-Verfahren dagegen erreicht man eine eindeutige, aber verzerrte Abbildung einer Ebene des reziproken Gitters. Der Kristall wird so orientiert, daß eine symmetriebegabte, kristallographische Gittergerade parallel zur Drehachse ausgerichtet ist. Der geometrische Ort für die Richtungen, unter denen Braggreflexe auftreten können, sind dann diskrete Kegelmäntel um die Achse. Der Film zur Registrierung der Braggreflexe liegt koaxial zylindrisch um die Drehachse. Mit Hilfe von zwei zylindrischen Metallblenden (Schichtlinienblende), die konzentrisch um die Drehachse zwischen Kristall und Film angeordnet sind, wird der gewünschte Beugungskegel ausgeblendet. Alle Reflexe, die anderen Beugungskegeln zuzuordnen sind, werden durch die Blenden absorbiert und gelangen nicht auf den Film. Über ein Getriebe wird synchron mit der Kristalldrehung eine Translation des Films parallel zur Drehachse durchgeführt, so daß jeder Drehwinkelstellung genau eine Position des Films entspricht. Jedem Braggreflex einer Schichtlinie ist also ein Winkelpaar, der Drehwinkel und der Beugungswinkel, eindeutig zugeordnet. Man erhält eine verzerrte Abbildung einer Ebene des reziproken Gitters. Durch ein Umzeichnungsverfahren gewinnt man eine unverzerrte Abbildung. Nach der Umzeichnung lassen sich in das Punktnetz geeignete kristallographische Basisvektoren legen, so daß alle reziproken Gitterpunkte mit ganzzahligen Koordinaten erfaßt werden. Zusammen mit der ausgeblendeten Schichtliniennummer sind diese Koordinaten dann die (*hkl*)-Indizes der Reflexe.

Bei einer Weißenbergaufnahme der nullten Schicht fällt der Primärstrahl senkrecht zur Drehachse ein, und man blendet den ebenen Beugungskegel (Öffnungswinkel) senkrecht zur Drehachse aus. Auf dem Film erscheinen Reflexe mit den Indizes *hk0*, wenn der Kristall längs der kristallographischen *c*-Achse orientiert ist. Nach dem gleichen Verfahren ist es zwar möglich, höher indizierte Ebenen (Schichten) des reziproken Gitters durch einfache Blendenverschiebung abzubilden, jedoch ergeben sich zwei Nachteile. Einmal entsteht ein sog. blinder Fleck, ein Gebiet, in dem die reziproken Gitterpunkte nicht in Beugungsposition gebracht werden können, zum anderen ist die Zahl der auf diese Weise beobachtbaren Schichten sehr klein. Beides läßt sich verbessern, wenn man die Drehachse des Kristalls gegen den Primärstrahl neigt, so daß der Beugungskegel der höheren Schichten den einfallenden Strahl und die gebeugten Strahlen enthält. Man nennt dieses Verfahren das *Äqui-Inklinationsverfahren*. [KH]

Weißer Jura ↗*Malm.*

weiße Röntgenstrahlung ↗*Bremsstrahlung.*

Weißer Raucher ↗*white smoker.*

Weißes Meer, ↗Nebenmeer des ↗Arktischen Mittelmeers, das sich als Bucht der ↗Barentssee zwischen den Halbinseln Kola und Kanin nach Süden erstreckt.

Weißfäulepilze, 1) holzzerstörende ↗Pilze, deren Enzyme im Gegensatz zur Braunfäule (↗Braunfäulepilze) sowohl die Zellulose als auch das ↗Lignin des Holzes abbauen können. Das zersetzte Holz sieht dann hell, oft völlig weiß aus, seine Längsfaserigkeit bleibt erhalten. Zu den Weißfäulepilzen gehören viele Polyporus-Arten. Das ↗Mycel dieser saprophytisch oder parasitären Pilze ist in großen Baumstümpfen meist perennierend und bildet jährlich neue Fruchtkörper, die typischerweise als fächerförmige Konsolen ohne Stiele bekannt sind. 2) Pilze der Gattung *Fusarium*, die eine Knollenerkrankung der Kartoffel verursachen. Das befallene Gewebe schrumpft (Trockenfäule), der Pilz bildet einen hellfarbenen Mycelrasen auf der Oberfläche der Kartoffelknolle.

Weisssche Bereiche, Bereiche in ferromagnetischen Stoffen, in denen eine ↗spontane Magnetisierung durch parallele Ausrichtung der Elektronenspins vorliegt. ↗Ferromagnetismus, ↗Domänen.

Weißschiefer, *Talk-Disthen-Schiefer*, meist schiefriger ↗Metamorphit, der überwiegend aus ↗Talk und ↗Disthen besteht. Als weitere Minerale können Muscovit oder Phlogopit auftreten. Weißschiefer bilden sich aus sehr magnesiumreichen Gesteinszusammensetzungen bei Temperaturen von 650 bis 800°C und Drücken oberhalb von 0,8 GPa. Als Ausgangsgesteine kommen ungewöhnlich magnesiumreiche ↗Pelite, wie sie z. B. in Evaporiteinheiten (Salzton) auftreten, in Frage. Eine weitere Möglichkeit der Entstehung ist durch metasomatische Überprägung (↗Metasomatose) normal zusammengesetzter ↗Metapelite.

Weißtorf, im Gegensatz zum ↗Schwarztorf jüngerer und deutlich schwächer zersetzter ↗Torf der Hochmoore. Mit der allgemeinen Abkühlung des Klimas wurden, im späten Subboreal bzw. im Subatlantikum (↗Holozän), die Bedingungen für die ↗Zersetzung in den Hochmooren ungünstiger. Wegen seines geringeren Humifizierungs- bzw. ↗Zersetzungsgrades besitzt der Weißtorf zwar keine weiße, jedoch eine wesentlich hellere Braunfärbung als der Schwarztorf. In früherer Zeit wurde Weißtorf als Tiereinstreu genutzt, weshalb er in manchen Gegenden als Streutorf bekannt ist. Heute ist er als ↗Torfsubstrat veredelt weltweit für den Gartenbau von großer Bedeutung.

weitere Schutzzone, die Schutzzone III eines ↗Wasserschutzgebietes. Sie soll den Schutz vor weitreichenden Beeinträchtigungen, insbesondere vor nicht oder nur schwer abbaubaren chemischen oder radioaktiven Verunreinigungen gewährleisten. Die Zone III soll in der Regel bis zur Grenze des unterirdischen ↗Einzugsgebietes der Trinkwassergewinnungsanlage reichen. Oberirdisch dort hinein entwässernde Flächen können zusätzlich einbezogen werden. Die Fläche des Grundwassereinzugsgebietes kann näherungsweise aus der Beziehung:

$$F_G = \frac{E \cdot 10^3}{R} \quad [\text{km}^2]$$

berechnet werden. Dabei sind F_G = Fläche des Grundwassereinzugsgebietes [km^2], E = Entnahmemenge pro Jahr [Mio. m^3], R = Grundwasserneubildungsrate pro Jahr [mm]. Kann das unterirdische Einzugsgebiet nicht sicher abgegrenzt werden, ist die Zone III vorsorglich so zu bemessen, daß die möglichen Einzugsgebietsvarianten umfaßt werden. In Porengrundwasserleitern mit Abstandsgeschwindigkeiten des Grundwassers bis 10 m/d kann eine Aufgliederung in eine Zone III A bis etwa 2 km Entfernung ab Fassung und eine Zone III B ab etwa 2 km bis zur Grenze des Einzugsgebietes zweckmäßig sein. Als Zone III B können außerdem Bereiche eingestuft werden, in denen der genutzte Grundwasserleiter eine mindestens 5 m, bei hohen Abstandsgeschwindigkeiten (über 10 m/d) mindestens 8 m mächtige, ungestörte Grundwasserüberdeckung aus schwach durchlässigen Schichten (DIN 18 130 T 1) mit geschlossener Verbreitung aufweist. Die Grenze zwischen den Zonen III B und III A darf jedoch auch dann nicht innerhalb der 50-Tage-Linie liegen und ihr Abstand von der Fassung soll 1 km nicht unterschreiten. Für Grundwasserleiter mit hohen Abstandsgeschwindigkeiten (z. B. im Karst) gelten andere Regelungen. Für die Zonen III A und III B gelten unterschiedliche Auflagen.   [ME]

weitscharig, weitständig, in größerem Abstand nebeneinander verlaufend. z. B. Kluft- oder Schieferungsflächen.

Weitwinkelreflexion, Reflexionen im überkritischen Bereich (↗ Brechungsgesetz).

Weitwinkelseismik, Meßschema zur Erfassung auch überkritischer Reflexionen. Es sind ↗ Auslagen notwendig, die ein Mehrfaches der Tiefe des reflektierenden Horizontes betragen. ↗ Brechungsgesetz.

Welkefeuchte ↗ Totes Wasser.

Welkepunkt, Wassergehalt eines Bodens in Prozent, bei dem die Pflanzen irreversibel zu welken beginnen (↗ permanenter Welkepunkt).

Wellen, stellen eine periodische Veränderung einer physikalischen Größe dar, die in einem Medium oder im Raum eingebettet ist und sich zeitlich und räumlich ausbreitet. Der Ausdruck Wellen ist der Wellenbewegung an der Wasseroberfläche entlehnt. **1)** *Geophysik*: Mechanische Wellen können sich in festen, flüssigen und gasförmigen Medien als Deformationen ausbreiten (↗ seismische Wellen). ↗ Elektromagnetische Wellen breiten sich im Vakuum aber auch in substantiellen Medien aus. In der Geophysik wird die Ausbreitung der seismischen Wellen als auch der ↗ elektromagnetischen Wellen zur Erforschung des Erdinnern genutzt. In analoger Weise wird auch die Schichtung der Atmosphäre und der Ozeane durch die Aussendung akustischer Wellen erforscht. Zur Erforschung der ↗ Ionosphäre werden elektromagnetische Wellen eingesetzt. **2)** *Ozeanographie*: Wellen werden durch lineare Differentialgleichungen beschrieben, d. h. sie lassen sich überlagern, ohne miteinander wechselzuwirken (↗ Superpositionsprinzip). Insbesondere läßt sich jedes Wellenfeld durch eine Überlagerung ↗ harmonischer Wellen darstellen. Die Zerlegung eines beliebigen Wellenfeldes in harmonische Wellen bezeichnet man als harmonische Analyse, sie erfolgt mit Hilfe der ↗ Fouriertransformation. Eine harmonische Welle wird durch die ↗ Wellenperiode T (zeitliche Aufeinanderfolge zweier Wellenmaxima an einem festen Ort), die Wellenlänge L (räumlicher Abstand zweier Wellenmaxima), die Amplitude A (Abweichung des Wellenmaximums von der Ruhelage) und die Phase φ (Lage des Wellenmaximums relativ zu den zeitlichen und räumlichen Koordinaten) bestimmt. Aus dem Kehrwert der Periode erhält man die Frequenz $f = 1/T$ oder ↗ Kreisfrequenz $\omega = 2\pi/T$, aus dem Kehrwert der Wellenlänge die Wellenzahl $k = 2\pi/L$. Bei Ausbreitung in zwei- oder dreidimensionalen Raum ist die Wellenzahl durch den ↗ Wellenvektor zu ersetzen, der neben der Wellenlänge auch die Ausbreitungsrichtung der Welle bestimmt. Eine harmonische Welle läßt sich mathematisch durch eine Sinusfunktion beschreiben:

$$\vec{s}(\vec{x},t) = \vec{A}\sin\left(\omega t - \vec{k}\cdot\vec{x} + \varphi\right),$$

wobei die Störung s am Ort x und zur Zeit t und damit auch die Amplitude A durch einen Vektor (z. B. Strömungsgeschwindigkeit in einer Seegangswelle) oder durch einen Skalar (z. B. Druckschwankung in einer Schallwelle) beschrieben werden kann. Ist die durch die Welle transportierte Störung ein Vektor, so unterscheidet man zwischen ↗ Longitudinalwellen und ↗ Transversalwellen. Bei Longitudinalwellen schwingt der Vektor der Störung parallel zum Wellenzahlvektor, also parallel zur Ausbreitungsrichtung, bei Transversalwellen senkrecht dazu.

Flächen gleicher Phase ϕ sind definiert durch:

$$\phi = \omega t - \vec{k}\cdot\vec{x} + \varphi = \text{const.}$$

Die Flächen gleicher Phase breiten sich mit der ↗ Phasengeschwindigkeit $v = \omega/k$ aus, wobei k der Betrag des Vektors $\vec{k}$ ist. Bei Überlagerung zweier bis auf die Phasen identischer Wellen bestimmt die Differenz der Phasen, ob sich die Wellen addieren (konstruktive Interferenz) oder auslöschen (destruktive Interferenz). Durch Überlagerung zweier harmonischer Wellen mit wenig verschiedenen Frequenzen und Wellenzahlen erhält man eine Schwebung.

Stehende Wellen werden beschrieben durch:

$$s(\vec{x},t) = A\sin(\vec{k}\cdot\vec{x})\sin(\omega t),$$

d. h. an festen Orten ist die Schwingung maximal, an anderen verschwindet sie. Stehende Wellen entstehen durch die Überlagerung zweier gleicher fortschreitender Wellen, die sich in entgegengesetzter Richtung ausbreiten. Die zweite Welle entsteht oft durch Reflexion der ersten an einem Hindernis. Die beschriebene harmonische Welle bezeichnet man auch als ↗ ebene Welle, da die Flächen gleicher Phase (oder Wellenfronten) Ebenen sind. Sie wird erzeugt durch eine periodisch schwingende flächenhafte Störung. Die

Amplitude bleibt mit der Entfernung konstant. Eine linienhafte Störung erzeugt eine ↗Zylinderwelle. Die Wellenfronten liegen auf Zylinderschalen, die Amplitude nimmt mit der Wurzel aus der Entfernung ab. Punktförmige Störungen führen zu ↗Kugelwellen, deren Wellenfronten auf Kugelflächen liegen und deren Amplituden proportional zur Entfernung abnehmen. Sowohl Zylinder- als auch Kugelwellen lassen sich durch die Überlagerung (unendlich vieler) ebener Wellen darstellen. In sehr großer Entfernung von der Quelle lassen sich Zylinder- und Kugelwellen lokal durch ebene Wellen approximieren.

Jeder von einer Welle getroffene Ort kann als Ausgangspunkt einer Kugelwelle betrachtet werden. Die Überlagerung aller Kugelwellen ergibt dann das Wellenfeld (↗Huygenssches Prinzip). Mit diesem Prinzip läßt sich z. B. die Beugung von Wellen erklären. Diese bewirkt, daß auch im Schatten von Hindernissen Wellen beobachtet werden. An den Grenzflächen zweier Medien mit unterschiedlicher Ausbreitungsgeschwindigkeit erfolgen ↗Reflexion und Brechung (↗Refraktion). Die Reflexion bewirkt, daß ein Teil der Wellenenergie unter Änderung der Richtung, Amplitude und Phase in das Ausgangsmedium zurückwandert. Die Brechung bewirkt das Eindringen der restlichen Energie in das zweite Medium, wobei sich insbesondere die Wellenrichtung ändert. Die Überlagerung vieler Wellen, deren Frequenzen und Wellenvektoren sich nur wenig unterscheiden, ergibt eine Wellengruppe (oder ein Wellenpaket), dessen Amplitude nur in einem begrenzten Raumbereich nicht verschwindet. Wellengruppen breiten sich mit der ↗Gruppengeschwindigkeit $u = d\omega/dk$ aus. Beim Vorliegen von ↗Dispersion sind Gruppen- und ↗Phasengeschwindigkeit verschieden. Die Energie in einem Wellenfeld wird mit der Gruppengeschwindigkeit transportiert.

In der Natur treten viele Arten von Wellen auf. Die augenfälligsten sind die Seegangswellen (↗Seegang). Sie breiten sich an der Wasseroberfläche aus, d. h. es handelt sich um ↗Oberflächenwellen. Im Meer gibt es eine Reihe weiterer Wellentypen (Meereswellen). Wellenerscheinungen gibt es auch in der Atmosphäre. Die rücktreibenden Kräfte sind die Schwerkraft (Erdanziehung) (↗Schwerepotential) und die ↗Corioliskraft (Erdrotation). Druck- oder Scherkräfte ermöglichen die Ausbreitung elastischer Wellen (↗seismische Wellen). Druckschwankungen breiten sich als ↗Schallwellen in gasförmigen, flüssigen und festen Medien aus, während ↗Scherwellen nur im festen Medium existieren. Schallwellen sind Longitudinalwellen, Scherwellen dagegen Transversalwellen. Während die bisher genannten Wellen Störungen in einem Medium transportieren, breiten sich elektromagnetische Wellen auch im Vakuum aus. Elektromagnetische Wellen transportieren Störungen des elektrischen und magnetischen Feldvektors. Bei Ausbreitung im freien Raum handelt es sich um Transversalwellen, bei denen der elektrische und magnetische Feldvektor senkrecht zueinander und beide senkrecht zur Ausbreitungsrichtung schwingen. [GüBo, HHE]

Wellenablaufmodell, ↗hydrologisches Modell zur Beschreibung des Ablaufes von Hochwasserwellen in einer Flußstrecke. Grundlage sind die ↗Saint-Venant-Gleichungen. Da diese in geschlossener Form nicht integrierbar sind, werden zu ihrer Lösung numerische Methoden, d. h. explizite oder implizite Charakteristiken- oder Differenzenverfahren eingesetzt. Der Rechenaufwand ist dabei erheblich. Diese Modelle werden bei Flüssen und Kanälen mit bedeutenden Rückstaueffekten eingesetzt. Die Vernachlässigung der Trägheitsglieder in den Saint-Venant-Gleichungen führt zu dem Diffusionswellenansatz (↗Diffusionswelle), die Vernachlässigung der Trägheitsglieder und des Druckgliedes zum kinematischen Wellenansatz (↗kinematische Welle). Diese Modelle werden für Stofftransportuntersuchungen und zur Untersuchung von Auswirkungen von anthropogenen Eingriffen in das Flußsystem eingebracht.

Viele in der Praxis angewandte Verfahren stützen sich allein auf die Kontinuitätsgleichung (hydrologische Wellenablaufmodelle). Eine Gruppe dieser Verfahren beruht auf dem Konzept des ↗Linearspeichers mit Berücksichtigung des linearen Translationsgliedes oder der ↗Speicherkaskade (Kalinin-Miljukov-Verfahren). Eine Gruppe, zu der das ↗Muskingum-Verfahren gehört, betrachtet einfach die Wasserbilanz in einem Flußabschnitt. Letztere Verfahren sind einfach zu handhaben und werden für operationelle Vorhersagen und für Flußläufe ohne Rückstaueffekte eingesetzt. Vielfach sind sie auch Teile von komplexen ↗Flußgebietsmodellen. [HJL]

Wellenauflauf ↗Brandung.

Wellenausbreitung, in der ↗Seismologie die Ausbreitung elastischer Wellen. Sie wird zur Untersuchung des Untergrunds ausgenutzt. An dem einfachen Fall einer Schicht über einem nach unten ausgedehnten sog. Halbraum werden die wichtigsten Größen bei der Beobachtung seismischer Wellen illustriert. Die Abb. enthält Laufzeitkurven der wichtigsten Wellentypen: Die direkte Welle ist die Welle, die von der Quelle zum Empfänger mit der Ausbreitungsgeschwindigkeit der ersten Schicht läuft. Die Reflexionen von der Schichtgrenze bilden eine Laufzeithyperbel, die sich asymptotisch dem Laufzeitast der direkten Welle nähert. Trifft, die Reflexion unter dem kritischen Winkel ic (sin $ic = v_1/v_2$, bei $v_1 < v_2$) auf die Grenzfläche, so tritt Totalreflexion auf. Diese Reflexion wird bei der kritischen Entfernung X_c registriert. Reflexionen, die größere Einfallswinkel haben und bei größeren Entfernungen auftauchen, werden überkritisch genannt. Ab der kritischen Entfernung breitet sich die sog. Kopfwelle oder refraktierte Welle aus, die sich entlang der Grenzfläche mit der Geschwindigkeit des Refraktors v_2 ausbreitet und unter dem kritischen Winkel nach oben abgestrahlt wird. Jenseits der Überholentfernung trifft die Kopfwelle als Ersteinsatz ein und kann daher mit größerer Sicherheit identifiziert und ausgewertet werden. Der Luftschall wird durch nahezu alle seismischen

Energiequellen erzeugt und breitet sich mit der Schallgeschwindigkeit aus. Oberflächenwellen, die an die spannungsfreie Erdoberfläche gebunden sind, zeigen eine geringere Amplitudenabnahme mit zunehmender Entfernung als die Raumwellen, die durch das Erdinnere laufen. Daher stören diese Oberflächenwellen bei der Beobachtung von reflektierten und refraktierten Wellen. [KM]

wellendominiertes Delta, Flußmündungsgebiet (↗Flußmündung), bei dem der Meereseinfluß durch Wellen so ausgeprägt ist, daß der sedimentliefernde Fluß kein größeres ↗Delta gegen das offene Meer vorbauen kann.

Wellenenergie, Energie von Seegangswellen, womit ↗Wellenkraftwerke betrieben werden können. ↗Seegang.

Wellenerosion, Erosion durch die Bodenberührung an ↗Flachküsten auflaufender oder an ↗Tiefwasserküsten unvermittelt aufprallender Wellen. ↗Abrasion, ↗Brandung.

Wellenfeld ↗seismische Methoden.

Wellenfläche ↗Wellenfront.

Wellenform, Signal, das ein bestimmtes Phänomen der Wellenausbreitung charakterisiert. ↗Wavelet.

Wellenfront, Wellenfläche, Fläche konstanter Phase einer laufenden Welle.

Wellenfrontverfahren, seismische Interpretationsmethode. Die von einer seismischen Quelle ausgehende Wellenfront kann aus den Laufzeitbeobachtungen mit mehreren Geophonen bei Kenntnis der Geschwindigkeiten rekonstruiert und ihre Ausbreitung zurückverfolgt werden. Kombiniert man die Wellenfronten von mehreren Schußpunkten, so kann ein Reflektor oder Refraktor als die allen Wellenfronten gemeinsame Lösung ermittelt werden, der die beobachteten Laufzeiten erfüllt. Viele dieser Wellenfronten wurden als graphische Verfahren in der Reflexions- und Refraktionsseismik entwickelt und konnten in Computeralgorithmen umgesetzt werden.

Wellengeschwindigkeit, Fortschrittsgeschwindigkeit, in der Hydrologie die Geschwindigkeit, mit der ein Wellenberg oder ein Wellental in einem stehenden oder fließenden Gewässer fortschreitet.

Wellengleichung, 1) beschreibt die Ausbreitung von Wellen als Funktion von Ort und Zeit. Für eine in x-Richtung laufende Welle u gilt:

$$u = A\sin(kx - \omega t + \varepsilon).$$

Hierbei ist A die Amplitude, k die Wellenzahl, x die Ortskoordinate, ω die Kreisfrequenz, t die Zeit und ε der Phasenwinkel. Für die Periode T, Frequenz f und Wellenlänge λ gelten:

$$T = 1/f = 2\pi/\omega,$$
$$\lambda = 2\pi/k.$$

Die durch konstante Werte von $kx-\omega t$ definierten Punkte haben die gleichen Werte für u, sie bilden die ↗Wellenfront. Sie breiten sich in x-Richtung mit der ↗Phasengeschwindigkeit:

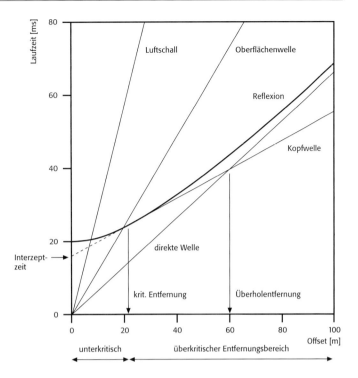

$$v = \omega/k = \lambda/T$$

aus. Durch Einführen von v in obige Gleichung und nach zweimaligem Differenzieren nach x und t erhält man die eindimensionale Wellengleichung:

$$\partial^2 u/\partial t^2 = v^2 \partial^2 u/\partial x^2.$$

Sie läßt sich leicht auf die Ausbreitung ebener Wellen (d.h. die Wellenfronten sind ebene Flächen) im dreidimensionalen x,y,z-Koordinatensystem erweitern. Ersetzen muß man den Term kx durch das Skalarprodukt von Wellenzahlvektor $\vec{k} = (k_x, k_y, k_z)$ mit dem Ortsvektor $\vec{r} = (x,y,z)$ und den eindimensionalen Operator $\partial^2/\partial x^2$ durch $\partial^2/\partial x^2 + \partial^2/\partial y^2 + \partial^2/\partial z^2$. Der Wellenzahlvektor zeigt in Ausbreitungsrichtung der ebenen Welle. Durch Superposition von ebenen Wellen lassen sich ↗Kugelwellen berechnen. Ähnliche Wellengleichungen gelten für die Ausbreitung von P- und S-Wellen durch elastische, homogene und isotrope Körper (↗Kontinuumsmechanik). Dabei wird u bei P-Wellen durch ein Skalarpotential φ und für S-Wellen durch ein Vektorpotential Ψ ersetzt. Aus den Potentialen lassen sich die Partikelverschiebungen berechnen. Die Geschwindigkeit v steht dann für die P- und S-Wellengeschwindigkeit im elastischen Medium.

2) Beziehung für das raum-zeitliche Verhalten von physikalischen Feldgrößen. In der Elektrodynamik folgt z.B. aus den ↗Maxwellschen Gleichungen die Telegraphengleichung für die elektrische Feldstärke $\vec{E}$ oder die Induktionsflußdichte $\vec{B}$ (zusammenfassend mit $\vec{F}$ bezeichnet):

Wellenausbreitung: Die Laufzeitkurven der Wellen, die in der angewandten Seismik verwendet werden, sind in diesem Diagramm für ein einfaches Modell dargestellt (Wellengeschwindigkeiten in der ersten Schicht v_1 = 1500 m/s, im Halbraum v_2 = 2500 m/s, der Oberflächenwelle 800 m/s, des Luftschalls 333 m/s; Mächtigkeit der Schicht 15 m)

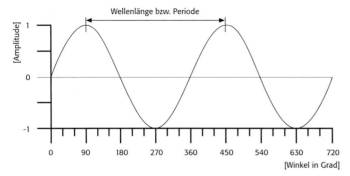

Wellenlänge: Wellenlänge, gemessen zwischen zwei Amplitudenmaxima (Wellenberge).

$$\nabla^2 \vec{F} = \mu\sigma \frac{\partial \vec{F}}{\partial t} + \mu\varepsilon \frac{\partial^2 \vec{F}}{\partial t^2}.$$

Dabei ist μ die Permeabilität, ε die Permittivität und σ die elektrische Leitfähigkeit. Der 1. Term der Gleichung kennzeichnet eine Diffusion des Feldes, der 2. eine Wellenausbreitung. Das relative Gewicht der beiden Terme wird durch den Verlustwinkel θ beschrieben:

$$\tan\theta = \frac{\sigma}{\omega\varepsilon}.$$

[GüBo,HBr]

Wellenhöhe, 1) *Allgemein*: vertikaler Abstand zwischen Wellenberg und Wellental. **2)** *Ozeanographie*: ↗Seegang.
Wellenkalk, der untere ↗Muschelkalk (↗Germanische Trias). Der Name leitet sich von den typisch wellig-runzeligen Schichtflächen ab.
Wellenkraftwerk, Kraftwerk, das ↗Wellenenergie in elektrischen Strom umwandelt. ↗Seegang.
Wellenlänge, 1) *Allgemein*: Abstand im Raum zwischen zwei Punkten einer Welle, die sich im gleichen Schwingungszustand (Phase) befinden, z. B. Amplitudenmaxima (Wellenberge, Abb.) oder Amplitudenminima (Wellentäler). **2)** *Geologie*: innerhalb einer Folge regelmäßiger ↗Falten die Breite eines vollständigen Antiklinal/Synklinal-Paares. Die halbe Höhe zwischen der Kammlinie einer Antiklinale und der Troglinie einer benachbarten Synklinale ist die Amplitude der Falten.
wellenlängendispersives Verfahren ↗analytische Methoden.
Wellenleiter, in einem Medium mit geringerer Ausbreitungsgeschwindigkeit, eingebettet in Medien höherer Geschwindigkeit, wird Wellenenergie durch wiederholte Reflexion an den Grenzflächen gebündelt. Dieses Phänomen gilt für Schallwellen im Ozean (SOFAR Channel) und Kanal- oder Flözwellen in der Erdkruste.
Wellennormale, Normale auf die ↗Wellenfront. Die Wellennormale einer elektromagnetischen Welle steht stets senkrecht zur dielektrischen Verschiebung $\vec{D}$ (↗Dielektrizitätskonstante) und zum Magnetfeld $\vec{H}$.
Wellenogive ↗Ogiven.
Wellenperiode, Zeit zwischen dem Durchlauf zweier benachbarter Wellenmaxima an einem festen Ort. ↗Wellen.
Wellenrippel ↗Rippel.
Wellenstörung, wellenförmige Abweichung vom Grundzustand einer atmosphärischen Strömung. In der synoptischen Meteorologie (↗Synoptik) wird damit auch der Beginn einer ↗Zyklogenese bezeichnet.
Wellenstrahl, der in isotropen Medien senkrecht zur ↗Wellenfront verlaufende Strahl in Ausbreitungsrichtung einer seismischen Welle.
Wellentief, *Frontenwelle*, relativ schmales ↗Tiefdruckgebiet an einer wellenförmig deformierten ↗troposphärischen Front ohne ↗zyklonal rotierenden Kern. Die frühe Entwicklungsstufe der ↗Frontenzyklone wird auch als instabiles Wellentief bezeichnet.
Wellentrog ↗Trog.
Wellenvektor, Vektor mit ↗Wellenzahl als Betrag und der Richtung der Wellenausbreitung. ↗Wellen.
Wellenwiderstand ↗akustische Impedanz.
Wellenzahl, in der Spektroskopie gebräuchliche Bezeichnung für den Kehrwert der Wellenlänge $(1/\lambda)$. Bei theoretischen Untersuchungen von Wellenvorgängen bevorzugt man stattdessen die Definition $k = 2\pi/\lambda$ für die Wellenzahl. In der Meteorologie wird mit dieser auch die Anzahl von großräumigen Wellen pro Breitenkreis bezeichnet, z. B. Wellenzahl 3 = drei Wellen pro Breitenkreis.
wellige Wechselschichtung, enge Wechselfolge aus rippelgeschichteten Sanden und Tonen. ↗Flaserschichtung.
Weltatlas, ↗Atlas, dessen Karten die ganze Erde sowie Darstellungen zu Sonnensystem und Weltall umfassen; fehlen letztere, ist die Bezeichnung *Erdatlas* richtiger. Mit der Folge aufeinander abgestimmter Einzelkarten fungieren Weltatlanten als umfassende, die gesamte Erde umspannende Fakten- und Wissensspeicher für unterschiedlichste Zwecke (z. B. als allgemeinbildender Atlas, Schulatlas) und Inhalte (thematischer Atlas, Fachatlas, Geschichtsatlas u. a.). Wohl kaum ein anderes Medium hat die menschliche Vorstellung von Gestalt, Größe und geographischer Substanz der Erde eindringlicher und nachhaltiger beeinflußt. Um die chorographische Anschaulichkeit voll zu nutzen, muß die Fülle des Faktischen wegen der meist kleinen Maßstäbe stark reduziert werden. Oft bringen diese Atlanten eine nur aus der Sicht der Bearbeiter oder Herausgeber gewichtete Themen- und Gebietsauswahl. Meist wird das Prinzip angewendet, das eigene Land in größeren, Nachbarstaaten in mittleren, den eigenen Kontinent in kleinen und fast alles Übrige (Kontinente, Weltmeere, gesamte Erde) in noch kleineren Maßstäben darzustellen. Hingegen sind Weltatlanten mit erdweit gleichen Kartenmaßstäben noch relativ selten (z. B. Die Welt. Atlas International vom Verlag Bertelsmann, Peters-Atlas). Weltatlanten sind heute umfassende Informationsmedien, die sich durch einen hohen Anteil an thematischen Karten – mit Themen, die zwar nicht unter dem Gesichtspunkt kurzatmiger Aktualität, aber dennoch von hohem Interesse für ein breites Publikum zusammengestellt

sind, durch kartenverwandte Darstellungen unter Einbeziehung von Luft- und Satellitenaufnahmen und durch meist sehr umfangreiche Textdarstellungen und Sachregister auszeichnen. Nicht selten ergänzt eine PC-Version den Papieratlas. Neben den Weltatlanten in Form der großen ↗Handatlanten (oft als Nachschlagewerke konzipiert), gibt es neben zahlreichen mittleren Weltatlanten, die (als Hausatlas oder Familienatlas bezeichnet) meist in erheblichem Umfang thematische Karten enthalten, auch kleinere Weltatlanten in Buchform oder als ↗Taschenatlas. Für die Entwicklungsgeschichte der Weltatlanten sind u. a. maßgebend gewesen: a) ↗Stielers Handatlas, dessen erste Ausgabe 1817 mit erstmals neue Karten auf der Grundlage der besten erreichbaren Quellen erschien und über fast 150 Jahre Vorbild war; b) Berghaus Physikalischer Atlas, der als erster thematischer Weltatlas das geographische Wissen seiner Zeit zu einem Gesamtbild zusammengefügt hat und von 1838 bis 1848 in 18 Lieferungen veröffentlicht wurde; c) ↗Times Atlas of the World, der 1895 in 1. Auflage erschien, zahlreiche Neuauflagen erfuhr und sich durch einen umfangreichen physischen und später auch thematischen Kartenteil auszeichnet; d) ↗Atlas Mira, der in 1. Auflage 1954 und als internationaler Weltatlas 1967 erschien, ergänzt 1964 durch den großen Physikalisch-Geographischen Weltatlas und durch den thematischen Weltatlas ↗World Atlas of Resources and Environment 1998. Von den deutschen Weltatlanten seien stellvertretend für andere genannt: Meyers Großer Physischer Weltatlas (seit 1965) und Meyers Großer Weltatlas 1994 sowie der Große Bertelsmann Weltatlas (seit 1961) und »Großer Atlas der Welt« 1994 in Buchform und auf CD-ROM vom Verlag Bertelsmann. [WD]

Weltbodenkarte, seit 1961 durch FAO und ↗UNESCO erstellte Karte im Maßstab 1:5.000.000 mit neuer internationaler Bodennomenklatur. Das System unterscheidet Bodenklassen, die entsprechend der ↗WRB nach diagnostischen Horizonten und Eigenschaften in Untereinheiten differenziert werden. Weiterhin wird nach drei Körnungsklassen der Oberböden, drei Hangneigungsklassen sowie Phasen durch Berücksichtigung weiterer Bodeneigenschaften unterschieden. Beispiel: Podsol-Braunerde aus Granit in Hangposition – Dystric Cambisol, 1 (= grobkörnig), c (= gebirgig) with stony phase.

Welternährungsproblem, entsteht aus der Tatsache, daß die Weltbevölkerung schneller wächst als die Nahrungsmittelproduktion und die Erde nur ein endliches Maß an Nahrungsmittel bereitstellen kann (↗Tragfähigkeit, ↗Wachstumsgrenzen). Die anhaltende exponentielle Zunahme der Weltbevölkerung verschärft das Welternährungsproblem zunehmend. Problematisch wirkt sich auch aus, daß die Landschaftsräume mit hoher Nahrungsmittelproduktion nicht kongruent sind mit den stark besiedelten Erdräumen (Versorgungsprobleme), auf der anderen Seite ist der Kalorienverbrauch pro Kopf in den Industrienationen um einiges höher (Überernährung) als in den Entwicklungsländern (Unterernährung). Mit der Steigerung der landwirtschaftlichen Erträge (z. B. ↗Grüne Revolution) wird versucht, zusammen mit der Senkung der Geburtenrate das Welternährungsproblem einzudämmen.

Weltkarte, *Erdkarte*, zusammenhängende Abbildung der Erdoberfläche in ebener Darstellung. Im Gegensatz zum ↗Globus, der eine unverzerrte maßstäbliche Abbildung der Erdkugel ermöglicht und ihre Oberfläche als grenzenloses Kontinuum darstellt, sind die verebneten Weltkarten stets mit Verzerrungen (↗Verzerrungstheorie) behaftet. Sie bilden die Erde als geometrische Figur mit einer in der Wirklichkeit nicht vorhandenen Umgrenzungslinie ab. Mathematische Lösungen der Verebnung der Kugeloberfläche, ausgedrückt im Gradnetzbild der Erde (↗Kartennetzentwürfe), erfüllen immer nur eine der unterschiedlichen Bedingungen wie Flächentreue, Winkeltreue, Abstandstreue, Längentreue entlang bestimmter Linien (z. B. längentreue Meridiane), Rechtschnittigkeit des Netzes, Abbildung der Pole als Punkte oder mittels Pollinien. Eine geeignete Abbildungsart muß zweckbestimmt gewählt werden. Eine zentralperspektivische Ansicht aus großer Entfernung führt zu einer wirklichkeitsnah wirkenden Abbildung der Erdkugel, zeigt aber nur eine Halbkugel und wird als ↗Planiglobus bezeichnet. Zur Abbildung der ganzen Erde werden oft zwei solcher Planigloben gegenübergestellt. Die graphische Erweiterung einer Halbkugel auf die gesamte Erdoberfläche führt zur ↗Planisphäre. Weltkarten dienen vorrangig der Übersicht über die Verteilung und Anordnung von Land und Meer auf der Erde und zwar stets in einer notwendig starken (millionenfachen) Verkleinerung. Mehr- oder vielblättrige Weltkartenwerke ermöglichen eine zunehmend detailliertere Darstellung. Einblattweltkarten (1:40.000.000 und kleiner) sind heute ausnahmslos thematisch geprägt. Manche ↗Atlanten enthalten 40 und mehr thematische Weltkarten. Aus der Antike sind Weltkarten nur in indirekter Form und in späteren Nachzeichnungen überliefert. Die aus dem Mittelalter überlieferten Weltkarten zeigen nur die Alte Welt, und von dieser neben zutreffenden Sachverhalten eine oft dominierende Ausschmückung mit nicht ortsbezogenen Aussagen. Seit der Entdeckung Amerikas 1492 veranschaulichen Weltkarten den jeweiligen Erkenntnisstand in der Entschleierung des Erdbildes, spiegeln aber zugleich auch in ihrer graphischen Ausführung den jeweiligen Stand des kartographischen Könnens im Gewand des zeitgenössischen Stils wider. Herausragende Bedeutung hatte die 1569 veröffentlichte Karte von G. ↗Mercator; große Verbreitung im 19. Jh. erlangte die von H. ↗Berghaus geschaffene »Chart of the world«. Weltkarten haben ihre Bedeutung als allgemeine Erdübersicht bis in die Gegenwart behalten. [WSt]

Weltklimakonferenz, *World Climate Conference, WCC*, von den Vereinten Nationen (UN) einberufene Konferenz unter Beteiligung möglichst aller Staaten der Erde, um die Weltklimaproblematik, insbesondere das Problem weltweiter ↗anthropogener Klimabeeinflussung zu beraten und Folgerungen daraus zu ziehen. Bisher gab es zwei WCC (1979 und 1990, jeweils in Genf). Von den WCC sind internationale rein wissenschaftliche Konferenzen, UN-Umweltkonferenzen (z. B. 1992 in Rio de Janeiro) und Vertragsstaatenkonferenzen zur ↗Klimarahmenkonvention der UN zu unterscheiden.

Weltklimaprogramm, *World Climate Programme* (engl.), *WCP*, infolge der ersten ↗Weltklimakonferenz der UN (1979 in Genf) konzipiertes Rahmenprogramm mit Empfehlungen zur weltweiten Klimaforschung, das im wesentlichen von der ↗Weltorganisation für Meteorologie (WMO) und dem UN-Umweltprogramm (↗UNEP) getragen wird. Ziel ist es, durch koordinierte internationale Erforschung von ↗Klimaänderungen und ↗Klimaschwankungen zu einem besseren Verständnis der Klimaprozesse zu gelangen; außerdem die Überwachung der ↗anthropogenen Klimabeeinflussung in bezug auf die Zunahme von ↗Kohlendioxid und anderer ↗Spurengase, das ↗Ozonloch und das Phänomen ↗El Niño.
Es setzt sich aus vier Komponenten zusammen, wobei auf dem 11. Kongreß der WMO (1991) die ersten drei Programme der gestiegenen Bedeutung des Klimamonitoring (↗Monitoring) und der Aktivitäten der Klimadienste angepaßt wurden: a) Weltklimadatenprogramm (engl. World Climate Data Programme, WCDP), seit 1991 Weltklimadaten- und Überwachungsprogramm (engl. World Climate Data and Monitoring Programme, WCDMP), zur Überwachung des Klimas und zur Einrichtung von Datenbanken sowie deren Betrieb; b) Weltklimaanwendungsprogramm (engl. World Climate Applications Programme, WCAP), seit 1991 Weltklimaanwendungs- und Serviceprogramm (engl. World Climate Applications Service Programme, WCASP), für die Anwendung von Klimainformationen zur Planung in den Bereichen Landwirtschaft, Energie, Verkehr, Siedlungs- und Gesundheitswesen und Umweltschutz; c) Weltklimaauswirkungsprogramm (engl. World Climate Impact Studies Programme, WCIP) zur Untersuchung des sozioökonomischen Einflusses der Klimafluktuationen und -änderungen, seit 1991 Weltklimaeinflußabschätzungs- und Reaktionsstrategieprogramm (engl. World Climate Impact Assessment and Response Strategies Programme, WCIRP) zur Feststellung von möglichen Strategien zur Abschwächung und/oder Anpassung an Klimaänderungen; d) Weltklimaforschungsprogramm (engl. World Climate Research Programme, WCRP) für die Entwicklung von numerischen Modellen der ↗Atmosphäre zur Simulation von Klimamodellen, die Prognosen für große Zeit- und Raumskalen geben.
Dazu gibt es wiederum Unterprogramme, z. B. Tropical Ocean Global Atmosphere Project, TOGA) zum Studium des tropischen Ozeans und der Kopplung mit der globalen Atmosphäre zur Vorhersage der Entwicklung eines solchen gekoppelten Systems, Research Programme on Climate Variability and Predictability (CLIVAR) zur Bestimmung der Sensibilität des Klimas auf die Zunahme von ↗Kohlendioxid und anderer Treibhausgase (↗Treibhauseffekt), Global Energy and Water Cycle Experiment (GEWEX) mit dem regionalen Unterprogramm BALTEX für den Ostseebereich.
Konkretisiert und realisiert wird das WCP durch entsprechende nationale und auch EG-Programme, in Deutschland seit 1982 durch das Rahmenprogramm der Bundesregierung zur Förderung der Klimaforschung, damals koordiniert vom Bundesministerium für Forschung und Technologie (BMFT), jetzt Bundesministerium für Bildung und Forschung (BMBF).

Weltlinie, Darstellung der Bewegung eines Punktes, etwa des Massenzentrums eines Planeten, Satelliten oder Lichtteilchens, in der ↗Einsteinschen Raumzeit. Die Punktdynamik wird hier durch eine Kurve, die Weltlinie, dargestellt.

Weltluftfahrtkarte, *World Aeronautical Chart*, *WAC*, der Luftnavigation dienende Weltkartenwerke im Maßstab 1:1.000.000. Die Herstellung einer »Internationalen Weltluftfahrtkarte 1:1.000.000« wurde 1919 in Paris begonnen. Seit 1947 war diese Luftfahrtkarte das offizielle Kartenwerk der Internationalen Weltluftfahrtorganisation. Sie wurde dezentral von den größeren Staaten nach einheitlichen Richtlinien, aber nicht frei von nationalen Besonderheiten bearbeitet und ständig laufend gehalten. Jedes der fortlaufend numerierten Blätter umfaßt zwischen dem Äquator und 84° jeweils 4 Breitengrade und 6 Längengrade, polwärts ab 32° dann zunehmend mehr Längengrade. Jeder Breitenstreifen ist im Schnittkegelentwurf bearbeitet, die Polgebiete im stereographischen Azimutalentwurf. Sie weicht in Gestaltung und Farbgebung deutlich von der ↗Internationalen Weltkarte ab. Etwa seit Mitte der 1960er Jahre wurde die WAC durch ähnlich gestaltete Luftfahrtkarten im Maßstab 1:500.000 abgelöst. [WSt]

Weltmitteltemperatur, neoklimatologisch (↗Neoklimatologie) die Schätzung des globalen Flächenmittels der bodennahen ↗Lufttemperatur, ggf. unter Einschluß der Meeresoberflächentemperatur (↗Oberflächentemperatur), i. a. in Form von Monats- bzw. Jahresmittelwerten. Wegen der günstigen räumlichen Repräsentanz der Temperatur ist diese Schätzung derzeit kein Problem, wird aber beim Weg in die Vergangenheit wegen der früher geringeren Abdeckung mit Meßstationen (↗Wettermeßnetz) bzw. Schiffsmessungen zunehmend schwieriger. Internationale Einrichtungen, wie z. B. das ↗Intergovernmental Panel on Climate Change Data Distribution Centre (IPCC-DDC) bei der Klimaforschungsgruppe an der Universität Norwich (England), stellen Informationen zur Weltmitteltemperatur seit 1854 in laufender Aktualisierung zur Verfügung, darüber hinaus auch vielfältige Informationen zu regionalen ↗Klimaänderungen. Paläoklimatologisch (↗Paläoklimatologie) fällt die Abschätzung der Weltmitteltemperatur wesentlich schwerer, wird mit entsprechend geringerer Genauigkeit aber dennoch versucht. Ergänzend lassen sich entsprechende Modellabschätzungen, i. a. aus Energiebilanzmodellen (↗Energiebilanz), durchführen, welche die Reaktion der Weltmitteltemperatur als Folge der Bilanz aus direkter bzw. indirekter ↗Sonnenstrahlung und ↗terrestrischer Wärmestrahlung simulieren, dies auch hinsichtlich der Variationen der Vergangenheit. [CDS]

Weltmodell ↗*Globalmodell*.

Weltorganisation für Meteorologie, *Organisation Météorologique Mondiale, OMM, World Meteorological Organization, WMO*, auf ↗Meteorologie und ↗Hydrologie spezialisierte Unterorganisation der Vereinten Nationen mit Sitz in Genf, der 179 Staaten und sechs Hoheitsgebiete angehören. Der Beschluß zur Gründung der WMO wurde 1947 gefaßt, im Jahre 1951 begann sie als Nachfolgeorganisation der ↗Internationalen Organisation für Meteorologie mit ihren Aktivitäten (seit 1962 Weltjahrestag der Meteorologie). Die WMO koordiniert weltweite wissenschaftliche Aktivitäten zur raschen Bereitstellung von genauen meteorologischen Daten und anderen meteorologischen Diensten für die Allgemeinheit sowie für private und gewerbliche Nutzung. Sie trägt zur Sicherheit von Leben und Eigentum sowie zur gesellschaftlichen und wirtschaftlichen Entwicklung der Völker und zum Schutze der Umwelt bei.

Zweck der WMO ist im einzelnen: a) Erleichterung der weltweiten Zusammenarbeit bei der Errichtung von Stationsnetzwerken für die Gewinnung von meteorologischen, hydrologischen und anderen geophysikalischen Beobachtungen mit Bezug zur Meteorologie sowie die Förderung des Aufbaues und Betriebs von Zentren, die mit der Bereitstellung von meteorologischen und verwandten Dienstleistungen beauftragt sind; b) Förderung des Aufbaus und Betriebs von Systemen zum schnellen weltweiten Austausch meteorologischer Informationen; c) Förderung der Standardisierung von meteorologischen und verwandten Beobachtungen und Sicherstellung einer einheitlichen Veröffentlichung der Beobachtungsdaten und Statistiken; d) Förderung der Anwendung der Meteorologie in den Bereichen Luftfahrt, Seeschiffahrt, Wasserwirtschaft, Landwirtschaft und in anderen Tätigkeitsgebieten; e) Förderung von Aktivitäten in der operationellen Hydrologie und Unterstützung einer engen Zusammenarbeit von meteorologischen und hydrologischen Diensten; f) Förderung von Forschung und Ausbildung auf dem Gebiet der Meteorologie und Unterstützung bei der Koordinierung entsprechender internationaler Aktivitäten.

Oberste Körperschaft der Organisation ist die Meteorologische Weltkongreß, welcher die Delegierten aller Mitgliedsstaaten alle vier Jahre zusammenbringt, um die allgemeine Politik für die Erfüllung der Zwecke der Organisation zu bestimmen. Ferner gibt es den Exekutivrat, der sich aus 36 Leitern nationaler meteorologischer bzw. hydrologischer Dienste zusammensetzt und sich mindestens einmal im Jahr trifft, um die vom Kongreß genehmigten Programme zu überwachen. Darüber hinaus gibt es das Sekretariat unter Leitung des Generalsekretärs, wo die Verwaltung, Dokumentation und das Informationszentrum ihren Sitz haben. Daneben existieren sechs Regionalvereinigungen (Afrika, Asien, Europa, Nord- und Zentralamerika, Südamerika und Südwestpazifik), deren Aufgabe es ist, meteorologische und verwandte Aktivitäten innerhalb ihrer jeweiligen Region zu koordinieren.

Es gibt acht mit berufenen Experten besetzte Technische Kommissionen, die für Untersuchungen operationeller meteorologischer und hydrologischer Systeme, Anwendungen und entsprechende Forschung zuständig sind. Die Technischen Kommissionen sind: ↗Agrarmeteorologie, Atmosphärenwissenschaften, Basissysteme, Flugmeteorologie, ↗Hydrologie, Instrumente und Beobachtungsmethoden, ↗Klimatologie, maritime Meteorologie.

Zur Erfüllung ihrer Aufgaben führt die WMO verschiedene Programme durch. Das wichtigste ist die sogenannte Weltwetterwacht (↗Weltwetterüberwachung), welche der einheitlichen und raschen weltweiten Bereitstellung meteorologischer Beobachtungsdaten dient. Weitere Programme sind das ↗Weltklimaprogramm (WCP) mit seinen Unterprogrammen, das Atmosphärische Forschungs- und Entwicklungsprogramm mit dem Unterprogramm Globale Atmosphärenüberwachung, das auch ein Globales Ozon-Beobachtungssystem beinhaltet sowie das Meßnetz zur Messung der Hintergrund-Luftverschmutzung, das Hydrologie- und Wasserressourcenprogramm, das Tropische Zyklonen-Programm, das Aus- und Fortbildungsprogramm für meteorologische und hydrologische Dienste, meteorologische Anwendungsprogramme für Agrarmeteorologie, Flugmeteorologie, maritime Meteorologie und das Programm zur Verbesserung der Instrumente und Beobachtungsmethoden sowie ein Programm zur technischen Zusammenarbeit in der Weitergabe neuen meteorologischen und hydrologischen Wissens und Methoden unter den Mitgliedern.

Weltprimärenergie, weltweit bereitgestellte Energie, die direkt oder nach Umwandlungsprozessen von der Menschheit genutzt wird.

Weltraumatlas, ↗Atlas, in dem Karten und Bilder die auf die Himmelskugel projizierten Gestirnsorte darstellen. Zusätzlich sind Ansichten der Erde aus dem Weltraum sowie Übersichten zum Sternenhimmel dargestellt. Sind nur Übersichten des Sternenhimmels abgebildet, spricht man auch von *Himmelsatlas* oder *Sternatlas*.

Weltraumwetter, *space-weather*, aus der Meteorologie entnommener Ausdruck für den Aktivitätszustand der Magnetosphäre mit all seinen verschiedenen Facetten. Es werden zur Zeit große Anstrengungen unternommen, um die gesamte Kette der Ereignisse (↗solar-terrestrische Beziehungen) von den Vorgängen auf der Sonne, über den ↗solaren Wind bis zur Wirkung auf die Erde (*erdmagnetischer Sturm*) in Form von Modellen zu erfassen. Das gesteckte Ziel ist es, von Beobachtung der ↗Sonneneruptionen auf die magnetischen Störungen auf der Erde schließen zu können. Wichtige Vorhersagen wären Lage der Grenzflächen wie ↗Magnetopause und ↗Plasmapause, Energie- und Dichteverteilung der Teilchen im ↗Ringstrom und den Strahlungsgürteln, Zeitpunkt und Intensität von Plasmainjektionen aus dem Schweif (↗Teilsturm). Durch die Vorhersage soll erreicht werden, rechtzeitig Schutzmaßnahmen sowohl für die Satelliten als auch für bemannte und unbemannte Weltraumfahrzeuge einleiten zu können. ↗magnetischer Sturm. [VH, WWe]

Weltwetterüberwachung, *Weltwetterwacht*, *World Weather Watch*, *WWW*, weltweites, sehr umfangreiches System und zugleich das Kernprogramm der ↗Weltorganisation für Meteorologie (WMO). Aufgabe der WWW ist es, meteorologische und relevante geophysikalische Informationen für die Forschung und den praktischen Dienst zu gewinnen, zu übermitteln, zu verarbeiten und erarbeitete Produkte zu verteilen. Hauptsäulen hierfür sind das Globale Beobachtungssystem (*Global Observing System*, GOS), das Globale Telekommunikationssystem (*Global Telecommunication System*, GTS), das Globale Datenverarbeitungssystem (*Global Data Processing System*, GDPS) sowie flankierende Forschungs-, Ausbildungs- und technische Programme, im Rahmen des vierten WMO Long-Term Plan (LTP) 1996–2005 u. a. das »Tropical Cyclone Programme« mit 60 beteiligten Ländern. Ein zunehmend bedeutender Teil des WWW-Programms unterstützt in Entwicklung befindliche internationale Klima- und Umweltprogramme, wie das Global Climate Observing System (↗GCOS), das *Integrated Global Ocean Services System* (*IGOSS*) u. a.

Das gesamte WWW-System basiert maßgeblich auf nationalen Einrichtungen und Aktivitäten der rund 185 Mitgliedsländer der WMO zum Nutzen aller, wobei der WMO (neben anderen Organisationen) die entscheidende Rolle zukommt. Die Arbeitsteilung erfolgt national, regional (im Rahmen von sechs Regional Associations (RA I bis VI), die weitgehend nach den Kontinenten gegliedert sind, z. B. RA VI = Europa) oder weltweit. Die entscheidende Anregung zum Aufbau der WWW wurde mit der UN-Resolution A-1721 (XVI) vom 20.12.1961 über »Die internationale Zusammenarbeit bei der friedlichen Nutzung des Weltraumes« (»International Co-operation in the Peaceful Uses of Outer Space«) gegeben. Nach einer Planungsphase erfolgte der Realisierungsbeschluß für die WWW durch den fünften WMO-Kongreß im April 1967. Seitdem erfolgt eine Adaption in mehrjährigen Plänen, wie zur Zeit mit dem LTP 1996–2005.

Das Globale Beobachtungssystem umfaßte 1997/98 ca. 10.000 Landstationen, wovon ca. 4000 für den globalen Austausch in Realzeit genutzt werden, 6700 Schiffe von 49 Staaten, meist Handelsschiffe, wovon etwa 40 % zu einem beliebigen Zeitpunkt auf See sind, ca. 700 driftende und verankerte Bojen, ca. 900 Radiosondenstationen für die Beobachtung der ↗freien Atmosphäre und maximal ca. 3000 Flugzeuge, vor allem im Raum Nordostpazifik-Nordamerika-Westeuropa und Südostasien. Neben diesen quasi-punktförmigen Beobachtungen liefert das ↗meteorologische Satellitensystem mit mindestens fünf geostationären und zwei bis vier in 800 bis 900 km Höhe fliegenden, ↗polarumlaufenden Satelliten, weltweit ca. 600 bis 700 meteorologische Radargeräte (↗Radar) und eine weltweit rasch zunehmende Zahl von Blitzdetektoren (↗Blitzortung) unverzichtbare flächendeckende Beobachtungen. Weitere flankierende Beobachtungsverfahren sind in Entwicklung bzw. Erprobung, wie bodengebundene akustische und elektromagnetische Fernerkundungsverfahren (↗Fernerkundung), z. B. ↗Windradar u. a.

Das Globale Telekommunikationssystem (GTS) besteht aus einem Netz von Einzel- und Mehrfachverbindungen. Dabei wird eine Kombination aus bodengebundenen und satellitengestützten Verbindungen genutzt. Das schließt Datensammlung und Datenverteilung in drei Organisationsniveaus ein: a) das Hauptnachrichtennetz (Main Telecommunication Network, MTN), das die drei Meteorologischen Weltzentren (World Meteorological Centres, WMC) Melbourne, Moskau und Washington sowie die 15 Regionalen Nachrichtenzentren (Regional Telecommunication Hubs) miteinander verbindet, darunter Offenbach, Bracknell (Großbritannien) und Prag. Das MTN stellt das Gerüst für den sehr schnellen und zuverlässigen weltweiten Austausch von meteorologischen Beobachtungs- und verarbeiteten Daten dar; b) die Regionalen Meteorologischen Nachrichtennetze (Regional Meteorological Telecommunication Networks, RMTNs). Entsprechend den sechs Regionalen Assoziationen gibt es sechs RMTNs; c) die Nationalen Meteorologischen Nachrichtennetze (National Meteorological Telecommunication Networks, NMTNs). Die satellitengestützte Datensammlung und -verteilung ist als wesentliches Element in die drei Organisationsniveaus des GTS eingebunden. Datensammlung von »Datensammlungsplattformen« (Data Collection Platforms) erfolgt über geostationäre oder polarumlaufende meteorologische oder Umweltsatelliten, inkl. System ↗ARGOS an Bord von NOAA-Satelliten (↗NOAA). Ozeandaten werden über INMARSAT (International Maritime Satellite) gesammelt. Für die internationale Datenverteilung werden METEOSAT-Satelliten (↗METEOSAT) und Nachrichtensatellitensysteme genutzt.

Die Hauptaufgabe des Globalen Datenverarbeitungssystems (GDPS) besteht darin, den Mitgliedstaaten Analysen und Vorhersageprodukte am kostengünstigsten zu liefern. Die Projektierung, Aufgabenstellung, organisatorische Struktur und Arbeitsweise des GDPS sollen entsprechend den Notwendigkeiten der Mitglieder, deren Fähigkeit zur Mitwirkung und deren Nutzung gestaltet sein. Die Aufgaben des GDPS umfassen: a) in Echtzeit: Vorverarbeitung der Daten, Aufbereitung der Daten für Analysen, Aufbereitung von Vorhersageprodukten, Berechnung von speziellen Analyse- und Vorhersageprodukten,

Überwachung der Qualität der Beobachtungen, Nachverarbeitung von Wettervorhersagedaten für Klimavorhersagen u. a., b) nicht in Echtzeit: Erarbeitung von speziellen Klimadiagnoseprodukten auf statistischer Basis, Vergleiche von Analyse- und Vorhersageprodukten, Überwachung der Qualität von Beobachtungsdaten, Verifikation der Güte von Vorhersagefeldern, diagnostische Studien und Modellentwicklung, langfristige Speicherung von Daten, Produkten sowie von Verifikationsergebnissen für den operationalen Dienst und die Forschung, Durchführung von Workshops u. a. zu GDPS-Produkten. Die Organisation der globalen Datenverteilung erfolgt in den Meteorologischen Weltzentren, in Spezialisierten Regionalen Meteorologischen Zentren (Regional Specialized Meteorological Centres) und in Nationalen Meteorologischen Zentren (National Meteorological Centres). Das GDPS dient auch anderen WMO-Programmen und sonstigen internationalen Programmen. [HN]

Weltwetterwacht ↗*Weltwetterüberwachung.*

Weltzeit ↗UT.

Wend, *Wendium, Vendium, Waldai-Serie,* international verwendete stratigraphische Bezeichnung für den jüngsten Abschnitt des ↗Proterozoikums. ↗*geologische Zeitskala.*

Wenlock, international verwendete stratigraphische Bezeichnung für die zweite Abteilung des ↗Silurs, über ↗Llandovery, unter ↗Ludlow, benannt von Ramsay 1866 nach Wenlock Shales und -Limestone im Typusgebiet Wenlock Edge, Shropshire; zuerst benutzt von ↗Murchison 1839. ↗*geologische Zeitskala.*

Wenner-Anordnung, Meßanordnung in der ↗Gleichstromgeoelektrik.

Werner, *Abraham Gottlob,* deutscher Mineraloge, * 25.9.1749 oder 1750 Thomendorf-Wehrau (Sachsen), † 30.6.1817 Dresden; studierte ab 1769 an der Bergakademie Freiberg (Bergwerkswissenschaften) und der Universität Leipzig (Naturwissenschaften, Sprachen und Jura); 1775 Anstellung als Inspektor der Bergakademie in Freiberg und Lehrer der Mineralogie. Werner war der erste, der eine Trennung zwischen den bis dahin nicht unterschiedenen geowissenschaftlichen Fachrichtungen vornahm. Zuerst trennte er von der Bergbaukunde die Mineralogie ab, die er nochmals untergliederte in die Lehre von den »sichtbar nicht gemengten Mineralien«, (Kristallographie) und der Lehre der »gemengten Gebirgsarten und Mineralien« (Mineralogie). Ab 1779 hielt er gesonderte Vorlesungen über die Gebirgslehre, die von ihm ab 1785 als eigene Wissenschaft ↗Geognosie eingeführt wurde. Werner übernahm die Cronstedtsche Unterteilung der »erdigen«, »salzigen«, »brennbaren« und »metallischen« Mineralien als vier Klassen, bereinigte diese aber von künstlichen und echten Versteinerungen, Pseudofossilien, Bildsteinen, Erden etc. Die Kristalle teilte er nach der Farbe und der Beständigkeit der Kristallflächen sechs Klassen zu. Werner nahm weiterhin eine Unterteilung der Gesteine in sechs Klassen mit etwa 36 »Formationen« (= Gesteinstypen) vor. Die unter seinem Namen 1787 veröffentlichte Abhandlung »Klassifikation und Beschreibung verschiedener Gebirgsarten« erschien ohne sein Wissen, betrieben durch seine Schüler.

Werner war ein entschiedener Verfechter des ↗Neptunismus. Auf Grund des Vorkommens von Versteinerungen und der horizontalen Schichtung der (Sediment-)Gesteine erklärte er den Ursprung aller Gesteine aus dem Wasser. Vulkane und das Vorkommen von Lava erklärte er durch räumlich begrenzte, unterirdische Steinkohlenbrände.

Werner war ein charismatischer Lehrer. Er begründete in Freiberg eine eigene Schule. Zu seinen Schülern gehörten A. v. ↗Humboldt, C. L. v. ↗Buch und E. F. v. ↗Schlotheim. Er publizierte selbst nur sehr wenig und übertrug die Veröffentlichung seines Mineralsystems seinen Schülern (Hoffmann, später ↗Breithaupt). Seine Lehre konnte überdauern, da – oft gegen seinen Willen – Vervielfältigungen von Vorlesungsmitschriften erstellt wurden. Von ihm selbst ist nur eine geringe Anzahl von kleinen Aufsätzen und Abhandlungen über einzelne Mineralien geschrieben worden. Der Wortlaut eines Vortrages (»Allgemeine Betrachtung über den festen Erdkörper«), den er 1817 in der Gesellschaft für Mineralogie in Dresden gehalten hatte, wurde nach seinem Tod gedruckt und gibt ein umfassendes Bild seiner geologischen Anschauung. »Werners letztes Mineralsystem« erschien posthum 1818.

Werner erhielt reichliche Anerkennungen für seine Verdienste: Er war Mitglied in den meisten Akademien der Wissenschaften, 1790 wurde er zum Bergrat ernannt, 1792 zum Bergkommissionsrat. 1816 erhielt er das Ritterkreuz des sächsischen Ordens. Werke (Auswahl): »Von den äußerlichen Kennzeichen der Fossilien« (1774). [EHa]

Wertefeld, die in einem Koordinatennetz ihrer Lage nach aufgetragenen Meßwerte. Werden als Netz die geographischen Koordinaten benutzt, so erfaßt ein Wertefeld die regionalen Unterschiede einer Erscheinung. Die Wertkoten lassen sich graphisch direkt veranschaulichen mit Positionssignaturen (für Sachdifferenzierungen) und mit Mengen- bzw. Diagrammsignaturen (für Mengen- bzw. Sachdifferenzierungen). Nach ihrer unterschiedlichen Dichte lassen sich quasihomogene Flächen mittels ↗Wertgrenzlinien ausweisen. Bei Werten, die sich auf ein Kontinuum beziehen, lassen sich ↗Isolinien konstruieren. Von der Dichte eines gegebenen Wertefeldes ist in engen Grenzen der mögliche oder geeignete Maßstabsbereich der Darstellung abhängig.

Werterelief, *thematisches Relief, statistische Oberfläche,* die graphische Veranschaulichung eines flächenbezogenen Wertefeldes in Form eines dreidimensionalen Blockbildes. Die Wertkoten werden als z-Wert (vertikale Achse) über den Bezugspunkt aufgetragen und als Stäbchen oder Vierkantsäule (Treppenstufenmodell) gestaltet (Abb. 1). Die z-Werte können auch als Profilkulissen oder als Deformation eines engen Gitternetzes ausgeführt werden (Abb. 2). Ein solches Werterelief verdeutlicht für kleinere Räume bes-

Wertgrenzlinie

Werterelief 1: Umsetzung eines Flächenkartogramms (a) in ein Werterelief (b).

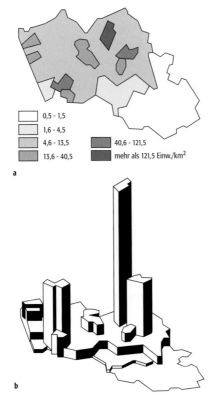

Sinne können auch Darstellungen mit ↗Isolinien als Werterelief aufgefaßt werden. [WSt]

Wertgrenzlinie, *Wertgrenze*, in einem Wertefeld optisch oder statistisch ermittelte Linien, die quasihomogene Flächen umschließen. Im Unterschied zu ↗Objektlinien handelt es sich um fiktive Linien, die nach bestimmten Kriterien gebildete Flächen unterschiedlicher Wertklassen trennen.

Wertigkeit, Anzahl der von einem Atom gebundenen oder ersetzten Atome; etwas ungenauer und veralteter Begriff, der besser durch den nahestehenden Begriff ↗Oxidationszahl ersetzt wird.

Wertmaßstab, 1) *Kartographie*: Signaturmaßstab, vorwiegend in ↗thematischen Karten, aber auch in anderen graphischen Darstellungen benutztes Mittel zur Veranschaulichung von Zahlenwerten durch ihre Übertragung in die ↗graphische Variable Größe. Wertmaßstäbe verwendet man, um die Unterschiede und die Verhältnisse von Werten graphisch auszudrücken. Hierfür werden benutzt: die Länge (z. B. von Säulen) und die Breite von Bändern, die Fläche einfacher geometrischer ↗Figuren (Kreis, Quadrat, Rechteck) sowie das scheinbare Volumen regelmäßiger Körper (Würfel, Kugel) in perspektivischer bzw. schattenplastischer Abbildung. Die Festlegung von Wertmaßstäben ist immer ein Optimierungsproblem, in das mehrere Bedingungen eingehen: a) Der Mensch vermag Längenverhältnisse recht genau, Flächenverhältnisse hingegen nur tendenziell zu beurteilen. Das Verhältnis verschieden großer Flächen wird stets unterschätzt. Die Schätzung von Volumenverhältnissen führt zu groben Fehlurteilen. Demnach wäre die lineare Ausdrucksweise gegenüber der flächenhaften zu bevorzugen und auf die pseudo-körperhafte zu verzichten. b) Dieser allgemeinen Bedingung steht in den meisten Fällen als Bedingung das Verhältnis V des größten zum kleinsten darzustellenden Wert:

ser als ein ebenes Kartenbild (z. B. Flächenkartogramm, Felderkartogramm) die absoluten oder relativen Unterschiede der Verbreitung über die Fläche, weil die Wertspannen mit graphischen Mitteln dimensioniert und damit unmittelbar sichtbar gemacht werden, so daß das Verteilungsbild plastisch in Erscheinung tritt. Im weiteren

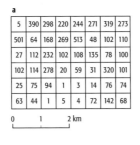

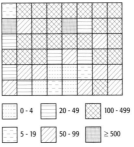

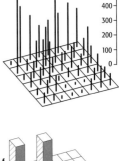

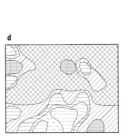

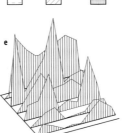

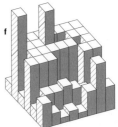

Werterelief 2: Konstruktion eines Werterelief: a) statistische Werte auf Felderbasis, b) Felderkartogramm (Dichtestufen), c) perspektivisches Stäbchendiagramm, d) Pseudoisarithmen, e) perspektivische Profillinien (Profilkulisse), f) Blockbild mit gestuften Säulen.

Kartenzeichen	Mindestgröße (Nmin = 100 Ew.)	theoretische Maximalgröße (Nmax = 2.000.000 Ew.)	
	zugleich Einheitswert	in Einheitswerten (umgerechnet)	als Konstruktionsmaß
längenproportionale Säulen	1 mm	20 m	Säulenlänge = 20 m
flächenproportionale Quadrate	1 mm²	200 cm²	Seitenlänge = 14,1 cm
volumenproportionale Würfel (Zeichnung)	1 mm³	20 cm³	Seitenlänge = 2,7 cm (z.T. durch die Perspektive verkürzt)

Wertmaßstab (Tab. 1): Maße des kleinsten und größten Kartenzeichens bei größenproportionaler Darstellung eines Werteverhältnisses von $V = 20.000$ (Beispiel).

$$V = \frac{N_{max}}{N_{min}} \quad (1)$$

entgegen. V wird in der Statistik auch als Wertespanne beschrieben und kann die Größenordnung von 10^4 bis 10^5 erreichen (z.B. $2 \cdot 10^4$ bei $N_{max} = 2$ Mio. und $N_{min} = 100$ Einwohnern). c) Die für die Darstellung nutzbare Kartenfläche ist in der Regel zu klein, um dieses Werteverhältnis längen- oder flächenproportional wiedergeben zu können, denn es ist eine bestimmte, noch wahrnehmbare Mindestgröße l_{min} oder F_{min} vorauszusetzen, z.B. 1 mm oder 1 mm². Tabelle 1 zeigt, daß die aus den Beispielsdaten resultierenden größenproportionalen ↗Signaturen bzw. ↗Diagramme nicht darstellbar sind. d) Die Lagebeziehungen der Objekte im ↗Georaum werden durch die ↗Verortung der Signaturen, Figuren bzw. Diagramme an ihrem ↗Bezugspunkt modelliert. In Dichtegebieten führt dies zur Überlagerung der ↗Kartenzeichen. e) Unübersichtliche Signaturballungen lassen sich durch Verdrängung, Freistellung und gezielte Überlagerung von großen mit kleinen Kartenzeichen lesbar gestalten. Die Möglichkeiten einer solchen »visuellen Entflechtung« sind jedoch beschränkt, so daß u.U. die einzige Alternative in der Anpassung des Wertmaßstabs besteht. f) Bei allen Überlegungen und Aktivitäten zur Festlegung des Wertmaßstabs ist zu beachten, daß das Hauptziel von Karten die graphische Modellierung georäumlicher Strukturen ist, d.h. die Veranschaulichung der Quantitäten von Objekten/Sachverhalten und ihrer Verteilung im Georaum. Dafür sind »transparent« gestaltete Konzentrationen von Kartenzeichen ebenso erforderlich wie Flächen mittlerer und geringer Kartenbelastung. g) Die ↗Kartenbelastung geht daher als weiteres allgemeines Kriterium in die Optimierung des Wertmaßstabs ein.

Die Wahl des Wertmaßstabs, genauer die Annäherung an sein Optimum, erfolgt unter Berücksichtigung aller genannten Aspekte, vor allem durch ihre Wertung im Hinblick auf den Zweck der Karte. Sie gestaltet sich vergleichsweise unkompliziert bei Werteverhältnissen von $V < 10^{2,5}$, die größenproportional darstellbar sind (Tab. 2). Für $V < 10^{2,5}$ wurden verschiedene Ansätze und Formeln entwickelt (s.u.). Strenge Flächenproportionalität läßt sich jedoch bei $V > 10^3$ nicht mehr erreichen. Die Angaben in Tabelle 2 gelten für kontinuierliche Wertmaßstäbe, die jedem Kartenzeichen eine dem Merkmalswert entsprechende, individuelle Größe zuweisen. Da jedoch der Flächenvergleich ohnehin unsicher ist (1. Bedingung), wird die Unterscheidbarkeit der Größen der Kartenzeichen häufig durch Festlegung von Größenklassen (Größenstufen) hergestellt, denen jeweils eine bestimmte Klasse von Merkmalswerten zugeordnet ist. Auch gestufte Wertmaßstäbe lassen sich für $V < 10^{2,5}$ annähernd flächenproportional gestalten, z.B. als Proportionalität der Größenstufen zum jeweiligen Mittelwert der Klassen. Jedoch ist darauf zu achten, daß die Kartenzeichen benachbarter Größenstufen (Flächen) auch im Kartenzusammenhang eindeutig unterscheidbar sind (s.u.). Für die graphische Veranschaulichung von Zahlenwerten in der Karte stehen somit flächenproportionale und nichtflächenproportionale, kontinuierliche und gestufte Wertmaßstäbe zur Verfügung, deren Vorzüge und Nachteile in Tabelle 3 zusammengestellt sind. Die Berechnung von kontinuierlichen Wertmaßstäben beginnt mit der Ermittlung von V nach (1). Läßt der Wert von V darauf schließen, daß eine flächenproportionale Darstellung möglich ist, stehen zwei Verfahren zur Wahl: a) Aufgrund von Erfahrung oder Überschaubarkeit des Problems wird einer gebräuchlichen Flächeneinheit F_0 ein runder Einheitswert N_0 des darzustellenden Merkmals zugeordnet, z.B. könnte 1 mm² Signaturfläche 100 Einwohner repräsentieren. Daraus ergibt sich die Maßstabskonstante k:

$$k = \frac{F_0}{N_0}. \quad (2)$$

Zugleich gelten:

$$k = \frac{F_{min}}{N_{min}} \quad (3)$$

und

$$k = \frac{F_{max}}{N_{max}}. \quad (4)$$

Wertmaßstab (Tab. 2): Werteverhältnis V und Darstellungsweise (Typ des Wertmaßstabs).

Darstellungsweise	Wertverhältnis Nmax / Nmin					
	10	$10^{1,5}$	10^2	$10^{2,5}$	10^3	$>10^3$
längenproportional	●	●	◐			
flächenproportional			◐	●	◐	
annähernd flächenproportional				◐	●	●

● geeignet   ◐ bedingt geeignet

	Vorteile	Nachteile
kontinuierlich	Meßbarkeit aller Signaturen	schwieriger erfaßbar als gestufter Wertmaßstab
gestuft	einfache Nutzung der Karten; Zuordnung der Signaturen zu den Stufen nach Augenmaß, rasche Erfaßbarkeit der allgemeinen quantitativen Aussage, leichter lesbar als kontinuierlicher Wertmaßstab	größere Unterschiede der Werte u.U. in derselben Stufe, einige Signaturen sind zu groß, andere zu klein (gemessen am tatsächlichen Wert), weniger genau als der kontinuierliche Wertmaßstab
flächenproportional	exakte Proportionalität zu den Merkmalswerten	für große Werteverhältnisse ($V > 10^3$) nicht verwendbar
nichtflächenproportional	annehmbare Alternative für $V > 10^3$, wenn flächenproportionale Wertmaßstäbe nicht mehr anwendbar sind	die Werte werden nur »relativ« wiedergegeben, Wertunterschiede verflachen mit zunehmendem V

Wertmaßstab (Tab. 3): Vor- und Nachteile der Hauptarten von Wertmaßstäben.

Durch Auflösen von (3) nach F_{min} und (4) nach F_{max} zur Berechnung der kleinsten bzw. der größten Signaturfläche läßt sich prüfen, ob k für die betreffende Karte verwendbar oder zu modifizieren ist. b) Der zweite Ansatz besteht darin, durch Schätzen oder überschlägiges Berechnen die kleinste oder die größte Signaturfläche festzulegen und nach (3) bzw. (4) eine vorläufige Maßstabskonstante k' zu ermitteln. Mit k' läßt sich die jeweils andere Extremfläche bestimmen. Fällt F_{min} zu klein bzw. F_{max} zu groß aus oder soll eine möglichst einprägsame Maßstabskonstante gefunden werden, wird die Berechnung mit entsprechend korrigierten Werten für die Extremflächen wiederholt und ihre Darstellbarkeit geprüft. Ist der nach a) oder b) ermittelte Wertmaßstab verwendbar, berechnen sich die Flächen aller Signaturen nach:

$$F = k \cdot N. \quad (5)$$

Ergibt ein flächenproportionaler Wertmaßstab nach a) oder b) wegen eines V nahe $10^{2,5}$, wegen absehbarer starker Überlagerung von Signaturen oder zu hoher allgemeiner Kartenbelastung kein befriedigendes Ergebnis, muß zu einem nichtflächenproportionalen Wertmaßstab übergegangen werden. Für nichtflächenproportionale Wertmaßstäbe stehen mehrere Formeln zur Verfügung, deren Anwendung mit unterschiedlichen Vor- und Nachteilen behaftet ist (Tab. 4), die dem Zweck der Karte entsprechende Kompromisse erfordern. Generell gilt, daß man sich mit zunehmendem V ($>10^3$) von der Flächenproportionalität entfernt. Dieser Nachteil kann meist zugunsten der Erfüllung anderer Bedingungen, vor allem von (6) und (7) akzeptiert werden. Alle Formeln für nichtflächenproportionale Wertmaßstäbe setzen die Festlegung von F_{min} und F_{max} voraus. Verbreitet wird die Formel von Jensch angewendet:

$$F = k \cdot N^b. \quad (6.1)$$

Dabei ist:

$$b = \frac{\log F_{max} - \log F_{min}}{\log N_{max} - \log N_{min}} \quad (6.2)$$

und:

$$k = \frac{F_{min}}{N_{min}^b} = \frac{F_{max}}{N_{max}^b}. \quad (6.3)$$

Töpfer hat diese Formel durch Einführung eines dritten, zwischen den Extrema liegenden Wertepaares F_m und N_m erweitert, gibt aber für dessen Festlegung nur allgemeine Hinweise. Sein Ansatz erlaubt, die Signaturgrößen in einem bestimmten Wertebereich stärker zu differenzieren, allerdings zulasten anderer Wertebereiche. Die Signaturflächen werden berechnet nach:

$$F = F_{min} + k(N - N_{min})^b, \quad (7.1)$$

wobei:

$$b = \frac{\log F'_{max} - \log F'_m}{\log N'_{max} - \log N'_m}, \quad (7.2)$$

$$k = \frac{F'_{max}}{N'^{b}_{max}} \quad (7.3)$$

Wertmaßstab (Tab. 4): Vor- und Nachteile kontinuierlicher Wertmaßstäbe.

	Vorteile	Nachteile
flächenproportionaler Wertmaßstab	einfach zu berechnen, echte Flächenproportionalität	für $V > 10^3$ ungeeignet
nichtflächenproportionale Wertmaßstäbe nach JENSCH	$V > 10^3$ sind darstellbar, gleiche (ausreichende bis geringe) Differenzierung über alle Wertebereiche	gleiche (ausreichende bis geringe) Differenzierung über alle Wertebereiche
nach TÖPFER	$V > 10^3$ sind darstellbar, Bereich der guten Differenzierung wählbar, auch vermittelnde Differenzierung möglich	Festlegung eines dritten Wertepaares vorwiegend durch Probieren, in bestimmten Wertebereichen u.U. stärkeres Abgehen von der wahrnehmungsgerechten Darstellung
nach GROSSLER	$V > 10^3$ sind darstellbar, zum Maximum hin zunehmend gute Differenzierung	geringe Differenzierung der kleinen Signaturen, die praktisch nur »qualitativ« dargestellt werden

und:

$$F'_m = F_m - F_{min},$$
$$N'_m = N_m - N_{min},$$
$$F'_{max} = F_{max} - F_{min},$$
$$N'_{max} = N_{max} - N_{min}$$

sind.

Großer ergänzt die Formel zur Berechnung eines flächenproportionalen Wertmaßstabes (5) durch ein Korrekturglied F_k, das einer konstanten Korrekturfläche entspricht, um die jede Signatur vergrößert wird:

$$F = k \cdot N + F_k. \quad (8.1)$$

k wird berechnet nach:

$$k = \frac{F_{max} - F_{min}}{N_{max} - N_{min}}. \quad (8.2)$$

F_k ergibt sich aus:

$$F_k = F_{min} - k \cdot N_{min}. \quad (8.3)$$

Hierdurch lassen sich die kleinsten Signaturflächen, die bei Berechnung nach (5) unter der Schwelle der Wahrnehmbarkeit liegen, auf eine wahrnehmbare Größe anheben. Nichtflächenproportionale gestufte Wertmaßstäbe zeichnen sich in der Regel durch ein konstantes Verhältnis a benachbarter Signaturgrößen aus. Es kann definiert werden als Quotient aus der Fläche einer bestimmten Signaturgröße F_i geteilt durch die Fläche der nächstkleineren Signatur F_{i-1}:

$$a = \frac{F_i}{F_{i-1}} \quad \text{mit } i = 1,...,n. \quad (9.1)$$

Um die visuelle Unterscheidbarkeit aller Signaturgrößen zu sichern, sollte a nicht kleiner als 1,5 sein. Ist eine sehr schnelle und sehr sichere Zuordnung der Signaturen zu den Größenstufen erwünscht, so sollte $a = 2$ gewählt werden oder nur wenig darunter liegen. Dies gilt besonders für die kleinsten Größen der Signaturenskala. An die Berechnung der Signaturgrößen kann von zwei Seiten herangegangen werden: a) Die Anzahl der Signaturgrößen n ist durch die Anzahl der Merkmalsklassen von N vorgegeben, was als Normalfall gelten kann. b) Das Verhältnis a wurde festgelegt, gesucht ist die größtmögliche Anzahl von Signaturgrößen n. Die grundlegende Beziehung zwischen den Größen lautet:

$$V_F = \frac{F_{max}}{F_{min}} = a^{n-1}. \quad (9.2)$$

Daraus leiten sich die Formeln zur Berechnung von a und n ab:

$$\log a = \frac{\log V_F}{n-1}, \quad (9.3)$$

$$n = \frac{\log V_F}{\log a} + 1. \quad (9.4)$$

Wertmaßstäbe sind wichtiger Bestandteil der ↗Legende. Sie werden meist graphisch in Form von ↗Nomogrammen wiedergegeben. Nur bei flächenproportionaler Darstellung ist die Maßstabsangabe auch numerisch bzw. verbal sinnvoll, z. B. in der Formulierung 1 mm² Diagrammfläche entspricht 100 Einwohnern. Kontinuierliche Wertmaßstäbe können als Kurve veranschaulicht werden, an der sich alle Signaturgrößen der Karte abgreifen oder abmessen lassen. Weniger günstig ist die alleinige Angabe von Beispielsgrößen, die häufig aus Platzgründen ineinandergestellt werden. Für gestufte Wertmaßstäbe ist die Ausweisung aller in der Karte auftretenden Signaturgrößen mit Angabe der Klassengrenzen zwingend erforderlich. Für die Benutzung der Karte durch Fachleute sollte die Formel des verwendeten Wertmaßstabs angegeben werden, was jedoch bislang sehr selten geschieht. In ↗Kartenkonstruktionsprogrammen und ↗Geoinformationssystemen sind Funktionen zur Auswahl und Berechnung des Wertmaßstabs implementiert. Steht ein genügend breites Spektrum der oben erläuterten oder vergleichbarer Berechnungsgrundlagen zur Verfügung, wird damit der Auswahl- und Bewertungsprozeß bis zur endgültigen Version der Darstellung wesentlich erleichtert und beschleunigt. **2)** *Landschaftsökologie*: in der ↗Raumplanung gebräuchlicher Begriff für die individuelle und je nach sozialer Gruppenzugehörigkeit unterschiedliche Beurteilung von Zuständen und räumlichen Prozessen in der ↗Landschaft. Dabei spielt die ↗Perzeption eine wichtige Rolle. Mit der Erforschung von gesellschaftlich geprägten Prozessen der Umweltwahrnehmung befaßt sich die Fachrichtung ↗Humanökologie.

Wertstoff, Bestandteile des ↗Abfalls und des Hausmülls, die einen gewissen Wert haben, so daß sich eine Wiederverwertung lohnt (↗Recycling). Wertstoffe werden getrennt vom übrigen Abfall gesammelt und sortiert. Zu den Wertstoffen gehören Glas, verschiedene Metalle, Papier, Pappe, Kunststoffe, Holz und Textilien.

Westaustralstrom, ↗Meeresströmung, die an der Westküste Australiens seewärts des ↗Leeuwinstroms nach Norden setzt.

Westdrift, aus den Analysen des geomagnetischen ↗Hauptfeldes und der geomagnetischen ↗Säkularvariation zu unterschiedlichen Epochen wurden bereits sehr früh zeitliche Verschiebungen in den Strukturen der Karten für die Feldkomponenten erkannt. Dies wurde deutlicher, als das Nichtdipolfeld und die Säkularvariation auf der Grundlage genauerer Feldmodelle (Kugelfunktionsanalyse) seit Beginn dieses Jahrhunderts untersucht werden konnten. Dabei ergab sich, daß die einzelnen Multipolterme V_n der Kugelfunktionsentwicklung verschiedenes Driftverhalten zeigen, z. T. eine Westdrift, z. T. aber sowohl ein westwärts wie ostwärts driftendes Verhalten verschiedener Größe aufweisen. Der Term für $n = m = 2$ ergibt den größten Beitrag zu einer Westdrift. Im gewogenen Mittel erhält man beispielsweise eine Westdrift von 0,25 Längengraden/Jahr

Westwinddrift: schematische Darstellung der Windzonen und Druckgürtel der Nordhemisphäre.

zur Epoche 1900 (↗Deklination). Für die ↗geomagnetische Säkularvariation ergibt sich für den sich bewegenden Anteil ein Driften nach Westen mit Geschwindigkeiten von ca. 30 km/Jahr. Die Ursache dafür wird in einer differentiellen Bewegung der Flüssigkeitsströme im äußeren Erdkern und der darin »eingefrorenen« ↗Magnetfelder zum ↗Erdmantel und ↗Erdkruste gesehen. ↗Erde. [VH, WWe]

Westermann-Verlag, kartographischer Fachverlag. In dem von Georg Westermann (* 23.2.1810 Leipzig, † 7.9.1879 Wiesbaden) 1838 in Braunschweig gegründeten Verlag erschien 1853 der von Henry Lange (1821–1893) bearbeitete ↗Schulatlas, erweitert auf 44 Karten für die Oberstufe 1858. Seit 1867 stellte Eduard Gaebler (1842–1911) in seiner Lithographischen Anstalt in Leipzig die Karten für den Westermann Verlag her. Ab 1875 lieferte Carl Diercke (* 1848 Kyritz, † 1913 Brandenburg) für die Schulatlanten und ab 1908 für die Schulwandkarten (↗Wandkarte) des Verlages die Entwürfe. 1899 übernahm Paul Diercke (1874–1937) die wissenschaftliche Leitung der Kartographischen Anstalt des Verlages. Er schuf 1912 den »Atlas für Mittelschulen«, 1914 den »Schulatlas für höhere Lehranstalten« (144 Kartenseiten; 38. Auflage 1937) und zahlreiche regionale Schulatlanten. Der 1921 publizierte »Westermanns Weltatlas« (106 Karten, 37. Aufl. 1932) wurde als erster ↗Atlas im Offsetdruck vervielfältigt, ebenso die vom kartographischen Verlag Flemming in Glogau übernommenen »Generalkarten« sowie Bürowandkarten, Eisenbahn- und Wasserstraßenkarten. Nach dem zweiten Weltkrieg führte R. Dehmel (1902–1983) Neubearbeitungen der kartographischen Verlagserzeugnisse aus. Der »Diercke Weltatlas« mit zahlreichen ↗thematischehn Karten erschien 1950, 1957 und 1974 in Neubearbeitungen und 1988 in völlig neuer Gestaltung, ausgeführt von »Westermann Kartographie« im Westermann Schulbuchverlag GmbH, Braunschweig. Dieser Verlag stellt für den Bereich der Schulkartographie neben Wandkarten außerdem Transparentatlanten, ↗Arbeitskarten sowie digitale kartographische Produkte her. [WSt]

Westfal, *Westfalium*, regional verwendete stratigraphische Bezeichnung für eine Stufe des Oberkarbons (↗Karbon) in Mitteleuropa, benannt nach der Landschaft Westfalen. ↗geologische Zeitskala.

Westgrönlandstrom, ↗Meeresströmung, die an der westlichen Küste Grönlands nach Nordwesten setzt.

Westspitzbergenstrom, ↗Meeresströmung im ↗Europäischen Nordmeer, die als Ausläufer des ↗Nordatlantischen Stroms warmes, salzreiches Wasser in das ↗Nordpolarmeer transportiert.

Westwinddrift, *Westwindzone*, Bereich der Troposphäre in den mittleren Breiten, typischerweise etwa zwischen 35° und 65°, in dem Westwinde vorherrschen (Abb.). Westwinddrift bezeichnet auch die von den Winden angetriebene, nach Osten gerichtete ↗Meeresströmung. Die Westwinddrift auf der Südhalbkugel entspricht dem

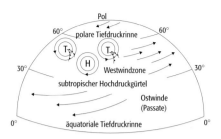

↗Antarktischen Zirkumpolarstrom. ↗allgemeine atmosphärische Zirkulation.

Westwindzone ↗*Westwinddrift*.

Wetherill-Diagramm ↗U-Pb-Methode.

Wetness Index, aus multispektralen Fernerkundungsdaten zu gewinnender Indikator zur Beschreibung des Wassergehaltes von Vegetationsflächen unterschiedlicher Dichte und mit unterschiedlichen Bodenanteilen. Ähnlich dem ↗Vegetationsindex kann eine Kombination relevanter Spektralbänder operationeller Sensorsysteme, z. B. ↗Landsat-/TM, ein Feuchtemaß darstellen. Das Ausmaß an Reflexion im kurzwelligen (mittleren) Infrarot ist eng mit dem Wassergehalt der reflektierenden Vegetations- und Bodenflächen verbunden. Absorptionsmaxima durch Wassermoleküle liegen in Spektralbereichen von ca. 1,45 µm und 1,95 µm. Die in den benachbarten Wellenlängenintervallen von 1,55–1,75 µm und 2,08–2,35 µm aufnehmenden Kanäle 5 und 7 des Sensorsystems Landsat-TM eignen sich demzufolge für eine Charakterisierung der Feuchte. In Gegenüberstellung mit dem Reflexionsausmaß im nahen Infrarot (Landsat-TM, Kanal 4), das im Falle von reflektierender Vegetation maßgeblich von der Struktur des Blattmesophylls beeinflußt wird, ergibt sich ein Index TM4/TM5. Die Nutzung dieses Index ist jedoch nur bedingt möglich, da er weder ein verläßliches Maß für die absolute Feuchte noch für die relative Feuchte (Wasserkonzentration) darstellt. Ein Ansatz, die Aussagekraft für Vegetation durch Kombination von einfachem Ratioindex für Vegetation und Feuchte zu erhöhen, besteht in der Formulierung eines sogenannten Blattfeuchteindex (leaf water index, LWI), der neben der erwähnten Kombination der Ratioindizes Koeffizienten berücksichtigt, die einerseits die Vegetationsdichte (leaf area index, LAI) und andererseits den Wassergehalt beschreiben. Die Opertonalität dieses Ansatzes wird dadurch eingeschränkt, daß das Vorhandensein von Referenzpixel gleicher Feuchte erforderlich ist. Auch durch eine Modifizierung des fAPAR (fraction of absorbed photosynthetic active radiation) durch Einführung eines Feuchtekoeffizienten könnte ein Feuchteindikator im Sinne eines fAWR (fraction of absorbed water radiation) geschaffen werden. In der Radar-Fernerkundung werden durch ↗Scatterometer aufgenommene Datensätze in zunehmendem Maße dazu verwendet, Aussagen über die Bodenfeuchte der in Abhängigkeit des genutzten Frequenzbereiches erfaßbaren obersten Bodenschichten zu gewinnen. Aus ERS-Scatterometerdaten kann ein relativer Index der Bodenfeuchte zum Zeitpunkt des Überfluges unter der Annahme einer linearen Beziehung zwischen dem Rückstreukoeffizienten F^v für einen Inzidenzwinkel von 40° und der Bodenfeuchte durch lineare Interpolation aus den maximalen und minimalen Rückstreukoeffizienten sowie dem mittels Scatterometer aufgezeichneten Rückstreukoeffizienten ermittelt werden. Hierbei sind die aus den saisonalen Veränderungen des Vegetationsstatus folgenden Schwankungen des minimalen Rückstreukoeffizienten zu berücksichtigen. Das Ergebnis kann in einer geometrischen Auflösung von 25×25 km in einem 500 km breiten Aufnahmestreifen rechts der Bahn der ERS-Plattform bereitgestellt werden. [EC]

Wetter, der momentane Zustand der Atmosphäre an einem Ort, beschrieben durch das augenblickliche Zusammenwirken der ↗meteorologischen Elemente. Das Wettergeschehen spielt sich in der Troposphäre ab. ↗Atmosphäre, ↗Witterung.

Wetteranalyse, *synoptische Wetteranalyse, Wetterkartierung*, traditionelle wissenschaftliche Auswertung der ↗Beobachtungen von synoptischen Wetterstationen (↗synoptische Wettermeldung) in einer Bodenwetterkarte bzw. von aerologischen Messungen in Höhenwetterkarten (↗Wetterkarte) verschiedener Niveaus (auch in ↗Vertikalschnitten), die in der Regel ein weites geographisches Gebiet umfassen. Entsprechend den an den synoptischen Wetterstationen eingetragenen ↗meteorologischen Elementen wird in der Bodenwetterkarte das Luftdruckfeld im Meeresniveau konstruiert, demgegenüber beziehen sich die Höhenwetterkarte auf Hauptdruckflächen (↗Druckfläche), deren ↗Topographien durch ↗Isohypsen dargestellt werden. Diese laufen nahezu parallel zur ↗Höhenströmung bzw. zum ↗thermischen Wind. Gleichzeitig mit den zu konstruierenden Feldern von Druck, Temperatur, Feuchte, Wind u. a. werden vor allem in der Bodenwetterkarte die relevanten ↗synoptischen Wettersysteme markiert.
Soweit die Wetteranalyse aus vielen Meßpunkten großräumige meteorologische Felder zusammensetzt und zugleich Wettersysteme bekannten Typs identifiziert, ist ihre Methode überwiegend diagnostisch-synthetisch. Alle Wetterkarten und sonstigen Unterlagen für ein bestimmtes Gebiet zu einem ↗synoptischen Termin ergeben (oft zusätzlich mit einem erläuternden Text) die ↗Wetterlage. Moderne Wetteranalyse wird heute weitestgehend anhand vierdimensionaler ↗numerischer Modelle der unteren ↗Atmosphäre durchgeführt. [MGe]

Wetterbeobachtung, Beobachten des atmosphärischen Zustandes an einem Ort (einer Station) mittels genormter Geräte und standardisierter Beobachtungsmethoden. Dazu gehören Messungen (manuell oder digital) von verschiedenen Parametern (z. B. Temperatur, Feuchte, Luftdruck, aber auch Bewölkungsgrad, Sonnenstunden etc.). Die Ergebnisse werden registriert und sind für eine spätere Auswertung (z. B. Vergleich anderer Stationen) verfügbar.

Wetterdienste, überwiegend staatliche Institutionen zur Wahrnehmung von Aufgaben auf dem Gebiet der ↗Meteorologie und der ↗Klimatologie. Zu den Tätigkeitsfeldern zählen unter anderen: Wetterbeobachtung und -vorhersage, Gutachtenerstellung im Zusammenhang mit Luftverschmutzung, Aktivitäten im Zusammenhang mit Klimaüberwachung und -änderung, Studien zum Abbau der ↗Ozonschicht, meteorologische Forschung. Zu den Kernaufgaben der Wetterdienste gehört insbesondere die Sicherung öffentlicher Belange durch Herausgabe von Warnungen vor gefährlichen Wetterereignissen. In der Bundesrepublik Deutschland gibt es den ↗Deutschen Wetterdienst und zur Wahrnehmung der militärischen meteorologischen Belange das Amt für Wehrgeophysik. Da die Wetterdienste auf internationale Zusammenarbeit angewiesen sind, koordinieren sie ihre Aktivitäten und angewandten Methoden und Verfahren über die ↗Weltorganisation für Meteorologie. [WBe]

Wetterdienstgesetz, am 11.11.1952 verkündetes Gesetz über den ↗Deutschen Wetterdienst, rückwirkend wirksam vom 1.4.1952 an. Es überführt das Meteorologische Amt für Nordwestdeutschland, die Körperschaft des öffentlichen Rechtes »Deutscher Wetterdienst der US-Zone«, die damaligen Wetterdienste der Länder Rheinland-Pfalz, Baden und Württemberg-Hohenzollern mit ihren jeweils nachgeordneten Verwaltungsstellen in die Anstalt »Deutscher Wetterdienst« mit Sitz in Bad Kissingen. Die Anstalt »Deutscher Wetterdienst« untersteht dem Bundesminister für Verkehr. Im Ergänzungsgesetz vom 8.8.1955 wird der Wetterdienst zusätzlich mit der Überwachung der Luft auf radioaktive Beimengungen und deren Verfrachtung betraut. Am 23.12.1959 folgt die Integration des saarländischen Wetterdienstes.

Wetterelemente, ↗*Hauptwetterelemente*.

Wettererscheinung, bezeichnet jedes in der ↗Atmosphäre und am Erdboden beobachtbare Wetterphänomen, angefangen von den ↗Hauptwetterelementen wie ↗Temperatur und ↗Wind bis hin zu einzelnen Vorkommnissen wie ↗Hagel oder ↗Glatteis.

Wetterfühligkeit, verstärkte Wahrnehmung der Reize des ↗Wetters (z. B. Wärme, Kälte) durch den Menschen. Wetterfühligkeit kann zu Befindlichkeitsstörungen mit Kopfschmerzen und Schlafstörungen führen und tritt vermehrt bei einem Wechsel der ↗Wetterlage auf.

Wetterhütte, *englische Hütte, Klimahütte, Thermometerhütte*, Kasten mit Jalousiewänden und aufgeständertem Dach für gute Durchlüftung und gleichzeitige Beschattung. In ihm werden in zwei Metern Höhe (genormt von der ↗Weltorganisation für Meteorologie) meteorologische Instrumente, meist ↗Thermometer, oft auch registrierende Geräte aufgestellt. Die Tür öffnet sich nach Norden, und sämtliche Eigenschaften dienen der Abschirmung der Meßgeräte gegen Strahlungseinflüsse.

Wetterkarte, eine geographische Karte, in die nach dem ↗Stationsmodell symbolhaft Wetterbeobachtungen bzw. die davon abgeleiteten meteorologischen Felder und ↗synoptischen Wettersysteme (↗meteorologische Symbole) eingezeichnet sind. Demzufolge zeigt eine vollständige Wetterkarte (*synoptische Wetterkarte*) sowohl die Ausgangsbasis als auch das Ergebnis der synoptischen ↗Wetteranalyse. Die *Bodenwetterkarte* ist die ursprüngliche Wetterkarte. In sie werden die ↗synoptischen Wettermeldungen der synoptischen Wetterstationen eingetragen und ausgewertet. Dazu gehören außer ↗In-situ-Messungen ↗meteorologischer Elemente auch Beobachtungen von ↗Wolken, ↗Niederschlägen und anderen Wettererscheinungen, die ursächlich nicht an den Boden gebunden sind. Die Auswertung der Bodenwetterkarte hat das Ziel, anhand der eingetragenen Wettermeldungen meteorologische Felder (*Bodendruckfelder*, Luftdruck-, Temperatur-, Niederschlagsverteilung u. a.) zu gewinnen und diskrete synoptische Wettersysteme zu identifizieren. So wird dem Fachmann eine praktische Übersicht zur jeweiligen Wetterlage aus bodennaher Sicht geboten. Vereinfachte, aber zugleich optisch aufbereitete Bodenwetterkarten werden in den Medien präsentiert.

Die *Höhenwetterkarte* (*aerologische Karte*) gibt es seit den 1930er Jahren, aber ihr allgemeiner Bekanntheitsgrad ist immer noch relativ gering. Dabei lehrt der Augenschein, daß nicht nur der Flugverkehr, sondern alle wichtigen Wettervorgänge den dreidimensionalen Raum vollständig beanspruchen und erfüllen. Abgesehen von speziellen Versionen für die Flugberatung, beziehen sich die Höhenwetterkarten der Troposphäre auf vier bis sechs Hauptdruckflächen (↗Druckflächen) in 1500 bis 16.000 m Höhe. Deren ↗Topographien werden mit ↗Isohypsen dargestellt. Diese zeigen vor allem die ↗Höhenströmung oder die Temperaturströmung (den ↗thermischen Wind) mit ihren mäandrierenden ↗Strahlströmen, ↗Wellen und ↗Wirbeln, die wiederum die wesentlichen synoptischen Wettersysteme darstellen bzw. erzeugen und steuern (Abb. im Farbtafelteil). [MGe]

Wetterkartensymbole ↗ *meteorologische Symbole*.
Wetterlage, aktuelle Gesamtübersicht des Wetters, gewonnen u. a. durch ↗Wetteranalyse.
Wetterleuchten, flackerndes Leuchten von ↗Blitzen in fernen Gewitterwolken (↗Gewitter), deren ↗Donner am Beobachtungsort nicht mehr hörbar ist.
Wettermeßnetz, *Stationsnetz*, von den nationalen Wetterdiensten (z. B. ↗Deutscher Wetterdienst) getragenes und von der ↗Weltorganisation für Meteorologie koordiniertes System zur Messung bzw. Beobachtung der wichtigsten ↗Hauptwetterelemente wie ↗Lufttemperatur, ↗Luftfeuchte, ↗Luftdruck, ↗Wind, ↗Sichtweite, ↗Bewölkung und ↗Niederschlag. Basis des internationalen Wettermeßnetzes sind derzeit rund 9600 Bodenstationen mit jeweils gleicher Meßanordnung in weiß angestrichenen, mit Entlüftungsschlitzen versehenen Holzkästen, sog. ↗Wetterhütten, 2 m über der Erdoberfläche (↗Temperaturmessung; ↗Windmessung jedoch an speziellen Windmasten), ergänzt u. a. von ↗Wetterschiffen, ↗aerologischen Stationen (↗Aerologie) zur Erfassung von Temperatur, Feuchte, Druck und Wind in Vertikalprofilen bis i. a. hinauf zur unteren Stratosphäre (↗Atmosphäre), ↗Wettersatelliten und ↗Wetterradar. Die aus diesem Beobachtungssystem gewonnenen Daten dienen einerseits der ↗Wetteranalyse bzw. ↗Wettervorhersage, werden andererseits aber auch archiviert und stehen somit als ↗Klimaelemente auch für Langzeitanalysen zur Verfügung (wobei es sich bei Hauptwetter- und Klimaelementen um identische atmosphärische Größen handelt). [CDS]

Wetterprognose ↗ *Wettervorhersage*.
Wetterradar, ortsfeste oder mobile (z. B. flugzeuggestützte) Sender-Empfänger-Kombination zur Ortung von Niederschlagsgebieten und zur quantitativen Erfassung des ↗Flächenniederschlags mit Hilfe von Radarwellen (↗Radar). Übliche Wellenlängen sind 1 cm (K-Band), 3 cm (X-Band), 5,5 cm (C-Band), 10 cm (S-Band) oder 20 cm (L-Band). Der in einen engen Winkelbereich (1–3°) abgesandte Radarstrahl wird an Niederschlagsteilchen reflektiert. Aus dem am Empfänger gemessenen Rückstreusignal wird der Reflektivitätsfaktor $Z = \Sigma(n_i \cdot D_i^6)$ bestimmt, der von der Teilchenzahldichte n_i und dem Teilchendurchmesser des Niederschlags D_i abhängt. Der Reflektivitätsfaktor wird häufig in dem logarithmischen Maß Dezibel, 1 dBZ = 10 lg[Z/(1 mm^6/m^3)], angegeben. Durch zyklisches Abtasten des Halbraums lassen sich Niederschlagsgebiete im zeitlichen Verlauf lokalisieren. Die Reichweite liegt dabei in der Regel zwischen 100 und 300 km. Empirische Beziehungen zwischen dem Reflektivitätsfaktor Z und der Niederschlagsrate R (in mm/h), z. B. $Z = 256{,}0 \cdot R^{1{,}42}$, ermöglichen eine quantitative Bestimmung der Niederschlagsintensität.

Ein *Doppler-Wetterradar* ist zusätzlich in der Lage, die Doppler-Frequenzverschiebung der reflektierten Radarwellen zu bestimmen. Hieraus läßt sich die radiale Geschwindigkeit der reflektierenden Niederschlagsteilchen bezogen auf das Radargerät und somit indirekt der Wind bestimmen. Mittels synchroner Messung zweier Doppler-Wetterradargeräte an verschiedenen Standorten oder den Einsatz zweier getrennter Empfänger, die unabhängig vom Sender aufgestellt werden (bistatisches Radar), kann sogar das dreidimensionale Windfeld im Niederschlagsgebiet bestimmt werden. Spezielle Wetterradargeräte erlauben es zudem, polarisierte Radarwellen auszusenden bzw. den Grad der Polarisierung der reflektierten Wellen zu bestimmen (*Polarisations-Wetterradar*). Da die Niederschlagsteilchen je nach Art (↗Regen, ↗Graupel, ↗Hagel, ↗Schnee, ↗Eiskristalle) spezifische Formen (z. B. abgeplattet, rund, kristallförmig) und somit unterschiedliche Polarisationseigenschaften aufweisen, ist es möglich, die Art des Niederschlags mittels Radar zu bestimmen. Wetterradargeräte dienen insbesondere der Kurzfristvorhersage (↗Nowcasting) von Unwettern (z. B. Hagel). Die Wetterdienste betreiben heute vielfach einen landesweiten oder länderübergreifenden Radarverbund, um eine möglichst große Reichweite und Abdeckung der Niederschlagserfassung zu erzielen. [DH]

Wettersatellit, ↗Satellit zur Gewinnung von meteorologischen Daten zur Erfüllung der Aufgaben der ↗Wetterdienste und der ↗Weltorganisation für Meteorologie. Man unterscheidet ↗geostationäre Satelliten (z. B. ↗METEOSAT) und ↗polarumlaufende Satelliten (z. B. ↗TIROS), welche im Rahmen des globalen ↗meteorologischen Satellitensystems koordiniert sind. Vorteile der Satellitenbeobachtungen gegenüber anderen meteorologischen Meß- und Beobachtungssystemen sind die weltweite lückenlose und flächendeckende Erfassung des Systems Erdoberfläche-Atmosphäre, zeitlich nahezu kontinuierliche Überwachung mit geostationären Satelliten, einheitliches Beobachtungssystem, Erfassung meteorologischer Parameter, z. B. Wolken, von oben als Ergänzung zu den konventionellen Beobachtungen, homogene Darstellung großräumiger Strukturen, wie z. B. Wirbelstürme, sehr rasche Datenverfügbarkeit. Einzelne Parameter, wie z. B. Strahlungsflüsse am Oberrand der Atmosphäre, die wichtig für die Klimaüberwachung sind, können nur mit Hilfe von Satelliten gewonnen werden. [WBe]

Wetterschäden, durch meteorologische Ereignisse verursachte Schäden an Menschen, Natur und Sachen. Gemessen an der Häufigkeit der Schäden und an der Gesamtfläche der betroffenen Gebiete sind ↗Stürme auf allen Skalenbereichen die bedeutendsten Elementargefahren mit den höchsten Schäden. Die besondere Gefahr bei ↗tropischen Wirbelstürmen liegt darin, daß große Gebiete mit Windgeschwindigkeiten größer als 200 km/h betroffen sind und in Küstenregionen neben der Sturmwirkung noch Schäden durch die verursachte ↗Sturmflut hinzukommen. Die außertropischen Stürme verursachen über Land zwar vergleichsweise geringe Schäden, stellen aber für die Schiffahrt eine große Gefahr dar. ↗Tornados sind zwar nur sehr kleinräumige Phänomene, die aber mit extremen Windgeschwindigkeiten verbunden sind und entlang ihrer Zugbahn völlige Zerstörung und Verwüstung hinterlassen. ↗Gewitter sind ebenfalls lokal mit hohen Windgeschwindigkeiten verbunden, die Schäden werden aber häufiger durch hohe Niederschlagsintensitäten, Hagelschauer und Blitzschlag verursacht. Neben den kurzfristigen Ereignissen können auch längere ↗Trockenperioden große Dürreschäden verursachen, genauso wie große Wassermengen durch langanhaltende Niederschläge oder die Schneeschmelze zu Überschwemmungen führen können. Auch viele andere meteorologische Ereignisse (z. B. Nebel, Flugzeugvereisung, Eis- und Schneebruch in Wäldern) können zu Wetterschäden führen. [GG]

Wetterschiff, meteorologische Beobachtungsplattform an fest definierten Orten auf den Ozeanen zur ↗Wetterbeobachtung sowie zur Messung aerologischer (↗Aerologie) und ozeanographischer (↗Ozeanographie) Daten. Sie waren bis Mitte der 1980er Jahre im Einsatz, hauptsächlich auch als Relaisstationen für den Flugverkehr. Mit dem Einsatz der ↗Satellitennavigation wurden sie für die Luftfahrt überflüssig und damit für meteorologische und ozeanographische Zwecke zu teuer. Lediglich auf der Nordsee und dem Nordmeer wird noch je ein Wetterschiff auf wechselnder Position betrieben.

Wetterschlüssel, international gebräuchlicher und von der ↗Weltorganisation für Meteorologie (WMO) standardisierter Zahlencode zur Übermittlung von Meß- und Beobachtungsdaten meteorologischer ↗Hauptwetterelemente von ↗Wetteranalysen und ↗Wettervorhersagen sowie sonstiger für den Wetterdienst wichtiger Informationen. Der Wetterschlüssel besteht fast ausschließlich aus fünfstelligen Zahlengruppen mit nur gelegentlichen Buchstaben-Kennungen. Die dazugehörigen Regelwerke der WMO bestimmen z. B. das Aussehen von ↗synoptischen Wettermeldungen.

Wetterstation, Meßeinrichtung der ↗Hauptwetterelemente an einem bestimmten Ort. ↗synoptische Wettermeldung, ↗Wettermeßnetz.

Wettervorhersage

Konrad Balzer, Potsdam

Die Wettervorhersage oder *Wetterprognose* ist die Aussage über den zu erwartenden Zustand der ↗Atmosphäre. Je nach Länge des Vorhersagezeitraumes und der mit ihr abnehmenden zeitlich-räumlichen Detaillierung der Vorhersagen wird dabei in Wetter-, Witterungs- und Klimavorhersagen getrennt. Im Einzelnen wird unterschieden in ↗Nowcasting (bis zwei Stunden im voraus), Kürzestfristprognose (bis zwölf Stunden), Kurzfristprognose (bis 72 Stunden), ↗Mittelfristprognose (vier bis zehn Tage) und Langfristprognose (mehr als zehn Tage bis einige Monate im voraus). Die ↗Verifikation hinreichend großer Stichproben ergibt jedoch, daß die wissenschaftliche ↗Vorhersageleistung derzeitiger Langfristprognosen eher marginal ausfällt, so daß dieser Typ einer Witterungsvorhersage zu den größten Herausforderungen der Meteorologie im 21. Jahrhundert gehört.

In der vorwissenschaftlichen Ära dominierten (anfangs mehr, später weniger) mythologischer Wetterglaube und -magie. Die Suche des Menschen nach einer Ordnung seiner Wahrnehmungen und Erlebnisse ließ ihm das Wettergeschehen als eine Auswirkung der Einflüsse von Göttern, Geistern und Dämonen erscheinen (Abb. 1 im

Wettervorhersage 2: nachträglich gezeichnete Wetterkarte für den 6. März 1783, die auf den von Brandes 1820 berechneten Daten beruht. Die Isolinien beziehen sich auf die Abweichungen vom mittleren Luftdruck. Die Pfeile zeigen in Richtung des Bodenwindes.

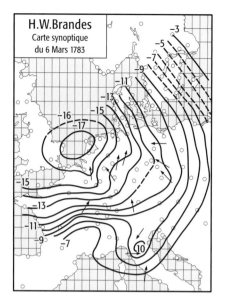

der rationalen Wissenschaft. Die ↗Bauernregeln hingegen sind sehr irdischen Ursprungs, indem sie vor allem die Erfahrungen der Landleute mit Wetter und Witterung beschreiben. Als problematisch dabei erweisen sich jedoch zeitliche Zuordnungen (Kalenderreform), räumliche Geltungsbereiche (Ortswechsel der Erfahrungsträger) und die Tatsache von ↗Klimaänderungen und ↗Klimaschwankungen im Laufe von Jahrhunderten.

Mit der Erfindung physikalischer Meßgeräte (z. B. Thermoskop von ↗Galilei, 1597, ↗Barometer von Viviani und ↗Torricelli, 1643) und ihrer meteorologischen Anwendung (↗Pascal und Descartes, 1648/49, Guericke, 1656: Erstmals wird von (starken) zeitlichen Änderungen des Barometerstandes auf ein bevorstehendes Unwetter geschlossen) beginnt die empirische Ära der Wetterkunde. Nun erst läßt sich eine Wetterforschung auf der Grundlage immer vollkommenerer Meßinstrumente, Beobachteranleitungen und Beobachtungssysteme betreiben. Parallel dazu verläuft die physikalische Grundlegung meteorologischer Vorgänge, die im Verlaufe des 19. Jahrhunderts zur eigenständigen Wissenschaft ↗Meteorologie führte.

Aussichtsreiche Möglichkeiten zur Vorhersage des Wetters eröffnen sich aber erst durch die Idee von H. W. Brandes (1816), das bis dahin (und noch lange danach) übliche zeitliche Nacheinander des Wetters an einem Ort durch ein räumliches Nebeneinander des Wetters vieler Orte von einem Zeitpunkt in Gestalt einer ↗Wetterkarte darzustellen. Brandes standen dank der seinerzeit veröffentlichten Wetterdaten der Pfälzer Meteo-

Farbtafelteil). Da ihm vor allem Gestirne als Zeichen göttlicher Macht augenscheinlich entgegentraten, wurde von Anfang an eine »kausale« Verbindung zwischen ihnen und dem Wetter vermutet, nicht zuletzt wegen der faszinierenden Möglichkeit immer genauerer Vorhersagen künftiger astronomischer Konstellationen. Dieser astrometeorologische Aspekt der Wetterprophetie, zu dem letztlich auch der ↗Hundertjährige Kalender gezählt werden muß, hat sich über die Jahrhunderte erhalten. Es gibt ihn noch heute neben

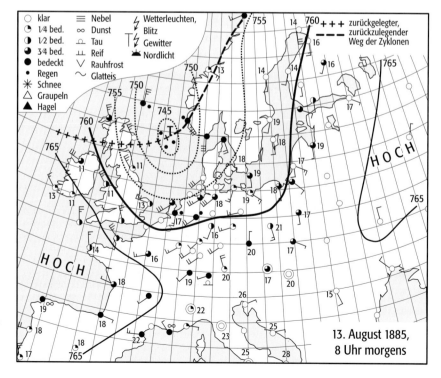

Wettervorhersage 3: in Zeitungen veröffentlichte Wetterkarte der Seewetterwarte Hamburg vom 13. August 1885. Die Fronten (Tiefausläufer) und die Höhenwetterkarten waren noch nicht entdeckt.

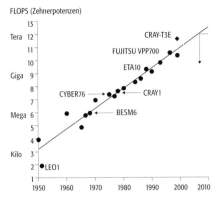

rologischen Gesellschaft (Societas Meteorologica Palatina) alle erreichbaren Angaben des Jahrgangs 1783 von 40 bis 50 Orten zwischen den Pyrenäen und dem Ural zur Verfügung (Abb. 2). Diese Art Zusammenschau läßt den ersten »Synoptiker« [von griech. synopsis = Zusammenschau] Brandes sofort zusammenhängende Gebiete ähnlichen Wetters und deren Verlagerung quer durch Europa erkennen. Allein, die wirklich Neue seiner Idee wurde nicht so recht verstanden, und sie verschwand für 35 Jahre. Mit der Wiederentdeckung und Verwirklichung dieser Idee (Leverrier, 1855) beginnt die Ära der synoptischen Wettervorhersage (Abb. 3) (↗Synoptik). Parallel dazu entwickelte sich, zunächst als Alternativ-Programm (↗Bjerknes, 1904) und Rechenexperiment (Exner, 1907, Richardson, 1922), die ↗numerische Wettervorhersage, die in den 1950er Jahren den praktischen und ermutigenden Nachweis einer Vorausberechnung des Wetters (anfangs nur Druck- bzw. Geopotentialfelder) mit Hilfe der Physik, Mathematik und Computer erbrachte. Gegenwärtig sind in der praktischen Wettervorhersage rein synoptische Methoden nur noch für die Zwecke des Nowcasting und (schon nicht mehr ausschließlich) der Kürzestfristvorhersage anzutreffen. Prognosen für mehr als zwölf Stunden im voraus gründen in der Regel auf der ↗Interpretation numerischer Vorhersageprodukte. Diese Interpretationsarbeit leisten sowohl objektive, algorithmisierte (und damit automatisierbare) Verfahren als auch subjektive Methoden, die sich regelbasierten Expertenwissens bedienen. Diese seit Beginn der 1960er Jahre ↗Man-Machine-Mix genannte methodische Kooperation zwischen Mensch und Maschine prägte in den darauffolgenden Jahrzehnten das Bild der praktischen Wettervorhersage. Das Verhältnis beider variiert sowohl von Land zu Land als auch zeitlich insofern, daß der automatisierte Anteil zunimmt (Abb. 4).

Literatur:
[1] BALZER, K., ENKE, W., WEHRY, W. (1998): Wettervorhersage: Mensch und Maschine, Computer und Modelle. – Heidelberg.
[2] NEBECKER, F. (1995): Calculating the Weather: Meteorology in the 20 th Century. – Academic Press.

Wettervorhersage 4: Seit Jahrzehnten nimmt die Computerleistung im weltweiten System der numerischen Wettervorhersage nach einem einfachen Gesetz exponentiell zu. Es lautet: $FLOPS = 4{,}74 \cdot 10^{-5} \exp(0{,}352\ J)$ (FLOPS = »floating point operations per second« als Maß der Rechengeschwindigkeit, J = Jahre seit 1900). Ungefähr alle 6,5 Jahre verzehnfacht sich die Computerpower. Bleibt es bei diesem exponentiellen Wachstum, werden die Meteorologen um das Jahr 2007 über Computer im Tera-FLOP-Bereich verfügen (1 Tera = 10^{12}). Im Deutschen Wetterdienst kam 1999 eine CRAY-T3E1200 zum Einsatz. Sie erreicht theoretisch maximal $6{,}1 \cdot 10^{11}$ FLOPS (Raute), praktisch aber »nur« $3{,}6 \cdot 10^{10}$ FLOPS (Kreis). Alle Punkte in der Abbildung markieren historische »meteorologische« Rechnergenerationen. Einige besonders wichtige sind mit Namen versehen, so z. B. LEO1 vom britischen und BESM6 vom damaligen sowjetischen und ostdeutschen Wetterdienst. Die erste Maschine der neuen CRAY1-Serie wurde 1977 am »Europäischen Zentrum für mittelfristige Wettervorhersagen« in Reading bei London installiert. Im Jahr darauf stellte die weiterentwickelte CRAY1-A das erste Supercomputersystem in Europa überhaupt dar. Mit ihm sollte damals die neuartige Herausforderung einer zehntägigen Wettervorhersage attackiert werden, was auch gelang.

WGS72, <u>W</u>orld <u>G</u>eodetic <u>S</u>ystem 19<u>72</u>, Weltweites Geodätisches System 1972, ↗World Geodetic System.

WGS84, <u>W</u>orld <u>G</u>eodetic <u>S</u>ystem 19<u>84</u>, Weltweites Geodätisches System 1984, ↗World Geodetic System.

Whiskers, nadelförmige Kristalle mit Dicken typisch bis 0,1 mm und Längen von einigen Zentimetern. Die Längsachse ist nicht unbedingt eine kristallographische Achse, enthält aber oft eine Schraubenversetzung (↗Versetzungen). Die Nadelflächen sind niederenergetische Flächen, die sehr langsam wachsen und über Oberflächendiffusion das Wachstum der Spitze unterstützen. Sie wachsen bei geringen ↗Übersättigungen, die noch keine Flächenkeimbildung (↗Flächenkeim) der Seitenflächen zulassen.
Whiskers bilden sich u. a. auch in Hohlräumen und Drusen und weisen außergewöhnliche mechanische Eigenschaften auf. Andere faserförmige Kristalle, wie z. B. Asbeste, bei denen die faserförmige Ausbildung durch die Struktur bedingt wird, oder durch trachtbeeinflussende Faktoren gebildete nadelförmige oder dendritische Kristalle zählen somit nicht zu den Whiskers. Bei echten Whiskers werden für die Zugfestigkeit Werte erreicht, die jene von massiven, normalen Kristallen weit übertreffen. Es sind bereits dünne Whiskers hergestellt worden, deren mechanische Festigkeit den durch die interatomaren Bindungskräfte im Kristall gegebenen theoretischen Werten nahekommt. Allerdings geschieht es häufig, daß Kristalle, die während ihrer ersten Wachstumsperiode im Whiskerstadium durchlaufen, sich später zu stärkeren Fäden verdicken, wobei die besonderen mechanischen Eigenschaften verlorengehen.
Aufgrund zahlreicher Beschwerden über das Auftreten von Kurzschlüssen in Kondensatoren und Überseekabeln wurde im Jahre 1948 nach längerem Suchen erkannt, daß in den schadhaften Bauteilen winzige Metallfäden die isolierende Luftspalte überbrückt hatten. Diese Fäden waren an den Stellen besonders gut gewachsen, wo Cadmium, Kupfer, Silber, Zink oder Zinn sehr dünn auf Stahlblech aufgetragen worden waren. Die ersten Whiskers, die in einer Telephonanlage entdeckt wurden, hatten ein Jahr nach der Inbetriebnahme eines Frequenzfilters zu dessen Funktionsunfähigkeit geführt. Zinn-Whiskers hatten hierzu von einem Träger aus einen Zwischenraum von 4,7 mm überbrückt. Bei näherer Untersuchung stellte sich heraus, daß diese Whiskers von einigen Millimetern Länge, aber nur 25–50 μm Durchmesser gegenüber den Einkristallen mit einem größerem Durchmesser ungewöhnlich hohe Festigkeit und Elastizität besitzen. [GST, GMV]

Whistler, a) dispersive elektromagnetische Wellenausbreitung eines starken elektromagnetischen Impulses, z. B. durch ↗Spherics, entlang der Magnetfeldlinien, die bei einer Umsetzung in akustische Signale ein pfeifendes Geräusch (»Whistler«) ergeben. b) niederfrequente Funkstörungen, die durch magnetohydrodynamische Wellen in der ↗Magnetosphäre hervorgerufen und als Pfeifgeräusch wahrgenommen werden. Ausgelöst werden die Whistler durch die niederfrequente Radiostrahlung von Blitzentladungen (↗Blitz) im Bereich von 0,5–30 kHz. Whistler bewegen sich entlang der magnetischen Feldlinien von einer Hemisphäre in die andere und können dabei mehrfach reflektiert werden. Da die Ausbreitungsgeschwindigkeit von der Frequenz abhängt, wird das ursprünglich impulsförmige Signal auf ein Wellenpaket von etwa 1 s Dauer ausgedehnt, bei dem die Frequenz mit der Zeit fällt.

White-out, Unmöglichkeit, trotz hoher ↗Sichtweite, Bodenerhebungen oder den Horizont zu erkennen. White-out tritt auf, wenn bei hoher ↗Albedo des Bodens (insbesondere bei sauberem, frischem Schnee) und dünner, jedoch ausgedehnter Bewölkung (insbesondere Cirrus) (↗Wolkenklassifikation) der Boden mit diffuser Strahlung beleuchtet wird, so daß alle Konturen (Sichtkontraste) verschwinden. Dann sind auch am Horizont die Helligkeiten des Bodens und des Himmels gleich.

white smoker, *Weißer Raucher*, hydrothermale Schlote im Bereich ↗Mittelozeanischer Rücken (z. B. dem East Pacific Rise), aus denen bei Temperaturen zwischen 100 °C und 350 °C hydrothermale Fluide mit weißen Präzipitaten gefördert werden; diese bestehen überwiegend aus ↗Baryt und SiO_2. Der »weiße Rauch« entsteht, wenn die heißen, gesättigten Hydrothermallösungen mit dem kalten Ozeanwasser in Berührung kommen und es zur Ausfällung von weiß erscheinenden Sulfat- und SiO_2-Partikeln kommt, die von den austretenden Wässern zunächst in Suspension gehalten werden. ↗black smoker.

Wichte, γ, ist das spezifische Gewicht G eines Körpers bezogen auf das Volumen V:

$$\gamma = \frac{G}{V}.$$

Die ↗Dichte ϱ und die Wichte können über die ↗Erdbeschleunigung g ineinander überführt werden

$$\gamma = g \cdot \varrho.$$

Wickelschichtung, *Wickelstruktur, Wickelfaltung, Wulstschichtung, Konvolutschichtung*, regelmäßige bis unregelmäßige faltenähnliche Strukturen mit länglichen Mulden und spitzen Kämmen in Zentimeter- bis Dezimeter-Größe. Die Wickelschichtung tritt in schräg- und horizontalgeschichteten Sedimenten auf. Sie entsteht vermutlich in Sedimenten mit unterschiedlichem Wassergehalt und unterschiedlicher Konsistenz durch schichtinternes Fließen während der Entwässerung. Die Wickelschichtung ist in ↗Turbiditen sowie Sedimenten von Flußauen (↗Aue) und Gezeitenebenen verbreitet.

Widerdruck ↗Schöndruck.

Widerstand ↗elektrischer Widerstand.

Widerstandskartierung, Kartierung des spezifischen elektrischen Widerstands mit ↗geoelektrischen Verfahren zu bestimmten, durch die Geometrie der Meßanordnung bzw. die Frequenz des Meßsystems festgelegten Bereichen des Untergrunds.

Widerstands-Log, kontinuierliche Aufzeichnung des elektrischen Formationswiderstandes in einer Bohrung. Der elektrische Widerstand der Formation wird maßgeblich durch die Zusammensetzung und die Menge der im Gestein enthaltenen Fluide beeinflußt (↗Archie-Gleichung). Mit steigendem Elektrolytgehalt der Porenwässer und Zunahme der Porosität verringert sich der elektrische Widerstand. Die Matrixleitfähigkeit der Gesteine ist in der Regel vernachläßigbar (Ausnahme: vererzte und graphitisierte Gesteine). Festgesteine mit sehr geringem Porenanteil und Klüften wie Quarzite oder massive Kalksteine sind insofern sehr schlechte elektrische Leiter und durch hohe Widerstände gekennzeichnet. Auch trockene tonfreie Gesteine leiten den Strom praktisch nicht. Tone und Tonsteine zeigen hingegen sehr geringe elektrische Widerstände, was vor allem auf die für Tonminerale typische Oberflächenleitfähigkeit zurückzuführen ist. Widerstandsmessungen dienen in erster Linie der Ermittlung des spezifischen Gesteinswiderstandes im Bohrlochnahbereich und werden zur lithologischen Gliederung des Bohrprofils und zur Identifizierung durchlässiger Schichten sowie Kluft- und Störungszonen genutzt. In der Kohlenwasserstoffexploration ist das Widerstands-Log ein spezieller Indikator für öl- und gasführende Horizonte und dient zur quantitativen Ermittlung der Kohlenwasserstoffsättigung. [JWo]

Widerstandsthermometer, Temperaturmeßgerät mit einem Fühler aus Metalldraht, dessen elektrischer Widerstand mit der Temperatur zunimmt (↗Temperaturmessung). Man unterscheidet Leiterwiderstände (vor allem Platinwiderstände) und Halbleiterwiderstände aus Metalloxiden oder Mischkristallen (Thermistoren). In der Praxis werden vor allem Widerstandsthermometer aus Platin (Pt) eingesetzt. Pt-100-Widerstandsthermometer haben bei 0 °C einen Widerstand von 100 Ω. Der Meßbereich liegt zwischen -250 und +850 °C. Die Sensoren werden in Meßsonden eingebaut, die entsprechend der Aufgabenstellung unterschiedlich konstruiert sind. Widerstandsthermometer benötigen stets den unmittelbaren Kontakt zu dem zu messenden Medium (↗Berührungsthermometer).

Widerstandstomographie ↗elektrische Tomographie.

Widiabohrkrone ↗Hartmetallbohrkrone.

Widmanstättensche Figuren, Balkengefüge bei Eisenmeteoriten. ↗Meteorit, ↗Eisen, ↗Oktaedrit Abb.

Wiechert, *Johann Emil*, deutscher Physiker und Geophysiker, * 26.12.1861 Tilsit, † 19.3.1928

Göttingen; ab 1890 Professor in Königsberg (Preußen), ab 1898 in Göttingen und Direktor an dem von ihm errichteten geophysikalischen Institut; Arbeiten zur Optik, über Röntgen- und Kathodenstrahlen; Begründer der modernen Erdbebenkunde, der seismischen Aufschlußmethoden für das Erdinnere und für praktische Zwecke (mit künstlichen Erdbebenwellen, z. B. zur Erkundung von Lagerstätten) und der Erforschung der hohen atmosphärischen Schichten durch Schallwellen (Luftseismik); konstruierte 1903 einen Pendelseismographen (Wiechert-Pendel). Nach ihm und B. ↗Gutenberg ist die Gutenberg-Wiechert-Diskontinuität (↗Gutenberg-Diskontinuität), Unstetigkeitsfläche zwischen Erdmantel und -kern, benannt. Werke (Auswahl): »Theorie der automatischen Seismographen« (1903), »Über Beschaffenheit des Erdinneren« (1924), »Über die anormale Schallverbreitung in der Luft« (1925–26).

Wiechert-Herglotz-Verfahren ↗Herglotz-Wiechert-Verfahren.

Wiederanstiegsmethode nach Theis und Jacob, *Wiederanstiegsversuch*, nach Abschalten der Förderpumpe bei einer Grundwasserentnahme beginnt der Wiederanstieg des Grundwassers. Dieser kann ebenfalls zur Bestimmung der ↗Transmissivität T des Grundwasserleiters herangezogen werden. Seine Auswertung ist ohne großen Mehraufwand im Rahmen einer Pumpversuchsdurchführung (↗Pumpversuch) möglich. Es müssen lediglich die Grundwasserstände für eine gewisse Zeit nach Pumpende noch weiter gemessen werden.

Nach Pumpende bricht das Gleichgewicht zwischen Entnahmerate und Zustrom schlagartig zusammen. Dabei verflacht das Strömungsgefälle dort am schnellsten, wo der Gradient bis zu diesem Zeitpunkt am höchsten war, also im Zentrum des ↗Absenktrichters. Dies äußert sich in einem plötzlichen Wasserschwall im Brunnen. Das zur Auffüllung des Absenktrichters im Innern benötigte Grundwasser wird von weiter außen herangeführt, wo der Grundwasserspiegel daher nach Abschalten der Pumpe zunächst noch weiter sinkt. Erst wenn sich die hohen Gradienten im Zentrum des Absenktrichters verringert haben, verlagert sich die Auffüllung zunehmend nach außen, wo nach einem scheinbaren Stillstand des Wasserspiegels dann ebenfalls mit zeitlicher Verzögerung der Wiederanstieg einsetzt. Bei idealen Bedingungen stellt sich nach Ende des Wiederanstiegs der Ausgangswasserspiegel wieder genau ein (Abb.).

Mathematisch läßt sich der Wiederanstieg mit der Überlagerung zweier Effekte nach dem ↗Superpositionsprinzip beschreiben. Dieses besagt, daß die Absenkungs- bzw. Anstiegsbeträge zweier oder mehrere Brunnen sich an jeder Stelle gerade addieren. Die Wiederanstiegsphase läßt sich beschreiben mit der Addition der Absenkung nach der ↗Brunnenformel von Theis:

$$s = \frac{Q}{4\pi \cdot T} \cdot W(u)$$

mit:

$$u = \frac{r^2 S}{4 \cdot t \cdot T}$$

mit der Entnahmerate Q, beginnend zum Zeitpunkt $t = 0$, und einer scheinbaren Injektion im selben Brunnen mit der Injektionsrate Q, beginnend zum Zeitpunkt des Pumpendes $t' = 0$, deren Anstiegsbetrag s' beträgt:

$$s' = \frac{Q}{4\pi \cdot T} \cdot W(u')$$

mit:

$$u' = \frac{r^2 \cdot S'}{4 \cdot t' \cdot T}.$$

Durch die Addition der beiden Gleichungen ergibt sich für die residuelle oder verbleibende Absenkung s_r:

$$s_r = \frac{Q}{4\pi \cdot T} \cdot W(u) + \left(-\frac{Q}{4\pi \cdot T} \cdot W(u')\right)$$

mit t = seit Pumpbeginn vergangene Zeit [s]; t' = seit Pumpende vergangene Zeit [s]; S = Speicherkoeffizient während der Absenkungsphase; S' = Speicherkoeffizient während des Wiederanstiegsphase). Diese Gleichung läßt sich nun nach Ausklammern der Konstanten durch eine Reihenentwicklung lösen. Die beiden konvergenten Reihen können mit hinreichender Genauigkeit nach den jeweils ersten beiden Gliedern abgebrochen werden.

$$s_r = \frac{Q}{4\pi \cdot T} \cdot \left(-0{,}5772 - \ln u - \left(-0{,}5772 - \ln u'\right)\right) = \frac{Q}{4\pi \cdot T} \cdot \ln \frac{u'}{u}$$

Geht man von der Annahme aus, daß $S = S'$ ist und formt in den dekadischen Logarithmus um, ergibt sich:

$$s_r = \frac{2{,}3 \cdot Q}{4\pi \cdot T} \cdot \lg \frac{t}{t'}$$

Zur Bestimmung von T kommt analog zum Verfahren nach Cooper und Jacob ein Geradlinien-Verfahren zum Einsatz. Auf halblogarithmischem Papier trägt man die residuelle Absenkung s_r, die man in einer Meßstelle oder im Brunnen selbst mißt, gegen den Quotienten $\lg(t/t')$ auf. Für große Werte von t und t' ergibt sich eine loga-

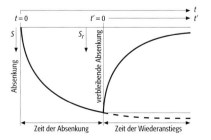

Wiederanstiegsmethode: Zeit-Absenkungskurve für die Absenkungs- und Wiederanstiegsphase im Entnahmebrunnen (t = seit Pumpbeginn vergangene Zeit, t' = seit Pumpende vergangene Zeit).

rithmische Gerade. Für eine logarithmische Dekade ist $\lg(t/t') = 1$ und:

$$\Delta s_r = \frac{2{,}3 \cdot Q}{4\pi \cdot T}.$$

Durch Umstellen läßt sich die Transmissivität T berechnen:

$$T = \frac{2{,}3 \cdot Q}{4\pi \cdot \Delta s_r}.$$

Der Speicherkoeffizient S kann mit der Wiederanstiegsmethode nicht bestimmt werden.
Die Auswertung des Wiederanstiegs hat, neben ihrer einfachen Durchführung, zwei Vorteile gegenüber der Auswertung der Absenkung. Selbst stärkere Schwankungen in der Förderrate der Pumpe stören nicht, da für Q eine mittlere Förderrate eingesetzt werden kann, ohne daß ein großer Fehler entsteht, und der Wiederanstieg kann auch im Brunnen selbst beobachtet werden, da weder Sickerstrecke noch Brunneneintrittsverluste die Werte der residuellen Absenkung beeinflussen.
Mithilfe der Auswertung des Wiederanstiegs lassen sich außerdem einige qualitative Aussagen über den Grundwasserleiter treffen: Handelt es sich um einen homogenen, seitlich unbegrenzten Grundwasserleiter ohne Zuflüsse, so verläuft die logarithmische Gerade durch die Koordinaten $s_r = 0$ und $t/t' = 1$. Schneidet die Gerade $s_r = 0$ bei $t/t' > 2$, so bedeutet dies, daß während des Pumpversuchs positive Randbedingungen herrschten, d. h. Wasser in den Grundwasserleiter zufloß, so daß der Ausgangswasserspiegel schneller wieder erreicht wurde. Schneidet die Gerade $s_r = 0$ bei $1 < t/t' < 2$, hat sich der Speicherkoeffizient S bei der Absenkung irreversibel verringert, z. B. durch Kompression des Korngerüsts. Schneidet die Gerade die s_r-Achse im positiven Bereich, ist der Grundwasserleiter räumlich begrenzt, und die entnommene Wassermenge kann nicht wieder vollständig ausgeglichen werden, d. h. der Wasserspiegel, der sich nach Ende des Wiederanstiegs einstellt, ist niedriger als der Ausgangswasserspiegel vor dem Pumpversuch. [WB]
Literatur: [1] DAWSON, K.J., ISTOK, J.D. (1991): Aquifer Testing. Design and Analysis of Pumping and Slug Tests. – Chelsea. [2] KRUSEMANN, G. P., DE RIDDER, N. A. (1990): Analysis and evaluation of pumping test data. – Int. Inst. F. Land Reclamation and Improvement Wageningen, Publication 47. Wageningen. [3] LANGGUTH, H. R., VOIGT, R. (1980): Hydrogeologische Methoden. – Berlin, Heidelberg, New York.

Wiederanstiegsversuch ↗ *Wiederanstiegsmethode nach Theis und Jacob.*
Wiederholgenauigkeit, eine Eigenschaft der Belichtungsgeräte, durch die garantiert wird, daß ein Zeichen an einer bestimmten Koordinate auf jeder ausgegebenen Seite exakt an der gleichen Position erscheint. Eine ungenaue Plazierung bei den farbsepariert ausgegebenen Filmen oder Druckformen führt zu Registerfehlern innerhalb der Karte. Trommelgeräte, bei denen das zu belichtende Material auf eine Trommel aufgespannt ist, haben oftmals eine höhere Wiederholgenauigkeit, als Geräte, bei denen das Material an der Lichtquelle vorbeigezogen wird.
Wiederholungszeitspanne, *Jährlichkeit, Wiederkehrintervall, Kehrzeit*, 1) mittlere Zeitspanne in Jahren zwischen dem Auftreten eines Ereignisses bestimmter Intensität. 2) Zeitraum (oder Anzahl der Jahre), innerhalb dessen ein bestimmtes Ereignis (z. B. Starkniederschlag, Hochwasser) entweder einmal erreicht oder überschritten bzw. einmal erreicht oder unterschritten wird. Man spricht von einem n-jährlichen Wert oder n-jährlichen Ereignis, wobei n die Jährlichkeit angibt, z. B. Hochwasserscheitelabflüsse.
Wiederverwertung ↗ *Recycling.*
Wiener Routinescherversuch, nicht in DIN 18 137 Teil 1 berücksichtigte Abwandlung des ↗ Rahmenscherversuches. Durch mehrfache Hin- und Zurückbewegung des Scherrahmens wird eine Verlängerung des Scherweges über die üblichen 10 mm hinaus erreicht. Die dadurch ermittelte Scherfestigkeit nähert sich der ↗ Restscherfestigkeit an. Die Restscherfestigkeit sollte aber besser mit einem Ringschergerät mit theoretisch unendlich langem Scherweg ermittelt werden.
Wiensches Verschiebungsgesetz, nach Carl Werner Wien (1864–1928) benanntes Strahlungsgesetz, das die Berechnung der Wellenlänge des Strahlungsmaximums λ_{max} der abstrahlenden Oberfläche ermöglicht. Das Wiensche Verschiebungsgesetz zeigt, daß diese Wellenlänge mit steigender Temperatur immer kleiner wird (↗ Plancksches Strahlungsgesetz):

$$\lambda_{max} = \frac{\eta}{T}$$

mit η = konst. = 2,898 µm K, T = absolute Temperatur der strahlenden Oberfläche.
Es findet in der Fernerkundung z. B. bei Oberflächentemperaturbestimmungen im Rahmen von Wärmehaushaltsuntersuchungen oder mikroklimatischen Analysen Anwendung.
Wiese, natürliche oder anthropogene Vegetationsform mit meist ausdauernden Gräsern und niederwüchsigen krautigen ↗ Pflanzen. Die meisten heute vorhandenen Wiesen stellen anthropogen bedingte ↗ Ersatzgesellschaften der ursprünglichen ↗ Vegetation (v. a. Wald) dar. Es gibt aber auch die sog. *Urwiesen*, welche bereits vor dem Eingriff des rodenden Menschen existierten (z. B. oberhalb der alpinen Waldgrenze, Kleinseggenrieder, Flutrasen). Genutzte Wiesen werden vom Menschen 1–4 mal jährlich zur Gewinnung von Heu als Viehfutter gemäht, mehr oder weniger stark gedüngt und in Trockengebieten z. T. künstlich bewässert. Die meisten heutigen Wiesenpflanzen stammen aus den Saumgesellschaften (Hochstaudenfluren, lichte Wälder, Felsflora und Ufervegetation) und aus den süd- und osteuropäischen oder eurasiatischen Gebieten der ↗ Steppe.
Wiesenboden, veraltet für ↗ *Gley* oder ↗ *Wiesentschernosem.*
Wiesenerz ↗ *Raseneisenerz.*

Wiesenerzlagerstätten, Lagerstätten von Eisen, z. T. mit erheblichem Anteil von Mangan, durch Abscheidungen von Wiesenerz (↗Raseneisenerz).

Wiesenkalk, sekundäre Kalkausscheidung im ↗Bodenprofil von ↗Gleyen durch Kapillaraufstieg kalkhaltigen Grundwassers. Wiesenkalk wurde in der Vergangenheit u. a. zur Gewinnung von Dünger vorwiegend kleinflächig abgebaut.

Wiesenmäander ↗mäandrierender Fluß.

Wiesentschernosem, *Wiesenboden* (veraltet), Weiterentwicklung von ↗Schwarzerden durch stauende Nässe nach der Bildung wasserstauender Schichten, die den Löß unterlagern, oder allgemeine Feuchtbildungen. Feuchtschwarzerden des Balkans oder der USA werden ebenfalls als Wiesenschenoseme oder Wiesenböden bezeichnet.

Wigner-Energie ↗Strahlungseinwirkung.

Wigner-Seitz-Zelle ↗Wirkungsbereich.

Wild, Heinrich von, Schweizer Physiker und Meteorologe, * 17.12.1833 Uster, † 5.9.1902 Zürich; ab 1858 Professor und Direktor der Sternwarte in Bern; 1868–1895 Direktor des Physikalischen Zentralobservatoriums in St. Petersburg; bearbeitete das Klima des russischen Reiches; verfeinerte die Genauigkeit der Urmaße für Längenmessung und Massenbestimmung; 1879–1896 Präsident der ↗Internationalen Organisation für Meteorologie (IMO); neben G. B. v. ↗Neumayer maßgeblich an der Organisation des 1. Internationalen Polarjahres (1882–83) beteiligt.

Wildbach, Gebirgsbach, der sich als Folge eines meist geringen Gebietsrückhaltes durch eine stark schwankende Wasserführung auszeichnet. Hohe Fließgeschwindigkeiten und eine starke Sohlen- und Seitenerosion führen zu einem entsprechend starken Feststofftransport. Ein Wildbach gliedert sich in vier charakteristische Abschnitte (Abb.): a) Sammelbecken, in dem der

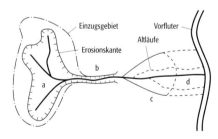

Abfluß entsteht und aus dem der überwiegende Teil der Feststoffmassen stammt, b) Mittellauf (Sammelgerinne) als eigentliche Transportstrecke mit hohen Fließgeschwindigkeiten und großer Erosion im Bachbett selber, c) ↗Schwemmkegel am Talausgang, wo sich infolge abnehmender Fließgeschwindigkeit und ↗Schleppkraft die gröberen der transportierten Feststoffe ablagern, und d) Unterlauf bis zum Hauptfluß. Im Unterlauf eines Wildbachs kommt es nach starken Niederschlägen häufig zu Überschwemmungen und dem Abgang von ↗Muren. Maßnahmen des ↗Wildbachverbauung zielen sowohl auf eine Verminderung der Erosion im Einzugsgebiet als auch auf eine Reduzierung der Fließgeschwindigkeit im Gewässerbett selbst. [EWi]

Wildbachverbauung, Gesamtheit der baulichen Maßnahmen im Einzugsgebiet eines ↗Wildbaches. Diese zielen sowohl auf die Verhältnisse im Einzugsgebiet als auch auf die Durchflußverhältnisse im ↗Gewässerbett. Im Einzugsgebiet kommt der Stabilisierung erosionsgefährdeter Gebiete eine entscheidende Bedeutung zu. Geeignete Maßnahmen sind Aufforstungen, eine standortgerechte Landwirtschaft, Sicherung von rutschungsgefährdeten Hängen durch ↗Lebendbau sowie durch Entwässerungsmaßnahmen (↗Entwässerung). Weiter gehören hierzu die Ableitung von stagnierendem Wasser, die Fassung von Hangschuttquellen sowie der Bau von Fangmulden und ↗Drainagen (Drainung) zur Fassung und Ableitung von Sickerwasser. Maßnahmen zur Hangentwässerung, insbesondere zur Trockenlegung vernäßter Flächen, können durch Lebendbau unterstützt werden. Rutschgefährdete Hänge werden durch ↗Stützmauern und ↗Hangroste gesichert. Die Sohle des Gewässers wird zum Schutz gegen Erosion befestigt (↗Steinsatz, ↗Setzpack, ↗Rauhpflaster). Weiter wird die Fließgeschwindigkeit und damit auch der Feststofftransport durch treppenförmig hintereinander geordnete ↗Schwellen und Sohlstufen gemindert. Durch Böschungspflasterung und Trockenmauern (↗Gabionen) wird die Seitenerosion eingeschränkt. Eine wesentliche Bedeutung hat der Rückhalt von Geschiebe im Gewässerbett durch ↗Geschiebesperren oder durch Geschiebeablagerungsplätze, die im Bereich des ↗Schwemmkegels angeordnet werden.

Als Folge globaler Klimaänderungen und zunehmender ↗Waldschäden kommt in den Alpengebieten der Wildbachverbauung eine zunehmende Bedeutung zu, die ihre Grenze allerdings auch in der Höhe der finanziellen Aufwendungen findet. [EWi]

Wildflysch ↗*Olisthostrom*.

Wildpark, traditionelles, durch den Menschen geschaffenes ↗Landschaftselement in Mitteleuropa. Diese Art von eingezäuntem ↗Park diente der Haltung von Rot-, Dam-, Reh- und Schwarzwild. Trotz Umgestaltung und Erschließung blieb im allgemeinen ein naturnaher Gehölzbestand bestehen. Heute wird in gewissen Wildparks zu Schauzwecken auch Großwild aus außereuropäischen Klimaten und ↗Lebensräumen gehalten.

Wildpflanzen ↗Nutzpflanzen.

Wildschnee, *Trockenschnee*, kalter, extrem locker gelagerter und kohäsionsarmer, aus sehr kleinen Kristallen zusammengesetzter Schnee.

Willy-Willy, sehr gefährlicher ↗tropischer Wirbelsturm in den Meeresgebieten um Nordaustralien.

Wilson-Zyklus, nach dem Geophysiker Tuzo Wilson benannte Hypothese, die von einer Zyklizität des Entstehens und Vergehens von Ozeanen ausgeht. Ein Ozean entwickelt sich demnach aus einer kontinentalen ↗Riftzone (z. B. ostafrikani-

Wildbach: Schema eines Wildbaches mit Sammelbecken (a), Sammelgerinne (b), Schwemmkegel (c) und Unterlauf (d).

sches Rift), öffnet sich unter erster Anlage ozeanischer Kruste (z. B. Rotes Meer) schließlich zu einem Ozean, der von passiven Kontinentalrändern gesäumt wird (z. B. Atlantik), geht über in einen Ozean mit randlichen Subduktionszonen und aktiven Kontinentalrändern (z. B. Pazifik) und verschwindet schließlich durch Kollision seiner Ränder (z. B. Mittelmeer, Himalaja) mit der Vereinigung aller Kontinente in einer Pangäa. Dadurch kommen ↗Subduktion und ↗Ozeanbodenspreizung zum Erliegen und, da durch letztere keine Wärme mehr abgeführt wird, entwickelt sich ein Wärmestau unter der isolierenden kontinentalen Kruste der Pangäa. Wärmedome unter der Pangäa und ihre infolge Auskühlung einsinkenden ozeanischen Randbereiche üben auf diese Kräfte aus, die wiederum ein Aufbrechen des Superkontinents und Auseinanderdriften der neu entstehenden Kontinente bewirken und damit einen weiteren Zyklus einleiten. Häufig erfolgt das erneute Aufbrechen an der vorhergehenden Kollisionssutur, die so zum ↗mobilen Gürtel wird. Man geht davon aus, daß ein Wilson-Zyklus 300–500 Mio. Jahre dauert. [KJR]

Winchell, *Alexander Newton*, amerikanischer Geologe, * 2.3.1874 Minneapolis, † 7.6.1958; stammte aus einer Geologenfamilie, sowohl sein Vater als auch sein Bruder waren Geologen. 1896 erwarb er den akademischen Grad des Bachelors und ein Jahr später seinen Master an der Universität von Minnesota. Ab 1898 studierte er in Paris und promovierte dort 1900. Von 1900 bis 1907 war er Professor der Geologie und Mineralogie an der Montana School of Mines in Butte. Daneben war er von 1901 bis 1906 als »field assistant« und von 1908 bis 1912 als »assistant geologist« für den U. S. Geological Survey tätig. 1908 bis zu seiner Pensionierung 1944 war er Universitätsprofessor für Mineralogie und Petrologie an der Universität von Wisconsin. Zwischen 1934 und 1940 leitete er das Departement. 1913/14 arbeitete Winchell als Geologe für das Bureau of Mines and Geology in Oregon. Er betreute als Leiter mehrere Mineralien-Ausstellungen, z. B. 1900 in Paris (anläßlich der Weltausstellung), 1905 in Portland u. a. Auch noch nach seiner Pensionierung als Hochschullehrer war er als Berater verschiedener Forschungslabors aktiv. 1948/49 war er Gastprofessor an der Universität von Virginia, 1949/50 an der Columbia Universität und 1950 wurde er Ehrenmitglied der Geologie an der Yale Universität und Berater des geologischen Departements.
Winchell forschte über Probleme der Petrographie und optischen Mineralogie, besonders über Zusammenhänge zwischen chemischen und optischen Eigenschaften von Mineralen. Seine wichtigsten Publikationen waren u. a. »Elements of Optical Mineralogy« (1909, zusammen mit seinem Vater Newton Horace Winchell), »Handbook of Mining in the Lake Superior Region« (1920), »Microscopic Characters of Artificial Minerals« (1927) und »Elements of Mineralogy« (1942). Für seine Leistungen auf dem Gebiet der Mineralogie erhielt er 1955 die Roebling Medaille der Mineralogical Society of America. Er war Mitglied der Geological und der Mineralogical Society of America sowie einer Vielzahl von fachwissenschaftlichen Gesellschaften und Akademien. [EHa]

Wind, Bezeichnung für *Luftbewegung*. Der Wind wird quantitativ durch ↗Windgeschwindigkeit und ↗Windrichtung beschrieben. Die Ursache des Windes sind die auf die Luft wirkenden Kräfte wie ↗Druckkraft, ↗Corioliskraft und ↗Reibungskraft. Die Wirkung dieser Kräfte auf ein Luftpaket wird formal durch die ↗Bewegungsgleichung beschrieben.

Windabrasion ↗*Korrasion*.

Wind chill, *Wind-Chill-Faktor*, Maßzahl, welche die Kältebelastung des Menschen durch die Kombination von tiefer Temperatur und Wind angibt.

Winddrehung, Änderung der ↗Windrichtung mit der Zeit oder mit der Höhe.

Winddruck, die durch Wind verursachte Druckkraft pro Flächeneinheit. Der Winddruck ist dabei proportional zum Quadrat der ↗Windgeschwindigkeit. Er ist wichtig für die Berechnung der mechanischen Belastung von Bauwerken.

Windenergie, die aus der ↗kinetischen Energie der Luftbewegungen gewonnene Energie (meist elektrische Energie). Die Umsetzung der Energieformen geschieht dabei über Rotoren, welche durch den Wind in Bewegung gesetzt werden und ihrerseits Stromgeneratoren antreiben. Die bei der Energieumsetzung erzielbare Leistung ist der dritten Potenz der ↗Windgeschwindigkeit proportional. Eine rentable Energiegewinnung ist erst ab einer Windgeschwindigkeit von etwa 5 m/s möglich. Da in der ↗atmosphärischen Grenzschicht die Windgeschwindigkeit mit der Höhe zunimmt, werden die Windrotoren auf Türmen in Höhen zwischen 20 und 100 m installiert. Hinsichtlich einer effektiven Ausnutzung der Windenergie eignen sich Standorte an der Küste und im Höhenbereich der Mittelgebirge besonders gut, da die Windgeschwindigkeiten hier im Mittel höher sind als im flachen Binnenland. [DE]

Winderosion, Bodenabtrag und -transport, der durch Wind verursacht wird. Der Prozeß der Winderosion kann in folgende Teilprozesse untergliedert werden: 1) Ablösung der Bodenpartikel: setzt ein, wenn die aerodynamischen Kräfte des Windes die Trägheit der Bodenteilchen sowie die Kohäsion überwinden = kritische Wind- oder Schubspannungsgeschwindigkeit; 2) Transport: Man unterscheidet drei Transportformen: a) Rollen, Kriechen: Nach Überschreiten der kritischen Windgeschwindigkeit werden zunächst besonders windexponierte Bodenpartikel rollend oder kriechend bewegt. Durch den Aufprall bereits saltierender Partikel können Korngrößen von 0,6–2 mm bewegt werden. Der Transport erfolgt meist nur über wenige Meter; b) Saltation: bezeichnet die springende Bewegung von Bodenpartikeln und wird durch den Zusammenprall von bereits rollenden oder springenden Bodenpartikeln ausgelöst. Die Sprunghöhe ist meist unter 30 cm. Die Saltanation ist ein entscheidender Prozeß für den Energietransfer aus der Strömung an die Bodenoberfläche. Die Partikel werden in höheren Luftschichten stärker beschleunigt und geben diesen Energieüberschuß beim Auftreffen an die Bodenoberfläche ab, dadurch können neue Partikel in Bewegung gesetzt werden (lawinenartiges Anwachsen des Transportes = Avalanching-Effekt) oder Strukturelemente des Bodens zerschlagen werden (Abrasion). An Saltation sind vorwiegend Partikel der Fraktionen 0,6–0,06 mm beteiligt. Der Transport endet auf dem Feld im Windschatten von Hindernissen (Furchen, Kluten, Pflanzen) oder spätestens am Feldrand (Graben, Furche, Rain); c) Suspension: Partikel, deren Fallgeschwindigkeit kleiner als die turbulenzbedingte Vertikalkomponente des Windes ist, werden in Suspension gehalten. Der Transport kann über mehrere Meter, aber auch einige Tausend Kilometer erfolgen; 3) Abrasion: Abschmirgeln verkrusteter oder aggregierter Oberflächen (auch bei Gesteine). Der größte Teil suspensionsfähigen Materials wird erst durch Abrasion erzeugt; 4) Sortierung; 5) Deposition: Sedimentation, erfolgt als trockene Deposition oder durch Bindung an Niederschläge als nasse Deposition. [RF]

Windfahne, Gerät zur Messung der ↗Windrichtung. ↗Windmessung.

Windgangeln, vom Wind hart gepreßte, längliche Schneewehen mit steiler Luvseite (↗Schneeverwehung).

Windgeschwindigkeit, Bezeichnung für den Betrag des ↗Windvektors. In der ↗Meteorologie wird die Windgeschwindigkeit neben der physikalischen Einheit m/s auch in Knoten (kn) angegeben: 1 kn = 0,514 m/s = 1,852 km/h. Daneben wird auch die sog. ↗Beaufort-Skala verwendet.

Windharsch, durch starken Wind festgepreßte Schneeoberfläche.

Windhose ↗Tromben.

Windkanter, Einzelstein oder Gesteinsbruchstück, das durch ↗Korrasion eine oder mehrere zugeschliffene Kanten erhalten hat (Abb. im Farbtafelteil). Die Kante entsteht senkrecht zur Windrichtung durch eine im Luv neu geschliffene facettenartige Fläche. Je nach Anzahl der Kanten, die aus Lageänderung des Gesteins zur vorherrschenden Windrichtung oder aus Änderungen der Windrichtung resultieren, werden sie *Einkanter*, Dreikanter, *Pyramidalkanter* oder *Vielkanter* genannt. Die in ehemaligen Glazialgebieten nach dem Eisrückzug korrasiv überprägten ↗Geschiebe heißen *Kantengeschiebe*.

Windkolke, ↗Kolke im Lee von an Hindernissen hartgepreßten Schneewehen (↗Schneeverwehung).

Windlast, durch den Wind hervorgerufene Belastung von Festkörpern, z. B. Bauwerke oder Vegetation (v. a. Bäume). Diese setzt sich zusammen aus dem ↗Winddruck und der durch ↗Reibungskräfte an der Oberfläche des Körpers verursachten Wind-Schubspannung (↗Schubspannung). Ein weiterer Effekt ist die durch Wirbelablösung (↗Karman-Wirbelstraße) verursachte Anregung von Schwingungen, die die Eigenfrequenz des Gebäudes oder Baumes erreichen und durch Resonanz große Schäden (besonders häufig an Brücken und Türmen) verursachen können.

Windmessung, die Windmessung dient der Bestimmung der ↗Windgeschwindigkeit und/oder der ↗Windrichtung. Die Methoden sind sehr vielfältig. Am häufigsten werden ↗Schalenkreuzanemometer in Verbindung mit einer ↗Windfahne eingesetzt. Diese Instrumente haben den Nachteil, daß sie bei sehr niedrigen Windgeschwindigkeiten noch nicht ansprechen. Außerdem können nur die horizontalen Komponenten des Windes gemessen werden. *Windschreiber* (Anemographen), die an ein Schalenkreuzanemometer mit Windfahne angeschlossen sind, zeichnen die Windgeschwindigkeit und -richtung oder den ↗Windweg laufend auf. Mit einer Kombination von drei ↗Flügelradanemometern können alle drei Windkomponenten erfaßt werden, d. h. auch die Vertikalgeschwindigkeit.
↗Staurohre (nach Prandtl) erlauben genaue Messungen der Windgeschwindigkeit auch in einer sehr schwachen Luftströmung und sind wegen ihrer geringen Trägheit auch für die Messung hochfrequenter Geschwindigkeitsschwankungen (Böen) geeignet (↗Böenmesser). Sie müssen allerdings immer exakt in Windrichtung gedreht werden. Eine alternative Meßtechnik verwenden ↗Hitzdraht-Anemometer und ↗Schallanemometer, die sich ebenfalls zur Erfassung schneller Geschwindigkeitsfluktuationen aller drei Windkomponenten eignen. Für die Windmessung in der ↗freien Atmosphäre stehen In-situ-Methoden und bodengestützte Fernerkundungsverfahren (↗Fernerkundung) zur Verfügung. Am häufigsten werden Ballone (Radiosondenballone (↗Radiosonde), ↗Pilotballone) verwendet, die entweder vom Boden aus mit ↗Theodoliten oder ↗Radar verfolgt werden und satellitengestützte Ortungsverfahren verwenden. Zu den Fernerkundungsverfahren gehören das ↗Windradar oder das Doppler-Wetterradar (↗Wetterradar). Zur Höhenwindmessung in stationsarmen Gebieten werden Zeitreihen von Satellitenbildern der Bewölkung ausgewertet, wobei die windbedingte Verlagerung signifikanter Bewölkungsmuster ausgewertet wird. [DH]

Windprofil, Verlauf von ↗Windgeschwindigkeit und ↗Windrichtung mit der Höhe. Typisch ist dabei die Zunahme der Windgeschwindigkeit mit der Höhe, wobei diese am Erdboden aufgrund der Haftreibung verschwindet (↗logarithmisches Windgesetz). In der mittleren Troposphäre (↗Atmosphäre) beobachtet man meist ein Windmaximum (↗Strahlstrom). Hinsichtlich der Windrichtung findet man eine reibungsbedingte Drehung in der ↗atmosphärischen Grenzschicht (↗Ekman-Spirale) oder eine durch den ↗thermischen Wind verursachte Winddrehung in der ↗freien Atmosphäre.

Windprofiler ↗*Windradar*.

Windradar, *Windprofiler*, Fernerkundungsverfahren (↗Fernerkundung) zur Messung der

Windrose: Windrose mit Windrichtungen und Gradeinteilung.

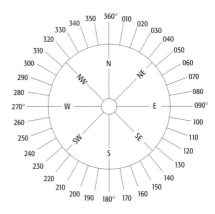

↗Windgeschwindigkeit und ↗Windrichtung mit Hilfe von gepulsten VHF- oder UHF-Radiowellen (100–600 MHz). Gemessen wird das an Luftmolekülen und Schwebeteilchen rückgestreute Signal. Windprofiler messen das vertikale ↗Windprofil im Höhenbereich von ca. 500 m bis 15 km über einem Ort, an dem phasengleiche Wellen von einem Antennenfeld in einem Kegel nach oben ausgesandt werden. Aus der Doppler-Frequenzverschiebung und der Phasenverschiebung der rückgestreuten Wellen wird die Richtung und Geschwindigkeit des Höhenwindes berechnet.

Windregistrierung, zeitliche Aufzeichnung der ↗Windgeschwindigkeit bzw. des ↗Windweges und der ↗Windrichtung. ↗Windmessung.

Windrelief, Sammelbegriff für den vom Wind gestalteten oder überprägten Formenschatz der Erde. Die Bezeichnung wird vorwiegend für Korrasionsformen benutzt (↗Korrasion).

Windrichtung, Richtungsangabe für den ↗Windvektor. Im Gegensatz zur mathematischen Bezeichnung wird in der ↗Meteorologie immer die Richtung angegeben, aus welcher der Wind kommt, z. B.: Westwind = Wind aus Richtung West. Die Bezeichnung der Windrichtung geschieht dabei in Anlehnung an die Kompaßrose in einer 360°-Einteilung mit 0° = Nord, 90° = Ost, 180° = Süd und 270° = West. ↗Windrose.

Windrippel, durch Windwirkung induzierter ↗Rippel aus ↗äolisch transportiertem ↗Sand mit flacher Luv- (8–13°) und steilerer Leeseite (bis 30°) sowie senkrecht zur Windrichtung verlaufenden Kämmen. Die Oberflächen der meisten ↗Dünen werden von Windrippeln bedeckt, wobei Wellenlängen von wenigen Zentimetern bis Dezimetern und Höhen um 0,5 cm bis einige Zentimeter charakteristisch sind (Abb. im Farbtafelteil). Die Wellenlänge ist von der ↗Korngröße abhängig und wächst mit der mittleren Korngröße der Rippelsande. Entstehung und Dynamik von Windrippeln ist nicht vollständig geklärt. Nach gängigen Vorstellungen entstehen sie durch positive Rückkopplungen beim Sandtransport, wobei ↗Reptation zur Akkumulation der größeren Körner auf dem Rippelkamm führt und kleinere Körner in den Rippeltrögen akkumulieren. Auslösend sind Turbulenzen durch ↗Bodenreibung, die zu örtlichen Windrichtungs- und Geschwindigkeitsänderungen führen und so den Sandtransport lokal bremsen oder beschleunigen. Kleine Akkumulationen wachsen in Selbstverstärkung, bis sich ein dynamisches Gleichgewicht einstellt. Windrippeln sind kurzlebige Formen, die sich schnell auf Änderungen des Windregimes einstellen. Nach Windtunnelversuchen bei gut sortierten Sanden (mittlere Korngröße 0,15 mm) wurde ein neuer Gleichgewichtszustand in weniger als 10 Minuten nach Änderung der Windbedingungen erreicht. Sonderformen der Windrippeln sind Megarippeln und Haft- bzw. ↗Adhäsionsrippeln. [KDA]

Windrose, kreisförmige Skala zur Festlegung der ↗Windrichtung (Abb.). In der ↗Meteorologie wird üblicherweise der Vollkreis in 36 10°-Einheiten unterteilt, 90° entspricht dabei einem Ostwind, 180° einem Südwind, 270° einem Westwind und 360° einem Nordwind.

Windscherung ↗*Scherung*.

Windschliff, *Sandschliff*, Sammelbezeichnung für Striemen, Streifen und Rillen auf Gesteinsoberflächen, die durch die korradierende Wirkung (↗Korrosion) des windgetriebenen Sandes entstehen, bedingt durch die unterschiedliche Härte der exponierten Gesteine. Somit erfolgt ein Abscheuern oder Abschliff eines Gesteins. Ähneln die entstehenden Strukturen Bienenwaben, so wird von *Wabenverwitterung* gesprochen. Auf Gesteinspartien, die dem Wind zugewandt sind (55–90°), können sich auch kleine Einschlagskrater, sog. *Windstiche*, bilden. Tiefere und breitere Einschnitte von Rinnengröße, wie sie aus der Sahara bekannt sind, heißen *Korrasionsgassen* und sind eng an bestehende ↗Klüfte gebunden.

Windschreiber ↗*Windmessung*.

Windschreiber nach Woelfle, mechanisch registrierendes Windmeßgerät, das aus einem Schalenkreuzanemometer und einer Windfahne (↗Windmessung) sowie einem darunter befindlichen Gehäuse besteht, in dem der ↗Windweg und die ↗Windrichtung auf einem Registrierstreifen aufgezeichnet werden.

Windschutz, künstlich angelegte Hindernisse zur Reduzierung der bodennahen ↗Windgeschwindigkeit in exponierten Lagen. Die Hindernisse bestehen meist aus Baum- oder Strauchreihen (↗Windschutzhecken) oder Windschutzzäunen. Die Reichweite der Windschutzwirkung ist abhängig von der Höhe des Hindernisses und von deren Durchlässigkeit. Durch die Reduzierung der Windgeschwindigkeit kann eine Verbesserung des ↗Lokalklimas in menschlichen Wohnstätten und des ↗Bestandsklimas für ackerbauliche Kulturen erreicht werden.

Windschutzhecke, Gehölzstreifen, die dem Schutz angrenzender Flächen vor ↗Winderosion und erhöhter Evaporation dienen. Die Wirkung beruht auf der Abschwächung und Anhebung des Windfeldes durch ein- bis dreireihige Anordnung quer zur Hauptwindrichtung. Der Schutzbereich entspricht leeseitig ca. dem 30fachen, luvseitig ca. dem 10fachen der Höhe einer Windschutzhecke.

Windsee, /Seegang, der unter dem Einfluß des Windes steht.
Windspirale, Verlauf des /Windvektors in einer Hodographendarstellung. /Ekman-Spirale.
Windsprung, abrupte Änderung der /Windgeschwindigkeit mit der Zeit oder im Raum.
Windstärke, Angabe zur /Windgeschwindigkeit aufgrund der Wirkung des Windes. Die verbreitetste Einteilung erfolgt nach der /Beaufort-Skala. Weitere Skalen sind die /Saffir-Simpson Hurricane-Scale und die /Fujita-Scale.
Windstau, Anstieg des /Wasserstands in Küstennähe, der durch auflandigen windgetriebenen Wassertransport hervorgerufen wird. Er ist den /Gezeiten überlagert und kann /Sturmfluten bewirken. Windstau kann auch in einem /Fließgewässer oder /See erfolgen.
Windstich /Windschliff.
Windstille, nahezu keine oder gar keine Luftbewegung. Bei der /Wetterbeobachtung wird eine /Windgeschwindigkeit von weniger als 0,3 m/s mit Windstille bezeichnet. Dies entspricht der Stufe Null auf der /Beaufort-Skala.
Windsunk, Absenkung des /Wasserstandes in einem /Fließgewässer, /See oder im /Küstengebiet durch Wind.
Windvektor, formale Beschreibung des /Windes als /Vektor. Dieser wird aufgeteilt in den Betrag, üblicherweise mit /Windgeschwindigkeit bezeichnet, und in die /Windrichtung.
Windweg, Wegstrecke, die ein vom /Wind bewegtes Luftteilchen innerhalb einer bestimmten Zeit zurücklegt.
Windwellen, im Gegensatz zu den Gezeitenwellen vom Wind erzeugte /Wellen des offenen Meeres. /Dünung, /Seegang.
Winkel, *ebener Winkel*, a) geometrische Figur aus zwei, von einem gemeinsamen Punkt S ausgehenden Halbgeraden (Strahlen) g und h. Den Punkt S bezeichnet man als Scheitel(punkt) des Winkels, die Halbgeraden g und h als seine Schenkel. b) Größe, die den Richtungsunterschied zweier, von einem gemeinsamen Punkt ausgehenden Halbgeraden kennzeichnet. Der ebene Winkel wird hierbei als Verhältnis des von den Schenkeln g und h begrenzten Bogens eines Kreises, der um den Scheitel geschlagen ist, zum Radius dieses Kreises definiert. Die entsprechende Winkeleinheit ist die SI-Einheit /Radiant (Einheitenzeichen: rad). Ist die Bogenlänge gleich dem Kreisumfang, so ist der Winkel ein *Vollwinkel*:

$$\text{Vollwinkel} = 2\pi \text{ rad}.$$

Hieraus können die Vollwinkelteilungen /Gon und /Grad abgeleitet werden. In der /Geodäsie werden Winkel als Differenz zweier in einer Ebene gemessener /Richtungen bestimmt. Dabei ist je nach räumlicher Lage der Ebene, in der der zu bestimmende Winkel liegt, zwischen /Horizontalwinkeln und /Vertikalwinkeln zu unterscheiden. [DW]
Winkeldiskordanz /Diskordanz.
Winkelkonstanz, 1669 von /Steno veröffentlichtes Gesetz, das als Beginn der wissenschaftlichen Kristallographie gilt. Es besagt, daß für eine bestimmte Kristallart die Winkel zwischen entsprechenden Flächen (bzw. Flächennormalen) charakteristisch sind, nicht jedoch die Größe und Gestalt der am Polyeder ausgebildeten Flächen.
Winkelmesser /Goniometer.
Winkeltreue, Eigenschaft eines /Kartennetzentwurfs, die gewährleistet, daß in einem Punkt P_1 der Bezugsfläche (Kugel, Ellipsoid) der Winkel zwischen den Azimuten nach zwei weiteren Punkten P_2 und P_3 in der Abbildungsebene zwischen den entsprechenden Punkten P_1', P_2' und P_3' unverzerrt bleibt. Winkeltreue Kartennetzentwürfe sind nach der Verzerrungstheorie /konforme Abbildungen. Beispiele für winkeltreue Kartennetzentwürfe sind: /stereographische Projektion, /Mercatorentwurf, winkeltreuer /Kegelentwürfe und Kawraiskis winkeltreuer Entwurf. Letzterer ist ein unecht kegeliger Entwurf. Daher ist seine Eigenschaft der Winkeltreue eine Ausnahme. Wie man aus der /Verzerrungstheorie und der Grobeinteilung der /Kartennetzentwürfe weiß, behalten nur echt kegelige Entwürfe die Rechtschnittigkeit von Meridianen und Parallelkreisen in der Abbildungsebene. Das heißt natürlich wiederum nicht, daß alle echt kegeligen Entwürfe winkeltreu sind. [KGS]
Winkelverzerrung, der Unterschied der Größe eines Winkel im Punkt P_1 in der Bezugsfläche, der durch Großkreisbögen P_1P_2 und P_1P_3 entsteht, und der Größe des entsprechenden Winkels $P_2'P_1'P_3'$ in der Abbildungsebene. Wie aus der /Verzerrungstheorie hervorgeht, muß im allgemeinen Fall, d. h. wenn dem Entwurf keine /konforme Abbildung zugrunde liegt, in P_1' die Winkelverzerrung vom Azimut abhängen, da die /Längenverzerrung m_α ebenfalls azimutabhängig ist. Es ist üblich, die Verzerrung des rechten Winkels zwischen Meridianen und Parallelkreisen in der Abbildungsebene mit ϑ (Abb.) und die maximale Winkelverzerrung nach der Verzerrungstheorie mit $2\Delta\omega$ zu bezeichnen. Bei Kenntnis der Halbachsen a und b der Verzerrungsellipse ist nach der /Verzerrungstheorie:

$$\sin \Delta\omega = \frac{a-b}{a+b}. \quad (1)$$

Dieser Ausdruck für die Winkelverzerrung kann mit den bekannten goniometrischen Zusammenhängen auch durch die anderen Winkelfunktionen ausgedrückt werden, nämlich:

$$\cos \Delta\omega = \frac{2 \cdot \sqrt{a \cdot b}}{a+b} \quad (2)$$

und:

$$\tan \Delta\omega = \frac{a-b}{2 \cdot \sqrt{a \cdot b}}. \quad (3)$$

Wie schon erwähnt, sind die Achsen der Verzerrungsellipse a und b im allgemeinen nicht bekannt. Sie werden explizit nur benötigt, wenn man die Verzerrungen eines Kartennetzentwurfs durch Einzeichnen der Verzerrungsellipsen an

Winkelverzerrung

Winkelverzerrung: a) differentieller Kreis auf der Kugeloberfläche mit dem Radius dS und dem Winkel ω zwischen der Meridianrichtung MP und der ξ-Achse in einem beliebig um M orientierten rechtwinkligen Koordinatensystem ξ, η; b) X, Y ist das durch Affinität bestimmte Abbild des ξ-η-Systems.

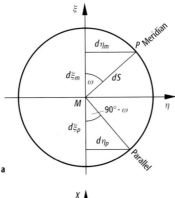

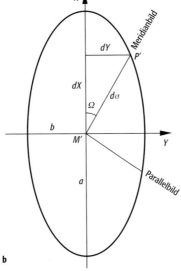

vielen Punkten der Karte global charakterisieren will. Als zweckmäßiger zur Berechnung der Winkelverzerrungen eines Entwurfs erweist sich die Verwendung der partiellen Differentiale $f_\varphi, f_\lambda, g_\varphi$ und g_λ (Verzerrungstheorie Gleichung 14) und der Ausdrücke für die Längenverzerrung im Meridian m_m und im Parallelkreis m_p (Verzerrungstheorie Gleichung 19) sowie des Winkels ϑ (Verzerrungstheorie Gleichung 41). Dazu sind die zwischen beiden Systemen bestehenden Zusammenhänge nachzuweisen.

In der Abbildung a) ist ein differentieller Kreis auf der Kugeloberfläche mit dem Radius dS und dem Winkel ω zwischen der Meridianrichtung MP und der ξ-Achse in einem beliebig um M orientierten rechtwinkligen Koordinatensystem ξ, η. Der Parallelkreisbogen schließt mit der η-Achse den gleichen Winkel ω ein. Im Teil b) der Abbildung ist X, Y das durch Affinität bestimmte Abbild des ξ-η-Systems. Das heißt, von M' aus liegt in der X-Richtung die große Achse der Verzerrungsellipse a und in der Y-Richtung die kleine b.

Nach der Verzerrungstheorie (Gleichung 13) gilt die Längenverzerrung $m_a = m_\omega$ in Richtung ω bezogen auf die willkürlichen Ausgangsrichtungen ξ und η:

$$m_\omega^2 = \left(\frac{d\sigma}{dS}\right)^2 = \frac{dX^2 + dY^2}{dS^2} = \frac{a^2 \cdot d\xi^2 + b^2 \cdot d\eta^2}{dS^2}. \quad (4)$$

Der letzte Ausdruck gilt entsprechend der Gleichung 43 der Verzerrungstheorie wegen der in der Abbildung geltenden Affinität zwischen Kreis und Verzerrungsellipse. Aus der Abbildung liest man direkt ab für den Meridian:

$$\frac{d\xi_m}{dS} = \cos\omega \quad \text{und}$$

$$\frac{d\eta_m}{dS} = \sin\omega \quad (5)$$

und für den Parallelkreis:

$$\frac{d\eta_p}{dS} = \cos\omega \quad \text{und}$$

$$\frac{d\xi_p}{dS} = \sin\omega. \quad (6)$$

Durch Einsetzen von (5) und (6) in (4) findet man zwei Gleichungen:

$$\left. \begin{array}{l} m_m^2 = a^2 \cdot \cos^2\omega + b^2 \cdot \sin^2\omega \\ m_p^2 = a^2 \cdot \sin^2\omega + b^2 \cdot \cos^2\omega \end{array} \right\} \quad (7)$$

Die Summe der beiden Gleichungen (7) ergibt die gesuchte Beziehung zwischen den Halbachsen der Verzerrungsellipse a und b in der Ebene und den partiellen Differentialen $f_\varphi, f_\lambda, g_\varphi$ und g_λ des sphärischen Differentialdreiecks:

$$m_m^2 + m_p^2 = a^2 + b^2. \quad (8)$$

Gleichung (8) ist eine Gleichung mit zwei Unbekannten. Durch Hinzunahme einer weiteren Gleichung aus der ↗Flächenverzerrung:

$$v_f = m_m \cdot m_p \cdot \sin\vartheta = a \cdot b \quad (9)$$

wird die Umformung lösbar. Von Gleichung (3) ausgehend wird die Verbindung zwischen (8) und (9) wie folgt geknüpft:

$$\tan\Delta\omega = \frac{a-b}{2\sqrt{a \cdot b}} = \frac{\sqrt{a^2 + b^2 - 2a \cdot b}}{2\sqrt{a \cdot b}}$$

und schließlich:

$$\tan\Delta\omega = \frac{\sqrt{m_m^2 + m_p^2 - 2m_m \cdot m_p \cdot \sin\vartheta}}{2\sqrt{m_m \cdot m_p \cdot \sin\vartheta}}. \quad (10)$$

Mit Hilfe der Substitution:

$$\cos\Delta\omega = \frac{1}{\sqrt{1 + \tan^2\omega}}$$

erhält man einen weiteren Ausdruck, nämlich:

$$\cos\Delta\omega = \frac{2\sqrt{m_m \cdot m_p \cdot \sin\vartheta}}{\sqrt{m_m^2 + m_p^2 + 2m_m \cdot m_p \sin\vartheta}}. \quad (11)$$

Schließlich kann $\cos\Delta\omega$ in bekannter Weise in $\sin\Delta\omega$ umgewandelt werden:

$$\sin\Delta\omega = \frac{\sqrt{m_m^2 + m_p^2 - 2 \cdot m_m \cdot m_p \cdot \sin\vartheta}}{\sqrt{m_m^2 + m_p^2 + 2 \cdot m_m \cdot m_p \cdot \sin\vartheta}}. \quad (12)$$

Die Gleichungen (10), (11) und (12) lassen sich durch Einführung der Flächenverzerrung v_f nach Gleichung (9) vereinfachen. Eine wesentliche Vereinfachung ergibt sich für Entwürfe, bei denen die Bilder der Meridiane und der Parallele sich rechtwinklig schneiden, bei denen also $\vartheta = 90°$ gilt. Dann erhält man:

$$\sin\Delta\omega = \frac{m_m - m_p}{m_m + m_p} \quad bzw.$$

$$\cos\Delta\omega = \frac{2\sqrt{m_m \cdot m_p}}{m_m + m_p} \quad bzw.$$

$$\tan\Delta\omega = \frac{m_m - m_p}{2\sqrt{m_m \cdot m_p}}. \quad (13)$$

[KGS]

Literatur: [1] FIALA, F. (1957): Mathematische Kartographie. – Berlin. [2] WAGNER, K. H. (1949): Kartographische Netzentwürfe. – Leipzig.

Winkler, *Helmut G. F.*, deutscher Mineraloge, * 3.4.1915 Kiel, † 10.11.1980 Göttingen; Professor in Göttingen (1948–51 und 1962–76) und Marburg (1951–62); Ehrenmitglied mehrerer wissenschaftlicher Gesellschaften und Akademien. Seine wissenschaftlichen Arbeiten befaßten sich mit so unterschiedlichen Themen wie ↗Thixotropie von Mineralpulvern, Kristallstrukturen von Lithium-Silicaten oder Festigkeit und Frostbeständigkeit von Ziegeleierzeugnissen. Schwerpunkt seiner in Marburg begonnenen und in Göttingen fortgesetzten Arbeiten waren jedoch die Entwicklung experimenteller Methoden und deren Anwendung auf die Untersuchung von ↗Mineralreaktionen während der Metamorphose und zur anatektischen Bildung von granitischen Gesteinen. Werke (Auswahl): »Die Genese der metamorphen Gesteine« (1965).
Winter ↗Jahreszeit.
Winterpunkt ↗Solstitien.
Winter-Smog ↗Smog.
Wirbel, 1) *Klimatologie*: Bezeichnung für annähernd kreisförmige Strömungen (↗Tiefdruckgebiet Abb. 2 im Farbtafelteil). 2) *Ozeanographie*: Bereich im Strömungsfeld, in dem die Rotation des Wasserkörpers dominiert. Unter bestimmten Bedingungen (Instabilitäten) lösen sich im Ozean Wirbel von der Grundströmung ab. Bei der für weite Bereiche des Ozeans gerechtfertigten Annahme von ↗Geostrophie ergeben sich für ↗zyklonale und ↗antizyklonale Wirbel in der Oberflächenschicht auf der Nordhemisphäre die in der Abbildung angegebenen Auslenkungen der Grenzfläche zwischen zwei Wasserkörpern. Außerdem dargestellt ist die Lage der dazugehörigen Druckflächen.
Wirbelentstehung, angesichts der vielfältigen Wirbelformen in der ↗Atmosphäre kann kein einheitlicher Mechanismus für die Wirbelentstehung angegeben werden. Eine mögliche Ursache ist die Ablösung der Strömung an einem Hindernis, z. B. Gebäudekanten oder Inseln (↗Karman-Wirbelstraße). Kleinräumige Wirbel wie ↗Tromben entstehen aus der Kombination von Auf- und Abwindgebieten in thermischer ↗Konvektion und ↗Scherung. Bei ↗Tornados bewirkt die in der Mutterwolke vorhandene Hintergrundrotation im Zusammenspiel mit starken Auf- und Abwinden eine Verstärkung der ↗Vorticity und somit die Ausbildung sehr starker Wirbel. Bei großräumigen Wirbeln wie ↗tropischen Zyklonen oder Zyklonen der mittleren Breiten (↗Tiefdruckgebiete) spielt die ↗Erdrotation über die ↗Corioliskraft eine wichtige Rolle bei der Wirbelbildung.
Wirbelfeld, durch den Operator $\nabla \times$ (Rotation) beschiebenes Vektorfeld, in der Elektromagnetik, z. B. die magnetische Induktionsflußdichte, die durch einen elektrischen Strom hervorgerufen wird (↗Maxwellsche Gleichungen). Ein Wirbelfeld ist stets quellenfrei. So drückt die Gleichung $\nabla \cdot \vec{B} = 0$ (Divergenz) die Nichtexistenz von magnetischen Monopolen aus.
Wirbelgleichung ↗Vorticitygleichung.
Wirbelstärke, Maß für die Stärke der Rotation, die ein Strömungsfeld auf einen Wasserkörper ausübt (↗Vorticity). Positive Wirbelstärke bedeutet eine Rotation gegen den Uhrzeigersinn. ↗Wirbel.
Wirbelstrom, die von einem zeitlich variierenden Magnetfeld $\partial\vec{B}/\partial t$ entsprechend dem Faradayschen Induktionsgesetz:

$$\nabla \times \vec{E} = -\frac{\partial\vec{B}}{\partial t}$$

hervorgerufene Stromstärke $\vec{J} = \sigma\vec{E}$ in einem elektrischen Leiter mit der Leitfähigkeit σ, $\vec{E}$ bezeichnet die elektrische Feldstärke (↗elektromagnetische Verfahren, ↗Maxwellsche Gleichungen).
Wirkdauer des Windes, Zeit, die der Wind auf den ↗Seegang einwirkt.
Wirklänge des Windes, *Fetch*, Strecke, auf der der Wind ↗Seegang anregt (gemessen in die Richtung, aus der der Wind weht).
wirksame Korngröße ↗*wirksamer Korndurchmesser.*
wirksamer Brunnenradius, horizontaler Abstand von der Brunnenachse, ab dem nur horizontale und laminare Strömungskomponenten die ↗Grundwasserströmung zum Brunnen beschreiben. Der wirksame Brunnenradius ist nur schwer zu bestimmen und wird deshalb in der Praxis meist mit dem halben Bohrradius gleichgesetzt.
wirksamer Korndurchmesser, *wirksame Korngröße, d_w*, bezeichnet den charakteristischen Korndurchmesser eines natürlichen Lockergesteins, der die Größe der ↗hydraulischen Durchlässigkeit bestimmt. Ein Haufwerk, das nur aus Körnern der Größe d_w besteht und ein Korngemisch mit d_w als wirksamem Korndurchmesser verhal-

Winkler, *Helmut*

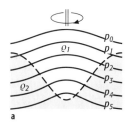

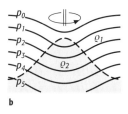

Wirbel: Auslenkung der Grenzfläche zwischen zwei Wasserkörpern bei a) antizyklonalem und b) zyklonalem Wirbel in der Oberflächenschicht sowie die Lage der dazugehörigen Druckflächen, wobei die oberste Druckfläche die Meeresoberfläche repräsentiert (Verhältnisse für die Nordhemisphäre dargestellt).

ten sich hydraulisch identisch. Bei der Auswertung von ↗Korngrößenanalysen wird dieser Zusammenhang zur Bestimmung von Durchlässigkeitsbeiwerten benutzt. Hazen (↗Hazen-Gleichung) führte 1893 auf der Grundlage von empirischen Untersuchungen die Beziehung $d_w \cong d_{10}$ ein, die die Sieblinienauswertung erheblich vereinfacht.

wirksamer Scherparameter ↗Scherfestigkeitsparameter.

wirksame Spannung, *effektive Spannung*, σ', diejenige Spannung, die von Festsubstanz übernommen werden kann, d. h. die das Korngerüst belastet und Reibungskräfte verursacht (sogenannter Korn-zu-Korn-Druck). Es handelt sich um eine gerichtete Spannung. Für konsolidierte Böden ist die totale Spannung σ gleich der effektiven Spannung:

$$\sigma = \sigma',$$

bei Porenwasserüberdruck gilt:

$$\sigma' = \sigma - u,$$

bei Porenwasserunterdruck gilt:

$$\sigma' = \sigma + u,$$

wobei u der Porenwasserdruck ist.

Wirkungsbereich, ist in der Kristallographie derart definiert: Ist P eine diskrete Punktmenge in einem metrischen Raum R, so kann man jedem Punkt P_o von P die Menge W aller Punkte p von R zuordnen, deren Abstand zu P_o kleiner ist als zu allen anderen Punkten aus P. Die Menge W heißt der Wirkungsbereich von P_o. Man konstruiert Wirkungsbereiche i. a. dadurch, daß man die mittelsenkrechten Ebenen bzw. Hyperebenen auf den Verbindungslinien von P_o zu allen anderen Punkten von P betrachtet und den Durchschnitt aller durch die Mittelsenkrechten definierten Halbräume bildet, die P_o enthalten. Aus dieser Konstruktion ergibt sich, daß Wirkungsbereiche stets konvexe Mengen sind. In vielen Anwendungsbeispielen sind sie sogar konvexe Polyeder. Eingeführt wurde der Begriff von P. G. L. Dirichlet zur Klassifikation der binären quadratischen Formen, wobei er die Wirkungsbereiche der ebenen Translationsgitter (↗Gitter) untersuchte. Daher ist der Name Dirichlet-Bereiche synonym zum Wirkungsbereich gebräuchlich. Fortgesetzt wurde diese Arbeit durch G. Voronoi, der die Wirkungsbereiche drei- und vierdimensionaler Gitter ableitete und klassifizierte. Nach ihm werden die fünf topologischen Wirkungsbereichstypen der dreidimensionalen Gitter als *Voronoi-Typen* bezeichnet (Abb.). B. Delaunay führte diese Wirkungsbereichspolyeder in die Kristallographie ein und klassifizierte sie nach Symmetriegesichtspunkten.

Betrachtet man Wirkungsbereiche von Atomen in Kristallstrukturen, so kann man die Zahl und Größe der Wirkungsbereichsflächen zur Festlegung der Koordination heranziehen. Im Rahmen der darstellungstheoretischen Behandlung der Wellenfunktionen in der Festkörperphysik wurden durch E. Wigner und F. Seitz Wirkungsbereiche als Elementarzellen im reziproken Gitter eingeführt, weshalb dort der Name *Wigner-Seitz-Zelle* gebräuchlich ist; außerdem wird auch die Bezeichnung 1. Brillouin-Zone in der Festkörperphysik verwendet.

In der stochastischen Geometrie werden Wirkungsbereiche bei der Beschreibung diskreter Streuprozesse verwendet. Ein typisches Beispiel ist das Wachstum von Pilzkolonien auf einem Nährboden aus zufällig ausgestreuten Sporen. Bei gleichartigen Wachstumsbedingungen kann sich jede aus einer Spore hervorgegangene Pilzkolonie bis an die Grenze des Wirkungsbereichs ungehindert ausbreiten. Umgekehrt läßt die Verteilung der Wirkungsbereiche Schlüsse auf die Verteilung des zugrunde liegenden Streuprozesses zu. [HWZ]

Literatur: [1] BURZLAFF, H. & ZIMMERMANN, H. (1993): Kristallsymmetrie – Kristallstruktur. – Erlangen. [2] HOPPE, R. (1970): Die Koordinationszahl – ein »anorganisches Chamäleon«. – Angew. Chemie 82.

Wirkungsgefüge, Art und Weise eines Zusammenhanges zwischen Dingen und Prozessen in einem System. Durch diese, das Wirkungsgefüge aufbauenden unmittelbaren gegenseitigen Wirkungsbeziehungen werden die Elemente eines Systems miteinander verbunden. Ein solches ↗Wechselwirkungsgefüge weist daher auch ↗Landschaftsökosysteme auf.

Wirt, pflanzlicher, tierischer oder menschlicher Organismus, der einem Parasiten (↗Parasitismus) Schutz, Nahrung oder Transport bietet. Der Wirt kann den Parasiten in der ungeschlechtlichen oder geschlechtlichen Phase des Lebenszyklus beherbergen (Zwischen- oder Endwirt), selten oder häufig befallen werden (Gelegenheits-, Neben- oder Hauptwirt) und er kann für den Parasiten in verschiedenem Grade physiologisch notwenig sein (fakultativer Wirt oder obligatorischer Wirt).

wirtelige Kristallsysteme, Oberbegriff für das tetragonale, das trigonale bzw. rhomboedrische und das hexagonale ↗Kristallsystem.

Wirtschaftlichkeitsstudie, *Feasibility-Studie*, Bericht mit der Bewertung einer Lagerstätte unter Zusammenfassung der verschiedenen Teilaspekte (Vorratssituation, Bergbautechnik, Aufbereitung, Infrastruktur, Arbeitskräfte, Marktsituation).

Wirtschaftszone, in der Sprachregelung des ↗Seerechts die ausschließliche Wirtschaftszone, die sich an das Küstenmeer (↗Hoheitsgewässer) anschließt und sich maximal 200 Seemeilen seewärts unter Einschluß der Breiten des Küstenmeeres erstreckt. In der ausschließlichen Wirtschaftszone hat der Küstenstaat souveräne Rechte zum Zweck der Erforschung und Ausbeutung, Erhaltung und Bewirtschaftung der lebenden und nichtlebenden natürlichen Ressourcen des Wassers, des Meeresbodens und des Untergrundes. Er übt dort Hoheitsrechte in bezug auf die Errichtung und Nutzung von Anlagen und Bau-

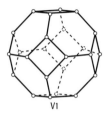
V1

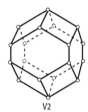
V2

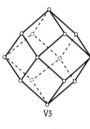
V3

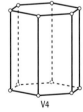
V4

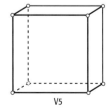
V5

Wirkungsbereich: hochsymmetrische Vertreter der fünf Voronoischen Polyeder.

werken, die wissenschaftliche Meeresforschung sowie den Schutz und die Bewahrung der Meeresumwelt aus. Der Küstenstaat muß dabei gebührend die Rechte und Pflichten anderer Staaten berücksichtigen, wie sie im Seerechtsübereinkommen vereinbart sind.

Wismut ↗ *Bismut*.

wissenschaftliche Visualisierung, *scientific visualization*, computergestützte visuelle Darstellung von Objekten, Daten und Phänomenen und deren interaktive Nutzung zum Zweck der Datenanalyse. Sie soll dazu beitragen, einen Einblick in noch unbekannte Datenstrukturen zu erhalten und dadurch das Verständnis verbessern. Die kartographische wissenschaftliche Visualisierung wird nach modernen Ansätzen in der ↗ Kartographie als Prozeß verstanden, in dem der Wissenschaftler kartographische Darstellungen erzeugt und zugleich nutzt, um Antworten auf Fragen zu erhalten, oder um neue Fragen zu formulieren. Dieser Vorgang wird daher auch als visuelles Denken im Gegensatz zum visuellen Kommunizieren bezeichnet. Der Schwerpunkt der wissenschaftlichen Visualisierung liegt im Bereich der Analyse und nicht in der Kommunikation. Wissenschaftliche Visualisierung erfordert hoch interaktive computerbasierte Visualisierungswerkzeuge. Im Kontext der ↗ Geowissenschaften und der Kartographie wird wissenschaftliche Visualisierung auch als geographische Visualisierung (GVIS) bezeichnet. Sie ist vor allem auf die Visualisierung raumbezogener Daten und Phänomene ausgerichtet. [DD]

wissenschaftstheoretische Grundlagen der Kartographie, *Metakartographie*, zentrales Teilgebiet der ↗ Kartographie, das sich mit der wissenschaftlichen und technologischen Struktur und Einordnung von kartographischen Erkenntnissen, der geschichtlichen Entwicklung sowie den gesellschaftlichen Aufgaben der Kartographie befaßt. Abgrenzungen bestehen zum Teilgebiet Allgemeine Kartographie mit der allgemeinen Theorie-, Methoden-, Modell- und Verfahrensentwicklung und der Angewandten Kartographie mit der Erkenntnisbildung für die Anwendungsbereiche der Kartographie. Einzelaspekte, die untersucht werden, sind der wissenschaftstheoretische Zusammenhang von kartographischer Theorie und Praxis, Gliederung der kartographischen Erkenntnisbereiche, Einordnung der Kartographie als Wissenschaftsdisziplin, methodologische Fragen über die Qualität der Erkenntnis- und Methodenentwicklung (↗ Methodologie der Kartographie), Phasen der wissenschaftsgeschichtlichen Entwicklung, kartographische Terminologie, Entwicklungen in Lehre und Forschung sowie als eigenständiger Forschungsbereich die Geschichte der Kartographie. [JB]

Within-Plate-Basalt, *WPB*, *Intraplattenbasalt*, ein ↗ Basalt, der innerhalb von Lithosphärenplatten entstanden ist. Zu den Within-Plate-Basalten gehören die innerhalb ozeanischer ↗ Erdkruste auftretenden ↗ Ocean-Island-Basalte sowie die innerhalb kontinentaler Kruste auftretenden ↗ Continental-Flood-Basalte und Basalte der Riftzonen. Ihre Entstehung wird ↗ Mantel-Plumes, ↗ hot spots oder Rifting zugeschrieben.

Witt, Werner, * 14.1.1906 Stolp, † 13.2.1999 Kiel. Während des Studiums der Physik in Berlin und Greifswald kam er durch A. ↗ Penck (1858–1945) zur Geomorphologie und A. Rühl weckte sein Interesse an der Geographie und Wirtschaftsgeographie. Er promovierte 1931 zur Bevölkerungskartographie (dazu Monographie »Bevölkerungskartographie« 1971). Er bearbeitete 1934 den »Atlas von Pommern« als frühen Regional- und Planungsatlas. Danach begann er methodische Grundsätze abzuleiten und verwirklichte diese nach Umsiedlung von Stettin nach Hannover (hier seit 1952 ordentliches Mitglied der Akademie für Raumforschung und Landesplanung) und ab 1948 auch in Kiel. Dort engagierte er sich im »Deutschen Planungsatlas«, Band 3 Schleswig-Holstein (1960), eine verallgemeinerte Darstellung erschien 1967 im Handbuch »Thematische Kartographie« mit Darlegung der ↗ kartographischen Darstellungsmethoden, Probleme, Tendenzen und Aufgaben; fortgesetzt mit drei Sammelwerken zur Themakartographie und mit Arbeiten zur Karte als Modell, zur Typenbildung, zur quantitativen Kartenanalyse, zur Automation u. a. Themen. Weiterhin verfaßte Witt Einzelaufsätze zur theoretischen Kartographie und das »Lexikon der Kartographie« (Wien 1979). Werner Witt hat wesentlich zur stürmischen Entwicklung der geographisch fundierten, raumplanungsorientierten thematischen Kartographie und ihrer Darstellungsmethoden beigetragen. [WSt]

Witterung, meteorologischer Begriff, der hinsichtlich der Zeitskala zwischen den Begriffen ↗ Wetter und ↗ Klima liegt und mit diesem Bezug das typische bzw. vorherrschende Verhalten der ↗ Hauptwetterelemente in einem Zeitraum von wenigen Tagen bis einigen Monaten angibt. Der Begriff Witterung steht häufig in Zusammenhang mit einer oder mehreren ↗ Großwetterlagen.

Witterungsperiode, Zeitabschnitt annähernd einheitlicher ↗ Witterung.

Witterungsregelfall, *Singularität*, mehr oder weniger kalendergebundene, im Jahresablauf auftretende Witterungsgegebenheit bzw. wegen ihrer typischen Andauer von einigen Tagen besser Großwettergegebenheit (↗ Großwetterlage, ↗ Witterung), die meist hinsichtlich ↗ Temperatur (W = warm, K = kalt) und ↗ Niederschlag (N = naß, T = trocken) gekennzeichnet wird, und zwar als ↗ Anomalie gegenüber dem mittleren, »glatten« Verlauf des entsprechenden ↗ Jahresgangs (Abb.). Witterungsregelfälle der Temperatur lassen sich damit auch als »für die Jahreszeit relativ warm bzw. relativ kalt« kennzeichnen. Beispielsweise sind die ↗ Eisheiligen, ein kalter und zugleich trockener Witterungsregelfall, der aber in den letzten Jahrzehnten durch den konkurrierenden und nunmehr häufiger auftretenden warm-trockenen Witterungsregelfall des Spätfrühlings (17.–18.5.) abgelöst worden ist, oder die kalte und nasse ↗ Schafskälte (10.–12.6.)

Witwatersrand Gold-Uran-Seifenlagerstätte

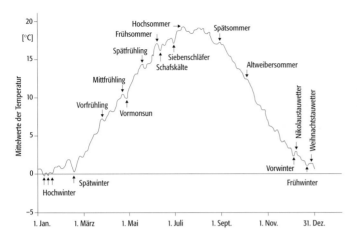

Witterungsregelfall: mittlerer Jahresgang 1949–1985 der bodennahen Lufttemperatur in Frankfurt a. M. (dreitägig übergreifend gemittelt) mit Angabe einiger Witterungsregelfälle (Singularitäten), die als Abweichungen vom »glatten« Verlauf des Jahresgangs in Erscheinung treten.

Witwatersrand Gold-Uran-Seifenlagerstätte 1: das Witwatersrand-Becken und die Lage der wichtigsten Goldfelder.

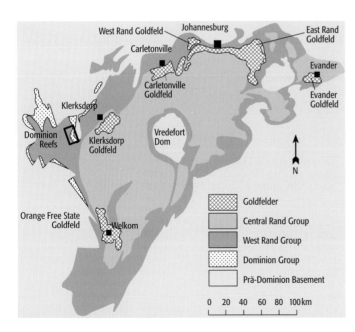

oder der warme und trockene ↗Altweibersommer (25.–26.9.). Witterungsregelfälle sind stets mit dem Eintreten entsprechender ↗Großwetterlagen verbunden, die sie hervorrufen. Ihr typischer Ablauf im Jahresgang läßt sich in einem *Singularitätenkalender* festhalten, wobei allerdings das Eintrittsdatum etwas variiert und Witterungsregelfälle keinesfalls immer, sondern nur in gewisser, im einzelnen unterschiedlicher Häufigkeit und Intensität auftreten. Zum Teil gehen sie auf jahrhundertelange Erfahrungen zurück, wie sie sich in den ↗Bauernregeln erhalten haben. [CDS]

Witwatersrand Gold-Uran-Seifenlagerstätte, Lagerstätte in Südafrika, welche die größte bekannte Goldanreicherung der Erde enthält, daneben treten bedeutende Uranvorkommen auf. Seit Entdeckung der Witwatersrand-Lagerstätte im Jahre 1886 wurden insgesamt rund 47.000 Tonnen Gold gefördert. Die Urangesamtproduktion der Jahre 1952 bis 1987 betrug 125.600 Tonnen U_3O_8. Der Witwatersrand gehört zum Typ der *pyritischen Gold-Uran-Paläoseifen* (↗Seifen), die überwiegend mit Quarzgeröllkonglomeraten assoziiert sind, ebenso wie die Lagerstätten des Blind River Districts (Elliot Lake) in Kanada sowie der Serra de Jacobina in Bahia (Brasilien). Ähnliche, aber derzeit unwirtschaftliche Vorkommen gibt es auf den meisten archaischen und paläoproterozoischen ↗Schilden, so z. B. in den Vereinigten Staaten, Indien und Australien. Alle sind älter als ca. 2,35 Mrd. Jahre.

Das Witwatersrand-Becken umfaßt eine Fläche von rund 52.000 km² und liegt auf dem Kaapvaal-Kraton im nordöstlichen Südafrika. Es ist oval, seine Abmessungen betragen 350 × 250 km, seine lange Achse streicht NE-SW. Das Becken enthält fast 18.000 m Sedimente und untergeordnet Vulkanite: Die Abfolge (früher auch als Witwatersrand-Triade bezeichnet) beginnt mit der 3,07 Mrd. Jahre alten Dominion Group (2700 m mächtig), gefolgt von der 2,91 Mrd. Jahre alten Witwatersrand Supergroup, die aus der überwiegend marinen, 4700 m mächtigen West Rand Group und der 2400 m mächtigen Central Rand Group besteht, die durch subaerisch abgelagerte, detritische Sedimente gekennzeichnet ist und aus der der überwiegende Teil des Witwatersrand Goldes gewonnen wird. Der hangendste Teil der Abfolge ist die vorzugsweise vulkanische, 2,71 Mrd. Jahre alte Ventersdorp Supergroup, die 7800 m Mächtigkeit erreicht.

Das Witwatersrand Gold wird in sechs Goldfeldern abgebaut, die überwiegend an der Nordwestflanke des ehemaligen Witwatersrand-Beckens liegen (Abb. 1): Orange Free State Goldfield, Klerksdorp Goldfield, Carletonville Goldfield, West Rand Goldfield, East Rand Goldfield und Evander Goldfield. Letzteres liegt in einem kleinen Spezialbecken nordostwärts des eigentlichen Witwatersrand-Beckens. Abgebaut werden überwiegend Konglomerathorizonte der Central Rand Group, untergeordnet auch dünne Kerogenlagen, die als fossile Algenmatten gedeutet werden. Im Prinzip stellt jedes Goldfeld einen ↗alluvialen Schuttfächer dar, der sich dort bildete, wo ein Fluß aus dem Hinterland in das Witwatersrand-Becken mündete (Abb. 2). Es entstand ein Delta mit einer Vielzahl von verästelten kleinen Flußkanälen. Die enormen Sedimentmächtigkeiten zeigen an, daß es an der Nordwestflanke wiederholt zu Absenkungen des Witwatersrand-Beckens bei gleichzeitiger Heraushebung des Hinterlandes kam. Dadurch wurden die proximalen Bereiche der Schuttfächer wiederholt erodiert und resedimentiert, während die mittleren und distalen Partien erhalten blieben. In Flußkanälen mit relativ hoher Transportenergie kam es zum Transport und zur Ablagerung von Geröllen und Kiesen, ebenso wie zu bevorzugter Anreicherung der Schwerminerale, insbesondere Gold und ↗Uraninit. Dabei fand eine hydraulische Sortierung der verschiedenen Schwerminerale in Abhängigkeit von ihrem spezifischen Gewicht und ihrer Korngröße statt. Derartige Kanäle stellen die heute bevorzugt abgebauten »payshoots« dar. Die feinkörnigen Fraktionen wurden in Bereichen zwischen den Haupttransportkanälen sowie in den distalen Partien der alluvialen Schuttfächer sedimentiert. Dort entwickelten sich auch Matten von primitiven, algenähnlichen Organismen, die möglicherweise mechanisch und/oder chemisch Gold- und Uraninitpartikel konzentrieren konnten und aus denen die heute abgebauten Kerogenlagen hervorgingen.

Die pyritischen gold- und uranführenden Konglomerate sind oligomikt. Sie enthalten überwiegend gut gerundete, milchig-weiße Quarzgerölle, daneben auch Gerölle von ↗Chert, silifiziertem Schiefer, Vulkaniten, Porphyr und gebänderten Eisenformationen (↗Banded Iron Formation). Über 50 verschiedene Schwerminerale sind in der Witwatersrand Gold-Uran-Seifenlagerstätte identifiziert worden. Pyrit ist mit Abstand am meisten verbreitet; er macht ca. 3 Vol.-% der Konglomeratlagen aus, stellt über 90 % der Schwerminerale und liegt in fünf verschiedenen Varietäten vor: a) allogener detritischer Pyrit, b) poröser, synsedimentärer Pyrit, der wahrscheinlich etwa in situ als Pyritschlamm entstanden ist, c) Verdrängungspyrit, hauptsächlich von Chert- und Schiefergeröllen, d) ↗authigener, diagenetisch und/oder metamorph gebildeter Pyrit, e) spät-hydrothermaler Pyrit in sekundären Gängchen. In der Regel kommen nicht alle fünf Pyritvarietäten zusammen vor. Es gibt keine Anzeichen dafür, daß ↗Verdrängungen von Pyrit nach Eisenoxiden wie ↗Magnetit und/oder ↗Hämatit stattgefunden haben. Dagegen sind alterierte detritische Titanminerale in Form von zusammengesetzten Rutil-Anatas-Aggregaten verbreitet, sie sind anscheinend aus ↗Ilmenit entstanden.

Neben Pyrit treten an Sulfiden die Minerale Kobaltglanz sowie Arsenopyrit auf, die lokal bis zu 20 % der Schwermineralfraktion ausmachen können. Kobaltglanzkörner zeigen innerhalb eines Anschliffs deutlich unterschiedliche chemische Zusammensetzung, ein sicheres Anzeichen dafür, daß sie allogener, detritischer Herkunft sind und nicht in situ durch hydrothermale Lösungen gebildet wurden. Uraninit tritt in Form von runden Körnern sowie gerundeten Kristallen auf, er führt bis zu einigen Prozent Thorium, aber konstant niedrige Yttrium- und Seltenerd-Gehalte. Chromitkörner zeigen unterschiedliche Zusammensetzung. Generell sind die Witwatersrand-Chromite jedoch eisenreich und lassen auf eine Herkunft aus ↗mafischen und ↗ultramafischen Gesteinen archaischer ↗Grünsteingürtel schließen. Zirkon ist ein verbreitetes Schwermineral. Zeitweilig von ökonomischem Interesse waren Diamanten in der Schwermineralfraktion des Witwatersrandes, ebenso wie ↗Platinoide, die fast ausschließlich aus dem Evander Goldfeld stammen.

Nur wenige Witwatersrand-Konglomerate führen mehr als 10 ppm (= parts per million) Gold. Die Goldpartikel weisen nur selten eine eindeutig detritische Morphologie auf. Dafür könnten ihre

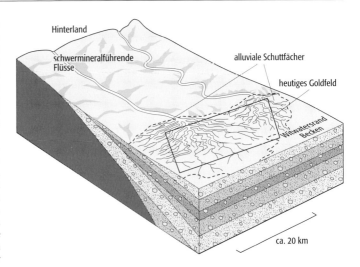

Witwatersrand Gold-Uran-Seifenlagerstätte 2: Schema des Ablagerungsmilieus der Witwatersrand Gold-Uran-Seifen in alluvialen Schuttfächern am Nordwestrand des Witwatersrand-Beckens.

geringe Korngröße, die lediglich Transport in Suspension erlaubte, und/oder metamorphe ↗Rekristallisation verantwortlich sein. Die Goldpartikel führen im Durchschnitt ca. 10 % und gelegentlich bis zu 30 % Silber (↗Feinheit); dieses ist homogen in den jeweiligen Körnern verteilt. Neben den Schwarzsandmineralen (↗Schwarzsand) Magnetit und Hämatit fehlen in den Witwatersrand-Sedimenten (im Vergleich zu rezenten Seifenlagerstätten) Carbonate sowie Feldspäte, Pyroxene und Amphibole. Der hohe Reifegrad der Witwatersrand-Sedimente (Central Rand Group) wird auf wiederholte Wiederaufarbeitung sowie auf aggressive chemische Verwitterung im Hinterland zurückgeführt.

Die enge räumliche und genetische Beziehung zwischen Gold und einer ganzen Reihe von sedimentären Parametern – insbesondere die Vergesellschaftung mit anderen Schwermineralen wie Zirkon, Rutil, Chromit etc. – war den meisten Bearbeitern der Witwatersrand Gold-Uran-Seifenlagerstätte bereits frühzeitig aufgefallen. Diese wird daher heute überwiegend als schwach metamorph überprägte Paläoseife (↗fossile Seife) angesehen. Hydrothermal-epigenetische Entstehungstheorien werden und wurden jedoch immer wieder vorgebracht, ebenso wie solche, die besagen, das Gold sei in Lösung in das Witwatersrand-Becken transportiert und dann ausgefällt worden. Im Vergleich zu erdgeschichtlich jüngeren oder rezenten Seifenlagerstätten weist die Witwatersrand Gold-Uran-Seifenlagerstätte einige Besonderheiten auf, so z. B. die Dominanz von Pyrit als Schwermineral, das Fehlen der Schwarzsandminerale Magnetit und Hämatit, das Vorliegen von Uraninit als Schwermineral, das Vorhandensein von Kerogen (in Form von Säumen und Partikeln) und die für alluviales Gold untypischen hohen Silbergehalte. Derartige Unterschiede werden mit der Tatsache, daß die Bildung der Witwatersrand-Lagerstätte vor der ca. 2,45–2,22 Mrd. Jahre alten ↗Oxyatmoversion stattfand, in Verbindung gebracht, d. h. sie werden auf das Fehlen von freiem Sauerstoff in der archaischen und paläoproterozoischen Erdatmosphäre zurückgeführt. Problematisch ist bis heute die primäre Herkunft der immensen Mengen an Gold, die im Witwatersrand-Becken abgelagert wurden. Unter anderem wurden als Primärlagerstätten archaische, in gescherten Grünsteinen auftretende ↗Goldquarzgänge, goldangereicherte gebänderte Eisenformationen, goldführende Porphyrintrusionen sowie hydrothermal alterierte Granite vorgeschlagen. Keiner dieser vorgeschlagenen ↗Metallotekten für das primäre Gold der Witwatersrand-Lagerstätte hat verbreitete Akzeptanz gefunden. Viele Bearbeiter nehmen ein nichtaktualistisches Szenario (↗Aktualismus) für die Primärherkunft des Goldes an. [WH]

WLRS, <u>W</u>ettzell <u>L</u>aser <u>R</u>anging <u>S</u>ystem, Laserentfernungsmeßsystem der ↗Fundamentalstation Wettzell, das sowohl Entfernungsmessungen zu Satelliten (SLR) als auch Entfernungsmessungen zum Mond (LLR) erlaubt.

WMO, <u>W</u>orld <u>M</u>eteorological <u>O</u>rganization, ↗Weltorganisation für Meteorologie.

Wocklum, regional verwendete stratigraphische Bezeichnung für die oberste Stufe des Oberdevons (↗Devon) im Rheinischen Schiefergebirge, früher vielfach als Unterstufe dem ↗Dasberg zugeordnet, benannt nach dem Wocklumberg (Sauerland). ↗geologische Zeitskala.

Wogenwolken, 1) Leewellen-Wolken: im Lee von Gebirgen entstehende Wolken, hervorgerufen durch Wellenbildung beim Überströmen von starkem Wind über das Gebirgs-Hindernis (Abb. 1 im Farbtafelteil und ↗Leewelle Abb. im Farbtafelteil). Im Bereich der Wellenberge verursacht aufsteigende Luftbewegung bei ausreichender Luftfeuchtigkeit Lenticularis-Wolken (↗Föhn), die sich parallel zum Hindernis ausrichten und die mehrfach übereinandergeschichtet sein können.
2) Helmholtz-Wogenwolken: nach Helmholtz benannte, durch abrupte Dichteänderungen hervorgerufene Wellen vor allem in der oberen Troposphäre, insbesondere in der Nähe der Tropopause (↗Atmosphäre). Sie entstehen bei raschen horizontalen und vertikalen Temperatur- und/oder Windänderungen. Helmholtz-Wogenwolken sind bei ausreichender ↗Luftfeuchte gekennzeichnet durch wogenförmige, zum Teil hakenförmig überschlagende Wolken im Cirrus-Niveau, manchmal auch im Altocumulus-Niveau (↗Wolkenklassifikation) (Abb. 2 im Farbtafelteil). [WW]

Wohnbau, *Domichnion*, ↗Spurenfossilien.

Wohngrün, ↗Grünflächen in unmittelbarer Nähe des ↗Wohnumfeldes zwischen Häusern, Bauzeilen oder innerhalb Baublöcken. Das Wohngrün hat primär Erschließungsfunktion, dient aber auch als Spiel- und Aufenthaltsort und hat ausgleichende stadtökologische Funktionen (↗Stadtökologie). Zudem steigert das Wohngrün bei entsprechender Gestaltung den Wohnwert des Wohnumfeldes (z. B. Sichtschutz).

Wohnumfeld, in unmittelbarer Nähe gelegene Außenbereiche der Wohnstätten. Es umfaßt in der städtischen Siedlung die ↗Freiräume, ↗Grünflächen, aber auch Straßenräume und andere Flächen gehören dazu. Das Wohnumfeld spielt für das Wohlbefinden der Stadtbewohner eine wichtige Rolle, trotzdem wurde ihm bei der Stadtplanung nicht der entsprechende Stellenwert beigemessen. Dies trug zur Unwirtlichkeit des städtischen ↗Lebensraumes und somit zur ↗Stadtflucht bei. Die integrativ ausgelegte ↗Stadtökologie versucht solche Mißstände aufzudecken und zur Problemlösung beizutragen.

Wölbungszentren, durch sich beim Gefriervorgang ausdehnendes Porenwasser gebildete aufgewölbte Zentren netzförmiger ↗Frostmusterböden, z. B. ↗Steinnetze, ↗Steinringe, ↗Steinpolygone. Die Wölbungszentren bestehen zumeist aus Feinerdematerial, während größere Steine radial nach außen bewegt werden.

Wolfram, chemisches Element aus der VI. Nebengruppe des ↗Periodensystems (Chormgruppe); Schwermetall; Symbol W; Ordnungszahl 74; Atommasse 183,85; Wertigkeit: meist VI, daneben auch V, IV, III, II, 0; Dichte: 19,26 g/cm^3. Wolframhaltige Erze waren schon seit langer Zeit den alten Bergleuten bekannt; der Name findet sich bereits bei Lazarus Ercker 1574. K.W. Scheele fand 1781 im Scheelit die Säure eines neuen Elementes und 1785 wurde es von J. J. und F. D'Elhuiar aus dem Wolframit isoliert. Seit 1847 datiert seine industrielle Verwertung, während 1900 erstmalig Werkzeuge aus Wolframstahl hergestellt wurden. Am Aufbau der Erdkruste ist Wolfram mit $1,3 \cdot 10^{-4}$ % beteiligt.

Wolframate, Wolframminerale der ↗Mineralklasse der ↗Sulfate, zu der auch die ↗Chromate und ↗Molybdate gehören und in deren Kristallstruktur stets ein sechswertiges Kation S^{6+}, Cr^{6+}, Mo^{6+} oder W^{6+} tetradrisch von O umgeben ist. Wirtschaftlich bedeutend ist vor allem der Scheelit ($CaWO_4$). ↗Wolframminerale.

Wolframit ↗Wolframminerale.

Wolframlagerstätten, Vererzungen mit vorzugsweise Wolframit ((Fe, Mn)WO_4) (↗Wolframminerale) und/oder Scheelit ($CaWO_4$), meist in Verwachsung mit anderen Erzmineralien in einer Reihe unterschiedlicher Lagerstättenausbildung in ↗Skarnen (z. B. Tasmanien, Kanada), in hydrothermalen Gängen (z. B. in der bolivianischen Zinnprovinz), in ↗stratiformen exhalativen Oxidlagerstätten (in paläozoischen Serien der Ostalpen mit Europas größter Wolframlagerstätte in Mittersill), als Beiprodukt in manchen ↗porphyrischen Molybdänlagerstätten (z. B. Climax in Colorado), ↗Pegmatiten und ↗Seifen.

Wolframminerale, Minerale, die ↗Wolfram enthalten, wobei zu den wichtigsten *Wolframit* gehört; darunter werden die Glieder der lückenlosen Mischkristallreihe des Fe- und Mn-Wolframats verstanden, deren Endglieder *Ferberit* (FeWO_4) und *Hübnerit* (MnWO_4) heißen. Diese Endglieder (bis etwa 20 % der anderen Komponente) finden sich vorwiegend in niedrigtemperierten Gängen (epi- bis mesothermal), während in katathermalen Gängen das Verhältnis FeO:MnO = 1 : 0,2–0,5 ist und in Pegmatiten auf 1 : 1, in Greisenzonen auf 1 : 1,5 ansteigt. Das Mineral ist halbmetallisch, schwarz bis braun mit hoher Dichte. Die Kristalle sind tafelig.

Wolframit	(Fe, Mn) WO$_4$	monoklin	76 % WO$_3$
Scheelit	Ca WO$_4$	tetragonal	80 % WO$_3$
Stolzit	Pb WO$_4$	tetragonal	51 % WO$_3$
Tungstit	WO$_2$(OH)$_2$	rhombisch	93 % WO$_3$
Tungstenit	WS$_2$	hexagonal	93 % WO$_3$

Der *Scheelit*, auch *Tungstein* (von schwedisch tung = schwer) genannt, ist grauweiß bis gelblich und unscheinbar, aber durch sein hohes spezifisches Gewicht auffallend. Kristalle sind meist pyramidal. Scheelit verdrängt häufig den Wolframit, und es existieren Pseudomorphosen nach Wolframit und umgekehrt. Bei Bestrahlung mit Ultraviolettlicht tritt eine lebhafte, hellblaue ↗Lumineszenz auf, so daß die UV-Lampe zu einem wichtigen Hilfsmittel der Scheelitprospektion geworden ist. Das Mo vermag W im Gitter zu ersetzen, so daß eine Mischkristallreihe zwischen Scheelit und Powellit (CaMoO$_4$) existiert.
Tungstit (Wolframocker) ist das häufigste Verwitterungsprodukt von Wolframit und Scheelit und bildet gelbe, feinkristalline Überzüge. Tungstenit ist dem Molybdänglanz ähnlich, Stolzit entspricht kristallographisch dem Scheelit; beide sind sehr selten (Tab.). [GST]

Wolken, sichtbare Kondensationsprodukte des ↗Wasserdampfes (Wassertröpfchen oder ↗Eiskristalle), in großer Konzentration in der Luft schwebend.

Wolkenart, bezeichnet das Aussehen und die Kompaktheit der ↗Wolkengattungen näher, z. B. fibratus = faserig, lenticularis = linsenförmig (Tab.). Die Wolkenunterart kennzeichnet die Form noch näher, z. B. radiatus = strahlenförmig oder duplicatus = verdoppelt, zweischichtig. Die meisten dieser Wolken können noch Wolkensonderformen aufweisen, z. B. virga = mit ↗Fallstreifen oder pileus = mit Kappe. ↗Wolkensymbole Abb. 1–27 im Farbtafelteil.

Wolkenatlas, im Jahre 1956 von der ↗Weltorganisation für Meteorologie herausgegebene Zusammenstellung von international charakteristischen Wolkenfotos und dazugehörigen Erläuterungen. Der Wolkenatlas enthält die für die ↗synoptische Wetterbeobachtung verbindlichen Beschreibungen und Definitionen aller Wolken und deren Beobachtungs- und Verschlüsselungsvorschriften, ebenso Klassifikation und Definitionen von Elektrometeoren, ↗Hydrometeoren, ↗Lithometeoren und Photometeoren; neu aufgelegt und in deutscher Sprache 1990 vom ↗Deutschen Wetterdienst herausgegeben.

Wolkenaufzug, *Aufzug*, typischer Ablauf beim Heranziehen einer ↗Warmfront. Zunächst erscheinen Hohe Wolken (Cirrus), die den Himmel nach und nach überziehen, nachfolgend Mittelhohe Wolken (Altostratus) und schließlich Tiefe Wolken (Nimbostratus), die Niederschlag bringen. ↗Wolkenklassifikation.

Wolkenband, langgestreckte, oft Hunderte von Kilometern lange, aber nur wenige Kilometer breite Wolkenfelder, die meist ↗Fronten kennzeichnen und in ↗Satellitenbildern besonders gut erkennbar sind.

Wolkenbank, langgestreckte, meist flache Wolkenschicht in der Nähe des Himmelshorizonts.

Wolkenbasis, *Wolkenuntergrenze*, Höhenlage der Untergrenze von einzelnen Wolken oder auch von Wolkenschichten. In der Flugmeteorologie wird die Wolkenbasis als Ceiling (Hauptwolkenuntergrenze) bezeichnet, wenn wenigstens die Hälfte des Himmels mit Wolken überzogen ist.

Wolkenbildung, die Entstehung von ↗Wolken durch ↗Kondensation von ↗Wasserdampf und Bildung von ↗Wolkentröpfchen. Allgemeine Voraussetzung der Wolkenbildung ist ↗Übersättigung der Luft durch ↗Abkühlung. Bei hinreichender ↗Luftfeuchte können drei Prozesse zur Wolkenbildung führen: a) Abkühlung durch ↗Hebung der Luft; räumliche Ausdehnung, Stärke und Andauer des Vertikalwindfeldes bestimmen Größe und Lebensdauer der Wolke, isolierte konvektive Aufwinde (↗Konvektion) führen zu Cumulus- und Cumulonimbuswolken (↗Wolkenklassifikation); b) Abkühlung durch langwellige Ausstrahlung; führt am Erdboden zu ↗Nebel und an der Wolkenobergrenze zur ↗Labilisierung der Schichtung und damit zu einer verlängerten Lebensdauer der Wolke; c) Mischung von kalter und feuchter Luft, z. B. Mischungsnebel (↗Nebelarten) über Wasserflächen. Entscheidend für die Mächtigkeit der Wolke ist die Erhöhung des Auftriebs durch die freigesetzte Kondensationswärme. Wolkenauflösung liegt vor, wenn alle Wolkenpartikel verdunstet sind oder die Wolke nicht mehr als Ganzes erkennbar ist (Wolkenfetzen). Dazu tragen bei: a) Vermischen von Wolkenluft mit trockener Umgebungsluft (↗Entrainment), insbesondere durch ↗Turbulenz und ↗Scherung, b) Versiegen des Aufwindes mit auftriebsbehafteter, feuchter Luft, c) Ausfallen des Niederschlages und d) Absinken der Umgebungsluft mit einhergehender Erwärmung und Stabilisierung. Eiswolken (Cirren) bilden sich analog zu Wasserwolken bei Eisübersättigung. Allerdings kann die Wolkenbildung durch Fehlen geeigneter ↗Eiskeime eine Übersättigung von mehreren hundert Prozent erforderlich machen. [TH]

Wolframminerale (Tab.): wichtige Wolframminerale.

Wolkenbruch: Diagramm zu maximalen Niederschlagsmengen pro Zeiteinheit: Die obere Gerade gibt die maximalen Werte für die ganze Erde, die untere für Mitteleuropa an. Für Berlin-Dahlem liegen alle Werte bei Regendauern von mehr als fünf Stunden deutlich unter dieser Geraden.

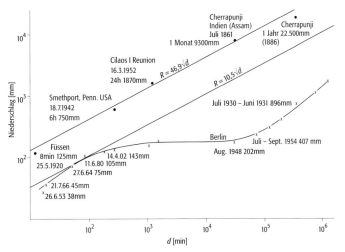

Wolkenbildung

Wolkengattung	Wolkenart		Wolkenunterart		Sonderformen und Begleitwolken	
Cirrus (Ci): isolierte Wolken, zarte Fäden, dichtere Flecken; weiß, faserig; seidiger Glanz	fibratus (fib) unicinus (unc) spissatus (spi) castellanus (cas) floccus (flo)	= faserig = haken-, krallenförmig = dicht = türmchenförmig = flockenförmig	intortus (in) radiatus (ra) vertebratus (ve) duplicatus (du)	= verflochten = strahlenförmig = grätenförmig = doppelschichtig	mamma (mam)	= mit beutelförmigen Auswüchsen
Cirrocumulus (Cc): Flecken, Felder, Schichten; weiß, körnig, gerippelt	stratiformis (str) lenticularis (len) castellanus (cas) floccus (flo)	= schichtförmig = linsen-, mandelförmig = türmchenförmig = flockenförmig	undulatus (un) lacunosus (la)	= wogenförmig = durchlöchert	virga (vir) mamma (mam)	= mit Fallstreifen = mit beutelförmigen Auswüchsen
Cirrostratus (Cs): weißliche Schleier, faserig oder glatt	fibratus (fib) nebulosus (neb)	= faserig = nebelartig	duplicatus (du) undulatus (un)	= doppelschichtig = wogenförmig		
Altocumulus (Ac): weißliche bis graue Flecken, Felder, Schichten; mosaikartig, wogenförmig, Eigenschatten	stratiformis (str) lenticularis (len) castellanus (cas) floccus (flo)	= schichtförmig = linsen-, mandelförmig = türmchenförmig = flockenförmig	translucidus (tr) perlucidus (pe) opacus (op) duplicatus (du) undulatus (un) radiatus (ra) lacunosus (la)	= durchscheinend = durchsichtig (Lücken) = nicht durchscheinend = doppelschichtig = wogenförmig = strahlenförmig = durchlöchert	virga (vir) mamma (mam)	= mit Fallstreifen = mit beutelförmigen Auswüchsen
Altostratus (As): manchmal bläuliche, meist graue, einförmige Wolkenschicht			translucidus (tr) opacus (op) duplicatus (du) undulatus (un) radiatus (ra)	= durchscheinend = nicht durchscheinend = doppelschichtig = wogenförmig = strahlenförmig	virga (vir) praecipitatio (pra) pannus (pan) mamma (mam)	= mit Fallstreifen = mit Niederschlag = mit Fetzen = mit beutelförmigen Auswüchsen
Nimbostratus (Ns): Graue bis dunkle Wolkenschicht					praecipitatio (pra) virga (vir) pannus (pan)	= mit Niederschlag = mit Fallstreifen = mit Fetzen
Stratocumulus (Sc): graue, teils weißliche Flecken, Felder, Schichten; mosaikartig, wogenförmig; Eigenschatten	stratiformis (str) lenticularis (len) castellanus (cas)	= schichtförmig = linsen-, mandelförmig = türmchenförmig	translucisus (tr) perlucidus (pe) opacus (op) duplicatus (du) undulatus (un) radiatus (ra) lacunosus (la)	= durchscheinend = durchsichtig (Lücken) = nicht durchscheinend = doppelschichtig = wogenförmig = strahlenförmig = durchlöchert	mamma (mam) virga (vir) praecipitatio (pra)	= mit beutelförmigen Auswüchsen = mit Fallstreifen = mit Niederschlag
Stratus (St): durchweg graue, einförmige Schicht	nebulosus (neb) fractus (fra)	= nebelartig = zerrissen	opacus (op) translucidus (tr) undulatus (un)	= nicht durchscheinend = durchscheinend = wogenförmig	praecipitatio (pra)	= mit Niederschlag
Cumulus (Cu): Einzelwolke mit Vertikalentwicklung, bei scharfen Rändern glänzend weiß; teils blumenkohlartig geformte Gipfel	humilis (hum) mediocris (med) congestus (con) fractus (fra)	= wenig entwickelt = mittelgroß = mächtig aufquellend = zerrissen	radiatus (ra)	= strahlenförmig	pileus (pi) velum (vel) virga (vir) praecipitatio (pra) arctus (arc) pannus (pan) tuba (tub)	= mit Kappe = mit Schleier = mit Fallstreifen = mit Niederschlag = mit Böenkragen = mit Fetzen = mit Wolkenschlauch
Cumulonimubus (Cb): vertikal sehr mächtige Wolke; Ränder schlierig, streifig; Gipfel glatt oder ausgefranst, gelegentlich amboßförmig, Basis dunkel; teils drohendes Aussehen	calvus (cal) capillatus (cap)	= kahl (nicht faserig) = behaart (faserig)			praecipitatio (pra) virga (vir) pannus (pan) incus (inc) mamma (mam) pileus (pil) velum (vel) arcus (arc) tuba (tub)	= mit Niederschlag = mit Fallstreifen = mit Fetzen = mit Amboß = mit beutelförmigen Auswüchsen = mit Kappe = mit Schleier = mit Böenkragen = mit Wolkenschlauch

Wolkenbruch, extrem ergiebiger, jedoch örtlich begrenzter Regenguß aus Cumulonimbuswolken von nur kurzer Dauer, oft zusammen mit ↗Gewitter und ↗Hagel. Während eines Wolkenbruches sind in Mitteleuropa als Extremfall 125 l/m² in acht Minuten (Füssen, 1920) gemessen worden, im Durchschnitt (Abb. S. 447 untere Kurve) fallen bis zu 50 l/m² in 20 und bis zu 100 l/m² in 90 Minuten. In den Tropen sind als Extremfall auf Réunion (Indischer Ozean) innerhalb von 24 Stunden 1870 l/m² gemessen worden.

Wolkencluster, *cloud cluster*, *Wolkenbüschel*, Zusammenballung von oft ↗Gewitter enthaltenden ↗Konvektionswolken, die in Mitteleuropa einige hundert, in den Tropen auch tausend Kilometer umfassen können (Abb. im Farbtafelteil). Sie entstehen in ↗Konvergenzzonen, in den Tropen im Bereich der ↗Innertropischen Konvergenzzone. Sie sind dort auch an der Bildung von ↗tropischen Wirbelstürmen beteiligt.

Wolkendecke, meist einförmige Wolkenschicht (z. B. Stratocumulus), die den Himmel nicht gänzlich bedeckt. ↗Wolkenklassifikation, ↗Wolkenart.

Wolkenelemente, durch ↗Kondensation, ↗Sublimation bzw. ↗Resublimation an ↗Kondensationskernen entstehende ↗Wolkentröpfchen bzw. ↗Eiskristalle. Sie gehören zu den ↗Hydrometeoren.

Wolkenfamilien, *Wolkenstockwerke*, Einteilung der Wolken nach ihrer Höhenlage in der ↗Atmosphäre. Vier Wolkenfamilien werden unterschieden: a) Tiefe Wolken (Stratocumulus, Stratus), b) Mittelhohe Wolken (Altocumulus), c) Hohe Wolken (Cirrus, Cirrostratus), d) Wolken mit großer Vertikalerstreckung (Cumulus, Cumulonimbus). ↗Wolkenklassifikation.

Wolkengattung, *Hauptwolkentypen*, ↗Wolkenklassifikation.

Wolkenhöhe, die Höhe der Wolken über einem Bezugsniveau. Die Messung der Wolkenhöhe erfolgt optisch mit einem Wolkenspiegel oder mit Hilfe eines ↗Ceilometers.

Wolkenklassifikation, Einteilung der Wolken nach genetischen (↗genetische Wolkenklassifikation) oder morphologischen Gesichtspunkten (Abb. im Farbtafelteil). Die von der ↗Weltorganisation für Meteorologie international verbindliche Klassifikation geht zurück auf die ↗Howardschen Wolkenklassen und unterscheidet die Wolken nach ihrer charakteristischen Erscheinungsform (= morphologisch) und nach ihrer Höhenlage in der ↗Atmosphäre (↗Wolkenfamilien). Die Wolkenklassifikation umfaßt zehn Hauptwolkentypen, die *Wolkengattungen* genannt werden (↗Wolkenart):

a) *Cirrus*, [von lat. cirrus = Federbüschel, Franse], Abkürzung Ci, gehört zur Wolkenfamilie der Hohen Wolken. Ci treten als weiße zarte Fäden, weiße Flecken oder schmale Bänder auf. Sie haben eine faserige, haarähnliche Form und oft einen seidigen Schimmer;

b) *Cirrocumulus*, [von lat. cirrus = Federbüschel, Franse und cumulus = Haufen], Abkürzung Cc, gehört zu den Hohen Wolken. Cc sind dünne weiße Flecken, Felder oder Schichten von Wolken ohne Schattenwurf, die aus sehr kleinen, körnig und/oder gerippt aussehenden, miteinander verwachsenen oder auch einzelnen Teilen bestehen können. Sie sind recht selten;

c) *Cirrostratus*, [von lat. cirrus = Federbüschel, Franse und stratus = Schicht], Abkürzung Cs, gehört zur Wolkenfamilie der Hohen Wolken. Cs sind durchscheinende, weißliche Wolkenschleier mit faserigem oder glattem Aussehen, die den Himmel teilweise oder ganz überziehen und oft auch Halo-Erscheinungen (↗Halo) hervorrufen;

d) *Altocumulus*, [von lat. altus = hoch und cumulus = Haufen], Abkürzung Ac, gehört zur Wolkenfamilie der Mittelhohen Wolken. Ac bestehen aus weißen und/oder grauen Feldern, Schichten oder Flecken von Wolken, meistens mit Schattenwurf. Sie bestehen aus schuppenartigen Teilen, Ballen, Walzen oder ähnlichem, die faserig und/oder diffus aussehen und zusammengewachsen sein können;

e) *Altostratus*, [von lat. altus = hoch und stratus = Schicht], Abkürzung As, gehört zu den Mittelhohen Wolken. As bestehen aus grauen und/oder bläulichen Wolkenfeldern oder -schichten von faserigem, streifigem oder einförmigem Aussehen, die den Himmel teilweise oder ganz bedecken und stellenweise gerade so dünn sind, daß sie die Sonne oder den Mond zumindest schwach – wie durch Milchglas – erkennen lassen;

f) *Nimbostratus*, [von lat. nimbus = Regenwolke und stratus = Schicht], Abkürzung Ns, gehört zur Wolkenfamilie der Mittelhohen Wolken. Ns bestehen aus grauen, meist dunklen Wolkenschichten; dabei fällt zum Teil andauernder Niederschlag, Sonne oder Mond sind nicht erkennbar und die Wolken erscheinen diffus. Unterhalb der Ns-Wolkenschicht sind häufig sehr tief herabhängende Wolkenfetzen, manchmal bis in Bodennähe, zu beobachten;

g) *Stratocumulus*, [von lat. stratus = Schicht und cumulus = Haufen], Abkürzung Sc, gehört zur Wolkenfamilie der Tiefen Wolken. Sc bestehen aus grauen und/oder weißlichen Feldern oder Schichten von Wolken, die fast immer dunkle Stellen aufweisen. Sie können wie mosaikartige Schollen oder wie Ballen oder Walzen aussehen, die keine faserige Struktur aufweisen und zusammengewachsen sein können;

h) *Stratus*, [von lat. stratus = Schicht], Abkürzung St, gehört zur Wolkenfamilie der Tiefen Wolken. St bestehen aus einer durchgehend grauen Wolkendecke mit einförmiger Untergrenze, aus der Niederschlag in Form von ↗Niesel oder ↗Schneegriesel fallen kann. Falls sie dünn genug sind, können Sonne oder Mond klar umrissen erkannt werden. Am Boden aufliegender Stratus ist ↗Nebel (↗Hochnebel);

i) *Cumulus*, [von lat. cumulus = Haufen], Abkürzung Cu, gehört zur Wolkenfamilie mit großer Vertikalerstreckung. Ihre Basis liegt im Bereich der Tiefen Wolken. Cu sind einzelstehende, durchweg dichte und scharf abgegrenzte haufenartige Wolken, die sich vertikal entwickeln.

Wolkenart (Tab): Wolkenarten und -unterarten sowie Sonderformen nach WMO-Standard.

wolkenlos

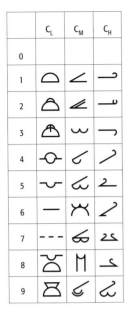

Wolkensymbole (Tab): die 27 Wolkensymbole und ihre Zuordnung; hierbei bedeutet in der Spalte C_L: 1 = Cumulus humilis, 2 = Cumulus mediocris, 3 = Cumulonimbus calvus, 4 = Stratocumulus cumulogenitus, 5 = Stratocumulus (nicht durch Ausbreitung von Cumulus entstanden, häufigste Wolke Mitteleuropas), 6 = Stratus nebulosus oder fractus (ohne Niederschlag), 7 = Stratus fractus oder Cumulus fractus (meist unter Nimbostratus), 8 = Cumulus und Stratocumulus (Untergrenze in verschiedenen Höhen), 9 = Cumulonimbus capillatus. Es bedeutet in der Spalte C_M: 1 = Altostratus translucidus, 2 = Altostratus opacus oder Nimbostratus, 3 = Altocumulus translucidus in nur einer Schicht, 4 = Bänke von Altocumulus translucidus (ständig sich verändernd und/oder in mehreren Höhen), 5 = Altocumulus translucidus in Banden oder mehrere Schichten von Altocumulus translucidus oder opacus, 6 = Altocumulus cumulogenitus, 7 = Altocumulus translucidus oder opacus in zwei oder mehreren Schichten, 8 = Altocumulus castellanus oder floccus, 9 = Altocumulus eines chaotisch aussehenden Himmels (Wolken meist in verschiedenen Höhen). In der Spalte C_H bedeutet: 1 = Cirrus

Der obere, emporquellende Teil der Wolken kann blumenkohlähnlich aussehen. Die Wolken erscheinen, von der Sonne beschienen, leuchtend weiß und haben eine meist scharf begrenzte, dunkle horizontale Basis;

j) *Cumulonimbus*, [von lat. cumulus = Haufen und nimbus = Regenwolke], Abkürzung Cb, gehört zur Wolkenfamilie mit großer Vertikalerstreckung. Ihre Basis liegt im Bereich der Tiefen Wolken. Cb wachsen durch alle Wolkenstockwerke hindurch. Sie sind mächtige, dichte Wolken von großer vertikaler Ausdehnung. Zumindest im oberen Teil weisen Cb glatte und/oder faserige Formen auf, und sie breiten sich oft amboßförmig seitwärts aus. Unterhalb der häufig sehr dunklen Wolkenbasis finden sich fast immer Wolkenfetzen, die mit der Hauptwolke zusammenwachsen können und manchmal kragenförmig aussehen. Cb sind die einzigen gewitter- und hagelproduzierenden Wolken. [WW]

wolkenlos, bezeichnet eine ↗Bewölkung von null Achteln; es sind also keine Wolken zu beobachten.

Wolkenobergrenze, *cloud top*, Höhenlage der oberen Begrenzung einzelner Wolken oder von Wolkenschichten.

Wolkenpartikel, alle innerhalb einer Wolke befindlichen ↗Hydrometeore in flüssiger oder fester Form, vom Aufwind (↗Konvektion) getragen oder fallend.

Wolkenphysik, Wissenschaftszweig innerhalb der ↗Meteorologie, der sich mit den physikalischen Eigenschaften von atmosphärischen ↗Wolken, der ↗Niederschlagsbildung und der Wechselwirkung von Wolken mit der ↗Atmosphäre beschäftigt. Untersucht werden die Strahlungsübertragung in Wolken (↗Strahlungsübertragungsgleichung), die Phasenwechselprozesse (↗Phasenübergänge) des Wassers und andere thermodynamische Prozesse, die Wechselwirkung der ↗Hydrometeore untereinander und optische und elektrische Phänomene. Der interessierende Größenbereich reicht von einzelnen Wolken über großräumige Wolkenfelder bis hin zu den Globus umspannenden Wolkensystemen. Die Wolkenphysik benutzt physikalische, strömungsmechanische und chemische Methoden. Forschungsinstrumente sind numerische Simulationsprogramme (↗numerische Simulation), instrumentierte Flugzeuge, ↗Radar, Windkanäle und Kaltraumlabors. [TH]

Wolkenschichten, Bereiche in der ↗Atmosphäre, in denen sich aufgrund von Hebungsvorgängen und höherer ↗Luftfeuchte Wolken, oft in mehreren Schichten, gebildet haben.

Wolkenspirale, ein in den Kern eines ↗Tiefdruckgebietes spiralförmig eindrehendes ↗Wolkenband, das im Satellitenbild gut erkennbar ist. Es handelt sich um das fortgeschrittene Stadium einer ↗Okklusionsfront eines Tiefdrucksystems.

Wolkenstraße, bänderförmige Anordnung von Cumuluswolken (↗Wolkenklassifikation) nahezu parallel zur ↗Windrichtung. Diese sind quasi Signaturen von ↗Wirbeln mit horizontaler Achse, über deren aufsteigenden Luftbewegungen

sich die Wolken bilden. Die Ursache der Ausbildung der Wirbelrollen und somit der Wolkenstraßen ist die Verknüpfung von thermischer ↗Konvektion und ↗Scherung. Wolkenstraßen werden besonders häufig bei sog. ↗Kaltluftausbrüchen über dem Meer beobachtet, wo sie sich über einige hundert Kilometer in Windrichtung erstrecken können (Abb. im Farbtafelteil).

Wolkensymbole, meteorologische Zeichen zur Kennzeichnung der ↗Wolkenarten (Abb. 1–27 im Farbtafelteil). Insgesamt 27 Symbole werden in ↗Wetterkarten genutzt. Sie werden in der Tabelle dargestellt, wobei C_L = Tiefe Wolken, C_M = Mittelhohe Wolken und C_H = Hohe Wolken bezeichnet. ↗Wolkenfamilien, ↗Wolkenklassifikation.

Wolkentröpfchen, *Wolkentropfen*, flüssige ↗Wolkenpartikel, die durch den Aufwind (↗Konvektion) in der Luft getragen werden und so zusammen eine ↗Wolke bilden. Wolkentröpfchen besitzen eine Größenverteilung mit einem mittleren Durchmesser zwischen 10 und 20 μm und einem Maximalwert von ca. 200 μm.

Wolkenuntergrenze ↗Wolkenbasis.

Wolkenzug, horizontale Bewegung (Versetzung) der Wolken am Himmel, die der Windbewegung im Wolkenniveau entspricht. Hieraus lassen sich annähernd ↗Windrichtung und ↗Windgeschwindigkeit in dieser Höhe bestimmen.

wolkig, bezeichnet eine ↗Bewölkung von vier Achteln bis sechs Achteln des Himmels mit tiefen oder mittelhohen Wolken (↗Wolkenfamilien).

Wollastonit, *Edelforse, Gillebakkit, Gjellebäkit, Grammit, Schalstein, Scharlstein, Tafelspat, Wilnit*, nach dem englischen Chemiker W. G. Wollaston benanntes Mineral mit der chemischen Formel $Ca_3[Si_3O_9]$; als Tief-Wollastonit = triklin-pinakoidal, als Hoch-Wollastonit (Para-Wollastonit) monoklin-prismatisch; Farbe: weiß, grau, gelblich, rötlich, auch blaßgrün; Glas- bis Seidenglanz; durchscheinend; Strich: weiß; Härte nach Mohs: 4,5–5 (spröd); Dichte: 2,87–3,09 g/cm³; Spaltbarkeit: vollkommen nach (100) und (001), wechselnd deutlich nach (101) und (201); Aggregate: breit- bis schmalstengelig, faserig bis feinfaserig, körnig, blätterig; Kristalle: stengelig bis tafelig; vor dem Lötrohr schwer schmelzbar; in Salzsäure vollkommene Zersetzung; Begleiter: Quarz, Granat, Vesuvian, Pyroxen, Diopsid, Fassait, Grossular; Vorkommen: hauptsächlich kontaktmetamorph in den Pyroxen-Hornfelsfazies der Silicatmarmore und Kalksilicatfelsen; Fundorte: Bellenwald bei Gengenbach (Schwarzwald), Auerbach bei Bensheim (Hessen), Lavinair Cruse (Graubünden, Schweiz), Mirsk (Polen), Pargas (Finnland), Monte Somma und Vesuv bei Neapel (Italien), in Laven der Insel Santorin (Ägäis, Griechenland), Turja-Gruben (Nord-Ural), Aranzazu (Mexiko). [GST]

Wollny, *Ewald*, deutscher Bodenphysiker und Pflanzenbauer, * 20.3.1846 Berlin, † 8.1.1901 München; 1872–1890 Professor in München. Wollny untersuchte den Einfluß von Wasser, Wärme, Luft und Licht auf Kulturpflanzen und leitete daraus die gleichgewichtige Bedeutung der

Agrikulturphysik neben der -chemie für den Pflanzenbau ab und förderte diese Fachrichtung durch Herausgabe der Zeitschrift »Forschungen auf dem Gebiete der Agrikultur-Physik« (1878–1898).

Wollsack, kugeliger Gesteinsblock, häufig aus Granit, der in situ in der Verwitterschicht (Zersatzzone, ↗Verwitterung) schwimmt. Die intensive chemische Verwitterung erfolgt entlang von Klüften und Spalten schneller, so daß der Gesteinssockel in Blöcke zerlegt wird, die als Verwitterungskerne von allen Seiten, besonders an den Schnittlinien der ↗Klüfte angegriffen werden. Die konzentrisch einwirkende Verwitterung führt zu einer Abrundung der Blöcke. Werden die Blöcke durch ↗Flächenspülung freigelegt, so unterliegen sie der physikalischen Verwitterung und bilden ↗Felsburgen und ↗Inselberge. Der Zersatz wird ausgespült und die Blöcke ähneln aufgestapelten Wollsäcken (↗Wollsackverwitterung).

Wollsackverwitterung, im deutschen Sprachraum üblicher Begriff, der den Zerfall eines Gesteins in wollsackartige, schwach abgerundete Blöcke beschreibt. Dies betrifft vor allem Granite, aber auch andere relativ homogene Gesteine, z. B. Sandsteine, die ausgehend von Klüften von ↗Vergrusung betroffen werden. Daher entspricht dieser Prozeß weitgehend der ↗sphäroidalen Verwitterung (↗Wollsack).

Woltmann, *Reinhard*, deutscher Wasserbauingenieur, * 28.12.1757 bei Hannover, † 20.4.1837 Hamburg; förderte insbesondere den Uferbau; erfand 1790 den hydrometrischen ↗Meßflügel (Woltmann-Flügel) zur Messung der Fließgeschwindigkeit in offenen Gerinnen.

World Atlas of Resources and Environment, ein komplexer ↗thematischer Atlas, der von der russischen Akademie der Wissenschaften in Zusammenarbeit mit mehr als 30 Forschungsinstituten und Hochschulen der ehemaligen Sowjetunion bearbeitet und 1998 in Wien herausgegeben wurde. Der Atlas erscheint in zwei Bänden im Format 35 × 49 cm mit insgesamt 207, meist ausklappbaren, doppelseitigen Karten und umfangreichen Kommentaren. Die Hauptmaßstäbe der Karten sind 1:60.000.000 (49 Karten) und 1:80.000.000 (40 Karten). Für die anderen Karten werden Maßstäbe zwischen 1:100.000.000 und 1:300.000.000 benutzt. Die Kartentitel sind in englischer und russischer Sprache, die Zeichenerklärungen (↗Legenden) und Kommentare (zu angewandten Methoden und Hintergrundinformationen) sind ausschließlich englischsprachig abgefaßt. Der Atlas ist das Ergebnis interdisziplinärer Zusammenarbeit und greift auf aktuelle Studien aus Geographie und Kartographie, Geologie, Mineralogie, Bodenkunde, Hydrologie, Meteorologie und Klimatologie, Biologie, Ökologie, Anthropologie, Medizin und Demographie zurück. Im Atlas gliedert sich das breite Themenspektrum in vier Komplexe: a) Erde und Weltraum (mit Darstellungen zu Erde und Mond, Mars und Venus), b) Entwicklung der Erdoberfläche, z. B. Rekonstruktionen der rasch veränderlichen Geofaktoren wie Klima, Vegetation und Hydrographie im Phanerozoikum bzw. Quartär, c) Strukturen und Ressourcen der Erdoberfläche mit Darstellungen zu Gestein (Lithosphäre), Luft (Atmosphäre), Wasser (Hydrosphäre) und Boden (Pedosphäre) sowie Pflanzen- und Tierwelt (Biosphäre), d) anthropogene Faktoren des Wandels der Erdoberfläche, u. a. mit Beispielen zur ökologischen Verträglichkeit von landwirtschaftlichen und industriellen Produktionsweisen oder zu Potential, Entwicklung und Perspektiven von Freizeit- und Tourismuslandschaften. Die Kartenthemen werden durch Graphiken, Tabellen, Diagramme und zahlreiche ↗Satellitenbilder ergänzt. [WD]

World Climate Conference ↗*Weltklimakonferenz.*
World Climate Programme ↗*Weltklimaprogramm.*
World Geodetic System, *WGS, Weltweites Geodätisches System*, international vereinbartes konsistentes geodätisches Bezugssystem. Es enthält neben den Parametern des Normalfeldes, wie sie für die ↗Geodätischen Referenzsysteme vereinbart sind, einen Satz von ↗Potentialkoeffizienten der Erde sowie wohldefinierte Fundamentalkonstanten, wie Parameter zur Beschreibung der ↗Rotation der Erde, die Lichtgeschwindigkeit und weitere wichtige Konstanten. Das WGS wird von Zeit zu Zeit den neuesten Meßergebnissen angepaßt. Beispiele sind das *WGS72* und das *WGS84*. Einige der Parameter für WGS72 und WGS84 sind in der Tab. gegeben. Das WGS84 basiert beispielsweise auf einer ↗Kugelfunktionsentwicklung des Gravitationspotentials vollständig bis zum Grad 180. Die in den letzten Jahren international ↗vereinbarten erdfesten Bezugsrahmen (International Terrestrial Reference Frame, ↗ITRF) repräsentieren aber eine höhere Genauigkeit als das WGS84. [KHI]

Referenzsystem	WGS72	WGS84
$a(m)$	6378135	6378137
f	1/298.26	1/298.257 223 563
$GM_0 (10^8 m^3/s^2)$	398 6008	398 6005
$\omega (10^{-5} s^{-1})$	7.291 215 147	7.292 115
$\bar{c}_{20} (10^{-6})$	-484.1606	-484.16685

World Geodetic System (Tab.): ausgewählte Parameter der geodätischen Weltsysteme WGS72 und WGS84.

World Meteorological Organization ↗*Weltorganisation für Meteorologie.*
World Weather Watch ↗*Weltwetterüberwachung.*
World Wide Standardized Seismographic Network, *WWSSN*, ↗*seismographische Netze.*
WPB ↗*Within-Plate-Basalt.*
WRB, *World Reference Base for Soils*, auf der Grundlage der ↗Weltbodenkarte 1994 erstmals vorgestellte internationale Bodenklassifikation mit Definitionen von Bodenhorizonten und -eigenschaften. Dabei wurde die ↗FAO-Bodenklassifikation auf 30 Bodenklassen (major soil groups) erweitert. Eine Vergleichbarkeit mit den oft sehr verschiedenartigen nationalen Bodenklassifikationssystemen wird durch die WRB ermöglicht. Entwickelt wurde sie von der ↗Internationalen Bodenkundlichen Gesellschaft unter

fibratus, auch uncinus (den Himmel nicht fortschreitend überziehend), 2 = Cirrus spissatus oder Cirrus castellanus oder floccus, 3 = Cirrus spissatus cumulogenitus, 4 = Cirrus uncinus oder fibratus oder beide (den Himmel fortschreitend überziehend), 5 = Cirrus (oft in Banden) und Cirrostratus oder Cirrostratus allein (den Himmel fortschreitend überziehend, jedoch nicht höher als 45° über den Horizont), 6 = Cirrus (oft in Banden) und Cirrostratus oder Cirrostratus allein (den Himmel fortschreitend überziehend, höher als 45° über dem Horizont reichend, den Himmel jedoch nicht ganz bedeckend), 7 = Cirrostratus-Schleier (den Himmel ganz überdeckend), 8 = Cirrostratus (den Himmel nicht fortschreitend überziehend und ihn nicht ganz bedeckend), 9 = Cirrocumulus allein oder Cirrocumulus, der gleichzeitig mit Cirrostratus und/oder Cirrus auftritt, jedoch ist Cirrocumulus vorherrschend.

Wuchsform

Acrisols	Alisols	Andosols	Anthrosols	Arenosols	Calcisols	Cambisols	Chernozems	Cryosols	Ferralsols
Albic	Chromic	Alic	Hydragric	Albic	Cambic	Calcaric	Calcic	Histic	Eutric
Arenic	Ferric	Eutric	Irragric	Calcaric	Haplic	Chromic	Gleyic	Thixotropic	Geric
Ferric	Gleyic	Hydralic	Cumulic	Cambic	Luvic	Dystric	Glossic		Gleyic
Gleyic	Haplic	Hydric	Hortic	Ferralic	Petric	Eutric	Haplic		Gibbsic
Haplic	Humic	Pachalic		Gypsiric	Sodic	Ferralic	Luvic		Haplic
Humic	Luvic	Pachic		Haplic		Fluvic	Vertic		Humic
Plinthic	Plinthic	Silic		Leptic		Gelic			Lixic
	Vertic	Vitric		Luvic		Gleyic			Plinthic
				Protic		Mollic			Rhodic
						Vertic			

Fluvisols	Gleysols	Glossisols	Gypsisols	Histosols	Kastanozems	Leptosols	Lixisols	Luvisols	Nitisols
Calcaric	Arenic	Eutric	Arzic	Fibric	Calcic	Cryic	Albic	Albic	Alic
Dystric	Calcic	Fragic	Calcic	Folic	Gypsic	Dystric	Arenic	Calcic	Dystric
Eutric	Cryic	Gelic	Cambic	Gelic	Haplic	Eutric	Ferric	Chromic	Eutric
Mollic	Fluvic	Gleyic	Haplic	Haplic	Luvic	Lithic	Gleyic	Dystric	Humic
Salic	Haplic	Haplic	Luvic	Salic		Mollic	Haplic	Ferric	Mollic
Thionic	Mollic	Stagnic	Petric	Thionic		Rendzic	Humic	Gleyic	Rhodic
Umbric	Plinthic	Umbric				Skeletic	Plinthic	Haplic	Umbric
Vertic	Thephric					Umbric		Vertic	
	Thionic								
	Umbric								

Phaeozems	Planosols	Podzols	Regosols	Sesquisols	Solonchaks	Solonetz	Stagnosols	Umbrisols	Vertisols
Gleyic	Dystric	Cambic	Anthropic	Aeric	Calcic	Albic	Albic	Albic	Calcic
Glossic	Eutric	Duric	Calcaric	Albic	Gleyic	Calcic	Gelic	Arenic	Chromic
Greyic	Gelic	Gelic	Dystric	Eutric	Gypsic	Gleyic	Gleyic	Cambic	Dystric
Haplic	Histic	Gleyic	Eutric	Haplic	Haplic	Gypsic	Haplic	Gelic	Gypsic
Luvic	Mollic	Haplic	Gelic	Humic	Mollic	Haplic	Histic	Haplic	Haplic
Stagnic	Umbric	Humic	Gypsiric	Petric	Sodic	Mollic	Luvic	Skeletic	Salic
Vertic	Vertic	Stagnic	Thepric	Stagnic	Stagnic	Salic	Mollic		Sodic
		Umbric				Stagnic	Vertic		Thionic

WRB (Tab.): Bodenklassen und diagnostische Horizonte, Eigenschaften und Materialien.

Mitwirkung u. a. der FAO, des International Soil Reference Centre (ISRC) und nationalen bodenkundlichen Gesellschaften. Eine weitere Einteilung der 30 Bodenklassen (Tab.) erfolgt aufgrund von diagnostischen Horizonten bzw. diagnostischen Merkmalen und diagnostischen Materialien durch adjektivische Zusätze.

Wuchsform, Bezeichnung des Gestaltungstyps von ↗Pflanzen. Im Gegensatz zu den ↗Lebensformen wird hier nicht primär nach ökologischen Gesichtspunkten klassifiziert, sondern nach der äußeren Erscheinung im Sinne rein morphologischer Eigenschaften (Physiognomie). Entsprechende Kriterien zur Unterscheidung von Wuchsform sind Blühhäufigkeit und Lebensdauer, Verholzung der Sproßachse oder die räumliche Verteilung und Orientierung des Sproß-Systems (Abb. 1 u. 2). Die physiognomische Einteilung der Pflanzen ist älter als diejenige der ↗Systematik.

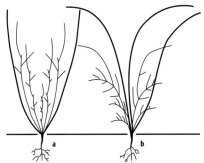

Wuchsform 2: Wuchsform eines monopodialen (a) und eines sympodialen (b) Baumes.

Wuchsform 1: Wuchsform und Verzweigung bei Sträuchern: a) Hasel (*Corylus avellana*), b) Holunder (*Sambucus nigra*).

Wulffsches Netz ↗Lagenkugelprojektion.

Würfel, *Hexaeder*, *Kubus*, spezielle Flächenform $\{100\}$ der kubischen Holoedrie $m\bar{3}m$ und der Flächensymmetrie $4mm$, bestehend aus sechs Quadraten. Der Würfel kommt in allen fünf kubischen Kristallklassen 23 (T), $m\bar{3}$ (T_h), 432 (O), $\bar{4}3m$ (T_d) und $m\bar{3}m$ (O_h) vor. Zu den Mineralen, die häufig in Würfeln kristallisieren, zählt der ↗Pyrit. Seine Symmetrie $m\bar{3}$ (T_h) ist jedoch niedriger als die Symmetrie $m\bar{3}m$ (O_h) der Form $\{100\}$. Die meisten Pyritwürfel zeigen eine feine Streifung an der Oberfläche, welche die Würfelsymmetrie auf diejenige des Pyrits reduziert (Abb.). Der Würfel ist einer der fünf Platonischen Körper (Tetraeder, Hexaeder, Oktaeder,

Dodekaeder, Ikosaeder), d. h. einer der fünf regulären Polyeder.

Würgeboden, *Brodelboden*, Form der ↗Frostmusterböden, der durch ↗Kryoturbation entsteht. Im Herbst bildet sich in ↗Permafrostgebieten zwischen der von der Permafrostobergrenze nach oben vorrückenden und der von der Erdoberfläche nach unten vorrückenden ↗Gefrierfront ein Bereich, in dem das ungefrorene Material zunehmend gestaucht wird. Dabei werden durch wiederholtes Gefrieren und Auftauen des Bodens verschiedene Horizonte bzw. Schichten von unterschiedlich zusammengesetztem Material des Untergrundes ungeordnet miteinander verwürgt. Auf diese »brodelnden« Bewegungen bezieht sich die Bezeichnung Brodelboden.

Wurmhumus ↗Feinhumus.

Würm-Kaltzeit, die jüngste ↗Eiszeit des alpinen Vereisungsgebietes, die mit der ↗Weichsel-Kaltzeit des nordischen Vereisungsgebietes gleichgesetzt wird. Benannt wurde die Eiszeit von Penck und Brückner 1901–1909 nach dem Fluß Würm, der den Starnberger See (Bayern) entwässert. Die Gliederung erfolgt für das Unter- und Mittelwürm aufgrund von warmklimatischen, lakustrinen und organogenen Ablagerungen, für das Oberwürm meist anhand glazialer Sedimente (Jungmoräne, ↗Jungmoränenlandschaft). Als Schmelzwasserbildung wird die ↗Niederterrasse in die Würm-Eiszeit gestellt.

Im Unterwürm lassen sich drei warm-gemäßigte Perioden mit Fichten und wenig ausgeprägter Tannenausbreitung nachweisen, die jeweils von Zeiten verringerter Waldbedeckung getrennt werden. Eisvorstöße sind aus dem Unterwürm nicht sicher belegt.

Der Beginn der Würm-Eiszeit wird bei etwa 70.000 Jahren, ihr Ende vor etwa 11.000–10.000 Jahren angesetzt. Die in mehreren Phasen erfolgende Hauptvereisung des Oberwürm begann vor 25.000 Jahren, erreichte ihren Hochstand vor 20.000 Jahren und endete vor ca. 14.000 Jahren mit dem weitflächigen Abbau der Eismassen. Die Daten zeigen, daß die Zeiten des Eisaufbaues bis zum Ausbilden eines alpinen ↗Eisstromnetzes und des Eisabbaues mit jeweils wenigen Jahrtausenden vergleichsweise kurz waren. Der Maximalstand des Eises ist in der Regel durch nur schwach ausgeprägte und teilweise überschotterte Moränenwälle dokumentiert. Markante Wälle (im Rheingletschergebiet: Äußere Jungmoräne) markieren den Hauptstand, der von weiteren ↗Endmoränen der Rückzugsstadien gefolgt wird. Bei diesen werden bei den alpinen Hauptgletschern drei Rückzugsphasen unterschieden, die weiter untergliedert sein können. Im Rheingletschergebiet wird der zweiten Rückzugsphase die Innere Jungmoräne zugeordnet. Im allgemeinen blieb die Vorstoßweite des Würmeises hinter demjenigen aus der vorangegangenen ↗Riß-Kaltzeit zurück.

Der Schwarzwald war im Hochglazial ausgehend von mehreren Vereisungszentren vergletschert, wobei die klimatische Schneegrenze gegenüber heute um 1300 m auf etwa 900 m NN abgesunken war. Der Maximalstand ist meist durch ↗Erratika sowie die ↗Talform überliefert, wohingegen die verschiedenen Rückzugsstadien markante ↗Endmoränen hervorgebracht haben. Es lassen sich vier hoch- bis spätwürmzeitliche Gletscherstände unterscheiden, die möglicherweise mit vier Gruppen von ↗Karen genetisch korreliert werden können.

In den Vogesen waren während der Würm-Kaltzeit eine Anzahl Einzelgletscher entwickelt, die auf eine Absenkung der klimatischen Schneegrenze auf etwa 800 m NN schließen lassen. Durch Endmoränen sind Serien von Haupt- und Rückzugsständen überliefert, deren Korrelation mit alpinen Eisständen bislang unklar ist. In den Vogesen findet sich der vollständige glaziale Formenkanon mit ↗Karen, ↗Kamesterrassen, ↗Rundhöckern, ↗Moränen, proglazialen Seen u. a. [RBH]

Wurmlosungsgefüge, Form des ↗Aggregatgefüges, entstanden als biogenes ↗Aufbaugefüge durch vorrangig Regenwurmaktivität. Die Wurmlosung (röllchenförmige Bodenaggregate aus Ton-Humuskomplexen) ist mit Mineralkörnern und Pflanzenresten assoziiert und bildet lose verbundene Haufen kleinerer Krümel, die im ↗Ah-Horizont, z. B. von ↗Schwarzerden, den überwiegenden Teil der Gefügeelemente darstellen. ↗Krümelgefüge.

Wurmmull, ↗Mull, der hauptsächlich durch die biologische Aktivität der ↗Mesofauna im Boden beeinflußt wird. Es beschreibt die intensive Durchmischung der mineralischen und organischen Bestandteile im Boden.

Wurt, künstlich aufgeschütteter Erdhügel an der Nordseeküste, auf dem vor Hochwasser geschützte Siedlungsplätze angelegt wurden.

Wurtzit, *Faserblende*, *Spiauterit*, *Schalenblende*, nach dem französischen Chemiker Prof. Wurtz benanntes Mineral mit der chemischen Formel β-ZnS und dihexagonal-pyramidaler Kristallform; Farbe: leuchtend- bis dunkelbraun; gelb bis braun durchscheinend; harzartiger Glasglanz, auch diamantartig bis halbmetallisch; durchscheinend bis undurchsichtig; Strich: bräunlichgelb; Härte nach Mohs: 3,5–4 (spröd); Dichte: 4,08 g/cm^3; Spaltbarkeit: vollkommen nach (*1010*) und (*0001*); Aggregate: strahlig-stengelig bis faserig (Strahlenblende), Gelbildung, feinfaserig, krustig, schalig, gebändert, allein oder mit Sphalerit verwachsen (Schalenblende); vor dem Lötrohr rissig werdend, aber kaum schmelzend; in konzentrierter Salpetersäure zersetzbar; Begleiter: Sphalerit, Galenit; Fundorte: Stolberg bei Aachen, Příbram (Südböhmen), Peaceville (Pennsylvania, USA), Kysyl-Espe (Zentralkasachstan), Carquaicollo, Oruro, Chocaya und Huanuni (Bolivien), Quispisiza bei Castro Vireyna (Peru), u. a. [GST]

Wurzel, Grundorgan der meisten ↗Tracheophyten zur Nährstoff- und Wasser-Aufnahme. Charakteristisch für Wurzeln ist u. a. das Fehlen von Blättern und die Ausbildung einer großen, resorbierenden Oberfläche. Hierzu tragen vor allem eine intensive Verzweigung und die Anlage von

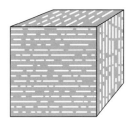

Würfel: schematische Darstellung eines Pyritwürfels mit Streifung.

↗Wurzelhaaren bei. Die Entwicklung der Wurzel aus einem horizontal liegenden Trieb (↗Rhizom) mit ↗Rhizoiden zu einem eigenständigen, räumlich vom Assimilationsorgan ↗Blatt getrennten Organ ist mit der Besiedlung des terrestrischen Lebensraums verbunden, da dort die unterschiedliche Verteilung der Nahrungsquellen auf Boden und Atmosphäre eine Arbeitsteilung zwischen funktionsmorphologisch optimierten Teilen der Landpflanze erzwang. Das Wurzelgewebe dient dabei vor allem der Aufnahme von Wasser und Nährsalzen, die dann über die ↗Leitbündel der ↗Sproßachse zu den Blättern geleitet werden. In ihrer Doppelfunktion verankert die Wurzel den Pflanzenkörper aber auch im Boden. Die Wurzel ist ein echtes Organ, das mit den zum Teil ähnlichen Rhizoiden des ↗Thallus lediglich die Gestalt und die Funktion der Verankerung, nicht aber die Funktion der Stoffaufnahme gemeinsam hat.

Es kommen zahlreiche Metamorphosen mit Sonderaufgaben vor, wie Speicher-, Stütz-, Haft- und Atemwurzeln. Die meisten Wurzeln sind unterirdisch (Erdwurzeln), daneben gibt es aber auch oberirdische Wurzeln (Luftwurzeln). Die Gesamtheit aller Wurzeln einer Pflanze wird als *Wurzelsystem* bezeichnet. Jede Pflanzenart verfügt über einen spezifischen, genetisch fixierten Bauplan für das Wurzelsystem (*Wurzeltyp*), der zwecks Anpassung an vorgegebene Standortverhältnisse stark modifiziert werden kann (↗Wurzelbild).

Wurzelabsorption, Wasseraufnahme der Pflanzen durch ihre Wurzelhaare (↗Transpiration) durch Potentialunterschiede zwischen Bodenmatrix und Wurzelsystem und osmotisches Druckgefälle (↗Verdunstungsprozeß). ↗Wurzel.

Wurzelatmung, in den ↗Wurzeln stattfindende ↗Atmung. In verdichteten und vernäßten Böden diffundiert der durch die Wurzelatmung verbrauchte Sauerstoff nur langsam nach. So besitzen Pflanzen des ↗Moores ein weitlumiges Interzellularsystem und sind physiologisch angepaßt. Die den Gezeiten angepaßten Mangrovenwälder (↗Mangrove) bilden Stelzwurzeln, bogenförmig herausragende Wurzelknies, Bänderwurzel oder nach oben wachsende Luftwurzeln, um bei Ebbe den für die Wurzelatmung notwendigen Sauerstoff aufzunehmen.

Wurzelbild, *Wurzelform*, *Wurzeltracht*, Abbild des Wachstums und der Verteilung pflanzlicher Wurzelsysteme unter definierten Standortverhältnissen. ↗Wurzel.

Wurzeldruck, 1) positives Druckpotential, mit dem Wasser aktiv unter Energieverbrauch aus lebenden Wurzelzellen in das Transportgewebe (Xylem) von Pflanzen gepumpt wird; zusammen mit der Transpiration Triebkraft für den Wasserferntransport in Pflanzen; Ursache für das Bluten verletzter Pflanzenteile und die Ausbildung von Wassertropfen an Blattspitzen bei extrem hoher Luftfeuchte (↗Guttation); selten größer als 0,3 Mpa. 2) positives Druckpotential, das wachsende ↗Wurzeln auf die umgebende Bodenmatrix ausüben und bis zu 2 MPa betragen kann.

Wurzelexsudation, bezeichnet die Abgabe einer Vielzahl organischer Verbindungen, besonders Zucker und Aminosäuren, aber auch organische Säuren, Hormone und Vitamine durch die Pflanzenwurzel. Sie ist von den physiologischen Bedingungen (z. B. Alter, Ernährungszustand) und von abiotischen Faktoren wie Temperatur, Bodenstruktur und Bodenfeuchte abhängig. Darüber hinaus können verschiedene ↗Mikroorganismen die Wurzelexsudation stimulieren. Exsudate stellen schnell verfügbare Nährstoffe für die Mikroorganismen dar und sind somit einer der Hauptgründe für die erhöhte Anzahl der Mikroorganismen und die Aktivität in der ↗Rhizosphäre. Ebenso fördert eine stärkere Wurzelexsudation die Mykorrhiza-Infektion. Die Wurzelexsudation wird als ein zum Teil passiver Prozeß angesehen, ist in ihrer Stärke jedoch auch vom Genotyp der Pflanze abhängig.

Wurzelgesetz, *Wurzelregel*, von F. Töpfer geprägter Begriff für eine empirische mathematische Beziehung zwischen Anzahl und Einzelheiten (Differenzierung) der Geländeobjekte und der infolge der maßstäblichen Verkleinerung flächenmäßig eingeschränkten Möglichkeit ihrer Darstellung in Karten, insbesondere in ↗topographischen Karten. Das unmittelbare Wurzelgesetz lautet:

$$N = K \sqrt{M}.$$

Dabei ist M = Maßstabszahl der Karte, K = Dimensionskonstante, N = ein Naturmaß als zahlenmäßiges Kriterium für Objekte, Elemente oder Maßnahmen der ↗Kartenbearbeitung. Mit dieser Formel (Quadratwurzel aus der Maßstabszahl) werden Beziehungen zwischen ↗Georaum und ↗Maßstab erfaßt, deren Berücksichtigung sich auf die Gestaltung topographischer Karten bezüglich optimaler ↗Lesbarkeit und ↗Kartenbelastung als günstig erwiesen hat. Aus dem unmittelbaren Wurzelgesetz lassen sich (relative) Formeln für die Beziehungen von Karten zweier Maßstäbe zueinander ableiten, u.a. auch das ↗Auswahlgesetz einschließlich seiner Spezifizierungen und Erweiterungen. [WGK]

Wurzelhaare, dünnwandige, haarähnliche Ausstülpungen einzelner Zellen der Außenschicht von ↗Wurzeln (Rhizodermis) mit einer Länge von 80–1500 μm und einem Durchmesser 5–17 μm. Die Wurzelhaare werden von Pflanzen in sehr großer Zahl ausgebildet, z. B. bis zu 14 Milliarden pro Roggenpflanze. Sie sind maßgeblich an der Aufnahme von Wasser und Nährstoffen und damit an der Versorgung der Pflanzen mit diesen Stoffen beteiligt. Wurzelhaare sind Bestandteil der ↗Rhizosphäre, befinden sich hinter der Wurzelspitze und müssen aufgrund ihrer Kurzlebigkeit häufig ersetzt werden.

Wurzelknöllchen, *Knöllchenbakterien*, knotenförmige Anschwellungen an den ↗Wurzeln verschiedener Pflanzenarten, die durch symbiontische Bakterien der Gattungen *Bradyrhizobium* (Knöllchenbakterien) und ↗*Rhizobium* oder durch ↗Actinomyceten hervorgerufen werden.

Während Bradyrhizobium und Rhizobium die Wurzeln von Leguminosen infizieren, leben Actinomyceten vorwiegend in Symbiose mit Sträuchern und Bäumen. In den Wurzelknöllchen wird vom Mikrosymbiont molekularer Luftstickstoff fixiert. Der gebundene Stickstoff wird der Pflanze als Nährstoff zur Verfügung gestellt. Die Pflanze versorgt die Bakterien mit der nötigen Energie. Die Interaktion zwischen Mikrosymbiont und Wurzel läuft in 4 Phasen ab: a) Präinfektion, b) Infektion, c) Knöllchenbildung und d) Stickstofffixierung. In den Wurzelknöllchen können erhebliche Mengen Stickstoff fixiert werden, Lupinen können z. B. im Laufe einer Vegetationsperiode bis zu 200 kgN/ha binden. [MT]

Wurzellängendichte ↗ *Durchwurzelungsdichte*.

Wurzelmasse, experimentell am einfachsten faßbare Kenngröße zur Charakterisierung von ↗Wurzeln und deren Verbreitung im Boden, meist als Wurzeltrockenmasse angegeben.

Wurzelraum ↗ *Wurzelzone*.

Wurzelröhre, im bodenphysikalischen Sinne eine zylindrische ↗Bodenpore, die durch Wachstum und Verrotten von Pflanzenwurzeln im Boden entstanden ist bzw. zurückbleibt.

Wurzelsprengung, Aufweitung von ↗Klüften und ↗Spalten in Festgesteinen, bedingt durch Wachstum und Verzweigung von Pflanzenwurzeln. Baumwurzeln vermögen sogar hausgroße Felsblöcke aufzuspalten. Sonderform der biologischen ↗Verwitterung.

Wurzelspur ↗ *Rhizolith*.

Wurzelsymbiose, eng aufeinander abgestimmtes Zusammenleben zum beiderseitigem Vorteil zwischen Wurzeln höherer Pflanzen und speziell angepaßten Bodenorganismen. Wichtige Beispiele sind die ↗Mykorrhiza und die ↗Wurzelknöllchen.

Wurzelsystem ↗ *Wurzel*.

Wurzeltyp ↗ *Wurzel*.

Wurzelwasseraufnahme, Wasseraufnahme der Pflanzenwurzeln; sie ist abhängig von dem Potentialgefälle und den Übergangswiderständen zwischen Boden und ↗Wurzeln sowie der ↗hydraulischen Leitfähigkeit des Bodens als Funktion des ↗Matrixpotentials und in der Endodermis beim Übergang in das Xylem als Funktion des ↗Wasserpotentials in der Wurzel. Die Wurzelwasseraufnahme wird begrenzt durch Sauerstoffmangel bei Wassergehalten zwischen ↗Feldkapazität und Sättigung des Porenraums und aufgrund geringer Nachlieferung aus dem Boden bei Wassergehalten nahe und oberhalb des ↗permanenten Welkepunkts.

Wurzelzone, *Wurzelraum*, der aktuell von den Pflanzenwurzeln durchwurzelte bzw. potentiell durchwurzelbare Bereich des Bodens oder Untergrundes. Er ist gekennzeichnet durch eine intensive Beeinflussung der Stoffumsetzungs- und Transportprozesse durch die Aktivität der wachsenden ↗Wurzeln (↗Rhizosphäre). Die Wurzelzone dient den Pflanzen somit als mechanischer Standraum und zur Wasser- und Stoffaufnahme. Bei flachgründigen Böden aus Festgestein gehört dazu neben dem Solum auch der in Spalten und Klüften durchwurzelte Bereich des oberflächennahen, aufgelockerten Gesteinskörpers. Bei grundwasserfernen Böden wird der ↗effektive Wurzelraum für die Beurteilung der Wasserversorgung von Pflanzen herangezogen. Der gesamte, von der Wurzelzone beeinflußte Bereich ist abhängig von der ↗kapillaren Steighöhe des Bodens.

Die Tiefe der Wurzelzone bestimmt zusammen mit Bodeneigenschaften den Vorrat an Wasser und Nährstoffen, der für das Pflanzenwachstum zur Verfügung steht. Dementsprechend kann prinzipiell zwischen flachgründigen Böden (unter 25 cm), mittelgründigen Böden (25–50 cm) und tiefgründigen Böden (über 50 cm) unterschieden werden. ↗effektiver Wurzelraum.

Wüst, *Georg*, deutscher Ozeanograph, * 15.6.1890 Posen, † 8.11.1977 Erlangen; ab 1936 Professor in Berlin, 1946–59 in Kiel und Direktor des dortigen Instituts für Meereskunde; nahm 1925–27 an der Meteorexpedition (Deutsche Atlantische Expedition) teil (insbesondere Untersuchung des Kreislaufs der ↗Wassermassen im südlichen Atlantik); Arbeiten u. a. über den ↗Wasserhaushalt und die ↗Tiefenzirkulation der Ozeane sowie über den ↗Golfstrom.

Wüste, *Vollwüste*, durch Trockenheit und Wärme oder Kälte sowie ungünstige ↗edaphische Faktoren (z. B. hoher Salzgehalt) bedingte, vegetationsarme bis vegetationslose ↗Landschaft. Je nach Grad der Vegetationsbedeckung wird von der Voll- oder ↗Halbwüste gesprochen. Weiterhin können nach dem Substrattypen Lehmwüste, Sandwüste und Serir (Geröllwüste) sowie Hammada (↗Steinpflaster) unterschieden werden. Charakteristisch ist die Lebensfeindlichkeit der Wüste, die nur Spezialisten unter den Tieren und ↗Pflanzen ein Überleben ermöglicht. Wüsten finden sich im Innern der Kontinente (Sahara in Nordafrika, Gobi und Taklamakan in Ost- und Zentralasien) oder an den Westküsten südhemisphärischer Kontinente (↗Nebelwüsten Namib im südlichen Afrika und Atacama in Südamerika). Wüsten sind überwiegend natürlich und großklimatisch bedingt. Durch Übernutzung sind aber auch zusätzliche Gebiete mit Wüstencharakter entstanden (↗Desertifikation). [DR]

Wüstenklima, Klimazone im Bereich der ↗Subtropen, wo sich wegen fehlenden bzw. zu geringen Niederschlages eine Trockenwüste ausbildet. ↗Klimaklassifikation, ↗Wüste.

Wüstenlack, glänzender, feiner Überzug, der als Patina oder Rinde v. a. in Trockengebieten Festgestein und Gesteinsschutt dunkel färbt. Die Entstehung geht auf Stoffwechselprodukte von Mikroorganismen zurück, die die Freisetzung vorwiegend von Eisen- und Manganionen im Gesteinsinneren bewirken. Durch den kapillaren Aufstieg von Lösungen werden diese an die Gesteinsoberfläche transportiert, diffus verteilt und durch Verdunstung angereichert.

Wüstenpflaster, in ↗ariden Gebieten durch ↗Deflation des Feinmaterials gebildete Oberflächen aus residualen ↗Sanden, Steinen oder ↗Blöcken. Die Oberflächen sind morphologisch weitestgehend stabil, können aber durch Belastung (z. B.

Viehtrit oder Niederschläge) gestört werden und erneut Feinmaterial zur Deflation bereitstellen. Zu den Wüstenpflastern gehören Reg, ↗Serir, ↗Hammada und ↗Sandtenne. Oberflächliche Steinanreicherungen können in ariden Gebieten auch durch Turbation entstehen (↗Kryoturbation, Haloturbation). Dabei entstehen keine echten Wüstenpflaster, sondern Steinmuster.

Wutai-Orogenese ↗Proterozoikum.

WWW, <u>W</u>orld <u>W</u>eather <u>W</u>atch, ↗Weltwetterüberwachung.

Wyckoff-Lage ↗Punktkonfiguration.

WYSIWYG-Prinzip, Abkürzung für What You Is What You Get, d. h. was der Bildschirmbild zeigt, entspricht der gewählten Gestaltung. Beispiele dafür sind bei Textverarbeitungssystemen die Layout-Ansicht, bei Vektorgraphikprogrammen die Vorschau.

X-Band, einer der drei am häufigsten benutzten Frequenzbereiche in der Radar-Fernerkundung. Das X-Band gilt als kurzwelliges bis mittellanges Band und seine Eindringtiefe ist sehr gering (↗C-Band Tab.).

Xenobiotika, Sammelbegriff für alle durch den Menschen hergestellten Stoffe, die nicht natürlich vorkommen (z. B. ↗Pestizide).

Xenoblast, metamorph gewachsenes Mineral ohne kristallographisch charakteristische (↗idiomorphe) Grenzflächen.

Xenocryst, Mineral in ↗Magmatiten, oft als ↗Einsprengling, das nicht in die magmatische Kristallisation paßt (z. B. Cordierit als Reste assimilierten Fremdgesteins in Graniten).

Xenolith, *Fremdgesteinseinschluß*, in einem ↗Magmatit ein Einschluß beliebiger Größe (typischerweise zentimeter- bis dezimetergroß), der in keinem genetischen Zusammenhang zu seinem Wirtsgestein steht. Xenolithe stellen in der Regel Material dar, das beim Magmenaufstieg aus dem Nebengestein mitgerissen wird. Ihre Erhaltung im Wirtsgestein ist auf Faktoren zurückzuführen wie rasche Abkühlung (im Fall von Xenolithen in Vulkaniten) oder wesentlich höherer Schmelzpunkt als der Magmatit (z. B. gabbroide Einschlüsse in einem Granit).

xenomorph, [von griech. xénos = fremd und morphe = Gestalt], *anhedral, allotriomorph, fremdgestaltig*, Bezeichnung z. B. für Kristalle, deren regelmäßige Ausbildung durch Nachbarschaftskristalle gehemmt wurde. Xenomorphe Kristalle sind im Gegensatz zu ↗idiomorphen (euhedralen) Kristallen fremdgestaltig und nicht von kristallographisch charakteristischen Flächen begrenzt.

Xenon, gasförmiges Element, chemisches Symbol: Xe. ↗Edelgase.

Xenotim, [von griech. xénos = fremd, leer], *Castelnaudit, Kenotim, Tankelith, Tankit, Yttererde, Ytterspat*, Mineral mit der chemischen Formel $Y[PO_4]$ und ditetragonal-dipyramidaler Kristallform; Farbe: gelblich, bräunlich-gelb, bräunlich, rötlich-braun, auch rot; Fettglanz; durchscheinend; Strich: weiß bis grau; Härte nach Mohs: 4–5 (spröd); Dichte: 4,4–5,1 g/cm³; Spaltbarkeit: vollkommen nach (100); Bruch: splittrig; Aggregate: derb, eingesprengt, abgerollte Körner, auch lose; Kristalle auf- bzw. eingewachsen; vor dem Lötrohr unschmelzbar; in Säuren unlöslich; Begleiter: Ilmenit, Rutil, Hyacinth, Sillimanit, Cassiterit; Vorkommen: als akzessorisches Übergemengteil heller Magmatite (Muscovitgranit, Aplitgranit, Granitpegmatit und Nephelinsyenit) und in analogen Gneisen; Fundorte: Hitterö, Kragerö und Arendal (Norwegen), ↗Ytterby (Schweden), Szklarska Poreba (Schreiberhau) in Polen, St. Gotthard (Uri-Tessin, Schweiz), Clarksville (Georgia, USA) und Brindletown (Nord-Carolina, USA). [GST]

xerics soil moisture, eine Klasse der Einteilung des Feuchtestatus eines Bodens nach der ↗Soil Taxonomy, die typisch für mediterranes Klima ist.

Xerogel ↗Gel.

Xerophyten, Bezeichnung für Landpflanzen, die an sehr trockenen ↗Standorten gedeihen. Sie besitzen entweder eine hohe Austrocknungsfähigkeit (z. B. die »Rose von Jericho«) oder die Transpiration wird durch Schutzanpassungen sehr stark eingeschränkt; dies beispielsweise durch Verkleinerung der Blätter bis zur völligen Reduktion, Verdornung der Blätter (z. B. Kakteen) und Ausbildung von Sukkulenz (↗Sukkulenten). Weitere Anpassungen sind in der Abbildung ersichtlich (Abb.). Die Blätter der Xerophyten sind

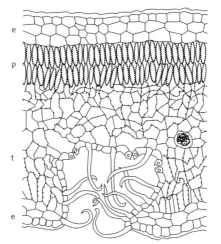

Xerophyten: Querschnitt eines xeromorphen Blattes (Oleander); e = mehrschichtige Epidermis mit verdickter Kutikula, p = zweischichtiges Palisadenparenchym, t = Schwammparenchym mit tief eingesenkten Spaltöffnungen; in den Vertiefungen werden Luftkonvektionen durch Haare vermieden.

durch Festigungsgewebe meist auch derb und lederartig, wodurch Welken bei Austrocknung vermieden wird (↗Hartlaubwälder).

Xerosols, veraltet für humusarme Halbwüstenböden nach früherer FAO-Bodenklassifikation, heute nach ↗Soil Taxonomy ↗Aridisols sowie nach ↗WRB ↗Gypsisols und ↗Calcisols.

Xonotlit, *Calcium-Pektolith, Eakleit, Jurupait, Xonaltit*, nach dem mexikanischen Fundort Tetela de Xonotla benanntes Mineral mit der chemischen Formel $Ca_6[(OH)_2|Si_6O_{17}]$ und monokliner Kristallform; Farbe: meist weiß bis grau; Härte nach Mohs: 6,5; Dichte: 2,7 g/cm³; Aggregate: dicht, faserig, nadelig; technisch wichtige Mineralphase; Fundorte: Isle Royal (Michigan, USA), Tetela de Xonotla (Mexiko).

X-Strahlung ↗Röntgenstrahlung.

Yag, *Cirolit*, *Diamonair*, nach den Anfangsbuchstaben von Yttrium-Aluminium-Granat benanntes Mineral mit der chemischen Formel $Y_3Al_2[AlO_4]_3$; seit 1969 synthetisch hergestelltes Yttrium-Aluminat in Edelsteinqualität (↗Edelsteine); Farbe: farblos, grün und andere Farbtöne.

Yangtse-Kraton ↗Proterozoikum.

Yardang, *Jardang*, 1) stromlinienförmige Korrasionsform (↗Korrasion) mit breiter, steiler Luvseite und schmaler, flacher Leeseite. Yardangs kommen in der Größenordnung vom Zentimeter- bis zum Dekameterbereich vor, mit einem Längen-Breiten-Verhältnis von 4:1, das den Gesetzen der Strömungsdynamik entspricht. Beim Überströmen wird die Luft entlang der Flanken und der Oberseite beschleunigt. Leewärts der breitesten Stelle setzt die Gegenströmung ein, die an der Luvseite zusammenströmt und zur Unterschneidung der Basis führt (Abb.). Unterschneidung, im Extremfall mit dem Nachbrechen des ↗Hangenden verbunden, Korrasion im Aufwind und Kornimpakt führen zur Versteilung der Luvseite. In Lockermaterial kann durch die Gegenströmung eine Randfurche ausgebildet werden. Die abströmenden Äste treffen im Lee unter Bildung von Wirbeln aufeinander und können den Yardang von hinten erodieren. Yardangs bilden sich in Trockengebieten unter unimodalen Winden; besonders häufig in wenig verfestigten See- oder Pfannenablagerungen, die dann zu ausgedehnten Yardangfeldern werden können. Die initiale Bildung setzt dabei an Strömungen im Sedimentkörper wie Abflußrinnen oder ↗Klüften an. Die Abtragungsraten variieren mit der Windgeschwindigkeit und dem Gestein. Hohe Abtragungsraten von 0,4–4 mm/a sind aus Yardangfeldern in nur mäßig verfestigten ↗holozänen Seesedimenten der Sahara bekannt. 2) im erweiterten Sinne Bezeichnung für alle länglichen, korrasiv überprägten Vollformen. Hierzu zählen z. B. die aus feuchten Strandsanden herauspräparierten Mikro-Yardangs ebenso wie die bis 200 m hohen und viele Kilometer langen Mega-Yardangs in den ↗Sandsteinen von Borkou (Tschad). [KDA]

yellow ground ↗blue ground.

yermic horizon, [von span. yermo = Wüste], Oberbodenhorizont, der normalerweise, aber nicht immer, aus einer oberflächlichen Anreicherung von Gesteins-Bruchstücken (»Wüstenpflaster«) besteht. Diese Bruchstücke sind in eine lehmige, blasig geformte Kruste eingebettet und durch eine dünne Schicht aus äolischem Sand oder Löß überdeckt. Yermic horizon ist als diagnostischer Horizont der ↗WRB-Klassifikation in ↗Arenolols, ↗Fluvisols, ↗Gleysols, ↗Leptosols und ↗Solonchaks zu finden.

Yermosols, veraltet für Vollbwüstenböden nach früherer FAO-Bodenklassifikation, heute nach ↗Soil Taxonomy ↗Aridisols sowie nach ↗WRB ↗Gypsisols und ↗Calcisols; im Unterschied zu Xerosols noch geringerer Humusgehalt.

y-Graben, Graben der durch eine nach unten zunehmend gekrümmte (listrische) synthetische Hauptabschiebung und eine gegensinnig dazu einfallende antithetische Abschiebung definiert ist. Die Hauptabschiebung geht in der Tiefe in einen basalen Abscherungshorizont (detachment) (↗Abscherung) über (Abb.).

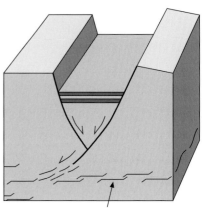

basaler Abscherhorizont

Y-Horizont, ↗Bodenhorizont entsprechend der ↗Bodenkundlichen Kartieranleitung; durch Reduktgase wie CO_2, CH_4 oder H_2S geprägter Horizont, die zumindest zeitweilig mit erhöhten Gehalten in der Bodenluft vorgekommen sind. Verursacht wird diese Gasfreisetzung durch postvulkanische Mofetten, anthropogene Gasleckagen oder mikrobielle Gasentwicklung in künstlichen Aufträgen.

Yilgarn Kraton ↗Proterozoikum.

Yo-Horizont, ↗Bodenhorizont entsprechend der ↗Bodenkundlichen Kartieranleitung; ↗Y-Horizont mit Oxidationsmerkmalen.

Ypres, *Ypresium*, international verwendete stratigraphische Bezeichnung für die unterste Stufe des ↗Eozäns, benannt nach der Stadt Ypern (Belgien). ↗geologische Zeitskala.

Yr-Horizont, ↗Bodenhorizont entsprechend der ↗Bodenkundlichen Kartieranleitung; ↗Y-Horizont mit Reduktionsmerkmalen.

y-Graben: schematische Darstellung eines y-Grabens.

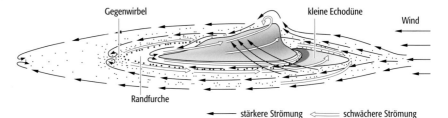

Yardang: Strömungsdynamik eines Yardangs.

Ytterbium, chemisches Element aus der III. Nebengruppe des ↗Periodensystems, der Gruppe der Lanthanoide zugehöriges ↗Seltenerdmetall; Schwermetall; Symbol: Yb; Ordnungszahl 70, Atommasse 173,04; Wertigkeit III, seltener II; Dichte: 6,972 g/cm³. Ytterbium ist am Aufbau der Erdkruste mit $2,5 \cdot 10^{-4}$ % beteiligt und begleitet ↗Yttrium in den ↗Yttererden.

Ytterby, Fundort von *Granitpegmatiten* in Südschweden. Es sind Pegmatite mit Mineralen der Seltenen Erden (Niobat–Tantalat–Pegmatite), gebunden an Alkaligranite in Südschweden.

Yttererden, Oxide der ↗Seltenerdmetalle mit ↗Yttrium als Hauptbestandteil.

Ytterspat ↗*Xenotim*.

Yttrium, nach dem Ort Ytterby (Südschweden) benanntes chemisches Element aus der III. Nebengruppe des ↗Periodensystems, der Scandiumgruppe zugehöriges ↗Seltenerdmetall, Leichtmetall; Symbol Y; Ordnungszahl 39; Atommasse 88,9059; Wertigkeit III; ist am Aufbau der Erdkruste mit $3 \cdot 10^{-3}$ % beteiligt. ↗Seltenerdminerale.

Yttriumgranat, *Ytter-Granat*, Varietät von ↗Granat mit Yttrium anstelle von Calcium.

Yttrofluorit, *Yttro-Calcit, Yttro-Ceriocalcit, Yttro-Flußspat*, Mineral mit der chemischen Formel $(Ca,Y)F_{2-2,17}$ und kubisch-hexoktaedrischer Kristallform; yttriumhaltige Varietät von ↗Fluorit mit bis zu 20 Mol.-% YF_3 (vielfach auch CeF_3); Fundort: Hundholmen (Nordnorwegen).

Z

Zähigkeit ↗ *Viskosität*.

Zähigkeit einer Drehachse, gibt in der Kristallographie an, wieviel mal die zur Drehachse gehörige Drehung angewandt werden muß, bis eine Drehung um 360° (die einer Drehung um 0° gleichzusetzen ist) resultiert. Als Folge des periodischen Aufbaus der Kristallstrukturen sind die Zähligkeiten der Drehachsen (in dreidimensionalen Kristallstrukturen) auf 1, 2, 3, 4 und 6 beschränkt. Die gleichen Zähligkeiten besitzen die Drehpunkte in zweidimensionalen Kristallstrukturen.

Zähligkeit einer Punktlage, in der Kristallographie bei ↗ Raumgruppen die Anzahl der Punkte pro Elementarzelle, die einer Punktkonfiguration (Orbit, Bahn) der betreffenden ↗ Punktlage angehören. Im Fall einer primitiven Elementarzelle ist die Zähligkeit einer allgemeinen Punktlage gleich der Ordnung der zur Raumgruppe gehörigen Punktgruppe und bei zentrierten Zellen ein Vielfaches dieser Ordnung, entsprechend der Zahl der Gitterpunkte pro Zelle (im dreidimensionalen Raum also das 2-, 3- oder 4fache).

Die höchste bei dreidimensionalen Raumgruppen auftretende Zähligkeit ist 192 (= 4 · 48) für eine allgemeine Punktlage der Raumgruppe $Fm\bar{3}m$ und den anderen F-Raumgruppen der Kristallklasse $m\bar{3}m$. Für die Raumgruppe $R\bar{3}$ ist die allgemeine Punktlage 6-zählig bei Wahl einer rhomboedrischen und 18-zählig bei Wahl einer hexagonalen Elementarzelle.

Bei kristallographischen Punktgruppen ist die Zähligkeit analog definiert als Anzahl der Punkte einer Punktkonfiguration der betreffenden Punktlage. Die Zähligkeit einer allgemeinen Punktlage ist dann stets gleich der Ordnung der Punktgruppe. Die höchste bei dreidimensionalen Punktgruppen auftretende Zähligkeit ist 48 bei $m\bar{3}m$ (O_h). [WEK]

Zählkurve ↗ *Höhenliniensystem*.

Zahlrahmen-Methode ↗ *Bildstatistik*.

Zahnschwelle, Endschwelle eines ↗ Tosbeckens mit massiven, zahnartigen Quadern.

ZAMG ↗ *Zentralanstalt für Meteorologie und Geodynamik*.

Zanclia, *Zanclium*, international verwendete stratigraphische Bezeichnung für die untere Stufe des ↗ Pliozän. ↗ *geologische Zeitskala*.

Zanjones ↗ *Karstgassen*.

Zapfenboden ↗ *Parabraunerden*.

Zapfwülste ↗ *Kolkmarke*.

Zechstein, *Thuringium*, nach dem ↗ Rotliegenden die zweite Abteilung des ↗ Perms (258–248 Mio. Jahre). Leitfossilien sind verschiedene Ammoniten, ↗ Foraminiferen (Fusulinen) und ↗ Conodonten, in kontinentalen Ablagerungen auch Wirbeltiere (↗ Vertebraten). Im Germanischen Becken folgen an der Basis über dem Zechstein-Konglomerat und äolischen Sanden (Weißliegend) die sapropelitischen Tonsteine des ↗ Kupferschiefer mit guterhaltenen Fischfaunen (↗ Fische). Nachfolgend ist der Zechstein durch siliciklastische und vorwiegend evaporitische Sedimente gekennzeichnet. Durch Barrenbildung kam es vor allem im norddeutschen Raum zu intensiver Salzbildung (Eindampfungszyklen: Werra-, Staßfurt-, Leine-, Aller- und Ohre-Folge). Im russischen Perm werden die Sedimente des Zechstein in die Ufa-, Kasan- und Tatar-Stufe gegliedert. Auf der Südhalbkugel ist das Oberperm hingegen durch terrestrische Ablagerungen der Beaufort-Gruppe (S-Afrika) und der Passa Dois-Gruppe (S-Amerika) gekennzeichnet. Normalmariner Zechstein ist v. a. auf Timor, in Sizilien (Sosiokalk mit Richthofenien) und im Himalaja entwickelt. ↗ *geologische Zeitskala*. [RKo]

Zehrgebiet, *Ablationsgebiet*, Bereich unterhalb der ↗ Gleichgewichtslinie eines ↗ Gletschers (↗ Nährgebiet), in dem die ↗ Ablation die ↗ Akkumulation überwiegt und damit über das Massenhaushaltsjahr gesehen Massenverlust des Gletschers stattfindet.

Zehrschicht ↗ *trophylytische Schicht*.

Zeichen, allgemein ein sinnlich wahrnehmbarer Gegenstand oder Prozeß, der eine »Bedeutung« besitzt und somit einen Gegenstand oder Prozeß vertritt (repräsentiert). Zeichen ermöglichen im Rahmen der zwischenmenschlichen Kommunikation und somit auch der ↗ kartographischen Kommunikation Informationen über Gegenstände und Prozesse zu gewinnen, abzubilden, zu verarbeiten, zu speichern und zu übertragen. Verschiedentlich werden Zeichen als Teilklasse der Signale betrachtet. Für die Gliederung der Zeichen sind unterschiedliche ↗ Zeichentypologien vorgeschlagen worden. Obwohl die Auffassungen der einzelnen wissenschaftlichen Schulen der ↗ Semiotik bzw. Linguistik durchaus voneinander abweichen, kann von einer Zweiteilung der Zeichen in natürliche Zeichen (Anzeichen) und künstliche Zeichen (eigentliche Zeichen, Repräsentationszeichen im eigentlichen Sinne) ausgegangen werden. Erstere kommen in der ↗ Kartographie nicht zur Anwendung, können aber in anderen ↗ Geowissenschaften durchaus eine Rolle spielen. Letztere sind unmittelbar Quelle für die mit ihnen verbundenen Informationen und deren Bedeutung. Diese künstlichen Zeichen bilden ↗ Zeichensysteme. Zu den sprachlichen Zeichen gehören u. a. die Buchstaben und Ziffern der natürlichen Verbalsprache, die Formelzeichen der Mathematik und Chemie (↗ Geochemie), der ↗ Programmiersprachen sowie die Zeichen der ↗ Kartographie (↗ Kartenzeichen). Von nichtsprachlicher Art sind u. a. Signale mit spezifischem Charakter, auch Verkehrszeichen und ↗ Symbole (soweit nicht als Kartenzeichen verwendet). ↗ Piktogramme stellen bezüglich ihres sprachlichen Charakters einen Grenzfall dar. [WGK]

Zeichenerklärung ↗ *Legende*.

Zeichen-Objekt-Referenzierung, *Zeichenreferenzierung*, *kartographische Zeichen-Objekt-Referenzierung*, logisch-semantische und logisch-strukturelle Zuordnung von kartographischen Zeichen zu durch ↗ Geodaten abgebildeten ↗ Objekten sowie die Ableitung der daraus resultierenden konkreten ↗ Kartentypen und *Zeichenreihen* mit Hilfe von formal-logischen Regeln. Das Ergebnis der Referenzierung ist die zur ↗ kartographischen Abbildung und zur konkreten ↗ Kartenbearbeitung bzw. ↗ Kartenherstellung erforderliche

Menge der graphischen Merkmale von ↗Zeichen einer Karte in Form eines Parametersatzes. Die Grundlagen für die kartographische Zeichen-Objekt-Referenzierung bilden das kartographische Datenmodell und das ↗katographische Zeichenmodell, deren Entwicklung sich auf den erkenntnistheoretischen Begriff der ↗Homologie im Sinne einer Graphik-Realitäts-Übereinstimmung stützt. Danach ist der Mensch prinzipiell in der Lage, Sachverhalte und Merkmale der Realität durch entsprechend wirkende graphische Merkmale wie Farben, Texturen und Formen, geometrische Dimensionen und topologische Relationen gedanklich zu repräsentieren, was beispielsweise in der Malerei und Graphik eine grundlegende Bedeutung hat. Im Rahmen der kartographischen Zeichen-Objekt-Referenzierung wird zwischen zwei unterschiedlichen Referenzierungsebenen unterschieden. Auf der Ebene der semantischen Referenzierung werden aufgrund der geometrischen, substantiellen, textlichen und zeitlichen Daten, die Objektzustände repräsentieren, graphische Merkmale von Zeichen festgelegt. Auf der Ebene der strukturellen Referenzierung werden aufgrund von räumlichen, geometrischen und substantiellen Objektbeziehungen, die durch ↗Metadaten repräsentiert werden, ↗graphische Variablen zur Variation von Zeichenbeziehungen festgelegt. Bei der semantischen Referenzierung werden a) auf der Grundlage der punkt-, linien-, flächen- oder oberflächenhaften geometrischen Dimension in den Datenbezugsnetzen georeferenziert abgebildeten isolierten (↗Diskreta) oder verknüpften (↗Kontinua) Objekte kartographische Zeichen mit entsprechender (analoger) Dimension und entsprechenden Grundrißmerkmalen abgeleitet und in Form von punkt-, linien-, flächen- oder oberflächenförmig definierten Zeichen verortet (↗Verortung) und b) werden aufgrund der inhaltlichen Bedeutung von Objektattributen in ihrer Ausprägung als Werte aus Begriffssystemen, ordinalen Systemen oder numerischen Systemen assoziative, symbolische, konventionelle oder frei definierte Zeichen (↗Ikonozität) abgeleitet. Mit Hilfe der Regeln zur Definition von Zeichenbeziehungen werden Beziehungen von Kartenobjekten Beziehungen von Zeichen zugeordnet. Dabei wird erstens die Netzstruktur des Zeichenmusters auf der Grundlage der topologischen Netzstruktur von Kartenobjekten durch Punkt-, Linien-, Flächen- und Oberflächennetze festgelegt. Zweitens werden auf der Grundlage der statistischen Skalenniveaus der Beziehungen zwischen Kartenobjekten die graphischen Unterschiede zwischen Zeichen durch Zeichenvariation mit Hilfe der ↗graphischen Variablen Form, Farbe und Richtung zur Darstellung von nominalskalierten Objektbeziehungen, Helligkeit und Form zur Darstellung von ordinalskalierten Objektbeziehungen und Größe zur Darstellung von intervall- und ratioskalierten Objektbeziehungen definiert. In der ↗kartographischen Informatik werden seit Ende der 1980er Jahre Modelle und Systeme zur automatischen Zeichen-Objekt-Referenzierung entwickelt, die u. a. auf Methoden der künstlichen Intelligenz basieren und die Prozesse der ↗Kartenherstellung im Rahmen von kartographischen Informationssystemen und ↗Geoinformationssystemen unterstützen. [PT]

Zeichenprogramm, interaktive Anwendersoftware zur digitalen Erstellung, Manipulation und Weiterverarbeitung von Karten, Plänen und anderen Graphiken im vektorbasierten Verfahren. Zeichenprogramme bieten allgemein eine Reihe von Funktionen zur Graphikerzeugung (Punkte, Linien, Flächen, Text, Füllungen), zur Graphikmanipulation (Skalieren, Formen, Positionieren usw.) und andere Operationstypen. Verwandte Programme wie z. B. ↗CAD-Systeme erweitern diese Grundfunktionalität um zusätzliche Funktionen.

Zeichenreferenzierung ↗Zeichen-Objekt-Referenzierung.

Zeichenreihe ↗Zeichen-Objekt-Referenzierung.

Zeichenrepertoire ↗Zeichenvorrat.

Zeichensprache, 1) allgemein ein System der sprachlichen Verständigung mittels ↗Zeichen, die nicht Bestandteile der gesprochenen oder geschriebenen Verbalsprache sind, z. B. die Gebärdensprache, 2) ein System wissenschaftlicher Zeichen u. a. in Mathematik, Logik, Chemie und ↗Kartographie einschließlich der Definition der Zeichen und der Regeln für dessen Anwendung, das im Unterschied zur natürlichen Verbalsprache sich spezieller künstlicher Zeichen zur Informationskodierung, -verarbeitung und -übertragung bedient (↗Semiotik, ↗Kartensprache, ↗kartographische Kommunikation, ↗Zeichensystem).

Zeichensystem, systematisch und funktionsbezogen geordnete Menge von ↗Zeichen zur Abbildung von Strukturen und Prozessen bzw. zur Übertragung von Informationen. Zu den Zeichensystemen gehören die Gesamtheit der Zeichen der natürlichen Sprachen (Verbalsprachen) und die der künstlichen Sprachen. Für die ↗Kartographie sind das ↗kartographische Zeichensystem im Sinne der gesamten Kartengraphik und als Kartenzeichensysteme von zentraler Bedeutung.

Zeichentheorie ↗Semiotik.

Zeichenträger ↗Zeichenverfahren.

Zeichentypologie, systematische Einteilung (Klassifikation) der ↗Zeichen nach Typen unter Berücksichtigung ihres Wesens und ihrer Funktion. Entsprechend den verschiedenen wissenschaftlichen Schulen der ↗Semiotik existieren auch verschiedene Zeichentypologien. So fußt die Typologie von Ch. S. Peirce (1819–1914) auf dessen triadischem Zeichenmodell. Sie analysiert die Gesamtheit der Zeichen nach ihrem Mittel-, Objekt- und Interpretantenbezug, wobei für die ↗Kartographie bzw. die Anwendung von ↗Kartenzeichen der Objektbezug (Einteilung in ikonische und indexikalische Zeichen, ↗Ikonizität, ↗Indexikalität, selten auch in symbolische Zeichen) von vorrangiger Bedeutung ist. Der Symbolbegriff (Symbol als ↗arbiträres Zeichen ohne Bezüge zum abgebildeten Objekt) wird in der

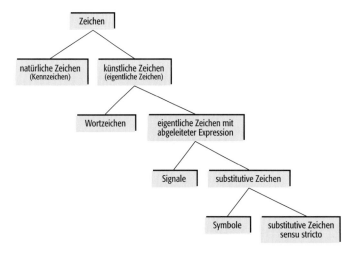

Zeichentypologie: Schaffsche Zeichentypologie.

Kartographie im allgemeinen nicht im Sinne von Peirce verwendet (↗Symbol). Die Typologie der Kartenzeichen wird weiterhin stark geprägt durch die Zeichentypologien von A. Schaff (Abb.) und von L. O. Resnikov, unterliegt aber einer deutlichen Beeinflussung durch Besonderheiten der graphischen Abbildung von Objekten und Sachverhalten des ↗Georaumes. [WGK]

Zeichenüberlagerung, *Zeichenüberdeckung*, bei der konkreten ↗Verortung von Zeichen in der Karte die gegenseitige Überdeckung der ↗Kartenzeichen aufgrund der lokalen Form und Größe von Zeichen sowie ihren unterschiedlichen Abständen zueinander. So wird beispielsweise durch die Zweidimensionalität von punkt- und linienförmigen Zeichen in Karten häufig die Verortungsgeometrie der als Mittelpunkte oder Achsen definierten Objekte abgedeckt und aus der dichten Plazierung von sehr unterschiedlich großen Diagrammen kann die Überdeckung anderer Zeichen resultieren. Im Unterschied zur kartographischen Schichtung (↗Darstellungsschicht) führt die Zeichenüberlagerung in Karten im Rahmen der ↗Kartennutzung zu Unschärfen und Verfälschungen bei der visuell-kognitiven Verarbeitung der Lage und Bezeichnung von Objekten sowie der geometrischen und substantiellen Zustands- und Beziehungsinformationen in Karten. Der daraus folgende Optimierungsbedarf bei der Verortung und Unterstützungsbedarf bei der Kartennutzung ist in Zusammenhang mit der kartographischen ↗Generalisierung Forschungsgegenstand der ↗kartographischen Modellbildung in der ↗empirischen Kartographie und in der kartographischen Informatik. [PT]

Zeichenverfahren, Sammelbegriff für die manuellen Arbeitstechniken zur Herstellung von ↗Kartenoriginalen mittels Zeichengeräten und Zeichenmitteln unter Anwendung spezieller *Zeichenträger*. Sie fanden zu allen Zeiten Anwendung bei der Herstellung von Kartenentwürfen, die in der Regel auf gut geleimtes Papier, speziellen Zeichenkarton, kreidierten Karton (Barytkarton) und/oder maßhaltig kaschierten Karton, seltener auf transparente ↗Zeichnungsträger ausgeführt werden (*Handzeichnung*). Die Vorzeichnung erfolgt mit Bleistift auf das mit Kartennetz und/oder der Kopie (Blaukopie) einer Vorlage versehene Blatt. Zur Netzkonstruktion werden Maßstäbe, Zeichendreiecke und verschiedene Zirkel verwendet (*Hochzeichnung*). Zur Maßstabsveränderung gelangen auch der Pantograph und Proportionalzirkel zur Anwendung. Die Auszeichnung erfolgt mit Zeichenfeder und Ziehfeder, in jüngerer Zeit auch mit Tuschefüllhalter. Kolorit mit Pinsel und Aquarellfarben oder mit Farbstiften dienen der Vervollständigung von Entwurfszeichnungen. Sauber ausgeführte Originalzeichnungen in Form des farbvereinten Originals werden unter Nutzung elektronischer Farbscanner auch direkt für die Druckplattenherstellung genutzt. [WSt]

Zeichenvorrat, Gesamtheit der in einer Karte oder einer anderen ↗kartographischen Darstellungsform zur Abbildung georäumlicher Objekte, Sachverhalte und Erscheinungen und somit im Rahmen der ↗kartographischen Kommunikation verwendeten ↗Zeichen (Kartenzeichen). Erfolgreiche ↗dialogorientierte Kommunikation der Kommunikatoren (Kartograph bzw. Kartenhersteller und Kartennutzer) setzt einen gemeinsamen Zeichenvorrat, verschiedentlich auch *Zeichenrepertoire* genannt, voraus, d. h. Zeichen und Zeichenbedeutungen müssen beiden Personen bekannt sein. Dieser gemeinsame Zeichenvorrat ist die Zeichenerklärung (↗Legende).

Zeichenvorschrift, ein Redaktionsdokument, in dem alle in der betreffenden Karte anwendbaren ↗Kartenzeichen und andere Darstellungsmittel abgebildet, definiert und festgelegt sind. Insbesondere sind die bei der ↗Kartenbearbeitung einzuhaltenden Strichbreiten, Signaturgrößen, Schriftgrößen und dergleichen mit verbindlichen Maßangaben belegt. Bei Bedarf werden auch qualitative und quantitative Merkmale der Objekte sowie die Art ihrer Berücksichtigung angegeben. Vorschriften zur Anwendung der Kartenzeichen, zur Farbgebung und zur Randausstattung sind ebenfalls in der Zeichenvorschrift enthalten. Beispiele für Zeichenvorschriften sind die ↗Musterblätter der amtlichen ↗topographischen Karten oder der Signaturenkatalog des Amtlichen Topographisch-Kartographischen Informationssystems ↗ATKIS der Arbeitsgemeinschaft der Vermessungsverwaltungen der Bundesrepublik Deutschland. [GB]

Zeichnung, im herkömmlichen Sinne eine manuell ausgeführte, vorwiegend linienhafte Darstellung natürlicher oder künstlicher Objekte, auch von Entwürfen auf einem ↗Zeichnungsträger. In der Kartographie ist die Bearbeitung der Zeichnung einer der wesentlichen Schritte der ↗Kartenherstellung. Hierfür werden unterschiedliche ↗Zeichenverfahren angewendet. Zeichnungen können künstlerischen oder technischen Charakter haben, was sich nicht immer scharf abgrenzen läßt. Merkmale der künstlerischen Zeichnung sind: im Linienzug variierende Strichbreiten, zufällig unterbrochene, unter Umständen unscharfe Linien, wechselnde Schwärzung, Füllung von Flächen durch ungleichabständige Schraffuren, durch Punktieren oder im nachhinein durch ↗Kolorierung. Maßstab und Perspektive sind selten geometrisch exakt. Einige ↗kartenverwandte Darstellungen, wie ↗Vogelschaubilder können als künstlerische Zeichnungen angesprochen werden. Für die kartographische Zeichnung, als eine Unterart der technischen Zeichnung, treffen hingegen viele der oben negierten Merkmale zu. Die Herstellung der Zeichnung erfolgt im Rahmen der Zeichengenauigkeit geometrisch exakt, meist auf maßhaltigem Material, die Strichbreiten sind eindeutig definiert, die Linien randscharf und gleichmäßig schwarz. Sie werden nur zur Erzeugung von Strukturen oder zwecks Freistellung regelhaft unterbrochen. ↗Schraffuren haben streng definierte Abstände. Die genannten Merkmale charakterisieren Zeichnungen, die als ↗Vorlagen für die reproduktionstechnische Weiterverarbeitung dienen. Für die beim ↗Kartenentwurf entstehenden Zeichnungen gelten diese Kriterien nur bedingt, so daß ihnen die Tendenz zu künstlerischen Techniken innewohnt.

Als Zeichnung im weiteren Sinne lassen sich die linienhaften Strukturen aller kartographischen Zwischen- und Endprodukte betrachten. Ebenso Linien, die mit dem manuellen Erfassen von Vorlagen in der rechnergestützten Kartographie entstehen, etwa durch punktweises Digitalisieren am Digitalisiertisch oder Nachziehen am Bildschirm. Einen Grenzfall bilden softwaregestützt konstruierte Linien in Diagrammen sowie die durch ↗Kantenextraktion oder Linienverfolgung gewonnenen Linien. ↗Schriften zählen nicht zur Zeichnung, obgleich sie in unterdessen historischen Techniken der Kartenbearbeitung manuell verfertigt wurden und heute häufig manuell über die Tastatur eingegeben werden. [KG]

Zeichnungsträger, *Bildträger*, meist flächiges, zumindest aber ebenes Material, auf das in manuellen ↗Zeichenverfahren, durch Druck- oder ↗Kopierverfahren oder durch softwaregesteuerte Ausgabegeräte ein in der Substanz aus Farbstoffen und Bindemitteln bestehendes, aus graphischen Elementen strukturiertes Bild aufgebracht wird.

Zeigerarten, *Indikatororganismen*, *Zeigerpflanzen*, *Kennarten*, Pflanzenarten, deren Vorkommen oder Fehlen in einem ↗Biotop die Verhältnisse bestimmter ↗abiotischer Faktoren anzeigen: z. B. Bodenreaktion (sauer, basisch), Nährstoffgehalt, (v. a. Stickstoffreichtum), Schwermetallgehalt, Verfügbarkeit von Licht und Feuchtigkeit. Dies kann mit ↗Zeigerwerten quantifiziert werden. Die Verwendung von Zeigerarten erlaubt eine einfache und rasche Erfassung der ↗Standortfaktoren, ohne aufwendige und langdauernde Bioindikation. Diese Erfassung ist allerdings oft etwas grob, da die meisten Pflanzen eine relativ große Spannweite ökologischer Faktoren ertragen (↗euryök), sowie unbekannte Effekte von ↗Konkurrenz und zufälliges Vorhandensein oder Nichtvorhandensein von Pflanzen die Aussagen verfälschen können.

Zeigerpflanzen ↗Zeigerarten.

Zeigerwerte, der deutsche Geobotaniker ↗Ellenberg hat 1974 die Zeigerwerte als ein einfaches Zahlenschema eingeführt, um die ↗Pflanzen in Mitteleuropa nach ihren ↗Standortansprüchen zu kategorisieren. Anhand dieser Werte lassen sich die Pflanzen als ↗Zeigerarten bei der Bioindikation (↗Bioindikator) verwenden. Das System enthält in einer neunstufigen Skala 6 Ziffern in zwei Dreiergruppen: die ersten drei Zahlen beschreiben eher klimatische Ansprüche: Licht, Temperatur und Grad der Kontinentalität, die zweite Zifferngruppe steht für edaphische Faktoren: Feuchte (12stufig), Reaktion (Boden-pH) und Stickstoffgehalt. Dazu sind angegeben ein x für indifferentes und ein ? für unbekanntes Verhalten (Tab.).

Beispiel: Der Zeigerwert der Aufrechten Trespe (*Bromus erectus*), einer Pflanze der ↗Magerwiese, lautet 852–383. Dies bedeutet, daß die Pflanze viel Licht braucht, in Mitteleuropa in tiefen Lagen bis hochmontanen Lagen vorkommt, ein Trockenheitszeiger ist und sich v. a. auf basischen (d. h. kalkreichen) und stickstoffarmen Böden findet. [DR]

Zeilenabstand, im mehrzeiligen Schriftsatz der Abstand von der Grundlinie einer Zeile zur Grundlinie bzw. zur Höhe der Kleinbuchstaben der nächsten Zeile (numerischer bzw. optischer Zeilenabstand). Der Zeilenabstand ist für die Gestaltung des Kartentitels und der Erklärungen in der ↗Legende bedeutsam (↗Kartenlayout). Vor allem in längeren Legenden- und Erläuterungstexten können zu geringe oder zu große Abstände der Zeilen die Lesbarkeit beeinträchtigen. Kolonnenartig angeordnete Einzelerklärungen der Kartenzeichen müssen durch deutliche Vergrößerung (in der Regel Verdoppelung) des Zeilenabstands voneinander abgesetzt werden. In DTP-Programmen (↗desktop publishing) wird der Zeilenabstand in Prozenten der Buchstabenhöhe oder des ↗Schriftgrades angegeben, was seine sehr genaue Einstellung ermöglicht. Als Richtwert können 90 bis 105 % gelten, wobei die unterschiedlichen Buchstabenhöhen der verschiedenen Schriftarten bei gleichem ↗Schriftgrad zu beachten sind. [KG]

Zeilenabtaster ↗Scanner.

Zeilenpaßbedingung, Bedingung, die eingehalten werden muß, damit die ↗Scan-Zeilen in Streifenmitte lückenlos aneinander passen. Es muß folgende Beziehung erfüllt sein: $V/h = \Delta\alpha \cdot v$, wobei V die Fluggeschwindigkeit, h die Flughöhe, $\Delta\alpha$ der Öffnungswinkel und v die Scanfrequenz (scan rate) ist. ↗Abtasttheorem.

Zeit, 1) unabhängiger Parameter (meist mit t bezeichnet) von Bewegungsgleichungen. 2) zu den drei Raumkoordinaten gleichberechtigte weitere Koordinate zur Fixierung von Ereignissen im vierdimensionalen Raum-Zeit-Gefüge. 3) Interpretation eines Bewegungsablaufs durch Vergleich mit einem bereits standardisierten Bewegungsablauf.

Zeit-Absenkungs-Verfahren ↗Geradlinienverfahren.

Klimatische Faktoren

L	Lichtzahl		
		1	Tiefschattenpflanze, noch bei weniger als 1 % relativer Beleuchtungsstärke
		3	Schattenpflanze, meist bei weniger als 5 % relativer Beleuchtungsstärke, nie im vollen Licht
		5	Halbschattenpflanze, meist bei mehr als 10 % relativer Beleuchtungsstärke
		7	Halblichtpflanze, meist bei vollem Licht, aber auch im Schatten
		9	Vollichtpflanze, meist an voll bestrahlten Orten, nie ganz im Schatten
T	Temperaturzahl		
		1	Kältezeiger, nur in hohen Gebirgslagen
		3	Kühlezeiger, vorwiegend in hochmontan-subalpinen Lagen
		5	Mäßigwärmezeiger, von tiefen bis in hochmontane Lagen
		7	Wärmeanzeiger, nur in Tieflagen
		9	extremer Wärmezeiger, in Mitteleuropa nur an wärmsten Plätzen
K	Kontinentalitätszahl		
		1	euozeanisch, in Mitteleuropa nur mit Vorposten
		2	ozeanisch, mit Schwergewicht im Westen Mitteleuropas
		4	subozeanisch, mit Schwergewicht in Mitteleuropa
		6	subkontinental, mit Schwergewicht im östlichen Europa
		8	kontinental, in Mitteleuropa nur mit Vorposten

Bodenfaktoren

F	Feuchtezahl		
		1	starker Trockenheitsanzeiger, auf häufig ausgetrocknende Stellen beschränkt
		3	Trockenheitsanzeiger, auf trockenen Böden häufiger als auf frischen, nicht auf feuchten Böden
		5	Frischezeiger, Schwergewicht auf mittelfeuchten Böden
		7	Feuchtezeiger, auf gut durchfeuchteten, aber nicht nassen Böden
		9	Nässezeiger, Schwergewicht auf durchnäßten Böden
		10	Wechselwasserzeiger: Wasserpflanze, erträgt aber längere Zeiten ohne Wasserbedeckung
		11	Wasserpflanze, die unter Wasser wurzelt, aber aus dem Wasser herausragt, oder Schwimmpflanze an der Wasseroberfläche
		12	Unterwasserpflanze, ± ständig untergetaucht
R	Reaktionszahl		
		1	starker Säurezeiger, nie auf ± neutralen Böden
		3	Säurezeiger, bis in den neutralen Bereich vorkommend
		5	Mäßigsäurezeiger
		7	schwacher Säure- bis schwacher Basenzeiger, nie auf stark sauren Böden
		9	Basenzeiger, stets auf kalkreichen Böden
N	Stickstoffzahl		
		1	stickstoffärmste Böden anzeigend
		3	häufig auf stickstoffarmen Böden
		5	auf mäßig stickstoffreichen Böden
		7	stickstoffreiche Standorte bevorzugend
		9	an übermäßig stickstoffreichen Standorten (Viehläger)

Zeigerwerte (Tab.): Zusammenstellung der Zeigerwerte.

Zeitachse ↗Entwicklungsdarstellung.

Zeitbereich, Darstellung von Meßgrößen und Übertragungsfunktionen als Funktion der Zeit t (↗Frequenzbereich).

zeitbezogene Generalisierung, *temporale Generalisierung*, eine Unterart der ↗semantischen Generalisierung, die auf die maßstabsadäquate Darstellung der Zeitpunkte und Zeiträume von Ereignissen und Sachverhalten sowie dynamischer Phänomene in ↗thematischen Karten gerichtet ist. Dabei werden die Daten und/oder Objekte unter Beachtung der verschiedenen Arten des Raum-Zeit-Bezugs vereinfacht, ausgewählt, zusammengefaßt oder typisiert. ↗zeitliche Auflösung.

Zeitgleichung, wahre minus mittlere Sonnenzeit, resultiert aus der leicht elliptischen Umlaufbahn der Erde um die Sonne. Variiert zwischen +17 Minuten (Anfang November) und −14 Minuten (Anfang Februar) (Abb.).

zeitliche Auflösung, 1) *Fernerkundung*: temporale Auflösung, *Repetitionsrate*, Zeitintervall zwischen zwei aufeinanderfolgenden Aufnahmen des gleichen Gebietes der Erdoberfläche durch einen Satellitensensor. Sie wird durch die Flugbahn festgelegt. Kann bei einigen Systemen, u. a. bei ↗SPOT durch Schwenkung verkürzt werden, z. B. für ein Disastermonitoring. **2)** *Kartographie*: kleinste zeitliche Einheit, mit der räumliche Veränderungen im Rahmen der ↗kartographischen Animation erfaßt und wiedergegeben werden, z. B. Stunde, Monat, Jahr.

Zeitmaß, geeignete Dauer eines wiederkehrenden Vorgangs als Messgrundlage für einen zu untersuchenden Vorgang.

Zeitmessung, Zählung der Perioden wiederkehrender Vorgänge.

Zeitnormal, hochpräziser Generator für periodisch wiederkehrende Ereignisse, heutzutage durch ↗Atomuhren realisiert.

Zeitprofil, graphische Darstellung des Zustands einer Schneedecke, wobei bezogen auf Zeit (Abszisse, beispielsweise ein Jahr) und Schneehöhe (Ordinate) jeweils die Schneetemperatur, der Rammwiderstand, die Kornform und Korngröße, die Härte, der ↗Schneewassergehalt und die Dichte eingetragen werden.

Zeitpunktfolge ↗Entwicklungsdarstellung.

Zeitraumbilanz ↗Entwicklungsdarstellung.

Zeitreihe, *statistische Zeitreihe*, Datenwerte in der Statistik als Funktion der Zeit, die nur bezüglich bestimmter Zeitschritte oder Zeitintervalle vorliegen (z. B. Monate oder Jahre) und gemittelt bzw. akkumuliert sind. Dabei sind die Zeitschritte bzw. Zeitintervalle im allgemeinen äquidistant (andernfalls gibt es Probleme bei der statistischen ↗Zeitreihenanalyse). Zeitreihe bedeutet in digitaler Form eine Folge von Zahlenwerten in zeitlich äquidistantem Abstand. Im übertragenen Sinne kann der Begriff Zeitreihe auch auf eine Ortsfunktion übertragen werden.

Zeitreihenanalyse, beschreibt statistische Verfahren mit deren Hilfe der Verlauf physikalischer und anderer Zeitreihen beschrieben, erklärt und prognostiziert oder kontrolliert werden soll, z. B. in Form von spektralen Varianzanalysen oder Zeitreihen-Filterungen (↗Fouriertransformation, ↗statistische Filterung).

Zeitreihenglättung ↗statistische Filterung.

Zeitreihenmodell, Erzeugung einer Zeitreihe durch einen ↗Zufallsgenerator, wobei eine Abhängigkeit vom vorangegangenen Wert oder von einer anderen korrelierten Variablen gegeben sein kann. Diese Abhängigkeit kann durch Autoregressiv- (AR-Modelle), Gleitmittel- (Moving Average(MA)-Modelle) und Regressionsbeziehungen beschrieben werden. ↗stochastisches Modell.

Zeitscheibe, engl. *time slice*, Schnitt durch ein 3-D seismisches Datenvolumen entlang konstanter Zeit; Hilfsmittel in der ↗seismischen Interpretation.

Zeitschritt, zeitlicher Abstand zwischen zwei aufeinanderfolgenden berechneten Zuständen in ↗numerischen Modellen. Der Wert des Zeitschritts richtet sich nach der ↗Windgeschwindigkeit und der verwendeten räumlichen Maschenweite und muß das ↗Courant-Friedrichs-Lewy-Kriterium erfüllen. Bei Wettervorhersagemodellen (↗numerische Wettervorhersage) wird ein Zeitschritt von typischerweise 1–5 Minuten, bei Klimamodellen von etwa einer Stunde verwendet.

Zeitsetzung, die pro Zeiteinheit stattfindende Setzung eines Bodens. Bei einfach verdichtetem bindigem Boden kann der Setzungsablauf (↗Setzung) überschlägig aus einem Kompressions-Durchlässigkeits-Versuch (KD-Versuchs) abgeleitet werden. Bei einem KD-Versuch wird eine scheiben- oder zylinderförmige, meist ungestörte Bodenprobe stufenweise in senkrechter Richtung belastet, wozu die Zeitsetzung der für die Schichtmitte geltenden Laststufe ausgewertet werden muß. Bei gleichen Entwässerungsbedingungen (d. h. Abfluß des Porenwassers nach oben und unten) und nicht zu großen Schichtmächtigkeiten ist dann:

$$t_2 = t_1 \frac{h_2^2}{h_1^2} \quad [\text{s}],$$

wobei t_1 die Setzungszeit im KD-Versuch und t_2 die Setzungsdauer und h_1 die Probenhöhe im KD-Versuch und h_2 die Mächtigkeit der zusammendrückbaren Schicht ist. Bei nichtbindigen Böden treten die Setzungen nahezu in voller Größe unmittelbar nach Lastaufbringung auf. Der Zeitsetzungsverlauf bei bindigen Böden weist dagegen nach verhältnismäßig großen Anfangssetzungen langsam ausklingende Langzeitsetzungen auf. [RZo]

Zeitskala, Festlegung des Beginns einer ↗Zeitmessung sowie des verwendeten ↗Zeitmaßes. Gebräuchliche Zeitskalen sind ↗UTC, ↗UT1, ↗TAI, ↗TDT und ↗TDB. Dynamische Zeitskalen weichen von den korrespondierenden Koordinaten-Zeitskalen säkular ab. Die Variation TDT-TDB bleibt periodisch (< 1,7 ms). Am 1. Januar 1977 um 0 Uhr TAI stimmen vereinbarungsgemäß die Koordinaten-Zeitskalen mit der dynamischen Zeitskala TT überein. Das Zeitmaß ist einheitlich die ↗SI-Sekunde. Der Unterschied TT-TAI wurde für den 1.1.1977, 0 Uhr TAI zu 32,184 s festgelegt.

Zeit-Tiefenfunktion, Reflexionslaufzeit in Abhängigkeit von der Reflektortiefe, abgeleitet aus Bohrlochmessungen (integriertes ↗Sonic-Log, kalibriert durch Laufzeitmessungen von der Oberfläche, ↗Check Shot oder VSP, ↗Bohrlochseismik). Mit dieser Beziehung ist der erste Schritt zur ↗Tiefenwandlung der seismischen Zeitsektion gemacht. Zu beachten ist, daß diese Funktion im strengen Sinne nur für Wellenaus-

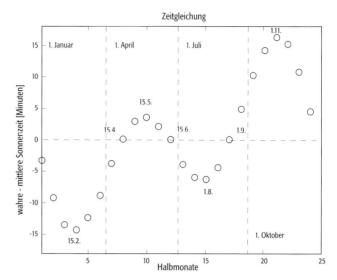

Zeitgleichung: Zeitgleichung, jeweils am 1. und 15. eines Monats ermittelt.

Zementationszone: supergene Zonierung in Sulfiderz-Lagerstätten. Die Schnitte A, B und C zeigen drei mögliche Abfolgen, abhängig von klimatischen Bedingungen, vom Grundwasserspiegel und vom Erosionsniveau.

breitung entlang und in der Nähe der Bohrung gilt.

Zeitzone, normalerweise hätte jeder Ort seine eigene Zeit. Um dem dadurch entstehenden Wirrwar von Zeitangaben zu entgehen, wurden 24 Zeitzonen eingeführt. Alle 15 Längengrade beginnt im Mittel eine neue Zeitzone, deren Zeitskala um eine Stunde verschoben ist. Wegen politischer Grenzen wird diese Regel allerdings oft modifiziert angewendet.

Zellendolomit, Zellenkalk, ↗Rauhwacke.

Zellulose, polymeres, fadenförmiges Kohlehydrat aus mehr als zehntausend Glukosemolekülen $(C_6H_{10}O_5)_x$. Zellulose bildet die Zellwände der Pflanzen und verleiht ihnen eine gewisse Stabilität; damit ist Zellulose das global häufigste Kohlehydrat, ist aber kaum fossilisationsfähig, weil es unter Anwesenheit von Sauerstoff zu CO_2 und H_2O verbrennt.

Zement, [von lat. zaemento = bauen, aufrichten], 1) Zur Herstellung von Beton und Mörtel verwendetes hydraulisches Bindemittel. Die wichtigsten Grundstoffe sind Kalk, Kieselsäure, Tonerde und Eisenoxid, die in geeigneter Zusammensetzung gebrannt und anschließend gemahlen werden. Typische Vertreter sind der ↗Portlandzement, die ↗Hüttenzemente, der ↗Traßzement und der ↗Sulfathüttenzement. 2) Bezeichnung für die verkittende, feinkörnige Matrix zwischen ehemaligen Lockersedimenten.

Zementation, 1) *Geophysik*: Vorgang, bei dem der Hohlraum zwischen Bohrlochgestänge und der Bohrlochwand mit ↗Zement ausgefüllt wird. Die Zementation dient der Sicherung des Bohrloches. Zur Kontrolle der Abbindung des Zementes dient das ↗Zement-Log. 2) *Lagerstättenkunde/Mineralogie*: a) Vorgang des Transportes und der Ablagerung von Mineralsubstanzen, die als Bindemittel zwischen Gesteinspartikeln ausgefällt werden. ↗Quarz, ↗Calcit, ↗Dolomit, ↗Siderit und Eisenoxide sind verbreitete derartige Bindemittel. b) Anreicherung von edleren Metallen innerhalb eines (meist sulfidischen) Erzkörpers durch die Einwirkung von Sicker- und Grundwasser von der Oberfläche her. ↗Zementationszone.

Zementationslagerstätten, ↗Erzlagerstätten, die lediglich aufgrund der Anreicherung des Stoffbestandes in einer ↗Zementationszone die für einen wirtschaftlich Abbau ausreichenden Erzgehalte aufweisen.

Zementationszone, Anreicherungszone, Reicherzzone, bezeichnet im Fall von sulfidischen Lagerstätten (Abb.) eine ↗supergen entstandene ↗Zone, die aufgrund von ↗Verwitterung oberflächennaher Lagerstättenteile entsteht. Sie ist charakterisiert durch eine zementative Anreicherung des aus der oberhalb liegenden ↗Oxidationszone und ↗Auslaugungszone beigeführten Stoffbestandes. Diese Anreicherung kann, muß aber nicht, zu einer abbauwürdigen ↗Zementationslagerstätte führen. Typisches Beispiel hierfür sind die zementativ gebildeten Kupferglanz-Zonen von ↗Porphyry-Copper-Lagerstätten. Viele ↗Kupferlagerstätten oder ↗Goldlagerstätten

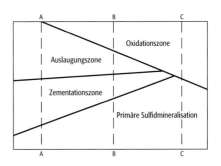

sind nur im Bereich ihrer Zementationszonen abbauwürdig.

Zement-Bentonit-Suspension, werden durch Injektionsarbeiten (↗Injektion) in den Untergrund eingebracht. Sie werden in Lockergesteinen und klüftigem Fels zur Bodenverfestigung und auch für Abdichtungszwecke eingesetzt. Zement-Bentonit-Suspensionen bestehen bis zu 50 % aus Tonanteilen und können im Gegensatz zu reinen Tonsuspensionen dort angewandt werden, wo mit Sickerströmungen zu rechnen ist. Somit kann man Ausspülungen reiner Tonsuspensionen entgegenwirken. Bei besonders aggressiven Wässern werden Spezialzemente eingesetzt. Die Reichweite der Injektion ist von der ↗Viskosität der verwendeten Suspension, dem angewandten Suspensionsdruck und der Ausbildung der Klüfte abhängig.

Zementinjektion, ↗Injektion von ↗Zementsuspension, angewendet in grobkörnigen Böden (Kiese) oder im Fels mit einer Kluftweite größer als 0,1 mm. Vorteile der Zementinjektionen sind die hohe Festigkeit und gute Abdichtungseigenschaften sowie die relativ zu anderen Injektionsmitteln niedrigen Kosten. Mit Hilfe von Feinstzementinjektionen können schluffige Böden bzw. feinste Klüfte und Risse (Kluftweiten größer 0,016 mm) eines Gebirges injiziert werden.

Zement-Log, akustisches Bohrlochmeßverfahren zur Inspektion der Ringraumzementierung in einer Bohrung. Meßgröße ist die Amplitude der an der Bohrlochwand bzw. der Verrohrung refraktierten Welle. Die Größe der Amplitude ist ein Maß für die Güte der Zementation. Je besser die Zementation, desto größer ist die Dämpfung des von der Sonde ausgesandten Ultraschallsignals. Bei schlechter oder fehlender Zementation wird das akustische Signal hingegen weitgehend ungedämpft entlang der Verrohrung geführt.

Zementriff, ↗reef mounds, die zu einem großen Teil aus ↗Zement aufgebaut sind und keine größeren Prozentsätze von gerüstbildenden Organismen oder anderen carbonatschaligen ↗Bioklasten besitzen. Zementriffe können aus bis zu 80 % synsedimentär gebildeten Zementkrusten bestehen, deren Ursprung noch weitgehend unklar ist. Die meisten Zemente dürften aus synsedimentär gebildeten botryoidalen Aragonitfächern (↗Aragonit) hervorgehen, die nun als Niedrig-Mg-Calcite (↗Calcit) vorliegen. Ihre Bildung ist wenig verstanden, scheint aber im wesentlichen biogen induziert zu sein. So sind zahlreiche Zementkrusten von typisch irregulär gewellten, mikrobiell entstandenen Mikrit-Laminen (↗Mikrit) überlagert. Im ↗Perm sind sie vor allem mit phylloiden Algen und der problematischen Alge *Archaeolithoporella* assoziiert. Rezent bilden sich Aragonit-Botryoide unter krustosen, oft nur schwach calcifizierenden Rotalgen (im wesentlichen Peyssonelliaceen) und werden als Anheftungsstrukturen an den Untergrund interpretiert. Vielfach enthalten die Botryoide selbst organische Substanz. Nach den Rezentbeobachtungen scheint eine ähnliche Genese auch in fossilen Riffen möglich zu sein; die Erzeuger wären wegen fehlender Calcifizierung oder diagenetischer Prozesse (z. B. selektive Rekristallisation aragonitischer Skelette) nicht überliefert. Für solche überwiegend aus Zement bestehende Sedimente wurde der Begriff Biocementstone eingeführt. Zementriffe sind vor allem aus ↗Devon, ↗Perm und alpiner ↗Trias bekannt. [HGH]

Zementstabilisierung, Stabilisierung einer ↗Zementsuspension mittels Zugabe von quellfähigen ↗Tonmineralen (↗Bentoniten) und Verringerung des Wassergehaltes. Durch diese Maßnahmen wird die Sedimentationsgeschwindigkeit der Zementkörner stark herabgesetzt.

Zementsuspension, häufig verwendetes Injektionsmittel (↗Injektion), bestehend aus einer Wasser-Zement-Mischung. Zementsuspensionen sind instabile Suspensionen (↗Zementstabilisierung), da die Zementkörner nur durch Bewegung in der Schwebe gehalten werden. Entscheidend für die Fließeigenschaften, die Festigkeit und Beständigkeit der Suspension ist der ↗Wasser-Zement-Faktor. Zur vollständigen ↗Hydratation des Zements ist ein Wasser-Zement-Faktor von 0,4 nötig. Bei einem Wasser-Zement-Faktor kleiner als 0,8 spricht man von einer Zementpaste.

Zenitalregen, im Rahmen der ↗Niederschlagstypen der ↗Tropen auftretende sommerliche Regenzeit, die in etwa zum Zeitpunkt des Zenitstandes der Sonne eintritt. ↗Klimaklassifikation.

Zenitdistanz, Zenitwinkel, ↗Vertikalwinkel.

Zenitwinkel, Zenitdistanz, ↗Vertikalwinkel.

zentralandiner Gletschertyp ↗Flankenvereisung.

Zentralanstalt für Meteorologie und Geodynamik, ZAMG, seit 1904 Bezeichnung für die am 23.7.1851 durch kaiserliches Dekret gegründete »Centralanstalt für meteorologische und magnetische Messungen« in Wien, österreichischer Wetterdienst und wissenschaftliches Institut. Hier wurde 1873 während des 1. Internationalen Meteorologiekongresses die ↗Internationale Organisation für Meteorologie gegründet. 1886 erfolgte die Inbetriebnahme des Sonnblickobservatoriums (3106 m). Im Zeitraum 1938–45 wurden der Wetterdienst und das Klimanetz in den deutschen Reichswetterdienst eingegliedert, während die ZAMG in ein Forschungsinstitut umgewandelt wurde. Mit Verfügung des Staatsamtes für Volksaufklärung, Unterricht, Erziehung und Kultusangelegenheiten vom 18.7.1945 wurde der gesamte meteorologische Dienst in Österreich der ZAMG zurückgegeben. Er unterhält insgesamt über 300 klima-, synop-, sonnenscheindauerteilautomatische und agrarmeteorologische Stationen (Stand 1996) und vier regionale Radarstationen. Unter der Direktion gibt es neben den Abteilungen Marketing und Bibliothek vier Abteilungen, in denen auch zahlreiche nationale und internationale Forschungsaufgaben durchgeführt werden:
a) Synoptische Meteorologie (Wettervorhersage, Sturm- und Smogwarnung, Satellitenmeteorologie, Analyse und Interpretation von numerischen Vorhersageprodukten), b) Klimatologie (theoretische und angewandte Klimatologie, Entwicklung und Anwendung von Modellen, Agro-, Bio- und Hydroklimatologie, Glaziologie), c) Umweltmeteorologie (Messung und Modellentwicklung, Luftverschmutzung, Grenzschichtmeteorologie, Vorsichtsmaßnahmen und Beratung in Krisen), d) Geophysik (Erdbebenüberwachung, magnetische Vermessung Österreichs, Bodenuntersuchungen, Ingenieur- und Umweltgeophysik). Diese Forschungen werden durch die Abteilungen Technik (Installation, Betrieb und Unterhalt der Meßnetze, Betrieb von ↗Radiosonden und Empfang von ↗Satellitenbildern), Automatische Datenverarbeitung (Computerzentrum, Netzwerk, Softwareentwicklung, System- und Datenverwaltung) und Verwaltung (Budget, Personal, allgemeine Infrastruktur) unterstützt.

Es werden außerdem mehrere Regionalstellen unterhalten: für die Steiermark (Feldkirchen bei Graz), für Tirol und Vorarlberg (Innsbruck), für Kärnten (Klagenfurt), für Salzburg und Oberösterreich (Salzburg) und für Wien, Niederösterreich und Burgenland (Wien). Im Erdbebenwarndienst sind zehn digitale Telemetrie-Stationen für kurzperiodische und Breitbandmessungen (↗Breitband-Seismometer) in Betrieb, im Strong-Motion-Netz arbeiten 16 Stationen. Publikationen: Wetterkarte, Monatliche Witterungsübersicht, Jahrbuch der Zentralanstalt für Meteorologie und Geodynamik, Blaue Reihe der Abteilung Synoptische Meteorologie an der ZAMG. Neben der ZAMG gibt es einen eigenständigen Flugwetterdienst innerhalb der AustroControl GmbH, einen Militärwetterdienst und einen hydrographischen Dienst. [CL]

Zentralgraben, *medianer Graben*, *central rift*, durch seitliche, zueinander geneigte ↗Abschiebungen in der Axialzone langsam spreizender (10–50 mm/Jahr) ↗Mittelozeanischer Rücken gebildete, grabenähnliche tektonische Struktur, deren Flanken sich stellenweise 1300 m hoch über den normalerweise in 2,5 bis 2,8 km Wassertiefe liegenden Boden des Zentralgrabens erheben. Da im Zuge der ↗Ozeanbodenspreizung ständig neue Basalte in der Grabensohle gefördert werden und diese durch seitlich Abwanderung an Breite gewinnt, müssen sich Brüche in den Seitenbereichen der Sohle bilden, an denen diese gegenüber der auf gleichem Niveau verbleibenden zentralen Sohle aufsteigen, um neue Grabenflanken zu bilden. Dieser gegenüber der kontinentalen Grabentektonik verschiedenartige Prozeß wird noch diskutiert.

Zentralprojektion, Projektion eines Objektes auf eine Ebene durch Abbildungsstrahlen, die sich in einem Punkt, dem ↗Projektionszentrum, schneiden. Die Zentralprojektion ist das funktionale Modell der optischen Abbildung mit einem Objektiv und damit die Grundlage für die ↗photogrammetrische Bildauswertung. Gesetzmäßigkeiten der Zentralprojektion sind die Geradentreue und die Abbildung paralleler Geraden im Objektraum in Strahlenbüschel in der Bildebene mit dem Fluchtpunkt als Scheitel. Die Zentralprojektion ist nicht eineindeutig, so daß jedem Bildpunkt unendlich viele Objektpunkte auf dem Abbildungsstrahl entsprechen können.

Zentralvulkan, isolierter Vulkan, der von einem horizontal engbegrenzten Magmenzufuhrsystem gespeist wird (im Gegensatz zu ↗Vulkanreihe).

Zentrifugalkraft, eine Kraft, die auf eine Masse (z. B. Luftpaket) wirkt, wenn sich diese auf einer gekrümmten Bahn bewegt. Die Kraft ist dabei nach außen, d. h. vom Mittelpunkt des die Bahnkurve beschreibenden Krümmungskreises weg, gerichtet. Der Betrag der Zentrifugalkraft Z ist proportional zur Masse m und zum Geschwindigkeitsquadrat v^2 und umgekehrt proportional zum Krümmungsradius R: $Z = mv^2/R$. Die Zentrifugalkraft spielt in der ↗Meteorologie vor allem bei kleinräumigen Bewegungen, z. B. bei ↗Tromben oder ↗Tornados, eine Rolle. ↗zyklostrophische Strömung.

Zentrifugalpotential, das Zentrifugalpotential Z der Erde ist eine skalare Feldfunktion, die sich aufgrund der ↗Rotation der Erde (Rotationsgeschwindigkeit ω) ergibt und Bestandteil des ↗Schwerepotentials der Erde ist. Es ist nur vom Abstand p des betrachteten Punktes P von der Rotationsachse abhängig. Fällt die Rotationsachse mit der z-Achse eines dreidimensionalen, kartesischen Koordinatensystems zusammen, schreibt sich das Zentrifugalpotential als

$$Z(\vec{x}) = \frac{1}{2}\omega^2 \cdot p^2 = \frac{1}{2}\omega^2\left(x^2 + y^2\right).$$

Zentrifuge, *Zentrifugal-Sedimentometer*, Gerät zur Steigerung der Zentrifugalbeschleunigung im Rahmen der ↗Sedimentationsanalyse, vor allem zur Abtrennung von Korngrößen < 2 μm. Bei der Durchlauf-Zentrifuge für kontinuierlichen Zu- und Abfluß erfolgt das Abscheiden der Teilchen aus einem durch die Zentrifugalkraft entstehenden Hohlzylinder, der laminar von der Suspension durchflossen wird.

Zeolithe, [von griech. zeo = ich koche; líthos = Stein, weil Zeolithe vor dem Lötrohr »sprudeln«], Sammelbezeichnung für eine Gruppe von wasserhaltigen ↗Tektosilicaten mit größeren Hohlräumen in ihrem $(Si,Al)O_4$-Tetraeder-Gerüst, in denen H_2O-Moleküle nur locker gebunden sind. Dadurch können sie ihr Kristallwasser leicht abgeben und die Kationen reversibel austauschen, ohne daß das Alumosilicat-Gerüst zerstört wird. Makroskopisch lassen sich unterscheiden: Faserzeolithe (wie Natrolith, Mesolith, Thomsonit, Skolezit, Laumontit, Gonnardit, Edingtonit, Ashcroftin, Mordenit, Erionit, Gismondin, Ferrierit), Blätterzeolithe (wie Stilbit, Heulandit, Brewsterit, Laubanit), Würfelzeolithe (wie Chabasit, Phillipsit, Harmotom, Faujasit, Gmelinit, D'Achiardit). Neben kristallstrukturellen Gesichtspunkten ergeben sich weitere, z. T. verschiedenartige Gruppeneinteilungen. Ähnlich wie bei der ↗Amphibolgruppe hat die International Mineralogical Association (I. M. A.) für die Zeolithe eine neue Nomenklatur vorgeschlagen. Hierbei werden wegen der enormen chemischen Variabilität modifizierte Namen und chemische Formeln definiert. Zeolithe kommen hydrothermal auf Mandelräumen und Spalten vulkanischer Gesteine, sedimentär in Sandstein, Arkosen und Grauwacken und metamorph auf Klüften und Hohlräumen von Gneisen und kristallinen Schiefern vor. Sie sind weltweit zu finden. [GST]

Zeolithfazies, niedrigstgradige (very-low grade) Gesteinsmetamorphose (↗Metamorphose). Sie schließt sich bei leichter Temperaturerhöhung unmittelbar an den Bereich der ↗Diagenese an. Die Zeolithfazies ist charakterisiert durch die Mineralassoziation von Ca-Zeolithen + Chlorit + Quarz. ↗Zeolithe, ↗metamorphe Fazies.

Zeolithwasser, Wassermoleküle, die im Kristallgitter der ↗Zeolithe in Hohlräumen ohne Fixierung an einen bestimmten Platz gebunden sind. Dabei besteht die Möglichkeit der stufenlosen Abgabe und Wiederaufnahme des Wassers ohne Änderung der Gitterstruktur (Abb.).

Zeolitisierung, Umwandlung von ↗Leucit durch Verwitterung oder hydrothermale Prozesse unter Neubildung von ↗Zeolithen.

Zerfallsgesetz, das Gesetz, daß den Zerfall eines atomaren Teilchens (Elementarteilchen, Atomkern usw.) bestimmt. Die relative Verringerung

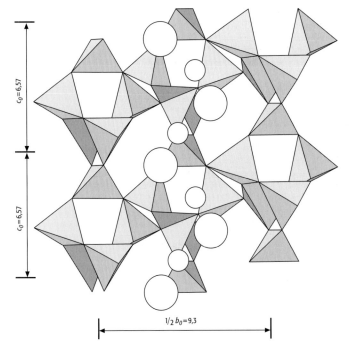

Zeolithwasser: Natrolithstruktur, in Blickrichtung der *a*-Achse. In Kanälen senkrecht zu den Tetraederketten befinden sich H_2O-Moleküle (große Kugeln) und Na^+-Ionen (kleine Kugeln); b_0 und c_0 sind die Gitterkonstanten in Å.

einer Menge M von Teilchen (oder Atomkernen) in einem kurzen Zeitintervall dt hängt nur von einer für das Teilchen oder dem Nuklid charakteristischen Konstante λ ab:

$$dM/M = -\lambda \cdot dt.$$

Durch Integration ergibt sich die exponentielle Verringerung der Menge M:

$$\ln(M) = \ln(M_0) - \lambda \cdot t$$

und weiter:

$$M = M_0 \cdot \exp(-\lambda \cdot t)$$

mit M_0 als Anfangsmenge von M. Der inverse Wert von λ wird Abklingzeit τ genannt. Oft wird auch die Zeit angegeben, in der sich die Zahl der vorhandenen Atome auf die Hälfte reduziert (↗Halbwertszeit). Das Zerfallsgesetz wird bei radioaktiven Zerfallen sehr genau erfüllt und bildet die Grundlagen für radioaktive ↗Altersbestimmungen. [PG]

Zerfallskonstante, λ, Maß für die Geschwindigkeit eines radioaktiven Zerfalls, ausgedrückt durch den mittleren Anteil zerfallender Kerne pro Zeiteinheit. Der Zusammenhang λ zu ↗Halbwertszeit ($t_{1/2}$) lautet:

$$\lambda = \frac{\ln 2}{t_{1/2}}.$$

Zerfallsreihe, komplexer radioaktiver Zerfall, welcher vom ↗Mutternuklid ausgehend erst über mehrere instabile Zwischenglieder zum stabilen ↗Tochternuklid führt (↗U-Pb-Methode).

Zero-Offset-VSP ↗Bohrlochseismik.

Zerrklüfte, Zug- oder Reißklüfte, durch Querdehnung entstandene ↗Klüfte, ↗Dehnungstektonik.

Zerrspalte, *Dehnungsriß*, durch Querdehnung weiter geöffnete ↗Zerrklüfte, oft teilweise oder vollständig mineralisiert.

Zerrung, durch Zugspannungen verursachte Beanspruchung des Gesteins.

Zerscherung, Bildung engschariger ↗Scherflächen in Gesteinen.

Zersetzung, *Dekomposition*, Zerfall abgestorbener ↗organischer Substanz durch die Wirkung eigener Enzyme (Autolyse) und die Tätigkeit von ↗Mikroorganismen bzw. saprophagen Tieren. In der Regel läuft die Zersetzung in drei Phasen ab. Am Anfang steht die biochemische Initialphase mit Hydrolyse- und Oxidationsvorgängen unmittelbar nach dem Absterben der Pflanzen. Die anschließende Phase der mechanischen Zerkleinerung durch Bodentiere, die meist erst nach einer gewissen Zeit der Verwitterung einsetzt, in der sich bereits Mikroorganismenpopulationen entwickeln. Die letzte Phase beinhaltet den intensiven mikrobiellen Abbau der organischen Substanz. Da durch die Zersetzung ↗Nährstoffe mobilisiert werden (↗Mineralisierung), die der neuen Vegetation zum größten Teil wieder zur Verfügung stehen, ist der Zersetzungsvorgang einer der bedeutsamsten Prozesse im Stoffkreislauf von Ökosystemen. [AB]

Zersetzungsgrad, *Humifizierungsgrad*, *Humositätsgrad*, Zustand der ↗Zersetzung. In der Feldansprache von ↗Torfen wird dieser Zustand mit der Quetschmethode ermittelt. Dabei wird der grubenfrische Torf mit einer Hand ausgepreßt und die Beschaffenheit des Wassers bzw. die des durch die Finger entweichenden Torfes und des in der Faust verbleibenden Restes nach einer 10stufigen Skala beurteilt. Dabei bedeutet H1 nicht humifiziert, es läßt sich nur farbloses, klares Wasser auspressen. Ist der Torf so stark zersetzt, daß die gesamte Substanz beim Quetschen durch die Finger entweicht, wird er als H10 eingestuft. Eine andere Methode der Torfbeurteilung liegt dem US- und FAO-System zugrunde. Hier wird der Anteil an Fasern im Torf bewertet. Der Faseranteil wird im Feld durch Reiben zwischen den Fingern und im Labor durch Absieben nach einer Natriumpyrophosphatbehandlung ermittelt. Danach wird in faseriges (fibric), halbfaseriges (hemic) und amorphes (sapric) organisches Material unterschieden. [AB]

Zersetzungsprozesse, in der ↗Ökologie alle Prozesse, die beim Abbau und der Transformation von Streu (↗Streuabbau) und abgestorbenen Organismen stattfinden. Bei Zersetzungsprozessen spielen ↗Destruenten die wesentlichste Rolle, wobei die tote organische Substanz in einem ersten Schritt zerkleinert und dann entweder mineralisiert oder humifiziert wird (Bildung der ↗Humusform). Dadurch werden die in der organischen Substanz gebundene Energie und mineralischen Nährstoffe wieder ins ↗Ökosystem freigesetzt und der ↗Stoffkreislauf geschlossen.

Zersiedelung, ist ein ungeplantes, konzeptloses, flächenintensives Hinauswachsen vor allem von städtischen Siedlungen in den ländlichen Raum und ist eine Folge der fortschreitenden ↗Verstädterung und ↗Urbanisierung. Das Bedürfnis nach dem Wohnen im Grünen, nach Wochenendhäuschen, schnell erreichbaren Einkaufszentren, billigen Industriegebieten und Verkehrsbauten benötigt viel Platz und ohne Auflagen der ↗Raumplanung und des ↗Umweltschutzes, wird dort gebaut wo es am billigsten ist. Freiflächen, Erholungsgebiete und ↗ökologische Ausgleichsflächen gehen dadurch verloren, werden zerschnitten oder verkleinert und verlieren ihre ökologische, wie auch sozioökonomische Funktionalität.

Zerstäubungsverfahren ↗*Sputterverfahren*.

Zeta-Potential, elektrokinetisches Potential an Kristalloberflächen; meßbare positive und negative freie Valenzen, die schwachen Van-der-Waalschen Kräften entsprechen. Bei größeren Kristallen sind diese Restkräfte gering, bei feinsten Mineralpartikeln ist die spezifische Oberfläche (Verhältnis von Oberfläche zur Masse) so groß, daß bereits geringe Mineralmengen große Oberflächenkräfte besitzen. In technischen Bereichen nutzt man natürliche ↗Kolloide als Sorptionssubstanzen, z. B. die Tone, Fe_2O_3, SiO_2 und andere Kolloide. Eine praktische Bedeutung liegt in der

Herbeiführung des Thixotropiezustandes (↗Thixotropie) und bei der Schwimmaufbereitung (↗Flotation). In der Geophysik spielt das Potentialgefälle in der diffusen Schicht in einem Elektrolyten an der Grenze Festkörper/Fluid eine Rolle bei der ↗induzierten Polarisation. ↗Grenzflächenleitfähigkeit.

Zeugenberg, *Auslieger*, ↗Schichtstufe.

Zheltosems, veraltet für gelbe ↗Ferralsols mit ganzjähriger Durchfeuchtung und dadurch ausbleibender Bildung von rotfärbendem Hämatit.

Zibar, in Trockengebieten quer zur Windrichtung auftretende, flache ↗äolisch geformte Sandwelle ohne Rutschhang aus grobkörnigen ↗Sanden, die häufig in Dünengassen und auf ↗Flugsandfeldern vorkommt.

Zielachse, die Verbindungsgerade zwischen dem im Unendlichen liegenden Punkt, der in der Strichkreuzmitte abgebildet wird und der Mitte des ↗Strichkreuzes selbst. Infolge der Unvollkommenheit der Linsenzentrierung im ↗Fernrohr und leichten Kippbewegungen der Fokussierlinse beim Scharfstellen, kann sich die Zielachse bei der Einstellung unterschiedlicher Zielweiten geringfügig verlagern. Die gedankliche Verbindung aller Bilder des Strichkreuzes, die bei der Umfokussierung auf unterschiedliche Zielweiten im Objektraum abgebildet würden, ergeben daher keine Gerade, sondern eine fiktive Kurve, die als *Ziellinie* des Meßfernrohres bezeichnet wird.

Zielfernrohr ↗*Fernrohr*.

Zielhöhe, Höhe des ↗Zielzeichens über der ↗Vermessungsmarke.

Zielhöhenreduktion ↗Normalschnitt.

Ziellinie ↗Zielachse.

Zielpunkt, zur ↗Richtungsmessung bzw. ↗Distanzmessung angezielter ↗Vermessungspunkt.

Zieltafel, ↗Zielzeichen in Form einer Tafel mit einer symmetrischen Marke in einer ↗Zwangszentrierung.

Zielweite, 1) beim ↗geometrischen Nivellement die im Messungshorizont gemessene Horizontalstrecke zwischen Instrument und Latte. 2) beim trigonometrischen Nivellement die Schrägstrecke zu einer Meßlatte bzw. einem ↗Zielzeichen.

Zielzeichen, ↗Vermessungsmarke zur vorübergehenden Kennzeichnung von ↗Vermessungspunkten, um deren genaue Anzielung zu ermöglichen. Beispiele für Zielzeichen sind: ↗Zieltafel, ↗Reflektor, ↗Fluchtstab.

Zijderveld-Diagramm, eine ↗Magnetisierung M ist eine vektorielle Größe und kann in einem orthogonalen Koordinatensystem entweder durch die Winkel ↗Deklination D und ↗Inklination I und die Intensität M, oder durch die drei orthogonalen Komponenten

$$X = M \cdot \cos I \cdot \cos D,$$
$$Y = M \cdot \cos I \cdot \sin D \text{ und}$$
$$Z = M \cdot \sin I$$

dargestellt werden. Ein Zijderveld-Diagramm ist eine simultane orthogonale Projektion des Magnetisierungsvektors auf die X-Y-Ebene und auf die Y-Z-Ebene. Die beiden Ebenen stehen normalerweise senkrecht aufeinander, werden aber im Zijderveld-Diagramm in eine gemeinsame Ebene geklappt. Ein Vektor wird in dieser Darstellung also durch zwei Punkte repräsentiert. Mit Hilfe des Zijderveld-Diagramms kann man auch die zwischen zwei Entmagnetisierungsschritten entfernte und die verbleibende Remanenz dargestellen. Besteht die natürliche remanente Magnetisierung (NRM) zum Beispiel nur aus einer einzigen Remanenzart (Remanenzkomponente), so wird bei der Entmagnetisierung nur die Intensität des Vektors verändert, nicht aber seine Richtung. Im Zijderveld-Diagramm gibt es dann von den zwei Punkten der NRM ausgehend zwei Geraden, die auf den Ursprung des Diagramms zulaufen. Im X-Y-Diagramm ist die Deklination D direkt zu entnehmen. Die im Y-Z-Diagramm auftretende scheinbare Inklination I^* steht mit der wahren Inklination in folgender Beziehung:

$$\tan I = \sin D \cdot \tan I^*.$$

Besteht die NRM z. B. aus zwei Remanenzkomponenten, die sich deutlich in ihren ↗Koerzitivfeldstärken bzw. ↗Blockungstemperaturen unterscheiden, so weist der Verlauf der Entmagnetisierungskurve (Abb. 1) im Zijderveld-Diagramm zwei lineare Segmente auf, aus denen die beiden unterschiedlichen Remanenzkomponenten abgeleitet werden können. Die weniger stabile Komponente ist vielleicht eine viskose Remanenz (VRM) geringerer Stabilität als die »magnetisch harte«, erst mit starken Wechselfeldern oder hohen Entblockungstemperaturen entfernbare

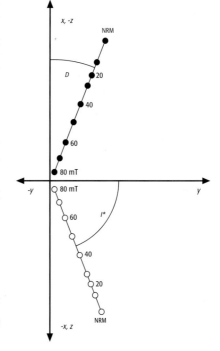

Zijderveld-Diagramm 1: Wechselfeld-Entmagnetisierung bis maximal 80 mT einer Probe mit nur einer Remanenzkomponente (volle Symbole = Projektion in die horizontale x-y-Ebene, offene Symbole = Projektion in die vertikale y-z-Ebene, D = Deklination, I^* = scheinbare Inklination).

↗thermoremanente Magnetisierung (TRM). Eine genaue Analyse der in einer Gesteinsprobe vorhandenen Remanenzanteile ist nur möglich, wenn in möglichst vielen Schritten eine vollständige Entmagnetisierung der Probe erreicht werden kann. Wenn die mineralogische Zusammensetzung der Gesteine dies gestattet, ist die thermische Entmagnetisierung (Abb. 2) stets die effektivere Methode. Manche Gesteine verändern aber durch die mehrfachen Erwärmungen und Abkühlungen ihren Mineralbestand und können nur mit Wechselfeldern entmagnetisiert werden. Gelegentlich empfiehlt sich die Kombination mehrerer Methoden, z.B. zuerst Wechselfeld- und dann thermische, oder zuerst chemische und dann Wechselfeld-Entmagnetisierung. [HCS]

zimtfarbene Böden, veraltete russische Bodenbezeichnung für kräftig braunrote, schwach bis mäßig lessivierte Steppenböden.

Zink, chemisches Element aus der II. Nebengruppe des ↗Periodensystems, der Zinkgruppe; Schwermetall; Symbol Zn; Ordnungszahl 30; Atommasse 65,38; Wertigkeit II; Härte nach Mohs: 2,5; Dichte: 7,133 g/cm³. Zink ist am Aufbau der Erdkruste mit $5,8 \cdot 10^{-3}$ % vertreten und tritt wegen des ausgesprochen chalkophilen Charakters (↗geochemischer Charakter der Elemente) zusammen mit Blei auf, obwohl sie in ihren chemischen und physikalischen Eigenschaften sehr unterschiedlich sind. Auch Cadmium ist ausschließlich an Zinkerze gebunden. Der Name Zink wurde bereits von ↗Paracelsus gebraucht, und Messing (Legierung aus Kupfer und Zink) war schon im Altertum bekannt. Zink ist ein lebenswichtiges Spurenelement. Es ist in Organismen an der Regulierung von Oxidations- und Reduktionsprozessen, am Kohlenhydrat- und Eiweißstoffwechsel und an der Chlorophyllsynthese beteiligt.

Zinkblende ↗Sphalerit.

Zinkerzlagerstätten ↗Blei-Zink-Erzlagerstätten.

Zinkminerale, Gruppe von Mineralen, in denen ↗Zink vorkommt. Das Haupt-Zinkmineral für die Zinkgewinnung ist die Zinkblende (↗Sphalerit), die kubische Modifikation von ZnS, neben der der ↗Wurtzit als hexagonale Modifikation bekannt ist (Tab.). Dieser bildet sich meist in saurer Lösung bei Temperaturen zwischen 50° und 100°C, obgleich er erst oberhalb 1020°C stabil ist; ab dieser Temperatur wandelt sich Zinkblende in Wurtzit um. Oftmals entstehen beide Modifikationen nebeneinander und bilden die feinradialstrahlige Schalen- oder Strahlenblende. Beide Minerale enthalten Eisen (Zinkblende bis 20 %). Die eisenreiche Blende ist schwarz, während die eisenfreie Honigblende lichtbraun und durchsichtig ist. Sie wird im Gegensatz zu der eisenreichen aus niedrigthermalen Lösungen gebildet und ist naturgemäß wertvoller. Bei hoher Temperatur bildet Zinkblende Mischkristalle mit Kupferkies, Zinnkies, Magnetkies u. a., die sich bei der Abkühlung entmischen und dann als Lamellen oder Durchstäubungen in der Zinkblende eingelagert sind. Zinkspat ist ein lokal wichtiges Erz und entsteht im Verwitterungsbereich der Lagerstätten, wobei das notwendige CO_2 vielfach von carbonatischen Gangarten geliefert wird. Ein wichtiges Zinkerz ist auch der Hemimorphit, der wie der Zinkspat bei der metasomatischen Verdrängung von Kalk entsteht. Für beide Minerale ist auch der Bergmannsname ↗Galmei im Gebrauch. Cadmium wird primär in der Natur in Zinkmineralen, vorwiegend in Zinkblende und Wurtzit, aber auch in Zinkspat getarnt. Bei der Verwitterung wird das Cadmium frei und bildet dünne Krusten von Greenockit. [GST]

Zinkspat ↗Zinkminerale.

Zinn, *Stannum*, chemisches Element aus der IV. Hauptgruppe des Periodensystems, der Kohlenstoff-Silicium-Gruppe; Schwermetall; Symbol Sn; Ordnungszahl 50; Atommasse: 118,69; Wertigkeit: II und IV. Zinn gehört zu den am frühesten verwendeten Nutzmetallen und wurde zuerst mit Kupfer zu Bronze legiert. Die ältesten bekannten Bronzegegenstände stammen aus den

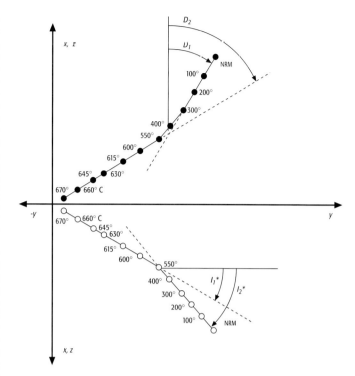

Zijderveld-Diagramm 2: thermische Entmagnetisierung bis 670°C einer Probe mit zwei Remanenzkomponenten unterschiedlicher Blockungstemperaturen (volle Symbole = Projektion in die horizontale x-y-Ebene, offene Symbole = Projektion in die vertikale y-z-Ebene, D = Deklination, I^* = scheinbare Inklination).

Zinkminerale (Tab.): wichtige Zinkminerale.

Zinkblende	(Zn, Fe) S	kubisch	bis 67 % Zn
Wurtzit		hexagonal	und bis 3 % Cd
Franklinit	(Zn, Mn) Fe_2O_4	kubisch	7–20 % Zn
Rotzinkerz	ZnO	hexagonal	80 % Zn
Willemit	$Zn_2[SiO_4]$	trigonal	58 % Zn
Zinkspat	$ZnCO_3$	trigonal	52 % Zn
Kieselzinkerz (Hemimorphit)	$Zn_4[(OH)_2 \mid Si_2O_7] \cdot H_2O$	rhombisch	54 % Zn
Descloizit	Pb(Zn, Cu)[OH $\mid$ VO_4]	rhombisch	

Zinnlagerstätten

Jahren 3500–3200 v. Chr. und wurden in Ur in Mesopotamien ausgegraben. Schon im Sanskrit gibt es das Wort »kastira« für Zinn, das im griechischen wiederkehrt und noch heute in dem internationalen Namen Kassiterit für ⁄Zinnstein weiterlebt. Im frühen Altertum handelten die Phönizier mit Zinn, das sie von den sagenhaften Zinninseln (Cassiteriden) bezogen, unter denen manche die Lagerstätten von Cornwall verstehen wollen. Von dort und aus dem Erzgebirge kam im Mittelalter das Zinnerz. Der Bergbau in Cornwall ist zuerst 1156 urkundlich erwähnt, während er im Erzgebirge in Graupen schon 1146 bestanden haben soll. Vor dem eigentlichen Bergbau wurde an beiden Stellen wahrscheinlich schon Zinnstein von Seifenlagerstätten gewonnen. In Geyer gab es seit 1315, in Altenberg seit 1458 einen Zinnerzbergbau, der seine Blütezeit im 15. und 16. Jahrhundert erlebte, als Zinn zu einem Metall des täglichen Gebrauches wurde. Während des Dreißigjährigen Krieges (1618–1648) verlor der erzgebirgische Zinnerzbergbau seine Bedeutung, und heute sind diese Lagerstätten, ebenso wie die Cornwalls, nur noch von historischem Interesse. In der Zeit von 1400–1900 sind aus dem Erzgebirge rund 200.000 t Zinn abgebaut worden, was ungefähr einer heutigen Weltjahresproduktion entspricht. Zinn ist am Aufbau der Erdkruste mit $3{,}5 \cdot 10^{-3}$ % beteiligt. [GST]

Zinnlagerstätten, Lagerstätten, die als wirtschaftlich wichtigste Komponente eines der beiden nutzbaren Zinnminerale, Cassiterit (⁄Zinnstein, SnO_2) oder Stannin (Zinnkies, Cu_2FeSnS_4) führen. ⁄Zinn ist Rohstoff für eine Vielzahl industrieller Anwendungen, so z. B. mit Kupfer legiert als Bronze oder die Zinnschmelze als »Bett« in der Flachglaserzeugung. Zinn wird heute im wesentlichen aus drei Lagerstätten-Typen gewonnen: a) ⁄Ganglagerstätten, die an granitische Gesteine gebunden sind, z. B. in Cornwall (England) und auf der Malayischen Halbinsel (Thailand, Malaysia: südostasiatischer »Zinngürtel«). Die Abb. zeigt die typische Anordnung von Zinngängen in einem Granit. Hier ist häufig eine Zonierung der Metalle zu beobachten, wobei Zinn in den tiefsten Teilen der Gänge dominiert, jedoch nach oben zu von Kupfer und dann von Blei-Zink abgelöst wird. b) Seifenlagerstätten (⁄Seifen), in denen von der Erosion freigelegter Zinnstein aus Graniten und assoziierten Lagerstätten in Flüssen oder im Meer (⁄Schelf) angereichert wird. c) Ganglagerstätten, die an intermediäre ⁄Vulkanite (Andesite, Dacite) und Porphyrytin-Systeme gebunden sind (vor allem in den südamerikanischen Kordilleren und Bolivien). In diesem Lagerstättentyp dominiert im Gegensatz zu a) und b) der Zinnkies (Stannin). Zinnkies und/oder Zinnstein kommen als Nebengemengteil auch in VMS-Lagerstätten vor, wie z. B. Kidd Creek in Ontario (Kanada) oder Neves Corvo (Portugal). Zur Zeit kommen mehr als 60 % der Welt-Zinnproduktion aus dem »Zinngürtel« Südostasiens. Sowohl die an Granite gebundenen Zinnlagerstätten als auch die in Vulkaniten gehen auf Magmatismus im Bereich von ⁄Subduktionszonen zurück. [EFS]

Zinnminerale, Gruppe von Mineralen, in denen Zinn vorkommt (Tab.), wobei von wirklich wirt-

Zinnstein (Cassiterit)	SnO_2	tetragonal	78 % Sn
Zinnkies	Cu_2FeSnS_4	tetragonal	27 % Sn
Teallit	$PbSnS_2$	rhombisch	30 % Sn
Franckeit	$Pb_5Sn_3Sb_2S_{14}$	monoklin	17 % Sn

Zinnminerale (Tab.): wichtige Zinnminerale.

schaftlicher Bedeutung nur der ⁄Zinnstein ist. Er ist ein graues, gelbliches bis schwarzes Mineral mit häufig gut ausgebildeten tetragonalen Kristallformen. Die Tracht der Kristalle ist von der Bildungstemperatur und somit vom Lagerstättentyp abhängig. Pegmatitische Kristalle sind pyramidal ohne Prismenflächen, während die pneumatolytisch-katathermal gebildeten kurzprismatisch sind (sächsischer Typ). Diese Kristalle sind häufig verzwillingt und bilden die sogenannten »Visiergraupen« der sächsischen Bergleute. Langprismatisch mit steilen Pyramiden ist der »Kornische Typ« der Kristalle auf mesothermalen Lagerstätten, während das Nadelzinn epithermaler Bildung aus kleinen langprismatischen Nädelchen besteht. Unter Holzzinn versteht man glaskopfartige, konzentrisch-schalige, kristallisierte Gele, die oberflächennah gebildet wurden.

Zinnkies ist kristallographisch dem ⁄Kupferkies verwandt, mit dem er, wie auch mit Zinkblende, Mischkristalle zu bilden vermag, die sich jedoch bei Abkühlung entmischen. Der Teallit ist in Gitterbau und Eigenschaften dem noch selteneren Herzenbergit (SnS) ähnlich. Er verwittert ebenso wie der komplex zusammengesetzte Franckeit zu Zinnstein. [GST]

Zinnober, *Cinnabarit*, Mineral mit der chemischen Formel HgS und trigonal-trapezoedrischer Kristallform; Farbe: zinnober- bis bräunlich-rot, durch Bitumen auch manchmal stahl- bis bleigrau oder schwarz (= Idrialin); Kristalle = Diamant- bis Metallglanz, derb = Metallglanz; Strich: zinnoberrot; Härte nach Mohs: 2–2,5 (mild); Dichte: 8–8,2 g/cm^3; Spaltbarkeit: vollkommen nach (1010); Bruch: splittrig; Aggregate: meist derb, körnig bis dicht, derbe Massen, erdig, eingesprengt, Anflüge, auch Imprägnatio-

Zinnlagerstätten: Zonierung in den Zinnlagerstätten von Cornwall (Südwest-England). Der Granit ist hier in paläozoische Sedimente eingedrungen.

nen; verflüssigt sich auf Kohle vor dem Lötrohr ohne Rückstand; bei 200°C Sublimation; nur in Königswasser löslich; Begleiter: Quecksilber, Chalkopyrit, Pyrit, Opal, Galenit, Markasit, Calcit, Quarz; wichtiges Quecksilbererz; bildet sich bevorzugt in Sedimentgesteinen, meistens vulkanogen; Fundorte: Obermoschel (RheinlandPfalz), Almaden (Spanien), Anatolien, Monte Amiata (Toskana, Italien), Idria und Trzić (Jugoslawien), Nikitowka (Donez), New Almaden und New Idria (Kalifornien, USA), Palomas (Mexiko), Huankavelica (Peru) und Hunan (China). [GST]

Zinnstein, *Cassiterit, Kassiterit, Stannolith*, Mineral (Abb.) mit der chemischen Formel SnO_2 und ditetraedrisch-dipyramidaler Kristallform; wichtigstes Zinnerz; Farbe: farblos, schwarz, braunschwarz, gelblichbraun bis rötlichbraun, auch holzbraun (Holzzinnerz); Glanz: auf Kristallflächen blendeartig, auf muscheligem Bruch Fettglanz; undurchsichtig; Strich: schwach gelbbraun, aber auch weiß; Härte nach Mohs: 6–7 (sehr spröd); Dichte: 6,8–7,1 g/cm³; Spaltbarkeit: unvollkommen nach (*100*) und (*110*); Bruch: muschelig; Aggregate: derb, körnig, dicht, eingesprengt, gelegentlich auch massig bzw. abgerollte Körner (Seifenzinn); vor dem Lötrohr unschmelzbar; mit Soda 1:3 gemischt, ergibt bei längerer Erhitzung weißen Beschlag; gegen Säuren beständig; Begleiter: Columbit, Tantalit, Beryll, Thoreaulith, Spodumen, Wolframit, Scheelit, Molbdänit u.a.; Vorkommen: ausschließlich im Gefolge der Erstarrung granitischer Magmen als Ausscheidung der sauren, pegmatitisch-pneumatolytischen Restphase sowie auf Seifenlagerstätten; Fundorte: Altenberg und Ehrenfriedersdorf (Sachsen), Inseln Bangka, Billiton und Singkeb (Malaysia), Aberfoyle (Tasmanien) und Herberton (Queensland, Australien), Süd-Yünan (China). ↗Zinn, ↗Zinnminerale. [GST]

Zinnsteinpneumatolyse, pneumatolytische Verdrängung von ↗Graniten und deren Nebensteinen in Form der sogenannten Greisen und Zwitter unter Bildung von ↗Zinnstein, ↗Topas, ↗Lithiumglimmer, ↗Turmalin u.a. ↗Pneumatolyse, ↗leichtflüchtige Bestandteile.

Zinnwaldit, *Kalium-Lithium-Eisenglimmer, Lithion-Eisenglimmer*, nach dem böhmischen Fundort Zinnwald benanntes Mineral mit der chemischen Formel $K(Li,Fe^{2+},Al)_3[(F,OH)_2|AlSi_3O_{10}]$ und monoklin-prismatischer Kristallform; Farbe: hellgrau, silbergrau, gelblich, braun bis schwarz (Rabenglimmer); metallisierender Perlmutterglanz; durchsichtig bis durchscheinend; Strich: weiß; Härte nach Mohs: 2,5 (mild bis spröd); Dichte: 2,90–3,02 g/cm³; Spaltbarkeit: höchst vollkommen nach (*001*); Aggregate: blätterig-schuppig, blätterig-stengelig, radial- oder wirrblätterig; vor dem Lötrohr leicht zu einem dunklen, schwach magnetischen Glas schmelzend (rote Flammenfärbung); in Säuren zersetzbar; Begleiter: Quarz, Pyknit, Fluorit, Wolframit, Scheelit, Cassiterit, Topas; Vorkommen: als typisches Glimmermineral der Gneise und ähnlicher Topasierungsprodukte und in manchen Pegmatiten (↗Glimmer); Fundorte: Epprechtstein (Bayern), Cinovec (Zinnwald) in Böhmen, Cornwall (England). [GST]

Zintl-Phasen, intermetallische Verbindungen der Stöchiometrie AB, die im CsCl-Strukturtyp kristallisieren, mit einer Valenzelektronenkonzentration (d.h. Verhältnis der Anzahl der Valenzelektronen zur Anzahl der Atome) verschieden von 1,5 (↗Beta-Messingphase) und meistens mit stark heteropolarem Bindungscharakter. Beispiele dafür sind AgLi, LiTl, MgTl, CaTl und SiTl.

Zirkel, *Ferdinand*, deutscher Mineraloge, * 20.5.1838 Bonn, † 11.6.1912 Bonn; studierte Bergwissenschaft und Mineralogie in Bonn und Wien. Mit den geologischen und mineralogischen Forschungsergebnissen, die er 1859/60 während einer Reise nach Island, den Faröern, Schottland und England sammelte, promovierte Zirkel 1861 in Bonn. Im selben Jahr ging er nach Wien, um im Hof-Mineralienkabinett und in der geologischen Reichsanstalt Untersuchungsmaterial zu sichten und zu studieren. 1863 wurde er außerordentlicher Professor in Lemberg, von wo aus er weitere Studienreisen nach Frankreich, in die Pyrenäen, nach Schottland und Italien unternahm. 1865 wurde er in Lemberg zum Ordinarius ernannt. 1868 folgte er dem Ruf an die Universität Kiel, aber schon zwei Jahre später wurde er als Nachfolger von K. F. Naumann zum ordentlichen Professor an die Universität Leipzig berufen, wo er bis zu seiner Pensionierung 1909 tätig war. Gleichzeitig war er mit der Leitung des Mineralogischen Museums in der Stadt betraut. 1883 wurde Zirkel zum Geheimen Bergrat ernannt. Einen weiteren längeren Forschungsaufenthalt unternahm Zirkel 1894/95, der ihn nach Ceylon und Indien führte.

Zirkels besonderer Verdienst ist die Einführung der mikroskopischen Gesteinsuntersuchung mittels ↗Dünnschliffen in Deutschland. Zirkel selbst wurde in jungen Jahren von dem Briten H.C. Sorby, dem er bei einer Tour als Begleiter an die Seite gestellt wurde, auf die Technik hingewiesen. Einmal von der Idee begeistert, besuchte er Sorby in England, wo er von ihm in die Technik eingeführt wurde und dessen Labors besichtigen konnte. Zirkel schrieb das zweibändige »Lehrbuch der Petrographie« (1866, ab der 2. Auflage 3 Bd. 1893–95). Seine »Untersuchung über die mikroskopische Zusammensetzung und Struktur des Basaltgesteins« (1869) ist ein Pionierwerk der Dünnschliffmikroskopie. Auch »Die mikroskopische Beschaffenheit der Mineralien und Gesteine« (1873) und »Über die Urausscheidungen rheinischer Basalte« (1903) sind wegweisende Werke. Daneben beschäftigte er sich mit der Untersuchung von Granit und Porphyrgesteinen. Verdienstvoll war auch die Fortführung des von Naumann begonnenen »Lehrbuches der Mineralogie«, welches er von der 10. bis zur 15. Auflage herausgab.

Zirkel erhielt die Ehrendoktorwürde der Universität Oxford und war Mitglied in mehreren Akademien der Wissenschaften. [EHa]

Zirkon, *Azorit, Caliptolith, Calyptolith, Heldburgit, Hussakit, Jakut, Kalyptolith, Polykrasilith, Zir-*

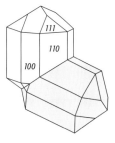

Zinnstein: Zinnsteinkristall.

Zirkoniumlagerstätte

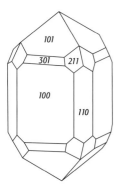

Zirkon: Zirkonkristall.

konit, nach dem chemischen Element Zirkonium benanntes Mineral (Abb.) mit der chemischen Formel Zr[SiO$_4$] und ditetragonal-dipyramidaler Kristallform; Farbe: gelb, gelbrot, rotbraun, gelbbraun, grau, gelbgrün, violett oder farblos; diamantartiger Glas-, aber auch Fettglanz; durchsichtig bis durchscheinend; Strich: weiß; Härte nach Mohs: 7,5; Dichte: 4,6–4,7 g/cm^3; Spaltbarkeit: unvollkommen nach (*100*); Bruch: muschelig; Aggregate: eingewachsen und lose, mehr oder weniger ↗idiomorph, auch abgerollt, häufig zonarer Bau; vor dem Lötrohr unschmelzbar; in Säuren unlöslich; Vorkommen: in Graniten bis Quarzdioriten, Gabbros und Pegmatiten aller Magmatite sowie im Schwermineralspektrum der Sande und Sandsteine; Fundorte: Niedermendig und Laacher-See-Gebiet (Rheinland-Pfalz), Siebengebirge, Usedom (Ostsee), Kragerö (Norwegen), Ilmengebirge, Hammond (New York) und Haddam (Connecticut, USA), Renfrew und Brudenell (North Burgess, Ontario, Kanada), Ampanobe (Madagaskar), Seepoint (Kapstadt, Südafrika). [GST]

Zirkoniumlagerstätte, natürliche Anhäufung von Zirkonium. Einziger Rohstoff für Zirkonium ist das Schwermineral ↗Zirkon (Zr[SiO$_4$]), das in insbesondere kieselsäurereichen magmatischen Gesteinen auftritt und wegen seiner Stabilität gegenüber der Verwitterung leicht angereichert wird. Es wird deshalb zusammen mit anderen Schwermineralien aus Seifenlagerstätten (↗Seifen) gefördert, so aus Strandseifen von West- und Ostaustralien, weiterhin aus residualen Seifen über ↗Carbonatiten in Afrika und Brasilien. Als Nebenprodukt kann es auch direkt aus Carbonatiten und ↗Pegmatiten gewonnen werden.

Zirkulardichroismus, unterschiedliche Absorption gegenläufig zirkular polarisierter Lichtwellen (↗Polarisation).

zirkulare Polarisation ↗Polarisation.

Zirkulation, 1) *Klimatolgie*: allgemeine Bezeichnung für eine in sich geschlossene ↗Strömung. In bezug auf die geographischen Koordinaten werden Bezeichnungen wie ↗Meridionalzirkulation, ↗Vertikalzirkulation oder ↗Zonalzirkulation verwendet. Als spezielle atmosphärische Strömungsformen seien die ↗Hadley-Zirkulation, die Land- und Seewind-Zirkulation (↗Land- und Seewind) oder die Berg- und Talwind-Zirkulation (↗Berg- und Talwind) genannt. Die prinzipiellen Eigenschaften der globalen atmosphärischen Bewegungen werden auch unter dem Begriff ↗allgemeine atmosphärische Zirkulation beschrieben. **2)** *Limnologie*: die großräumige vertikale Umwälzung der Wassermasse eines Sees von der Oberfläche zur Tiefe bei Temperaturgleichheit, wobei der Wind die Antriebsenergie liefert (↗Vollzirkulation). **3)** *Ozeanographie*: Gesamtheit der sich unter der Wirkung äußerer und innerer Kräfte ergebenden Strömungen (↗Zirkulationssystem der Ozeane). Neben der Möglichkeit, die Zirkulation mit Hilfe von Messungen zu erfassen, bieten auch numerische Modelle (↗Zirkulationsmodell) die Möglichkeit der Berechnung der Strömungen.

Zirkulationsmodell, numerisches Simulationsmodell (↗numerische Modelle), das geeignet ist, die allgemeine ↗Zirkulation der Erde realitätsnah darzustellen. Dabei müssen die Simulationen über einen längeren Zeitraum (Monate, Jahre) durchgeführt werden. In globalen Klimamodellen sind atmosphärische Zirkulationsmodelle integriert.

Zirkulationssystem der Ozeane, nur etwa 10 % der Wasserbewegung in den Ozeanen der Erde gehen auf Wind und Wellen zurück; rund 90 % basieren auf der termohalinen Zirkulation der tieferen Wasserkörper. Zunehmender Salzgehalt und sinkende Temperatur bewirken eine Zunahme der Dichte des Meerwassers. Die Dichte der in

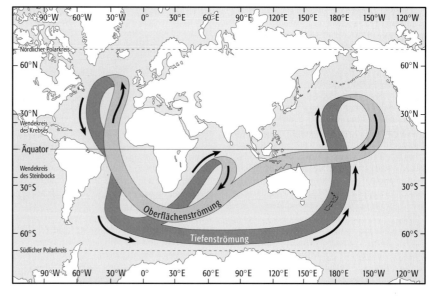

Zirkulationssysteme der Ozeane: Modell der globalen Zirkulation der marinen Tiefen- und Oberflächenwässer. Die thermohaline Zirkulation verbindet die Tiefenwasserbildung in polaren Breiten mit dem Auftrieb im Pazifik.

den Polgebieten abgekühlten Oberflächenwässer ist größer als jene der wärmeren Wässer in gemäßigten und tropischen Breiten, und dadurch können sich die kalten, salzreichen Oberflächenwässer aus der Norwegisch/Grönländischen See und aus dem Antarktischen Zirkumpolarstrom unter die leichteren (weniger dichten) Wassermassen der gemäßigten und tropischen Breiten schichten (*downwelling*). Treffen verschiedene Wasserkörper aufeinander, schichten sie sich entsprechend ihrer Dichte ein. So findet sich im zentralen Ostatlantik eine warme Oberflächenwassermasse, darunter das kühlere intermediäre Wasser, darunter das salzreichere Ausstromwasser aus dem Mittelmeer, darunter das Nordatlantische Tiefenwasser und schließlich das antarktische Bodenwasser. Entsprechend den unterschiedlichen Dichteverhältnissen (Druckgradienten) kann dabei die Bewegungsrichtung lokal variieren. Global summieren sich diese Tiefenströmungen zu einem geschlossenen Zirkulationssystem (Abb.), in dem die Tiefenwassermassen Jahrhunderte von der Meeresoberfläche abgeschlossen bleiben können. Beginnend in den Tiefenwasserbildungszentren im Nordatlantik bewegt sich der Tiefenwasserstrom nach Süden, vereinigt sich mit dem antarktischen Tiefenwasser und fließt nach Osten. Ein Teilstrom dringt in den Indischen Ozean und treibt dort wieder durch *Aufwärtsströmungen* auf (↗upwelling). Der Hauptstrom fließt weiter nach Osten, biegt um den australischen Kontinent in den nördlichen Pazifik und treibt dort wieder auf. Als Oberflächenstrom fließen die Wassermassen durch die philippinisch/indonesischen Inselketten in den indischen Ozean und weiter um Afrika zurück in den Nordatlantik.

Wärmetransporte durch Wasser sind viel effektiver als durch Luft; großräumige oberflächennahe Strömungen können dadurch drastisch auf die Klimaverteilung Einfluß nehmen. So wird Südgrönland durch den arktischen Ausstrom (Grönlandstrom) abgekühlt, während auf gleicher nördlicher Breite die Norwegische Küste über den Golfstrom (Norwegenstrom) starke Wärmeimporte verzeichnet. Durch die ↗Corioliskraft (beruht auf der Rotationsbewegung der Erde nach Osten) drehen die Zirkulationsmuster auf der Nordhalbkugel im Uhrzeigersinn, auf der Südhalbkugel entgegengesetzt. In Äquatornähe werden im Scherbereiche der gegenläufigen Bewegungen Wassermassen aus größerer Tiefe aufgetrieben (äquatorialer Auftrieb). Ebenso können Scherbewegungen durch ablandige Winde in Küstennähe Auftrieb bewirken (küstennaher Auftrieb). Da in den tieferen Wassermassen Nährstoffe angereichert sind, führt dieser Auftrieb zu erhöhter ↗Primärproduktion.

Klimaänderungen wirken sich drastisch auf die Struktur und Intensität aller Zirkulationsmuster aus. Durch Messung der von Temperatur und Salzgehalt abhängigen ↗Sauerstoffisotope in fossilem Skelettmaterial lassen sich erdgeschichtliche Eigenschaften der Wassermassen rekonstruieren (↗Isotopenfraktionierung). Dabei muß einer der Parameter (Salzgehalt oder Temperatur) als bekannt vorausgesetzt werden, da die isotopischen Werte des Sauerstoffes das Dichtefeld des Meerwassers schräg durchlaufen. Die Verweilzeiten der Tiefenwässer wird durch Kohlenstoffisotope ($^{13}C/^{12}C$, ^{14}C) skaliert. [AA]

Zirkulationstyp, typische Erscheinungsform der großräumigen atmosphärischen Strömung. Dabei wird unterschieden zwischen der ↗Zonalzirkulation, bei der die Strömung überwiegend in Richtung der Breitenkreise orientiert ist und der ↗Meridionalzirkulation, die eine starke Strömungskomponente zu den Polen bzw. zum Äquator aufweist. Diese Zirkulationstypen werden auch zur Großwetterlagen-Klassifikation (↗Großwetterlage) verwendet.

Zirkummeridian, Position eines Gestirns kurz vor oder nach der Kulmination (↗astronomische Breitenbestimmung, ↗simultane astronomische Ortsbestimmung, ↗astronomische Zeit- und Längenbestimmung).

zirkumpolar, Eigenschaft eines Sterns, im Lauf von 24 Stunden immer über dem Horizont eines Ortes mit der Breite Φ zu bleiben. Er kann also in oberer und unterer Kulmination beobachtet werden. Zirkumpolar ist ein Stern, wenn seine ↗Deklination δ größer ist als das Komplement der Breite Φ.

zirkumpolare Strömung, die in der ↗freien Atmosphäre vorhandene Strömung um die Polargebiete der beiden Hemisphären herum. Diese setzt sich zusammen aus der üblichen ↗Westwinddrift und den dieser überlagerten ↗Rossbywellen und Zyklonenwellen.

Zirkumzenitalbogen, ein heller, farbiger Streifen am Himmel um den Zenit, ein spezieller ↗Halo aus der Fülle der Halo-Erscheinungen.

Zittel, *Karl Alfred* von, deutscher Paläontologe und Geologe, * 25.9.1839 Bahlingen, † 5.1.1904 München; seit 1863 Professor in Karlsruhe, 1866 München; mit seinen Arbeiten (unter anderem über fossile Schwämme) Mitbegründer der ↗Paläontologie als selbständiger Wissenschaft. Werke (Auswahl): »Handbuch der Palaeontologie« (2 Bände, 1876–93), »Grundzüge der Palaeontologie (Palaeozoologie)« (1895).

Zodiakallicht, [von griech. *zodion* = Tierchen], *Tierkreislicht*, sehr schwache Aufhellung des Himmels, die bei sehr klarer ↗Atmosphäre nach Ende der astronomischen ↗Dämmerung (bei Sonnenstand mehr als 18° unter dem Horizont) sichtbar ist und die sich längs der Tierkreislinie bzw. der ↗Ekliptik erstreckt. Das Zodiakallicht entsteht durch Streuung des ↗Sonnenlichts an interplanetarem Staub, der wie alle Materie im Sonnensystem in der Ebene der Planetenbahnen konzentriert ist.

Zoisit, *Saualpit*, nach dem österreichischen Kaufmann S. Freiherr von Zois benanntes Mineral mit der chemischen Formel $Ca_2Al_3[O|OH|SiO_4|Si_2O_7]$ und rhombisch-dipyramidaler Kristallform; Farbe: hellgrau, gelblich- bis grünlich-grau; Glas- bis Perlmutterglanz; undurchsichtig; Strich: weiß; Härte nach Mohs: 6–6,5; Dichte: 3,15–3,36 g/cm³; Spaltbarkeit:

vollkommen nach (100); Bruch: uneben; vor dem Lötrohr aufblähend und zu weißer, blasiger Masse schmelzend; in Säuren nicht zersetzbar; Aggregate: dicksäulige bis stengelige Kristalle; Begleiter: Quarz, Epidot, Vesuvian, Granat, Amphibol, Chalkopyrit, Magnetit; Vorkommen: in Aktinolithschiefern, Grünschiefern und Glaukophangesteinen sowie in saussuritisierten Gabbros bis Granodioriten, aber auch in saussuritisierten Diabasen; Fundorte: Gefrees bei Bayreuth (Bayern), Zermatt (Wallis, Schweiz), Saualpe (Kärnten) und Rauris (Salzburg) in Österreich, Ural und Altai, Ducktown (Tennessee, USA), blauer Zoisit von Edelsteinqualität (»Tansanit«) aus Longido (Tansania, Afrika). [GST]

Zoisitisierung, Umwandlung von /Feldspat (Plagioklase) durch Verwitterungsprozesse unter Neubildung von /Zoisit.

zonale Böden, für bestimmte klimazonen und damit /Bodenzonen typische Böden.

zonale Kugelflächenfunktionen, /Kugelflächenfunktionen, die nur von der Breite abhängen.

zonale Potentialkoeffizienten, zonale sphärische harmonische, /Potentialkoeffizienten, die als Faktoren der /zonalen Kugelflächenfunktionen auftreten.

zonaler Grundstrom, Breitenkreismittel der zonalen /Windgeschwindigkeit. Abgesehen von den Passatregionen (/Passat) findet man in der /Atmosphäre immer einen Westwind als zonalen Grundstrom. Dieser ist bedingt durch den mit dem Temperaturgefälle zwischen Äquator und Pol verbundenen /thermischen Wind. /allgemeine atmosphärische Zirkulation.

Zonalindex, in der /Meteorologie bzw. /Klimatologie eine Maßzahl, die bezüglich unterschiedlicher geographischer Breiten in meridionaler (Nord-Süd-) Richtung die Luftdruckdifferenz bezogen auf die Meeresspiegelhöhe standardisiert (d. h. so umgerechnet, daß sich der /Mittelwert 0 und die /Standardabweichung 1 ergeben) angibt. Ein Zonalindex kann sich auf zwei ausgewählte Stationen beziehen, wie z. B. bei der /Nordatlantik-Oszillation, oder entlang von Breitenkreiszonen (zwischen zwei Meridianen, somit zonal, d. h. in West-Ost-Richtung) gemittelt sein, auch um die gesamte Erde (globaler Zonalindex). Bevorzugter Breitenkreisbereich sind dabei die mittleren Breiten (/gemäßigte Breiten).

Zonalmodell, *Zonenmodell*, theoretische Vorstellung von der gürtelartigen Verbreitung geoökologischer Sachverhalte auf der Erde. Ursache dieses planetarisch-horizontalen Verteilungsmusters sind die unterschiedlichen Einstrahlungsverhältnisse auf die verschiedenen Teile der Erdoberfläche vom Äquator zum Pol (/planetarischer Formenwandel). Das Zonalmodell findet seinen Ausdruck in den /Landschaftszonen und ihrer differenzierteren Darstellung in den Zonen einzelner /Ökofaktoren (z. B. Vegetationszonen, Bodenzonen etc.) sowie in Prozeßbereichszonen. Das Zonalmodell der physiogeographischen Faktoren kann auch auf die /Kulturlandschaft übertragen werden. Bei kleinmaßstäblicher Betrachtung stehen gewisse Nutzungszonen, vor allem agrarwirtschaftliche, in Kongruenz mit den natürlichen Landschaftszonen der Erde. [DS]

Zonalschnitt, /Vertikalschnitt in zonaler Richtung.

Zonalzirkulation, Bezeichnung für ein großräumiges Windsystem, dessen Hauptwindrichtung in zonale Richtung weist. /Westwinddrift, /zonaler Grundstrom.

Zonarbau, durch periodischen Wechsel der Zufuhr von Nährsubstanz kommt es zu einem zonaren Wachstum der /Kristalle. Dabei treten Zonen mit wechselnder chemischer Zusammensetzung, unterschiedlicher Färbung, Porosität, Einschlüsse usw. auf. Bei Plagioklasen bilden sich durch langsame und ungestörte Auskristallisation im plutonischen Bereich Plagioklaskristalle mit einem anorthitreichen Kern und albitreichen Hüllen, während im vulkanischen Bereich rhythmische Entlastung durch vulkanische Vorgänge und Abgabe flüchtiger Komponenten zu einem rhythmischen Wechsel der chemischen Zusammensetzung zonar gebauter Plagioklase führt. /Feldspäte, /Plagioklas.

Zone, 1) *Historische Geologie*: grundlegende Zeiteinheit der /Biostratigraphie. Sie definiert einen Zeitbereich mit charakteristischem Fossilinhalt bzw. in räumlicher Hinsicht die Summe der Sedimente mit übereinstimmendem Fossilinhalt. 2) *Kristallographie*: Flächen eines Kristalls gehören zu einer Zone, wenn ihre Flächennormalen auf einem Großkreis (also einem Kreis dessen Radius mit dem Kugelradius übereinstimmt, z. B. Äquator, Nullmeridian) der Projektionskugel liegen. Die Kanten, welche die Flächen einer Zone miteinander bilden, sind alle zueinander parallel und zeichnen die Zonenrichtung aus, sie ist stets die Richtung einer Gittergeraden des zugrundeliegenden Kristalls. Die Gerade in Zonenrichtung, die durch den Mittelpunkt der Projektionskugel verläuft, durchsticht die Projektionskugel an den Zonenpolen. Zonen und Zonenpole lassen sich mit dem Wulffschen Netz (/Lagenkugelprojektion) konstruieren. 3) *Lagerstättenkunde*: Begriff, der für jede zwei- oder dreidimensionale Einheit verwendet werden kann. Die Zone ist eine rein geometrische Einheit, ohne eine zeitliche oder genetische Abfolge zu implizieren. Zonen werden definiert aufgrund von Kompositionsmerkmalen oder von Veränderungen im texturellen oder strukturellen Aufbau von Gesteinen. Ein zonarer Aufbau (Zonierung) ist von der Größenordnung weniger Mikrometer (Mineralkörner, z. B. zonierte /Pyrite) bis zu der vieler Kilometer (z. B. Alterationszonen von /Porphyry-Copper-Lagerstätten) möglich.

Zonengleichung, Gleichung, mit deren Hilfe sich kristallographisch mögliche Flächen (*hkl*) und Kanten (*uvw*) aus vorliegenden Flächen oder Zonen berechnen lassen:

$$h \cdot u + k \cdot v + l \cdot w = 0.$$

Zonenindex /Zonensymbol.
Zonennummer /UTM-Koordinaten.

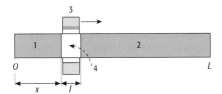

Zonenschmelzen: Schema des Zonenschmelzens; Durchgang einer Schmelzzone der Länge l durch einen Barren der Länge L (1 = erstarrtes Material, 2 = aufzuschmelzendes Material, 3 = Heizer, 4 = Schmelzzone).

Zonenschmelzen, Verfahren, bei dem eine geschmolzene Zone durch das Ausgangsmaterial bewegt wird (Abb.). Beim ↗gerichteten Erstarren eines Barrens, der einen Fremdstoff enthält, wird dieser entweder am Ende oder am Anfang angereichert, je nachdem ob der ↗Gleichgewichtsverteilungskoeffizient kleiner oder größer 1 ist. Wird nur eine kleine Zone aufgeschmolzen und durch den Barren bewegt, wird der Fremdstoff ebenfalls zum Ende oder Anfang transportiert, allerdings mit geringerer Effektivität. Jedoch läßt sich der Zonendurchgang mehrmals wiederholen, ohne jedesmal wieder die erreichte Verteilung zu homogenisieren, und es wird von Durchlauf zu Durchlauf immer mehr eine endgültige Verteilung erreicht, die deutlich steiler verläuft als bei der einmaligen Erstarrung. Auf diese Weise ist das Zonenschmelzen ein ausgezeichnetes Verfahren zur Reinigung von Materialien. Beim einmaligen Zonendurchgang kann es auch als Kristallzüchtung aus der Schmelze (↗Schmelzzüchtung) verwendet werden, wobei in der Mitte eine Nivellierung des Gehaltes von Fremdstoffen erfolgt. [GMV]

Zonensymbol, da die Zonenrichtung einer Schar von Kristallflächen stets einer Gittergeraden entspricht, liegen auf dieser Geraden stets auch Punkte mit ganzzahligen Koordinaten bezüglich der Gitterbasis bzw. der kristallographischen Basis. Daher sind auch für alle anderen Punkte auf einer solchen Geraden die Verhältnisse der Koordinaten zueinander ganzzahlig. Kürzt man alle gemeinsamen Faktoren heraus, so erhält man eine eindeutige Beschreibung der Zonenrichtung durch ein ganzzahliges Koordinatentripel, den *Zonenindizes,* das zur Unterscheidung von den ↗Millerschen Indizes in eckigen Klammern notiert wird, z.B. [112]. Dies ist dann das Zonensymbol.

Zonenverbandsgesetz, hat man an einem Kristall zwei unabhängige Zonen $[u_1,v_1,w_1]$ und $[u_2,v_2,w_2]$ gefunden, so kann man zu je zwei Zonen die ↗Millerschen Indizes (hkl) der beiden Zonen angehörenden Fläche nach folgender Rechenregel finden:

$$h:k:l = \begin{vmatrix} v_1 & w_1 \\ v_2 & w_2 \end{vmatrix} : \begin{vmatrix} w_1 & u_1 \\ w_2 & u_2 \end{vmatrix} : \begin{vmatrix} u_1 & v_1 \\ u_2 & v_2 \end{vmatrix}.$$

Umgekehrt kann man zu je zwei Flächen mit den Millerschen Indizes (h_1,k_1,l_1) und (h_2,k_2,l_2) das Symbol der gemeinsamen Zone $[u,v,w]$ nach der folgenden Vorschrift finden:

$$u:v:w = \begin{vmatrix} k_1 & l_1 \\ k_2 & l_2 \end{vmatrix} : \begin{vmatrix} l_1 & h_1 \\ l_2 & h_2 \end{vmatrix} : \begin{vmatrix} h_1 & k_1 \\ h_2 & k_2 \end{vmatrix}.$$

Man sagt, die Flächen und Zonen bilden einen Zonenverband. Nach Vorgabe von drei unabhängigen Zonen oder Flächen lassen sich die anderen Flächen und Zonen auf diese Weise sukzessive konstruieren; dieser Sachverhalt wird als Zonenverbandsgesetz bezeichnet.

Zonenzeit, einheitliche Uhrzeit in 30° breiten Meridianstreifen mit dem Mittelmeridian (Längengrad) 0°, 15° E, 30° E usw. Die in der Bundesrepublik Deutschland gültige Zonenzeit ist die Mitteleuropäische Zeit (MEZ) bzw. die Mitteleuropäische ↗Sommerzeit (MESZ).

Zonobiom, zonale Gliederung der Großlebensräume der Erde im Sinne nach ↗H. Walter (↗Biom).

Zönose ↗*Taxozönose.*

zoogene Onkoide ↗Onkoide.

zoogeographische Karte, *tiergeographische Karte,* Karte, in der die Tierwelt auf der Erde in ihrer regionalen Verbreitung dargestellt wird. In kleinmaßstäbigen ↗Verbreitungskarten werden sowohl die Wohn- als auch Wanderungsräume einzelner Arten, Familien oder Lebensgemeinschaften flächenhaft wiedergegeben, wobei zusätzlich die Darstellung der räumlichen Dynamik (z.B. Flugtrassen) vorwiegend mittels Vektoren oder Farbverläufen erfolgt. Faunistische Einzelvorkommen werden mittels Signaturen oder Punkten dargestellt.

Zoomasse ↗Phytomasse.

zoomen, vergrößertes oder verkleinertes Anzeigen eines Bildschirmbildes. Das Original, z.B. eine Graphik, ein Bild, ein Text oder eine Tabelle, zumeist als Datei gespeichert, wird dabei in seiner tatsächlichen Größe nicht verändert, nur die Anzeige. Durch Zoomen können die Nachteile des Bildschirmbildes wie geringe Auflösung und begrenzte Größe kompensiert werden. Ein Dokument kann durch Zoomen in verschiedenen Vergrößerungen bzw. Verkleinerungen betrachten werden. Um die Bearbeitung eines Produktes besser verfolgen und das Ergebnis besser bewerten zu können, kann der Bearbeiter dieses zoomen.

Zooplankton, tierische Organismen, die im Wasser frei schwebend leben. Sie tragen neben dem ↗Phytoplankton wesentlich zur Produktion von organischem Material im ↗aquatischen Ökosystem bei. Zu den wichtigsten Hauptgruppen gehören rezent vor allem ↗Foraminiferen, ↗Radiolarien, Medusen und Pteropoden (Flügelschnecken). Hinzukommen verschiedene Kleinkrebse (z.B. manche ↗Ostracoda), Chaetognathen und diverse, fossil nicht erhaltungsfähige skelettlose Gruppen. Aus dem fossilen Bereich sind zusätzlich ↗Graptolithen und Styliolinen (↗Cricoconariden) zu nennen. Zahlreiche Tiere des ↗Benthos und ↗Nekton nutzen im Larvalstadium die Möglichkeit der Verbreitung ohne oder mit geringem eigenen Energieaufwand durch die Wasserströmung (temporäres Plankton, im Gegensatz zum Holoplankton). Hauptnahrungsquelle des Zooplankton ist das Phytoplankton. Der Wechsel der Lichtintensität in Abhängigkeit durch Tages- und Jahreszeiten-Rhythmik läßt bei manchen Zooplanktern eine Vertikalwanderung über mehrer Zehnermeter durch die Wassersäule beobachten. /Radiolarienschlämme reichern sich bevorzugt in einem äquatorialen Gürtel in Tiefen unterhalb der Calcitkompensationstiefe an und können /Radiolarite bilden. /Pteropodenschlämme und vor allem /Globigerinenschlämme, jeweils unter wesentlicher Beteiligung von Coccolithophoriden (/Coccolithophorales), sind in gemäßigten bis tropischen /pelagischen Ablagerungsräumen überhalb der Calcitkompensationstiefe die Regel. Wegen der Eigenschaft, über weite Entfernungen marin verdriftet zu werden, gehören viele Leitfossilien (z. B. Foraminiferen) zum /Plankton. [EM]

Zootop, in der /Landschaftsökologie die Bezeichnung für einen kleinen Raumausschnitt, der eine in der /topischen Dimension homogene /Zoozönose beinhaltet. Ein Zootop kann auf einen /Phytotop eingestellt sein und dann mit diesem ein /Biotop bilden. Dabei ist zu beachten, daß Tiere aufgrund ihrer Mobilität weniger streng als /Pflanzen an einen bestimmten Biotop gebunden sind. Teilweise besteht auch eine Trennung nach Funktionen (Brutbiotop, Nahrungsbiotop, Ruhebiotop etc.) und damit eine unterschiedliche Beziehung einzelner Glieder der Zoozönose zu verschiedenen Zootopen. Dieser Umstand erlaubt v. a. eine großräumige Analyse von ökologischen /Wirkungsgefügen.

Zoozönose, *Tiergemeinschaft*, Bezeichnung in der /Ökologie für eine durch /Nahrungsketten verbundene Gemeinschaft meist höherer Tiere. Die Zoozönose wird detailliert in der /Tiersoziologie betrachtet. Den /Lebensraum der Zoozönose bildet der /Zootop. Die Zoozönose kann auch als Bestandteil einer /Biozönose im /Biosystem dargestellt werden.

Zöppritz-Gleichungen, beschreiben die Änderung der Amplituden (/Reflexionskoeffizient, Transmissionskoeffizient), wenn eine ebene Welle auf eine ebene Grenzfläche zwischen zwei elastischen Medien trifft. Im allgemeinen Fall werden vier Wellen erzeugt (außer bei senkrechtem Einfall): reflektierte und transmittierte P- und S-Wellen. Diese Gleichungen gelten auch für überkritischen Reflexionen.

Zuckerhut, (geo-)morphographischer Begriff für einen /Inselberg mit sehr steil geneigten Hängen. Zuckerhüte bilden sich in kristallinen Gesteinen in den wechselfeuchten bis feuchten Tropen unter dem Einfluß der chemischen /Verwitterung, Druckentlastungsklüften (/Klüften) und der physikalischen Verwitterung, insbesondere der /Desquamation nach dem Freispülen.

Zufall, das Mögliche, das eintreten kann, aber nicht eintreten muß. Insofern stellt der Zufall das Komplement, die dialektische Ergänzung, zur Notwendigkeit dar. Nur Letzteres ist als Gesetzmäßigkeit (prinzipiell) erkennbar. Vom (klassischen, mechanischen) Determinismus wird die objektive Existenz des Zufalls geleugnet und, da »Gott nicht würfelt« (A. Einstein), der bisher unerklärliche Rest des deterministischen Zusammenhangs (»wenn x, dann y«) dem Wirken verborgener, noch nicht erkannter, aber prinzipiell erkennbarer Parameter zugeschrieben. Doch schon frühzeitig wurde, nicht zuletzt wegen der menschlichen Freiheitserfahrung, der Zufall als polares Gegenstück zur Demokritschen Notwendigkeit erkannt (/Anaxagoras, Epikur, Lukrez, Evolutionstheorie von /Darwin). Im 17. Jh. setzte mit /Huygens, /Pascal, Fermat, Jakob Bernoulli u. a. die Quantifizierung des Zufalls ein (/Wahrscheinlichkeit). [KB]

zufälliger Fehler, Abweichung eines berechneten, geschätzten oder gemessenen Wertes vom wahren Wert, wobei die Abweichung der Einzelwerte vom Mittel zufällig (meist normal) verteilt sind (/Verteilungsfunktion).

Zufallschnitt, die zufällige Lage der betreffenden Schnittebenen zu den Reliefformen, von der das Höhenlinienbild (/Höhenlinie) des /Reliefs abhängig ist. Sie entsteht durch die für das /Höhenliniensystem gewählte /Äquidistanz. So ist das kreisförmige Höhenlinienbild einer kegelartigen Reliefform um so größer, je tiefer die Schnittebene liegt. Der Zufallsschnitt beeinflußt am stärksten die Wiedergabe der (kleineren) Reliefformen, die nur von einer Höhenlinie geschnitten werden. In flachem Gelände können schon geringe Veränderungen der Höhenlage der Schnittebenen vollkommen andere Höhenlinienbilder ergeben. Wichtige Kleinformen, z. B. Hügelgräber oder Dünen, werden daher durch Zuhilfenahme von /Signaturen dargestellt.

Zufallsgenerator, Erzeugung von aufeinanderfolgenden zufälligen Werten, die voneinander vollkommen unabhängig sind, z. B. durch Würfeln oder Ziehung von Zahlen aus einem Topf (Monte-Carlo-Methode), und einem Verteilungsgesetz (z. B. Normalverteilung) folgen.

Zufallslandschaft, Bezeichnung der /Raumplanung für die reale baute /Landschaft, die durch mehr oder weniger unkoordinierte /Fachplanung realisiert wurde. Solche Zustände finden sich häufig in /Agglomerationen oder an Agglomerationsrändern. Es zeigt sich ein heterogenes, wenig organisch und unharmonisch erscheinendes /Landschaftsbild, das ästhetisch nicht befriedigt und den Bewohnern kaum eine räumliche Identität vermittelt. Zudem sind solche /Landschaftsökosysteme meist nur beschränkt regenerationsfähig. Die /ökologische Planung versucht dem Entstehen von Zufallslandschaften durch die Überwindung der Grenzen der Fachplanung vorzubeugen und damit auch dem Funktionsgedanken der /Landschaftsökologie Rechnung zu tragen.

Zufluß, Q_z, einem Raum in einer Zeiteinheit zufließendes Wasservolumen, gemessen in l/s oder m³/s.

Zugbahn, der auf die Erdoberfläche projizierte Weg, den das Zentrum einer Zyklone (/Tiefdruckgebiet) oder Antizyklone (/Hochdruckgebiet) mit der Zeit zurückgelegt hat. Entsprechend der /Steuerung verlaufen solche Zugbahnen weitgehend parallel zur /Höhenströmung.

zugehörige freie Kohlensäure /freie Kohlensäure.

Zugfestigkeit ↗Festigkeit, ↗plastische Deformation.
Zugspannung, negative Normalspannung, ↗Spannung.
zulässige Baugrundbeanspruchung ↗Baugrund.
zulässige Bodenpressung, *Sohlnormalspannung*, σ_0, die maximale Last, die vom ↗Fundament eines Bauwerkes auf den ↗Baugrund übertragen werden darf ohne das es zu schädlichen ↗Setzungen oder zur Überschreitung der Grundbruchlast kommt. Im Regelfall wird die zulässige Bodenpressung nach DIN 1054 angesetzt. Die Regelfälle sind Flächengründungen, die in der DIN genannte Abmessungen besitzen und auf den dort genannten typischen ↗Bodenarten ausgeführt werden.
Zungenbecken, durch ↗glaziale Erosion als ↗glaziale Übertiefung infolge großer Eismächtigkeit in das Relief eingetiefte, meist langstreckte Hohlform, die von einem Gletscherlobus der ↗Vorlandvergletscherung oder der Inlandvereisung (↗Eisschild) ausgeschürft wurde. Zungenbecken haben meist kleinere, aufgrund geringerer Eismächtigkeit weniger stark eingetiefte, radial oder seitlich abzweigende Seitenbecken. Somit läßt sich das Zungenbecken in ↗Stammbecken und seine ↗Zweigbecken gliedern. Zungenbecken sind charakteristische Formen der ↗Grundmoränenlandschaften in Europa. Zungenbecken bilden nach dem Abschmelzen des Eises eine lokale ↗Erosionsbasis, in die Bäche und Flüsse der Umgebung aus den ↗Grundmoränen und ↗Endmoränen zentripetal entwässern und den ↗Zungenbeckensee bilden.
Zungenbeckensee, See in durch ↗glaziale Erosion ausgeschürften ↗Stammbecken und/oder ↗Zweigbecken eines Eiskörpers (↗Vorlandgletscher oder ↗Eisschild), die sich mit dem Abschmelzen des Eises mit Schmelzwasser füllten. Durch die hohe Sedimentfracht der ↗fluvioglazialen Schmelzwasser in den Zuflüssen können Zungenbeckenseen rasch verlanden. Die ↗pleistozän geschaffenen Zungenbecken sind heute meist nur noch zu einem Teil wassergefüllt, manche sind schon ganz verlandet. Typische Zungenbeckenseen sind Ammer- und Starnbergersee südwestlich von München.
Zungenrippel ↗Rippel.
Zuordnungskriterien, in der ↗TA Siedlungsabfall festgelegte Kriterien für die Verwertung von Abfällen bzw. deren Zuordnung zu ↗Deponien. Nach den Zuordnungskriterien sind die Abfälle der Verwertung zuzuordnen, wenn es technisch möglich ist, die entstehenden Mehrkosten im Vergleich zu anderen Verfahren zumutbar sind, für die gewonnenen Produkte ein Markt vorhanden ist oder geschaffen werden kann sowie die Verwertung für die Umwelt insgesamt vorteilhafter ist als andere Entsorgungsverfahren. Für die Ablagerung der Abfälle gilt, daß sie nur dann einer Deponie zugeordnet werden dürfen, wenn sie nicht verwertet werden können und die im Anhang B der TA Siedlungsabfall aufgeführten Zuordnungskriterien eingehalten werden (Tab.). Diese Kriterien ermöglichen eine Zuordnung zu Deponien der Klassen I und II. Abfälle, bei denen eine mögliche Beeinträchtigung des Wohls der Allgemeinheit vorliegt, dürfen grundsätzlich nicht einer oberirdischen Deponie zugeordnet werden. Asbesthaltige Abfälle müssen gesondert abgelagert werden, wie im Merkblatt der ↗Länderarbeitsgemeinschaft Abfall (LAGA) »Entsorgung von asbesthaltigen Abfällen« aufgeführt ist. [CSch]
zurückweichende Küste ↗Regressionsküste.
Zusammendrückbarkeit, bestimmt das Maß der ↗Setzung eines Bodens. Sie wird durch das ↗Steifemodul E_s gekennzeichnet, einer Kennziffer, die dem ↗Elastizitätsmodul der festen Stoffe entspricht. Es gilt:

$$E_S = \frac{\Delta\sigma}{\Delta(\Delta h / h_0)},$$

wobei $\Delta\sigma$ = Spannungsänderung, Δh = Setzung bei Laständerung und h_0 = Anfangshöhe der Probe.
Das Steifemodul ist vom Gefüge und von der Lagerungsdichte des Bodens abhängig. Es besteht demnach ein direkter Zusammenhang zu dessen Belastung. Dieser Zusammenhang wird im Kompressionsversuch (auch Zusammendrückungs- oder Ödometerversuch) ermittelt (Abb. 1). Die Probe wird in einen steifen Probenaufnahmering gebracht (zur Verhinderung der Seitenausdehnung) und stufenweise, jeweils nach Abklingen

Zuordnungskriterien (Tab.): Zuordnungskriterien für die Ablagerung von Abfällen (TA Siedlungsabfall, Anhang B).

Nr.	Parameter	Zuordnungsklasse	
		Deponieklasse I	Deponieklasse II
1	Festigkeit		
1.01	Flügelscherfestigkeit	≥ 25 kN/m²	≥ 25 kN/m²
1.02	axiale Verformung	≤ 20 %	≤ 20 %
1.03	einaxiale Druckfestigkeit	≥ 50 kN/m²	≥ 50 kN/m²
2	organischer Anteil des Trockenrückstandes der Originalsubstanz		
2.01	bestimmt als Glühverlust	≤ 3 Masse-%	≤ 5 Masse-%
2.02	bestimmt als TOC	≤ 1 Masse-%	≤ 3 Masse-%
3	extrahierbare lipophile Stoffe der Originalsubstanz		
		≤ 0,4 Masse-%	≤ 0,8 Masse-%
4	Eluatkriterien		
4.01	pH-Wert	5,5–13,0	5,5–13,0
4.02	Leitfähigkeit	≤ 10.000 µS/cm	≤ 50.000 µS/cm
4.03	TOC	≤ 20 mg/l	≤ 100 mg/l
4.04	Phenole	≤ 0,2 mg/l	≤ 50 mg/l
4.05	Arsen	≤ 0,2 mg/l	≤ 0,5 mg/l
4.06	Blei	≤ 0,2 mg/l	≤ 1 mg/l
4.07	Cadmium	≤ 0,05 mg/l	≤ 0,1 mg/l
4.08	Chrom-VI	≤ 0,05 mg/l	≤ 0,1 mg/l
4.09	Kupfer	≤ 1 mg/l	≤ 5 mg/l
4.10	Nickel	≤ 0,2 mg/l	≤ 1 mg/l
4.11	Quecksilber	≤ 0,005 mg/l	≤ 0,02 mg/l
4.12	Zink	≤ 2 mg/l	≤ 5 mg/l
4.13	Fluorid	≤ 5 mg/l	≤ 25 mg/l
4.14	Ammonium-N	≤ 4 mg/l	≤ 200 mg/l
4.15	Cyanide, leicht freisetzbar	≤ 0,1 mg/l	≤ 0,5 mg/l
4.16	AOX	≤ 0,3 mg/l	≤ 1,5 mg/l
4.17	wasserlöslicher Anteil (Abdampfrückstand)	≤ 3 Masse-%	≤ 6 Masse-%

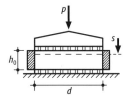

Zusammendrückbarkeit 1: Prinzip des Kompressionsversuchs (P = Druck, h_0 = Anfangshöhe der Probe).

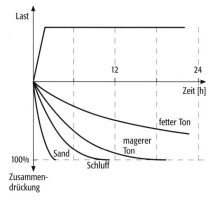

Zusammendrückbarkeit 2: qualitative Zeitsetzungslinien für bindiges und rolliges Material.

der Setzung, belastet. Das Porenwasser kann dabei frei austreten. Das Ergebnis ist eine ↗Drucksetzungslinie, in der der Quotient $\Delta h/h_0$ (bezogene Setzung s') gegen die Druckspannung σ aufgetragen wird. Mit Hilfe der oben genannten Gleichung können daraus die für den jeweiligen Lastbereich gültigen Steifemodulen ermittelt werden. Die Zusammendrückbarkeit eines Stoffes wird auch dadurch gesteuert, wie schnell das Porenwasser entweichen kann. Bei nichtbindigen Böden kann das Wasser nach Aufbringen der Last schnell abfließen und die Setzung tritt schnell ein. Umgekehrt verhält es sich bei bindigen Böden. Der zeitliche Verlauf der Zusammendrückung wird in Zeitsetzungslinien (↗Zeitsetzung) dargestellt (Abb. 2). Aus diesen lassen sich Aussagen über den Ablauf von Setzungen und den Durchlässigkeitsbeiwert k ableiten. Weiterhin kann mit Hilfe der Zeitsetzungslinie die Gesamtsetzung in die Anteile Primärsetzung und Konsolidationssetzung aufgeteilt werden. [CSch]

Zusammenfassung, in der ↗Kartographie eine ↗Generalisierungsmaßnahme, die bestimmte Wesenszüge der ↗Formvereinfachung, unter Umständen auch der ↗Objektauswahl und der ↗semantischen Generalisierung in sich vereinigt. Im Unterschied zu den genannten Maßnahmen bezieht sie sich nicht auf das einzelne Objekt, sondern auf benachbarte Objekte oder Objektteile. Zusammengefaßt werden Flächen, die im Folgemaßstab einen im wesentlichen von der getrennten Wahrnehmbarkeit bestimmten Mindestabstand unterschreiten. Ebenso erfolgt eine Zusammenfassung benachbarter konvexer oder konkaver Linienabschnitte bei der Unterschreitung eines definierten Mindestmaßes. Werden Flächen ähnlicher Objektarten zusammengefaßt, ist zugleich eine Begriffsgeneralisierung (semantische Generalisierung) erforderlich. Dies ist z.B. der Fall, wenn Waldflächen, die im Ausgangsmaßstab als Nadel-, Laub- und Mischwald ausgewiesen sind, im Folgemaßstab einheitlich durch das ↗Kartenzeichen für Wald dargestellt werden. Die Zusammenfassung ist stets im Kontext mit den Mindestgrößen der durch die Objektauswahl wegfallenden Flächen und den der Glättung (Formvereinfachung) unterliegenden Linienabschnitten zu sehen. [KG]

Zusatzsymbol, in der ↗Bodensystematik dem ↗Hauptsymbol vorangestellte Kleinbuchstaben für geogene und anthropogene Merkmale oder dem Hauptsymbol nachgestellte Kleinbuchstaben für pedogene Merkmale.

Zuschlagstoff, allgemein die Bezeichnung für Stoffe, die einer Mischung zugegeben werden, um deren Eigenschaften positiv zu beeinflussen. Künstliche oder natürliche Körnungen, z.B. in Beton oder Mörtel.

Zusickerung, der Zutritt von Wasser durch die ↗Grundwasseroberfläche oder die ↗Grundwassersohle zu einem mit Grundwasser erfüllten Bereich, z.B. zu einem ↗Grundwasserabschnitt.

Zustandsänderung, aus der ↗Thermodynamik stammender Begriff mit dem die Änderung des thermodynamischen Zustandes eines Gases oder einer Flüssigkeit, der durch ↗Druck, ↗Temperatur und ↗Dichte beschrieben ist, bezeichnet wird. Die formale Beschreibung der Zustandsänderung durch verschiedene physikalische Prozesse wie ↗Wärmeleitung, ↗Strahlung oder ↗adiabatische Prozesse erfolgt über den ↗ersten Hauptsatz der Thermodynamik.

Zustandsdiagramm, *p-T-Diagramm*, graphische Darstellung der durch Druck (p) und Temperatur (T) festgelegten Bereiche, in denen ein reiner Stoff in verschiedenen ↗Aggregatzuständen vorliegt. Die Grenzkurven zwischen zwei Aggregatzuständen sind die Dampfdruckkurve (flüssig/gasförmig), die Schmelzpunktkurve (fest/flüssig) und die Sublimationskurve (fest/gasförmig). In der ↗Kristallographie spricht man von ↗Phasendiagramm, das die Gesamtheit aller Zustände, die ein chemisches System annehmen kann, darstellt. Solch ein System kann aus mehreren Komponenten bestehen und wird durch thermodynamische Gibbs-Funktionen (↗Gibbssche Phasenregel) beschrieben. Je nach Variablen, z.B. Druck, Temperatur und Teilchenzahlen der einzelnen Komponenten (die freie Enthalpie ist dann Gibbs-Funktion) kann das System unterschiedliche Zustände annehmen. Es können sich verschiedene Phasen mit unterschiedlichen Zusammensetzungen bilden. Phasen sind Bereiche im Zustandsdiagramm, für die bei Änderung der unabhängigen Variablen keine Unstetigkeit in den Gibbs-Funktionen auftritt. Tritt solch eine Unstetigkeit auch nur in einer Zustandsfunktion auf, dann geht das System von einer Phase in eine andere über, es überschreitet eine ↗Phasengrenze. Tritt bei einem Phasenübergang ein Sprung in der ersten Ableitung der freien Enthalpie G auf, dann liegt ein Phasenübergang erster Art vor, wie er im allgemeinen für die Kristallzüchtung verwendet wird. Zustandsdiagramme sind eine Darstellung der Zustandsvielfalt als Funktion der verschiedenen Parameter. Im Zustandsdiagramm eines Einkomponentensystems beschreibt das Druck-Temperatur-Diagramm, für welche Werte von Druck und Temperatur die auftretenden Phasen fest, flüssig oder gasförmig sind bzw. unter welchen Bedingungen zwei oder mehr Phasen miteinander im Gleichgewicht stehen können. Mehrkomponentensysteme sind naturgemäß vielfältiger. Phasengrenzen sind oft Zweiphasengebiete, die beispielsweise auf der Seite fester Phasen von der ↗Soliduskurve und auf der Seite der flüssiger Phasen von der ↗Liquiduskurve begrenzt werden. Die Phasengrenzen sind außerdem beim Überschreiten in Richtung fester Phasen von einem metastabilen Bereich begleitet, dem ↗Ostwald-Miers-Bereich. Da bei der Kristallisation meist der Phasenübergang von einer fluiden oder gasförmigen Ausgangsphase in eine kristalline Phase verwendet wird, ist das Zustandsdiagramm die Grundlage für eine erfolgreiche Kristallherstellung. ↗Phasenbeziehungen.

Zustandsform ↗Konsistenz.

Zustandsgleichung, Die Abhängigkeit der ↗Dichte im Ozean von ↗Temperatur, ↗Salzgehalt und ↗Druck wird durch die Zustandsgleichung des ↗Meerwassers beschrieben. Die Dichte wird geringer mit abnehmendem Druck und abnehmendem Salzgehalt. Für Salzgehalte über 24,7 psu wächst die Dichte bei abnehmender Temperatur bis zum Erreichen des Gefrierpunktes kontinuierlich an. Für niedrigere Salzgehalte besitzt die Dichte ein lokales Maximum, das in Abhängigkeit vom Salzgehalt zwischen −1,33 und +3,98 °C liegt. Diese Abhängigkeit der Dichte vom Salzgehalt hat große Bedeutung für die Verhältnisse im Weltmeer. Hier liegen die typischen Salzgehalte um 35 psu. Somit tritt bei abnehmender Temperatur kein lokales Maximum der Dichte auf und es kommt damit bei sehr niedrigen Temperaturen zu keiner Dichtezunahme. Aus diesem Grund entwickelt sich im Ozean, anders als in Frischwasserseen, bei Abkühlung an der Oberfläche keine stabile kalte Oberflächenschicht (↗Stabilität der Schichtung). Ein Zufrieren des Ozeans wird auf diese Weise verhindert. [TP]

Zustandskurve, Verbindungslinie aller Zustände eines Systems in einem ↗thermodynamischen Diagramm, z. B. Druck-Temperatur-Diagramm, welches das System bei einem thermodynamischen Prozeß durchläuft.

Zustandsstufe, *Bodenzustandsstufe*, Bewertungskategorie des ↗Ackerschätzungsrahmens. Sie gibt an, in welchem Entwicklungsstand sich ein Boden befindet (↗Entwicklungsreihen). Der Ackerschätzungsrahmen enthält 7 Zustandsstufen von 1 = flachgründige Rohböden oder verfestigte/vernäßte Böden bis 7 = tiefgründige, nährstoffreiche ↗Schwarzerden.

Zwangsmäander ↗mäandrierender Fluß.

Zwangszentrierung, Vorrichtung an geodätischen Instrumenten, die den Austausch von Instrumenten, Instrumententeilen und Zubehörteilen bei der Aufstellung so gestattet, daß die Zentrierung erhalten bleibt.

Zweibildauswertung, Verfahren der photogrammetrischen Bildauswertung von analogen oder digitalen ↗Bildpaaren zur dreidimensionalen Erfassung und Ausmessung des aufgenommenen Objektes.

zweifarbige Darstellung, Wiedergabe des Karteninhalts unter Verwendung von zwei Druckfarben. Mitunter wird zur Kostenoptimierung das technische und gestalterische Gesamtkonzept von Druckerzeugnissen (Nachschlagewerke, Lehrbücher, Broschüren, Reiseführer, unter Umständen auch Atlanten) auf den Druck in zwei Farben ausgerichtet. Neben Schwarz als erster Druckfarbe steht dann Blau, Rot oder Grün als zweite Druckfarbe zur Verfügung. Damit erweitert sich der kartengestalterische Spielraum gegenüber der einfarbigen Darstellung. In topographischen Übersichtsskizzen eignet sich besonders Blau zur Unterscheidung der Gewässerläufe und -flächen von allen anderen Inhalten. Mit Grün lassen sich Elemente der Bodenbedeckung oder ökologische Sachverhalte hervorheben. Rot kann gewählt werden, wenn sozialgeographische Inhalte dominieren. Die Kombination von Schwarz mit Blau oder Rot erleichtert die Darstellung bipolarer Werteskalen. Die Möglichkeiten der ↗Farbmischung auf Grundlage der beiden Druckfarben sind beschränkt. Die zu häufige oder zu starke Verschwärzlichung der zweiten Farbe wirkt unästhetisch. [KG]

Zweigbecken, durch ↗glaziale Erosion entstandenes, in das Relief eingetieftes ↗Zungenbecken eines Eiskörpers (Gletscherlobus der ↗Vorlandvergletscherung oder eines ↗Eisschildes), das an ein aufgrund höherer Eismächtigkeit tiefer ausgeschürftes ↗Stammbecken angebunden ist. Meist zweigen mehrere Zweigbecken seitlich oder radial am Ende des Stammbeckens ab. Sie sind weniger stark glazial übertieft und an ihren äußeren Enden häufig von ↗Endmoränen umgeben. Die Zweigbecken entsprechen der Lage der auseinanderfließenden Eisloben.

Zweiphaseneinschluß ↗Mehrphaseneinschluß.

Zweischleifen-Methode, beinhaltet die doppelte Vermessung aller Meßpunkte entlang eines gravimetrischen oder Eigenpotential-Profils oder Arrays, wobei die jeweiligen Bezugs- oder Basispunkte mehrfach vermessen werden. Diese Methode ist gegenüber der ↗Einschleifenmethode, bei der alle Punkte außer den Basispunkten nur einmal vermessen werden, die genauere, aber auch erheblich aufwendigere.

Zwei-Sonden-Anordnung, bezeichnet in den ↗geoelektrischen Verfahren die Varianten, die im Gegensatz zu Multielektrodenanordnungen mit nur zwei Sonden zur Messung der Potentialdifferenz arbeiten.

Zweispulen-Systeme, Varianten der ↗elektromagnetischen Verfahren, die jeweils eine Spule oder geschlossene Leiterschleife als Sender und Empfänger verwenden. Beim HLEM- und *VLEM-Verfahren* wird die Sendespule von einem Wechselstrom vorgegebener Frequenz durchflossen. Dieser erzeugt das primäre Magnetfeld, das in der Empfangsspule zusammen mit dem im elektrisch leitfähigen Untergrund induzierten sekundären Magnetfeld gemessen wird. Auch viele Varianten der ↗Transienten-Elektromagnetik benutzen jeweils eine Sende- und eine Empfangsspule.

Zweistoffsysteme ↗*binäre Systeme*.

Zweistrahlfall, kommt bei der Beugung an ↗Kristallen vor, wenn neben dem Strahl in Richtung

Zwillinge 1: pseudohexagonaler zyklischer Drilling von Chrysoberyll nach (031).

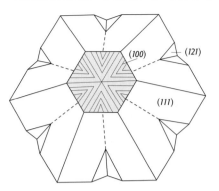

Zwillinge 2: Einzelkristall von Gips (a) und »Schwalbenschwanzzwilling« mit (100) als Zwillingsebene (b).

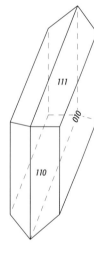

a

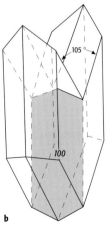

b

der einfallenden Welle nur ein weiterer abgebeugter Strahl, der die Beugungsbedingungen (↗Braggsche Gleichung, ↗Laue-Gleichungen) erfüllt, auftritt.

Zweite Generation Meteosat, *Meteosat Second Generation* (engl.), *MSG*, Nachfolgesystem des ↗geostationären Satelliten ↗METEOSAT mit deutlichen Verbesserungen, z. B. Messungen in zwölf statt drei Spektralbereichen, höherer horizontaler Auflösung und zeitlicher Wiederholrate. Geplanter Start von MSG-1 ist 2002; Kontinuität mit MSG-3 bis mindestens 2012. Neben dem abbildenden ↗Radiometer mit der Bezeichnung ↗SEVIRI gehört der Strahlungsbilanzmesser ↗GERB zur Nutzlast von MSG. MSG-1 ist eine Gemeinschaftsentwicklung von ↗EUMETSAT und ↗ESA.

Zweiter Hauptsatz der Thermodynamik, besagt, daß die ↗Entropie eines abgeschlossenen Systems von Körpern, die miteinander in Wechselwirkung stehen, nur zunehmen kann. Das System strebt einem Zustand maximaler Entropie oder größter thermodynamischer Wahrscheinlichkeit zu. Dieser Zuwachs an Entropie bedeutet auch, daß ein Teil der ↗Enthalpie eines Systems nicht in Arbeit umgesetzt werden kann, da sie zum Entropiezuwachs beiträgt. Die Zunahme an Entropie während einer Reaktion kann somit auch als Zunahme an Irreversibilität bezeichnet werden. Der Zweite Hauptsatz der Thermodynamik geht zurück auf die Arbeiten des französischen Ingenieurs Sadi Carnot (1796–1832) und des deutschen Physikers Rudolf Clausius (1822–1888).

Zweiweglaufzeit, *two-way-time*, *TWT*, Laufzeit der seismischen Reflexionen von der Quelle über den Reflektor bis zum Empfänger; meistens als vertikale Zweiweglaufzeit bezeichnet.

Zwergpodsol ↗Nanopodsol.

Zwergstrauchheide, ↗Pflanzenformation der Zwergsträucher, einer ↗Lebensform ausdauernder, strauchartig verzweigter Holzgewächse, die auch im ausgewachsenen Stadium nur ca. 0,5 m Höhe erreichen und denen Stamm und Krone fehlen. Zwergstrauchheiden kommen klimatisch bedingt im Übergang zwischen von Wald- und Grasland dominierten ↗Vegetationszonen vor (↗Steppe, ↗Tundra) oder aber, anthropogen bedingt, durch Niedrighalten von Holzgewächsen bei der Landnutzung. Die Zwergstrauchheide wird im europäischen Bereich von Heidekraut (*Calluna*) dominiert und ist geprägt von immergrünen Gewächsen. Im nördlichen Mitteleuropa entstand die Zwergstrauchheide auf bodensauren Waldstandorten, denen der Mensch über lange Zeit Nährstoffe entzogen hat (↗Beweidung, Entfernung von ↗Plaggen). In der ↗subalpinen Stufe wurde die Zwergstrauchheiden v. a. durch Beweidung und Rodung ehemaliger Fichten- und Lärchenwälder ausgedehnt (Herabsetzung der Waldgrenze). [DR]

Zwillinge, ↗Verwachsungen zweier Kristallindividuen mit festgelegter Orientierungsbeziehung. Die Gesetzmäßigkeiten (*Zwillingsgesetze*), nach denen die beiden Individuen zueinander orientiert sein können, sind äußerst vielfältig. Von besonderem Interesse sind diejenigen Orientierungsbeziehungen, die einem kristallographischen Symmetrieelement entsprechen. Als solche können z. B. Spiegelebenen auftreten, die dann als *Zwillingsebenen* bezeichnet werden. In diesem Fall spricht man von einem »Zwilling nach (*hkl*)«. Die Zwillingsebene bezieht sich nur auf die Orientierung und nicht auf die physikalische *Zwillingsgrenze*, die sehr kompliziert oder unregelmäßig wie im Fall eines *Penetrationszwillings* sein kann. Fällt die Zwillingsebene mit der physikalischen Grenzfläche zusammen, dann spricht man von einem Berührungs- oder Kontaktzwilling. Wiederholt sich die Zwillingsbildung mehrfach, entstehen Drillinge (Abb. 1), Vierlinge usw. Mehrfache Verzwillingung liegt z. B. oft beim ↗Albit (Albitgesetz) vor. Man spricht man dann von einer *polysynthetischen Verzwillingung*.

Ähnlich wie die Orientierungsbeziehung zwischen den eben besprochenen Zwillingen durch eine Spiegelebene gegeben ist, können diese auch über eine Drehachse, eine sog. *Zwillingsachse*, verknüpft sein. In diesem Fall spricht man analog von einem »Zwilling nach [*hkl*]«. Bei Quarzkristallen können beide Zwillingsvarianten vorkommen, sowohl nach der (11$\bar{2}$0)-Ebene, dem sog. *Brasilianer-Zwilling*, als auch nach der [0001]-Achse, dem sog. *Dauphineer-Zwilling*. Einen Spezialfall stellt die *meroedrische Verzwillingung* dar, die nur in Kristallen auftreten kann, die eine niedrigere Symmetrie als die ihres Gitters besitzen. Als Zwillingselemente können alle Symmetrieelemente vorkommen, die nicht in der Kristallstruktur, sehr wohl aber im zugehörigen Gitter vorhanden sind. Daher kann ein Zwilling aus zwei Individuen aufgebaut sein, deren Orientierungen durch eine Inversionsoperation ineinander überführt werden. In einem Röntgenbeugungsexperiment treten die Bragg-Reflexe beider Individuen eines derartigen *Inversionszwillings* an den gleichen Stellen im reziproken Raum auf. Daher bedarf es ausgefeilter Meß- und Auswertemethoden zum Erkennen einer derartigen Verzwillingung.

Als weiteres Beispiel für eine Verzwillingung sei der ↗Gips (CaSO$_4$ · 2 H$_2$O) genannt. Er kristallisiert monoklin und bildet häufig tafelige Kristalle mit den Formen {110}, {111} und {010} (Abb. 2 a). Zwei solcher Individuen können nun nach der möglichen Fläche (100) verzwillingen, die jedoch selbst nicht an diesen speziellen Kristallformen auftritt. (100) wird also Zwillingsebene, wobei zwischen den beiden Zwillingen ein einspringender Winkel von etwa 105° entsteht (Abb. 2 b). Häufig lassen sich Zwillingsbildungen bei Kristallen an einspringenden Winkeln erkennen. Weiterhin ist aus diesem Beispiel ersichtlich, daß sich die Symmetrie des Zwillings gegenüber dem Einzelkristall um eine Symmetrieebene erhöht hat. Besonders wichtig sind die Zwillingsgesetze bei den Feldspäten, z. B. das Karlsbader Gesetz, bei dem (100) Zwillingsebene ist und die Kantenrichtung [001] die Zwillingsachse bildet. Zwillingsachsen sind Symmetrieachsen der Zwillinge und nicht Symmetrieachsen der betreffenden Einzelkristalle. Ebenso können natürlich auch Symmetrieebenen eines Kristalls nie Zwillingsebenen sein.

Findet die Verzwillingung bereits während des Kristallwachstums statt, spricht man von *Wachstumszwillingen*. Technische Bedeutung haben die durch mechanische Deformation entstehenden Gleitzwillinge (↗Gleitung), die beim ↗Calcit (Marmor) und bei den Metallen eine wichtige Rolle spielen, denn sie sind die Ursache des plastischen Verhaltens kristalliner Stoffe. Auch bei Modifikationsänderungen polymorpher kristalliner Phasen kommt es häufig zu Zwillingsbildungen. Ein typisches Beispiel ist der seiner Tracht nach meist in Deltoidikositetraedern, also kubisch erscheinende Leucit ($KAlSi_2O_6$). In Wirklichkeit besteht der Leucit bei Raumtemperatur jedoch aus Zwillingslamellen einer tetragonalen Tieftemperaturmodifikation. Die Zwillingslamellen verschwinden beim Erhitzen auf 620°C, denn darüber liegt das Existenzgebiet des kubischen Hochtemperaturleucits.

Nicht selten finden sich auch Zwillingsbildungen, bei denen eine Verzwillingung nach zwei Gesetzen gleichzeitig erfolgt. Ein Beispiel ist der trikline Kalifeldspat ↗Mikroklin (↗Feldspäte), der oft aus einem gegitterten Lamellenwerk von Zwillingen nach (010) (Albitgesetz) und nach [010] (*Periklingesetz*) besteht. Der Fall der scheinbaren optischen Isotropie doppelbrechender Kristalle ist auf die sublichtmikroskopische Verzwillingung optisch entgegengesetzter aktiver Kristalle zurückzuführen. Ein Beispiel dafür liefern die nach dem Dauphinéer Gesetz verzwillingten Rechts-Links-Quarze (↗Quarz), die in den Schnitten senkrecht zur *c*-Achse bei Drehung um 360° zwischen gekreuzten Polarisatoren stets Aufhellung zeigen. [EW,GST]

Zwillingsachse ↗Zwilling.
Zwillingsebene ↗Zwilling.
Zwillingsgesetz ↗Zwilling.
Zwillingsgrenze ↗Zwilling.
Zwillingskorngrenze ↗Korngrenze.
Zwischenabfluß, *hypodermischer Abfluß*, *Interflow*, oberflächennahe, laterale Wasserflüsse in der ↗ungesättigten Bodenzone. Dieser Prozeß spielt sich meist oberflächennah im Bereich von Berghängen ab (oberflächennaher Abfluß). Zwischenabfluß kann entweder durch laterale Flüsse im Makroporensystem (Makroporenabfluß) oder durch Mikroporenabfluß entstehen (↗Abflußprozeß) (Abb.).

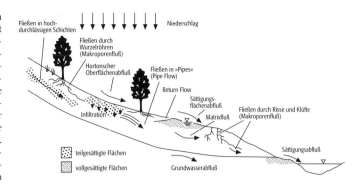

Zwischenabfluß: schematische Darstellung der sich in einem Hang abspielenden und zum Zwischenabfluß führenden Prozesse.

Die Fließzeit des Zwischenabflusses ist deutlich länger als die des ↗Landoberflächenabflusses. Sein Anstieg ist weniger steil und sein Scheitel tritt in kleinen Einzugsgebieten bis zu 1–2 Tagen zeitlich verzögert ein. Er klingt auch wesentlich langsamer ab. Dies führt dazu, daß bei dem Zwischenabfluß oft zwischen einem unmittelbar und einem verzögert zum Abfluß gelangenden Anteil unterschieden wird. Dabei hat volumenmäßig meist der unmittelbare Zwischenabfluß den erheblich größeren Anteil. Die Trennung des Zwischenabflusses in beide Anteile ist willkürlich und ergibt sich rein empirisch aus der Separation der ↗Ganglinie in ↗Direktabfluß und ↗Basisabfluß. [HJL]

Zwischenblick, *Seitblick*, Ablesung an einer ↗Nivellierlatte bei Anzielung eines seitlich der Meßrichtung eines ↗geometrischen Nivellements gelegenen Punktes. Hierzu wird die Latte, nach dem ↗Rückblick zum letzten ↗Wechselpunkt, auf Zwischenpunkten aufgehalten und abgelesen, bevor, als letzte Messung auf diesem ↗Standpunkt, eine Zielung zum nächsten Wechselpunkt (↗Vorblick) erfolgt.

Zwischeneiszeit ↗*Warmzeit*.

Zwischenfruchtbau, bezeichnet die gezielte Begrünung von Flächen, wenn zwischen Ernte und Aussaat der Hauptfrüchte eine genügend lange Zeitspanne zum Wachstum zur Verfügung steht (Tab.). Der Zwischenfruchtbau dient u. a. dem Ziel einer möglichst weitgehenden ↗Bodenbedeckung, der zusätzlichen Futtergewinnung, der N_2-Fixierung bei Anbau von Leguminosen und dem Erosionsschutz. Er wird eingeschränkt durch seinen ↗Wasserverbrauch von 40 bis 120 mm Niederschlag, dem zusätzlichen Arbeitsaufwand und Nährstoffbedarf.

Zwischengebirge, zwischen zwei Ästen eines Orogensystems (↗Orogen) gelegener kleiner ↗Kraton, der von der Orogen-Tektonik seiner Umgebung nicht oder nur schwach verformt wurde, z. B. die Pannonische Einheit (Ungarn/Rumänien) zwischen Karpaten- und Dinariden-Orogen. Heute unüblicher Begriff.

Zwischengitteratom, punktförmiger ↗Kristallbaufehler, der aus einem Atom auf einem *Zwischengitterplatz* besteht. Dabei handelt es sich um eine Position in der Kristallstruktur, die im thermodynamischen Gleichgewicht meist aus Platzgründen nicht besetzt ist. In den dichtest gepack-

Anbaustellung	Saat-/Pflanzzeit	Anbauverfahren	Vegetationsphase	Erntezeitpunkt
Untersaat	Frühjahr	Untersaat unter Getreide, Körnerleguminosen, Mais	unter Deckfrucht bis 100 Tage, nach Deckfruchternte bis 100 Tage	Spätsommer bis Herbst, nach Überwinterung teils im Frühjahr
Stoppelsaaten	nach Vorfruchternte	Blankansaat nach spezifischer Bodenbearbeitung	60–90 Tage	Herbst, nach Überwinterung teils im Frühjahr
Winterzwischenfrüchte	nach Vorfruchternte bis Herbst	Blankansaat nach spezifischer Bodenbearbeitung	im Herbst 50–70 Tage, im Frühjahr 50–80 Tage	Frühjahr, meist April bis Mai

Zwischenfruchtbau (Tab.): Verfahren des Zwischenfruchtbaus. ten ↗Kugelpackungen der Metalle kommen dafür beispielsweise die Oktaeder- und Tetraederlücken in Betracht. In dicht gepackten Strukturen, z. B. den meisten Metallen oder Salzen, ist wegen der mit einem Zwischengitteratom verbundenen starken elastischen Verzerrung der Umgebung das Auftreten eines Zwischengitteratoms mit einem vergleichsweise großen Energieaufwand verbunden, wie er z. B. durch ↗Strahlungseinwirkung oder sehr hohe Temperaturen zur Verfügung gestellt werden kann.
Zwischengitterplatz ↗Zwischengitteratom.
Zwischenschichtwasser ↗wasserhaltige Minerale.
Zwischenspeicherung, der Anteil des Gesamtniederschlages, der als Schnee fällt und auf der Erdoberfläche abgelagert wird. Er trägt erst beim Abschmelzen der Schneeflächen verzögert zum ↗Abfluß bei und wird deshalb als Zwischenspeicherung bezeichnet.
Zyklentheorie, von William M. ↗Davis um die Jahrhundertwende aufgestellte historische Theorie eines universellen Ablaufs geomorphologischer Landschaftsformung. Dieses Modell besteht aus drei Komponenten: einer vorhandenen geologischen Struktur, der ↗Erosion und einem gegebenen Zeitraum. In Abhängigkeit von der verstrichenen Zeitspanne unterteilt Davis den Erosionszyklus in Stadien. Der Zyklus setzt mit der Hebung einer Landmasse ein, die zu Beginn eine relativ ebene Oberfläche aufweist. Im Jugendstadium entsteht durch die Dominanz von Tiefenerosion (↗fluviale Erosion) ein ↗Flußnetz, das Reifestadium wird durch eine nachfolgende Abtragung der zwischen den Tälern liegenden Hänge (Interfluvien) repräsentiert. Im Greisenstadium ist die Abtragung der Interfluvien so weit fortgeschritten, daß nahe dem Niveau der ↗Erosionsbasis ein fast ebenes Relief (sog. ↗Peneplain) geschaffen wird. Diese Theorie entwickelte Davis aus der Anschauung der Landschaft der humiden Appalachen. Das zugrunde liegende Denkmodell der Hangentwicklung geht davon aus, daß Hänge von oben her abgetragen werden, d. h. mit fortschreitender ↗Erosion die Konvexheit der Hänge zunimmt und die Interfluvien allmählich verflachen. Davis formulierte damit seinerzeit die maßgebliche Theorie zur Reliefentwicklung, die die Terminologie der angloamerikanischen ↗Geomorphologie z. T. bis in die Gegenwart hinein prägt. Aus heutiger Sicht stellt sich die Reliefentwicklung wesentlich komplexer dar; die wichtigsten Einwände: tektonische Vorgänge sind nicht einmalig, die Rolle des Klimas bzw. von Klimawechseln (↗Klimageomorphologie, ↗klimagenetische Geomorphologie) und von Prozeß-Response-Systemen für die Reliefentwicklung wird vernachlässigt (W. ↗Penck). Wissenschaftshistorisch zeigt die Davissche Zyklentheorie mit ihrer Auffassung vom zeitabhängigen (geschichtlichen) Werden in Gestalt von vergangenen und prognostizierbaren Entwicklungsstadien eine Wesensverwandtschaft mit den zeitgenössischen Ansätzen des Historismus in den Geisteswissenschaften (Oswald Spengler). [PH]
zyklische Gruppe, in der ↗Kristallographie Gruppe, die von einem einzigen ihrer Elemente erzeugt werden kann. Die Gruppe enthält also mindestens ein Element mit der Eigenschaft, daß alle ihre Elemente Potenzen dieses einen Elements sind. Von den 32 kristallographischen Punktgruppen des dreidimensionalen Raums sind zehn zyklisch, nämlich (in Hermann-Mauguin-Nomenklatur) $1, 2, 3, 4, 6, \bar{1}, \bar{2} = m, \bar{3}, \bar{4}$ und $\bar{6}$. In Schoenflies-Nomenklatur sind das die Gruppen (in derselben Reihenfolge) $C_1, C_2, C_3, C_4, C_6, C_i, C_s, C_{3i}, S_4$ und C_{3h} (wobei der Buchstabe »C« für »cyclisch« steht). Neben diesen endlichen Gruppen sei als Beispiel für eine unendliche zyklische Gruppe diejenige eindimensionale Raumgruppe erwähnt, die nur aus ↗Translationen besteht.
Zyklogenese, allgemeine Bezeichnung für die Entstehung der ↗Tiefdruckgebiete (Zyklonen) in den mittleren Breiten. Dieser Prozeß wird von der ↗baroklinen Instabilität geprägt. Vereinfacht dargestellt befindet sich eine überwiegend zonale barokline geostrophische Strömung (↗geostrophischer Wind) zunächst im Gleichgewicht, d. h. die durch den horizontalen ↗Temperaturgradienten verursachte ↗Druckkraft wird durch die ↗Corioliskraft auskompensiert. Bei Überschreiten eines bestimmten kritischen Temperaturgradienten kommt es zu horizontalen und vertikalen Umlagerungen warmer und kalter Luftmassen, welche in Verbindung mit der Erdrotation zur Ausbildung von wellenförmigen Abweichungen vom ↗zonalen Grundstrom und im weiteren zeitlichen Verlauf zur Ausbildung von Zyklonen führen.
Zyklomorphose, *Temporalvariation*, in aufeinander folgenden Generationen einer Organismenart auftretender zyklischer Gestaltwandel, meist jahreszeitliche morphologische Veränderung innerhalb einer ↗Population. Meist werden zusätzliche Fortsätze, Dornen etc. ausgebildet. Der Gestaltwechsel ist ein jahreszeitlicher Formwechsel planktischer Organismen zur Abwehr von Räu-

bern. Bekannt ist er zum Beispiel von Dinoflagellaten (*Ceratium hirundinella*) und Wasserflöhen (*Daphnia cucullata*).

Zyklon, sehr gefährlicher ↗tropischer Wirbelsturm auf dem nördlichen Indischen Ozean.

zyklonal, 1) Bezeichnung für eine Bewegung auf der Nord- (Süd-)Hemisphäre entgegen dem (im) Uhrzeigersinn. Unter geostrophischen Bedingungen (↗Geostrophie) entwickelt sich eine zyklonale ↗Zirkulation um eine Region niedrigen ↗Drucks. 2) von Zyklonen (↗Tiefdruckgebiet) bewirkte Witterung.

zyklonale Krümmung, Krümmung der Bahn eines Luftpaketes, welches sich im Gegenuhrzeigersinn bewegt.

Zyklone ↗*Tiefdruckgebiet*.

Zyklonenbahnen, Gebiete, entlang derer besonders häufig die Verlagerung von Zyklonen (↗Tiefdruckgebiet)erfolgt. Auf der Nordhemisphäre verlagern sich die Zyklonen der mittleren Breiten in der ↗Westwinddrift typischerweise von Südwest nach Nordost, wobei besonders über dem Nordatlantik und Nordpazifik ausgeprägte ↗Zugbahnen zu finden sind. ↗Tropische Wirbelstürme verlagern sich auf der Nordhemisphäre von ihren Entstehungsgebieten im Bereich des Äquators zunächst von Südost nach Nordwest, um dann im späteren Entwicklungsstadium auf eine nordöstliche Richtung einzuschwenken.

Zyklonenbewegung ↗*Steuerung*.

Zyklonenfamilie, eine Serie von Frontenwellen (↗Wellentief) und Frontenzyklonen, die sich nacheinander auf der Vorderseite eines ↗Troges der ↗Höhenströmung entwickeln und mit dieser nach Osten bis Nordosten ziehen. Im typischen Fall verlagert sich dabei die zugehörige ↗Frontalzone allmählich südwärts, so daß sich jede folgende Zyklone etwas weiter südlich bewegt als die vorangehende. Die Serie wird durch einen ↗Kaltluftausbruch auf der Rückseite der letzten (westlichsten) Frontenzyklone beendet.

Zyklonenmodell, Modell der ↗synoptisch-skaligen Zyklonen (↗Tiefdruckgebiet) der mittleren Breiten; das erstmals von der ↗Bergener Schule beschriebene Schema der sich entwickelnden ↗Frontenzyklone.

zyklostrophische Strömung, Bezeichnung für Strömungen, bei denen die ↗Zentrifugalkraft eine Rolle spielt. Bei kleinräumigen Strömungen, wie z. B. ↗Tromben oder ↗Tornados, stehen dabei, abgesehen von der ↗Reibungskraft, die zum Wirbelzentrum gerichtete ↗Druckkraft und die nach außen gerichtete Zentrifugalkraft im Gleichgewicht. Bei großräumigen Strömungen wie ↗Hochdruckgebieten und ↗Tiefdruckgebieten kommt noch die ↗Corioliskraft hinzu. Die Kombination aus Druck-, Zentrifugal- und Corioliskraft führt im Gleichgewicht zum sogenannten zyklostrophischen Wind (Abb.). Dieser ist bei gleichem ↗Druckgradienten im Hochdruckgebiet größer und in einem Tiefdruckgebiet geringer als der entsprechende ↗geostrophische Wind. [DE]

Zyklothem, von J.M. Weller 1930 geprägter Begriff für einen Kleinzyklus bei Sedimenten, die infolge zyklischer oder rhythmischer Sedimentation abgelagert sind. In einer zyklischen Sequenz repräsentiert das Zyklothem eine auf- und absteigende Abfolge, z. B. 1 2 3 4 3 2 1, in einer rhythmischen Sequenz hingegen sind die Einheiten des Zyklothem wiederholt, z. B. 1 2 3 4 1 2 3 4. Zyklotheme sind typischerweise an die instabilen Bedingungen in einem durch Meeresspiegelschwankungen (↗Regression, ↗Transgression) beeinflußten Schelfbereich oder Beckeninneren gebunden. Bei einem vollständigen Zykothem kommen nichtmarine Sedimente in der unteren Hälfte vor; die obere Hälfte nehmen marine Sedimente ein.

Zyklus, *Rhythmus*, in der Statistik das Verhalten einer ↗Zeitreihe, bei der in annähernd, aber nicht exakt gleichen Zeitabständen relative Maxima und Minima auftreten und die Amplitude variiert. ↗Variationen.

Zylinderdruckversuch, ist ein einaxialer Druckversuch mit unbehinderter Seitendehnung an einem zylindrischen Probenkörper. Die Anwendbarkeit ist daher auf bindige Böden beschränkt. Der Versuchsablauf ist in DIN 18136 geregelt. Die Probe wird mit konstanter Verformungsgeschwindigkeit axial belastet, bis der Bruch eintritt oder die Stauchung $\varepsilon = 20\%$ der Anfangshöhe h_0 beträgt. Ermittelt wird die Axialkraft P und die Änderung der Probenhöhe Δh. Die Stauchung ε errechnet sich zu:

$$\varepsilon = \Delta h / h_0.$$

Die Festigkeit beim Bruch wird als Zylinderdruckfestigkeit bezeichnet.

Zylinderentwürfe, Abbildung der Erdoberfläche oder eines Teils davon in die Ebene. Als Zwischenabbildungsfläche dient ein Zylindermantel, dessen Achse mit der Erdachse zusammenfällt (Abb. 1, $\alpha = 0°$) oder mit ihr einen rechten ($\alpha = 90°$) oder einen beliebigen Winkel ($0° < \alpha < 90°$) bildet. Entsprechend entsteht ein Zylinderentwurf in polarer, transversaler oder allgemeiner Lage. Der Zylindermantel kann verzerrungsfrei in die Ebene abgewickelt werden. Für die Abbildung der Kugel auf den Zylindermantel (Abb. 2) werden dem vorgesehenen Verwendungszweck entsprechende mathematische Gesetzmäßigkeiten genutzt. Hierbei entstehen Verzerrungen, deren Werte mit der ↗Verzerrungstheorie aus den ↗Abbildungsgleichungen berechnet werden. Die Verzerrungen sind am geringsten in der Nähe des Berührungskreises zwischen dem Zylinder und der Kugel als Bezugsfläche. Daher ist der Zylinderentwurf in polarer Lage besonders geeignet zur Darstellung von Gebieten, die sich parallel und symmetrisch zum Äquator in einem nicht allzu breiten Gürtel erstrecken. Um die Breite dieses Gürtels mit kleinen Verzerrungen zu vergrößern, kann ein Zylinder verwendet werden, dessen Radius etwas kleiner ist als der Kugelradius. Dadurch entsteht ein Schnittzylinderentwurf mit zwei längentreuen Parallelkreisen. Bezüglich der Abstände der Meridianbilder voneinander gilt die Abbildungsgleichung in der Y-Koordinate für alle Entwürfe mit Berührungszylinder unabhängig von der geographischen Breite:

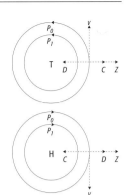

zyklostrophische Strömung: Kräftegleichgewicht für den zyklostrophischen Wind auf der Nordhalbkugel. D = Druckkraft, C = Corioliskraft, Z = Zentrifugalkraft.

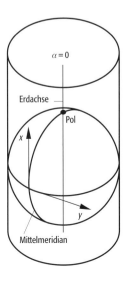

Zylinderentwürfe 1: Prinzip der Zylinderentwürfe.

Zylinderentwürfe

Verzerrung	$\varphi = 0°$	15°	30°	45°	60°	75°	90°
Quadratische Plattkarte							
$m_p = v_f$	1,000	1,035	1,155	1,414	2,000	3,864	∞
$\Delta\omega/°$	0,00	1,98	8,23	19,75	38,95	72,15	180,0
flächentreuer Zylinderentwurf nach Lambert							
m_m	1,000	0,966	0,866	0,707	0,500	0,259	0,000
m_p	1,000	1,035	1,155	1,414	2,000	3,864	∞
$\Delta\omega/°$	0,00	3,97	16,43	38,95	73,73	121,95	180,0
Mercatorentwurf (winkeltreuer Zylinderentwurf)							
$m_m = m_p$	1,000	1,035	1,155	1,414	2,000	3,864	∞
v_f	1,000	1,072	1,333	2,000	4,000	14,930	∞

Es bedeuten m_p die Längenverzerrung im Parallel, m_m die Flächenverzerrung im Meridian und v_f die Flächenverzerrung.

Zylinderentwürfe (Tab.): Verzerrungen bei Zylinderentwürfen.

Zylinderentwürfe 2: Abwicklung des Zylindermantels.

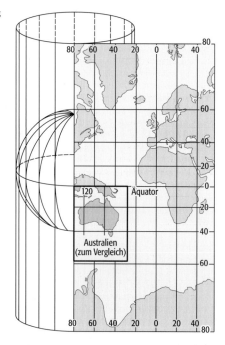

Zylinderentwürfe 3: Lamberts flächentreuer Zylinderentwurf.

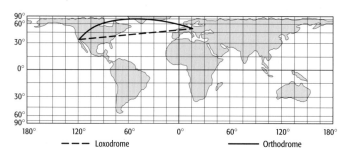

$$Y = R \cdot \text{arc}\lambda \quad (1)$$

wie sich aus der Abwickelung des Zylinders ergibt. Für einen Schnittzylinder muß jeder Y-Wert noch wegen der Breite reduziert werden. Die Abbildungsgleichung für die Abstände der Parallelkreise voneinander bestimmt die Eigenschaften des Zylinderentwurfs. Es gilt:

$$X = R \cdot f(\varphi). \quad (2)$$

Nach Wahl der Funktion $f(\varphi)$ werden vier Zylinderentwürfe etwas näher vorgestellt:
a) Quadratische Plattkarte. Die Abbilder der Meridiane werden als auf den Zylindermantel längentreu abgewickelte Geraden dargestellt, die der Parallelkreise als Geraden senkrecht hierzu. Letztere haben unabhängig von der geographischen Breite in der Karte alle die gleiche Länge wie das Äquatorbild. Danach lauten die Abbildungsgleichungen der quadratischen Plattkarte:

$$X = R \cdot \text{arc}\varphi,$$
$$Y = R \cdot \text{arc}\lambda. \quad (3)$$

Die Verzerrungen sind mit den Symbolen der Verzerrungstheorie:

$$m_m = 1,$$
$$m_p = \frac{1}{\cos\varphi},$$
$$v_f = \frac{1}{\cos\varphi},$$
$$\sin\Delta\omega = \tan^2\frac{\varphi}{2}.$$

X und Y sind die Koordinaten in der Kartenebene, R der Kugelradius, φ und λ die geographischen Koordinaten. Diesen Entwurf kannte bereits Marinus von Tyrus um 100 n. Chr. Er wurde bis ins 16. Jahrhundert für Seekarten benutzt, da er geeignet ist, die ganze Erde in einem Rechteck abzubilden, allerdings mit großen Verzerrungen in den Polgebieten (Tab.).
b) Lamberts flächentreuen Zylinderentwurf (↗azimutaler Kartennetzentwurf): Bei diesem Entwurf muß die Streckung der Parallelkreise auf die Äquatorlänge durch eine entsprechende Kürzung der Meridianbilder ausgeglichen werden, damit die Flächentreue erreicht wird (Abb. 3). Die Abbildungsgleichungen für den Entwurf in polarer Lage lauten:

$$X = R \cdot \sin\varphi,$$
$$Y = R \cdot \text{arc}\varphi. \quad (4)$$

Für die Verzerrungen ergeben sich aus der Forderung der Flächentreue:

$$m_m = \cos\varphi,$$
$$m_p = \frac{1}{\cos\varphi},$$
$$\tan\Delta\omega = \frac{1}{2 \cdot \sin\varphi}.$$

Die starke Stauchung der Meridiane mit zunehmender geographischer Breite kommt sowohl in Abbildung 3 deutlich zum Ausdruck, wie auch in den Verzerrungsellipsen zwischen Äquator und

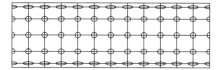

60° nördl./südl. Breite (Abb. 4). Der Lambertsche flächentreue Zylinderentwurf wird zu den perspektiven Entwürfen gerechnet.

c) Der Mercatorentwurf, von Gerhard Kremer, genannt Mercator, 1569 erstmals für eine Erdkarte verwendet, ist ein winkeltreuer Zylinderentwurf. Winkeltreue setzt Konformität voraus. Die Verzerrungsellipse ist in jedem Kartenpunkt ein Kreis, dessen Radius in Abhängigkeit von der geographischen Breite variiert (Abb. 5). Nach der Abbildung zu ↗Längenverzerrung nehme man in einem Punkt P der Kugel eine Richtung a an und im zugehörigen Kartenpunkt P' die entsprechende Richtung α, so ergeben sich die Kotangens beider Winkel zu:

$$\cot a = \frac{R \cdot d\varphi}{R \cdot d\lambda \cdot \cos\varphi} \quad \text{und}$$

$$\cot \alpha = \frac{dX}{dY}.$$

Wegen der Winkeltreue ist $a = \alpha$, also:

$$\cot a = \frac{R \cdot d\varphi}{R \cdot d\lambda \cdot \cos\varphi} = \frac{dX}{dY}. \quad (5)$$

Allgemein gelten die Abbildungsgleichungen (1) und (2), deren Differentiation auf:

$$dX = R \cdot f'(x)$$

und:

$$dY = R \cdot d\lambda$$

führt. Setzt man diese Differentiale in (5) ein, erhält man die Beziehung für das Differential der Funktion f:

$$f'(\varphi) = \frac{d\varphi}{\cos\varphi}. \quad (6)$$

Das Integral von (6) ist die als ↗isometrische Breite abgeleitete Größe:

$$q = \ln\tan\left(\frac{\varphi}{2} + \frac{\pi}{4}\right)$$

und damit die gesuchte Funktion $f(\varphi)$. Die Abbildungsgleichungen des Mercatorentwurfs sind damit:

$$X = R \cdot \ln\tan\left(\frac{\varphi}{2} + \frac{\pi}{4}\right),$$

$$Y = R \cdot \text{arc } \lambda.$$

Die Ausdrücke für die Verzerrungen sind nach der Verzerrungstheorie:

$$m_m = m_p = \frac{1}{\cos\varphi},$$

$$v_f = \frac{1}{\cos^2\varphi}.$$

Abbildung 6 zeigt zwei wesentliche Merkmale des Mercatorentwurfs. Das erste ist die enorme Streckung der Meridiane nach den Polen hin. Das zweite ist die in der Karte als Gerade zwischen zwei Punkten verlaufende Loxodrome. Wegen der zweiten Besonderheit spielt die Mercatorkarte heute noch in der Seefahrt eine wichtige Rolle. Der mit der unendlich groß werdenden Flächenverzerrung in Polnähe verbundene Nachteil wirkt sich für die Seefahrt kaum aus. Der Vorteil der Geradlinigkeit der Loxodrome in der Karte liegt für den Seemann auf der Hand: Er kann zwischen zwei Punkten mit einem konstanten Kurswinkel fahren, während dieser sich auf der Orthodrome ständig ändert.

d) Millers Zylinderentwurf (angegeben von O.M. Miller 1942) vermeidet die in den Abbildungen 3 und 6 offensichtlichen Nachteile der unerträglichen Verzerrungen in den polnahen Gebieten. Unter Verzicht auf Flächentreue (Lambert) und auf Konformität (Mercator) entwickelte Miller einen vermittelnden Zylinderentwurf, dessen Karte der Gesamterde in Abbildung 7 und die zugehörigen Verzerrungsellipsen in Abbildung 8 wiedergegeben sind.

e) transversaler Mercatorentwurf: Trotz aller Versuche, die Gesamtdarstellung der Erde durch einen Zylinderentwurf zu verbessern, bleibt doch die Vorstellung der Erde als Rechteck unbefriedigend. Der Versuch, die Gesamterde in mehreren Meridianstreifen auf jeweils einen mit seiner Achse im Äquator liegenden Zylinder abzubilden (Abb. 9), führt zur Vermeidung des rechteckigen Erdbildes. Die Vezerrungen sind in den mittleren

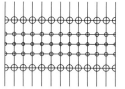

Zylinderentwürfe 4: Verzerrungsellipsen zu Lamberts flächentreuem Zylinderentwurf.

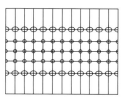

Zylinderentwürfe 5: Verzerrungsellipsen zum Mercatorentwurf im Bereich von 60° nördlich bis 60° südlich des Äquators.

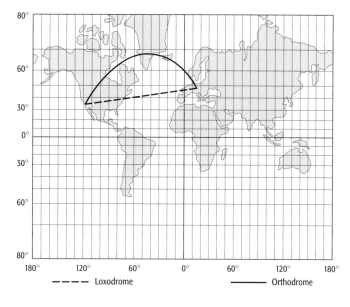

Zylinderentwürfe 8: Verzerrungsellipsen zu Millers Zylinderentwurf.

Zylinderentwürfe 6: Mercatorenentwurf.

Zylinderwellen

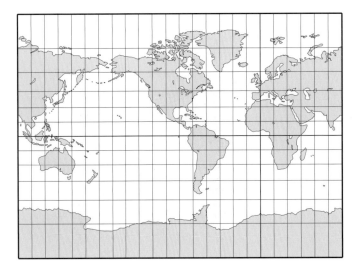

Literatur: [1] KUNTZ, E. (1990): Kartennetzentwurfslehre. – Karlsruhe. [2] MALING, D.H. (1992): Coordinate Systems and Map Projections. [3] SNYDER, J.P. (1989): An Album of Map Projections. In: U.S. Geological Survey, Professional Paper 1453. – Denver.

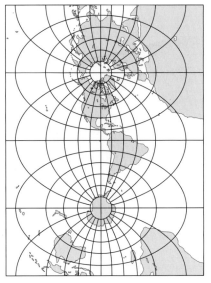

Zylinderentwürfe 7: Millers vermittelnder Zylinderentwurf.

Zylinderentwürfe 9: transversaler Mercatorentwurf.

Zylinderentwürfe 10: Verzerrungsellipsen zum transversalen Mercatorentwurf.

Partien moderat (Abb. 10). Die in Abbildung 9 gewählte Mittelstellung Nord- und Südamerikas weist den Entwurf für dieses Gebiet als geeignet aus. Für eine Gesamterddarstellung wirkt er jedoch verwirrend. Der Entwurf ist die Basis des Universal Transverse Mercator Entwurfs, in Abbildung 11 als Prinzip dargestellt (↗UTM-System).

f) Der Gauß-Krüger-Entwurf ist eine Weiterentwicklung des transversalen Mercatorentwurfs durch Gauß (1822) und Krüger (1912). Der Entwurf wurde schon 1923 als konforme Meridianstreifenabbildung mit längentreuen Mittelmeridianen von 3° Breite für ein einheitliches Kartensystem vorgeschlagen. Wegen der geringen Breite der zweieckförmigen Meridianstreifen werden alle topographischen Karten von 1:25.000 bis 1:250.000 auf dieser Grundlage konstruiert (↗Gauß-Krüger-Koordinaten, geodätische Abbildungen).

Im 20. Jahrhundert sind zahlreiche unecht zylindrische Entwürfe veröffentlicht worden, die in mancher Beziehung, insbesondere hinsichtlich der Formtreue (punktförmige Pole, elliptische Umrißlinie u.a.) gegenüber den echten Zylinderentwürfen Vorteile aufweisen. [KGS]

Zylinderentwürfe 11: Darstellung der Meridianstreifenabbildung.

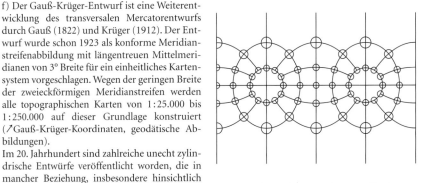

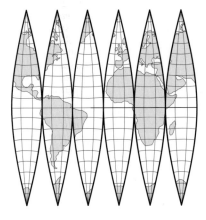

Zylinderwellen, ↗Wellen, deren Wellenfronten auf Zylinderflächen liegen.

zylindrische Falte, eine ↗Falte, in der sämtliche Schnitte senkrecht zur Faltenachse identisch sind. Natürliche Falten, die immer eine begrenzte Länge haben, können nur in Abschnitten zylindrisch sein. ↗konische Falte.

Zypern-Typ, Bezeichnung für vorwiegend Cu-Erze, die auch an Au und Zn angereichert sind, benannt nach den Massivsulfid-Lagerstätten der Insel Zypern. Nebengesteine sind ophiolitische Abfolgen (↗Ophiolith). Die plattentektonische Stellung (↗Plattentektonik) beinhaltet ozeanische Spreizungszonen (↗Mittelozeanischer Rücken). Die Altersstellung ist phanerozoisch (↗Phanerozoikum). ↗Massivsulfid-Lagerstätten.